中國植物保護百科全書

国家出版基金项目
NATIONAL PUBLICATION FOUNDATION

中国植物保护百科全书

生物防治卷

中国林業出版社

图书在版编目（CIP）数据

中国植物保护百科全书. 生物防治卷 / 中国植物保护百科全书总编纂委员会生物防治卷编纂委员会编. – 北京：中国林业出版社，2022.6

ISBN 978-7-5219-1258-6

Ⅰ. ①中… Ⅱ. ①中… Ⅲ. ①植物保护 – 中国 – 百科全书 ②生物防治 – 中国 Ⅳ. ①S4-61 ②S476

中国版本图书馆CIP数据核字（2021）第134476号

zhōngguó zhíwùbǎohù bǎikēquánshū

中国植物保护百科全书

生物防治卷

shēngwùfángzhìjuàn

责任编辑：孙瑶　何增明　贾麦娥

出版发行：中国林业出版社
电　　话：010-83143629
地　　址：北京市西城区刘海胡同7号　　**邮　编：**100009
印　　刷：北京雅昌艺术印刷有限公司
版　　次：2022年6月第1版
印　　次：2022年6月第1次
开　　本：889mm × 1194mm　1/16
印　　张：25.25
字　　数：1095千字
定　　价：360.00元

《中国植物保护百科全书》

总编纂委员会

《中国植物保护百科全书·生物防治卷》

编纂委员会

目　录

前　言

生物防治（biological control）是研究利用有益生物（天敌）控制农林有害生物的学科，是农林有害生物综合治理（integrated pest management）的主要措施之一。广义的生物防治是指利用生物及其代谢产物控制植物有害生物的理论和实践的学科。

众所周知，自然界中有益生物（天敌）与有害生物（植物虫害、病害、螨类和有害植物）都是生态系统中的自然生态因子。在正常情况下，有害生物与有益生物因子之间处于平衡状态。比如害虫，由于多种天敌的控制，其种群数量通常被控制在较低的、不会造成灾害的水平。但是，由于某些自然的或人为的因子干扰和影响，这种平衡状态有时会被打破，害虫往往会暴发成灾，造成经济和生态损失。当害虫大发生时，人们习惯的做法是大量喷洒化学农药进行防治。其实，此时害虫内生的限制自身扩大种群数量的“开关”已经启动，加上多种天敌种群数量的迅速上升，大大抑制了害虫的种群数量，因此常常出现翌年害虫突然“销声匿迹”的情况。与农业上的作物生长周期短的生态系统不同，森林是一个比较长期而较稳定的生态系统，很适合开展生物防治，因而治理森林有害生物的策略应与农业有所不同。为此，国家林业和草原局提出了森林有害生物的防治策略是“以生物防治为主的综合治理”。这是很科学而符合生态学理论的策略。在自然界中，每种农林有害生物都有其特有的天敌区系，这些天敌常常是无声无息地帮助我们控制着有害生物，使它们不能成灾。当有害生物成灾发生时，首先应当研究其成灾的原因、分析造成其大发生的机理和生态因子，特别是调查其天敌区系，从中筛选出控制有害生物的主要天敌种类，帮助和扶持天敌，增加天敌的种群数量，使其达到抑制有害生物的程度，这是控制农林有害生物治本的方法。当然，在控制农林有害生物中，科学地、精准地施用高效低毒、靶标性强的化学农药也是必要的。问题是不能滥用，尽量避免造成农林产品污染和农药残留问题，以及“3R”问题（residue 残留、resistance 抗性、resurgence 再度猖獗；“3R”问题被国内外称作化学防治“综合征”），特别是要避免对天敌造成伤害。

利用生物多样性控制作物的有害生物，将生物多样性的原理和生态调控的理论和策略应用到作物的病虫害管理中，代表着未来有害生物绿色防控的新趋势。

我国的科技工作者在该领域进行了大量的探索，在遗传多样性、物种多样性和生态环境多样性及其控制病虫害的机制和效应方面，都取得了许多原创性成果，并将理论探索的成果大规模应用到农业生产实践中，取得了良好的经济、社会和生态效益。

随着我国改革开放不断深入，外来入侵有害生物近年来不断为害我国，对我国农林业生产造成严重损失。根据经典生物防治理论，控制外来入侵有害生物的策略是从原产地引入天敌，使其立足定居，增加、扩大其种群数量，达到控制的目标。除此而外，也不应忽视外来有害生物新传入地天敌的作用。一般情况下，外来有害生物来势汹汹，在刚传入初期，由于没有天敌的控制，往往成灾大发生，造成重大危害。但新传入地的天敌也会逐渐适应这些外来者，以其作为食料而完成自身发育，也能够达到有效控制外来入侵有害生物的效果。比如膜翅目姬小蜂科的白蛾周氏啮小蜂（*Chouioia cunea* Yang）原产我国，群集寄生在我国的榆毒蛾、柳毒蛾等多种食叶害虫蛹中。当美国白蛾传入我国后，该天敌逐渐转向寄生美国白蛾。同时，我国其他 32 种食叶害虫天敌也逐渐适应了该新寄主而寄生美国白蛾。在以白蛾周氏啮小蜂为主的多种天敌共同作用下，我国许多老疫区的美国白蛾已得到有效控制，而成为一种常规性的食叶害虫，说明研究和利用外来有害生物新传入地的天敌也是控制外来有害生物的一个重要途径。

在我国提出生态文明建设的今天，要十分重视和大力开展生物防治，并结合其他无污染、无公害防治技术控制农林有害生物，减少和降低对环境的污染和对生态环境的影响，保护生物多样性，促进人类社会的可持续发展。同时，为了加强农业供给侧改革，为市场和人民群众提供绿色、安全的农产品，农业部 2015 年制定和发出了《到 2020 年农药使用零增长行动方案》，提出到 2020 年，力争实现农药使用总量零增长，以解决农产品残留超标、作物药害和环境污染等问题，推进农业发展方式的转变，有效控制农药使用，保障农业生产、农产品质量安全和生态环境安全，促进农业可持续发展。方案中更具体地指出，要保护和利用天敌，实施生物、物理防治等绿色防控措施，科学使用农药，遏制病虫加重发生的态势，实现有害生物的可持续治理。提出到 2020 年，主要农作物病虫害生物防治防治、物理防治覆盖率达到 30% 以上。可以说，目前生物防治已上升为国家战略，我们迎来了生物防治学科发展的春天。在这种大好形势下，要大力开展生物防治技术的研究和推广力度，进一步推动生物防治科学的发展，逐步提高生物防治和其他无公害防治的比例，为人民群众提供放心的粮油、蔬菜和果品，提供优美的生态环境，保障中华民族健康永续发展。

农林有害生物的生物防治和生态防治是国际国内未来重点发展的新趋势、新热点和新产业，无论在理论探索、技术创新还是产品开发方面，都展示出强劲的发展势头和巨大的应用潜力。希望本书的出版，能够为我国的植保科技工作者和学生提供一部系统实用的工具书，促进生物防治和绿色植保的发展。

《中国植物保护百科全书·生物防治卷》主要涉及植物虫害生物防治、植物病害生物防治和生态生物防治三大内容，全书共 377 个条目。希望能充分反映我国生物防治科学的现状，推动我国生物防治事业进一步发展。

朱有勇　杨忠岐

2022 年 5 月 17 日

凡　例

一、　本卷以生物防治学科知识体系分类出版。卷由条目组成。

二、　条目是全书的主体，一般由条目标题、释文和相应的插图、表格、参考文献等组成。

三、　条目按条目标题的汉语拼音字母顺序并辅以汉字笔画、起笔笔形顺序排列。第一字同音时按声调顺序排列；同音同调时按汉字笔画由少到多的顺序排列；笔画数相同时按起笔笔形横（一）、竖（丨）、撇（丿）、点（丶）、折（㇀，包括亅、乚、く等）的顺序排列。第一字相同时，按第二字，余类推。条目标题中夹有外文字母或阿拉伯数字的，依次排在相应的汉字条目标题之后。以拉丁字母、希腊字母和阿拉伯数字开头的条目标题，依次排在全部汉字条目标题之后。

四、　正文前设本卷条目分类目录，以便读者了解学科全貌。分类目录还反映出条目的层次关系。

五、　一个条目的内容涉及其他条目，需由其他条目释文补充的，采用“参见”的方式。所参见的条目标题在本释文中出现的，用楷体字表示。所参见的条目标题未在释文中出现的，另用“见”字标出。

六、　条目标题一般由汉语标题和与汉语标题相对应的外文两部分组成。外文主要为英文，少数为拉丁文。

七、　释文力求使用规范化的现代汉语。条目释文开始一般不重复条目标题。

八、　天敌昆虫条目释文一般由定义和分类地位、形态特征、生物学习性、人工繁育与释放利用、插图、参考文献等构成，具体视条目性质和知识内容的实际状况有所增减或调整；生防微生物条目释文一般由定义和定性叙述、发展简史、感染机理、杀虫剂产生方法、病毒防治、制剂保存方法、插图、表格、参考文献等构成，具体视条目知识内容的实际状况有所增减或调整。

九、　条目释文中的插图、表格都配有图题、表题等说明文字，并且注明来源和出处，未注明者为撰稿人提供。

十、　条目中涉及化学结构式的，与条目名称一致时，不附图题。

十一、正文书眉标明双码页第一个条目及单码页最后一个条目第一个字汉语拼音和汉字。

十二、本卷附有缩略词表及条目标题汉字笔画索引、条目标题外文索引和内容索引。

条目分类目录

说 明

1. 本目录供分类查检条目之用。
2. 目录中凡加【××】(××)的名称，仅为分类集合的提示词，并非条目标题。
   例如，【植物虫害生物防治】（基本概念）。

（代谢产物）

（生防机理）

（产品开发）

（生物杀菌剂）

【生态生物防治】

（生物多样性与生物防治）

（生态系统多样性与生物防治）

A

澳洲瓢虫 *Rodolia cardinalis* Mulsant

鞘翅目（Coleoptera）瓢虫科（Coccinellidae）的一种捕食性天敌，属于红瓢虫亚科（Coccidulinae）短角瓢虫族（Noviini）红瓢虫属（*Rodolia*）。原产于澳大利亚，1888—1889年引入美国加利福尼亚州防治吹绵蚧取得显著成功，成为近代生物防治实践的里程碑。1955年蒲蛰龙通过苏联植物检疫室引入广州，在实验室繁殖后，当年释放到受吹绵蚧危害的柑橘植株上，效果显著。

形态特征 卵红色，近孵化时灰色。幼虫共4龄，体背拱突而有毛疣。成虫体长3～3.9mm，体宽2.7～3mm，虫体短卵形，背部密被细毛。复眼黑色，背面红色而有黑色斑纹。前胸背板后缘黑色，两侧有黑斑。小盾片黑色。鞘翅上的黑色缝斑到达末端，在小盾片之下至中部扩展成较大黑斑。肩胛内侧下方有一豆荚形黑斑。鞘翅2/3处内线上有1斧状黑斑，此斑伸达外缘并沿外缘与黑色缝斑的末端相连。雄虫第五腹板后缘中央略内凹，第六腹板后缘中央半圆形深凹，并向上翻折。雌虫第五腹板后缘齐平，第六腹板后缘凸出部分较尖。

生物学习性

生活史 在实验室内饲养，一年可发生8代，平均世代历期为56.3天。随着世代的不同各虫态的历期也有差异，卵期以第七代最短，平均2.9天；幼虫期第六代最短，平均5.8天；预蛹期第三代最短，平均1.5天；均以第一代最长，分别为12.3天、24.2天、7.6天。蛹期则以第六代最短，平均3.3天，第八代最长，平均14.1天。每雌平均产卵量为173.8粒。在室内用柑橘树和海桐树上的吹绵蚧连续饲养澳洲瓢虫3代，发现随着世代数的增加，瓢虫卵的孵化率及蛹的羽化率越来越低，卵的孵化率分别为78%、71%、60%，蛹的羽化率分别为80%、76%、44%，因此可考虑适当进行复壮。

取食习性 一、二龄幼虫常集中于吹绵蚧的腹下，取食吹绵蚧虫体汁液和卵粒。成虫对吹绵蚧雌成虫、卵及若虫的日均最高捕食量分别为9.3头、407.3粒、11.7头，在食物缺乏时，常自残二、三龄幼虫。

交配与产卵习性 成虫羽化后即可交配，有多次交配的习性，交配后1～2天便可产卵。卵散生或堆生，排列不整齐，常产于吹绵蚧的背上、腹下和卵囊内。

成虫寿命与耐饥力 在温度为24.5°C、相对湿度80%条件下，成虫可存活20天。在绝食情况下可存活7～15天。

人工繁育与释放利用 室内小量繁殖澳洲瓢虫可用柑橘或海桐等枝叶上的吹绵蚧作饲料。澳洲瓢虫已在田野定殖，但室外过冬的成虫死亡率高达98%。可从室外收集过冬的成虫或老熟幼虫和蛹于室内饲养，保护过冬，提高存活率。

1955年输入广州的澳洲瓢虫经过繁殖后，将二、三龄幼虫33头释放到华南农学院实习农场的5株小柑橘树上，翌年春成虫羽化，将柑橘树上的介壳虫全部歼灭。1957年在广东电白释放了40头澳洲瓢虫，短时间内就将10万株木麻黄林带中的吹绵蚧全歼，效果显著。1960年重庆北碚从广东引种500头，不到两年将全市2000hm^{2}柑橘、园林和花卉上的吹绵蚧控制，且建立了稳定的种群。在冬季柑橘园中有少量介壳虫危害时释放瓢虫可以发挥作用，但瓢虫的发育较慢，释放的虫数需多一些。随着温度的升高，吹绵蚧的数量快速增加，若在早春释放瓢虫，到6、7月时瓢虫便能取得优势，可以有效地控制吹绵蚧的发生数量。

参考文献

刘崇乐，1963. 中国经济昆虫志：第五册 瓢虫科（一）[M]. 北京：科学出版社：29.

蒲蛰龙，邓德蔼，1957. 自苏联引进的澳洲瓢虫和孟氏隐唇瓢虫的发育繁殖及田间散放初报[J]. 华南农业科学，1(1): 61-63.

蒲蛰龙，何等平，邓德蔼，1959. 孟氏隐唇瓢虫和澳洲瓢虫的繁殖和利用[J]. 中山大学学报（自然科学版）(2): 1-8.

张格成，黄良炉，1963. 利用澳洲瓢虫防治吹绵蚧初步研究[J]. 昆虫学报，12(Z1): 688-700.

张格成，李继祥，1988. 气候因子对澳洲瓢虫存活、生殖影响的研究[C]// 纪念澳洲瓢虫输引成功100周年——全国瓢虫学术讨论会论文集：32-36.

COQUILLETT D W, 1889. The imported Australia ladybird[J]. Insect life Ⅱ(3): 70-74.

（撰稿：陈梅兰；审稿：庞虹）

B

B

巴斯德芽菌 *Pasteuria* spp.

巴斯德芽菌属（*Pasteuria*），营养菌丝呈分支状且具有隔膜，产内生芽孢，低G+C含量，革兰氏阳性细菌。

巴斯德芽菌最早是1888年在水虱上发现的，命名为分支巴斯德芽菌（*Pasteuria ramosa*）；1906年Cobb首次报道了一种与*Pasteuria* spp.的类似的微生物能够侵染线虫，但错认为这些寄生在线虫体内的孢子为孢子虫；直到20世纪70年代中期，通过电镜观察，才明确了该线虫寄生物属于细菌而非孢子虫，并将其命名为穿刺芽孢杆菌（*Bacillus penetrans*）；后来，Sayre等认为*Bacillus penetrans*类似于*Pasteuria ramosa*，重新将其名为穿刺巴斯德芽菌（*Pasteuria penetrans*）。目前，除了专性寄生水蚤的*Pasteuria ramosa*外，已发现的巴斯德芽菌多为植物病原线虫寄生菌，能侵染隶属于116属323种的线虫，包括自由生活线虫、捕食性线虫、植物寄生线虫和昆虫病原线虫。2017年，Syngenta公司在巴西将专性寄生孢囊线虫的*Pasteuria nishizawae*登记了生物杀线剂Clarivar®，防治大豆孢囊线虫。

寄生于根结线虫的穿刺巴斯德芽菌（*Pasteuria penetran*）是研究最多的一种。穿刺巴斯德芽菌的芽孢形状与安全帽或飞碟类似（见图），专性寄生于根结线虫的二龄幼虫，当二龄幼虫在土壤中迁移寻找寄主时，土壤中潜伏的芽孢吸附到线虫体表，并随线虫一起侵入植物根系，当根结线虫建立取食位点后芽孢萌发，形成侵染管，穿透线虫表皮侵入线虫假体腔内，随线虫的发育，细菌不断在线虫体内增殖。当线虫发育到成虫时，产生大量内生芽孢，线虫死亡后将成熟内生芽孢释放到土壤中从而完成其生活史。芽孢抗逆性特别强，在干燥的条件下可以存活几年。但由于穿刺巴斯德芽菌专性寄生根结线虫，根结线虫也专性寄生植物，培养比较困难，通常只能通过栽培植物法来获得芽孢，因此很难大量生产。

扫描电镜下不同发育时期的穿刺巴斯德芽菌的形态
①营养细胞；②营养菌丝体

参考文献

朱军，鲍时翔，刘敏，等，2015. 巴斯德芽菌 (*Pasteuria* spp.) 基因组研究概况 [J]. 基因组学与应用生物学，34(12): 2768-2773.

PARNELL J J, BERKA R, YOUNG H A, et al, 2016. From the lab to the farm: an industrial perspective of plant benefificial microorganisms[J]. Frontiers in plant science, 1(7): 1110-1122.

（撰稿：刘倩；审稿：王琦）

白蛾周氏啮小蜂 *Chouioia cunea* Yang

美国白蛾（*Hyphantria cunea* Drury）蛹期的一种重要寄生蜂，属膜翅目（Hymenoptera）小蜂总科（Chalcidoidea）姬小蜂科（Eulophidae）啮小蜂亚科（Tetrastichinae）周氏啮小蜂属（*Chouioia*）。是杨忠岐1989年命名发表的一个新属新种。群集寄生于美国白蛾蛹内，1头美国白蛾蛹可出蜂126～365头。以寄主蛹中的血淋巴和器官以及营养物质为食。它的卵、幼虫、蛹期均在寄主蛹体内度过，在发育至老熟幼虫期时将寄主杀死，在被其取食一空的寄主蛹中化蛹，成蜂羽化后咬破寄主蛹壳飞出。该蜂可寄生美国白蛾、榆毒蛾、杨扇舟蛾、大袋蛾等鳞翅目食叶害虫，是多种鳞翅目食叶害虫的重要天敌。

形态特征 雌性体长1.1～1.5mm，红褐色稍带光泽，头部、前胸及腹部色深，尤其是头部及前胸几乎成黑褐色，并胸腹节、腹柄节及腹部第1节色淡，带黄色；触角各节褐黄色；上颚、单眼褐红色；胸部侧板、腹板浅红褐色带黄色；3对足及下颚、下唇复合体均为污黄色；翅透明，翅脉色同触角。头部正面观宽大于高，触角窝中部位于复眼下缘的连线上；触角洼下缘下延达唇基基部，脸部在唇基基部处隆起最高，唇基基部两侧角各具1小陷孔。颚眼距明显小于口宽。前胸背板除后缘有1排鬃毛外，其他部分也生有较密的黑色短毛，贴伏。中胸背片中叶上散生着30根左右刚毛，两侧叶上的刚毛也较密，三角片上无毛。中胸小盾片上的浅而细的网状刻纹较明显，在中部处刻纹明显较密且小，似乎形成一纵线。中胸小盾片略呈八边形，长宽近相等，但两后侧角明显向外延伸，显得小盾片后部较宽。小盾片上的2对长鬃毛紧靠两侧边着生，后胸盾片中部的长度是并胸腹节中部的1/2有余。并胸腹节胝上毛稀少，7根左右；气门较大

图 1 白蛾周氏啮小蜂成虫（曹亮明摄）

而边缘凸出，缘脊褐色，气门着生的位置在并胸腹节长度的 1/2 靠前处，其与并胸腹节前缘的距离为气门直径的 1/2；并胸腹节 2 后侧角钝，不尖锐。前翅长为宽的 2 倍，基室正面在端部的中部生有毛 2 根；基室外方区域内的纤毛比翅面其他区域的纤毛稍稀；基脉上有毛，肘脉及亚肘脉上在基室长度的 1/2 前后开始生有 1 排整齐的纤毛；缘脉上的鬃毛比痣脉上的明显为长。3 对足的腿节外方、胫节及跗节上生有密的刚毛，这些刚毛比雄性的短。腹柄背观长度为并胸腹节长度的 1/2。腹部圆形，长宽相等，背面常有浅的塌陷，背观腹部宽度比胸部明显为大。腹部长度比胸部略小，腹部背面的浅网状刻纹比胸部明显且粗；除第一节背面的前半部光裸无毛外，其余各节背面散生着黄褐色稀疏刚毛。腹部在第二节后缘及第三节前缘处最宽，向前向后逐渐变狭；第七节最小，圆锥形位于腹末。腹末的臀突鬃很明显，每个臀突上的 3 根鬃毛中，有 1 根特别长，长度是其他 2 根的 2 倍（图 1）。

雄性体长 1.4mm 左右，近黑色略带光泽，并胸腹节色较淡，腹柄节、腹部第一节基部为淡黄褐色，触角及 2 分裂的唇基片黄褐色，足除基节色同触角外，其余各节均为污黄色。头部正面观宽显著大于高，在两触角窝之间的脸部的倒“V”形缺口两侧各着生相向生长的刚毛 5 根，2 唇基裂片外侧、颜面端部与上颚前端部形成的半圆形凹入部处的缘部生有很密的刷状毛。上颚内方端部密生白色短毛，上颚外方稍凹陷，表面密布小颗粒状突起，胸部中胸小盾片上的前 1 对鬃毛着生位置在中部稍前一点；后胸盾片在中部稍比其前方的中胸小盾片沟后区为长，此沟后区两侧前方的 2/3 部分为一系列短纵脊，中部及两侧 1/3 的后缘部分为不规则的密的纵脊；并胸腹节上的气门比雌性略小，着生于该节长度的 1/2 处，与并胸腹节前缘的距离稍大于气门直径；气门前方有 1 凹陷。前中后足胫节上的距均与第一跗节等长，腹部背观卵圆形，背面及腹面均生有密毛，宽度与长度都比胸部显著为小。

生物学习性 群集内寄生于美国白蛾蛹中，在蛹期羽化出蜂。自然寄生率达 83.2%，每蛹中出蜂数为 124～365 头，平均 274 头，雌∶雄性比为 44～95∶1。成蜂趋光性强，寿命约 15 天。雌蜂怀卵量最高 680 粒，平均 270.5 粒。发育起点温度为 6.14°C，有效积温为 365.12 日·度。白蛾周氏啮小蜂 1 年发生 7 代。

人工繁育与释放利用 以美国白蛾为寄主时，接蜂时寄主与寄生蜂的比例以 1∶1 和 1∶2 为宜。以柞蚕为寄主时，寄主与寄生蜂的比例以 1∶50 为宜，繁殖出的小蜂田间平均寿命约为 6 天。过多地增加接蜂数量，会影响到子代的出蜂数量和雌雄性比等（图 2～图 6）。

放蜂最佳虫期为美国白蛾老熟幼虫期和化蛹初期，放蜂次数采用每代美国白蛾放蜂 2 次。经过放蜂的地区，白蛾周氏啮小蜂的最高寄生率达 88.02%。由于放蜂防治区禁止使用化学农药，因而保护了其他天敌，使这些天敌的种群数量

图 2 白蛾周氏啮小蜂雌蜂在美国白蛾蛹上产卵（杨忠岐摄）

图 3 寄生在美国白蛾蛹中的白蛾周氏啮小蜂幼虫（杨忠岐摄）

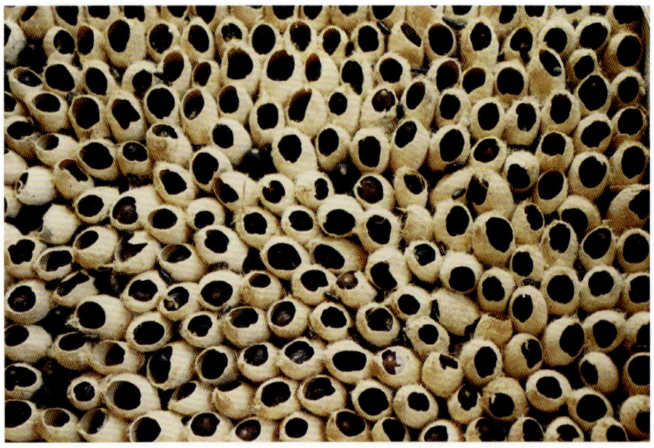

图 4 繁殖白蛾周氏啮小蜂的替代寄主柞蚕蛹（杨忠岐摄）

图 5 替代寄主柞蚕蛹中繁殖出的小蜂幼虫（杨忠岐摄）

图 6 林间放蜂防治美国白蛾（杨忠岐供图）

上升。因此，白蛾周氏啮小蜂和多种其他天敌的总寄生率最高达 96.28%。经连续 2 代 4 次放蜂，美国白蛾的有虫株率可降到 0.1% 以下，达到了持续控制的显著防治效果。

参考文献

苏智，杨忠岐，魏建荣，等，2004. 白蛾周氏啮小蜂转主寄主的研究 [J]. 林业科学，40(4): 106-116.

魏建荣，苏智，王传珍，等，2006. 大规模繁殖白蛾周氏啮小蜂接蜂比例选择 [J]. 林业科学研究，19(1): 66-69.

魏建荣，杨忠岐，苏智，2003. 利用生命表评价白蛾周氏啮小蜂对美国白蛾的控制作用 [J]. 昆虫学报，46(3): 318-324.

杨忠岐，1989. 中国寄生于美国白蛾的啮小蜂—新属—新种（膜翅目，姬小蜂科，啮小蜂亚科）[J]. 昆虫分类学报，11(Z1): 117-123.

杨忠岐，1995. 白蛾周氏啮小蜂雌性成虫内部生殖系统的解剖研究 [J]. 林业科学，31(1): 23-26.

杨忠岐，2000. 白蛾周氏啮小蜂的有效积温及发育起点温度研究 [J]. 林业科学，36(6): 119-122.

杨忠岐，王小艺，王传珍，等，2005. 白蛾周氏啮小蜂可持续控制美国白蛾的研究 [J]. 林业科学，41(5): 72-80.

杨忠岐，谢恩魁，1998. 白蛾周氏啮小蜂的行为学 [J]. 中国生物防治，14(2): 49-52.

WEI J R, WANG X Y, YANG Z Q, 2006. Mass rearing and augmentative releases of the native parasitoid *Chouioia cunea* (Hymenoptera: Eulophidae) for biological control of the introduced fall webworm *Hyphantria cunea* in China[J]. Biocontrol: journal of the international organizational for biological control, 51(4): 401-418.

（撰稿：王小艺；审稿：杨忠岐）

白粉寄生孢 *Ampelomyces quisqualis*

植物上一种常见的重寄生菌。白粉病是一种广泛发生于高等植物上的气传病害。发病严重时，苹果白粉病可导致苹果减产 1/3，黄瓜白粉病可致黄瓜减产 2/3。随着植物白粉病的暴发愈加频繁，对于白粉寄生孢与白粉菌之间的相互关系，以及如何利用白粉寄生孢防治白粉病成为热点。

白粉寄生孢与白粉病的关系 在真菌之间存在许多相互作用的方式，而寄生作用就是其中常见的一种作用方式，或称为重寄生作用。

白粉寄生孢主要通过影响白粉菌产孢细胞形成及分生孢子产生的重寄生作用，从而起到对白粉病的防治效果。

白粉寄生孢的分类学地位与形态特征 白粉寄生孢（*Ampelomyces quisqualis*）属于真菌的无性菌类（Anamorphic fungi）腔孢纲（Coelomycetes）球壳目（Sphaeriales）球壳孢科（Annonceae）白粉寄生孢（*Ampelomyces*）。

马铃薯葡萄糖琼脂培养基（PDA 培养基）上培养的白粉寄生孢，初期菌丝黄色，7 天后隐约在菌丝周围可见零散分布的黑色孢子，14 天后黑色孢子进一步增加，21 天时黑色孢子已经几乎覆盖住原有菌丝。在显微镜下观察可见菌丝不定形，肥大，具隔膜，顶端形成分生孢子器；分生孢子器浅黄至褐色，卵圆形或长椭圆形，膜质，表面网纹明显，基部有较短粗的柄；分生孢子器子囊果包含，形态多数为球形至椭圆形，颜色暗褐色。Yarwood、张中义等描述白粉寄生孢分生孢子器无色或浅褐色，单胞、壁薄，含油球，直或略弯。蔡竹固和童伯開描述了红豆白粉菌上寄生的白粉寄生孢，其寄生于寄主菌丝内，分生孢子器浅褐色，单胞棍棒形、梨形或柠檬形。

白粉寄生孢的中国新记录寄主植物有龙芽草（*Agrimonia pilosa*）、木防己（*Cocculus orbiculatus*）、绣球花（*Hydrangea macrophylla*）、胡桃（*Juglans regia*）、南牡蒿（*Artemisia eriopoda*）、南蛇藤（*Celastrus orbiculatus*）、梅（*Armeniaca mume*）、委陵菜（*Potentilla chinensis*）、泽兰（*Erigeron divaricatus*）、甘蓝（*Brassica oleracea*）、白芷（*Angelica dahurica*）、紫茉莉（*Mirabilis jalapa*）、黑绿豆（*Phaseolus mungo*）、牛膝（*Achyranthes bidentata*）、悬铃木（*Platanus acerifolia*）等 15 种；新记录寄主白粉菌有羽翼草单囊壳

B

（*Sphaerotheca aphanis*）、防己叉丝壳（*Microsphaera pseudolonicerae*）、绣球钩丝壳（*Uncinula hydrangeae*）、山田叉丝壳（*Microsphaera yamadai*）、卫矛钩丝壳（*Uncinula sengokui*）、三指叉丝单囊壳（*Podosphaera tridactyla*）、十字花科白粉菌（*Erysiphe cruciferarum*）等7个种。

白粉寄生孢在叉丝单囊壳属（*Podosphaera*）和内丝白粉菌属（*Leveillula*）上发生率相对较高，在叉丝壳属（*Microsphaera*）上发生率较低。白粉寄生孢最常见于单囊壳属（*Sphaerotheca*）和白粉菌属（*Erysiphe*）中的某些白粉菌寄主上，白粉寄生孢偏好寄生于葫芦科（Cucurbitaceae）、菊科（Compositae）、蔷薇科（Rosaceae）、豆科（Leguminosae）等植物白粉病菌上。

由于白粉寄生孢具有不易产生抗性、环境友好的优势，其在白粉病生物防治方面具有很大的潜力。

参考文献

蔡竹固，童伯開，1989. 瓜类白粉病菌的生理与品种罹病性 [J]. 嘉义农专学报，21: 191-199.

师杨，乔琳，李成伟，2017. 白粉寄生孢生物学特性及其生防应用研究进展 [J]. 植物保护，43(1): 24-27.

师杨，张怡，谭光轩，等，2012. 周口地区风仙花白粉寄生孢的分离及鉴定 [J]. 河南师范大学学报（自然科学版），40(3): 138-140, 144.

赵云福，梁晨，罗丽，2008. 国内11省区白粉寄生孢的自然发生调查研究 [J]. 现代农业科技 (22): 102-103, 105.

张中义，冷怀琼，张志铭，等，1988. 植物病原真菌学 [M]. 成都：四川科学技术出版社.

BARNETT H L, BINDER F L, 1973. The fungal host parasite relationship[J]. Annual review of phytopathology, 11(1): 273-292.

GAO Y R, HAN Y T, ZHAO F L, et al, 2016. Identification and utilization of a new Erysiphe necator isolate NAFU1 to qucikly evaluate powdery mildew resistance in wild Chinese grapevine species using detached leaves[J]. Plant physiology and biochemistry, 98: 12-24.

KISS L, 2003. A review of fungal antagonists of powdery mildews and their potential as biocontrol agents[J]. Pest management science, 59(4): 475-483.

ŠIRCA M, 2001. AQ-10-a unique biofungicide based on *Ampelomyces quisqualis* against various pathogens[C]// Slovenian conference on plant protection.

SZENTIVÁNYI O, KISS L, RUSSELL J C, et al, 2005. *Ampelomyces mycoparasites* from apple powdery mildew are identified as a distinct group based on single-stranded conformation polymorphism analysis of the rDNA ITS region[J]. Mycological research, 109(4): 429-438.

YARWOOD C E, 1932. *Ampelomyces quisqualis* on clover mildew[J]. Phytopathology, 22: 31.

（撰稿：蔚越；审稿：王琦）

白僵菌　*Beauveria* spp.

一种丝状真菌，在真菌分类学上属于子囊菌门（Ascomycota）盘菌亚门（Pezizomycotina）粪壳菌纲（Sordariomycetes）肉座菌亚纲（Hypocreomycetidae）肉座菌目（Hypocreales）虫草菌科（Cordycipitaceae）。依据形态指标、生理生化指标及核酸指标将白僵菌属分为6个种，分别为球孢白僵菌（*Beauveria bassiana*）、布氏白僵菌（*Beauveria brongniartii*）、多形白僵菌（*Beauveria amorpha*）、蠕孢白僵菌（*Beauveria vermiconia*）、黏孢白僵菌（*Beauveria velata*）和苏格兰白僵菌（*Beauveria caledonica*）。

大多数的白僵菌是对昆虫有寄生作用的虫生真菌，在害虫生物防治上具有重要的作用。防治害虫的范围包括鳞翅目、鞘翅目、膜翅目、双翅目、半翅目、直翅目等共15目149科521属的700多种昆虫和蜱螨类害虫。

白僵菌对昆虫的侵染主要通过相互接触，从虫体的表皮，如体壁、气门、伤口等途径侵染，也可通过昆虫进食时从消化系统、呼吸系统侵入，感染的途径因昆虫的种类、虫态、环境条件等不同而有差别。白僵菌杀死昆虫的整个过程涉及几丁质酶、酚氧化酶、蛋白酶和脂酶等多种酶的协同水解作用，其机制复杂，尤其是对害虫免疫系统具有破坏作用，昆虫很难对其产生抗性。白僵菌在虫体上具有蔓延的白色菌丝，其菌落呈绒状、丛卷毛至粉状。菌落培养初期多呈白色，后期呈淡黄色，偶呈淡红色；有的很快形成粉层状孢子，有的继续保持絮状。气生菌丝透明、光滑、薄壁、疏松，有时成簇生长。产孢细胞常浓密簇生，有时轮生或单生，直接着生在气生菌丝或膨大的泡囊上。其下部膨大并延长成颈状，在顶生的分生孢子下方不远处再分枝产孢，反复向顶部合轴式产孢，最终形成呈弯曲的小齿状产孢轴。分生孢子单胞、透明、薄壁、无厚垣孢子。

白僵菌分生孢子的萌发和菌丝生长，均要求较高的空气相对湿度，其最适相对湿度在95%以上。温度则通常关系到孢子发芽和菌丝生长的速度，以及致病率的高低。分生孢子萌发和菌丝生长的适温范围为18～28°C，最适为25°C。阳光中的紫外线，尤其短波长区的紫外线，能穿透孢子壁造成DNA分子结构的损伤。在pH3.0～9.4条件下，孢子一般都能萌发，尤其在pH4.4的条件下，孢子萌发最快，且萌发率最高。在pH4.5～5.0的环境中，菌丝生长最旺盛，而形成分生孢子的最适pH为6.0。

随着生物防治的日益发展，病原微生物的生产规模向制剂化及商业化方向发展。白僵菌的剂型是以特定的工艺，将有效成分（分生孢子）按一定比例与各种助剂组分加工制备而成的产品形式，有粉剂、可湿性粉剂、油剂、乳剂、微胶囊剂、干菌丝等。白僵菌一般是配成孢子液，直接喷施到目标作物上，然后通过孢子的侵染作用杀死害虫。近几年，菌丝制剂研究较活跃，菌丝干粉剂在室温下贮存6个月，仍保持80%的存活力。

参考文献

农向群，高松，邓春生，等，1999. 白僵菌绿僵菌分生孢子对高温的耐受力 [J]. 中国生物防治，15(3): 111-114.

王成树，1996. 真菌杀虫剂剂型的研究现状 [J]. 安徽农业大学学报，23(3): 375-380.

张军，2012. 利用mRNA差异显示技术克隆球孢白僵菌在蝉蜕和蚕血淋巴诱导下的特异表达基因 [D]. 合肥：安徽农业大学.

EDGINGTON S, SEGURA H, WILLIAM D, et al, 2000. Photoprotection of *Beauveria bassiana*: testing simple formulations for control of the coffee berry borer[J]. International journal of pest management, 46(3): 169-176.

GLARE T R, INWOOD A J, 1998. Morphological and genetic characteristics of *Beauveria* spp. from New Zealand[J]. Mycological research, 102(2): 250-256.

LUZ C, FARGUES J, 1997. Temperature and moisture requirements for conidial germination of an isolate of *Beauveria bassiana*, pathogenic to *Rhodnius prolixus*[J]. Mycopathologia, 138(3): 117-125.

PHYLLIS A W, MARTIN R F, SCHRODER T J, et al, 2000. Temperature effects on the susceptibility of the colorado potato beetle (Coleoptera: Chrysomelidae) to *Beauveria bassiana* (balsamo) vuillemin in Poland, the Czech Republic and the United States[J]. Journal of entomological science, 35(3): 251-258.

（撰稿：赵燕妮；审稿：秦启联）

白蜡吉丁柄腹茧蜂 *Spathius agrili* Yang

寄生白蜡窄吉丁等蛀干害虫的一种茧蜂，属膜翅目茧蜂科（Braconidae）柄腹茧蜂属（*Spathius*）。2005年描述发表的白蜡窄吉丁（*Agrilus planipennis*）幼虫期寄生蜂新种，首次采于天津。该蜂是一种群集性的抑性外寄生蜂，在中国天津、北京、辽宁、吉林等地有自然分布。在天津的自然寄生率可达30%～90%，每头寄主幼虫上可产1～35粒卵，发育成蜂1～18头（平均8.4头），雌雄性比约为3∶1。该蜂在寄主幼虫蛀道内结茧越冬。白蜡吉丁柄腹茧蜂是一种专化性较强的寄生性天敌，具有良好的生物防治利用前景，可利用白蜡窄吉丁幼虫成功进行人工繁殖。

形态特征

雌蜂 体长3.5～4.3mm。触角35节，被短刚毛；第三节略弯，长度为第四节的1.6倍，第三、四和倒数第二节的长度分别为其宽度的6.8、4和2倍；触角长度是体长的1.2倍（不包括产卵器）；复眼长度为后颊的1.4倍，头顶光滑，均匀上凸；中胸长度为高度的2倍；中胸侧腹板脊明显但是近前缘1/3缺失；中胸侧腹板具斜宽槽型凹陷，内有8条微弱的横脊纹；中胸侧板中后部隆起，光滑具少量刚毛，侧板沟与中胸侧腹板之间有一深凹；中胸盾片背面观宽大于长（58∶54），前缘强烈弯向前胸背板；盾纵沟清晰，交汇于中胸盾片后部，盾纵沟前部细齿状，后部不规则凸起；侧缘具刚毛。小盾片窄，向后缘逐渐凹陷，长为中胸盾片的0.44倍；并胸腹节长为中胸盾片的0.5倍，中脊短，为侧褶脊的0.25倍；前翅长2.8～3.3mm。足基节光滑，在基腹面有一个弱的齿状突起；后足腿节、胫节以及基跗节分别为各自宽的3.3、12.3、7.5倍。前足胫节约有15个不规则的钉状刺，中足胫节约有14个。体红棕色，触角柄节、1～15鞭节、转节、跗节和第一背片微黄色或橙棕色，下颚须和产卵鞘棕褐色，腹部深褐色，中足和后足胫节基部1/10为白色。翅脉褐色，前翅略带褐色，在翅基部、中部和端部各具横向透明带。前翅r-m脉和后翅透明（图1①）。

雄蜂 体长3.4～3.8mm，前翅长2.2～2.6mm，与雌蜂形态相似，但触角为33～37节，后翅具2-SC+R脉，长度为宽度的2.7倍（图1②）。

生物学习性

寿命 在室温21～30°C条件下，补充20%蜂蜜水的雌雄成蜂平均可存活29.14±2.46天和23.64±5.80天，最长可达90天，明显比未补充蜜蜂水的成蜂寿命（6～7天）要长，而既不补充营养，又不补充水分的寿命更短，仅5天左右。可见在一定温度范围内，低温下的寿命比高温时长，补充营养的比不补充营养的长，一般同等条件下雌蜂寿命略长于雄蜂。

趋性 白蜡吉丁柄腹茧蜂成虫对光具有正趋性，且雌性比雄性更敏感。喜温，成蜂在温度较高时活动性强，相互追逐。在15°C以下时，成蜂极少活动，基本静伏不动。当环境温度在18°C以上时，茧蜂的活动性增强，而在25～30°C时，成蜂显得极为活跃，不时爬行、飞跃、求偶、交配等。并试图从试管的棉塞处往外钻，若棉塞太松，成蜂可钻出逃逸。这是在人工饲养中须注意的问题。

成蜂的耐水力 白蜡吉丁柄腹茧蜂成蜂具有很强的抗雨水能力，雌雄蜂均一样。在室内15°C气温条件下，将成

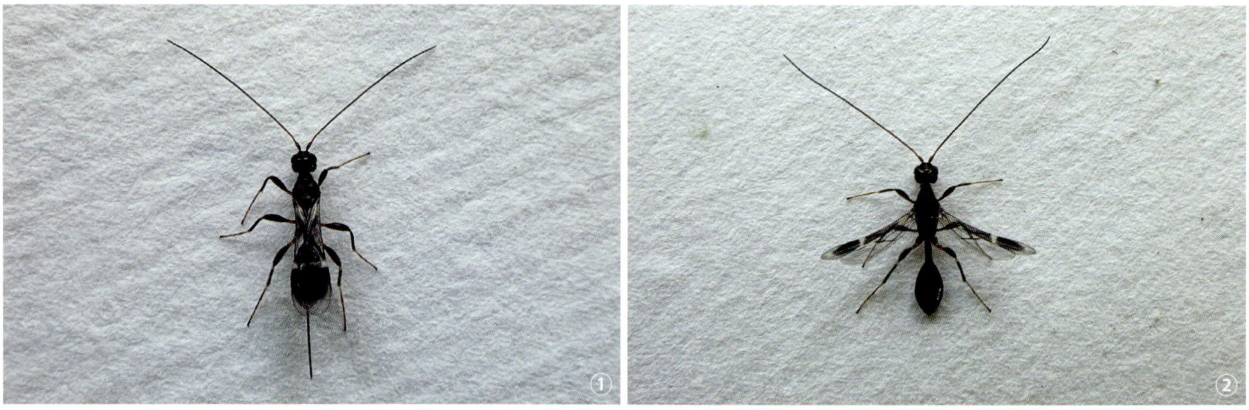

图1 白蜡吉丁柄腹茧蜂成虫（王小艺摄）
①雌；②雄

蜂放入盛水的杯中，茧蜂可漂浮于水面，并可用六足站立于水面上爬行或跳跃，很快到达杯壁并沿壁爬出。在油纸上用水滴淹没茧蜂成蜂时，茧蜂可立即从水珠中脱出。

性比 对室内羽化的 316 头成虫性比的观察，发现白蜡吉丁柄腹茧蜂不同时期的成蜂性比（雌性∶雄性）为 3.26∶1～3.53∶1，经 X^2 检验，均符合 3∶1 比例（与 3∶1 相比差异不显著，$\alpha = 0.05$）。

孤雌生殖 白蜡吉丁柄腹茧蜂通常情况下营两性生殖，在特定条件下也可以进行孤雌生殖，但其后代均发育为雄性。补充营养处理的产卵率为 60%，未补充营养的处理组仅为 20%。

羽化 成蜂羽化时先将茧壳的一端咬一个直径约 1.0mm 的圆形小孔（图 2、图 3），每个茧上各有 1 个，成蜂从茧壳内钻出后，再用上颚在树皮上也咬出 1 个直径 0.6～1.8mm、平均 0.93±0.03mm 的圆形羽化孔（图 4），该项工作往往由雄性完成。因为雄性成蜂一般先行羽化，咬好羽化孔，出孔后即守候在羽化孔边上，等待雌蜂出孔时进行交配。每穴茧蜂出孔时一般仅需 1 个羽化孔供所有的成虫钻出，但有时在同一位置附近也可见 2 个甚至 3 个羽化孔。该蜂白天晚上均能羽化，但多集中在白天。

自然条件下每窝茧常有 2～18 个，平均 9.07±0.43 个，一般可成功羽化 4.87±0.30（1～11）头成蜂，其中雌性显著多于雄性。白蜡吉丁柄腹茧蜂越冬代成蜂的羽化时间拉得很长，从 5 月下旬至 7 月中旬，陆陆续续极不整齐（图 5、图 6）。5 月下旬至 6 月上旬羽化数量很少，因为此时可供寄生的寄主幼虫的数量很少，而且龄期较低，直到 6 月中旬开始大量羽化。这可能是该蜂长期进化来的一种生态对策，因为它是一种专性较强的寄生蜂，羽化持续时间较长可以保证后代能够得以延续。2003 年羽化高峰期在 7 月中下旬，2004 年茧蜂的羽化明显有 3 个高峰，分别为 6 月上旬、6 月下旬和 7 月初，整个羽化期从 5 月下旬持续到 7 月下旬，长达 2 个月，且最早羽化时间较 2003 年约提前 20 天。

同一窝茧中先羽化的一般为雄性，对于羽化出来有雌有雄的同一窝茧，雄性先羽化的比例占 78.43%。同一窝茧的羽化时间（从第一头成蜂羽化到最后一头成蜂羽化）也拉得很长，对 56 窝茧的羽化历期统计的结果显示，同一窝茧的羽化历期平均为 18.82±1.18 天，变化幅度为 5～44 天。

交配 白蜡吉丁柄腹茧蜂成蜂一经羽化，即可马上进行交配。室温在 26～30°C 时雄性的求偶和追逐活动频繁。在交配活动中，雄性较雌性活跃，雄性不断爬行、跳跃、振扇翅膀，追逐雌蜂，交配时雄性一边扇动翅膀，一边用触角猛烈敲打雌蜂的触角。每次交配的时间很短，2～35 秒不等，平均为 16±3.75 秒。在林间实地调查时，常观察到雄蜂往往先羽化出孔，守候在羽化孔边上，等待刚羽化出孔的雌成蜂

图 2 白蜡吉丁柄腹茧蜂茧（魏可摄）

图 3 茧蜂羽化后带孔的茧壳（王小艺摄）

图 4 羽化孔（王小艺摄）

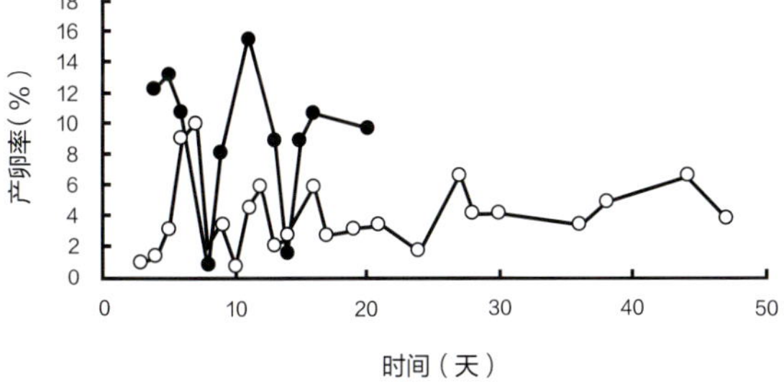

图 5 白蜡吉丁柄腹茧蜂的逐日产卵量的分布频率（王小艺绘）
2003 年 4 月 19 日于林间采集的茧在室内（温度 18～26℃）保湿培养所得结果

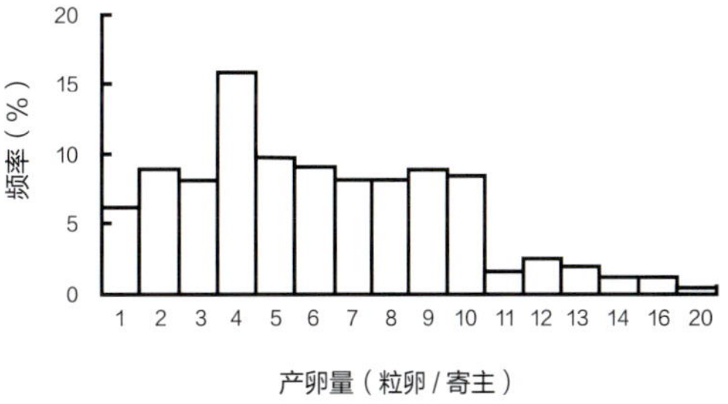

图 6 白蜡吉丁柄腹茧蜂在寄主体表产卵量（王小艺绘）
2004 年 3 月 6 日、4 月 14 日、5 月 7 日～6 月 25 日多批采集后于室内保湿培养所得结果

进行交配。

产卵 白蜡吉丁柄腹茧蜂属于卵谐产类昆虫，雌蜂寿命长，卵巢管内一般仅有少数几粒到10余粒成熟的卵，平均8.50±0.87粒。当条件适宜，搜索到合适的寄主时才产卵，其平均产卵前期为9～10天不等，产卵期较长，平均8～18天，最长可达47天（图5）。一生可多次产卵，每次产卵量为1～20粒，一般为2～10粒（图6），可产1～8次，补充营养的雌蜂每头的产卵量为23.25±5.53粒，不补充营养的雌蜂产卵量每头仅为11.18±1.49粒。每雌蜂总产卵量为6～68粒，温度高时产卵量多于温度低时的产卵量，但其怀卵量则不易查清。对193头被寄生寄主体上卵量的统计结果显示，平均每头寄主上的卵量为5.81±0.24粒（图6）。

从林间采集到的同窝卵、幼虫或蛹的数量来看，林间白蜡吉丁柄腹茧蜂的产卵量要比室内高。从被寄生的寄主大小来看，茧蜂绝少寄生低龄寄主幼虫，一般被寄生者均为三龄以上的寄主幼虫，直至老熟幼虫均可寄生，因为低龄期寄主幼虫可供利用的营养物质很少，完成发育的茧蜂后代数量必然也很少，甚至连1头后代也不能完成发育。且一、二龄寄主幼虫的蛀道也很小，即使茧蜂后代取食后能够完成发育也没有足够的空间结茧化蛹。

白蜡吉丁柄腹茧蜂具有识别寄主是否已被产卵的能力，1头寄主幼虫上只产1次卵，不会发生重复寄生现象。卵产于白蜡窄吉丁幼虫体表（图9），为群集抑性外寄生。室内接蜂试验显示，雌蜂对裸露的吉丁甲幼虫视而不见，只对隐蔽于树皮下的寄主感兴趣。

卵 卵初产时堆状，无规则地黏附于白蜡窄吉丁幼虫体表，卵表面有一层胶状物质，利于黏附于寄主体表而不致轻易被蹭掉。卵呈橙粒状，乳白色，半透明，略弯曲，一端粗，另一端稍细而尖（图10），长0.81±0.016mm，宽0.12±0.0024mm。卵期很短，在室温22～26°C时一般1～2天，平均1.55±0.16天即孵化。

幼虫 幼虫乳白色，半透明，蛆状，体纺锤形，无头无尾亦无足，明显可见13节，但体节上的气门不明显（图11、图12）。老熟幼虫体长5～7mm，宽1.2～1.6mm。采用记号笔标记法测定幼虫龄数及龄期，结果显示，白蜡吉丁柄腹茧蜂幼虫共分五龄。在22～26°C室温下，一龄0.81天，二龄1.19天，三龄0.90天，四龄1.18天，五龄4.88天。在较低温度下，龄期更长（图13）。各龄幼虫大小体长分别为一龄长0.64±0.021mm、宽0.15±0.0053mm；二龄长0.91±0.032mm、宽0.24±0.0089mm；三龄长1.56±0.029mm、宽0.40±0.0093mm；四龄长2.35±0.097mm、宽0.58±0.025mm；五龄长4.41±0.19mm、宽1.02±0.035mm。

茧蛹 幼虫寄生取食8～10天后即老熟，聚集在寄主尸体旁结茧化蛹（图14），越冬代茧壳一般较厚，呈黄褐色，非越冬代茧壳很薄，半透明，乳白色至浅黄色。茧长4.3～10.5mm，宽1.0～2.0mm。蛹经11～29天羽化，平均17.35天（±0.46）（n = 83）。温度越高蛹期越短，8月蛹期为11～13天，9月蛹期为18～20天。

茧内所化蛹为裸蛹（图15），当幼虫食料不足时，化蛹延迟或不结茧而直接化裸蛹，甚至不能完成发育而死亡，

图7 寻找寄主的雌蜂（王小艺摄）

图8 雌成蜂产卵（王小艺摄）

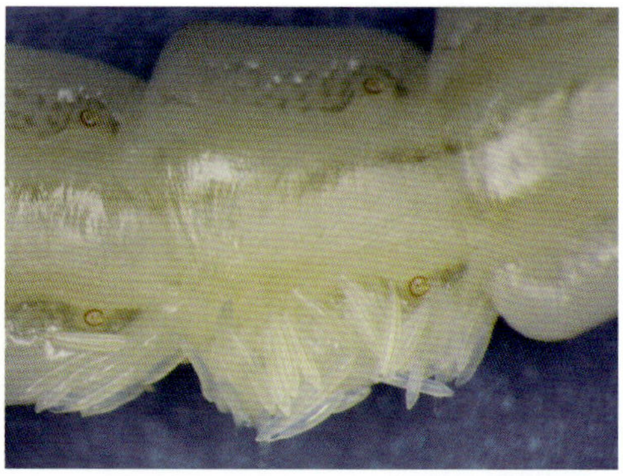

图9 寄主体表产的卵（杨忠岐摄）

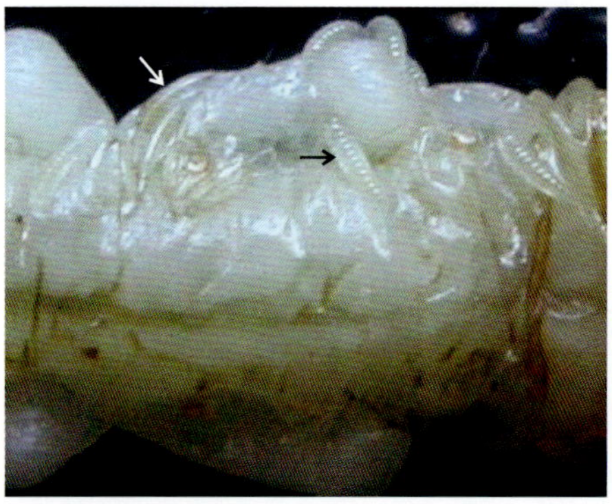

图10 寄主上的卵（白色箭头）及初孵幼虫（黑色箭头）（王小艺摄）

图11 茧蜂幼虫取食寄主（王小艺摄）

图12 老熟幼虫（王小艺摄）

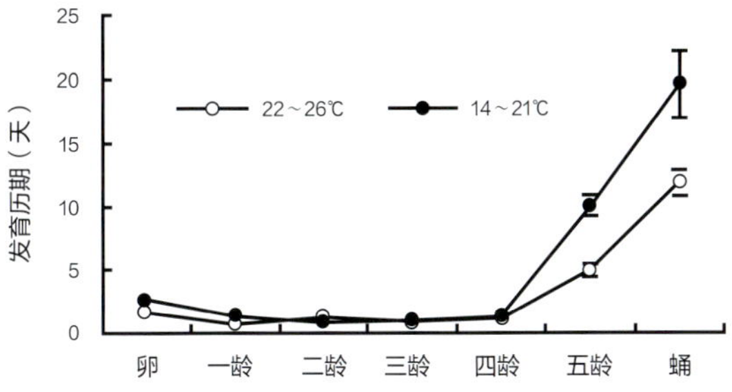

图 13 不同温度下白蜡吉丁柄腹茧蜂各虫态发育历期（王小艺绘）

图 14 茧
（王小艺摄）

图 15 蛹
（王小艺摄）

初化的蛹为乳白色，羽化前复眼首先变棕褐色，然后从头部到腹部依次变色，最后是腹部和产卵管变黑色。蛹态时产卵管紧贴于腹部腹面，羽化时才伸直，8 月室温下从结茧到化蛹需 4～6 天。

发育起点温度和有效积温 白蜡吉丁柄腹茧蜂卵、幼虫、蛹及全世代在变温条件下的发育起点温度分别为 17.91±0.80°C、15.51±0.66°C、14.12±0.49°C 和 8.39±4.90°C。有效积温分别为 10.98±1.48 日・度、58.77±5.89 日・度、145.71±7.59 日・度和 386.57±133.05 日・度。

生活史 在室内 18～27°C 下，白蜡吉丁柄腹茧蜂从卵到成蜂羽化的发育历期为 27～28 天。根据林间调查越冬代越冬和出蛰时间、室内接蜂试验以及不同温度下测定的各虫态发育历期从理论上推算，白蜡吉丁柄腹茧蜂在天津 1 年可发生 2～4 代。由于白蜡吉丁柄腹茧蜂越冬代成蜂羽化时间拉得很长，常从 5 月下旬持续到 7 月下旬，造成世代重叠极为严重。该蜂以老熟幼虫在寄主幼虫的蛀道内结茧越冬，越冬代在 9 月下旬至 11 月上旬结茧，此期间所结的茧蛹一般当年不再羽化而进入滞育状态。翌年 5 月底至 7 月中旬越冬代陆续羽化出蛰。作为一种专化性较强的寄生蜂，白蜡吉丁柄腹茧蜂具有明显的寄主跟随现象，由于白蜡窄吉丁幼虫发生盛期为 7～8 月，6 月上旬仅有少量寄主幼虫，且多在较低龄期，故此时越冬茧蜂并不同时羽化，而是陆续羽化而出，以利于种群的延续。正是因为越冬代羽化时间极不整齐，才导致了以后各世代的严重重叠现象。

种群的林间消长动态 在天津白蜡树林间最早见到白蜡吉丁柄腹茧蜂成蜂为 5 月下旬，随着寄主幼虫龄期的增大和种群数量的升高，茧蜂种群数量也逐渐上升。第一代茧蜂的寄生率较低，约为 10%，以后逐代寄生率增高，到越冬代时寄生率最高，往往超过 40%，个别林间甚至达到 60% 以上（图 16）。

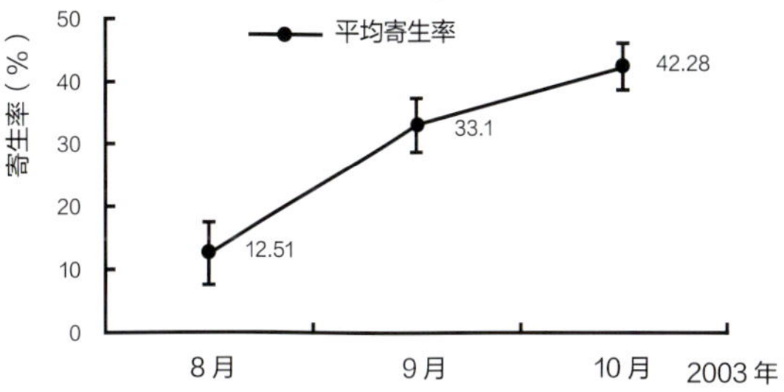

图 16 不同时期白蜡吉丁柄腹茧蜂林间的寄生率（王小艺绘）

人工繁殖与释放利用 由于白蜡窄吉丁入侵北美并在当地泛滥成灾，美国农业部动植物卫生检疫局（USDA-APHIS）于 2004 年从中国引进了白蜡吉丁柄腹茧蜂，经生态风险评估后，2007 年批准在美国进行林间释放。首先在最早发现白蜡窄吉丁的密歇根州进行了释放，第一年释放了 3 个地点。2008 年在密歇根州更多地点扩大了释放，并分别在印第安纳州和俄亥俄州也各新增了 2 个释放点。2009 年在马里兰州和伊利诺伊州进一步释放。此后每年不断增加寄生蜂的释放量和释放地点、范围，到 2014 年累计已释放超过 30 万头的白蜡吉丁柄腹茧蜂。

虽然在密歇根州各个释放点均为小规模的接种式释放，但释放后的次年调查，即在一些释放点发现了该寄生蜂。已在密歇根州、宾夕法尼亚州、马里兰州、伊利诺伊州、田纳西州、纽约市等地成功建立了种群，初步取得了一定的寄生作用，并继续对目标害虫白蜡窄吉丁的种群数量发挥着越来越显著的控制作用。为了尽快增加天敌的种群数量和分布范围，2009 年 USDA-APHIS 在密歇根州布莱顿市（Brighton）建立了一个天敌昆虫规模化人工繁育实验室，大量繁殖这种茧蜂，迅速增加人工繁育的天敌数量，进一步扩大天敌的释放范围和生物防治规模。因该寄生蜂种群的种源来自中国天津，美国推荐在北纬 40º 以南进行释放应用。

参考文献

王小艺，杨忠岐，刘桂军，等，2005. 白蜡窄吉丁幼虫的龄数和龄期测定 [J]. 林业科学，41(3): 97-102.

王小艺，杨忠岐，武辉，等，2007. 白蜡吉丁柄腹茧蜂的寄生和繁殖生物学 [J]. 昆虫学报，50(9): 920-926.

武辉，李孟楼，杨忠岐，等，2007. 白蜡窄吉丁及其寄生性天敌的耐寒性 [J]. 中国生物防治，23(2): 119-122.

ANTHONY A, VENETTE R C, LELITO J P, 2013. Cold tolerance of Chinese emerald ash borer parasitoids: *Spathius agrili* Yang (Hymenoptera: Braconidae), *Tetrastichus planipennisi* Yang (Hymenoptera: Eulophidae), and *Oobius agrili* Zhang and Huang

(Hymenoptera: Encyrtidae)[J]. Biological control, 67(3): 516-529.

GOULD J R, TRACY A, IVICH F, 2011. Effects of rearing conditions on reproduction of *Spathius agrili* (Hymenoptera: Braconidae), a parasitoid of the emerald ash borer (Coleoptera: Buprestidae)[J]. Journal of economic entomology(2): 379-387.

HOOIE N A, WIGGINSA G J, LAMBDINA P L, et al, 2015. Native parasitoids and recovery of *Spathius agrili* from areas of release against emerald ash borer in eastern Tennessee, USA[J]. Biocontrol science and technology, 25(3): 345-351.

WANG X Y, YANG Z Q, WU H, et al, 2008. Effects of host size on the sex ratio, clutch size and size of adult Spathius agrili, an ectoparasitoid of emerald ash borer[J]. Biological control, 44(1): 7-12.

YANG Z Q, STRAZANAC J S, MARSH P M, et al, 2005. First recorded parasitoid from China of *Agrilus planipennis*: a new species of *Spathius* (Hymenoptera: Braconidae: Doryctinae)[J]. Annals of the entomological society of America, 98(5): 636-642.

YANG Z Q, WANG X Y, GOULD J R, et al, 2010. Biology of *Spathius agrili* Yang (Hymenoptera: Braconidae) a parasite of the emerald ash borer (Coleoptera: Buprestidae) in China[J]. Journal of insect science, 10(30): 13.

（撰稿：王小艺；审稿：杨忠岐）

白蜡吉丁卵跳小蜂 *Oobius agrili* Zhang et Huang

膜翅目跳小蜂科（Encyrtidae），是2005年描述发表的白蜡窄吉丁卵期寄生蜂，在中国北京、辽宁、吉林、黑龙江等地有自然分布。该蜂营孤雌生殖，在辽宁7月中旬羽化，在夏季和初秋之间完成世代发育，冬季以老熟幼虫和预蛹状态在白蜡窄吉丁卵内滞育，直到翌年6月滞育解除。白蜡吉丁卵跳小蜂作为白蜡窄吉丁卵期重要的寄生性天敌，专化性较强，显示出良好的生物防治利用前景。2006年，北美植物保护组织批准释放该蜂防治白蜡窄吉丁，翌年美国农业部动植物检疫局批准在密歇根州进行人工释放。

形态特征

雌蜂　体长0.95mm（包括产卵器），深褐色稍带绿色光泽；触角除第六节黄色或棕黄色，其余呈黑褐色；前翅透明；前足基节深褐色，端部有时黄色；前足胫节和前足腿节通常深褐色；前足跗节黄色；中足基节黑褐色；中足胫节基部约1/2为黄色，其余黑褐色；中足腿节基部黑褐色，端部和顶部约1/2为黄色；中足跗节黄色；后足胫节端部和顶部约1/3以及跗节为黄色，其余部分为黑褐色；产卵管鞘伸出部分为黑褐色。额宽为头宽的一半，并有明显不规则网状刻纹；复眼着生纤毛；3单眼排成120°角，后单眼和复眼缘距离约为其直径一半，距离后头缘约为其直径长度；触角柄节圆柱形，长度为其最大宽度的4倍；梗节长度为宽度的2.5倍；棒节长度为最大宽度的3倍，端部强烈呈斜截形，截状部分长度几乎为棒节总长一半；触角第六节分布有线形感觉器，棒节其他节感受器分布为1，3，4，3；颚眼距为眼长的2/5；上颚有3齿；下颚须分3节，下唇须1节。胸部侧面观微凹陷；中胸盾片背面观有网状刻纹，并散生刚毛；三角片各内角彼此分离；小盾片被有细长或有条纹的网状刻纹。前翅长度是其最大宽度的2倍；缘脉长为宽度的1.5倍；痣后脉为缘脉长的1.2倍；痣脉和缘脉几乎等长。3对足的跗节4节；中足胫节距仅稍短于跗节第一节。腹部和胸部（除产卵器）几乎等长；尾须腹背板位于腹部中间；肛下板向腹基部偏移；产卵器为中足胫节和生殖刺突的1.3倍和2.2倍；产卵器明显突出，伸出部分为腹部长度的1/3（图2）。

雄蜂　无生殖器，其余与雌蜂形态相似，且触角梗节略短于索节或和索节第一节等长；索节各节长于宽度，表面覆有较长细毛；棒节坚固，端部稍呈斜截式；前翅缘脉点状；后缘脉略短于痣脉。

生物学习性

生活史　该蜂在白蜡窄吉丁（*Agrilus planipennis* Fairmaire）卵内以老熟幼虫和预蛹越冬，翌年6月寄主白蜡窄吉丁开始产卵时成虫羽化，并在夏季至初秋完成更多世代发育。野外

图1 白蜡吉丁卵跳小蜂老熟幼虫（段建军摄）

图2 白蜡吉丁卵跳小蜂雌蜂（曹亮明摄）

调查发现该蜂每年至少完成两个世代，在7月和8月对白蜡窄吉丁卵的寄生率达到最高，分别为56.3%和61.5%。白蜡窄吉丁卵被寄生后，卵粒呈黑色或深褐色，卵壳看似饱满或正面有一小洞。每头蜂在其生命周期内可以寄生多达62粒白蜡窄吉丁卵。母蜂在羽化第一周子代产出最多，随后逐渐降低，可见该蜂的繁殖力或者产卵率取决于母蜂的寿命。室内当温度在22.5～26.5°C时，大约1个月后成蜂羽化，从卵壳中飞出。

产卵　白蜡窄吉丁新产卵粒至产后9天的卵粒，该蜂均会寄生产卵。每头雌蜂一生平均产卵24粒，日最大产卵量为5粒。

寿命　该蜂营孤雌生殖，雌雄性比为14.5 ∶ 1。室内雌蜂用水加蜂蜜补充营养的情况下，成蜂平均寿命为14天，最久存活62天，且在20°C下存活时间显著长于30°C。

寄主　该蜂寄主专化性较强，室内试验结果显示，在没有白蜡窄吉丁卵供试时，该蜂只寄生3种大小与白蜡窄吉丁卵粒接近的其他吉丁虫的卵；将这些卵和白蜡窄吉丁卵粒再次供其选择，该蜂仍表现出对白蜡窄吉丁卵粒的喜好性。

滞育　该蜂种群的一部分在白蜡窄吉丁卵内滞育越冬，经过滞育的白蜡吉丁卵跳小蜂比未经过滞育的成蜂寿命显著缩短，子代数量也明显降低。白蜡吉丁卵跳小蜂在低温2～12°C下放置3～6个月后滞育，滞育母蜂第一代子蜂大部分为非滞育状态，并且之后连续11代子蜂均不滞育。相比于长光照（16小时），更多子代在短光照（8小时）下发生滞育。研究显示该蜂应在温热和长光照条件下进行连续饲养。

耐寒性　该蜂平均过冷却点为−30.5°C，有较高的耐寒性，短期的低温驯化可以提高该蜂滞育时的存活率，长期恒定的低温保存该蜂死亡率增高，一代中滞育的白蜡吉丁卵跳小蜂50%在低温（0°C、−5°C、−10°C、−15°C）下贮存84天后体色变淡。

人工繁殖与利用　白蜡吉丁卵跳小蜂于2004年在吉林长春和北京地区发现，并且发现该蜂在辽宁地区是白蜡窄吉丁最主要的致死因子，随后该蜂引入至美国并完成了安全性评估，在密歇根州经过大量人工繁育后，于2007年在该州2个点进行释放。2008年，在密歇根州更多点进行释放，并分别在印第安纳州和俄亥俄州各新增2个释放点。2009年在马里兰州和伊利诺伊州进一步释放，此后每年不断增加寄生蜂的释放量和释放地点。该蜂在密歇根、田纳西等州成功建立了种群。

最初美国农业部林务局用实验室饲养获得的白蜡窄吉丁卵粒来繁殖白蜡吉丁卵跳小蜂，2009年美国农业部动植物检疫局（USDA-APHIS）在密歇根州布莱顿市（Brighton）建立了一个天敌昆虫规模化人工繁育实验室，大量繁殖该小蜂，迅速增加了天敌数量，进一步扩大了天敌的释放范围和生物防治规模。

美国2009年至2019年由白蜡窄吉丁危害所带来的经济损失将高达107亿美元。白蜡吉丁卵跳小蜂在试验地对白蜡吉丁的卵寄生率从早期2008—2010年的5%到2013年增至将近30%，对白蜡窄吉丁种群数量的抑制起到显著作用。利用白蜡吉丁卵跳小蜂防治白蜡窄吉丁已取得初步成功，林间释放后该蜂种群数量逐年升高，对白蜡窄吉丁种群数量发挥着越来越显著的控制作用。

参考文献

王小艺，杨忠岐，GOULD J R，等，2015. 白蜡窄吉丁（鞘翅目：吉丁甲科）的生物防治研究进展[J]. 中国生物防治学报，31(5): 666-678.

ABELL K J, BAUER L S, DUAN J J, et al, 2014. Long-term monitoring of the introduced emerald ash borer (Coleoptera: Buprestidae) egg parasitoid, *Oobius agrili* (Hymenoptera: Encyrtidae), in Michigan, USA and evaluation of a newly developed monitoring technique[J]. Biological control, 79: 36-42.

DUAN J J, BAUER L S, ULYSHEN M D, et al, 2011. Development of methods for the field evaluation of *Oobius agrili* (Hymenoptera: Encyrtidae) in North America, a newly introduced egg parasitoid of the emerald ash borer (Coleoptera: Buprestidae)[J]. Biological control, 56(2): 170-174.

HANSON A A, VENETTE R C, LELITO J P, 2013. Cold tolerance of Chinese emerald ash borer parasitoids: *Spathius agrili* Yang (Hymenoptera: Braconidae), *Tetrastichus planipennisi* Yang (Hymenoptera: Eulophidae), and *Oobius agrili* Zhang and Huang (Hymenoptera: Encyrtidae)[J]. Biological control, 67(3): 516-529.

HOBAN J, DUAN J J, HOUGH-GOLDSTEIN J, 2016. Effects of temperature and photoperiod on the reproductive biology and diapause of *Oobius agrili* (Hymenoptera: Encyrtidae), an egg parasitoid of emerald ash borer (Coleoptera: Buprestidae)[J]. Environmental entomology, 45(3): 726-731.

JOHNSON T D, LELITO J P, PFAMMATTER J A, et al, 2016. Evaluation of tree mortality and parasitoid recoveries on the contiguous western invasion front of emerald ash borer[J]. Agricultural and forest entomology, 18(4): 327-339.

LARSON K M, DUAN J J, 2016. Differences in the reproductive biology and diapause of two congeneric species of egg parasitoids (Hymenoptera: Encyrtidae) from northeast Asia: implications for biological control of the invasive emerald ash borer (Coleoptera: Buprestidae)[J]. Biological control, 103: 39-45.

PARISIO M S, GOULD J R, VANDENBERG J D, et al, 2017. Evaluation of recovery and monitoring methods for parasitoids released against emerald ash borer[J]. Biological control, 106: 45-53.

WANG X Y, CAO L M, YANG Z Q, et al, 2016. Natural enemies of emerald ash borer (Coleoptera: Buprestidae) in northeast China, with notes on two species of parasitic Coleoptera[J]. The Canadian entomologist, 148(3): 329-342.

ZHANG Y Z, HUANG D W, ZHAO T H, et al, 2005. Two new species of egg parasitoids (Hymenoptera: Encyrtidae) of wood-boring beetle pests from China[J]. Phytoparasitica, 33(3): 253-260.

（撰稿：胡帅；审稿：王小艺）

白蜡吉丁啮小蜂　*Tetrastichus planipennisi* Yang

膜翅目姬小蜂科（Eulophidae）啮小蜂属（*Tetrastichus*），

是白蜡窄吉丁（*Agrilus planipennis* Fairmaire）幼虫期群集容性内寄生蜂，由杨忠岐于2006年命名并描述发表，已在美国释放用于白蜡窄吉丁的生物防治。

该蜂在中国辽宁、吉林、黑龙江等地有自然分布，在长春越冬代寄主幼虫中的寄生率为42.86%。幼虫化蛹率平均85.83%±1.8%，成蜂羽化率平均为84.70%±1.2%。每头寄主幼虫上可以出蜂30～172头，雌雄性比为3.04∶1。该蜂专化性较强，只寄生白蜡窄吉丁幼虫，可利用白蜡窄吉丁幼虫对该蜂进行人工繁殖。经国家林业局批准，美国于2003年引进该蜂并开展了安全评估和人工繁育方法的研究，2007年在密歇根州进行了释放，至2014年，该蜂在美国的繁殖量达60万头，已先后在伊利诺伊州、印第安纳州、马里兰州、俄亥俄州和田纳西州等19个州进行了林间释放。

雌蜂形态特征 体长2.7～4.1mm，体呈深绿色，具金属光泽。触角深褐色，柄节端部1/4部分呈棕色，梗节微红色。足基节和腿节均为深绿色，转节深褐色，腿节末端、胫节和跗节黄色，跗节末节棕色；翅透明，翅脉砖红色（图①）。

头部 头宽为胸宽的2.3倍，侧单眼直径等于侧单眼与复眼间距，两侧眼间距为复眼间距的1.6倍，上颊长为复眼长的0.22倍。正面观头宽:高等于22∶25，触角窝较浅，近平滑。复眼疏生短柔毛，长是宽的1.9倍。颚眼距为复眼长的0.8倍，颚眼沟近直。脸区内侧凹陷。唇基宽为颚眼距的0.9～1.2倍。唇基前缘深凹。触角窝低于复眼下缘连线。触角柄节与复眼等长，柄节长为宽的4.8倍，上延超过单眼而到达头顶。梗节和鞭节为头宽的1.2～1.28倍，梗节长为宽的2.2倍，较第一索节短。索节比梗节宽，棒节宽于索节。索节各节上具3列条状感器，端部散生着蘑菇状感器。棒节第一、二节上具2列条状感器，第三节上具1列，第一节顶端具蘑菇状感器。

胸部 中胸长度是宽度的1.4倍，具网状刻纹，中胸背板长度小于宽度，中胸盾片和中胸小盾片上具细长网状刻纹，中胸小盾片长为宽的1.1～1.2倍。并胸腹节长度是后胸盾片的2倍，宽度为长度的6.5倍。并胸腹节中区具网状刻纹，中纵脊宽。气门卵形，距后胸背板的距离与其长度相等。胸腹侧片具较浅的网状刻纹，中胸侧板、中胸前侧片和后胸侧板具网状刻纹。足细长。后足腿节长为宽的4.2倍，具3列刚毛。前翅前缘室长为缘脉的0.8倍，宽为9.4倍，缘脉背面光滑，腹面具1列短毛。亚缘脉具1～2根刚毛。缘脉长为翅痣长的4倍，且为前缘脉的1.2倍。基室开放，背面光滑，腹面具2～4根短毛。基室外缘具9根刚毛。基无毛区小，呈狭窄带状，长度约为缘脉的2/3。

腹部 与啮小蜂属其他种相比，白蜡吉丁啮小蜂腹部极长。腹柄环状；室内阴干的标本腹部尖而狭长，背面凹陷，腹部长为头胸部长度之和的1.9～2.0倍，长为宽的5.0倍，较胸部窄；表面具弱网状刻纹，第一、二腹节背面具刚毛。下生殖板位于腹部长的0.12倍处，基部延长，长度为基部宽的4.4～5.8倍，具刚毛。产卵器长度为最后一背板的1/10。

雄蜂形态特征 体长1.6～2.2mm，深蓝色，柄节黑色，翅脉暗褐色。额和触角洼侧区具稀疏刚毛。触角索节4节，柄节扁平，与复眼等长，长为宽的2.5倍，接近头顶。胸部长为宽的1.7倍。前翅前缘室短于缘脉，缘脉长为翅痣的3.1倍。亚缘脉上通常具1根刚毛，偶见2根。室内阴干的标本腹部干瘪，腹部长度短于头胸部长度之和（图②）。

幼虫 体长1.5～3.5mm，乳白色或浅黄色，但当幼虫食料不足时则呈棕黄色或黑色，半透明，蛆状，纺锤形，无足，气门不明显（图③）。

蛹 裸蛹，蛹期长13～18天。整个蛹期蛹体颜色变化明显，预蛹期1～2天，呈半透明乳白色，但在低温下呈棕黑色。该蜂在寄主幼虫体内化蛹，初期为乳白色，随后头部至胸部逐渐呈现浅黄色，复眼变为红色，腹中部变为黑色；随着生长发育，腹部和复眼逐渐变为黑色，直至个体全部呈黑色。越冬代茧壳一般较厚，呈黄褐色，而非越冬代茧壳极薄，呈半透明状（图④）。

生物学习性

生活史 在吉林长春，白蜡吉丁啮小蜂成蜂从5月开始羽化，一年可发生2～4代，以老熟幼虫在寄主蛀道内越冬。

羽化 白蜡吉丁啮小蜂羽化时间不整齐，在白天和夜间均能羽化。成虫羽化时先在头胸连接处出现边缘不规则的椭圆形小孔，通过腹部收缩逐渐脱离蛹皮，最后尾部与蜕粘连。羽化后成虫静止不动，随后用足整理双翅，继而借助后足脱离蜕，整个蜕皮过程大约持续2小时。一般雄性先羽化，羽化后的小蜂将寄主坑道上的树皮咬出洞之后钻出，同一个坑道内的小蜂从同一个洞内钻出。

耐水性 降水对白蜡吉丁啮小蜂雌性成虫影响不大，在25°C下，该蜂浸入水中后剧烈挣扎，随后活动逐渐减弱，大约10分钟后漂浮于水面。但浸泡1小时捞出后，该蜂可以立即爬行，3～5分钟后即可活动自如。

飞行能力 该蜂具有良好的扩散能力。白蜡吉丁啮小蜂雌成虫在25°C、补充20%蜂蜜水的条件下，平均每天可飞行1.26km，最高飞行速度可达7km/d，但雄成虫的飞行能力远弱于雌性。该蜂在补充营养后和未补充营养的条件下飞行能力相差41倍，但羽化时间长短对飞行能力没有影响。

寿命 白蜡吉丁啮小蜂成虫是否补充营养对其寿命影响显著，成虫的寿命一般不超过10周，通常雌成虫的寿命

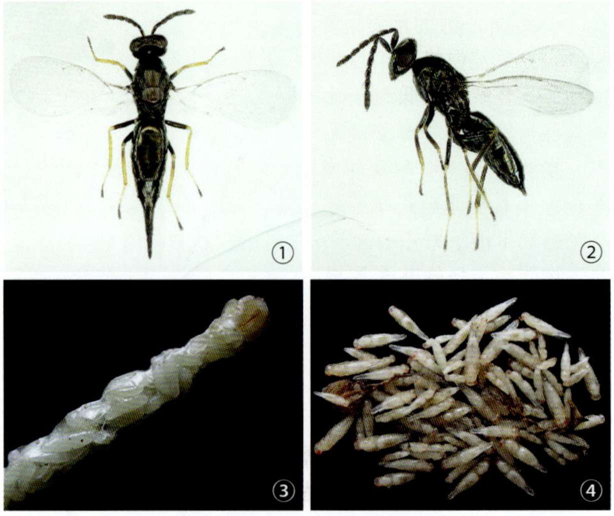

白蜡吉丁啮小蜂（王小艺摄）
①雌成蜂；②雄成蜂；③幼虫（寄主体内）；④蛹

B

较雄性长。在 25±2°C、相对湿度 55%～75%、16：8 小时（L：D）的培养条件下，雌成虫补充 20% 蜂蜜水平均寿命为 8 周，最长 9 周；雄成虫平均寿命为 5 周。

性比 自然条件下白蜡吉丁啮小蜂的雌雄蜂比为 2.39：1～5.06：1，平均为 3.04：1。但在人工繁育时，随着蜂虫比的增加子代蜂的雌雄比逐渐下降，蜂虫比为 1：1 时子代蜂的雌雄性比为 6：1，而当蜂虫比达到 8：1 时子代蜂雌雄性比仅为 2：1。

交尾 成虫交配时，雄成虫更为活跃，有爬行、跳跃、振动双翅和追逐雌蜂等行为。雌蜂常背负雄蜂爬行，而雄蜂则以触角敲击雌蜂的触角。交尾时雄蜂的腹部向下弯曲，雌蜂腹部末端上翘，尾部相接交尾，雄蜂振动翅膀的同时以触角猛烈敲击雌蜂的翅膀。交尾时间往往较短，仅持续数秒。交尾结束后雄蜂先离开，雌蜂静止数秒后开始寻找寄主。一头雄蜂可与多头雌蜂交尾，而雌蜂则一般一生只交尾一次。

识别寄主 白蜡吉丁啮小蜂可以通过听觉和嗅觉识别寄主。就听觉而言，雌蜂可以通过寄主幼虫取食时振动产生的声音辨别寄主的质量，寄主个体越大振动产生的声音的振幅也随之增强，而个体大的寄主产生的子代蜂的个数也越多。就嗅觉而言，水曲柳受害树皮、白蜡窄吉丁幼虫和白蜡窄吉丁幼虫排泄物的混合物、受害树皮和白蜡窄吉丁幼虫排泄物的混合物对雌蜂的吸引作用最强。其中，白蜡窄吉丁幼虫排泄物的挥发物是寄主挥发物中主要的活性组分，受害树皮、白蜡窄吉丁幼虫对雌成蜂也有较强的吸引作用。

产卵 白蜡吉丁啮小蜂可寄生白蜡窄吉丁二至四龄幼虫、J 型幼虫及预蛹，其中最为偏好四龄幼虫，三龄幼虫、J 型幼虫和预蛹的寄生率次之。但该蜂很少在寄主蛹上产卵，这可能是因为寄主蛹室距树皮距离较远，超出了雌性成虫产卵器所能达到的范围。20% 的雌性成虫在羽化后一周内产卵，但 60% 的雌性则在羽化后第三周产卵，随后产卵的雌性数量逐渐减少。一般发育成熟的雌性卵巢中有 20～30 粒成熟的卵粒，刚羽化的雌性与羽化一段时间的雌性生殖能力基本一致，通常一头雌成虫可产 57±5.8 粒卵。

人工繁殖与释放利用 白蜡吉丁啮小蜂专化性强，仅发现寄生白蜡窄吉丁幼虫。多在 25±2°C、相对湿度 65%、L：D=16：8 小时的培养条件下，以野外采集的白蜡窄吉丁四龄幼虫繁殖白蜡吉丁啮小蜂，人工接蜂时蜂虫比一般为 1：1。但是该蜂在低温条件下将进入滞育状态，长期贮存于低温条件下将导致该蜂无法羽化，因此应避免长期保存造成经济损失。自 2003 年发现该蜂后，美国立即引进该蜂并进行人工繁育研究和生态风险评估，2007 年美国国家环境保护局批准该蜂在密歇根州进行释放，用于白蜡窄吉丁的生物防治。该蜂在密歇根建立种群后，种群不断扩散扩大，对白蜡窄吉丁的控制起到重要作用。仅在密歇根州，截至 2012 年该蜂的释放点达到 92 个，自然寄生率由 4% 上升至 83%。美国农业部动植物检疫局对白蜡窄吉丁种群连续 6 年监测发现，虽然在某释放地点美国本土寄生性天敌刻柄茧蜂（*Atanycolus* spp.）和红腹小蜂（*Phasgonophora sulcate* Westwood）对白蜡窄吉丁种群净增长率的影响高于白蜡吉丁啮小蜂，但在白蜡窄吉丁幼虫种群密度较低时，白蜡吉丁啮小蜂的寄生率更高，对白蜡窄吉丁的防治效果更好。白蜡吉丁啮小蜂具有良好的扩散能力，可以进行定点释放，该蜂能够自行扩散和寻找寄主。但在人工释放时应注意该蜂由于产卵器较短，仅能够寄生在树皮厚度小于 3.2mm 的皮下危害的寄主，因此不适宜在树皮较厚的大胸径树木的林分中释放，在胸径小于 12cm 的幼龄林中释放防治效果更好。

参考文献

ABELL K J, DUAN J J, BAUER L, et al, 2012. The effect of bark thickness on host partitioning between *Tetrastichus planipennisi* (Hymen: Eulophidae) and *Atanycolus* spp. (Hymen: Braconidae), two parasitoids of emerald ash borer (Coleop: Buprestidae)[J]. Biological control, 63(3): 320-325.

BAUER L S, DUAN J J, GOULD J R, et al, 2015. Progress in the classical biological control of *Agrilus planipennis* Fairmaire (Coleoptera: Buprestidae) in North America[J]. The Canadian entomologist, 147(3): 300-317.

DUAN J J, BAUER L S, ABELL K J, et al, 2013. Establishment and abundance of *Tetrastichus planipennisi* (Hymenoptera: Eulophidae) in Michigan: potential for success in classical biocontrol of the invasive emerald ash borer (Coleoptera: Buprestidae)[J]. Journal of economic entomology, 106(3): 1145-1154.

DUAN J J, OPPEL C B, ULYSHEN M D, et al, 2011. Biology and life history of *Tetrastichus planipennisi* (Hymenoptera: Eulophidae), a larval endoparasitoid of the emerald ash borer (Coleoptera: Buprestidae) [J]. Florida entomological society, 94(4): 933-940.

DUAN J J, BAUER L S, ABELL K J, et al, 2015. Population dynamics of an invasive forest insect and associated natural enemies in the aftermath of invasion: implications for biological control[J]. Journal of applied ecology, 52(5):1246-1254.

HANSON A A, VENETTE R C, LELITO J P, 2013. Cold tolerance of Chinese emerald ash borer parasitoids: *Spathius agrili* Yang (Hymenoptera: Braconidae), *Tetrastichus planipennisi* Yang (Hymenoptera: Eulophidae), and *Oobius agrili* Zhang and Huang (Hymenoptera: Encyrtidae)[J]. Biological control, 67(3): 516-529.

LIU H, BAUER L S, MILLER D L, et al, 2007. Seasonal abundance of *Agrilus planipennis* (Coleoptera: Buprestidae) and its natural enemies *Oobius agrili* (Hymenoptera: Encyrtidae) and *Tetrastichus planipennisi* (Hymenoptera: Eulophidae) in China[J]. Biological control, 42(1): 61-71.

ULYSHEN M D, DUAN J J, BAUER L S, 2010. Interactions between *Spathius agrili* (Hymenoptera: Braconidae) and *Tetrastichus planipennisi* (Hymenoptera: Eulophidae), larval parasitoids of *Agrilus planipennis* (Coleoptera: Buprestidae)[J]. Biological control, 52(2):188-193.

ULYSHEN M D, DUAN J J, BAUER L S, et al, 2010. Suitability and accessibility of immature *Agrilus planipennis* (Coleoptera: Buprestidae) stages to *Tetrastichus planipennisi* (Hymenoptera: Eulophidae)[J]. Journal of economic entomology, 103(4): 1080-1085.

YANG Z Q, STRAZANAC J S, YAO Y X, et al, 2006. A new species of emerald ash borer parasitoid from China belonging to the genus *Tetrastichus* Haliday (Hymenoptera: Eulophidae)[M]. Entomological society of Washington, 108(3): 550-558.

（撰稿：辛蓓；审稿：王小艺、杨忠岐）

B

白蜡吉丁肿腿蜂 *Sclerodermus pupariae* Yang et Yao

寄生白蜡窄吉丁等蛀干害虫的寄生蜂，属膜翅目细腰亚目（Apocrita）青蜂总科（Chrysidoidea）肿腿蜂科（Bethylidae）肿腿蜂亚科（Bethyline）肿腿蜂属（*Sclerodermus*）。是杨忠岐等2012年描述发表的一个新种。成虫形似蚂蚁，性二型显著。2004年首次发现于天津官港森林公园，外寄生于白蜡窄吉丁（*Agrilus planipennis*）的蛹。林间的自然寄生率为10%左右。后经野外观察和室内试验发现，它也能自然寄生白蜡窄吉丁的各龄幼虫和咖啡脊虎天牛（*Xylotrechus grayii*）幼虫。白蜡吉丁肿腿蜂是一种广食性寄生蜂，在生产上已广泛用于防治林业蛀干类害虫，可寄生多种吉丁甲类、天牛类、象甲类害虫的幼虫，对寄主有较强的搜索和主动攻击能力，是一种重要的蛀干害虫天敌。

形态特征 具翅雌蜂体长3.31mm，宽0.54mm。全体褐黑色，具细密的网状刻纹及稀疏的短毛；具弱光泽；触角、上颚、各足转节和胫节及跗节黄褐色，基节和腿节同体色，但跗节端部4/5为褐黄色；前后翅透明略带烟色，翅脉黄褐色；腹部各节后缘处黄褐色。头为前口式，额、头顶和颊显著鼓出，唇基三角形，特化成倒“V”字形片状位于两触角窝之间。触角13节；柄节长与复眼长度相同，棍棒状，端部最宽处为柄节长度的0.36倍。具3个单眼。前胸背板钟形，鼓起，较短。中胸侧板显著鼓起。前翅长为宽的3.3倍；外缘具缘毛；亚前缘脉、中脉和基脉发达，共同组成基室；径中横脉（rm）显著，向外下方斜伸到达臀脉端部，但臀脉没有发育；痣脉很短。后翅翅脉简单。腹部无柄，披针形，每节背板上分布有稀疏但显著的刚毛。

无翅雌蜂全体栗褐色，前胸背板和中胸背板后缘具黄褐色带；并胸腹节后部下倾的坡面区及腹部各节背板的后半部略呈褐黄色，末节背板深橙黄色；触角褐黄色，端部略呈黑色；各足基节、腿节和跗节同体色，但中胸盾片、各足转节及膝部和爪褐黄色；唇基和上颚褐黄色，但上颚齿为栗褐色。头和中躯上的网状刻纹及刚毛基本一致，而腹部背板上的网状刻纹则较细密，刚毛也较显著。无翅雌蜂有的个体为黑色，但上颚、触角、胫节一部分、跗节、前胸背板后缘黄褐色，腹部各节背板后缘具黄褐色横带；有的个体头部、中躯和腹部背板1为黄褐色，腹部其他背板则为黑褐色；中胸盾片黄褐色；触角和跗节黄色（图1）。

生物学习性 该肿腿蜂为抑性寄生方式，以无翅雌成蜂在寄主老坑道或白蜡树树皮裂缝中越冬。雌成蜂在树皮上咬一入侵孔而进入寄主坑道，也可利用前足扒开寄主坑道中的虫粪而到达寄主所在位置。接触到寄主后，雌蜂先刺蜇寄主，使其麻痹，而后吸食寄主的血淋巴进行补充营养，完成生殖系统发育。卵一般均匀地产在寄主体表，通常2天后即可孵化，在23～25°C情况下，肿腿蜂幼虫期为7天左右，寄主即被取食殆尽，仅剩下表皮和头壳等骨化程度较高的器官，这时老熟幼虫在寄主尸体旁群集吐丝做茧化蛹。蛹期为15～20天。雌蜂具抚幼习性，在给寄主产卵之前，雌蜂先清理寄主身体上的虫粪、碎屑等，产完卵后和整个幼虫发育阶段，雌蜂一直守候在寄主体上，爬行巡逻，如果有的卵或幼虫从寄主体上掉落下来，雌蜂会用上颚将其叼回到寄主体上；如果有的幼虫感染病原物，雌蜂会将感染的个体叼到寄主坑道一端而远离其他后代个体，以免感染其他健康的幼虫；在其后代幼虫做茧化蛹后，雌蜂仍然留守在茧堆旁关照着其后代。

生活史 白蜡吉丁肿腿蜂的卵、幼虫、茧蛹期和全世代的发育起点温度分别为16.89±0.79°C、17.03±1.42°C、16.90±1.68°C和15.31±0.47°C。有效积温分别为33.82±4.13日·度、49.11±7.93日·度、128.88±27.87日·度和277.00±14.15°C日·度。白蜡吉丁肿腿蜂以经过交配的雌性成蜂在寄主虫道、蛹室或其他隐蔽的地方越冬，部分越冬代成虫能存活到翌年的7～8月。该蜂一生可以产卵3～5次，经过连续几年的野外林间调查发现，该蜂在天津官港地区随气候的变化，活动时间也有所不同，为每年的4月中下旬至10月中下旬或11月上旬。室内变温条件下该蜂能完成5个世代的发育，每代有3～5个姊妹代。该蜂在补充寄主体液后寿命明显变长，因此世代重叠非常严重。实验室恒温条件下培养繁殖，26～30°C几乎每月可完成一代，冬季在室内无滞育现象。

性比、寿命和雌性有翅率 白蜡吉丁肿腿蜂一次完整的产卵寄生，后代雄性数量为0～4头，但以1～2头为主。

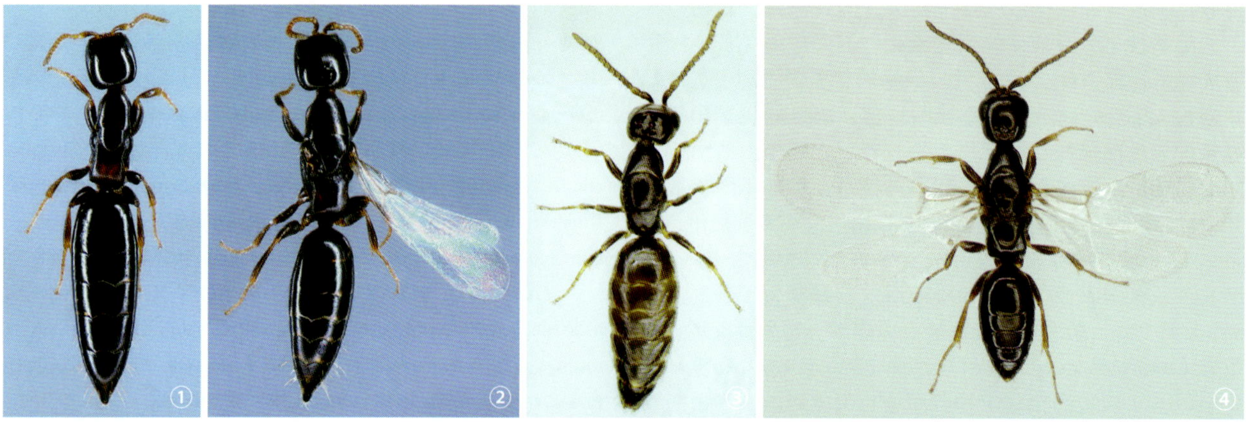

图1 白蜡吉丁肿腿蜂成虫（*Sclerodermus pupariae* Yang et Yao）（曹亮明摄）

①无翅雌成蜂；②有翅雌成蜂；③无翅雄成蜂；④有翅雄成蜂

极罕见可达6头，其余的全部为雌性个体。雌雄性个体的比例能达到19～49 ∶ 1。雌蜂在补充白蜡窄吉丁蛹或幼虫体液的情况下平均寿命明显增加，可达60天以上。雄性个体平均寿命12天。白蜡吉丁肿腿蜂第一代雌性个体的有翅率最高可达56.6%，之后有翅率明显减少，雌雄比增大。

孤雌生殖　白蜡吉丁肿腿蜂通常情况下营两性生殖，未交配的母代雌蜂接触寄主来补充营养的时间都会推迟，10～14天才开始产卵，但产卵后幼虫的孵化、生长正常，但后代全部为雄性。表明肿腿蜂能孤雌产雄。

生态学习性

耐雨水和扩散能力　该肿腿蜂无论是有翅还是无翅个体都能耐1小时的清水浸泡。之后用毛笔尖挑出，即刻可以爬行，3～5分钟后行动自如，完全恢复到原来的状态。接在圆形水滴上的成蜂能在2秒内迅速逃离，水滴的表面张力对肿腿蜂几乎不能起到阻碍作用。可见该蜂在自然界有很好的适应能力，降雨对其种群数量不会造成明显的波动。该蜂自然扩散能力比较强，在湿度为70%左右的情况下，随着温度的升高，活动能力明显增强。18.9°C时在竹竿上的爬行速度仅为19.0cm/分钟，在27.3°C时速度为56.9cm/分钟，提高了3倍。可见温度是影响其扩散速度的决定性因素。

寄主清理行为　白蜡吉丁肿腿蜂产卵前刺蜇寄主使其完全麻痹不动，通过刺蜇给寄主体内注射毒液，使寄主保持新鲜而不至于很快腐烂，从而有利于卵的孵化和幼虫的取食生长。当寄主被麻痹时，肿腿蜂开始清理寄主体上的虫粪、木屑、皮屑和其他杂物，然后才在寄主体上取食寄主来补充营养。

取食行为　肿腿蜂在白蜡窄吉丁体上取食补充营养时，用上颚在寄主体上较嫩的部位，如头部和胸部之间、胸部和腹部之间来吸取寄主的体液，但取食过后寄主的体液并不会流出，寄主仍保持完好。5～7天后雌蜂腹部明显拉长，腹部膨大，各腹节之间连接处颜色由褐色变为黄褐色，腹节之间半透明清晰可见，共7个体节。此时母代雌蜂体内的卵正在成熟。在产卵后若不人为的接出母代雌蜂，则卵孵化后开始抚幼，在后代食料充足和后代孵化不久的情况下，会继续少量取食来补充营养，但是目的是为了生存而非为下次产卵准备。相反在产卵后人为将母蜂接出，同时再接入新的寄主，此时的母蜂会大量取食，5～7天后即可再次产卵。雌性肿腿蜂羽化后即开始搜索取食，羽化后留下的茧壳大部分会被其吃掉。

抚幼行为　白蜡吉丁肿腿蜂对后代有极强的抚育行为。在产卵过程和幼虫的取食过程中发现个别卵或幼虫从寄主体上滚落，母代雌蜂会用前足和中足将卵重新拖回到寄主体上。幼虫完成取食后会散开准备吐丝结茧，如果此时一些幼虫远离其他幼虫，母蜂也会认真地将所有的幼虫聚集在一起，这样有利于结茧化蛹。因为散落一旁的独个幼虫往往不能结茧而成为裸蛹。

羽化与交尾　白蜡吉丁肿腿蜂结茧后在25±1°C的条件下14～17天开始羽化，羽化时在靠近茧的一端咬一小孔。雌雄性蜂在羽化时序上存在差异，一般雄性蜂早于雌性蜂0.5～1天羽化。雄性个体非常活跃，行动迅速，寻找异性进行交尾，并能在试管中小段飞行。先羽化的雄性蜂会钻入未羽化的雌性蜂的茧内进行交配，雄性的交尾具有条件反射性，在碰到

图2　实验室人工繁育的白蜡吉丁肿腿蜂后代
①无翅后代（唐艳成摄）；②有翅后代（王小艺摄）

异性或同性个体时都会有交尾的动作。一个雄性个体可以一直进行交尾，连续交尾次数可以达到10次以上。交尾主要在发生羽化后的前3天内完成，此后交尾次数明显减少。

人工繁殖与利用　白蜡吉丁肿腿蜂具有很强的搜寻寄主和寄生能力，雌性比例高，可大量人工繁育（图2），是一种优良的寄生性天敌。能被肿腿蜂取食、寄生并能正常繁育后代的寄主有白蜡窄吉丁各龄幼虫、合欢吉丁幼虫、苹果小吉丁幼虫和蛹、花椒窄吉丁幼虫、核桃窄吉丁幼虫、麻天牛幼虫、黄粉虫蛹、光肩星天牛低龄幼虫、芦螟幼虫和蛹、复纹狭天牛幼虫、白杨透翅蛾、杨十斑吉丁虫和纳曼干脊虎天牛幼虫。不能取食和产卵的有苍耳螟幼虫、美国白蛾各龄幼虫、槐尺蛾幼虫、小线角木蠹蛾幼虫。该蜂对寄主的大小没有选择性，但是会根据寄主的大小来决定产卵的数量，会充分利用寄主营养。寄主若具备活动敏捷、能快速吐丝、体型过大、体表多毛、较硬和体内含水量高之中的任何一种情形，都会对肿腿蜂的寄生造成很大困难，甚至可能会造成蜂的死亡。这也是选择繁殖寄主的主要标准。

白蜡吉丁肿腿蜂一生可产卵3～5次，甚至更多。在室内单头母蜂繁殖的情况下，部分母蜂从第三个姊妹代开始产出的卵全部发育为雄性。说明经过受精的卵已经全部产完，结合该蜂有孤雌生殖的情况分析，以后产的是未受精的卵。但在自然界母蜂可能还会与子代有交尾的机会。用白蜡窄吉丁蛹作寄主对该蜂各代的第一个姊妹代平均出蜂量做统计，每头母蜂繁殖子代平均为32.9±1.2头，变幅为13～57头。即使卵的孵化和茧的羽化会造成一定的损失，可以推测每头母蜂一生仍可直接繁殖99～165头子蜂。

完成交配和补充营养后雌成蜂可用于低温贮藏，可为大规模生物防治提供大量的天敌。该蜂已广泛用于防治林木蛀干害虫（图3），包括红缘天牛、栗山天牛、松褐天牛、光肩星天牛、星天牛、锈色粒肩天牛、桃红颈天牛、山杨楔天牛、白蜡窄吉丁、苹果小吉丁、杨十斑吉丁虫、沙蒿尖翅吉丁等。

参考文献

王小艺，杨忠岐，唐艳龙，等，2010. 白蜡吉丁肿腿蜂对栗山天牛低龄幼虫的寄生作用[J]. 昆虫学报，53(6): 675-682.

魏可，王小艺，杨忠岐，2016. 补充营养对白蜡吉丁肿腿蜂寄生效率和发育进程的影响[J]. 林业科学研究，29(3): 369-376.

武辉，王小艺，李孟楼，等，2008. 白蜡吉丁肿腿蜂的生物学和生态学特性及繁殖技术研究[J]. 昆虫学报，51(1): 46-54.

图 3 白蜡吉丁肿腿蜂寄生其他天牛
①寄生栗山天牛（王小艺摄）；②寄生松褐天牛（张彦龙摄）

GAO S K, TANG Y L, WEI K, et al, 2016. Relationships between body size and parasitic fitness and offspring performance of *Sclerodermus pupariae* Yang et Yao (Hymenoptera: Bethylidae)[J]. PLoS ONE, 11(7): e0156831.

GAO S K, WEI K, TANG Y L, et al, 2016. Effect of parasitoid density on the timing of parasitism and development duration of progeny in *Sclerodermus pupariae* (Hymenoptera: Bethylidae)[J]. Biological control, 97: 57-62.

WANG X Y, WEI K, YANG Z Q, et al, 2016. Effects of biotic and abiotic factors on phenotypic partitioning of wing morphology and development in *Sclerodermus pupariae* (Hymenoptera: Bethylidae)[J]. Scientific reports, 6: 26408.

WEI K, TANG Y L, WANG X Y, et al, 2014. The developmental strategies and related profitability of an idiobiont ectoparasitoid *Sclerodermus pupariae* vary with host size[J]. Ecological entomology, 39(1): 101-108.

WEI K, TANG Y L, WANG X Y, et al, 2013. Effects of learning experience on behaviour of the generalist parasitoid *Sclerodermus pupariae* to novel hosts[J]. Journal of applied entomology, 137(6): 469-475.

YANG Z Q, WANG X Y, YAO Y X, et al, 2012. A new species of *Sclerodermus* (Hymenoptera: Bethylidae) parasitizing *Agrilus planipennis* (Coleoptera: Buprestidae) from China, with a key to Chinese species in the genus[J]. Annals of the entomological society of America, 105(5): 619-627.

（撰稿：王小艺；审稿：杨忠岐）

伴胞晶体　parasporal crystal

少数芽孢杆菌，例如苏云金芽孢杆菌（*Bacillus thuringiensis*）和球形芽孢杆菌（*Bacillus sphaericus*），在形成芽孢的同时，在芽孢旁形成的一颗蛋白质晶体。伴胞晶体不溶于水或有机溶剂，易溶于碱性溶液，可被苯胺染料深着色。苏云金芽孢杆菌的伴胞晶体对鳞翅目、双翅目和鞘翅目等 200 多种昆虫、螨和动、植物线虫有毒杀作用，球形芽孢杆菌的伴胞晶体主要对蚊幼虫有毒，被用于蚊虫及蚊媒疾病的防控。

参考文献

赵修复，1982. 害虫生物防治 [M]. 北京：农业出版社.

（撰稿：张继红；审稿：秦启联）

棒小蜂科　Signiphoridae

属于膜翅目小蜂总科（Chalcidoidea），本科较小，迄今共知有 4 属 76 种，没有分亚科。

形态特征　体微小型，一般体长小于 1mm。触角 5～7 节，索节呈环状，棒节长而不分节。中胸小盾片极横阔，前缘和后缘几乎平行，左右 2 三角片在小盾片前方相连形成 1 横带状。并胸腹节具有 1 大而特别的三角形中区。身体光滑，没有刻点、刻窝和刻纹。前后翅均光裸，几乎无纤毛。腹部与胸部广腰式连接。

生物学习性　棒小蜂通常是从蚧虫、粉虱和双翅目的围蛹中养出。除少数种类外，大多数棒小蜂为内寄生。棒小蜂已知种类大多数通过寄生于其他的小蜂而为重寄生性。据报道，某些种群集寄生于跳小蜂。

卵　棒小蜂的卵相对较大，卵圆形，稍弯，前端有一明显的卵柄。一龄幼虫膜翅目型，具 4 对气门，1 对位于中胸，另外 3 对分别位于腹部前 3 节上。

蛹　化蛹常发生在寄主的残体内，如果其寄主为介壳虫，则在介壳覆盖下的寄主体外化蛹，通常以老熟幼虫或蛹在寄主的残体内越冬。

参考文献

廖定熹，等，1987. 中国经济昆虫志：第三十册　膜翅目　小蜂总科（一）[M]. 北京：科学出版社.

FERRIÈRE C, KERRICH G J, 1958. Hymenoptera 2. Chalcidoidea. Section (a) Agaontidae, Leucospidae, Chalcididae, Eucharitidae, Perilampidae, Cleonymidae and Thysanidae[J]. Handbooks for the identification of British insects, 8(2a): 40.

GIBSON G A P, HUBER J T, WOOLLEY J B, 1997. Annotated keys to the genera of Nearctic Chalcidoidea (Hymenoptera)[M]. Ottawa: NRC Research Press.

（撰稿：曹亮明；审稿：杨忠岐）

B

保护性生物防治 conservational biological control

通过构建农业生态景观结构，增加植被多样性，从而提高农业生态景观自身的病虫害控制能力。它是基于物种多样性和稳定性等生态理论，配置不同功能植物改变农业景观，通过生境管理改善生态系统服务功能，使天敌种群稳定增殖起到增效控害的作用。

保护性生物防治理论自2000年后受到越来越多的关注。例如天敌假说、资源集中假说、联合抗性假说、推拉假说等。从不同角度解释了局部生境植物群落多样性、景观尺度及组成要素、时空配置结构的多样，可促进害虫生物控制。通过适宜增加植被多样化、周边生境多样性，或为天敌提供食物、补充寄主和补充营养；有助于改善天敌栖息环境、越冬场所、休息地或产卵场所，为天敌提供逃避农药施用、耕作干扰等恶劣条件的庇护场所，利于天敌的生存和繁衍；提高天敌昆虫群落多样性的抗逆性和补偿能力，增强天敌昆虫对害虫的生态控制能力。

在欧盟共同农业政策的倡导下，保护和建立生态基础设施（如树篱、野花带、草丛带等）成为保护农业景观生态环境和提升农业景观生态服务的重要措施而得以推广。在中国传统农业生产实践中也积累了许多生境景观防治害虫措施：如作物的多样性种植、间套作及轮作、果园生草覆盖、生草田埂等。研究苜蓿—棉花条带式种植、间套作模型防控小菜蛾、农田景观格局对天敌的影响作用等。对天敌的直接保护可以通过在田间创造有利于天敌生存繁殖的条件来达到。例如，广东等地在人工摘除三化螟卵块时，用瓦缸或水盘制作简易的寄生蜂保护器，保护器外围为水，三化螟的幼虫孵化后爬出溺水而死，而寄生螟卵的赤眼蜂或黑卵蜂能够安全羽化并飞回稻田；此外，浙江和江苏一带的蚕区，桑树害虫桑螨卵被天敌黑卵蜂寄生后，可在冬季采集越冬卵，放于室内保护越冬，翌年春季寄生蜂将羽化时再释放到田间，可以明显提高寄生率。

依据维持和增强天敌的不同功能可分为蜜源植物、储蓄植物、栖境植物、诱集植物等。如甘肃套种绿肥改变小气候，为田间天敌提供栖息场所；种植蜜源植物等为姬蜂、茧蜂和食蚜蝇等提供花粉、花蜜或花外蜜源食物。在生产前期增加储蓄植物，引入替代猎物及植物，为天敌提供食物使其提前在田间定殖。在生产后期，害虫种群数量较低时，引入诱集植物或蜜源植物等诱集天敌，为其提供补充营养，减少天敌因食物短缺而死亡的损失。同时应用天敌防控时，除应考虑更加合理的益害比，维持二者低密度下的平衡外，还需要研发天敌田间保育、诱集回收再利用等技术模式，探索增加天敌植物支持系统、调整天敌释放策略等技术措施，降低应用成本，提高控害效益。

国际上将储蓄植物（banker plant）作为一种天敌增殖和释放方法在害虫防治中应用已经有40多年的历史，不同时期的系统可累计百余种天敌，如寄生蜂、小花蝽、捕食螨等均有应用，防治害虫主要为蚜虫、粉虱和蓟马等，欧洲和加拿大主要天敌公司均提供储蓄植物产品。中国果园、小麦等大田作物生态系统中增加功能性植物，建立和保护生态环境，

温室棚间蜜源植物带诱集储蓄天敌（李姝摄）

提高有益昆虫多样性，为害虫生态调控提供保障。在设施蔬菜生产，也有应用“木瓜载体植物系统”防治烟粉虱、“玉米载体植物系统”防治二斑叶螨、“蓖麻载体植物系统”防治烟粉虱等储蓄植物系统已取得试验成功。此外，蜜源植物（见图）、栖境植物、诱集植物在设施蔬菜生产中的应用还在研发中。

害虫防治时选择性用药及科学合理地施用化学杀虫剂，对天敌能起到显著的保护作用。如对于斜纹夜蛾低龄幼虫聚集危害特点可依据虫情监测或调查，针对性进行局部用药或防治，以减少农药的用量和提高施药效率，进而对天敌起到保护作用；还可以应用行动阈值减少农药施用频率和使用专一性强、对天敌安全的生物农药，或内吸性强残效期短的化学农药品种或剂型，以减轻对天敌的杀伤作用。如在长江中下游流域种植的甘蓝等十字花科蔬菜，常见的鳞翅目害虫有小菜蛾、菜粉蝶、斜纹夜蛾、甜菜夜蛾等，这些害虫可以根据食量大小折算成统一的当量虫口（如1头菜青虫相当于5头小菜蛾），以鳞翅目害虫的当量虫口为单位并在不同作物生育期根据作物对害虫的敏感程度提出动态的行动阈值，达到行动阈值时优先使用生物农药和高效低毒农药进行防治，可以减少农药用量30%～60%，对天敌的保护作用明显，天敌种类和控害效率明显提高。

植物多样性的关键组分需要经过认真筛选，以提供“正确”的多样性和“正确”功能的植物。仅靠提高植物多样性，比如增加天敌的食物（如花粉、花蜜）等，并不能有效提高天敌的效能，甚至会带来更严重的害虫增长和暴发。同样，Frank等也指出，储蓄植物的选择并没有经过认真的筛选，即便是现在已经在应用的案例中也没有明确的证据表明当前的组合就是最适合的。而且，多营养级之间相互作用的复杂性，决定了植物与天敌的联合作用效果需要筛选评价。

缺乏植被景观管理的天敌昆虫应用存在着极大的生态潜在风险，并且会在较长的一段时间内对害虫的抑制产生消极作用。采用不同的保护性生物防治技术，合理布局利用各类功能景观，可以极大提升天敌昆虫的控害效率，减少天敌昆虫的净投入，降低生态风险，才是未来建设生态型有机农业的必然趋势。

B

参考文献

陈学新，刘银泉，任顺祥，等，2014. 害虫天敌的植物支持系统[J]. 应用昆虫学报，51(1): 1-12.

赵紫华，欧阳芳，门兴元，等，2013. 生境管理——保护性生物防治的发展方向[J]. 应用昆虫学报，50(4): 879-889.

张帆，李姝，肖达，等，2015. 中国设施蔬菜害虫天敌昆虫应用研究进展[J]. 中国农业科学，48(17): 3463-3476.

FRANK S D, 2010. Biological control of arthropod pests using banker plant systems: past progress and future directions[J]. Biological control, 52(1): 8-16.

LANDIS D A, WRATTEN S D, GURR G M, 2000. Habitat management to conserve natural enemies of arthropod pests in agriculture[J]. Annual review of entomology, 45: 175-201.

（撰稿：张帆、李姝；审稿：杨忠岐）

边际效应 edge effect

在两个或多个不同性质的生态系统（或其他系统）交互作用处或群落交错区，由于某些生态因子（可能是物质、能量、信息、时机或地域）或系统属性的差异和协合作用而引起交错区物种的数目及一些种的密度增大的趋势。边际效应是一种重要的生态过程，也是植物和动物普遍存在的生态现象，其与物种保护、生境保护、群落动态、生态恢复和农林业生产等密切相关。群落交错区是指生态交错区或生态过渡带，是两个或多个群落之间（或生态地带之间）的过渡区域，其特征是由相邻生态系统之间相互作用的空间、时间及强度所决定。

理论意义：①在群落交错区往往包含两个重叠群落中所有的一些种以及交错区的特有种。②群落交错区的环境比较复杂，两类群落中的生物能够通过迁移而交流，能为不同生态类型植物定居，从而为更多的动物提供食物、营巢地隐蔽条件。

边际效应最早是由 Beecher 于 1942 年提出。根据边际效应的性质，通常将边际效应分为动态边际效应和静态边际效应两种。其中动态边际效应是指移动型生态系统的边缘，外界有持久的物质和能量输入，此类边际效应相对稳定，能长期维持其高生产力；而静态边际效应是相对静止型生态边缘，外界无稳定的物质、能量输入。因而，从性质来看，动态边际效应具有相对的稳定性，能长期维持较高的生产力，而静态边际效应则具有暂时性，是不稳定的。

边缘地带会有新的微观环境，能为生物提供更多的栖息场所和食物来源，允许特殊需求的物种散布和定居，从而有利于异质种群的生存，并增强了居群个体觅食和躲避自然灾害的能力，因而边缘地带这种特定的生境中会有较高的生物多样性和复杂的生物群落结构。边际效应通常以强烈的竞争开始，而以和谐共存结束，从而使得边际区各种生物由激烈竞争发展为相互作用、各取所需，逐渐形成了一个多层次、高效率的物质、能量共生网络系统。

边际效应产生的机理在于生态因子的加成效应和协合效应、种群的集结效应。加成效应是指生物在多维生态空间占有一定的生态位。协合效应是指在边缘地带，各种生态因子除具有简单的加成效应外，还存在着一种非加成关系，即一个物种对一种生态因子的利用强度还与其他生态因子的现有水平有关。当一个物种与边界异质环境的生态位相"谐振"时，各因子之间就会产生一种强烈的协合效应。集结效应是指边缘地带一般比各子系统更为复杂、异质和多变，具有更为丰富的信息，因而使各子系统中一些对信息要求较高的种群向边缘区集结。

在农田生态系统中，农田边行及行端均存在边际效应，以行端效应较大；不同性状边际效应大小依次为分枝数 > 产量构成性状（株荚数、株粒数、株粒重）> 茎秆重 > 茎粗 > 节间长 > 株高 > 百粒重、节数 > 单荚粒数、粒茎比。有限结荚习性品种边际效应大于亚有限结荚习性品种。因此，在品种比类试验中，为消除或减小品种边际效应的影响，提高试验结果的准确性，应尽量加大小区行长，计产时不仅应去除边行，更应去除每行两端一定长度。

当作物群体发生正边际效应时，表现为边际优势；当不利生态因子的作用大于有利生态因子的作用时，作物群体发生负边际效应，表现为边际劣势。在作物群体内部条件一致的情况下，边际效应的绝对值随边距递增而递减。

在设计作物生态工程的田间结构时，应利用作物群体边际效应规律来确定带状间作套种中各作物的幅。凡发生正边际效应的作物，其幅宽应小于边际效应范围的 2 倍，以发挥幅两边正边际效应的更大增产作用；凡发生负边际效应的作物，其幅宽应大于边际效应范围的 2 倍，以减轻幅两边负边际效应的减产作用。

参考文献

杜心田，王同朝，1998. 作物群体边际效应规律及其应用[J]. 应用生态学报，9(5): 475-480.

杜心田，张根森，孙敦立，1989. 棉花生态工程研究[J]. 中国棉花，16(2): 21-23.

杜心田，张来应，1990. 旱地作物生态工程的设计[J]. 生态学杂志，9(3): 12-15.

马世骏，等，1990. 现代生态学透视[M]. 北京：科学出版社.

王如松，马世骏，1985. 边缘效应及其在经济生态学中的应用[J]. 生态学杂志 (2): 38-42.

张富厚，郑跃进，申林江，2001. 大豆品种田间边际效应初探[J]. 河南农业科学，30(4): 12-14.

（撰稿：陈斌；审稿：陈国华）

标记信息素 marking pheromone

广义而言，昆虫对食物、产卵场所和栖息地等资源宣示占有而进行标记所使用的化学信号物质，统称为标记信息素。标记信息素主要用于降低昆虫种内不同个体间对资源的竞争，在蚂蚁和蜜蜂等昆虫中有时具有指示同伴提高食物搜寻效率的作用。就拟寄生昆虫—寄主系统来说，起主要作用的是寄主标记信息素（host marking pheromone），是拟寄生昆虫在对寄主进行产卵寄生过程中，主动标记在寄主上的微量化学物质，借以向同种（有时包括近缘种）个体传递该寄主已经被寄生的信息，避免过寄生和多寄生，减少后代的种内或种间竞争。

生态学功能 Salt 于 1934 年首先发现广赤眼蜂（*Trichogramma evanescens* Westwood）具有识别被寄生卵与未被寄生卵的能力，后来证明被寄生卵上存在标记化学因子，以控制其再次产卵。此后大量研究证实，标记信息素在寄生蜂中普遍存在。对于单寄生蜂（solitary parasitoid），1 个寄主只能满足 1 个寄生蜂幼虫的发育需求，寄生蜂依据标记信息素对寄主识别，寻找未标记寄主；对于群集寄生蜂（gregarious parasitoid），1 个寄主可以满足多个寄生蜂幼虫的需求，这种情况下寄生蜂还可以根据标记信息素的量对寄主的利用程度做出评价，以便对寄主资源充分利用。例如，群集寄生蜂黑卵蜂（*Telenomus fariai* Lima）对寄主标记时间的长短与产卵量呈正相关，同种其他个体依据寄主标记信息素的多少可以对寄主上已有卵量做出评价，从而决定是否继续在该寄主上产卵及产卵量。此外，瘤角姬蜂等属的一些寄生蜂甚至可以对搜寻过的区域进行标记，并通过识别自身、同种、同属或不同属个体的标记信息素，避开已搜索过的区域。标记信息素有时也会给寄生蜂带来不利影响，最常见的是盗寄生现象，即标记信息素被另一种寄生蜂作为寻找寄主的信号物质。例如，四纹豆象［*Callosobruchus maculatus*（F.）］在幼虫期危害豇豆，*Eupelmus viulleti*（Crawford）和 *Dinarmus basalis*（Rond.）都是豆象的寄生蜂，但前者借助于后者的标记信息素对被后者寄生过的豆象进行重寄生。

产生部位及标记方式 标记信息素产生和贮存的部位通常是外分泌腺及消化系统和生殖系统相关的一些结构。寄生蜂的杜氏腺、毒腺、输卵管、卵巢、卵或咽侧体都可能产生和贮存标记信息素。此外，鞘翅目昆虫的成虫和幼虫的后肠、马氏管、前胸腺和腹腺也能产生和贮存寄主标记信息素；双翅目昆虫中，寄主标记信息素可由头部产生、口器释放，或由中肠产生、排泄口释放；鳞翅目昆虫雌性生殖附腺可产生寄主标记信息素，并运送到产卵管由产卵器释放到寄主体内或表面。

标记信息素一般由寄生蜂在产卵过程中或产卵结束后，通过产卵器对寄主进行标记，根据标记部位不同可分为外部标记、内部标记及容器标记 3 类。外部标记即在寄主体表进行标记，这种标记的信息素容易被探测，但易受外部环境如雨水、光照等的影响而失效，幼虫期的蜕皮和羽化也会使标记随表皮脱去，故一般持效期短。内部标记指寄生蜂在产卵过程中，将标记信息素释放到寄主体内，不易丢失、持效期长，但可测性较差。容器标记则是针对那些在特定“容器”（如虫瘿、孔道或卷曲的叶片）内隐蔽生活的寄主，寄生蜂产卵后在“容器”及其附近区域进行标记，也有在产卵时进行内部标记。寄生蜂采取何种标记方式受寄主种类及虫态等多种因素的影响。就寄主虫态而言，幼虫可主动防卫且体表具毛、瘤等物，蛹也具有多种表面结构甚至包被，这些均能阻止寄生蜂的外部标记及检测，因此一般进行内部标记；对于卵，则一般进行外部标记，或同时进行内部标记。就寄主种类而言，对于固定取食的种类如介壳虫等，寄生蜂有的将标记信号留在寄主表面，有的将标记信号注入寄主内部，有的同时采用外部和内部标记。对于活动性强的寄主如食叶性鳞翅目、膜翅目和鞘翅目幼虫、自由取食的半翅目昆虫，寄生蜂大多在麻醉或产卵过程中分泌标记信息素，标记于寄主体内或体表。如齿唇姬蜂［*Campoletis perdistinctus*（Viereck）］对烟芽夜蛾［*Heliothis virescens*（F.）］幼虫进行产卵寄生时，可同时使用内部和外部标记。对于在特定“容器”内生活的昆虫，寄生蜂或在产卵过程中直接对寄主标记，或产卵后对“容器”及其附近区域进行标记。如一种实蝇［*Myoleja lucida*（Fallén）］的幼虫生活于金银花果实内，赘须金小蜂（*Halticoptera laevigate* Thomson）在对其寄生后，环绕金银花果实，每隔一定距离用产卵器轻触果表进行标记。

结构及鉴定 虽然寄生蜂标记信息素普遍存在，但真正得以鉴定并具有高活性的例子较少。多种寄生蜂杜氏腺分泌物的标记信息素大多为非极性的饱和与不饱和烃类的混合物，与其表皮碳氢化合物的组成非常相似。如黑头折脉茧蜂（*Cardiochiles nigriceps* Viereck）的标记信息素为 23-35 碳的烃类，其中二十五烷、*Z*13- 和 *Z*14- 二十九烯和 *Z*7, *Z*15- 二十九碳二烯是主要成分。仓蛾姬蜂［*Venturia canescens*（Gravenhorst）］进行“容器”标记的主要组分为 *Z*8, *Z*9, *Z*10- 二十一烯、二十一烯、*Z*10- 二十三烯、二十三烷、*Z*10- 二十五烯和二十五烷，其中 *Z*10- 二十三烯占总量的 62%。此外，有些寄生蜂如 *Diachasma alloeum*（Muesebeck）以极性化合物作为标记信息素，而重寄生蜂合沟细蜂（*Dendrocerus carpenteri* Curtis）则利用保幼激素（JH Ⅲ）作为标记信息素。

参考文献

李国清，2006. 拟寄生蜂的寄主标记研究进展 [J]. 昆虫学报，49(3): 504-512.

BOSQUE C, RABINOVICH J E, 1979. Population dynamics of *Telenomus fariai* (Hymenoptera: Scelionidae), a parasite of Chagas' disease vectors. VIII. Oviposition and host discrimination[J]. Canadian entomologist, 111(2): 171-180.

GUILLOT F S, JOINER R L, VINSON S B, 1974. Host discrimination: isolation of hydrocarbons from Dufour's gland of a braconid parasitoid[J]. Annals of the entomological society of America, 67(4): 720-721.

GUILLOT F S, VINSON S B, 1972. Sources of substances which elicit a behavioural response from the insect parasitoid, *Campoletis perdistinctus*[J]. Nature, 235(5334): 169-170.

HOFFMEISTER T S, GIENAPP P, 2008. Discrimination against previously searched, host-free patches by a parasitoid foraging for concealed hosts[J]. Ecological entomology, 26(5): 487-494.

HOFFMEISTER T S, ROITBERG B D, 1997.To mark the host or the patch: Decisions of a parasitoid searching for concealed host larvae[J]. Evolutionary ecology, 11(2): 145-168.

HOFSVANG T, 1990. Discrimination between unparasitized and parasitized hosts in hymenopterous parasitoids[J]. Acta entomologica bohemoslovaca, 87(3): 161-175.

HÖLLER C, BARGEN H, VINSON S B, et al, 1994. Evidence for the external use of juvenile hormone for host marking and regulation in a parasitic wasp, *Dendrocerus carpenteri*[J]. Journal of insect physiology, 40: 317-22.

JALOUX B, ERRARD C, MONDY N, et al, 2005. Sources of chemical signals which enhance multiparasitism preference by a cleptoparasitoid[J]. Journal of chemical ecology, 31: 1325-1337.

MARRIS G C, HUBBARD S F, SCRIMGEOUR C, 1996. The perception of genetic similarity by the solitary parthenogenetic parasitoid Venturia canescens, and its effects on the occurrence of superparasitism[J]. Entomologia experimentalis et applicata, 78(2): 167-174.

MUDD A, FISHER R C, SMITH M C, 1982. Volatile hydrocarbons in the dufour's gland of the parasite *Nemeritis canescens* (Grav.) (Hymenoptera Z: ichneumonidae)[J]. Journal of chemical ecology, 8(7): 1035-1042.

NUFIO C R, PAPAJ D R, 2001. Host marking behavior in phytophagous insects and parasitoids[J]. Entomologia experimentalis et applicata, 99(3): 273-293.

SALT G, 1934. Experimental studies in insect parasitism II. Superparasitism[J]. Proceedings of the royal society B: bioglogical sciences, 114: 455-476.

STELINSKI L L, PELZ-STELINSKI K S, GUT L J, 2006. Male Diachasma alloeum parasitoids from two host species of tephritid fruit flies respond equally to female-produced sex pheromone[J]. Physiological entomology, 31: 178-183.

SYVERTSEN T C, JACKSON L L, BLOMQUIST G J, 1995. Alkadienes mediating courtship in the parasitoid *Cardiochiles nigriceps* (Hymenoptera: Braconidae)[J]. Journal of chemical ecology, 2l: 1971-1989.

（撰稿：董双林；审稿：王琛柱）

表面活性素 surfactin

由芽孢杆菌等生物有机体通过非核糖体多肽合成酶体系（NPRSs）所合成的一类脂肽化合物。1968 年，由 Arima 等首次发现枯草芽孢杆菌所产生的晶状表面活性剂。

生物表面活性素分子量约 1000Da，其家族的脂肽类化合物结构多样，它们的共同特征是：7 肽与 β- 羟基脂肪酸交联形成内酯环状结构。该家族主要包括枯草芽孢杆菌产生的表面活性素，短小芽孢杆菌产生的表面活性剂（punilacidin），地衣芽孢杆菌产生的地衣芽孢杆菌素（lichenysin）。由于表面活性素 7 个氨基酸残基的变异性较大，因而表现出了多样性。

表面活性素都是通过非核糖体酶系合成的。编码表面活性素合成酶的基因是依次线性排列的 3 个大的阅读框 *srfA-A*、*srfA-B* 和 *srfA-C*，包含 7 个模块，每个模块负责向脂肽中加入一个氨基酸残基。*srfA-A*、*srfA-B* 分别含有 3 个模块，而 *srfA-C* 只含有 1 个模块。第一个模块负责脂肪酸与氨基酸的结合；*srfA-C* 模块中的 Te 功能域负责脂肽类化合物终产物的释放分离；*srfA-D* 中的 Te 功能域与表面活性素合成反应的起始有关（见图）。

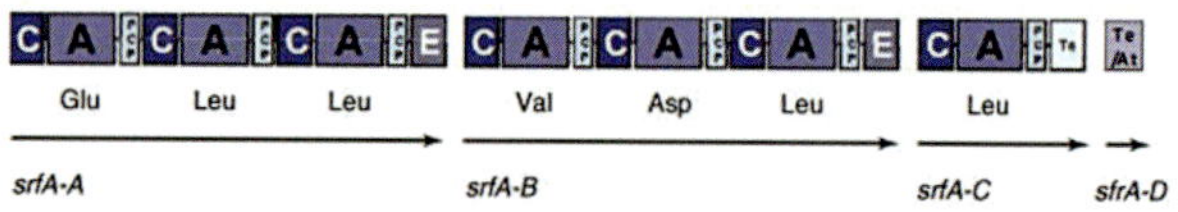

surfactin 合成酶编码基因操纵子结构图

A：氨基酸腺苷化结构域；C：浓缩结构域；E：立体异构结构域；TE：硫酯酶结构域；PCP：乙酰提携蛋白结构域

表面活性素具有很强的溶血活性，对细菌、病毒有一定的抑制活性，作用机理是通过与生物膜的主要成分磷脂双层分子相互作用形成离子通道，破坏脂膜结构，使细胞内容物释放，引起细胞死亡。表面活性素具有两性分子的特性，容易与生物膜的主要成分磷脂层结合，并能紧紧地固定在上面，从而破坏生物膜的完整性。通过研究表面活性素与人工合成的磷脂双分子小囊泡的互作发现：在低浓度的时候［生物膜中的表面活性素与 lipid 的摩尔比（Rb<0.04）］，表面活性素只能插入到外层的膜中，并引发有限的破坏；在中等浓度的时候（Rb 0.05～0.1），表面活性素可以使膜短暂存在小孔，该小孔可以自动修复；当浓度很高的时候（Rb 0.1～0.2），表面活性素在膜上聚集成簇，并形成不可修复的小孔；当表面活性素的浓度超过临界微胶粒浓度（CMC）（Rb=0.22）时，表面活性素与磷脂膜形成混合胶束，导致磷脂双分子层的完全破坏和溶解；但是在磷脂双分子层中添加胆固醇可以减少表面活性素对生物膜的破坏作用，说明表面活性素的防治效果可能受到防治对象细胞膜中胆固醇含量的影响，也可以解释为什么表面活性素具有很好的溶血、抗病毒、抗支原体和抗细菌的作用，但是却没有明显的抗真菌的作用。表面活性素对生物膜的破坏作用主要与三维结构有关，表面活性素带电荷的支链深入到水相中，而非极性的部分则插入到膜上疏水的孔中。表面活性素还能降低植物根部表面张力，有利于生防菌的移动和形成生物膜（biofilm），生物膜不仅能够增强生防菌的定殖能力，还能促进生防菌占据空间位点，保护植物根部免受病原菌的入侵。

参考文献

ARIMA K, KAKINUMA A, TAMURA G, 1968. Surfactin, a crystalline peptidelipid surfactant produced by *Bacillus stubilis*: Isolation, characterization and its inhibition of fibrin clot formation[J]. Biochemical and biophysical research communications, 31: 488-494.

BAIS H P, FALL R, VIVANCO J M, 2004. Biocontrol of *Bacillus subtilis* against infection of arabidopsis roots by pseudomonas syringae is facilitated by biofilm formation and surfactin production[J]. Plant physiology, 134: 307-319.

CARRILLO C, TERUEL J A, ARANDA F J, et al, 2003. Molecular mechanism of membrane permeabilization by the peptide antibiotic surfactin[J]. Biochimica et biophysica acta, 1611: 91-97.

DELEU M, BOUFFIOUX O, RAZAFINDRALAMBO H, et al, 2003. Interaction of surfactin with membranes: a computational approach[J]. Langmuir, 19: 3377-3385.

HEERKLOTZ H, WIEPRECHT T, SEELIG J, 2004. Membrane perturbation by the lipopeptide surfactin and detergents as studied by deuterium NMR[J]. The journal of physical chemistry B, 108: 4909-4915.

KONZ D, DOEKEL S, MARAHIEL M A, 1999. Molecular

and biochemical characterization of the protein template controlling biosynthesis of the lipopeptide lichenysin[J]. Journal of bacteriolgy, 181: 133-140.

PEYPOUX F, BONMATIN J M, WALLACH J, 1999. Recent trends in the biochemistry of surfactin[J]. Applied microbiology biotenchnology, 51: 553-563.

SHEPPARD J D, JUMARIE C, COOPER D G, et al, 1991. Ionic channels induced by surfactin in planar lipid bilayer membranes[J]. Biochimica et biophysica acta, 1064: 13-23.

STELLER S, SOKOLL A, WILDE C, et al, 2004. Initiation of surfactin biosynthesis and the role of the SrfD-thioesterase protein[J]. Biochemistry, 43: 11331-11343.

VATER J, KABLITZ B, WILDE C, et al, 2002. Matrix-assisted laser desorption ionization-time-of-flight mass spectrometry of lipopeptide biosurfactants in whole cells and culture filtrates of *Bacillus subtilis* c-1 isolated from petroleum sludge[J]. Applied & environmental microbiology, 68(12): 6210-6219.

（撰稿：伍辉军；审稿：高学文）

冰核细菌　ice nucleation-active bacteria

具有冰核活性的一类细菌。可使水的冰点升高，在 −5～−2°C 下形成微小且规则的冰晶，在农业和林业生产上可引起植物霜冻。水由液态变为固态可以由冰核物质引起。由于冰核可以作为结晶核凝结水分子，使其整齐排列进而诱发结冰过程，所以冰核的存在成为水结冰的初始条件。冰核物质可以是非生物，也可以是生物，其中冰核微生物是一类分布广泛的生物冰核。1972 年 Schnell 和 Vali 在即将腐烂的植物叶内分离出参与冰核形成的细菌，随后 Fresh 在腐烂的赤杨的叶片中分离到了 1 株在 −5.0～−2.5°C 温度下具有冰核活性的细菌 C-9。这些发现打破了人们长期以来形成的观念，即霜冻主要是由低温引起。实际上霜冻的发生不仅仅是由于低温，而是在低温条件下冰核细菌诱导水结冰。1974 年 Maki 将该冰核细菌鉴定为丁香假单胞菌（*Pseudomonas syringae*）。从此，在更多的假单胞科、黄单胞科和肠杆菌科等伽马变形菌门细菌中鉴定出冰核活性细菌。也有很少在伽马变形菌门之外的细菌具有冰核活性，但是这些细菌的冰核活性仅限于很低的温度并且没有进一步确认。已发现 4 个属 23 个种或变种的细菌具有冰核活性。中国发现的冰核活性细菌分布在 3 个属 17 种或变种中，优势种类为丁香假单胞菌和草生欧文氏菌（*Erwinia herbicola*）。

冰核的成冰活性是由单个结构基因决定的，基因长度为 4.0～7.5kb。已报道的冰核基因有丁香假单胞菌的 *IceC* 和 *InaZ*，草生欧文氏菌的 *IceE*，荧光假单胞菌的 *InaW* 和 *InaA*，油菜黄单胞菌的 *InaX* 以及菠萝欧文氏菌的冰核基因等 6 个编码冰蛋白的基因。冰核形成是由冰核蛋白（ice nucleation protein，INP）诱导的，冰核活性细菌分泌的冰核蛋白附着于细菌细胞膜上，是一种糖脂蛋白复合物（lipoglycoprotein compound），冰核蛋白在细胞中聚合，形成一种成冰核活性很强的蛋白复合物。不同细菌冰核蛋白有相似的一级结构，其一级结构由 1 个相对疏水的 N- 末端结构域、1 个高度亲水的 C- 末端结构域和中心高度重复的 48 肽构成，各占序列的 15%、4%、81%，其中 48 肽中含 Gly、Ala、Sec、Thr，具有亲水性，结构上高度保守，是表现冰核活性的重要模板。不同冰核蛋白都含有 1 个长度为 41～68 氨基酸残基的不重复 C 端和 161～203 个氨基酸残基的不重复 N 端，以及中部 960～1296 个氨基酸残基的核心重复区域。该区域分 3 个不同层次的重复（分别为 48、16 和 8 氨基酸重复单元），其中 48 氨基酸重复单元间具高度相似性，每个 48 氨基酸重复单元又可进一步分为 3 个 16 氨基酸残基的中度相似性重复单元，16 氨基酸重复单元又可进一步分为 2 个只有 8 个氨基酸即 Ala-Gly-Tyr-Gly-Ser-Thr-Leu-Thr 的低度重复单元。八肽中特异地富含 Ala、Gly、Thr 和 Ser，因此具有亲水特性，在结构上表现出高度保守性，是表现冰核活性最重要的模板。N- 末端的缺失可引起丁香假单胞菌成冰核活性降低，使其临界温度降至 −5°C 以下；C- 末端的缺失能使成冰核能力完全丧失；中间重复结构域的连续缺失也能使成冰核能力相应下降。

冰核细菌在食品保鲜、促冻杀虫以及人工造雪等领域得到广泛应用。冰核细菌用于食品冷冻中，可提高食品的过冷点，从而使食品在较高的温度下发生冻结，缩短了冻结时间而节省了大量能源。利用冰核细菌防治仓储害虫，首先不污染环境、不存在农药残留问题，也不会影响储粮的品质等。其次，在这种小的环境中便于进行人工低温的控制，防治成本低，易于操作。冰蛋白人工降雪催化剂在滑雪场中使用，使雪的维持时间延长、雪质提高，与其他非生物冰核相比，既节省了能源又不污染环境。

参考文献

陈庆森，刘剑虹，阎亚丽，等，2002. 冰核活性菌体蛋白微冻保鲜虾体的应用研究 [J]. 食品科学 (11): 139-143.

胡爱民，张世光，1999. 冰核活性细菌的研究进展 [J]. 云南农业大学学报，14(2): 219-212.

黄俊宝，李春，吴晓玉，2005. 冰核微生物的生物学研究与应用前景 [J]. 江西农业大学学报，27(2): 299-304.

孙福在，朱红，何礼远，等，1989. 我国冰核活性细菌种类及其分布的初步研究 [J]. 中国农业科学，22(2): 93-94.

王恒生，刁治民，陈克龙，等，2014. 冰核微生物的研究动态及开发应用前景 [J]. 江苏农业科学，42(7): 17-21.

岳思君，王文举，2005. 冰核活性细菌研究进展及其在防霜技术中的应用 [J]. 农业科学研究，26(2): 66-70.

FAILOR K C, SCHMALE III D G, VINATZER B A, et al, 2017. Ice nucleation active bacteria in precipitation are genetically diverse and nucleate ice by employing different mechanisms[J]. The ISME journal, 11(12): 2740-2753.

FRESH R W, 1972. Ice nucleation produces by a *Pseudomonas* isolate, strain C-9 [D]. Laramine: University of Wyoming.

GARNHAM C P, CAMPBELL R L, WALKER V K, et al, 2011. Novel dimeric beta-helical model of an ice nucleation protein with bridged active sites[J]. BMC structural biology, 11: 36.

HIRANO S S, MAHER E A, KELMAN A, et al, 1978. Ice

nucleation activity of fluorescent plant pathogenic pseudomonads [C]// Proceedings of the international conference on plant pathogenic bacteria, 4th, 2: 717-725.

JINGKUN L, TUNGCHING L, 2008. Bacterial extracellular ice nucleator effects on freezing of foods[J]. Journal of food science, 63(3): 375-381.

KAJAVA A, LINDOW S, 1993. A model of the three dimensional structure of ice nucleation proteins[J]. Journal of molecular biology, 232: 709-717.

KIM H K, ORSER C, LINDOW S E, et al, 1987. *Xanthomonas campestris* pv. *translucens* strains active in ice nucleation[J]. Plant disease, 71: 994-997.

LINDOW S E, ARNY D C, UPPER C D, 1978. Distribution of ice nucleation-active bacteria on plants in nature[J]. Applied environmental microbiolgy, 36(6): 831-838.

LINDOW S, ARNY D C, UPPER C D, 1978. *Erwinia herbicola*: a bacterial ice nucleus active in increasing frost injury to corn[J]. Phytopathology, 68: 523-527.

MAKI L R, GALYAN E L, CHANG-CHIEN M M, et al, 1974. Ice nucleation induced by *Pseudomonas syringae*[J]. Applied microbiology, 28(3): 456-459.

MORRIS C E, GEORGAKOPOULOS D G, SANDS D C, 2004. Ice nucleation active bacteria and their potential role in precipitation[J]. Journal de physique IV (proceedings), 121: 87-103.

PAULIN J P, LUISETTI J, 1978. Ice nucleation activity among phytopathogenic bacteria [C]. Proceedings of the international conference on plant pathogenic bacteria, 4th.

SCHNELL R C, VALI G, 1972. Atmospheric ice nuclei from decomposing vegetation[J]. Nature, 236(5343): 163-165.

TAKAHASHI K, 1985. Frost injury of mulberry trees and outline of research on ice nucleation-active bacteria[J]. Shokubutu-boueki, 39: 8-13.

VALI G, CHRISTENSEN M, FRESH R W, et al, 1976. Biogenic ice nuclei. Part II: Bacterial sources[J]. Journal of the atmospheric sciences, 33(8): 1565-1570.

WEAVER D J, 1978. Interaction of *Pseudomonas syringae* and freezing in bacterial canker on excised peach twigs[J]. Phytopathology, 68(10): 1460-1463.

WOLBER P K, DEININGER C A, SOUTHWORTH M W, et al, 1986. Identification and purification of a bacterial ice nucleation protein[J]. Proceedings of the national academy of sciences of unite states of America, 83: 7256-7260.

（撰稿：关巍；审稿：赵廷昌）

病毒多角体　viral polyhedron

杆状病毒科（Baculoviridae）、昆虫痘病毒亚科（Entomopoxviridae）和呼肠孤病毒科（Reoviridae）的病毒在发育到一定阶段会形成包涵体（inclusion body），病毒粒子随机包埋在包涵体中，使病毒在外界环境中保持稳定和持久。核型多角体病毒（nucleopolyhedrovirus，NPV）和质型多角体病毒（cytoplasmicpolyhedrosisvirus，CPV）的包涵体是多面体形，称为多角体。NPV 的多角体大小通常与核中形成的多角体数目呈反比，形状有三角体形、四角体形、五角体形、六角体形、立方形、不规则形或近球形，直径为 0.4～15μm，大多为 2～3μm。CPV 的多角体大小取决于感染细胞的时间，即感染时间长的细胞较感染早期细胞中的多角体大一些，但数目少一些。CPV 的多角体形态不定，有正方形、六角形、椭圆形、立方形和近球形，直径为 0.1～15μm，一般为 0.5～2μm。病毒多角体的形成时期多为病毒复制的后期。对于病毒多角体的研究有多角体蛋白的电镜观察、理化特性、基因克隆、序列分析和进化研究等。

参考文献

洪华珠，杨红，1997. 杀虫微生物学纲要 [M]. 武汉：华中师范大学出版社.

蒲蛰龙，1994. 昆虫病理学 [M]. 广州：广东科技出版社.

齐义鹏，黄永秀，沈英，等，1991. 昆虫病毒多角体蛋白基因的克隆及其在大肠杆菌中的表达 [J]. 微生物学报 (1): 25-31.

王敦，赵伟，2007. 昆虫杆状病毒多角体基因进化分析 [C]// 中国昆虫学会第八次全国会员代表大会暨 2007 年学术年会：301-306.

张立人，陈棣华，曾立波，等，1986. 昆虫核型病毒多角体结构蛋白质的电镜观察与图像处理 [J]. 电子显微学报 (3): 106.

（撰稿：李恩杰、曲良建；审稿：张永安）

病毒复制与增殖　replication and proliferation of viruses

病毒利用宿主活体细胞中的酶系统、原料和能量复制病毒的核酸，借助宿主细胞的核糖体翻译病毒的蛋白质等生产完整病毒的过程。无论是 DNA 病毒还是 RNA 病毒，在其通过各种方式进入细胞之后，要实现的生物学目的就是使所具有的两种或数种简单生物大分子，即核酸、蛋白质及脂类在数量上的增加，此过程完全依赖于对宿主细胞成分的夺取，在此基础上，病毒再次利用宿主细胞内生命体系的非平衡态热力学条件，完成其简单结构的组装，这一过程即是病毒复制与增殖过程。DNA 病毒在进入细胞后的增殖过程主要包括几个步骤：转录相应的早期 mRNA，并编码病毒的一些功能蛋白（包括病毒基因组复制所需的酶类和相应的结构蛋白）；充分利用细胞内的特定成分和自身的产物进行早期和晚期的转录，并完成病毒基因的复制和结构蛋白的翻译；待聚集足够大量病毒基因组和结构蛋白后开始完成子代病毒的组装；最终通过破坏细胞或不破坏细胞而经质膜释放至周围细胞或环境中。RNA 病毒在复制过程中不但指导合成相应的蛋白质，也以反转录的形式合成相应的 DNA 中间体作为病毒的特殊形式整合进入细胞的基因组之中，并借助细胞基因的转录系统，在适当的时候激活病毒，完成转录、翻译、装配和释放等一系列的病毒复制增殖过程。

参考文献

洪华珠，杨红，1997. 杀虫微生物学纲要 [M]. 武汉：华中师范大学出版社 .

李琦涵，姜莉，2004. 病毒感染的分子生物学 [M]. 北京：化学工业出版社 .

刘志恒，2002. 现代微生物学 [M]. 北京：科学出版社 .

蒲蛰龙，1994. 昆虫病理学 [M]. 广州：广东科技出版社 .

（撰稿：李恩杰、曲良建；审稿：张永安）

参考文献

林乃铨，2010. 害虫生物防治 [M]. 北京：科学出版社 .

吕鸿声，1982. 昆虫病毒与昆虫病毒病 [M]. 北京：科学出版社 .

蒲蛰龙，1994. 昆虫病理学 [M]. 广州：广东科技出版社 .

谢天恩，胡志红，2002. 普通病毒学 [M]. 北京：科学出版社 .

JACQUELYN G, 2005. Black microbiology: principles and explorations[M]. 9th ed. Cambridge: John Wiley & Sons.

（撰稿：曲良建；审稿：张永安）

病毒粒子 virion

具有稳定的形态结构和感染宿主的生物活性，包含携带全部病毒遗传信息的DNA或RNA核酸髓核和蛋白质外壳。病毒粒子可以是简单的，也可以是复合的。简单病毒粒子有两类：等轴病毒粒子，具有从球形到对称的多面体之间的各种形状；杆状或冠状病毒粒子，它们可以是刚体，也可以是易变的柔体。病毒粒子包含有DNA或RNA构成的髓核，髓核外面包裹着蛋白质外壳，称之为衣壳，髓核和衣壳统称为核衣壳。有些病毒的衣壳外面还包被着一个囊膜，囊膜的化学组分主要是脂蛋白，主要来源于宿主细胞。囊膜含有病毒成分，是病毒粒子在“出芽”成熟过程中，宿主细胞膜被病毒遗传编码的蛋白质亚基吸收，并发生特异变化而形成的。没有囊膜的病毒粒子称作裸露病毒粒子或无囊膜病毒粒子（图1、图2）。

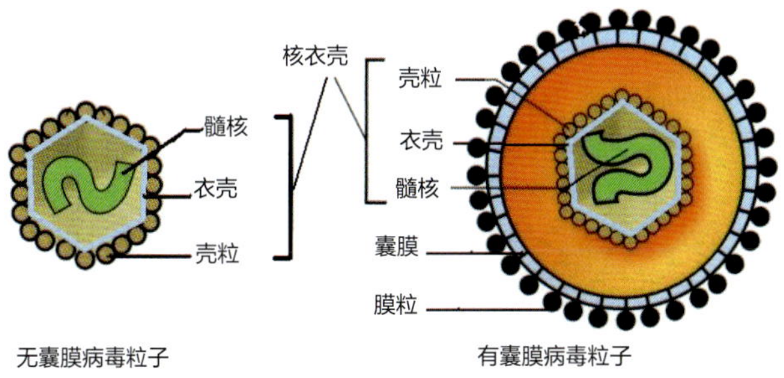

图1 昆虫病毒粒子横切面结构示意图

图2 质型多角体病毒粒子示意图

病毒宿主范围 host range of viruses

病毒能够天然感染宿主生物的种类。病毒作为一种简单的基本生命体，只能寄生于宿主细胞，借助宿主细胞的相应系统来完成自身的复制增殖过程，但病毒侵染细胞的前提是病毒能够结合于宿主细胞。通过进化的选择，病毒发展了一类可以和细胞表面某些受体分子结合的结构蛋白，这些结构蛋白或是其中的一些结构域，有选择地与细胞上的特定分子或分子簇相结合，这种特异结合形成了病毒对不同宿主或是不同的组织细胞的趋向性。对同一种病毒敏感的不同宿主即是该种病毒的宿主范围。核型多角体病毒属能感染700多种昆虫，敏感昆虫最多的是鳞翅目（计34科），其次是膜翅目、双翅目、鞘翅目、脉翅目、毛翅目、缨尾目、蚤目。上述各目中都有报道存在核型多角体病毒，颗粒体病毒属仅感染鳞翅目113种昆虫；无包涵体杆状病毒属已在半翅目、鞘翅目、双翅目、鳞翅目和膜翅目中发现；多分DNA病毒科只发现于寄生蜂内；昆虫痘病毒科在鳞翅目、双翅目、直翅目和膜翅目等昆虫中均有发现；包囊病毒科是一类感染夜蛾科的特殊病毒；虹彩病毒科在双翅目、鳞翅目、鞘翅目、膜翅目、半翅目和直翅目中有分离出；细小病毒科已在鳞翅目、双翅目、直翅目、蜚蠊目、蜻蜓目中发现；质型多角体病毒是室内饲养昆虫最经常引起的病毒之一，宿主范围相对较广，约250种，在鳞翅目、双翅目、膜翅目、鞘翅目和脉翅目都有发现。其他RNA病毒的宿主范围都比较窄，而且RNA病毒中还有不少虫媒病毒，对昆虫没有致病力。

参考文献

JAMES R FUXA, YOSHINORI TANADA, 1992. 昆虫疾病流行学 [M]. 北京：北京农业大学出版社 .

贺倩，刘小侠，张青文，2010. 昆虫质型多角体病毒的研究进展 [J]. 应用昆虫学报，47(5): 834-840.

洪华珠，杨红，1997. 杀虫微生物学纲要 [M]. 武汉：华中师范大学出版社 .

李琦涵，姜莉，2004. 病毒感染的分子生物学 [M]. 北京：化学工业出版社 .

（撰稿：李恩杰、曲良建；审稿：张永安）

病害自然衰退 diseases decline

在单作的种植模式下，由某种土传植物病原菌引起的病害发病率或严重程度降低的现象。全蚀病自然衰退（take-all decline，TAD）即是指全蚀病田连作小麦或大麦，当病害发展到高峰后，在不采取任何防治措施情况下，病害自然减轻的现象。国内外均发现了全蚀病的自然衰退现象。小麦全蚀病产生自然衰退的先决条件有两个，一是连作，二是危害达到高峰，二者缺一不可。病害达到高峰的标志是白穗率在60%以上，且病田出现明显矮化早死中心。小麦连作区全蚀病从田间零星发病到全田严重危害一般经3～4年，如土壤肥力高则病害发展缓慢，一般需6～7年达到高峰。严重危害时间1～3年不等，此后病害趋于下降稳定。如果在病害高峰出现后中断感病寄主连作或土壤消毒，那么自然衰退就不会出现。由于全蚀病衰退现象是自然发生的生物控制的实例，准确评估涉及下降的因素对于开发生物控制措施有重大意义。

2011年Mendes在*Science*上报道了关于甜菜根腐病的自然衰退现象和根际微生物群落与真菌病害的关系。植物病害自然衰退研究已引起国际上研究者的关注。

许艳丽团队在中国海伦农业生态试验站大豆长期定位区选择3种不同种植方式：大豆20年连作、3年连作和20年轮作（小麦—玉米—大豆）为研究对象，探讨长期连作对大豆根部真菌病害的影响。大豆经过长期连作以后根腐病的发生降低，病原生物镰孢菌（*Fusarium* spp.）在大豆根部密度显著下降，大豆根部的生长情况也较3年连作有所改善。通过对病原物生防微生物的分离发现，哈茨木霉菌（*Trichoderma harzianum*）、厚垣普可尼亚菌（*Pochonia chlamydosporia*）、淡紫紫孢菌（*Purpureocillium lilacinum*）和荧光假单胞菌（*Pseudomonas fluorescens*）的分离频率显著高于其他两种种植方式，并且通过盆栽试验发现这4种微生物对大豆根腐病具有明显的抑制作用，证明了大豆田土壤经过长期连作可引起根腐病的自然衰退，且这些抑制性微生物可能是引起这种自然衰退的主要因子。该问题的研究为作物病害生物和生态控制提供了新的思路。

参考文献

李淑芳，2009. 粮食作物优质高产问答[M]. 太原：山西科学技术出版社.

COLBACH N, HUET P, 1995. Modelling the frequency and severity of root and foot diseases in winter wheat monocultures[J]. European journal of agronomy, 4(2): 217-227.

HYAKUMACHI M, 1996. Mechanisms involved in disease decline[M]// Rhizoctonia, Species: Taxonomy, molecular biology, ecology, pathology and disease control. Berlin:Springer.

MENDES R, KRUIJT M, DE BRUIJN I, et al, 2011. Deciphering the Rhizosphere Microbiome for disease-suppressive bacteria[J]. Science, 332(6033): 1097-1100.

WEI W, XU Y L, LI S, et al, 2015. Developing suppressive soil for root diseases of soybean with continuous long-term cropping of soybean in black soil of Northeast China[J]. Acta agriculturae scandinavica, section B—soil & plant science, 65(3): 279-285.

（撰稿：胡海瑶；审稿：王琦）

捕食性天敌昆虫 predatory insect natural enemies

以捕食的方式来取食其他有害节肢动物的天敌昆虫。捕食性天敌昆虫需捕食2头以上个体的猎物来完成其生活史。按照其捕食对象的范围可以分为多食性（polyphagous）、寡食性（oligophagous）和单食性（monophagous）天敌种类。多食性天敌捕食范围广，包括生境中各种昆虫及其他动物。这类天敌主要包括蜻蜓目（Odonata）、螳螂目（Mantodea）、半翅目（Hemiptera）的猎蝽科（Reduviidae）和姬蝽科（Nabidae）、脉翅目（Neuroptera）、鞘翅目（Coleoptera）的虎甲科（Cicindelidae）和步甲科（Carabidae）、膜翅目（Hymenoptera）的胡蜂科（Vespoidea）等昆虫，蜘蛛、食虫益鸟、蛙类、爬行动物、肉食性兽类等也为多食性天敌。寡食性天敌捕食范围较窄，多为生活习性相近或近缘的类群。例如红环瓢虫（*Rodolia limbata*）主要捕食吹绵蚧（*Icerya purchase*）、绵蚧、盾蚧等介壳虫，智利小植绥螨（*Phytoseiulus persimilis*）捕食瘿螨、锈螨和叶螨。单食性天敌一般只捕食1种动物，取食其他动物往往发育不良。例如澳洲瓢虫（*Rodolia cardinalis*）仅捕食吹绵蚧，当饲喂同属其他种类介壳虫时发育不良。

捕食性天敌的取食方式多种多样，主要包括以下几种类型：①狩猎。以主动出击的方式捕获其猎物。例如虎甲、步甲、蚂蚁等地表活动的捕食者，通过在地面积极地活动来搜寻猎物，瓢虫习惯在树枝或叶片上搜寻猎物，蜻蜓依靠发达的复眼和翅膀可以直接捕获空中的其他飞虫，胡蜂则可以在飞行过程中捕捉地面或静止的猎物，龙虱、田鳖凭借其高超的游泳技能可以轻松地捕获水下的猎物，水面上黾蝽捕捉落入水中的其他昆虫。②静止伏击。捕食者只是缓慢移动或静止等待，猎物到达攻击范围之内后，突然发动袭击捕获猎物，对比大面积搜寻猎物，此种方式效率更高。例如螳螂会等猎物进入其可控范围内突然发起攻击，利用其发达的捕捉足制服猎物。③设置陷阱。相比于伏击方式，利用地形设置陷阱捕获猎物则更为有效。脉翅目昆虫蚁狮会在沙地上做出漏斗形的沙坑，当蚂蚁路过时掉入这些沙坑便很难逃离，这时藏身于这种陷阱底部的蚁狮会突然利用发达的上颚将蚂蚁拖入沙坑底部取食。蜘蛛织网捕食同样也是一种设置陷阱的形式。④为后代捕食。一些独居型肉食性膜翅目昆虫如泥蜂、蜾蠃，母蜂将捕食到的猎物注入毒液进行防腐处理，然后将猎物置于一个密闭的巢室内，并在其上产卵，幼虫孵化后依靠母蜂为其捕食的猎物完成生活史。⑤集体捕食。大部分的社会性昆虫如蚂蚁都依靠个体搜寻食物并将其带回巢内，但有一些特殊的蚂蚁依靠集体的力量来捕食，南美洲行军蚁和非洲的矛蚁以大集团军的形式来捕食，一些个体较大的动物如蝎子、蜥蜴也能被它们捕杀，有时甚至可以威胁人类的生命。⑥借助外力来捕食。胶猎蝽是昆虫中智商较高的类群，捕食前将前足蘸满树脂，有其他昆虫飞来时就挥动前足将猎物粘住，然后迅速将猎物杀死。⑦欺骗和伪装。猎蝽科荆猎蝽属（*Acanthaspis* spp.）的一些若虫，用自己分泌的黏液将吸干后剩余的蚂蚁尸体、砂砾、蜕的皮等粘在自己身体上方，对自己进行巧妙伪装后徘徊在蚁巢附近，继续捕食其他蚂蚁。这些捕食的方式是自然界中各类杀手维持生存的手段，在漫长的进化历程中，捕食性天敌早已进化出了自己适应环境的独特捕食方式。

参考文献

林乃铨，2010. 害虫生物防治 [M]. 4 版 . 北京：科学出版社 .

赵修复，1987. 害虫生物防治 [M]. 2 版 . 北京：农业出版社 .

BELL W J, 1990. Searching behavior patterns in insects[J]. Annual review of entomology, 35: 447-467.

CAO L, RÉDEI D, LI H, et al, 2014. Revision of the genus *Acanthaspis amyot* & *serville* (Hemiptera: Heteroptera: Reduviidae: Reduviinae) from China, with new records of species to adjacent countries[J]. Zootaxa, 3892(1): 1-66.

DIXON A F G, 2000. Insect predator–prey dynamics: ladybird beetles and biological control[M]. Cambridge: Cambridge University Press.

HÖLLDOBLER B, WILSON E O, 1990. The ants[M]. Cambridge: Harvard University Press.

RESH V H, CARDÉ R T, 2009. Encyclopedia of insects[M]. California: Academic press.

（撰稿：曹亮明；审稿：杨忠岐）

捕食性蜘蛛 predatory spider

全世界蜘蛛已经报道了 113 科 4052 属 46656 种。所有的蜘蛛均为捕食性动物，在生态系统中占据重要的位置。蜘蛛的食物以昆虫为主，也取食其他节肢动物，包括多足类、端足类等，有时甚至会取食脊椎动物，比如鱼类或蝙蝠幼体。

捕食性蜘蛛可以分为两类：网捕型蜘蛛和游猎型蜘蛛。

网捕型蜘蛛 以蛛网为工具，或守株待兔，或伺机而动。静态捕食是绝大多数网捕型蜘蛛“守株待兔”的方式。它们利用蛛丝制成各种形状的陷阱，或圆形，或脚手架状，静待昆虫自投罗网。蛛丝的构造精巧，韧性很足，体型小的昆虫一旦撞网，几无逃脱可能；体型大的昆虫想摆脱蛛网也十分困难。当昆虫撞到蛛网后，产生的震动会传给蜘蛛，它便出击将食物咬住，同时其螯肢内的毒液注射进入食物体内，将食物麻痹。多数蜘蛛会用蛛丝将食物包裹再将其吃掉，也有少数蜘蛛会直接进食昆虫。静态捕食的代表类群包括园蛛科（Araneidae）、球蛛科（Theridiidae）、皿蛛科（Linyphiidae）的蜘蛛等。

动态捕食的代表类群包括妖面蛛科（Deinopidae）等，它们吐丝制成一张小网，用第一、二步足握住，当食物从下面经过时，它们迅速用小网将食物罩住并吞食。其他还有流星锤蜘蛛（*Ordgarius magnificus*），它们将特化的蛛丝制成“流星锤”，并释放吸引雄蛾的激素，当雄蛾进入它的攻击范围内，它便用黏性极强的流星锤砸向雄蛾，一旦命中，它就可以饱餐一顿了。

游猎型蜘蛛 游猎型蜘蛛移动迅速，螯肢强健，以“主动出击”的方式捕食，通常在食物的后方出击，咬到食物后，迅速将毒液注入食物体内，使其麻痹，继而吃掉，其间并不使用蛛丝将食物缠裹。

游猎型蜘蛛食谱广泛，包括昆虫和节肢动物，甚至蜘蛛，都是它们的食物。而且生态位也有极大的扩展，不仅仅局限在地面，在树干、树枝及树叶等垂直分布的生态位也经常见到游猎型蜘蛛的身影（图 1、图 2）。

有一类特化的游猎型蜘蛛：水蛛（*Argyroneta aquatic*），生活在洁净的池塘内，其身体的疏水绒毛会附着气泡，所以在水中可以形成一个隔离的空气层。主要取食蝌蚪、小鱼和水蛭等。游猎型蜘蛛代表类群：狼蛛科（Lycosidae）、蟹蛛科（Thomisidae）、跳蛛科（Salticidae）、盗蛛科（Pisauridae）、巨蟹蛛科（Sparassidae）的蜘蛛等。

其他 蜘蛛以捕食小型动物的方式获取能量，但某些蜘蛛也会从植物上获取食物。一些蟹蛛科和跳蛛科的物种会在植物的花期取食花蜜，利用糖分为自身补给。一种分布在中美洲的跳蛛更为极端，主要取食富含植物蛋白的叶片，偶尔才会取食蚂蚁成虫或者蚂蚁幼虫。

图 1 李猫跳蛛（李枢强摄）

图 2 似兜跳蛛（李枢强摄）

在防治农业和园艺害虫中的作用 蜘蛛每年可能吃掉4亿～8亿吨食物，超过人类每年消耗鱼类和肉类的总质量。多数蜘蛛所捕获的食物位于森林和草场内，据估算森林落叶层中的蜘蛛密度可以达到50～200头/m^2，说明蜘蛛在控制森林与草场害虫方面发挥了巨大作用。在农田内，蜘蛛的高丰度可以减少杀虫剂和农药的使用，有益于环境的保护和食品的健康；而且蜘蛛对于防治农田及园艺害虫也有重要的作用，尤其在害虫暴发的早期，即未达到指数增长阶段前，蜘蛛能够起到很好的缓冲作用。

参考文献

JACKSON R R, POLLARD S D, NELSON X J, et al, 2001. Jumping spiders (Araneae, Salticidae) that feed on nectar[J]. Journal of zoology, 255(1): 25-29.

MALONEY D, DRUMMOND F A, ALFORD R, 2003. Spider predation in agroecosystems: can spiders effectively control pest populations[J]. Maine agricultural and forest experiment station, 190: 1-32.

MEEHAN C J, OLSON E J, REUDZNK M W, et al, 2009. Herbivory in a spider through exploitation of an ant-plant mutualism[J]. Current biology, 19(19): 892-893.

NYFFELER M, BIRKHOFER K, 2017. An estimated 400~800 million tons of prey are annually killed by the global spider community[J]. Die nature wissenschaften, 104(3/4): 30.

NYFFELER M, SUNDERLAND K D, 2003. Composition, abundance and pest control potential of spider communities in agroecosystems: a comparison of European and US studies[J]. Agriculture, ecosystems and environment, 95(2/3): 579-612.

POLLARD S D, BECK M W, DODSON G N, 1995. Why do male crab spiders drink nectar[J]. Animal behavior, 49(6): 1443-1448.

RIECHERT S E, LOCKLEY T, 1984. Spiders as biological control agents[M]. Annual review of entomology, 29(1): 299-320.

World Spider Catalog. [2017-03-17]. Natural history museum bern [J/OL]. http://www.wsc.nmbe.ch, Version 18.0.

（撰稿：赵慧峰；审稿：李枢强）

捕食作用 predation

一种微生物直接吞食另一种微生物或原生动物的现象。例如真菌捕食线虫、原生动物吞食细菌、真菌及线虫捕食细菌、藻类对细菌和其他藻的捕食作用等。

土壤中的小动物捕食病原菌的现象称为食菌性（mycophagus）。食菌性变形虫捕捉到病原菌后，把病原菌包围起来，然后在病菌的细胞壁上刺穿圆孔，侵入其中吸食原生质，如捕食性阿米巴（一种食菌性原生动物）能以小麦根腐病菌（*Cochliobolus sativas*）、小麦赤霉病菌（*Fusarium graminearum*）、番茄枯萎病菌（*Fusarium oxysporum*）、棉花黄萎病菌（*Verticillium dahliae*）、烟草根黑腐病菌（*Thielaviopsis basicola*）等30多种真菌的分生孢子、厚膜孢子、孢囊孢子、冬孢子、担孢子作为食物，还可捕食细菌、藻类、线虫等。在根际土壤生活的小动物中，食菌性线虫和弹尾虫类等均有抑制土壤病害的作用。这些小动物对菌丝具有趋化性，靠捕食菌丝增殖。

寄生或捕食真菌的线虫，又名食真菌线虫（fungivorus nematodes），大多数专门取食真菌的线虫口针较短。例如将燕麦真滑刃线虫（*Aphelenchus avenae*）和苗腐腐霉菌（*Pythium* spp.）混合接种玉米，能明显减轻后者单独接种引起的根腐病；这种线虫还可寄生各种疫霉，但不易寄生腐生真菌。

食线虫真菌（nematophagous fungi）是线虫的真菌天敌，是对线虫具有生防作用真菌的统称。早在1888年，Zopf观察到一种节丛孢属（*Arthroborys*）真菌捕捉线虫，形成套索环粘紧消化线虫。食线虫真菌主要有捕食真菌、内寄生真菌、产毒素真菌和机会真菌四大类。捕食线虫真菌是指以营养菌丝特化形成的黏性菌丝、黏性分枝、黏性球、黏性网、非收缩环及收缩环等捕食器官捕捉线虫的真菌，包括节丛孢属（*Arthrobotrys* spp.）、单顶孢属（*Monacrosporium* spp.）和隔指孢属（*Dactylella* spp.）；内寄生真菌（endoparasitic nematophagous fungi）是通过产生游动孢子或黏性孢子翻附于线虫或线虫卵上，然后通过孢子萌发消化杀死线虫，包括串孢壶菌属（*Myzocytium* spp.）、掘氏梅里霉属（*Drechmeria* spp.）、毒虫霉属（*Nematoctonus* spp.）、拟青霉属（*Paecilomyces* spp.）、被毛孢属（*Hirsutella* spp.）和钩丝孢属（*Harposporium* spp.）等；产毒真菌是指能够产生毒素消解线虫的一类真菌；机会真菌是指专性或兼性寄生于线虫的卵、雌虫或定殖于线虫胞囊和卵囊上的一类真菌，包括大量土壤习居真菌。机会真菌平常会寄生在宿主植物上作为植物病原菌，只有在条件合适的时候才会转而定殖于线虫胞囊或卵囊等繁殖体上并利用虫体内的营养物质生长，同时还会产生多种酶来抑制卵的孵化。全世界共报道700余种食线虫真菌，包括捕食线虫真菌380余种、线虫内寄生真菌120余种、产毒真菌270余种和大量机会真菌。从20世纪80年代开始，国内外对根结线虫食线虫真菌的调查研究得到广泛开展。中国以张克勤、刘杏忠等为代表的学者报道了捕食线虫丝孢菌100余种，其中新种为73种。

参考文献

黄大野，叶良阶，刘晓艳，等，2015. 苏云金芽孢杆菌NBIN863菌株对番茄根结线虫的防治效果和促生作用[J]. 中国蔬菜(10): 57-60.

李娟，张克勤，2013. 食线虫微生物防控病原线虫的研究[J]. 中国生物防治学报，29(4): 481-489.

刘杏忠，1991. 食线虫真菌的研究进展[C]// 中国菌物学会虫生真菌专业委员会，中国虫生真菌研究与应用. 中国菌物学会虫生真菌专业委员会：中国植物保护学会生物入侵分会：12.

刘志恒，2015. 硝酸盐诱导寡孢节丛孢产生三维菌网机制研究[D]. 昆明：云南大学.

莫明和，1995. 食线虫真菌生态学研究进展[J]. 贵州农业科学(2): 57-60, 56.

莫明和，2009. 利用食线虫真菌防治植物寄生线虫的研究进展[C]// 中国植物病理学会，中国植物病理学会2009年学术年会论文集：11.

莫明和，牟贵平，2009. 利用食线虫真菌防治植物寄生线虫的研究进展[J]. 大理学院学报，8(12): 71-76.

邱雪柏, 2010. 烟草根结线虫生物防治研究进展 [J]. 贵州农业科学, 38(7): 121-124.

王敏, 王丽萍, 高俊, 等, 2016. 噬线虫真菌的应用现状及前景分析 [J]. 北方农业学报, 44(5): 123-125.

吴佳, 2011. 苏云金芽孢杆菌毒杀松材线虫活性研究及线虫冷冻保存 [D]. 杭州: 浙江农林大学.

张克勤, 莫明和, 2006. 中国真菌志: 节丛孢及相关属 [M]. 北京: 科学出版社.

张文解, 1987. 利用食菌性原生动物(阿米巴)防治土传病害的可能性 [J]. 甘肃农业科技 (6): 20-21.

张颖, 李国红, 张克勤, 2011. 食线虫真菌资源研究概况 [J]. 菌物学报, 30(6): 836-845.

郑云峰, 李建生, 邱美强, 2006. 根结线虫生防菌研究进展 [J]. 中国农村小康科技, 11: 62-65.

祝明亮, 2004. 根结线虫生物防治研究进展 [C]// 中国烟草学会, 中国烟草学会 2004 年学术年会论文集: 17.

BENGTSON S, 2002. Origins and early evolution of predation[J]. The paleontological society papers, 8: 289-318.

GURR G M, WRATTEN S D SNYD, ER W E, et al, 2012. Biodiversity and insect pests: key issues for sustainable management[M]. Oxford: John Wiley & Sons: 72-84.

JURKEVITCH E, DAVIDOV Y, 2006. Phylogenetic diversity and evolution of predatory prokaryotes[M]. Berlin: Springer: 11-56.

LAFFERTY K D, KURIS A M, 2002. Trophic strategies, animal diversity and body size[J]. Trends in ecology & evolution, 17(11): 507-513.

POULIN R, 2011. The many roads to parasitism: a tale of convergence[M]. London: Academic Press: 1-40.

POULIN R, RANDHAWA H S, 2015. Evolution of parasitism along convergent lines: from ecology to genomics[J]. Parasitology, 142(S1): S6-S15.

PRAMER D, 1964. Nematode-trapping fungi[J]. Science, 144(3617): 382-388.

STEVENS A, 2010. Predation, herbivory, and parasitism[J]. Nature education knowledge, 1(8): 38.

VELICER G J, MENDES-SOARESH, 2009. Bacterial predators[J]. Current biology, 19(2): 55-56.

（撰稿：白雪莲；审稿：王琦）

不确定假说 idiosyncratic hypothesis

物种丰富度的变化能影响生态系统的功能，生态系统功能会对物种多样性的变化作出响应，生态系统的功能随着物种多样性的变化而变化，但变化的大小和方向却是不能预测的，即物种在生态系统功能过程中的作用或者所做出的贡献有显著的不同。不确定假说反映的是生态系统中物种多样性—生态系统功能的相互关系，能够形象地描述物种数目和生态系统功能间的相互关系。

生物多样性与生态系统的关系一直是人们普遍关注的生态学问题，随着人们对物种多样性的生态系统功能的认识逐渐加深，生态系统中物种多样性—生态系统功能的相互关系已成为生物多样性研究的重要内容之一。Naeem 等和 Lawton 把生态系统对物种丰富度降低的响应用 4 种不同的假说概括，即冗余种假说（redundant species hypothesis）、铆钉假说（rivet hypothesis）、不确定假说（idiosyncratic hypothesis）和无效假说（又名零假说）（null hypothesis）。此后，在对这些假说不断修正的同时，也提出了一些新的假说，包括单调 / 驼峰模型假说（monotonic/unimodal hypothesis）、非线性假说（non-linear hypo thesis）、补偿 / 关键种假说（compensatory/key stone species hypothesis）、弱相互作用假说（weak interaction hypothesis）等。不确定假说是指物种丰富度的变化能影响生态系统的功能，生态系统功能会对物种多样性的变化作出响应，生态系统的功能随着物种多样性的变化而变化，但变化的大小和方向却是不能预测的，即物种在生态系统功能过程中的作用或者所做出的贡献有显著的不同。

尽管以上这些假说的提出都有一定的理论或实验研究基础，但到目前为止，还没有一种假说被普遍认为能反映生态系统中物种多样性与生态系统的功能间关系。

参考文献

黄建辉, 白永飞, 韩兴国, 2001, 物种多样性与生态系统功能: 影响机制及有关假说 [J]. 生物多样性, 9(1): 17.

LAW TON J H, 1994. What do species do in ecosystems [J]. Oikos, 71: 367-374.

NAEEM S, THOMPSON L J, LAWLER S P, et al, 1994. Declining biodiversity can alter the performance of ecosystems [J]. Nature, 368: 734-737.

NAEEM S, THOMPSON L J, LAW TON J H, et al, 1995. Biodiversity and ecosystem functioning empirical evidence from experimental microcosms [J]. Philosophical transactions of the royal society of London B, 347: 249-262.

（撰稿：陈斌；审稿：何霞红）

布氏白僵菌 *Beauveria brongniartii*

最常见的昆虫病原真菌之一，又名卵孢白僵菌。在分类上属于子囊菌门（Ascomycota）盘菌亚门（Pezizomycotina）粪壳菌纲（Sordariomycetes）肉座菌亚纲（Hypocreomycetidae）肉座菌目（Hypocreales）虫草菌科（Cordycipitaceae）白僵菌属（*Beauveria*）。布氏白僵菌能够寄生于多种昆虫，范围包括鞘翅目、双翅目、鳞翅目、半翅目、直翅目、膜翅目共 6 目 13 科 26 属 37 种，但不同菌株的寄生专化性很强，致病力差异也较大。

在人工培养基上，菌落为白色、乳色至浅黄色，菌丝为棉絮状或粉状。一般培养 10 天左右开始产生分生孢子，有的产孢很少或不产孢，分生孢子呈椭圆形或卵圆形。多数菌株以 25°C 左右为适宜生长温度。菌株具有对自然气候的适应性，采自热带的菌株适于较高的温度，而温带的菌株适于较低的温度。从潮湿地区采到的菌株对空气湿度比干旱地区的菌株更为敏感。温湿度还与分生孢子的存活力密切相关，温度高于35°C和相对湿度小于70%，对孢子的存活有明显抑制作用。布氏白僵菌的工业发酵方法主要有液态发酵法、固态发酵法和液固双相发酵法，目前应用于规模化工业生产效果较好的是液固双相发酵法。

中国对布氏白僵菌的应用研究始于20世纪70年代，已经对20多种农林害虫进行防治，并获得较好效果，尤其在松毛虫（*Dendrolimus* spp.）和亚洲玉米螟（*Ostrinia furnacalis*）防治上，取得了令人瞩目的经济效益和环境效益，并大大推动了白僵菌在农业上的应用。

参考文献

李增智，1993. 森林害虫的微生物防治，中国虫生真菌研究与应用[M]. 北京：中国农业科技出版社：1-7.

李增智，黄勃，樊美珍，等，1998. 利用RAPD-PCR检测三种白僵菌及球孢白僵菌种内变异[J]. 菌物系统，17: 185-189.

农向群，邓春生，高松，等，1998. 布氏白僵菌菌丝制剂的贮存活力[J]. 微生物学通报，25: 136-139.

徐庆丰，1986. 我国研究和利用白僵菌防治农林害虫及有关问题的探讨[J]. 中国虫生真菌研究与应用，1: 1-9.

FARGUES J, MANIANIA N K, et al, 1992. Influence of temperature on in vitro growth of entomopathogenic hyphomycetes[J]. Agronomie, 12: 557-564.

LAPPA N V, GORAL V M, 1975. Effect of muscardine fungi on the codling moth under different hydrothermic conditions[J]. Zakhist roslin, 21: 54-61.

（撰稿：赵燕妮；审稿：秦启联）

步甲科 Carabidae

属鞘翅目（Coleoptera）肉食亚目（Adephaga），是一类常见的大多在地面生活的捕食性甲虫。俗称步甲（ground beetles）。该科世界性分布，全世界已知4万余种，是鞘翅目第三大科，中国已记录3000余种。在早期的分类学文献中，虎甲科（Cicindelidae）、棒角甲科（Paussidae）、条脊甲科（Rhysodidae）常作为独立的科与步甲科并列，但目前均被归入步甲科中作为亚科。在肉食亚目中与步甲科关系最接近的科是粗水甲科（Trachypachidae），该科世界仅知2属6种。

步甲科体长通常5～30mm；最小者不及2mm，如*Anillinus*、*Helenaea*等属，但鲜有小于1mm者；最大者可达80mm，如琴步甲属（*Mormolyce*）、巨扁步甲属（*Hyperion*）；其他常见的大型步甲还有大步甲属（*Carabus*）、绮步甲属（*Anthia*）、王虎甲属（*Manticora*）、*Catadromus*、*Mouhotia*等。多数步甲体色为单一的黄色、褐色或黑色，如婪步甲属（*Harpalus*）；但也有很多步甲具艳丽的金属光泽，如凹唇步甲属（*Catascopus*），或具醒目的斑纹，如青步甲属（*Chlaenius*）；一些大型步甲在鞘翅或前胸背板具有特异的构造，如大步甲属（*Carabus*）、绮步甲属（*Anthia*）等，极具观赏价值。

形态特征 步甲科可通过以下特征组合与鞘翅目其他各科相区分：体型通常扁平；上颚发达，端部尖锐，口式为前口式；上唇显著，与唇基分界明显；触角通常为线状或念珠状；前胸背板发达，常具敞边；前胸侧板发达，前胸背板与腹板不相连；鞘翅常具8条纵沟；后足基节分割第一可见腹板，可见腹板常为6节；各足常为步行足，擅长快速奔跑；前足胫节外缘及端部常具刺；后足基节片状，通常彼此相连；后足转节延长；跗节式5-5-5；爪间突不发达。

步甲科下高级阶元分类观点较多，依据形态的相似性及亲缘关系推测而定义的各族相对明确，而各个亚科变动极大。这是由于该科类群繁多，且其进化历史过程中早期辐射演化分支较多。常见的步甲科下高级分类系统主要有两类：其一是依据形态的相似性分为32～35个亚科，这些亚科内的成员彼此系统发育关系接近，有明确的形态特征支持且各自包含物种数量适中，有助于分类鉴定，但各亚科间在系统发育上的地位并不对等；其二是承认前一分类系统中若干原始的亚科，而将处于系统发育树顶端的数个亚科合并为广义的婪步甲亚科（Harpalinae），该亚科包含步甲科一半以上的物种，此分类系统较客观地反映了各亚科间的系统发育关系，但不利于类群识别。

步甲科中高级阶元间较重要的鉴定特征包括：上颚外沟是否具1根刚毛；触角第三节是否具绒毛；复眼上方具1或2根刚毛；前足胫节第二端距是否后置形成净角器；前足基节窝开放或关闭；中足基节窝开放或关闭；中胸背板背面是否可见；鞘翅缘折端是否形成内褶；鞘翅末端是否平截；雄性阳茎侧叶特征等。

步甲科成虫通常夜间活动，常活动于地面，白天则隐藏于各类隐蔽物下，如岩石、落叶、树皮下等。但也有少数步甲白天活动，如虎甲亚科的多数物种。步甲科生境十分多样，通常在荫蔽的林下环境步甲种类最为丰富，但也有许多步甲类群适应于各类不同的特殊生境，包括：泥泞的滩涂湿地，如青步甲属（*Chlaenius*）、锥须步甲属（*Bembidion*）；内陆盐湖畔的盐碱地，如碱步甲属（*Perigona*）；炎热的海岸沙滩，如锚纹虎甲属（*Abroscelis*）；干旱草原及荒漠，如猛步甲属（*Cymindis*）；林间小径旁，如虎甲属（*Cicindela*）；各类型森林的树冠层，如丽步甲属（*Calleida*）；林间倒木或立枯木内，如缘丽步甲属（*Pericalus*）；大型木腐真菌上，如琴步甲属（*Mormolyce*）；盛开的花间，如壶步甲属（*Lebia*）；终日黑暗的喀斯特溶洞中，如行步甲族（Trechini）的部分类群；还有一些步甲寄居于蚁巢中，如棒角甲族（Paussini）、蚁步甲族（Pseudomorphini）。

步甲通常捕食各种体型较小的无脊椎动物，常见的食物包括：鳞翅目幼虫、跳虫、蜗牛等；一些步甲也会取食死亡的大型昆虫或脊椎动物，如蝗虫、蛇类等；少数步甲有时会取食植物种子，如婪步甲属（*Harpalus*）；甚至有的步甲为完全植食性，如距步甲属（*Zabrus*）。另有一些步甲具有十分特化的食性，如屁步甲属（*Pheropsophus*）的幼虫寄生于蝼蛄的卵块；直角步甲属（*Orthogonius*）幼虫生活于白蚁巢中；大黄缘青步甲亚属（*Epomis*）幼虫寄生于蛙类体表；条脊甲族（Rhysodini）生活在朽木中，以黏菌为食；棒角甲族（Paussini）利用体表特殊腺体的分泌物骗取蚂蚁的信

艳大步甲（*Carabus lafossei coelestis* Stewart, 1855）（严静君摄）

任，取食蚂蚁的食物甚至直接捕食蚂蚁。

一些步甲适应地表生活，其后翅退化，甚至左右鞘翅愈合，丧失了飞行能力，其中包括了许多生活于中高海拔地区的步甲，如大步甲属（*Carabus*）、山丽步甲属（*Aristochroa*）、球胸步甲属（*Broscosoma*）等。而大多数步甲适应平原生活，具发达后翅，具有较强的飞行能力，例如脊角步甲属（*Poecilus*）、婪步甲属（*Harpalus*）。一些适应于树栖生活的步甲，其跗节加宽，爪具梳齿，以增强攀爬能力，如宽颚步甲属（*Parena*）。一些适应于洞穴或深层土壤的步甲，其体色浅黄色，复眼退化，触角及各足延长以增强触觉，如穴盲步甲属（*Xuedytes*）。一些适应于炎热干旱环境的步甲，体背具密集的白色鳞毛，以反射阳光，如图步甲属（*Graphipterus*）。一些专性捕食跳虫的步甲，触角基部或口器腹面生有特化的长刚毛，可协助捕食，如毛角步甲属（*Loricera*）、盗步甲属（*Leistus*）。

绝大多数步甲腹部末端具1对防御腺，其分泌的具有特殊味道的防御液使得它们通常不会成为鸟类、两栖类和爬行类等捕食者的主要猎物。气步甲亚科（Brachininae）和棒角甲亚科（Paussinae）的步甲具有特化的防御腺，可同时喷出分别储存的对苯二酚、过氧化氢、过氧化物酶等，在体外发生反应产生高温烟雾，威力巨大。许多步甲体背具醒目斑纹形成警戒色，如屁步甲属（*Pheropsophus*）及偏须步甲族（Panagaeini）的一些种类等。步甲科中拟态现象并不常见，蕈步甲属（*Lioptera*）、宽胸步甲属（*Coptodera*）等菌栖性步甲可能与大蕈甲科（Erotylidae）、伪瓢虫科（Endomychidae）等构成缪氏拟态群；蛛步甲属（*Dyschirius*）、缺翅虎甲属（*Tricondyla*）拟态蚂蚁；*Eccoptoptera* 拟态蚁蜂。

步甲科数量众多、十分常见，与人类的关系密切。多数步甲为捕食性，其中很多是重要的天敌昆虫，多捕食鳞翅目害虫，如星步甲属（*Calocoma*）大量捕食黏虫（*Mythimna separata*），但同时在柞蚕（*Antherea pernyi*）饲养产业中则可能成为害虫。少数植食性步甲可能对农业造成危害，如暗步甲属（*Amara*）、婪步甲属的一些种可危害谷穗，距步甲属（*Zabrus*）可取食植物叶片。

绝大多数步甲生活在远离人类聚居区的环境中，通常难以与人类相遇，在经济生产中多归入中性昆虫，但它们仍是生物多样性的重要组成。少数适应农田和城市生活的步甲偶尔会飞入室内，但并不造成危害。

一些大型步甲体色绚丽，体型威武，受到昆虫标本收藏者的喜爱，其中以大步甲属（*Carabus*）为最。该属中的拉步甲（*Carabus lafossei*）和硕步甲（*Carabus davidi*）被列为国家二级重点保护动物，这两个物种生活于人口密集地区，且十分美丽，受到生境退化与人为捕捉的双重威胁。

参考文献

ARNETT R H J R, THOMAS M C, 2001. American beetles. Volume 1: Archostemata, Myxophaga, Adephaga, Polyphaga: Staphyliniformia[M]. London: CRC Press: i-xv, 1-443.

BALL G E, 1979. Epilogue[M]// ERWIN T L, BALL G E, WHITEHEAD D R. Carabid beetles: their evolution, natural history, and classification. Proceedings of the first internatonal symposium of carabidology. Washington: Smithsonian Institution: 599-618.

LÖBL I, LÖBL D, 2017. Catalogue of Palaearctic Coleoptera, Volume 1: Archostemata–Myxophaga–Adephaga[J]. Journal of the North American benthological society, 23(1): 153-154.

OBER K A, 2002. Phylogenetic relationships of the carabid subfamily Harpalinae (Coleoptera) based on molecular sequence data[J]. Molecular phylogenetics and evolution, 24(2): 228-248.

（撰稿：史宏亮；审稿：曹亮明）

C

C

草蛉科 Chrysopidae

属脉翅目（Neuroptera），是脉翅目中种类最丰富的类群之一，世界已知1200余种，中国记录有27属251种。草蛉科昆虫分布广，世界各大动物地理区系均有分布，其中中国分布于东洋区的种类明显较古北区丰富。

其成虫和幼虫均为捕食性，主要捕食蚜虫、叶螨、粉虱、介壳虫幼虫等小型节肢动物，是一类重要的天敌昆虫。因其善捕食蚜虫，因此草蛉幼虫被称为蚜狮。另外，草蛉幼虫可将捕食后的蚜虫和其他猎物的尸体覆在虫体上，起到伪装的作用，因此幼虫又被称为癞蝂。中国在3000多年前的《尔雅·释虫》中最早记录了这一现象。

形态特征 成虫一般虫体绿色，体型中到大型。头部具有多样的色斑，是重要的分类性状。头部复眼发达，具有金属光泽，草蛉科名中的"Chrysops"为金黄色之意，源于复眼具有的金色光泽。草蛉成虫单眼退化；触角丝状，长度变化较大，触角在分类中具有重要的意义。口器为咀嚼式，变化相对较小（见图）。

草蛉胸部具有3对步行足；一般具有两对大小近似相等的翅，翅型宽阔，静止时呈屋脊状覆于背部。翅脉发达形成复杂的网状脉序，因此草蛉英文名为green lacewings。

幼虫呈纺锤形，头部扁宽，触角为丝状。口器特殊，上、下颚向内侧弯曲，上颚较长，主要用于捕捉猎物；内侧腹向具有一条深沟，与下颚组合形成一条食物道，因此幼虫口器又被称为捕吸式口器。幼虫胸、腹部的背部和两侧通常分布有大量的刚毛和毛瘤，在分类中具有一定的意义；同时该结构对于固着猎物尸体也具有重要作用。

草蛉（徐晗摄）

蛹为强颚离蛹，在茧中呈"C"形弯曲，足可自由活动，触角卷曲位于身体两侧。

卵椭圆形，颜色一般呈绿色至乳白色，无柄或具卵柄。

生物学习性 草蛉成虫在白天和夜晚均可活动。且在春、秋两季的早、晚较温暖时段活动旺盛，中午阳光强烈时静伏于叶背面等阴凉处。具有趋光性。

草蛉雌虫通常在夜晚于食物来源丰富的地方进行产卵。卵依据类群的不同以单产、群产以及束产3种形式产于叶子或枝条背面，经过1周左右时间开始孵化。草蛉幼虫共3个龄期，各个龄期的发育历期根据温度变化而不同，大部分种类幼虫期为16天左右，有一些种类最长达42天。另外，部分属的幼虫为了避免被捕食或寄生，会利用环境中的碎片进行伪装。三龄老熟幼虫一般喜好在干燥、隐蔽的场所化蛹。不同属的草蛉可通过不同虫态越冬：通草蛉属（*Chrysoperla*）以成虫越冬；叉草蛉属（*Dichochrysa*）以二至三龄幼虫越冬；草蛉属（*Chrysopa*）以前蛹期、蛹期在茧中越冬。越冬虫态多数变红，有的形成红色斑纹。草蛉科昆虫一般一年发生1代，部分种类一年可发生多代，尤其是无休眠期的种类1年可发生5～7代。

草蛉普遍存在滞育现象，不同种类可在不同发育阶段发生滞育。一般以二至三龄幼虫越冬的种类可发生幼虫滞育；一些分布于北温带的类群如草蛉属（*Chrysopa*）、三阶草蛉属（*Chrysopidia*）、尼草蛉属（*Nineta*）等类群可在前蛹期发生滞育；而通草蛉属（*Chrysoperla*）可在成虫期发生生殖滞育。

成虫与幼虫均为捕食性，可捕食蓟马、叶蝉、蚧虫、蚜虫、飞虱、鳞翅目、双翅目、膜翅目等幼虫以及叶螨等小型昆虫，部分种类的成虫还可取食花粉及昆虫分泌的蜜露。另外，当食物缺乏时，幼虫会出现自相残杀现象。

应用研究 草蛉最早被应用于棉花害虫的防治中，主要包括棉铃虫、棉小造桥虫、棉花叶螨以及棉蚜等，有国内研究报道，在棉田每亩投放12.4万头草蛉，3天后的棉蚜防治效果可达约72%。另外有国外研究报道，普通草蛉（*Chrysoperla carnea*）对烟粉虱（*Bemisia tabaci*）蛹的防治具有良好的效果。

参考文献

杨定，刘星月，杨星科，等，2018. 中国生物物种名录：第二卷 动物 昆虫（Ⅱ），脉翅总目[M]. 北京：科学出版社.

杨星科，杨集昆，李文柱，2005. 中国动物志昆虫纲：第三十九卷 草蛉科[M]. 北京：科学出版社.

AFZAL M, KHAN M R, 1978. Life history and feeding behaviour

of green lacewing *Chrysopa carnea* Steph. (Neuroptera, Chrysopidae)[J]. Pakistan journal of zoology, 10: 83-90.

MCEWEN P K, NEW T R, WHITTINGTON A E, 2007. Lacewings in the crop environment[J]. Zoological journal of the linnean society, 151(3): 661.

WINTERTON S L, BROOKS S J, 2015. Review of the green lacewing genus *Chrysacanthia lacroix* with a new species from Nigeria (Neuroptera, Chrysopidae)[J]. ZooKeys (517): 71-81.

（撰稿：徐晗；审稿：王永杰）

蹭动 twitching motility

由 IV 型纤毛延伸提供动能的细菌表面运动方式之一，某些细菌通过 IV 型纤毛附着在物体表面，随后纤毛收缩，从而使细菌细胞向纤毛附着点方向移动。IV 型纤毛介导的蹭动在生物膜形成的早期起到重要作用。

1961 年，Lautrop 在研究无鞭毛细菌（*Acinetobacter calcoaceticus*）的物体表面运动方式时提出了“蹭动”的概念。大多数细菌都可利用蹭动进行运动，其中 *Alteromonas putrefaciens*、*Branhamella meningitides*、*Kingella denitrificans*、*Myxococcus xanthus*、*Neisseria gonorrhoeae*、*Pseudomonas aeruginosa* 和 *Xanthomonas maltophila* 等菌株中研究较为深入。蹭动的研究曾仅限于革兰氏阴性菌，主要包括 α 和 *β*- 变形菌（proteobacteria），但高通量测序及遗传实验证明了某些革兰氏阳性菌也具有该运动能力。蹭动主要是细菌在低水环境中一种运动方式。蹭动不仅可在生物表面上发生，也可在如琼脂糖凝胶表面、塑料、玻璃及金属等非生物表面上发生。蹭动是细菌的一种社会性活动，是细胞与细胞之间相互作用的结果；单个细胞不能利用四型纤毛运动。细菌细胞接触固体表面后可通过蹭动聚集形成微菌落或离开微菌落，这对细菌在营养匮乏时形成生物膜（biofilm）或子实体（fruiting bodies）等复合结构，或在营养丰富时快速移动至新的环境至关重要。

蹭动的机理 蹭动包括三个基本过程：①伸展，通过多聚化增加纤毛长度。②锚定，一个或多个纤毛亚基于物体表面或生物大分子结合。③收缩，通过去多聚化缩短纤毛长度。蹭动的动力来自纤毛的收缩。纤毛是细菌表面的细丝状附属物，IV 型纤毛直径一般为 5～7nm，长度可至几个微米，由单一的纤毛蛋白 PilA 亚基多聚化形成。而纤毛的收缩过程则是由 PilT 蛋白介导的丝状纤毛拆卸导致的。PilT 蛋白是核苷酸结合蛋白，该蛋白可以每秒 1000 个 PilA 亚基的速率拆卸纤毛。

多种因素可影响细菌的蹭动。从 *Pseudomonas aeruginosa* 中已鉴定出 40 多个基因是该菌蹭动所必需的。遗传研究表明纤毛缺失突变体或纤毛收缩能力丧失的突变体均不能正常蹭动。除参与纤毛生物合成和机械功能的基因外，其他基因则涉及转录调控和信号传递途径，如细菌双因子调控系统 PilS/PilR、趋化性系统、群体感应系统、第二信使环二鸟苷酸（cyclic diguanylate，c-di-GMP）和环磷腺苷（cyclic AMP，cAMP）等也可影响细菌的蹭动能力。除遗传因素外，环境信号也可影响蹭动。有证据表明氮源如某些氨基酸的丰富程度、细胞浓度及依赖细胞接触的细胞内信号等都可影响蹭动能力。

蹭动的功能 蹭动性使细菌在营养生长阶段快速扩展定殖于固体表面，而在营养匮乏时聚集形成生物膜或子实体等复杂菌落结构，从而抵抗外界不良环境。IV 型纤毛除具有移动功能外，还参与细菌转化（transformation）、结合转移（conjugation）和噬菌体侵染（bacteriophage infection）等生物学性状。蹭动与许多病原细菌在宿主的定殖及致病性相关，缺失 *pilA* 基因往往导致病原细菌丧失致病能力。

参考文献

BRADLEY D E, 1980. A function of *Pseudomonas aeruginosa* PAO polar pili: twitching motility[J]. Canadian journal of microbiology, 26(2): 146-154.

BURROWS L L, 2012. *Pseudomonas aeruginosa* twitching motility: type IV pili in action[J]. Annual review of microbiology, 66(66): 493-520.

HENRICHSEN J, 1983. Twitching motility[J]. Annual reviews in microbiology, 37(1): 81-93.

KEARNS D B, 2010. A field guide to bacterial swarming motility[J]. Nature reviews microbiology, 8(9): 634-644.

MATTICK J S, 2002. Type IV pili and twitching motility[J]. Annual reviews in microbiology, 56(1): 289-314.

MERZ A J, S M, SHEETZ M P, 2000. Pilus retraction powers bacterial twitching motility[J]. Nature, 407(6800): 98-102.

PIEPENBRINK K H, SUNDBERG E J, 2016. Motility and adhesion through type IV pili in Gram-positive bacteria[J]. Biochemical society transactions, 44(6): 1659-1666. DOI: 10.1042/bst20160221.

SEMMLER A B, WHITCHURCH C B, LEECH A J, et al, 2000. Identification of a novel gene, fimV, involved in twitching motility in Pseudomonas aeruginosa[J]. Microbiology, 146(6): 1321-1332.

SKERKER J M, BERG H C, 2001. Direct observation of extension and retraction of type IV pili[J]. Proceedings of the National Academy of Sciences of the United States of America, 98(12): 6901-6904.

（撰稿：张力群；审稿：王琦）

茶尺蠖核型多角体病毒 *Ectropis obliqua* nucleopolyhedrovirus, EoNPV

属杆状病毒科（Baculoviridae）核型多角体病毒属（*Nucleopolyhedrovirus*，NPV），单粒包埋，属 A 亚群。1980 年中国首次分离到 EoNPV，宿主专一性强，只侵染茶树重要害虫茶尺蠖。多角体大小 1.1～2.1μm，基因组全长 131204bp（NCBI：DQ837165），编码 126 个开放阅读框 ORF。茶尺蠖在 EoNPV 感染 120 小时后，中肠上皮细胞出现网状的病毒发生基质，感染 7 天后，茶尺蠖幼虫大量死亡。剂型有 200 亿 PIB（polyhedral inclusion body）/g 母药，茶尺蠖幼虫期死亡率在 90% 以上，同时对压低后续 2～5 代的

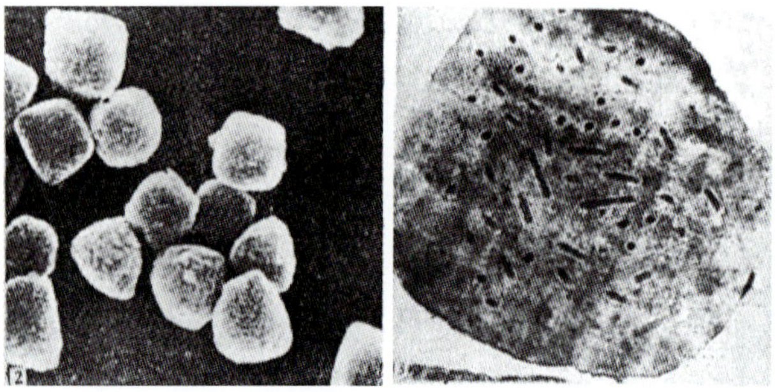

EoNPV 扫描电镜和透射电镜观察（张益民等提供）

虫口密度具有显著作用（见图）。

参考文献

洪北边，殷坤山，1991. 茶尺蠖核型多角体病毒制剂的防治效果[J]. 茶叶科学，1: 39-44.

汪命龙，1987. 茶尺蠖核型多角体病毒杀虫剂生产方法的研究[J]. 茶业通报，4: 28-31.

殷坤山，陈华才，肖强，等，2000. 茶尺蠖核型多角体病毒制剂的试制与推广应用 [J]. 中国病毒学，S1: 81-84.

张益民，王学兰，张世敏，等，1985. 茶尺蠖核型多角体病毒超微结构的初步研究 [J]. 科学通报，24: 1918-1920.

张益民，赵怀宇，张建红，等，1989. 茶尺蠖核型多角体病毒研究 [J]. 生物防治通报，4: 168-172.

MA X C, SHANG J Y, YANG Z N, et.al, 2007. Genome sequence and organization of a nucleopolyhedrovirus that infects the tea looper caterpillar, *Ectropis obliqua*[J]. Virology, 360: 235-246.

（撰稿：张寰；审稿：秦启联）

茶园生物多样性系统 tea plantation biodiversity system

以茶树为主要物种，以茶叶为主导产业，科学利用茶园内光、热、水、土、养分和大气资源，在茶园内种植一些既不会影响茶树的生长和品质，又可以调节茶园小气候的伴生树种，或在茶树行间或茶树下种植蔬菜、中药材、绿肥、食用菌，或在茶园或茶园周边种植具有驱避害虫或引诱天敌昆虫作用的草本植物，或在茶园内养殖鸡或鹅等家禽、蜜蜂，以动态调控茶园内温度、湿度、光照、小气候、土壤环境，以及茶树、昆虫和病原菌及有益微生物，生态控制茶树病害、虫害和草害，形成的一种生态合理、经济高效、环境优美、能量流动和物质循环通畅、能够可持续发展的茶园生产体系（见图）。

茶园种植果树、药材、绿肥等作为伴生植物，能有效提高茶园生物多样性，控制茶园节肢动物等有害生物，达到绿色防控有害生物的目的。如茶园间作橡胶、柿树、核桃、桤树、杧果、板栗等植物，能大大降低害虫大发生的概率。茶园间作野花椒（*Zanthoxylum simulans*）能有效控制茶饼病和茶小绿叶蝉（*Empoasca pirisuga*）的发生，茶园间作沉香（*Aquilaria crassna*）对茶轮斑病和茶煤病及茶小绿叶蝉、茶黄蓟马（*Scirtothrips dorsalis*）和茶蚜（*Toxoptera aurantii*）具有良好的控制作用。

茶园间作种植紫花苜蓿（*Medicago sativa*）等牧草或三叶草（*Trifolium repens*）等豆科绿肥作物，除能有效控制害虫的发生危害外，还能有效改善土壤性状和提高土壤肥力。如，茶园种植紫花苜蓿后，增加了茶园植被，改善了茶园生态环境，使茶园主要害虫和捕食性天敌的群落结构发生了改变，保护了茶园的生物多样性及群落结构的稳定性，从而减少了茶园某一种主要害虫大发生的可能性。同时，茶园种植紫花苜蓿等草本植物，使茶园内捕食性蜘蛛类群的数量比例显著增加，从而使茶园主要害虫小绿叶蝉的发生得到了有效的控制。又如，茶园种植长节耳草（*Hedyotis uncinella*）对小绿叶蝉等具有良好的控制作用。同时，茶园种植紫花苜蓿，在夏季能明显降低茶园土壤温度，提高土壤含水量，并且能有效提高茶园土壤有机质、速效氮、速效磷、速效钾的含量，提高阳离子交换量及改善土壤团粒结构，从而改良土壤性状，提高土壤肥力，为茶树生长创造良好的环境条件。

茶园间作套种马铃薯、蔬菜（辣椒）等作物，也是一种提高茶园生物多样性、改善茶园小气候、有效控制茶园杂草的重要途径。如从群落多样性指数来看，茶园间作铺地木兰 + 罗顿豆 > 间作白三叶 + 平托花生 > 间作白三叶 + 圆叶

茶园生物多样性系统（朱有勇摄）

决明 > 对照茶园茶冠层。

此外，在茶园及其周边种植具有驱避害虫或引诱天敌的植物，能增加茶园内天敌生物数量，提高茶园生物多样性，从而提高了对害虫的生物防治作用。如在茶园种植黄冠菊、鼠尾草、毛地黄等显花植物后，园内食蚜蝇、瓢虫等天敌昆虫种类和数量明显增加，控制了茶蚜、粉虱等害虫的发生危害。在茶园周边种植薰衣草（*Lavandula angustifolia*）、香茅草（*Cymbopogon citratus*）、除虫菊（*Pyrethrum cinerariifolium*）和南非万寿菊等植物，这些植物的挥发物对黑刺粉虱、小绿叶蝉、茶丽纹象甲等害虫具有有效的驱避作用，因而在茶园周边种植这些植物能使害虫远离茶树，从而减少了对茶树的危害。

茶园生物多样性系统在中国、印度和斯里兰卡等茶叶种植区茶园广泛应用，已成为改善茶园生态环境，提高茶园生物多样性，强化对茶树病虫草害等有害生物生态控制潜能、减轻茶树受害程度、提高茶叶产量和品质的重要措施。

参考文献

陈李林，林胜，尤民生，等，2011. 间作牧草对茶园螨类群落多样性的影响 [J]. 生物多样性，19(3): 353-362, 399-400.

冯明祥，姜瑞德，王继青，等，2010. 茶园种草对茶树主要害虫及其捕食性天敌的影响 [J]. 山东农业科学，10: 89-91.

黎健龙，苗爱清，吴利荣，等，2010. 不同遮阴管理对茶园主要天敌与害虫的影响 [J]. 广东农业科学 (12): 85-87.

李慧玲，郭剑雄，张辉，等，2016. 茶园间作不同绿肥对节肢动物群落结构和多样性的影响 [J]. 应用昆虫学报，53(3): 545-553.

孙云南，冉隆珣，蔡丽，等，2014. 不同间作模式茶园主要病虫害及天敌的调查研究 [J]. 山东农业科学，46(11): 110-113.

汪云刚，李良静，冉隆珣，等，2010. 不同种植模式下茶假眼小绿叶蝉种群动态的调查 [J]. 西南农业学报，23(2): 413-415.

王彬，董慧，蒋玉兰，等，2014. 核桃树或桤木与茶树间作对茶叶主要生化成分的影响 [J]. 中国茶叶加工 (1): 29-34.

吴满霞，韩仁甲，汪升毅，等，2010. 苦李山茱萸或板栗与茶间作增进昆虫多样性的效应 [J]. 昆虫知识，47(6): 1165-1169.

GUO Z, ZHANG Y, DEEGEN P, et al, 2006. Economic analyses of rubber and tea plantations and rubber-tea intercropping in Hainan, China[J]. Agroforestry systems (66): 117-127.

ZHU H, ZHONG Z, LIU Z, WANG C, et al, 2006. Effects of intercropping with persimmon on the rhizosphere environment of tea[J]. Frontiers of biology in China (4): 407-410.

（撰稿：陈斌；审稿：何霞红）

长尾小蜂科 Torymidae

长尾小蜂科（雌性）（曹亮明摄）
①小齿腿长尾小蜂（*Monodontomerus minor* Ratzeburg）；
②舞毒蛾齿腿长尾小蜂（*Monodontomerus lymantriae* Narendran）

属膜翅目小蜂总科（Chalcidoidea），分为5个亚科：长尾小蜂亚科（Toryminae）、大痣长尾小蜂亚科（Megastigminae）、圆腹长尾小蜂亚科（Idarninae）、螳小蜂亚科（Podagrioninae）和齿腿长尾小蜂亚科（Monodontomerinae）。全世界迄今共知有68属986种。

形态特征 雌性产卵器伸出腹部末端，伸出部分有时甚至长于腹部长度。痣脉短，有时痣脉很大，圆形，翅痣的爪形突几乎延伸到翅前缘。腹柄不明显。体通常较长，不包括产卵器长为1.1～7.5mm，包括产卵器则长达16.0mm。尾须基成乳头状凸出（见图）。

生物学习性 长尾小蜂科的幼虫为食虫性，少数为植食性，有些是二者兼而有之。雌虫常将长长的产卵器刺入植物组织中产卵，寄生于在虫瘿中生活的昆虫幼虫或蛹上；有些植食性的种类则将卵产入植物组织中，卵孵化后形成虫瘿隐藏其中取食危害。有的则先在虫瘿中寄生形成虫瘿的害虫，然后转而取食虫瘿内的植物组织，就像一些广肩小蜂那样。而有些长尾小蜂能把卵产入以丝或者植物组织包裹的昆虫蛹中，在这些昆虫蛹中寄生。

大部分长尾小蜂亚科以及一些齿腿长尾小蜂亚科和少数大痣长尾小蜂亚科的种类单独寄生于在植物虫瘿中生活的昆虫，如瘿蜂和瘿蚊幼虫。但长尾小蜂属（*Torymus*）有几种把卵产入瘿蜂虫瘿中而不营寄生生活，这些长尾小蜂为寄食性。它们先把瘿蜂幼虫杀死，然后取食虫瘿中的植物组织［如金色长尾小蜂（*Torymus auratus*）］，或者容性寄生于瘿蜂幼虫，在寄主幼虫老熟阶段再将其杀死［如深蓝长尾小蜂（*Torymus cyaneus*）］。

所有寄生性长尾小蜂并不都是寄生于虫瘿中的昆虫，有些长尾小蜂以膜翅目针尾部昆虫为寄主。如歹长尾小蜂属（*Diomorus*）的一些种寄生于树干空洞或蛀干害虫废弃的坑道中筑巢的泥蜂，尤其是棒泥蜂属（*Rhopalum*）的泥蜂。暗齿腿长尾小蜂（*Monodontomerus obscurus*）外寄生于多种独栖性蜜蜂总科种类幼虫上，特别是切叶蜂亚科的壁蜂属（*Osmia*）和切叶蜂属（*Megachile*）幼虫。

齿腿长尾小蜂属（*Monodontomerus*）的许多种寄生松叶蜂科、叶蜂科小黑叶蜂亚科和泥蜂科及一些相近类群的幼虫，以及鞘翅目小蠹科、豆象科及象虫科等甲虫。青齿腿长尾小蜂（*Monodontomerus aereus*）群集内寄生于多种毒蛾的蛹中，但也可为重寄生。在这种情况下，它以外寄生的形式寄生在毒蛾蛹内的初寄生者姬蜂或寄蝇上。因此，有些报道该属内一些种是毒蛾的初寄生蜂明显有误。

大痣长尾小蜂亚科为植食性，它们取食富含营养的未成熟种子里的胚乳发育。它们一般在柏科、松科和木本蔷薇科植物的种子中发育。这类长尾小蜂都表现了类似的生物学习性：雌蜂于初夏将卵产入嫩球果或果实中正发育的种子内，1种1卵，幼虫孵化后整个夏天都在种子内取食，造成种子中的物质被取食殆尽，最后它们以预蛹状态待在种内越冬，翌春才正常化蛹、羽化。这类小蜂有的种类的一些个体可发生滞育，时间长达 2 或 3 年。大多数大痣长尾小蜂种类的寄主植物仅限于 1 个属内。如蔷薇大痣长尾小蜂（*Megastigmus aculeatus*）在玫瑰种子中发育，双点大痣长尾小蜂（*Megastigmus bipunctatus*）只寄生于圆柏种子，而黄杉大痣长尾小蜂（*Megastigmus spermatrophus*）则只危害黄杉种子。在长尾小蜂亚科中，果长尾小蜂亚属［*Torymus*（*Syntomaspis*）］据记载在蔷薇科树木种子中取食，如花楸属、梨属、苹果属和山楂属的种子。

螳小蜂亚科寄生螳螂卵。螳小蜂雌蜂趴附在雌螳螂成虫体上，以保证它们能够接触到螳螂刚产下的卵，在寄主卵鞘泡沫未硬化之前就可把它们的卵产入螳螂卵中。

长尾小蜂科的卵为肾形至长卵圆形，产于寄主体上。齿腿长尾小蜂属的卵带有许多向后弯折的小刺。幼虫均为膜翅目型，表皮上具毛；寄生性长尾小蜂幼虫上的毛特别显著，但植食性种类幼虫体上的毛一般不太明显。

参考文献

廖定熹，等，1987. 中国经济昆虫志：第三十册 膜翅目 小蜂总科（一）[M]. 北京：科学出版社.

GIBSON G A P, HUBER J T, WOOLLEY J B, 1997. Annotated keys to the genera of Nearctic Chalcidoidea (Hymenoptera)[M]. Ottawa: NRC Research Press.

GRISSELL E E, 1995. Toryminae (Hymenoptera: Chalcidoidea: Torymidae): a redefinition, generic classification, and annotated world catalog of species[J]. Memoirs on entomology, international, 2: 1-470.

（撰稿：曹亮明；审稿：杨忠岐）

赤松毛虫质型多角体病毒 *Dendrolimus spectabilis* cytoplasmicpolyhedrosisvirus, DsCPV

从赤松毛虫幼虫体内分离到的致病性微生物，隶属于呼肠孤病毒科质型多角体病毒属，为双链 RNA 病毒，基因组由 10 条等克分子数的 DsRNA 片段组成。病毒粒子为正 20 面体，单层衣壳结构，多角体内包埋多个病毒粒子（图 1）。

感染机理 病毒多角体经口进入虫体，在中肠碱性环境和酶的作用下，多角体蛋白溶解释放出病毒粒子，病毒粒子通过围食膜后再侵入感染中肠上皮细胞。质型多角体病毒只在昆虫中肠上皮组织的细胞质内进行感染和复制，侵染范围限定在非脊椎动物的昆虫，可感染包括 26 种松毛虫在内的 10 科 35 种鳞翅目昆虫。主要以病毒基因组 DsRNA 片段在琼脂糖或聚丙烯酰胺凝胶（PAGE）中电泳图谱为基础，进而确定其电泳型或种的分类系统，其命名通常包括基因组电泳型及其原始宿主昆虫的名字。国内外已先后从赤松毛虫、马尾松毛虫、油松毛虫、德昌松毛虫、文山松毛虫和落叶松毛虫等宿主上发现 10 余株质型多角体病毒，基因组电泳图谱研究表明 Cypovirus-1 型是松毛虫质型多角体病毒的主要类型，这些不同分离株中至少存在有 3 种不同 Cypovirus-1 型内变异，以纯一型或混合型的形式出现。松毛虫质型多角体病毒对松毛虫幼虫感染力强、致死率高，对人、畜及天敌昆虫安全，尤其是其可通过感病幼虫的排泄物或虫尸进行水平扩散，通过产卵垂直传递，对松毛虫灾害具有持续控制效果。生产中使用过松毛虫质型多角体病毒杀虫剂的林区，可长达数年不发生松毛虫灾害。

杀虫剂生产方法 主要利用林间高密度自然种群和塑料薄膜围栏集虫两种办法进行生产。利用林间高密度自然种群增殖方法是在林间高虫口区喷洒病毒溶液；围栏集虫增殖方法是用塑料薄膜围成围栏，围栏内投放一定数量的松毛虫幼虫，饲以浸泡过病毒液的松针。四龄幼虫时喷洒病毒、10～15 天采收松毛虫病虫、破碎过滤、离心浓缩、制剂配制。

松毛虫灾害病毒防治 一般根据需要可以生产病毒水分散粒剂、悬浮剂、可湿性粉剂，病毒制剂多角体含量不低于 1.0×10^9PIB/ml，采取喷雾的方法，出液浓度不低于 1.0×10^6PIB/ml 时，当代幼虫死亡率可达 80%，持续效果可达 3 年。

制剂保存方法 将配制好的制剂置于通风、干燥、低温处，严防潮湿、高温及日晒，严禁和酸碱类物质混合接触。−20～−5°C 可保存 3 年，4°C 条件下可保存 1 年，室温避光条件下保存 6 个月，其生物活性保持稳定。

松毛虫质型多角体病毒是一种杀虫速度较慢的微生物杀虫剂，虫体喂毒后 8～15 天才出现死亡高峰。在高虫龄、高虫口区有必要配合使用一些低毒化学农药或其他速效生物农药。与松毛虫病毒混用的常用药剂有苏云金芽孢杆菌（Bt）和菊酯类化学农药，用量为常用量的 1/3～1/2。松毛虫质

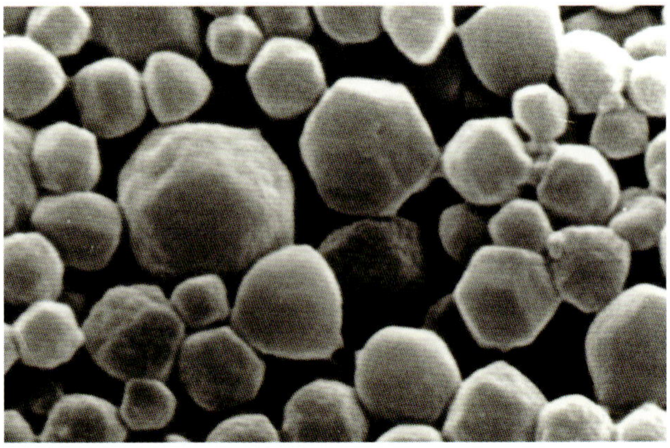

图 1 DsCPV 多角体

图 2 松毛虫病毒致死状

型多角体病毒 -Bt 复合用于松毛虫防治，可收到很好的防治效果。

参考文献

陈昌洁, 1990. 松毛虫综合管理 [M]. 北京 : 中国林业出版社 .

陈昌洁, 王志贤, 刘革, 1989. 日本赤松毛虫质型多角体病毒 *Dendrolimus spectabilis* CPV 对马尾松毛虫的生物测定 [J]. 林业科学, 4: 317-322.

陈昌洁, 王志贤, 刘革, 等, 1988. 赤松毛虫质型多角体病毒的引进和利用研究 [J]. 林业科学研究 (1): 14-24, 123-126.

黄冠辉, 刘彧桦, 代如一, 1988. 赤松毛虫 (*Dendrolimus spectabilis*) 质型多角体病毒经卵传递的研究 [J]. 生态学报, 8(2): 191-192.

林乃铨, 2010. 害虫生物防治 [M]. 北京 : 科学出版社 .

林顺, 林思诚, 2004. 松毛虫质型多角体病毒 (CPV) 生产及应用技术探讨 [J]. 广东林业科技, 20(1): 24-27.

吕鸿声, 1982. 昆虫病毒与昆虫病毒病 [M]. 北京 : 科学出版社 .

蒲蛰龙, 1994. 昆虫病理学 [M]. 广州 : 广东科技出版社 .

王志贤, 陈昌洁, 1988. 油松毛虫质型多角体病毒病的组织病理研究 [J]. 林业科学研究, 1(5): 481-484, 579-581.

王志贤, 高志和, 陈昌洁, 1987. 赤松毛虫质型多角体病毒血清学初步研究 [J]. 林业科学, 23(2): 227-230, 258.

谢天恩, 胡志红, 2002. 普通病毒学 [M]. 北京 : 科学出版社 .

赵同海, 陈昌洁, 2004. 松毛虫 CPV 不同分离株的基因组电泳图谱 [J]. 昆虫知识, 41(3): 212-216.

赵同海, 陈昌洁, 徐静, 等, 2004. 松毛虫质型多角体病毒的宿主域与交叉感染 [J]. 昆虫学报, 47(1): 117-123.

（撰稿：赵同海；审稿：张永安）

赤眼蜂科　Trichogrammatidae

属膜翅目小蜂总科（Chalcidoidea），现有 74 属 532 种，分为 2 亚科：赤眼蜂亚科（Trichogrammatinae）和纹翅卵小蜂亚科（Lathromerinae）。

形态特征　体微小至小型，不包括产卵器长 0.3～1.2mm，包括产卵器可长达 1.8mm。体粗壮至细长，黄色或橘黄至暗褐，无金属光泽。触角 5～9 节，索节不多于 2 节，棒节 1～5 节；索节常为环状；雄性触角上一般具长毛轮，雌性触角上的毛一般较短。前胸背板很短，背观在头后几乎看不到，中胸盾纵沟完整。翅通常发育完全，但有时变短；前翅无痣后脉，缘脉从较长至几乎缺如，有时极度膨大，痣脉较长至很短；翅面上的纤毛常明显排列成行，呈放射状分布。跗节 3-3-3 式。腹部无柄，与胸部之间广腰式连接（图①②）。

赤眼蜂是著名的卵寄生蜂，单个初寄生或群集初寄生于其他昆虫的卵中，特别是鳞翅目、半翅目、鞘翅目、缨翅目、膜翅目、双翅目和脉翅目的卵。已知赤眼蜂属（*Trichogramma*）有一个种有时为兼性重寄生，寄生于以一种鳞翅目的卵为寄主的黑卵蜂（*Telenomus* sp.）上。许多赤眼蜂直接把卵产入多少暴露的寄主卵中，有些种甚至可把它们的卵产入大小和形状与寄主的卵相似的任何东西中，如有的树木流出的树液刚干后形成的小球内。少数几种能寄生在水生昆虫的卵中，如龙虱科（Dytiscidae）、仰泳蝽科（Notonectidae）和蜻蜓目（Odonata）的卵。这些水生的赤眼蜂种类，如水长柄赤眼蜂（*Prestwichia aquatica*）和嗜水赤眼蜂（*Hydrophilita aquivolans*）能在水中游泳，寻找寄主。有些赤眼蜂具负载共栖习性，如有些种的成蜂趴附于螽斯成虫体上以接近刚产下的新鲜螽斯卵。南美洲异赤眼蜂属（*Xenufens*）的一个种可骑附于蛱蝶成虫体上。

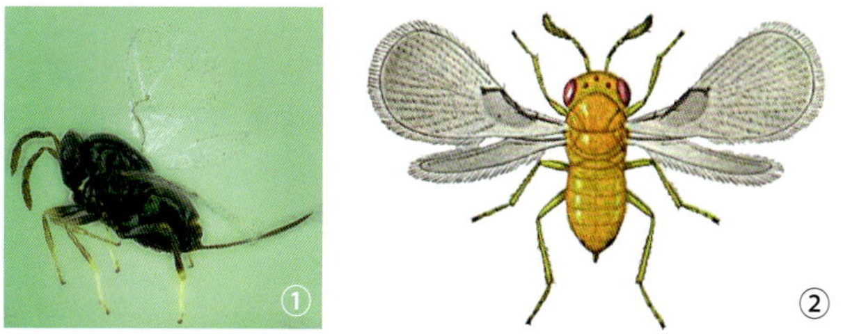

赤眼蜂科（雌）（杨忠岐提供）
①朴树卷叶象卵赤眼蜂（*Poropoea* sp.）整体侧面观；
②松毛虫赤眼蜂［*Trichogramma dendrolimi*（Matsumura）］

从已描述过的赤眼蜂的卵来看，它们的卵至少略呈长形，有时中部稍膨大而两端圆滑，或者于一端具柄。一龄幼虫通常为两种类型，即囊型（sacciform），如楔翅赤眼蜂属（*Chaetostricha*）和赤眼蜂属，或为柄翅卵小蜂型（mymariform），如卷叶象赤眼蜂属（*Poropoea*）。有些种的一龄幼虫可能具一增生的、于端部之前弯曲的刺状突，如象虫赤眼蜂属（*Ophioneurus*）。赤眼蜂老熟幼虫一般体粗壮，分节明显，体表上无刺或刚毛，似乎无气管系统，在被取食殆尽的寄主卵的空壳内化蛹。成虫羽化后在寄主的卵壳上咬一小孔飞出。

赤眼蜂在生物防治上是很重要的一个寄生蜂类群，被广泛用于多种害虫的生物防治上，尤其是鳞翅目害虫的生物防治。在自然情况下，它们的寄生率常常可以达到 90%。已被利用的大多数种类在实验室条件下可以大量繁育，然后在害虫卵期释放。中国利用赤眼蜂大面积防治松毛虫、玉米螟、甘蔗螟和水稻螟虫取得成功。

参考文献

林乃铨, 1994. 中国赤眼蜂分类 : 膜翅目　小蜂总科 [M]. 福州 : 福建科学技术出版社 .

DOUTT R L, VIGGIANI G, 1968. The classification of the Trichogrammatidae (Hymenoptera: Chalcidoidea)[J]. Proceedings of sciences, 35(4): 477-586.

GIBSON G A P, HUBER J T, WOOLLEY J B, 1997. Annotated keys to the genera of Nearctic Chalcidoidea (Hymenoptera)[M]. Ottawa: NRC Research Press.

（撰稿：张帆；审稿：李元喜）

虫生真菌轮枝菌　*Verticillium* spp.

轮枝菌属包括蜡蚧轮枝菌（*Verticillium lecanii* 或 *Lecanicillium*

C

lecanii）、大丽轮枝菌（*Verticillium dahliae*）、黑白轮枝菌（*Verticillium alboatrum*）和厚孢轮枝菌（*Verticillium chlamydosporium*）等。其中常见防控害虫效果最好的是蜡蚧轮枝菌。蜡蚧轮枝菌隶属丝孢纲（Hyphomycetales）丛梗孢目（Moniliales）丛梗孢科（Moniliaceae）；广泛分布于热带、亚热带和温带；寄主范围广，可寄生半翅目、直翅目、双翅目、鳞翅目和缨翅目等多种害虫。蜡蚧轮枝菌的典型特征是单生的分生孢子由黏液集结在轮枝状分枝的分生孢子梗顶端，形成头状的分生孢子球，极少数种有时会出现分生孢子链。国外20世纪80年代初进行了农药登记和商品生产，在温室应用取得了很好的效果，温度、相对湿度和紫外线对蜡蚧轮枝菌的生长速度、孢子活力和产孢量有较大影响，所以在防治应用时需避免高温、干燥和强光照天气。对于蜡蚧轮枝菌的研究包括形态和分类研究、高毒性菌株的筛选和改良、发酵生产与产品储藏、防治效果评价以及与其他化学药剂的兼容性等。

参考文献

梁宗琦, 1996. 虫生真菌的多样性 [J]. 生物多样性, 4(4): 235-241.

莽逸伦, 韩岚岚, 赵奎军, 等, 2018. 蜡蚧菌和3种低浓度杀虫剂混用对大豆蚜的影响 [J]. 中国生物防治学报, 34(2): 266-273.

王联德, 尤民生, 黄建, 等, 2010. 虫生真菌多样性及其在害虫生物防治中的作用 [J]. 江西农业大学学报, 32(5): 920-927.

谢明, 2003. 蜡蚧轮枝菌发酵生物学及发酵工程的研究 [D]. 北京: 中国农业科学院.

周洁, 2013. 蜡蚧轮枝菌的土壤宿存动态及其基本碳氮营养需求特性分析 [D]. 北京: 中国农业科学院.

EIDY M, RAFIEE-DASTJERDI H, ZARGARZADEH F, et al, 2016. Pathogenicity of the entomopathogenic fungi *Beauveria bassiana* (Balsamo) and *Verticillium lecanii* (Zimmerman) against aphid *Macrosiphum rosae* Linnaeus (Hemiptera: Aphididae) under laboratory conditions[J]. Jordan journal of biological sciences, 9(1): 25-28.

（撰稿：曲良建；审稿：张永安）

重寄生 hyperparasitism

其他生物（病毒、噬菌体、细菌、真菌）寄生植物病原生物的现象，又名超寄生。植物病原生物包括病毒（类病毒）、细菌、根肿菌、卵菌、真菌、线虫和寄生性种子植物。除病毒外，在其他各类病原中都发现了重寄生现象。

病毒可以寄生植物病原细菌、卵菌、真菌、线虫和寄生性种子植物。寄生细菌的病毒称为噬菌体（phage），寄生卵菌和真菌的病毒称为真菌病毒（mycovirus 或 fungal virus）。一些噬菌体和真菌病毒存在着防治植物病害的潜力。

细菌可以寄生植物病原细菌、真菌和线虫；蛭弧菌（*Bdellovibrio* spp.）寄生多种植物病原细菌，包括欧氏菌（*Erwinia*）、假单胞菌（*Pseudomonas*）和土壤杆菌（*Agrobacterium*）；伯克霍尔德菌（*Burkholderia rhizoxinica*）可以寄生根霉（*Rhizopus microsporus*）；穿刺巴氏杆菌（*Pasteuria penetrans*）寄生孢囊线虫（*Heterodera* spp.）和根结线虫（*Meloidogyne* spp.）。

真菌可以寄生线虫和植物病原真菌。一些真菌捕食器官（如黏性菌丝、黏性分枝、黏性网、黏性球、非收缩环和收缩环）可以牢固与线虫接触，进而分泌胞外蛋白酶将线虫分解，从中获取营养物质。因而真菌捕食线虫的本质是一种重寄生（外寄生）。此外淡紫紫孢菌（*Purpureocillium lilacinum*）可以寄生植物根结线虫和孢囊线虫虫卵。

真菌寄生真菌又名菌寄生（mycoparasitism）。对盾壳霉（*Coniothyrium minitans*）、木霉（*Trichoderma* spp.）、粉红黏帚霉（*Clonostachys rosea* = *Gliocladium roseum*）和白粉寄生菌（*Ampelomyces quisqualis*）等重寄生真菌研究得较为透彻。盾壳霉的寄主范围狭窄，仅限于核盘菌属（*Sclerotinia*）的几个种，包括核盘菌（*Sclerotinia sclerotiorum*）、三叶草核盘菌（*Sclerotinia trifoliorum*）、小核盘菌（*Sclerotinia minor*）和雪腐核盘菌（*Sclerotinia nivalis*），甚至不能寄生与核盘菌亲缘关系十分近的种类（如灰葡萄孢），说明盾壳霉与寄主之间存在着特异性识别。盾壳霉不仅可以寄生核盘菌菌核，还可以寄生核盘菌菌丝（图1）。显微观察盾壳霉在寄生核盘菌菌丝时，以菌丝顶端直接穿透寄主菌丝细胞壁。在寄生的过程中，一些胞外细胞壁降解酶扮演重要角色（图2），相关胞外酶包括β-1, 3-葡聚糖酶（β-1, 3-glucanase）、几丁质酶（chitinase）和蛋白酶（protease）等。

木霉和粉红黏帚霉的寄主范围则较宽。木霉不仅可以寄生核盘菌属真菌，还可寄生立枯丝核菌（*Rhizoctonia solani*）、齐整小核菌（*Sclerotium rolfsii*）、灰葡萄孢（*Botrytis cinerea*）、腐霉菌（*Phythium* spp.）和疫霉菌（*Phytophythora* spp.）。粉红黏帚霉可寄生核盘菌、灰葡萄孢和镰刀菌

图1 盾壳霉（*Coniothyrium minitans*）寄生核盘菌（*Sclerotinia sclerotiorum*）菌核（姜道宏提供）

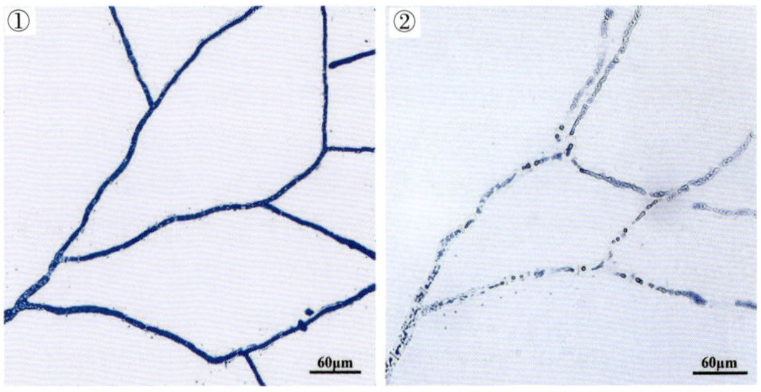

图2 盾壳霉胞外酶对核盘菌菌丝的溃解效果（谢晓莉、李国庆提供）
①经高温失活的盾壳霉胞外酶处理的核盘菌菌丝（37℃, 24小时）；
②盾壳霉胞外酶处理的核盘菌菌丝（37℃, 24小时）。菌丝用棉蓝染色

(*Fusarium* spp.)等。木霉对立枯丝核菌的重寄生特征是：木霉菌丝缠绕寄主菌丝，随后菌丝顶端膨大，形成类似附着胞结构(appressoria-like structure)，进而形成侵染菌丝侵入，从寄主菌丝内吸取营养物质。粉红黏帚霉对灰葡萄孢分生孢子及芽管的寄生研究得较为细致，这种真菌的菌丝可以直接侵入寄主孢子及芽管，胞外细胞壁降解酶和机械压力都参与了重寄生过程。

一些重寄生真菌存在着防治植物病害的潜力，其机制主要在于控制初侵染源和再侵染源数量。已开发成商品生防制剂的重寄生真菌包括白粉寄生菌、盾壳霉、木霉和淡紫紫孢霉等。

参考文献

CHEN Z X, DICKSON D W, 1998. Review of *Pasteuria penetrans*: biology, ecology, and biological control potential[J]. Journal of nematology, 30: 313-340.

ELAD Y, CHET I, HENIS Y, 1983. Parasitism of *Trichoderma* spp. on *Rhizoctonia solani* and *Sclerotium rolfsii*-scanning electron microscopy and fluorescence microscopy[J]. Phytopathology, 73: 85-88.

ELAD Y, SADOWSKY Z, CHET I, 1987. Scanning electron microscopical observations of early stages of interaction of *Trichoderma harzianum* and *Rhizoctonia solani*[J]. Transactions of the British mycological society, 88: 259-263.

HARMAN G E, HOWELL C R, VITERBO A, et al, 2004. *Trichoderma* species opportunistic, avirulent plant symbionts[J]. Nature reviews microbiology, 2: 43-56.

HUANG H C, KOKKO E G, 1988. Penetration of hyphae of *Sclerotinia sclerotiorum* by *Coniothyrium minitans* without the formation of appressoria[J]. Journal of phytopathology, 123: 133-139.

JURKEVITCH E, MINZ D, RAMATI B, et al, 2000. Prey range characterization, ribotyping, and diversity of soil and rhizosphere *Bdellovibrio* spp. isolated on phytopathogenic bacteria[J]. Applied and environmental microbiology, 66: 2365-2371.

LI G Q, HUANG H C, KOKKO E G, et al, 2002. Ultrastructural study of mycoparasitism of *Gliocladium roseum* on *Botrytis cinerea*[J]. Botanical bulletin of academia sinica, 43: 211-218.

PARTIDA-MARTINEZ L P, HERTWECK C, 2005. Pathogenic fungus harbours endosymbiotic bacteria for toxin production[J]. Nature, 437: 884-888.

WHIPPS J M, GERLAGH M, 1992. Biology of *Coniothyrium minitans* and its potential for use in disease biocontrol[J]. Mycological research, 96: 897-907.

WU M D, ZHANG L, LI G Q, et al, 2010. Genome characterization of a debilitation-associated mitovirus infecting the phytopathogenic fungus *Botrytis cinerea*[J]. Virology, 406: 117-126.

（撰稿：李国庆；审稿：王琦）

储蓄植物系统 banker plant system

一个天敌饲养和释放系统，是在作物中有意添加或建立的用于温室或大田害虫防治的系统。一个储蓄植物系统由储蓄植物（又名载体植物）、替代食物和有益生物3个要素组成。储蓄植物一般选用与目标作物不同的植物（偶尔也可用目标作物，但其与所栽培的作物在空间上是隔离的）。替代食物是储蓄植物的害虫，一般是猎物或寄主，也可以是储蓄植物所产生的或人为添加的其他食物。有益生物指捕食性或寄生性天敌或释放在储蓄植物上的病原微生物。储蓄植物系统显著的特点是储蓄植物和目标作物的害虫种类不同但拥有共同的天敌。代表性的储蓄植物系统有大麦或小麦携带禾谷缢管蚜［*Rhopolosiphum padi*（L.）］等麦蚜及其寄生蜂——粗脊蚜茧蜂（*Aphidius colemani* Viereck）或短距蚜小蜂［*Aphelinus abdominalis*（Dalman）］等，用于控制温室蔬菜中常见的害虫棉蚜（*Aphis gossypii* Glover）和桃蚜［*Myzus persicae*（Sulzer）］。培育储蓄植物系统需要预先在储蓄植物上饲养一定量的寄主或猎物，之后把天敌引入到储蓄植物，天敌利用储蓄植物提供的寄主或猎物繁殖后代建立种群。这样，当把携带天敌的储蓄植物添加到目标作物系统中，天敌就会不断地从储蓄植物扩散到作物上而长期控制作物上的靶标害虫，这样储蓄植物事实上就成了一个小型的天敌饲养场所，所以又名开放式天敌饲养系统（open rearing system）。储蓄植物系统的目标是在作物中长时间维持天敌种群以有效控制靶标害虫。为了达到这样的目标，一个成功的储蓄植物系统必须具有“预存”和“增殖”两个特征，即预先准备和储存备选天敌，而且天敌能在储蓄植物上维持连续增殖，以有效控制靶标害虫。

储蓄植物系统源于保护和助增型生物防治。出于更加有效控制害虫的目的，天敌释放应在害虫发生的早期就开始进行，但此时天敌常常因害虫数量稀少难以定殖，而多次释放天敌则会导致成本成倍增加。为了解决这一难题，人们尝试有意引入少量害虫用以协助天敌建立种群，即害虫先入（pest-in-first）策略。这种策略虽然有一些成功的例子且被少数种植户所采用，但没有在生产中被推广，因为经营者一般不愿意把害虫引进作物中增加受害风险。随后的生产实践中人们考虑使用非作物和替代寄主或猎物来增加天敌定殖的机会，以降低目标作物受污染的概率，这样就逐渐推动了储蓄植物系统的形成和发展。

储蓄植物系统主要应用于温室，且有一些储蓄植物系统已经商业化生产。储蓄植物系统用于防治蚜虫的研究最多，可能是由于蚜虫的替代寄主容易寻找等原因所致，其次是粉虱、蓟马、害螨及潜叶蝇等有害生物，这些都是体型较小、温室条件下容易滋生暴发的主要类群。储蓄植物系统与直接释放天敌的助增型生物防治相比具有很多优势。比如，高效的预防性治理、控制效果持久、人力和经济成本低、与其他防治方法特别是化学防治易兼容、备选天敌不局限于商品化种类甚至可以在田间招募自然天敌等，这些优点使得储蓄植物系统具有广泛发展前景。

参考文献

陈学新，刘银泉，任顺祥，等，2014. 害虫天敌的植物支持系统[J]. 应用昆虫学报，51: 1-12.

FRANK S D, 2010. Biological control of arthropod pests using banker plant systems: Past progress and future directions[J]. Biological control, 52: 8-16.

HUANG N X, ENKEGAARD A, OSBORNE L S, et al, 2011. The banker plant method in biological control[J]. Critical reviews in plant sciences, 30: 259-278.

（撰稿：刘银泉；审稿：刘树生）

C

川硬皮肿腿蜂 *Sclerodermus sichuanensis* Xiao

属膜翅目肿腿蜂科（Bethylidae）硬皮肿腿蜂属（*Sclerodermus*）。周祖基发现于四川，萧刚柔1995年鉴定为新种。和管氏肿腿蜂一起广泛应用于松褐天牛、花椒虎天牛、青杨天牛、双条杉天牛等林业害虫的生物防治。

形态特征 川硬皮肿腿蜂雌雄差异较明显，且雌雄均有无翅及有翅两种个体，但有翅雌虫较少，无翅雄虫极难见到。

无翅雌虫 体长4.1mm；无单眼，体黑色，具光泽；头部几呈方形；唇基中叶前端呈弧形凹入较深；触角前4节之比为11.5:3:1.5:1；第三节长宽约相等；腹部末端尖锐。

有翅雄虫 体长2.6mm；具单眼；体黑色，具光泽，唇基中叶前端截形；触角前4节之比为6.7:2.3:1.3:1；第三节长稍大于宽；腹部末端钝圆。

生物学习性 川硬皮肿腿蜂个体发育的特点是由卵至成虫的4个阶段，历期逐渐增长，即成虫期>蛹期>幼虫期>卵期。在4～7月的常温下由卵发育至成虫羽化需22～38天。成虫寿命6月平均可达51.62天，越冬代成虫寿命可达200天以上，最长可超过300天。

在四川以成虫在天牛蛀道中越冬，翌年4~5月在气温超过20°C时开始外出活动，寻找寄主，发现寄主痕迹后即钻入其中，沿蛀道追寻寄主，找到寄主后即先行麻痹，再进行补充营养、产卵寄生和护幼管理。在寄主上的产卵量依寄主大小而定，可由数粒至百粒以上。幼蜂老熟时将寄主吸食殆尽后，在母蜂协助下分散结茧化蛹，待子代蜂成虫羽化即同母蜂一道钻出蛀道另觅寄主。母蜂一生可寄生多头寄主。每雌产卵量平均为60粒以上，最高可达185粒。雌:雄为6.7~7.3:1。未交配雌蜂亦可产卵孵化，但只能发育为雄蜂。

应用范围 川硬皮肿腿蜂为钻蛀性害虫的外寄生昆虫，有较好的寄主搜寻和抗逆性能，因此对符合下列条件的钻蛀害虫，有良好的防治效果和持续控制作用：①钻蛀害虫的幼虫在树干（或枝条）的木质部表面或树皮部（韧皮部）危害（如天牛、吉丁虫等）。②害虫个体不是太大的，体长3cm左右。③在气温较高的夏秋季蛀干害虫发育阶段为幼虫的。

参考文献

萧刚柔，1995. 天牛的两种新寄生天敌，川硬皮肿腿蜂及海南硬皮肿腿蜂（膜翅目：肿腿蜂科）林业科学研究 [J]. 中国昆虫学会森林昆虫学术讨论会专刊，8: 1-52.

周祖基，1999. 川硬皮肿腿蜂研究概述 [J]. 四川林业科技，20: 59-61.

周祖基，杨伟，曾垂惠，等，1997. 川硬皮肿腿蜂生物学特性的研究（膜翅目：肿腿蜂科）[J]. 33(5): 475-480.

（撰稿：张翌楠；审稿：杨忠岐）

传统生物防治 classical biological control

从外来有害生物的原产地引进天敌，到新传入地生境中释放、建立自然种群控制入侵害虫的方法。又名经典生物防治。当有害生物越过地理障碍，传到一个新的生境时，往往逃离了它们原来的天敌，从而种群数量快速上升成为重大害虫。传统生物防治策略正是基于这一前提假设：害虫在原产地因为有专化性天敌的控制，种群密度维持在一个较低的水平，而这些有效天敌在新入侵地缺失，所以引进这些缺失的专化性天敌就能够有效抑制入侵害虫的种群密度。传统生物防治的目的是通过引进天敌并建立种群，对靶标害虫起到控制效果。对于外来入侵害虫，这种策略如果成功的话，可能会一劳永逸地解决问题。

传统生物防治计划的实施步骤主要包括：目标害虫的选择、害虫种类的鉴定、害虫原产地分布范围、天敌的调查和采集、天敌的引进和检疫、天敌的寄主专化性测定和生物学特性研究、天敌的野外释放和定殖、生物防治效果评价。随着天敌的引进和释放，害虫的种群数量可能下降，有时效果可达到90%～99%，甚至更高。这在多种害虫的生物防治中达到了极为成功的结果，包括鳞翅目类、叶蜂类、蚜虫类、介壳虫类、白粉虱类等。传统生物防治最著名的实例是1888年美国加利福尼亚州从澳大利亚引进澳洲瓢虫（*Rodolia cardibalis*）控制危害柑橘的入侵害虫吹绵蚧（*Icerya purchasi*），取得极大成功，天敌释放后2年内吹绵蚧即得到完全控制。这个天敌引进的成功实例，是传统生物防治的一个标志性事件，开创了现代生物防治的新纪元。过去近140年来实施的约1200个害虫传统生物防治项目中，60%以上的目标害虫种群得到不同程度的控制，17%的项目实施后得到完全控制，无须再采取后续的防治措施。入侵植物的生物防治成功率更高，对133种入侵植物引进天敌防治，30%以上得到了完全控制。

虽然有一些非常成功的例子，但是引进天敌的结果可能依然难以预测。由生物防治项目引起的生境中种群变化和群落反应通常需要较长时间（5～20年）才能达到稳定的平衡终点。引进寄生蜂进行生物防治时，其成功的可能性随着天敌在原产地最大寄生率的增加而显著升高。但一些其他的因素如原产地和侵入地气候和生态条件上的差异，以及引进物种本身的特性等也对生物防治是否成功产生一定的影响。寄生蜂在原产地的最大寄生率对评估其引进后控制入侵害虫的能力可以提供参考。当寄生蜂在原产地的最大寄生率低于32%时，引进后对入侵地害虫将可能不具有控制效果，它在引进地对入侵害虫的最大寄生率也存在着极限值33%～36%。

中国最早于1909年首次开展传统生物防治项目，从美国加利福尼亚州和夏威夷引进澳洲瓢虫在台湾防治吹绵蚧获得成功。后来先后又从国外引进了孟氏隐唇瓢虫、日光蜂、丽蚜小蜂、捕食螨等多种天敌，对防治粉蚧、苹果绵蚜、温室粉虱、叶螨等害虫取得了较好的效果。在传统生物防治上取得明显成效的还有引进花角蚜小蜂防治松突圆蚧，引进大唼蜡甲控制入侵害虫红脂大小蠹，海南引进椰甲啮小蜂和椰甲截脉姬小蜂防治椰心叶甲等。引进天敌的主要经验有，引入对生态环境适应力较强或食性专化的天敌，或用多种天敌防治一种害虫较易成功。来自原产地同种，其次是近缘种或相近属害虫的天敌，或来自害虫种群密度低的群落中的优势种天敌较有效。防治树木或长生长期作物上的害虫，或固定危害性害虫如介壳虫，或外来新害虫较为有效。

天敌是一类用之不竭的自然资源，异地引进释放，成本也不高，能广泛扩散，自动搜索隐蔽分散的寄主害虫并发挥着长期控制作用，对植物、人畜等高等动物无害。对于入侵害虫，传统生物防治是一种既经济又生态的解决办法。由于传统生物防治可能在大范围内对入侵种产生永久性的持续控制力而无须长期反复投资，在生态恢复中可发挥重要的作用，是防治入侵有害生物的有效策略。但传统生物防治也存在一些生态风险，引进天敌的同时，也有可能伴随着引入其他有害生物和重寄生性天敌。引进天敌的食性也可能发生改变，演化为另一种害虫，特别是对于引进昆虫防治入侵植物时，这种风险性更高。此外，天敌对非靶标生物的影响也是传统生物防治可能存在的另一种风险。但是这些风险是在传统生物防治的早期实践中忽视风险评估造成的问题，不能将这些风险归结为传统生物防治本身的固有缺陷。随着风险评估方法的发展和完善以及检疫制度的进一步规范，传统生物防治策略必将在未来治理入侵有害生物中发挥更大作用。

参考文献

蒲蛰龙，1990. 生物防治 [M]// 中国农业百科全书总编辑委员会昆虫卷编辑委员会，中国农业百科全书编辑部 . 中国农业百科全书：昆虫卷 . 北京：农业出版社 .

万方浩，李保平，郭建英，等，2008. 生物入侵：生物防治篇 [M]. 北京：科学出版社 .

赵修复，2004. 害虫生物防治 [M]. 3 版 . 北京：中国农业出版社：9-11, 110-116.

HAWKINS B A, CORNELL H V, 1994. Maximum parasitism rates and successful biological control[J]. Science, 266: 1886.

HODDLE M S, VAN DRIESCHE R G, 2009. Biological control of insect pests[M]// RESH V H, CARDE R T. Encyclopedia of insects. 2nd ed. Pittsburgh: Academic Press.

VAN DRIESCHE R G, CARRUTHERS R I, CENTER T, et al, 2010. Classical biological control for the protection of natural ecosystems[J]. Biological control, 54 (S1): S2-S33.

（撰稿：王小艺；审稿：杨忠岐）

春尺蠖核型多角体病毒 *Apocheima cinerarius* nucleopolyhedrovirus, AciNPV

以春尺蠖为宿主的一种双链环状 DNA 病毒，隶属于杆状病毒科 α 杆状病毒属，为单粒包埋型核型多角体病毒。多角体多为近三角形，少数近圆形或不规则形，直径多为 1～2μm。病毒粒子呈杆状，长 272～311nm，宽 66～83nm（图 1）。春尺蠖核型多角体病毒只能在活的宿主细胞内增殖，具有较强的宿主专一性。

感染机理 病毒多角体经口进入虫体，在中肠碱性环境和蛋白酶的作用下，多角体蛋白溶解而将病毒粒子释放出来，病毒粒子通过围食膜后再侵入中肠上皮细胞。病毒进入中肠细胞，称为原发感染，随后的感染，称为继发感染。病毒粒子通过中肠细胞再感染血淋巴、气管和脂肪体细胞，并引起细胞病变，然后通过复制生成大量的 BV 进一步感染邻近的组织，使感染部位得以扩大到神经、肌肉、围心细胞、可再生组织及腺体。感染后期 BV 在单个细胞内的产生减少，病毒主要以 ODV 的形式在细胞内累积，被感染的细胞核膨大，引起宿主幼虫动作迟钝，食欲减退或停止取食，虫体肿胀，表皮具光泽，最终由于病毒蛋白酶的产生，造成细胞核和细胞的裂解，血淋巴变得浑浊，导致昆虫死亡。幼虫死亡后表皮变得很脆弱，轻触即破，流出脓状体液。被感染后的幼虫，一般爬上取食植株的顶端，其腹足附着植物枝叶上，倒悬而死（图 2）。病虫粪便和虫尸会作为病源再传染其他昆虫，

图 1 春尺蠖病毒多角体

图 2 春尺蠖幼虫病毒致死症状

C

使病毒病在春尺蠖种群中流行，引发个体间的水平传播，从而弥补漏喷和虫龄不整齐导致部分害虫可能无法被病毒感染的现象，自然扩大了病毒防治面积。病毒也可通过昆虫卵传到春尺蠖子代，称为垂直传播，确保了病毒长期寄宿在害虫体内，不断地侵染虫体，使部分害虫得病和死亡，从而实现持续控制春尺蠖的目的。

杀虫剂产生方法 杀虫剂已经实现了规模化生产，主要方法是应用人工饲料大量饲养春尺蠖幼虫、四龄幼虫对接种病毒、收集病毒致死虫体、破碎过滤、离心浓缩、制剂配制。

春尺蠖灾害病毒防治 一般根据需要可以生产病毒水分散粒剂、悬浮剂、可湿性粉剂，病毒制剂多角体含量不低于 2.0×10^9PIB/ml，采取喷雾的方法，出液浓度不低于 1×10^6PIB/ml 时，当代春尺蠖幼虫死亡率可达 80%，持续效果可达 3 年左右。

制剂保存方法 将配制好的病毒制剂放置于通风、干燥、低温处，严防潮湿、高温及日晒，严禁和酸碱类物质混合接触。–20～–5°C 可保存 3 年，4°C 条件下可保存 1 年，室温避光条件下保存 6 个月，可保障生物活性稳定。

参考文献

陈昌洁，等，1990. 松毛虫综合管理[M]. 北京：中国林业出版社．

吕鸿声，1982. 昆虫病毒与昆虫病毒病 [M]. 北京：科学出版社．

蒲蛰龙，1994. 昆虫病理学 [M]. 广州：广东科技出版社．

曲良建，王玉珠，陶婧，等，2011. 春尺蠖 NPV 病毒生物学特性及室内增殖研究 [J]. 中国森林病虫，30(6): 35-37.

王贵成，王志贤，崔士英，等，1988. 杨尺蠖核多角体病毒的研究 [J]. 林业科学研究，1(5): 508-515.

王贵成，于在林，1987. 杨尺蠖核型多角体病毒应用研究 [J]. 林业科技通讯 (3): 4-7.

王志贤，王贵成，王徽，等，1982. 杨尺蠖核型多角体病毒的初步研究 [J]. 微生物学通报，5(2): 204, 212.

于在林，王贵成，1986. 杨尺蠖核型多角体病毒的 DNA 特性 [J]. 病毒学报，2(4): 344-350, 405.

于在林，王贵成，1987. 杨尺蠖核型多角体病毒的提纯及某些理化性质分析 [J]. 林业科学，23(2): 221-226, 257.

WANG Q H, WANG Y Z, ZHONG G L, et al, 2015, Identification of a chitinase from *Apocheima cinerarius* nucleopolyhedrovirus[J]. African journal of microbiology research, 9(23): 1536-1542.

（撰稿：曲良建；审稿：张永安）

春雷霉素 kasugamycin

由放线菌产生的代谢产物，又名春日霉素。其作为生防制剂的机理主要是高浓度下或者与多聚尿苷酸结合，或者阻碍苯丙氨酸 -tRNA 与核糖体的结合，还强烈地阻碍核糖体 30S 亚基与甲酰化甲硫氨酸（fMet）-tRNA 的结合，从而阻抑肽链合成的起始，破坏蛋白质的生物合成，抑制菌丝的生长和造成细胞颗粒化，使病原菌失去繁殖和侵染能力，从而达到杀死病原菌防治病害的目的。

春雷霉素属内吸性抗生素，兼有治疗和预防作用，纯品为白色针状结晶固体，在常温下稳定，在酸性和中性条件下稳定，在碱性条件下易分解。水剂外观为深绿色液体，常温下可贮存 2 年以上；可湿性粉剂外观为浅棕黄色粉末，常温下可贮存 3 年以上，对人、畜、水生生物安全，对蜜蜂有一定毒害。

春雷霉素是一种高效的植物病害生防制剂，对黄瓜炭疽病、细菌性角斑病、枯萎病，西红柿叶霉病、灰霉病，甘蓝黑腐病，水稻稻瘟病、细条病，柑橘流胶病、砂皮病，猕猴桃溃疡病，辣椒细菌性疮痂病，芹菜早疫病，菜豆昏枯病，茭白胡麻斑病等有好的防治效果；是防治多种细菌和真菌性病害的理想药剂，有预防、治疗、生长调节功能。

春雷霉素还可用于其他植物病害的防治。Jurgens 等通过调查苹果园引发的对链霉素耐药的猜测，发现仅春雷霉素（Kasumin 2L and ARY-4016-06）能够显著减少花朵感染，并且春雷霉素与 prohexadione calcium（Apogee 27.5DF）的混合作用能够显著减少苹果枯萎病的发生。孙万霞等在研究杀菌剂防治对板栗果实病害及采前落果的影响试验中发现，春雷霉素单独施用或者与其他杀菌剂混合施用，对板栗的落果情况和田间的发病率都有一定的控制。董照锋等将春雷霉素运用于对茶叶上的茶云纹叶枯病病菌的防治，发现枯草芽孢杆菌 1200 倍液喷雾或者与春雷霉素 1000 倍液交替使用对病害的防治效果最佳。另外，2018 年 7 月，山东省乳山韩威生物科技有限公司申请的 20% 春雷霉素水分散粒剂产品获批登记，登记作物和防治对象为桃树褐斑穿孔病，推荐用药浓度为 66.7～100mg/kg（折合商品稀释 2000～3000 倍），这也是中国首次批准春雷霉素在桃树上登记。

春雷霉素可在水中降解，且降解率较高，通常被认为对微生物无毒，且对环境友好。但春雷霉素会抑制某些细菌生长的同时也刺激了一些耐药细菌的生长。因此，在使用春雷霉素的过程中，应该充分评估其对环境土壤微生物群落的影响，做好相关风险的防控。

参考文献

董照锋，熊潇垚，陈光华，2019. 不同浓度杀菌剂对茶云纹叶枯病菌抑制作用 [J]. 内蒙古农业大学学报 (1): 6-10.

孙万霞，潘晓芳，2019. 杀菌剂防治对隆安县板栗果实病害及采前落果的影响 [J]. 广东农业科学，46(1): 79-83.

HAMADA M, HASHIMOTO T, TAKAHASHI T, et al, 1965. Antimicrobial activity of kasugamycin.[J]. The journal of antibiotics, 18: 104-106.

HUANG C Y, HO C H, LIN C J , et al, 2010. Exposure effect of fungicide kasugamycin on bacterial community in natural river sediment[J]. Journal of environmental science and health. Part B, 45: 485-491.

ICHIKAWA T, UMEZAWA H, 1967. Kasugamycin in. *Pseudomonas* infections of the urinary tract.[J]. The journal of urology 97: 917-925.

JURGENS A G, BABADOOST M, 2013. Sensitivity of *Erwinia amylovora* in Illinois Apple Orchards to Streptomycin, Oxytetracyline, Kasugamycin, and Copper[J]. Plant disease, 97 (11): 1484-1490.

MAKETON M, APISITSANTIKUL J, SIRIRAWEEKUL C, 2008. Greenhouse evaluation of *Bacillus subtilis* AP-01 and *Trichoderma harzianum* AP-001 in controlling tobacco diseases. Braz.[J]. Brazilian journal of microbiology, 39: 296-300.

MIURA H, KATAGIRI M, YAMAGUCHI T, et al, 1976. Mode of occurrence of Kasugamycin resistant rice blast fungus[J]. Annals of the phytopatholo Brazilian gical society of Japan, 42: 117-123.

SUHARA Y, SASAKI F, KOYAMA G, et al, 1972. The total synthesis of kasugamycin[J]. The journal of antibiotics, 94: 6501-6507.

TANAKA N, NISHIMURA, YAMAGUCHI H, et al, 1965. Mechanism of action of kasugamycin[J]. The journal of antibiotics, 18: 139-144.

TANAKA N, YAMAGUCHI H, UMEZAWA H, 1996. Mechanism of kasugamycin action on poly peptide synthesis[J]. Journal of biochemistry, 60: 429-434.

UMEZAWA H, OKAMI Y, HASHIMOTO T, et al, 1965. A new antibiotic kasugamycin[J]. The journal of antibiotics, 18: 101-103.

UMEZAWA H, HAMADA M, SUHARA Y, et al, 1965. Kasugamycin, a new antibiotic[J]. Antimicrobial agents and chemotherapy, 5: 753-757.

YAMAGUCHI I, 1982. Fungicides for control of rice blast disease[J]. Journal of pesticide science, 7: 307-316.

（撰稿：葛蓓孛；审稿：张克诚）

C

D

D

大草蛉 *Chrysopa pallens*

属脉翅目（Neuroptera）草蛉科（Chrysopidae）的一种捕食性天敌昆虫。国内外分布广泛。其食性广，食量大，是中国农、林等多种生态系统中蚜虫、棉铃虫、蓟马、叶螨、鳞翅目卵及低龄幼虫等重要害虫的优势天敌种群之一。是害虫生物防治中极具应用价值的一种昆虫。

形态特征

成虫 体长13～16mm，翅展30～40mm，体型较大，有黑斑纹。头部黄绿色，有2～7个黑斑，常见的为4斑、5斑或7斑型。4斑型唇基两侧各有1条纵向线状斑，称为唇基斑，同时触角下方各有1个短月牙形的大黑斑，称为角下斑；5斑型触角之间有1个黑色的圆点，称为中斑；而7斑型两颊各有1个黑斑，称为颊斑；具有1对细长的丝状触角，略短于前翅，除基部两节与头同样为黄绿色外，其余均为黄褐色；复眼很大，在头部两侧呈半球状突出，其中部为黄铜色，四周为绿色，具有金属光泽。口器较为发达，下颚须和下唇须均为黄褐色。胸、腹部呈淡绿色，前胸前缘两侧各具有1个黑斑，胸部背面中央有1条黄色纵带。具2对透明翅，翅脉大部分呈黄绿色，但前翅前缘横脉列和翅后缘基部的翅脉多呈黑色；两组阶脉，呈阶形排列，且每段脉的中部及翅基部近后缘的翅脉呈黑色，而两端仍为绿色；后翅仅前缘横脉和径横脉大半段为黑色，阶脉则同前翅；翅脉上多具有黑毛，翅缘的毛则多为黄色。足为黄绿色，但跗节呈黄褐色。腹部为绿色，密生黄毛。雌虫腹部膨大，而雄虫腹部则细长（图1）。

卵 长椭圆形，大小为1.0mm×0.4mm，具有1个白色的丝状卵柄，长8～13mm。卵初产时为黄绿色，孵化前为棕灰色，孵化后卵壳则呈白色（图2）。

幼虫 体长8～12mm，粗纺锤形，体色为紫褐色至黑褐色，中部最宽，后面逐渐变细，胸部有3节，具有3对胸足；腹部有10节，无腹足，第一腹节略窄，比较短。头部黄绿色，头壳上有3个呈“品”字形排列的黑斑，背面从后缘向侧前方伸出1个叉状黑斑，中间有1个螺丝状黑斑。前胸两侧各有1个黑色的纵长大斑，胸部和腹部前8节两侧各具1对毛瘤，毛瘤上着生黑白相间的刚毛，第一腹节毛瘤着生处的体壁为白色，背线黑色，其上常有三角形或菱形的黑斑（图3）。

蛹 离蛹，黄绿色，翅芽短小、黑色。

茧 近圆形，大小约为4.8mm×4.1mm，白色丝质，质地比较致密，四周常以疏松的白丝与叶片相连（图4）。

图1 大草蛉成虫（毛建军提供）

图2 大草蛉卵（毛建军提供）

图3 大草蛉幼虫（毛建军提供）

图4 大草蛉茧（毛建军提供）

生物学习性 大草蛉属于完全变态昆虫，生长发育需要经过卵、幼虫、蛹、成虫4个阶段，一年内可繁殖3～4代，以老熟幼虫在植物卷叶、枯枝落叶层、树洞及树干的树皮缝隙内越冬。卵具有长丝柄，通常十多粒以丛状集中在一处。捕食棉蚜、桃蚜、麦蚜等多种蚜虫以及棉铃虫的卵和小幼虫等。成虫羽化、取食、交配和产卵多在夜间进行，具有趋光性，可在黑光灯或电灯下诱集到大量成虫。白天，成虫多静伏在叶背和阴凉处，尤其喜欢栖息在高大的植物上。成虫羽化后需取食补充营养，促使其达到性成熟，然后才能交尾产卵，且有陆续捕食陆续产卵的习性，一次交尾后，便可终生产卵，雌虫在死亡前仍能产卵，在遇到敌害时，可以放出恶臭的气味。成虫的寿命与温度密切相关，一般低温条件下寿命长，高温条件下寿命短。草蛉在4、6、8、9月寿命为60天左右，7～8月为40～50天，且雌虫的寿命长于雄虫。单雌产卵量一般为800～1000粒，最高可达1600粒，产卵期通常为20～30天，孵化率一般在80%以上。

幼虫又名蚜狮，吸食害虫汁液。孵化时，幼虫从卵顶端的孵化孔钻出，1头幼虫每天平均可捕食松干蚧卵105.3粒；1头三龄幼虫每天可捕食松干蚧雌成虫6头。捕食蚜虫时，1头幼虫每天平均可捕食松蚜47头。大草蛉一龄幼虫末期的捕蚜量为其第一天捕蚜量的1.5倍；二龄幼虫末期的捕蚜量为其第一天捕蚜量的3～7倍；三龄幼虫末期的捕蚜量为其第一天捕蚜量的11～19倍。

大草蛉存在滞育现象，以预蛹兼性滞育越冬，属于短日照滞育型。在22°C和短光照条件下饲养的预蛹进入滞育状态，幼虫的二龄期是诱导滞育的敏感虫期。

人工繁育与释放利用

室内繁育 人工采集一定数量的大草蛉成虫，并给其建立养虫室，创造适合其生长繁殖的条件，并用其自然寄主饲养，同时还要注意防止大草蛉天敌进入养虫室内。

繁育大草蛉最基础的办法是基于寄主植物—害虫—天敌的营养关系而建立的扩繁模式。可以种植多一些种类的植物，从而多扩繁多种多样的蚜虫供大草蛉取食，实验室多种植豌豆、苜蓿、大豆、萝卜等植物，以上植物繁殖出来的蚜虫种类有豌豆蚜（*Acyrthosiphon pisum*）、大豆蚜、萝卜蚜等。以下简要介绍豌豆蚜饲喂草蛉。

从田间采集到的大草蛉放在7cm×10cm×20cm的方形养虫盒内，每盒中饲养的草蛉以15头为宜。用蚕豆苗饲养豌豆蚜，每天剪下附有足量豌豆蚜的新鲜蚕豆苗（图5）放入养虫盒中供其取食。待其达到产卵期，可以给养虫盒中放入卵卡，然后收集大草蛉卵继续置于新的养虫盒中，待卵粒由绿色变为棕褐色时，放入足量的蚜虫，防止幼虫刚孵化出来没有食物自相残杀或者捕食未孵化的卵。

孵化出来的幼虫继续用同样的养虫盒饲养，一、二龄期的幼虫每天只需添加一次蚜虫，而三龄时，幼虫开始进入暴食期，食量很大，每天可以添加2～3次蚜虫。

等大草蛉的幼虫结茧以后，可以把同一批次的茧（图6）收集在一起置于适宜的环境条件下，10天后即开始羽化，通常开始几天内羽化个体中雄虫较多，之后雌虫比例才会增加。

值得注意的是，人工繁殖大草蛉时，温湿度要适宜，在

图5 猎物昆虫豌豆蚜的饲养（毛建军提供）

图6 大量饲养得到的大草蛉茧（毛建军提供）

一定容积的饲养工具内饲养的虫量要适当，群养幼虫龄期要一致整齐，并使用适宜的隔离物阻隔（同时也可以作为诱集结茧器），降低幼虫相遇的频率。供给的饲料要充足、新鲜，尤其是三龄幼虫时期食量很大（占全幼虫期的70%～80%），投放更需及时，防止其饥饿时相互残杀造成损失。此外，室内饲养一段时间后的大草蛉不可避免地会发生种群的退化，比如个体变小，产卵量下降，卵的孵化率也会下降。这时，需要从野外的环境中再采集引进一定数量的大草蛉种群及时进行补充，保证大草蛉的品质，防止室内大草蛉种群的退化。

释放利用 ①释放卵。将大草蛉的卵箔剪成条状，然后用大头针固定在害虫的寄主植物上，最好的释放时期是卵已变成灰色，在幼虫即将孵化时，此时可有效地减少卵的损失；或者将大草蛉的卵粒悬浮在5%的红糖水溶液中（红糖作为黏着剂），将其加入喷雾器中，然后喷到害虫的寄主植物上，约有91%～93%能被喷出去，大草蛉卵的孵化率可达到81%。②释放幼虫。将一至二龄的大草蛉幼虫直接释放到有害虫的寄主植物上。或者将快要孵化的大草蛉的卵放入无异味的木屑，加入少量蚜虫供较早孵化的幼虫食用。将近80%的卵孵化时将幼虫和木屑一起撒在有害虫的寄主植物上。③释放成虫。将成虫移入虫笼中，在四周蒙上黑布，带到害虫的发生地，每隔一定距离进行释放。

D

参考文献

梁荣，单鑫蓓，2015. 大草蛉生物学特性及人工繁殖研究 [J]. 现代农业科技，17: 154-155.

潘鹏旭，2017. 大草蛉生物学特性及饲养利用 [J]. 现代园艺，5: 16-17.

王良衍，1984. 大草蛉生物学及其种群消长的研究 [J]. 浙江林业科技，2: 24-28.

殷坤山，1980. 大草蛉 [J]. 中国茶叶，2: 31.

曾凡荣，2017. 昆虫及捕食螨规模化扩繁的理论和实践 [M]. 北京：科学出版社.

张礼生，陈红印，李保平，等，2014. 天敌昆虫扩繁与应用 [M]. 北京：中国农业科学技术出版社.

赵敬钊，1988. 大草蛉生物学特性研究 [J]. 植物保护学报，2: 123-127.

（撰稿：毛建军、冯彦姣；审稿：杨忠岐）

大唼蜡甲 *Rhizophagus grandis* Gyllenhal

属鞘翅目（Coleoptera）小蠹科（Scolytidae）大小蠹属（*Rhizophagus*）。是云杉大小蠹［*Dendroctonus micans*（Kugelan）］的专性捕食性天敌昆虫，广泛分布于欧亚大陆。

最早认识到大唼蜡甲可以作为云杉大小蠹的生物防治措施可能性的是1960年的格鲁吉亚，该天敌当时被从西伯利亚带回并在云杉树干上饲养，然后释放到害虫的主要发生地，以后又分别在比利时、法国（1978年）、英国（1983年）和土耳其进行了大量繁殖和释放。法国1983—1989年间共释放了67 000头大唼蜡甲，英国从1984—1995年共释放了156 358头大唼蜡甲。大唼蜡甲在云杉大小蠹为害的林间定殖率在法国达到了75%，英国在大唼蜡甲释放后3～4年后超过80%，先后获得了成功。此虫也曾被美国引入（1976年、1977年），但是没有被释放。

中国从2001年开始由中国林业科学研究院森林生态环境与自然保护研究所从比利时布鲁塞尔自由大学生物防治与遥感实验室引进大唼蜡甲成虫，经过5年多的室内繁殖和林间释放防治红脂大小蠹试验研究，已经在山西、陕西、河北等地定殖。

生物学习性

生活史　对大唼蜡甲的生活史和行为、习性的系统研究是由英国的C. J. King、N. J. Fielding和T. O'keefe通过18个月的连续观察开展的。大唼蜡甲在英国的发生史明显地分为两个阶段：第一阶段，成虫在树皮下的定居和幼虫取食阶段，直到前蛹期从树上脱出进入土壤；第二阶段，土中的前蛹、蛹和成虫阶段。

室内饲养条件下，大唼蜡甲完成一代发育需60～80天。在英国林间，从成虫引入到再产生成虫的最短发育时间是112天（6月引入成虫）。从成虫引入到前蛹脱出最短的需要38天，最长的要经过245天，即林间最好的情况是1年可以发生1代，以6月引入成对成虫产生的后代最多。由于土壤中前蛹和蛹的历期的数据是间断的，并且观察到的出土成虫很少，只是发现有前蛹322天后在土中依然存活的现象，所以土中的发育情况还不是很清楚。

习性　大唼蜡甲成虫有很高的探知和搜寻寄主的能力，它们根据猎物虫粪的气味探明寄主，靠飞行或爬行迁移。当找到云杉大小蠹幼虫窝群后，成虫进入坑道，咬伤大小蠹幼虫、取食害虫卵和幼虫，并在坑道中产卵。成虫的生殖力很强，实验室饲养条件下，1对大唼蜡甲成虫产卵量30～117粒，在4次转入新鲜饲料的情况下，可以达到276粒；在格鲁吉亚这个数字达到了每头雌虫可产150～230粒卵。室内条件下观察到，大唼蜡甲雌虫产卵数量与猎物密度有关，但是田间观察结果并未证实这一点。在室内饲养观察到，1对大唼蜡甲成虫可以吃掉放入的100粒卵中的65%，并且产下少量卵而后离开该窝，搜索其他云杉大小蠹老龄幼虫窝并产很多卵，表明成虫更喜欢成熟猎物窝。这与Field等在林间调查结果相吻合，即林间云杉大小蠹种群中优先被定居的89%是成熟种群。大唼蜡甲成虫有一定的飞行能力，据Vouland试验，羽化的成虫起飞温度阈值为21～23°C；英国观察，初始温度为20°C，第二次是18°C，以后是14°C。

孵化的大唼蜡甲幼虫寻找并取食云杉大小蠹的卵和幼虫，食量很大。C. J. King在实验室观察到，2头二龄大唼蜡甲幼虫7天里捕食了放入的100粒云杉大小蠹卵并且试图从饲养盒中钻出，表明其有更高的取食能力；大唼蜡甲幼虫也取食云杉大小蠹的幼虫，每头大唼蜡甲幼虫可取食猎物幼虫41.8mg（净重），是它们自身最大重量的10倍。在大唼蜡甲室内人工饲养中，幼虫在食物有限时有自残的现象，但是在专门试验中并不发生。幼虫经过约20天（室内温度）发育老熟后，从坑道脱出直接落入地面，少数爬到离地面3cm处落下，寻找适合地点入土并达到合适的深度准备化蛹（林间多于51～225cm土中）。

大唼蜡甲在林间的前蛹和化蛹时间并不是很清楚。King在欧洲云杉林中实验观察到，多数前蛹在6～8周内化蛹，但是少数前蛹直到进入土中4个月后还未化蛹；新羽化的成虫一般在2个月后出现，但也有8个月后才出土的现象。

大唼蜡甲成虫可以探测到至少200m范围的猎物，通过气味信号（云杉大小蠹种群的产物）搜索和确定猎物。确定继续寻找猎物还是无须转到更丰富猎物群，而开发利用低密度的种群。

大唼蜡甲的信息素研究　美国学者M. C. Miller等研究指出，SPB、BPB、PB3种大小蠹的虫粪对大唼蜡甲成虫有吸引作用。

Gregoire用云杉大小蠹的虫粪设置诱捕器引诱到了26头大唼蜡甲成虫。大唼蜡甲产卵会被大小蠹幼虫的聚集素吸引。Gregoire在比较了云杉大小蠹和红脂大小蠹虫粪对大唼蜡甲的吸引作用后，得出7种成分的混合物可引起84%的大唼蜡甲成虫的兴奋反应，该混合物可以作为其产卵刺激剂：(-)–fenchone、(-)-isopinocamphone、(-)-pinocamphone、rac. verbenone、rac. camphor、（+）-fenchol和(-)-borneol，该混合物也可以用来检测大唼蜡甲在田间的种群水平。

David Wainhouse经过风洞试验指出，大唼蜡甲被云杉大小蠹的成虫和幼虫虫粪强烈吸引，而云杉皮和树脂却没有相关吸引。从虫粪中溶剂提取的、源于寄主的几种单萜混合物显示有天敌信息素的作用。该混合物由（+）-a-pinene、（-）-β-pinene、β-phellandrene、DL-Linmonene 和 3-carene 组成。

人工繁育与释放利用 经过昆虫学家们多年的研究和实践，大唼蜡甲的大量饲养方法已经成熟，主要采用两种方法：接木法和精密饲养法。

接木法 这种方法是由 Kobakhidze 使用，经过 Gregoire 改进的程序：①树段接害虫。将云杉大小蠹雌成虫接入高 0.85～1m、直径 10～20cm 的新鲜杉木段（自由钻入或人工开口），将接好的木段放在钢架上。钢架下面连接用来收集前蛹的漏斗，漏斗下端放置装有 1～3cm 厚度的泥炭或湿沙的浅盘。经过 40～45 天，使木段中的大小蠹幼虫发育到二、三龄时，接入成对的大唼蜡甲成虫。②接大唼蜡甲成虫。用 2～10 天使成对的大唼蜡甲成虫从树皮上挖开的三角形小口进入云杉大小蠹窝中。培养 25～27 天后，垂直地放在钢架上，让老熟幼虫自然脱出。③蛹和成虫培养。将脱出树段的前蛹放入含一定水分的沙盒中。40 天后成虫完成发育，从沙中羽化而出，将它们记数并冷藏。

大唼蜡甲大量饲养生产后，要储藏在 3～7°C 下，准备释放。

精密饲养法 由 Gregoire 提出，以后在英国的饲养中进行了改进。该方法包括以下几个步骤：①成虫产卵。在圆形聚苯乙烯盒（直径 50mm，高 25mm）中，装入半盒保湿的粗粒云杉树皮，放入 20 头二至五龄云杉大小蠹幼虫，加入成对大唼蜡甲成虫，再加入大唼蜡甲产卵刺激剂，上面盖一小块树皮，在 20°C 下培养 20 天，检查孵化的幼虫。②大盒中的幼虫饲养。将上述幼虫转到外围有台阶、中间充满碎锯末和食物的大盒中，在 20°C 下培养约 40 天，老熟幼虫会爬出落在外围台阶上，此时要及时捡出放入羽化盒中。③蛹和成虫培养（图 1～图 3）。同“接木法”（图 4、图 5）。

在比利时，每头大唼蜡甲成虫可以产出 30～70 头新成虫，在法国和英国现在也是主要的饲养方法。

释放策略 理论上，引进天敌应该从猎物分布区的边缘开始，以防止害虫向邻近地区扩散。法国和英国引进、释放大唼蜡甲防治云杉大小蠹的实践先后取得了成功。

释放大唼蜡甲的方法有两种：接种式释放法和淹没式释放法。第一种方法是，在不规则地点选择被害树，每点放低量的大唼蜡甲。在英国采用每公顷受害树大于 100 株时，放 50 对大唼蜡甲；50～99 株，放 25 对；5～49 株，放 15 对；1～4 株，放 10 对。淹没式释放法是在释放区内的每棵已受害树上放 3 对大唼蜡甲。一般认为，前一种方法更为经济。

释放时间 每年的 6 月向受害林释放大唼蜡甲成虫，其产卵多、发育快、效果好。同时，在害虫的发育阶段上，以幼虫处于二、三龄时，释放的天敌更喜欢在这样的坑道中产卵。

大唼蜡甲的定居和扩散 大唼蜡甲在比利时的最早记录是在 1947 年，在 1971—1983 年的调查中，除了布鲁塞尔公园里的独木，在每一块地都发现了大唼蜡甲。而且当云杉

图 1 大唼蜡甲成虫雌雄形态（赵建兴摄）

图 2 大唼蜡甲幼虫
（赵建兴摄）

图 3 大唼蜡甲蛹
（赵建兴摄）

图 4 大唼蜡甲的大量饲养，幼虫取食红脂大小蠹大龄幼虫
（赵建兴摄）

图 5 大唼蜡甲的大量饲养，幼虫取食替代寄主食物
（赵建兴摄）

大小蠹幼虫达到三龄时，大唼蜡甲对老龄云杉中的云杉大小蠹的定殖率达到了 80%。

1983 年法国在 Massif Central 地区开始大规模人工释放大唼蜡甲，在当年的 10 月和 12 月及翌年的 3 月和 5 月取样调查，大唼蜡甲已经在 250m 范围建立了种群。1983—1986 年，在法国的 6 个释放点分别释放了 2350、8500、16 350、41 800 头大唼蜡甲。释放 1 年后，最低的定殖率为 14.4%（取样为 14 窝）；在 Le Goulet 地区，1983 年释放了 2350 头大唼蜡甲，1984 年的调查结果是 17% 的猎物群被定居（n=60）；到了 1985 年，这个数据达到 48%（n=54），而且天敌从 1983 年的释放点扩散了 1.5km。

中国于 2001 年引进大唼蜡甲，由赵建兴、杨忠岐等在山西、陕西、河南、河北等省林区释放，防治危害油松的外来入侵害虫——红脂大小蠹（*Dendroctonus valens*）取得了成功。

参考文献

A VAN AVERBEKE, GREGOIRE J C, 1995. Establishment and spread of *Rhizophagus grandis* Gyll. (Coleoptera: Rhizophagidae) 6 years after release in the foret domanial du Mezenc (France)[J]. Annales des sciences forestières, 52: 243-250.

COUILLIEN D, GREGOIRE J C, 1994. Take-off capacity as a criterion for quality control in mass produced predators, *Rhizophagus grandis* (Col. Rhi.) for the biocontrol of bark beetles, *Dendroctonus micans* (Col. Scolytidae)[J]. Entomophaga, 39 (3/4): 385-395.

DAVID W, et al, 1991. Response of the predator *Rhizophagus grandis* to host plant derived chemicals in *Dendroctonus micans* larvae frass in wind tunnel experiments (Coleoptera: Rhizophagidae, Scolytidae)[J]. Chemoecology, 2(1): 55-63.

EVANS H F, COLIN J KING, 1989. Biological control of *Dendroctonus micans* (col. Scolytidae): British Experience of Rearing and Release of *Rhizophagus grandis* Gyll. (Col. Rhizophagidae)[J]. Journal of applied entomology, 99: 182-190.

EVANS H F, FIELDING N J, 1994. Integrated management of *Dendroctonus micans* in the UK[J]. Forest ecology and management, 65: 17-30.

EVANS H F, FIELDING N J, 1996. Restoring the natural balance: Biological control of *Dendroctonus micans* in the Britain[J]. BCPC symposium proceedings No. 67: Biological control introductions: 47-57.

FIELDING N J, EVENS H F, 1997. biological control of *Dendroctonus micans* (Col. Scolytidae) in Great Britain[J]. Biocontrol news and information, 18 (2): 51-60.

FIELDING N J, O'KEEFE T, LATE C J K, 1991. Dispersal and host-finding capability of the predatory beetle *Rhizophagus grandis* Gyll. (Coleoptera: Rhizophagidae)[J]. Journal of applied entomology, 112: 89-98.

GREGOIRE J C, BAISIER M, DRUMONT A, 1991. Volatile compounds in the larval frass of Dendroctonus valens and *Dendroctonus micans* (Col. Scolytidae) in relation to oviposition by the predator, *Rhizophagus grandis* Gyll. (Coleoptera: Rhizophagidae)[J]. Journal of chemical ecology, 17 (10): 2003-2019.

GREGOIRE J C, COUZLLIEN D, 1992. Semiochemical and the management of *Rhizophagus grandis* Gyll. (Coleoptera: Rhizophagidae) for the biocontrol of *Dendroctonus micans* Kug. (Col. Scolytidae)[J]. Journal of applied entomology, 114(1/5): 110-112.

GREGOIRE J C, MERLIN J, et al, 1985. Biocontrol of *Dendroctonus micans* by *Rhizophagus grandis* Gyll. (Col. Rhizophagidae) in the Massif central (France).1 A first appraisal of the mass-rearing and release methods[J]. Zeitschrift für angewandte entomologie, 99(1/5): 182-190.

JEAN-CLAUD GREGOIRE, MARIANNE BAISIER, et al, 1989. Interactions between *Rhizophagus grandis* Gyll. (Col. Rhizophagidae) and *Dendroctonus micans* (Col. Scolytidae) in the field and the laboratory: their application for the biological control of *D. micans* in France[M]// KULHAVY D, MILLER M C. The potential for biological control of *Dendroctonus* and *Ips* Bark Beetles. Nagocdoches: The Stephen Austin University Press.

KING C J, FIELDING N J, O'KEEFE T, 1991. Observation on the life-cycle and behavior of the predatory beetle, *Rhizophagus grandis* Gyll. (Coleoptera: Rhizophagidae) in Britain[J]. Journal of applied entomology, 111: 286-296.

KOBAKHIDZE D N, 1965. Some results and prospects of the utilization of beneficial entomophagous insects in the control of insects pests in Georgian SSR (USSR)[J]. Entomophaga, 10: 323-330.

MARIUS GILBERT, JEAN-CLAUD GREGOIRE, GERARD VOULAND, 1997. Evidence of individual tree susceptibility to *Dendroctonus micans* (Kug.) (Coleoptera: Scolytidae): A Spatio-Temporal Approach[J]. Physiology and genetics of tree-physiophage interactions.

MILLER M C, et al, 1987. Potential for biological control of native North American *Dendroctonus* beetle (Col. Scolytidae)1[J]. Annals of the entomological society of America, 80(3): 417-428.

MOSER J C, 1989. Inoculative release of an exotic predator for the biological control of the black turpentine beetle[M]// KULHAVY D, MILLER M C, The potential for biological control of *Dendroctonus* and *Ips* Bark Beetles Nagocdoches: The Stephen Austin University Press: 189-200.

（撰稿：赵建兴；审稿：杨忠岐）

淡紫紫孢菌 *Purpureocillium lilacinum*

子囊菌门粪壳菌纲肉座菌目蛇形虫草科紫孢菌属，一种广泛分布于土壤、植物残体和污水中的不完全丝状真菌。原名为淡紫拟青霉（*Paecilomyces lilacinus*），能寄生根结线虫和孢囊线虫等多种植物线虫卵和雌虫，常用于防治作物根结线虫病和孢囊线虫病。

形态特征 淡紫紫孢菌在 28°C 和黑暗条件下生长初期菌落白色（PDA 培养基），气生菌丝浓密，产生分生孢子后菌落逐渐变成浅粉红色，后期菌落呈紫红色、圆形、隆起、粉质状，产孢量越多，菌落颜色越深。淡紫紫孢菌分生孢子为单细胞，椭圆形至纺锤形，呈链状、平滑、无色至黄色，宽 2～4μm。分生孢梗上具有瓶颈状不规则的分枝或轮生分枝，轮生分枝有时向远离主轴方向弯曲，瓶梗基部呈宽圆柱形，顶部细长。淡紫紫孢菌生长温度范围 8～38°C，生长和产孢的最适温度范围是 25～30°C，在 10°C 和 40°C 下停止生长，在 35°C 下停止产孢。全黑暗条件有利生长和产孢，半光照次之，全光照最差。淡紫紫孢菌对营养条件要求不高，不仅能在多种常规培养基上生长，而且能在多种自然基质，如农副产品废料、废渣与植物叶片或植物浸提液中生长。马铃薯、蛋白胨、蔗糖、硝酸钙、磷酸氢二钠组成的培养基和猪粪浸出液琼脂培养基有利于该菌的营养生长，以蔗糖为碳源（60g/L），硝酸铵为氮源（1.5g/L），pH5～6，培养温度为 30°C 时最适合该菌的生长（图 1）。

侵染过程及机理 淡紫紫孢菌接触到线虫的卵或孢囊后产生大量的菌丝，缠绕整个卵或孢囊后，一方面分泌大量的几丁质酶和蛋白酶，促使卵壳破裂；另一方面菌丝末端变粗并形成侵染钉，在机械压力和胞外酶的共同作用下侵入卵内，消解线虫卵，获取营养。淡紫紫孢菌受到线虫信号刺激后，细胞内发生一系列的联级代谢变化，使得菌丝末端形态发生改变，并分泌一系列的胞外酶，促进对根结线虫的侵染。

菌剂制备 采用一定配方的固体培养基和液体培养基，通过固体发酵或液体发酵法制备菌剂，再以菌剂为主要成分，通过挤压造粒法将母菌剂固定于以农家肥和微量元素为载体的颗粒中，制成颗粒菌剂。中国淡紫拟青霉菌剂产品剂型多为粉剂和颗粒剂，大量生产淡紫紫孢菌菌剂的方式一般是以廉价农副产品或废料为原料，采用液体和固体（多级）发酵，制备菌体，再将菌体加工制备为菌剂。

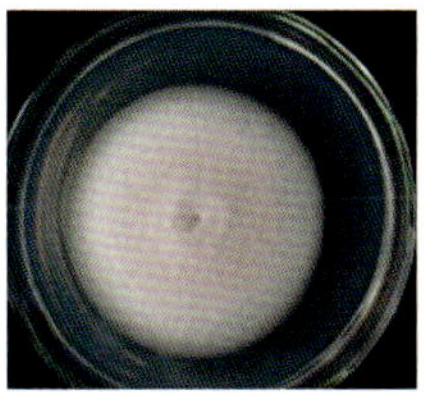

图 1 淡紫紫孢菌菌落和孢子形态特征
菌落形态（PDA 培养基，28℃，7 天，暗培养）（肖炎农提供）

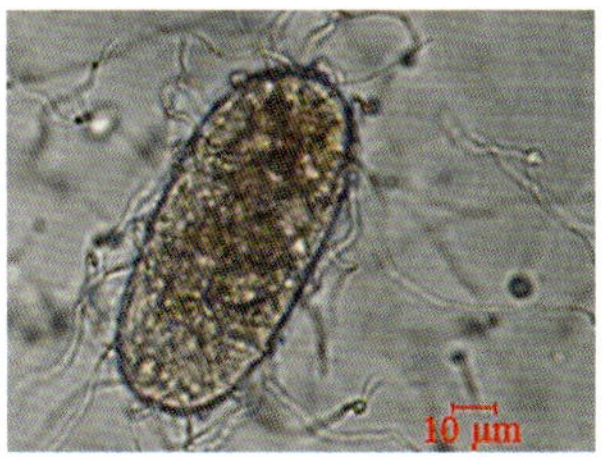

图 2 淡紫紫孢菌寄生南方根结线虫卵
光学显微镜照片（肖炎农提供）

参考文献

王明祖，1992. 根结线虫卵寄生真菌的研究Ⅱ. 淡紫拟青霉菌生长和产孢条件 [J]. 华中农业大学学报，11(1): 52-56.

王明祖，吴秋芳，1990. 根结线虫卵寄生真菌的研究Ⅰ：卵寄生真菌的筛选 [J]. 华中农业大学学报，9(3): 225-229.

HOLLAND R J, WILLIAMS K L, KHAN A, 1999. Infection of *Meloidogyne javanica* by *Paecilomyces lilacinus*[J]. Nematology, 1(2): 131-139.

HOOG DE G S, 2000. Atlas of clinical fungi[M]. Palo Alto: ASM Press.

LUANGSAARD J, HOUBRAKEN J, VAN DOORN T, et al, 2011. *Purpureocillium*, a new genus for the medically important *Paecilomyces lilacinus*[J]. FEMS microbiology letlers, 321(2): 141-149.

（撰稿：李国庆；审稿：王琦）

蛋白酶 peptidase

广泛存在于植物、动物和微生物等生物体内，能够催化蛋白质水解生成多肽和氨基酸的酶，同时在生物体内发挥各种功能，其中部分蛋白酶与植物病虫害防控关系密切。在自然界中，大概 2% 的生物基因是用来编码蛋白酶或蛋白酶类似物。蛋白酶的种类繁多、结构各异，其作用的方式、机理和底物各不相同，至今未有统一的命名分类方法。对于蛋白酶的分类主要依据最适作用温度、最适作用 pH 等。

按照最适作用温度不同，可分为低温蛋白酶、中温蛋白酶和高温蛋白酶。低温蛋白酶的最适作用温度范围为 5～10°C，且大部分低温蛋白酶在温度达到 30°C 以上时容易失去活性。中温蛋白酶的最适温度一般在 0～40°C，在高于 50°C 的环境中容易失去活性。夏伟等从沿海的海泥中分离得到产碱性中温蛋白酶的海洋菌株 ZR-58-3-1-3，其最适温度为 45°C。高温蛋白酶主要来源于嗜热微生物，包括嗜热细菌和古菌等，其蛋白酶的最适作用温度一般为 60～80°C 甚至更高。高温菌所产生的蛋白酶具有良好的热稳定性及在高温条件下的催化能力。

按照最适作用 pH 不同，可分为酸性蛋白酶、中性蛋白酶和碱性蛋白酶。酸性蛋白酶是能在酸性环境下水解蛋白质的酶类，其最适作用的 pH 为 2.0～5.0，大多来源于真菌，细菌来源较少。中性蛋白酶的作用 pH 为 7.0 左右，在 pH 为 6.0～9.0 时具有良好的稳定性。碱性蛋白酶的分子量较小，为 26～34，其作用的最适 pH 为 9.5～10.5，在 pH 为 5.0～10.0 条件下较为稳定。碱性蛋白酶的活性中心一般为丝氨酸，易被二异丙基氟磷酸及苯甲基磺酰氯所抑制，但不受巯基试剂和金属螯合剂的影响。

蛋白酶研究已经取得较大进展，与酶制剂制备等过程相关的技术越来越完备，如产生酶类的细菌的筛选、育种、发酵，酶基因的筛选与克隆、工程菌株的构建表达、酶蛋白的提取制备和纯化等。中国已生产出了应用于多个领域的蛋白酶。蛋白酶的基础研究，主要集中在蛋白酶的作用机理、理化性质、结构、底物特异性和纯化技术手段等方面。另外，一些在极端环境下具有特殊性质的蛋白酶也越来越受到学者的关注，如从极端环境中筛选分离出产蛋白酶的各种菌株，包括嗜热、嗜压、嗜盐的微生物。国外研究重点主要集中在蛋白酶新品种的发掘，通过发酵条件的优化、菌株的诱变、遗传育种和基因工程等技术构建工程菌株等方法获得人类所需的蛋白酶产生菌及其蛋白酶。

参考文献

陈秀兰，张玉忠，高培基，等，2000. 渤海湾浅表海水中产低温蛋白酶适冷菌的筛选 [J]. 海洋科学，24: 42-45.

唐兵，周林峰，陈向东，等，2000. 嗜热脂肪芽孢杆菌高温蛋白酶的产生条件及酶学性质 [J]. 微生物学报，40: 188-192.

夏伟，李华，王晓丽，等，2012. 产碱性蛋白酶海洋菌的诱变及其酶学性质的初步研究 [J]. 安徽农业科学，40: 5803-5805.

FEIJOO-SIOTA L, VILLA T G, 2011. Native and biotechnologically engineered plant proteases with industrial applications[J]. Food and bioprocess technology, 4: 1066-1088.

GUPTA R, BEG Q K, KHAN S, et al, 2002. An overview on fermentation, downstream processing and properties of microbial alkaline proteases[J]. Applied microbiology and biotechnology, 60: 381-395.

ILORI M O, AMUND O O, OMIDIJI O, 2014. Characterisation of a neutral protease produced by *Micrococcus luteus*[J]. Zeitschrift für naturforschung C, 51: 429-431.

JACOB M, JAROS D, ROHM H, 2011. Recent advances in milk clotting enzymes[J]. International journal of dairy technology, 64: 14-33.

KUMAR D, BHALLA T C, 2005. Microbial proteases in peptide synthesis: approaches and applications[J]. Applied microbiology and biotechnology, 68: 726-736.

YEGIN S, FERNANDEZ-LAHORE M, 2013. A thermostable aspartic proteinase from *Mucor mucedo* DSM 809: gene identification, cloning, and functional expression in *Pichia pastoris*[J]. Molecular biotechnology, 54: 661-672.

（撰稿：房学文；审稿：王琦）

蛋白质生物农药　protein pesticide

来源于自然界生物、对农作物病虫草害具有抑制或防控功能并能达到农药登记标准各项指标的蛋白质农药。主要包括两类：一类是直接对病虫草有杀伤作用的蛋白质农药；第二类是诱导植物产生抗性的蛋白农药。本条目主要阐述第二类蛋白农药，该类蛋白农药与一般概念上的生物农药不同，其本身对病虫无直接杀死作用，能通过诱导植物自身免疫，减轻植物病虫的危害。又名蛋白质植物免疫诱导剂。是一类新型的广谱、高效、多功能生物农药。

1992 年，Wei 等首次发现梨火疫病菌的 *hrpN* 基因编码的一种新蛋白质能诱导植物产生过敏反应，将其命名为 harpin，并首次提出 harpin 激发植物过敏反应与抗病性的关系。2001 年，美国康奈尔大学和 EDEN 生物科技公司基于过敏蛋白的研究，共同开发和成功研制了具有抗病防虫功能的广谱无公害微生物蛋白农药 Messenger。该产品在美国获得登记，被美国环境保护局（Environment Protection Agency，EPA）列为免检残留的农药产品，准许在所有作物上使用。Messenger 是 2001 年生物农药中最具代表性的新产品之一，荣获当年度美国环境保护委员会颁发的“总统绿色化学挑战奖”，并被称为是“植物保护和农产品安全生产上的一次绿色革命”。

继过敏蛋白开发成蛋白农药后，中国农业科学院植物保护研究所蛋白质农药研究团队基于从极细链格孢中分离的蛋白激发子 PeaT1 和 Hrip1 的功能和作用机制研究，成功研制了中国第一个正式登记的抗植物病毒的蛋白农药“阿泰灵”，该产品已经大面积推广应用，引领了植物免疫诱导蛋白生物农药的发展。

从作用机理上看，提高植物抗性的蛋白质生物农药与一般概念的生物农药最大的区别在于不直接杀灭害虫和病原物，而是通过植物表面受体，激发植物体内一系列防御信号的产生、转导，形成复杂的植物免疫信号传导网络，从而提高植物防卫基因的表达、激素水杨酸、茉莉酸、植保素及病程相关蛋白等的水平，最终使植物产生广谱抗性，减轻病虫害危害和不良逆境的胁迫，保持植物健康生长，实现减少农药和肥料使用的目标。

蛋白农药诱导的是植物天然免疫抗性，对人、畜安全无害、在自然界易于降解，环境友好，不会引起有害生物产生抗性。使用蛋白农药可大幅度降低化学农药使用量，促进农作物健康生长，产品达到绿色食品要求，提质增效作用明显，是农业绿色发展和现代植物保护的重要产品。蛋白质植物免疫诱导剂强调植物健康生长和植物诱导免疫，创新了植物病虫害防治理念，对促进植物保护学科的发展和有害生物综合防控技术创新具有重要作用。蛋白农药是一个新兴的研究领域，其相关标准及研究体系还在不断完善中，随着研究的不断深入，产品在未来农产品绿色生产中将发挥越来越重要的作用。

参考文献

邱德文，2010. 蛋白质生物农药 [M]. 北京：科学出版社.

邱德文，杨秀芬，2006. 蛋白质农药研究与产业化进展 [J]. 中国农业科技导报，8(6): 1-4.

KULYE M, LIU H, ZHANG Y, et al, 2014. Hrip1, a novel protein elicitor from necrotrophic fungus, *Alternaria tenuissima*, elicits cell death, expression of defence-related genes and systemic acquired resistance in tobacco[J]. Plant, cell & environment, 35(12): 2104-2120.

LIU Y, ZENG H, YU S, et al, 2009. Expression of peaT1 gene from *Alternaria tenuissima* in *Pichia pastoris* and its function[J]. Chinese journal of biotechnology, 25(3): 413-417.

WEI Z, LABY R, ZUMOFF C, et al, 1992. Harpin, elicitor of the hypersensitive response produced by the plant pathogen *Erwinia* amylovora[J]. Science, 257(5066): 85-88.

（撰稿：杨秀芬；审稿：王琦）

氮敏感性　nitrogen-induced susceptibility, NIS

当受到外界环境中氮素胁迫时，植物抵御病原菌侵染的能力发生改变，进而影响植物病害发生流行的现象。通常认为供氮对植物病害的发生有正负两方面的影响，一方面，认为氮素供应可以帮助植物生长和抵御病害（或从病害中恢复）；另一方面，认为对植物供氮能增加植物细胞内病原菌侵染所需的营养物质含量，从而提高植物对病害的敏感性。狭义的氮敏感性主要是指氮素对植物的负面影响，即向植物供氮会提高植物对病害的敏感性。氮素过量使用导致植物病害流行是植物生长过程中存在的一种普遍现象，早在 1959 年 Otani 等即报道了过量施氮导致田间稻瘟病暴发的现象并称之为“koe-imochi”。Ballini 等深入研究了在温室条件下氮素诱导植物对病害敏感性的现象并将称之为 NIS（nitrogen-induced susceptibility）。

植物的氮敏感性与病原菌类型密切相关。对于专性寄生菌，例如禾柄锈菌（*Puccinia graminis*）和白粉病菌（*Erysiphe graminis*），高水平氮供给通常会增加病害的严重度；而对于兼性寄生菌，例如番茄早疫病菌（*Alternaria solani*）、尖孢镰刀菌（*Fusarium oxysporum*）和辣椒疮痂病菌（*Xanthomonas vesicatoria*），高水平氮供给则通常能够减轻病害的严重度。这一差异是由二者的营养方式不同导致的，专性寄生菌需要从活的寄主细胞中吸收营养，兼性寄生菌一般倾向于从衰老组织中获取养分或者分泌毒素破坏或杀死寄主植物细胞并获取营养。因此，能够保障寄主代谢活动及延缓衰老的外部因素能够提高其对于兼性寄生菌的抗性。然而对兼性寄生菌来说也存在特殊情况，例如水稻稻瘟病（*Magnaporthe oryzae*）在高水平氮供给下病害的严重度也受到了促进。专性寄生菌的营养需求能够影响寄主植物在形态和生理水平上对氮的响应。在高氮水平下植物有着较高的营养生长速率，抗性能力较差的新生组织在植株中占据较高的比例。同时，质外体和叶片表皮细胞中的氨基酸浓度显著提高，为病原菌分生孢子的萌发和生长提供了有利条件。此外，高水平氮胁迫下植物体内与酚类代谢活动相关的关键酶活性受到抑制，从而降低植物体内酚类物质及木质素的含量，同时，植物体内的硅含量也显著降低，这些防御物质的减少削弱了植物抵御病原菌的能力。氮素形态也对植物的氮敏感性有着显著的影响。相比铵态氮（NH_4^+）高水平的硝态氮（NO_3^-）能够减轻尖孢镰刀菌，灰葡萄孢（*Botrytis cinerea*），立枯丝核菌（*Rhizoctonia solani*）和霉腐菌（*Pythium* spp.）等病原菌引起的病害，而高水平的铵态氮则能够减轻烟草根黑腐病菌（*Thielaviopsis basicola*）、水稻胡麻叶斑病菌（*Bipolaris oryzae*）和玉蜀黍赤霉菌（*Gibberella zeae*）的危害。

总之，不同植物和同种植物的不同品种的 NIS 存在差异，受寄主对氮素的响应差异、施氮量、施氮时间、土壤微生物区系和硝铵比的变化等众多因素影响。充分了解重要作物的 NIS 现象及形成机制对植物病害的控制具有重要意义。

参考文献

BALLINI E, NGUYEN T T, MOREL J B, 2013. Diversity and genetics of nitrogen-induced susceptibility to the blast fungus in rice and wheat[J]. Rice, 6(1): 32.

BÜSCHBELL T, HOFFMANN G M, 1992. The effects of different nitrogen regimes on the epidemiologic development of pathogens on winter-wheat and their control[J]. Journal plant of diseases and protection, 99: 381-403.

GANGOPADHYAY S, CHATTOPADHYAY S B, 1975. Biochemical changes of rice plants at different levels of nitrogen in relation to brown spot disease development *Nitrogen*[J]. Indian phytopathol, 28: 326-329.

GROSSE-BRAUCKMANN E, 1957. The influence of silicic acid on mildew infection of cereals with different nitrogen fertilizers[J]. Phytopathol, 30: 112-115.

HOWARD D D, CHAMBERS A Y, LOGAN J, 1994. Nitrogen and fungicide effects on yield components and disease severity in wheat[J]. Journal of production agriculture, 7: 448-454.

OTANI Y, 1959. Studies on the relation between the principal components of rice plant and its susceptibility to the blast disease and on the physiological characters of the blast fungus[J]. Journal of the faculty of agriculture, hokkaido university, 51(1): 1-179.

（撰稿：黄惠川；审稿：李成云）

稻螟赤眼蜂 *Trichogramma japonicun* Ashmead

属膜翅目（Hymenoptera）赤眼蜂科（Trichogrammatidae）赤眼蜂属（*Trichogramma*）的卵寄生蜂。分布于辽宁、河北、河南、陕西、江苏、浙江、安徽、江西等地。寄主昆虫有二化螟、稻纵卷叶螟、稻螟蛉、稻苞虫等，主要危害水稻等作物的害虫。

形态特征 体长 0.5～0.8mm。

雄蜂 体黑褐至暗褐色；触角柄节淡黄，其余黄褐。触角毛长而尖，最长的相当于鞭节最宽处的 2.5 倍；前翅外缘的缘毛长度差异不大，臀角上的缘毛相当于翅宽的 1/5；翅面上的径横毛列 s 与 Cu_1 的基部相接近。外生殖器。腹中突不明显，中脊自两钩爪之间向基部伸出，其长度相当于阳基全长的 1/4，阳基背突末端钝圆，基部新次收窄而无侧叶；钩爪伸达基部至阳基侧瓣末端距离 D 的 1/2。阳茎明显长于其内突，两者全长相当于阳基的长度，等于或稍长于后足胫节（图 1①）。

雌蜂 体色与雄蜂相似。产卵器略超出于腹部末端（图 1②）。

生物学习性 喜好生活于稻田或相似的沼泽环境中，寄生于螟蛾科、夜蛾科、弄蝶科、小灰蝶科、灯蛾科等一些昆虫的卵中，是二化螟、稻纵卷叶螟、稻螟蛉、稻苞虫等害虫重要的卵期天敌，对抑制这些害虫的发生数量起着重要的作用；也能寄生于三化螟卵，但三化螟产卵成块，重叠数层，稻螟赤眼蜂一般仅能产卵于卵块表层的卵中，因而卵粒寄生率受到限制，这个特点限制了这种赤眼蜂消灭三化螟的作用。稻螟赤眼蜂不能寄生于蓖麻蚕卵、柞蚕卵或松毛虫卵，可在米蛾卵中正常繁殖。大量繁殖散放于稻田内可继续保持较稳定的数量。是稻田内常见的赤眼蜂种。

稻螟赤眼蜂（图 2）是中国水稻二化螟的优势卵寄生蜂。它的发育起点温度为 5.23°C，有效积温为 213 日・度，发育历期 8～9 天。在同时接入稻螟赤眼蜂和松毛虫赤眼蜂时，

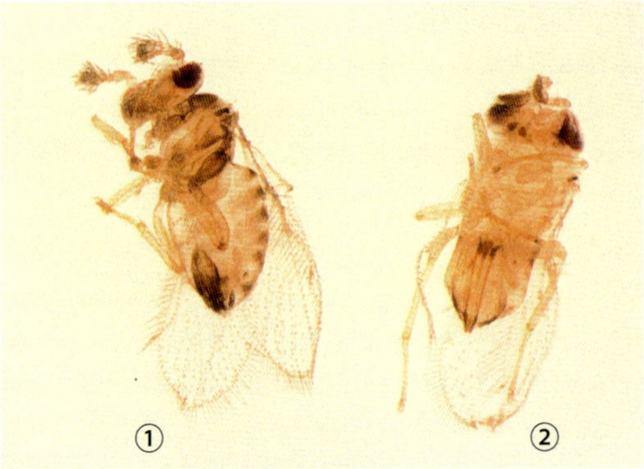

图 1 稻螟赤眼蜂（李姝提供）
①雄蜂；②雌蜂

图 2 稻螟赤眼蜂（李元喜提供）

寄生水稻二化螟卵（40.2 粒）及子代雌蜂总数（32.0 头）比单独接蜂时多；稻螟赤眼蜂平均寄生二化螟卵的数量（14.4 粒）、后代雌蜂比率（79.0%）以及发育历期（8.6 天）与单独接蜂时相似。

由二化螟卵繁育的稻螟赤眼蜂表现出了对二化螟卵的选择偏好，而米蛾卵繁育的稻螟赤眼蜂在米蛾卵和二化螟卵间没有表现出寄主选择偏好。寄主搜寻时间不受繁育寄主及供试寄主的影响，卵表探测时间和穿刺及产卵时间不受繁育寄主的影响，但同一寄主繁育的稻螟赤眼蜂在米蛾卵上的卵表探测时间显著长于在二化螟卵上的。除二化螟卵繁育蜂寄生二化螟卵时的寄生率（36.95%）和羽化率（45.68%）较低外，米蛾卵繁育蜂寄生米蛾卵或二化螟卵以及二化螟卵繁育蜂寄生米蛾卵等的寄生率、羽化率、子代蜂寿命无显著差异。

在水稻田间以米蛾卵繁殖的稻螟赤眼蜂与其他赤眼蜂的起飞比例均随着温度的升高而升高，但温度达到 34°C 时，飞行能力明显受到抑制；稻螟赤眼蜂的起飞比例要显著高于螟黄赤眼蜂，稻螟赤眼蜂当日即可扩散至 16m，但有效扩散距离为 8m。稻螟赤眼蜂具有良好的飞行能力，是稻田释放赤眼蜂的首选，其有效扩散距离在日温 19～27°C、微风的条件下为 8m。

人工繁育与释放利用 稻螟赤眼蜂主要以米蛾卵进行人工繁殖，工厂化繁育时最佳的接蜂比例为1：10~1：20；适宜冷藏温度为10°C，冷藏时间为10天。在利用紫外照射30分钟米蛾卵后，稻螟赤眼蜂寄生米蛾卵粒数（26.39粒）、羽化率（93.96%）、雌性百分比（75.71%）均达到最高。

稻螟赤眼蜂能够有效控制两种水稻螟虫（二化螟和台湾稻螟），赤眼蜂种群增长力相对于螟虫种群是超前而不是跟随关系。稻螟赤眼蜂在二化螟卵和台湾稻螟卵上的平均世代周期（T）分别为 9.75 天和 9.78 天，内禀增长率（rm）每天分别为 0.3161 和 0.3154。应用稻螟赤眼蜂防治稻纵卷叶螟卵有良好效果，3 天后的寄生率达到 58%，保叶率达到 91.2%，效果与施药区相当。

在水稻二化螟成虫始盛期开始放蜂，放蜂面积 6670m^2，3 次放蜂，总放蜂量 30 万头。放蜂田虫伤株率 2.63%～3.84%，加权平均为 3.28%；防控效果为 77.30%～84.73%，加权平均为 79.62%。

参考文献

陈洪凡，岑冠军，黄寿山，2010. 赤眼蜂发育速率对梯度恒温的响应 [J]. 生态学报，30(23): 6669-6673.

陈洪凡，黄寿山，张玉烛，等，2010. 稻螟赤眼蜂对二化螟和台湾稻螟的控制潜能评价 [J]. 应用生态学报，21(3): 743-748.

杜文梅，林英，臧连生，等，2016. 稻螟赤眼蜂与二种赤眼蜂对水稻二化螟卵寄生竞争作用 [J]. 环境昆虫学报，38(3): 488-493.

胡晓暄，2016. 基于米蛾卵为中间寄主繁殖稻螟赤眼蜂的关键技术研究 [D]. 长春：吉林农业大学 .

林乃铨，1994. 中国赤眼蜂分类 (膜翅目：小蜂总科)[M]. 福州：福建科学技术出版社 .

刘文惠，周永富，陈巧贤，等，1983. 稻螟赤眼蜂及欧洲玉米螟赤眼蜂体外培育研究 [J]. 环境天敌 (3): 166-170.

庞雄飞，陈泰鲁，1974. 中国的赤眼蜂属 *Trichogramma* 记述 [J]. 昆虫学报 (4): 441-454.

司兆胜，陈继光，宋显东，等，2014. 稻螟赤眼蜂防治水稻二化螟效果初探 [J]. 中国稻米，20(4): 98-100.

宋静，黄静，王雷英，等，2015. 繁育寄主对稻螟赤眼蜂寄生行为及寄生能力的影响 [J]. 昆虫学报，58(7): 783-790.

唐斌，汪延生，周强，等，2008. 赤眼蜂种质资源的描述规范及重要指标分析 [J]. 环境昆虫学报，30(1): 59-63.

田俊策，王子辰，王国荣，等，2017. 四种赤眼蜂的飞行能力和稻螟赤眼蜂的田间扩散能力评价 [J]. 中国生物防治学报，33(1): 26-31.

谢绍兴，周文杰，2014. 稻螟赤眼蜂防治稻纵卷叶螟效果的研究 [J]. 农业与技术 (8): 106.

（撰稿：张帆；审稿：李元喜）

稻田养鸭系统 rice-duck system in paddy field

水稻种植与人工放养鸭相结合的复合生态种养业。稻田养鸭在稻田里不用化肥、农药，利用鸭子旺盛的杂食性和不间断的活动，吃掉稻田内的杂草、害虫，疏松土壤，提供养分，产生肥田的效果，促进水稻生长，实现稻鸭双丰收，提高稻米和鸭肉质量与安全。

稻田养鸭作为传统的生态农业类型，是中国传统农业的精华，历史悠久。大概在 600 年前，稻田养鸭就作为一种有效的生物防治技术，被运用到稻田治理上，以克蟛蜞、蝗虫等害虫。据《广东新语》所载“稻田有蟛蜞之害，鸭可治之”。除蟛蜞之外，蝗虫之害也甚为严重。明万历二十五年，陈经纶首次尝试用鸭子灭蝗虫，大获成功。约 170 年之后，其五世孙陈九振依法将鸭治蝗虫的方法运用到稻田治理上，效果甚佳，被大力推广。20 世纪 90 年代，湖南、四川、江苏等地先后提出了稻鸭共栖共作的养鸭法，即利用鸭子吃掉稻田内杂草和害虫，并通过鸭的活动，刺激水稻生长，同时鸭粪还提供了肥料，起到中耕除草补肥的作用。

鸭子下田的时间在水稻移栽 12 天或水稻抛秧 15 天之后，孵出大约 20 天，体重 100g 以上的鸭子可以下田。每亩田放养 10～15 只鸭子。田间温度超过 30°C 时，鸭子不要下田；在水稻抽穗灌浆后，鸭子啄食谷穗之前鸭子不再下田。

稻田养鸭可形成水稻和鸭子的种养结合，形成互利互补的生态环境，实现水稻、鸭子双丰收，综合效益高。在生物防治的方面具有优势。稻鸭系统可以改善稻田通风透光。鸭子具有好动的生活习性，利用其在水中活动可以进行活水，可以起到透光、松土、透气的效应，为水稻根部提供氧气，促进水稻根系生长发育，根系发达，植株生长健壮，抗性增强，不易被病虫侵害。鸭子在稻丛间不断觅食，直接捕食水稻害虫，减轻了蝗虫、飞虱、稻蟒、黏虫等害虫的危害，减少了农药用量，利于生产绿色水稻，稻米品质得到提升。鸭子在活动中会直接啄食杂草或通过在稻丛中踩踏使杂草入泥腐烂，起到浊水松土，中耕除草的作用，与常规稻区相比，牛毛草、鸭跖草、眼子菜、野慈姑等杂草被食完。鸭子排出的粪便能够培肥土壤，增加有机质，提高土壤肥力，改善土质为水稻生长提供营养物质，减少化肥的使用，降低肥料成本，使得稻田养鸭成为一项良好的水稻生态种养模式及有机稻米生产的技术措施。

参考文献

曹凑贵，蔡明历，2017. 稻田种养生态农业模式与技术 [M]. 北京：科学出版社 .

朱有勇，2013. 农业生物多样性与作物病虫害控制 [M]. 北京：科学出版社 .

XIE J, HU L L, TANG J J, et al, 2011.Ecological mechanisms underlying the sustainability of the agricultural heritage rice-fish coculture system[J]. Proceedings of the National Academy of Sciences of the United States of America, 108(50): 1381-1387.

（撰稿：何霞红；审稿：朱有勇）

稻田养鱼系统　rice-fish coculture system

人类利用稻田浅水环境将水稻和鱼类种养在同一稻田空间的一种稻作方式（见图），广泛分布在中国南方山丘稻作区。稻田养鱼系统既能降低水稻生产农药和化肥的施用，又能同时收获水稻和鱼优质产品，提高了土地利用效率和农民收入，达到稳粮、增收和环境友好“三赢”效果。

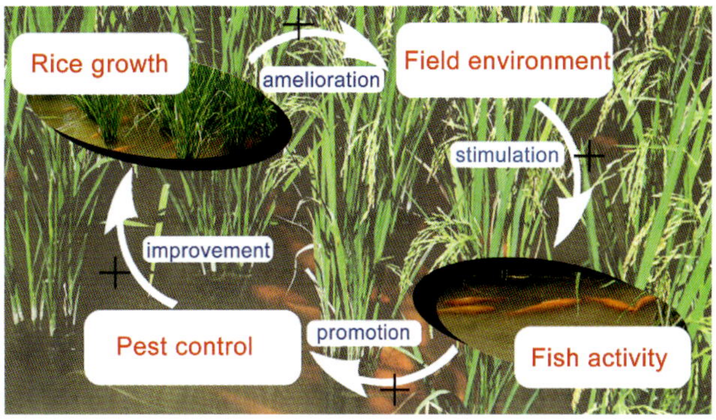

稻田养鱼系统控制病虫害的种间互惠生态学机理（胡亮亮提供）

稻田养殖田鱼能有效控制水稻的病虫害。稻飞虱（*Nilaparvata lugens* Stål）和稻纵卷叶螟（*Cnaphalocrocis medinalis* Guenee）是南方稻作区危害水稻的重要害虫，研究表明，稻田养鱼系统稻飞虱密度显著低于水稻单作系统，在稻飞虱的爆发期，稻田养鱼系统的稻飞虱密度下降更为显著（稻飞虱种群数量降低 30%～60%）；稻纵卷叶螟幼虫卷叶危害程度在稻田养鱼系统也显著比水稻单作系统轻。由立枯丝核菌［*Hanatephorus cucumeris*（Frank）Donk］引起的纹枯病和由灰梨孢菌（*Pyricutaria oryzae* Cav.）引起的稻瘟病是水稻的主要病害。研究表明，稻田养鱼水稻纹枯病和稻瘟病的发病率都比水稻单作系统显著下降，例如稻田养鱼的田块纹枯病病情指数相应比未养鱼的稻田平均少 1.87。

稻田养鱼系统为什么能有效降低水稻病虫害？研究表明，长期适应和生活在稻田浅水环境中的田鱼，与水稻相互帮助、互利互惠是稻田养鱼系统有效控制水稻病虫害发生的重要机理。一方面，水稻植株为田鱼创造良好环境，如在夏季高温季节，稻株下光强降低 72%，水温降低 1.5°C 左右。水体铵态氮浓度下降 50%；连续摄像观测表明，与水稻生活在一起的田鱼，其活动频率比生活在相同水深池塘的高 40%。另一方面，田鱼在稻田活跃的取食等活动可减轻病、虫、草等有害生物对水稻的危害。用连续摄像观测到，田鱼取食等活动过程碰撞水稻植株，导致稻飞虱掉落到水面，掉落在水面的稻飞虱被鱼进一步取食，由于田鱼的活动碰撞和取食使得稻飞虱得到控制（约 26% 的稻飞虱得到控制）。连续摄像还观测到，田鱼在一天的活动规律中有两个活动频率高峰：一个是在早晨，鱼的活动对水稻的碰撞导致露珠掉落，水稻叶片冠层湿度降低，降低稻瘟病的发生；另一活动高峰是傍晚，鱼的活动对水稻的碰撞干扰了蛾类害虫的交配和产卵。此外，稻田里田鱼的存在还使三代二化螟（*Chilo suppressalis* Walker）的产卵空间受到限制，降低四代二化螟的发生基数，对二化螟的危害也有一定的抑制作用。

田鱼直接取食水稻基部的纹枯病菌核、菌丝，从而减少了病菌侵染来源；同时纹枯病多从水稻基部叶鞘开始发病，田鱼争食带有病斑的易腐烂叶鞘，及时清除了病源，延缓了病情的扩展。另外，鱼在田间窜行活动，不但可以改善田间通风透气状况，而且可增加水体的溶氧，促进稻株的根茎生长，增加抗病能力。

参考文献

陈欣，唐建军，胡亮亮，2020. 生态型种养结合 [M]. 北京：中国农业出版社 .

陈欣，唐建军，胡亮亮，等，2020. 青田稻鱼共生系统生态学基础及其保护与利用 [M]. 北京：科学出版社 .

（撰稿：陈欣；审稿：何霞红）

定向选择 directional selection

按照某种选择方向，通过基因型频率以及群体平均值的系统改变而产生的结果。定向选择是 1968 年由范德・普朗克（J. E. Van der Plank）在植物病害流行学中提出的寄主与病原群体互作理论基础之一。例如，在抗性育种工作中利用某抗性基因所育成的新抗性品种经过一段时间的推广种植，田间的病原菌在适应新的遗传过程中产生突变等而形成毒性菌株，或自然群体中已经存在的某毒性基因频率因此而大幅增加以适应新品种，即为毒性的定向选择。病原菌的定向选择可导致许多具有垂直抗性的高抗品种“丧失”抗性。

定向选择过程中，寄主品种多样性对植物病原菌的致病性分化有着明显的影响。玉米弯孢叶斑病菌菌株连续继代接种后，弱致病株系所引起的病情指数不断增加。寄主选择效应对病菌致病性的影响是一个渐变的过程，随着寄主诱导的病菌微效变异不断累积，最后将引起致病性分化可从量变上升到质变，即新致病型（小种）的诞生。为避免病原菌发生定向选择从而形成新的毒力小种，可在抗病品种布局时采用不同类型或多个不同遗传背景的抗病品种搭配种植。一方面缓解新小种产生的压力，另一方面也可控制小种的群体数量，从而在一定程度上控制病害。朱有勇等从抗病基因同源序列遗传多样性、稻瘟病抗性、农艺性状和经济性状等方面利用水稻品种多样性种植有效控制了田间稻瘟病的暴发流行。

参考文献

陈思文，2017. 玉米灰斑病病菌生理分化及品种抗性研究 [D]. 沈阳：沈阳农业大学 .

何霞红，杨静，王云月，等，2003. 水稻品种多样性田间稻瘟病菌群体遗传结构分析 [J]. 应用生态学报，14(5): 733-736.

吴纪昌，马丽君，王作英，1997. 玉米抗尾孢菌叶斑病鉴定与抗病材料利用 [J]. 辽宁农业科学 (5): 25-28.

翟羽红，2008. 玉米弯孢叶斑病菌致病性分化定向选择机理与致病相关基因鉴定 [D]. 上海：上海交通大学 .

FAKIR G A, RAHMAN M H, RAHMAN G M, 1989. Survey on the prevalence of black point fungi of wheat in Bangladesh[J]. Bangladesh journal of plant pathology, 5(1/2): 19-29.

ZHU Y, CHEN H, FAN J, et al, 2000. Genetic diversity and disease control in rice[J]. Nature, 406(6797): 718.

（撰稿：杜飞；审稿：朱书生）

定殖 colonization

种植业中微生物定殖是指微生物群体在植物地下部或地上部定居并稳定繁殖。如固氮细菌定殖于植物根表（有的能侵入根表皮和外皮层的细胞间隙）和近根土壤中，靠根系分泌物生存、繁衍，与植物根系有密切关系。

外来微生物如生防菌（BCA）、根围促生菌（PGPR）被引入到种子表面或直接到根表后，可随种子在土壤内生根发芽时沿根生长，或在植物的茎秆、叶片、花或果皮表面繁殖。较早有关外来有益微生物在根部定殖的报道是 1980 年 Kloepper 等将带天然抗生素标记的 PGPR 菌株接种到马铃薯种薯块表面，后再回收检测该菌株。此后，有关引入微生物根部定殖的报道中，普遍认为引入微生物首先向根部移动，与根表接触，沿根分布，最后繁殖建立自己的种群。但引入微生物在根表的分布只占根表面的 10%～20%，并非全面覆盖。引入微生物定殖的位点，以前人们了解不多，随着研究技术水平的提高，如标记基因的应用，使定殖位点有了明确的研究结果：引入微生物往往定殖在表皮细胞间隙或裂缝处，以及侧根、根毛或其他突起物基部。PGPR 随种子表面扩展到根以后迅速占据上述部位，大量繁殖，有些 PGPR 在根围或叶围的种群增殖到足以能排斥其他有害或无害的根围微生物，并促进植物生长，减少病原生物的侵染机会。微生物在根的内部也有定殖位点，与植物茎部内生菌很类似。微生物也可以在植物的叶围定殖，例如灰霉菌可以在番茄叶面，通过菌丝体的生长在叶部生长和繁殖。有些微生物则在植物体内生长，例如生长在植物茎中的内生菌，这种生长方式也可以被称为定殖。

影响微生物定殖的因素有很多。根据微生物的生理学特征，例如复杂的营养型或营养要求，在一定程度上会决定微生物的种群活动和变化趋势，尤其对于根际定殖细菌而言，培养基质的营养条件是影响微生物定殖的主要调控因子。其次，植物分泌物也起到重要作用。一般来说，根围营养成分的含量和种类远比根外土壤里的丰富。细菌在根围的分布区域或位点与细菌对营养的要求有密切联系，与根不同部位渗出的分泌物的差异有关。微生物在植物茎叶表面的定殖也受营养调控因子的影响，一些植物叶部病原物侵染时会选择幼嫩新叶。土著微生物与引入的根际 BCA 的竞争作用会阻碍 BCA 在根际或土壤团粒上的定殖。微生物的生理因素往往与环境中的生物和非生物因素交织在一起，生理因素决定了微生物对外界不利或有利环境做出的生存适应性。

此外，土壤结构对细菌定殖具有一定影响。在相同的气候条件下，一种遗传改造过的荧光假单胞杆菌，在质地较好的黏土中的种群数量比在劣质的砂土中的高得多。首先，土壤孔隙内有能为生防细菌提供保护的位点，通常细菌细胞无法直接转移到这些保护位点，只能借助于土壤自由水运动。因此土壤水分含量也影响了细菌的定殖。

参考文献

高书锋，2006. 黄瓜灰霉病和炭疽病生物防治研究 [D]. 郑州：河南农业大学 .

康贻军，程洁，梅丽娟，等，2010. 植物根际促生菌作用机制研究进展 [J]. 应用生态报 (1): 232-238.

秦韵婷，李建贵，郭艺鹏，2015. PGPR 对灰枣土壤养分及微生物数量影响的主成分分析 [J]. 经济林研究 (3): 39-43.

姚领爱，胡之璧，王莉莉，等，2010. 植物内生菌与宿主关系研究进展 [J]. 生态环境学报，19(7): 1750-1754.

CAI X C, LI H, XUE Y R, et al, 2013. Study of endophytic Bacillus amyloliquefaciens CC09 and its antifungal cyclic lipopeptides[J]. Journal of applied biology and biotechnology, 1(1): 1-5.

GOTTWALD T, GRAHAM J, BOCK C, et al, 2009. The epidemiological significance of post-packinghouse survival of *Xanthomonas citri* subsp. *citri* for dissemination of *Asiatic citrus* canker via infected fruit[J]. Crop protection, 28: 508-524.

JIMÉNEZ G A, MENÉNDEZ E, FLORES-FÉLIX J D, et al, 2016. Effective colonization of spinach root surface by Rhizobium[M]// Biological nitrogen fixation and beneficial plant-microbe interaction. Berlin: Springer, 3: 109-122.

KUMAR R, DAS A J, JUWARKAR A A, 2015. Reclamation of petrol oil contaminated soil by rhamnolipids producing PGPR strains for growing Withania somnifera a medicinal shrub[J]. World journal of microbiology & biotechnology, 31(2): 307-313.

PRÍNCIPE A, ALVAREZ F, CASTRO M, 2007. Erratum to: Biocontrol and PGPR Features in Native Strains Isolated from Saline Soils of Argentina[J]. Current microbiology, 55: 314-322.

SCHIPPERS B, BAKKER A W, BAKKER P, 1978. Interaction of deleterious and beneficial rhizosphere microorganisms and the effect of cropping practices[J]. Annnal reciew of phytopathology, 25: 339-358.

TAN S Y, JIANG Y, SONG S, et al, 2013. Two Bacillus amyloliquefaciens strains isolated using the competitive tomato root enrichment method and their effects on suppressing *Ralstonia solanacearum* and promoting tomato plant growth[J]. Crop protection, 43: 134-140.

（撰稿：郭坚华；审稿：王琦）

盾壳霉 *Coniothyrium minitans*

一种具有世界性分布的土壤真菌，真菌界半知菌类腔孢纲球壳孢目盾壳霉属。迄今未发现其有性阶段。该种真菌由 Campbell 于 1947 年从源于美国土壤中核盘菌（*Sclerotinia sclerotiorum*）上首先分离得到并命名。2004 年，Verkley 等将 *Coniothyrium* 更名为 *Paraconiothyrium*，盾壳霉的种名就变成了 *Paraconiothyrium minitans*（Campbell）Verkley, comb. nov.，这一名称尚未在植病生防研究中普遍使用。

除南美洲外，在其他各大洲 29 个国家均发现了这种真菌。在中国南方和西南冬油菜产区（湖北、湖南、江西、重庆、贵州）与北方向日葵产区（内蒙古）和大豆产区（吉林、辽宁和黑龙江）等地均发现这种真菌存在。

形态特征 在固体培养基上，盾壳霉菌丝初为灰白色，后期为褐色，有的菌株菌丝纠结在一起，如绳索状。在菌落表面或被寄生的菌核表面产生分生孢子器。分生孢子器初期白色，渐变成褐色、黑色，具孔口。分生孢子梗基部宽，着生在分生孢子器内壁。分生孢子自分生孢子器孔口溢出，并堆积在孔口，形成黑色液滴。分生孢子椭圆形，褐色，大小为 3.5～4.7μm×5.3～8.8μm，平均为 3.9μm×6.4μm，表面着生有疣状物（见图）。

生物学及生态特性 盾壳霉菌丝生长及分生孢子萌发的温度范围为 0～30°C，以 20°C 最为适宜。酸性基质（pH4～7）环境有利于盾壳霉的菌丝生长及孢子萌发。在空气相对湿度达到 90% 以上时，盾壳霉的分生孢子能够迅速萌发。光照对盾壳霉孢子萌发及菌丝生长无明显影响，但能明显促进盾壳霉分生孢子器的形成及成熟。盾壳霉能够利用多种碳源和氮源，进行菌丝生长和产孢。

盾壳霉的寄主范围狭窄，其寄主主要是核盘菌（*Sclerotinia sclerotiorum*）、三叶草核盘菌（*Sclerotinia trifoliorum*）、小核盘菌（*Sclerotinia minor*）、雪腐核盘菌（*Sclerotinia nivalis*）和白腐小核菌（*Sclerotium cepivorum*）。

盾壳霉能在自然土壤中存活两年以上。在干燥的土壤中（土壤绝对含水量为 6.3%，w/w），盾壳霉能够抵抗 40°C 以上的温度，存活 150 天以上。此外，盾壳霉还能抵抗 0°C 以下的温度，存活 180 天以上。盾壳霉分生孢子在自然土壤中难以萌发，也不能进行腐生生长。当盾壳霉分生孢子碰到寄主真菌菌核时，在菌核外渗物的刺激下进行萌发、生长及寄生菌核。核盘菌菌核的存在有利于盾壳霉在土壤中存活。

盾壳霉的生防机制

寄生作用 盾壳霉的主要生防机制是寄生作用。盾壳霉在土壤中通常呈休眠状态，只有在遇到菌核时或在被核盘菌侵染的植物病组织上才有活性。盾壳霉能寄生核盘菌的菌丝和菌核。盾壳霉菌丝顶端可以直接穿透并侵入核盘菌的菌丝细胞壁。在侵入点部位，核盘菌的细胞壁塌陷，侵染孔周围被腐蚀，说明盾壳霉借助机械压力和酶解作用进行侵染。盾壳霉分泌的胞外酶有 β-1, 3- 葡聚糖酶（β-1, 3-glucanase）、几丁质酶（chitinase）和蛋白酶（protease）。盾壳霉分泌的 β-1, 3- 葡聚糖酶在其寄生核盘菌的过程中起重要作用。

抗生作用 盾壳霉可以稳定地产生抗细菌的物质（antibacterial substance, ABS），对黄单胞杆菌（*Xanthomonas*）一些种类具有较强的抑制作用。盾壳霉 ABS 包括两个组分，它们具有热稳定性，抗极端酸碱环境。盾壳霉 ABS 的结构还不明确，对其防治植物细菌性病害的效果还需进一步评估。

盾壳霉形态特征（李国庆摄）

①在马铃薯葡萄糖琼脂培养基上的菌落形态（20°C，20 天，小黑点为分生孢子器）；②寄生核盘菌菌核，在菌核表面形成分生孢子；③分生孢子自孢子器孔口溢出，形成黑色液滴；④分生孢子（暗褐色，椭圆形，表面着生疣状物）

在盾壳霉发酵产物中鉴定出抗真菌物质 macrosphelide A，对核盘菌具有抑制作用。中国的盾壳霉菌株 Chy-1 也可以产生抗真菌物质（antifungal substance，AFS）。这种 AFS 仅对核盘菌属真菌（*Sclerotinia* spp.）和葡萄孢属（*Botrytis* spp.）菌丝生长具有较强的抑制作用，对核盘菌菌核没有致死作用，但延缓其进行菌丝型萌发，对核盘菌子囊孢子萌发的抑制作用较弱，但却抑制子囊孢子芽管的伸长，并引起芽管畸形。此外，盾壳霉菌株 Chy-1 产生的 AFS 受碳源、氮源和酸性 pH 环境调控。其中酸性 pH 环境对盾壳霉产生 AFS 起主导调控作用。核盘菌分泌的草酸毒素所营造的酸性环境能够诱导盾壳霉产生 AFS。

D

竞争作用　核盘菌是一种弱寄生植物病原真菌，其子囊孢子一般需要在衰老的寄主组织上利用外源营养进行萌发及菌丝生长。将盾壳霉分生孢子与核盘菌子囊孢子共同接种至油菜花瓣上，再将花瓣放置在油菜叶片上。与单独接种核盘菌子囊孢子的花瓣相比，接种盾壳霉和核盘菌的花瓣引起发病的程度显著降低。说明盾壳霉的存在能够抑制核盘菌定殖油菜花瓣。

降解草酸毒素　草酸是包括核盘菌在内的许多植物病原真菌产生的一种毒素。这种物质通过酸化环境、改善病原真菌细胞壁降解酶活性、抑制寄主植物防卫反应以及争夺寄主细胞壁中的钙离子等构成对寄主植物的毒害作用。低浓度（12～16mmol/L）的草酸对盾壳霉菌丝生长有促进作用，但高浓度（>32mmol/L）却抑制盾壳霉分生孢子萌发及菌丝生长。当基质中草酸浓度低于 32mmol/L 时，伴随着盾壳霉菌丝生长，草酸被降解，环境 pH 升高。盾壳霉基因组中含有两个草酸脱羧酶基因 *Cmoxdc1* 和 *Cmoxdc2*，其中 *Cmoxdc1* 在盾壳霉降解草酸作用中发挥主要作用。盾壳霉降解草酸后，可促进其产生重寄生相关的 β-1, 3- 葡聚糖酶、几丁质酶和蛋白酶，并提高酶活性。

盾壳霉与核盘菌的互作调控机制　在盾壳霉和核盘菌互作过程中，盾壳霉的 pH 感应信号途径调控盾壳霉对核盘菌的抗生作用、草酸毒素的降解和重寄生作用。在盾壳霉与核盘菌接触的早期阶段，核盘菌会分泌草酸毒素，以利于核盘菌自身在寄主上的侵染以及菌丝扩展，由草酸引起的环境 pH 的下降，一方面能够诱导盾壳霉合成抗真菌物质，抑制核盘菌对寄主的侵染与扩展；另一方面草酸也能够诱导盾壳霉分泌草酸脱羧酶以降解草酸毒素。随着草酸毒素的降解，环境 pH 随之升高，盾壳霉通过以 CmpacC 为核心转录因子的 Pal-pH 信号途径（包含着上游 CmpalA、CmpalB、CmpalC、CmpalF、CmpalH 以及 CmpalI）感应胞外碱性 pH 的信号，提高盾壳霉重寄生相关的胞外细胞壁降解酶类（β-1, 3- 葡聚糖酶、几丁质酶和蛋白酶等）基因的表达以及相应酶的活性，同时也能抑制草酸脱羧酶基因的表达以及总草酸脱羧酶的活性，从而有效提高盾壳霉对核盘菌的重寄生作用。

盾壳霉制剂和应用技术　欧洲市场上已有盾壳霉制剂出现。最有代表性的产品是 Contans® WG（Prophyta Biologischer Pflanzenschutz GmbH，Germany），主要用于防治蔬菜及大田作物菌核病。2015 年，湖北信风作物保护有限公司获批临时登记盾壳霉 40 亿孢子 /g 可湿性粉剂，用于油菜菌核病防治。

盾壳霉的使用技术包括两种：土壤处理和植物地上部处理。前者是将盾壳霉分生孢子使用于土壤中，通过降低菌核存活达到控制核盘菌初侵染源的目的。后者则是在核盘菌子囊孢子流行期，通过抑制子囊孢子在衰老花瓣上定殖，达到抑制侵染的目的。

参考文献

姜道宏，李国庆，易先宏，等，1998. 盾壳霉所产抗细菌物质的特性 [J]. 植物病理学报，28: 29-32.

李国庆，王道本，张顺和，等，菌核寄生菌盾壳霉的研究 Ⅰ：生物学特性及在湖北省的自然分布 [J]. 华中农业大学学报，14: 125-130.

罗宽，任新国，周必文，等，1987. 油菜菌核病菌菌核上寄生真菌研究 [J]. 中国油料，3: 40-44.

CAMPBELL W A, 1947. A new species of *Coniothyrium* parasitic on sclerotia[J]. Mycologia, 39: 190-195.

D E VRIJE T, ANTOINE N, BUITELAAR R M, et al, 2001. The fungal biocontrol agent *Coniothyrium minitans*: production by solid-state fermentation, application and marketing[J]. Applied microbiology and biotechnology, 56: 58-68.

GICZEY G, KERÉNYI Z, FÜLÖP L, 2001. Expression of cmg1, an exo-β-1,3-glucanase gene from *Coniothyrium minitans*, increases during sclerotial parasitism[J]. Applied and environmental microbiology, 67: 865-871.

HUANG H C, KOKKO E G, 1987. Ultrastructure of hyperparasitism of *Coniothyrium minitans* on sclerotia of *Sclerotinia sclerotiorum*[J]. Canadian journal of botany, 65: 2483-2489.

HUANG H C, KOKKO E G, 1988. Penetration of hyphae of *Sclerotinia sclerotiorum* by *Coniothyrium minitans* without the formation of appressoria[J]. Journal of phytopathology, 123: 133-139.

LI G Q, HUANG H C, ACHARYA S N, 2003. Importance of pollen and senescent petals in the suppression of *Sclerotinia sclerotiorum* by *Coniothyrium minitans*[J]. Biocontrol science and technology, 13: 495-505.

LI G Q, HUANG H C, ACHARYA S N, 2005. Effectiveness of *Coniothyrium minitans* and *Trichoderma* atroviride in suppression of sclerotinia blossom blight of alfalfa[J]. Plant pathology, 54: 204-211.

LI G Q, HUANG H C, MIAO H J, et al, 2006. Biological control of sclerotinia diseases of rapeseed by aerial applications of the mycoparasite *Coniothyrium minitans*[J]. European journal of plant pathology, 114: 345-355.

LOU Y, HAN Y C, YANG L, et al, 2015. CmpacC regulates mycoparasitism, oxalate degradation and antifungal activity in the mycoparasitic fungus *Coniothyrium minitans*[J]. Environmental microbiology, 17: 4711-4729.

MCQUIKEN M P, GEMMELL J, HILL R A, et al, 2003. Production of macrosphelide A by the mycoparasite *Coniothyrium minitans*[J]. FEMS Microbiology letters, 219: 27-31.

REN L, LI G Q, HAN Y C, et al, 2007. Degradation of oxalic acid by *Coniothyrium minitans* and its effects on production and activity of β-1, 3-glucanase of this mycoparasite[J]. Biological control, 43: 1-11.

VERKLEY G J M, DA SILVA M, WICKLOW D T, et al, 2004. Paraconiothyrium, a new genus to accommodate the mycoparasite *Coniothyrium minitans*, anamorphs of *Paraphaeosphaeria*, and four new species[J]. Studies in mycology, 50: 323-335.

WHIPPS J M, GERLAGH M, 1992. Biology of *Coniothyrium minitans* and its potential for use in disease biocontrol[J]. Mycological research, 96: 897-907.

YANG L, LI G Q, LONG Y Q, et al, 2010. Effects of soil temperature and moisture on survival of *Coniothyrium minitans* conidia in central China[J]. Biological control, 55: 27-33.

YANG R, HAN Y C, LI G Q, et al, 2007. Suppression of *Sclerotinia sclerotiorum* by antifungal substances produced by the mycoparasite *Coniothyrium minitans*[J]. European journal of plant pathology, 119: 411-420.

YANG R, HAN Y C, LI G Q, et al, 2008. Effects of ambient pH and nutritional factors on antifungal activity of the mycoparasite *Coniothyrium minitans*[J]. Biological control, 44: 116-127.

ZENG L M, ZHANG J, HAN Y C, et al, 2014. Degradation of oxalic acid by the mycoparasite Coniothyrium minitans plays an important role in interacting with *Sclerotinia sclerotiorum*[J]. Environmental microbiology, 16: 2591-2610.

（撰稿：李国庆；审稿：王琦）

多抗霉素 polyoxin

中国生产的多抗霉素大都是金色链霉菌（*Streptomyces aureo chromogenes*）所产生的代谢产物，菌种为“不吸水的链霉菌杭州亚种”，属于广谱性抗生素类杀菌剂。日本科研制药株式会社生产的该杀菌剂商品名为宝丽安，有效成分为10%；中国生产的有效成分有3%、0.3%、0.1%、1%、10%等，中国登记的多抗霉素类农药已将近100种。

多抗霉素化学名称为肽嘧啶核苷酸类抗菌素，主要成分为Polyoxin B。分子式$C_{17}H_{25}N_5O_{12}$；分子量507.41。生物活性。熔点1600°C。易溶于水，不溶于有机溶剂。在pH2.5～3.0的酸性条件下稳定，在碱性条件下不稳定，对紫外光稳定，常温贮存保质期2年以上。

多抗霉素是由A至N的14种不同的同系物组成的混合物，但以多抗霉素B（polyoxin B）为主要成分的原药与制剂，在世界各地都已运用到实际生产之中，具有较好的内吸性和传导作用。

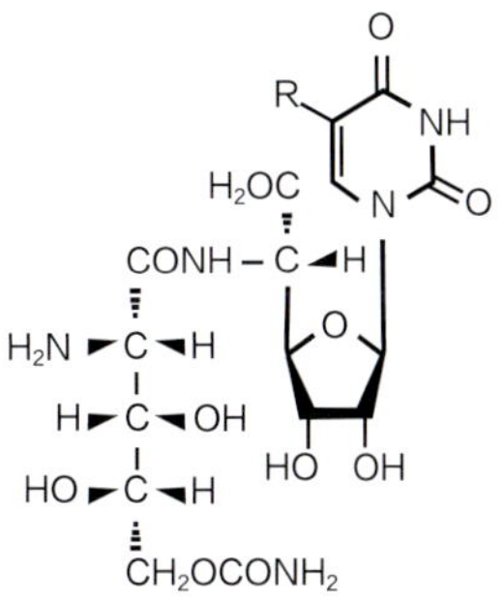

多抗霉素的作用机理是干扰病菌细胞壁几丁质的生物合成，使菌体细胞壁不能进行生物合成导致病菌死亡。芽管和菌丝接触药剂后，局部膨大、破裂、溢出细胞内含物，而不能正常发育，导致死亡，因此还具有抑制病菌产孢和病斑扩大的作用。由于人和动物细胞没有细胞壁，多抗霉素母药大、小鼠经口LD_{50}>2000mg/kg，急性经皮LD_{50}>1200mg/kg，急性吸入LD_{50}>10mg/L，为低毒；对兔的皮肤和眼睛无刺激性，在试验剂量内对试验动物无慢性毒性问题；对鱼及水生生物安全，对蜜蜂低毒。在作物上使用多抗霉素，不仅没有发现人、畜中毒事故以及污染环境，且农副产品均无农药残留，是一种安全的绿色农药。因此，多抗霉素具有抗真菌谱广，选择毒性，对人、动物和作物安全，低残留的优点。被广泛应用于粮食作物、经济作物、水果和蔬菜等重要病害的药剂防治。在农业上使用主要分两类：一类以A、B组分为主，主要用于防治苹果斑点落叶病、轮纹病、梨黑斑病、葡萄灰霉病、（草莓、黄瓜、甜瓜）白粉病、霜霉病、人参黑斑病和烟草赤星病等10多种作物病害。另一类以D、E、F组分为主，主要用于水稻纹枯病的防治。

使用多抗霉素，可有效用于防治植物细菌性病害。与常规杀菌剂相比，多抗霉素具有高效、低毒、经济、环保的特点，是极具前景的生物药剂。

参考文献

郝永娟，刘春艳，王勇，等，2010. 生物农药多抗霉素在无公害蔬菜生产上的应用[C]// 南京第五届中国植物细菌病害，第七届中国植物病害生物防治暨国际细菌学及植物病害生物防治学术研讨会论文集.

王迪轩，2014. 蔬菜常用杀菌剂多抗霉素的特点及应用[J]. 农药市场信息(22): 36.

吴家全，李军民，2010. 多抗霉素研究现状与市场前景[J]. 农药科学与管理，31(11): 21-23.

中国农业百科全书总编辑委员会农药卷编辑委员会，中国农业百科全书编辑部，1993. 中国农业百科全书：农药卷[M]. 北京：农业出版社.

CHEN W, QI J, PAN W, et al, 2015, Natural and engineered biosynthesis of nucleoside antibiotics in Actinomycetes[J]. Journal of industrial microbiology & biotechnology (43): 1-17.

DAIDI C, HIROSHI M, YUKI K, et al, 2018. Genetic analyses of reddish-brown polyoxin-resistant mutants of Bipolaris maydis[J]. Mycoscience, 59(3): 236-246.

HISASHI S, SHOKO F, 1978. The antifungal activity of polyoxin B and iprodione against phytopathogenic fungi recently isolated from diseased plants in Japan[J]. Pesticide science, 9(3): 207-212.

HORI M, EGUCHI J, KAKIKI K, et al, 1974. Studies on the mode of action of polyoxins. VI. Effect of polyoxin B on chitin synthesis in polyoxin-sensitive and resistant strains of *Alternaria kikuchiana*[J]. Journal of antibiotics, 27(4): 260-266.

HORI M, KAKIKI K, SUZUKI S, et al, 1971. Studies on the mode of action of polyoxins. Part III. Relation of polyoxin structure to chitin synthetase inhibition[J]. Agricultural and biological chemistry, 35(8): 1280-1291.

LI J, LI F, FENG C, et al, 2012. Novel polyoxins generated by heterologously expressing polyoxin biosynthetic gene cluster in the sanN inactivated mutant of Streptomyces ansochromogenes[J]. Microbial cell factories, 11: 135.

QI J, LIU J, WAN D, et al, 2015. Metabolic engineering of an industrial polyoxin producer for the targeted overproduction of designer nucleoside antibiotics[J]. Biotechnology & bioengineering (112): 1865-1871.

WU G, ZHI W B, HU Y H, et al, 2016. Comparative proteomic analysis of *streptomyces aureochromogenes* under different carbon sources and insights into polyoxin production[J]. Applied biochemistry and biotechnology, 180(3): 491-503.

（撰稿：施李鸣；审稿：张克诚）

多黏芽孢杆菌 *Paenibacillus polymyxa*

原为 *Bacillus polymyxa*，是类芽孢杆菌属的模式种。Ash 等根据表型特征和 16S rRNA 基因序列，显示芽孢杆菌至少包括五种系统发生线，并发现此类菌与典型的芽孢杆菌菌种枯草芽孢杆菌有显著的区别，亲缘关系较远，因此将其从芽孢杆菌属中独立出来，成立类芽孢杆菌属。多黏类芽孢杆菌分布广泛，在玉米、小麦、高粱以及松林等，甚至海底沉积物中均有分布。

形态特征 多黏芽孢杆菌为革兰氏阳性细菌，菌落多呈浅黄或白色，隆起，黏稠状，表面湿润光滑，菌体呈杆状，大小为 0.5～2.5μm×1.2～10.0μm，G+C 含量为 40%～50%；利用周生鞭毛运动，在膨大孢子囊中产生椭圆形芽孢；最适生长 pH7，最适温度 28～30°C。兼性厌氧，分解葡萄糖和其他糖类产酸，有时产气，在营养琼脂上无可溶性色素。

抗菌物质 多黏芽孢杆菌可产生多种生物活性物质，如酶、抗菌物质、植物激素以及絮凝剂等，这些活性物质大多为蛋白质、多糖、多肽等。多黏类芽孢杆菌产生的抗菌物质按其物质类型及分子大小可分为小分子的多肽抗生素类、大分子的拮抗。这些抗菌物质性质比较稳定，如耐高温、高压，对酸碱稳定，对蛋白酶不敏感等。

其中，多黏芽孢杆菌产生的多黏菌素（polymyxins）是一类碱性线环状阳离子多肽抗生素，含有疏脂性和亲脂性基团及一个多肽尾。杀镰孢菌素（fusaricidins）是一类由六个氨基酸残基和一个 2- 胍基 -3- 羟基十五烷酸（GHPD）组成的环状多肽类抗生素。

生防功能 多黏芽孢杆菌作用范围广，能防治病原细菌、病原真菌、根结线虫等多种有害生物引起的病害，作用机制多样，既有抗菌物质起作用，又有细菌菌体的直接作用，还有可能是诱导宿主植物产生抗病性。多黏菌素的作用位点为细菌的细胞膜，多黏菌素分子中的环状结构能插入到细菌细胞膜中，从而改变细胞膜的渗透性，造成细胞内含物的流失，导致细菌死亡。多黏芽孢杆菌能通过与植物之间的互作来起到抗病效果。系统抗性的诱导可以使与植物防卫有关的病程相关蛋白的活性增加；或导致一些低分子量的抗菌物质如植保素积累；还会形成一些起保护作用的生物大分子如木质素、β-D-1, 3- 葡聚糖和富含羟脯氨酸的糖蛋白等。植物系统抗性被诱导后，便具有广谱抗性。

参考文献

赵继红，李建中，2003. 农用微生物杀菌剂研究进展 [J]. 农药，42: 6-8.

ASH C, PRIEST F G, COLLINS M D, 1993. Molecular identification of rRNA group 3 bacilli (Ash, Farrow, Wallbanks and Collins) using a PCR probe test. Proposal for the creation of a new genus *Paenibacillus*[J]. Antonie van leeuwenhoek, 64: 253-260.

CHOI S K, PARK S Y, KIM R, et al, 2009. Identification of a polymyxin synthetase gene cluster of *Paenibacillus* polymyxa and heterologous expression of the gene in *Bacillus subtilis*[J]. Journal of bacteriology, 191(10): 3350-3358.

（撰稿：吴黎明；审稿：高学文）

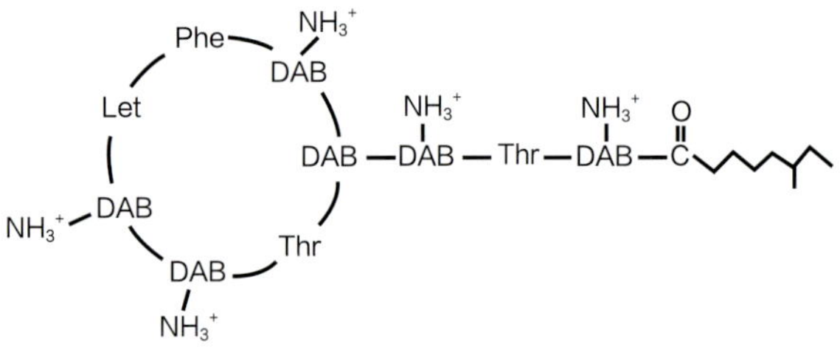

多黏菌素

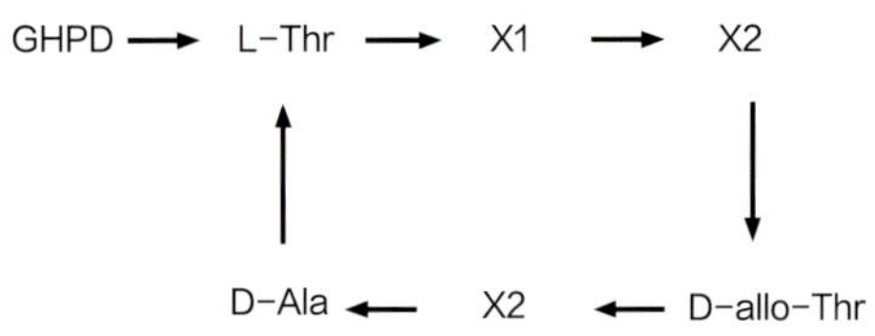

镰孢菌素

多系品种 multiline variety

用一个优良农艺性状品种作为轮回亲本，分别与具有不同抗病基因的品种杂交和回交，选出一套农艺性状与轮回亲本相似，而所含抗病基因各不相同的品系。

多系品种是由 10 个以上农艺性状相似而遗传背景不一致的近等基因系组成。多系品种既有纯系品种耐受性的特性也有水平抗性品种的特性。多系品种繁育期间，分开繁育每个品系，当繁育的多系品种种子达到要求时，就把种子等比例收获和繁殖。生产上很难培育出防治 1 种以上病害的多系品种。Marshall 和 Pryor 区分了“脏作物”（dirty crop）和“干净作物”（clean crop）的方法。“干净作物”的所有品系抗某一病害的所有流行小种，“脏作物”的每个品系持单个不同抗性基因，与“干净作物”相反，每个品系不抗某一病害的所有小种。多系品种的每个系一般都要与高产品系回交 4～8 次后，使每个品系都持有 90%～99% 的高产品系基因。农业生产上多系品种的利用具有以下几个方面的优势：①减轻病害的发生，持有不同抗性基因的多系品种有效阻断了病菌不同小种的传播；有效“稀释”了病原菌小种的接种量；抑制了毒性小种间的竞争；诱导抗性的存在有效降低了侵染率以及降低了病斑扩展率或产孢率。②非生物胁迫耐受力增强。③产量稳定。

许多育种学家都作过培育多系品种的努力，比较有代表性的工作包括水稻抗稻瘟病的多系品种和小麦抗条锈病的多系品种。水稻的多系品种培育就包括 Nipponbare、Toyonishik、Sasanishiki，而且 Sasanishiki 的多系品种在日本还达到商业化的水平。近年来，借助分子标记辅助选择和病原菌接种鉴定的方法，以感病粳稻 LTH 和感病籼稻 CO39 为回交亲本培育的籼、粳稻等基因品系，使水稻多系品种的育种达到了新的高度，也使稻瘟病的抗性基因功能和病菌的鉴别体系得到很大改进。

生产上仍在进行多系品种布局，特别是在优良农艺性状亲本作为布局品种或作物均匀性作为关键因子时，多系品种的布局显得非常有用。多系品种布局只需要将多个优良农艺性状的品种进行布局即可，省略了育种的烦琐程序。加之，多系品种布局增加了田间品种遗传多样性，从而避免了主要病害、非寄主病害以及非生物胁迫的影响。

参考文献

ABE S, 2004. Breeding of a blast resistant multiline variety of rice. SASANISHIKI B L[J]. Japan agricultural research quarterly, 38: 149-154. DOI: 10.6090/jarq.38.149.

HIGASHI T, SATO H, HORISUE N, et al, 1981. Breeding of isogenic lines for blast resistance in rice. 1. Comparison of characters between B4F2 lines and their recurrent, ‘Nipponbare’[J]. Breed science, 31(S1): 46.

ISE K, 1990. Effect of mixing planting of near isogenic lines of ‘Nippobare’ rice to reduce blast disease[J]. Breed science, 40(S1): 288.

KOIDE Y, EBRON L, KATO H, et al, 2011. A set of near-isogenic lines for blast resistance genes with an Indica-type rainfed lowland elite rice (*Oryza sativa* L.) genetic background[J]. Field crops research, 123: 19-27.

MATSUNAGA K, 1996. Breeding of a multiline rice cultivar “Sasanishiki BL” and its use for control of blast disease in Miyagi prefecture[J]. Journal of agricultural science, 51: 173-176.

NAKAJIMA T, 1994. Mechanism of rice blast disease control by multilines[J]. Journal of agricultural science, 49: 390-395.

TELEBANCO-YANORIA M J, KOIDE Y, FUKUTA Y, et al, 2011. A set of near-isogenic lines of Indica-type rice variety CO39 as differential varieties for blast resistance [J/OL]. Molecular breeding, 27: 357. DOI: 10.1007/s11032-010-9437-x.

（撰稿：杨静；审稿：李成云）

多样性稳定性假说 diversity stability hypothesis

植食性昆虫与寄主植物互作关系的一种机制。该假说认为生物多样性和害虫间的相互作用能够影响系统的稳定性。一个群体内物种多样性越丰富，其稳定性越高，亦即害虫及其天敌种群数量在时间序列上表现较低的波动幅度，从而避免了植食性昆虫种群数量的大规模暴发。

生态系统中植食性昆虫与寄主间的互作关系是生态系统中主要的互作关系之一，这种互作关系一直是生态系统及其功能研究的核心问题，也是实施有害生物持续控制的重要理论基础。Pimentel 首次描绘了在简单的生态系统中，病虫害的发生比在复杂生态系统中严重，生态系统中生物多样性是抑制和降低病虫害暴发的重要因素。

而有关生态系统调控生物灾害的机制，不同学者曾提出了不同的假说，包括以生物多样性理论为基础的“多样性—稳定性”假说，围绕物种多样性组成与结构提出的“联合抗性假说”，以树木个体和群体为对象提出的“长势假说”“胁迫假说”；以及以食物链为主导的下调、上调和推拉等相互制约的机制。

这些假说或机制是基于不同的层面或尺度提出的，因而各假说或机制在解析植食性昆虫与植物寄主互作时的重点面向不尽相同，得出的结论也就有可能会存在一定差异。联合抗性机制则是基于资源集中假说和天敌假说提出的，资源集中假说重点在于探讨植食性昆虫可利用的资源总量，下调力更侧重于食物链的营养关系，而天敌假说则是下调力机制中的一个层面。植物生长势假说和植物胁迫假说则更多的是探讨资源的属性问题，即从植物个体的状态出发解析植食性昆虫对植物的选择趋势，且植物胁迫假说则更多地与植物所处的栖息地环境有关。而上调力和下调力机制则是基于食物链和食物网结构特征，以生态系统食物网底部的资源与顶端的天敌来探讨植食性昆虫与寄主植物间相互作用。

参考文献

曾凡勇，孙志强，2014. 森林生态系统中植食性昆虫与寄主的互作机制、假说与证据 [J]. 生态学报，34(5): 1061-1071.

BENGTSSON J, NILSSON S G, FRANC A, et al, 2000. Biodiversity, disturbances, ecosystem function and management of European forests[J]. Forest ecology and management, 132(1): 39-50.

ELTON C S, 2000. The ecology of invasions by animals and plants[M]. Chicago: University of Chicago Press.

GOODMAN D, 1975. The theory of diversity stability relationships in ecology[J]. The quarterly review of biology, 50(3): 237-266.

HARTLEY M J, 2002. Rationale and methods for conserving biodiversity in lantation forests[J]. Forest ecology and management, 155(1/3): 81-95.

KORICHEVA J, VEHVILFIINEN H, RIIHIMAKI J, et al, 2006. Diversification of tree stands as a means to manage pests and diseases in boreal forests: myth or reality[J]. Canadian journal of forest research, 36(2): 324-336.

LARSEN J B, 1995. Ecological stability of forests and sustainable silviculture[J]. Forest ecology and management, 73(1/3): 85-96.

MCCANN K S, 2000. The diversity-stability debate[J]. Nature, 405(6783): 228-233.

PIMENTEL D, 1961. Species diversity and insect population outbreaks[J]. Annals of the entomological society of america, 54(1): 76-86.

THÉBAULT E, LOREAU M, 2005. Trophic interactions and the relationship biodiversity effects on ecosystem functioning and services. Ecology between species diversity and ecosystem stability[J]. The american naturalist, 166(4): 95-114.

（撰稿：陈斌；审稿：何霞红）

F

泛革素 fengycin

由芽孢杆菌等生物有机体通过非核糖体多肽合成酶体系（NPRSs）合成。又名病原素，英文又名 plipastatins。分子量约 1400，可由解淀粉芽孢杆菌 FZB42、CO6 等产生，其家族主要包括 fenA 和 B 两类，是由 10 肽与 β- 羟基饱和或非饱和脂肪酸链（C14-C18）形成内酯环。1978 年植物病理学家陈升明在丰原市郊马铃薯田中分离出的生防菌 *Bacillus subtilis* F2923，能产生一种抑制许多丝状真菌生长的脂肽类抗生素，命名为泛革素。

编码泛革素合成酶的是 5 个大的阅读框 fenA～E：fenA～C 分别含有 2 个氨基酸腺苷化结构域、2 个浓缩结构域和 1 个立体异构结构域。fenD 含有 3 个氨基酸腺苷化结构域、3 个浓缩结构域和 1 个立体异构结构域。而 fenE 只含有 1 个氨基酸腺苷化结构域和 1 个浓缩结构域，但其还含有 1 个硫酯酶结构域，催化泛革素最终环化和释放（见图）。

泛革素的溶血作用没有表面活性素和伊枯草菌素的强烈，但仍然表现出广谱的抗真菌活性和微弱的抑细菌活性。泛革素也是通过作用于细胞的磷脂双分子膜，造成穿孔的形式发挥作用。

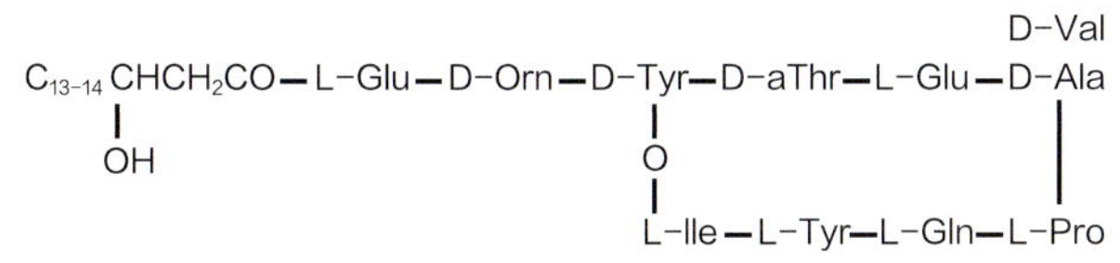

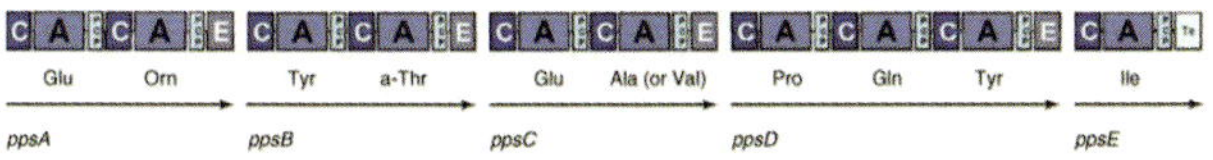

泛革素合成酶编码基因操纵子结构图

A：氨基酸腺苷化结构域；C：浓缩结构域；E：立体异构结构域；TE：硫酯酶结构域；PCP：乙酰提携蛋白结构域

参考文献

HIRADATE S, YOSHIDA S, SUGIE H, et al, 2002. Mulberry anthracnose antagonists(iturins) produced by *Bacillus amyloliquefaciens* RC-2[J]. Phytochemistry, 61: 693-698.

MOYNE A L, SHELBY R, CLEVELAND T E, et al, 2001. Bacillomycin D: an iturin with antifungal activity against *Aspergillus flavus*[J]. Journal of applied microbiology, 90: 622-629.

SHODA M, KUBOTA H, 1990. Suppressive effect of *Bacillus subtilis* and it's products on phytopathogenic microorganisms[J]. Journal of fermentation and bioenginecring, 69: 1-7.

STELLER S, VOLLENBROICH D, LEENDERS F, et al, 1999. Structural and functional organization of the fengycin synthetase multienzyme system from *Bacillus subtilis* b213 and A1/3[J]. Chemistry and biology, 6: 156.

VANITTANAKOM N, LOEFFLER W, KOCH U, et al, 1986. Fengycin-a novel antifungal lipopeptide antibiotic produced by *Bacillus subtilis* F-29-3[J]. The journal of antibiotics, 39: 888-901.

VATER J, KABLITZ B, WILDE C, et al, 2002. Matrix-assisted laser desorption ionization-time of flight mass spectrometry of lipopeptide biosurfactants in whole cells and culture filtrates of *Bacillus subtilis* c-1 isolated from petroleum sludge[J]. Applied & environmental microbiology, 68(12): 6210-6219.

（撰稿：伍辉军；审稿：高学文）

放射形土壤杆菌 *Agrobacterium radiobacter*

革兰氏阴性菌，菌体杆状，培养后多呈现为略微隆起的乳白色圆形菌落，属于有机营养型，可产生大量的胞外多糖，例如放射形土壤杆菌 Q9415 产生的胞外多糖在黏弹性、乳化性、悬浮性、热稳定性、抗冻融性中均表现出良好的特性，可用于食品、日化、农业等相关领域。

放射形土壤杆菌具有竞争作用、拮抗作用等生防特性，多用于防治葡萄、苹果、樱桃、蔷薇等多种植物的根癌病。自 1972 年 New 和 Kerr 报道了放射形土壤杆菌 K84 菌株可抑制植物根癌病发生后，全球多个国家的研究者对 K84 菌株的生防作用进行了研究，实验结果印证了放射形土壤杆菌良好的生防作用。梁亚杰等从葡萄冠瘿瘤中分离出了不致病放射土壤杆菌 E26，可产农杆菌素，通过培养基实验和温室验证证明其可以有效抑制葡萄根癌土壤杆菌生长并抑制冠瘿瘤的形成。陈晓英等人从山东莱西啤酒花冠瘿中分离出了生防性状优异的无致病性放射土壤杆菌 HLB-2，可抑制多种致病根癌土壤杆菌在向日葵幼苗和葡萄幼枝上引起的冠瘿病，游积峰等人的研究也印证了放射土壤杆菌 HLB-2 的生防效果。

将生防菌制作成为微生物制剂商品便于大规模推广应

用，而生防菌大规模发酵需要通过多次试验进行优化调整参数才能达到良好的发酵效果。在陈英龙等人的研究中确定了放射形土壤杆菌 K84 摇瓶发酵和发酵罐发酵的培养基配方和培养条件，最适发酵周期为 24～30 小时，发酵罐培养基以酵母粉、蛋白胨、糖蜜、水解糖等为主要原料，通过发酵得到大量菌体，将其制作成生物制剂（根癌宁等），水剂储存期达一年以上，粉剂储存超过两年。通过发酵和剂型的优化可以大幅增加微生物制剂的含菌量，延长放射形土壤杆微生物制剂的货架期，便于储存和运输。

参考文献

陈龙英，吴印青，范林华，等，1996. 放射形土壤杆菌 K84 菌株发酵条件及其生物制剂 [J]. 上海农业学报，12(1): 50-55.

陈晓英，相望年，1986. 放射土壤杆菌 HLB-2 菌株抑制葡萄根癌土壤杆菌生长和冠瘿形成的研究 [J]. 微生物学报 26(3): 193-199.

梁亚杰，赵家英，马德钦，等，1990. 应用生物 3 型放射土壤杆菌防治葡萄冠瘿瘤形成的研究 [J]. 微生物学报，30(3): 165-171.

游积峰，谢学梅，陈培民，等，1993. 放射土壤杆菌防治葡萄根癌病的研究 [J]. 中国果树 (1): 10-12.

张宁，彭志英，李少霞，等，2002. 放射形土壤杆菌 Q9415 发酵生产胞外多糖的研究 [J]. 中国食品学报 2(2): 4-7.

PANAGOPOULOS C G, PSALLIDAS P G, 1973. Characteristics of greek isolates of *Agrobacterium tumefaciens* (E F Smith & Townsend) Conn[J]. Journal of applied bacteriology, 36: 233-240.

NEW P B, KERR A, 1972. Biological-control of crown gall-field measurements and glasshouse experiments[J]. Journal of applied bacteriology, 35: 279-287.

（撰稿：庄路博；审稿：王琦）

放线菌 actinomycetes

细菌域放线菌门放线菌纲放线菌目，是一类原核生物。革兰氏染色反应阳性，细胞壁主要由肽聚糖组成，DNA 中 G+C 含量为 55%～79%。大多数放线菌腐生，广泛存在于土壤和海洋，分解环境中的动植物残体等有机质，在自然界中对碳、氮、磷、钾和物质循环起重要作用。少数放线菌寄生植物，还有一些放线菌种类可以与非豆科植物共生。

形态特征 放线菌营养体形态多样，包括球形、杆状、分枝状和菌丝体。放线菌菌丝体分为基质菌丝体（substrate mycelium）和气生菌丝体（aerial mycelium）两种。基质菌丝体的主要功能是从基质中吸收营养物质。基质菌丝体大部分呈黄、橙、红、紫、绿、蓝、褐或黑等颜色（产生水溶性或脂溶性色素），也有的无色。气生菌丝体向空中生长，一般较基质菌丝体粗 1～2 倍。气生菌丝体发育至一定阶段即发育成孢子丝（图 1）、孢子囊及其他形状的孢子体。孢子丝形状各异：直立、波曲、轮生等。放线菌孢子有球形、椭圆形、杆状、柱状、瓜子形等，孢子表面光滑或着生小疣、刺、毛发等。孢子囊内着生孢囊孢子，一般为椭圆形、球形、杆状，有的具有鞭毛，能游动。放线菌的生活史简单，其孢子在适宜的环境下吸收水分之后膨胀，萌发出 1～3 根芽管，芽管伸长长出分枝，分枝生长形成菌丝体，发育至一定程度时，孢子丝产生孢子或孢子囊。放线菌菌落一般有土腥味。

放线菌的分类依据包括菌落形态、孢子、孢子囊（孢囊孢子）形态、菌丝细胞壁组分和 16S rDNA 序列分析等。常见的放线菌包括：链霉菌（*Streptomyces*）、诺卡氏菌属（*Norcardia*）、小单孢菌属（*Micromonospora*）、小双孢菌属（*Microbispora*）、小多孢菌属（*Micropolyspora*）高温放线菌属（*Thermoactinomyces*）、孢囊放线菌属（*Actinosporangium*）、链轮丝菌属（*Streptoverticillium*）、游动放线菌属（*Acinoplanes*）和放线菌属（*Actinomyces*）等。其中链霉菌是最大的一个属，其特征是气生菌丝分化成各种形状的孢子丝（见图）。

放线菌代谢产生许多活性物质，包括抗生素（antibiotics）和酶等。在已知微生物产生的近万种抗生素中，大约一半以上是由放线菌产生的。除作为人或动物疾病防控的主要药物（如链霉素）之外，抗生素在农作物病虫害防治中起重要作用。中国农业生产中使用得较广泛的农用抗生素见表。链霉菌一些种类能够产生挥发性抗真菌活性物质，对许多病原真菌具有抑制效果，具有开发成生物熏蒸剂的潜力。

放线菌菌体也可用于植物病害防治。中国 20 世纪 70 年代开发的泾阳链霉菌“5406”（*Streptomyces jingyangensis* 5406）活菌剂和球孢链霉菌“878”（*Streptomyces globisporus* 878）活菌剂，不仅能有效防治棉花枯黄萎病和炭疽病，而且还能显著促进棉花生长，因而称之为菌肥。1993 年芬兰 Kemira Oy 公司将 *Streptomyces griseoviridis* K61 开发成商品

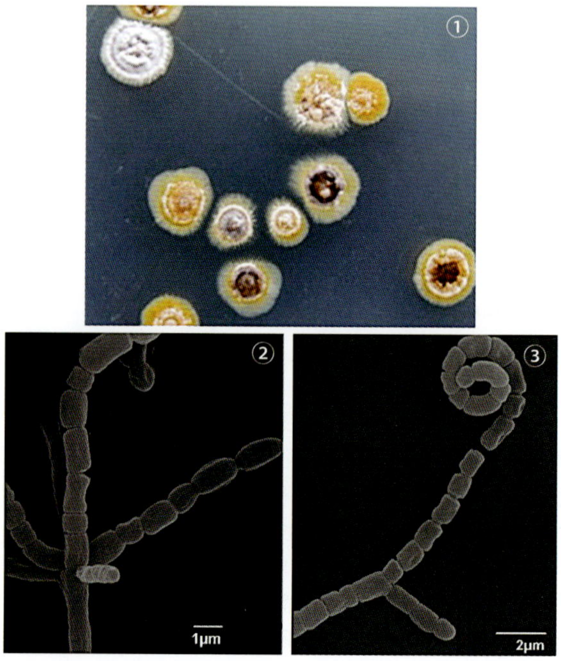

平板链霉菌（*Streptomyces platensis*）菌株（万明国摄）
① F-1 的菌落形态；②孢子丝；③孢子形态

链霉菌产生的农用抗生素

产生菌	抗生素	类别	防治对象
Streptomyces griseochromogenes	灭瘟素	杀菌剂	稻瘟病
Streptoverticillium rimofaciens	米多霉素	杀菌剂	大麦白粉病
Streptoverticillium cacaoi var. *asoensis*	多氧霉素	杀菌剂	小麦白粉病、烟草赤星病、黄瓜霜霉病等
Streptoverticillium hygroscopicus var. *limoneus*	有效霉素	杀菌剂	水稻纹枯病
Streptomyces kasugaensis	春雷霉素	杀菌剂	稻瘟病、西瓜细菌性角斑病、桃树流胶病
Streptomyces hygroscopicus var. *jinggangensis*	井冈霉素	杀菌剂	水稻纹枯病
Streptomyces hygrospinosus var. *beijingensis*	农抗 120	杀菌剂	多种作物白粉病和枯萎病
Streptomyces griseovariabilis subsp. *bandungensis*	万隆霉素	杀菌剂	瓜类疫病、十字花科蔬菜霜霉病
Streptomyces ahygroscopicus var. *wuyiensis*	武夷菌素	杀菌剂	瓜类白粉病和灰霉病
Streptomyces lavendulae var. *hainanensis*	中生菌素	杀菌剂	水稻白叶枯、蔬菜软腐病
Streptomyces avermitilis	阿维菌素	杀虫剂	水稻螟虫
Streptomyces griseus	缬氨霉素	杀虫剂	孑孓
Streptomyces aureus	四抗菌素	杀螨剂	

制剂 Mycostop®，该制剂对多种植物土传病害（如立枯丝核菌、腐霉等）具有防治效果。

参考文献

崔增杰，张克诚，折改梅，等，2010. 抗真菌农用抗生素有效成分研究进展 [J]. 中国农业通报，26(5): 213-218.

阮继生，黄英，2011. 放线菌快速鉴定与系统分类 [M]. 北京：科学出版社.

沈寅初，2011. 我国微生物源杀菌抗生素的研究开发 [J]. 世界农药，33(4): 1-3, 15.

周启，王道本，1995. 农用抗生素和微生物杀虫剂 [M]. 北京：中国农业出版社：38.

FRAVEL D R, 2005. Commercialization and implementation of biocontrol[J]. Annual review of phytopathology, 43: 337-359.

WAN M G, LI G Q, ZHANG J B, et al, 2008. Effect of volatile substances of *Streptomyces platensis* F-1 on control of plant fungal diseases[J]. Biological control, 46: 552-559.

（撰稿：李国庆；审稿：王琦）

非寄生性疾病　non-parasitic diseases

物理因素包括机械创伤及温度（高温、低温）、湿度、射线等；化学因素包括引起昆虫物理性受伤、原生质变质、代谢抑制神经紊乱和中肠破坏的各种化学杀虫剂；非寄生性生物因素包括捕食昆虫的天敌、食料生物缺乏、个体遗传突变和同种间的竞争等因素。昆虫对 X 射线和 γ 射线感受性因发育阶段而有较大不同。哺乳动物受放射线照射后会造成肠管破坏和细胞性免疫力降低，易引起致命的细菌感染；而昆虫受放射线照射后虽然发生肠道破坏，但不引起细菌感染，而是不能正常化蛹、不育、次代胚胎期死亡等。昆虫如果不能得到必需的和均衡的营养供应，则会发生代谢异常而成疾病或抵抗力降低异受其他病菌攻击，而把各种营养缺乏症作为独立的疾病（disease entity）。由物理、化学及非寄生性生物等因素所引起的昆虫受到伤害、中毒、营养障碍、代谢异常、遗传病、畸形、肿瘤、发育障碍等。

参考文献

JAMES R FUXA, YOSHINORI TANADA, 1992. 昆虫疾病流行学 [M]. 北京：北京农业大学出版社.

洪华珠，杨红，1997. 杀虫微生物学纲要 [M]. 武汉：华中师范大学出版社.

蒲蛰龙，1994. 昆虫病理学 [M]. 广州：广东科技出版社.

（撰稿：李恩杰、曲良建；审稿：张永安）

分生孢子　conidia

高等真菌（子囊菌、担子菌、半知菌）的菌丝（多为有隔菌丝）特化形成枝状分生孢子梗，再由分生孢子梗以芽殖、断裂等方式形成分生孢子，成熟后从孢子梗上脱落。分生孢子的种类很多，它们的形状、大小、色泽、形成和着生的方式都有很大差异。不同真菌的分生孢子梗或散生或丛生，也有些真菌的分生孢子梗着生在特定形状的结构中。如近球形、具孔口的分生孢子器和杯状或盘状的分生孢子盘。

参考文献

刘志恒，2002. 现代微生物学 [M]. 北京：科学出版社.

洪华珠，杨红，1997. 杀虫微生物学纲要 [M]. 武汉：华中师范大学出版社.

PASCALE C, 2018. The new microbiology[M]. US: ASM Press.

（撰稿：曲良建；审稿：张永安）

吩嗪 phenazine

一类含氮的杂环类化合物，分子式为（C_6H_4）$_2N_2$。吩嗪及其衍生物主要是由假单胞菌、链霉菌等土壤微生物通过次级代谢产生。生防细菌可通过拮抗、竞争、诱导植物产生抗病性和调节土壤微生态结构等多种机制来发挥生防功能，其中产生抗生素是生防菌发挥拮抗功能的重要机制。生防细菌产生的有抑制植物病原菌生长能力的吩嗪类化合物。已经鉴定和报告的吩嗪类化合物超过6000种，其中数百种已知的吩嗪类化合物具有显著的抗菌活性，主要有吩嗪-1-羧酸（phenazine-1-carboxylic acid，PCA）及其衍生物吩嗪-1-甲酰胺（phenazine-1-carboxamide，PCN）、1-羟基吩嗪（1-hydroxyphenazine，1-HP）和绿脓菌素（pyocyanin，PYO）等。

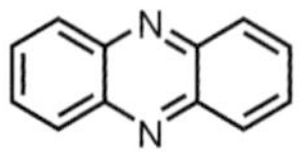

吩嗪

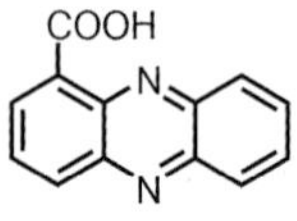

吩嗪-1-羧酸

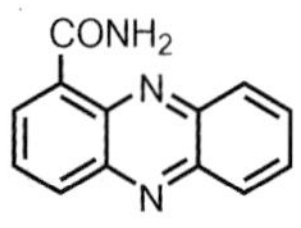

吩嗪-1-甲酰胺

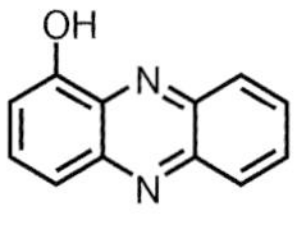

1-羟基吩嗪

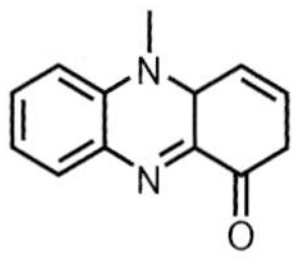

绿脓菌素

吩嗪类抗生素的抑菌机制主要是吩嗪类分子作为电子载体传递电子到靶细胞，通过增加胞内超氧化物自由基，使靶细胞中毒死亡。不同类型的吩嗪化合物因其结构差异而体现出不同的抑菌活性，例如铜绿假单胞菌产生PCA带有一个羧基，因此其在酸性环境中抑菌活性强，而在碱性条件下抑菌活性显著下降。铜绿假单胞菌分泌具有广谱抗植物真菌和细菌活性的PCN分子以中性酰胺基团取代了PCA分子中的羧基基团，因此其抑菌活性稳定。在不同pH条件下，铜绿假单胞菌产生的1-HP能有效抑制立枯丝核菌引起的根腐病和枯萎病等。PYO是假单胞菌产生的一种毒力因子，因此用于防治病害时，要控制好使用浓度。

参考文献

BABALOLA O O, 2010. Beneficial bacteria of agricultural importance[J/OL]. Biotechnology letters, 32, 1559-1570. https://doi.org/10.1007/s10529-010-0347-0.

BIESSY A, FILLION M, 2018. Phenazines in plant-beneficial *Pseudomonas* spp.: biosynthesis, regulation, function and genomics[J]. Environmental microbiology, 20(11): 3905-3917.

LAUREN J B, NIELSEN J, 2004. Phenazine natural products: Biosynthesis, synthetic analogues, and biological activity[J]. Chemical reviews, 104(3): 1663-1685.

STEJSKAL J, SAPURINA L, TRCHOVA M, et al ,2008. Oxidation of aniline: Polyaniline granules, nanotubes, and oligoaniline microspheres[J]. Macromolecules, 41(10): 3530-3536.

WANG S Y, SHI X C, CHEN X, LABORDA P, et al, 2021. Biocontrol ability of phenazine-producing strains for the management of fungal plant pathogens: A review[J]. Biological control, 155: 104548. DOI: 10.1016/j.biocontrol.2021.104548.

（撰稿：杨攀雷；审稿：王琦）

粉棒束孢 *Isaria farinosa*

子囊菌门（Ascomycota）肉座菌目（Hypocreales）虫草科（Cordycipitaceae），是*Isaria*属的模式种。原名粉拟青霉（*Paecilomyces farinosus*）。1832年由Fries首次描述，又名虫草棒束孢，别名虫花，是一个较为庞杂的种，文献记载曾有30多个异名。粉棒束孢杀虫力强、寄主范围广，世界范围内分布。

形态特征 孢梗束群生或近丛生，分枝，高2.0～3.8μm，柄细，蛋壳色至米黄色，光滑。头部多枝，白色，粉末状。分生孢子近球形至广椭圆形，2～3μm×1～1.8μm。菌落颜色为白色、黄色或奶油色，气生菌丝丛生，有时有淡黄色束丝孢。由于异核性，菌种具有高度变异性。除孢子形状及大小稍稳定，其他性状变化较大。最适生长温度为19～22.5°C，与白僵菌（*Beauveria bassiana*）或绿僵菌（*Metarhizium anisoplae*）相比，是能适应低温生活的菌种，在秋末或初春可以和白僵菌等配合使用，亦适合应用于森林生态系统。

生防机制 自1958年Kolybajiv发现粉棒束孢侵染松天蛾（*Hyloicus pinastri*）以来，各国学者纷纷研究利用该菌防治多种害虫，多用于森林害虫的防治，如日本用粉棒束孢防治赤松毛虫（*Dendrolimus spectabilis*）；苏联曾生产名为penilomin的粉拟青霉产品，防治苹果蠹蛾（*Cydia pomonella*）效果比白僵菌更好；美国曾用粉棒束孢防治甜菜夜蛾（*Spodoptera exigua*）幼虫，死亡率70%～90%。粉棒束孢可寄生多个目的多种害虫，以鳞翅目昆虫为主。同白僵菌相比，粉棒束孢寄主范围相对较窄，在中国主要用来防治松树林中的油松毛虫，亦广泛应用于水稻（二化螟、三化螟、大螟）、蔬菜（菜青虫、小菜蛾、菜螟）等多种作物的多种害虫。粉棒束孢的生长和活性易受杀真菌剂，如戊唑醇、戊菌唑、硫代锰锌等的抑制，所以应用时应尽量避开此类杀真菌剂，可与氯氧化铜同时使用。目前还没有商品化的粉棒束孢制剂。

参考文献

梁宗琦，1981. 茶树害虫的虫生真菌[J]. 植物病理学报，11: 9-16.

蒲蛰龙，李增智，1986. 昆虫真菌学[M]. 合肥：安徽科学技术出版社.

汪章勋，黄渤，周权，等，2005. 粉拟青霉不同菌株生物学特性的研究[J]. 安徽农业大学学报，32: 8-11.

武觐文，1996. 应用粉拟青霉防治松毛虫[J]. 安徽农业大学学报，23: 438-445.

周炕，王中康，喻子牛，2006. 微生物农药研发与应用[M]. 北京：化学工业出版社.

DEMIRCI F, MUŞTU M, KAYDAN M B, et al, 2011. Effects of some fungicides on *Isaria farinosa*, and in vitro growth and infection rate on *Planococcus citri*. [J]. Phytoparasitica, 39: 353-360.

ZIMMERMANN G, 2008. The entomopathogenic fungi *Isaria farinosa* (formerly *Paecilomyces farinosus*) and the *Isaria fumosorosea* species complex (formerly *Paecilomyces fumosoroseus*): biology, ecology and use in biological control[J]. Biocontrol science and technology, 18: 865-901.

（撰稿：周桂灵；审稿：秦启联）

覆盖效应 cover plant effect

在农田中目标作物以外的地表、果园或森林中树下及树周围空闲的地表，人为种植目标作物以外的其他作物或植物，这些作物或植物的株高须矮于目标作物或树木，起到吸引或储存害虫的天敌生物、保护土壤免受侵蚀、改善土壤地力、控制杂草的作用。覆盖植物可以是一年生、二年生或多年生的草本植物，也可以是一种或多种草本植物类型混种，多为豆科类牧草、绿肥或其他植物。中国及新西兰等国家在葡萄园、苹果园种植紫花苜蓿、三叶草等作为覆盖植物。

覆盖植物能吸引和涵养天敌，控制害虫 在田间或果园、林间种植草本显花植物，这些显花植物能为天敌昆虫提供良好的食物和栖息场所吸引天敌昆虫，提高了系统中天敌数量，降低虫害的发生率。Fye 提出可通过加强对果园地面植被的调控，增加捕食性天敌数量。在雅吉瓦河谷地区，梨园中种植了几小块小麦、油菜后，这几块地里会有几种捕食性昆虫的猎物，如蚜虫、盲蝽等。在田间种植蜜源植物叶芹草（*Phacelia* spp.）、刺芹（*Eryngium* sp.）时，可以显著加强黄头土蜂（*Scolia dejeani*）对其寄主蛴螬的趋性。这些蜜源植物同时也可提高苹果绵蚜蚜小蜂（*Aphelinus mali*）、赤眼蜂（*Trichogramma* spp.）的寄生率。如果田间缺乏蜜源植物，则梨圆蚧黄蚜小蜂（*Aphytis proclia*）在果园内对梨圆蚧（*Quadraspidiotus perniciosus*）基本没有控制效果。而在果园种植菊叶蜈蚣花（*Phacelia tanacetifolia*）后，则梨圆蚧黄蚜小蜂对其寄主的寄生率大为提高。通过在果园连续 3 年种植这种植物，使梨圆蚧黄蚜小蜂对梨圆蚧的寄生率由对照田（无蜜源植物）中的 5% 上升到 75%。在苹果园中有大量野花存在时，天敌对天幕毛虫蛹的寄生率可以提高 18 倍、对卵的寄生率可以提高 4 倍、对幼虫的寄生率可以提高 5 倍。

抑草除草，减轻田间草害 覆盖植物占据地表，有效提高除草效果，并可抑制杂草生长。

改善土壤地力 当以豆科类绿肥作物为覆盖植物种植后，豆科植物根系具有固氮作用，从而提高了土壤中氮素含量，提高了土壤地力。

保护土壤免受侵蚀 种植覆盖植物，覆盖地表，避免地表裸露，或在正常作物没能形成覆盖层时，这些覆盖作物作为覆盖层，有效保护了土壤免遭风蚀和水侵蚀。

夏至草和紫花苜蓿可提供天敌生存所需的花粉、花蜜和猎物，苹果园种植紫花苜蓿或夏至草，能为捕食性天敌提供适宜的生存环境和补充猎物，使苹果园天敌数量增加，叶螨等害虫的种群下降。将夏至草与紫花苜蓿在苹果园中混合种植，对天敌的保护和利用效果更好，当混合植被中夏至草的覆盖度大于 25% 时，对覆盖植物和苹果树冠捕食性天敌种群数量最为有利。夏至草与紫花苜蓿混合种植（1：4），比单一紫花苜蓿上天敌的数量增加 2～3 倍，苹果树冠天敌数量增加 70%，苹果叶螨种群数量降低 30%。

在葡萄园、苹果园种植紫花苜蓿、三叶草等豆科牧草是果树生产可持续发展的耕作方法之一，具有良好的生态效益及经济效益。中国渭北旱地苹果园种植白三叶草或多年生黑麦草，在陕西洛川和长武等富士苹果园种植三叶草，渭北旱塬乃至兰州苹果园种植白三叶草，北京地区果园采取种植白三叶草、鸭茅能够降低地温，保持土壤水分，增加土壤营养。

参考文献

杜相革，严毓骅，1994. 苹果园混合覆盖植物对害螨和东亚小花蝽的影响 [J]. 生物防治通报，10(3): 114-117.

李向永，谌爱东，赵雪晴，等，2006. 植被多样化对昆虫发生期和物种丰富度动态的影响 [J]. 西南农业学报，19(3): 519-524.

（撰稿：陈斌；审稿：何霞红）

F

G

甘蔗玉米多样性系统 sugarcane-maize intercropping system

以甘蔗为主栽作物，利用甘蔗行距较宽、苗期生长缓慢、叶面积系数小的特点，在甘蔗行间种植玉米，以提高对土地的利用率、提高单位面积产量，控制亚洲玉米螟和甘蔗绵蚜等主要病虫害的种植模式。

甘蔗从下种至封行要经历较长一段时间，其中春植蔗3～4个月、冬植蔗5～6个月、地面覆盖较低的时期，为蔗地间套种作物提供了空间和时间。因此，蔗行间种其他作物是国内外甘蔗生产区普遍采用的一种种植模式。玉米、甘蔗采用宽窄行种植的宿根蔗或新植蔗，宽行行距160cm，窄行行距40cm，玉米单行或双行间种在宽行墒面上，玉米株距为40cm；另外一种种植模式是等行距模式，甘蔗行距1.1m，采用隔一间一，玉米双行间种在甘蔗行间，玉米株距为40cm。

甘蔗玉米多样性种植能提高复种指数，缓解作物争地矛盾，增大土地覆盖面，有效防止蔗田杂草的滋生。同时，甘蔗间作玉米，减少了水分的蒸发，提高了甘蔗根际微生物群落的多样性，增加了根际微生物的活性，改变了微生物群落的代谢功能，提高了甘蔗根际微生物对碳源的利用率，从而增强了地力、提高了经济效益。

此外，甘蔗玉米多样性种植对主要害虫具有明显的控制效应，能控制亚洲玉米螟的发生危害，是亚洲玉米螟生态控制的一种重要措施。甘蔗玉米多样性种植后，影响了亚洲玉米螟产卵行为，降低了玉米上亚洲玉米螟落卵量、蛀孔密度、百秆虫量，间作玉米上百株卵块数和每个卵埠所含的卵粒数均比单作玉米少，每卵块所含的卵粒数分别减少了34.22%和51.02%，百秆玉米蛀孔数和百秆虫量均比单作玉米低。间作田中亚洲玉米螟的主要寄生蜂螟蛉绒茧蜂（*Apanteles ruficrus*）、黄眶离缘姬蜂（*Trathala flavoorbitalis*）和大螟钝唇姬蜂（*Eriborus terebrans*）的种群密度显著高于单作玉米田，而数量较少的广大腿小蜂（*Brachymeria lasus*）及广黑点瘤姬蜂（*Xanthopimpla punctata*）种群密度在间作与单作田间无显著差异。另外，甘蔗玉米间作对田间捕食性瓢虫和甘蔗绵蚜种群具有重要的调控作用，提高了田间捕食性瓢虫的种群密度，有效降低了甘蔗绵蚜（*Ceratovacuna lanigera*）的虫情指数。

玉米和甘蔗均属禾本科高秆植株，玉米的净光合强度比甘蔗高，生长速度快，间种玉米的品种选择不当可能会使甘蔗受到不同程度荫蔽而影响甘蔗光合作用，而且玉米、甘蔗争水肥，可能会造成甘蔗营养不足而导致减产。因此，在玉米品种的选择上，间种玉米品种不同对甘蔗株高、有效茎数及产量有一定影响，但间种鲜食糯玉米品种及半紧凑型普通玉米早熟种经济效益最高；间种中迟熟、平展型玉米品种经济效益低，而且比单种的低。

在云南玉溪、德宏和临沧等甘蔗种植区应用，在推广防治区有效控制了亚洲玉米螟的危害，产生了显著的经济效益和巨大的生态、社会效益。

参考文献

包家爰，林琳，2011. 甘蔗间套种鲜食玉米的可行性及关键技术[J]. 广西农学报，26(3): 29-31, 35

陈斌，和淑琪，张立敏，等，2015. 甘蔗间作玉米对亚洲玉米螟发生为害的控制作用[J]. 植物保护学报，42(4): 591-597.

侯本军，林力，王敏芬，等，2012. 套种玉米对甘蔗的影响及经济效益分析[J]. 广东农业科学(15): 9-10, 13.

李志贤，冯远娇，杨文亭，等，2010, 甘蔗间作种植研究进展[J]. 中国生态农业学报(4): 884-888.

昝庆安，张丽，和淑琪，等，2015. 亚洲玉米螟在玉米和甘蔗不同种植模式下的产卵行为[J]. 植物保护学报，42(1): 10-16.

张红叶，陈斌，李正跃，等，2011. 甘蔗玉米间作对甘蔗绵蚜及瓢虫种群的影响作用[J]. 西南农业学报，24(1): 124-127.

郑亚强，张立敏，杨进成，等，2016. 甘蔗间作玉米时对甘蔗根际微生物代谢功能多样性的影响[J]. 中国生态农业学报，24(5): 618-627.

（撰稿：何霞红；审稿：朱有勇）

杆状病毒 baculovirus

包括核型多角体病毒（nucleopolyhedrosisvirus, NPV）和颗粒体病毒（granulosisvirus, GV），分别形成多角体（polyhedron）和颗粒体（capsule），多角体是1～15μm的多面体，包含数十个到数百个病毒粒子；颗粒体为大小约0.15～0.35μm×0.2～0.5μm的椭圆体，包含1个病毒粒子。双链DNA，分子量（60～100）×10^{6}Da。核型多角体病毒已从鳞翅目、膜翅目、双翅目、鞘翅目、直翅目、脉翅目和毛翅目中发现；而颗粒体病毒只从鳞翅目昆虫中分离到。

感染机理 病毒多角体被昆虫取食后，进入中肠，在消化液的作用下多角体蛋白被溶解，病毒粒子游离到肠道内，附着在肠细胞上，肠细胞膜与病毒囊膜融合（fusion），或者通过胞吞（endocytosis）作用使病毒粒子侵入宿主细胞内，然后在蛋白水解酶的作用下脱衣壳（uncoating），使病毒核酸进入宿主细胞核中利用病毒的酶合成自己的 DNA，在细胞质中利用宿主的酶合成衣壳及其他病毒蛋白，新合成的病毒蛋白迁移到宿主细胞核中与 DNA 组装成病毒粒子。在核周边开始多角体蛋白结晶化并把粒子包埋在结晶内形成完整的多角体病毒。

只在无脊椎动物体内增殖的一类病毒。因病毒粒子形状呈杆状而得名。多数病毒只感染鳞翅目、膜翅目、双翅目、鞘翅目和直翅目昆虫，包括核型多角体病毒、颗粒体病毒和非包涵体杆状核型病毒。感染昆虫的一类具有囊膜包裹的双链环状 DNA 病毒，可在感染的昆虫细胞中产生大量的包涵体。根据国际病毒分类委员会 2009 年第九次报告，昆虫杆状病毒科被重新分为 α 杆状病毒属、β 杆状病毒属、γ 杆状病毒属和 δ 杆状病毒属 4 个属。多数杆状病毒在感染宿主过程中形成出芽型病毒粒子（budded virus，BV）和包埋型病毒粒子（oclusion derived virus，ODV）两种不同的病毒类型，包埋型病毒粒子负责口服感染（初始感染），而出芽型病毒粒子负责系统感染（二次感染）。杆状病毒是昆虫特异性病毒，是作为杀虫剂进行产业化生产和应用的主要昆虫病毒类群。此类病毒亦被用在昆虫细胞中表达重组蛋白质的杆状病毒表达载体系统。

参考文献

林乃铨，2010. 害虫生物防治 [M]. 4 版 . 北京：科学出版社 .
吕鸿声，1982. 昆虫病毒与昆虫病毒病 [M]. 北京：科学出版社 .
蒲蛰龙，1994. 昆虫病理学 [M]. 广州：广东科技出版社 .
谢天恩，胡志红，2002. 普通病毒学 [M]. 北京：科学出版社 .

（撰稿：李恩杰、曲良建；审稿：张永安）

根围　rhizosphere

受植物根系活动影响，物理、化学和生物学性质上不同于土体的那部分紧靠植物根系的微域土区，又名根际。是植物—土壤生态系统物质交换十分频繁的一个界面，也是土壤微生物最为活跃的区域。将植株连根拔起，轻甩掉或掰除根上大块土，用小刷子轻刷出表面的附着土，即为根围土壤。

根围与其他生境一样，分子生态方法证明根围微生物不仅具有丰富的多样性，而且含有大量不能培养的微生物种群。这些微生物与植物根系共同生长繁殖，包括细菌、放线菌、真菌、藻类和原生动物等，被称为根围微生物。这些微生物与植物之间存在互生关系，与植物根系相互利用、相互促进。有学者认为，根围是植物体的一个组成部分，根围微生物群落的宏基因组是植物体的第二基因组。Daffonchio 认为不应仅仅将植物体看作是一个独立的生物体，而应该把它看成宏生物体，它是植物自身与周围微生物组成的结合体。

在植物生长过程中，死亡的根系和根的脱落物（根毛、表皮细胞、根冠等）以及根系分泌的次生代谢产物——包括各种氨基酸、有机酸、碳水化合物等，都是微生物重要的营养来源和能量来源。植物种类、品系、年龄及生理状况都影响根系分泌物的质和量，因而也影响根围微生物的类群和数量。根围微生物在同一植物的不同品种可表现出其特异性，如雀稗根围内的雀稗固氮菌（*Azotobacter paspali*）只在雀稗某品种的根围受到刺激，而在另一品种的根围则发育不好。固氮螺菌（*Azospirillas* spp.）在玉米品种‘UR-1’根围固氮活性不强，而在‘UR-1’的杂种‘S1’根围则固氮酶活性很高。一般在植物初花期，根系分泌物较多，根围微生物数量最大。在植物生长后期，根围微生物结构也有变化，一般表现为真菌及放线菌的数量增多。由于根系的穿插，使根围的通气条件和水分状况优于非根围，从而形成利于微生物的生态环境。植物也分泌杀害或抑制微生物生长的物质，是造成不同植物的根围微生物组成和数量不同的原因之一。根系分泌物不仅是植物与根围微生物相互作用的中间媒介，也往往作为根围微生物生长和繁殖的碳源和能源，而影响着微生物的种类、数量及其在植物根围的分布。

在植物根围生长的微生物，其数量与活性均高于生存于非根围土壤的微生物，这一现象被称为根围效应（rhizosphere effect）。通过平板计数，根围微生物数量常比非根围微生物数量高几倍至几十倍，个别的细菌群可高达上千倍。这两者的数量比称为根土比（R∶S），表示植物根系对微生物的影响程度，即根围效应程度。Lynch和Wipps将所有从根释放的物质定义为根围淀积，其成分和数量受植物种类、年龄、土壤生物、化学和物理因子的影响。

微生物大量聚集在根系周围，以细菌为主，并且是革兰氏阴性菌占优势，常见的有假单胞菌（*Pseudomonas* spp.）、黄杆菌（*Flavobacterium* spp.）、产碱杆菌（*Alcaligenes* spp.）、土壤杆菌（*Agrobacterium* spp.）和色杆菌（*Achromobacter* spp.）等。也有一些革兰氏阳性细菌如芽孢杆菌（*Bacillus* spp.）等。

大多数根围微生物对植物无害，或对植物生长有促进作用。它们在根围的生命活动中，由呼吸作用放出二氧化碳或代谢产酸有助于难溶矿物质的溶解，增加植物对磷及其他矿质元素的吸收；它们分泌的生长刺激素类物质（如吲哚乙酸、赤霉素等）还能促进植物生长；其中还有些根围微生物能分泌抗生素，可抑制植物病原微生物的繁殖。这些附生于植物根系，可促进植物生长及其对矿质营养的吸收和利用，并能抑制有害生物的有益细菌称为植物根围促生菌 PGPR，而且某些根围促生菌同时存在可以提高对一些有害生物的抑制效果。在植物根围也有土著性的病原微生物，它们或是引起植物病害，或是产生有毒物质，对植物生长不利。根际微生物既可以通过养分竞争、拮抗作用和诱导系统抗性等机制抑制土壤中病原菌，进而促进植物生长，也可以通过病原菌的积累而导致植株的大量死亡。

参考文献

郝大程，陈士林，肖培根，2009. 基于分子生物学和基因组学的植物根际微生物研究 [J]. 微生物学通报，36(6): 892-899.
秦海利，董存明，张爱华，等，2015. 海南香蕉根围土解磷菌的筛选鉴定及对香蕉幼苗生长的影响 [J]. 中国南方果树，44(2): 18-22.
汪孝岚，曹文平，汪银梅，等，2013. 根系微生物在环境污染治理中的应用及其发展 [J]. 节水灌溉 (6): 4-7.
吴林坤，林向民，林文雄，2014. 根系分泌物介导下植物－土壤－

G

微生物互作关系研究进展与展望 [J]. 植物生态学报，38(3): 298-310.

BAIS H P, WEIR T L, PERRY L G, et al, 2006. The role of root exudates in rhizosphere interactions with plants and other organisms[J]. Annual review of plant biology, 57: 233-266.

BAKKER P, DOORNBOS RF, ZAMIOUDIS C, et al, 2013. Induced systemic resistance and the rhizosphere microbiome[J]. The plant pathology journal, 29(2): 136-143.

BERENDSEN R L, PIETERSE C M, BAKKER P A, 2012. The rhizosphere microbiome and plant health[J]. Trends in plant science, 17: 478-486.

EAST R, 2013. Microbiome: soil science comes to life[J]. Nature, 501: 18-19.

HU J, WEI Z, FRIMAN V P, et al, 2016. Diversity enhances rhizosphere microbiome function and plant disease suppression[J]. mBIO, 7(6): e01790-16.

PROSSER J I, 2002. Molecular and functional diversity in soil micro-organisms[J]. Plant and soil, 244: 9-17.

SANTHANAM R, LUU V T, WEINHOLD A, et al, 2015. Native root-as- sociated bacteria rescue a plant from a sudden-wilt disease that emerged during continuous cropping[J]. Proceedings of the National Academy of Sciences of the United States of America, 112(36): 5013-5020.

（撰稿：郭坚华；审稿：王琦）

根围效应 rhizosphere effect

由于植物根系的细胞组织脱落物和根系分泌物为根围微生物提供了丰富的营养和能量，因此，植物根围的微生物数量和活性常高于根外土壤，又名根际效应。

土壤中聚居着的微生物包括细菌、放线菌、真菌、藻、原生动物和病毒。由于根围是一个特殊生态环境，所以根围土壤微生物在数量和种群上都比非根围土壤微生物要多，它们在根表的繁殖和分布受根系生长发育的影响而表现出较为明显的根围效应。根围效应是一个由植物根系分泌物主导的、受植物种类与发育阶段、土壤理化因子和气候条件影响的动态过程。Lakshmanan 等研究发现，番茄叶片受到病原菌侵染后，可通过调节根系分泌物组分与含量，如增加根系苹果酸分泌释放量，使更多的苹果酸进入根际，从而招募更多的有益菌向根际聚集，这些有益菌可进一步引发植物的诱导性系统抗性（ISR）以对病原菌产生防御反应，可见根系分泌物在植物–微生物互作关系中所扮演的重要角色。

不同植物种类以及同一植物在不同生长发育阶段，其根系分泌物的种类和数量均有一定的差异，此种差异又直接影响了根围微生物的种类和数量。根系分泌物对根围微生物种类和数量的影响既有特异性又有非特异性，大多数情况下，根系分泌物对根围微生物的作用是非特异性的，主要是促进革兰氏阴性无芽孢杆菌在根际的聚集。Gschwendtner 等研究发现，不同的马铃薯品种之间根际微生物群落差异很大，而且在不同生长发育时期，马铃薯根际微生物群落结构也发生变化，这可能与根系分泌物的组成和数量不同有关。同样，Chaparro 等发现拟南芥根系分泌物的组分与含量随生长发育时期而显著变化，根部相关基因的表达水平也相应变化，可见根系分泌物对根围微生物在根围空间的分布表现出明显的影响。在纵向分布上，从根冠到成熟区根围微生物的数量快速增加；在横向分布上，从内根围、根面、外根围到土体，微生物在不同区域的分布存在明显差异。在内根围，沿根面向皮层方向微生物数量迅速减少。不同植物分泌的根系分泌物对同一根围微生物生长具有不同的调节作用，而同一植物不同发育阶段根系分泌物的变化也可影响根围微生物的生长。

根围微生物可以通过有选择地利用根分泌物中的特定成分来改变根分泌物的组成成分及其比例。土壤中某些重金属元素过量对植物是一种胁迫或说是逆境条件，若是这种胁迫超过植物自身的忍耐限度就会对植物产生伤害，轻者影响植物生长，重者会导致植物死亡。外源污染物进入土壤后，植物可通过根系代谢吸收土壤中的重金属，进入根细胞内的重金属，一部分滞留在根中，还有一部分可随原生质的流动运移给邻近的细胞，并通过细胞间的运输，横穿过根的中柱鞘输到导管中，随作物蒸腾作用向地上部移动，并积累在作物茎叶、籽实中对其造成危害。植物体内重金属浓度不高时，可通过某种外部机制保护自己，从而不吸收或少吸收环境中的重金属，体现出避性。植物可通过根分泌的有机酸等物质来改变根围 pH、Eh（即氧化还原电位，在一定条件下，每种土壤都有 Eh 值。Eh 值的高低受土壤通气性好坏的控制，在通气良好时，土壤 Eh 值较高，呈氧化状态，而在通气不良时，土壤 Eh 值较低，还原作用较强。因此，土壤 Eh 值又是反映土壤通气性的一个指标）、含水量、有机质和其他养分元素，从而影响根际土壤中重金属的有效化和根系对重金属的吸收，或者通过分泌物中的螯合剂抑制重金属的跨膜运输。此外，根围促生菌还能促进丛枝菌根真菌侵染、发育和功能，而两种的双接种在促进植物养分吸收、提高生长量等方面具有明显的效果，双接种一般优于单接种。丛枝菌根真菌与根围促生菌具有较大的协同作用。Xun 证实根围促生菌与丛枝菌根真菌双接种处理使中等污染程度的土壤中石油降解率达到了 50%。

根系分泌物及其与根围微生物之间的相互关系研究是根围效应及根围微生态学的一个重要研究领域。

参考文献

贺永华，沈东升，朱荫湄，2006. 根系分泌物及其根际效应 [J]. 科技通报，22(6): 761-766.

刘丹丹，李敏，刘润进，2016. 我国植物根围促生细菌研究进展 [J]. 生态学杂志，35(3): 815-824.

刘峰，温学森，2006. 根系分泌物与根际微生物关系的研究进展 [J]. 食品与药品，8: 37-40.

张进良，2013. 玉米秸秆还田对土壤中微生物群落的影响 [J]. 湖北农业科学，52(12): 2744-2746.

CHAPARRO J M, BADRI D V, BAKKER M G, et al, 2013. Root exudation of phytochemicals in Arabidopsis follows specific patterns that are developmentally programmed and correlate with soil microbial functions[J]. Public library of science, 8: e55731.

GSCHWENDTNER S, ESPERSCHÜTZ J, BUEGGER F, et al, 2011. Effects of genetically modified starch metabolism in potato plants

G

on photosynthate fluxes into the rhizosphere and on microbial degraders of root exudates[J]. FEMS microbiology ecology, 76: 564-575.

LAKSHMANAN V, KITTO S L, CAPLAN J L, et al, 2012. Microbeassociated molecular patterns-triggered root responses mediate beneficial rhizobacterial recruitment in Arabidopsis[J]. Plant physiology, 160: 1642-1661.

LUO C, ZHOU H, ZOU J, et al, 2015. Bacillomycin L and surfactin contribute synergistically to the phenotypic features of *Bacillus subtilis* 916 and the biocontrol of rice sheath blight induced by *Rhizoctonia solani*[J]. Applied microbiology and biotechnology, 99(4): 1897-1910.

XUN F, XIE B, LIU S, et al, 2015. Effect of plant growth-promoting bacteria (PGPR) and arbuscular mycorrhizal fungi (AMF) inoculation on oats in saline-alkali soil contaminated by petroleum to enhance phytoremediation[J]. Environmental science and pollution research, 22: 598-608.

（撰稿：郭坚华；审稿：王琦）

根系互作　root interaction

植物根系对同一生境共同生长的同种或不同种植物根系生长的影响，是植物种内或种间相互作用的重要组成部分。同种或不同种植物共同生长时，根系间不可避免地发生水、肥及生长空间的竞争，统称为根系竞争。根系竞争是植物根系相互作用的主要形式，也是陆地植物群落所具有的普遍特征。1904 年，Fricke 第一次发表有关根系竞争的研究成果，确定了根系竞争对植物群落结构和生态系统功能的影响，证明根系与其周围的环境因子共同决定植物的生长和进化。

根系相互作用能够直接影响植物根系的形态特征和结构特征，进而改变植物的养分和水分吸收能力。植物对于土壤矿质营养和水分的竞争是通过其根系竞争实现的，而根截获、质流和扩散是作物吸收养分的主要方式。土壤中几乎所有的氮都以质流的方式进行运输，两植物氮吸收形成的氮耗竭区往往会产生重叠进而导致氮竞争。磷和钾元素在土壤中难以移动，主要以缓慢的扩散迁移为主，因此根系的空间分布及动态变化对磷、钾的吸收非常重要。作物的土壤水分吸收能力也主要依赖于根系的空间分布。因此，植物地下部根系竞争及其动态对于植物地下部养分和水分吸收竞争起着重要作用。在一些特定条件下，物种根系的相互作用及动态变化比地上部的相互作用对物种养分吸收和生长更重要。

一般认为同种植物在种内的根系竞争时倾向于相互分离，而不同物种根系在种间竞争时则普遍趋向于向竞争区域聚集，并且随着竞争物种之间的亲缘关系越远则聚集程度越高。例如，玉米—蚕豆间作模式中，玉米根系则能够进入到蚕豆的地下部空间进行分布和吸收养分，玉米和蚕豆的根系大量交叉和聚集；而玉米—小麦间作模式中，玉米和小麦根系的聚集程度明显低于玉米—蚕豆模式，玉米根系甚至会避开小麦的根系进行分布。植物根系能识别邻近植物的根系并做出反应，这一现象称为植物根系自身—非自身识别。Gersani 等提出，当资源总量（土壤体积和养分含量）完全一样时，资源共享的两株植物比分别独占 1/2 资源时根系总量和侧根数量增加，即所谓的“公共财产悲剧现象”。这一现象说明存在某种信号让植物能够识别到其他植物个体的存在。植物在生长过程中根系分泌大量的化学物质，其碳量约相当于整个植物合成碳量的 20%，对作物起着极其重要的作用，如营养供给、改变土壤质地、提高植物营养吸收、信号传导、化感作用、保护根系功能等。因此，根系分泌物很可能就是根系识别中的主要信号物质。这种植物根系直接分泌化学物质抑制相邻植物根系生长的根系竞争模式被称为“干扰型竞争”。

植物根系除了分泌根系分泌物对相邻植物根系进行直接影响外，还能够通过更快的消耗地下土壤空间中的资源来减少另一植物所能获得的资源进而造成间接的影响，这种根系竞争模式被称为“利用型竞争”。当物种根系对土壤中水分或者养分等资源的吸收速率超过资源本身的移动速度时，就会在物种根系周围形成一个养分耗竭区域，这个养分耗竭区域常被称之为根际。而当间作中的两物种根际交叉时，就会使土壤中的资源对植物形成养分或水分的异质性，进而产生利用型竞争。另外，物种根系竞争与作物本身所处的生育阶段、生长发育特性、物种间隔距离、相对播种时间和种植密度等也密切相关。竞争能力强的植物根系往往具备生长早、扎根深、分布广、侧根或根毛多、根吸收能力强、根冠比大等特点。

很多植物的根系分泌物具备化感抑菌效应。因此，搭配具备化感效应的非寄主植物进行间套作往往能够有效抑制寄主病害的发生。植物的根系相互作用能够影响非寄主植物根系和病原微生物的互作。例如，玉米—辣椒间作体系中，玉米和辣椒根系互作会促进抑菌物质分泌，从而有效抑制辣椒疫霉菌的生长和传播，而辣椒根系分泌物能够诱发玉米根系防御物质的合成及诱导玉米抗病能力的产生。总之，植物的根系相互作用是植物种内和种间相互作用的基础，是构成生物多样性的重要组成部分。

参考文献

AERTS R, 1999. Interspecific competition in natural plant communities: Mechanisms, trade-offs and plant-soil feedbacks[J]. Journal of experimental botany, 50: 29-37.

BAIS H P, WEIR T L, PERRY L G, et a1, 2006. The role of root exudates in rhizosphere interactions with plants and other organisms[J]. Annual review of plant. 57: 233-66.

BARTELHEIMER M, STEINLEIN T, BEYSCHLAG W, 2006. Aggregative root placement: a feature during interspecific competition in inland sand-dune habitats[J]. Plant and soil, 280: 101-114.

FALIK O, REIDES P, GERSANI M, et al, 2003. Self/non-self discrimination in roots[J]. Journal of ecology, 91: 525-531.

GERSANI M, BROWN J S, O'BRIEN E E, et al, 2001. Tragedy of the commons as a result of root competition[J]. Journal of ecology, 89: 660-669.

GRUNTMAN M, NOVOPLANSKY A, 2004. Physiologically mediated self/non-self discrimination in roots[J]. Proceedings of the National Academy of Sciences of the United States of America, 101: 3863-3867.

KROON H D, 2007. How do roots interact[J]. Science, 318(5856): 1562-1563.

LIU Y X, ZHANG W P, SUN J H, et al, 2015. High morphological and physiological plasticity of wheat roots is conducive to higher competitive ability of wheat than maize in intercropping systems[J]. Plant and soil, 397(1/2): 387-399.

SCHENK H J, 2006. Root competition: beyond resource depletion[J]. Journal of ecology, 94: 725-739.

SCHENK H J, CALLAWAY R M, MAHALL B, 1999. Spatial root segregation: are plants territorial[J]. Advances in ecological research, 28: 145-180.

（撰稿：刘屹湘；审稿：朱书生）

G

公主岭霉素 gongzhulingmycin

一种农用抗生素、生物杀菌剂、生物农药。是吉林省农业科学院植物保护研究所1982年研制成功的农用抗生素，主要用于防治种子传播的禾谷类黑穗病，对高粱散黑穗病和坚黑穗病、小麦光腥黑穗病、谷子粒黑穗病的防效稳定在95%以上。同时对玉米丝黑穗病也有防效，稳定在40%左右。高效、低毒、无残留，对人畜安全，使用方便。

公主岭霉素是由脱水放线酮等5种组分混合的多组分抗生素，其精制品呈白色无定形粉末，是一种碱性水溶性抗生素。在酸性条件下对热、光稳定，日光照射7天或100°C下煮沸30分钟活性基本不变，而在碱性条件下煮沸10分钟，活性即被破坏。

在田间应用中，公主岭霉素与粉锈宁混用，可防治高粱三种黑穗病和玉米丝黑穗病；与拌种双混用，可防治小麦散黑穗病和腥黑穗病；与瑞毒霉混用，可防治谷子白发病和粒黑穗病。

除了黑穗病，也有将公主岭霉素应用于稻瘟病防治。公主岭霉素对包括水稻稻瘟病菌在内的多种植物病害的病原菌具有较高的拮抗作用，对多种植物病害表现出较好的防治效果。同时，该菌可通过诱导水稻植株防御酶系活性的变化而增强植株的抗病性。大田施用时，在一定的浓度范围内，公主岭霉素浓度越高防治效果越好。影响公主岭霉素防控稻瘟病效果的关键在于其生物活性，不同生产批次的公主岭霉素，其生物活性存在一定差异，造成不同批次公主岭霉素的田间效果有所不同。虽然与化学农药相比，公主岭霉素的防治效果稍差，但在生产上若充分利用公主岭霉素，并与抗病品种和化学防治措施相结合，可减少化学农药的使用次数和使用量，尤其在应用抗病品种和稻瘟病发生偏轻年份，可明显减少农药用量，对于生产安全稻米、水稻增产提质、保护环境等均具有积极作用。

参考文献

安俊霞，张正坤，李晓光，等，2018. 公主岭霉素对水稻稻瘟病田间防治效果[J]. 安徽农业科学，46(34): 130-134.

隋丽，徐文静，杜茜，等，2009. 放线菌769发酵液对水稻体内主要防御酶活性的影响[J]. 吉林农业大学学报，31(4): 382-384, 389.

王德茂，高玉斌，张海余，等，1986. 公主岭霉素复合剂的研究[J]. 生物防治通报 (2): 89-91.

吴正铠，1983. 介绍三种农用抗生素[J]. 农业科技通讯 (9): 27.

张红丹，杜茜，张正坤，等，2010. 放线菌769抑菌谱及液体培养生长曲线的测定[J]. 中国植保导刊，30(7): 5-9.

（撰稿：葛蓓孛；审稿：张克诚）

共生作用 symbiosis

微生物之间的互作可以互助互利，或者可以同时生长，但彼此不会帮助或阻碍各自的生长。共生的定义已经争论了100多年，Albert Bernhard Frank用"共生"这个词来描述地衣中的互惠关系，1879年德国真菌学家海因里希·安东·德巴利（Heinrich Anton de Bary）将其定义为"不同生物体的共同生活"。科学家们认为共生包括互利共生、偏利共生或寄生，但不包括捕食等短暂的相互作用。生物学和生态学教科书使用了一种更广泛的定义，即共生是指所有种间的相互作用。1949年，Edward Haskell提出"协同作用"，后来被生物学家采用，并称为"交互作用"。生物间的相互作用可包括同一物种的个体（种内相互作用）或不同物种的个体（种间相互作用）。这些可以根据相互作用的机制或其作用的强度、持续时间和方向进一步加以区分。共生关系包括专性和非专性。

共生依照位置可以分为外共生、内共生。外共生，共生体生活在宿主的表面，包括消化道的内表面或是外分泌腺体的导管；而内共生，共生体生活在宿主的细胞内或细胞外，但是存在于个体身体内部。美国微生物学家玛葛莉丝（L. Margulis）深信共生是生物演化的机制，她认为地球上的生物都不是单独生存的。依照对共生关系的生物体利弊关系而言，共生又可分为寄生、互利共生、竞争共生、偏利共生和偏害共生。

寄生 一种生物寄附于另一种生物身体内部或表面，利用被寄附的生物提供养分而生存。

互利共生 对于共生的生物体而言彼此都可以得到好处。

竞争共生 双方都受损。

偏利共生 对其中一方生物体有益，却对另一方没有影响。

偏害共生 一种生物对另一种产生抑制、伤害作用，甚至杀死对方，但本身却不直接得到益处或害处。一般通过生物代谢分泌，或者其他对环境的改变而实现。又可分为特异性和非特异性两种。

共生关系有非常重要的生态作用，例如豆科植物和根瘤菌就是一个共生的实例。根瘤菌存在于土壤中，是有鞭毛的杆菌。根瘤菌与豆科植物之间有一定的寄主特异性，但不十分严格，例如豌豆根瘤菌能与豌豆共生，也能与蚕豆共生，但不能与大豆共生。在整个共生阶段，根瘤菌被包围在寄主质膜所形成的侵入线中，在寄主内合成固氮酶。豆血红蛋白则系共生作用产物，植物产生球蛋白，而血红素则由细菌合成。豆血红蛋白存在于植物细胞的液泡中，对氧具有很强的亲和力，因此对创造固氮作用所必需的厌氧条件是有利的，就这样细菌开始固氮。所以豆科植物供给根瘤菌碳水化合物，根瘤菌供给植物氮素养料，从而形成互利共生关系。

参考文献

BRONSTEIN J L, 2015. The study of mutualism[M]. Oxford: Oxford University Press.

BURKHOLDER P R, 1952. Cooperation and conflict among primitive organisms[J]. American scientist, 40: 601-631.

DOUGLAS, ANGELA, 2010. The symbiotic habit[M]. New Jersey: Princeton University Press.

HASKELL E F, 1949. A clarification of social science[J]. Main currents in modern thought, 7: 45-51.

MARTIN, B D, SCHWAB E, et al, 2013. Current usage of symbiosis and associated terminology[J]. International journal of biology, 5(1): 32-45.

MORAN N A, 2006. Symbiosis[J]. Current biology, 16(20): 866-871.

PARACER S, AHMADJIAN V, 2000. Symbiosis: an introduction to biological associations[M]. Oxford: Oxford University Press.

PRINGLE, ELIZABETH G, 2016. Orienting the interaction compass: besource availability as a major driver of context dependence[J]. Public library of science biology, 14(10): e2000891.

（撰稿：顾小飞；审稿：王琦）

寡糖 oligosaccharide

含有 2～10 个糖苷键聚合而成的化合物。自然界中存在大量的寡糖类化合物，这为研究和利用寡糖提供了丰富的资源。

对人体健康来说，寡糖具有难以被胃肠消化吸收、糖度低、能量低等特点，同时，Yanahira 等通过双歧杆菌培养实验和动物实验证实了半乳糖寡糖具有高效、专一地改善肠道功能的作用。寡糖还具有其他如预防蛀牙、降低血脂及促进矿物质吸收等十分重要的功能。基于寡糖的上述功能，人们开发出许多寡糖类保健食品。自然界中存在的其他寡糖，如壳寡糖因其具有优良的生物相容性、安全性、易降解等特点，在生物、化学、农业、食品等领域都得到广泛研究和应用。

寡糖在农业上的应用，主要作用效果：①植物生长调节剂。许多寡糖被添加至叶面肥、化肥和土壤改良剂中作为植物生长调节剂。②抑制病原物。Allan 于 1979 年发现壳寡糖表现出广谱抗菌活性，壳寡糖对大多数的植物病原真菌孢子萌发形成菌丝体和细菌的生长均有一定程度的直接抑制作用。苏云金芽孢杆菌中分离出的 3 种壳寡糖对昆虫及真菌具有强烈抵抗力，且壳寡糖对线虫病害也有防效。寡糖和链蛋白混合施用对马铃薯晚疫病有防治效果。③诱导植物抗性。寡糖可以促进植保素积累、诱导病程相关蛋白和蛋白酶抑制剂合成、刺激木质素和胼胝质形成、诱导 NO 防御反应、影响抗逆信号产生、触发植物防御相关基因表达等。此外，木霉是一种重要的生防真菌资源，木霉菌诱导宿主植物对病原物产生抗性的 ISR 过程中，寡糖作为一种效应物起到了重要的作用。

参考文献

范兆乾，2018. 含磷、硫、氟壳寡糖衍生物的制备及杀线虫活性研究 [D]. 青岛：中国科学院海洋研究所.

李培玲，2018. 寡糖·链蛋白防控马铃薯晚疫病效果评价 [D]. 兰州：甘肃农业大学.

牛瑞生，樊建英，付雅丽，等，2007. 壳聚糖的生化特性及其在蔬菜生产上的应用 [J]. 河北农业科学 (4): 33-36.

邹平，2015. 特定乙酰度壳寡糖诱导小麦抗盐作用及其机理研究 [D]. 青岛：中国科学院海洋研究所.

ALLAN C, HADWIGER L, 1979. The fungicidal effect of chitosan on fungi of varying cell wall composition[J]. Experimental mycology, 3(3): 285-287.

EI GHAOUTH A, ARUL J, et al, 1994. Effect of chitosan on cucumber plant: suppression of pythinm aphanidermatum and induction of defense resctions[J]. Phytopathology, 84: 313-320.

GUEDDARI N E E, MOERSCHBACHER B M, 2007. Chitosans in plant protection[J]. South African journal of botany, 73(2): 286.

LIN W, HU X, ZHANG W, et al, 2005. Hydrogen peroxide mediates defence responses induced by chitosans of different molecular weights in rice[J]. Journal of plant physiology, 162(8): 937-944.

MA Z, GARRIDO-MAESTU A, JEONG K C, 2017. Application, mode of action, and in vivo activity of chitosan and its micro- and nanoparticles as antimicrobial agents: a review[J]. Carbohydrate polymers: 257-265.

OLICON-HERNANDEZ D R, VAZQUEZ-LANDAVERDE P A, CRUZ-CAMARILLO R, et al, 2017. Comparison of chito-oligosaccharide production from three different colloidal chitosans using the endochitonsanolytic system of *Bacillus thuringiensis*[J]. Preparative biochemistry & biotechnology, 47(2): 116-122.

SAVITHA M J, SRIRAM S, 2017. Induced systemic resistance (ISR) in hot pepper against *Phytophthora capsici* infection triggered by cell wall oligosaccharide elicitors from *Trichoderma* species[J]. Indian journal of horticulture, 74(2): 233-239.

VASYUKOVA N I, ZINOV'EVA S V, IL'INSKAYA L I, et al, 2001. Modulation of plant resistance to diseases by water-soluble chitosan[J]. Applied biochemistry and microbiology, 37(1): 103-109.

YANAHIRA S, MORITAM, AO E S, 1995. Effect of lactitol-oligosaccharides on the intestinal microflors in rats[J]. Journal of nutritional science and vitaminology, 41: 83-94.

YIN H, LI Y, ZHANG H Y, et al, 2013. Chitosan oligosaccharides–triggered innate immunity contributes to oilseed rape resistance against Sclerotinia sclerotiorum[J]. International journal of plant sciences, 174(4): 722-732.

ZHAO X M, SHE X P, YU W, et al, 2007. Effects of oligochitosans on tobacco cells and role of endogenous nitric oxide burst in the resistance of tobacco to tobacco mosaic virus[J]. Journal of plant pathology, 89(1): 55-65.

（撰稿：杨畅；审稿：王琦）

管氏肿腿蜂 *Sclerodermus guani*

膜翅目（Hymenoptera）肿腿蜂科（Bethylidae）。1973年和1975年先后在中国广东和山东发现，随后调查在许多省（自治区、直辖市）均有分布。1977年河北林业专科学校首次在室内繁殖成功，1983年经萧刚柔、吴坚鉴定并定名为管氏肿腿蜂。管氏肿腿蜂是钻蛀性害虫幼虫和蛹的体外寄生蜂，主要用于防治粗鞘双条杉天牛、青杨天牛、杨干象、白杨透翅蛾、星天牛等多种钻蛀性害虫。

形态特征 成虫具有有翅和无翅个体，有翅雌蜂占50%左右，而雄蜂有翅个体占绝大多数（92.7%）。

成虫 雌蜂体长3～4mm，分无翅和有翅两型。头、中胸、腹部及腿节膨大部分为黑色，后胸为深黄褐色。触角、胫节末端及跗节为黄褐色；头扁平，长椭圆形，前口式；触角13节，基部两节及末节较长。前胸比头部稍长，后胸逐渐收狭。前足腿节膨大呈纺锤形，足胫节末端有2个大刺；跗节5节，第五节较长，末端有2爪。有翅型前、中、后胸均为黑色，翅比腹部短1/3，前翅亚前缘室与中室等长，无肘室，径室及翅痣中室后方之脉与基脉相重叠，前缘室虽关闭但其顶端下面有一开口，这些特征是肿腿蜂属所具有的特征。雄蜂体长2～3mm，亦分有翅和无翅两型。体色黑，腹部长椭圆形，腹末钝圆，有翅型的翅与腹末等长或伸出腹末之外。

卵 乳白色，透明，长卵形，长0.3mm左右，宽0.1mm左右。

幼虫 黄白色，体长3～4mm，头尾部细尖。

蛹 离蛹，蛹初期为乳白色，羽化前为黑褐色，外结白茧，长4～4.5mm。

生物学习性 肿腿蜂一年的发生代数随其种类及所在地区的气候不同而异。在河北、山东一年发生5代，在广东北部山区一年5～6代，在广州一年可完成7～8代。肿腿蜂以受精雌虫在天牛虫道内群居越冬，翌年4月上中旬出蛰活动，寻找寄主。其钻蛀能力极强，能穿过充满虫粪的虫道寻找到寄主。雌蜂爬行迅速，1分钟可爬行0.5m左右。

肿腿蜂的发育与温度密切相关。15°C以下时雌蜂不能产卵；23.1°C时完成1个世代需53～62天；25.9°C需29～30天；28～30°C时需21～24天。卵、幼虫、茧、蛹的发育起点温度分别为11.85°C、14.69°C、11.51°C、12.58°C；有效积温分别为46.69日·度、73.21日·度、225.42日·度、359.27日·度。该蜂对湿度的适应范围较广，在相对湿度40%～90%条件下均能正常发育，但相对湿度大于80%时茧易发黄。肿腿蜂的成虫和蛹均能经受−24°C的低温，能在海拔1200～1450m的地区越冬，但在海拔1700m以上时，因冬季气温低，肿腿蜂不能越冬。

寄主种类 管氏肿腿蜂寄生的害虫种类很多，初步统计有鞘翅目、鳞翅目、膜翅目3目22科50余种昆虫，其中天牛类寄主占20余种。主要害虫有：粗鞘双条杉天牛（*Semanotus sinoauster* Gressitt）、双条杉天牛［*Semanotus bifasciatus*（Motschulsky）］、松褐天牛（*Monochamus alter* natus）、青杨天牛（*Saperda populnea*）、星天牛（*Anoplophora chinensis* Forster）、光肩星天牛［*Anoplophora glabripennis*（Motsch.）］、桃红颈天牛（*Aromia bungii* Faldermann）、咖啡虎天牛（*Xylotrechus grayii* White）、中华锯花天牛［*Apatophysis sinica*（Semenor Tian Shanskii）］、菊天牛（*Phytoecia rufiventris* Gautier）、玫瑰多带天牛［*Polyzonus fasciatus*（Fabr.）］、梨眼天牛（*Bacchisa fortunei* Thomson）、桑天牛［*Apriona germari*（Hope）］、杉棕天牛（*Callidium villosulum* Fairmaire）、柏肤小蠹（*Phleosinus aubei* Perris）、梳角窃蠹（*Ptilinus fuscus* Geoffroy）、二齿茎长蠹（*Sinoxylon japonicum* Lesne）、杨干象（*Cryptorrhynchus lapathi* L.）、杨黄星象（*Lepyrus japonicus* Roelofs）、六星吉丁（*Chrysobothris succedanea* Saunders）、白杨透翅蛾（*Paranthrene tabaniformis* Rottemburg）、杨大透翅蛾（*Aegeria apiformis* Clerck）、梨小食心虫（*Grapholitha molesta* Busck）等。

应用范围 在林业应用肿腿蜂开展过防治的害虫有青杨天牛、松褐天牛、双条杉天牛、粗鞘双条杉天牛、光肩星天牛、栗山天牛、云斑天牛、星天牛等。对小型天牛防治效果好，对大型天牛防治效果如掌握适当的放蜂期和放蜂量，也可收到良好效果。

参考文献

陈君，程惠珍，2000. 肿腿蜂的应用研究进展[J]. 中国生物防治，16(4): 166-170.

萧刚柔，1992. 中国森林昆虫[M]. 2版. 北京：中国林业出版社：1262-1264.

萧刚柔，吴坚，1983. 防治天牛的有效天敌——管氏肿腿蜂[J]. 林业科学（增刊），19(zj): 81-84.

（撰稿：张翌楠；审稿：杨忠岐）

广肩小蜂科 Eurytomidae

属膜翅目小蜂总科（Chalcidoides），共有88属1424种，分为3个亚科：广肩小蜂亚科（Eurytominae）、海广肩小蜂亚科（Heimbrinae）、肿腿广肩小蜂亚科（Rileyinae）。已知种大部分属于广肩小蜂亚科。

形态特征 身体粗壮至长形，体长1.4～6.0mm。前胸背板长，两侧缘平行，呈亚矩形。触角通常少于13节。身体黑色且具明显刻纹，中胸盾纵沟完整且深（见图）。

生物学习性 广肩小蜂科的生物学习性变化很大，但大多数种类外寄生于形成虫瘿的昆虫以及鳞翅目蛹和蛀干害虫，也有一些种类为植食性，在草本植物茎秆中形成虫瘿隐藏其中危害，或取食树木的种子。寄生于形成虫瘿昆虫的广肩小蜂为内寄生性。双斑广肩小蜂（*Sycophila biguttata*）寄生于造成栎树虫瘿的瘿蜂幼虫体内。有些广肩小蜂寄生鳞翅目蛹，如油松毛虫广肩小蜂（*Eurytoma afra*）寄生油松毛虫蛹；有些则寄生蛀干害虫，如六齿小蠹广肩小蜂（*Ipideurytoma acuminati*）和四眼小蠹广肩小蜂（*Ipideurytoma*

广肩小蜂科（曹亮明摄）
①杨毒蛾广肩小蜂（*Eurytoma stilpnota* Yang et Yao）；
②具脊广肩小蜂（*Eurytoma aethiops* Boheman）

polygraphi）。大多数广肩小蜂为单寄生。虽然一头寄主上可产 1 粒卵以上，但通过幼虫间的相互竞争，最后只有 1 头能完成发育。广肩小蜂属一些种群集外寄生于鳞翅目昆虫，如刺蛾广肩小蜂（*Eurytoma monema*）为专性寄生（盗寄生），它产卵在黄刺蛾坚硬的钙质茧中的预蛹上，而该茧之前先被一种青蜂在黄刺蛾预蛹上产卵时咬出了一个产卵孔，它通过该青蜂的产卵孔而给黄刺蛾产卵，这两种寄生蜂共同寄生在黄刺蛾预蛹上。肿腿广肩小蜂亚科的种类能捕食其他昆虫卵。

植食性的广肩小蜂分为两类：一类取食植物种子的胚乳，一类取食植物的茎秆，主要是禾本科植物的茎秆。取食植物种子的类群以两个属为代表：广肩小蜂属指名亚属［*Eurytoma*（*Eurytoma*）］和广肩小蜂属中的种实广肩小蜂亚属［*Eurytoma*（*Bruchophagus*）］。前者在多种树木种子中发育，如黄连木种子广肩小蜂（*Eurytoma plotnikovi*）、落叶松种子广肩小蜂（*Eurytoma laricis*）、桃仁广肩小蜂（*Eurytoma maslovski*）等；后者主要在豆科植物种子中取食，如刺槐种子广肩小蜂（*Eurytoma philorobiniae*）、甘草种子广肩小蜂（*Eurytoma glycyrrhirae*）等。取食植物茎秆的广肩小蜂以禾茎广肩小蜂属（*Tetramesa*）为代表，它们生活在禾本科植物节与节之间的空腔中，取食结节以上部位的组织，使寄主植物茎秆上形成虫瘿，因而常常影响寄主植物花序的发育。中国的竹瘿广肩小蜂（*Aiolomorphus rhopaloides*）在竹子侧枝上形成虫瘿危害。

广肩小蜂的卵很有特色：在具卵孔的一端生有一短凸起，而在另一端具一长而扁的丝状凸起。产于寄主体外的卵表面长有短刺，短刺的形状在区分亲缘种上具有重要价值。一龄幼虫卵圆形或长形，每一体节上生有感觉毛，幼虫体上至少有 5 对气门。内寄生性种类的老熟幼虫为典型的膜翅目型，而植食性种类的老熟幼虫则身体纤细。广肩小蜂科的大多数种以老熟幼虫在寄主体上或体内越冬。

参考文献

GAULD I, BOLTON B, 1992. 膜翅目 [M]. 杨忠岐，译. 香港：天则出版社：1-332.

廖定熹，等，1987. 中国经济昆虫志：第三十册 膜翅目 小蜂总科（一）[M]. 北京：科学出版社.

杨忠岐，姚艳霞，曹亮明，2015. 寄生林木食叶害虫的小蜂 [M]. 北京：科学出版社.

BOUČEK Z, 1988. Australasian Chalcidoidea (Hymenoptera). A biosystematic revision of genera of fourteen families, with a reclassification of species[J]. Cab international wallingford: 85-86.

GIBSON G A P, J HUBER, J B WOOLLEY, 1997. Annotated keys to the genera of *Nearctic Chalcidoidea* (Hymenoptera)[M]. Ottawa: National Research Council.

（撰稿：杨忠岐；审稿：王小艺）

龟纹瓢虫 *Propylea japonica* Thunberg

鞘翅目（Coleoptera）瓢虫科（Coccinellidae）瓢虫亚科（Coccinellinae）瓢虫族（Coccinellini）龟纹瓢虫属（*Propylea*）。分布于中国、印度、日本和苏联区域等地。中国 26 个省［自治区、直辖市（包括台湾）］均有分布。龟纹瓢虫具有耐高温、适应性强等特点，是一种优秀的捕食性天敌昆虫，可取食多种农作物上的蚜虫，尤喜食桃蚜（*Myzus persicae*）、麦长管蚜（*Macrosiphum avenae*）、棉蚜（*Aphis gossypii*）和大豆蚜（*Aphis grycines*）等，在生物防治中具有重要的应用价值。

形态特征 卵纺锤状，黄色，即将孵化时变为黑色。幼虫共四龄，初孵的一龄幼虫常聚集于卵壳处，2～3 小时后才开始活动找寻猎物。老熟幼虫长纺锤形，黑褐色。成虫体长 3.4～4.7mm，宽 2.6～3.2mm，长圆形，弧形拱起，表面光滑。前胸背板中央有一大型黑斑。小盾片黑色。鞘翅基色黄色，有龟纹状黑色斑纹，鞘缝黑色。鞘翅上的黑斑常有变异：黑斑扩大相连或黑斑缩小而成独立的斑点，有时甚至黑斑消失或全部为黑色。雌虫前额有一三角形黑斑，有的扩大至整个头部（图 1）。

生物学习性

生活史 在中国湖南一年可发生 8 代，从南往北发生代数逐渐减少，陕西 1 年发生 6 代，内蒙古东部 1 年发生

3～4 代。在室温 25±1°C、湿度 60%～70% 条件下，取食棉蚜的龟纹瓢虫一龄的发育时间为 1.8 天、二龄 1.3 天、三龄 1.4 天、四龄 2 天、蛹期 3.7 天。卵、幼虫和蛹的最适宜温度分别是 29～31°C、28～30°C 和 31°C，最适湿度分别是 67%～87%、72%～79% 和 84%，发育起点温度分别为 13.7°C、13.4°C 和 12.5°C，有效积温分别为 36.4 日・度、92 日・度和 51.8 日・度。以成虫越冬。

取食习性 成虫利用下颚须搜索食物，当触及蚜虫时迅速用上颚咬住食物，并通过前足推送吞食蚜虫。各龄幼虫及成虫均可取食多种蚜虫，同时还可以取食烟粉虱、扶桑绵粉蚧、叶蝉、棉红蜘蛛及鳞翅目的卵和幼虫等。成虫对大豆蚜和麦蚜的日最大捕食量分别为 165 头和 76 头，对扶桑绵粉蚧一龄若虫的日最大捕食量达 1667 头。成虫有自残的现象，会取食自己所产的卵及爬行的幼虫，在食物不足时，成虫自相残杀，被害成虫仅残留头部或鞘翅。

交配与产卵习性 成虫羽化 2～3 天后开始交配，一生平均可交配 21 次，每次交配时间为 2.5 小时。产卵前期为 3～15 天，产卵期平均为 53 天，单雌平均产卵量为 600 粒，最多可产 1000 粒以上（图 2）。

图 1 龟纹瓢虫成虫（李韵摄）

图 2 交配中的龟纹瓢虫（李韵摄）

成虫寿命与耐饥力 成虫寿命较长，平均为 60～90 天，越冬成虫寿命更长，雌成虫 268 天，雄成虫 199 天。饥饿可存活 6～8 天。

人工繁育与释放利用 除了使用蚜虫繁育龟纹瓢虫外，还可用人工饲料饲养龟纹瓢虫。人工饲料主要以地中海粉螟卵、雄蜂蛹、家蝇蝇蛆或人工卵赤眼蜂蛹等作为外源蛋白。以 0.5g 蝇蛆脱脂粉、0.25g 酵母抽提物、0.3g 蔗糖、0.01g 橄榄油、0.2g 蜂蜜和 3.75g 蒸馏水配制的人工饲料饲喂龟纹瓢虫，羽化率为 86%，成虫期补充蚜虫饲养后，平均单雌产卵量达 916 粒。

当龟纹瓢虫与蚜虫比为1：25时，瓢虫可充分发挥其生物防治能力，效果显著。当瓢虫与蚜虫比为1：35~40时，能达到最佳的天敌控制效果。当瓢虫与蚜虫比超过1：60时，害虫繁殖速度超过瓢虫控制上限，此时应注意增加其他的对天敌瓢虫影响小的防治措施以降低蚜虫的危害。在小区内进行龟纹瓢虫的释放，当棉地棉株蚜虫达到120头时，释放1头一龄幼虫，棉株蚜虫达到200头时，释放1头成虫，10天后蚜虫衰退率分别达71%和82%。构建小麦–玉米蚜–龟纹瓢虫载体植物系统，发现以小麦作为载体植物扩繁的龟纹瓢虫对靶标害虫桃蚜亦具有良好的捕食作用。

参考文献

程树兰，张帆，庞虹，2007. 龟纹瓢虫广东种群和北京种群的耐热性比较研究 [J]. 昆虫学报，50(4): 376-382.

崔志富，曹凤勤，林进添，等，2015. 龟纹瓢虫对扶桑绵粉蚧的捕食功能反应 [J]. 环境昆虫学报，37(4): 834-842.

邓从双，李姝，王甦，等，2014. 小麦 – 玉米蚜 – 龟纹瓢虫载体植物系统的构建初探 [J]. 环境昆虫学报，36(6): 867-873.

宋慧英，吴力游，陈国发，等，1988. 龟纹瓢虫生物学特性的研究 [J]. 昆虫天敌，10(1): 22-33.

王利娜，2008. 龟纹瓢虫幼虫人工饲料的研究 [D]. 北京：中国农业科学研究院.

魏建华，冉瑞碧，1983. 龟纹瓢虫研究 [J]. 昆虫天敌，5(2): 89-93.

HAMASAKI K, MATSUI M, 2006. Development and reproduction of an aphidophagous coccinellid, *Propylea japonica* (Thunberg) (Coleoptera: Coccinellidae), reared on an alternative diet, Ephestia kuehniella Zeller (Lepidoptera: Pyralidae) eggs[J]. Applied entomology and zoology, 41(2): 233-237.

ZHANG S Z, LI J J, SHAN H W, et al, 2012. Influence of five aphid species on development and reproduction of *Propylaea japonica* (Coleoptera: Coccinellidae)[J]. Biological control, 62(3): 135-139.

ZHANG S Z, ZHANG F, HUA B Z, 2007. Suitability of various prey types for the development of *Propylea japonica* (Coleoptera: Coccinellidae)[J]. European journal of entomology, 104(1): 149-152.

（撰稿：陈梅兰；审稿：庞虹）

郭公甲科 Cleridae

属鞘翅目（Coleoptera）郭公甲总科。本科昆虫通称郭公虫或郭公甲，已知有 3000 种，主要产于热带与亚热带，

筒郭公（*Tenerus* sp.）（曹亮明摄）

中国记载有 19 属 46 种。

主要为肉食性，是腌肉、皮张、干鱼的重要害虫，也食害椰干、无花果干等植物性物质。世界各国发生较普遍的有赤足郭公甲，除危害上述物品外，成虫还捕食吃干酪的幼虫或食其他死甲虫。赤颈郭公甲的幼虫一般为腐食性，也常发现在干的动物质物品内、动物质药材与发霉干酪上，或捕食其他昆虫的幼虫。

形态特征

成虫　体小至中型；长形，体表具竖毛。体色黑红、绿等，并具金属光泽。头大，三角形或长形；上唇横短；下唇须长于下颚须，端节长，斧刃状。触角 11 节，多为棍棒状，少数为锯齿状或栉齿状。前胸背板多数长大于宽，表面隆突成具凹洼。鞘翅两侧平行，表面毛长且密。前、中足基节隆突，圆锥状，后足基节横行；跗节 5-5-5，1～4 节双叶状；腹部常可见 5 节，少数为 6 节。

幼虫　头部白而扁平，腹面突出；触角 3 节，上唇及唇基明显。腹部 10 节，具尾突。

应用范围　国内外常见的捕食性郭公虫有异色郭公虫（*Tillus notatus*）、蚁形郭公虫（*Thanasimus formicarius*）、疑山郭公（*Thanasimus dubius*）、拟蚁态郭公虫（*Thanasimus lewisi*）、亚纹郭公虫（*Thanasimus substriatus*）、绣纹郭公虫（*Neoclerus ornatus*）、中华食蜂郭公虫（*Thanasimus sinae*）等。捕食对象主要有柏肤小蠹（*Phloeosinus aubei*）、纵坑切梢小蠹（*Tomicus piniperda*）、南方松齿小蠹（*Ips grandicollis*）、落叶松八齿小蠹（*Ips subelongatus*）、南方松大小蠹（*Dendroctonus frontalis*）、松褐天牛（*Monochamus alternatus*）、双条杉天牛（*Semanotus bifasciatus*）等。

参考文献

孙冬迎，马深成，孔新建，等，2008. 捕食性郭公虫生物学和生态学研究概况 [J]. 中国森林病虫，27(6): 27-30.

（撰稿：张翌楠；审稿：杨忠岐）

果园生物多样性系统　orchard biodiversity system

以果树主要物种、产品为主导，根据果园内果树行距较大、空地较多的特点，科学利用果园内光、热、水、土、养分和大气资源，在果园内果树行间或果树下种植农作物、蔬菜、中药材、绿肥、香氛植物、覆盖植物、食用菌等，养殖鸡等家禽或蜜蜂，集种植和养殖为一体，以动态调控果园内温度、湿度、光照和土壤环境及果树（果实）、昆虫和病原菌及有益微生物，生态控制果树（实）病害、虫害和草害，形成生态合理、经济高效、环境优美、能量流动和物质循环通畅、可持续发展的果园生产体系。该系统可明显增加地面覆盖、改善土壤温度、减少水土流失、提高土壤肥力和土地生产力，降低果树病虫害暴发的概率，减少农用化学品的使用，提高果树产量和果实品质。

间作种植绿肥作物或覆盖植物　在苹果园、柑橘园等果园种植紫花苜蓿（*Medicago sativa*）、三叶草（*Trifolium repens*）、夏至草（*Lagopsis supina*）、黑麦草（*Lolium perenne*）、紫云英（*Astragalus sinicus*）、鸭茅草（*Dactylis glomerata*）等牧草或绿肥作物，除能有效改善土壤性状和提高土壤肥力外，还能有效控制害虫的发生危害。如苹果园种植紫花苜蓿，为捕食性天敌提供了适宜的生存环境和补充猎物，使苹果园的天敌数量增加，苹果叶螨的种群数量大幅度下降；在苹果园保留或种植夏至草，为东亚小花蝽等天敌提供了花粉、花蜜和替代猎物，使苹果园东亚小花蝽的发生时间提早、发育速度加快。同时，苹果园中的夏至草和紫花苜蓿种植比例影响苹果园节肢动物种数，当苹果园混合植被中夏至草的覆盖度大于 25% 时，对覆盖植物与苹果树冠部捕食性天敌最为有利，种群数量最大。当夏至草与紫花苜蓿以 1 : 4 密度混合种植，比单一种植的紫花苜蓿上天敌的数量增加了 2～3 倍，苹果树冠的天敌数量增加了 70%，苹果叶螨的种群数量降低了 30%。红花三叶草对茎线虫（*Ditylenchus* spp.）的生长发育有影响，当其取食后，生长发育缓慢，或停止发育，不能产卵；种植石刁柏、万寿菊能产生三噻嗯基类和异硫氰烯丙酯等，这些强毒性化合物对多种植物线虫有极强的毒杀作用。猪屎豆（*Crotalaria spectabilis*）能引诱多种线虫取食，使线虫取食后不能发育成熟。因此，在苹果园内种植三叶草和万寿菊或猪屎豆后，使果园内线虫数量显著减少。

间作套种农作物或蔬菜　在果园内间作套种花生或豆类作物，对调节果园生境、改善土壤肥力具有明显作用。果园内间作套种薯类、玉米等农作物或蔬菜，能诱集果树上蓟马和蚜虫等害虫，从而集中消灭，降低了果树上蓟马和蚜虫的种群密度，减少了对果树的危害。同时，间作套种的这些作物或植物开花后，能为瓢虫和食蚜蝇等天敌提供替代食物，从而增加了果园内天敌数量，有效控制虫害。

果园及周边种植具有趋避害虫或引诱天敌的植物　在自然界中，有些植物的自然挥发物，或当植物受到病虫危害时，产生萜类、生物碱、羟类或醌类、酚类等有毒化合物，对昆虫有拒食、驱避、引诱、麻痹、不育、抗生、抑制生长发育或直接杀死等作用。因此，在果园内种植这些植物，能起到生态防治害虫的作用。如在果园内种植薰衣草、迷迭香、香茅草、除虫菊和非洲万寿菊等具有驱避害虫的植物，如香茅油可以驱除柑橘吸果夜蛾，除虫菊、烟草、薄荷、大蒜等对蚜虫都有较强的驱避作用。或在果园内种植对害虫有毒但又是某些害虫嗜食的植物种类来诱杀害虫。如日本丽金龟能取食对它有毒害的七叶树和天竺葵的花而死亡，大黑鳃金龟等金龟子取食蓖麻叶后不久即被麻痹。因此，可在果园中种植天竺葵或蓖麻等植物，还可进一步在蓖麻叶上喷洒少量农药，提高对大黑鳃金龟的防治效果。

果园种养生物多样性　“果—草—禽（牧）”是果园生物多样性的一种重要模式，该模式是利用果园提供的层次空间和生物饵料资源（如饲草、昆虫、土壤动物等）进行规模化养鸡（鹅、兔）的立体生产模式。在该模式中，果园树冠能为鸡（鹅、兔）提供遮风挡雨的庇护作用和生活空间；鸡等可自由觅食昆虫、牧草，有助于防除果园病虫害；也可通过人工割牧草喂鹅、兔等，鸡（鹅、兔）的粪便进入土壤，增加了土壤肥力，减少了化学药品和饲料添加剂等的使用，提高了畜牧产品质量。果园养蜂是在苹果、柑橘、荔枝、龙眼、枇杷、桃、梨开花季节，于果树行间空地上放置蜂箱养殖蜜蜂，这些果树花粉为蜜蜂提供丰富的蜜源，蜜蜂就近采花酿蜜。同时，蜜蜂可为果树传授花粉，有利于提高果树的坐果率，从而提高单位面积的水果产量。

果园生物多样性系统是国内外苹果、柑橘、梨等果树栽培管理的一种重要模式，在中国云南、山东、甘肃和陕西等苹果果树主产区广泛应用，为控制果树病虫害和草害的发生危害，减少化学农药的施用量起到了重要作用。另外，果园内的立体种养（殖）是广东开展进行的规模化养鸡（鹅、兔）的立体生产模式，获得了良好的经济效益和生态效益。

参考文献

陈丽新，陈振妮，陈志玲，等，2008. 香蕉园套种食用菌技术 [J]. 食用菌 (2): 46-47.

胡民强，2005. 广东果园种草养鹅的潜力与对策 [J]. 广东畜牧兽医科技，30(5): 5-7.

胡显梅，谭晓军，胡显军，2009. 生态橘园建设之“果—牧—草”生态模式 [J]. 湖北植保 (4): 46-47.

黄训颐，2013. 幼龄荔枝园夏季间种花生栽培技术及经济效益分析 [J]. 现代农业科技 (10): 248-249.

寇建村，杨文权，程国亭，等，2012. 行间种植不同草种对幼龄苹果园土壤特性的影响 [J]. 干旱地区农业研究，30(4): 145-152.

寇建村，杨文权，韩明玉，等，2010. 我国果园生草研究进展 [J]. 草业科学，27(7): 154-159.

李会科，梅立新，高华，2009. 黄土高原旱地苹果园生草对果园小气候的影响 [J]. 草地学报，17(5): 615-620.

刘益平，2008. 果园林地生态养鸡技术 [M]. 北京：金盾出版社.

魏倩倩，寇建村，李尚玮，等，2016. 苹果园覆盖白三叶对土壤微生物和营养特性的影响 [J]. 草地学报，24(3): 544-552.

鄢新民，冯建忠，王献革，2006. 生态果园养鸡立体种养模式的探索 [J]. 今日畜牧兽医 (4): 38.

杨文权，寇建村，韩明玉，2011. 行间种不同草后对幼龄苹果树光合特性的影响 [J]. 草地学报，19(1): 20-25.

叶延琼，章家恩，赵本良，等，2014. 广东果园生物多样性利用与生态农业模式概述 [J]. 广东农业科学 (5): 26-31.

章家恩，段舜山，骆世明，等，2000. 赤红壤坡地幼龄果园间种不同牧草的生态环境效应 [J]. 土壤与环境，9(1): 42-44.

ALTIERI M A, 1999. The ecological role of biodiversity in agroecosystems[J]. Agriculture, ecosystem & environment, 74(1/3): 19-31.

BROWM M W, SCHMITT J J, 2001. Seasonal and diurnal dynamics of beneficial insect populations in apple orchards under different management intensity[J]. Environmental entomology, 30(2): 415-424.

VENTURA M, SCANDELLARI F, BONORA E, et a1, 2010. Nutrient release during decomposition of leaf litter in a peach (*Prunus persica* L.) orchard[J]. Nutrient cycling in agroecosystems, 87(1): 115-125.

WYSS E, 1996. The effects of artificial weed strips on diversity and abundance of the arthropod faun a in a Swiss experimental apple orchard[J]. Agriculture, ecosystem & environment, 60(1): 47-59.

（撰稿：何霞红；审稿：朱有勇）

H

哈茨木霉 *Trichoderma harzianum*

木霉菌属是一种具有重要生防价值的真菌，可寄生于18个属中的29种植物病原菌。哈茨木霉是分布最广泛、孢子耐受性最强的木霉菌种。

形态特征 哈茨木霉在不同培养基上生长，菌落形态与产孢特点有一些差异。在PDA培养基上，菌株生长较快，初期为白色绒毛状菌丝；72小时半径为53.14cm，大量产孢，产生白色至绿色产孢簇，形成半圆形产孢区；4天长满平板，灰绿色和白色产孢簇形成2个同心轮纹。产孢结构似金字塔，分生孢子梗复杂分枝，初级分枝近直角，或稍微向顶方向弯曲，向基部逐渐变长，二次分枝复杂，2～4个呈旋涡状排列。瓶梗安瓿型，基部缢缩，中部膨大，突然变细成为分生孢子的着生丝，长2.5（～3）～7.5μm。分生孢子亚球形，直径2～2.5μm，绿色或无色。

在CMD培养基上，菌株生长较快，但菌丝为白色稀薄菌丝，都为基内菌丝；72小时半径为57.74cm，大量产孢，产生白色至绿色产孢簇，形成半圆形产孢区；4天长满平板，均匀产孢，产孢簇为颗粒状。

在SNA培养基上，菌株生长较慢，极稀薄菌丝；72小时半径为41.22cm，产生白色至绿色产孢簇，形成一同心轮纹；4天后气生菌丝丰富，大量产孢，产孢簇形成2个同心轮纹；5天长满平板，形成3个同心轮纹。

哈茨木霉可以与植物形成良好的共生关系，促进植物生长发育，诱导病激发植物自身的免疫功能；此外哈茨木霉发酵液中含有大量的抗性化合物成分，对尖孢镰刀菌、立枯丝核菌和疫霉菌等多种常见的植物病原真菌都有着良好的抑制效果。因此它是应用于植物病害生物防治最早的木霉菌，也是应用最广泛的木霉菌种之一。

哈茨木霉的生防功能 哈茨木霉是一种在自然界中普遍存在并广为人知的生物防治真菌，它的生防效果已在很多应用实验中得到证实，它可以用来防治由立枯丝核菌、腐霉菌、齐整小核菌、镰刀菌等引起的棉花、杜仲、人参、三七等的幼苗立枯病，以及对茉莉、花生和辣椒的白绢病、番茄的猝倒病等。它的生防功能包含多种机制，主要有竞争作用、重寄生作用、拮抗作用、诱导抗病性、促生作用和改善土壤结构等。

竞争作用 哈茨木霉的竞争作用主要表现在对生存空间和营养获得的竞争。哈茨木霉生长速度快，相对于其他病原菌对环境的适应能力强，很容易与病原菌在营养或空间上形成竞争。首先，哈茨木霉自身分泌的大量胞外降解酶来酶解土壤中的纤维素、葡聚糖、几丁质等，以获取能量，从而在恶劣环境中有比其他病原菌更强的适应性；其次，哈茨木霉能利用植物表面侵入点附近低浓度营养物质迅速占领空间，并释放胞外降解酶，降解病原菌的细胞壁，致使病原菌死亡或生长受到抑制，哈茨木霉快速生长的特性致使很快占领病原菌的生态位。高克详等研究发现，在对峙培养过程中发现哈茨木霉T88能覆盖或侵入立枯丝核菌，最后占领整个营养空间，抑制病原菌产孢子的进行。哈茨木霉的强竞争力还表现在其能够克服土壤环境中的化学农药、其他生物的有毒代谢产物等有毒化合物的抑制作用，抵抗有毒化合物对生长的破坏。哈茨木霉的这种抵抗能力可能与其ABC转座体的存在有关。较强的环境适应能力和营养的利用能力，使哈茨木霉强的生存竞争能力在抑制病原真菌过程中发挥着重要作用。

重寄生作用 哈茨木霉对病原菌的重寄生作用是通过识别、接触、缠绕、穿透等一系列过程后抑制或溶解寄主菌丝的现象，是哈茨木霉的生防机制中重要的作用之一。研究表明哈茨木霉自身产生的多种细胞壁降解酶（如几丁质酶、纤维素酶、木聚糖酶、葡聚糖酶和蛋白酶等）帮助它实现对病原菌的寄生，比如哈茨木霉分泌的几丁质酶在促进细胞壁溶解、菌丝自溶、几丁质同化、真菌寄生以及孢子萌发、菌丝生长、孢子形成的过程中发挥着重要的作用。葡聚糖酶主要由β-1,3-葡聚糖和β-1,6-葡聚糖组成，在哈茨木霉分泌的葡聚糖酶在重寄生过程中也同样发挥重要作用。Djonovic等对哈茨木霉的β-1,6-葡聚糖*Tv-bgn3*基因进行缺失后生防功能显著降低，而过量表达后的菌株生防作用显著提高。研究发现，几丁质酶和β-1,3-葡聚糖对细胞壁的水解不仅作用于对病原真菌成熟菌丝的顶端，同时对老熟细胞壁以及菌核的几丁质-葡聚糖复合结构也有作用。此外哈茨木霉中分泌的蛋白酶是降解植物病原菌细胞壁所必需的物质，因此在重寄生作用中发挥着重要的作用。Sahebani等研究发现哈茨木霉在线虫重寄生过程中，壳聚糖酶活性显著升高，壳聚糖酶活性可以作为哈茨木霉防治线虫效果的一个重要参数。哈茨木霉利用它的酶系统已成功寄生于腐霉菌、疫霉菌、立枯丝核菌、霜霉菌等约18个属的病原菌上，它们直接侵入或缠绕在菌丝上，引起病原菌细胞膨大、变形、缩短、变圆、原生质收缩，细胞壁破裂，最终导致死亡。

拮抗作用 哈茨木霉的拮抗作用是它在代谢过程中产生抑制病原菌的拮抗化学物质，如抗菌肽、吡喃酮类抗生素等12种，这些物质具有广谱的抑菌活性，能作用于多种植物病原菌，并与其他酶协同抑制病原真菌的生长，抗生作用是哈茨木霉生物防治功能的重要机制。研究发现高效抑制小麦全蚀病菌的哈茨木霉菌株产生的吡喃类抗生素的含量与菌株的防治效果呈一定的相关性。朱天辉等研究哈茨木霉对立枯丝核菌的作用时发现，哈茨木霉菌株产生的代谢产物对其菌落生长有抑制作用，能降低菌丝干质量，破坏菌丝细胞壁，导致立枯丝核菌菌丝的原生质凝聚和菌丝断裂解体。2021年，刘利佳等利用哈茨木霉菌NC89防控烟草疫霉菌，具有很好的生防效果，通过代谢组学分析发现，NC89主要通过苯丙烷类植保素、萜烯类植保素、不饱和脂肪酸及抗坏血酸和过氧化物的清除等途径来抵抗烟草疫霉菌的侵染。此外，Sahebani等研究哈茨木霉对根结线虫菌的抗生作用是由于哈茨木霉分泌的过氧化物酶、石榴籽多酚氧化酶和苯丙氨酸铵裂解酶协助完成的，这些代谢产物会渗透到线虫产的卵中，降低了线虫的孵化能力，从而减少线虫的数量。

H

诱导抗病性 哈茨木霉的另一个生防功能是诱导植物的抗病性，当哈茨木霉与植物建立共生关系时，能穿透植物的根部表皮，在植物根系定殖，同时产生刺激植物生长和释放诱发植物局部和系统防御反应的化合物，如萜类化合物、酚的衍生物、抗毒素、类黄酮、糖苷配基等。关于哈茨木霉诱导植物产生抗病性和激发防御机制的研究有很大的进展，研究表明哈茨木霉对接种有尖孢镰刀菌黄瓜根系的次生代谢物影响时发现，接种哈茨木霉的植株中肉桂醇脱氢酶（CAD）、多酚氧化酶（PPO）、愈创木酚过氧化物酶（G-POD）、咖啡酸过氧化物酶（CA-POD）和绿原酸过氧化物酶（CGA-POD）的活性及总酚、类黄酮、木质素的含量显著提高，它们都是抗病性相关蛋白与代谢产物。范莉莉等研究哈茨木霉诱导玉米抗性实验发现，实验分别测定了不同时间节点水杨酸（SA）、茉莉酸（JA）通路相关基因的相对表达量，结果显示，哈茨木霉处理玉米植株后，玉米中JA通路的相关基因*Opr7*在24小时表达水平达到最大值。王淑霞等研究哈茨木霉对黄瓜灰霉病的影响时发现，在黄瓜根部接种哈茨木霉Tr-92后，黄瓜叶片中的过氧化物酶（POD）、多酚氧化酶（PPO）、苯丙氨酸解氨酶（PAL）、β-1,3-葡聚糖酶（β-1,3-glucanase）以及几丁质酶（chitinase）活性显著增加，并且随着诱导时间的延长，SDS-PAGE结果显示，蛋白质条带加宽加深，说明哈茨木霉可以诱导黄瓜产生对灰霉病的抗性。2020年，朱洪江在开展哈茨木霉TMN-1诱导烟草抗青枯病的活性的研究中发现TMN-1可以显著诱导烟草体内过氧化物酶及苯丙氨酸解氨酶活性的提升，同时也显著刺激水杨酸途径的两条基因*PR*1a/c、*PR*2显著上调表达，以及茉莉酸/乙烯途径ACC *Oxidase*基因的上调表达。黄佩利用哈茨木霉的疏水蛋白*THhyd4*和*THhyd6*处理烟草叶片，发现能够引起烟草叶片发生HR反应，诱导烟草产生活性氧、脯胝质和酚类物质累积等，表明*THhyd4*和*THhyd6*能够引起烟草发生早期防御反应，同时*THhyd6*诱导烟草中JA途径信号物质积累、JA信号转导途径中关键基因上调表达，以及多种防御相关基因发生差异表达，确定*THhyd6*具有激发子的功能，推测通过激活JA信号途径诱导烟草的系统抗病性（ISR）。

促生作用 哈茨木霉有激发种子内部发育相关的酶活力，促进种子萌发，以及光合作用增强、叶绿素含量增加，最终促进植物的生长。哈茨木霉对植物种子的影响在马铃薯、小麦、黄瓜、烟草等上都有研究。Bezuidenlhun等研究发现，哈茨木霉次生代谢产物胶质毒素作用和功能类似于赤霉素，参与种子萌发并促进种子的生长。李艳娟等研究发现，0.03～0.30mg/L浓度的哈茨木霉处理杉木种子可以显著地提高种子的发芽率、发芽势和发芽指数，同时可以提高种子内超氧化物歧化酶和过氧化物酶活性，提高种子的抗逆性。魏林等研究哈茨木霉的发酵产物能够诱导豇豆体内超氧化物歧化酶（SOD）、过氧化氢酶（CAT）和过氧化物酶（POD）等保护酶活性，能显著提高豇豆种子活力。曾华兰用哈茨木霉T23制剂处理花生，结果表明哈茨木霉T23制剂不仅可以促进花生的出苗率和植株的生长发育，还能够促进植株的分枝，其结果数、有籽率和百粒重都有明显增加，从而提高花生产量。陆宁海等研究分析应用哈茨木霉菌液制剂后，植株幼苗的生长发育和生理生化指标发生变化，结果表明，施加哈茨木霉后作物光合作用增强，呼吸作用不变，叶绿素含量增加。哈茨木霉的促生作用使其在农林应用和绿色食品生产的前景更为宽广。

吸附重金属 哈茨木霉对土壤中某些重金属有耐受、吸附、沉淀、氧化和还原等作用，降低土壤中的重金属含量；此外还可以改变微生物种群结构，抑制土壤中病原菌菌群，丰富有益微生物菌群，增加土壤的透气性和疏松度，改善土壤结构，优化植物生存环境。

改变微生物菌群 微生物吸附是微生物修复技术的主要措施，主要通过吸附作用改变土壤中重金属的形态，进而改变重金属的生物有效性。微生物对重金属的吸附方式包括细胞外吸附、细胞内吸附和细胞表面吸附3种类型；细胞外吸附为利用微生物分泌的脂多糖、糖蛋白、可溶性缩氨酸等多聚糖的负电荷实现对土壤中重金属的吸附；细胞内吸附指利用活体微生物的新陈代谢，使重金属穿过细胞壁和细胞膜进入细胞内，或继续被转运至亚细胞器而实现对金属的固定；细胞表面吸附指通过微生物细胞壁表面的官能团与重金属离子络合、静电交感、离子交换、氧化还原或生成无机微沉淀实现吸附。微生物对重金属离子的吸附能力除了受重金属的价态、种类和外界环境的影响外，更受微生物种类的影响。因此，筛选耐受和吸附重金属能力强的微生物是微生物修复重金属污染的基础和前提。微生物对重金属的耐性通常为真菌 > 细菌 > 放线菌。哈茨木霉菌具有较强的耐镉能力，哈茨木霉在不同镉浓度条件下不仅能通过细胞壁和细胞质吸附Cd^{2+}，具有较高的吸附率，还能产生IAA类物质，对植物生长发育具有促生作用。此外，哈茨木霉能缓解镉胁迫对狗牙根生长的抑制，降低MDA含量，减轻伤害，促进狗牙根吸Cd^{2+}并向地上部转移，从而可以降低土壤中的Cd^{2+}含量，具有重金属污染土壤修复潜力。微生物-植物联合修复具有环保、成本低以及可大面积原位修复的优点，是修复重金属污染的研究热点。

改善土壤结构 土壤健康与微生物菌群有关，土壤中哈茨木霉的使用可以显著地增加土壤中有益细菌和放线菌的种群数量，其中假单胞杆菌的数量增了130倍，致病菌菌群数量降低，而哈茨木霉自身的种群数量保持在

48.98%～70.48% 的丰富度，相对于对照处理提高了 50% 不等，保持了土壤有益微生物菌群的平衡，从而减轻了病害的发生。

哈茨木霉的产品开发与未来前景 哈茨木霉是木霉菌产品中最先开发的菌种。木霉菌在其生长周期内可以产生 3 种繁殖体，包括菌丝体、厚垣孢子和分生孢子。生产上常用的哈茨木霉菌剂多为它的活分生孢子制剂，已有许多商品化的哈茨木霉分生孢子制剂问世，如以色列开发的哈茨木霉 T39 可湿性粉剂 Trichodex、美国的 Topshield（哈茨木霉 T22）等，可以用于防治灰霉病、苗枯病、霜霉病和白粉病等叶部病害及果实在储藏期的腐烂。由于木霉的分生孢子制剂多为活菌制剂，因此其产品应用常常受温度、湿度、雨水及化学农药和货价期短等多种因素的干扰，因此木霉菌厚垣孢子制剂的研发日益重要。2017 年，利用中国农业科学院的专利开发了国内外第一个哈茨木霉厚垣孢子制剂“施倍健”，已在中国 30 多个省、自治区和直辖市的蔬菜、水果、经济作物和大田作物上应用，反响良好。该产品在很大程度上解决了木霉菌分生孢子制剂受外界环境影响的弊端，延长了一年的货价期，是中国具有创新引领价值的木霉菌产品制剂。

由于哈茨木霉菌有诸多的功能与优点，期待它在防治病害、重金属吸附和土壤改良等方面不断深入研究并开拓应用市场，为中国及世界农业的发展作出更大的贡献。

参考文献

REDDA E T, 2018. 内蒙古草原和森林生态系统木霉菌生物多样性研究 [D]. 北京 : 中国农业科学院 .

卜和申 , 谢燕 , 徐倩 , 等 , 2020. 哈茨木霉的耐镉性及其对狗牙根耐镉能力的影响 [J]. 草地学报 , 28(1): 64-71.

高克详 , 刘晓光 , 郭润芳 , 2001. 木霉菌对杨树树皮溃疡病菌拮抗作 用的研究 [J]. 林业科学 , 37(5): 82-88.

顾小龙 , 陈巍 , 蔡枫 , 等 , 2016. 配施木霉微生物肥对连作黄瓜的影响 [J]. 土壤学报 , 53(5): 1296-1305.

郭成瑾 , 沈瑞清 , 张丽荣 , 等 , 2020. 哈茨木霉协同秸秆对马铃薯黑痣病及根际土壤微生态的影响 [J]. 核农学报 , 34(7): 1447-1455.

黄彩红 , 杨谦 , 宋颖琦 , 2008. 哈茨木霉几丁质酶基因的 cDNA 克隆及表达 [J]. 哈尔滨工业大学学报 , 40(10): 1609-1612.

黄佩 , 2020. 哈茨木霉 TH33 疏水蛋白的异源表达及诱导烟草防御反应 [D]. 北京 : 中国农业科学院 .

李玲 , 李俊辉 , 隋丽娜 , 等 , 2021. 哈茨木霉 124D 可湿性粉剂的急性毒理研究 [J]. 农药 , 60(6): 420-423.

刘爱荣 , 陈双臣 , 晋文娟 , 等 , 2012. 哈茨木霉对接种尖孢镰刀菌后黄瓜根系次生代谢物的影响 [J]. 中国生物防治学报 , 28(4): 545-551.

刘利佳 , 徐志强 , 何佳 , 等 , 2021. 哈茨木霉菌诱导烟草抗黑胫病代谢差异的研究 [J]. 中国农业科技导报 , 23(8): 91-105.

刘增亮 , 李梅 , 张玉杰 , 等 , 2014. 哈茨木霉 *Thga1* 基因敲除突变株对几种植物病原真菌的离体拮抗作用 [J]. 中国生物防治学报 , 30(3): 370-375.

陆宁海 , 徐端富 , 房振宏 , 等 , 2005. 哈茨木霉对小麦和玉米幼苗生长的影响 [J]. 江苏农业学报 , 21(3): 238-240.

陆宁海 , 杨蕊 , 郎剑锋 , 等 , 2019. 秸秆还田对土壤微生物种群数量及小麦茎基腐病的影响 [J]. 中国农学通报 , 35(34): 102-108.

吕黎 , 许丽媛 , 罗志威 , 等 , 2013. 哈茨木霉生物防治研究进展 [J]. 湖南农业科学 (17): 92-95.

彭可为 , 李婵 , 2010. 木霉菌的生物防治研究进展 [J], 安徽农业科学 , 38(2): 780.

田程 , 2019. 哈茨木霉 T2-16 防控西瓜枯萎病的微生态机制初探 [D]. 长沙 : 湖南大学 .

魏林 , 梁志怀 , 曹福祥 , 等 , 2011. 哈茨木霉 T2 舶发酵产物对豇豆种子细胞膜及细胞保护酶系统的影响 [J]. 种子 , 30(3): 47-49.

徐少慧 , 蒋代华 , 史鼎鼎 , 等 , 2019. 重金属复合污染土壤中耐铅镉微生物的筛选及鉴定 [J]. 应用与环境生物学报 , 25(3): 532-538.

曾华兰 , 叶鹏盛 , 李球芳 , 等 , 2005. 哈茨木霉 T23 对花生的促生增产作用 [J]. 云南农业大学学报 , 20(1): 145-146.

张旭东，刘云龙 , 张中义 , 2001. 木霉生防菌对植物生长的影响 [J]. 云南农业大学学报 , 16(4): 299-303, 312.

周晓馥 , 张欣玥 , 蔡汶妤 , 等 , 2020. 哈茨木霉对黄瓜幼苗促生作用的影响 [J]. 吉林师范大学学报 , 41(3): 93-99.

朱洪江 , 2020. 哈茨木霉 TMN-1 菌株诱导烟草抗青枯病的活性及机理研究 [D]. 重庆 : 西南大学 .

朱双杰 , 高智谋 , 2006. 木霉对植物的促生作用及其机制 [J]. 菌物研究 , 4(3): 107-111.

朱天辉 , 邱德勋 , 1994. 哈茨木霉对立枯丝核菌的抗生现象 [J]. 四川 农业大学学报 , 12(1): 11-15.

BONANOMI G, ANTIGNANI V, CAPODILUPO M, et al, 2010, Identifying the characteristics of organic soil amendments that suppress soilborneplant diseases[J]. Soil biology and biochemistry, 42(2): 136-144.

BONANOMI G, CAPODILUPO M, INCERTI G, et al, 2014, Fungal diversity increases soil fungistasis and resistance to microbial invasion by a non resident species[J]. Biological control, 72: 38-45.

CHAVERRI P, SAMUELS G J, 2004. Hypocrea/*Trichoderma* (Ascomycota, Hypocreales, Hypocreaceae): species with green ascospores[J]. Studies in mycology, 48: 1-116.

DJONOVIC S, POZO M J, KENERLEY C M, 2007. Tvbgn3, a β-1, 6-glucanase from the biocontrol fungus *Trichoderma virens*, is involved in mycoparasitism and control of *Pythiumultimum*[J]. Applied and environmental microbiology, 72(12): 7661-7670.

EL-KATATNY M, GUDELJ M, ROBRA K H, et al, 2001. Characterization of a chitinase and an endo-β-1,3-glucanase from *Trichoderma harzianum* Rifai T24 involved in control of the phytopathogen *Sclerotium rolfsii*[J]. Applied microbiology and biotechnology, 56(1/2): 137-143.

HARMAN G E, HOWELL C R, VITERBO A, et al, 2004. *Trichoderma* species opportunistic, avirulent plant symbionts[J]. Nature reviews microbiology, 2(1): 43-56.

KURREY D, SINGH R K, RAJPUT R S, 2018. Effect of hydrogel and *Trichoderma* on root growth and water productivity in rice varieties under rainfed conditions[J]. Research journal of agricultural science, 9: 210-212.

LO W, CHUS H, LAM K H, et al, 1999. A comparative investigation on the biosorption of lead by filamentous fungal biomass[J]. Chemosphere, 39(15): 2723-2736.

LORITO M, WOO S L, HARMAN G E, et al, 2010. Translational research on *Trichoderma*: from omics to the field[J]. Annual review of phytopa thology, 48(1): 395-417.

NARASIMHAMURTHY, HB, RAVINDRA H, SEHGAL M, et al, 2017. Bio-management of rice root-knot nematode, Meloidogy egraminicola Gloden and Brichfield in aerobic rice[J]. Entomol zool study, 5(4): 1433-1439.

NAWROCKA J, MAOLEPSZA U, 2013. Diversity in plant systemic resistance induced by *Trichoderma*[J]. Biological control, 67(2): 149-156.

REDDA E T, MA J, MEI J, et al, 2018. Antagonistic potential of different isolates of *Trichoderma* against *Fusarium oxysporum*, *Rhizoctonia solani*, and *Botrytis cinerea*[J]. European journal of experimental biology, 8(2): 1-8.

SAHEBANI N, HADAV N, 2008. Biological control of the root-knot nematode Meloidogyne javanica by *Trichoderma harzianum*[J]. Soil biology and biochemistry, 40(8): 2016-2020.

SANJIT D, GOUTAM C, DUTTA S S, et al, 2020. Potential of *Trichoderma* species as biofertilizer and biological control on *Oryza sativa* L. cultivation[J]. Biotecnología vegetal, 20(1): 1-16.

SHI Y, XIE H, CAO L, et al, 2017. Effects of Cd-and Pb-resistant endophytic fungi on growth and phytoextraction of brassica napus in metal-contaminated soils[J]. Environmental science and pollution research, 24(1): 417-426.

SIVASITHAMPARAM K, GHISALBERTI El, 1998. Secondary metabolism in *Trichoderma* and *Gliocladium*[J]. Basic biology, taxonomy and genetics: 139-191.

VEGLIO F, BEOLCHINI F, 1997. Removal of metals by bio sorption: a review[J]. Hydrometallurgy, 44(3): 301-316.

VIJVER M G, VAN GESTEK C A, LANNO R P, et al, 2004. Internal metal sequestration and its ecotoxicological relevance: a review[J]. Environmental science and technology, 38(18): 4705-4712.

WANG S X, ZHANG L P, HUANG Y L, et al, 2013. Induced systemic resistance of cucumber to grey mould by *Trichoderma harzianum* Tr-92[J]. Chinese journal of biological control, 29(2): 242-247.

WANG S, ZHAO X, 2009. On the potential of biological treatment for arsenic contaminated soils and groundwater[J]. Journal of environmental management, 90(8): 2367-2376.

（撰稿：吴蓓蕾；审稿：王琦）

害虫生物防治　biological control of insect pest

利用生物有机体或其天然产物控制害虫（害螨）的理论和实践。害虫生物防治是害虫综合治理中理论基础和技术体系的核心内容，是实施“预防为主，综合防治”植保方针的重要保障。开展害虫生物防治并与其他防治措施协调运用，对于减少农药用量和减轻环境污染、保障人畜健康安全、保证作物产量和质量，最终降低农业产业成本、促进农业的可持续发展和农村的生态文明建设有重要意义。

狭义的害虫生物防治是指利用害虫天敌（活的有机体）来控制害虫的理论和实践。害虫天敌主要包括天敌昆虫（捕食性和寄生性昆虫）、昆虫病原微生物（细菌、真菌、病毒、原生动物等）、蛛形纲动物（蜘蛛、捕食螨）、昆虫病原线虫等。此外，一些脊椎动物及植物也可用于害虫生物防治。

天敌昆虫依据其取食的方式分为捕食性天敌和寄生性天敌两大类。捕食性天敌常见的种类有瓢虫、草蛉、食蚜蝇等，这类天敌一般食量较大，需要捕食 2 头以上害虫才能完成其生长发育，因此控害作用十分明显。寄生性天敌寄生于害虫体内或体表，以害虫体液等营养物质为食，并导致害虫死亡，主要包括寄生蜂和寄生蝇等。农业生产中经常利用的寄生性天敌有赤眼蜂、平腹小蜂、蚜小蜂等。寄生性天敌昆虫一般致死寄主，与脊椎动物上的寄生虫（parasite）一般不致死寄主的特性不同，所以这类寄生性天敌又名为拟寄生虫（parasitoid）。有些寄生性天敌昆虫在幼虫期寄生，在成虫期捕食寄主，兼有捕食和寄生两种习性，但一般仍归为寄生性天敌。捕食螨在生产中的应用也比较广泛，主要以害螨、蓟马和粉虱等小型害虫为食。此外，鸟类、蛙类、蝙蝠等动物对控制农林害虫种群的发展也有很大的作用。

害虫的病原微生物具有专化性强，对天敌昆虫安全，无残毒，可再侵染循环传播，与少量化学农药混合使用可以增效等优点。其中以细菌和真菌应用最为广泛。昆虫病原细菌以苏云金杆菌最为常见，主要防治鳞翅目害虫的幼虫。昆虫病原真菌中有超过 50 种用于商业生产，以白僵菌和绿僵菌的利用较为普遍。中国商业化的病毒杀虫剂有 10 多种，最常见的是核型多角体病毒。昆虫病原线虫中的斯氏线虫和异小杆线虫具有寄主广、主动搜寻寄主、对人畜安全、易培养、使用方便等特点，成为新型的生物杀虫剂。昆虫病原原生动物中得到广泛使用的是蝗虫微孢子虫。

广义的生物防治还包括遗传防治，包括辐射不育、化学不育、遗传不育、基因易位等技术的利用，昆虫激素（保幼激素、蜕皮激素等）及性信息素的利用，以及作物抗虫性、转基因植物对害虫的作用等。

害虫生物防治的主要策略和途径包括外地天敌的引入、本地天敌的保护利用和天敌的繁殖释放 3 种。①外地天敌的引入主要是由于昆虫群落的分布具有局域性所引发，从范围尺度来讲可分为国际引种、国内移植和近地助迁。②本地天敌的保护利用是通过创造有利于天敌生存繁殖的条件来实施，如通过农业措施或选择性农药对天敌进行保护或提供天敌食物和繁殖场所等促进天敌发挥作用。③天敌的繁殖释放是指通过人工的方法在室内大量繁殖以用于田间释放。

害虫生物防治具有长效性好、害虫不易产生抗性、减少环境污染、降低农业成本、对人畜安全等优点，从而形成主动性、持续性的控害特点。但也存在一定的局限性，如针对的靶标害虫专一、见效慢，防治效果易受环境因子影响而产生较大变化，天敌产品时效性强、产业规模小、商品化程度低、产品质量难控制等。不过生物防治所表现的一些特性，如针对的靶标害虫专一等，其效果会随实施的策略和方法变化，合理利用就会成为生物防治的优势。害虫生物防治是环境友好型的绿色防控方法，是可持续农业发展的必由之路，既可以单独使用，也可以灵活地与农业防治、化学防治等方法协调运用，发展前景广阔。

参考文献

陈学新，姜道宏，刘银泉，等，2018. 生物防治学学科发展研究[C]// 中国植物保护学会，2016—2017 植物保护学学科发展报告. 北京：中国科学技术出版社.

陈学新，刘银泉，2016. 农业害虫天敌昆虫防治技术发展战略.[C]// 中国昆虫不育技术发展战略研究项目组. 中国农业害虫绿色防控发展战略. 北京：科学出版社.

林乃铨，2010. 害虫生物防治 [M]. 5 版. 北京：科学出版社.

（撰稿：刘银泉；审稿：刘树生、杨忠岐）

害虫生物防治历史 history of biological control in insect pest

早在公元前 800 年的西周时期，中国《诗经》中就有“螟蛉有子，蜾蠃负之”的记载，这是胡蜂类捕捉蛾类幼虫的最早记述。在公元前 400 年前后的春秋战国时期，中国开始有家蚕僵病的记录，之后在晋代《采桑度》诗集中又有近似家蚕微孢子病的记载。公元 304 年，西晋的《南方草木状》中记载了中国南方地区出售黄猄蚁防治柑橘害虫的史实，这是有记载的最早的生物防治实践。1868 年，吹绵蚧在美国加利福尼亚州被发现并很快成为柑橘的重要害虫。确认这一害虫原产于澳大利亚后，美国于 1888—1889 年先后从澳大利亚引进 514 头澳洲瓢虫并释放到橘园，澳洲瓢虫迅速压低了吹绵蚧种群密度并一直持续有效地控制该害虫的危害，这是传统生物防治（classic biological control）最早的成功案例。

从公元 300 年到 1887 年之间这段时间，仅有少量的天敌被释放应用，但没有进行科学的基础研究，也鲜有应用成功的资料报道。这个时期是天敌意识的萌芽阶段，是生物防治的早期。1888 年澳洲瓢虫防治吹绵蚧成功之后，开始有更多的生物防治项目开展。特别是 1930—1940 年，是生物防治活动的一个小高峰期，世界各地有 57 种天敌被应用。然而，从 1944 年起，DDT 及一系列化学农药开始广泛应用，被人们认为是可以一劳永逸的灵丹妙药，生物防治的发展因此受到抑制。从 1888 年到 20 世纪 50 年代这段时间，生物防治经历了从繁荣到低迷的波动，但这个阶段的生物防治活动的意识比较明确，有针对性地开展了天敌的种类调查和收集，开展了天敌和害虫之间的关系研究，并开始编辑出版天敌相关的文献资料。这个阶段被称为生物防治的中间时期。从 20 世纪 50 年代至今，是现代生物防治时期。这个时期人们认识到了化学农药破坏生态环境等不足之处，对天敌的保护和引种应用重新得到重视，包括生物防治和化学防治协调运用的综合防治观念开始被越来越多的人认可和接受。更多的生物防治项目取得进展，生物防治的理论和实践得到极大丰富，关于生物防治理论和实践的专著和期刊相继出版。在多个国家的农业部门和大学中相继建立起生物防治机构，国际生物防治组织（International Organization for Biological Control，IOBC）也应运而生。一些专门生产天敌昆虫的公司也出现并逐渐壮大，以赤眼蜂为代表的天敌产品得到大量推广应用，效果相当显著。全球以天敌昆虫为主要产品的天敌公司已达 500 多家，主要分布于欧洲和北美等地，中国有少数几家天敌公司，产品以赤眼蜂、圆长啮小蜂的生产应用为主。

（撰稿：刘银泉；审稿：刘树生、杨忠岐）

核型多角体病毒 nucleopolyhedrovirus, NPV

杆状病毒科，对昆虫具有致病性和较强宿主专一性的双链 DNA 病毒。包涵体呈多角体状，多角体在被感染宿主昆虫细胞核内形成，一般呈多面体形，具棱角。多角体由蛋白质结晶构成，很多病毒多角体蛋白的晶格具有高度的规则性，对包埋其中的病毒粒子具有保护作用。病毒多角体直径 0.5～15μm，多为 0.6～3μm。多角体表面具有一层很薄的硬蛋白质外膜，膜内为多角体蛋白，多角体易溶于碱性溶液。多角体内包埋着大量的病毒粒子，病毒粒子呈杆状，有衣壳和囊膜，包埋在多角体蛋白晶体内的病毒粒子有单个和成束两种方式。根据病毒粒子囊膜内核衣壳数量的多少，将核型多角体病毒分为单粒包埋型和多粒包埋型。囊膜内只有 1 个核衣壳的称为单粒包埋型核型多角体病毒，囊膜内有 2 个以上核衣壳的称为多粒包埋型核型多角体病毒。根据国际病毒分类委员会第九次报告，核型多角体病毒在分类上隶属于杆状病毒科 α 杆状病毒属、β 杆状病毒属、γ 杆状病毒属和 δ 杆状病毒属。多数核型多角体病毒的宿主具有较强的专一性，亦有少数毒株宿主域较宽，如苜蓿银纹夜蛾核型多角体病毒、芹菜夜蛾核型多角体病毒、甘蓝夜蛾核型多角体病毒。

侵染过程 当宿主昆虫取食到多角体时，多角体蛋白在昆虫中肠碱性环境和酶的作用下降解并释放出病毒粒子，病毒粒子通过膜融合进入中肠上皮细胞，启动初始感染（又名口服感染）。进入中肠上皮细胞的病毒经过繁殖，产生出芽型病毒粒子（BV），出芽型病毒粒子从中肠的基底层出芽，进入气管及血腔，从而启动昆虫体内其他组织细胞的感染（又名二次感染）。随着病毒核酸的复制，子代核衣壳开始出现并在细胞核内获得囊膜，形成完整的病毒体或病毒束，并嵌入已形成的多角体蛋白结晶中，多角体充满感染细胞的细胞核中致使细胞破裂解体。幼虫感染核型多角体病毒后，初期症状不明显，随着病情发展，幼虫表现行动迟缓、体色变暗、发白或呈油光，伴有虫体肿胀，濒死虫躯体变软，体内组织液化，常以腹足和尾足附枝叶倒挂而死。死虫皮肤脆弱，一触即破，流出乳白色或褐色的汁液。

参考文献

林乃铨，2010. 害虫生物防治 [M]. 5 版. 北京：科学出版社.

吕鸿声，1982. 昆虫病毒与昆虫病毒病 [M]. 北京：科学出版社.

蒲蛰龙，1994. 昆虫病理学 [M]. 广州：广东科技出版社.

谢天恩，胡志红，2002. 普通病毒学 [M]. 北京：科学出版社.

（撰稿：曲良建；审稿：张永安）

H

黑卵蜂科 Scelionidae

属膜翅目细蜂总科（Prototrupoidea），现已知160属3000余种，分为3个亚科：缘腹细蜂亚科（Scelioninae）、长缘黑卵蜂亚科（Teleasinae）和黑卵蜂亚科（Telenominae）。又名缘腹细蜂科。

形态特征 体小型至微小型，前翅长0.5～6.0mm，一般体黑色，无金属光泽。触角膝状，通常11～12节，有时为7～10节；雌性触角端部几节常膨大，呈显著的棒状；雄性触角第五节常特化。前胸背板两侧角向后延伸达到翅基片。前翅具亚缘脉、缘脉和痣脉，也常具痣后脉。腹部强度骨化，一般呈显著的背腹扁，通常可见背板为6或6节以上。产卵器不用时隐藏（见图）。

生物学习性 黑卵蜂科内寄生于昆虫和其他节肢动物卵，大多数种类为初寄生，但欧洲有一个种为兼性重寄生。大多数种类为单寄生。雌虫产完卵后会在寄主卵上做一标记，如黑沟卵蜂（*Trissolcus basalis*）寄生蝽科昆虫的卵，雌蜂给它产过卵的每个寄主卵上通过从卵内抽回产卵器而在卵壳上留下一个“8”字形图案，这样就给卵作了标记。在其他的情况中，黑卵蜂是用化学信息物质标记已被寄生了的寄主卵。有几种寄生大粒卵的黑卵蜂亚科的种类据知为群集寄生，从寄主的1粒卵中一般可育出5～10头黑卵蜂成虫。

大多数黑卵蜂喜欢寄生成堆产的寄主卵，但也有个别种类寻找并寄生单粒散产的寄主卵。寄生于堆产寄主卵的黑卵蜂后代中产生的雌性趋于占优势。这些种类的雄蜂先羽化，雄蜂之间常在寄主卵堆上发生撕咬等激烈打斗，以争夺交配权，当雌蜂刚一羽化出来，它们就上前与其交配。黑卵蜂科为一类寄生在多种环境条件下生活的多种节肢动物卵的寄生蜂类群，但大部分种类的寄主专化性很强，许多种类仅限于寄生1种寄主，但也有不少种可寄生1个科内的寄主卵。只有为数不多的记载称它们产卵于几个科的寄主卵，但迄今还没有发现能寄生不同目昆虫卵的黑卵蜂。

黑卵蜂亚科大部分寄生鳞翅目［黑卵蜂属（*Telenomus*）］和半翅目［沟卵蜂属（*Trissolcus*）］的卵。缘腹细蜂亚科是形态上最为原始的黑卵蜂类群，有着极其多样的寄主关系。某些属，如蝗黑卵蜂属（*Scelio*）寄生直翅目的卵，其他属如粒卵蜂属（*Gryon*）寄生半翅目的卵，有几个属，如常腹卵蜂属（*Idris*）、窄盾卵蜂属（*Baeus*）寄生蜘蛛卵。长缘黑卵蜂亚科寄生于鞘翅目的卵。

由寄主携带传播的现象在黑卵蜂科中十分普遍。黑卵蜂属有几个种曾被观察到紧贴在枯叶蛾科和其他大型蛾子的长柔毛中，鳞黑卵蜂（*Telenomus gracilis*）的雌虫在地面上的枯枝落叶中越冬，在春季能找到蛾子的蛹，随后就守候在寄主蛹旁，等待其羽化，成虫刚一羽化，它就爬到该羽化的蛾子身上，藏匿在它的胸部浓密的柔毛中，当寄主产卵后给寄主卵中产卵。北美的大唇黑卵蜂属（*Synoditella*）能附着于一些蝗虫腹部的节间膜处。有一种黑卵蜂趴附在蜻象体上等待寄主产卵而后寄生。螳黑卵蜂（*Mantibaria manticida*）趴附于欧洲螳螂（*Mantis religiosa*）体上。这些由寄主携带的黑卵蜂坐骑在寄主昆虫上为的是当其产卵时，它们就能顺利地从寄主体上下来，以便及时寄生刚产下的新鲜寄主卵。但许多黑卵蜂雌蜂几乎在寄主卵的任何发育阶段都能寄生，而有些种显然只能成功寄生刚生产下不久的比较新鲜的寄主卵。某些种能注入阻止寄主卵继续发育的毒液。

黑卵蜂的一龄幼虫颇具特色：体无可见的分节，但在中部处呈收缩状，因而把身体分成不太明显的头胸部和腹部两个部分。这是所谓的黑卵蜂型幼虫（teleaform），上颚很大，头胸部通常具显著的突起；大多数的尾部具一长附器。有一个种的二龄幼虫为囊形（sacciform），老熟幼虫是典型的膜翅目型。幼虫共有三龄的情况最为常见，但在某些种类中有二龄的记载。这种记载可能是错误的，因为黑卵蜂的二龄与三龄幼虫十分相似。它们在寄主卵中化蛹。

参考文献

JOHNSON N F, 1992. Catalog of world species of Proctotrupoidea, exclude Platygasteridae (Hymenoptera)[J]. Memories of the American entomological institute, 51: 1-825.

MASNER L, 1980. Key to genera of Scelionidae of the Holarctic region, with descriptions of new genera and species (Hymenoptera: Proctotrupodea)[J]. Memoirs of the Entomological Society of Canada (113): 1-54.

YANG Z Q, YAO Y X, et al, 2009. A new species of *Trissolcus* (Hymenoptera: Scelionidae) parasitizing eggs of *Halyomorpha halys* (Heteroptera: Pentatomidae) in China with comments on its biology[J]. Annals of the Entomological Society of America, 102(1): 39-47.

（撰稿：曹亮明；审稿：杨忠岐）

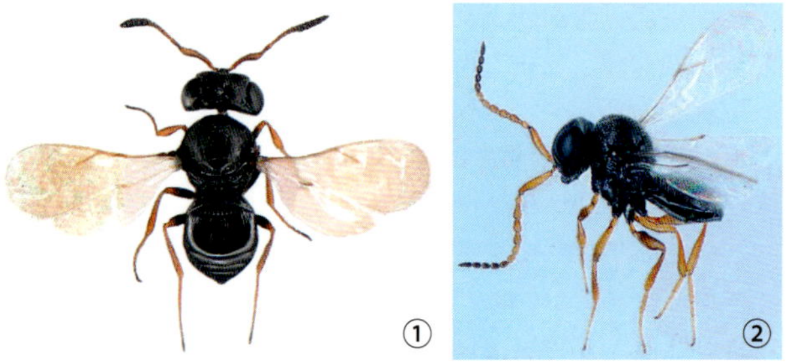

黑卵蜂科

茶翅蝽沟卵蜂（*Trissolcus halyomorphae* Yang）（杨忠岐摄）

①雌虫背面观；②雄虫侧面观

黑缘红瓢虫 *Chilocorus rubidus* Hope

为鞘翅目（Coleoptera）一种捕食性天敌瓢甲科（Coccinellidae）盔唇瓢虫属（*Chilocorus*）。Hope于1831年描述，全国范围内广布。黑缘红瓢虫的成虫和幼虫均捕食多种介壳虫，是朝鲜球坚蚧（*Didesmococaus koreanus* Borchs）的优势捕食性天敌，对桃、梅等果树上常见的朝鲜球坚蚧有较强的控制作用。是一种重要的天敌昆虫。

形态特征 体长5.2～7.0mm，宽4.5～5.7mm。头部黑色；前胸背板及中胸小盾片黑色，鞘翅枣红色，边缘黑色；

腹面赤陶土色，腹板正中、边缘及近边缘杂有黑褐色斑；胸足棕黑色；体表有金属光泽，密布细毛及刻点。

黑缘红瓢虫的头部黑色，椭圆形，头长小于宽。两复眼近椭圆形，长宽比约为 2∶1；锤状触角着生于额前伸部分的下侧方；柄节最长，稍稍弯曲，梗节呈球状，短于柄节，鞭节自第三节到第八节依次膨大，第八节宽度与柄节长度相近，触角上散布细毛。口器咀嚼式，为前口式。上颚内侧为上唇所覆盖，左右并不对称可相互交错，有利于捕捉介壳虫。黑缘红瓢虫前胸背板，长宽比约为 1∶2，两侧前端向前延伸包裹头部侧后方；中胸有小盾片，其余部分为鞘翅所覆盖；前置为鞘翅，呈半球形，除周缘均为枣红色，其周缘部分黑色且自内而外逐步增厚使其周缘部分相对较平，静息时覆盖整个中胸（除小盾片）、后胸和腹部。内翅静息时紧贴于腹部背面；后翅膜质，前缘脉、亚前缘脉、径脉在末端合并，前缘脉及径脉相接处形成翅痣。中脉前端退化仅可见后部，M_4 向后弯曲与肘脉合并，臀脉环形。腹部八节，第一背板主体膜质两端特化为骨片，第二节至第七节硬化程度低有一定的弹性，第八节背板强烈骨化；腹部第一节至第七节均有一对气门且逐渐变小；腹板可见 6 节，均强烈骨化。第三腹板梯形，前端前伸于后足基节窝之间。第八腹板末端可缩入体内，中央有一小的内凹，雄虫末端较雌虫圆钝。

生物学习性 黑缘红瓢虫雌雄比接近 1∶1，成虫寿命较长，约为 280 天。可取食多种介壳虫，主要如朝鲜球坚蚧，另外还有桃球坚蚧、日本卷毛蚧、沙里院蚧、油茶绵蚧、桃蚜、黍缢管蚜等。同时，多以黑缘红瓢虫幼虫取食。1 头黑缘红瓢虫幼虫平均捕食朝鲜球坚蚧的卵块 12 个。猎物成虫羽化后，先栖息于蛹壳附近，约经 2 天后开始捕食刚孵化的朝鲜球坚蚧幼虫或其他蚜虫，经 6～7 天后开始滞育越夏，则表现为较少捕食或不捕食现象。雌虫多于 8：00～18：00 时产卵于已食空的雌蚧体内，少数产在树皮缝隙间，或产在蚧虫寄主的小干枝上。散产或堆产（2～3 粒），排列不规则。每头雌虫平均约产卵 200 粒，日产卵量 1～29 粒。产卵期一般为 20～52 天，平均 41.6 天。初孵幼虫很少活动，自二龄开始，活动逐渐增强，捕食朝鲜球坚蚧的卵、幼虫或雌虫。雌蚧虫体柔软时，几乎可将整个蚧体吃掉；蚧雌虫体壁已硬化时，则黑缘红瓢虫幼虫先在蚧的体壁上咬一个孔洞，然后头伸进其内部取食体液和肉质内脏器皮，最后仅剩下外面的蜡质层。黑缘红瓢虫有较强的群集性。幼虫有群集行动和群集化蛹羽化的习性，有时在同一枝条上能见到几百头幼虫聚集在一起化蛹。化蛹前几天不食不动，体缩短肥大渐变宽圆，进入预蛹期，同时以腹部末端足突固定其躯体在树枝上化蛹。化蛹时，幼虫蜕皮壳仅背面中央开裂而包围蛹体，成为蛹的保护物。蛹羽化率极高。羽化多在 20：00 至翌日 8：00 时进行。整个羽化过程约需 10 分钟。刚羽化时，鞘翅淡黄色，然后体色慢慢变深，最后转为枣红色，全过程约需 24 小时。刚羽化出的成虫膜翅伸于鞘翅之外，约需 30～60 分钟后收缩到鞘翅里面。初羽化的成虫先在蛹壳处停息，待体色变正常后，才开始活动。成虫具有假死性和一定的避光性，不互相残杀。成虫大量羽化后 10 天左右，即 5 月底 6 月初时，开始分散觅食，每株树仅剩成虫几头。

生活史 黑缘红瓢虫 1 年发生 1 代。越冬成虫 2 月下旬至 3 月上旬开始活动，日平均气温稳定在 8°C 以上时越冬成虫开始出蛰、交配和产卵，卵发育历期为 6～8 天。3 月下旬，当旬平均气温稳定达 12°C 以上时卵开始孵化。幼虫期从 3 月中下旬开始活动，5 月上旬结束。幼虫期为 20～28 天。幼虫共四龄。在日平均温度为 20°C 时，一龄幼虫历期 8.5±1.5 天；二龄幼虫历期 6.2±1.0 天；三龄幼虫历期 5.7±0.5 天；四龄幼虫历期 9.4±0.5 天。4 月底，日平均气温达 16°C 时，即有幼虫化蛹，5 月上旬进入化蛹盛期，蛹期约需 13 天。5 月中下旬，日平均气温达 20°C 以上时，即开始大量羽化出现新一代成虫。6 月中下旬左右高温季节，日平均气温达 25°C 以上时，新一代成虫开始群集于桃树、梅树的下层叶片背面等处滞育越夏。10～11 月上旬，日平均气温下降到 23°C 时，成虫滞育越夏后重新开始捕食活动，同时开始交配但不产卵。11 月中旬至下旬，日平均气温下降至 12°C 以下，中午最高气温降至 15°C 以下时，成虫开始越冬，一般以成虫在树皮缝隙、土壤内、石缝、杂草丛中等处群集越冬。整个成虫期约 9 个月。黑缘红瓢虫各虫态比较整齐，但也存在一定的世代重叠现象。

黑缘红瓢虫成虫的冻结点和过冷却点分别为 −4.34°C 和 −11.83°C，其在 −4°C 以上的温度时死亡率较低，可以忍受较长时间，但在 −6°C 及以下时死亡率骤然提升，在 −8～−6°C 时和 −10～−8°C 时，其致死中期（LP_{50}）分别为 13.4 天和 5.5 天。

人工繁殖 黑缘红瓢虫人工繁殖时可以使用白蜡虫作为替代饲料，也可以用草鱼肉、鲜猪肝、夜蛾幼虫作为主要配方制成人工饲料饲喂。

捕食行为 以黑缘红瓢虫二龄幼虫作为供试天敌昆虫，观察了黑缘红瓢虫二龄幼虫对朝鲜球坚蚧雌蚧的捕食及捕食量情况，得出黑缘红瓢虫二龄幼虫在不同猎物密度下的捕食量。

黑缘红瓢虫二龄幼虫在不同猎物密度下，其捕食量也存在着显著差异（见表）。随着朝鲜球坚蚧密度的增大，其捕食量也迅速增大，但当朝鲜球坚蚧密度增至一定值时，捕食量增大速度趋于缓慢，呈一种负加速曲线型，可用 Holling Ⅱ圆盘方程拟合，其模拟方程为：

不同猎物密度下黑缘红瓢虫二龄幼虫

	日平均捕食量				
朝鲜球坚蚧密度（头 / 皿）	5	10	15	20	25
平均捕食量（头 / 日）	1.5	2.2	2.9	4.0	4.8

$$Na=\frac{0.3508N}{1+0.3508\times0.1250N}$$

式中，Na 为被捕食猎物数量；N 为猎物初始密度。

参考文献

黄保宏，王波，余本渊，2001. 黑缘红瓢虫生物学特性的研究 [J]. 应用昆虫学报，39(2): 126-129.

黄保宏，邹运鼎，毕守东，等，2005. 黑缘红瓢虫成虫人工饲料研究 [J]. 中国农业大学学报，10(3): 4-9.

刘崇乐，杨济焜，廖定熹，1950. 黑缘红瓢虫 *Chilocorus rubidus* Hope a. tristis Faldermann, 之外部形态（鞘翅目：瓢虫科）[J]. 昆虫学报 (2): 164-185.

王金福，1987. 黑缘红瓢虫亚种耐寒性的研究 [J]. 植物保护学报 (4): 259-262.

佚名，1975. 黑缘红瓢虫的活体代饲料——白蜡虫 [J]. 今日科技 (14): 11.

（撰稿：陈文昱；审稿：曹亮明、杨忠岐）

厚孢轮枝菌 *Verticillium chlamydosporium*

土壤及植物根际习居菌，属于寄生性生防真菌。它能够侵染南方根结线虫的雌虫，同时又是北方根结线虫的卵和成熟雌虫的有效寄生菌，是根结线虫和胞囊线虫自然衰退的重要因子，对根结线虫具有良好的防治效果，在植物寄生线虫的生物防治上有开发应用前景。

厚孢轮枝菌是兼性寄生真菌，既能寄生又能在土壤中腐生，具有厚壁的休眠孢子，容易适应复杂的土壤环境，易在土壤中定殖存活，是一个优秀的线虫生防菌。厚孢轮枝菌作为一种线虫生防菌，在防治香蕉、花生、番茄等作物根结线虫上应用，效果良好，且对甜菜根结线虫也有一定的防效，对环境、作物安全。

厚孢轮枝菌能够以菌丝方式稳定定殖于烟草根表不同部位，但仅限于表皮层较深的细胞组织，而不能侵入根的韧皮部和木质部组织，菌丝能穿过甚至生长于表皮和皮层细胞壁而不引起植物任何细胞的破坏。除了能稳定寄生植物组织外，厚孢轮枝菌作为一个卵寄生菌，能够寄生线虫的卵。当接触到线虫的卵囊时，通过菌丝网穿刺卵壁，使菌丝穿透卵壁来完成对线虫卵的寄生。在大田的生物防治过程中，根结线虫产卵均以卵囊的形式存在，而生防菌剂也多以孢子的形式施入田间。另外，在生产实践中如果能准确掌握根结线虫产卵囊的时间，在产生卵囊前施用厚孢轮枝菌，可以大大提高对根结线虫病害生物防治的效果。

厚孢轮枝菌已经被开发成产品，在根结线虫的防治方面相对其他化学药剂、物理防治防效显著，防治效果高达 70%；对青枯病、枯萎病、根腐病、立枯病等土传性病害具有兼治的作用；在病田可增产 30%～50%，在无病田的增产效果 10% 以上。

参考文献

王泊理，陈翠锦，赵勇，等，2015. 厚孢轮枝菌防治烟草根结线虫田间试验 [J]. 农村经济与科技，26(8): 51-52.

王泊理，赵江克，王孟玺，2018. 厚孢轮枝菌对南方根结线虫卵孵化的抑制作用研究 [J]. 植物医生，31(1): 57-59.

杨章明，常宁涛，吴先华，等，2018. 万寿菊与厚孢轮枝菌联合对烟草根结线虫病的防治效果 [J]. 安徽农业科学，46(27): 160-162.

祝明亮，李天飞，夏振远，等，2002. 烟草根际厚孢轮枝菌生态效应研究 [J]. 微生物学通报，29(2): 4-8.

HAIDAR A M, AL-ASSAS, KH M K H, et al, 2016. Efficacy of some Syrian isolates of *Verticillium chlamydosporium* and two species of Paecilomyces in controlling the sugar beet cyst nematode (*Heterodera schachtii*)[J]. Arab journal of plant protection, 34: 41-51.

（撰稿：罗欣月；审稿：王琦）

胡蜂科 Vespidae

属膜翅目细腰亚目针尾部（Aculeata）。全球已知约 5000 种，世界性分布，包括 6 个亚科：胡蜂亚科、马蜂亚科、狭腹胡蜂亚科、蜾蠃亚科、犹胡蜂亚科和马萨胡蜂亚科，其中蜾蠃亚科、犹胡蜂亚科和马萨胡蜂亚科为独居性，胡蜂亚科和马蜂亚科为社会性，狭腹胡蜂亚科为独居性向社会性过渡的亚社会性。

形态特征 成虫复眼内缘上半部具一明显凹陷；触角雌性 12 节、雄性 13 节，雄性触角端部常呈弯钩状；翅发达，静止时纵折于体上；前翅第一中室比亚基室长，后翅至少有 1 个闭室；前胸背板两侧伸达翅基片，呈倒“V”字形；足转节为 1 节；腹部腹柄有或无，腹部雌性可见 6 节、雄性可见 7 节，腹部末端腹板不纵裂，雌产卵器平时缩入体内；体常具浅棕色、红棕色或黄色斑纹或条带。

生物学习性 社会性类群筑巢营群居性生活，蜂群中有明显分工，如包括蜂后、职蜂和专司交配的雄蜂，蜂后为上一年秋后与雄蜂交配受精的雌蜂，经在避风、温暖场所抱团越冬后，在翌年春季出现并散团后即分别活动，自行寻找适宜场所营巢产卵，多为 1 蜂 1 巢，边筑巢边产卵，蜂后负有产卵、筑巢、捕食、寻觅筑巢材料并哺育初孵化幼虫的职责，通常 1 个巢室内仅产 1 粒卵；在温带地区，常一年 1 代，气候差异情况下，部分地区一年也可产生 3 代。独居型种类属于外寄生蜂，成虫平时自由生活于野外，仅于雌蜂产卵时建有供子代发育的巢，并预先贮备食物以保证幼虫食用。

经济意义

益处 胡蜂科种类的成虫常直接捕猎农、林业多种害虫，并将害虫蜇刺麻醉后携入巢中供幼虫做食料，胡蜂科幼虫尤其喜食鳞翅目幼虫，是防治此类害虫的重要天敌昆虫。中国已有人工利用马蜂和胡蜂防治害虫的成功之例，20 世纪 70 年代在中国河南虞城曾利用亚非马蜂［*Polistes olivaceus*（Degeer）］等种类防治上万亩棉田的棉铃虫（*Helicoverpa armigera* Hubner）等害虫；此外，蜾蠃体强、善飞，性格凶猛，且捕食量大，每头雌蜾蠃每日可产 6～12 粒卵，每粒卵需储存 6～25 头蛾类幼虫（图 1），依此，每头雌蜂每日可消灭害虫达 100 余头，在稻田、棉田、果树及草地等多种农业生态环境中，对害虫种群数量的发生起到了直接自然控制

图 1　捕猎害虫
（李廷景摄）

图 2　采食花粉、花蜜
（李廷景摄）

图 3　胡蜂亚科种类的巢
（李廷景摄）

图 4　蜾蠃在房屋木板上打洞筑巢
（李廷景摄）

作用。中国在 20 世纪 70 年代已利用黄喙蜾蠃［*Rhynchium quinquecincium*（Fabricius）］在浙江防治农业害虫；成虫常采食花粉、花蜜，是某些植物的传粉媒介（图 2）；其次，它们的成虫、幼虫和蜂巢均可入药，分别可祛风除湿、消肿解毒、抗细菌病毒、治疗恶性肿瘤等，现代医药业已开始马蜂和胡蜂毒素的开发利用，日本理化学研究所于 1982 年开始利用金环胡蜂（*Vespa mandarinia* Smith）毒素研制生物新型杀虫剂；此外，民间一直延续有吃马蜂和胡蜂的习俗，记载的食用种类有几十种。研究发现其幼虫的蛋白质含量高于猪肉、鸡蛋等常见食品，氨基酸和必需氨基酸含量也较高。

害处　胡蜂科部分类群尤其是马蜂亚科、胡蜂亚科种类平时群居巢上，甚至将巢建在民房屋檐下（图 3），人畜误碰其巢，会引起群蜂刺蜇，常致受伤，严重者甚至死亡，每年都有胡蜂或马蜂蜇人事件报道；在养蜂、养蚕区和果园附近，胡蜂亚科和马蜂亚科种类又捕食蜜蜂或蚕幼虫，咬食成熟水果，造成一定危害；也有蜾蠃亚科部分种类在房舍的木料上打洞（图 4），影响房屋的耐用性和稳定性。

参考文献

陈玉惠，欧晓红，张红玉，1997. 凹纹胡蜂食用虫态营养成分分析及其利用价值评价 [J]. 西南林学院学报，17(1): 39-42.

冯颖，陈晓鸣，2001. 云南常见食用胡蜂种类及其食用价值 [J]. 林业科学研究，14(5): 578-581.

李参，王铁伟，董秀仁，1975. 黄唇蜾蠃蜂及其利用的初步研究 [J]. 昆虫学报，18(2): 151-155.

李宁，秦明珠，2004. 蜂房粉末的鉴定研究 [J]. 中医药学刊，22(4): 747-748.

李铁生，1982. 中国农区胡蜂 [J]. 环境昆虫学报 (2): 88.

李铁生，1985. 中国经济昆虫志：第三十册　胡蜂总科 [M]. 北京：科学出版社.

李铁生，1993. 中国胡蜂资源的开发与利用 [M]. 北京：科学出版社.

李铁生，贺建国，1980. 利用马蜂防治棉花害虫 [J]. 农业科技通讯 (6): 32.

秦毅恒，王润辉，1995. 胡蜂与农业生态 [J]. 养蜂科技 (4): 7-8.

许俊峰，韩召军，2009. 黄唇蜾蠃蜂蜂毒的毒性特征研究 [J]. 南京农业大学学报，32(4): 89-93.

岳玉桃，郭志玲，贾国强，2004. 胡蜂蜇伤并多脏器功能衰竭 50 例 [J]. 中华全科医师杂志，3(3): 67-68.

张平，2001. 新型"绿色农药"[J]. 中国果蔬 (5): 20.

张启明，李铁生，孙铁民，等，1997. 胡蜂毒对肿瘤杀伤作用和治疗作用的初步报告 [J]. 实用肿瘤学杂志，11(4): 260-261.

ARCHER M E, 2008. Taxonomy, distribution and nesting biology of species of the genera, *Provespa* Ashmead and *Vespa* Linnaeus (Hymenoptera: Vespidae)[J]. Entomologist's monthly magazine, 144 (1727/1729): 69-101.

（撰稿：李廷景；审稿：杨忠岐）

胡瓜新小绥螨　*Neoseiulus cucumeris* (Oudemans)

属寄螨目（Paratiformes）革螨亚目（Gamasida）植绥螨科（Phytoseiidae）新小绥螨属（*Neoseiulus*）。是 Oudemans 于 1930 年定名的一个新种。胡瓜新小绥螨因其食性广泛、发育历期短、产卵率高、扩散能力强且已有较成熟的规模化饲养技术，已成为一种被广泛采用的生物防治产品。其主要被应用于果树和蔬菜花卉上叶螨、瘿螨、跗线螨、蓟马、粉虱和木虱的卵、低龄若虫及刚羽化未展翅的成虫等有害生物的防治。

形态特征　雌成螨背板长 355～375μm，宽 207～218μm，具有网纹。背部具 19 对刚毛，其中 6 对背中毛（j1，j4，j5，j6，J2，J5），2 对中侧毛（z5，Z4），9 对侧列毛（j3，z2，z4，s4，Z1，S2，S4，S5，Z5），2 对亚侧毛（r1，R1）位于盾间膜上。在所有背部刚毛中，Z5 最长，为 72μm，锯齿状，侧列毛 s4，S2，S4，S5，和中侧毛 Z4 长度相近，胸板具 3 对胸毛，第四对胸毛在独立的胸后板上，生殖板具 1 对生殖毛，腹肛板上具网纹，具 1 对肛前孔和 3 对肛前毛（Jv1，Jv2，Zv2），在腹肛板两侧，具 4 对刚毛（ZV1，ZV3，JV4，JV5）和 2 对足后板，初生板长于次生板。JV5 为 35～38μm，具微刺。其余各毛光滑，长度在 10～25μm 不等。气门沟伸至背中毛 j1 和侧列毛 j3 之间。受精囊似烧杯形，颈长 10μm。足 IV 膝节、胫节和基跗节各具 1 根短巨毛。

生物学习性　胡瓜新小绥螨是多食性捕食螨，能捕食叶螨科：南京裂爪螨［*Stigmaeopsis nanjingensis*（Ma et Yuan）］、竹裂爪螨（*Stigmaeopsis celarius* Banks）、竹缺爪螨（*Aponychus corpuzae* Rimando）、橘全爪螨［*Panonychus citri*（McGregor）］（图 1）、朱砂叶螨［*Tetranychus cinnabarinus*（Boisduval）］、截形叶螨（*Tetranychus truncatus* Ehara）、山楂叶螨（*Amphitetranychus viennensis* Zacher）、土耳其斯坦叶螨［*Tetranychus turkestani*（Ugarov et Nikolski）］；细须螨科：卵形短须螨（*Brevipalpus obovatus* Donnadieu）；瘿螨科：竹刺瘿

螨（*Aculus bambusae* Kuang）、茶橙瘿螨（*Acaphylla steinwedeni* Keifer）、橘皱叶刺瘿螨［*Phyllocoptruta oleivora*（Ashmead）］；跗线螨科：樱草植食螨［*Phytonemus pallidus*（Banks）］、侧多食跗线螨［*Polyphagotarsonemus latus*（Banks）］。蓟马科：能取食西花蓟马［*Frankliniella occidentalis*（Pergande）］低龄若虫（图2）；粉虱科：烟粉虱［*Bemisia tabaci*（Gennadius）］的卵、若虫、伪蛹和成虫（图3）。木虱科：柑橘木虱（*Diaphorina citri* Kuwayama）（图4）。它在毛竹上垂直爬行高度可达16m。

胡瓜新小绥螨能捕食木虱的卵和若虫，用胡瓜新小绥螨搭载白僵菌孢子粉对柑橘木虱各虫态的死亡率和致病率分别为98.4%和98.8%，为黄龙病传播媒介的有效治理提供科学依据（图5）。

胡瓜新小绥螨从卵到成螨，当中经历幼螨、前若螨、后若螨共5个发育阶段。在27～28°C时，胡瓜新小绥螨取食南京裂爪螨雌成螨和卵，存活率为94%。它从卵发育到成螨再产卵7.7～7.8天，产卵前期3天，日产卵量1～4粒，日均产卵量2.2粒，总产卵量14～47粒，平均产卵量35.8粒，雌成螨寿命（从卵到死亡）40.6天。胡瓜新小绥螨以苜蓿蓟马为猎物，在20°C、25°C、30°C和80%湿度条件下，从卵发育到成螨发育历期分别为11.09、8.74和6.25天。以腐食酪螨（*Tyrophagus putrescentiae*）为猎物，在20～30°C范围内，相对湿度85%～95%，胡瓜新小绥螨随温度升高，发育历期缩短，30°C时，4.38天；32°C时，发育历期延长4.51天。雌雄性比3.52∶1。胡瓜新小绥螨发育起点温度8.8°C，有效积温97.7日·度。

图1 胡瓜新小绥螨捕食橘全爪螨（张艳璇摄）

图2 胡瓜新小绥螨捕食西花蓟马（张艳璇摄）

图3 胡瓜新小绥螨捕食烟粉虱（张艳璇摄）

图4 胡瓜新小绥螨捕食柑橘木虱（张艳璇摄）

图5 胡瓜新小绥螨携带白僵菌孢子（张艳璇摄）

人工繁育与释放利用 胡瓜新小绥螨大量饲养可用猎物饲养：先饲养叶螨，再饲养胡瓜新小绥螨，成本高。花粉饲养：利用苹果与石松混合花粉产卵量低。它能取食蜜露、花粉和真菌，它不能利用雪松属和刺柏树的花粉，能利用柳属植物、黄花、百合花、岩蔷薇、柑橘的花粉，产卵量低；利用茶树、桂花、香橄榄、柿树、梨树、桉属植物花粉产卵量高。甜椒花粉能提高胡瓜新小绥螨的存活率。粉螨饲养法：先饲养出大量的猎物：甜果螨、粉尘螨、屋尘螨、家食甜螨、粗脚粉螨、椭圆食粉螨、河野脂螨等，然后再繁殖胡瓜新小绥螨。

胡瓜新小绥螨与橘全爪螨比例从1∶30到9∶30，胡瓜新小绥螨种群增加较快，而橘全爪螨种群下降较快。释放胡瓜新小绥螨到盆栽柑橘苗上控制橘全爪螨，按胡瓜新小绥螨与橘全爪螨比率1∶54～1∶58，在5周内足以控制柑橘全爪螨。测试天竺葵不同品种不同比例释放胡瓜新小绥螨控制西花蓟马时发现，高比例1∶2释放胡瓜新小绥螨，西花蓟马的为害水平明显低于低比例1∶10释放胡瓜新小绥螨。胡瓜新小绥螨与苹果全爪螨比例1∶30、1∶60、1∶100和1∶150，第20天4组比例的防治效果为95.67%～97.86%，30天后苹果叶片上找不到苹果全爪螨活体，仅看到害螨的残骸。

参考文献

陈霞，张艳璇，季洁，等，2006. 截形叶螨对胡瓜钝绥螨的吸引作用[J]. 蛛形学报，15(2): 98-101.

季洁，张艳璇，陈霞，等，2012. 多次释放胡瓜新小绥螨对橘园节肢动物群落多样性的影响[J]. 生物多样性，20(1): 24-31.

经佐琴，杨琰云，李新义，等，2001. 黄瓜钝绥螨(*Amblyseius cucumeris*)发育历期与温度的关系[J]. 复旦学报，40(5): 577-580.

李美，符悦冠，2006. 胡瓜钝绥螨研究进展[J]. 华南热带农业大学学报，12(4): 32-38.

李美，符悦冠，2007. 胡瓜钝绥螨室内种群生命表研究[J]. 植物保护，33(2): 84-87.

苏国崇，林坚贞，朱永明，等，2001. 捕食螨控制茶叶害螨生物防治技术初探[J]. 茶叶，27(4): 27-29.

孙月华，郅军锐，李景柱，等，2009. 花粉在胡瓜钝绥螨控制西花蓟马中的作用[J]. 山地农业生物学报，28(3): 260-263.

韦日机，张征，梁才茂，等，2007. 胡瓜钝绥螨对柑橘红蜘蛛的控制作用[J]. 中国生物防治增刊(S1): 8-11.

吴伟南，欧剑锋，黄静玲，2008. 中国动物志无脊椎动物：第四十七卷 蛛形纲蜱螨亚纲植绥螨科[M]. 北京：科学出版社.

余德亿，张艳璇，唐建阳，等，2008. 捕食螨在中国农林害螨生物防治中的应用[J]. 应用昆虫学报，45(4): 537-541.

张辉元，马明，董铁，等，2010. 胡瓜钝绥螨对苹果全爪螨的生物防治效果[J]. 应用生态学报，21(1): 191-196.

张艳璇，陈宁，林坚贞，2010. "以螨治螨"防治柑橘黄龙病的

效果与原因初探 [J]. 福建农业科技 (6): 60-61.

张艳璇，陈霞，林坚贞，等，2011. 5 种杀虫剂对胡瓜钝绥螨的毒性测定 [J]. 福建农业科技 (1): 63-66.

张艳璇，林坚贞，季洁，2002a. 胡瓜钝绥螨在防治柑橘害螨上的应用 [J]. 福建果树 (3): 32-33.

张艳璇，林坚贞，季洁，2002b. 工厂化生产胡瓜钝绥螨防治柑橘全爪螨的应用效果 [J]. 植保技术与推广，22(10): 25-28.

张艳璇，林坚贞，季洁，等，2003. 胡瓜钝绥螨控制柑橘害螨研究 [J]. 植物保护，29(5): 31-33.

张艳璇，林坚贞，季洁，等，2003. 从实验种群生命表参数评价胡瓜钝绥螨控制毛竹害螨的能力 [J]. 环境昆虫学报，25(1): 1-9.

郅军锐，2006. 混合花粉对胡瓜钝绥螨生长发育和繁殖的影响 [J]. 湖北农业科学，45(2): 200-202.

郅军锐，任顺祥，2006. 胡瓜钝绥螨对西花蓟马的功能反应和数值反应 [J]. 华南农业大学学报，27(3): 35-38.

郅军锐，任顺祥，2007. 凤仙花品种、胡瓜钝绥螨和花粉对西花蓟马为害水平的影响 [J]. 华南农业大学学报，28(2): 34-37.

朱梅，侯柏华，吴伟南，等，2010. 茶园螨类调查及利用胡瓜钝绥螨控制卵形短须螨的初步研究 [J]. 环境昆虫学报，32(2): 204-209.

ZHANG Y X, LIN J Z, ZHANG Z Q, et al, 2003. Studies on the life history of *Amblyseius corpuzae* (Acari: Tetranychidae)[J]. Systematic & applied acarology (8): 67-74.

ZHANG Y X, ZHANG Z Q, CHEN C P, et al, 2001. *Amblyseius cucumeris* (Acari: Phytoseiidae) as a biocontrol agent against *Panonychus citri* (Acari: Tetranychidae) in China[J]. Systematic & applied acarology, 6: 35-44.

ZHANG Y X, ZHANG Z Q, LIN J Z, et al, 2000. Potential of *Amblyseius cucumeris* (Acari: Phytoseiidae) as a biocontrol agent against *Schizotetranychus nanjingensis* (Acari: Tetranychidae) in Fujian, China[J]. Systematic & applied acarology special publications (4): 109-124.

（撰稿：张艳璇；审稿：林坚贞）

互益素 synomone

一种生物释放且对释放者和接受者都有益的化学信号物质。互益素最好的例子是当植物被昆虫取食后释放的化学信号物质，即昆虫取食诱导的植物气味（herbivore-induced plant volatile，HIPV），该信号可以吸引植食性昆虫的捕食性天敌或寄生性天敌，从而降低植物的受害程度，显然对植物（释放者）和天敌（接受者）都有益处。

组成 HIPV 主要由绿叶气味（green leaf volatile，GLV）、萜类挥发物和其他一些气味组成。绿叶挥发物是 HIPV 中含量最为丰富的一类组分，为一类含有 6 个碳的醛、醇及其酯的气味物质，其组成在不同植物间基本相同，故又名为普通植物气味。在正常情况下，植物很少或不释放 GLV，只有当受到植食性昆虫（特别是咀嚼式口器昆虫）的取食时才大量且迅速（数秒内）释放。除虫害外，机械损伤或其他胁迫也能诱导 GLV 的释放，虫害引起的 GLV 释放与昆虫造成的植物组织损伤有关。GLV 对寄生蜂等天敌的引诱作用因天敌不同而异，但一般较弱。HIPV 的第二类组分主要是萜类化合物，主要包括单萜、倍半萜及其衍生物。昆虫取食时，除对植物叶片等组织造成机械损伤外，其口腔分泌液与植物组织伤口接触后对 HIPV 的诱导作用更为重要。不同种害虫的口腔分泌液不同，因而诱导释放的萜类物质在质和量上也不同，具有一定的种特异性，在对特定寄生蜂的引诱中起重要作用。除绿叶气味和萜类气味外，HIPV 中还包含有少量的含氮含硫化合物（主要为腈类和肟类）及绿叶挥发物以外的芳香族挥发物，这类气味通常对天敌没有明显的引诱作用。总之，与机械损伤和健康植株相比，虫害诱导不仅使原有挥发物的释放量大大增加，而且会产生大量新的组分。

HIPV 的大致合成途径已基本明确，其中绿叶气味由植物叶片中的亚油酸、亚麻酸经由脂氧合酶等参与的类十八烷途径形成；萜类挥发物由位于细胞质中的甲羟戊酸途径和位于质体中的甲基赤藓醇磷酸途径合成；含氮的芳香化合物如吲哚等通过莽草酸 / 色氨酯途径合成。

生态学功能 植物遭受虫害后产生的 HIPV 具有多种生态学功能，一是可能作为利己素，对正在取食的害虫产生驱避从而进行直接防御；二是作为利它素，被邻近同种或异种植株感受，激发或预警邻近植物进行防御；三是作为互益素，吸引天敌对害虫进行捕食或寄生，起到间接防御的作用。此外，被寄生蜂寄生后的害虫取食诱导的 HIPV，也可被重寄生蜂用来寻找其寄主寄生蜂。其中，HIPV 作为互益素的功能最为重要，相关研究也最多。

Turlings 等（1990）首先发现 HIPV 可以引诱害虫的寄生蜂，此后大量的研究证实在至少 13 科以上的植物中都存在这种现象，涉及的害虫包括咀嚼式、刺吸式、地上、地下等各类。其中，以玉米—甜菜夜蛾［*Spodoptera exigua*（Hübner）］等咀嚼式害虫—天敌为系统的研究最早，并从幼虫口腔分泌液中发现和鉴定了诱导 HIPV 合成的激发子 Volicitin。大量研究表明，HIPV 释放的质和量随时间而变化，并受到植物基因型、害虫种类及危害程度、其他生物（如微生物）以及环境等多种内外因素的影响。就植食性昆虫种类而言，不同昆虫取食诱导的 HIPV 具有一定的种特异性，这种特异性使得寄生蜂准确定位其寄主。例如，豌豆蚜［*Acyrthosiphon pisum*（Harris）］和黑豆蚜［*Aphis fabae*（Scop.）］刺吸同种植物诱导的 HIPV 不同，无网长管蚜茧蜂（*Aphidius ervi* Haliday）可以区分它们从而成功搜寻到其寄主豌豆蚜。黑头折脉茧蜂（*Cardiochiles nigriceps* Viereck）只被其寄主烟芽夜蛾［*Heliothis virescens*（F.）］幼虫危害的植物 HIPV 所吸引；而同样是这些植物，当被美洲棉铃虫（*Helicoverpa zea* Boddie）危害后，产生的 HIPV 对该茧蜂没有引诱作用。其次，多种植食性昆虫的复合危害可以导致 HIPV 在量和组成上发生改变，对各自天敌带来不同的影响。小菜蛾［*Plutella xylostella*（L.）］和菜粉蝶（*Pieris rapae* L.）复合危害甘蓝引起的 HIPV 和各自危害有明显不同，复合危害诱导的 HIPV 对粉蝶盘绒茧蜂［*Cotesia glomerata*（L.）］的引诱作用增强，但对菜蛾绒茧蜂［*Cotesia plutellae*（Kurdjumov）］的引诱力降低。咀嚼式和刺吸式害虫取食启动的植物防御信号通路不同且互相有拮抗，复合危害会导致 HIPV 量的减少，如烟粉虱［*Bemisia tabaci*（Gennadius）］和甜菜夜蛾同时危害棉花，降低了 HIPV 的释放量。同样，地上和地下害虫同时危害，也可能对 HIPV 的释放带来影响。如玉米单独被海灰翅夜蛾［*Spodoptera littoralis*（Boisd.）］危害释放的 HIPV 明显比海灰翅夜蛾和玉米根萤叶甲（*Diabrotica virgifera virgifera* LeConte）复合危害要多。

昆虫产卵也可以激发植物的防御反应，包括直接防御（局部增生或坏死使卵脱落；产生有毒物质杀死卵；产生气味驱避害虫产卵）和间接防御，间接防御即主要指产卵诱导的植物化学信号物质对寄生蜂等天敌的引诱作用。激发植物产生 HIPV 的诱导子通常来自雌虫生殖系统的分泌液，这些分泌液黏附在卵上一同产出。对玉米—粉茎螟（*Sesamia nonagrioides* Lefebvre）—寄生蜂（*Telenomus busseolae* Gahan）系统，激发子来自雌虫黏腺的分泌物和卵，在产卵后 24 小时互益素开始产生并持续至少 72 小时，互益素和卵表面的利它素一起提高寄了生蜂的搜寻效率。

H

应用 尽管一些田间试验表明 HIPV 可以提高寄生蜂等天敌的控害效果，但由于田间条件下化学气味的复杂性和不稳定性，真正应用的实例并不多。近年来转基因技术的快速发展为 HIPV 的应用提供了新的契机，如通过基因操作培育可以产生 (E)-β-farnesene 的作物品种来模拟蚜虫的报警信息素，不仅可以驱避蚜虫，同时可以吸引蚜虫的捕食性及寄生性天敌；转 CrylA (b) 基因的玉米受玉米螟危害后，释放更多的芳樟醇、β- 蒎烯和乙酸香叶酯等挥发物，增强了对天敌昆虫的吸引作用；将水稻中的一个倍半萜烯合成酶基因在拟南芥中过量表达，增加了 β- 石竹烯等倍半萜烯化合物的释放量，提高了对稻褐飞虱［*Nilaparvata lugens*（Stål）］的天敌稻虱缨小蜂（*Anagrus nilaparvatae* Pang *et* Wang）的引诱作用。

参考文献

ARIMURA G, KOST C, BOLAND W, 2005. Herbivore-induced, indirect plant defences[J]. Biochimica et biophysica acta-molecular and cell biology of lipids, 1734(2): 91-111.

BLENN B, BANDOLY M, KUEFFNER A, et al, 2012. Insect egg deposition induces indirect defense and epicuticular wax changes in *Arabidopsis thaliana*[J]. Journal of chemical ecology, 38(7): 882-892.

CHENG A X, XIANG C Y, LI J X, 2007. The rice (E)-β-caryophyllenesynthase (OsTPS3) accounts for the major inducible volatile sesquiterpenes[J]. Phytochemistry, 68: 1632-1641.

CHIAPPINI E, SALERNO G, BERZOLLA A, et al, 2012. Role of volatile semiochemicals in host location by the egg parasitoid *Anagrus breviphragma*[J]. Entomologia experimentalis et applicata, 144(3): 311-316.

DE MORAES C M, LEWIS W J, PARÉ P W, et al, 1998. Herbivore infested plants selectively attract parasitoids[J]. Nature, 393(6685): 570-573.

DEANI J M, MORE-AS CMD, 2006. Effects of genetic modification on herbivore-induced volatiles from maize[J]. Journal of chemical ecology, 32(4): 713-724.

FERRY N, EDWARDS M G, GATEHOUSE J A, et al, 2004. Plant-insect interactions: molecular approaches to insect resistance[J]. Current opinion in biotechnology, 15(2): 155-161.

FREY M, STETTNER C, PARE PW, et al, 2000. An herbivore elicitor activates the gene for indole emission in maize[J]. Proceedings of the National Academy of Science of the United State of America, 97(26): 14801-14806.

HILKER M, KOBS C, VARAMA M, et al, 2005. Insect egg deposition induced defence response in *Pinus sylvestris*[J]. Characterization of the elicitor, 208(10): 1849-1854.

PENG J, VAN LOON J J A, ZHENG S, et al., 2011. Herbivore-induced volatiles of cabbage (*Brassica oleracea*) prime defence responses in neighbouring intact plants[J]. Plant biology 13(2): 276-284.

Powell W, Pennacchio F, Poppy G M, et al, 1998. Strategies involved in the locationof hosts by the parasitoid *Aphidius ervi* Haliday (Hymenoptera: Braconidae: Aphidiinae)[J]. Biological control, 11(2): 104-112.

RASMANN S, TURLINGS T C J, 2007. Simultaneous feeding by aboveground and belowground herbivores attenuates plant-mediated attraction of their respective natural enemies[J]. Ecology letters, 10(10): 926-936.

RODRIGUEZ-SAONA C, CRAFTS-BRANDNER S J, CANAS L A, 2003. Volatile emissions triggered by multiple herbivore damage: beet armyworm and whitefly feeding on cotton plants[J]. Journal of chemical ecology, 29(11): 2539-2550.

SHIOJIRI K, TAKABAYASHI J, YANO S, et al, 2001. Infochemically mediated tritrophic interaction webs on cabbage plants[J]. Population ecology, 43(1): 23-29.

TURLINGS T C J, TUMLINSON J H, LEWIS W J, 1990. Exploitation of herbivore-induced plant odors by host-seeking parasitic wasps[J]. Science, 250(4985): 1251-1253.

YU X D, PICKETT J, MA Y Z, et al, 2012. Metabolic engineering of plant-derived (E)-β-farnesene synthase genes for a novel type of aphid-resistant genetically modified crop plants[J]. Journal of integrative plant biology, 54(5): 282-299.

ZHU F, BROEKGAARDEN C, WELDEGERGIS B T, et al, 2015. Parasitism overrides herbivore identity allowing hyperparasitoids to locate their parasitoid host using herbivore-induced plant volatiles[J]. Molecular ecology, 24(11): 2886-2899.

（撰稿：董双林；审稿：王琛柱、杨忠岐）

花绒寄甲 *Dastarcus helophoroides* (Fairmaire)

寄生天牛类害虫的一种寄生性甲虫，属鞘翅目（Coleoptera）寄甲科（Bothrideridae），又名花绒坚甲、花绒穴甲、木蜂寄甲和缢翅寄甲等。是迄今为止发现的中大型天牛类蛀干害虫有效的天敌昆虫。其在松褐天牛、云斑天牛、光肩星天牛、星天牛、橘褐天牛、桑天牛、刺角天牛、栗山天牛、锈色粒肩天牛和桃红颈天牛等中大型天牛的防治上作用明显。此外，还能寄生膜翅目的黄胸木蜂，吉丁甲科的六星吉丁和十斑吉丁，以及象甲科的杨干象等。花绒寄甲原产中国和日本。中国已知在辽宁、上海、山东、江苏、广东、四川、安徽、浙江、湖北、北京、山西、河北、河南、内蒙古、陕西、天津、宁夏和甘肃东南部有分布。寄主在不同天牛上的花绒寄甲虽然为同一种，但根据其所寄生的寄主不同，已分化形成了不同的寄主生物型。生物防治时要用自然界中寄生不同天牛种类的花绒寄甲生物型，才能收到良好的防治效果。日本主要分布于本州、九州和大阪。

形态特征

成虫　体长5.2～10.0mm，宽2.1～3.8mm，体壁坚硬，深褐色，有粉色绒状花纹。其头凹入胸内，复眼为黑色，卵圆形。触角短小，11节，端部膨大呈扁球形，基节膨大。头和前胸密布小刻点。腹板7节，基部2节愈合。鞘翅上有1个椭圆形深褐色斑纹，尾部沿中缝有1个粗“十”字斑，每翅表面有纵沟4条，沟脊由粗刺组成。足跗节4节，有爪1对。

卵　长椭圆形，乳白色或粉色，近孵化时黄褐色，长0.8～1.0mm，宽0.2mm，中央稍弯曲。

幼虫　初孵幼虫为“闯蚴型”，具胸足3对，长约1mm，爬行较快。头、胸、腹明显，腹部10节，每节两侧各生有1根长毛，末节的2根最长。二龄至末龄幼虫的胸足退化，腹部变得特别肥大，头、胸部很小，呈蛆形。

蛹　老熟幼虫会吐丝作茧化蛹，茧长卵形，长6.3～14.6mm，宽2.6～5.4mm，化蛹初期茧白色，后渐变为深褐色，丝质。蛹为裸蛹，蛹体黄白色。

生物学习性　花绒寄甲在广东一年发生2～3代，在江西、浙江一年发生2代，在北京一年发生1～2代，在东北一年发生1代，世代重叠。以成虫在树皮裂缝或树洞内或天牛虫道中越冬。翌年4月越冬成虫开始取食，并交尾产卵。5月上旬第一代幼虫开始寄生，5月中下旬为寄生高峰期。7月中、下旬为第二代寄生高峰期。成虫羽化后在茧内停留几天，然后咬破茧壳爬出，先把茧壳食尽，再爬出虫道外。白天隐蔽在树洞、虫道或树皮裂缝处，黄昏时爬出，在树干上爬行、取食和交尾，黎明前又回到隐蔽场所。成虫以天牛或其他昆虫尸体为食，取食时常几个或几十个群集一起。取食过的地方留下一个个小孔。善爬行，不善于飞翔，有弱趋光性。受惊扰停止活动呈假死状，稍停片刻后迅速爬到隐蔽处躲避起来。其成虫寿命长，室内饲养种群可达10年，野外自7月到翌年7月都可见到越冬代成虫，是昆虫界的寿星。

卵产在天牛排粪孔附近的树皮裂缝中，常几粒乃至上百粒排成一片，无覆盖物。1头雌虫可孕卵33～419粒。卵期9～11天，平均10.2天。幼虫孵化后，依靠发达的胸足迅速爬行寻找寄主，一般从天牛排粪孔处钻入寄主坑道。当找到幼虫、蛹甚至刚羽化的成虫后，便立即在这些寄主的体节间或翅下开始咬食，这时寄主显得焦躁不安，来回翻动。花绒寄甲初孵幼虫一旦咬破表皮，便将头部伸入寄主体壁取食体内物质。如果寄主是老蛹或刚羽化的成虫，或是寄主个体大而在其上寄生的花绒寄甲幼虫个数少时，则幼虫也会钻入寄主体内取食，残留下外表皮，并在寄主体内结茧化蛹，因此常被误认为是内寄生。但一般情况都在寄主体表取食，直至完成各阶段的发育。幼虫一至数十头进行单个或群居取食，无互相残杀习性。当寄主体上仅寄生一头幼虫时，也能将寄主致死，其幼虫发育粗壮肥大。寄生栗山天牛时每头寄主上最多可寄生达92头。幼虫取食阶段需5～7天，老熟时停止取食，大多数就地吐丝结茧，2天后在茧内化蛹。当环境恶劣时有的也会蠕动到别处结茧，自结茧到成虫咬破茧壳需20～49天。

人工繁育与释放利用　花绒寄甲在室内人工大量繁殖技术一直以来是一个难以解决的问题。20世纪80年代中国开始尝试花绒寄甲最早的人工繁育研究，周嘉熹、秦锡祥从野外采集天牛虫害木，于室内接种花绒寄甲成虫，饲养比较成功，寄生率也较高，但其效率较低，难以大量繁育。到20世纪90年代初，王卫东与小仓信夫等进行关于室内饲养花绒寄甲的合作研究，他们先后开展研究了对花绒寄甲成虫、幼虫的室内人工饲养，而且开发出了一些花绒寄甲的人工饲料，由于人工饲料成本太高而无法应用于生产防治上。

2006年，中国林业科学研究院森林生态环境与保护研究所杨忠岐团队经过多年的研究，攻克了花绒寄甲的人工繁育技术，其核心主要有以下三点：一是通过利用新发现的花绒寄甲寻找和定位天牛的化学信息素—R(+)柠檬烯作为产卵刺激剂诱导、设置诱导木、群集饲养等技术，显著增加了产卵量和繁殖量，使每头雌虫的产卵量由在自然界的130粒/年增加到11120粒/年，增加了85倍；并且使雌虫产卵由随意散产转而定向堆产而便于收集利用。二是研究筛选出2种人工繁育花绒寄甲的替代寄主，并研制出营养全面而均衡的花绒寄甲人工饲料，确保了花绒寄甲能够常年大量繁育。三是研究成功花绒寄甲卵和成虫低温保藏技术，使花绒寄甲卵和成虫保藏5个月后孵化率和寄生率没有影响。并研究解决了花绒寄甲种群复壮技术。该项技术的突破，为中国在利用花绒寄甲防治天牛类蛀干害虫上打下了坚实基础。中国已在北京、江西、河南、浙江、安徽、辽宁、湖南、贵州和江苏等地建立花绒寄甲繁育基地10余个，年繁育花绒寄甲成虫上千万头、卵上亿粒用于防治蛀干害虫。

人工繁育花绒寄甲存在的主要问题　由于自动化程度低，从替代寄主的饲养至花绒寄甲的繁育，各个环节均需人工操作，这一方面降低了效率，另一方面增加了成本。

在天牛蛹期释放花绒寄甲成虫或卵防治松褐天牛，最高寄生率可达90%以上，在江西、浙江、江苏、河南、贵州、湖南和安徽等中国松材线虫病疫区，均实现了有效控制松材线虫病的扩散蔓延。在吉林、辽宁和内蒙古释放花绒寄甲防治栗山天牛，其寄生率可达80%以上，且1头寄主上最多可产生花绒寄甲后代达92头，显著增加了林间花绒寄甲的种群数量（图1～图4）。

防治天牛类蛀干害虫的原理和方法　花绒寄甲一龄幼虫个体较小，其叮咬到天牛体上后，天牛会自卫反抗，如果天牛活动能力较强，其有可能会摆脱叮咬到身上的花绒寄甲幼虫，亦有可能将花绒寄甲幼虫挤压致死。因此，花绒寄甲主要对活动能力较弱的幼虫（预蛹期老熟幼虫或越冬态的幼虫）、蛹及初羽化的成虫（鞘翅尚未硬化）作用较强，特别是对蛹期的天牛，作用明显。实践证明，在松褐天牛蛹期释放花绒寄甲防治，其最多可寄生90%以上的天牛蛹，平均

图 1 花绒寄甲寄生松褐天牛
（杨忠岐摄）

图 2 花绒寄甲寄生栗山天牛
（杨忠岐摄）

图 3 花绒寄甲寄生光肩星天牛
（杨忠岐摄）

图 4 花绒寄甲寄生云斑天牛
（杨忠岐摄）

寄生率在 60%～80%。

释放花绒寄甲防治天牛类蛀干害虫主要有两种方法：一是释放花绒寄甲成虫，二是释放花绒寄甲卵。释放花绒寄甲成虫的优点在于，成虫具翅，会飞翔扩散，释放后它们可自行寻找有天牛的树木去产卵寄生，因此适合在林间大面积释放。不过，因花绒寄甲成虫需要补充营养后方可产卵，其最佳释放时期需要比天牛蛹期提前 15～30 天。释放花绒寄甲卵卡的优点在于，其幼虫只会爬行，活动能力有限，因此适合在需要重点保护的树木，或者天牛危害较为严重的树木上释放，卵卡上的花绒寄甲卵孵化时间一般在 7 天左右，因此对运输和释放的时间要求比较高。其最佳释放时期在天牛预蛹蛹期。

参考文献

李孟楼，王培新，马峰，等，2007. 花绒坚甲对光肩星天牛的寄生效果研究 [J]. 西北农林科技大学学报（自然科学版），35(6): 152-156, 162.

唐艳龙，杨忠岐，王小艺，等，2012. 释放花绒寄甲成虫和卵防治栗山天牛 [J]. 林业科学，48(7): 186-191.

王晓红，杨忠岐，王小艺，等，2014. 利用 3 种寄生性天敌防治锈色粒肩天牛 [J]. 林业科学，50(1): 103-108.

魏建荣，牛艳玲，2011. 西安城区环境中释放花绒寄甲成虫对光肩星天牛的生物防治效果评价 [J]. 昆虫学报，54(12): 1399-1405.

张彦龙，杨忠岐，张翌楠，等，2014. 利用花绒寄甲防治越冬后松褐天牛试验 [J]. 林业科学，50(3): 92-98.

WEI J R, YANG Z Q, HAO H L, et al, 2008. (R) - (+) -limonene, kairomone for *Dastarcus helophoroides*, a natural enemy of longhorned beetles[J]. Agricultural and forest entomology, 10: 1-8.

YANG Z Q, WANG X Y, ZHANG Y N, 2014. Recent advances in biological control of important native and invasive forest pests in China[J]. Biological control, 68: 117-128.

（撰稿：唐艳龙；审稿：杨忠岐）

化感作用　allelopathy

生物适应环境的一种生态机制。生物可以通过释放化学物质来影响自身或邻近的其他生物，进而制造有利于自身生长发育的环境条件。早在公元 77 年，罗马自然科学作者 Pliny the Elder 在他的著作中就描述过黑胡桃对邻近植物的毒害作用现象。中国最早于公元 3 世纪《物理论》中便有“芝麻之于草木，犹铅锡之于五金也，性可制耳”的化感现象文献记载。随后在《齐民要术》《分门琐碎录》《雷公炮炙论》《便民图纂》《农圃六书》《农桑经》等著作中均有大量化感现象的记载。但是对化感作用进行科学研究还是近几十年的事。1937 年，Molish 对化感作用的定义局限于植物间的有益或有害相互作用。1984 年，Rice 进一步完善化感作用的概念，提出化感作用是一种植物通过向环境释放某些化学物质，在其周围形成一个微环境区域，从而抑制或促进该区域内其他植物（包括其自身）生长的现象。1996 年，国际化感学会将化感作用定义为：植物、真菌、细菌和病毒产生化合物影响农业和自然生态系统中一切生物的生长发育的现象。接受度最广的定义是：在一个生物群落里的生物通过合成并向环境释放化感物质对同种或异种生物的生长发育所产生的直接或间接的、有益或有害的作用。

植物化感物质（allelochemicals）是植物的次生代谢产物，其结构多样、种类繁多。Rice 将化感物质分为：简单不饱和内脂，长链脂肪族和多炔，简单酚、苯甲酸及其衍生物，水溶性有机酸、直链醇、脂肪族醛和酮，肉桂酸及其衍生物，萘醌、蒽醌和复合醌，单宁，香豆素类，类黄酮，类萜和甾类化合物，氨基酸和多肽，嘌呤、核苷生物碱和氰醇，硫化物和芥子油苷等。较为普遍简单的分类方法是将化感物质分为 4 类，即酚类、萜类、糖和糖苷类、生物碱和非蛋白氨基酸。

植物化感物质可以通过多种途径释放到环境中，主要的释放途径有：①植物茎叶挥发。②雨露淋溶。③花粉传播。④植物根系分泌代谢、微生物分解植物残体释放的初生或次生代谢产物等。

农业生产中可以充分利用生物间的化感互作来实现有害生物的生态防治。例如，通过利用不同植物间的化感正相互作用，进行作物多样性混作、间作、套作，建立作物有益组合，实现光、温、水、肥资源的合理利用；利用作物对邻近其他植物的化感抑制作用进行田间杂草防治；利用非寄主作物对病原微生物的化感相克作用进行合理轮作和间作，实现病害的生态控制；利用作物对有害昆虫或食草动物及天敌间的化感趋避或吸引效应，在田间合理布置作物，实现虫害的生态控制。总之，科学合理地利用作物—作物、作物—杂草、作物—微生物及作物—昆虫之间的化感互作关系可以实现有害生物的生态防治，构建可持续的农业生态系统。

参考文献

王海斌，俞振明，何海斌，等，2012. 不同化感潜力水稻化感效应与产量的关系 [J]. 中国生态农业学报，20(1): 75-79.

DILDAY R H, NASTASI P, SMITH R J J, 1989. Allelopathic observation in rice (*Oryza sativa* L.) to ducksalad (*Heteranthera limosa*) [J]. Proceedings of the Arkansas Academy of Science, 43: 21-22.

DUKE S O, 2010. Allelopathy: Current status of research and future of the discipline: A Commentary[J]. Allelopathy journal, 25(1): 17-30.

KIM K U, SHIN D H, LEE I J, et al, 2000. Rice allelopathy in Korea[M]//KIM K U, SHI D H. Rice Allelopathy. Proceedings of the workshop in rice allelopathy. Taegu (Korea): Kyungpook National University: 57-82.

KONG C H, HU F, WANG P, et al, 2008. Effect of allelopathic rice varieties combined with cultural management options on paddy field weeds[J]. Pest management science, 34: 276-282.

RICE, ELROY LEON, 1984. Allelopathy, (first edition, november 1974 by the same editor)[M]. 2nd ed. London: Academic Press.

SHELTON A M, BADENES-PEREZ F R, 2006. Concepts and applications of trap cropping in pest management[J]. Annual review of entomology, 51(1): 285-308.

YANG M, ZHANG Y, QI L, et al, 2014. Plant-plant-microbe mechanisms involved in soil-borne disease suppression on a maize and pepper intercropping system[J]. PLoS ONE, 9(12): e115052.

（撰稿：杨敏；审稿：朱书生）

黄地老虎颗粒体病毒 *Agrotis segetum* granulovirus, AsGV

杆状病毒科颗粒体病毒属。用于防治危害玉米、棉花和各种蔬菜的地下害虫黄地老虎（*Agrotis segetum*）。基因组（NCBI：AY522332）全长 131168bp，编码 132 个 ORF，GC 含量 37.3%。AsGV 是一种专化性较强的杀虫剂，仅对黄地老虎有效，其杀虫率达 95%。于黄地老虎幼虫一、二龄时喷施，每亩施用制剂 40g（含 660mg 纯病毒）（图 1 、图 2）。

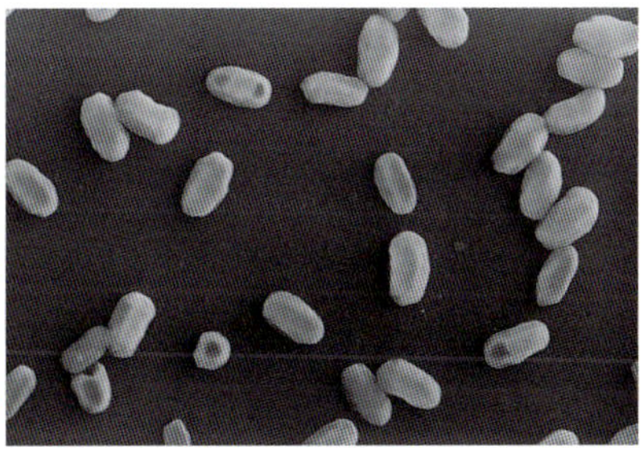

图 1 AsGV 扫描电镜（丁翠提供）

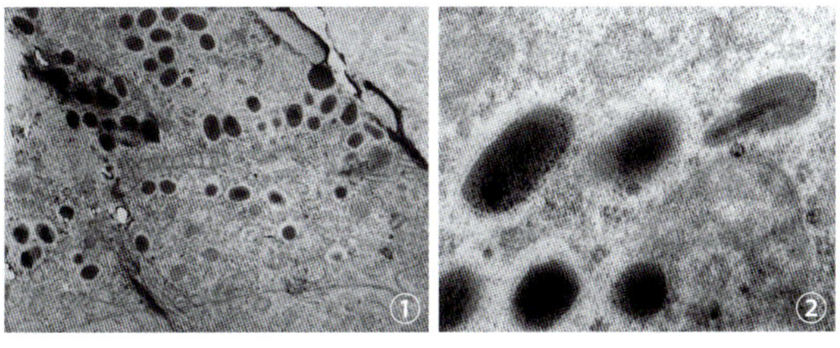

图 2 被 AsGV 侵染 5 天的黄地老虎脂肪体（透射电镜照片）（丁翠提供）
①可见正在形成的大量包涵体；②可见 1 个正在被包装进包涵体的病毒粒子

参考文献

何玫，刘壮俊，2000. 黄地老虎颗粒体病毒基因组全测序 [J]. 生物化学与生物物理学报 (1): 93-94.

王卫国，危信民，张超礼，等，1987. 黄地老虎颗粒体病毒毒力生物测定 [J]. 新疆农业科学 (5): 16-17, 33.

吴祖银，张超礼，危信民，等，1987. 黄地老虎颗粒体病毒杀虫剂应用研究 [J]. 病毒学杂志 (3): 61-65.

新疆农科院农科所病毒防治黄地老虎研究组, 1978. 利用颗粒体病毒防治黄地老虎研究初报 [J]. 新疆农业科学(2): 28-30.

新疆农业科学院农业科学研究所微生物室、植保室，新疆化学研究所生化室病毒组，1978. 黄地老虎颗粒体病毒形态研究初报 [J]. 微生物学报，18(4): 355-356.

（撰稿：张寰；审稿：秦启联）

黄猄蚁 *Oecophylla smaragdina* (Fabricius)

属膜翅目（Hymenoptera）蚁科（Formicidae）蚁亚科（Formicinae）织叶蚁属（*Oecophylla*）。又名黄柑蚁、红树蚁，英文名 red tree ant。黄猄蚁是中国最早应用于防治柑橘害虫的重要天敌，可以捕食大绿蝽（*Rhynchocoris humeralis*）、柑橘潜叶甲（*Podagricomela nigricollis*）、铜绿丽金龟（*Anomala corpulenta*）、绿鳞象甲（*Hypomeces squamosus*）、吉丁虫、天牛、叶蜂、螽斯、蝗虫等害虫。广泛分布于中国的广东、福建、广西、云南、海南等地。国外分布于东南亚、澳大利亚和新几内亚岛。

形态特征

大型工蚁 体长 9.5～11.0mm，体锈红色，有时为橙红色，具弱的光泽。全身有十分细微的柔毛。立毛很少，仅限于后腹末端。头大，后部宽于前部，侧缘及后头角圆；复眼大，宽椭圆形；单眼缺；下颚须 5 节，下唇须 4 节；上颚强大，长，呈三角形，侧缘几乎直，末端有一长而弯的尖齿，其后有许多小齿；唇基大而凸，无中脊，两侧覆盖住上颚基部；额区大，额脊近平行；触角很长，12 节；触角柄节末端较粗，鞭节第一节长于第二、三节之和；触角着生处与唇基后缘间有一段距离。并腹胸长而窄；前胸背板长大于宽，前部呈颈状；中胸背板前部长而细，后部突然变宽，与并胸腹节相连；并胸腹节间无明显的基面和斜面。结节长，近圆柱形，后部具圆形的腹柄节。后腹部短，宽卵形，第一节基部向结节方向急剧缢缩，末端尖。足细长。

小型工蚁 体长 7.0～8.0mm，与大型工蚁相似，但上颚不如大型工蚁那样强大，唇基更凸，前胸背板侧面观更凸。

雌蚁 体长 15.0～18.0mm。体青黄色，上颚较宽，头有 3 个突出的单眼；触角柄节较工蚁短、粗。并腹胸粗；中胸盾片和小盾片平；并胸腹节具短的基面和较长的斜面。结节宽厚，楔形，向上逐渐变薄，顶端中央深凹。后腹大，宽卵形。足较短、粗。其余似工蚁。

雄蚁 体长 6.0～7.0mm。体棕黑色，具丰富的红褐色柔毛被。头部较小，上颚窄，咀嚼边齿不明显，触角 13 节。

生物学习性 黄猄蚁是社会性昆虫，存在劳动分工和品级分化。蚁巢由蚁后、大工蚁、小工蚁、有翅生殖蚁（雌蚁和雄蚁）组成，还有卵、幼虫和蛹。蚁后是整个蚁巢的中心，负责产卵；大工蚁担负觅食、保卫、筑巢、清洁等外勤工作；小工蚁主要在巢内活动，负责抚育卵、幼蚁和蛹；成熟的蚁巢会产生有翅的雌蚁和雄蚁，婚飞交配后雄蚁死亡，雌蚁脱翅后变成新的蚁后，开始建立新的蚁巢。

黄猄蚁一般在树冠向阳处营巢，以榕树、龙眼、荔枝、橄榄等枝叶较密的树上蚁巢较多。建巢时部分工蚁将身体伸展在树枝或叶片上，然后收缩身体拉紧枝叶，另一部分工蚁用上颚咬着幼虫，使其吐丝于两叶内缘，并来回移动使之黏结，形成球形或橄榄形的蚁巢，蚁巢外壁紧密，仅留少数通道供工蚁出入。

黄猄蚁喜温、好湿，偏好光亮处。一般在气温 26～34°C、相对湿度 62%～90% 时比较活跃。黄猄蚁抗寒力差，气温低于 12°C 时很少出巢活动，持续低温 0～2°C 会使蚁巢灭亡。黄猄蚁喜欢取食介壳虫蜜露，两者形成明显的共生关系。

保护和利用 黄猄蚁至今还未在室内成功繁殖，主要通过早春田间采集异地助迁释放进行利用。

采集蚁巢时，锯或剪断连接蚁巢的枝条，将蚁巢装入布袋，然后可携带至新的地点进行投放。为了确保黄猄蚁在投放林区中定居，可以在林间悬挂或置放自制木箱或其他无特殊气味的容器，为其补充饲料。也可在各树间用竹片或树藤架设蚁桥，扩大其活动范围。此外，在树干上设置防逸圈，防止蚂蚁下树逃逸。

黄猄蚁虽具有一定的耐饥渴能力，但在田间采集黄猄蚁蚁巢进行助迁释放的时候，最好当天采集当天释放，尽量不要超过 48 小时。如果长距离转移释放，应当适当补充蜂蜜水等食物，以免黄猄蚁因饥渴而出现死亡。

黄猄蚁不耐低温，在冬季，采取措施调节蚁巢温度，同时饲以蜜糖水、熟鸡蛋以及昆虫作为补充食料，使其安全越冬。在释放黄猄蚁的果园，注意协调化学农药的使用，减少对黄猄蚁的驱赶和伤害，并减少摘果对黄猄蚁蚁巢的影响和破坏。

参考文献

蒲蛰龙, 1986. “黄猄蚁”名称的来由及其英文名称 [J]. 昆虫天敌, 8(3): 175.

吴坚, 王常禄, 1995. 中国蚂蚁 [M]. 北京: 中国林业出版社.

杨沛, 1982. 黄猄蚁生物学特性及其用于柑橘害虫的初步研究 [J]. 中山大学学报(自然科学版)(3): 102-105.

杨沛, 1984. 黄猄蚁群体生长和发育 [J]. 昆虫天敌, 6(4): 240-243.

杨沛, 2002. 黄猄蚁史料及其用于柑橘害虫防治的研究 [J]. 中国生物防治, 18(1): 28-32.

张中润, 梁李宏, 黄伟坚, 等, 2009. 海南腰果种植区黄猄蚁资源调查 [J]. 环境昆虫学报, 31(1): 68-72.

张中润, 梁李宏, 黄伟坚, 等, 2011. 黄猄蚁饥渴耐受能力的初步研究 [J]. 环境昆虫学报, 33(2): 273-276.

张祖兵, 李国华, 周明, 等, 2009. 黄猄蚁对橡胶盔蚧种群消长的影响 [J]. 昆虫知识, 46(6): 887-891.

周树杰, 王波, 彭艳琼, 等, 2014. 西双版纳地区两种榕树上黄猄蚁生活习性调查 [J]. 环境昆虫学报, 36(4): 572-577.

（撰稿：贺虹；审稿：王小艺）

挥发性抑菌物质 volatile organic compounds, VOCs

生防微生物所产生的一类次级代谢产物。这类物质分子量小，蒸气压高，易蒸发，能够在固体、液体及气体的不均匀混合物中扩散。挥发性抑菌物质通常是由分解代谢途径产生，包括糖酵解、蛋白水解及脂解作用并且属于不同的化学组群。细菌、放线菌、真菌、酵母及高等植物均能够产生具有抑菌作用的挥发性物质。挥发性抑菌物质具有多种功能：能够促进植物生长、诱导植物对病原菌产生抗性、增加植物次级代谢产物的积累、抑制病原真菌的生长与繁殖同时毒杀植物病原线虫及害虫。总之，挥发性抑菌物质介导了生态系统中多种复杂的关系，在植物病害的生物防治中发挥着重要作用。

由于挥发性物质在低浓度下即能够被感知以及在空气中进行长距离传播，因此挥发性物质的产生对于生物体种内或种间的识别、吸引及生态位的保护都是必需的。除了在空气中传播，挥发性物质还能够穿透土壤，在土壤中进行扩散。已知总计有 212 种细菌产生的 671 种不同的挥发性物质及 96 种真菌所产生的 335 种挥发性物质。微生物的挥发性物质谱可能非常简单（<10 种）也可能极其复杂（>50 种）。真菌产生的挥发性物质以醇类（丁醇、戊醇的异构体）、烃类、酮类、萜类、烷类及烯类为主；而细菌产生的挥发性物质主要有醇类、烷类、烯类及酮类，另外还有酯类、吡嗪类、内酯类及硫化物。

真菌所释放的挥发性物质具有抗细菌或抗真菌活性，目前研究较多的是白色产气霉（*Muscodor albus*），一种最初分离自肉桂的内生真菌，其产生的挥发性抑菌物质对一些细菌、真菌及卵菌具有广谱的抑菌活性。通过 GC-MS 鉴定及活性分析，挥发性物质中的正丁醇与 3- 甲基乙酸盐抑菌效果最强。木霉属的一些成员通过多种机制如重寄生、营养竞争、产生抑菌物质及水解酶来达到抑制多种土传病原真菌生长的目的。尖孢镰刀菌菌株 MSA35 产生的挥发性物质不仅能够促进莴苣的生长，而且还能抑制病原菌尖孢镰刀菌菌丝的生长。

关于细菌挥发性物质抑制病原菌生长的报道最早可追溯到 1966 年，McCain 报道灰色链霉菌（*Streptomyces griseus*）所产生的挥发性物质可以抑制 *Gleosporium aridum* 的孢子形成。在对 1018 株细菌进行的调查中，32% 均能产生抑制真菌生长的挥发性物质，包括产碱杆菌属（*Alcaligenes*）、芽孢杆菌属（*Bacillus*）、剑菌属（*Ensifer*）、溶杆菌属（*Lysobacter*）、寡养单胞菌属（*Stenotrophomonas*）、假单胞菌属（*Pseudomonas*）、沙雷氏菌属（*Serratia*）以及土壤杆菌属（*Agrobacterium*）等。不同细菌产生的挥发性抑菌物质对不同真菌的抑制程度并不一致，原因可能有：①作用位点不同。②不同真菌对不同挥发性物质的反应不同。③不同真菌对不同挥发性物质的解毒作用不同。

多数挥发性抑菌物质是通过引起病原真菌菌丝畸形或抑制其孢子形成或萌发，阻碍其营养吸收与繁殖从而达到抑制病原真菌生长的目的。芽孢杆菌产生的挥发性抑菌物质能够造成互格链格孢（*Alternaria alternata*）的纵横隔膜消失，分生孢子细胞壁增厚、畸形从而无法正常生长；导致尖孢镰刀菌（*Fusarium oxysporum*）、淡紫紫孢菌（*Purpureocillium lilacinum*）及宛氏拟青霉（*Paecilomyces varioti*）的菌丝肿胀、原生质外渗最终菌丝消解。挥发性物质的抑菌作用通常是由单一成分引起的，多黏类芽孢杆菌（*Paenibacillus polymyxa*）产生的 1- 辛烯 -3- 醇和香茅醇可以引起 8 种常见病原真菌菌丝形态的畸形，并且香茅醇能够完全抑制尖孢镰刀菌色素的产生。除了直接的抑菌作用外，细菌产生的挥发性物质还能够促进植物的生长并提高植物的抗逆性。如芽孢杆菌产生的 2,3- 丁二醇不仅能够促进拟南芥的生长，而且能够诱导拟南芥与烟草产生对胡萝卜软腐欧文氏菌（*Erwinia carotovora* subsp. *carotovora*）的抗性，此外还可以通过诱导植物体内水杨酸的迸发及叶片气孔的关闭来增强拟南芥的抗干旱能力。洋葱伯克霍尔德菌（*Burkholderia cepacia*）与表皮葡萄球菌（*Staphylococcus*）所产挥发性物质同样能促进拟南芥的生长，只是发挥主要作用的物质尚不明确。

挥发性抑菌物质已经成功应用于植物病害的生物防治中。*Muscodor albus* 产生的挥发性物质能有效防治茄子黄萎病（*Verticillium dahlia*）、苹果与桃的真菌腐烂病（*Penicillium expansum*，*Botrytis cinerea* 与 *Monilinia fructicola*）。*Irpex lacteus* 所产的挥发性物则对 *Oidium* spp. 引起的欧芹白粉病具有较好的防效。

参考文献

AUDRAIN B, FARAG M A, RYU C M, et al, 2015. Role of bacterial volatile compounds in bacterial biology[J]. FEMS microbiology reviews, 39(2): 222-233.

BITAS V, KIM H S, BENNETT J W, et al, 2013. Sniffing on microbes: diverse roles of microbial volatile organic compounds in plant health[J]. Molecular plant-microbe interaction, 26(8): 835-843.

D'ALESSANDRO M, ERB M, TON T, et al, 2014. Volatiles produced by soil-borne endophytic bacteria increase plant pathogen resistance and affect tritrophic interactions[J]. Plant, cell and environment, 37(4): 813-826.

EFFMERT U, KALDERÁS J, WARNKE R, et al, 2012. Volatile mediated interactions between bacteria and fungi in the soil[J]. Journal of chemical ecology, 38(6): 665-703.

HUANG R, LI G Q, ZHANG J, et al, 2011. Control of postharvest Botrytis fruit rot of strawberry by volatile organic compounds of *Candida intermedia*[J]. Disease control and pest management, 101(7): 859-869.

KAI M, HAUSTEIN M, MOLINA F, et al, 2009. Bacterial volatiles and their action potential[J]. Applied microbiology and biotechnology, 81(6): 1001-1012.

KOITABASHI M, 2005. New biocontrol method for parsley powdery mildew by the antifungal volatiles-producing fungus Kyu-W63[J]. Journal of general plant pathology, 71(4): 280-284.

KULAKIOTU E K, THANASSOULOPOULOS C C, SFAKIOTAKIS E M, 2004a. Biological control of *Botrytis cinerea* by volatiles of 'Isabella' grapes[J]. Phytopathology, 94(9): 924-931.

KULAKIOTU E K, THANASSOULOPOULOS C C, SFAKIOTAKIS E M, 2004b. Postharvest biological control of *Botrytis cinerea* on kiwifruit by volatiles of 'Isabella' grapes[J]. Phytopathology, 94(12): 1280-1285.

MCCAIN A H, 1966. A volatile antibiotic by *Streptomyces griseus*[J]. Phytopathology, 56: 150.

MERCIER J, JIMÉNEZ J I, 2004. Control of fungal decay of apples and peaches by the biofumigant fungus *Muscodor albus*[J]. Postharvest biology and technology, 31(1): 1-8.

RAZA W, YUAN J, LING N, HUANG Q W, et al, 2015. Production of volatile organic compounds by an antagonistic strain *Paenibacillus polymyxa* WR-2 in the presence of root exudates and organic fertilizer and their antifungal activity against *Fusarium oxysporum* f. sp. *niveum*[J]. Biological control, 80: 89-95.

SINGH S K, STROBLE G A, KNIGHTON B, et al, 2011. An endophytic *Phomopsis* sp. possessing bioactivity and fuel potential with its volatile organic compounds[J]. Microbial ecology, 61(4): 729-739.

STINSON A M, ZIDACK N K, STROBEL G A, et al, 2003. Mycofumigation with *Muscodor albus* and *Muscodor roseus* for control of seedling diseases of sugar beet and verticillium wilt of eggplant[J]. Plant disease, 87(11): 1349-1354.

WANG C L, WANG Z F, QIAO X, et al, 2013. Antifungal activity of volatile organic compounds from *Streptomyces alboflavus* TD-1[J]. FEMS microbiology letters, 341(1): 45-51.

WENKE K, KAI M, PIECHULLA B, 2010. Belowground volatiles facilitate interactions between plant roots and soil organisms[J]. Planta, 231(3): 499-506.

（撰稿：张晓云；审稿：马平、杨忠岐）

混交林系统 mixed forest system

1995 年，联合国粮食及农业组织（FAO）出版的 *Plantation in tropical and subtropical regions mixed or pure* 反映了国际上对混交林问题的重视，并提出了纯林与混交林的概念。混交林是相对纯林而言的，纯林是由一种树种组成的人工林，而混交林是把多种树种栽种在同一块造林地上的一种手段，由两种或两种以上的树种组成的人工林。合理地进行树种混交，可使人工林形成层次多、冠层厚的结构，可增强森林的生物多样性，还能提高森林的生产力，促进森林生态系统的稳定性。

中国科学院植物研究所马克平带领的研究团队联合瑞士、德国的生态学家，于 2009 年至 2010 年在江西新岗山共建了约为 50hm^2 的亚热带森林生物多样性与生态系统功能实验。研究人员通过连续 5 年的观测发现，生物多样性能促进地上初级生产力，而且生物多样性的作用随着时间的延长而显著增加；种植 8 年后，每公顷 16 个物种的混交林地上生物量平均存储约 32 吨碳，而每公顷纯林的碳储量仅约为 12 吨，不及混交林一半。随着时间的变化，物种间的互补效应显著增强，且互补效应与功能多样性的正相关关系也越来越显著，这表明具有不同功能策略的物种配对可能更高产；另外，灌木多样性的结果也显示，随着灌木多样性的增加，灌木与乔木间的竞争减弱，这表明森林中乔木与灌木之间也存在积极的互补效应。

混交林营造成败与否、成效高低及能否可持续经营，核心在于混交物种的种间关系是否协调，以及营造混交林技术措施是否顺应自然林业规律。选择适宜的混交树种是调节种间关系的重要手段。一般来说，首先应针对造林地的立地条件和造林目的选择主要树种，然后再配置伴生树种或灌木，混交树种与主要树种在生长特性和生态要求等方面协调一致，并考虑到混交树种本身的适地适树问题。

根据混交林中组成树种的地位、生物学特性及其生长类型差异，混交林主要有3种混交类型。①乔木混交类型。即两个以上的乔木树种混交，当两个以上的乔木树种都是主要树种时，它可以充分利用地力，获得多种木材，充分发挥其他效能；该混交类型根据树种在森林中的作用可以分为主要树种间混交和主要树种与伴生树种混交两种类型。②乔灌木混交类型。即主要树种与灌木混交，这种混交类型种间矛盾比较缓和，林分稳定。③综合混交类型。即主要树种、次要树种和灌木的混交，综合混交类型兼有上述混交类型的特点。

此外，综合考虑树种间的种间关系以及混交树种的林木生长差异，在混交林营造中形成了不同树种植株不同的配置方法，主要有5种混交配置方式。①株间混交。又名行内混交，是两个以上树种在行内彼此隔株或隔数株进行混交。这种混交方法因不同树种间种植点相距较近，种间发生互相作用和影响较早。此法造林施工麻烦，一般多用于乔灌木混交。②行间混交。又名隔行混交，是两个以上树种彼此隔行进行混交。其种间矛盾比株间混交容易调节，施工也较简便，是常用的一种混交方法，尤其适用于阴阳性树种混交或乔灌木混交。③带状混交。是一个树种连续种植3行以上构成一条带与另一个树种构成的带依次配置的混交方法。带状混交可以缓冲种间竞争，且可通过抚育采伐来调节。此法栽植、管理都较方便，多用于种间矛盾比较尖锐，初期生长速度悬殊的乔木树种混交。此外，乔木、亚乔木与生长较慢的耐阴树种混交时，可将伴生树种改栽单行，这种介于带状和行间混交之间的过渡类型，称为行带混交，其优点是保证主要树种的优势，削弱伴生树种过强的竞争能力。④块状混交。又名团状混交，是把一个树种栽植成规则的或不规则的块状，与另一个树种的块状地依次配置进行混交的方法，可以分为规则的块状混交和不规则的块状混交两种方式。块状混交能有效地利用种内和种间的有利关系，且其施工比较方便，适用于矛盾较大的主要树种混交，也可用于幼龄单纯林改造，或低价值林分改造。⑤植生组混交。是种植点配置成群状时的混交形式，即在一小块地上密集种植同一树种，与相邻小块地密集种植的另一树种相混交的方法。该方式种间关系容易调节，但造林施工比较麻烦，主要适用于林区人工更新，次生林改造及治沙造林等（图1～图4）。

据陈楚莹和汪思龙在《人工林混交林生态学》中统计，我国主要人工混交林类型有13种，如针叶树与阔叶树混交，如马尾松、杉木、油松、落叶松与阔叶树的混交，有针叶树与针叶树的混交，如马尾松与杉木、杉木与柳杉、杉木与福建柏混交；有针叶树与固氮树种混交，固氮树种主要为台湾相思、桤木、紫穗槐与沙棘；有阔叶树与固氮树种混交，如桉树与马占相思，杨树与刺槐等混交（图5～图8）。

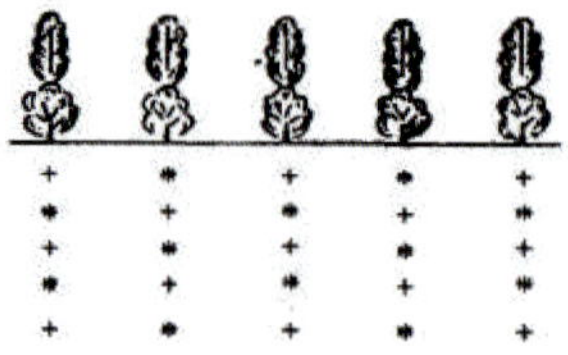

图1 株间混交

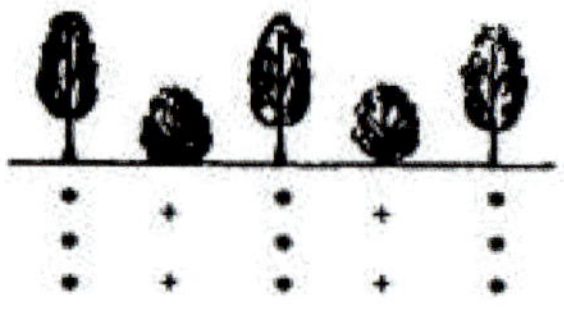

图2 行间混交

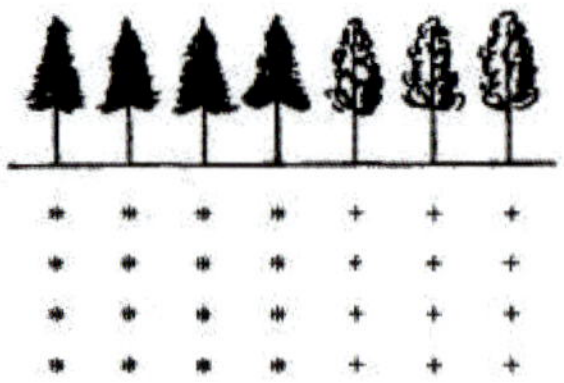

图3 带状混交

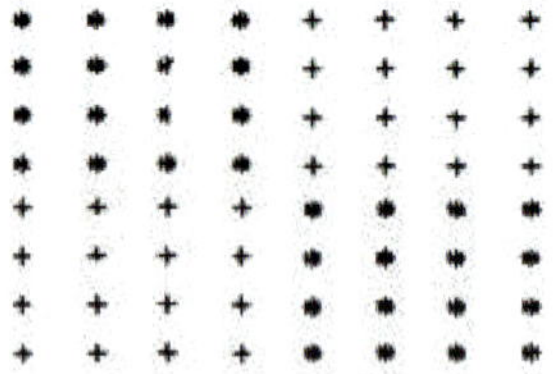

图4 块状混交

图5 中国东部马尾松木荷混交林

图6 长白山红松阔叶混交林

图 7 云南普洱思茅松栎类混交林

图 8 落叶松冷杉混交林

参考文献

陈楚莹，汪思龙，2004. 人工混交林生态学 [M]. 北京：科学出版社 .

沈国舫，翟明普，1997. 混交林研究：全国混交林与树种间关系学术讨论会文集 [M]. 北京：中国林业出版社 .

盛炜彤，2016. 关于我国人工混交林问题 [J]. 林业科技通讯 (5): 12-14.

Food and agriculture organization of the United Nations, 1995. Plantation in tropical and subtropical regions mixed or pure [Z]. Rome.

HUANG Y, CHEN Y, CASTRO-IZAGUIRRE N, et al, 2018. Impacts of species richness on productivity in a large-scale subtropical forest experiment[J]. Science, 362(6410): 80-83.

（撰稿：欧光龙；审稿：胥辉）

H

J

几丁质酶 chitinase

降解几丁质的酶。广义的几丁质酶是指所有与几丁质降解有关的酶，包括脱乙酰酶、壳聚糖酶、几丁寡糖酶、几丁二糖酶等（见图）；狭义的几丁质酶是指催化水解至少含有 1 个 *N*- 乙酰葡萄糖氨基团糖苷键的酶，包括几丁质外切酶和几丁质内切酶。外切酶是从多糖链的非还原端开始以几丁二糖为单位依次酶解；内切酶则随机地断裂糖苷键。由于 *β*-*N*- 乙酰葡萄糖胺酶能将双糖水解成单糖，某些 *β*-*N*- 乙酰葡萄糖胺酶也有较弱的外切酶活性，从几丁质多糖链的非还原端开始以单糖为单位进行水解。因此，几丁质内切酶、几丁质外切酶和 *β*-*N*- 乙酰葡萄糖胺酶通常也被称为几丁质酶水解系统。

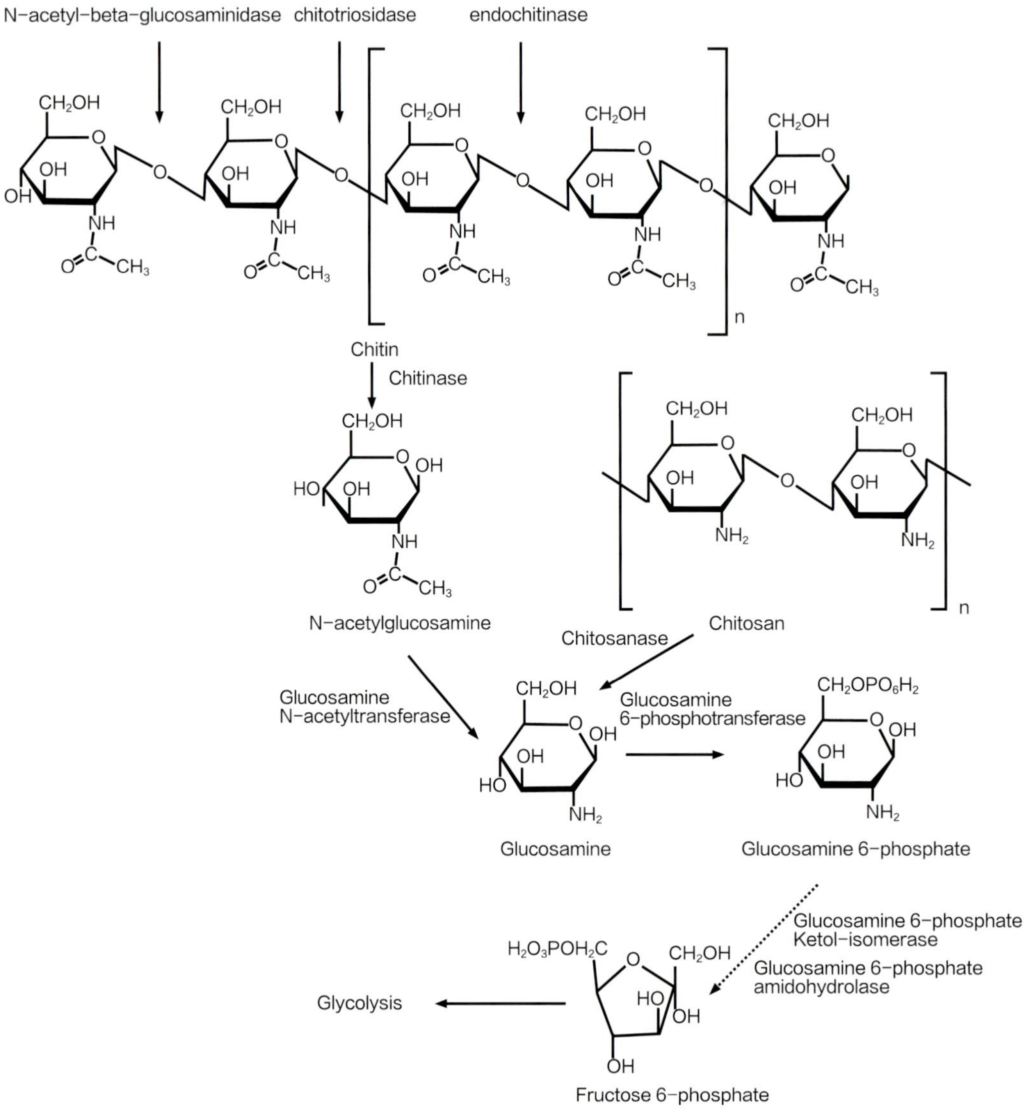

几丁质、壳聚糖的结构以及特定酶的降解产物和反应（Yan and Fong, 2015）

几丁质酶广泛存在于原核和真核生物体，具有许多生物功能，包括防卫和致病。不同生物中几丁质酶的作用有所不同。脊椎动物中几丁质酶主要分布于动物消化液、腺体、胃和肠黏膜等部位，用来消化食物中的几丁质成分；昆虫和甲壳类动物中，几丁质酶参与部分表皮的降解；高等植物的几丁质酶具可诱导性和体外抑真菌活性，被认为是可以抵制病原真菌入侵的一种防卫蛋白；真菌的几丁质酶主要参与菌体自溶、营养代谢及形态维持；病毒几丁质酶与其致病机理相关；在细菌中，几丁质酶主要是分解环境中的不溶几丁质作为细菌生长所需营养以及在细菌寄生过程中分解宿主中的几丁质成分；在酵母中，几丁质虽然只构成其细胞壁的1%，但在两代细胞间的芽痕处却有大量的几丁质沉淀，说明几丁质酶在酵母细胞增殖分离过程中是必需的。

由于几丁质是包括真菌和昆虫在内的多种生物体细胞壁的重要组成成分，因此几丁质酶可以通过降解真菌和昆虫细胞壁发挥其生防活性，成为制备新的生物农药的目标。植物病害防治中几丁质酶的应用包括：①直接利用不同来源的几丁质酶或其产生菌防治植物病害。②将高活力几丁质酶基因转入不同受体菌或植物体，构建几丁质酶高表达工程菌或转基因植物。③改造菌体或植物原有的几丁质酶基因，以增强其表达。④将几丁质酶基因和其他基因联合表达，提高植物抗病性。

几丁质酶可以分解真菌细胞壁的几丁质从而杀死病原真菌。多数丝状真菌在生长过程中，菌丝顶端暴露的几丁质链会被几丁质酶所水解，从而抑制真菌的生长，使顶端细胞壁变薄，细胞壁降解，原生质膜破裂；几丁质酶还通过降解菌丝生长末端新合成的几丁质，破坏菌丝端部生长，使真菌孢子萌发、芽管伸长和菌丝生长受阻，芽管和附着胞解体。但是，几丁质酶的抑菌作用具有特异性，并不是对所有真菌都有抑制作用，而且对真菌抑制的程度不同。已发现产生几丁质酶的微生物约有46个属近70种，分布于土壤、海洋、河湾、温泉等，大多数几丁质酶生产菌对真菌具有拮抗作用，而且多数几丁质酶在离体情况下也能抑制真菌的生长。

植物的几丁质酶都是小分子蛋白质，相对分子质量25～40。既有酸性几丁质酶又有碱性几丁质酶。人们可以利用导入外源几丁质酶基因的方法增强植物的抗病性（见表）。1990年英国科学家通过土壤杆菌向双子叶植物导入了细菌的几丁质酶基因，成功培育了表达该酶的转基因植物，可抑制病原真菌的侵袭，并对植物线虫、昆虫和其他一些病原生物也具有抗性。

增强抗病性转几丁质酶基因植物（张志忠，2005）

植物	基因来源	转化方法	靶标病害
番茄	烟草	农杆菌	枯萎病
烟草	大麦	农杆菌	菌核病
油菜	烟草	农杆菌	菌核病
小麦	杆状菌	农杆菌	鞘斑病
玫瑰	水稻	基因枪	黑斑病
黄瓜	水稻	农杆菌	灰霉病
马铃薯	木霉属	农杆菌	黑斑病
菊花	水稻	农杆菌	灰霉病
日本稻	水稻	农杆菌	鞘斑病
小麦	大麦	基因枪	白粉病
苹果	木霉属	农杆菌	疮痂病
烟草	杆状病毒	农杆菌	褐斑病
水稻	水稻	PEG和基因枪	条斑病
花生	烟草	农杆菌	叶斑病
大麦	水稻	农杆菌	枯萎病
高粱	大麦	基因枪	茎腐病
水稻	（未提及）	显微注射	枯萎病
棉花	水稻	激光微束穿刺	黄萎病
竹籼	竹籼	基因枪	稻瘟病

参考文献

蔡海宝, 2007. 产几丁质酶海洋放线菌C203的分离鉴定及其酶基因的克隆[D]. 海口: 华南热带农业大学.

陈三凤, 刘德虎, 李季伦, 1998. 植物几丁质酶的结构, 基因及其表达[J]. 生物工程进展, 18(2): 32-36.

刘力强, 2006. 玫瑰黄链霉菌几丁质酶基因及抗生素合成基因簇研究[D]. 保定: 河北农业大学.

孙胜利, 喻子牛, 贾新成, 2002. 微生物产几丁质酶的研究和应用进展[J]. 微生物学杂志, 22(5): 47-50.

肖亮, 2010. 地衣芽孢杆菌MY75几丁质酶特性及表达调控元件研究[D]. 天津: 南开大学.

张志忠, 吴菁华, 吕柳新, 等, 2005. 植物几丁质酶及其应用研究进展[J]. 福建农林大学学报(自然科学版), 34(4): 494-499.

BEYER M, DIEKMANN H, 1985. The chitinase system of *Streptomyces* spp. ATCC 11238 and its significance for fungal cell wall degradation[J]. Applied microbiology and biotechnology, 23(2): 140-146.

BHUSHAN B, 2000. Production and characterization of a thermostable chitinase from new alkalophilic *Bacillus* sp. BG-11[J]. Journal of applied microbiology, 88(5): 800-808.

LIMSIRICHAIKUL S, SILPSRIKUL P, CHANWEERACHAI P, et al, 2015. Yeast cell surface display of bacterial chitinase as a new approach for biocontrol of phytopathogenic fungi[J]. Silpakorn university science and technology journal, 9(1): 40-50.

PATIL R S, GHORMADE V, DESPHANDE M V, 2000. Chitinolytic enzymes: an exploration[J]. Enzyme and microbial technology, 26(7): 473-483.

SAHAI A S, MANOCHA M S, 1993. Chitinases of fungi and plants: their involvement in morphogenesis and host-parasite interaction[J]. FEMS microbiology reviews, 11: 317-338.

ULHOA C J, PEBERDY J F, 1992. Purification and some properties of the extracellular chitinase produced by Trichoderma harzianum[J]. Enzyme and microbial technology, 14(3): 236-240.

YAN Q, FONG S S, 2015. Bacterial chitinase: nature and perspectives for sustainable bioproduction[J]. Bioresources and bioprocessing, 2: 31-39.

（撰稿：李亚宁；审稿：王琦）

姬蝽科　Nabidae

属半翅目。又名姬猎蝽、拟猎蝽、拟刺蝽，英文名damsel bug。姬蝽科是半翅目中一个较小的类群，世界性分布，全球已知约20属500种，中国记载14属81种。

形态特征　姬蝽是小型至中小型昆虫，体长形，通常灰黄色，或体宽短，而具鲜艳的红色或橘黄色斑纹。

成虫　头平伸或略下倾，短于前胸背板；触角4节，具梗前节，其长度变化不一而使触角有时呈5节状；喙4节，细长而弯曲，向后及于前胸或中胸腹板。前胸背板横缢显著、隐约或消失；前足基节窝开放或关闭；小盾片通常三角形，少数种类顶端略呈分叉状，光滑或具成对的毛点毛；后胸臭腺沟缘细长或宽阔。前足股节加粗，有时腹面具齿突；前、中足胫节端部通常具海绵窝；各足跗节3节。翅多型现象显著；前翅膜片具2或3个翅室，通常具放射状翅脉或残迹；前翅在花姬蝽亚科中具前缘裂，划分出不显著的楔片。腹部气门位于腹面。雄虫生殖器左右对称，生殖腔和后足胫节具硬刚毛列，构成艾氏器（Ekblom's organ），为该科特有结构，有些种类的抱器或阳茎不对称。雌虫产卵器针状，受精囊退化成蚓状腺。

卵　真卵盖卵。卵体通常长形，表面光洁，淡黄至乳黄色。卵前极构造复杂，具1个精孔。

若虫　与成虫极似，但体壁柔弱，体色较淡，生殖器未发育。触角4节。无单眼。背腹腺位于第四至五、五至六和六至七腹节背板处。若虫具5个龄期，三龄起出现翅芽。

生物学习性　渐变态，一生经历卵、若虫和成虫3个阶段。卵产于植物组织或土壤中，产卵量通常为100～300粒。若虫和成虫捕食性，以各种小型节肢动物为食，是蚜虫、红蜘蛛、棉铃虫等农、林、牧草害虫的天敌，起到控制农林生态系统中害虫种群数量的作用。花姬蝽亚科被认为专门捕食蝽类（尤其是长蝽）。蛛姬蝽属（*Arachnocoris*）生活在蛛网上，营兼性盗主寄生。

交尾时均通过雌虫生殖腔。授精方式多样：姬蝽亚科授精方式正常，花姬蝽亚科为血腔授精，以排入雌虫生殖腔的精子钻破阴道壁进入血腔，或以雄虫阳茎端部刺破阴道壁营创伤式授精。

分类学与系统发育　姬蝽早期曾被作为猎蝽科（Reduviidae）下一亚科，直到Fieber认为它应作为独立的科。姬蝽科还曾一度包含粗股蝽科（Pachynomidae）、非姬蝽科（Medocostidae）和捷蝽科（Velocipedidae）。按照Schuh & Štys和Schuh & Slater的分类系统，姬蝽科与非姬蝽科组成姬蝽总科（Naboidea），现今的姬蝽科被分为2个亚科：姬蝽亚科（Nabinae）和花姬蝽亚科（Prostemmatinae）。

图1　异姬蝽（*Alloeorhynchus* sp.）（王建赟摄）

图2　高姬蝽（*Gorpis* sp.）（王建赟摄）

姬蝽亚科体长形；喙细长；小盾片无毛点毛；后胸臭腺沟缘细长；前足股节加粗，腹面无齿突；前翅无前缘裂；雄虫生殖腔朝背方开口，艾氏器有或无，若有则后足胫节具30～40根硬刚毛。又分为5族：蛛姬蝽族（Arachnocorini）、棒姬蝽族（Arbelini）、卡姬蝽族（Carthasini）、高姬蝽族（Gorpini）和姬蝽族（Nabini）。

花姬蝽亚科体宽短；喙相对粗短；小盾片侧缘具1～7对毛点毛；后胸臭腺沟缘宽阔；前足股节强烈加粗，腹面具齿突列；前翅具前缘裂；雄虫生殖腔朝后方或腹方开口，具艾氏器，后足胫节硬刚毛不超过10根。又分为2族：晦姬蝽族（Phorticini）和花姬蝽族（Prostemmatini）。

参考文献

彩万志，崔建新，刘国卿，等，2017. 河南昆虫志：半翅目　异翅亚目[M]. 北京：科学出版社：783.

任树芝，1998. 中国动物志：昆虫纲　第十三卷　半翅目　异翅亚目　姬蝽科[M]. 北京：科学出版社：251.

任树芝，2003. 中国狭姬蝽属一新种（半翅目：姬蝽科）[J]. 南开大学学报（自然科学版），36(4): 105-107.

郑乐怡，归鸿，1999. 昆虫分类（上）[M]. 南京：南京师范大学出版社：524.

FIEBER F X, 1861. Die europaischen Hemiptera. Halbflugler.

(Rhynchota Heteroptera)[M]. Vienna: Carl Gerold's Sohn: 444.

MERCADO J E, SANTIAGO-BLAY J A, 2015. Multiple model mimicry and feeding behavior of the spider web-inhabiting damsel bug, *Arachnocoris berytoides* Uhler (Hemiptera: Nabidae), from Puerto Rico. Life[J]: The excitement of biology, 3(1): 20-32.

SCHUH R T, SLATER J A, 1995. True bugs of the world (Hemiptera: Heteroptera): classification and natural history[M]. Ithaca: Cornell University Press.

SCHUH R T, ŠTYS P, 1991. Phylogenetic analysis of cimicomorphan family relationships (Heteroptera)[J]. Journal of the New York Entomological Society, 99(3): 298-350.

（撰稿：赵嫣盛；审稿：彩万志）

姬蜂科 Ichneumonidae

属膜翅目（Hymenoptera）姬蜂总科（Ichneumonoidea），是动物界中最大的类群之一；含 44 亚科 1601 属。至 2015 年底，全世界已知姬蜂 25285 种；中国已知姬蜂 2280 多种。

形态特征 姬蜂科与邻近科茧蜂科的主要区别在于（极少数例外）：前翅肘脉第一段不存在，第一盘室与第一肘室合并；具第二回脉；腹部第二、三节背板不融合。

姬蜂的个体大小差异幅度较大，体长最短者约 3mm，最长可达 40mm。产卵器长度差异也很大，寄生食叶害虫及裸露昆虫的种类，产卵器较短，短的可隐藏在体内，外观不可见或几乎不可见；而寄生林木蛀干害虫或隐蔽性生活昆虫的种类，其产卵器则较长，最长的可达体长的 6 倍，如头兜姬蜂（*Dolichomitus cephalotes*），分布于中国东北地区和欧洲及俄罗斯西伯利亚地区。

生物学习性 姬蜂科的所有种类均为寄生性，已知寄主达 8300 种，相当一部分寄主是林农业的重要害虫，其中天牛类达 260 多种。在自然状态下，姬蜂对农林业害虫种群控制有着举足轻重的地位，对抑制害虫猖獗危害有重要作用。在生态比较稳定的林分，害虫一般不易暴发形成大的灾害，其主要原因之一是由于天敌的控制作用，而重要天敌类群之一是姬蜂。

人工繁育 21 世纪，中国在姬蜂科研究方面进展速度较快，已知种由 1976 年的 899 种提高到 2280 多种。在姬蜂的利用方面，林业上典型的实例是山西人工繁育杨蛀姬蜂（*Schreineria populnea*）防治青杨天牛，积累了成功的经验。

参考文献

何俊华，陈学新，马云，1996. 中国经济昆虫志：第五十一册 膜翅目 姬蜂科 [M]. 北京：科学出版社.

何俊华，等，2004. 浙江蜂类志 [M]. 北京：科学出版社.

盛茂领，孙淑萍，2009. 河南昆虫志：膜翅目 姬蜂科 [M]. 北京：科学出版社.

盛茂领，孙淑萍，2010. 中国林木蛀虫天敌姬蜂 [M]. 北京：科学出版社.

盛茂领，孙淑萍，2014. 辽宁姬蜂志 [M]. 北京：科学出版社.

盛茂领，孙淑萍，丁冬荪，等，2013. 江西姬蜂志 [M]. 北京：科学出版社.

盛茂领，孙淑萍，李涛，2016. 西北地区荒漠灌木林害虫寄生性天敌昆虫图鉴 [M]. 北京：中国林业出版社.

时振亚，申效诚，1995. 寄生蜂鉴定 [M]. 北京：中国农业科学技术出版社.

汤玉清，1990. 中国细颚姬蜂属志：膜翅目 姬蜂科 瘦姬蜂亚科 [M]. 重庆：重庆出版社.

赵修复，1976. 中国姬蜂分类纲要 [M]. 北京：科学出版社.

（撰稿：曹亮明；审稿：杨忠岐）

姬小蜂科 Eulophidae

属膜翅目小蜂总科（Chalcidoidea），分为 4 个亚科：姬小蜂亚科（Eulophinae）、灿姬小蜂亚科（Entedoninae）、啮小蜂亚科（Tetrastichinae），纹翅姬小蜂亚科（Euderinae）。迄今共知有 297 属 4472 种。

形态特征 跗节为 4-4-4 式。触角（除环状节外）7～9 节，索节最多 4 节，环状节 1～4 节。腹部具有明显的腹柄，因此并胸腹节与腹部间有明显的缢缩。前足胫节的端距通常直而简单（见图）。

生物学习性 姬小蜂的寄主多种多样，大多数姬小蜂寄生隐蔽性生活昆虫的幼虫，尤其是潜叶类昆虫幼虫，包括鳞翅目潜叶危害的几个科。但也有不少种类寄生于在隐蔽性场所生活的其他目的昆虫（如潜蝇科、叶蜂科和象甲科）。有的姬小蜂寄生于形成虫瘿的昆虫，有的甚至能寄生瘿螨科形成虫瘿的螨类。姬小蜂的寄生生活方式变化很大，如欧洲的欧杉叶蜂姬小蜂（*Dahlbominus fuscipennis*）群集外寄生于已作茧的松叶蜂的预蛹或蛹上，但姬小蜂属（*Eulophus*）和长距姬小蜂属（*Euplectrus*）则群集外寄生于裸露性取食的鳞翅目幼虫，当它们的幼虫老熟后，常常在植物叶片上围绕已被其取食殆尽的寄生残体旁化蛹。有些姬小蜂内寄生于其他昆虫卵，如双斑姬小蜂（*Mestocharis bimacularis*）寄生龙虱卵，但要等到龙虱卵随水的涨落而暴露出水面时它才能给其卵中产卵。甲虫灿姬小蜂（*Entedon ergias*）能寄生多种甲虫卵，尤其是小蠹虫卵，为“卵—幼虫”的跨期寄生蜂。叶蝉卵啮小蜂（*Tetrastichus mandanis*）寄生在一种飞虱的卵中，它的一龄幼虫在卵内取食，但到二龄时就从卵中爬出，

姬小蜂科（Eulophidae）（曹亮明、杨忠岐摄）
①白蛾周氏啮小蜂（*Chouioia cunea* Yang）雌虫侧面观；
②红松果梢斑螟啮小蜂（*Baryscapus dioryctriae* Yang et Song）

然后行捕食性生活，寻找、捕食其他半翅目昆虫卵。

姬小蜂可为抑性外寄生性（姬小蜂亚科、纹翅姬小蜂亚科），或为内寄生性（灿姬小蜂亚科和许多啮小蜂亚科的种类）。但也有不少种类为抑性寄生内寄生性，如金绿姬小蜂属（*Chrysocharis* sp.）。有些种，如幅金绿姬小蜂（*Chrysocharis phryne*）和红眼姬小蜂（*Achrysocharoides* sp.）为容性寄生。不少抑性寄生的姬小蜂表现为兼性重寄生，重寄生性在姬小蜂中比较普遍。有的种甚至为专性重寄生，如双脊派姬小蜂（*Pediobius brachycerus*）专性重寄生于蜘蛛的卵囊中。红眼姬小蜂属（*Achrysocharoides*）的某些种，包括英国的尼红眼姬小蜂（*Achrysocharoides niveipes*）和拉红眼姬小蜂（*Achrysocharoides latreillei*），其雄性为单个内寄生，而雌性却为群集内寄生。

姬小蜂的卵为长卵圆形或肾形，卵的前端具一根长丝，其作用是把卵固定在寄主体壁上。姬小蜂幼虫一般为3～5龄。一龄幼虫呈膜翅目型，13节，有时体上具肉质瘤突或若干排刺；老熟幼虫体上一般少毛。有些姬小蜂的幼虫如金绿姬小蜂属（*Diglyphus*）和潜蝇姬小蜂属（*Chrysocharis*）在其身体周围用粪便堆成一圈柱状物，幼虫老熟后就在此圈内化蛹，其周围的柱形粪便变硬后其作用如同坑道柱，这样，当寄主危害的植物组织干燥后就可以防止寄主的蛀道被毁坏而伤及自身。双色稀网姬小蜂（*Euplectrus bicolor*）在其寄主旁或在寄主身体下方做薄茧化蛹。姬小蜂一般以预蛹或蛹越冬，但有些姬小蜂（如双色稀网姬小蜂）以成虫越冬。大部分姬小蜂1年发生1代以上。有些姬小蜂属（*Eulophus*）及羽角姬小蜂属（*Sympiesis*）具不同的季节色斑型，这种情况在蛹期和成虫期均可发生，因而常被误认为不同的种。

有的姬小蜂的交配习性很复杂，Assem等详细描述了勺柄啮小蜂属（*Melittobia*）种类的交配过程。观察交配习性可用来区分近缘种，姬小蜂不同类型行为学的进化研究可有助于弄清它们在分类上的关系。

有几种姬小蜂被成功用于生物防治上，如寄生美国白蛾的白蛾周氏啮小蜂（*Chouioia cunea*），在中国用于大面积防治这种外来入侵害虫，取得了良好的防治效果。鞘蛾姬小蜂（*Chrysocharis laricinellae*）是欧洲种，被引进到北美防治落叶松食叶害虫落叶松鞘蛾（*Coleophora laricella*），控制效果良好；还有欧杉叶蜂姬小蜂（*Dahlbominus fuscipennis*），也是从欧洲引入北美，在防治危害松树的松叶蜂上发挥了重要作用。

参考文献

GAULD I, BOLTON B, 1992. 膜翅目[M]. 杨忠岐，译. 西安：天则出版社.

廖定熹，等，1987. 中国经济昆虫志：第三十册 膜翅目 小蜂总科（一）[M]. 北京：科学出版社

杨忠岐，1996. 中国小蠹虫寄生蜂[M]. 北京：科学出版社:1-363.

杨忠岐，姚艳霞，曹亮明，2015. 寄生林木食叶害虫的小蜂[M]. 北京：科学出版社.

BOUČEK Z, 1988. Australasian Chalcidoidea (Hymenoptera). A biosystematic revision of genera of fourteen families, with a reclassification of species[J]. Cab international wallingford: 85-86.

GIBSON G A P, HUBER J, WOOLLEY J B, 1997. Annotated keys to the genera of Nearctic Chalcidoidea (Hymenoptera)[M]. Ottawa: National Research Council.

GRAHAM M W R, 1987. A reclassification of the European Tetrastichinae (Hymenoptera: Eulophidae), with a revision of certain genera[J]. Bulletin of the British Museum (Natural History) (Entomology), 55(1): 1-392.

GRAHAM M W R, DE V, 1991. A reclassification of the European Tetrastichinae (Hymenoptera: Eulophidae): revision of the remaining genera[J]. Memoirs of the American Entomological Institute, 49: 1-322.

LASALLE J, 1994. North American genera of Tetrastichinae (Hymenoptera: Eulophidae)[J]. Journal of natural history, 28: 109-236.

NOYES J S, 2018. Catalogue of World Chalcidoidea[Z/OL]. Universal Chalcidoidea Database. http://www.nhm.ac.uk/entomology/chalcidoids.

（撰稿：曹亮明；审稿：杨忠岐）

基因互作 gene interactions

非等位基因之间通过相互作用影响同一性状表现的现象。广义上，基因互作可分为基因内互作和基因间互作。基因内互作是指等位基因间的显隐性作用，如不完全显性、镶嵌显性、共显性和复等位现象等。基因间互作是指不同位点非等位基因之间的相互作用，表现为互补、修饰和上位等。

不完全显性（incomplete dominance） 指显性等位基因不能完全抑制其他等位基因，从而使得杂合体的表型与任一纯合体的表型都是可区分的（中间表型）。如控制豌豆开花时间的一对等位基因纯合体AA和aa的开花时间相差5天，而杂合体Aa的开花时间在两亲本纯合体之间。虽然基因型的比例跟孟德尔的一对基因杂交中显性完全时的期待值一样，但表型比例不是3∶1，而是1∶2∶1了。因为一个基因对另一基因的显性不完全，所以3种不同基因型可以相互区别开来，即3种表型直接反映出3种不同的基因型。

镶嵌显性（mosaic dominance） 指两亲本的性状在F_1代同一个体的不同部位表现出来。这是由中国遗传学家谈家桢在研究异色瓢虫（*Harmonia axyrid*）的过程中首先发现的一种特殊的遗传现象。瓢虫鞘翅色斑的镶嵌显性有包括式与重叠式两种类型。包括式即一种等位基因的表型性状（色斑）完全被另一种等位基因的性状（相同位置不同大小的色斑）“包括”了。如黑缘型瓢虫（即鞘翅仅前缘部分为黑色，基因型S^AS^A）与二窗厚黑缘型瓢虫（即每瓣鞘翅仅中央区域有一个黄色窗口，其余均为黑色，基因型S^CS^C）杂交，得到F_1代都是S^CS^A杂合子，表现型是二窗型。因为这种类型的黑底区域包括了另一种类型的黑底区域，而F_1代自交得到的F_2代会出现二窗型（S^CS^C，S^CS^A）和黑缘型（S^AS^A）两种类型，比例为3∶1。重叠式即杂交个体的性状（色斑）表现为两种等位基因所控制的色斑的重叠结果。如黑缘型瓢虫（S^AS^A）和均色型瓢虫（即鞘翅仅后缘部分为黑色，基因型S^ES^E）的杂交F_1代的表型是鞘翅前后端都为黑色的新类型，表现为两种亲本性状的嵌合体，而F_1代自交得到的F_2

代发生分离，出现黑缘型、新类型和均色型 3 种类型，比例为 1：2：1。

共显性（codominance） 指两亲本的性状同时在 F_1 个体上表现出来，即一对等位基因的两个成员在杂合体中都表达的遗传学现象。MN 血型系统是最典型的例子，在人类的 MN 血型系统中有 M 型、N 型和 MN 型 3 种类型的个体。M 型个体的红细胞上有 M 抗原，N 型有 N 抗原，MN 型既有 M 抗原又有 N 抗原，也就是两种基因在同种组织中都得到了表达。这是由一对等位基因中的一个发生了异效突变，它会产生不同的表型效应，当这一对等位基因杂合时，两种表型（M 抗原和 N 抗原）同时共存，都显示出相对应的表型，这就是共显性现象。

复等位现象（multiple allelism） 指同一基因座的基因在群体中拥有多个已知等位基因的现象。一个基因可以有很多等位形式，如 a1，a2，……，an，但就每一个二倍体细胞来讲，最多只能有其中的两个，而且分离的原则也是一样的。植物的抗性基因也存在复等位现象，如亚麻抗锈病基因就存在复杂的复等位现象。已鉴定出亚麻抗锈基因有 26 个，但位点只有 5 个，其中 L 位点有 12 个复等位基因，M 位点有 6 个，N 位点有 3 个，P 位点有 4 个。这种同一基因座上有超过 2 个等位基因的现象即复等位现象。

互补效应（complementary effect） 指两对独立遗传基因分别处于纯合显性或杂合显性状态时共同决定一种性状的发育。当只有一对基因是显性，或两对基因都是隐性时，则表现为另一种性状的现象。例如鸡冠性状的遗传，鸡冠的性状很多，除我们常见的单冠外，还有玫瑰冠、豌豆冠和胡桃冠等。如果把豌豆冠的鸡跟玫瑰冠的鸡交配，子一代的鸡冠是胡桃冠。子一代个体间相互交配，得到子二代，它们的鸡冠有胡桃冠、豌豆冠、玫瑰冠和单冠，大体上接近 9：3：3：1。假定控制玫瑰冠的基因是 *R*，控制豌豆冠的基因是 *P*，而且都是显性的，那么玫瑰冠的鸡没有显性豌豆冠基因，所以基因型是 *ppRR*，与之相反，豌豆冠的鸡没有显性玫瑰冠基因，所以基因型是 *PPrr*。前者产生的配子全部是 *pR*，后者产生的配子全部是 *Pr*，这两种配子相互结合，得到的子一代是 *PpRr*，由于 *P* 与 *R* 的互补作用，出现了胡桃冠。子一代的公鸡和母鸡都形成 *PR*、*Pr*、*pR* 和 *pr* 的 4 种配子，数目相等。根据自由组合定律，子二代应该出现 4 种表型，胡桃冠（*P_R_*），豌豆冠（*P_rr*），玫瑰冠（*ppR_*）和单冠（*pprr*），它们的比数为 9：3：3：1。在这个例子中，*P* 与 *R* 是互补的，形成了胡桃冠，*p* 与 *r* 是互补的，形成了单冠。

修饰效应（modifier effect） 指有些基因可以影响其他基因的表型的效应，这些基因也成为修饰基因。不同修饰基因的作用不同，有加强其他基因的表型效应的，称为强化基因；有减弱其他基因的表型效应的，称为限制基因；还有完全抑制其他基因的表型效应的，称为抑制基因。家蚕有结黄茧的、有结白茧的，把结黄茧的家蚕品种跟结白茧的中国品种交配，子一代全是结黄茧的，这表示中国品种的白茧是隐性的。但把结黄茧的家蚕品种跟结白茧的欧洲品种交配，子一代全是结白茧的，这表明欧洲品种的白茧是显性的。把子一代结白茧的家蚕相互杂交，子二代结白茧的与结黄茧的比例是 13：3，这一新的遗传比例产生的原因如下，黄茧基因是 *Y*，白茧基因是 *y*。另外还有一个非等位的抑制基因，有它存在时，可以抑制黄茧基因 *Y* 的作用，使 *Y* 不能显出作用来。根据这样的假定，黄茧品种基因型是 *iiYY*，显性白茧的基因型是 *IIyy*，两者之间相互杂交，子一代的基因型是 *IiYy*，因为 *I* 对 *Y* 的抑制作用，*Y* 的作用不能显示出来，所以子一代的表型是白茧。子一代的个体相互交配，子二代中应该 9/16 是 *I_Y_*，3/16 是 *I_yy*，1/16 是 *iiyy*，3/16 是 *iiY_*。同样的，由于 *I* 对 *Y* 的抑制作用，所以子二代中表型比是白茧:黄茧为 13：3。

上位效应（epistasis effect） 指某对等位基因的表现，受到另一对非等位基因的影响，随着后者的不同而不同的现象。起抑制作用的基因称为上位基因，被抑制的基因称为下位基因。在上位效应中，起抑制作用的是一个显性基因则称为显性上位；起抑制作用的是一个隐性基因则称为隐性上位。显性上位：在燕麦（*Avena sativa*）中，黑颖品系和黄颖品系杂交，子一代全是黑颖，子二代的分离比是黑颖、黄颖与白颖的比为 12：3：1。这是因为黑颖与非黑颖之比是 3：1，又在非黑颖内部，黄颖和白颖之比也是 3：1，这里涉及两对基因，其中一对是 *B* 和 *b*，分别控制黑颖和非黑颖，另一对是 *Y* 和 *y*，分别控制黄颖和白颖。只要有一个显性基因 *B* 存在，植株就表现黑颖，有没有显性基因 *Y* 都一样。如果没有显性基因 *B* 的存在，即在基因型为 *bb* 的植株中，表现为黄颖还是表现为白颖，就得看有没有 *Y* 的存在而定。有显性基因 *Y* 存在时，表现为黄颖，没有 *Y* 存在时，表现为白颖。隐性上位：在家兔中，灰兔与白兔杂交，子一代全是灰兔，子二代中出现灰兔 9:黑兔 3:白兔 4 的比例。这里也涉及两对基因，一对是 *C* 和 *c*，每一个体至少有一个显性基因 *C* 存在时，才能显示出颜色来；另一对是 *G* 和 *g*，只有当显性基因 *C* 存在时，才能显示不同作用。那就是说，当 *C* 存在时，基因型 *GG* 或 *Gg* 表现为灰色，*gg* 表现为黑色；当显性基因 *C* 不存在时，即在 *cc* 个体中，不论是 *GG*、*Gg* 还是 *gg* 都表现为白色。

参考文献

吴燕华，卢大儒，2011. 谈家桢与瓢虫遗传研究 [J]. 自然杂志，33(4): 245-248.

赵桐茂，1987. 人类血型遗传学 [M]. 北京：科学出版社.

赵寿元，乔守怡，2001. 现代遗传学 [M]. 北京：高等教育出版社.

SIMMONS M J, SNUSTAD D P, 2011. Principles of genetics[M]. 6th ed. New York: John Wiley & Sons.

SUZUKI D T, GRIFFITHS A J F, 2010. An introduction to genetic analysis[M]. 10th ed. San Francisco: WH Freeman and Company.

（撰稿：黄惠川；审稿：朱书生）

激发子 elicitor

广义的激发子是指所有能够激发植物产生防御反应的物质或分子。最初仅将能诱导植物产生植保素的物质称为激发子，后来将诱导植物产生一些防卫反应的各类生物和非生

J

物源的物质统称为激发子。就生物源激发子而言，第六次国际植物组织细胞培养大会规定，来自植物分子的激发子称为内源激发子（endogenous elicitor），来自微生物的激发子称为真激发子（genuine elicitor）。随着激发子功能研究的不断深入，现在将激发子定义为：能够诱导植物体内相关防御基因表达或者通过激活植物体内防御相关代谢通路从而使寄主植物产生免疫防御反应的化合物。

有许多激发子的分类方法。依据激发子来源不同，可将激发子分为生物源激发子和非生物源激发子。生物源激发子是由微生物、寄主植物或者寄主植物与病原物互作后产生的激发子。其中微生物产生的激发子包括真菌的葡聚糖、糖蛋白、脂类物质和其他细胞壁组分，细菌细胞壁结构组分中的脂多糖、蛋白质、病毒的外壳蛋白、线虫口针和头部的糖蛋白等。寄主植物产生的激发子主要是由病原菌侵染过程中产生的细胞壁降解酶分解植物细胞壁产生的寡糖片段，如真菌木聚糖酶分解植物细胞壁产生的木聚糖，多聚半乳糖醛酸酶、果胶裂合酶降解植物细胞壁产生的果胶寡聚物等。非生物源激发子主要指一些化学合成的小分子物质、环境胁迫因子或机械伤害等。化学合成的小分子物质主要包括水杨酸、乙酰水杨酸、核黄素、（1,2,3）苯并噻二唑 -7- 碳酸硫甲酯（BTH）等；极端温度刺激、强紫外线、高渗透压胁迫、干旱以及某些金属离子如 Ca^{2+}、Mg^{2+} 等也具有激发子的功能。根据微生物来源的不同可分为真菌激发子、卵菌激发子、细菌以及病毒激发子等。

按化学性质划分，生物来源的激发子又可以分为 4 类。

寡糖类激发子（oligosaccharide elicitors） 该类激发子是最先发现，并且研究最深入的一类激发子。包括来源于真菌菌丝细胞壁的几丁寡糖（oligochitin）、壳寡糖（oligochitosan）和寡聚葡萄糖（oligoglucan）。来源于植物的寡聚半乳糖醛酸（oligogalacturonide）和 β-1,4 葡聚糖寡聚葡萄糖（β-1,4 oligoglucan）。

蛋白质（多肽类）激发子（protein elicitors） 1968 年，首次从丛梗孢菌（*Monilinia fructicola*）菌丝体中分离到能诱导菜豆内果皮形成和积累菜豆素（phaseollin）的多肽（相对分子质量为 8）激发子。后来又陆续从细菌中分离了超敏蛋白（harpins），从隐地疫霉、樟疫霉和辣椒疫霉中纯化了激发素（elicitin）。中国农业科学院植物保护研究所蛋白质农药研究团队从链格孢菌、稻瘟菌、灰霉菌等植物病原真菌分离得到了 PeaT1、Hrip1、MoHrip1、MoHrip2、PemG1、BcXyl1 等多个蛋白激发子。又名免疫诱导蛋白。

脂多糖类激发子（lipopolysaccharide elicitors） 脂多糖（LPS）是革兰氏阴性菌细胞外壁中特有的一种化学成分，Newman 研究发现野油菜黄单胞菌野油菜致病变种（*Xanthmonas campestris*）中产生的脂多糖（LPS）可诱导胡椒叶积累香豆酰酪胺和阿魏酰酪胺。来自洋葱伯克霍尔德氏菌（*Burkholderia cepacia*）细胞壁的 LPS 能增强烟草防卫反应能力，并可诱导 PR（pathogenesis-related）蛋白的产生。

糖蛋白类激发子（glycoprotein elicitors） 主要包括疫霉糖蛋白、酵母糖蛋白、禾谷锈菌糖蛋白等。

参考文献

邱德文, 2004. 微生物蛋白农药研究进展 [J]. 中国生物防治, 20(2): 91-94.

AUGUR C, BENHAMOU N, DARVILL A, et al, 1993. Purification, characterization, and cell wall localization of an α-fucosidase that inactivates a xyloglucan oligosaccharin[J]. The plant journal, 3: 415-426.

CHEN M, ZENG H, QIU D, et al, 2012. Purification and characterization of a novel hypersensitive response-inducing elicitor from *Magnaporthe oryzae* that triggers defense response in rice[J]. Public library of science, 7(5): e37654.

CHEN M, ZHANG C, ZI Q, et al, 2014. A novel elicitor identified from *Magnaporthe oryzae* triggers defense response in tobacco and rice[J]. Plant cell reports, 33: 1865-1879.

COVENTRY H S, DUBERY I A, 2001. Lipopolysaccharides from *Burkholderia cepacia* contribute to an enhanced defensive capacity and the induction of pathogenesis-related protein in *Nicotianae tabacum*[J]. Physiological and molecular plant path, 58: 149-158.

CRUICKSHANK I A M, PERRIN D R, 1968. The isolation and partial characterization of monilicolin A. a polypeptide with phaseollin inducing activity from *Monilinia fructicola*[J]. Life sciences, 7: 449-458.

EBEL J, 1998. Oligoglucoside elicitor-mediated activation of plant defense[J]. BioEssays, 20: 569-576.

EDER J, COSIO E G, 1994. Elicitors of plant defense responses[J]. International review of cytology, 148(8): 1-36.

HAHN MG, 1996. Microbial elicitors and their receptors in plant[J]. Annual review of phytopathology, 34(1): 387-412.

MAHESH K L, LIU H, ZHANG Y L, et al, 2012. Hrip1, a novel protein elicitor from necrotrophic fungus, *Alternaria tenuissima*, elicits cell death, expression of defence-related genes and systemic acquired resistance in tobacco[J]. Plant, cell and environment, 35: 2104-2120.

MAO J, LIU Q, YANG X, et al, 2010. Purification and expression of a protein elicitor from *Alternaria tenuissima* and elicitor-mediated defense responses in tobacco[J]. Annals of applied biology, 156: 411-420.

NEWMAN M A, VON ROEPENACK-LAHAYE E, PARR A, et al, 2002. Prior exposure to lipopolysaccharide potentiates expression of plant defenses in response to bacteria[J]. The plant journal, 29: 487-495.

QIU D, MAO J, YANG X, et al, 2009. Expression of an elicitor-encoding gene from *Magnaporthe grisea* enhances resistance against blast disease in transgenic rice[J]. Plant cell reports, 28(6): 925-933.

REYMOND P, GRÜNBERGER S, PAUL K, et al, 1995. Oligogalacturonide defense signals in plants: large fragments interact with the plasma membrane in vitro[J]. Proceedings of the National Academy of Sciences of the United States of America, 92: 4145-4149.

YANG Y, YANG X, DONG Y, et al, 2018. The Botrytis cinerea xylanase BcXyl1 modulates plant immunity[J]. Frontiers in microbiology, 9: 2535.

YU L M, 1995. Elicitins from Phytophthora and basic resistance in tobacco[J]. Proceedings of the National Academy of Sciences of the United States of America, 92(10): 4088-4094.

（撰稿：杨秀芬；审稿：王琦）

集团内捕食 intraguild predation

处于同一营养级的不同物种之间因竞争相似资源且资源有限而发生捕食的一种生态学现象。其中集团（guild）是以相似方式利用同类资源的多个物种的集合体，同一集团内存在多种相互作用，集团内捕食便是集团内相互作用的一种。集团内捕食分为单向性和双向性两种，前者指集团内一种天敌成员总是在捕食共同猎物的同时还捕食另一种天敌成员，而后者指集团内的天敌成员可相互捕食对方。天敌成员中具有捕食作用或捕食率较高的一方称集团内捕食者，被捕食或捕食率较低的一方称集团内猎物，各天敌的共有猎物则被称为集团外猎物。集团内捕食广泛存在于自然界多种生态系统中，在农林害虫生物防治中研究较多，常涉及在害虫综合防治中目标害虫的不同种天敌之间的相互捕食作用。在害虫生物防治中，集团内捕食的作用强度等影响着集团内捕食者、集团内猎物和防治目标害虫的种群动态，而这一复杂的生态学现象除受上述各参与者（集团外猎物、集团内捕食者和猎物）自身状况影响外，还受环境条件等多种因素的影响，由此可见利用新天敌所产生的防治效果会因集团内捕食的作用强度和方向等的不同而存在差异。因此，在利用天敌进行生物防治时，要明确天敌间的相互作用关系，以便更好地发挥集团内捕食的积极作用，从而提高对目标总控制效果。

参考文献

阿力甫·那思尔，艾山·阿布都热依木，孟玲，等，2015. 不同虫态及虫龄大草蛉与七星瓢虫之间的集团内互作 [J]. 昆虫学报，58(9): 997-1004.

马克争，郝树广，赵惠燕，等，2004. 昆虫群落中的集团内捕食作用 [J]. 昆虫知识，41(3): 191-197.

LUCAS E, CODERRE D, BRODEUR J, 1998. Intraguild predation among aphid predators: characterization and influence of extraguild prey density[J]. Ecology, 79(3): 1084-1092.

ROOT R B, Monographs S, Autumn N, 1967. The niche exploitation pattern of the blue-gray gnatcatcher[J]. Ecological monographs, 37(4): 317-350.

ROSENHEIM J A, KAYA H K, EHLER L E, et al, 1995. Intraguild predation among biological-control agents: theory and evidence[J]. Biological control, 5(3): 303-335.

（撰稿：党英侨；审稿：王小艺）

寄生蜂 parasitic wasps

膜翅目寄生性昆虫的总称。大家熟悉的赤眼蜂是中国生物防治上应用最广、最多的寄生蜂类群，主要寄生松毛虫卵、玉米螟卵、三化螟卵和二化螟卵。膜翅目中除了广腰亚目的叶蜂、树蜂和细腰亚目的瘿蜂及一少部分小蜂为植食性害虫外，其他类群均为有益的天敌昆虫类群。下面介绍在生物防治上具有重要价值的寄生蜂类群。

姬蜂总科（Ichneumonoidea） 本总科包括 2 个科：姬蜂科和茧蜂科。

姬蜂科（Ichneumonidae） 体小至大型，前翅长 2～27mm，第一盘室与亚缘室合并，有第二回脉；腹部第二、三节背板分离。姬蜂科是个大科，含 44 亚科，是很常见的一类寄生蜂。

姬蜂科寄生全变态类昆虫的幼虫或蛹，特别是鳞翅目和叶蜂类害虫的幼虫、蛹。绝大多数姬蜂为单寄生，仅有极少数种类为群集寄生。群集寄生的一般都为外寄生性，单寄生的一般都为内寄生性。也有一些姬蜂寄生蛀干的鞘翅目天牛、树蜂、象甲和蛀果害虫的幼虫或蛹。有些姬蜂为重寄生性，这类姬蜂的幼虫单个在初寄生者的幼虫体内发育，初寄生者多为其他姬蜂和寄蝇。有些姬蜂则寄生蜘蛛体上或卵袋中。绝大多数姬蜂为两性生殖，只有极少数种类为孤雌生殖，如食蚜蝇姬蜂（*Diplazon laetatorius*）。姬蜂幼虫一般有五龄，少数为三龄。姬蜂化蛹时多作茧，茧位于被其致死的寄主尸体旁。而在寄主的预蛹期杀死寄主的不少姬蜂种类就在寄主的蛹室中作茧。有些姬蜂的茧薄，呈半透明状，有的则较厚，有的茧表面具斑纹。

姬蜂科人工利用于生物防治上的种类很少，但它们种类多、数量大，在自然控制害虫上无声无息地发挥着巨大作用。在人工助迁和引进方面有一些成功的例子。如加拿大 1910—1911 年从英国引进落叶松姬蜂（*Mesoleius tenthredinis*）防治落叶松红腹叶蜂（*Pristiphora erichsonii*）取得了成功。

茧蜂科（Braconidae） 体小至中型，前翅长 1～10mm，第一盘室与亚缘室由 1 斜脉分开，第二回脉缺如。本科是膜翅目中最大的科之一，全世界估计有 4 万多种。但迄今仅描述发表了 1 万多种，茧蜂科分为 35 个亚科。

大部分茧蜂个体较姬蜂小（故以前称为小茧蜂科），体为黑色、褐色或黄色。绝大多数茧蜂为初寄生，一般一个类群的寄主范围比较固定，1 个亚科或 1 个族只寄生 1 个目或某一类群的现象比较常见。如蚜茧蜂亚科（Aphidinae）只寄生蚜总科的蚜虫，潜蝇茧蜂亚科（Opiinae）只寄生双翅目潜蝇类。有些茧蜂为单寄生，但许多种类为群集寄生，如柄腹茧蜂属（*Spathius*）的种类白蜡吉丁柄腹茧蜂（*Spathius agrili* Yang）和红松梢斑螟长体茧蜂（*Macrocentrus pryerii* Yang et Song）。长体茧蜂属常常有多胚生殖习性。大多数茧蜂寄生寄主幼虫或若虫，但优茧蜂亚科（Euphorinae）的一些种可寄生成虫，如瓢虫优茧蜂（*Perilitus coccinellae*）寄生瓢虫成虫。茧蜂科中没有真正的卵寄生种类，但甲腹茧蜂亚科（Cheloninae）和探茧蜂亚科（Ichneutinae）的一些种产卵于寄主的卵中，但不在寄主卵期发育，而是当寄主发育至幼虫期时才以幼虫形式营寄生生活，为跨期寄生。具抑性寄生习性的矛茧蜂亚科（Doryctinae）、阎茧蜂亚科（Histeromerinae）和一些茧蜂亚科（Braconinae）寄生隐蔽性生活的害虫幼虫，如天牛科、吉丁甲科和蛀干危害的象甲科类幼虫。重寄生在茧蜂科中十分罕见。大多数茧蜂幼虫老熟后能用它们的下唇腺产生的丝作茧、化蛹其中，因而茧蜂科的茧比姬蜂的茧更厚，如一些寄生鳞翅目食叶害虫幼虫的绒茧蜂（*Apanteles* spp.）常常在寄主幼虫体上作一堆白色茧。而有些茧蜂在杀死寄主后并不钻出寄主，而是在寄主体内直接化蛹，并不作茧，如一些蚜茧蜂。

茧蜂科由于绝大多数为初寄生，因此它们多为有益的天敌昆虫（只有瓢虫茧蜂等为数不多的种类寄生有益昆虫），在生物防治上具有十分重要的价值。如四齿革腹茧蜂（*Ascogaster guadridentata*）寄生苹果蠹蛾（*Cydia pomonella*）幼虫；原产中国的白蜡吉丁柄腹茧蜂（*Spathius agrili*）已引入美国，在防治美国重大外来入侵害虫白蜡窄吉丁（*Agrilus planipennis*）上发挥了重要作用。中国许多农林业重要的害虫上都有茧蜂寄生，如中红侧沟茧蜂（*Microplitis mediator*）已成功用于防治棉铃虫（*Heliothis armigera*）。

小蜂总科（Chalcidoidea） 小蜂总科很大，共有520个科，种类与姬蜂总科相似，是生物防治上利用最多的天敌昆虫类群（见小蜂总科）。

旗腹蜂总科（Evanioidea） 本总科有3个科：旗腹蜂科（Evaniidae）、举腹蜂科（Aulacidae）和褶翅蜂科（Gasteruptiidae）。具有生物防治价值的为旗腹蜂科和举腹蜂科。

旗腹蜂科（Evaniidae） 本科是个小科，约有400种。一般体黑色，无金属光泽，体长2.2～28.0mm；头和腹部小，胸部最大，腹柄细，着生于并胸腹节上的位置很高，远离后足基节；腹部侧扁，多为椭圆形或三角形；后翅具臀叶。本科以小而着生位置高的腹部似小旗状而与膜翅目中的其他科显著不同。

旗腹蜂科专性寄生于卫生害虫蟑螂的卵鞘中，一般1个卵鞘中只产1粒卵，卵孵化后取食该卵鞘中的多粒卵（因此生活习性为捕食性）。本科种类在蟑螂类卫生害虫的生物防治上具有重要价值。

举腹蜂科（Aulacidae） 本科较小，全球分布，已知约150种。体大型，黑色，无金属光泽，触角着生于唇基上方；具长颈，前翅翅脉近完整，后翅翅脉减少；并胸腹节尖锥形，腹部着生于其尖端上；腹部圆形或椭圆形，腹板骨化程度高；产卵器长，远远伸出于腹末之外。

本科种类均寄生蛀干危害的鞘翅目和膜翅目害虫，如天牛、树蜂等。它们寄生时伸出长长的产卵器，顺着其寄主的产卵道将卵产入天牛或树蜂的卵中，但它的卵不发育，直到寄主卵孵化为幼虫后，才开始营容性寄生方式，在寄主幼虫体内取食而不杀死寄主，直到寄主幼虫老熟后才将其杀死，钻出寄主体外作茧化蛹。成蜂羽化后在树干上咬一羽化孔飞出。中国南方均有分布，是生物防治林木蛀干害虫的重要天敌昆虫类群之一，但中国迄今发现的种类不多，值得进一步深入调查和利用。

瘿蜂总科（Cynipoidea） 本总科包括6个科，最知名的是瘿蜂科（Cynipidae）。这个科在栎树、玫瑰等植物上形成虫瘿为人们所熟知。其实本总科中能形成虫瘿者还不到50%，其余的均为食虫性寄生蜂。本总科的6个科是：

枝跗瘿蜂科（Ibaliidae） 寄生蛀干的树蜂科幼虫。

光翅瘿蜂科（Liopteridae） 寄生蛀干的吉丁甲科幼虫。

匙胸瘿蜂科（Eucoilidae） 寄生潜蝇、杆蝇、花蝇及果蝇幼虫。

环腹瘿蜂科（Figitidae） 寄生以蚜虫为食的食蚜蝇科（Syrphidae）和斑腹蝇科（Chamaemyiidae）幼虫，为有害寄生。

长背瘿蜂科（Charipidae） 一部分种类寄生木虱总科（Psylloidea）；另一部分为重寄生，寄生于蚜虫的初寄生者蚜茧蜂和蚜小蜂。

瘿蜂科（Cynipidae） 本科均为植食性，在栎属（*Quercus*）树木叶芽，花芽和小枝上形成形态各异的虫瘿，有的在栗属（*Castanea*）树木上形成虫瘿，如危害板栗和茅栗的栗瘿蜂（*Dryocosmus kuriphilus*）。有些瘿蜂在菊科（Compositae）、唇形花科（Labiatae）、槭树科（Aceraceae）、罂粟科（Papareraceae）和蔷薇科（Rosaceae）植物上形成虫瘿。

这6个科中在生物防治上具有重要意义的2个科：

枝跗瘿蜂科（Ibaliidae） 本科是个小科，全球目前已知仅10多种。体大型，黄色或褐色，无金属光泽；体长6～15mm；触角丝状，雌触角13～14节；雄触角15节，第三节触角腹面具一凹槽；中胸背板上具显著的横脊纹；后足第一跗节长度几乎为2～5节长度之和的2倍，第二跗节端部具一指状突；雌腹部强度侧扁；产卵器微露出。

枝跗瘿蜂寄生蛀干害虫树蜂科（Siricidae）幼虫。初龄幼虫时内寄生，老龄幼虫钻出寄主幼虫体外寄生。雌蜂产卵时先搜寻到树蜂成虫产卵时在树干上留下的产卵孔道，然后将产卵器顺着此孔道刺入，到达寄主卵或幼虫体上，产卵于寄主体内。一般1头寄主上只产1粒卵。产在寄主卵中的卵并不发育，直到寄主卵孵化成幼虫时才真正开始取食。初孵幼虫在寄主体内营容性寄生生活，到三龄时钻出寄主体外寄生取食，直至将寄主取食殆尽，而后在寄主尸体旁化蛹。成虫羽化后在树干上咬一羽化孔飞出。中国迄今共发现4种枝跗瘿蜂，其中黄腹枝跗瘿蜂（*Ibalia yunshae*）寄生危害青海云杉的黄肩长尾树蜂（*Xeris spectrum*）。

光翅瘿蜂科（Liopteridae） 本科是个小科，含13属约143种。体中型，黑色，部分为红褐色或红色，无金属光泽，体长4～6mm；与瘿蜂总科中其他科的主要区别是并胸腹节后部的胸后颈很长且粗壮，腹部在并胸腹节上着生的位置很高；腹柄节构造特殊而显著，位于腹基部之背方，上具纵刻槽；后足第一跗节短，不为其余多跗节长度之和的2倍；雌触角13节，雄14节。

本科种类寄生吉丁甲科（Buprestidae）幼虫，如中国的水曲柳异节光翅瘿蜂（*Paramblynotus fraxini* Yang et Gu）寄生危害水曲柳的吉丁甲幼虫。在中国也发现了寄生危害栎、榆和花椒吉丁的多种光翅瘿蜂。本科在生物防治吉丁甲等蛀干害虫上具有重要价值。

细蜂总科（Proctotrupoidea） 本总科较大，包括11个科。在生物防治上比较重要的有4个科：

黑卵蜂科（Scelionidae） 又名缘腹细蜂科。本科寄生多种昆虫或节肢动物的卵，是个大科，分为3个亚科。一般为单寄生，寄主包括直翅目、半翅目、鳞翅目、鞘翅目、双翅目、螳螂目、脉翅目、双翅目，以及蜘蛛卵，在生物防治中是具有重要价值的一个类群（见黑卵蜂科）。

广腹细蜂科（Platygasteridae） 本科种类为内寄生性，大部分寄生双翅目昆虫，特别是形成虫瘿的瘿蚊科，在生物防治瘿蚊科害虫上具有重要价值。

细蜂科（Proctotrupidae） 本科种类内寄生于在树皮下、枯枝落叶中、土壤中等隐蔽场所生活的昆虫幼虫体内，大部分为鞘翅目幼虫，其中有一个种发现寄生蜈蚣。

锤角细蜂科（Diapridae） 本科种类大多寄生于在围蛹中发育的双翅目蛹，为群集内寄生性，寄主为杆蝇科、蝇科、寄蝇科、丽蝇科、麻蝇科和实蝇科。

青蜂总科（Chrysidoidea） 本总科是膜翅目细腰亚目针尾部（Aculeata）中的 3 个总科之一，是个较大的总科，与针尾部中的其他 2 个总科［胡蜂总科（Vespoidea）和蜜蜂总科（Apoidea）］的主要区别是本总科雌雄性成虫触角节数相同；雌性第九节生殖突基节由基部和端部两部分组成，在接连处相互关联；雌性腹部第七背板完整，中部无深裂。青蜂总科包括 7 个科，此处介绍在生物防治上具有重要价值的肿腿蜂科和螯蜂科。

肿腿蜂科（Bethylidae） 本科是个大科，分为 4 个亚科，共有 2000 多种。体小型，黑色或褐色，无金属光泽；雌性有时无翅，或具短翅，雄性具翅；雌性一般均为前口式，头部延长且扁平状；触角丝状，12 或 13 节，着生于近唇基处；前翅翅脉显著减少，翅痣通常显著，游离状；后翅无闭室，具显著的扇叶而无臀叶；腹部具 7～8 个可见节。

本科种类基本为抑性外寄生性，通常寄生在隐蔽场所生活的鞘翅目和鳞翅目害虫幼虫，如卷叶和缀叶中、树干中、粮仓中等处。在寄生时，雌蜂先刺蜇麻醉寄主，然后在寄主体外产卵。幼虫孵化出后就在该寄主上寄生取食，单寄生或群集寄生。雌蜂常有抚幼习性，直到其后代全部羽化出成虫后才离去。本科在生物防治上具有重要意义，特别是在防治蛀干的天牛、吉丁甲、象甲上是十分重要的天敌类群。如白蜡吉丁肿腿蜂（*Sclerodermus pupariae*）、松褐天牛肿腿蜂（*Sclerodermus alternatusi*）和管氏肿腿蜂（*Sclerodermus guani*）在防治多种天牛和吉丁甲上发挥了巨大作用。

青蜂科（Chrysididae） 本科是个大科，分为 7 个亚科，共有 3000 余种。体大型，体长 2～20mm，骨化程度很高，呈鲜艳的蓝、绿、紫色或红色，有强烈的金属光泽；雌雄触角均为 13 节；前翅具 1 条由 2r-rs 加 Rs 脉端形成的痣脉，从翅痣上发出，弯曲，没有与其他翅脉相连；后翅无闭室，具 1 扇叶；腹部背板雌性 3～4 节，雄 3～5 节；腹面凹陷。

本科种类寄生鳞翅目、膜翅目害虫，如上海青蜂（*Chrysis shanghaiensis*）寄生食叶害虫黄刺蛾（*Cnidocampa flarvescens*）等刺蛾科害虫所作的钙质茧中的预蛹上。叶蜂尖胸青蜂（*Cleptis* sp.）寄生已作茧的多种叶蜂的预蛹，雌蜂产卵时先用上颚在茧上咬一小孔，然后将产卵器通过该孔刺入茧中，产卵于叶蜂预蛹上，多为单寄生。

青蜂科中的竹节虫青蜂亚科（Amiseginae），现有 30 个属，均寄生竹节虫卵，如 *Amisega*、*Atoposega*、*Mahinda*、*Mesitiopterus*、*Noumeasega* 等，为单寄生，即一卵一蜂，这个特殊的类群在防治竹节虫这类害虫上具有重要价值。

参考文献

GAULD I, BOLTON B, 1988. 膜翅目 [M]. 杨忠岐，译. 香港：天则出版社.

廖定熹，等，1987. 中国经济昆虫志：第三十册 膜翅目 小蜂总科（一）[M]. 北京：科学出版社.

杨忠岐，姚艳霞，曹亮明，2015. 寄生林木食叶害虫的小蜂 [M]. 北京：科学出版社.

BOUČEK Z, 1988. Australasian Chalcidoidea (Hymenoptera). A biosystematic revision of genera of fourteen families, with a reclassification of species. CAB International[J]. Cab international wallingford: 85-86.

GIBSON G A P, HUBER J T, WOOLLEY J B, 1998. Annotated keys to the genera of Nearctic Chalcidoidea (Hymenoptera)[J]. Annals of the Entomological Society of America, 91(3): 359-360.

（撰稿：曹亮明；审稿：杨忠岐）

寄生蜂信息素 infochemicals of parasitoids

在拟寄生昆虫寻找配偶、辨别寄主昆虫或寄主昆虫的寄主植物以及产卵及种群密度调节等行为或生理过程中起重要作用的信息化学物质。又名拟寄生昆虫的信息化学物质。拟寄生昆虫主要通过触角、口器附肢、足跗节和产卵器上的化感器（包括嗅觉器和味觉器）来识别这些化学物质。拟寄生昆虫包括寄生蜂和寄生蝇，但以寄生蜂的研究较多。

根据化学物质是在种内还是种间起作用，或者说其释放者和接受者是否属于同一个种，按照昆虫信息化学物质的分类，拟寄生昆虫信息化学物质可以分为种内作用的信息素（pheromone）和种间作用的他感化学物质（allelochemical）。前者由拟寄生昆虫个体产生并释放后，对本种其他个体产生影响；后者则来源于其他种拟寄生昆虫、寄主昆虫、寄主植物及其他生物。在种内起作用的拟寄生昆虫信息素，依据功能可分为性信息素（sex pheromone）、聚集信息素（aggregation pheromone）、警戒信息素（alarm pheromone）、标记信息素（marking pheromone）等。其中，标记信息素在拟寄生昆虫对已寄生寄主和未被寄生寄主的辨别中起关键作用，可以使拟寄生昆虫降低甚至避免对寄主的过寄生和多寄生，从而减少后代的种内竞争。他感化合物在拟寄生昆虫对寄主栖境选择、寄主定位、寄主识别、寄主接受和产卵等各个环节中均起重要作用。根据释放者和接受者的利害关系，他感化合物分为利己素（allomone）、利它素（kairomone）、互益素（synomone）和相克素（antimone），其中利它素和互益素直接对拟寄生昆虫（接受者）产生有利影响。

需要指出的是，同一种信号物质对于不同的拟寄生昆虫，可以具有不同的功能而归为不同的信息类别；对于同一种拟寄生昆虫，一种信息物质在不同生态背景下也可以具有不同的功能。另外，拟寄生昆虫对这些信息物质的感受及受影响的程度受到拟寄生昆虫内外多种因素的影响。因此，在利用拟寄生昆虫信息化学物质进行害虫防治时，需要从拟寄生昆虫和环境两方面综合考虑，以充分发挥其效果。

参考文献

BROWN W L, EISNER T, WHITTAKER R H, 1970. Allomones and kairomones: transspecific chemical messengers[J]. BioScience, 20(1): 21-22.

DICKE M, SABELIS M W, 1988. Infochemical terminology: based on cost-benefit analysis rather than origin of compounds[J] Functional ecology, 2(2): 131-139.

NORDLUND D A, LEWIS W J, 1976. Terminology of chemical releasing stimuli in intraspecific and interspecific interactions[J]. Journal of chemical ecology, 2(2): 211-220.

RUTHER J, 2013. Novel insights into pheromone-mediated communication in parasitic Hymenopterans[M]. New Jersey: John Wiley & Sons.

VET L E M, DICKE M, 1992. Ecology of infochemical use by natural enemies in a tritrophic context[J]. Annual review of entomology, 37: 141-172.

（撰稿：董双林；审稿：王琛柱）

寄生过程　process of parasitism

寄生性天敌寻找寄主并寄生的过程。自然界中的寄生性天敌都有一定的寄主范围，对寄主有明显的选择性或专一性。刚羽化的寄生性天敌成虫可能远离寄主，它们必须寻找到新寄主才能繁殖后代，因此，寄生性天敌寻找寄主的能力及能否区分已被寄生过的寄主的能力与它控制害虫的效率密切相关。一般将其寄生过程分为 4 个阶段：寄主生境定位（host habitat location）、寄主定位（host location）、寄主识别（host discrimination）和寄主接受（host acceptance）。也有学者提出在生境定位和寄主定位之间包括一个微生境定位阶段（host microhabitat location），但具体难以区分，使用范围不广。每一阶段均包含一系列复杂的行为反应。这些行为反应受环境中的化学信号和物理信号等的调控。其中，来自寄主昆虫和植物的化学信号是必不可少的，它们在寄生过程中起着决定性的作用。随着寄生蜂距离寄主的远近，天敌所利用的信号有所侧重，一般距离较远时以嗅觉刺激因子和气候因子为主，而在接近寄主时以视觉、触觉和味觉的刺激因子为主（见图）。

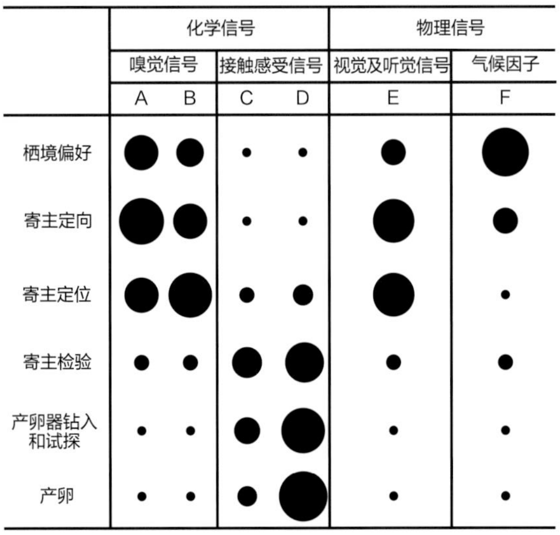

寄生蜂在寄主选择过程中所识别的刺激信号示意图

A、B、C、D、E、F 代表刺激信号的主要来源。A：寄主植物及食物气味；B：寄主、虫粪及附属物的气味（包括外激素）；C：来源于寄主植物叶表面及食物的非挥发物；D：来源于寄主及附属物的非挥发性成分；E：颜色、声音、寄主的运动状态、栖境的外部特征；F：温度、湿度、风、光照等。

圆点大小表示所起作用的大小

（撰稿：陈学新；审稿：刘树生）

寄生习性　habit of parasitism

寄生性天敌寄生寄主的方式。寄生性天敌的寄生习性多种多样，可分为多种方式。

按寄生寄主的部位，可分为内寄生（endoparasitism）和外寄生（ectoparasitism）。内寄生昆虫的幼虫生活于寄主体内，并形成适应于寄主体内生活的特有形态。外寄生昆虫生活于寄主体外，附着于寄主体上或在寄主所造成的披盖物内取食，同样也形成适应于体外寄生的特有形态。

按寄主被寄生时的发育阶段，则可分为卵寄生、幼虫寄生、蛹寄生和成虫寄生。卵寄生是指寄生性天敌成虫把卵产入寄主卵内，其幼虫在寄主卵内取食、发育至成虫。幼虫寄生是指寄生性天敌成虫把卵产入寄主幼虫体内或体外，孵化为幼虫后在寄主体内或体外取食、发育、化蛹，羽化为成虫后方能营自由生活。蛹寄生是指寄生性天敌成虫把卵产于寄主蛹内或蛹外，其幼虫在寄主蛹内或蛹外取食，在寄主蛹内或蛹外化蛹，成虫期自由生活。成虫寄生是指寄生性天敌成虫把卵产于寄主的成虫体上或体内，其幼虫在寄主体内或附在寄主体上取食、发育，在寄主体内或离开寄主化蛹。许多寄生性天敌寄生寄主的多个发育阶段，可分卵—幼虫期寄生、卵—幼虫—蛹期（卵—蛹期）寄生、幼虫—蛹期寄生等。

按寄主被寄生后的发育情况，可分成容性寄生和抑性寄生。抑性寄生是指寄主在寄生后停止活动、发育受抑的情况；而容性寄生则是寄主在寄生后可以继续活动和发育，幼虫在获取寄主营养物质的同时允许寄主继续发育和蜕皮。

按同一寄主体内寄生性天敌（个体或种类）的数量，可分成单寄生、多寄生、共寄生和重寄生。单寄生是指 1 个寄主体内只有 1 个天敌个体存在和发育。多寄生是指 1 个寄主体内有 2 个或 2 个以上同种天敌个体发育的情况。共寄生是指 1 个寄主体内有 2 种或 2 种以上的天敌同时寄生。共寄生现象常会引起种间竞争，最后只留下 1 个优势种。重寄生是指在寄主体内寄生两种以上的寄生物，但它们是食物链式地寄生，即第一种寄生物寄生于寄主体内，第二种寄生物又在第一种寄生物上寄生。这样，第一种寄生物称为原寄生物，第二种寄生物称为重寄生物；如果重寄生物上还有寄生物，则为二重寄生物。

重寄生现象在寄生蜂中十分普遍。从进化的角度讲，重寄生可能从几种不同的方式由初寄生演化而来。大部分重寄生为二重寄生（secondary parasitism），但也可发生兼性的三重寄生（tertiary parasitism）和四重寄生（quaternary parasitism）。Haviland（1920）记述了所观察到最为复杂的寄生与重寄生间相互作用的一个实例：一头蚜虫（第一寄主）被一种蚜茧蜂所寄生（初寄生），该蚜茧蜂又被一头小蜂寄生（二重寄生），该小蜂又部分地为另一种重寄生所食（三重寄生），该重寄生又被一种大痣细蜂所寄生（四重寄生）。虽然有些种类完全是重寄生性的，但相当多的种类为兼性重寄生。重寄生者在初寄生者将初寄主完全消耗之后才寄生于它们的称为伪重寄生（pseudohyperparasitism）。有些寄生蜂的雄性，寄生于本种雌蜂或其他种雌蜂。梨圆蚧扑虱小蜂（*Prospaltella perniciosi*）雄蜂育自本种雌蜂。这种寄生同种而发育的现象称为自寄生（autoparasitism）或异规重寄生（heteronomous hyperparasitism）、同种寄生（adelphoparasitism）。寄生一种橘粉蚧的软蚧蚜小蜂（*Coccophagus heteropneusticus*）的雄蜂育自柑橘粉蚧上的粉蚧长索跳小蜂（*Anagyrus pseudococci*），这是雄蜂育自其他种的例子。

复寄生（multiparasitism） 又名多寄生。一头寄主上有两种或两种以上寄生昆虫同时寄生的情况。此种情况较为少见。这些不同种的幼虫同在一头寄主上取食，其发育结果有 4 种情况：①同时存活。②仅一种存活。③聚寄生的种类部分存活，部分死亡。④都不能生存。

过寄生（superparasitism） 寄生蜂在寄主体上因子代个数过多，营养不足而导致一部分或全部死亡，或发育不良失去繁衍后代能力。一头寄主被单一寄生者多次寄生的称“自过寄生”（self superparasitism）；被同一种的多个寄生者所寄生的称“同种过寄生”（conspecific superparasitism）。

盗寄生（cleptoparasitism） 有些寄生蜂无直接寄生于寄主的能力，只能通过各种方式，寄生于其他寄生蜂已寄生过的寄主，其第一龄幼虫先杀死原来的寄生蜂卵或幼虫，然后才在寄主上营寄生生活。该寄生现象似为原寄生与重寄生间的过渡类型。

（撰稿：陈学新；审稿：刘树生、杨忠歧）

寄生性疾病 parasitic diseases

因寄生物引起的疾病，包括病毒病、细菌病、真菌病、立克次氏体、原生生物病、线虫病、寄生螨病、寄生昆虫病。在自然界合适的环境下，寄生性疾病可引起昆虫疾病的流行，这是应用生物防治来控制害虫种群密度的原理。

参考文献

JAMES R FUXA, YOSHINORI TANADA, 1992. 昆虫疾病流行学 [M]. 北京：北京农业大学出版社 .

洪华珠，杨红，1997. 杀虫微生物学纲要 [M]. 武汉：华中师范大学出版社 .

蒲蛰龙，1994. 昆虫病理学 [M]. 广州：广东科技出版社 .

（撰稿：曲良建、李恩杰；审稿：张永安）

寄生性天敌 parasitoid insect

昆虫纲中营寄生生活的类群。一般是特指寄生在其他节肢动物体上、最终造成其他节肢动物死亡的昆虫。通常幼期营寄生生活、成虫期自由生活。主要包括寄生蜂、寄生性鳞翅目、寄生性蝇类、捻翅目等。寄生蜂包括广腰亚目的尾蜂科、细腰亚目寄生部中绝大部分种类和针尾部营寄生生活的种类，寄生鳞翅目、双翅目、鞘翅目等昆虫及蜘蛛等其他节肢动物，它们生活习性极其复杂多样，有单寄生和多寄生、单期寄生和跨期寄生等。寄蝇科蝇类是鳞翅目幼虫、鞘翅目幼虫和成虫以及半翅目成虫和若虫常见的寄生性天敌，它们也寄生于直翅目的蝗科、螽斯科、蟋蟀科和革翅目蠼螋的成虫及膜翅目的叶蜂、胡蜂等的幼虫，也寄生于双翅目昆虫和其他节肢动物。头蝇科蝇类是半翅目叶蝉科、沫蝉科、飞虱科等昆虫的天敌。麻蝇科寄生于直翅目、脉翅目、半翅目、鞘翅目、鳞翅目、双翅目和膜翅目等昆虫，也可以寄生甲壳类。具有寄生习性的鞘翅目昆虫数量和种类都不多，有一些是食腐类寄居在动物皮毛上，如寄居甲科（Leptinidae），包括海獭甲科（Platypsyllidae）*Platypsyllus* 属高度特化，适应于生活在河狸皮毛中。有一些是寄居类，如部分隐翅虫亚科（Aleocharinae）的许多种类寄居在蚂蚁或白蚁的巢穴中，蚁甲科（Pselaphidae）Clavigerinae 亚科的种类是蚂蚁窝中的兼性寄食者。鳞翅目昆虫绝大部分都是植食性，仅寄蛾科和蚁蛾科具有寄生习性，均为外寄生。

（撰稿：陈学新；审稿：刘树生、杨忠歧）

寄生性天敌昆虫 parasitic insect natural enemies

昆虫纲中有一类昆虫，它们营寄生性生活方式，寄生在其他昆虫上完成自身的生长发育。生物防治上把寄生害虫或其他有害节肢动物的昆虫称为寄生性天敌昆虫。寄生性昆虫和寄生性天敌昆虫是两个不同的类群。寄生性昆虫（Parasite）如虱目（Siphunculata）、蚤目（Siphonaptera）寄生哺乳动物和鸟类，但只是从寄主（宿主）体上汲取营养，完成自身发育而不会致死寄主。寄生性天敌昆虫（Parasitoid）则是寄生于害虫或其他有害的节肢动物体上完成发育，最后都会将寄主杀死的寄生方式。

寄生性天敌昆虫与捕食性天敌昆虫的区别 一般寄生性和捕食性天敌昆虫是容易区别的，如瓢虫幼虫和成虫捕食蚜虫，步行甲捕食鳞翅目幼虫等是明显的捕食性天敌昆虫。而许多天敌昆虫都是以幼虫附着于寄主体上取食寄主，这种情况下如何区分是捕食性还是寄生性天敌昆虫，依据是该天敌是取食 1 头寄主就可完成自身发育、还是取食 2 头以上的寄主才能完成发育，若只是在 1 头寄主体上取食就能完成从卵—幼虫—蛹—成虫发育阶段的就称为寄生性天敌昆虫［这种情况往往是多头天敌寄生在 1 头寄主体上，如花绒寄甲（*Dastarcus helophoroides*）寄生天牛幼虫］；若在 1 头寄主体上取食不能完成自身发育，还需转移到另外 1 头或几头寄主体上取食才能完成发育的，就称为捕食性天敌昆虫。如欧洲的红蝉卵旋小蜂（*Eupelmus tibicinis*）虽为寄生蜂，但其幼虫需取食几个红蝉卵才能完成发育，故而称其为捕食性天敌昆虫。

寄生性天敌昆虫的寄生方式

根据寄生寄主的虫期分类

①卵寄生。寄生于害虫卵内，其卵、幼虫和蛹期均生活在寄主卵内，直至成虫羽化后才咬小孔爬出。如松毛虫赤眼蜂（*Trichogramma dendrolimi*）产卵于松毛虫卵内，待卵发育至成虫羽化后才在寄主卵上咬羽化孔钻出。

②幼虫寄生。寄生于害虫幼虫体内或体外，从寄主幼虫体摄食营养，如螟蛉脊茧蜂（*Aleiodes narangae*）的卵期、幼虫期和蛹期都在稻螟蛉幼虫体内度过，成蜂羽化后才咬孔爬出；白足扁股小蜂（*Elasmus corbetti*）产卵和幼虫都寄生在稻纵卷叶螟幼虫体上，化蛹在稻叶上的寄主尸体旁。

③蛹寄生。寄生于害虫蛹内，其卵、幼虫和蛹期都在寄主蛹内生活，如蝶蛹金小蜂（*Pteromalus puparum*）寄生于多种蝶蛹，成虫羽化后在寄主蛹上咬羽化孔钻出。

J

④成虫寄生。寄生于害虫成虫，其卵、幼虫和蛹期都在寄主成虫体内度过。如兴安截尾金小蜂（*Tomicobia xinganensis*）成虫产卵于危害樟子松和红松的六齿小蠹（*Ips acuminatus*）、云杉八齿小蠹（*Ips typographus*）成虫体内，其卵、幼虫和蛹期均在小蠹成虫体内生活，成虫羽化后在寄主成虫的腹部背面或腹面咬一羽化孔而出。

⑤跨期寄生。是指天敌昆虫需经过寄主的2个或3个虫期，才能完成发育的寄生形式，包括下述几个类型：“卵—幼虫”跨期寄生：天敌昆虫产卵于寄主卵中，寄主卵孵化为幼虫后，寄生蜂卵才孵化，在寄主幼虫体内完成发育。如螟甲腹茧蜂（*Chelonus munakatae*）产卵于二化螟等的卵内，幼虫老熟后，钻出寄主幼虫体外结茧化蛹。“卵—幼虫—蛹”跨期寄生：天敌昆虫产卵于寄主卵内，一直到寄主的蛹期天敌昆虫才完成发育，如寄生地中海实蝇的喜卵潜蝇茧蜂（*Fopiuss arisanus*）。“幼虫—蛹”跨期寄生：天敌昆虫产卵于寄主幼虫，孵化后寄生在寄主幼虫一直到寄主蛹期，在寄主蛹期才完成发育。如黄腹潜蝇茧蜂（*Opius caricivorae*）产卵于美洲斑潜蝇幼虫体内，待寄主化蛹后，其幼虫才完成发育并在寄主蛹内化蛹，羽化时从蛹前端咬孔而出。

有些寄生性天敌昆虫，对寄主的发育虫期要求并不很严格，如食蚜蝇姬蜂（*Diplazon laetatorius*）可产卵在食蚜蝇卵内或幼龄幼虫体内，直至寄主蛹期，姬蜂才羽化而出，可视为“卵—蛹”寄生或“幼虫—蛹”寄生；稻苞虫柄腹姬小蜂（*Pediobius mitsukuii*）虽然成虫是从稻苞虫蛹内羽化出来的，但其产卵时期可在寄主老熟幼虫期、预蛹期或初蛹期，可视为“幼虫—蛹”跨期寄生蜂或蛹期寄生的单期寄生蜂。

根据寄生寄主身体的部位分类

①内寄生是指天敌昆虫幼虫的生长发育期是在寄主体内完成的，而寄生者的卵是否产于体内、老熟幼虫是否仍在体内化蛹都不重要。例如螟蛉绒茧蜂（*Apanteles ruficrus*）产卵于稻螟蛉或黏虫幼虫体内，待茧蜂幼虫在寄主体内完成发育并老熟后再钻出寄主体外，在寄主尸体附近结茧化蛹；蚕饰腹寄蝇（*Crosscosmia zebina*）将卵产于桑叶上，随家蚕幼虫取食桑叶而进入寄主体内，蝇蛆孵化后就在家蚕体内寄生生活，待幼虫老熟后咬破寄主幼虫体壁钻出，随后化蛹。

②外寄生是指天敌昆虫在寄主体外寄生、摄食而完成发育。外寄生昆虫产卵于寄主体表，卵孵化后就在寄主体外营寄生生活。外寄生者在产卵之前往往先由母体（或自身）给寄主体内注射毒液，使寄主麻痹而不食不动，也不腐烂。如寄生于水稻螟虫幼虫的螟黑纹茧蜂（*Bracon onukii*）和寄生于稻螟蛉的螟蛉稀网姬小蜂（*Euplectrus* spp.）等。

根据寄生性天敌的寄生方式分类 见容性寄生和抑性寄生。

根据寄生寄主体上的天敌数量分类

①单寄生是指1头寄主上只寄生1头天敌的情况，姬蜂科（Ichneumonidae）绝大多数种类为单寄生。

②群集寄生是指1头寄主上可寄生2头以上天敌的情况，大部分小蜂是群集寄生，比如从1头美国白蛾蛹中最多养出365头白蛾周氏啮小蜂（*Chouioia cunea*）成虫。

根据寄生寄主体上的天敌种类分类

①初寄生是指直接寄生于害虫体上的寄生方式，又名第一级寄生。大多数寄生蜂均属此类寄生方式。

②重寄生是指寄生在初寄生者体上的寄生方式，这种寄生方式往往是有害寄生。如金小蜂科的阿莎金小蜂属（*Asaphes* spp.）的种类，寄生在蚜虫的初寄生者蚜茧蜂（*Aphedius* spp.）体内而为蚜虫的重寄生蜂。重寄生又可分为二重寄生、三重寄生等。不过，后几种重寄生方式很少见。

寄生性天敌昆虫的类群 具有寄生习性寄生于其他昆虫（害虫）的天敌昆虫主要有膜翅目、鞘翅目、捻翅目、鳞翅目。

膜翅目寄生性天敌 膜翅目寄生性天敌统称寄生蜂，是数量最大、在生物防治上利用最多的寄生性天敌昆虫类群（见寄生蜂）。

双翅目寄生性天敌 双翅目中，共有20余科为寄生性，但主要是以下3个科最为常见。寄蝇科（Tachinidae）绝大多数为内寄生性，寄生鳞翅目、鞘翅目、膜翅目幼虫和直翅目、半翅目若虫体内。麻蝇科（Sarcophagidae）中多数种为腐食性，仅有少数种类为寄生性，寄生直翅目、脉翅目、半翅目、鞘翅目、鳞翅目和膜翅目等昆虫幼虫或若虫体内。头蝇科（Pipunculidae）种类均为寄生性，以幼虫寄生于叶蝉科（Cicadellidae）、飞虱科（Psyliidae）和沫蝉科（Cercopidae）若虫体内。

鞘翅目寄生性天敌 鞘翅目中有几个科是寄生性天敌昆虫，最为著名的是寄甲科（Bothrideridae）。该科中的花绒寄甲寄生多种天牛的幼虫、蛹，甚至成虫，是中国防治天牛类害虫最重要的天敌昆虫。

另外，鞘翅目中的大花蚤科（Ripiphoridae）和羽角甲科（Rhipiceridae）也为寄生性。大花蚤科寄生蜚蠊、胡蜂和土蜂。羽角甲科主要寄生蝉科（Cicadidae）昆虫。郭公甲科（Cleridae）、阎甲科（Histeridae）、隐颚扁甲科（Passandridae）、隐翅甲科（Staphylinidae）和寄居甲科（Leptinidae）中有些种类为寄生性。

捻翅目寄生性天敌 捻翅目（Strepsiptera）昆虫称为捻翅虫，一般体小，寄生于蜚蠊、蟑螂、叶蝉、蝗虫、蝽蟓和一些叶蜂体内，但一般比较少见。

鳞翅目寄生性天敌 鳞翅目中绝大多数为植食性，但也有少数为捕食性和寄生性天敌昆虫。如寄蛾科（Epipyropidae）为寄生性，其幼虫寄生刺吸式昆虫蜡蝉亚目（Fulgoromorpha）和蝉亚目（Cicadomorpha）的害虫。龙眼鸡寄蛾（*Fulgoraecia bowringii*）寄生龙眼鸡（*Pyrops candelaria*）。举肢蛾科Heliodinidae）的北京举肢蛾（*Beijinga utila*）幼虫寄生危害多种林木、果树的大球坚蚧（*Eulecanium gigantea*）。

参考文献

GAULD I, BOLTON B, 1992. 膜翅目 [M]. 杨忠岐，译. 香港：天则出版社.

廖定熹，等，1987. 中国经济昆虫志：第三十册 膜翅目 小蜂总科（一）[M]. 北京：科学出版社.

林乃铨，2010. 害虫生物防治 [M]. 4 版. 北京：科学出版社.

任顺祥，陈学新，2012. 生物防治 [M]. 北京：中国农业出版社.

杨忠岐，1996. 中国小蠹虫寄生蜂 [M]. 北京：科学出版社：1-363.

杨忠岐，姚艳霞，曹亮明，2015. 寄生林木食叶害虫的小蜂 [M]. 北京：科学出版社.

BOUČEK Z, 1988. Australasian Chalcidoidea (Hymenoptera). A biosystematic revision of genera of fourteen families, with a reclassification of species[J]. Cab international wallingford: 85-86.

GIBSON G A P, J HUBER, J B WOOLLEY, 1998. Annotated keys to the genera of Nearctic Chalcidoidea (Hymenoptera)[J]. Annals of the entomological society of America, 91(3): 359-360.

（撰稿：杨忠岐；审稿：王小艺）

寄蝇科 Tachinidae

是双翅目昆虫最大的科之一。成虫在胸部背板小盾片下方具有圆而膨大的发达后小盾片，并且一龄幼虫的上唇（口钩）与口咽骨愈合，区别于狂蝇总科的其他科：邻寄蝇科（Rhinophoridae）、麻蝇科（Sarcophagidae）、丽蝇科（Calliphoridae）和狂蝇科（Oestridae），一般称为寄蝇科（Tachinidae）或寄蝇（tachinid flies）。

分类、分布、系统发育与演化 O'Hara 2019 年报道世界寄蝇科有 58 族 1500 有效属，约 8500 有效种；世界各大动物地理界均有分布。所有寄蝇幼虫阶段均寄生于节肢动物体内，绝大多数是昆虫幼虫或成虫。寄蝇科一般分为突颜寄蝇亚科（Phasiinae）、长足寄蝇亚科（Dexiinae）、追寄蝇亚科（Exoristinae）和寄蝇亚科（Tachininae）4 个亚科（图 1～图 5）。中国现有 40 族 280 属 1253 种记录。Cerretti 等在 135 个形态特征（卵、一龄幼虫和雌雄成虫）基础上，建立寄蝇科 4 亚科绝大多数族 180 属 492 种的属级系统发育关系树（phylogeny of Tachinidae）（图 6）。赵喆等使用化石资料校准分子钟研究双翅目 23 科 58 种昆虫线粒体全基因组起源分化时间和系统发育关系，推测有瓣蝇类大约在古新世中期（65～53 Mya）才与无瓣蝇类逐渐分开，寄蝇科种类应起源于始新世中期，时间上大约在距今 4000 万年（48～42 Mya）前。

生物学习性 寄蝇科属于双翅目有瓣蝇类狂蝇总科。寄蝇科形态多样，身长 2～20mm；许多种类具黄色、黑色、橘黄色或红色外表，可准确拟态膜翅目蜂类。其余寄蝇外表具有金属绿色、蓝色，或者其他颜色，如澳大利亚的靓寄蝇族（Rutiliini）。许多种类特别是多样性的追寄蝇亚科趋向于体小型，灰色或黑色，有时颜色较难描述，展现出形态和分布格局密切相关的多样性现象，代表了寄蝇一些快速的辐射进化，如卷蛾寄蝇族（Blondeliini）、埃里寄蝇族（Eryciini）、蜗寄蝇族（Voriini）。所有的寄蝇都是寄生的（见表），多数内寄生于其他节肢动物体内，典型的寄蝇通常杀死寄主，尽管许多寄蝇的蛹阶段从寄主体内孵化出；还不知道是否有寄蝇寄生寄主的蛹或卵，大多数寄蝇寄生于寄主的幼虫阶段，但也可能有 5%～10% 的寄蝇寄生寄主的成虫阶段。

图 1 中国突颜寄蝇亚科代表种属

左到右，第 1 排：湿地罗佛寄蝇 [*Lophosia imbuta* (Wiedemann)]♂，圆腹亚美寄蝇 [*Subclytia rotundiventris* (Fallén)]♂，戈飞突颜寄蝇 [*Phasia godfreyi* (Draber-Mońko)]♂，球围寄蝇 (*Perigymnosoma globulum* Villeneuve)♂，毛赞寄蝇 (*Zambesomima hirsuta* Mesnil)♂；第 2 排：连克莱寄蝇 [*Clytiomya continua* (Panzer)]♂，黑丛寄蝇 [*Besseria melanura* (Meigen)]♂，宽条聚寄蝇 [*Pentatomophaga latifascia* (Villeneuve)]♂，简亮寄蝇 [*Leucostoma simplex* (Fallén)]♂，侧艾寄蝇 [*Elomya lateralis* (Meigen)]♂，荒漠膜腹寄蝇 [*Gymnosoma desertorum* (Rohdendorf)]♂；第 3 排：黑等攀寄蝇 (*Paropesia nigra*) Mesnil♂，须卡莱寄蝇 (*Calyptromyia barbata* Villeneuve)♂，宽翅异颜寄蝇 [*Ectophasia crassipennis* (Fabricius)]♂，阿穆尔弓寄蝇 (*Arcona amuricola* Richter)♂，赵氏黑寄蝇 (*Melastrongygaster chaoi* Shima, 2015)♂；第 4 排：黄腹塔卡寄蝇 (*Takanoella flava* Wang et al.)♂，凤凰华寄蝇 (*Compsoptesis phoenix* Villeneuve)♂，灰欧佩寄蝇 [*Opesia cana* (Meigen)]♂，魔寻寄蝇 [*Eliozeta helluo* (Fabricius)]♂；第 5 排：比贺寄蝇 [*Hermya beelzebul* (Wiedemann)]♂，弯尾卡寄蝇 (*Catapariprosopa curvicauda* Townsend)♂，投撞彩虹寄蝇 (*Clelimyia paradoxa* Herting)♂，天目山俏饰寄蝇 (*Parerigone tianmushana* Chao & Sun)♂，斑克莱寄蝇 [*Clairvillia biguttata* (Meigen)]♂，多米何迈寄蝇 (*Hemyda dominikae Draber-Mońko*)♂，狭茎筒腹寄蝇 (*Cylindromyia angustipennis* Herting)♂

寄蝇科昆虫产卵策略类型

产卵策略	卵类型	分类阶元	平均产卵量（粒）
间接产寄主植物上	被寄主吞食（微卵生型）	膝芒寄蝇族 (Goniini)，卷蛾寄蝇族 (Blondeliini) 如 *Anisia*、*Phasmophaga*	1000～6000 (2420)
间接产寄主植物或土壤缝隙	孵化（蛹生型）主动寻找寄主	寄蝇族 (Tachinini)，长足寄蝇族 (Dexiini)，珀寄蝇族 (Polideini)，少数追寄蝇亚科 (Exoristinae) 利索寄蝇属 (*Lixophaga*)	500～8000 (1168)
直接产寄主体表立即孵化	孵化（蛹生型）	埃里寄蝇族 (Eryciini) 如狭颊寄蝇属 (*Carcelia*)，卷蛾寄蝇族 (Blondeliini) 多数，蜗寄蝇族 (Voriini)，强寄蝇族（Strongygastrini）	30～600 (140)
直接产寄主体表	未孵化（平凸的）（卵生型）	突颜寄蝇亚科 (Phasiinae)，追寄蝇族 (Exoristiini)，温寄蝇族 (Winthemiini)，部分 (Blondeliini, Eryciini) 短尾寄蝇属 (*Aplomya*)	100～200
直接产寄主体内	孵化（蛹生型）	Blondeliini（卷蛾寄蝇属 *Blondelia,Eucelatoria*)，长足寄蝇亚科 (Dexiinae) (*Palpostomatini*)	65～250
直接产寄主体内	未孵化（卵生型）	突颜寄蝇亚科 (Phasiinae)，追寄蝇蝇亚科 (Exoristinae) 如蜉寄蝇属 (*Phorocera*)	100～200

（Stireman, O'Hara & Wood, 2006）。

图 2 中国长足寄蝇亚科代表种属

左到右，第 1 排：长翅特西寄蝇 [*Trixa longipennis* (Villeneuve)]，米兰迪内寄蝇 [*Dinera miranda* (Mesnil)]，高长足寄蝇 (*Dexia alticola* Zhang & Shima)，黄篦寄蝇 (*Billaea* flava Zhang & Wang)，金龟长喙寄蝇 [*Prosena siberita* (*Fabricius*)]；第 2 排：宽条瘦寄蝇 (*Leptothelaira latistriata* Shima)，乡蜗寄蝇 [*Voria ruralis* (*Fallén*)]，暗里柔寄蝇 [*Thelaira nigripes* (*Fabricius*)]，亮缘刺寄蝇 (*Eriothrix nitida* Kolomiets)，金筒寄蝇 (*Halydaia aurea* Egger)；第 3 排：粗鬃拍寄蝇 (*Peteina hyperdiscalis* Aldrich)，窄带裸盾寄蝇 [*Periscepsia spathulata* (*Fallén*)]，环形驼寄蝇 [*Phyllomya annularis* (*Villeneuve*)]，狭额喙寄蝇 [*Stomina angustifrons* (*Kugler*)]，腹噪寄蝇 (*Campylocheta abdominalis* Shima)，长尾埃尔寄蝇 (*Elfriedella amoena* Mesnil)

寄蝇幼虫一般在1～3周内完成发育，除非在寄主体内滞育几个月。幼虫在寄主体内单个寄生或者多个寄生，或者蛹在死亡的寄主体内，或者幼虫离开寄主到土壤中化蛹。不同于寄生性膜翅目昆虫，寄蝇缺乏原始的针状产卵器结构，但有些类群例外，有腹部腹板改进特化的针状产卵器，如多数突颜寄蝇亚科（Phasiinae）和许多卷蛾寄蝇族（Blondeliini）。寄蝇必须从寄主外部或接近寄主，然后初孵化出的幼虫必须进入寄主体内；缺乏产卵器也避免了注射寄主其他有毒物质、多DNA病毒，或其他对寄主产生免疫或免疫系统发生反应的物质。结果是容性寄生的寄蝇允许寄主继续取食和生长，同时它们在寄主体内发育而不是以某种方式阻止寄主发育。寄蝇寄生的寄主广泛，多于寄生蜂的寄主。最常被寄生的寄主是植食性昆虫，最初是全变态的植食性（食叶和食木）鳞翅目幼虫，或鞘翅目幼虫，如金龟科（Scarabaeidae）、叶甲科（Chrysomelidae），还有膜翅目、广腰亚目（Symphyta）叶蜂科等；渐变态的狭义半翅目、异翅亚目和直翅目昆虫，如螽斯亚目（Ensifera）和蝗亚目（Caelifera）。而且寄主至少还有另外6个目的昆虫：蜚蠊目（Blattodea）、革翅目（Dermaptera）、纺足目（Embioptera）、螳螂目（Mantodea）、竹节虫目（Phasmida）和双翅目（Diptera）；一些寄蝇寄生非昆虫的节肢动物，特别是多足纲（Myriapoda）或唇足纲（Chilopoda）的蜈蚣（*Centipedes*）和石蜈蚣目（Lithobiomorpha），如娄寄蝇属（*Loewia*）和怜寄蝇属（*Eloceria*），蛛形纲蝎目（Scorpions）和蜘蛛目及甲壳亚门（Crustacea）软甲纲（Malacostraca）的等足目（Isopoda）（类似虾蟹）。不同于膜翅目寄生性昆虫具有相似的生活史（容性内寄生），即趋向于专性寄生寄主。许多种寄蝇是多食性寄生，有的种类有从多个科多种寄主孵化的记录。极端情况下，康刺腹寄蝇（*Compsilura concinnata*）寄生几个目（鳞翅目、膜翅目和鞘翅目）多个科近200种寄主。寄蝇科寄主的多样性，使得这一类群特别适合于研究与寄主的共同演化、生态和行为关系。尽管寄蝇进化史综述强调寄蝇与寄主相互作用，但寄蝇成虫生物学的一些方面则受到关注较少。

图3 中国追寄蝇亚科代表种属

左到右，第1排：宽颊利索寄蝇（*Lixophaga latigena* Shima），黑足突额寄蝇（*Biomeigenia gynandromima* Mesnil），黑足卷额寄蝇[*Blondelia nigripes* (Fallén)]，康刺腹寄蝇[*Compsilura concinnata* (Meigen)]，褐瓣麦寄蝇（*Medina fuscisquama* Mesnil），日本纤寄蝇[*Prodegeeria japonica* (Mesnil)]，毛奥斯寄蝇（*Oswaldia hirsuta* Mesnil）；第2排：格纳狭颊寄蝇[*Carcelia gnava* (Meigen)]，菲拿寄蝇（*Rhinaplomyia* sp.），邻狭颜赘寄蝇（*Drino parafacialis* Chao & Liang），毛基菲寄蝇（*Phebellia setocoxa* Chao & Chen），安尼里寄蝇（*Nilea innoxia* Robineau-Desvoidy），齿肛裸基寄蝇[*Senometopia dentata* (Chao & Liang)]，埃里寄蝇（*Erycia* sp.）；第3排：刺蛾寄蝇（*Chaetexorista* sp.），齿蚤寄蝇（*Phorinia denticulata* Tachi & Shima），拉追寄蝇[*Exorista ladelli* (Baranov)]，温寄蝇（*Winthemia* sp.），勺肛蜉寄蝇[*Phorocera assimilis* (Fallén)]，银毒蛾寄蝇[*Parasetigena silvestris* (Robineau-Desvoidy)]，喙寄蝇（*Mycteromyiella* sp.）；第4排：金色异寄蝇[*Allophorocera rutila* (Meigen)]，柞蚕饰腹寄蝇[*Blepharipa tibialis* (Chao)]，黑股宽额寄蝇（*Frontina femorata* Shima），拱头芙寄蝇[*Phryno vetula* (Meigen)]，乌苏里膝芒寄蝇[*Gonia ussuriensis* (Rohdendorf)]，被撵寄蝇[*Myxexoristops stolida* (Stein)]

图 4 中国寄蝇亚科代表种属

左到右，第 1 排：阳寄蝇 (*Panzeria* sp.)，萨毛瓣寄蝇 (*Nemoraea sapporensis* Kocha)，横带透翅寄蝇 (*Hyalurgus cinctus* Villeneuve)，小寄蝇 (*Tachina iota* Chao & Arnaud)，鹰钩黄角寄蝇 (*Flavicorniculum hamiforceps* Chao & Shi)；第 2 排：阴叶甲寄蝇 [*Macquartia tenebricosa* (Meigen)]，蓝绿金光寄蝇 [*Chrysomikia grahami* (Villeneuve)]，平庸车寄蝇 (*Hamaxia incongrua* Walker)，华丽密寄蝇 [*Mikia tepens* (Walker)]，长爪寄蝇 (*Dolichopodomintho* sp.)，拼叶江寄蝇 (*Janthinomyia felderi* Brauer & Bergenstamm)，瘦腹寄蝇 (*Sumpigaster* sp.)；第 3 排：黑龙江寄蝇 [*Tachina amurensis* (Zimin)]，钩肛短须寄蝇 [*Linnaemya picta* (Meigen)]，灰颊寄蝇 [*Dexiosoma caninum* (Fabricius)]，黏虫长须寄蝇 [*Peleteria iavana* (Wiedemann)]

产卵策略 寄蝇成虫羽化和交尾时间多在 8: 00～10: 00，雄性较雌性早 2～3 天羽化；羽化当天即可交尾；雄性一生可多次交尾，雌性则只交尾一次。雌性受精后，经过一段时间补充营养和发育，即可产卵（仔），大卵型的追寄蝇族在 28°C 左右，从交尾到产卵 4～7 天，卵内胚胎处于初始发育期；微卵生型的膝芒寄蝇族，卵产出时胚胎完全发育成熟，等待孵化；蛹生型（卵胎生型）的寄蝇族和埃里寄蝇族，卵产出后立即孵化；后两种类型卵从交尾到产卵一般 7～10 天（见表）。

幼虫生物学 寄蝇幼虫（蛆）能穿过体壁钻入寄主体腔，体末端的倒刺附着于伤口，形成呼吸漏斗，与外界进行气体交换。蛹生型寄蝇幼虫，蝇蛆在同一寄主体内互相竞争食物，残杀，最后只有 1 个幼虫完成发育。微卵型寄蝇幼虫，同一寄主体内可有多个幼虫完成发育，同一种寄蝇个体大小差异很大。

蛹期生物学 老熟幼虫从寄主体腔脱出后入土化蛹。土壤含水量 10%～30% 比较适宜，蝇蛆喜欢在松软的土壤中化蛹，离开寄主体腔后会立即钻入 5～10cm 土中。另外一些老熟幼虫从寄主体腔脱出后会立即在寄主的食料植物叶片上化蛹。滞育：多化性寄蝇一般无滞育；一化性寄蝇则有很强的滞育性，以度过酷暑和寒冬等严酷气候条件而生存。

生活习性 寄蝇常见于多种栖息环境中，如树叶、树干、岩石上或地面上。它们是典型昼行性或黄昏活动性昆虫。寄蝇的交配行为人们了解得很少，许多种类一般性交配行为地点在山顶或树干旁边。突颜寄蝇亚科和寄蝇族昆虫常常在花上被观察到，可能它们作为很多植物的传粉媒介，但它们的重要性大多被忽略。多鬃寄蝇属（*Trichoceros*）通过假交配现象成为高度特异性的果园传粉者，即植物花模拟雌性寄蝇引诱雄性寄蝇试图交配得到汁液或潜在的蛋白质（花粉），是否可作为成虫的扩散方式，还知之甚少。食物、水分和光照、温度是寄蝇对外界环境的基本要求。成虫多在含糖的花、茎、叶和分泌蜜露的昆虫等处取食；喜潮湿，活动能力强；喜光，北方地区夏季多在 8: 00～11: 00、15: 00～18: 00 出现取食和交尾活动高峰，停留于植物顶端、树叶和树干向阳面；高温季节寄蝇数量很少。多化性寄蝇一年中在春夏秋季可繁殖多代，多在热带、亚热带广泛分布；一化性寄蝇一年仅发生 1 代，成虫期 1～2 月，其余时间均处于蛹期过夏、越冬，多分布于北方温带和高寒地区。成虫交尾后，雄性寿命一般 2 周，雌性寿命一般 4 周左右。

分布山顶效应 在适宜植被环境条件下，山顶集中分

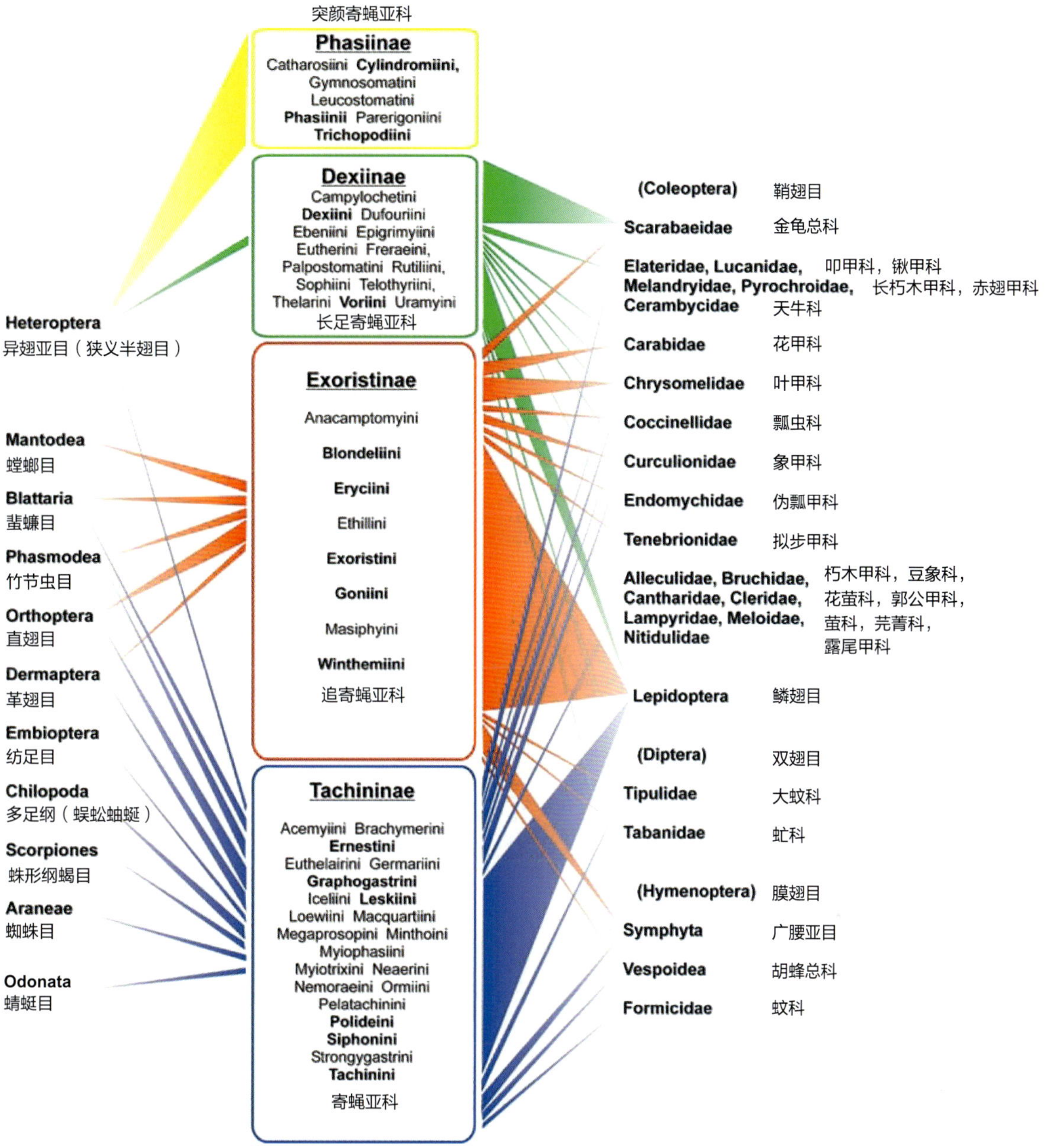

图 5 寄蝇科各亚科的 51 主要族群（30 种以上）

与寄主关系：右侧为全变态寄主类群，左侧为其他类群。方框高度提示四亚科相对物种多样性，颜色方框宽度提示每亚科已发表记录的种类与不同寄主类群的大致比例（Stireman et al., 2006）

布双翅目昆虫种类和数量丰富的现象称为山顶效应。O’Hara 报道寄蝇山顶效应是为了交配，一些种类的雄性寄蝇飞到山顶专门是为等候雌性进行交配；且具有登顶行为的寄蝇都有特定的时间段，即不同种类寄蝇选择的交配时间不同：一些种类喜欢在早上，另一些种类更喜欢出现在午后，而习惯晚间活动的球胸寄蝇登顶现象发生在傍晚；大多数寄蝇更容易出现在晴朗而炎热的中午前后。另外，气候条件对交配时间也有影响，炎热天气条件下要比凉爽时有所提前；在多云和阴天，寄蝇出现数量会较少；寄蝇后代成虫也将在每年相同时间段回到同样山顶完成交配。在辽宁本溪铁刹山、平顶山、新宾岗山、宽甸黄椅山和大兴安岭微波塔的山顶多年调查采集过程中，观察并证实了 O’Hara 解释的山顶效应现象。晴热天气接近中午时分，多能采集到寻找配偶的大量雄性和少量雌性寄蝇及正在交配的寄蝇。推测双翅目昆虫出现山顶效应的原因可能是雌性成蝇借助风力传播性信息素，同类雄性通过触角嗅到刺激，飞来山顶寻找配偶交配。

昆虫定位或选择寄主机制 寄蝇定位或选择寄主主要通过嗅觉、视觉、触觉（化感器）、化学感受器感受寄主的运动、颜色、大小、雄性激素、性呼唤、蛋白质和寄主植物破损伤口分泌物等，从而确定和选择寄主位置，以利于寄生寄主。寄生部位多靠近寄主前部，寄主口器一般无法达到位于头部较近的胸部。

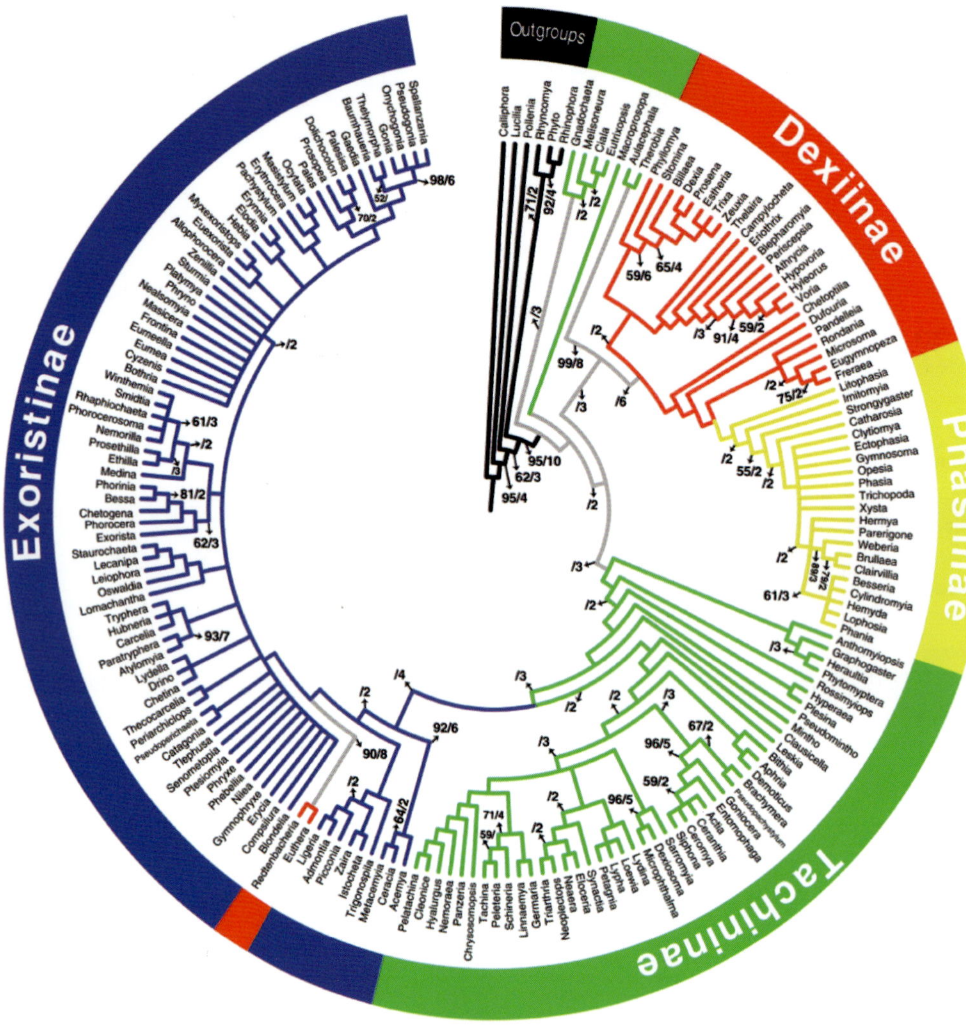

图 6 寄蝇科属级系统发育关系树等权重下 87 个最简约树推断的严格合意树支序图分支

左侧 50% 最大简约值（可信度）；右侧布莱默支持值

经济价值和害虫的生物控制 寄蝇是绝大多数农、林、果、菜、牧草、园林等人工生态系统和森林、灌丛、草地、荒漠等自然生态系统害虫的最有效寄生性天敌。鳞翅目、鞘翅目、膜翅目、双翅目、半翅目、直翅目、革翅目、竹节虫目等昆虫幼虫或成虫以及多足纲蜈蚣和蛛形纲蜘蛛均可被寄蝇寄生；黏虫、玉米螟、地老虎、菜青虫、毒蛾、白杨舟蛾、天牛、金龟子、象甲、步甲、叶甲、叶蜂、大蚊、螽斯、蟋蟀等农林牧果菜害虫均可被寄蝇寄生，并保持 30%～60% 的寄生率。辽宁天幕毛虫被天幕毛虫抱寄蝇寄生率一般达 90% 以上。寄生某一害虫的全部寄蝇种类中，一般只有少数优势种类，数量多才能真正控制害虫发生数量。中国寄生松毛虫的 26 种寄蝇中，只有蚕饰腹寄蝇（*Blepharipa zebina*）和松毛虫狭颊寄蝇（*Carcelia matsukarehae*）能控制松毛虫大发生。寄生黏虫的寄蝇有 23 种，在南方能控制其发生的寄蝇有明寄蝇（*Tachina sobria*），北方有黏虫长须寄蝇（*Peleteria iavana*）。东北地区菜青虫则主要被普通怯寄蝇（*Phryxe vulgaris*）所寄生控制。赵建铭和史永善在山西利用自然寄主亚洲玉米螟和非自然寄主大腊螟繁殖玉米螟厉寄蝇（*Lydella grisescens*）；利用菜青虫繁殖普通怯寄蝇防治菜青虫均取得了一定成效。另外，有些寄蝇寄生于家蚕和柞蚕，20 世纪 60 年代，辽宁东部地区柞蚕被柞蚕饰腹寄蝇（*Blepharipa tibialis*）、蚕饰腹寄蝇（*Blepharipa zebina*）等寄生，寄生率达 90% 以上，成为蚕业生产的害虫，严重影响蚕农收入和丝织业生产发展。辽宁省蚕业科学研究所与国内有关大学和研究所联合攻关，研制出灭蚕蝇 Ⅰ、Ⅲ 号农药，0.025% 稀释液对五龄病蚕浸泡 10 分钟，对蚕无药害，可杀死寄蝇幼虫，治愈率 95% 以上，已基本控制了它们造成的危害，是具有中国特色的防治方法。

国际上害虫综合防治尤其是生物控制过程中一般采取寄蝇的引种（introductive）、助迁释放（inoculative release，常是小量进口域外国家本地没有的寄蝇来防治本地害虫）、人工大量繁殖释放（augmentative release，从其他地区引入本土种或以前引入的寄蝇，大量扩繁，定期释放控制本国害虫）和大量释放（inundative release，引入本土种或域外种，大量繁殖扩增释放，控制有限地区的害虫）。这些工作大多是在北美新北界和热带地区完成的。美国为控制森林鳞翅目害虫，1905—1911 年从欧洲引入康刺腹寄蝇（*Compsilura concinnata*）、迷追寄蝇（*Exorista mimula*）、银毒蛾寄蝇（*Parasetigena silvestris*）、毛虫追寄蝇（*Exorista rossica*）、疣肛彩寄蝇（*Zenillia libatrix*）等 16 种 68 343 头寄蝇防治两种危害森林的舞毒蛾；然后于 1933 年繁殖释放迷追寄蝇，1976 年人工繁殖 83 658 只康刺腹寄蝇并大量释放，这两种寄蝇已在美国许多州建立稳定的种群并控制森林害虫舞毒蛾。1915 年从古巴引入利索寄蝇控制美国路易斯安那州的甘蔗螟蛾害虫，一直持续到 1959 年才建立利索寄蝇属（*Lixophaga*）的稳定种群。1973 和 1976 年分别在路易斯安那和佛罗里达州的甘蔗田中，利索寄蝇明显降低了甘蔗螟蛾的危害和发生。1939 年从欧洲引入 *Erymiopsis antennata* 防治美国的叶甲也是成功的。也有一些种引入美国没有成功，如从韩国引入 4500 只腹长足寄蝇（*Dexia ventralis*）防治日本丽金龟就是一例。加拿大 1955—1960 年从欧洲和本国新斯科舍地区引入 1238 头白塞寄蝇（*Cyzenis albicans*）防治冬尺蛾，然后 1979—1980 年又引入 15 000 头寄蝇，在害虫危害地区建立了稳定种群，成功降低了冬尺蛾危害程度。波赘寄蝇（*Drino bobemica*）在 1943—1951 年间被大量繁殖，225 000 头释放，成功控制了加拿大两种危害松树的松叶蜂。新热带界的中美洲加勒比地区利用寄蝇成功控制鳞翅目甘蔗害虫，尤其是古巴最先成功，再依次引入周围其他岛屿。英属圭亚那从巴西亚马孙地区引入 250 000 头寄蝇控制害虫；然后依次引入南美洲各国控制甘蔗害虫。寄蝇的引种、助迁和人工大量繁殖是害虫生物防治的未来发展之路。

参考文献

陈海霞，张蕾，罗礼智，2008. 双斑截尾寄蝇成虫生物学特性 [J]. 昆虫学报，51(12): 1313-1319.

辽宁省蚕业科学研究所，1980. 柞蚕寄蝇研究论文集 [M]. 北京：科学出版社 .

CERRETTI P, O'HARA J E, WOOD D M, et al, 2014. Signal through the noise? Phylogeny of the Tachinidae (Diptera) as inferred from morphological evidence[J]. Systematic entomology, 39: 335-353.

O'HARA J E, 2008. Tachinid flies (Diptera: Tachinidae)[M]// CAPINERA J L. Encyclopedia of entomology. 2nd ed. Dordrecht: Springer.

O'HARA J E, SHIMA H, ZHANG C T, 2009. Annotated catalogue of the Tachinidae (Insecta: Diptera) of China[J]. Zootaxa, 2190: 1-236.

STIREMAN J O, O'HARA J E, WOOD D M, 2006. Tachinidae: evolution, behavior, and ecology[J]. Annual review of entomology, 51: 525-555.

ZHAO Z, SU T J, CHESTERS D, et al, 2013. The mitochondrial genome of *Elodia flavipalpis* Aldrich (Diptera: Tachinidae) and the evolutionary timescale of tachinid flies[J]. PLoS ONE, 8(4): e61814.

（撰稿：张春田、李新、梁厚灿、王强；审稿：杨忠岐）

寄主定位识别 host location and recognition

指寄生性天敌找到寄主生境后，借助嗅觉、视觉或触觉等搜索和定位寄主。寄主植物的受伤组织所产生的挥发性物质、寄主的气味或寄主的粪便、丝、鳞片等都可能是寄主定位的短距离信号。这里面有物理信息和化学信息。直接来自寄主昆虫的气味，由于携带寄主的特异性信息，通常是最主要的。例如，黑头折脉茧蜂到达生境后，会用触角检查植物的受伤组织是否为寄主所造成；广赤眼蜂会被寄主雌蛾产卵时留下的鳞片所刺激，并通过视觉来发现寄主；寄生三化螟的螟卵啮小蜂对有鳞毛的卵块有兴趣，而对裸露的卵块从不问津。寄生松树钻蛀性害虫大树蜂幼虫的黑背皱背姬蜂则是依靠寄主粪便的气味定位寄主。寄生玉米螟的腰带长体茧蜂可被玉米螟幼虫堆积在蛀道入口的粪便及所吐的丝强烈吸引。当茧蜂发现这些物质时，便将产卵管插入蛀道试探。此外，一些卵寄生蜂定位寄主的方式奇特，它们会依附于寄主成虫，爬附在后者的身体上进行移动和飞行，当后者找到寄主植物将卵产下时，它们就从后者身体上爬下来产卵寄生后者产下的新鲜卵。钩腹蜂科的雌蜂则产卵于叶片，在鳞翅目幼虫取食叶片时一同被吞入寄主体内。双翅目和鞘翅目的寄生性天敌常常依赖其幼虫寻找寄主。

寄生性天敌找到寄主后，还要对寄主进行识别，如果所需的条件不满足，也不会接受该寄主。所需的条件可能是寄主的气味、大小、形状或运动。许多寄生蜂有识别已被寄生过的和未被寄生过的寄主的能力，从而避免过寄生。寄生蜂的这种识别主要是根据寄主体表或寄主周围物体表面上的标记信息素以及寄主体内的生理变化等。例如，淡足蝇茧蜂寄生瓜斑潜蝇幼虫后，会在寄主及寄主危害的叶片上留下标记，以提醒其他接近的雌蜂。美丽怒茧蜂在马铃薯麦蛾幼虫上产卵后，就在寄主体上标记一种对同种雌蜂有强烈拒避作用的化学物质。也有的寄生蜂从寄主内部的变化来进行识别。如长尾窄茧蜂就是通过产卵管上的感觉器，将产卵管插入寄主体内来辨别草螟是否已被寄生。

（撰稿：刘银泉；审稿：刘树生、杨忠岐）

“寄主—害虫—天敌”三级关系 tritrophic interactions among the “plants, insect pests, natural enemies”

在长期的进化过程中，植物与植食性昆虫及其天敌间形成的复杂的相互作用关系，通常是指“寄主—害虫—天敌”间的三级营养结构关系。害虫通过视觉、嗅觉刺激对寄主进行定位，对寄主表现出一定的选择性。同时，害虫也会通过多种方式对植物的防御作出抵抗或产生适应。

一方面，植物可以对天敌产生直接和间接的影响，植物的形态和物候学特性、植物产生的次生化合物质、植物的营养状况和健康状况、植物抗性以及植物种间变异等都会影响天敌的寄生效率或捕食效率、影响天敌的繁殖力、影响病毒和真菌对害虫防治作用的发挥。另一方面，植物对天敌的影响也会对害虫和生防的最终效果产生间接的影响。

植物受到昆虫的危害后逐渐形成了诱导性防御反应，根据作用机理，将这种诱导防御反应分为直接防御和间接防御。直接防御是指植物通过产生一些化学物质来抑制昆虫的取食和消化或毒杀作用而直接防御害虫，包括对昆虫具有忌避、拒食或毒杀作用的化学物质（如具有毒性的生物碱），抑制昆虫对食物进行消化和利用的化学物质（如蛋白酶抑制剂）。间接防御是植物释放虫害诱导产生的植物挥发性化合物（herbivore-induced plant volatiles，HIPVs）引诱捕食性或寄生性天敌而间接防御害虫，通常称之为“植物—植食性昆虫—天敌”三级营养关系中的互利素。HIPVs 对天敌的引诱现象，最初是由 Turlings 等于 1990 年在玉米上发现，甜菜夜蛾（*Spodoptera exigua*）危害玉米后诱导玉米释放萜烯类挥发物，这种挥发物能吸引甜菜夜蛾的寄生蜂（*Cotesia marginiventris*）。除危害诱导使植物产生挥发物外，植物也可于害虫发生的早期（即害虫将卵产于植株上时即预先感知到即将发生的危害）提前启动防御措施，如释放能够引诱天敌的挥发物。Fatouros 等发现大菜粉蝶（*Pieris brassicae*）雌成虫在甘蓝上产卵也能诱发甘蓝释放挥发物，吸引卵寄生蜂（*Trichogramma brassicae*）。这种虫害诱导的 HIPVs 即是一种植物的“求救”信号，也是植物间进行信息交流的“语言”，而且可以从植物受害部位传递至整个整株（包括地上、地下组织），并扩散至周围健康植株，启动健康植株的防御反应从而增强植物对害虫的群体抗性。VOCs 作为植物间信号的研究最早始于 1983 年，Rhoads 和 Baldwin 在对糖槭树（*Acer saccharum*）、杨树（*Populus* L.）和欧洲桤木（*Alnus glutinosa*）进行研究时发现，当这些树种受到机械损伤或被昆虫取食后，不仅受害树木本身，与其邻近的健康树木也会产生抵御伤害的酚类（如水解丹宁等）物质。

害虫危害寄主植物后会引起其代谢过程的改变而释放出新的挥发性化合物，这些化合物具有互利素（syonmone）的作用，不同害虫对寄主植物的危害会引起不同代谢过程的变化，因而释放出不同的特征性化合物；这些形成的新特异性挥发性互利素往往对害虫没有或只具有弱的引诱活性，而对诱导形成这种化合物的害虫的天敌具有强的引诱活性。天敌昆虫即根据这些互利素提供的化学信息寻觅到害虫。除了挥发性互利素外，害虫的体表物质和分泌物（如蜜露）对天敌也具有引诱作用。

*植物挥发物*是由植物表面和（或）叶中的贮存位点所积累并释放的挥发性化合物，这些物质大多为烃、醇、醛、酮、酯和萜烯类化合物等。植物挥发物根据合成与释放时间的差异，可分为一般性气味组分（general odor components）和特异性气味组分（specific odor components）。一般性气味组分是指存在于植物细胞或特殊组织中的挥发物组分，在植株受到虫害或机械损伤时可引发这类物质的释放，释放量与受损伤程度相关；这类物质为多数植物所共有，一般是 6 个碳原子的直链醇、醛和酯类化合物、不饱和脂肪酸、萜类等。特异性气味组分只有在*激发子*（elicitor）存在时才能合成并释放，具有高度的特异性，包括酚类化合物和部分萜类，以及吲哚、腈类等化合物。

植物挥发物根据不同的生物合成途径主要可分为 3 类，即萜类（terpenoids）、C6- 绿叶气味物质（C6-green leaf volatiles，C6-GLVs）和芳香族挥发物（aromatic volatiles）。萜类主要包括单萜、倍半萜、部分二萜及其衍生物，一般由异戊二烯焦磷酸和二甲烯丙基二磷酸生成萜类前体物，然后在萜烯合酶的作用下生成相应的萜类。芳香族挥发物主要包括苯型烃、苯丙烷类化合物及其相关化合物，苯型烃和苯丙烷类都是经莽草酸 / 肉桂酸途径合成。绿叶气味物质主要包括 C6- 醛、C6- 醇及其酯类，一般经由脂肪酸 / 脂氧合酶途径进行合成。此外，含氮或含硫的挥发物组分一般由莽草酸 / 色氨酸途径进行生成。不同害虫取食同种植物诱发不同的挥发物、不同植物受同种害虫危害后所释放的挥发物、同种植物的不同品种受同一害虫危害所释放的挥发物不同。害虫诱导植物产生的挥发物也不是在一段时间内恒定释放，随害虫危害时期的不同，植物释放的挥发物种类和含量也有变化。

参考文献

韩宝瑜，2001. 茶蚜体表漂洗物对天敌的引诱活性及组分分析 [J]. 昆虫学报，44(4): 541-547.

韩宝瑜，陈宗懋，2000. 七星瓢虫和异色瓢虫四变种成虫对茶蚜蜜露的搜索行为和蜜露的组分分析 [J]. 生态学报，20(3): 495-501.

穆丹，付建玉，刘守安，等，2010, 虫害诱导的植物挥发物代谢调控机制研究进展 [J]. 生态学报，30(15): 4221-4233.

FATOUROS NE, BROEKGAARDEN C, BUKOVINSZKINE'KISS G, et al, 2008. Male-derived butterfly anti-aphrodisiac mediates induced indirect plant defense[J]. Proceedings of the National Academy of Sciences of the United States of America, 105(29): 10033-10038.

TURLINGS T C, TUMLINSON J H, LEWIS W J, 1990. Exploitation of herbivore-induced plant odors by host-seeking parasitic wasps[J]. Science, 250(4985): 1251-1253.

ZENG R S, SU Y J, YE M, et al, 2008. Plant induced defense and biochemical mechanisms[J]. Journal of South China Agricultural University, 29(2): 1-6.

（撰稿：陈斌；审稿：何霞红）

寄主生境定位　host habitat location

*寄生性天敌*在准备产卵时，往往并不是直接寻找寄主，而是先寻找寄主的生境，这是寄生性天敌长期适应形成的一种联系，此过程称为寄主生境定位。*寄生蜂*必须借助各种通信方式对周围环境进行综合判断，以寻找寄主的生境。通常以寄主取食的植物或食物产生的挥发性物质作为信息来寻找寄主生境。来自植物或食物的挥发性化合物，由于其释放量大，在远距离仍易被探测到，然而其不足之处是其关联适合寄主的可靠性差。虫害诱导植物产生的挥发性次生物质（herbivore-induced volatile，HIV），由于是植物与害虫互作的结果，从而将*植物挥发物*的高检测性与关联寄主存在的高可信性结合起来，在对寄生性天敌的吸引中起着关键作用。寄生蜂就是以这些挥发性物质作为信息来寻找寄主生境，然后才在其上寻找自己所适合的寄主。例如，仓蛾姬蜂（*Venturia canescens*）会被燕麦粉的气味所引诱，即使在燕麦粉中并不存在它的寄主粉斑螟幼虫。

不同寄主植物或寄主食物的挥发性物质对寄生蜂的吸引能力往往不同，因此在其上生活的同种寄主被寄生的情况往往会有差异。例如，茎姬蜂对小麦田中麦茎蜂的寄生率高于大麦田中的。植物处于不同的发育阶段，所产生的挥发物会有所改变，对寄生蜂的吸引作用会有不同，也会影响寄生蜂的寄主生境定位。此外，温度、湿度、光照、植株高度、寄生蜂的卵巢发育成熟度等因素也会对寄主生境定位产生影响。

（撰稿：刘银泉；审稿：刘树生、杨忠岐）

寄主适合性 host suitability

寄主有利于寄生性天敌存活、发育和繁殖等生命活动的程度，是影响产卵寄生是否成功的最后一个重要因子。寄主适合性主要包括对天敌抗性的强弱、所提供的营养物质的多少及质量。寄生性天敌的卵或幼虫，需要抵御寄主的免疫反应才能存活，否则不能顺利发育成熟。寄生蜂等天敌一般能将寄主的生理状态调节到利于其发育的状态。寄生蜂会在产卵的同时向寄主体内注射毒液，导致寄主麻痹；还可注射多DNA病毒（polydnaviruses，PDVs）、畸形细胞（teratocyte）、类病毒颗粒/纤丝（virus-like particle/filaments，VLP/VLF）。寄生蜂的幼虫也可利用其分泌物来调控寄主的生理状态。例如，在姬蜂和茧蜂的产卵过程中，注入寄主体内的不仅有卵，还可能有毒液、多DNA病毒、畸形细胞等物质，可以帮助寄生蜂抵御寄主的免疫反应。其次，寄主的物理适合性也是限制寄生蜂的一道关卡。比如寄主个体大小和寄主体壁厚薄。寄主太大，体液过多；寄主太小，营养不足，均不利于寄生蜂的发育。如寄生天蛾卵的赤眼蜂由于天蛾卵壳太厚而不能羽化。再者是营养的适合性问题。澳粉蚧蚜小蜂的幼虫不能从柑橘刺粉蚧的体内育出，是由于寄主体内的营养不适合之故。此外，寄主植物的不同也会导致寄主适合性的变化。对于同一种害虫，取食不同植物所导致的营养变化和次生物质的差异可以进一步影响其对天敌的适合性。

参考文献

林乃铨，2010. 害虫生物防治[M]. 4版. 北京：科学出版社.

GODFRAY H C J, 1994. Parasitoids: Behavioral and Evolutionary Ecology[M]. New Jersey: Princeton University Press: 473.

（撰稿：刘银泉；审稿：刘树生）

寄主微生境定位 host microhabitat location

寄生性天敌在寄主生境定位的过程中，最后寻找寄主所在位置的过程。这一概念是Vinson等在室内测试寄生蜂对寄主植物的选择性实验中提出的。寄主生境定位过程中，开始以嗅觉为主，慢慢视觉开始起作用，最后在接近寄主的位置即微环境时，触觉和味觉也参与一起发挥作用。由于寄主生境复杂多样，难以将某一寄主的生境进行特定层次（如大生境、小生境、微生境）的划分，所以“寄主微生境定位”这一术语较少被采用。

（撰稿：刘银泉；审稿：刘树生）

寄主选择和接受 host selection and acceptance

寄生性天敌找到的寄主个体其适合性常常是有差异的，寄生性天敌能选择适合性高而忽略适合性低的寄主，但对于适合性处于中间水平的寄主，寄生性天敌需要选择接受还是放弃。寄主适合度常取决于寄主的种类、个体大小、虫龄等因素。一般个体大的寄主可给寄生性天敌后代提供较丰富的营养物质，但可能在物理和生理方面的防御能力较强。如反颚茧蜂（*Asobara tabida*）在遇到几种果蝇幼虫时，首先放弃那些个体较小、体表皮较厚的种类和个体。此外，从寄生性天敌自身状况分析，对于卵育型寄生性天敌，它们在搜索到寄主卵时，其体内成熟卵的多少会影响对寄主卵的接受程度，体内成熟卵越少，对寄主卵的质量要求就越低。与此相对应，对于卵熟型的寄生性天敌种类，即这些天敌成虫大部分羽化时全部寄主卵都已成熟，这类天敌成虫期相对较短，需要在其较短暂的生命时间段内尽可能多产卵，而会对寄主质量的挑剔性有所降低。

寄主质量是一个相对的概念。如果寄主资源丰富，寄生性天敌会优先选择那些质量高的寄主寄生，而在寄主资源匮乏的环境中，寄生性天敌也会接受劣质的寄主种类或个体进行寄生。

寄生性天敌常常用触角及产卵器探测寄主状态以评价其质量。寄主的大小、形状、表面物质及释放的化学信号等都可影响天敌对寄主的接受，这些化学信号也同样在之前的寄主定位中起重要作用。一些寄生性天敌会利用产卵器刺入寄主体内通过化学信号或寄主心室的跳动来探测寄主的适合性，并以此决定是否接受寄主。

（撰稿：刘银泉；审稿：刘树生、杨忠岐）

寄主种群避难所（避害） host population refuge

当寄生风险在寄主种群中存在差异化表现时，寄主种群就获得了避难所。寄主有3种方式获得避难所：①获得可躲避寄生的生境，称空间避难所（spatial refuge）。②与寄生性天敌的物候存在时差，称时间避难所（teporal refuge）。③表型变化，称表型避难所（phenotypic refuge）。寄主种群避难所是维持天敌与害虫种群动态平衡的重要机制，根据理论模型预测，寄主种群中固定数量和比例的个体获得避难所均可导致种群动态平衡，但前者比后者获得的稳定性更强。

寄主种群避难所的存在可促使天敌与寄主种群保持动态平衡，可为认识天敌持续控害的生物防治实践提供理论依据。如美国为防治危害柑橘的外来入侵害虫奥氏红圆盾蚧（*Aonidia aurantii* Maskell）引进了几种寄生蜂，主要是橙蚜小蜂（*Aphytis melinus* DeBach），成功地将该介壳虫控制在较低水平。寄生蜂与介壳虫之间不存在密度依赖关系，但柑橘树冠中靠近主干的介壳虫的寄生率远低于外围枝梢上的介壳虫，说明介壳虫在树冠中央获得了空间避难所，从而维持了寄生蜂对奥氏红圆盾蚧种群的持续控制。除空间避难所外，当搜寻中的寄生蜂与其所偏好的适宜寄主或寄主虫态（或龄期）出现的时间不吻合时，就产生了时间避难所；即使时间吻合，若寄生蜂数量经过一个增长和衰退的过程，总有部分寄主免于被寄生，故仍可产生时间避难所。在寄生蜂与寄主物候吻合的情况下，当寄主种群中个体在应对寄生蜂寄生过程中存在形态、生理或行为上的差异时，也可产生表型避难所。例如，昆虫血淋巴具有强大的防卫功能，通过包裹作用（encapsulation）杀死寄生蜂的卵或幼虫。理论模型预测，若寄主种群的个体间在包裹能力上存在差异，则可产生寄生蜂与寄主种群的稳定动态。除包裹作用在寄主中存在差异外，寄主中还存在多种形式的防卫行为反应。如果寄主的这些表型变化与其被寄生的风险有关，就可能产生表型避难所。

参考文献

GODFRAY H C J, 1994. Parasitoids, behavioral and evolutionary ecology[M]. New Jersey: Princeton University Press.

HASSELL M P, 2000. The spatial and temporal dynamics of Host-parasitoid interactions[M]. London: Oxford University Press.

MURDOCH W W, BRIGGS C J, 1996. Theory for biological control: recent developments[J]. Ecology, 77(7): 2001-2013.

MURDOCH W W, LUCK R F, SWARBRICK S L, et al, 1995. Regulation of an insect population under biological control[J]. Ecology, 76: 206-217.

MURDOCH W W, STEWART-OATEN A, 1989. Aggregation by parasitoids and predators: effects on equilibrium and stability[J]. The American naturalist, 134: 288-310.

（撰稿：李保平；审稿：孟玲、杨忠岐）

J

寄主专化性测定 host specificity test

传统上，寄主专化性简单地量化为寄主范围，即自然界中天敌可利用的寄主种类名单。在传统生物防治项目实施过程中，为了降低引进天敌可能带来的风险影响，保障生态安全，需要对拟引进的天敌进行风险评估，寄主专化性测定是生物防治风险评估的关键内容，特别是对于入侵植物的生物防治，已形成了一整套相对完善的寄主专化性测定方法。又名寄主专一性测定。随着对非靶标生物风险认识的逐步提高，引进害虫天敌的寄主专化性也越来越受到重视。

天敌的寄主专化性与其生活史中某一生长阶段可利用的寄主种类数量呈反比，天敌可利用的寄主范围由生态和生理因素限制在某一个适宜的水平，并最终由天敌与其潜在寄主的进化和生物地理学过程所决定。寄主专化性强的天敌仅取食 1 种单一寄主，其命运与寄主命运密切相关。相对而言，广食性天敌当寄主灭绝后则能通过开发利用新的替代寄主而使种群得以维存。因此，寄主专化性程度是决定天敌灭绝可能性的一个关键因素，也是反映天敌能否在新寄主上建立种群能力的一个参数。一般来说，大多数寄生性天敌仅与少数几种甚至常常是某一种寄主发生协同进化关系。寄生性天敌的寄主范围通常认为比捕食性天敌的更专化，因为寄生性天敌的生活史与其寄主的关系更加紧密。环境稳定性和寄主生态位特化程度对天敌寄主专化性的影响也很重要。专化性程度越低，意味着天敌的取食范围更广泛，专化性程度越高则意味着天敌的食性越窄。由于容性寄生蜂需要与寄主共同生存一段较长的时间，而抑性寄生蜂一般在产卵时就将寄主麻醉，因此容性寄生蜂比抑性寄生蜂的寄主专化性更强。

寄主专化性的测定程序包括：①首先选择供测寄主，先通过查阅文献，掌握拟引进天敌的寄主种类，通常考虑与靶标害虫分类上相近的种类如同属、同科物种；其次考虑与靶标害虫共存于同一生境中，并可能受到攻击的非靶标物种；最后考虑可能受到攻击的濒危生物。②明确测定的方法，通常包括非选择性和选择性测定方法，然后在检疫实验室内测定可能的寄主范围，包括生态学寄主、生理学寄主和分类学寄主。③对测定结果的解释。④最后进行释放后的实际寄主范围评估。

引进天敌时，没有一种寄主专化性测定的水平能够保证对非靶标生物的零风险。自然条件下天敌可能从来不攻击某一寄主，然而在实验条件下天敌的寄主专化性往往很容易被打破。注重测定实验细节、天敌生物学以及天敌释放后寄主范围的评估是未来生物防治实践中提高可靠度的最好方式。在预测天敌的寄主范围时，系统发育、共栖生境和天敌的发育方式这 3 个方面的因素最重要。某些类群的专化性程度明显与系统遗传相关，而另一些类群则不是这样。例如茧蜂科天敌可寄生超过 120 科的寄主昆虫，然而大多数亚科的寄主仅限于某一个目的昆虫，而主要族群的寄主更是限于某一个科的昆虫。一些种的天敌仅攻击单一物种的寄主，另一些则寄生某一个属的昆虫，少数天敌几乎能寄生环境中遇到的同一科内的所有昆虫。

很多因素会影响天敌的寄主范围，非选择性条件下，天敌可能因长时间无法获得正常寄主而被迫利用非靶标生物作为寄主，导致高估寄主范围。而在选择性条件下，由于靠近自然寄主的非靶标物种也可能被攻击，导致高估寄主范围。当存在喜好寄主时，天敌可能拒绝不太喜好的寄主，导致低估寄主范围。此外，测定环境条件的限制也可能影响天敌对非靶标生物的行为反应。对于单食性天敌，通过寄主专化性测定一般都能够得到可靠度高的风险评估证据。而对于多食性天敌，由于寄主专化性低存在较高的生态风险而通常被否决引进。然而实际上对目标害虫有效的单食性天敌非常少，严格意义上的单食性天敌很难获得，因此寡食性天敌常被引进释放，但究竟多宽的寄主范围可以引进，则因不同国家的风险评估规则不同而异。供测试的潜在寄主名单范围需要多宽，寄主专化性实验如何进行，也必须综合考虑拟评估的具体种类的生物学特性。

参考文献

万方浩，李保平，郭建英，等，2008. 生物入侵：生物防治篇 [M]. 北京：科学出版社：68-73.

POULIN R, KEENEY D B, 2007. Host specificity under molecular and experimental scrutiny[J]. Trends in parasitology, 24(1): 24-28.

STRAND M R, OBRYCKI J J, 1996. Host specificity of insect parasitoids and predators[J]. BioScience, 46(6): 422-429.

（撰稿：王小艺；审稿：杨忠岐）

假单胞菌属 *Pseudomonas*

γ– 变形菌纲假单胞菌目假单胞菌科，模式种为铜绿假单胞菌（*Pseudomonas aeruginosa*）。假单胞菌属建立于1893年。该属成员众多，原核生物名录（list of prokaryotic names with standing in nomenclature，LPSN）记录该属约有200个种。假单胞菌革兰氏染色阴性，呈直杆状或弯曲杆状，0.5～1.0μm×1.5～5.0μm，不产芽孢，严格好气，氧化酶和过氧化氢酶均呈阳性，通过1至数根极生鞭毛运动。DNA的G+C克分子百分比为58%～70%。假单胞菌属的一些种可产生荧光现象，多与其在缺铁条件下产生大量嗜铁素（siderophore）有关，如黄绿色的铁载体（pyoverdine、pyochelin），或是铜绿假单胞产生的绿脓菌素（pyocyanin）、荧光假单胞菌产生的quinolobactin等。

假单胞菌广泛存在于江河湖水和土壤中，可代谢大量不同的环境底物，并产生多种多样的次生代谢物，对有机物的转化和分解具有重要意义。假单胞菌属有数百个菌株完成了全基因组测序，菌株的基因组大小一般在6Mbp～7Mbp，远大于自然环境中多数常见的革兰氏阴性细菌。丰富的基因组DNA资源可能是该属细菌广泛适应各种环境条件的基础。

少数假单胞菌可侵染动物和人，如铜绿假单胞是人类的机会性病原菌，对健康的人群致病力很低，但在免疫能力下降的情况下（机械创伤、烧伤、病毒感染等）可引发二次感染。该病菌具有多重耐药性，感染可能引发严重后果。一些假单胞菌可引起植物病害，造成植物叶片、茎秆和果实上的细菌性斑点和疫病，病斑多为圆形或近圆坏死斑，有时环绕着黄色晕圈。双子叶植物中，某些植物上的病斑受叶脉限制而呈角状。假单胞菌属植物病原菌种下有大量的致病型（pathovar pv.）分化，呈现明显的病原菌—寄主之间的专化性互作关系，如丁香假单胞菌（*Pseudomonas syringae*）有大约50个不同的致病型，可侵染几百种不同的植物，是农业生产中造成严重危害的细菌病原，该菌引起的典型病害包括烟草野火病（*Pseudomonas syringae* pv. *tabaci*）、黄瓜角斑病（*Pseudomonas syringae* pv. *lacrymans*）、菜豆晕疫病（*Pseudomonas syringae* pv. *phaseolicola*）、丁香疫病（*Pseudomonas syringae* pv. *syringae*）、番茄细菌性斑疹病（*Pseudomonas syringae* pv. *tomato*）等。拖氏假单胞菌（*Pseudomonas tolaasii*）引起病害，造成栽培蘑菇生产上的损失。类产碱假单胞菌（*Pseudomonas pseudoalcaligenes*）是一种昆虫病原菌，具有杀虫作用。对草地蝗虫、竹蝗等具有致死作用，其杀虫作用主要靠产生有毒蛋白质。

土壤、植物表面和根围存在大量假单胞菌，许多假单胞菌株具有保护植物、减轻病原侵染和危害，或促进植物生长的功能，是植物根围促生菌（plant growth-promoting rhizobacteria，PGPR）的主要类群。防病促生机制包括利用植物种子或根的分泌物作为营养生长，限制病原物的营养获取；迅速定殖在植物表面、根围或体内，形成较大的群体；

J

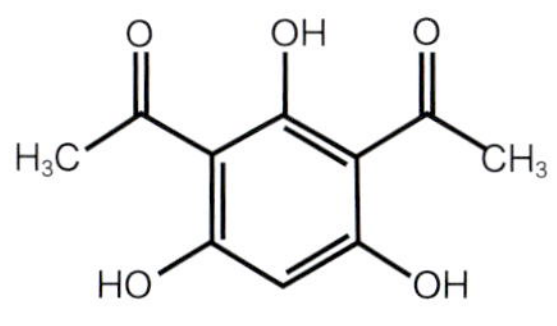

①

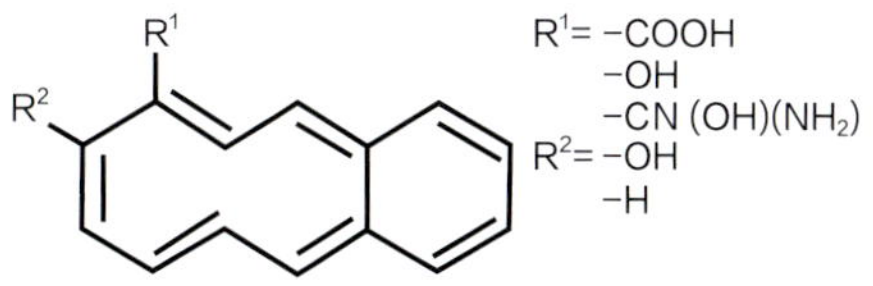

②

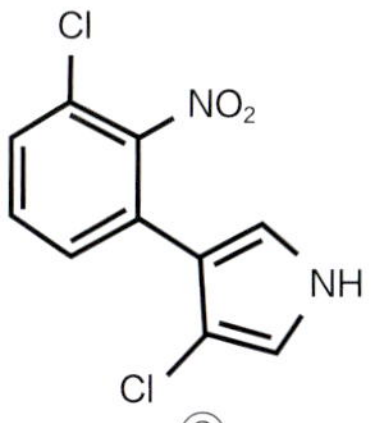

③

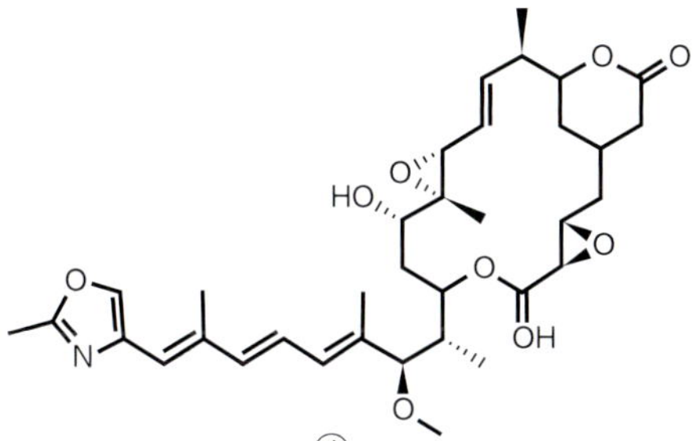

④

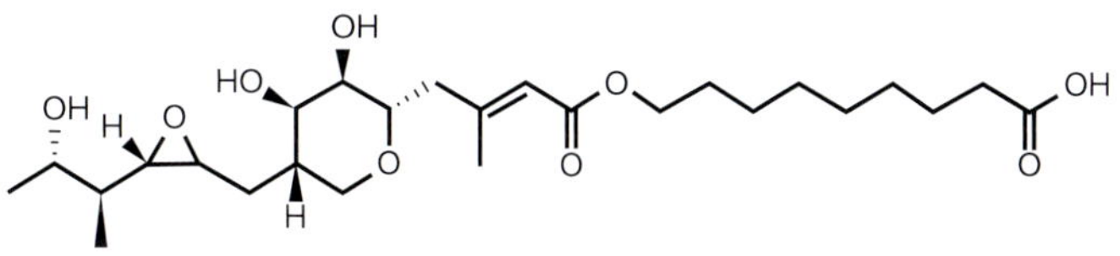

⑤

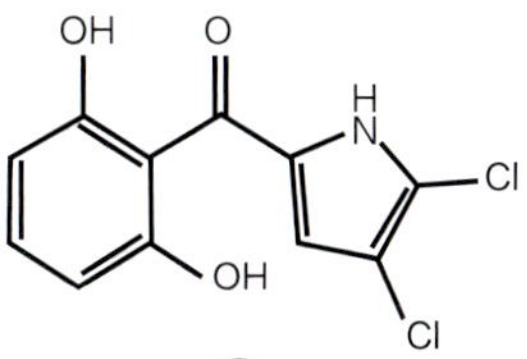

⑥

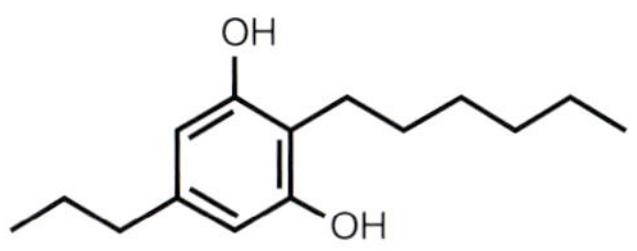

⑦

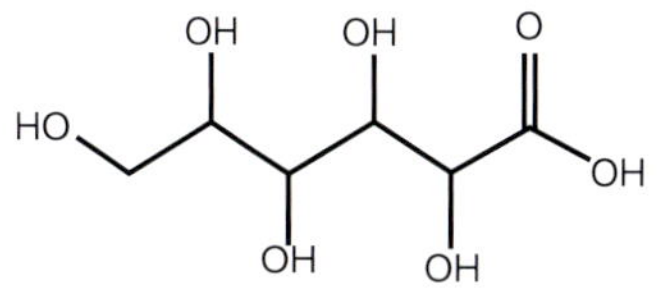

⑧

假单胞菌抗生素的化学结构

① 2,4- 二乙酰基间苯三酚 2,4-diacetylphloroglucinol；②吩嗪衍生物 phenazine derivatives；③硝吡咯菌素 pyrrolnitrin；④根菌素 rhizoxin；⑤假单胞菌酸A pseudomonic acid A, mupirocin；⑥藤黄绿脓菌素 pyoluteorin；⑦ 2– 己基 –5– 丙基间苯二酚 2-hexyl-5-propyl resorcinol；⑧葡萄糖酸 gluconic acid

大量产生功能代谢物，如抗生素、嗜铁素、气态挥发物质等，抑制或阻碍病原微生物的发展；产生植物激素或类似物，固氮解磷等为植物提供更多营养，以促进植物生长；诱导植物产生系统诱导性抗性，提高植物各部位对不同病虫害等逆境的抵抗能力等。一些自然发生的植物病害抑制性土壤中，如造成小麦全蚀病自然衰退的抑菌性土壤和甜菜丝核菌茎基腐的抑制性土壤，假单胞菌都是抑制病害微生物群落中的关键组分。假单胞菌作为病害生防菌已有多个产品得到商业化推广应用，如 Bio-Save（*Pseudomonas syringae*）用于防治水果采后腐烂、Blight Ban（*Pseudomonas flourescens*）用于防治果树的火疫病、Conqur（*Pseudomonas flourescens*）用于防治栽培蘑菇的细菌性腐烂病、AtEze（*Pseudomonas chlororaphis*）用于防治园艺和蔬菜作物的根腐病等。

假单胞菌属一个突出的特点是大量产生抗生素（见图），而且抗生素的结构、作用机制、生物合成及调控等理论研究也较为深入，部分抗生素已在人类医学和农用杀菌剂领域得到商业化应用。如硝吡咯菌素（pyrrolnitrin）是假单胞菌抗生素作为先导化合物研发农用杀菌剂的成功范例。该抗生素虽然具有很好的抑菌活性，但化学性质不稳定，见光易分解，吡咯环上的氯原子被氰基取代后增加了其光稳定性和抑菌活性，由此进一步开发出农用杀菌剂市场上广泛应用的拌种咯（fenpiclonil）和咯菌腈（fludioxonil）。拌种咯和咯菌腈主要抑制真菌蛋白激酶活性，作用机制独特，与其他不同作用机制的农药混配可能起到协同增效的作用。以假单胞菌产生的吩嗪 -1- 羧酸（PCA）作为主要成分的申嗪霉素（shenqinmycin）也在中国获得农药正式登记，可有效防治水稻纹枯病、西瓜枯萎病和甜椒疫病等多种作物真菌病害。硝吡咯菌素和假单胞菌酸 A（莫匹罗星）也被开发为医用抗生素，用于治疗皮肤感染。

参考文献

张力群，张俊威，2015. 假单胞菌产生的抗生素 [J]. 中国生物防治学报，31(5): 750-756.

GROSS H, LOPER J E, 2009. Genomics of secondary metabolite production by *Pseudomonas* spp.[J]. Natural product reports, 26(11): 1408-1446.

HAAS D, DEFAGO G, 2005. Biological control of soil-borne pathogens by fluorescent pseudomonads[J]. Nature reviews microbiology, 3(4): 307-319.

LOPER J E, HASSAN K A, MAVRODI D V, et al, 2012. Comparative genomics of plant-associated *Pseudomonas* spp. : insights into diversity and inheritance of traits involved in multitrophic interactions[J]. Public library of science genetics, 8(7): e1002784.

MATTHIJS S, TEHRANI KA, LAUS G, et al, 2007. Thioquinolobactin, a *Pseudomonas* siderophore with antifungal and anti-Pythium activity[J]. Environmental microbiology, 9(2): 425-434.

WU X, MONCHY S, TAGHAVI S, et al, 2011. Comparative genomics and functional analysis of niche-specific adaptation in *Pseudomonas putida*[J]. FEMS microbiology reviews, 35(2): 299-323.

（撰稿：张力群；审稿：王琦）

茧蜂　braconids

膜翅目（Hymenoptera）姬蜂总科（Ich-neumonoidea）。茧蜂科（Braconidae）昆虫的统称，是一类重要的寄生性天敌昆虫。寄主包括 120 多个科的昆虫，涉及最广的是全变态昆虫，在害虫自然种群的控制中发挥着重要作用，具有重要的经济意义。茧蜂分布很广，全世界分布。全世界已知 1100 余属 21 220 余种，中国已知 256 属 1900 余种。

形态特征　成虫体小型到中等大小。触角丝状、多节。翅脉一般明显，前翅具翅痣、1+RS+M 脉常存在、绝无第二迴脉，亚缘脉或 1r-m 脉有时消失。腹部基部有柄、近于无柄或无柄；第二、三背板愈合，虽有横凹痕但不能自由活动。产卵管长度不等，有产卵管鞘。

生物学习性　茧蜂寄主有 120 多个科的昆虫，涉及最广的是全变态昆虫。大多数亚科只限于寄生某个目，相当多的亚科以鳞翅目昆虫为寄主，反颚茧蜂亚科和蝇茧蜂亚科是双翅目环裂亚目的内寄生蜂，蚜茧蜂亚科全寄生于半翅目蚜科昆虫，蚁茧蜂亚科寄生蚁科成虫。少数茧蜂亚科可以寄生 2 个目以上的昆虫，只有矛茧蜂亚科、优茧蜂亚科、茧蜂亚科和异茧蜂亚科可寄生于 3 个或更多目的昆虫。但没有发现有茧蜂寄生蜻蜓目、襀翅目、毛翅目、虱目、蚤目等类群。几乎所有茧蜂不是容性内寄生蜂就是抑性外寄生蜂，但茧蜂亚科少数成员是鳞翅目蛹的抑性内寄生蜂，而异茧蜂亚科直脉茧蜂族则是鳞翅目幼虫的容性外寄生蜂，容性内寄生蜂的老熟幼虫常钻出寄主结茧于寄主体外，但内茧蜂亚科结茧于寄主体内。茧蜂一般寄生于幼虫，少数寄生成虫，除跨期寄生外，还没有发现只寄生卵和蛹的。跨期寄生的有：卵—幼虫期、卵—蛹期和幼虫—蛹期寄生。有单寄生或聚寄生，一般为独寄生，但也有共寄生的现象，共寄生通常只有一种存活。绝大部分种类为原寄生，极少种类有重寄生现象。蛹为离蛹，均有茧。成虫产卵时常专门或者顺带用产卵管针刺寄主，吸取其体液。极少数茧蜂幼虫是捕食性，如食瘿蚊茧蜂（*Bracon lendicivorus*）捕食无花果上的一种瘿蚊幼虫。

应用研究　茧蜂许多种类在农业、林业、园艺和畜牧业中对害虫有非常好的生物和自然控制作用，是非常重要的一类寄生性天敌，被广泛用于生物防治中。斑头陡盾茧蜂［*Ontsira palliata*（Cameron）］已被广泛用于中国森林主要害虫鞘翅目天牛科的生物防治。白虫茧蜂（*Bracon greeni* Ashmead）在 1970 年代初期从海南引进至广东，用以控制紫胶白虫（*Eublemma amabilis* Moore），被认为是最好的防治紫胶白虫的方法。烟蚜茧蜂（*Aphidius gifuensis* Ashmead）被大面积推广用于烟田的蚜虫防治，取得了显著防效。

参考文献

何俊华，陈学新，马云，2000. 中国动物志：昆虫纲　第十八卷　膜翅目　茧蜂科（一）[M]. 北京：科学出版社 .

何俊华，陈学新，马云，等，1999. 膜翅目：茧蜂科 [M]// 郑乐怡，归鸿 . 昆虫分类 . 南京：南京师范大学出版社：953-957.

蒲哲龙，1984. 害虫生物防治的原理和方法 [M]. 2 版 . 北京：科学出版社 .

CHEN X X, TANG P, ZENG J, et al, 2014. Taxonomy of parasitoid wasps in China: An overview[J]. Biological control, 68: 57-72.

CHEN X X, VAN ACHTERBERG C, 2019. Systematics, phylogeny, and evolution of braconid wasps: 30 years of progress[J]. Annual review of entomology, 64: 335-358.

（撰稿：唐璞、吴琼、陈学新；审稿：刘经贤）

交互保护　cross protection

指同一病原物不同致病力株系中的弱致病株系先侵入寄主体内，使后侵入的强致病株系削弱，从而使寄主植物得到保护。交互保护这一现象最早是在病毒中发现的，后来在类病毒、真菌、细菌等其他病原生物中也发现了类似的交互保护现象。先感染的株系叫保护株系，一般为弱株系，致病力弱，对寄主影响小；而后侵入的株系称为攻击株系或挑战株系，为强株系，具强致病力，对寄主危害大。

交互保护作用最早是 Mickinney 于 1929 年在研究烟草花叶病毒（tobacco mosaic virus，TMV）时发现的，当一个弱毒株系接种烟草之后，再接种强毒株系时症状明显减轻。后来发现这几乎是植物病毒中的普遍现象。因此，利用病毒之间的相生相克，为植物病毒病的防治开辟了新的途径。病毒的交互保护作用一般发生于病毒的不同株系间，株系间的亲缘关系越近，保护作用越强。交互保护作用也可以发生在不同种病毒甚至不同类型的病原物之间，如烟草接种了 TMV 弱毒株系后，可以获得对霜霉病的抗性。

交互保护的作用机理　关于交互保护作用的机理，存在各种假说：①弱致病株系占有或用去寄主代谢产物和（或）某种结构，而这些代谢产物和结构对于强致病株系的成功侵染是必需的。②弱毒株系的 RNA 与强毒株系的 RNA 通过互补等作用发生分子杂交而可能导致了交互保护。③弱毒株系的外壳蛋白抑制了强毒株系基因组的脱壳和释放，从而干扰强毒株系 RNA 的复制。④弱毒株系的复制酶可能结合到后感染的强毒株系 RNA 中的“复制酶结合位点”，但无复制酶活性，从而阻止了强毒株系与自身复制酶的结合；或者弱毒株系通过竞争病毒复制中可能利用到的病毒复制酶或复制位点来阻止后侵入病毒的复制。⑤先侵入植株体内的弱毒株系的外壳蛋白和核酸对后侵入的强毒株系有拮抗作用。⑥弱毒株系的存在妨碍强毒株系在植物寄主体内的系统移动。⑦弱毒株系的复制激活了寄主植物的防御机制，并由此降解强毒株系的 RNA。⑧基因序列相似的两个株系前后接种同一植株时，后一株系的接种启动了基因沉默或转录后基因沉默（post-transcriptional gene silencing，PTGS），导致两个株系 RNA 的降解，从而表现出了交互保护作用。但还没有一种假说能够完全阐明交互保护的机制。

交互保护在病害防治中的应用　多年来的防治经验已表明，弱毒株系的交互保护作用是防治柑橘衰退病的首选方法，而在柑橘衰退病毒（citrus tristeza virus，CTV）强毒株系和传毒介体橘蚜并存的地区，弱毒株系的交互保护是唯一有效的防治方法。巴西、澳大利亚、美国、日本、南非、以色列和墨西哥等国都已经成功运用弱毒株系的交互保护作用防治柑橘衰退病，并将这一成果进行了大面积推广应用。中国农业科学院柑橘研究所周常勇等科研人员也对中国柑橘衰退病毒的弱毒株系进行了筛选，并开展了利用弱毒株系交互保护作用对中国主要柑橘产区的柑橘衰退病进行防治的研究。

日本学者 Oshima 将筛选获得的 TMV 弱毒株系 L11A 在日本大规模推广应用，获得增产 15%～30% 的保护效果。Yeh 和 Gonsalves 通过化学诱变获得了番木瓜环斑病毒（papaya ringspot virus，PRSV）的弱毒株系 HA5-1，该株系对 PRSV 夏威夷野生株系 HA 有较强的保护作用。中国台湾的研究结果表明，受 HA5-1 保护的番木瓜比不被保护的番木瓜增产 80%，由于有较好的防治效果，HA5-1 弱毒株系的应用已在台湾得到大面积推广。中国科学院微生物研究所利用亚硝酸对 TMV 强毒株系进行诱变，筛选获得 TMV 的弱毒疫苗 TMV-N14，该弱毒疫苗对 TMV 及部分真菌的感染有明显保护作用。TMV-N14 对烟草和番茄的保护增产率达到 20%～30%。

在真菌病原的交互保护作用方面，也发现一些有用的实例，如在澳大利亚发现一种无（弱）致病力的小麦全蚀病菌（*Gaeumannomyces graminis* var. *tritici* J. Walker）可以在多种禾本科杂草和小麦根部定殖，从而减轻了强致病力菌株的侵染。另外，交互保护也是诱导抗病性的一种，例如在黄瓜苗的子叶或第一片真叶接种瓜炭疽菌［*Colletotrichum lagenarium*（Pass.）Ellis & Halst.］的不致病系，可诱使新生叶片产生对致病炭疽菌的抗性。董汉松等研究发现，用赤星病菌［*Alternaria alternata*（Fr.）Keissl.］弱毒株 TBA16 孢子叶面喷洒或悬滴诱导处理，均可诱导烟草对赤星病的系统抗性。文景芝等研究发现马铃薯早疫病菌茄链格孢（*Alternaria solani* Sorauer）在一定条件下可诱导烟草植株对赤星病产生系统抗性，抗性诱导效应达 86%。

交互保护存在的问题　交互保护作用存在的主要问题有：①保护作用的范围较小，一种弱致病株系可能主要只保护植株免受同种病原物强致病株系的侵染和为害。②同一种病原物的株系在不同地区，其致病的强弱不尽相同，在某地是弱致病株系，到另外一个地方可能表现为强致病性，这在一定程度上限制了弱致病株系在不同地区的广泛应用。③弱致病株系可能会在各种选择压力的作用下转变为强致病株系。④与其他病原物的混合感染可能会引起更大的危害或成为其他作物的病害传染源。⑤既然弱致病株系能抑制强致病株系的增殖，那么强致病株系增殖到一定浓度后是否也会反过来抑制弱致病株系的增殖。⑥要将弱毒株系接种于每株作物上，在实际操作中有很大的难度。

参考文献

崔伯法，王洪祥，翁法令，1998. 交叉保护在植物病毒病害防治中作用的概述 [J]. 中国生物防治，14(2): 75-77.

邵碧英，吴祖建，林奇英，等，2001. 烟草花叶病毒弱毒株的筛选及其交互保护作用 [J]. 福建农业大学学报，30(3): 297-303.

覃秉益，张秀华，田波，1987. 植物病毒弱株系及其应用 III，烟花叶病毒番茄株弱毒疫苗 N14 的安全性测定 [J]. 微生物学报，27(1):

23-29, 102.

吴云锋 , 2008. 植物病虫害生物防治学 [M]. 北京 : 中国农业出版社 .

肖火根 , 范怀忠 , 1994. 番木瓜环斑病毒株系间交互保护作用研究 [J]. 病毒学报 , 10(2): 164-171.

张秀华 , 李国玄 , 梁锡娴 , 等 , 1980. 植物病毒弱毒系及其应用一 , 烟花叶病毒番茄株弱毒系的诱变和性质的研究 [J]. 植物病理学报 , 10(1): 49-54.

周彦 , 周常勇 , 2004. 柑橘衰退病毒弱毒株及其筛选方法 [J]. 植物保护 , 30(4): 73-76.

COSTA A S, MULLER G W, 1980, Tristeza control by cross protection: a USA-Brazil cooperative success[J]. Plant disease, 64: 538-54.

FULTON W, 1986. Practices and precautions in the use of cross protection for virus disease control[J]. Annual review of phytopathology, 24: 67-81.

（撰稿：李凡；审稿：朱书生）

接种式释放　inoculative release

针对性少量补充释放天敌，将害虫控制在早期或持续地控制在低密度水平的方法。接种式释放时机，必须是害虫发生早期，可针对害虫发生的植株进行重点防控。如果对害虫发生规律掌握较好，也可使用预防性接种释放，即在害虫发生前接种式释放天敌，以达到预防害虫发生的目的。

甜椒上接种释放异色瓢虫控制桃蚜危害（李姝摄）
①甜椒受桃蚜危害严重；②释放异色瓢虫幼虫；③异色瓢虫幼虫棚内化蛹（定殖）；④桃蚜被抑制后彩椒生长健康

接种式释放为周期性的天敌释放，由于天敌不能无限期的存活，因此防控害虫的数量和区域有限，防治效果取决于天敌的后代，而不是原来释放的个体。

与淹没式释放相比，接种式释放更需要注重释放比例，需要充分考虑天敌定殖率、搜寻能力及害虫密度分布等因素。因此，害虫种群动态和数量调查尤为重要，及时调整释放策略，比如将接种式释放和淹没式释放配合使用，才能在实际生产中达到预期的控害效果。

李姝等应用接种式和淹没式相结合释放异色瓢虫控制桃蚜取得了较好的效果。应用异色瓢虫能够持续控制甜椒温室中桃蚜种群密度，其定殖率在桃蚜暴发高峰期时为最高（64%），且甜椒产量及经济效益高于应用生物农药（见图）。在圆茄温室中，前期释放的异色瓢虫使桃蚜高峰延缓一周出现，在增加瓢虫释放量后，一周内桃蚜种群密度下降了 79%，瓢虫定殖率达到 86%，同样收到较好的控害效果。

通过生命表技术对释放玉米螟赤眼蜂的甜玉米地中的欧洲玉米螟自然种群进行了定量研究，随后的防效证明，接种式释放玉米螟赤眼蜂能有效地控制欧洲玉米螟危害。

因此，在生产实践中需要重视虫情的全程监测，可依据田间天敌—害虫的种群动态，在植株定植 15 天后每周确定益害比，持续接种式释放天敌。仅在前 2～3 个月释放，即可防控整个生产期。但若想要精确掌控田间益害比，还需要结合天敌和害虫两者的生物生态学特性、生命表参数等进行进一步的研究与探索，最终提出简单实用的释放模型或田间操作规范，才能使生物防治技术获得良好的效果，实现广泛应用。

参考文献

GULLAN P J, CRANSTON P S, 2009. 昆虫学概论 [M]. 北京 : 中国农业大学出版社 .

李姝 , 王甦 , 赵静 , 等 , 2014. 释放异色瓢虫对北京温室甜椒和圆茄上桃蚜的控害效果 [J]. 植物保护学报 , 41(6): 699-704.

杨怀文 , 2005. 迈入二十一世纪的中国生物防治 [M]. 北京 : 中国农业科学技术出版社 .

张帆 , 李姝 , 肖达 , 等 , 2015. 中国设施蔬菜害虫天敌昆虫应用研究进展 [J]. 中国农业科学 , 48(17): 3463-3476.

（撰稿：张帆、李姝；审稿：杨忠岐）

拮抗作用　antagonism

一种微生物的活动抑制或杀死另一种微生物的现象。在生物防治领域，拮抗是指有益微生物通过分泌一种或多种拮抗物质（即代谢产物），作用于病原菌的细胞壁、细胞膜、蛋白质合成系统、能量代谢系统、细胞分裂系统等，而直接抑制或杀死病原菌。拮抗作用是微生物界的普遍现象，Fleming 发现青霉素就是一个典型的例子，青霉菌可以产生青霉素来抑制葡萄球菌的生长。

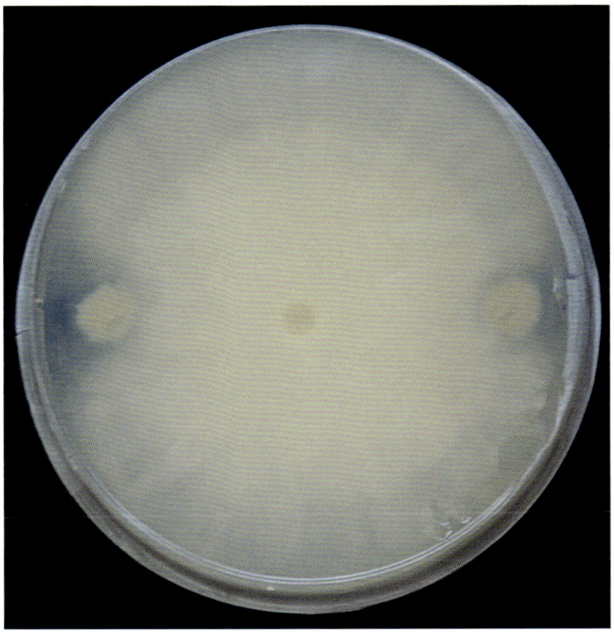

芽孢杆菌对辣椒疫霉病原菌的平板拮抗

作为生防微生物防治植物病害的一个重要机理，土壤微生物中 30%～40% 的微生物菌株具有拮抗作用。根据拮抗体对病原菌的作用机制不同，拮抗作用主要有抗生、竞争以及重寄生。

一种微生物的代谢产物抑制或杀死另一种微生物的现象为抗生作用。抗生作用一般是由拮抗体产生的拮抗物质来实现的，主要是抗生素、细菌素、几丁质酶、葡聚糖酶、嗜铁素等。植物病害生物防治通常是抗生作用的结果。如枯草芽孢杆菌（*Bacillus subtilis*）可分泌伊枯草素（iturin）；洋葱假单胞杆菌（*Pseudomonas cepacia*）能产生吡咯烷酮类抗生素，抑制多种致病微生物的生长；木霉菌产生胶霉素（gliotoxin）、木霉素（trichodermin）、绿木霉素（viridin）等生理活性代谢物来抑制病原菌的生长发育。

微生物间最典型、与人类关系最密切的拮抗作用，当属微生物所产生的能抑制其他生物生长发育的抗生素。微生物间的拮抗关系可为抗生素的筛选、食品保藏、医疗保健和动植物病害的防治等提供更多有效的手段。

参考文献

史凤玉，朱英波，杨文兰，2005. 长枝木霉 T8 对水稻纹枯病菌拮抗的作用研究 [J]. 中国农学通报，21(2): 264-265, 271.

王万能，全学军，周跃钢，等，2004. 关于植物病害生物防治 [J]. 重庆工学院学报，18(2): 50-52, 65.

闫孟红，蔡正求，韩继刚，等，2004. 植物内生细菌在防治植物病害中的应用研究 [J]. 生物技术通报 (3): 8-12, 22.

NAGARAJKUMAR M, JAYARAJ J, MUTHUKRISHNAN S, et al, 2005. Detoxification of oxalic acid by *Pseudomonas fluorescens* strain PfMDU2: Implications for the biological control of rice sheath blight caused by *Rhizoctonia solani*[J]. Microbiological research, 160(3): 291-298.

PEYPOUX F, BONMATIN J M, WALLACH J, 1999. Recent trends in the biochemistry of surfactin[J]. Applied microbiology and biotechnology, 51(5): 553-563.

SUNDHEIM L, 1982. Control of cucumber powdery mildew by the hyper-parasite *Ampelomyces quisqualis* and fungicides[J]. Plant pathology, 31(3): 209-214.

VANITTANAKOM N, LOEFFLER W, KOCH U, et al, 1986. Fengycin-a novel antifungal lipopeptide antibiotic produced by *Bacillus subtilis* F29-3[J]. The Journal of antibiotics, 39(7): 888-901.

VANNESTE J L, SMART L B, ZUMOFF C H, et al, 1990. Control of fire blight by *Erwinia herbicola* Eh252: role of antibiotic production[J]. Acta horticulturae, 273: 393-394.

（撰稿：李燕；审稿：王琦）

金小蜂科 Pteromalidae

小蜂总科中最大的一个科，迄今共知有 31 个亚科 588 属 3506 种。

形态特征 体小至中型，一般体长 1～5mm，体形纤细至粗壮，身体通常具有强烈的金属光泽。前中后足跗节均为 5 节。触角通常 8～13 节（最多有 3 个环状节）。前翅缘脉较长，痣后脉和痣脉发达，基无毛区存在（见图）。

生物学习性 本科中不同类群的生物学特性和寄生习性变化很大，包括了多种多样的寄生性天敌昆虫的不同生活方式：外寄生和内寄生、容性寄生和抑性寄生、初寄生和重寄生，有些还为捕食性。

绝大部分金小蜂为抑性寄生，单个或群集外寄生于双翅目、鞘翅目、膜翅目、鳞翅目和蚤目的幼虫及蛹上。不少金小蜂的寄主隐蔽性生活，如寄生于蛀干昆虫、潜叶和潜茎的昆虫和形成虫瘿的昆虫等。在植物虫瘿中生活的金小蜂为寄食性，它们能取食植物的虫瘿组织，或为寄生性，外寄生于形成虫瘿的昆虫幼虫、蛹甚至成虫体上。另有一些金小蜂如蝇弓腹金小蜂（*Cyrtogaster vulgaris*）外寄生于潜蝇科（Agromyzidae）、禾蝇科（Opomyzidae）和秆蝇科（Chloropidae）昆虫蛹上，在寄主的围蛹中营寄生生活；常见的丽蝇金小蜂（*Nasonia vitripennis*）寄生于蝇科和丽蝇科的蛹。其他一些金小蜂为抑性内寄生性，这类金小蜂最为知名和常见的为蝶蛹金小蜂（*Pteromalus puparum*），它群集内寄生在多种蝴蝶的蛹中，尤其是凤蝶科（Papilionidae）、粉蝶科（Pieridae）和蛱蝶科（Nymphalidae）昆虫的蛹。有些金小蜂为容性寄生，如绝大多数柄腹金小蜂族（Miscogasterini）的种类为潜蝇科昆虫的幼虫—蛹的跨期内寄生蜂。截尾金小蜂属（*Tomicobia*）与众不同，寄生于鞘翅目小蠹科齿小蠹属（*Ips*）成虫体内。

金小蜂科中有些种为捕食性，如瘿蚊金小蜂属（*Systasis*）某些种的幼虫可连续捕食数个瘿蚊小幼虫。另外一些种则捕食多种昆虫的卵，如攀金小蜂属（*Panstenon*）的种类捕食隐藏于禾本科叶鞘中的飞虱卵。蚧金小蜂亚科的种类取食蚧总科昆虫的卵，同一个种在没有寄主卵的情况下，能转而寄生于雌介壳虫成虫体上。少数金小蜂为专性重寄生，寄生以蚜虫为寄主的蚜小蜂和蚜茧蜂，如阿莎金小蜂亚科的种类。

J

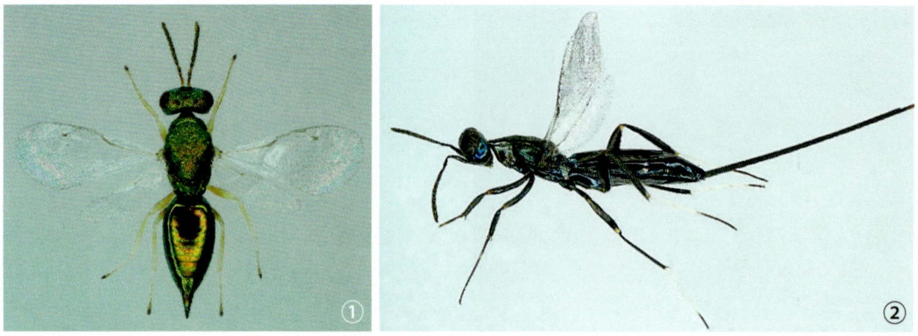

金小蜂科（Pteromalidae）（曹亮明摄）
①柳叶瘿蜂金小蜂（*Pteromalus pontaniae* Yang）；
②松褐天牛卵金小蜂（*Callimomoides monochaphagae* Yang）

金小蜂的繁殖力在各个种间各异，有的一头雌性金小蜂的产卵量可高达700粒，卵产在寄主体表或体内。卵的形状或为长形，两端圆，或前端弓起并加宽，后端变细并且其前端具一小乳头状突起，或卵上被有小刺突，或者被毛并有凹痕。一龄幼虫有膜翅目型，13节，虽然某些捕食性种类的幼虫比较细长；末体节双裂状，头部常很大；有时上颚也非常大。有些种幼虫每个体节上生有粗刺。外寄生性种类的幼虫气管系统为开式，而内寄生性的种类幼虫气管系统为闭式，或者完全消失。老熟幼虫化蛹可在已被其致死的寄主体内，或在寄主体外附近，有时在寄主的茧内。金小蜂一般以老熟幼虫越冬，但有些种以蛹或成虫越冬。

金小蜂科根据形态特征，结合寄主范围，分为31个亚科，以下就本科主要亚科作一简要介绍。

阿莎金小蜂亚科（Asaphinae） 本亚科的阿莎金小蜂属（*Asaphes*）多数种寄生以蚜虫为寄主的蚜茧蜂和蚜小蜂上而为重寄生性。北美的脉阿莎金小蜂属（*Hyperimerus*）的一个种寄生于脉翅目草蛉科和褐蛉科。

蚁形金小蜂亚科（Cerocephalinae） 本亚科多寄生于甲虫幼虫。红色蚁形金小蜂（*Cerocephala rufa*）寄生小蠹和窃蠹的初寄生者——一种矛茧蜂上而为这两类甲虫的重寄生蜂。有一种蚁形金小蜂寄生窃蠹、豆象、象甲及蛛甲幼虫。

肿腿金小蜂亚科（Cleonyminae） 本亚科多寄生蛀干害虫的幼虫和蛹，如天牛肿腿金小蜂（*Cleonymus laticornis*）寄生一种天牛幼虫，小蠹肿腿金小蜂（*Cleonyminae obscurus*）寄生一种小蠹虫幼虫。枝角金小蜂（*Pannoniella sexramosa*）寄生于一种在禾本科茎中生活的广肩小蜂上。

蚧金小蜂亚科（Eunotinae） 本亚科初寄生或重寄生于蚧总科昆虫，或在雌蚧体内捕食蚧卵。本亚科有几个种已经作为天敌在生物防治蚧虫上发挥了作用。

小蠹长足金小蜂亚科（Macromesinae） 本亚科的种类专性寄生小蠹虫，如长角小蠹金小蜂（*Macromesa amphiretus*）寄生几种危害针叶树的小蠹虫幼虫。

柄腹金小蜂亚科（Miscogasterinae） 本亚科许多种类寄生蛀茎、潜叶及形成虫瘿的双翅目昆虫，如潜蝇科、秆蝇科及瘿蚊科。有些种类也可寄生其他类似的隐蔽性生活的昆虫，如潜蛾膨柄金小蜂（*Seladerma aeneum*）从潜叶的鳞翅目微蛾科丝潜蛾属（*Stigmella*）昆虫的茧中养出。长体金小蜂族（Trigonoderini）的不少种寄生鞘翅目，如普璐金小蜂（*Plutothrix coelius*）和璞金小蜂（*Platygerrhus ductilis*）从窃蠹幼虫中养出，长体金小蜂属（*Trigonoderus*）有一种寄生一种沟胫天牛幼虫，简氏金小蜂属（*Janssoniella*）的一个种寄生于木蕈甲幼虫，甲虫璞金小蜂（*Platygerrhus dolosus*）外寄生于捕食小蠹的黑扁甲（*Laemophloeus ater*）的幼虫。柄腹金小蜂亚科的少数种类还寄生鞘蛾、丽蝇和家蝇蛹。

金小蜂亚科（Pteromalinae） 本亚科的种类有些内寄生或外寄生于鞘翅目昆虫幼虫，特别是小蠹科、豆象科和象甲科幼虫，或者为重寄生，有些甚至寄生于其他初寄生性的金小蜂上。米象异金小蜂（*Anisopteromalus calandrae*）是一种世界性分布的金小蜂，寄生危害贮物的鞘翅目和鳞翅目害虫幼虫。长颈树蜂金小蜂（*Xiphydriophagus meyerinckii*）寄生钻蛀木材的长颈树蜂科（Xiphydriidae）幼虫。有些种外寄生于膜翅目针尾部如胡峰科、泥蜂及切叶蜂科的预蛹上。其他一些金小蜂亚科的种类单个外寄生于形成虫瘿的瘿蚊科、广肩小蜂科、瘿蜂科和一些膜翅目广腰亚目的种类，以及它们的初寄生者上；有些甚至部分阶段为植食性，取食虫瘿组织；还有一些种类如蝶蛹金小蜂（*Pteromalus puparum*）、多食金小蜂（*Psychophagus omnivorus*）、丽蝇蛹金小蜂（*Nasonia vitripennis*）则群集寄生于鳞翅目昆虫蛹中，或寄生双翅目环裂亚目昆虫的围蛹中。少数几种金小蜂外寄生在植物组织中隐蔽生活的昆虫，如一些鳞翅目和叶蜂科幼虫，或者单个外寄生于姬蜂科、寄蝇科、旋小蜂科、茧蜂科及广腹细蜂科的幼虫而为重寄生。黑青金小蜂（*Dibrachys cavus*）是小蜂总科中食性最杂的一个种，它是鳞翅目和双翅目环裂亚目围蛹的初寄生或重寄生，但它可为三重寄生，甚至可以寄生蜘蛛、蠼螋及草蛉幼虫，还包括一些甲虫及蜜蜂。本亚科中有几种为蚜总科和蚧总科的重寄生。而蛛卵金小蜂（*Mesopolobus aequus*）为捕食性，能猎捕其他昆虫的幼虫和卵。

俑小蜂亚科（Spalangiinae） 本亚科寄生双翅目环裂亚目，尤其是蝇科、丽蝇科、麻蝇科和实蝇科昆虫，单个或群集外寄生在寄主围蛹中的这些双翅目昆虫蛹上。粗角俑小蜂（*Spalangia crassicornis*）寄生与黑草蚁（*Lasius* *fuliginosus*）一起生活的双翅目昆虫。

参考文献

GAULD I, BOLTON B, 1992. 膜翅目 [M]. 杨忠岐，译 . 香港：天则出版社：1-332.

黄大卫，1993. 中国经济昆虫志：第四十一册　膜翅目　金小蜂科 [M]. 北京：科学出版社 .

黄大卫，肖晖，2005. 中国动物志：昆虫纲　第四十二卷　膜翅目　金小蜂科 [M]. 北京：科学出版社 .

廖定熹，等，1987. 中国经济昆虫志：第三十四册　膜翅目　小蜂总科（一）[M]. 北京：科学出版社 .

杨忠岐，姚艳霞，曹亮明，2015. 寄生林木食叶害虫的小蜂 [M]. 北京：科学出版社 .

BOUČEK Z, 1988. Australasian Chalcidoidea (Hymenoptera). A biosystematic revision of genera of fourteen families, with a reclassification of species[M]. Wallingford, UK: Cambrian News Ltd: 1-832.

GIBSON G A P, J HUBER, J B WOOLLEY, 1997. Annotated keys to the genera of Nearctic Chalcidoidea (Hymenoptera)[J]. Annals of the Entomological Society of America (3): 359-360.

GRAHAM M W R, DE V, 1969. The Pteromalidae of North-Western Europe (Hymenoptera: Chalcidoidea)[J]. Bulletin of the British Museum (Natural History), Entomology Supplement, 16: 1-908.

（撰稿：曹亮明；审稿：杨忠岐）

井冈霉素　jinggangmycin

由上海市农药研究所在江西井冈山地区的土壤中分离得到的吸水链霉菌井冈变种（*Streptomyces hygroscopicus* var. *jinggangensis* Yen）发酵产生，是一种广谱性抗真菌农药。与日本早期发现的吸水链霉菌柠檬变种（*Streptomyces hygroscopicus* var. *limoneus*）产生的有效霉素结构相似。井冈霉素属于弱碱性氨基环醇类抗生素，在井冈霉素中发现的 8 个活性组分 A～H，其中 A 组分活性最高，农业上应用的井冈霉素 A 的含量最高，约占 60%，井冈霉素 B 约占 15%。

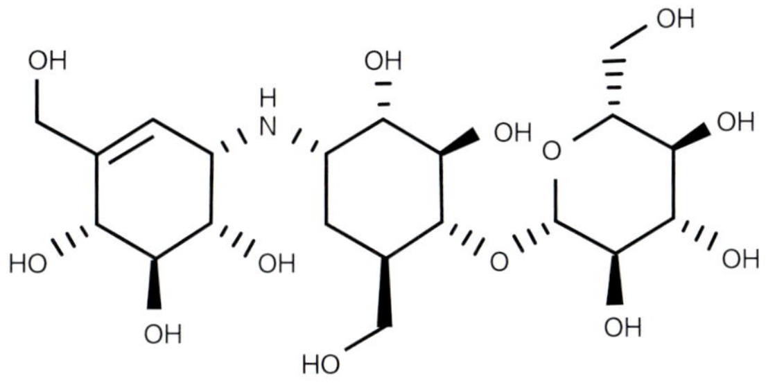

井冈霉素组分 A 化学结构式

纯品为白色无定形粉末，无一定熔点。易溶于水，可溶于甲醇、二氧六环、二甲基甲酰胺，微溶于乙醇，不溶于丙酮、苯、石油醚。吸潮性强，呈弱碱性，常温下在中性介质及弱酸、弱碱中稳定，在较强酸、强碱介质中易分解。

纯品大、小白鼠急性经口毒性 LD_{50}> 2000mg/kg，小白鼠腹腔内注射毒性 LD_{50}> 10 000mg/kg，小白鼠静脉注射毒性 LD_{50}> 13 000mg/kg。对鱼半数耐受极限（TLm）：鲤鱼 > 1000mg/kg，青鳉 4000mg/kg。井冈霉素对人、畜、鱼类、蚕等无毒，口服井冈霉素，由动物肠内细菌分解成葡萄糖和井冈羟胺，后者不为肠道吸收，由粪便排出。在水稻任何生长期施药都不出现药害，在稻米和土壤中均无残留。属低毒级农药。

井冈霉素具有较强的内吸性，有干扰病原菌生长的作用，易被菌体细胞吸收并在其内迅速传导，干扰和抑制菌体细胞生长和发育；它能使菌丝体顶端产生异常分枝，进而停止生长；井冈霉素可以抑制立枯丝核菌海藻糖酶活性，同时还能抑制真菌的纤维素降解酶、多聚半乳糖醛酸酶和肌醇生物合成的活性。

井冈霉素对水稻纹枯病有明显防效，它的成功开发，取代了对人畜与环境影响大的有机砷农药，成为了当今产量和使用面积最大的农用抗生素之一。井冈霉素问世至今，尚未发现病原菌抗性产生。此外，井冈霉素还可用于防治马铃薯、草莓、烟草、生姜、棉花、甜菜等作物的立枯丝核菌引起的病害，也可用于水稻稻曲病、玉米大小斑病以及多种农作物病害的防治。

参考文献

化学工业出版社组织编写，2000. 化工产品手册，农用化学品 [M]. 3 版 . 北京：化学工业出版社 .

化工产品手册编辑部，欧阳平凯，2008. 化工产品手册：生物化工产品 [M]. 5 版 . 北京：化学工业出版社 .

沈寅初，张一宾，2004. 生物农药 [M]. 北京：化学工业出版社 .

徐利剑，赵维，曹聪，等，2015. 井冈霉素的研究进展 [J]. 中国农学通报，31(22): 191-198.

张敏恒，2006. 新编农药商品手册 [M]. 北京：化学工业出版社 .

张穗，郭永霞，唐文华，等，2001. 井冈霉素 A 对水稻纹枯病菌的毒力和作用机理研究 [J]. 农药学学报，3(4): 31-37.

（撰稿：吴元华；审稿：王琦）

竞争　competition

两种或两种以上的微生物对同一生境中的有限营养资源和空间的争夺现象，在自然界普遍存在。早在 1921 年 Hartley 就发现，自然土和灭菌土中接种德巴利腐霉（*Pythium debaryanum*）后松苗猝倒病发病率可由 35.8% 提高到 100%，但如果在灭菌土中同时接种茎点霉、毛壳菌、根霉、木霉、曲霉和青霉等土壤真菌，则发病率显著降低。由此可见，土壤腐生微生物可以影响病原菌的活性和侵染能力。灭菌土壤中直接接种从土壤中以及植物根茎分离出的细菌、真菌和放线菌，对小麦全蚀病的控制作用明显高于接种菌株发酵滤液，表明土壤中拮抗微生物与病原菌的互作影响其生防效果。利用非致病性镰孢菌防治致病性镰孢菌引起的作物枯萎病的重要机理之一也在于利用前者在植物根际的竞争力。非致病性菌株在根部定殖，在植物根和幼嫩的根尖处形成一道天然的屏障，有效降低了根围病原菌的种群密度，减少了病原菌对植株的侵染。

生防微生物与有害微生物的竞争包括营养竞争和空间竞争，生防菌能否获得营养和占领侵染点是其发挥生防作用的关键。微生物间的营养竞争主要体现在对碳源、氮源和铁等营养的争夺。植物种围和根围中有大量的糖类、氨基酸、有机酸、无机盐和维生素等微生物生长所需的养分，生防菌通过快速消耗营养，使病原菌生存条件丧失从而受到抑制。在低铁条件下，微生物通过产生一种小分子活性物质嗜铁素（siderophore）夺取环境中的铁。绝大多数促生细菌可以产生嗜铁素，而病原真菌则大多没有，这些促生菌很快消耗掉土壤中微量的铁，抑制病原菌繁衍。空间竞争表现为对生态位点的争夺。生防菌通过大量占据植物易感部位，保护植物免受侵害，如在松树伤口处接种大隔孢伏革菌（*Peniophora gigantea*），通过其迅速蔓延可以防止层孔菌的危害。荧光假单胞杆菌等植物根际促生菌生长快、定殖能力强，能够快速占据作物体表，有效阻止有害病菌后续的定殖。竞争是推动物种繁衍和进化的重要动力，其与微生物分泌胞外酶和产生抗生素的能力有关。

参考文献

COOK R J, BAKER K F, 1983. The nature and practice of biological control of plant pathogen[M]. California: APS Press.

HARTLEY C, 1921. Damping-off in forest nurseries[J]. US: Dept Agric Bull, 934: 1-99.

HOWIE W J, COOK R J, WELLER D M, 1987. Effect of soil matric potential and cell motility on wheat root colonization by fluorescent pseudomonads suppressive to take-all[J]. Phytopathology, 77: 286-292.

LEMANCEAU P, ALABOUVETTE C, 1991. Biological control of Fusarium diseases by fluorescent *Pseudomonas* and nonpathogenic *Fusarium*[J]. Crop prot, 10: 279-286.

NEILANDS J B, 1981. Microbial iron compounds[J]. Annual review biochem, 50: 715-731.

（撰稿：孙漫红；审稿：李世东）

竞争假说 competition hypothesis

竞争的激烈程度与纬度呈现负相关，在高纬度地区，由于竞争程度较小导致在高纬度地区的动物身体体积较大。反映了动物个体大小对其适应环境的意义，个体大对在低温环境中保持恒定体温有利。

竞争假说源于贝格曼于 1847 年对动物体型地理变化的阐述，认为“在地理分布上，恒温动物的体型、恒温脊椎动物的一些物种的（同一种）的体型在寒冷气候环境中比在温暖环境中大”，此即贝格曼规律（Bergman's rule），又名贝格曼法则，即恒温动物在其分布区较冷的地区比在较暖的地区身体趋于变大、相对体表面积减少的现象。如，东北虎体型比华南虎大，北方雪兔比华南兔大。在亲缘关系相近的企鹅中，生活在纬度较高、气候较冷地区的个体也较大。然而，此规律也有例外，如华北的褐家鼠个体比长江以南的小。

贝格曼规律在提出之初是针对温血动物，经过若干年后，对动物体型变化趋势的原因学术界存在一定争议，但在哺乳动物和鸟类中贝格曼法则模式受到广泛支持。在对贝格曼规律的机理进行详细解释的过程中，由于研究角度不同，从而形成了不同的假说，包括能量守恒假说、蒸发降温假说、季节性Ⅰ和Ⅱ假说、迁移能力假说、竞争假说，然而每一种假说都有一定的适用范围，其中能量守恒假说、蒸发降温假说、季节性Ⅰ和Ⅱ假说、迁移能力假说、竞争假说适用于种间—种内的身体体积变化，而系统发生Ⅰ和Ⅱ假说应用于种间水平的身体体积变化。由于变温动物的体温随着环境温度的改变而变化，因而变温动物的这种变化趋势不能根据能量守恒作出解释。因此，对于变温动物的生物地理体型变化模式，可用氧气限制假说、生境丢失假说、冷适应代谢假说和生活史理论假说来解释。

此外，对于恒温和变温动物的生物地理体型变化模式，可用捕食风险假说、季节影响假说来解释，但对二者的效应不同。

参考文献

邓涛，薛祥煦，1997. 兽类在冰期的一种生存对策贝格曼法则新解 [J]. 兽类学报 (4): 20-26.

贺斌，刘宇飞翔，史海涛，等，2006. 四眼斑水龟低温胁迫条件下体重与形态特征的初步研究 [J]. 四川动物，25(2): 357-359.

张强，王德华，2007. 贝格曼 (Bergmann) 法则的历史演变和发展 [C]// 第四届全国野生动物生态与资源保护研讨会论文集：103-104.

（撰稿：陈斌；审稿：朱有勇）

静菌作用 fungistasis

在植物病害防治中使用杀菌剂，使病原菌生命活动的某一过程受抑制而不能正常代谢，当停止使用杀菌剂或加入生理活性物质后，病原菌生理活动又恢复正常的现象。可应用于食品防腐和保鲜。

在抑菌土中，无论是否存在有利于病害发生的病原、寄主植物和环境条件，病害的发病率或严重程度仍然保持很低。Dobbs 和 Hinson 于 1953 年首次提出土壤的静菌作用的概念，土壤的静菌作用是抑菌土可以产生抑制真菌作用的原理之一，定义为可以限制或抑制真菌生长和孢子萌发的一种土壤属性，抑菌强度取决于土壤的物理和化学性质以及土壤微生物活性。理论上，土壤微生物通过竞争养分、产生拮抗物质和占据有利生态位等来实现静菌作用，此外，土壤中的微生物群落组成也可以形成影响。通过改变农业管理措施以及耕作强度，可以改变土壤微生物的活性和生物量，进而影响土壤的静菌作用。作为一种生物防治手段，通过调节土壤中的微生物菌群的组成和丰度，达到促进植物生长和控制病害的目的。

已有研究表明，土壤中细菌产生的挥发性物质（volatile organic compounds，VOCs）对病原真菌也产生了极强的静菌作用。挥发性物质在土壤中细菌和真菌的竞争性相互作用中起到重要作用，此外，挥发性物质还可通过影响土壤微生物群落的定殖和组装，间接影响对病原真菌的抑制。

参考文献

DE BOER W, VERHEGGEN P, KLEIN GUNNEWIEK P J, et al, 2003. Microbial community composition affects soil fungistasis[J]. Applied and environmental microbiology, 69(2): 835-844.

DOBBS C G, HINSON W H, 1953. A widespread fungistasis in soils[J]. Nature, 172: 197-199.

LI X, GARBEVA P, LIU X, et al, 2020. Volatile-mediated antagonism of soil bacterial communities against fungi[J]. Environmental microbiology, 22(3): 1025-1035.

LONG X, HE N M, TAN L X, et al, 2021. Methylglyoxal has different impacts on the fungistatic roles of ammonia and benzaldehyde, and lactoylglutathione lyase is necessary for the *Resistance* of *Arthrobotrys oligospora* to soil fungistasis[J]. Frontiers in cellular and infection microbiology, 11: 640823.

NIU B, PAULSON J N, ZHENG X, et al, 2017. Simplified and representative bacterial community of maize roots[J]. Proceedings of the National Academy of Sciences of the United States of America, 114(12): E2450-E2459.

SIPILÄ T P, YRJÄLÄ K, ALAKUKKU L, et al, 2012. Cross-site soil microbial communities under tillage regimes: fungistasis and microbial biomarkers[J]. Applied and environmental microbiology, 78(23): 8191-8201.

（撰稿：丁海霞；审稿：王琦）

菌根菌 mycorrhiza

特定真菌与特定植物根系形成的相互作用的共生联合体。1885 年，菌根（fungus-root，即 mycorrhiza）由德国植物生理学家和森林学家 Frank 首次提出。因菌根在自然和人工系统中的重要作用，对菌根在个体、种群、群落以及生态系统水平上的研究不断深入。在植物的幼苗时期，真菌侵入幼苗的表皮层中，由植物供给真菌生长发育所必需的营养，而真菌繁衍出来的菌丝又为植物输送它从植物根系以外吸收的水分和养分，真菌发挥的是自己外延范围大的优势，植物则起到了调节和储存的作用，从而促进了双方的生长。植物与真菌共生关系的建立需要过程，也需要适宜的环境，单靠其通过自然的过程来完成这种关系的建立，成功的概率比较低，所以就要人为提供共生的条件，接种菌根菌就是有效途径之一。

根据宿主植物种类、真菌类型及共生体系的特点，可以将菌根分为 7 种类型，即外生菌根（ectomycorrhizas）、丛枝菌根（arbuscular mycorrhizas）、内外菌根（ectoendo-mycorrhizas）、浆果鹃类菌根（arbutoid mycorrhizas）、水晶兰类菌根（monotropoid mycorrhizas）、欧石南类菌根（ericoid mycorrhizas）和兰科菌根（orchid mycorrhizas）。菌根的存在能够提高植物的繁育能力，主要表现在以下两个方面：①菌根的存在能够提高宿主植物种子的产量和质量。对于一年生作物，与之形成的菌根多为丛枝菌根（AM），丛枝菌根的存在能够促进宿主植物对土壤矿质营养元素的吸收和利用从而能够显著提高一年生作物的种子产量。菌根影响宿主植物开花数量和开花时间，能够促进花粉管的生长，提高花粉的品质。②外生菌根能够提高宿主植物幼苗的存活率，促进生长，提高抗病抗逆性。

参考文献

刘润进，陈应龙，2007. 菌根学 [M]. 北京：科学出版社.

张贵启，2018. 菌根真菌对木本植物种群繁衍的影响及木本植物种群对菌根真菌的反馈作用 [J]. 农业科技通讯 (7): 240-244.

BRYLA D R, KOIDE R T, 1990. Regulation of reproduction in wild and cultivated *Lycopersicon esculentum* Mill. by vesicular arbuscular mycorrhizal infection[J]. Oecologia, 84: 74-81.

DIÉDHIOU A G. GUÈYE O, DIABATÉ M, et al, 2005. Contrasting responses to ectomycorrhizal inoculation in seedlings of six tropical African tree species[J]. Mycorrhiza, 16: 11-17.

HARRISON M J, 2005. Signaling in the arbuscular mycorrhizal symbiosis[J]. Annual review of microbiology, 59: 19-42.

KOIDE R T, DICKIE I A, 2002. Effects of mycorrhizal fungi on plant populations[J]. Plant and soil (1/2): 307-317.

SHUMWAY D L, KOIDE R T, 1995. Size and reproductive inequality in mycorrhizal and nonmycorrhi-zal populations of *Abutilon theophrasti*[J]. Journal of ecology (83): 613-620.

WALKER J F, MILLER JR. O K, HORTON J L, 2005. Hyper-diversity of ectomycorrhizal fungus assemblages on oak seedlings in mixed forests in the southern Appalachian Mountains[J]. Molecular ecology, 14: 829-838.

（撰稿：秦娜；审稿：王琦）

K

抗生素 antibiotics

微生物的代谢产物，可以抑制或杀死其他微生物。大多数微生物能产生和分泌一种或多种具有抗生素活性的化合物，许多微生物产生的抗生素对植物病原菌及其引起的病害具有特殊抑制作用（见表）。

广义上抗生素指由高等动物、植物或微生物产生的，或化学合成与半合成的，在低浓度下对其他微生物、昆虫、螨类、线虫、寄生虫、植物等的生长有抑制或杀灭作用的一类非酶类天然化合物。狭义上是微生物产生的、在低浓度下对其他微生物、昆虫、螨类、线虫、寄生虫、植物等的生长有抑制或杀灭作用的一类非酶类天然有机化合物。产生抗生素的菌种称为抗生菌，抗生菌种类很多，包括放线菌、真菌和细菌，其中放线菌是抗生素的主要产生菌，尤其是链霉菌。抗生素对微生物的抗菌机制包括干扰微生物细胞壁的合成（青霉素、多氧霉素等）；改变微生物细胞膜的通透性（多烯类抗生素、匹马霉素等）；抑制微生物体蛋白质和核酸的合成（灭瘟素 S、春雷霉素、中生菌素、利福霉素等）；影响微生物能量代谢系统（井冈霉素等）；作用于微生物细胞分裂（灰黄霉素、长川霉素、磷氮霉素、农抗 120 等）；提高植物抗病力，间接达到防病效果（农抗 120、中生菌素、宁南霉素、井冈霉素等）等。

抗生素根据其结构可以分为氨基糖苷类（氨基环醇类）、核苷类、多烯类、核苷肽类、大环内酯类、小环内酯类、苯并蒽醌类、多肽类、蛋白及酶类、杂环类等。常用分离方法包括溶媒萃取法、吸附法、离子交换法、沉淀法，精制抗生素的方法有色谱分离法、盐析法、分子筛法、中间盐转移法和晶体洗涤法等。

农业领域应用的抗生素指农用抗生素，它是随医用抗生素的发展而发展起来的，根据其应用范围可以分为杀菌剂、杀虫剂、杀螨剂、除草剂、植物生长调节剂等。农用抗生素的特点是化学结构复杂；活性高，用量少，选择性好；环境相容性好，易被生物或自然条件降解；毒性差别大；生产原料多为淀粉、糖类等可再生资源，来源广泛；采用发酵工程制备，设备通用性强。农用抗生素最初始于日本、美国和英国的一些植病工作者利用医用链霉素、土霉素及二者混合液“农霉素”，防治一些果树和蔬菜的细菌性病害，起到一定效果，因而引起广泛关注。20 世纪 40 年代，英国、美国、苏联和日本等先后研制出毛菌素、抗霉素和灰黄霉素等农用抗生素，并在农作物病害防治中起到一定作用。20 世纪 50 年代后期，日本因汞制剂停止生产使用，加强对农用抗生素的研究力度，1958 年 Takeuchi 等从灰色产色链霉菌（*Streptomyces griseochromogenes*）中成功分离灭瘟素（blasticidin S），1959 年 Misato 等发现其对稻瘟病具有较强的抑制作用。随后，日本又分离得到春雷霉素（kasugamycin）、有效霉素（validmycin）、多氧霉素（polyoxin）、美多霉素（mildiomycin）等。中国自 20 世纪 50 年代开始农用抗生素的研究，分离出了放线菌酮（actidione）、井冈霉素（jinggangmycin）、农抗 120（agricultural antibiotic 120）、中生菌素（zhongshengmycin）、武夷菌素（wuyiencin）、内疗素（neiliaosu）、多效霉素（povamycin）、公主岭霉素（gongzhulingmycin）等（见表）。从 20 世纪 40 年代开始，抗生素的发现和分离数量持续增长，70 年代之后大量增加。许多抗生素被制备成生物农药，用于植物病害的生物防治。

参考文献

郭卫寰，2007. 抗真菌农用抗生素分离及发酵工艺优化的初步研究 [D]. 天津：天津大学.

侯慧，徐汉虹，林壁润，等，2003. 防治植物病害的农用抗生素的研究及应用 [J]. 河南农业科学 (11): 28-31.

任顺祥，陈学新，2011. 生物防治 [M]. 北京：中国农业出版社.

宋永燕，2005. 抗真菌农用抗生素的分离及应用研究 [D]. 成都：四川农业大学.

王镜岩，朱圣庚，徐长法，2002. 生物化学 [M]. 3 版. 北京：高等教育出版社.

吴云锋，2008. 植物病虫害生物防治学 [M]. 北京：中国农业出版社.

叶亚军，2006. 水稻稻瘟病菌农用抗生素 A11 的研究 [D]. 成都：四川农业大学.

张宁波，2006. 农用抗生素研究进展 [J]. 湖北农业科学，45(6): 830-833.

BÉRDY J, 2005. Bioactive microbial metabolites[J]. The Journal of antibiotics, 58(1): 1-26.

PAL K K, GARDENER B M S, 2006. Biological control of plant pathogens[J]. The plant health instructor, 2: 1-25.

（撰稿：李亚宁；审稿：王琦）

常见的农用抗生素

名称	类别	发现	产生菌	防病种类	作用机制	使用方式
链霉素（农用硫酸链霉素）	氨基环醇类	1944 年美国	灰色链霉菌（*Streptomyces griseus*）	果树和蔬菜的细菌性病害	杀菌谱广，具有内吸作用，抑制微生物蛋白质合成	喷雾、灌根、浸种等
灭瘟素 -S	核苷类	1958 年日本	灰色产色链霉菌（*Streptomyces griseochromogenes*）	稻瘟病	具有保护、治疗和内吸作用，抑制微生物蛋白质合成；使用浓度超过 40mg/L 时，易发生药害	喷雾等
春雷霉素（春日霉素）	氨基糖苷类	1963 年日本	春日链霉（*Streptomyces kasugaensis*）、小金色链霉菌（*Streptomyces microaurous*）（中国，1964）	稻瘟病菌、西瓜细菌性角斑病、桃树流胶病、疮痂病、穿孔病等病害	具有预防和治疗作用，内吸性强，抑制微生物蛋白合成	喷雾、喷粉等
多抗霉素（多氧霉素）	肽嘧啶核苷酸类	1963 年日本	可可链霉菌阿苏变种（*Streptomyces cacaoi* var. *asoensis*）（日本） 金色产色链霉菌（*Streptomyces aureochromogenes*）（中国）	小麦白粉病、烟草赤星病、黄瓜霜霉病、瓜类枯萎病、人参黑斑病、甜菜褐斑病、水稻纹枯病、苹果斑点落叶病、轮纹病、梨黑斑病、草莓与葡萄灰霉病等	杀菌谱广，干扰微生物细胞壁的合成，具有内吸传导作用。还可以刺激植物生长	土壤消毒、喷雾、灌根等
井冈霉素	氨基糖苷类	1972 年中国	吸水链霉菌井冈变种（*Streptomyces hygroscopicus* var. *jinggangensis*）	水稻、小麦、玉米纹枯病和蔬菜、草莓、生姜、棉花、甜菜等立枯丝核菌引起的病害	较强内吸性，抑制微生物细胞生长和发育	喷雾、泼浇、拌种、土壤处理等
公主岭霉素	多组分抗菌素	1971 年中国	不吸水链霉菌公主岭新变种（*Streptomyces ahygroscopicus* var. *gongzhulingensis* n. var.）	禾谷类作物的黑穗病、谷子白发病、苹果灰斑病、梨赤星病、大豆紫斑病、棉花炭疽病、玉米圆斑病、水稻恶苗病、蔬菜立枯病等病害	抑制或杀死真菌厚垣孢子	浸种等
有效霉素	氨基糖苷类	1966 年日本	吸水链霉菌柠檬变种（*Streptomyces hygroscopicus* var. *limoneus*）	主要防治细菌性病害，如水稻白叶枯病、细菌性条斑病、柑橘溃疡病等	具有保护和治疗作用，强内吸性，干扰菌体细胞正常生长	喷雾、浇灌、拌种等
武夷菌素	核苷类	1979 年中国	不吸水链霉菌素武夷变种（*Streptomyces ahydroscopicus* var. *wuyiensis* n. var.）	白粉病、叶霉病、流胶病、黑星病、病毒病、疮痂病、苹果树腐烂病等	抑制病原菌蛋白质的合成，并抑制病原菌体菌丝生长、孢子形成、萌发和影响菌体细胞膜渗透性。内吸性强、光谱、高效、低毒	喷雾、浸种、土壤消毒、灌根、涂等

（续）

名称	类别	发现	产生菌	防病种类	作用机制	使用方式
农抗 120	嘧啶核苷类	1957 年 中国	吸水刺孢链霉菌北京变种（*Streptomyces hygroscopicus* var. *beijingensis*）	瓜类、烟草、苹果、葡萄、小麦、水稻、玉米等作物白粉病、炭疽病、枯萎病、纹枯病、腐烂病、小麦锈病等	抗菌谱广，强内吸性，兼具保护和治疗作用，可直接阻碍病原菌蛋白质合成	喷雾、灌根、浸种、涂抹等
放线菌酮	放线菌酮类	1946 年	灰色链霉菌（*Streptomyces griseus*）	甘薯黑斑病、茶叶云枯病、橡胶条溃疡病、橡胶割面霉腐病、胡椒根腐病、柑橘根茎病等	对细菌无显著抑制作用，对酵母菌、霉菌有抑制作用。抑制微生物蛋白质合成	涂抹、喷雾、灌根等
内疗素	多组分抗菌素	1963 年 中国	刺孢吸水链霉菌（*Streptomyces hygroscopicus*）	橡胶树白粉病和割面条溃疡病、谷子黑穗病、地瓜黑斑病、苹果树腐烂病、樟子松树孢锈病等	内吸性强，抑制病原真菌生长	浸种、拌种、涂抹、喷雾等
中生菌素	*N*- 糖苷类	1996 年 中国	淡紫灰链霉菌海南变种（*Streptomyces lavendulae* var. *hainanensis*）	白菜软腐病、黄瓜角斑病、水稻白叶枯病、苹果轮纹病、小麦赤霉病、葡萄炭疽病、黑痘病、西瓜枯萎病等	杀菌谱广，具有触杀、渗透作用，抑制细菌菌体蛋白质的合成，导致真菌丝状菌丝变形，抑制孢子萌发并能直接杀死孢子	灌根、喷雾等
米多霉素	肽核苷类	1978 年 日本	龟裂链轮丝菌（*Streptomyces rimofaciens*）	白粉病	具有强烈的抑制植物白粉病的活性	喷雾等
庆丰霉素	胞嘧啶核苷类	1970 年 中国	庆丰链霉菌 *Streptomyces qingfengmyceticus* n. sp.	稻瘟病、梨黑斑病	抑制革兰氏阳性和阴性细菌以及部分酵母和丝状真菌	喷雾等
宁南霉素	胞嘧啶核苷类	1997 年 中国	诺尔斯链霉菌西昌变种（*Streptomyces noursei* var. *xichangensis* n.var）	烟草花叶病毒病、番茄病毒病、辣椒病毒病、水稻立枯病、大豆根腐病、水稻条纹叶枯病、苹果斑点落叶病、黄瓜白粉病、油菜菌核病、荔枝霜疫霉病等	抗菌谱广，兼具预防和治疗作用。可延长病毒潜育期、破坏病毒粒体结构，降低病毒粒体浓度，提高植物免疫力，抑制真菌菌丝生长等	喷雾、拌种等
嘧肽霉素	胞嘧啶核苷类	中国	不吸水链霉菌辽宁变种（*Streptomyces ahygruscopicus* var. *liaoningensis*）	蔬菜、烟草、水稻、瓜果、马铃薯、花卉、果树等病毒病	有效抑制病毒外壳蛋白合成	喷雾等
灰黄霉素	非多烯类	1939 年 Oxford	灰黄青霉菌（*Penicillium griseofulvum*）	甜瓜枯萎病、豇豆枯萎病、稻瘟病等	干扰真菌核酸的合成而抑制其生长，抑制真菌有丝分裂	涂抹、喷雾等
万隆霉素	环缩肽类	2004 年 中国	灰色链霉菌万隆亚种（*Streptomyces griseovariabilis* subsp. *bandungensis* subsp. nov）	防治细菌和卵菌病害，水稻白叶枯病、细菌性软腐病、黄瓜疫病等	影响菌体能量代谢系统	喷雾、灌根等

抗生作用 antibiosis

生活在一起的两种微生物，其中一种微生物所产生的物质对另一种微生物具有毒害作用。抗生是拮抗机制的一种，它的具体作用机制是微生物在代谢活动中通过分泌抗菌物质直接抑制病原物生长。在生防菌中研究较多的为芽孢杆菌，其产生的抗菌物质主要包括抗生素、细胞壁降解酶类及其他抗菌物质。

产生抗生素是芽孢杆菌抗菌作用的一个重要因素。芽孢杆菌的抗生素有核糖体合成和非核糖体合成两类。核糖体合成的抗生素主要是低分子量抗菌多肽——细菌素，非核糖体合成的抗生素包括脂肽抗生素（lipopeptin）、多肽抗生素和次生代谢产生的其他抗菌活性物质，如挥发性抗菌物质和脂肪氨基酸氮氧衍生物等。细菌合成的一类对其他微生物具有抗生作用的低分子量多肽称为细菌素。因细菌素具有分子量低、水溶性好、热稳定、强碱性和广谱抗菌等特点，成为研究热点。芽孢杆菌能产生多种细菌素，如枯草芽孢杆菌产生的 Subtilin 和 Subtilosin 及巨大芽孢杆菌产生的 Megacins，对 G^+ 细菌具有很强的活性，枯草芽孢杆菌产生的 Botrycidin AJ1316、Alirin B-1 和 6.9 小肽及 *Bacillus licheniformis* M-4 产生的 M-4 Amoebicidal 同时具有抗细菌和真菌作用。芽孢杆菌属细菌能够产生的 100 多种抗菌物质中大多数为脂肽或多肽类抗生素，这些肽类抗生素相对分子质量的范围介于 200～3000 之间（平均相对分子质量为 1000，一般不超过 30 个氨基酸）。芽孢杆菌产生的脂肽类抗生素主要有表面活性素（surfactin）、伊枯草素（iturin）和丰原素（fengycin）三大类。它们对蛋白酶具有耐受性；多数热稳定、带正电荷；主要在细胞膜上起作用，损伤细胞质膜，造成细胞内物质的泄露，从而起到杀菌作用。

生防芽孢杆菌抗生作用的另一种机制是产生细胞壁降解酶，如几丁质酶、葡聚糖酶和蛋白酶等降解病原真菌细胞壁，防止植物病害的发生。Kobayashi 等证明 *Stenotrophomonas maltophilia* 的生防机制涉及胞外蛋白酶和几丁质酶的分泌。

芽孢杆菌还产生其他抗菌蛋白，如 TasA（transitionphase sporeassociated antibacterial protein）抗菌蛋白是从枯草芽孢杆菌 PY79 菌株分离的孢子成分，对 G^- 和 G^+ 细菌具有广谱抗菌活性。许多微生物还能够产生挥发性抗菌物质（antimicrobial voatiles）和酚类物质，如 *Bacillus subtilis* B9987 产生的拮抗物质。

生防芽孢杆菌往往同时产生多种对特定病原菌具有很高活性的杀菌物质。无细胞培养物或抗生素粗提物平板抑菌试验和田间防病试验能直接反映抗生素对芽孢杆菌生防作用的贡献。生防芽孢杆菌发酵液、无细胞培养液、抗生素和产抗生素缺失突变株的综合防病试验已经系统证明抗生素是芽孢杆菌抗菌防病作用的重要机制。

抗生作用的抑菌结果主要造成病原菌的细胞壁破裂、病原菌产生畸形、细胞内含物外溢、原生质凝聚、菌丝扭曲、生长点膨大等，且对病原菌的孢子萌发有抑制作用。很多生防菌利用抗生机制直接杀死病原菌，因此，抗生也成为评价生防菌防效的一个重要指标。

参考文献

陈中义，张杰，黄大昉，2003. 植物病害生防芽孢杆菌抗菌机制与遗传改良研究 [J]. 植物病理学报，33(2): 97-103.

崔云龙，刘训理，1993. 枯草杆菌 B-921 菌株对数种植物病原真菌的抗生作用 [J]. 生物防治通报，9(1): 29-32.

高学文，姚仕义，PHAM H，等，2003. 基因工程菌枯草芽孢杆菌 GEB3 产生的脂肽类抗生素及其生物活性研究 [J]. 中国农业科学，36(12): 1496-1501.

李越中，2004. 药物微生物技术 [M]. 北京：化学工业出版社 .

田黎，顾振芳，陈杰，等，2003. 海洋细菌 B-9987 菌株产生的抑菌物质及对几种植物病原真菌的作用 [J]. 植物病理学报，33(1): 77-80.

邢介帅，2008. 生防芽孢杆菌胞外蛋白酶的纯化及其拮抗作用 [D]. 青岛：山东师范大学 .

张德，2001. 井冈霉素 A 诱导水稻防御纹枯病反应机理研究 [D]. 北京：中国农业大学 .

赵白鸽，孔建，王文夕，等，1993. 枯草芽孢杆菌的抑菌作用及其防治棉苗病害的研究 [J]. 植物保护，19(3): 17-18.

ABEE T, KROCKEL L, HILL C, 1995. Bacteriocins: Modes of action and potentials in food preservation and control of food poisoning[J]. International journal of food microbiology, 28(2): 169-185.

AJIT N S, VERMA R, SHANMUGAM V, 2006. Extracellular chitinases of fluorescent pseudomonads antifungal to *Fusarium oxysporum* f. sp. *dianthi* causing carnation wilt[J]. Current microbiology, 52(4): 310-316.

FRAVEL D R, 1988. Role of antibiosis in the biocontrol of plant diseases [J]. Annual review of phyophathology, 75-91.

KOBAYASHI D Y, REEDY R M, BICK J, et al, 2002. Characterization of a chitinase gene from *Stenotrophomonas maltophilia* strain 34S1 and its involvement in biological control[J]. Applied and environmental microbiology, 68(3): 1047-1054.

KRAMER K J, MUTHUKRISHNAN S, 1997. Insect chitinases: Molecular biology and potential use as biopesticides[J]. Insect biochemistry and molecular biology, 27(11): 887-900.

LORITO M, HARMAN G E, HAYES C K, et al, 1993. Chitinolytic enzymes produced by *Trichoderma harzianum*: antifungal activity of purified endo chitinase and chitobiosidase[J]. Phytopathology, 83(3): 302-307.

MACHADO A P, VIVI V K, TAVARES J R, et al, 2010. Antibiosis and dark-pigments secretion by the phytopathogenic and environmental fungal species after interaction in vitro with a *Bacillus subtilis* isolate[J]. Brazilian archives of biology and technology, 53(5): 997-1004.

MOORELAN E, STOTZKY G, 1972. Inhibition of fungal growth and sporulation by volatile metabolites from bacteria[J]. Canadian journal of microbiology, 18(7): 957.

NAKANO M M, ZUBER P, 1990. Molecular biology of antibiotic production in *Bacillus*[J]. Critical reviews in biotechnology, 10(3): 223-240.

STOVER A G, DRIKS A, 1991. Regulation of synthesis of the

Bacillus subtilis transition-phase, spore-associated antibacterial protein TasA[J]. Journal of bacteriology, 181(17): 5476-5481.

VON DER WEID I, ALVIANO D S, SANTOS A L S, et al, 2003. Antimicrobial activity of *Paenibacillus peoriae* strain NRRL BD-62 against a broad spectrum of phytopathogenic bacteria and fungi[J]. Journal of applied microbiology, 95(5): 1143-1151.

ZHENG G, SLAVIK M F, 1999. Isolation, partial purification and characterization of a bacteriocin produced by a newly isolated *Bacillus subtilis* strain[J]. Letters in applied microbiology, 28(5): 363-367.

（撰稿：李燕；审稿：王琦）

颗粒体病毒 granulovirus

杆状病毒科 β 杆状病毒属。只在鳞翅目昆虫中发现。颗粒体一般呈卵圆形或椭圆形，由颗粒体结晶蛋白质和外膜蛋白构成，易溶于碱性溶液，大小一般为长 300～500nm，宽 120～350nm。每个颗粒体内通常只包涵 1 个杆状病毒粒子，极少包涵有 2 个并排的病毒粒子，病毒粒子大小为 200～400nm×30～80nm。颗粒体病毒 DNA 为双链双螺旋结构。颗粒体病毒对宿主的侵染过程与核型多角体病毒类似。宿主感染该病毒后的病症变化与病毒毒株和病毒侵染的靶组织密切相关，以脂肪体或中肠细胞为靶组织的颗粒体病毒，宿主死亡后虫体呈黑色，虫体完整不破裂，皮肤坚韧，不宜触破；以多种组织为靶标的颗粒体病毒，幼虫死亡后皮肤脆弱易破，常流出浓汁，内含大量的颗粒体病毒。包埋于颗粒体内的病毒粒子，对外界环境有较强的抵抗力，室温条件下活性可保存数年之久，但强光照射和高温条件易使颗粒体病毒毒力降低，甚至完全失活。

参考文献

林乃铨，2010. 害虫生物防治 [M]. 4 版 . 北京：科学出版社 .

吕鸿声，1982. 昆虫病毒与昆虫病毒病 [M]. 北京：科学出版社 .

蒲蛰龙，1994. 昆虫病理学 [M]. 广州：广东科技出版社 .

谢天恩，胡志红，2002. 普通病毒学 [M]. 北京：科学出版社 .

（撰稿：曲良建；审稿：张永安）

空间循环扰乱效应 space interruption effect

特定的作物多样性配置种植扰乱了害虫对靶标作物的产卵选择、取食选择及运动行为，表现出寄主转移及空间分布格局的变化，使害虫在靶标作物上的产卵量和虫口密度较低，从而降低了害虫对目标作物的危害程度。

在作物多样性种植系统中，当间作作物或杂草都是某些害虫的合适寄主或替代寄主时，害虫除危害主要作物外，还会转移危害次要作物或杂草，从而降低害虫对主要作物的危害程度。如芝麻与棉花间作后，棉铃虫就会从棉花上转移到芝麻上，而当转移到芝麻上后，棉铃虫更易被天敌寄生而表现出较高的寄生率。野生芥菜挥发出较高浓度的硫苷葡萄糖苷对芫菁黄条跳甲有极强的引诱作用，当野生芥菜—花菜间作或混种后，芫菁黄条跳甲就会集中在野生芥菜上取食，降低了花菜上芫菁黄条跳甲的密度。

此外，农田周边环境中的植被对特定害虫具有引诱或驱避的作用，从而影响昆虫的运动行为、分布以及对作物的危害程度，还会影响主要害虫在多样性种植田的运动，或提高了其迁出田间的概率。豇豆与高粱间作后，高粱阻碍了豆象甲在植株间的扩散，从而使豇豆上豆象甲的密度较低。又如小米与高粱套作后，高粱阻碍了空气的流动，使玉米蛀茎蛾将卵产在小米的叶鞘上而不产在高粱上，同时高粱还可以阻碍许多随风扩散害虫对小米的危害。又如，玉米单作田中叶蝉沿着植株行运动的速率比玉米与大豆间作时快 1 倍，但穿越植株行的速率却急剧下降。由于行间大豆的有效阻隔，叶蝉在行间飞行时更快，表明在间作状态下叶蝉的消失速率更快。

作物多样性种植能影响害虫在田间的空间分布格局，如玉米—马铃薯间作种植可降低小绿叶蝉田间种群密度，从而改变害虫种群聚集强度和空间分布格局，单作和间作田内马铃薯小绿叶蝉以聚集分布为主，但单作田聚集强度高于间作田；小绿叶蝉种群空间分布为依赖于密度的聚集分布，且不同种群密度下小绿叶蝉的聚集原因有所差异。农田周边环境对害虫的分布格局具有一定的影响，如防风林由于能影响风力和微气候，从而影响了昆虫的运动和分布，一些无翅及小型的昆虫由于受气流影响更喜欢待在风小的地方，有翅类昆虫虽能自由移动，但也是倾向于聚集在风速减弱的区域，以便能更好地自主飞翔。

稻田养鸭对二化螟的控制主要是通过食物链及生态位竞争、驱赶和捕杀二化螟等实现的。二化螟在稻田的活动场所主要是稻苗基部，而稻田鸭子的活动正好在这一生态位，稻田中养鸭后，二化螟由于原有的生态位被挤占而被迫迁飞，使其发生始盛期推迟、产卵量减少，进而使后几代二化螟的发生率降低，减少了二化螟对水稻的危害。

参考文献

贾存立，李淑华，李秀云，等，2001. 麦套棉田害虫种群动态及其综合防治技术 [J]. 植保技术与推广，21(12): 16-18.

李明清，汤蔓筠，刘付森，1995. 麦套棉田害虫天敌的生态效应及保护措施 [J]. 中国棉花，25(9): 31-32.

李巧丝，郭小奇，王克荣，1996. 小麦棉花套种对棉铃虫发生的影响及治理对策 [J]. 河南农业科学 (3): 20-21.

李正跃，朱有勇，2009. 生物多样性与害虫综合治理 [M]. 北京：科学出版社 .

田坤发，刘卫民，2000. 小麦田害虫自然控制讨论 [J]. 湖北植保 (1): 17-18.

王厚振，陈宏，王恩义，1995. 小麦棉花套种有利于控制棉铃虫发生 [J]. 昆虫知识，32(3): 137-138.

王厚振，孙玲，王恩义，1989. 麦套棉田病虫发生特点及综合防治措施 [J]. 农业科技通讯 (4): 25-26.

王厚振，赵洪亮，苏加岱，等，1993. 小麦棉花套种对棉花害虫的生态效应 [J]. 植物保护学报，20(2): 163-167.

张立敏，王浩元，常怀艳，等，2016. 玉米马铃薯间作对小绿叶蝉种群时空动态格局的影响 [J]. 云南农业大学学报 (自然科学版),

31(6): 990-998.

赵洪义，赵新建，李爱民，1996. 麦套棉田病虫发生特点及综防措施 [J]. 中国棉花，23(10): 34-35.

赵建周，杨奇华，谢以铨，1987. 麦棉套种对棉花虫害的影响 [J]. 中国棉花，14(2): 41-43.

ALTIERI M A, NICHOLLS C I, 2002.Biodiversity and pest management in agro-ecosystems[M]. 2nd ed. Oxford: Food Products Press.

ALTIERI M A, SCHMIDT L L, 1986. Crover crops affect insect and spider populations in apple orchards[J]. California agriculure, 40(1/2): 15-17.

（撰稿：陈斌；审稿：陈国华）

枯草芽孢杆菌 *Bacillus subtilis*

芽孢杆菌属（*Bacillus*）细菌，菌落表面粗糙不透明，污白色或微黄色，在液体培养基中生长时，常形成皱醭。广泛分布在土壤及腐败的有机物中，易在枯草浸汁中繁殖，因此命名为枯草芽孢杆菌。枯草芽孢杆菌与萎缩芽孢杆菌（*Bacillus atrophaeus*）、解淀粉芽孢杆菌（*Bacillus amyloliquefaciens*）、摩加夫芽孢杆菌（*Bacillus mojavensis*）、地衣芽孢杆菌（*Bacillus licheniformis*）、短小芽孢杆菌（*Bacillus pumilus*）组成近缘种。这些近缘种具有极为相似的生理生化特征和高度的16S rDNA序列相似性，因此，通过生理生化鉴定和16S rDNA序列比对难以准确进行分类鉴定。国内外多采用 *gyrB*、*phoR*、*gyrA*、*rpoB*、*purH* 等看家基因序列进行分类鉴定。

广泛存在于土壤、植物、反刍动物和人类胃肠道中的兼性好氧、革兰氏阳性细菌。该菌菌体呈杆状，长度4～10μm，直径0.25～1μm，稳定期菌体体积为4.6fl，最适生长温度为25～35°C。由于能够形成具有抗道能力的内源孢子（endospore），因此，该菌可以存活在不同的生态环境下。枯草芽孢杆菌可以进行遗传操作，已经被作为阳性细菌的模式菌株来研究细菌的染色体复制和芽孢形成等分子机制。另外，由于枯草芽孢杆菌可以分泌多种酶、氨基酸、抗生素等次级代谢产物，因此，被广泛应用于工业、农业和生物技术行业。

基因组结构 枯草芽孢杆菌基因组DNA长度约4.2Mb，含有4000多个基因，在这些基因中，有192个基因是菌体生存不可缺少的。另有79个基因在菌体芽孢形成、染色体复制、新陈代谢中具有重要的功能。枯草芽孢杆菌能够将大量的抗生素分泌到细胞表面，有5个信号肽酶基因已经报道参与分泌功能。枯草芽孢杆菌的基因组DNA中，由大约5%的基因组与抗生素的合成有关。

细胞结构和新陈代谢 枯草芽孢杆菌细胞外有坚硬的细胞壁，细胞壁由糖类和氨基酸聚合而成的肽聚糖组成。肽聚糖嵌合在胞壁质中，此外胞壁质中还有磷壁酸、脂磷壁酸和蛋白质。细胞壁的形成可以维持细胞的形状以及承受细胞内部的高膨压。枯草芽孢杆菌可利用丁二醇发酵，不能水解磷脂和酪蛋白，但可以水解三磷酸甘油酯并产生柠檬酸透性酶和细胞色素C。

枯草芽孢杆菌是研究细菌芽孢形成的模式菌株。芽孢形

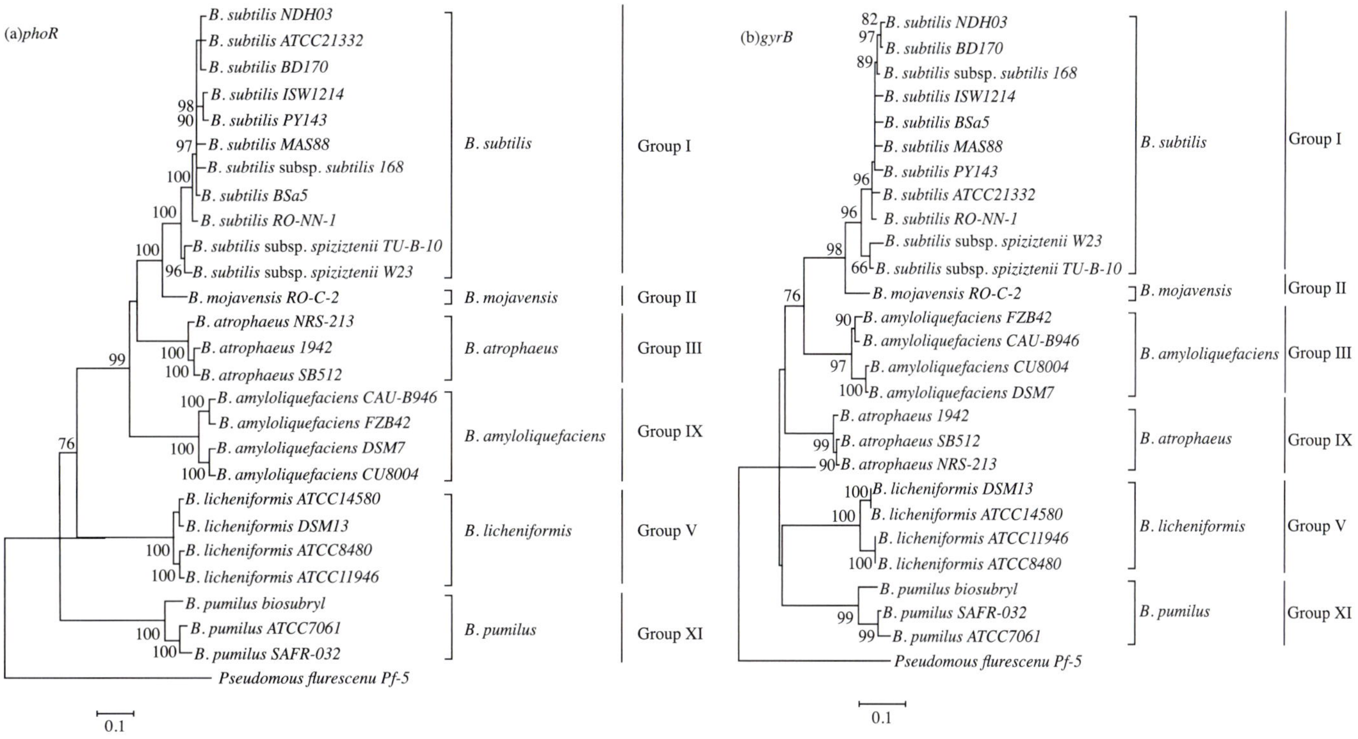

图1 基于 *gyrB* 基因和 *phoR* 基因序列的枯草芽孢杆菌类细菌的分类

成在菌体突起的顶端并沿着表面的薄膜向下延伸。许多菌株产生的芽孢带有棕色色素。芽孢往往在碳、氮或磷源不足时开始形成，但必须在这些营养物质耗尽之前形成。否则，由于营养物质太少不能满足芽孢形成所需的能量而不能形成芽孢。芽孢的形成有利于菌体抵御不良的外界环境。

生物技术应用 作为模式细菌，研究芽孢杆菌类细菌特有性状的分子机制，尤其是芽孢形成机制。

由于芽孢杆菌可以分泌多种具有工业价值的酶，例如淀粉酶、蛋白酶等，并且利于发酵生产，因此，枯草芽孢杆菌被广泛应用于工业生产。

枯草芽孢杆菌在代谢过程中可以分泌多种抑菌物质，例如脂肽类抗生素 surfactin、fengycin、iturins 等，这些物质对多种植物病原真菌具有较强的抑菌活性。另外，枯草芽孢杆菌还具有诱导抗性和促生效果，因此，枯草芽孢杆菌作为开发生物农药的重要资源被广泛应用于农业生产中。

参考文献

GUO Q, LI S, LU X, et al, 2012. phoR sequences as a phylogenetic marker to differentiate the species in the *Bacillus subtilis* group[J]. Canadian journal of microbiology, 58: 1295-1305.

HUYNH A H, KHANEJA R, TAM N M et al, 2009. *Bacillus subtilis* isolated from the human gastrointestinal tract[J]. Research in microbiology, 160(2): 134-143.

KUNST F, OGASAWARA N, MOSZER I, et al, 1997. The complete genome sequence of the Gram-positive bacterium *Bacillus subtilis*[J]. Nature, 390: 249-256.

ONGENA M, JACQUES P, 2008. Bacillus lipopeptides: versatile weapons for plant disease biocontrol[J]. Trends in microbiology, 16: 115-125.

PEREZ A R, ABANES-DE M A, POGLIANO K, 2000. SpoIIB localizes to active sites of septal biogenesis and spatially regulates septal thinning during engulfment in *Bacillus subtilis*[J]. Journal of bacteriology, 182(4): 1096-1108.

SETLOW P, 2006. Spores of Bacillus subtilis: their resistance to and killing by radiation, heat, and chemicals[J]. Journal of applied microbiology, 101(3): 514-525.

（撰稿：郭庆港；审稿：马平）

K

昆虫病毒包涵体 insect virus inclusion body

昆虫病毒多数能形成一种特殊的由蛋白质呈晶体状排列的结构，将病毒粒子包裹在里面起到保护作用，把这种结构称作病毒包涵体。包涵体有多种形态，一种包涵体是由核型多角体病毒入侵宿主细胞后，在细胞核内形成的包涵体称核型多角体；一种由质型多角体病毒入侵宿主细胞后，在细胞质内形成的包涵体称质型多角体；多角体里面通常包涵着很多病毒粒子。另一种包涵体是由颗粒体病毒入侵宿主细胞后，在细胞内形成的椭圆形或梭形颗粒状包涵体称颗粒体，颗粒体里面通常只含有 1 个或 2 个病毒粒子。还有一种包涵体是由痘病毒感染昆虫细胞后形成的球形和纺锤形两种类型包涵体，其中球形包涵体内包埋着很多病毒粒子，而纺锤形包涵体却不含病毒粒子。多角体状或颗粒体状的包涵体虽然形态不同，但其基质都是按晶体排列的蛋白质组成，对多种蛋白酶稳定，易在碱性溶液中溶解并释放病毒粒子。

参考文献

林乃铨，2010. 害虫生物防治 [M]. 4 版 . 北京：科学出版社 .

吕鸿声，1982. 昆虫病毒与昆虫病毒病 [M]. 北京：科学出版社 .

蒲蛰龙，1994. 昆虫病理学 [M]. 广州：广东科技出版社 .

谢天恩，胡志红，2002. 普通病毒学 [M]. 北京：科学出版社 .

BLACK J G, BLACK L J, 2005. Microbiology: principles and explorations[M]. 9th Ed. Hoboken: John Wiley & Sons.

KING A M Q, ADAMS M J, LEFKOWITZ E J, et al, 2012. Virus taxonomy: classification and nomenclature of viruses. Ninth report of the International Committee on Taxonomy of Viruses[M]. Amsterdam: Elsevier Academic Press.

（撰稿：曲良建；审稿：张永安）

昆虫病毒杀虫剂 viral insecticides

一种用于防治害虫的生物制剂。昆虫病毒经口侵入虫体后，通过在敏感细胞内大量复制子代病毒，扰乱和破坏昆虫细胞正常代谢功能，使昆虫致病，直至死亡；利用昆虫病毒这一特性，结合适当的生产工艺，研制成的杀虫剂。昆虫病毒杀虫剂的剂型包括悬浮剂、水分散粒剂、可湿性粉剂等。利用细胞培养方法和活的宿主昆虫是现在大规模生产昆虫病毒杀虫剂的两种途径。昆虫病毒杀虫剂在应用前需要做标准化的质量测定，制剂中病毒或病毒包涵体的数量，制剂的杀虫活性即病毒制剂的毒力和安全性评价。已有包括中国在内的 20 多个国家注册登记 30 多种昆虫病毒杀虫剂，其中中国以“昆虫病毒”为有效成分登记的昆虫病毒有 21 种。由于昆虫病毒易受高温和太阳辐射的影响，因此应避免在夏季高温、晴朗的天气下施用昆虫病毒杀虫剂。

参考文献

伯吉斯，1977. 昆虫和螨类的微生物防治 [M]. 北京：科学出版社 .

洪华珠，杨红，1997. 杀虫微生物学纲要 [M]. 武汉：华中师范大学出版社 .

胡勇虎，2014. 中国昆虫病毒杀虫剂产业的 SWOT 分析及发展对策研究 [D]. 福州：福建农林大学 .

张启媛，王护民，姚永祥，等，2002. 昆虫病毒杀虫剂的安全性实验研究 [J]. 中国公共卫生，18(2): 149-150.

（撰稿：李恩杰；审稿：曲良建）

昆虫病理学 insect pathology

研究昆虫与病原生物间关系的一门学科，主要任务是研究昆虫疾病的各种病原生物，昆虫疾病的流行和免疫，病原物使宿主昆虫致病的机制及昆虫因疾病所引起的构造和机能的变化等。其目的是在益虫利用方面起指导和治疗虫病作用；在害虫防治方面，为抑制和消灭害虫提供理论依据。

（撰稿：李恩杰、曲良建；审稿：张永安）

昆虫病原病毒　entomopathogenic viruses

以昆虫为宿主并对昆虫有病原性的一类病毒。是生物防治的重要资源之一。病毒的分类和命名主要由国际病毒分类委员会负责。昆虫病毒分属于15个病毒科，其中含有双链DNA的病毒科5个：杆状病毒科（Bacluviridae）、多分DNA病毒科（Polydnaviridae）、痘病毒科（Poxviridae）、泡囊病毒科（Ascoviridae）和虹彩病毒科（Iridoviridae）；含有单链DNA的病毒科1个：细小病毒科（Parvoviridae）；含有双链RNA的病毒科2个：呼肠孤病毒科（Revoviridae）和二分RNA病毒科（Birnaviridae）；含有单链RNA的病毒科5个：弹状病毒科（Rhabdoviridae）（负链RNA）、双顺反子病毒科（Dicistroviridae）（正链RNA）、传染性软腐病病毒科（Iflaviridae）（正链RNA）、诺达病毒科（Nodaviridae）（正链RNA）和四体病毒科（Tetraviridae）（正链RNA）；含有RNA反转录的病毒科2个：变位病毒科（Metaviridae）和前病毒科（Pseudoviridae）。发现能够感染昆虫的病毒有700多种，但大部分病毒因对昆虫的致病性不高而不具备控制害虫的能力。作为杀虫剂进行产业化应用的主要是杆状病毒科的病毒，部分呼肠孤病毒科质型多角体病毒属的病毒，以及痘病毒科昆虫痘病毒属的病毒和细小病毒科的浓核症病毒等。

参考文献

景天忠，董瀛谦，王志英，2011. ICTV报告VIII以来昆虫病毒分类上的变化[J]. 中国生物防治学报，27(2): 265-268.

吕鸿声，1982. 昆虫病毒与昆虫病毒病[M]. 北京：科学出版社.

蒲蛰龙，1994. 昆虫病理学[M]. 广州：广东科技出版社.

谭嘉琳，景天忠，梅静，2014. ICTV第IX报告以来昆虫病毒分类上的变化[J]. 安徽农业科学，42(26): 9040-9043.

KING A M Q, ADAMS M J, LEFKOWITZ E J, et al, 2012. Virus taxonomy: classification and nomenclature of viruses. Ninth report of the International Committee on Taxonomy of Viruses[M]. Amsterdam: Elsevier Academic Press.

（撰稿：曲良建、李恩杰；审稿：张永安）

昆虫病原立克次体　rickettsia in insects

立克次体（rickettsia）是介于细菌和病毒之间的微生物，是在节肢动物细胞内共生的小型革兰氏阴性细菌。该类菌常通过节肢动物吸食哺乳动物血液传入动物体内引发人畜疾病。目前有3个族（tribe）即：Rickettsia、Ehrlichieae和Wolbachieae，前两族侵染脊椎动物，而对节肢动物无病原性。只有Wolbachieae族一般不侵染脊椎动物，而对节肢动物呈病原性。带有该菌的雄性昆虫与不带该菌的雌性昆虫交尾得不到后代［卵子和精子不发生核配（karyogamy）］，带有该菌的雌性与不带该菌的雄性交尾可以产生后代。雌雄都带该菌交尾也可以产生后代。

（撰稿：曲良建、李恩杰；审稿：张永安）

昆虫病原微生物　entomopathogens

所有能使昆虫患病的微生物的统称，主要包括昆虫病原细菌、病毒、真菌、原生生物、线虫等。自然界中，昆虫病原微生物是控制昆虫种群的重要因子之一，条件合适的时候，会导致昆虫流行病暴发。因而某些对害虫致病力强、致死作用大的病原微生物被开发成微生物农药，用于害虫的生物防治。

细菌　应用最广、销售量最大的一类微生物杀虫剂是通过发酵生产的昆虫病原细菌苏云金芽孢杆菌（*Bacillus thuringiensis*，Bt）。迄今为止，全球大约分离到60 000个不同的Bt分离株，分属不同的亚种，针对不同科目的害虫。*Bacillus thuringiensis* subsp. *kurstaki*（Btk）亚种主要用于防治多种鳞翅目害虫的幼虫，是最主要的Bt产品，另一个重要的产品是*Bacillus thuringiensis* subsp. *israelensis*亚种（Bti），用于蚊虫幼虫的生物防治。Bt的杀虫活性物质来源于Bt芽孢伴孢晶体的δ-内毒素（δ-endotoxin）。进入昆虫中肠的δ-内毒素在蛋白酶的作用下，降解成多种活性肽，破坏中肠细胞，导致昆虫死亡。抗虫转基因作物，如转基因抗虫棉等，转入的杀虫基因主要来源于δ-内毒素的*cry*、*cyt*等基因。

其他比较重要的细菌生物农药包括球形芽孢杆菌（*Bacillus sphaericus*），用于杀灭蚊虫。乳状致病杆菌（*Paenibacillus popilliae*）可以持久性地控制日本金龟子（*Popillia japonica*）的种群。

病毒　能使昆虫罹患病毒病的病毒种类繁多，但能商品化用于害虫生物防治的昆虫病毒主要来自杆状病毒科（Baculoviridae）的种类。杆状病毒是DNA病毒，宿主专一性较强，除少数几种外，大多数都是一对一的关系。杆状病毒属包涵体病毒，病毒粒子被惰性的包涵体蛋白（多角体蛋白或颗粒体蛋白）包裹，保护其在环境中维持活性。杆状病毒分为核型多角体病毒（nucleopolyhedrovirus，NPV）和颗粒体病毒（granulovirus，GV）两大类，主要宿主是鳞翅目昆虫，已有十多种成功开发成病毒生物农药。少数几种NPV的宿主是膜翅目的叶蜂和双翅目的蚊虫，但没有商业化开发成功的报道。

杆状病毒经口感染虫体，在中肠碱性环境下，包涵体蛋白溶解，释放出病毒粒子侵染中肠细胞。在中肠细胞中复制的病毒粒子进一步侵染虫体其他组织和细胞，最终使虫体液化死亡，液化的虫体含有大量的多角体病毒或颗粒体病毒释放到环境中，可以进入下一个侵染循环。

中国商业化成功的病毒生物农药主要有棉铃虫核型多

角体病毒（HaNPV）、甜菜夜蛾核型多角体病毒（SeNPV）、甘蓝夜蛾核型多角体病毒（MbNPV）、斜纹夜蛾核型多角体病毒（SpltNPV）、小菜蛾颗粒体病毒（PxGV）等。呼肠孤病毒科（Reoviridae）中的质型多角体病毒（cytoplasmicpolyhedrosisvirus）是RNA病毒，在中国松毛虫的生物防治中有应用报道，但由于工厂化生产的技术瓶颈没有得到解决，限制了其大规模应用。

原生生物 原生生物中比较重要的昆虫病原微生物大多分布在微孢子门（Microsporidia）的种类中。微孢子是单细胞的、唯一没有线粒体和多种其他细胞器的真核生物，类似于病毒，必须依赖宿主的细胞完成生长发育，是专性细胞寄生生物。其中微粒子属（*Nosema*）是多种害虫和益虫的病原物，如家蚕微粒子病和蜜蜂微粒子病的病原都是微粒子，蝗虫微粒子（*Nosema locustae*）和玉米螟微粒子（*Nosema pyrausta*）都曾被用来作为生物农药，分别防治蝗虫和玉米螟。

微孢子不仅可以经口侵染昆虫，还可以经卵垂直传播至下一代，起到累积弱化种群的作用，这一特点常常导致微孢子污染昆虫饲养种群，对蚕桑、养蜂、天敌繁育、昆虫病毒生产等昆虫产业和试验昆虫的饲养造成困扰，雌蛾镜检或更换种群是摆脱微孢子污染的有效措施。

K

真菌 昆虫病原真菌种类繁多，主要分布在子囊菌门、担子菌门、壶菌门、接合菌门4个门类，报道有56 000种之多。同细菌、病毒和原生生物经口侵染虫体不同，真菌的孢子落在虫体表面萌发形成附着孢（appressorium）和侵入钉（penetration peg），通过机械压力和酶的作用，侵入宿主体壁进入血腔，以出芽的方式大量繁殖、生长，最终释放毒素或耗尽宿主组织而杀死宿主。从毒理学的角度，真菌病原物杀虫机理是触杀作用，因而对粉虱、蚜虫、螨类等刺吸式口器害虫的控制更具优势。

商业化开发成功的主要有白僵菌（*Beauveria* spp.）和绿僵菌（*Metarhizium* spp.），用于鳞翅目、半翅目、鞘翅目、直翅目等害虫的生物防治。虫霉菌（*Entomophthora* spp.）虽然发酵生产比较困难，但常常导致自然界中害虫流行病的暴发，是害虫重要的自然控制因子。虫草菌（*Cordyceps* spp.）的很多种类是经济价值较高的传统中药材，人工栽培的蛹虫草（*Cordyceps militaris*）在中国已经形成产业规模，著名的冬虫夏草（*Cordyceps sinensis*，现更名为 *Ophiocordyceps sinensis*）就是冬虫夏草菌侵染蝙蝠蛾幼虫形成的虫菌复合体。

昆虫病原线虫 用于生物防治的昆虫病原线虫主要是分布在斯氏线虫科（Steinernematidae）和异小杆线虫科（Heterorhabditidae）的种类。在土壤中的侵染期线虫与宿主昆虫相遇后，从虫体的口腔、肛门、气孔等开口侵入虫体进入血腔，释放出其中肠内的共生细菌，斯氏线虫的共生菌是嗜线虫致病杆菌（*Xenorhadbus* spp.），异小杆线虫的共生菌是发光杆菌（*Photrhadbdus* spp.）。共生菌进入昆虫血腔后，不仅释放免疫抑制物质保护线虫不受宿主免疫系统的攻击，而且释放毒素杀死宿主，同时释放抗菌物质，使死亡的宿主不被杂菌污染腐败，为线虫提供环境友好、营养丰富的生长场所。在虫体内线虫经过一至多代的繁殖，耗尽宿主的子代线虫发育到三龄侵染期，突破宿主体壁，游离到环境中，等待下一次侵入。

两类线虫主要寄生土壤、钻蛀等生活隐蔽的害虫，侵染方式各有特点。斯氏线虫抗逆性较强，多以伏击的方式等待宿主出现，而异小杆线虫活动性较强，多主动寻找宿主，因而在实际应用时，两类线虫配合使用效果较好。

微生物杀虫剂的优缺点 昆虫病原微生物作为微生物杀虫剂，其优缺点都非常显著。优点是作用专一，只针对靶标害虫，对非靶标生物安全，没有农药残留，环境友好；不易产生抗药性；控制作用持久，条件合适的时候，可在害虫种群中暴发流行病，达到长期控制害虫的理想状态。缺点是杀虫谱相对较窄；杀虫速度较慢，没有立竿见影的“击倒”作用；使用技术和对环境条件要求较高，一般对紫外线、干燥、高温等比较敏感，货架期相对较短；对于专性病原物，如病毒、微孢子等，必须用昆虫活体生产，生产相对困难，生产和使用成本较高，制剂加工选项少。

一方面，昆虫病原微生物作为自然控制因子或微生物杀虫剂，在害虫的生物防治中发挥重要作用；另一方面，对于同昆虫有关的产业，昆虫病原微生物也能给生产造成巨大的损失。除了上文提到的微粒子可以引起家蚕和蜜蜂的微粒子病外，家蚕核型多角体病毒、柞蚕核型多角体病毒、蜜蜂白垩病、蜜蜂麻痹病等重要病害都是由微生物引起的，在生产中要注意防控。

在微生物杀虫剂应用时，也要兼顾对有益昆虫的影响，如白僵菌、Bt等都不能在蚕桑区使用。

参考文献

秦启联，程清泉，张继红，等，2012. 昆虫病毒生物杀虫剂产业化及其展望[J]. 中国生物防治学报，28(2): 157-164.

BOUCIAS D G, PENDLAND J C, 1998. Principles of insect pathology[M]. Boston: Kluwer Academic Publishers.

DE MAAGD R A, BRAVO A, CRICKMORE N, 2001. How *Bacillus thuringiensis* has evolved specific toxins to colonize the insect world[J]. Trends genet, 17: 193-199.

LACEY L A, FRUTOS R, KAYA H K, et al, 2001. Insect pathogens as biological control agents: do they have a future[J]. Biological control, 21: 230-248.

MILLER L K, 1997. The baculoviruses[M]. New York and London: Plenum Press.

PEDRINI N, CRESPO R, JUÁREZ M P, 2007. Biochemistry of insect epicuticle degradation by entomopathogenic fungi[J]. Comparative Biochemistry and Physiology Partc: Toxicology & Phyarmacology, 146: 124-137.

TANADA Y, KAYA H K, 1993. Insect pathology[M]. San Diego: Academic Press.

（撰稿：秦启联；审稿：张继红）

昆虫病原细菌 entomopathogenic bacteria

能感染昆虫并引起疾病的细菌。一般可分为形成芽孢和不形成芽孢两大类。另外，根据对昆虫的寄生性可分为专性、兼性和潜在病原细菌三大类。①专性昆虫病原细菌（obligate entomopathogenic bacteria）是一类专性寄生的芽孢杆菌，只能在寄主活的细胞中生长繁殖，不能腐生，也不能在人工培养基上正常生长。自然界中寄主范围较窄，对寄主昆虫有很强的致病力，如日本金龟子芽孢杆菌（*Bacillus popilliae*）。②兼性病原细菌（facultative entomopathogenic bacteria）是一类既可在昆虫活体中增殖，也能在人工培养基上正常生长发育的细菌，寄主范围较广。这类细菌既包括产胞的芽孢杆菌，如苏云金芽孢杆菌（*Bacillus thuringiensis*）、蜡质芽孢杆菌（*Bacillus cereus*），也包括不产胞的杆菌，如黏质沙雷氏菌（*Serratia marcescens*）。③潜在病原细菌（Potential entomopathogenic bacteria）多数为腐生菌，通常生活于昆虫的消化道中，主要是一些不产生芽孢的杆菌，包括假单胞菌科的铜绿假单胞杆菌（*Pseudomonas aeruginosa*）、荧光极毛杆菌（*Pseudomonas fluorescens*）等。这类细菌平时难以侵入昆虫体腔，极少引起疾病，然而一旦进入昆虫体腔，便可表现出较强的致病力。这些细菌由中肠进入体腔的能力主要取决于某些诱发因子，如极端湿度、其他病原的侵染、寄生性天敌或同类相残造成的伤口、昆虫食入异常食物等。一些能引起家蚕细菌性败血病和细菌性肠道病的细菌便属于这一类。有些专性病原菌以及能形成芽孢和伴胞晶体的病原细菌，已广泛应用于田间的害虫防治。那些不形成芽孢的种类，虽然对害虫有一定的致病力，但是由于其对干燥及阳光敏感，毒力变异较大，如果作为菌剂在田间使用，还有大量问题需要解决。

昆虫感染细菌病后表现为行动缓慢、反应迟钝、食欲减退，甚至很快停止取食，口腔反胃呕吐，肛门有黏状液体排出等现象。大多数的病菌侵入昆虫体腔后，常常引发感染，进而导致败血症。死后虫体颜色加深，迅速变为褐色或黑色，虫体大都软化腐烂，失去原形，一般带有臭味，因而又名软化病。昆虫病原细菌侵入虫体的途径主要是经口部进入消化道而侵入，同时又同消化道的排泄物一起由肛门排出体外，污染周围食料，成为再侵染病原。为此，细菌杀虫剂的施用要求均匀地撒布在植株上，以增加寄主昆虫口服的机会。

参考文献

赵修复, 1982. 害虫生物防治 [M]. 北京 : 农业出版社 .

（撰稿：张继红；审稿：秦启联）

昆虫病原线虫　entomopathogenic nematodes, EPNs

线虫是线形动物门线虫类，体形是圆筒状，没有体节的区分，内部结构左右对称，雌雄异体，从卵孵化成幼虫，幼虫经4次蜕皮成成虫，大部分营寄生生活。近100%的高湿是线虫生存的必需条件。

寄生机制　一般线虫进入虫体后，产生毒性物质、排泄废物等原因使宿主体色变化和体躯膨大，发育延迟，生殖力降低，个别线虫寄生可引起昆虫死亡。如斯氏线虫科（Steinernematidae）的苹果小果蠹新线虫（*Neoaplectana carpocapsae*）使肠内潜势病原细菌侵入宿主血腔引起败血症死亡。线虫取食虫尸繁殖，然后进入土壤或水中寄生新宿主。丝片虫类是专性寄生线虫，引起昆虫致命伤害，宿主有摇蚊、蚋、象鼻虫、蚂蚁和蝗虫等。

EPNs是一类形态简单、分布广泛、以昆虫为寄主的致病性线虫，营专性或兼性寄生，是昆虫的重要天敌类群之一。目前所指的EPNs隶属于线虫门（Nematod）尾感器纲（Secernentea）小杆目（Rhabditida），包括斯氏线虫科（Steinernematidae）和异小杆线虫科（Heterorhabditidae）。异小杆线虫科下仅有1属，即异小杆线虫属（*Heterorhabditis*），而斯氏线虫科下的分属则存在争议。截止到2012年底，世界范围内已描述的EPNs包括斯氏线虫属（*Steinernema*）63种、新斯氏线虫属（*Neosteinernema*）1种，以及异小杆线虫属（*Heterorhabditis*）12种。

虽然斯氏线虫属（*Steinernema*）和异小杆线虫属（*Heterorhabditis*）的昆虫病原线虫在系统分类上距离较远，但其生活史相似。EPNs的生活史大概为数天，其发育历经卵、幼虫、成虫3个阶段，幼虫有4个龄期，其中只有三龄幼虫可存活在寄主体外，具有侵染能力，又名侵染期幼虫（infective juveniles，IJs）。侵染期线虫在其体内共生细菌［斯氏线虫对应嗜线虫致病杆菌属（*Xenorhabdus*），异小杆线虫对应发光杆菌属（*Photorhabdus*）］的协助下，可主动寻找并侵染宿主昆虫。通常通过宿主昆虫的口器、肛门、气门以及体壁较薄处等部位，侵入宿主体腔。进入昆虫体内后，昆虫病原线虫从中肠释放出共生细菌。共生细菌在昆虫体内迅速繁殖，产生毒素，导致昆虫患败血症并分解昆虫组织，可在24～48小时内引起宿主昆虫的死亡。

线虫为共生细菌提供庇护所并起媒介作用（共生细菌不能单独在土壤中存活），反过来，共生细菌杀死宿主昆虫为线虫提供营养，同时产生抗菌物质抑制其他杂菌的生长，为线虫的发育繁殖提供理想的环境。二者共同取食已液化的昆虫，并在昆虫体腔内繁殖数代。斯氏线虫发育为雌成虫或者雄成虫，而异小杆线虫发育为雌雄同体的成虫，下一代可产生两种性别的异小杆线虫。营养条件丰富的情况下，线虫在昆虫体内可繁殖1～3代，当宿主昆虫内的食物资源变得有限时，大量生成肠腔内携带共生菌的三龄侵染期幼虫。约1周后，成千上万的侵染期幼虫携带着从寄主内部环境得到的共生细菌，离开原先宿主昆虫的尸体，回到土壤中寻找新的寄主。

EPNs能主动搜寻并迅速杀死害虫，其防效高、无公害，尤其对土栖型和钻蛀型害虫有特殊防效。20世纪90年代中国就有报道，大田试验中，EPNs能很好防治桃小食心虫（*Carposina niponensis*）。可成功防治的害虫类群还有鳞翅目害虫、跳甲类蔬菜害虫等。EPNs防治韭蛆的效果优于辛硫磷等化学农药。在实际农业生产中，将EPNs与化学农药联用，可显著提高防治效果。从EPNs共生菌中提取的杀虫蛋白亦可用于害虫防治。EPNs的研发和应用是国际生防领域研究的热点之一，在国际生物农药市场占有重要份额，规模仅次于苏云金芽孢杆菌（Bt）。美国、澳大利亚、加拿大、荷兰等国家均实现了线虫制剂的大规模生产，可以商品化的线虫品系超过百种，同时也有大量针对线虫制剂应用技术

K

的研究报道。中国广东应用昆虫研究所研发的异小杆 LN2 和 H06 品系已走进市场，河南济源白云实业有限公司联合中国科学院东北地理与农业生态研究所开发出的成熟 EPN 制剂——奈玛，已在多个地区示范推广，对韭蛆（*Bradysia odoriphaga*）的防效尤为突出。

参考文献

吴文丹，尹娇，曹雅忠，等，2014. 我国昆虫病原线虫的研究与应用现状 [J]. 中国生物防治学报，30: 817-822.

夏颖伟，韩日畴，李瑞军，2006. 昆虫病原线虫与其共生细菌共生关系的研究进展 [J]. 昆虫知识，43: 283-287.

KAYA H K, 1990. Entomopathogenic nematodes in biological control[J]. Ucla symposia on molecular and cellular biology, 112: 189-198.

POINAR G O, 1993. Origins and phylogenetic relationships of the entomophilic rhabditis, *Heterorhabditis* and *Steinernema*[J]. Fundamental and applied nematology, 16: 333-338.

SAN-BLAS E, 2013. Progress on entomopathogenic nematology research: A bibliometric study of the last three decades: 1980—2010[J]. Biological control, 66: 102-124.

（撰稿：周桂灵；审稿：秦启联）

昆虫病原原生动物　entomopathogenic protozoa

由单细胞构成，部分种类对昆虫有致病作用，昆虫病原对害虫较好的持续控制作用，已经在草原蝗虫的防治方面得到了证实。另外，对玉米螟、云杉卷叶蛾、金龟子等多种害虫进行了试验，取得了较好的效果。已知原生动物大约有 35 000 种之多，已知可用于防治害虫的主要有孢子虫纲（Sporozoa）新族虫类（Mattesia）和丝孢子虫纲（Cnidospora）微孢子虫类（Microsporea）。原生动物型生物杀虫的开发空间非常广阔，由于该类杀虫剂专一性较强，主要任务是开发新产品，以及提高杀虫速度。

（撰稿：赵燕妮；审稿：秦启联）

昆虫病原真菌　entomopathogenic fungi

那些在寄主正常生理条件下能直接侵入寄主体内进行繁殖，并使其发病或死亡的一类真菌，主要是藻菌纲、子囊菌纲和半知菌类的真菌，约占昆虫病原微生物种类的 60% 以上。世界上的虫生真菌有 100 多属 800 多种，而在中国也有 405 种，其中直接寄生昆虫的有 239 种。已开发利用的昆虫病原真菌有 20 余种，如白僵菌、绿僵菌、蜡蚧轮枝菌、座壳孢、玫色拟青霉、镰刀菌等，其中一些真菌制剂已用于商品化生产。

昆虫病原真菌从分生孢子侵染虫体开始，到菌体重新在虫体上产生孢子的过程，可分为如下几个步骤：孢子黏附在昆虫体壁上；孢子萌发并产生侵染结构；菌丝穿透昆虫体壁；菌体在昆虫的血腔中生长；昆虫死亡；菌丝在虫体上长出并形成孢子。

目前，真菌杀虫剂已研制出多种剂型，主要有原粉剂、粉剂、可湿性粉剂、混合粉剂、油悬浮剂、悬乳剂、膏剂、干菌丝及无纺布菌条等剂型，与各剂型相配套的应用技术也随之得到很大的发展。在工业上，杀虫真菌的大量生产通常以廉价易得的农副产品为原料，主要有液体深层发酵、固体发酵及液固双相发酵等 3 种方式生产。由于物理学、酶学及生物学的特性，双相发酵工艺是迄今所知国内外产生分生孢子最成熟的生产工艺，其发酵过程包括液体发酵和固体发酵两个阶段，生产工艺流程如下：斜面菌种→摇瓶培养→发酵罐→固体培养→预干燥→分离孢子→后干燥→包装保存。

昆虫病原真菌在生物防治上的开发应用对于减少化学农药的用量、减少环境污染、维持生态平衡具有非常重要的意义。

参考文献

付志坚，陈建新，付丽君，2000. 白僵菌对昆虫的致病机理研究综述 [J]. 武夷科学，16: 105-109.

刘健，陈洪章，李佐虎，2003. 白僵菌杀虫剂生产工艺研究状况与展望 [J]. 中国生物防治，19: 86-90.

王记祥，马良进，2009. 虫生真菌在农林害虫生物防治中的应用 [J]. 浙江林学院学报，26: 286-291.

肖燕，任顺祥，邱宝利，2001. 应用虫生真菌防治烟粉虱的现状 [J]. 昆虫天敌，23: 30-34.

SHAH P A, PELL J K, 2003. Entomopathogenic fungi as biological control agents[J]. Applied microbiology and biotechnology, 61: 413-423.

（撰稿：赵燕妮；审稿：秦启联）

昆虫病原支原体　mycoplasmas

支原体是介于细菌和病毒之间一类最小最简单的能够自身复制的微生物。它们最突出的特点是没有细胞壁，所以细胞柔软，形态多变，由拟球形到丝状，也有分枝的，细胞最小的直径只有 0.2μm，大多可以在细菌培养基上生长。支原体隶属于原核生物界（Prokaryotae）柔体纲（Mollicutes）支原体目（Mycoplasmatales）。支原体目包括支原体科（Mycoplasmataceae）、无胆甾原体科（Acholeplasmataceae）和螺原体科（Spiroplasmataceae）等 3 个科 4 个属。引起昆虫致病的主要是螺原体和一些未明确分类位置的类支原体（mycoplasma-like organisms，MlO）。螺原体可能普遍存在于各种果蝇中，通过核酸分析，已发现 3 种果蝇的染色体 DNA 上存在着“卫星”DNA 分子，果蝇可能是螺原体的天然寄主，在蜜蜂中也发现螺原体的存在，另外在中国一些种类的赤眼蜂中，也发现了类支原体在细胞质内存在。

类菌质体（mycoplasma）缺少细胞壁，腐生生活，并能寄生于哺乳动物，比细菌小，比病毒大，能用含有多量有机物和血清、渗透压接近体液的培养基培养，又名类菌质体样微生物（mycoplasma-like organism）。有些植物病原性类菌质体样微生物和支原体，如核果类的西方X病的病原体通过深山叶蝉（*Colladonus montamus*）取食病株，该类菌质体在昆虫的中肠皮膜组织、脂肪、唾腺等组织中增殖，缩短了昆虫的寿命20～50天；产卵力降低到正常的1/3。感染支原体的果蝇（*Drosophila willistoni*）子代雄性在孵化前就死亡，而只有雌性后代成活。

参考文献

JAMES F FUXA, YOSHINORI TANADA, 1992. 昆虫疾病流行学[M]. 王丽英，译. 北京：北京农业大学出版社.

洪华珠，杨红，1997. 杀虫微生物学纲要[M]. 武汉：华中师范大学出版社.

蒲蛰龙，1994. 昆虫病理学[M]. 广州：广东科技出版社.

（撰稿：曲良建；审稿：张永安）

昆虫的化学感受 chemoreception

化学感受是生物通过化学感受系统感受外界化学信息物质进行通讯的一种方式。昆虫主要依靠化学感受系统寻找和选择食物、同伴、逃避天敌、选择产卵场所等，因此化学感受对昆虫生存和繁殖至关重要。昆虫的化学感受包括味觉感受和嗅觉感受两种。20世纪90年代以来，随着分子生物学技术的快速发展，昆虫味觉感受和嗅觉感受的分子机制研究取得了很大的进展。触角（antenna）和触须（palp）是昆虫主要的化学感受器官，在这些感受器官上分布着大量的不同类型的感受器，这些感受器下面包含不同数量的化学感受（嗅觉或味觉）神经元，神经元受到外界气味分子刺激后可产生电信号。

在嗅觉神经元中表达有具有7个跨膜区结构域的气味分子受体（odorant receptor，OR），专一性的气味分子受体（specific odorant receptor）与共表达气味分子受体（Odorant receptor co-receptor，ORco）形成复合体，被气味分子激活后引起细胞内外钙离子浓度的变化，形成电流，将信号由触角逐级传递到脑部触角叶（antennal lobe，AL）、蘑菇体（mushroom body）和侧角（lateral horn），从而触发或指导昆虫产生特定行为或生理活动。但是，有些嗅觉神经元中表达的是具有3个半跨膜区的离子型受体（ionotropic receptor，IR）。在味觉感受器中含有味觉神经元（gustatory receptor neuron），味觉神经元表达味觉受体蛋白（gustatory receptor, GR），而GR是味觉感受系统里起关键作用的蛋白。

昆虫嗅觉感受系统中的OR种类数量因不同的昆虫物种而有差别，少则几十个，多则几百个。这些OR对气味分子的识别具有联合编码的特征，即一种气味分子可以激活多个OR，一个OR也可以感受多种气味分子，多数单一气味是由多个OR组合编码识别的。有的OR是宽调节受体，可以感受多种气味分子；有的OR是窄调节受体，感受气味分子种类少。

气味分子结合蛋白（odorant-binding proteins，OBPs）是被认为参与识别气味分子的另一种蛋白家族。OBPs是由化学感受器附属细胞表达的，大量分布在感受器的淋巴腔中。它是一种小相对分子质量（相对分子质量一般在15～30）的酸性蛋白，一般具有6个保守的半胱氨酸和6个保守的α螺旋。与信息素结合的OBP为信息素结合蛋白（pheromone-binding protein，PBP），与普通的气味分子结合的OBP为普通气味分子结合蛋白（general odorant-binding proteins，GOBP）。OBP含有半胱氨酸的数量是有变化的，少于6个半胱氨酸的称为minus-COBP，多于6个的称为plus-COBP，具有6个的称为classic OBP。OBPs的功能仍有争议，但普遍认为是OBPs与非极性的气味分子结合穿过极性的淋巴液，将气味分子运输到神经元细胞膜上的OR，提高化学感受的敏感性。也有的认为OBPs对气味分子有初筛作用，以提高化学感受的专一性。

参考文献

BENTON R, VANNICE K S, GOMEZ-DIAZ C, et al, 2009. Variant ionotropic glutamate receptors as chemosensory receptors in *Drosophila*[J]. Cell, 136: 149-162.

CAREY A F, CARLSON J R, 2011. Insect olfaction from model systems to disease control[J]. Proceedings of the National Academy of Sciences of the United States of America, 108: 12987-12995.

CLYNE P J, WARR C G, CARLSON J R, 2000. Candidate taste receptors in *Drosophila*[J]. Science, 287: 1830-1834.

CLYNE P J, WARR C G, FREEMAN M R, et al, 1999. A novel family of divergent seven-transmembrane proteins: candidate odorant receptors in *Drosophila*[J]. Neuron, 22: 327-338.

JIN X, BRANDAZZA A, NAVARRINI A, et al, 2005. Expression and immunolocalisation of odorant-binding and chemosensory proteins in locusts[J]. Cellular and molecular life sciences, 62: 1156-1166.

LEAL W S, 2013. Odorant reception in insects: roles of receptors, binding proteins, and degrading enzymes[J]. Annual review entomology, 58: 373-391.

SATO K, PELLEGRINO M, NAKAGAWA T, et al, 2008. Insect olfactory receptors are heteromeric ligand-gated ion channels[J]. Nature, 452: 1002-1006.

（撰稿：游银伟、张龙；审稿：闫凤鸣）

昆虫行为信息化学物质 semiochemicals

对于昆虫具有通讯作用的化学物质统称为信息化学物质。昆虫信息化学物质一般指挥发性的小分子化合物，按其来源可以分为昆虫个体释放的信息素和非昆虫释放的信息化学物质。主要分为种内信息素（pheromones）、利己素（allomones）和利他素（kairomones）。前者作用于种内（见昆虫信息素），后两者是种间信息化学物质（allelochemicals）。利己素是一类对释放者有益和对接受者有害的信息化学物质。如蜻释放的化学物质可以保护自己不受天敌攻击；虫害诱导植物挥发物（herbivore-induced plant volatiles，HIPVs）是指植物在受到昆虫攻击后产生和释放的化学信息物质，这些化学信息物质通常可以招引同种植食性昆虫，也可以

K

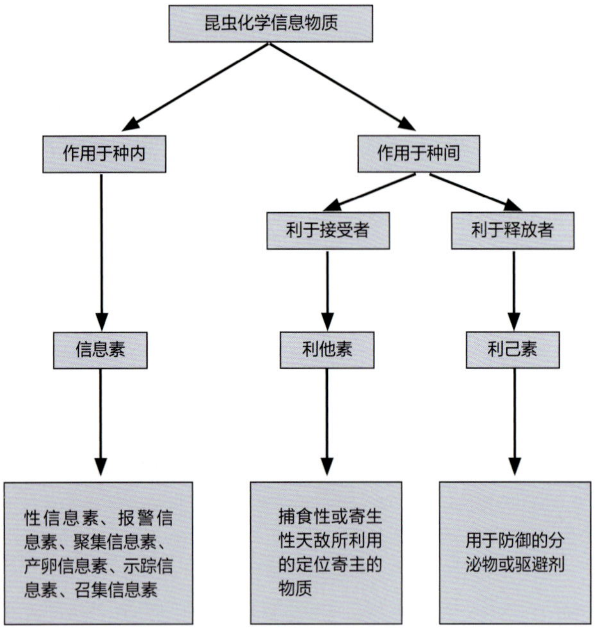

昆虫行为信息化学物质的分类（魏可绘）

引诱天敌协助植物抵御植食性昆虫的危害（见图）。而利他素是一类对接受者有益和对释放者有害的化学信号。例如，日本蜡蚧（*Ceroplastes japonicus*）自身挥发物中的 1- 辛烯 -3- 醇和 1*R*-α- 蒎烯可以被异色瓢虫（*Harmonia axyridis*）用作寄主搜索过程中的可靠信号；天牛卵长尾啮小蜂（*Aprostocetus fukutai*）可以依靠桑天牛（*Apriona gernari*）遗留在树皮表面的粪便较准确地定位桑天牛卵，活性物质为 1, 6- 庚二炔；柑橘刺粉虱（*Aleurocanthus spiniferus*）所分泌的蜜露可引起长角广腹细蜂（*Amithus longiconis*）产生显著的搜索寄主行为，而粉虱蜜露中的 6 种糖和 12 种氨基酸被认为是寄主利他素的主要成分；植物的挥发性气味物质是植物本身在生长发育过程中所释放的，有些可以诱导昆虫产生定向行为、产卵场所选择行为、刺激雌雄交配和取食行为等。

参考文献

闫凤鸣, 2011. 化学生态学 [M]. 2 版. 北京: 科学出版社.

BARTLET E, BLIGHT M M, HICK A J, et al, 1993. The responses of the cabbage seed weevil (*Ceutorhynchus assimilis*) to the odour of oilseed rape (*Brassica napus*) and to some volatile isothiocyanates[J]. Entomologia experimentalis et applicata, 68(3): 295-302.

CARDÉ R T, BEL W J, 1995. Chemical ecology of insects[M]. London: Chapman & Hall.

DICKE M, BALDWIN I T, 2010. The evolutionary context for herbivore-induced plant volatiles: beyond the 'cry for help'[J]. Trends in plant science, 15(3): 167-175.

JAMES D G, GRASSWITZ T R, 2005. Synthetic herbivore-induced plant volatiles increase field captures of parasitic wasps[J]. Biological Control, 50(6): 871-880.

KARLSON P, BUTENANDT A, 1959. Pheromones (ectohormones) in insects[J]. Annual review of entomology, 4: 39-58.

KESSLER A, BALDWIN I T, 2001. Defensive function of herbivore-induced plant volatile emissions in nature[J]. Science, 291(5511): 2141-2144.

KRUPKE C H, BRUNNER J F, DOERR M D, et al, 2001. Field attraction of the stink bug *Euschistus conspersus* (Hemiptera: Pentatomidae) to synthetic pheromone-baited host plants[J]. Journal of economic entomology, 94(6): 1500-1505.

RESH V H, CARDÉ, R T, 2003. Encyclopedia of insects[M]. New York: Cambridge Academic Press.

（撰稿：魏可、张龙；审稿：闫凤鸣）

昆虫行为信息化学物质的鉴定 identification of semiochemicals

利用昆虫行为信息化学物质防治害虫的技术是害虫综合治理体系的重要组成部分。与化学农药相比，行为信息化学物质具备高灵敏度、高特异性、对环境和天敌无毒害和无抗药性产生等优点。人工合成行为信息化学物质首先需要依赖于化学物质的高效提取和精确鉴定技术。判断一种化学物质或化学物质组合是否具有可以引起昆虫特异行为的活性，总体来说需要经过化学物质的提取、鉴定和化学物质的生理和行为活性测定等步骤。

昆虫信息化学物质提取常用的方法包括溶剂提取法、顶空气体吸附剂收集法和顶空气体固相微萃取法。溶剂提取法是将信息化学物质来源组织（昆虫或植物）用溶剂浸泡之后经过浓缩，最后通过气相色谱（或高效液相色谱）和质谱联用分析获得可能的信息化学物质成分及其结构。该方法要求提取溶剂与目标信息化学物质的极性相近，才能保证信息化学物质能够完全溶解在溶剂中。此种方法的最大特点是可以鉴定出非挥发性的信息化学物质成分。对挥发性信息化学物质成分的鉴定则多利用顶空气体吸附剂收集挥发气体法。该方法是利用固体吸附材料吸附挥发物目标组织或个体正在释放的信息化学物质。常用的吸附材料有 porapak Q、tenax、活性炭、硅胶、纤维素、玻璃棉、多孔玻璃微球等。吸附装置上的信息化合物最终用溶剂洗脱，洗脱液浓缩后利用色谱仪和质谱仪分析化合物的成分和结构。顶空气体固相微萃取是以涂渍在石英玻璃纤维上的固定相作为吸附介质，对目标分析物进行萃取和浓缩，然后将石英纤维直接注入气相色谱的进样口，吸附柱上的化学物质在瞬时高温下快速解吸附。顶空气体固相微萃取操作全程无有机溶剂，可与色谱直接相连，灵敏度高，特别避免了溶剂可能产生的污染，适合含量极低的挥发性化学物质的鉴定与分析。顶空气体吸附剂收集和顶空固相微萃取法同样也有明显的不足，如对非挥发性的信息化合物的收集存在一定的困难。

气相色谱—触角电位联用技术（GC-EAD）结合气质联用技术是一种快速筛选挥发性化合物活性的方法。收集到的挥发性物质加入色谱仪，各种成分经色谱柱分离，并经分流阀按一定比例分流，一部分到达火焰离子检测器，另一部分同步到达昆虫触角上，以检验该成分的电生理活性，有电生理活性的化合物就可初步判断为有行为活性的候选信息化合物。

对具有电生理活性的化合物进行行为学测定，以明确是否具有行为学功能和属于何种功能（的信息素）。行为测定常用的技术为嗅觉仪和风洞测定。嗅觉仪类型多种多样，常见的有 Y- 型管嗅觉仪、多臂嗅觉仪等等。主要是对比目标化合物和空白对照所引起的测试昆虫的趋向性行为反应。风洞行为试验也是测定昆虫对气味源的趋向性行为反应。当然直接开展行为学观察也是行之有效的方法之一。

参考文献

孔祥波，王睿，高伟，等，2001. 气相色谱与触角电位检测器联用技术及其应用 [J]. 昆虫知识，38(4): 304-309.

闫凤鸣，2011. 化学生态学 [M]. 2 版 . 北京：科学出版社 .

ARN H, STADLER E, RAUSCHER S, 1975. The electroantennographic detector-a selective and sensitive tool in the gas chromatographic analysis of insect pheromones[J]. Zeitschrift fur naturforschung C, 30(11/12): 722-725.

GASTON L K, 1984. Technique and equipment for collection of volatile chemicals from individual, natural, or artificial sources[J]. New York: Springer.

HEATH R R, TUMLINSON J H, 1984. Techniques for purifying, analyzing, and identifying pheromones[M]. New York: Springer.

SILK P J, TAN S H, WIESNER C J, et al, 1980. Sex pheromone chemistry of the eastern spruce budworm, *Choristoneura fumiferana*[J]. Environmental entomology, 9(5): 640-644.

（撰稿：魏可、张龙；审稿：闫凤鸣）

昆虫行为信息化学物质的应用 application of semiochemicals

在应用中，主要是利用那些具有引诱和驱避功能的信息素成分。引诱剂是指引起昆虫定向移动的一种或者多种化学物质。昆虫驱避剂指昆虫感知某一类化学信息物质后可以引起逃避行为或者引起拒食行为的信息化学物质，它们大多是来源于昆虫的非寄主植物。

昆虫引诱剂的生产和制备来源主要包括昆虫性信息素、昆虫聚集信息素、植物源引诱剂和食物源引诱剂。依据各类信息化学物质的具体作用方式大致可以分为监测、诱杀、干扰交配和招引天敌。

雄虫主要通过感受雌性个体所释放的性信息素来寻找配偶，因此通过施用人工合成的雌性性信息素便可以吸引雄虫，从而实现害虫发生的监测和预报。近年来，随着越来越多的昆虫性信息素主要成分的鉴定及人工合成的实现，以性信息素为主要诱源制成的田间诱捕装置也越来越多地被应用于生产中。昆虫性信息素特异性强，故性信息素测报诱捕器具有灵敏度高、专一性强的特点。应用较为成功的监测害虫发生动态的例子有：梨小食心虫（*Grapholitha molesta*）、桃小食心虫（*Carposina niponensis*）、苹果蠹蛾（*Cydia pomonella*）、小地老虎（*Agrotis ypsilon*）、苹小卷蛾（*Grapholitha inopinata*）、亚洲玉米螟（*Ostrinia furnacalis*）、金纹细蛾（*Lithocolletis ringoniella*）、枞色卷蛾（*Choristoneura fumiferana*）、枣镰翅小卷蛾（*Ancylis sativa*）、稻纵卷叶螟（*Cnaphalocrocis medinalis*）、二化螟（*Chilo suppressalis*）、大螟（*Sesamia inferens*）、甘蔗白螟（*Scirpophaga nivella*）、二点螟（*Chilo infuscatellus*）、印度谷螟（*Plodia interpunctella*）、马尾松毛虫（*Dendrolimus punctatus*）、槐小卷蛾（*Chilo trasias*）、白杨透翅蛾（*Paranthrene tabaniformis*）、杨干透翅蛾（*Sesia siningensis*）、杨大透翅蛾（*Sesia apiformis*）等多种农林害虫。

利用昆虫性信息素实现害虫的大量诱捕与实现害虫监测的原理和特点相同。在当前越来越强调害虫无公害防治的形势下，田间设置性信息素诱捕装置逐渐被更多的人所接受，并也展现了很好的应用效果。在梨小食心虫危害严重的桃园设置性信息素诱捕器，其防控效果高于以甲维盐为主的化学防治，前者平均蛀果率仅为 8.36%。应用比较成功的利用性信息素大量诱捕害虫的实例有：梨小食心虫、绿盲蝽（*Apolygus lucorum*）、橘小实蝇（*Bactrocera dorsalis*）、甜菜夜蛾（*Spodoptera exigua*）、斜纹夜蛾（*Spodoptera litura*）、小菜蛾（*Plutella xylostella*）、大豆食心虫（*Leguminivora glycinivorella*）、茶尺蠖（*Ectropis oblique*）、桃蛀螟（*Conogethes punctiferalis*）、桃小食心虫和苹果蠹蛾等害虫。

干扰交配也是性信息素用于害虫防控中的一个主要方式。在充满性信息素气味的环境中，雄虫丧失定向觅偶能力，致使交配率大大降低，从而使下一代虫口密度急剧下降。例如，施用甜菜夜蛾交配干扰剂（160mg/ 个，1000 个 /hm^2）后，雌蛾的交配率大大降低，相比对照区卵量降低 57%，幼虫虫口降低 95%。应用交配干扰剂防控害虫较为成功的实例有：甜菜夜蛾、苹果蠹蛾、梨小食心虫、棉红铃虫等。

通过筛选与鉴定寄主植物中对昆虫有显著吸引作用的化学物质，进一步制成植物源引诱剂同样也是当下昆虫集中诱杀的主要方式（表 1）。不过相对昆虫性信息素而言，植物源引诱剂的灵敏度略低。利用某些昆虫羽化后需要补充营养制成的食物源引诱剂（诱饵树、合成食物等）搭配杀虫剂也被广泛应用于害虫治理。例如利用光肩星天牛（*Anoplophora glabripennis*）嗜食合作杨、箭杆杨、复叶槭，在三北防护林杨树天牛重灾区集中配置这几种树种用作“诱饵树”。通过“诱饵树”配置将天牛诱集至更小范围的点上，以便集中灭杀。该技术对三北防护林光肩星天牛的成功防治起到了关键作用。在昆虫食物源引诱剂方面，用最常见的糖醋酒溶液（白糖、乙酸、乙醇和水溶液）作为合成食物，可以成功诱集到梨小食心虫、苹果小卷蛾和栗山天牛等多种害虫。

植食性昆虫虫体或其排泄物的挥发物往往对天敌而言是可重点依靠定位寄主的信息物质，因此通过人工合成这一类化合物并施用于田间可以起到招引天敌的效果。此外，大多数植物受伤后产生的挥发性化学物质也被证实具备吸引天敌的功能，利用这种植物源的引诱剂来招引天敌也是昆虫引诱剂的一种应用模式（表 2）。

昆虫驱避剂主要可以引起昆虫拒食和产卵忌避作用。很多非寄主植物均能释放出一些特殊的气味，对某些害虫能产生明显的驱避作用。如结球甘蓝混植番茄，可以有效减轻小

表1　常见植食性昆虫植物源引诱剂

目	科	种名	植物源引诱剂组分
鳞翅目（Lepidoptera）	毒蛾科（Lymantridae）	舞毒蛾（*Lymantria dispar*）	α-蒎烯、*β*-蒎烯、莰烯、3-蒈烯、1-己醇
鞘翅目（Coleoptera）	天牛科（Cerambycidae）	松褐天牛（*Monochamus alternatus*）	α-蒎烯、*β*-蒎烯
		双条杉天牛（*Semanotus bifasciatus*）	α-蒎烯、*β*-蒎烯、3-蒈烯、苧烯、罗汉柏烯、α-松油烯
		光肩星天牛（*Anoplophora glabripennis*）	壬醛、香叶基丙酮、水芹烯
	小蠹科（Scolytidae）	红脂大小蠹（*Dendroctonus valens*）	3-蒈烯
	象虫科（Curculionidae）	甘蓝荚象甲（*Ceutorhynchus assimili*）	3-丁烯基异硫氰酸酯、4-戊烯基异硫氰酸酯、2-苯乙基异硫氰酸酯
缨翅目（Thysanoptera）	蓟马科（Thripidae）	西花蓟马（*Frankliniella occidentalis*）	对伞花烃、1-辛烯-3-醇

表2　部分天敌引诱剂主要成分及来源

寄主、猎物	天敌种类	引诱剂组分	来源
美洲牧草盲蝽（*Lygus lineolaris*）、豆荚草盲蝽（*Lygus hesperus*）	长缘缨小蜂（*Anaphes iole*）	(*Z*)-3-己烯酯	植物
豌豆蚜（*Acyrthosiphon pisum*）	黑带食蚜蝇（*Episyrphus balteatus*）	(*Z*)-3-己烯醇、(*E*)-*β*-法尼烯	植物
豌豆蚜（*Acyrthosiphon pisum*）	麦长管蚜茧蜂（*Aphidius ervi*）	6-甲基-5-庚烯-2-酮、沉香萜醇、(*Z*)-3-己烯-1-乙酸酯、(*E*)-*β*-ocimene, (*Z*)-3-己烯-1-醇、(*E*)-*β*-法尼烯	植物
甜菜夜蛾（*Spodoptera exigua*）	绒茧蜂（*Cotesia marginiventris*）	HIPVs	植物
褐飞虱（*Nilaparvata lugens*）、白背飞虱（*Sogatella furcifera*）	稻虱缨小蜂（*Anagrus nilaparvatae*）	*β*-蒎烯、苯乙醛	植物
假眼小绿叶蝉（*Empoasca vitis*）	白斑猎蛛（*Evarcha albaria*）	2,6-二甲基-3,7-辛二烯-2,6-二醇	植物
小菜蛾（*Plutella xylostella*）、菜粉蝶（*P. rapae*）	红盘绒茧蜂（*Cotesia rubecula*）	4-甲基-3-戊烯醛、异硫氰酸甲酯、异硫氰酸烯丙酯、正辛基丙基硫醚	植物
扁平球坚介（*Parthenolecanium corni*）	跳小蜂（*Methaphycus* spp.）	水杨酸甲酯、茉莉酸甲酯、(*Z*)-3-己烯酯	植物
葡萄叶蝉（*Erythroneura* spp.）	缨小蜂（*Anagrus* spp.）	水杨酸甲酯、茉莉酸甲酯	植物
蝽象（*Euschistus conspersus*）	（*Gymnosoma filiola*）	(*E*2，*Z*4)-癸二烯酸甲酯	寄主性信息素

菜蛾（*Plutella xylostella*）对前者的危害。蚕豆地间作罗勒或者薄荷可有效减轻甜菜蚜（*Aphis fabae*）对蚕豆的危害。通过混植一些具有刺激性气味的植物（香菜、辣椒、苦楝、花椒等）可以引起一些昆虫的驱避行为。这种由于混植非寄主植物而引起的昆虫驱避作用实际上是由于植食性昆虫所能感知到的来自寄主植物层面的诱导进食的化合物含量的降低或者成分不确定造成的昆虫自身的迷向。利用这些特殊的挥发性组分来研制、开发害虫驱避剂有较多成功的实例。例如，利用非寄主植物挥发物1-己醇、*Z*-3-己烯-1-醇、*E*-2-己烯-1-醇、3-辛醇和马鞭烯酮的混合组分可以有效干扰纵

坑切梢小蠹（*Tomicus piniperda*）对寄主植物欧洲赤松的选择。同时在对西部松大小蠹（*Dendroctonus brevicomis*）的驱避剂研究中发现，苯乙酮对其有很强烈的驱避作用，并且化合物本身对西部松大小蠹的天敌行为影响很小。有的人工合成的昆虫驱避剂主要作用于昆虫产卵行为，而这些产卵驱避剂的主要组分大多来源于植物次生代谢产物。例如，闹羊花素和黄杜鹃花乙酸乙酯（EtOAc）萃取物对小菜蛾和稻瘿蚊（*Orseoia oryzae*）有显著的产卵忌避作用。黄荆叶片甲醇提取物和种子二氯甲烷提取物对小菜蛾成虫有较强的产卵驱避作用。辣椒油、樟脑油、冬青油和香茅油对橘小实蝇有很强的产卵驱避作用。

当前，植物病虫害防控越来越强调绿色防控技术，诱控手段是害虫绿色防控体系的重要组成部分。昆虫性信息素因其特异性极强，是昆虫信息化合物中应用最广泛的一类。然而，昆虫自身性信息素含量很低，分离鉴定难度均较大。此外，一些昆虫性信息素由复合组分构成，而在研发性引诱剂时有效组分的筛选和比例构成是决定其诱集效果的最主要因素。植物源昆虫信息化合物的规模化使用同样需要依靠高效的分离鉴定技术和人工合成技术。因此，高效的化合物分离鉴定技术及人工合成技术，以及昆虫对化合物的行为活性测定技术是确保昆虫行为信息化学物质能够被成功用于害虫防控的根本保障，也是今后需要进一步探索和深入研究的重要内容。

参考文献

CARDE R T, MINKS A K, 1995. Control of moth pests by mating disruption: successes and constraints[J]. Annual review of entomology, 40: 559-585.

DICKE M, TAKKEN W, 2006. Chemical ecology: From gene to ecosystem[M]. Berlin: Springer Science & Business Media.

GURR G M, KVEDARAS O L, 2010. Synergizing biological control: scope for sterile insect technique, induced plant defences and cultural techniques to enhance natural enemy impact[J]. Biological control, 52(3): 198-207.

KAPLAN I, 2012. Attracting carnivorous arthropods with plant volatiles: the future of biocontrol or playing with fire[J]. Biological control, 60(2): 77-89.

KHAN Z R, JAMES D G, MIDEGA CAO, et al, 2008. Chemical ecology and conservation biological control[J]. Biological control, 45(2): 210-224.

LU P F, HUANG L Q, WANG C Z, 2012. Identification and field evaluation of pear fruit volatiles attractive to the oriental fruit moth, *Cydia molesta*[J]. Journal of chemical ecology, 38(8): 1003-1016.

LUO Y Q, WEN J B, XU Z C, 2003. Current situation of research and control on poplar longhorned beetle, especially for *Anoplophora glabripennis* in China[J]. Nachrichtenblatt des deutschen, 55(4): 66-67.

MITCHELL E R, 1975. Disruption of pheromonal communication among coexistent pest insects with multichemical formulations[J]. BioScience, 25(8): 493-499.

WAJNBERG E, COLAZZA S, 2013. Chemical ecology of insect parasitoids[M]. Hoboken: John Wiley & Sons.

WILLIAMS III L, RODRIGUEZ-SAONA C, CASTLE S C, et al, 2008. EAG-active herbivore-induced plant volatiles modify behavioral responses and host attack by an egg parasitoid[J]. Journal of chemical ecology, 34(9): 1190-1201.

（撰稿：魏可、张龙；审稿：闫凤鸣）

昆虫疾病　insect diseases

疾病是宿主对寄生物引起的机械损伤或毒性物质的反应。昆虫病原性生物主要有真菌、细菌、病毒、原生动物等微生物和昆虫、螨、线虫等动物。由微生物引起的疾病叫传染病（infectious disease）；由寄生动物引起的疾病叫寄生虫病（parasitosis）。

昆虫受生物或非生物因素影响而使其构造和机能发生变化。由于昆虫种类繁多，它与自然界的其他生物类群存在着密切的关系并受着外界环境因素的影响，因此昆虫疾病的发生分为传染性（生物性）和非传染性（非生物性）两类，前者是由各种昆虫病原微生物（包括病毒、细菌、真菌、立克次氏体、原生动物、线虫等）引起的疾病；后者是由机械损伤、中毒、营养和代谢失调、发育紊乱、肿瘤以及遗传等因素造成的疾病。昆虫疾病的发生和流行，往往与病原、环境和虫体生理状况密切相关；病原的存在是疾病发生的先决条件；环境条件既影响虫体病原微生物的生长繁殖，又影响虫体的生理状况，对昆虫疾病的危害程度起决定性作用；虫体生理状况与其抗病力的强弱，都受遗传基因的支配和养虫环境的影响。

参考文献

JAMES R FUXA, YOSHINORI TANADA, 1992. 昆虫疾病流行学 [M]. 北京：北京农业大学出版社 .

南开大学生物系昆虫教研室，1979. 昆虫病理学 [M]. 北京：人民教育出版社 .

蒲蛰龙，1994. 昆虫病理学 [M]. 广州：广东科技出版社 .

（撰稿：李恩杰；审稿：曲良建）

昆虫流行病　insect epidemics

昆虫传染病的流行，昆虫的密度和病原体的密度决定着昆虫疾病的流行。常把疾病的低频度和低感染率发生期称为地方性发生（感病虫面积 / 害虫发生面积≤ 30%，感病死亡数 / 虫口密度≤ 10%）；把疾病的高频度和高感染率发生期称为流行期（感病虫面积 / 害虫发生面积≥ 50%，感病死亡数 / 害虫数量≥ 70%）。疾病的流行依赖于密度（害虫密度和病原浓度），病原量的增加和传播机会的增加是传染病流行的主要原因。

（撰稿：曲良建；审稿：张永安）

昆虫免疫　insect immunity

昆虫的防卫主要是外部防卫和自然免疫起作用（自然抵抗性 natural resistance），昆虫有硬的表皮起到防御的作用，围食膜保护消化管中部，体液的细胞等成分对异物起敌对作用。昆虫体液相当于脊椎动物的血液、淋巴液和组织液合起来的功能称为血淋巴（hemolymph）。昆虫体液中含有大量血球（血细胞）相当于脊椎动物的白血球，主要起吞噬、凝固和组织营养供给的作用。细胞性免疫：血球通过吞噬作用（phagocytosis）将体内异物摄进细胞质内消化，大多数昆虫的浆细胞具有吞噬异物的作用，个别种类颗粒细胞担任吞噬作用。体液性免疫：昆虫也有获得性免疫的机制产生杀菌物质，缺少特异性，而且保持期短；与脊椎动物获得性免疫的机制完全不同，脊椎动物杀菌物质是γ-球蛋白。

昆虫抵御外源异物侵扰的能力，由高效的免疫防御系统执行。与脊椎动物不同，昆虫的免疫系统没有获得性免疫，不具备T细胞、B细胞、免疫球蛋白等免疫组分，缺乏特异的抗原—抗体免疫反应。然而，昆虫具备完善的天然免疫系统，用以识别外源物质，抵御各类微生物的侵染或寄生。天然免疫（innate immunity）具有非特异性，主要体现在两个方面：一是诱导原和诱导产物无相应的特异性结合，不同的诱导原会诱导虫体生成相似的效应分子；二是诱导生成的效应分子具有广谱性，而非仅针对某一特异的诱导原。

昆虫的天然免疫系统由物理屏障、细胞免疫（cellular immunity）和体液免疫（humoral immunity）组成。物理屏障是昆虫抵御外源物侵扰的首要防线，主要包括几丁质化且疏水的虫体体壁，以及其他组织（如中肠、气管等）与外界相通的外壁。外源物可自虫体伤口处，或随着食物从食管进入昆虫体内。另外，病原微生物（主要是昆虫病原真菌）也可利用自身分泌的蛋白水解酶和（或）几丁质酶等，降解昆虫体壁，主动破坏昆虫的物理屏障。外源物进入昆虫体腔、中肠或其他组织器官后，昆虫利用特定的分子群，启动一系列细胞及体液免疫反应，控制或清除侵染。

昆虫的细胞免疫反应由循环于虫体血腔中的血细胞介导完成，包括吞噬（phagocytosis）、结节（nodulation）和包囊（encapsulation）反应。吞噬反应由单个细胞完成，是对入侵异物和细胞凋亡残体进行完全吞没的一类细胞免疫反应（图①）。结节和包囊反应是通过多个血细胞黏附、聚集来完成的（图②、图③）。昆虫通过血细胞层层累加形成的“鞘”将入侵异物包裹其中，并且利用自身合成的活性氧分子（reactive oxygen species，ROS）、活性氮分子（reactive nitrogen species，RNS）、黑色素（melanin）等毒性分子清除、杀死异物，或使异物窒息而死。虽然结节与包囊的反应过程及机理类似，但是两者所针对的对象存在差别。结节主要作用于聚集的细菌，而包囊主要应对体积更大的入侵物，如拟寄生物、原生生物、线虫等。另外，由于结节和包囊反应通常伴随着黑化现象的发生，因此也有人将黑化反应归属于细胞免疫。

昆虫的体液免疫反应指受外源物诱导，免疫系统合成效应分子并将其释放至血淋巴中的过程，主要由昆虫的脂肪体组织执行。此外，昆虫的血细胞、表皮、中肠等组织也具有合成、分泌效应分子的功能。体液免疫反应起始于昆虫模式识别分子（pattern recognition receptors，PRRs）与入侵外源物表面决定簇［又名病原相关分子模式（pathogen associated molecular patterns，PAMPs）］的结合，随后酚氧化酶原（prophenoloxidase，PPO）级联系统及（或）细胞内的免疫信号通路激活，最终诱导效应分子的产生。常见的昆虫免疫效应分子有抗菌肽（antimicrobial peptides，AMPs）、溶菌酶（lysozyme）、酚氧化酶（phenoloxidase，PO）、活性氧等。

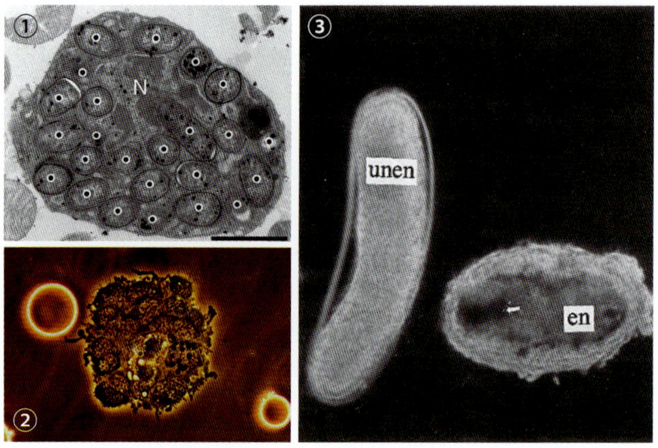

昆虫细胞免疫反应（①③秦启联提供；②孟茜提供）
①吞噬反应。埃及伊蚊（*Aedes aegyti*）血细胞吞噬大肠杆菌（*Escherichia coli*），黑点标注出被吞噬的大肠杆菌；N：细胞核；②结节反应。蛹虫草菌（*Cordyceps militaris*）的分生孢子被小金蝠蛾（*Thitarodes xiaojinensis*）血细胞形成的结节包裹；③包囊反应。中红侧沟茧蜂（*Microplitis mediator*）初产卵被多层黏虫（*Mythimna separata*）血细胞包囊（en），未被包囊的中红侧沟茧蜂初产卵（unen）

现代分子生物学及二代测序技术的发展，极大地促进了昆虫免疫学的相关研究。虽然昆虫和脊椎动物在十几亿年前已经分化开来，但是两者的天然免疫系统在组成和分子机制上具有诸多相似性。因此，对昆虫免疫防御机制的解析，可以帮助人们更好地理解脊椎动物的天然免疫反应，同时也有望将反应中的各种功能分子用于治疗人类及其他哺乳动物的疾病。另外，对昆虫与不同病原物间相互作用机理的比较分析，也将为杀虫剂（化学的或生物的）的研发提供分子靶标，为有益昆虫病害防控提供指导。

参考文献

宁媛媛，尤民生，王成树，2009. 昆虫免疫识别与病原物免疫逃避机理研究进展 [J]. 昆虫学报，52: 567-575.

秦启联，龚和，丁翠，等，2001. 中红侧沟茧蜂雌蜂输卵管萼中病毒样纤丝的特征和功能 [J]. 昆虫学报，44(2): 170-175.

GUNARATNA R T, JIANG H, 2013. A comprehensive analysis of the *Manduca sexta* immunotranscriptome[J]. Developmental & comparative immunology, 39: 388-398.

HERGANNAN J A, RECHHART J V, 1997. *Drosophila* immunity[J]. Trends in cell biology, 7: 309-316.

HILLYER J F, 2016. Insect immunology and hematopoiesis[J]. Developmental & comparative immunology, 58: 102-118.

HILLYER J F, SCHMIDT S L, FUCHS J F, et al, 2005. Ageassociated mortality in immune challenged mosquitoes (*Aedes aegypti*) correlates with a decrease in haemocyte numbers[J]. Cellular microbiology, 7: 39-51.

HOFFMANN J A, KAFATOS F C, JANEWAY C A, et al, 1999. Phylogenetic perspectives in innate immunity[J]. Science, 284: 1313-1318.

HOFFMANN J A, REICHHART J M, 2002. *Drosophila* innate immunity: an evolutionary perspective[J]. Nature immunology, 3: 121-126.

HU J, ZHU X X, FU W J, 2003. Passive evasion of encapsulation in *Macrocentrus cingulum* Brischke (Hymenoptera: Braconidae), a polyembryonic parasitoid of *Ostrinia furnacalis* Guenée (Lepidoptera: Pyralidae)[J]. Journal of insect physiology, 49: 367-375.

HULTMARK D, 1993. Immune reactions in *Drosophila* and other insects: a model for innate immunity[J]. Trends in genetics, 9: 178-183.

JIANG H, VILCINSKAS A, KANOST M R, 2010. Immunity in lepidopteran insects[M]. Berlin: Springer.

LAVINE M D, CHEN G, STRAND M R, 2005. Immune challenge differentially affects transcript abundance of three antimicrobial peptides in hemocytes from the moth *Pseudoplusia includens*[J]. Insect biochemistry and molecular biology, 35: 1335-1346.

LAVINE M D, STRAND M R, 2002. Insect hemocytes and their role in immunity[J]. Insect biochemistry and molecular biology, 32: 1295-1309.

LEMAITRE B, HOFFMANN J A, 2007. The host defense of *Drosophila melanogaster*[J]. Annual review of immunology, 25: 697-743.

MARMARAS V J, LAMPROPOULOU M, 2009. Regulators and signalling in insect haemocyte immunity[J]. Cell signal, 21: 186-195.

NAPPI A J, OTTAVIANI E, 2000. Cytotoxicity and cytotoxic molecules in invertebrates[J]. Bioessays, 22: 469-480.

SIDERI M, TSAKAS S, MARKOUTSA E, et al, 2008. Innate immunity in insects: surface-associated dopa decarboxylase-dependent pathways regulate phagocytosis, nodulation and melanization in medfly haemocytes[J]. Immunology, 123: 528-537.

THEOPOLD U, LI D, FABBRI M, SCHERFER C, et al, 2002. The coagulation of insect hemolymph[J]. Cellular and molecular life sciences, 59: 363-372.

（撰稿：孟茜、倪若尧；审稿：秦启联）

昆虫信息素　pheromone

昆虫体内合成并释放到体外的能够引起同种其他个体产生行为反应或者生理变化的化学信息物质。昆虫信息素的相关研究始于1932年，但是直到1959年德国生物化学家Adolf Butenandt才从50万头雌性家蚕蛾（*Bombyx mori*）腹端粗提物中分离并鉴定出第一个昆虫信息素的化学结构，其成分为（*E*10，*Z*12）-十六碳二烯-1-醇。家蚕性信息素的成功鉴定促使昆虫信息素的研究进入了一个新的时代。

昆虫性信息素（sex pheromone）是由同种昆虫某一性别个体产生并分泌于体外，能被同种异性个体所感知并引起诸如觅偶、定向求偶和交配等行为的微量化学物质，研究最为广泛和深入的一类昆虫信息素。已有2000余种昆虫的性信息素成分被成功鉴定，其中鳞翅目昆虫400余种，主要分属于卷蛾科、夜蛾科、螟蛾科、灯蛾科等夜行性蛾类昆虫（表1）。

除了昆虫性信息素以外，常见的昆虫信息素还包括报警信息素（alarming pheromone）、聚集信息素（aggregation pheromone）、产卵信息素（oviposition pheromone）、示踪信息素（trail pheromone）和召集信息素（recruitment pheromone）等。

报警信息素是挥发性的可快速扩散形成浓度梯度的小分子有机化合物，能够产生激发同群成员的警醒、防御或集结行为。已有很多种昆虫如蜜蜂、蚂蚁、蚜虫等被报道可以产生报警信息素。当蚜虫受到捕食性或寄生性天敌的威胁时，其腹管分泌的报警信息素可以提醒周围的同种个体意识到危险的来临而停止取食，开始逐渐爬行分散而逃离现场躲避敌害。*E*-*β*-法呢烯是众多蚜虫报警信息素的主要成分。

聚集信息素是由昆虫产生，能够引起同种昆虫个体产生聚集行为的化学物质。与性信息素是用于吸引异性不同，聚集信息素既可以吸引异性也可以引起同性个体，或者甚至可以吸引同种幼虫。昆虫通过聚集常常可以获得有益的生境条件，例如对食物资源的开发更为便捷，同时对外敌的入侵也具备更高的防御能力。聚集信息素研究最多的昆虫集中在鞘翅目（象虫科和小蠹科），对直翅目、双翅目和蜚蠊目的少数种类也鉴定出了一些聚集信息素的主要成分（表2）。

产卵信息素又名寄主标记信息素，是指昆虫在搜寻到寄主并产卵后分泌释放的一种警戒化学物质，用来向同种或近缘种个体传递存在的信息，阻止同种或寄主相同的近缘种个体选择在已标记的寄主产卵。产卵信息素可以降低后代对寄主资源的竞争压力。此外，昆虫利用寄主标记信息素不仅可

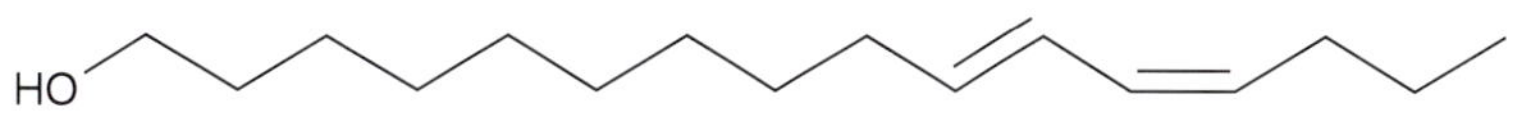

蚕蛾醇化学结构

K

表1 几种鳞翅目昆虫性信息素

科	种名	性信息素组分
蚕蛾科（Bombycidae）	家蚕（*Bombyx mori*）	(*E*10, *Z*12)- 十六碳二烯 -1- 醇
夜蛾科（Noctuidae）	甜菜夜蛾（*Spodoptera exigua*）	(*Z*9, *E*12)- 十四碳二烯醇乙酸酯、*Z*9- 十四碳烯醇
	甘蓝夜蛾（*Mamestra brassicae*）	*Z*11- 十六碳烯基乙酸酯
	棉铃虫（*Helicoverpa armigera*）	*Z*11- 十六碳烯醛、*Z*9- 十六碳烯醛
	小地老虎（*Agrotis ipsilon*）	*Z*7- 十二碳乙酸酯、*Z*9- 十四碳乙酸酯
螟蛾科（Pyralidae）	二化螟（*Chilo suppressalis*）	*Z*11- 十六碳烯醛、*Z*13- 十八碳烯醛
	三化螟（*Tryporyza incertulas*）	十六碳醛、*Z*9- 十六碳烯醛、*Z*11- 十六碳烯醛
	亚洲玉米螟（*Ostrinia furnacalis*）	*Z*12- 十四碳烯 -1- 醇乙酸酯、*E*12- 十四碳烯 -1- 醇乙酸酯
	草地螟（*Loxostege sticticalis*）	*E*11- 十四碳烯乙酸酯
	桃蛀螟（*Conogethes punctiferalis*）	*E*10- 十六碳烯醛、*Z*10- 十六碳醛
卷蛾科（Tortricidae）	梨小食心虫（*Grapholita molesta*）	*Z*8- 十二碳烯 -1- 醇乙酸酯、*E*8- 十二碳烯 -1- 醇乙酸酯、*Z*8- 十二碳烯 -1- 醇
	苹果蠹蛾（*Cydia pomonella*）	(*E*8, *E*10)- 十二碳二烯醇
果蛀蛾科（Carposinidae）	桃小食心虫（*Carposina sasakii*）	*Z*7- 二十烯 -11- 酮、*E*7- 十九烯 -11- 酮
枯叶蛾科（Lasiocampidae）	马尾松毛虫（*Dendrolimus punctatus*）	(*Z*5, *E*7)- 十二碳二烯醇、(*Z*5, *E*7)- 十二碳二烯乙酸酯、(*Z*5, *E*7)- 十二碳二烯丙酸酯
	落叶松毛虫（*Dendrolimus superans*）	(*Z*5, *E*7)- 十二碳二烯醛、(*Z*5, *E*7)- 十二碳二烯醇
灯蛾科（Arctiidae）	美国白蛾（*Hyphantria cunea*）	(*Z*9, *E*12)- 十八碳二烯醛、(*Z*9, *Z*12, *Z*15)- 十八碳三烯醛、(*Z*3, *Z*6, *S*9, *R*10)-9, 10- 环氧 -3, 6- 二十一碳二烯、(*Z*3, *Z*6, *S*9, *R*10)-9, 10- 环氧 -1, 3, 6- 二十一碳三烯

表2 几种昆虫的聚集信息素

目	科	种名	聚集信息素组分
直翅目（Orthoptera）	蝗科（Acrididae）	沙漠蝗（*Schistocerca gregaria*）	苯乙腈、邻甲氧基苯酚、苯酚、茴香醚、安息香醛、藜芦醚、4-乙烯基藜芦醚
鞘翅目（Coleoptera）	象虫科（Curculionidae）	椰棕象甲（*Rhynchophorus ferrugineus*）	4- 甲基 -5- 壬醇、4- 甲基 -5- 壬酮
		棕榈象甲（*Rhynchophorus palmarum*）	E2-6- 甲基 -2- 庚烯基 -4- 醇
		豌豆根瘤象（*Sitona lineatus*）	4- 甲基 -3, 5- 戊二酮、Z3- 己烯 -1- 醇、Z3- 己烯 -1- 乙酸酯
	小蠹科（Scolytidae）	云杉八齿小蠹（*Ips typographus*）	小蠹二烯醇、小蠹烯醇、马鞭草烯醇、2- 甲基 -3- 丁基 -2- 醇
		红脂大小蠹（*Dendroctonus valens*）	3- 蒈烯
蜚蠊目（Blattaria）	蜚蠊科（Blattidae）	德国小蠊（*Blattella germanica*）	1, 1- 二甲基胺 -2- 甲基 -2- 丙醇、甲胺、二甲胺、三甲胺
双翅目（Diptera）	果蝇科（Drosophilidae）	巴氏果蝇（*Drosophila busckii*）	(S)-2- 十五烷基醋酸酯、2- 十五碳酮

以判断有无同种个体存在，而且还可以用于对寄主利用程度的评价，以便对合适寄主资源进行充分利用。

征募同群体成员到新的食物源，或者保卫领地，或者群体抵御天敌的能力对于社会昆虫十分关键。征募的信号常常是信息素，即示踪和召集信息素。这种信息素多是由社会性昆虫所分泌释放的。例如，当工蚁或工蜂外出搜寻食物时，它们会不时地利用腹部末端分泌示踪信息素对其走过的路径进行标记，以此作为它们返回巢穴的主要信息来源。当工蚁或工蜂寻找到可靠的食物资源而返回巢穴时，它们会释放信息素召集更多的同类前往开发食物，这种具备召集同类个体的化学物质即召集信息素。

参考文献

孔垂华，娄永根，2010. 化学生态学前沿 [M]. 北京：高等教育出版社.

K

闫凤鸣，2011. 化学生态学 [M]. 2 版 . 北京：科学出版社 .

ANDO T, INOMATA S I, YAMAMOTO M, 2004. Lepidopteran sex pheromones[M]// SCHULZ S. The chemistry of pheromones and other semiochemicals I. Berlin: Springer: 51-96.

BUTENANDT A, BECKMANN R, STAMM D, et al, 1959. Uber den sexual lockstoff des seidenspinners *Bombyx mori*: Reindarstellung und konstitution[J]. Zeitschrift fur naturforschung setion B-A joural of chemical sciences, 14: 283-284.

LANDOLT P J, PHILLIPS T W, 1997. Host plant influences on sex pheromone behavior of phytophagous insects[J]. Annual review of entomology, 42: 371-391.

WYATT T D, 2003. Pheromones and animal behaviour: communication by smell and taste[M]. Cambridge: Cambridge University Press.

（撰稿：魏可、张龙；审稿：闫凤鸣）

昆虫致病微生物遗传改良 genetic improvement of entomopathogens

昆虫致病微生物为害虫治理提供了一类绿色环保安全有效的防控手段。然而与化学农药相比，天然野生型致病微生物往往存在杀虫速度慢、杀虫效力低、产品持效期短、稳定性差等问题。为此，人们一直致力于昆虫致病微生物的遗传改良，以期改进微生物杀虫剂的杀虫性能。传统的微生物遗传改良方法主要为诱变和体内基因重组。诱变是利用物理或化学诱变剂处理均匀分散的微生物细胞群，促进其突变频率大幅度提高，然后设法采用简便、快速和高效的筛选方法，从中挑选少数符合育种目的的突变株。常用的物理诱变剂有紫外线、X 射线、γ 射线、快中子等，常用的化学诱变剂有亚硝酸、硫酸二乙酯、氮芥等。体内基因重组是指基因重组过程发生在细胞内，主要采用接合、转化、转导和原生质体融合等遗传学方法和技术，使微生物细胞内发生基因重组，以增加优良性状的组合，或者导致多倍体的出现，从而获得优良菌株的一种育种方法。上述传统的遗传改良方法均为非定向诱变，需要通过后期的定向筛选来达到目的，工作量大，不确定性高。随着重组 DNA 技术的出现，以此为核心的现代生物技术使得对微生物进行定向遗传改良成为可能，并成为昆虫致病微生物遗传改良的主要手段。由此构建的高效工程致病微生物，具有重要的科学意义和实际应用价值。以下对几大主要昆虫致病微生物类群的遗传改良研究进展做一简要介绍。

苏云金芽孢杆菌（Bt） 苏云金芽孢杆菌制剂是世界上产量最大、应用最广的一类微生物杀虫剂。其杀虫活性主要源自芽孢形成同时产生的伴孢晶体内的杀虫蛋白。在害虫防治上，Bt 菌剂作为一种杀虫剂仍存在一些缺点。Bt 杀虫蛋白类型比较单一，一方面造成杀虫谱较窄，另一方面害虫容易产生抗药性，且杀虫蛋白对紫外线照射敏感，容易被破坏失活，造成田间持效期短。为了进一步提高 Bt 的杀虫性能，如增强毒力、扩大杀虫谱、延缓抗性产生、延长持效期等，人们通过多种途径对 Bt 菌株开展了遗传改良研究。

Bt 杀虫蛋白多由数量不等的质粒所编码，不同质粒之间杀虫蛋白的表达水平也存在差异。为增强 Bt 的毒力和扩大杀虫范围，可消除毒蛋白表达水平较低的质粒而保留表达水平较高的质粒，或将不同亚种、不同菌株中的质粒通过转导、接合作用加以复合。例如，美国 Ecogen 公司通过“体内基因重组”的方法，成功创建了能够兼治鳞翅目与鞘翅目害虫的广谱 Bt 杀虫剂 Foil。另外，还可以利用体外重组技术，构建新型工程菌，在 Bt 杀虫晶体蛋白发挥杀虫作用的各个关键环节上，如原毒素的溶解、酶解活化或失活、与受体结合等进行遗传改良。通过对杀虫基因功能结构域的剪切、置换、重组、点突变等，实现对杀虫基因的修饰、改造；对特异性酶切位点的改造，以增强原毒素的活化或抑制毒素的进一步降解失活；转入非 Bt 毒素，如凝集素、蓖麻毒素等；转入几丁质酶或与中肠受体结合相关的合成肽基因等，都有效地提高了 Bt 毒力、扩大了杀虫范围。表达有突变型 Bt 毒素基因的噬菌体展示文库，为高效毒素基因的筛选提供了一种强有力的技术手段。

为了克服 Bt 菌剂中杀虫蛋白晶体暴露在外、持效期短的缺点，人们将 Bt 毒蛋白基因导入到一种在植物根际定殖的荧光假单胞菌中，杀虫毒素可随细菌的繁殖而扩增，避免了紫外线的直接照射，大大延长了田间应用的有效期。此外，Bt 毒蛋白基因还被导入一种在植物木质部定居的棒形杆菌属内生菌，这种工程内生菌会将 Bt 毒素输送到植物茎叶，对蛀茎害虫起到很好的控制作用。

昆虫杆状病毒 杆状病毒是一类重要的昆虫致病微生物，具有侵染性强、寄主专一性强、对人畜和天敌安全的优点。但多数病毒存在杀虫慢的缺点，害虫从感染病毒到死亡往往需要 1～2 周时间，使其应用推广受到一定制约。为了加快害虫死亡时间，提高杀虫效率，人们一直在尝试将多种具有杀虫活性的肽类导入杆状病毒基因组，其中一些研究取得了良好的效果。

来自无脊椎动物毒液的昆虫特异性肽类神经毒素是最早被用于构建重组病毒的杀虫多肽。这类神经毒素破坏跨轴突膜的离子传导，可引起昆虫麻痹。应用最多的是蝎毒素，特别是来自北非蝎和以色列黄蝎的神经毒素，最高可缩短致死时间 71%，并可引起幼虫麻痹。此外，来自蜘蛛、螨、大黄蜂、蚂蚁、海葵等的神经毒素也被用于导入杆状病毒基因组，以此构建的大部分重组病毒也能缩短致死时间，造成宿主昆虫的麻痹。

另一类被导入杆状病毒的肽类是对宿主昆虫的发育、生理、行为具有调节作用的激素或酶。通过超表达或表达经过改造的这些生理调节因子，改变寄主昆虫的发育、行为或体内生理平衡，从而加速寄主的致病进程，或尽早使寄主停止取食。利尿激素可刺激昆虫体内多余水分的排出，导入杆状病毒后，可提高病毒的致病力，使幼虫死亡时间缩短 20%，并造成幼虫血淋巴体积减小 30%。保幼激素酯酶控制着保幼激素的降解失活，重组杆状病毒中突变型保幼激素酯酶的表达，减少了幼虫的取食，增强了病毒的致病力，加快了幼虫死亡。此外，性激素激活神经肽的超表达也可加速感染幼虫死亡。

昆虫中肠的围食膜以及包被于各组织器官的基膜对于病毒的侵染是一种物理屏障，可以对这些膜结构进行降解的酶类，如几丁质酶、组织蛋白酶、成纤维细胞生长因子等，在重组病毒中表达后，均缩短了幼虫的致死时间。在一些颗粒体病毒和部分Ⅱ型 α 核型多角体病毒中存在一种金属蛋白酶，被称为增效因子，可以降解围食膜中黏蛋白类蛋白质。将此蛋白酶导入不存在这类蛋白酶的核型多角体病毒，缩短了幼虫致死时间，降低了病毒的致死中浓度。

此外，苏云金芽孢杆菌 Cry 毒素、玉米线粒体膜蛋白以及一种病毒嘧啶二聚体 DNA 修复酶基因，被导入杆状病毒基因组中，也成功缩短了寄主死亡时间。

除了导入外源基因，还可以通过改造杆状病毒基因组本身来提高其杀虫效能。作为一个成功的寄生者，杆状病毒充分利用每一个寄主，使其后代病毒的产量最大化。*egt* 基因编码蜕皮素 UDP 糖基转移酶，可启动葡萄糖由 UDP- 葡萄糖至蜕皮激素的转移，从而使蜕皮激素失活，阻断寄主的蜕皮，进而延长了寄主昆虫感染病毒后的取食时间，增大了寄主生物量。在杆状病毒基因组中敲除 *egt* 基因，明显减少了寄主昆虫的取食量，缩短了幼虫致死时间。

真菌 昆虫病原真菌尽管已发现的有多达 750 种以上，但由于其致病力低、对环境胁迫比较敏感，在害虫防治上的商业化应用受到制约，以广谱性的白僵菌和绿僵菌应用最广。

K

对真菌致病力的遗传改良主要体现在降低致死芽孢剂量和缩短致死时间两方面。改良的靶位之一是真菌穿透昆虫表皮形成附着胞的过程。在绿僵菌中增加一种参与昆虫表皮降解的蛋白酶 Pr1 的拷贝数，使寄主致死时间缩短 25%。组成型表达白僵菌几丁质酶，或表达其他来源的几丁质酶，如家蚕几丁质酶的几丁质结合片段，均显著提高了致病力。广谱性绿僵菌中的一种参与内部营养动员的酯酶，转入蝗虫专一性绿僵菌后，也可对鳞翅目幼虫致病。来自其他物种的毒素也被用于真菌的遗传改良，其中以蝎毒素的增效最好。

对真菌效力影响较大的环境胁迫主要是紫外线、高温和湿度。色素可以提高真菌的抗环境胁迫的能力。将互隔交链孢霉的 DHN 黑色素合成路径转入绿僵菌内，对紫外线的耐受力提高了 2 倍，对高温胁迫（35°C）的耐受力提高了 1.3 倍，对低水分活度的耐受力提高了 3 倍。将烟曲霉菌的酪氨酸酶转入白僵菌，可提高芽孢的色素沉积。紫外辐射不仅对 DNA 造成损伤，也会产生活性氧，从而提高细胞的氧化压力。在白僵菌中过表达超氧化物歧化酶（SOD），增加了对活性氧的解毒能力，从而提高了对紫外线的耐受力。海藻糖有助于昆虫病原真菌的耐热性，在绿僵菌中抑制海藻糖酶的表达，显著提升了其耐热力，但对致病力无影响。

线虫 线虫也是一类重要的昆虫病原，其对靶标害虫的专一性较强，对环境安全，对人类无毒，对于地下害虫和蛀茎蛀干害虫的防治具有明显优势。其中异小杆线虫科和斯氏线虫科的一些种类已商业化应用。但由于昆虫病原线虫对环境的要求较高，特别对温度、湿度、紫外线要求比较严格，主动寻找寄主的能力弱，因而限制了其生物防治潜能的充分发挥。为此，人们一直致力于通过遗传改良强化其优势、改善其弱势。

传统的筛选、杂交、选择育种、突变等手段，在线虫品系改良的很多方面都取得了成功。从庞大的自然种群中筛选符合特定生物学特性要求的线虫，尽管很繁杂，但却是有效的，由此得到一些优良品系，如耐热或耐寒等品系。在此基础上，即可以将具有优良特性的品系与商业品系杂交。鉴于所需求的生物学特性可能源自多基因作用，选择育种就成为一种有效的遗传改良的方法。这方面比较成功的探索包括搜索寄主的能力、对寄主的致病性和效力、对冷热环境的耐受性、对杀线虫剂的抗性等。如果所需的生物学性状受控于某些调节基因，可能更适于用突变的方法进行遗传改良，如对干燥耐受性的获得。

受限于对线虫的分子生物学背景了解得还不够深入，尽管在品系改良上基因工程取得了一些成功，但尚未广泛应用。在异小杆线虫 HP88 中转入秀丽线虫的热激蛋白基因 *hsp*70，可消除因高温受损的蛋白质或使其复性，从而提高转基因线虫的耐热性。海藻糖是一种渗透保护剂，在干燥、脱水和其他胁迫下，可以保护膜和蛋白质。海藻糖 -6- 磷酸合成酶是海藻糖生物合成中的一个关键酶，将酵母海藻糖 -6- 磷酸合成酶基因以及秀丽线虫的热诱导启动子转入斯氏线虫，干燥和渗透耐受性显著提高。

参考文献

黄大昉 , 1995. 生物技术在生防微生物遗传改良中的应用 [J]. 生物工程进展 , 15(4): 42-45.

CHANG J H, CHOI J Y, JIN B R, et al, 2003. An improved baculovirus insecticide producing occlusion bodies that contain *Bacillus thuringiensis* insect toxin[J]. Journal of invertebrate pathology, 84: 30-37.

DEIST B R, RAUSCH M A, FERNANDEZ-LUNA M T, et al, 2014. Bt toxin modification for enhanced efficacy[J]. Toxins, 6: 3005-3027.

FANG W, AZIMZADEH P, S T LEGER R J, 2012. Strain improvement of fungal insecticides for controlling insect pests and vector-borne diseases[J]. Current opinion in microbiology, 15: 232-238.

GAUGLER R, CAMPBELL J F, 1991. Selection for enhanced host-finding of scarab larvae (Coleoptera: Scarabaeidae) in an entomopathogenic nematode[J]. Environmental entomology, 20: 700-706.

ISHIKAWA H, HOSHINO Y, MOTOKI Y, et al, 2007. A system for the directed evolution of the insecticidal protein from *Bacillus thuringiensis*[J]. Molecular biotechnology, 36: 90-101.

NAIMOV S, WEEMEN-HENDRIKS M, DUKIANDJIEV S, et al, 2001. *Bacillus thuringiensis* delta-endotoxin Cry1 hybrid proteins with increased activity against the colorado potato beetle[J]. Applied and Environmental Microbiology, 67: 5328-5330.

POSSEE R D, BARNETT A L, HAWTIN R E, et al, 1999. Engineered baculoviruses for pest control[J]. Pesticide Science, 51: 462-470.

SALAME L, GLAZER I, CHUBINISHVILLI M T, et al, 2010. Genetic improvement of the desiccation tolerance and host-seeking ability of the entomopathogenic nematode *Steinernema feltiae*[J]. Phytoparasitica, 38: 359-368.

ST LEGER R J, JOSHI L, BIDOCHKA M J, et al, 1996.

Construction of an improved mycoinsecticide over-expressing a toxic protease[J]. Proceedings of the National Academy of Sciences of the United States of America, 93: 6349-6354.

SUN X, WUA D, SUN X, et al, 2009. Impact of *Helicoverpa armigera* nucleopolyhedroviruses expressing a cathepsin l-like protease on target and nontarget insect species on cotton[J]. Biological control, 49: 77-83.

WU S J, KOLLER N C, MILLER D L, et al, 2000. Enhanced toxicity of *Bacillus thuringiensis*[J]. FEBS letters, 473: 227-232.

（撰稿：张继红；审稿：秦启联）

L

蜡蚧轮枝菌 *Lecanicillium lecanii*

一种地理分布和寄主范围均比较广泛的昆虫病原真菌。子囊菌门（Ascomycota）肉座菌目（Hypocreales）虫草科（Cordycipitaceae）的一种真菌。曾用名 *Verticillium lecanii*。不同寄主和地理来源的菌株不仅分生孢子大小形状有差异，而且萌发速率也有所不同，对昆虫的侵染致病力也有所不同。

蜡蚧轮枝菌生长的温度范围为 14～32°C，最适温度为 25°C。分生孢子萌发和菌丝生长要求高湿度条件，相对湿度低于 75% 时，孢子几乎不萌发。气生菌丝分枝，宽度为 1.1～1.9μm。分生孢子梗透明，基部膨大，向上逐渐变细，呈锥形，单生、对生或轮生在菌丝上。分生孢子在分生孢子梗顶端黏结成球形头状体，直径为 4～10μm，遇水解体，释放出分生孢子。分生孢子透明，呈椭圆形、卵形或柱形，偶尔有圆形，其大小为 2.3～6.4μm×1.1～2.5μm。每个头状体通常含 6～25 个分生孢子，个别可达 70 个，不产生厚垣孢子。在查贝克琼脂和马铃薯葡萄糖琼脂上，蜡蚧轮枝菌的菌落均为圆形、白色、背面呈奶油黄色、无可溶性色素。能寄生半翅目的蚜虫、粉虱、介壳虫、蝽象等，缨翅目的蓟马，直翅目的蝗虫，双翅目的潜叶蝇和伊蚊等多种昆虫，还能寄生某些种类的植物病原菌。蜡蚧轮枝菌最早由 Nivter 于 1861 年在斯里兰卡发现，是咖啡蜡蚧（*Lecanii coffeae*）的寄生菌。国外从 20 世纪 70 年代对其进行了系统研究，20 世纪 80 年代实现了产品的登记、注册以及大量生产和推广应用。此类产品防治温室蚜虫、白粉虱、蓟马等害虫效果十分突出。中国对蜡蚧轮枝菌的研究多在 20 世纪 90 年代。

蜡蚧轮枝菌感染并杀死寄主昆虫的过程与其他虫生真菌类似，通过可黏着昆虫体表的分生孢子感染昆虫，穿透体壁进入血淋巴内生长增殖，并分泌与球孢白僵菌相同的环状缩羧肽——球孢白僵菌素（bassianolide），以及其他杀虫物质，如吡啶酸（dipicolinic acid）、内毒素磷酸酯等，导致宿主昆虫的死亡。在园艺和农业生产中用来防治粉虱、蓟马、蚜虫等害虫。

菌物防治植物病害有几种不同的方式（机制），包括占领、竞争、人工免疫、拮抗（抗生）和重寄生等，蜡蚧轮枝菌对植物病害的防治属于重寄生的机制。蜡蚧轮枝菌能寄生的植物病原菌涉及 8 个属 20 余种。

市场上有多种蜡蚧轮枝菌剂型，其中可湿性粉剂包括英国 Tate & Lye 公司和荷兰 Koppert 公司的蜡蚧轮枝菌制剂 Mycotal、Thriptal 和 Ertalec 等，生物气雾剂和油剂的研发和应用也取得较大进展。虽然蜡蚧轮枝菌在生物防治上有很多成功的应用，但也有一定的局限性，如毒性低、杀虫慢、对杀真菌剂敏感、对湿度要求高等。由于杀真菌剂的抑菌作用较强，为保证防治效果，在温室蜡蚧轮枝菌的流行期间不建议施用杀真菌剂。利用基因改良的方法提高菌株毒力，可以促进其在绿色农业中的大规模应用。

参考文献

陈吉棣，1985. 蜡蚧轮枝菌及其在生防中的应用 [J]. 生物防治通报 (4): 32-38.

王联德，王雪琴，2011. 蜡蚧轮枝菌对茶蚜的侵染模型 [J]. 武夷科学，27: 69-73.

阎峻，李兰珍，H. C. 埃文斯，et al, 1996. 轮枝菌形态的低温扫描电镜观察 [J]. 真菌学报，15: 34-37.

翟晓曼，2012. 蜡蚧轮枝菌毒力改良及其效果评价 [D]. 北京：中国农业科学院.

周炎，王中康，喻子牛，2006. 微生物农药研发与应用 [M]. 北京：化学工业出版社.

DRUMMOND J, HEALE J B, GILLESPIE A T, 1987. Germination and effect of reduced humidity on expression of pathogenicity in *Verticillium lecanii* against the glasshouse whitefly *Trialeurodes vaporariorum*[J]. Annals of applied biology, 111: 193-201.

ZARE R, GAMS W, 2001. A revision of *Verticillium* sect. Prostrata. III. Generic classification[J]. Nova hedwigia, 72: 47-55.

（撰稿：周桂灵；审稿：秦启联）

蜡质芽孢杆菌 *Bacillus cereus*

芽孢杆菌属（*Bacillus*）的一种细菌，在土壤等环境中广泛存在。革兰氏阳性细菌，无荚膜；菌体细胞杆状，末端方，成短或长链，1.0～1.2μm×3.0～5.0μm；产芽孢，芽孢圆形或柱形，中生或近中生，1.0～1.5μm，孢囊无明显膨大。

分布情况 兼性好氧，生长温度 20～45°C，10°C 以下生长缓慢或不生长。

形态特征 在普通琼脂培养基平板上，37°C，培养 24 小时，可形成圆形或近似圆形、质地软、无色素、稍有光泽的白色菌落（似蜡烛样颜色），直径 5～7mm。在营养较为丰富的培养基上生长更旺盛，菌落直径达 8～10mm，质地更软，挑起来呈丝状，培养时间稍长，菌落表面呈毛玻璃状，并产生红色色素。在酵母粉蛋白胨培养基平板上菌落为灰白色，不透明，表面较粗糙，似毛玻璃状或融蜡状，菌落较大。

抗菌物质 蜡质芽孢杆菌产生的抑菌物质可分为两类：一类是通过核糖体途径合成的抗菌物质；另一类是通过非核糖体途径合成的抗菌物质。其中，通过核糖体途径合成的抗菌肽通常称为细菌素。而通过非核糖体途径合成的称为非核糖体肽，即一类不在核糖体上合成的、通过硫模板多聚酶机制的多功能酶复合系统合成的肽类次级代谢产物，主要由氨基酸和特殊氨基酸或修饰过的氨基酸组成，主要包括多肽类抗生素、脂肽类抗生素和脂肪氨基酸氮氧衍生物和挥发性的抗菌物质等。

生防功能 蜡质芽孢杆菌生防功能普遍认为有促生长、竞争、拮抗和诱导植物抗性等4个方面。蜡质芽孢杆菌能产生或诱导植物产生生长素、赤霉素、玉米素等，这些生长激素能促进植物生长，合成嗜铁素、有机酸等物质，促进寄主植物对氮、磷等营养元素的吸收；同时，还可以通过内生菌与病原菌相互竞争位点来夺取营养物质，从而抑制植物病害的发生；分泌多种抗真菌和细菌作用的拮抗物质，对病原菌有直接的抑制作用；蜡质芽孢杆菌还能诱导寄主植物生理生化发生变化，积累相关蛋白、合成一些代谢产物，产生水解酶和氧化酶等，并且分泌超氧化物歧化酶，使植物产生抗病性。从而抑制病原菌生长。

参考文献

管珺，胡永红，杨文革，等，2007. 蜡样芽孢杆菌防治植物病虫害的研究进展[J]. 现代农药，6(4): 7-10.

焦文沁，2005. 蜡样芽孢杆菌A-47增效因子的筛选及增效机制初探[D]. 北京：中国农业大学.

刘建国，裴炎，丛威，等，2001. 蜡状芽孢杆菌S1发酵条件的研究[J]. 工业微生物，31(1): 4-7.

张立娜，2012. 一株蜡样芽孢杆菌的鉴定及其抑菌物质的分离纯化与性质的研究[D]. 广州：华南理工大学.

NIU D D, LIU H X, JIANG C H, et al, 2011. The plant growth-promoting rhizobacterium *Bacillus cereus* AR156 induces systemic resistance in *Arabidopsis thaliana* by simultaneously activating salicylate-and jasmonate/ethylene-dependent signaling pathways[J]. Molecular plant-microbe interactions, 24(5): 533-542.

（撰稿：吴黎明；审稿：高学文）

莱氏野村菌 *Nomuraea rileyi*

子囊菌门（Clavicipitaceae）肉座菌目（Hypocreales）麦角菌科（Clavicipitaceae）的一种真菌，世界各地均有分布。1883年首次被描述，但其在生物防治方面应用的研究起始于1955年。莱氏野村菌能寄生30多种鳞翅目害虫和2种鞘翅目害虫，对鳞翅目夜蛾科害虫，如棉铃虫、斜纹夜蛾、粉纹夜蛾、大豆夜蛾、黎豆夜蛾等致病能力强，并可在田间引起流行病。美国曾用该菌诱发害虫流行病，进行生态系统调控等，防治危害大豆的夜蛾类害虫，取得显著效果。日本学者认为该菌广泛分布于水田，适宜防治杂食性的斜纹夜蛾等害虫。

莱氏野村菌不同菌株在14～34°C均能生长，最适温度为20～25°C，适宜的pH5～7，最适pH6，孢子萌发高峰为3～5天。固体培养可产生分生孢子，液体培养只产生芽生孢子，芽生孢子不具有侵染活性。微菌核是莱氏野村菌的一种抗逆性极强的休眠结构，由特化的菌丝缠绕而成，可以抵御不良环境。由于缺乏成本低、效益好的批量生产方法，莱氏野村菌尚未实现商业化生产。

大豆造桥虫、菜青虫、棉铃虫等害虫感染莱氏野村菌后，不食不动，后期一般爬到叶片或叶柄部位死亡。尸体初期柔软，逐渐变硬，死后3～5天，虫体背腹线间出现白色菌丝。随后白色菌丝及孢子梗逐渐布满虫体全身，而后遍生鲜绿色的分生孢子。分生孢子粉在露水干后随风传播，遇到宿主昆虫即启动下一轮的侵染。

与白僵菌和绿僵菌相比，莱氏野村菌生长温度较低，规模化培养比较困难，但因其引起昆虫流行病的能力非常突出，因而是一种重要的昆虫病原真菌。田间莱氏野村菌的流行受到多种因素的影响，除温度、湿度、光照等环境因素外，化学农药是主要的抑制因素。在自然界该菌发生的高峰期（9～11月）应避免使用有机磷杀虫剂，可使用新型杀虫剂莱喜、米满等对其抑制作用较小的新型杀虫剂，以期达到更好的田间效果。

参考文献

马维思，徐常青，张金良，等，2015. 金银花尺蠖及棉铃虫的一种病原真菌鉴定[J]. 中国现代中药，17: 934-937.

蒲蛰龙，1994. 昆虫病理学[M]. 广州：广东科技出版社.

邱思鑫，关雄，2000. 杀虫剂对莱氏野村菌孢子萌发和菌丝生长的影响[J]. 中国病毒学，15: 176-179.

王长军，2000. 莱氏野村菌寄生害虫规律和虫种的调查研究[J]. 中国病毒学杀虫微生物专刊，15: 253-254.

PADANAD M S, KRISHNARAJ P U, 2009. Pathogenicity of native entomopathogenic fungus *Nomuraea rileyi* against *Spodoptera litura*[J]. Plant health progress, 10(1). DOI: 10.1094/PHP-2009-0807-01-RS.

（撰稿：周桂灵；审稿：秦启联）

廊道效应 corridors effect

连接相邻两个生境的线状或带状结构在昆虫及其他动物的栖息、生长、觅食、繁殖和越冬中所起的作用。廊道是指景观中与相邻两侧环境不同的线状或带状结构，是景观生态学的基本要素之一，是连接因人类活动或道路等建设而形成的孤立的生态系统或农田一种生境区域，又名野生生物廊道、生境廊道、绿色廊道。廊道一般可分为3种类型：线状廊道、带状廊道和河流廊道。根据其组成内容或生态系统类型分为森林廊道、河流廊道、道路廊道等。廊道类型的多样性反映了其结构和功能的多样性。产生廊道效应的实质是由于围绕中心廊道存在效益梯度，廊道效益由中心向外逐步衰减，遵循距离衰减率，因而可以用指数衰减函数表示。

廊道有助于破碎化生境或复合生境之间物种的迁移与

扩散。廊道本身就是一种生境，不同类型、长度和宽度的廊道在昆虫的生长、觅食、繁殖和越冬中起着不同的作用，适宜的廊道对于昆虫的保护和提供替代生境具有重要的意义。廊道在很大程度上影响着斑块间的物种、物质和能量的交流，在农业景观中建立合理的生态廊道对于生物多样性的保护将起到积极作用。

廊道对景观连接度有显著影响，其宽度、长度、植被结构都将影响景观连接度的水平，而农业景观的连接度又是决定物种空间分布和多样性的重要因素。

廊道能为天敌提供食物。在作物种植区内设置野生植被的廊道，可以提高天敌的丰度和控制效能。这些生境之所以重要，因为可以为寄生性和捕食性天敌提供替代寄主、花粉和花蜜。Nicholls 等在美国加利福尼亚研究了在葡萄园中设置保护带提高天敌作用的方法。在两个果园内，一个果园中设置一条 5m 宽、300m 长有 65 种开花植物的植被廊道，而另一个果园没有这条廊道。两年后，在葡萄生长期，有廊道的葡萄园中缨小蜂平均密度高于没有廊道的葡萄园。

廊道的格局分布往往引导着整个景观系统格局分布，廊道的连通性、形状等结构特征影响着景观系统的连接度，廊道的数目、宽度等控制着景观内生物迁移的效率，廊道建设在生物多样性保护等方面有着重要的生态学意义。

廊道的宽度特征对于廊道的生态功能有重要意义，它直接影响着物种沿廊道和穿越廊道的迁移效率。一般认为廊道越宽越好，窄带廊道易对敏感生物种的迁移产生影响，并影响廊道对有害物种和污染物的过滤。

廊道能增加生境斑块的连接度，提高斑块间物种的迁移率，促进斑块间基因交换和物种流动，方便不同斑块中同一物种中个体间的交配，有利于物种的空间运动和为有空间扩散能力的物种提供一个连续的栖息地网络，从而使小种群免于近亲繁殖遗传退化。一些小的哺乳动物确实利用廊道连接生境斑块来进行散布，与被连接起来的小块林地相比，隔离的小块林地中白脚鼠种群的生长率要低得多，而且更易于灭绝。具有廊道连接的斑块有利于树木物种跨景观范围的运动，尤其是那些借助于重力散布的树木物种。

廊道能够促进种群的增长和斑块中某一种群灭绝后外来种群的侵入，从而对维持物种数量发挥积极作用，而且还可以增强碎裂种群的生存。另外，由于廊道便于物种的迁移，某一斑块或景观中气候的改变对物种威胁就大大降低。

廊道又是一种危险的景观结构，能分割生境斑块，阻断基因或物种流，造成生境破碎化，或引导外来种及天敌的侵入，威胁乡土物种生存。廊道功能上的矛盾性与复杂性，要求谨慎考虑如何使廊道有利于乡土物种的保护。其中最重要的一点是必须使廊道具有原始景观自然的本底及乡土特性，廊道应是自然的或是对原有自然廊道的恢复，任何人为设计的廊道都必须与自然的景观格局（如水系格局）相适应。同时，廊道还要具有一定的宽度，廊道如果达不到一定的宽度，不但起不到保护对象的作用，反而为外来物种的入侵创造条件。带状廊道较宽，包含一个有丰富内部生物种组成的中心内部环境，对周围环境的干扰有一定的抵抗性，其内部种和边缘种的多样性格局随廊道宽度不同而变化，这对城市绿地系统绿廊设计有重要的参考价值，对城市生物多样性保护有重要意义。

参考文献

李玉强，邢韶华，崔国发，2010. 生物廊道的意见进展 [J]. 世界林业研究，23(2): 49-54.

吕海燕，李政海，李建东，等，2007. 廊道研究进展与主要研究方法 [J]. 安徽农业科学，35(15): 4480-4482, 4484.

浦朝阳，崔兰英，1994. 贯彻落实北京城市总体规划，确保绿化隔离地区的绿化建设 [J]. 北京规划建设 (6): 10-13.

朱强，俞孔坚，李迪华，2005. 景观规划中的生态廊道宽度 [J]. 生态学报，25(9): 2406-2412.

DIEKOTTER T, BILLETERA R, CRIST T O, 2008. Effects of landscape connectivity on the spatial distribution of insect diversity in agricultural mosaic landscapes[J]. Basic and applied ecology, 9: 298-307.

FORMAN R, GODRON M, 1986. Landscape ecology[M]. New York: John Wiley & Sons.

LANDIS D A, MARINO P C, 1996. Parasitiod communities of pest Lepidoptera in agricultural landscapes: Theory, reality and implications for biological control[J]. Bulletin of the Ecological Society of America, 77(3): 250.

NICHOLLS C I, PARRELLA M P, ALTIERI M A, 2000. Reducing the abundance of leafhoppers and dispersal insect biodiversity within a northern California organic vineyard[J]. Landscape ecology, 16: 133-146.

NOSS R F, 1987. Corridors in real landscape: a reply to Simberloff and Cox[J]. Conservation biology (1): 159-164.

SMITH D S, HELLMUND P C, 1993. Ecology of greenways: design and function of linear conservation areas[M]. Mineapolis: University of Minnesota Press.

THOMSON M J, 1987. Cores and Corridors-The Importance of a Green System in Southern Ontario. Federation of Ontario Naturalists Richlefs, R. E. Community diversity: relative roles of local and regional processes[J]. Science, 235: 167-171.

TURNER M G, 1990. Spatial and temporal analysis of landscape patterns[J]. Landscape ecology, 4(1): 21-30.

（撰稿：陈斌；审稿：何霞红）

丽蚜小蜂 *Encarsia formosa* Gahan

属膜翅目（Hymenoptera）蚜小蜂科（Aphelinidae）恩蚜小蜂属（*Encarsia*），是蔬菜温室粉虱的重要寄生性天敌。蚜小蜂科系统分类中称丽恩蚜小蜂。世界上已有 20 多个国家开展丽蚜小蜂的研究和利用，中国及英国、荷兰、美国等国家已进行繁蜂商品化生产，利用丽蚜小蜂防治温室白粉虱［*Trialeurodes vaporariorum*（Westwood）］和烟粉虱［*Bemisia tabaci*（Gennadius）］取得了良好的防治效果，是世界各国害虫生物防治成功事例之一。1978 年，中国从英国引进丽蚜小蜂，进行了饲养繁殖和释放技术的研究，在温室白粉虱的防治上应用推广，对防治中国发生严重的烟粉虱也取得较好防效。主要在北京等北方地区应用，国外分布在北美洲、大洋洲、欧洲等。

形态特征

雌蜂 体长 0.5～0.65mm。头部、胸部及腹柄节背板暗褐色至黑褐色，偶有中胸盾中叶中部具暗褐色三角斑；腹部浅黄色；触角黄色至微暗色；翅透明；足黄色，前后足基节基部暗色；产卵器浅黄色；触角 8 节，触角式 1,1,4,2。中胸盾中叶具近 20 根毛，每盾侧叶 2 根毛，每三角片 1 根毛，小盾片 2 对毛，板形感觉器位于前 1 对毛之间；前翅长为宽的 2.4 倍，缘毛为翅宽的 0.28 倍；亚缘脉具 2 根毛，缘脉前缘具 6 根毛；足跗节 5-4-5，中足跗节 4 节，第四跗节与第五跗节融合，胫节端距明显短于基跗节（图 1、图 2）。

雄蜂 体长 0.5～0.6mm。头部黄褐色，颊及触角下的颜面暗褐色至黑色。胸部黑色，仅中胸盾纵沟及翅基片浅黄色至黄褐色；腹部黑色，节间沟缝略显黄色。触角及足的颜色与雌性一致。触角 8 节，梗节长略大于宽，比第一索节短；第一索节长为宽的 2 倍多，与第二索节近等长且较宽，第二至四索节以及第一棒节近等长等宽，末节棒节略短；各鞭节分别具明显的条形感觉器。身体的其余结构及刻纹与雌性相似。

生物学习性 丽蚜小蜂为粉虱的体内寄生蜂，单寄生。一般寄生二龄以上粉虱若虫，但喜好寄生三、四龄若虫和前期的蛹，寄生约 8 天后，粉虱若虫（或蛹）的体色变黑。丽蚜小蜂从卵至蛹均在寄主体内发育，成蜂羽化时用上颚咬破寄主体壁，从羽化孔爬出。从产卵到成蜂羽化为 18.7 ± 0.3 天。可孤雌生殖，每雌产卵 89～196 粒，平均 128.92 ± 6.9 粒；繁殖率 4.4～7.0 粒 /（雌 · 天），平均 5.5 ± 0.2 粒 /（雌 · 天）。

丽蚜小蜂雌蜂取食寄主粉虱的蜜露，或以产卵针穿刺粉虱若虫吸取其体液补充营养。成蜂取食寄主蜜露后可存活 28 天，如无补充营养只能存活 1 周，通常在温室中可存活 10～15 天。饲喂蜂蜜水可提高丽蚜小蜂的产卵寄生能力，饲喂 10% 蜂蜜水的雌蜂平均可产卵寄生粉虱若虫 86.8 ± 41.8 头，而无饲喂蜂蜜水的仅产卵寄生 55.2 ± 38.3 头。在恒温 27°C 下，丽蚜小蜂平均寿命 19 天，一生可杀死粉虱 197 头，其中产卵寄生占 74.4%，刺吸致死占 25.6%。丽蚜小蜂寄生菜豆、烟草、棉花、黄瓜和番茄上的烟粉虱，以在番茄上的粉虱寄生率最高（84%），其次为菜豆（78.5%）、烟草（76.3%）、棉花（51.3%），最低的为黄瓜（26.9%）；番茄上丽蚜小蜂发育历期最短（15.4 天），菜豆、烟草和黄瓜次之（16.1 天、17.7 天、17.6 天），棉花最长（19.8 天）。丽蚜小蜂对烟粉虱和温室白粉虱选择性比较表明，对烟粉虱的寄生率为 39.71%，而对温室白粉虱的寄生率为 53.71%，两者差异显著，但两种寄主单独存在时，寄生率没有差异。

常用农药对丽蚜小蜂的安全性影响中，氯氰菊酯等 4 种拟除虫菊酯类杀虫剂、敌敌畏、啶虫脒、阿维菌素和矿物油对寄生于寄主中的丽蚜小蜂杀伤力最强，死亡率在 96.9% 以上；马拉硫磷、毒死蜱和吡虫啉次之，死亡率在 34.1%～58.9%；几丁质合成抑制剂噻嗪酮和灭蝇胺则较安全，死亡率在 18.3% 以下；辟蚜雾的致死率仅为 1.5%，属于安全的杀虫剂；多菌灵、百菌清、甲霜灵、异菌脲、三唑酮等 5 种杀菌剂的死亡率在 30.3% 以下，较安全，其中甲霜灵属安全的药剂。

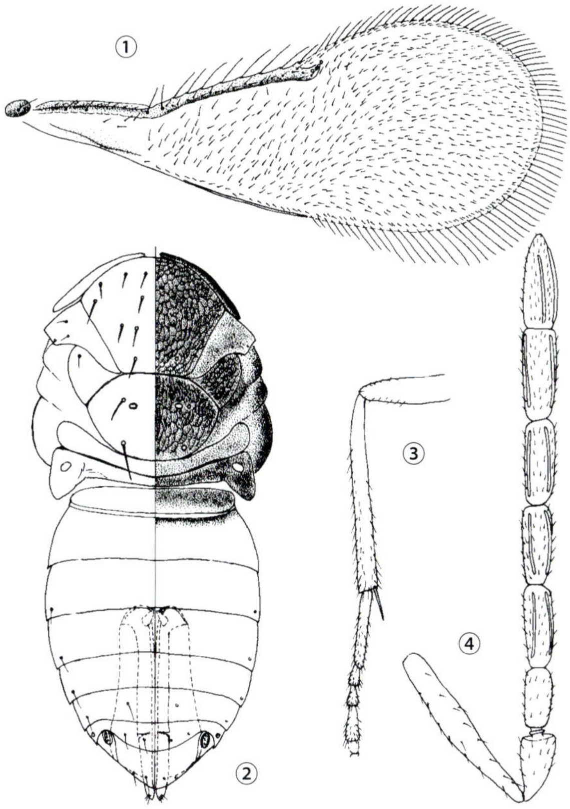

图 1 雌丽蚜小蜂（*Encarsia formosa* Gahan）（黄建绘）
①前翅；②胸、腹部；③中足胫节和跗节；④触角

图 2 丽蚜小蜂成虫（黄建摄）

人工繁育与释放利用 利用粉虱进行丽蚜小蜂的人工繁殖技术主要有罩笼繁蜂法、单室繁蜂法、四室繁蜂法和五室繁蜂法，其中以五室繁蜂法最为成功。培育番茄进行五室繁蜂法主要步骤如下：

清洁苗培育 在清洁苗培育室内进行。用温水浸泡番茄种子 10 分钟，然后播种在育苗盘内。发芽至两片真叶时分苗一次；5 片真叶时，选出壮苗定植花盆内；7～8 片真叶时，即可用于接种粉虱。按照需要，每两周播一批种子。

繁殖和接种粉虱 在粉虱繁殖和接种室内进行。将 7～8 片真叶的清洁番茄苗盆栽移入繁殖室，接种粉虱成虫。当下代粉虱成虫大量羽化时，再移入清洁番茄苗接种粉虱产卵。

接种后的盆栽苗移出作为繁蜂用。同时，留下一部分用于更换粉虱的续代繁殖。

粉虱若虫的繁育 在粉虱若虫繁育室内进行。将②中接种的番茄苗盆栽移入粉虱若虫繁育室，2 周后粉虱若虫发育到二至三龄，即准备用于接种丽蚜小蜂。

接种丽蚜小蜂 在小蜂繁蜂室内进行。将③中准备好的番茄苗盆栽移入小蜂繁蜂室，接入丽蚜小蜂，保证每平方厘米叶片上有 1 头丽蚜小蜂，经 10～12 天后，当有黑蛹零星出现后，即可移出繁蜂室。

分离小蜂和粉虱 在分离室内进行。将④培育的番茄苗盆栽移入分离室，待未被寄生的粉虱大部分羽化后，用敌敌畏熏蒸 4 小时，杀死粉虱成虫，然后收集被寄生的黑蛹，放在阴干室内 1～2 天，即可包紧，贮藏应用。

五室繁蜂法具有繁蜂量多、发育整齐、蜂种质量规格化等优点，在北京、大庆等地利用此种方法进行丽蚜小蜂批量繁殖已获成功，并取得良好的防治效果。以丽蚜小蜂为主，综合防治温室白粉虱的技术，已应用于保护地番茄栽培，粉虱若虫被寄生率在 75% 以上，粉虱成虫平均密度可控制在 10 头 / 株以下。一般增产 10%～20%，每亩增值 500～1000 元，降低杀虫剂用量 80%～90%，生产无公害蔬菜。同时可有效减少露地蔬菜粉虱虫源，经济和生态效益明显。

参考文献

程洪坤，田毓起，魏炳传，等，1989. 丽蚜小蜂商品化生产技术 [J]. 生物防治通报，5(4): 178-181.

黄建，1994. 中国蚜小蜂科分类 [M]. 重庆：重庆出版社 .

刘建军，田毓起，1987. 环境因素对丽蚜小蜂寄生和刺吸寄主数量的影响 [J]. 生物防治通报，3(4): 152-156.

王青，王丽平，严毓骅，1992. 喂饲蜂蜜水对丽蚜小蜂成蜂产卵寄生能力的影响 [J]. 生物防治通报，8(2): 64-67.

王玉波，何晓庆，郑书宏，等，2006. 不同农药对丽蚜小蜂的安全性评价 [J]. 中国蔬菜 (8): 21-22.

谢明，2000. 保护地害虫天敌的生产和应用 [M]. 北京：金盾出版社 .

徐维红，谷希树，刘佰明，2007. 不同寄主植物对丽蚜小蜂寄生，发育，存活和增殖的影响 [J]. 山东农业科学 (6): 73-75.

张桂芬，付守三，1989. 丽蚜小蜂 (*Encarsia formosa* Gahan) 的个体发育 [J]. 河北农业大学学报，12(2): 50-55.

张帆，罗晨，张君明，2007. 丽蚜小蜂对烟粉虱和温室白粉虱的寄生选择 [J]. 华北农学报，22(6): 179-182.

朱国仁，乔德禄，徐宝云，1993. 丽蚜小蜂防治白粉虱的应用技术 [J]. 中国农学通报，9(3): 52-53.

（撰稿：王竹红、黄建；审稿：杨忠岐）

利它素 kairomone

一种生物释放并引起有利于接受者的行为或生理反应的化学信号物质。经过长期的协同进化，利它素在天敌—害虫互作系统中普遍存在。

特性及来源 在特定的寄生蜂—寄主系统中，当寄生蜂通过植物气味的引导进入到寄主昆虫的栖息地后，仍主要依靠化学信号来定向和识别寄主。其中，来源于寄主的化学信号最为可靠，可以在不同的距离范围内引导寄生蜂对寄主的正确定向和识别。在远距离范围内吸引寄生蜂的利它素，具有较高的挥发性；在寄生蜂到达寄主附近数厘米时才起作用的利它素，其挥发性较低；还有的利它素只有当寄生蜂接触后才能进行感受，其挥发性极低或不具有挥发性，寄生蜂靠味觉感器进行感受。Kainoh 等将寄生蜂利它素分为外部和内部利它素，前者诱发寄生蜂定位和识别寄主，后者则在寄主识别及刺激寄生蜂产卵中起作用。

利它素的来源主要包括 4 种：①寄主本身（卵、幼虫或蛹）。被寄生虫态的寄主昆虫通常含有引诱寄生蜂的信号物质，在昆虫不同虫态中，卵期的寄生最为普遍，因此有关卵中信号物质对寄生蜂的引诱作用的研究也最多。如，烟青虫（*Helicoverpa assulta* Guenee）和棉古毒蛾（*Orgyia postica* Walker）卵表面的化学物质可以近距离引诱各自的寄生蜂；棉铃虫卵表存在引诱和刺激螟黄赤眼蜂（*Trichogramma chilonis* Ishii）产卵的利它素。寄主幼虫（若虫）期相关研究也较多，如茶蚜（*Toxoptera aurantii* Boyer）体表的化学物质对蚜茧蜂（*Aphidius* sp.）具有吸引作用；木薯粉虱（*Phenacoccus herreni* Cox & Williams）体表物质吸引两种跳小蜂（*Acerophagus coccois* Smith）和（*Aenasius vexans* Kerrich）对其定位。②寄主排泄物（粪便和蜜露）。这些排泄物中的利它素成分大多非昆虫本身所合成，而是直接来自寄主植物或经昆虫肠内或排泄物中微生物改变后的寄主植物的化学物质。如美洲棉铃虫［*Helicoverpa zea*（Boddie）］粪便对红足侧沟茧蜂［*Microplitis croceipes*（Cresson）］有很强的引诱作用，其活性成分反 – 叶绿醇是植物中的常见成分。③寄主虫体附属物（鳞片、蜕皮、口腔分泌液、表皮印迹）。这些附属物在寄主产卵、取食或爬行时黏附在卵或幼虫活动部位，可以吸引寄生蜂更容易搜索到寄主。如美洲棉铃虫在产卵时，腹部在叶片上刮擦从而将鳞片黏附在卵及其附近叶片，鳞片中所含的化学信号作为利它素，被广赤眼蜂（*Trichogramma evanescens* Westwood）用来寻找寄主卵。寄主幼虫取食或吐丝时的口腔分泌物中含有的一些利它素，也被一些寄生蜂利用进行寄主定向。此外，寄主在爬行等活动时将自身的化学印迹（footprint）遗留在植物叶片上，寄生蜂可以据此发现寄主；沟卵蜂属（*Trissolcus*）寄生蜂甚至根据印迹区分寄主的雌雄及雌虫是否抱卵，显示出很高的特异性。④寄主昆虫的性信息素等。寄主昆虫的性信息素、聚集信息素以及标记信息素等也常常被寄生蜂盗用，帮助其定位寄主昆虫。例如，卵寄生蜂茶毒蛾黑卵蜂（*Telenomus euproctidis* Wilcox）对其寄主棉古毒蛾（*Orgyia postica* Walker）性信息素组分具有明显的趋向作用；蚜虫释放的报警信息素 (*E*)-*β*- 法尼烯可以被乌兹别克斯坦蚜茧蜂（*Aphidius uzbekistanicus* Luzhetzki）等多种寄生蜂用于搜寻蚜虫。

结构及组成 引诱寄生蜂寻找寄主的利它素的结构多样，主要有蛋白质、糖类、氨基酸、长链烷烃、酮类、脂肪酸和萜类化合物等。如长角广腹细蜂（*Amithus longiconis* Fster）利用寄主蚜虫分泌的蜜露作为定位信号，主要成分为水苏糖等 6 种糖类物质和甘氨酸等 12 种氨基酸；黏虫绒茧蜂的利它素是一系列的 2, 5- 二烷基呋喃类化合物；烟芽夜蛾吸引夜蛾黑卵蜂（*Telenomus remus* Nixon）的利它素是一种蛋白质，来源于雌蛾性附腺的分泌物；几种鞘翅目和鳞翅目昆虫的利它素由长链（20～40 个碳）的烷烃、甲基烷烃和烯烃及少量的脂肪酸和醇类组成。

参考文献

陶淑霞，万方浩，仝赞华，等，2000. 引诱赤眼蜂产卵的它感化合物物质源研究及生物活性测定 [J]. 中国农业科学，33(6): 59-66.

ARAKAKI N, YAMAZAWA H, WAKAMURA S, 2011. The egg parasitoid *Telenomus euproctidis* (Hymenoptera: Scelionidae) uses sex pheromone released by immobile female tussock moth *Orgyia postica* (Lepidoptera: Lymantriidae) as kairomone[J]. Applied entomology and zoology, 46(2): 195-200.

BOO K S, YANG J P, 2000. Kairomones Used by *Trichogramma chilonis* to find Helicoverpa assulta eggs[J]. Journal of chemical ecology, 26(2): 359-375.

CALATAYUD P-A, AUGER J, THIBOUT E, 2001. Identification and synthesis of a kairomone mediating host location by two parasitoid species of the cassava mealybug *Phenacoccus herreni*[J]. Journal of chemical ecology, 27(11): 2203-2217.

COLAZZA S, AQUILA G, DE PASQUALE C, et al, 2007. The egg parasitoid *Trissolcus basalis* uses n-nonadecane, a cuticular hydrocarbon from its stink bug host *Nezara viridula*, to discriminate between female and male hosts[J]. Journal of chemical ecology, 33(7): 1405-1420.

GUELDNER R, NORDLUND D A, LEWIS W J, et al, 1984. Kairomones and their use for management of entomophagous insects. XV. Identification of several acids in scales of *Heliothis zea* (Lepidoptera: Noctuidae) moths and comments on their possible role as kairomones for *Trichogramma pretiosum* (Hymenoptera: Trichogrammatidae)[J]. Journal of chemical ecology, 10: 245-251.

HATANO E, KUNERT G, WEISSER W W, 2008. Chemical cues mediating interaction in a food chain: aphid-location by natural enemies[J]. European journal of entonology, 105(5): 797-806.

JOACHIM C, WEISSER W W, 2015. Does the aphid alarm pheromone (*E*)-β-farnesene act as a kairomone under field conditions[J]. Journal of chemical ecology, 41: 267-275.

KAINOH Y, TATSUK S, 1988. Host egg kairomones essential for egg-larval parasitoid, *Ascogaster reticulatus* Watanabe (Hymenoptera: Braconidae): I. Internal and external kairomones[J]. Journal of chemical ecology, 14(6): 1475-1484.

LEWIS W, JONES R L, 1971. Substance that stimulates host-seeking by *Microplitis croceipes* (Hymenoptera: Braconidae), a parasite of *Heliothis* species[J]. Annals of the Entomological Society of America, 64: 471-473.

MA R Z, SWEDENBORG P D, JONES R I, 1992. Host-seeking behavior of *Eriborus terebrans* (Hymenoptera, Ichneumonidae) toward the European corn-borer and the role of chemical stimuli[J]. Annals of the Entomological Society of America, 85(1): 72-79.

MICHA S G, WYSS U, 1996. Aphid alarm pheromone (e)-β-farnesene: A host finding kairomone for the aphid primary parasitoid *Aphidius uzbekistanicus* (Hymenoptera: Aphidiinae)[J]. Chemoecology, 7(3): 132-139.

SALERNO G, FRATI F, CONTI E, et al, 2009. A finely tuned strategy adopted by an egg parasitoid to exploit chemical traces from host adults[J]. Journal of experimental biology, 212(12): 1825-1831.

TUMLINSON J H, TURLINGS T C J, LEWIS W J, 1992. The semiochemical complexes that mediate insect parasitoid foraging[J]. Agricultural zoology reviews, 5: 251-252.

（撰稿：董双林；审稿：王琛柱）

链霉素 streptomycin

一类氨基糖苷类抗生素，由灰色链霉菌（*Streptomyces griseus*）产生。20 世纪由 Waksman 博士团队研究发现，最早开始用于结核病等医学相关的研究中。随着研究的深入发展，链霉素也逐渐被应用于控制植物中的多种病害。作为农业生产上主要的抗生素最初应用于防治梨火疫病，之后作为杀菌剂，用于烟草野火病、白菜软腐病、番茄细菌性斑腐病、晚疫病、霜霉病、菜豆霜霉病、芹菜细菌性疫病、芝麻细菌性叶斑病等。农用链霉素为放线菌产生的代谢产物，杀菌谱广，特别是对多种细菌性病害效果较好（对真菌也有防治作用），具有内吸作用，能渗透到植物体内，并传导到其他部位。对人、畜低毒，对鱼类及水生生物毒性亦很小。主要用于喷雾，也可作灌根和浸种消毒等。

链霉素作用在核糖体 30s 小亚基上，直接抑制蛋白质的合成，其直接的靶标为核糖体上的 S12 和 16S RNA 结构域，因而干扰了蛋白的生物合成，从而破坏细菌链。链霉素的大量使用，随之而来的负面影响便是出现严重的抗药性，且抗药性传播迅速，为链霉素在植物病害防治中的应用带来了制约。链霉素抗性基因常与质粒、转座子、整合子等易转移的元件关联，链霉素的大量使用造成的选择压力，以及自然界中本身存在的链霉素抗性基因库造成了抗性基因的广泛分布。链霉素抗性机制有多种，主要包括以下三种：① *rpsL* 基因机制，抗药性的出现是由于菌株中 *rpsL* 基因的第 43 位碱基突变造成的。② *strA-strB* 基因机制，由于编码氨基糖苷类 -3- 磷酸与氨基糖苷类 -6- 磷酸两个链霉素修饰酶的基因 *strA-strB* 的存在，*strA-strB* 基因编码的修饰酶作用于链霉素并改变其活性，从而达到细菌抗链霉素的目的。③ *aadA* 基因机制，*aadA* 基因与链霉素抗性相关。*aadA* 基因与 *strA-strB* 基因整合子共同存在，能使病原菌对链霉素具有低水平的抗药性，且沉默的 *aadA* 基因整合子在转移到新的宿主之后仍能完整表达。抗药性不仅会给农业生产带来影响，当其传播达到一定程度，甚至可以通过食物链给人类以及动物带来影响，实现抗性基因由动物到人类病原菌的转移。

参考文献

李洁，钟杰，黄军，等，2013. 植物病原细菌链霉素抗性研究进展 [J]. 生物技术通报 (9): 18-26.

CHIOU C S, JONES A L, 1995. Molecular analysis of high-level streptomycin resistance in *Erwinia amylovora*[J]. Phytopathology, 85:

324-328.

FINKEN M, KIRSCHNER P, MEIER A, et al, 1993. Molecular basis of streptomycin resistance in *Mycobacterium tuberculosis*: alterations of the ribosomal protein S12 gene and point mutations within a functional 16S ribosomal RNA pseudoknot[J]. Molecular microbiology, 9: 1239-1246.

FRANK K L, BUNDLE S F, KRESGE M E, et al, 2003. *aadA* confers streptomycin resistance in *Borrelia burgdorferi*[J]. Journal of bacteriol, 185(22): 6723-6727.

REZZONICO F, STOCKWELL V O, DUFFY B, 2009. Plant agricultural streptomycin formulations do not carry antibiotic resistance genes[J]. Antimicrob agents chemother, 53(7): 3173-3177.

SÉVENO N, KALLIFIDAS D, SMALLA K, et al, 2002. Occurrence and reservoirs of antibiotic resistance genes in the environment[J]. Reviews in medical microbiology, 13(1): 15-27.

SUNDIN G W, 2002. Distinct recent lineages of the *strA-strB* streptomycinresistance genes in clinical and environmental bacteria[J]. Current microbiology, 45(1): 63-69.

SUNDIN G W, DEMEZAS D H, BENDER C L, 1994. Genetic and plasmid diversity within natural populations of *Pseudomonas syringae* with various exposures to copper and streptomycin bactericides[J]. Applied and environmental microbiology, 60(12): 4421-4431.

WITTE W, 1998. Medical consequences of antibiotic use in agriculture[J]. Science, 279(5353): 996-997.

ZHAO S H, WHITE D G, BELLEI G E, et al, 2001. Identification and characterization of integron-mediated antibiotic resistance among shiga toxinproducing *Escherichia coli* isolates[J]. Applied and environmental microbiology, 67(4): 1558-1564.

（撰稿：杨晓；审稿：王琦）

猎蝽　assassin bug

属半翅目（Hemiptera）猎蝽科（Reduviidae），该科是半翅目中物种数量仅次于叶蝉科与盲蝽科的第三大科，全世界广布，已知25亚科近7000种，中国记录有13亚科400余种。以亚热带及热带地区物种多样性最为丰富，生活环境多样，分布于除两极外的绝大多数陆地生态系统，如沙漠戈壁中的哺乳动物洞穴、热带雨林的腐烂朽木与落叶以及人类居所等。

形态特征　猎蝽形态多样，根据生境、习性的不同其体形结构多样性变化较大，如生活在树皮下的猎蝽亚科（Reduviinae）部分类群身体较为扁平，适应其在狭窄空间内的生活；善于拟态蚊子的部分蚊猎蝽亚科（Emesinae）昆虫体态纤细；模拟枯草秆的一些细足猎蝽亚科（Stenopodainae）昆虫身体细长，体色枯黄。猎蝽的头一般呈纺锤状，前端呈锥状，眼后细缩如颈状，有些种类如大多数蚊猎蝽亚科昆虫头短粗，无明显的颈。猎蝽通常具4节触角，少数种类如光猎蝽亚科（Ectrichodiinae）部分种类触角会分亚节。猎蝽口器为刺吸式，喙可见节多为3节，仅新猎蝽亚科（Centrocneminae）可见4节。猎蝽足的主要功能是步行和捕获猎物，此外还有清洁、帮助交配等功能；某些猎蝽的股节具较大的齿突或刺，如轮刺猎蝽属（*Scipinia*）、脊猎蝽属（*Polididus*）、刺猎蝽属（*Nagustoides*）；部分种类前、中足胫节端部有一个膨大而多毛的区域即海绵窝，作用可能为辅助捕食等。猎蝽前翅基半部革质，端半部膜质，仅分为革片、爪片与膜片，无缘片和楔片，膜片常有两个大翅室，翅室端部伸出一长脉；某些种类部分个体短翅或无翅。猎蝽科昆虫腹面的第一可见节为第二腹节，雄虫第九节呈杯状，为生殖器的主要部分。

产卵习性　猎蝽具有性二型现象，体型上雌性会稍大于雄性，在复眼的大小、触角形状、刚毛的浓密程度、腹部的宽窄等方面雌雄个体间都有程度不同的差异，在有翅二型现象的一些种类间，雄性个体通常具长翅，而雌性有长翅、短翅或无翅多种类型。

猎蝽为渐变态类昆虫，具卵、若虫及成虫3个阶段，若虫多为5个龄期。猎蝽的产卵方式多样，有些种类为单产，每处只产1个卵，如部分盗猎蝽亚科（Peiratinae）的昆虫；有些种类多个卵整齐地黏合呈块状，周围常有胶质保护，如部分真猎蝽亚科（Harpactorinae）的种类。猎蝽的种群通常较小，种群密度较低，个体分散活动，但有些种类产卵量较大，存在种群密度较大的阶段，如多氏田猎蝽（*Agriosphodrus dohrni* Signoret）。

捕食行为　猎蝽的主要生境为森林、农田、仓库、住房中等；蚊猎蝽亚科部分种类会在蛛网上捕食，猎蝽亚科常生活于灌木丛中、树皮下、石块下等，真猎蝽亚科（Harpactorinae）喜欢活动于灌木丛、乔木叶片上等，锥猎蝽亚科（Triatominae）昆虫多生活于人类住所或动物巢穴附近。昼出性猎蝽例如广锤胫猎蝽（*Valentia compressipes*）、亮钳猎蝽（*Labidocoris pectoralis*）等可以在白天大量采到；夜出性种类白天常隐藏于隐蔽处，但通常具有趋光行为，可以通过灯诱采集。

猎蝽科除了少部分粪食性和血食性之外，均为捕食性种类，是许多重要农林害虫的有效天敌，如150多种猎蝽以重要的农林业害虫为食。一种猎蝽能捕食多种害虫，如红彩瑞猎蝽（*Rhynocoris fuscipes*）能捕食烟蚜、烟青虫和斜纹夜蛾等多种烟田害虫；纹翅劈猎蝽（*Pristhesancus plagipennis*）能够有效降低棉田的铃夜蛾属（*Helicoverpa* spp.）以及大豆田的绿淡盲蝽（*Creontiades dilutes*）和大豆尺蠖（*Chrysodeixis* sp.）等多种害虫的种群密度；双环跃猎蝽（*Peregrinator biannulipes*）能够捕食赤拟谷盗、米黑虫、药材甲等20余种仓库害虫；褐菱猎蝽（*Isyndus obscures*）可以大量捕食松毛虫（*Dendrolimus* spp.）以及天幕毛虫（*Malacosoma* sp.）等；锥盾菱猎蝽（*Isyndus reticulates*）、黄带犀猎蝽（*Sycanus croceovittatus*）、广锤胫猎蝽等也是中国南方森林中常见的天敌。它们在农林与仓储害虫的自然控制中起着重要作用。

锥猎蝽亚科专门吸食脊椎动物血液，少部分种类叮人吸血，能够传播查加斯病（又名美洲锥虫病），该病可通过血液与母婴传播，暂无极有效的药物治疗，多数患者症状出现之前有很长的潜伏期，也被称为“美洲新型艾滋病”，受害者死亡率10%左右，中美洲和南美洲大多数国家都处于此病的威胁之中；中国南方分布较广的广锥猎蝽（*Triatoma rubrofasciata*）会叮咬人类并引起不适，但并无传病报道。随着人类生活和经济活动的全球化，加大了查加斯病的蔓延速度和范围，严重威胁人类的健康，锥猎蝽已经成为重要的卫生害虫，引起世界各国的关注。

参考文献

彩万志，1992. 中国猎蝽科的生物学、形态学及分类学（异翅亚目：猎蝽总科）[D]. 杨凌：西北农林科技大学.

苏湘宁，邓海滨，蔡青年，等，2016. 红彩真猎蝽对烟草重要害虫捕食选择性研究 [J]. 中国农学通报，32(26): 43-47.

萧采瑜，任树芝，郑乐怡，等，1981. 中国蝽类昆虫鉴定手册（半翅目异翅亚目） 第二册 [M]. 北京：科学出版社.

姚康，邓望喜，陶靖平，等，1984. 仓双环猎蝽的生活习性及捕食仓虫效力的初步观察 [J]. 华中农学院学报，3(1): 44-47.

AMBROSE D P, 1999. Assassin bugs[M]. Enfield: Science Publishers.

CAO L M, RÉDEI D, LI H, et al, 2014. Revision of the genus *Acanthaspis* Amyot & Serville (Hemiptera: Heteroptera: Reduviidae: Reduviinae) from China, with new records of species to adjacent countries[J]. Zootaxa, 3892: 1-66.

GRUNDY P, MAELZER D, 2000. Assessment of *Pristhesancus plagipennis* (Walker) (Hemiptera: Reduviidae) as an augmented biological controlin cotton and soybean crops[J]. Australian journal of entomology, 39(4): 305-309.

LI H, ZHAO G Y, CAO L M, et al, 2010. Taxonomic and bionomic noteson the white spot assassin bug *Platymeris biguttatus* (Linnaeus) (Hemiptera: Reduviidae: Reduviinae)[J]. Zootaxa, 2644: 47-56.

LUO X Y, ZHOU D K, LI H, et al, 2010. Taxonomic and bionomic notes on *Agriosphodrus dohrni* (Signoret) (Hemiptera: Reduviidae: Harpactorinae)[J]. Zootaxa, 2358: 57-67.

SCHUH R T, SLATER J A, 1995. True bugs of the world (Hemiptera: Heteroptera): classification and natural history[M]. Ithaca: Cornell University Press: 336.

TARLETON R L, CURRAN J W, 2012. Is Chagas disease really the “new HIV/AIDS of the Americas”[J] Public neglected tropical diseases, 6(10): e1861.

WEIRAUCH C, BÉRENGER J M, BERNIKER L, et al, 2014. An illustrated identification key to assassin bug subfamilies and tribes (Hemiptera: Reduviidae)[J]. Canadian journal arthropod identification, 26: 1-115.

（撰稿：赵嫣盛；审稿：彩万志）

绿僵菌 *Metarhizium* spp.

属子囊菌门（Ascomycota）盘菌亚门（Pezizomycotina）粪壳菌纲（Sordariomycetes）肉座菌亚纲（Hypocreomycetidae）肉座菌目（Hypocreales）麦角菌科（Clavicipitetaceae）。有6种绿僵菌得到广泛认同：①金龟子绿僵菌［*Metarhizium. anisopliae*（Metsch.）Sorokinvar］，又分为2个变种：金龟子绿僵菌小孢变种（*Metarhizium anisopliae* var. *anisopliae*）和金龟子绿僵菌大孢变种（*Metarhizium anisopliae* var. *majus*）。②黄绿绿僵菌（*Metarhizium flavoviride*），黄绿绿僵菌分为2个变种：黄绿绿僵菌小孢变种（*Metarhizium flavoviride* var. *minus*）和黄绿绿僵菌大孢变种（*Metarhizium flavoviride* var. *flavoviride*）。③双型绿僵菌（*Metarhizium biformisporae*）。④戴氏绿僵菌（*Metarhizium taii*）。绿僵菌属真菌是一种广泛应用的虫生真菌，也是最早用于生物防治的虫生真菌之一。绿僵菌的寄主范围非常广泛，能寄生8个目42个科200多种昆虫，还能寄生螨类及线虫等，特别是在防治土居害虫方面有着独特的效果。

形态特征 在人工培养基上，菌落绒毛状至絮状，最初白色，产孢后为泛绿色基调的各种色泽。菌丝透明、有隔。在感病死亡的虫体上菌丝蔓延生长，呈白色，可形成绿色孢子层。分生孢子梗聚集形成分生孢子座。分生孢子梗为圆柱状瓶梗，单生或聚集或紧密排列，从瓶状小梗的末端形成长链状的分生孢子。分生孢子单胞，柱形至卵圆形，通常中部稍细，在瓶梗上向基性排列成分生孢子长链，成团时呈绿色。生长适温为20～30°C，最适生长和孢子形成的温度为25°C。生长发育要求空气相对湿度在93%以上，以98%～100%为最适。最适pH6.9～7.2，在微碱或微酸的条件下生长良好，形成的分生孢子量多。强烈阳光的照射对孢子萌发及菌丝生长有较强杀伤和抑制作用。

侵染过程与机理 昆虫感染绿僵菌病后产生的病理反应主要由侵入的菌丝体和菌体分泌的毒素两方面引起。绿僵菌菌丝侵入昆虫体腔后，生长繁殖迅速，并随血淋巴循环侵入各器官组织，直至整个体腔充满菌丝和菌丝体。侵入脂肪体内的菌丝吸收脂肪细胞内的营养物质，使细胞结构遭到破坏，最终致使整个脂肪组织崩解。绿僵菌分泌的毒素可以使初期聚集于菌丝及菌丝体周围的吞噬细胞失去吞噬作用，任由菌丝生长繁殖。毒素亦影响昆虫中枢神经系统，使神经传导产生障碍，失去正常的反射作用。毒素还促使寄主组织逐渐衰变，影响质膜和细胞器膜结构的完整性，组织细胞因失液而严重脱水，导致寄主死亡。

制剂和应用技术 在长期的剂型研究与害虫防治过程中，绿僵菌的剂型和应用技术也得到了长足发展，已研制出的剂型主要有原粉剂、粉剂、可湿性粉剂、乳剂、油剂、微胶囊、混合剂及干菌丝等。当前国内外大面积推广应用于农作物、森林、卫生等害虫防治的绿僵菌商品制剂主要是金龟子绿僵菌（*Metarhizium anisopliae*），对桃小食心虫（*Carosin aniponensis*）、亚洲玉米螟（*Ostrinia furnacalis*）、甘蔗杆草螟（*Diatraea saccharalis*）、甘薯华叶甲（*Colasposoma metallicum*）、斜纹夜蛾（*Spodoptera litura*）和黑翅土白蚁（*Odontotermes formosanus*）等害虫均有明显控制效果。

参考文献

樊美珍，李增智，1995. 绿僵菌及其应用 [M]// 陈涛，有害生物的微生物防治原理和技术. 北京：科学技术出版社：245-254.

刘炬，蒲蛰龙，1982. 毒杀蚊幼虫的绿僵菌菌株的筛选及其毒性测定 [J]. 昆虫天敌，4(2): 41-46.

蒲蛰龙，1992. 昆虫病理学 [M]. 广州：广东科技出版社.

L

蒲蛰龙，1985. 应用昆虫的病原真菌防治害虫 [J]. 生物防治通报 (1): 27-31.

裘辉，吴振强，梁世中，2004. 金龟子绿僵菌及其杀虫机理 [J]. 农药，43(8): 342-345.

张礼生，张泽华，高松，等，2006. 绿僵菌生物农药的研制与应用 [J]. 中国生物防治，22(增刊): 141-146.

DAOUST R A, ROBERTS D W, 1983. Studies on the prolonged storage of *Metarhizium anisopliae* conidia: Effect of temperature and relative humidity on conidial viability and virulence against mosquitoes[J]. Journal of invertebrate pathology, 41(2): 143-150.

（撰稿：赵燕妮；审稿：秦启联）

绿篱 hedge

由灌木或小乔木以近距离的株行距密植，单行或双行、紧密结合的规则的种植形式。又名植篱、生篱等。绿篱具有围护、分区和屏障作用，影响野生动植物的迁徙，害虫天敌资源的保护和储存等。在绿篱用植物的选择中，多采用一些常绿植物。

关于“绿篱”之词，由来已久。篱，即篱笆。在《楚辞·招魂》中记录有“兰薄户树，琼木篱些”。王逸注“柴落为篱”。《三国志·蜀志·先主传》有“舍东南角篱上有桑树生高五丈余，遥望见童童如小车盖”。晋陶渊明《饮酒》诗之五中记载有“采菊东篱下，悠然见南山”。唐朝诗人韩愈诗《题于宾客庄》中记载有“榆荚车前盖地皮，蔷薇蘸水笋穿篱”。

随着绿篱设置目的和功能的不同，曾出现过不同的绿篱概念。一般词典中对绿篱的解释是：绿篱是指用植物密植而成的围墙。陈俊愉先生将绿篱定义为：以绿篱植物所栽的绿色篱垣状物。余树勋先生将绿篱定义为：栽种植物使之形成的墙垣，又名树篱、植篱、生篱。最早见于农村在院子四周密植分枝多或有刺的灌木充当院落或防止牲畜随意出入的围墙，中国南方农村通常选用木槿、枸橘作为障篱植物。而现代园林中人工修剪的绿篱则是于近百年前自西方传入中国，曾译为生篱，hedge 是用来区别木制或铁制的围篱（fence）。西方古典园林用矮篱种植成图案形式，形成大型花坛、图案花坛。经过修剪的绿篱被认为是活的建筑材料。中国古典园林及国画中可以见到自然式不修剪的花篱（flower hedge）或用竹篱攀上一些蔓性植物（花栅）形成的绿篱。孙筱祥先生对绿篱的定义为：林带凡是由灌木或小乔木，以相等的株行距，单行或双行排列而构成的不透风结构，称为绿篱或绿墙。

欧洲将绿篱定义为长度在 20m 以上、宽度在 5m 以下的乔木或灌木带，构建内容及要求包括完整性、连续性（间隙总量小于 10%、间隙宽度小于 5m 等），尺度（高度≥ 1m、宽度 1～5m 等），物种多样性（横切面积≥ $3m^2$），非本土草本和木本植物≤ 10% 等。

绿篱的围护功能是指在园林中用刺篱、高篱或绿篱内加铁刺丝制作而成作为防范的边界，从而可引导游人在游览中选择路线。

绿篱能起到分区和屏障视线作用。园林中常用绿篱或绿墙进行分区和屏障视线，以分隔不同功能的空间。如为了减少相互干扰，用绿篱把儿童游戏场、运动场与安静休息区分隔开来。分区和屏障视线用的绿篱植物，通常选用植株较高的常绿树，制成高于人视线的绿墙。

绿篱有防止野生动植物迁徙的功能。利用绿篱植物制成栅栏从而围成一院落，或在农田绿篱或农田边界中种植绿篱植物，以控制昆虫或野生动植物的迁移。如在稻田周围或田埂上种植一些作物或特定植物，有利于阻碍步甲和虎甲等地表活动的天敌类昆虫，从而有利于保护农田或田埂上天敌资源，达到自然控制害虫的目的。

参考文献

陈蝶，卫伟，2016. 植物篱的生态效益研究进展 [J]. 应用生态学报，27(2): 652-662.

林学名词审定委员会，1989. 林学名词 [M]. 北京：科学出版社.

明军，廖卉荣，2000. 绿篱的配植与造景 [J]. 湖北农学院学报，20(2): 133-136.

苏雪痕，1994. 植物造景 [M]. 北京：中国林业出版社.

孙辉，唐亚，谢嘉穗，2004, 植物篱种植模式及其在我国的研究和应用 [J]. 水土保持学报，18(2): 114-117.

吴昌恒，1988. 古今汉语实用词典 [M]. 成都：四川人民出版社.

余树勋，1987. 园林美与园林艺术 [M]. 北京：科学出版社.

中国农业百科全书总编辑委员会观赏园艺卷编辑委员会，中国农业百科全书编辑委员会，1996. 中国农业百科全书：观赏园艺卷 [M]. 北京：中国农业出版社.

2007. Hedgrow survey handbook: a standard procedure for local surveys in the UK[M]. London: Defer.

（撰稿：陈斌；审稿：朱有勇）

绿色木霉 *Trichoderma viride*

木霉菌属的一种，广泛分布于自然界中的木材、种子和植物残体上。绿色木霉可以产生多种具有活性的酶系，对纤维素等多种物质具有高效的降解作用，是国标中筛选防霉剂的重要菌种之一，同时也是一种具有拮抗作用的生物防治真菌。

形态特征 绿色木霉在不同培养基上生长，菌落形态与产孢特点有一些差异。在 PDA 培养基上，菌丝层较厚，致密丛束状，初期白色、平坦，后期因产生分生孢子而呈深绿色，产孢区常排列成同心轮纹状。菌落背面无色，有时呈现浅黄色。菌丝透明有隔，细胞壁光滑，分生孢子梗由菌丝直立生出，无色，分枝多，对生或互生，二至三级分枝，整体像树枝；分枝与分生孢子梗的夹角近似直角，末端为小梗。小梗瓶形，分生孢子球形或长椭圆形，表面粗糙，布满小刺，单胞，靠黏液在小梗上聚集成球状绿色的分生孢子头。最适生长温度为 25°C，48 小时，菌落半径为 8～33mm。

在 CMD 培养基上，菌落生长较快，20°C，5 天可达 90mm，菌丝簇棉絮状，或呈致密结构，菌丝簇外的分生孢子梗分枝较少，有的仅有尖端可育；菌丝簇内的分生孢子梗呈线状、不对称，无分枝，尖端的瓶梗呈螺旋状排列。分生孢子聚集成垫状或半球形的结构，分生孢子聚集体呈黑绿色。近一半的绿色木霉菌株会释放椰子气味。

在SNA培养基上，菌落形态与分生孢子梗结构与在CMD培养基上相似。

绿色木霉生物降解功能 绿色木霉是一种高效的纤维素降解菌，它在代谢过程中会分泌大量胞外降解酶类，如纤维素酶、几丁质酶、葡聚糖酶以及木聚糖酶等，用于降解农作物秸秆、植物残体、中药药渣等环境中的有机物质，为自身生长、繁殖提供碳源和氮源。绿色木霉在适宜条件下高产高活性纤维素酶系备受关注，它可以产生多种有生物活性的酶系，如纤维素酶、木聚糖酶、半纤维素酶等。

绿色木霉产纤维素酶齐全。纤维素酶是一种复合水解酶类，主要由内切葡聚糖酶、外切葡聚糖酶和β-葡萄糖苷酶组成。3种酶共同作用才能完成纤维素的降解过程，三类纤维素酶在绿色木霉中均有发现。纤维素是地球上数量最大的可再生资源，在自然界广泛分布，但利用率较低。绿色木霉产生的这些纤维素酶可将植物纤维素水解为葡萄糖，破坏植物细胞壁，使其释放蛋白体、淀粉等营养成分，从而提高植物残渣利用率，减少环境污染，促进资源再利用，它是一个非常宝贵的富含纤维素酶的真菌资源。

绿色木霉可以用于生产木聚糖酶，且它的木聚糖酶具有多酶体系的特征。木聚糖是一种存在于植物细胞壁中的异质多糖，是植物半纤维素的主要成分。木聚糖酶是可以降解木聚糖的酶类总称，主要包括内切和外切木糖苷酶等。吴克等从绿色木霉木聚糖酶中分离得到这3种类型的木聚糖酶，它们的最适反应温度为50～60°C，pH为4.5～5.5。

绿色木霉被鉴定为高产木质素酶（尤其是漆酶）的菌种之一。木质素酶主要包含木质素过氧化物酶（LiP）、锰过氧化物酶（MnP）和漆酶等3种酶类。

绿色木霉的不同菌株对纤维素、半纤维素和木质素的降解能力是有差异的。利用绿色木霉多种酶系统，在以作物秸秆腐熟、降解落叶和花生壳进行了应用，从而使它们变成了可重新利用的资源。总之，将绿色木霉的多酶降解功能合理加以开发利用，会在一定程度上帮助缓解能源危机、实现资源再利用、减少环境污染，并产生巨大的经济效益和生态效益。

绿色木霉的生防功能 绿色木霉以其分布广泛、生长迅速、可产生对菌体细胞壁的降解酶类、对菌体的生长有抑制作用的拮抗物质和次生代谢产物、诱导植物抗病性与促生等特点，已被广泛应用于植物病害尤其是植物土传病害的生物防治中。其作用机制主要包括竞争、溶菌、重寄生、产抗生素、诱导抗性以及促生长等。

绿色木霉抑制植物病害发生主要由于它对多种病原菌有重寄生作用，可以与其他病原菌有效竞争营养物质和生存空间；再者绿色木霉可以分泌大量几丁质酶、β-1, 3-葡聚糖酶等细胞壁降解酶，可以对大多数病原菌的细胞壁（主要成分由几丁质、β-1, 3-葡聚糖以及少量蛋白质和脂肪构成）进行降解，并侵入寄主菌丝细胞获取营养物质，可以使病原菌生长受到抑制，并导致降解死亡。显微镜下可观察到绿色木霉通过缠绕、寄生等方式使茄腐镰孢菌发生菌丝断裂、缢缩、消解等现象。研究表明，绿色木霉菌株对多种病原菌均有抑制作用，如病原菌茶轮斑病、牡丹根腐病菌、白绢病菌、辣椒疫霉菌等，抑制率可达50%～85%，发病率可降低24%～26.5%。

绿色木霉代谢过程中产生抗生素、倍半萜烯类、类固醇类、烷基吡喃酮以及挥发性物质等次级代谢产物，这些物质对于病原菌均会产生抑制作用。研究发现绿色木霉在无土培养基上会分泌绿胶霉素和胶霉毒素，这两种代谢产物均对病原菌有显著抑制作用，其中胶霉毒素对水稻纹枯病、小麦枯萎病等土传病原菌有广谱抑制作用。大量试验表明，绿色木霉代谢产物对串珠镰刀菌（*Fusarium moniliforme*）、茄链格孢菌（*Alternaria dauci*）、杯盘菌（*Ciboria* spp.）、灰霉菌（*Botrytis cinerea*）、出芽短梗霉（*Aureobasidium pulluans*）、曲霉（*Aspergillus* spp.）、青霉（*Penicillium* spp.）、毛霉（*Mucor* spp.）和根霉（*Rhizopus* spp.）等植物病原菌均有明显拮抗效果。此外，绿色木霉次生代谢产物中某些胞外蛋白酶也对南方根结线虫（*Meloidogyne incognita*）卵孵化产生高度抑制，降低植物线虫病害的发生率。Al-Hazmi等研究发现，给番茄浇灌不同浓度绿色木霉和哈茨木霉菌液，不仅能有效抑制根结线虫病的发病率，还会促进番茄生长。气相色谱-质谱分析表明，绿色木霉的挥发性代谢产物主要是苯甲醇、2-苯乙醇、6-戊基-2H-吡喃-2-酮等有机化合物，有研究发现绿色木霉的挥发性代谢产物对马铃薯炭疽菌、镰孢菌、立枯丝核菌等病原菌的抑制率显著高于非挥发性代谢产物。

绿色木霉通过诱导植物防御酶系的变化增强植物抗性。如经绿色木霉发酵液处理后，小麦体内苯丙氨酸解氨酶、过氧化物酶、多酚氧化酶等防御酶均出现活性高峰；该发酵液能够抑制小麦丝核菌多聚半乳糖醛酸酶活性，造成寡聚半乳糖醛酸酐积累，使植物相关抗性代谢增强，激发植物防御反应。辛鑫等发现先接种绿色木霉后再接种香蕉枯萎病病原菌，香蕉组织内苯丙氨酸酶、多酚氧化酶、过氧化物酶等防御酶活性明显升高，诱导了香蕉组培苗对香蕉枯萎病的抗病性。Gajera等发现绿色木霉诱导的抗氧化防御反应对因黑曲霉引发的根腐病有显著抑制作用，使花生幼苗颈腐病发病率降低了51%～58%。

绿色木霉可以提高植物种子活力和萌发率，促进幼苗生长。有研究指出，经过绿色木霉处理的马铃薯（*Solanum tuberosum*）、小麦（*Triticum aestivum*）、烟草（*Nicotiana tabacum*）、胡萝卜（*Daucus carota*）、长春花（*Catharanthus roseus*）、菊花（*Chrysanthemum morifolium*）、辣椒（*Capsicum frutescens*）和玉米（*Zea mays*）等，其种子萌发和植株生长均有不同程度提高，具体表现为提高植物种子活力、发芽率、出苗率、根系活力、株高及植株干重量等。李艳娟等研究表明，不同浓度的绿色木霉和哈茨木霉溶液对杉木种子萌发和幼苗生长有促进作用，并能通过提高幼苗抗氧化酶活性，增强杉木幼苗抗逆性。Arun等将绿色木霉发酵木薯块茎固体废物得到的生物有机肥分别与磷细菌、固氮菌回接到秋葵上，发现堆肥与磷细菌共同作用能够显著提高植株叶绿素含量及秋葵产量，且接种堆肥的秋葵植株未发生根腐病。Singh等研究表明，利用假单胞菌、绿色木霉和哈茨木霉菌剂不仅能有效防治水稻鞘枯萎病，还能促进水稻生物量的积累。Lee等研究发现，木霉属多个菌株都对番茄有促生作用，其中绿色木霉对番茄总生物量和侧根生长有显著促进作用。Joshi 等研究表明，从喜马拉雅地区土壤分离的绿色木霉菌株回接到植株后，其根系和株高显著高于空白处理。

绿色木霉在环境修复中的作用。绿色木霉对环境中的重金属、化学农药的残留有很好的降解作用，同时还可以调节土壤的 pH，改善土壤环境与结构。比如研究者对印度尼西亚草甘膦严重污染土壤进行了野外修复试验，结果表明绿色木霉在自然条件下能显著降低由于草甘膦大量使用而导致的土壤 pH 升高，实现了对污染土壤的生物修复。此外，绿色木霉对多环芳烃、有机氯等有机污染物也有良好降解效果。绿色木霉活性有机肥能够显著降低碱性土壤 pH，有效抑制氨挥发，并与土壤微生物群落互作增强硝化作用，提高作物对氮肥的利用效率。

总之，绿色木霉在农业病害防控、资源再利用和环境修复领域具有广阔的应用前景。目前国内外关于绿色木霉在生物防治、生物发酵、生态修复等方面的研究报道大多局限在实验室条件下，规模化应用研究较少。从实验室得出的研究成果可能并不完全适用于实际生产。因此，应加强在生产实践中的试验研究，以便尽快实现绿色木霉产业化应用。

参考文献

何桂霞，2013. 绿色木霉的筛选及秸秆的二次组合发酵 [D]. 兰州：甘肃农业大学 .

贺超，王文全，侯俊玲，2019. 绿色木霉对生物降解和生物防治的影响机理与应用研究进展 [J]. 微生物学杂志，6(3): 122-128.

焦俊，韩冰洁，王媛媛，等，2015. 毒杀南方根结线虫的木霉种类 鉴定及活性研究 [J]. 植物保护，41(2): 64-69.

李艳娟，刘博，庄正，等，2017. 哈茨木霉与绿色木霉对杉木种子萌发和幼苗生长的影响 [J]. 应用生态学报，28(9): 2961-2966.

林成伟，刘金龙，2021. 木霉菌株对几种病原真菌的生物防治作用研究 [J]. 植物医生，34(2): 29-33.

宋明霞，张晓婷，樊航，等，2021. 绿色木霉和枯草芽孢杆菌对番茄幼苗促生效应的研究 [J]. 吉林师范大学学报（自然科学版），42(3): 100-104.

覃柳燕，蒋妮，唐美琼，等，2011. 木霉菌对山豆根根腐病菌的拮抗作用 [J]. 中药材，34(4): 499-502.

张坤，2018. 绿色木霉侵染对麦秸板主要性能及化学组分的影响 [D]. 杨凌：西北农林科技大学 .

赵兴丽，陶刚，赵玳琳，等，2017. 钩状木霉 ACCC31649 的 GFP 标记及其对辣椒定殖和促生作用 [J]. 植物营养与肥料学报，23(5): 1276-1285.

AKLADIOUS S A, ABBAS S M, 2014. Application of *Trichoderma harzinum* T22 as a biofertilizer potential in maize growth[J]. Journal of plant nutrition, 37(1): 30-49.

AL-HAZMI A S, JAVEED M T, 2016. Effects of different inoculum densities of *Trichoderma harzianum* and *Trichoderma viride* against *Meloidogyne javanica* on tomato[J]. Saudi journal of biological sciences, 23(2): 288-292.

ARFARITA N, DJUHARI D, PRASETYA B, et al, 2016. The application of *Trichoderma viride* strain FRP 3 for biodegradation of glyphosate herbicide in contaminated land[J]. Journal of agricultural science, 38(3): 275-281.

GAJERA H P, SAVALIYA D D, PATEL S V, et al, 2015. *Trichoderma viride* induces pathogenesis related defense response against rot pathogen infection in groundnut (*Arachis hypogaea* L.)[J]. Infection, genetics and evolution, 34: 314-325.

JANA S C, MANDA L M, 2017. Antagonistic effect of *Trichoderma* isolates on *Sclerotium rolfsii*[J]. Journal of experimental biology and agricultural sciences, 5(4): 506-514.

NAWAZ K, SHAHID A A, BENGYELLA L, et al, 2018. Diversity of *Trichoderma* species in chili rhizosphere that promote vigor and antagonism against virulent *Phytophthora capsici*[J]. Scientia horticulturae, 239: 242-252.

PURWANTISARI S, EVENDI A, 2015. The potential test of fungal antagonist *Trichoderma viride* to inhibit the growth of pathogenic fungi *Fusarium moniliforme* and *Alternaria solani* in-vitro[J]. Jurnal sains dan matematika, 23(3): 73-77.

（撰稿：吴蓓蕾；审稿：王琦）

M

玫烟色棒束孢 *Isaria fumosorosea*

原名玫烟色拟青霉（*Paecilomyces fumosroseus*），土壤中的常见真菌菌种之一。被认为是复合种，广泛分布于热带、亚热带与温带的温室里，海拔2500m以上的高寒地区也有分布。1904年Wize首次对其进行描述。玫烟色棒束孢能寄生多种昆虫，包括半翅目（褐飞虱、粉虱、介壳虫、蚜虫），鳞翅目（蚕蛾、云尺蛾、菜青虫），双翅目（家蝇）、鞘翅目、膜翅目等8目40多种昆虫，其中对抗性较强的粉虱、蚜虫的防效最为突出，并具有一定的杀卵活性。

玫烟色棒束孢菌丝生长的适宜温度为8～32°C，最适温度25～28°C，高温（30～40°C）和较低温（6～11°C）对菌丝生长影响较大。不同来源的菌株寄主特异性和最适生长温度都有较大差别。分生孢子梗呈瓶状或近球形，单生或聚集成孢子梗束，壁光滑、透明，约为100μm×1.5～2μm，多由4～6个瓶梗的轮生体组合成轮状分枝。分生孢子柱形或梭形，光滑，透明到淡红色，芽生孢子酵母形或菌丝段状。在萨氏培养基上（SADY）气生菌丝随着菌龄，从白色转为黄色，产孢时颜色变暗。因菌株不同，孢子粉的颜色由黑色到黑玫瑰色或粉黑色，孢子呈纺锤状或近卵圆形。在寄主昆虫上分生孢子梗成束或分散，后期虫尸表面产生大量分生孢子，大小为3～4μm×1～2μm。分生孢子对紫外线敏感，模拟阳光下2小时即失活。

同其他虫生真菌侵染宿主昆虫的过程类似，玫烟色棒束孢侵染菜青虫的扫描电镜观察表明，幼虫表皮吸附疏水的分生孢子后，分生孢子吸水膨胀，长出芽管，延长的芽管向表皮内生长形成侵染钉。侵染钉进入表皮后，以菌丝体（芽生孢子）的形式在虫体内大量增殖。受侵染的各组织器官表现出明显的变化，最终导致虫体死亡。玫烟色棒束孢可产生包括吡啶2, 6-二羧酸、白僵菌素、白僵菌交酯及青霉素等多种有毒代谢产物。

在美国得克萨斯州，玫烟色棒束孢是粉虱（*Bemisia tabaci* 和 *Bemisia argentifplii*）的重要病原菌。从1992年起，在美国和墨西哥，用玫烟色棒束孢诱发各种蔬菜、棉花和观赏植物的真菌病害，可显著抑制粉虱的虫口密度。20世纪80年代后期，美国加利福尼亚大学与W. R. Grace公司合作，研制出玫烟色棒束孢PF97菌株制剂，用于防治粉虱。荷兰亦开发出玫烟色棒束孢的商品制剂Biocon与Biobest，用于防治黄瓜和甜瓜上的粉虱。墨西哥研制出的Pae-sin和委内瑞拉的Bemisin，以及美国和欧洲研制的芽生孢子与菌丝体的混合制剂Preferal相继问世。相对于粉棒束孢，玫烟色棒束孢的市场份额更大（5.8%对比0.8%），且有更多商品化的产品。

参考文献

陈巍巍，冯明光，1999. 玫烟色拟青霉的研究与应用现状[J]. 昆虫天敌，2(3): 140-144.

张奂，张仙红，张未仲，等，2007. 玫烟色拟青霉对菜青虫的侵染及致病作用[J]. 植物保护，33(2): 64-67.

张仙红，2005. 玫烟色拟青霉生物学特性及感病菜青虫病理变化的研究[D]. 太谷：山西农业大学.

ZIMMERMANN G, 2008. The entomopathogenic fungi *Isaria farinosa* (formerly *Paecilomyces farinosus*) and the *Isaria fumosorosea* species complex (formerly *Paecilomyces fumosoroseus*): biology, ecology and use in biological control[J]. Biocontrol science and technology, 18(9/10): 865-901.

（撰稿：周桂灵；审稿：秦启联）

美国白蛾核型多角体病毒 *Hyphantria cunea* nucleopolyhedrovirus, HcNPV

杆状病毒科α杆状病毒属。以美国白蛾为宿主的一种双链环状DNA病毒，为多粒包埋型核型多角体病毒，每个病毒粒子核衣壳数目2～14个，多角体形状为多面体结构，呈三角形（近四面体）、方形（近六面体）和不规则形，直径多在1～3μm（图1）。病毒粒子呈杆状，长230～

图1 美国白蛾核型多角体病毒

320nm，宽 30～60nm。美国白蛾核型多角体病毒的宿主特异性强，只能通过活的宿主细胞增殖。

感染机理 病毒多角体经白蛾幼虫口进入虫体，在中肠碱性环境和蛋白酶的作用下，多角体蛋白溶解而将病毒粒子释放出来，病毒粒子通过围食膜后再侵入中肠上皮细胞。病毒进入中肠细胞，称为原发感染，随后的感染，称为继发感染。病毒粒子通过中肠细胞再感染血淋巴、气管和脂肪体细胞，并引起细胞病变，然后通过复制生成大量的 BV 进一步感染邻近的组织，使感染部位得以扩大到神经、肌肉、围心细胞、可再生组织及腺体。感染后期 BV 在单个细胞内的产生减少，病毒主要以 ODV 的形式在细胞内累积，被感染的细胞核膨大，引起宿主幼虫动作迟钝，食欲减退或停止取食，虫体肿胀，表皮具光泽，最终由于病毒蛋白酶的产生，造成细胞核和细胞的裂解，血淋巴变得浑浊，导致昆虫死亡。幼虫死亡后表皮变得很脆弱，轻触即破，流出脓状体液。被感染后的幼虫，一般爬上取食植株的顶端，其腹足附着植物枝叶上，倒悬而死（图 2）。病虫粪便和虫尸会作为病源再传染其他昆虫，使病毒病在美国白蛾种群中流行，引发个体间的水平传播，从而弥补漏喷和虫龄不整齐导致部分害虫可能无法被病毒感染的现象，自然扩大了病毒防治面积。病毒也可通过昆虫卵传到美国白蛾子代，称为垂直传播，确保了病毒长期寄宿在害虫体内，不断地侵染虫体，使害虫得病和死亡，从而实现持续控制美国白蛾的目的。

杀虫剂生产方法 已经实现了规模化生产，主要方法是应用人工饲料大量饲养美国白蛾幼虫、四龄幼虫时接种病毒、收集病毒致死虫体、破碎过滤、离心浓缩、制剂配制。

美国白蛾病毒防治 一般根据需要可以生产病毒水分散粒剂、悬浮剂、可湿性粉剂，病毒制剂多角体含量不低于 2.0×10^{9}PIB/ml，采取喷雾的方法，出液浓度不低于 1×10^{6} PIB/ml 时，当代美国白蛾幼虫死亡率可达 80%，持续效果可达 3 年。

制剂保存方法 将配制好的病毒制剂放置于通风、干燥、低温处，严防潮湿、高温及日晒，严禁和酸碱类物质混合接触。–5～–20°C 可保存 3 年，4°C 条件下可保存 1 年，室温避光条件下可保存 6 个月，可保障生物活性稳定。

图 2 美国白蛾幼虫病毒致死症状

参考文献

艾德洪，于启文，李玉璠，等，1982. 美国白蛾核型多角体病毒的形态结构和感染力测定 [J]. 辽宁农业科学 (6): 34-37.

段彦丽，曲良建，王玉珠，等，2009. 美国白蛾核型多角体病毒传播途径及对寄主的持续作用 [J]. 林业科学，45(6): 83-86.

段彦丽，陶万强，曲良建，等，2008. HcNPV 和 Bt, 复配对美国白蛾的致病性 [J]. 中国生物防治，24(3): 223-238.

吕鸿声，1982. 昆虫病毒与昆虫病毒病 [M]. 北京：科学出版社.

蒲蛰龙，1994. 昆虫病理学 [M]. 广州：广东科技出版社.

谢天恩，胡志红，2002. 普通病毒学 [M]. 北京：科学出版社.

燕长安，1987. 美国白蛾 NPV 大面积应用试验 [J]. 森林病虫通讯 (2): 8-10.

（撰稿：曲良建；审稿：张永安）

孟氏隐唇瓢虫 *Cryptolaemus montrouzieri* Mulsant

为粉蚧的捕食性天敌。属鞘翅目（Coleoptera）瓢虫科（Coccinellidae）小毛瓢虫亚科（Scymninae）小毛瓢虫族（Scymmini）隐唇瓢虫属（*Cryptolaemus*）。原产于澳大利亚。1955 年由蒲蛰龙从苏联引入广州，先后在广东、福建和海南等地进行繁殖和释放，当时未见定殖。1978 年在广州、佛山的行道树石栗树上发现该瓢虫定殖。中山大学有害生物控制与资源利用国家重点实验室长期保存该瓢虫的实验种群，开展繁殖、释放防治粉蚧及种群遗传学的研究。

形态特征 卵椭圆形，黄白色，长 0.79mm，孵化前呈灰白色。幼虫分四龄，初孵幼虫淡灰白色，约 1 小时后开始分泌绒状蜡质物覆盖体表（图 1）。在室温 24°C、湿度 60%～70% 条件下，饲以柑橘粉蚧一、二、三、四龄幼虫体长分别为 1.96mm、3.12mm、5.54mm、7.18mm，头宽分别为 0.32mm、0.35mm、0.57mm、0.82mm。

初羽化时，鞘翅淡黄色，逐渐加深，10～12 小时后全部变成深褐色。成虫体长 4.3～4.6mm，体宽 3.1～3.5mm，长卵形，弧形拱起，体背被灰白色毛。头部除复眼黑色外为黄色。前胸背板及其缘折红黄色，小盾片黑色。鞘翅黑色而鞘翅末

图 1 孟氏隐唇瓢虫幼虫和蛹（李韵摄）

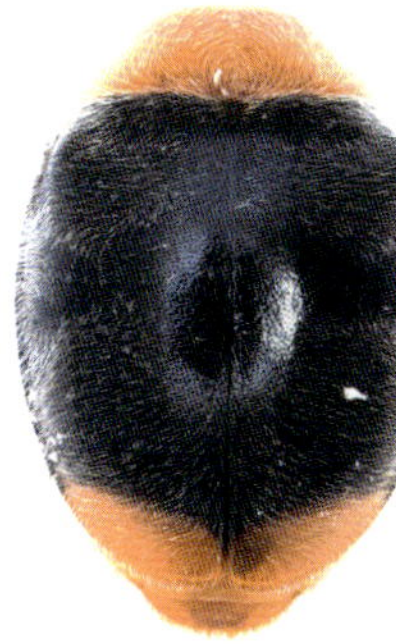

图 2 孟氏隐唇瓢虫成虫（李韵摄）

端红黄色（图 2）。腹面胸部黑色，但前胸腹板黄红至红褐色，腹部黄褐色。雌虫 3 对足皆为黑色，雄虫前足橘黄色。

生物学习性

生活史 在广州及福州室内外饲养，1 年可以发生 6 代，世代历期最短为 26.5 天（29.8°C，相对湿度 77.6%），最长为 100 天（16.8°C，相对湿度 59.1%）。最适温度为 24～27°C、相对湿度 60%～80%。以柑橘粉蚧为食，在 26±0.5°C 温度条件下，孟氏隐唇瓢虫产卵前期为 7.4 天，产卵期为 64 天，平均产卵量为 212.1 粒。世代发育起点温度为 11.9°C，有效积温为 452.3 日・度。

取食习性 孟氏隐唇瓢虫捕食多种粉蚧（图 3），还会取食半翅目其他科的农林昆虫。

交配与产卵习性 孟氏隐唇瓢虫雄虫的生殖器中有两种较为特殊的结构：一种是附着于射精管鞘的 1 大肌肉块，另一种是围绕在输精管基部的铃形囊状结构。这两种结构协同合作，为精子转移、混合、授精过程提供动力支持。在产卵期多次的交配能保持孟氏隐唇瓢虫基因的多样性，交配一般历时 30～50 分钟。孟氏隐唇瓢虫产卵需要猎物分泌的蜡丝诱导，所以通常把卵产在有猎物蜡丝的地方。

成虫寿命与耐饥力 孟氏隐唇瓢虫成虫寿命较长，特别是雌虫，如温湿度适宜，食物丰富，成虫能存活 1 年。

人工繁育与释放利用 在粉蚧缺乏时可用人工饲料繁育孟氏隐唇瓢虫。可用含有赤眼蜂人工培养液配制的人工饲料、地中海粉螟卵和米蛾卵等喂养孟氏隐唇瓢虫。以 6g 冻蜂粉、2g 冻地中海粉螟卵、1.5g 蔗糖、0.5g 酵母及 1g 丰年虾等组成的人工饲料饲养孟氏隐唇瓢虫，发育历期及产卵前期相对都较长一些，但成虫羽化率、产卵量及卵孵化率与取食粉蚧的瓢虫无显著差异。

释放最佳期为粉蚧发生盛期，释放充足的瓢虫，防治效果显著。在粉蚧危害严重的重阳木上，每株放成虫 20 只，两个月后检查发现瓢虫群落优势已形成，每株上瓢虫数量达千只，粉蚧被有效控制。防治室外的盆栽君子兰上的康氏粉蚧，释放孟氏隐唇瓢虫二、三龄幼虫，每盆 2 个月内连续累计释放 63 头，与对照相比蚧虫数减少 87.9%，卵囊减少 75%，蚧堆减少 91.2%。孟氏隐唇瓢虫对入侵的检疫害虫湿地松粉蚧也有很好的防治效果，在林间散放后有效控制了粉蚧的种群数量。

参考文献

蒋瑞鑫，李姝，郭泽平，等，2009. 孟氏隐唇瓢虫研究现状及其种质资源描述规范的建立 [J]. 环境昆虫学报，31(3): 238-247.

李丽英，1993. 中国孟氏隐唇瓢虫 (*Cryptolaemus montrouzieri*) 研究与应用展望 [J]. 昆虫天敌，15(3): 142-152.

庞虹，汤才，李丽英，1996. 孟氏隐唇瓢虫成虫的人工饲料保种技术 [J]. 昆虫天敌，18(2): 64-66.

庞雄飞，李丽英，1979. 孟氏隐唇瓢虫在广州等地定居，控制石栗粉蚧的为害 [J]. 昆虫天敌，1(3) : 50.

LI H S, PAN C, DE CLERCQ P, et al, 2016. Variation in life history traits and transcriptome associated with adaptation to diet shifts in the ladybird *Cryptolaemus montrouzieri*[J]. BMC genomics, 17: 281.

XIE J Q, DE CLERCQ P, PAN C, et al, 2015. Larval nutrition-induced plasticity affects reproduction and gene expression of the ladybeetle, *Cryptolaemus montrouzieri*[J]. BMC evolutionary biology, 15: 276.

XIE J Q, DE CLERCQ P, ZHANG Y H, et al, 2015. Nutrition-dependent phenotypes affect sexual selection in a ladybird[J]. Scientific reports, 5: 13111.

（撰稿：陈梅兰；审稿：庞虹、杨忠岐）

图 3 取食柑橘粉蚧的孟氏隐唇瓢虫成虫（李韵摄）

密度依赖 density dependence

种群单位增长率随种群密度变化而变化的现象。在一个封闭的环境中，一个种群的大小是由出生率和死亡率共同决定的，当二者相等时，种群就达到了平衡。虽然达到平衡的方式不同，只要出生率和死亡率之一随密度变化，种群就可能达到平衡（见图）。但密度本身并非是一个影响因素，因为种群中的个体不会感知密度的变化而改变出生或死亡表现，而是由于某些因素的影响随密度而变化，通过影响出生率或死亡率来调节种群数量动态，将这类因素统称为密度依赖因素（density dependent factors）；将那些不随种群密度而变化的影响因素统称为非密度依赖因素（density independent factors）。一般认为，种群数量在密度依赖因素的调节下处于动态平衡。

M

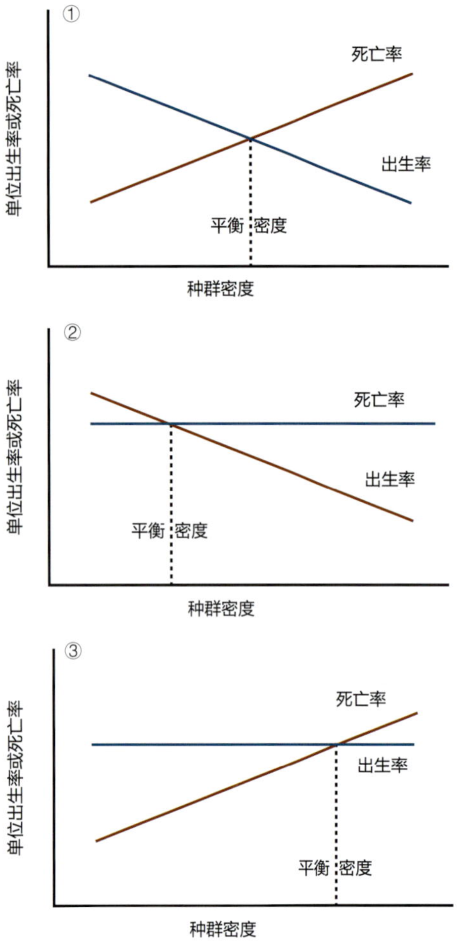

封闭环境中动物种群数量达到平衡的三种不同方式

20世纪初，美国两位农业昆虫学家Howard与Fiske在研究利用寄生性天敌控制外来入侵害虫舞毒蛾和棕尾毒蛾［*Nygmia phaeorrhoea*（Donovan）］中指出，每种害虫都处于某种平衡状态，即多年的平均种群密度保持不变，保持该平衡的因素不可能是类似气象因素那样的“灾害性因子”（catastrophic agents），而只有“兼性因子”（facultative agents）才能够对种群增长起控制作用，其中，寄生性昆虫是最有效的兼性因子，疾病偶尔发挥作用，鸟和其他捕食者由于只捕食一小部分猎物而难以控制猎物种群增长。随后，澳大利亚昆虫学家Nicholson用数学公式表达了Howard与Fiske的主要概念，并补充了竞争因素。Smith在肯定Nicholson关于“平衡”概念的基础上，进一步详细论述了种群调节问题，指出种群处于稳定与不断变化的动态之中，类似于海平面那样在浪与潮之间的动态。Smith接受了Howard与Fiske关于影响因素划分的想法，认为能够调节害虫种群达到平衡的因素只有密度依赖因素，类似于Howard与Fiske说的兼性因子，这些因素都是生物性的，包括疾病、竞争、捕食和寄生；而非密度依赖因素（类似于灾害因子）是不可能调节种群达到平衡的，这些因素都属于非生物性的。至此，关于种群平衡的生物学成因学派业已确立。

在引进天敌防治外来入侵害虫（或杂草）的传统生物防治中，天敌对靶标有害生物的密度依赖性是筛选优秀天敌的重要指标之一；在评价天敌对本土害虫的控害效应中，天敌对害虫的密度依赖程度也是重要的评估特征之一。

参考文献

BEGON M, TOWNSEND C R, HARPER J L, 2006. Ecology, from individuals to ecosystems[M]. 4th ed. London: Blackwell Publishing: 410-411.

HOWARD L O, FISKE W F, 1912. The importation into the United States of the parasites of the gypsy-moth and the brown-tail moth[J]. Annals and magazine of natural history, 9(51): 375-376.

NICHOLSON A J, 1933. The balance of animal populations[J]. Journal of animal ecology, 2: 131-178.

SMITH H S, 1935. The role of biotic factors in the determination of population densities[J]. Journal of economic entomology, 28: 873-898.

（撰稿：李保平；审稿：孟玲、杨忠岐）

嘧肽霉素 cytosinpeptidemycin

一种新型、高效的碱性水溶性的抗病毒和抗真菌生物农药。沈阳农业大学植物病毒研究室于2002年从沈阳天柱山的土壤中分离得到的不吸水链霉菌辽宁变种（*Streptomyces ahygroscopicus* var. *liaoninggensis*）发酵产生的农用抗生素，有效成分是胞嘧啶核苷肽类化合物，对病毒和真菌引起的病害具有预防和治疗作用。

嘧肽霉素具有多组分，组分Ⅰ为抗病毒成分，化学名称为6-（4-氨基-2-氧代嘧啶-1（2H）-基）-4,5-二羟基-3-（3-羟基-2-（2-（甲）乙酰氨基）丙酰胺）-四氢-2H-吡喃-2-酰胺，其分子式为$C_{19}H_{27}N_7O_{10}$。组分Ⅱ为抗真菌成分，与丰加霉素为同一物质，分子式为$C_{12}H_{13}N_5O_4$。

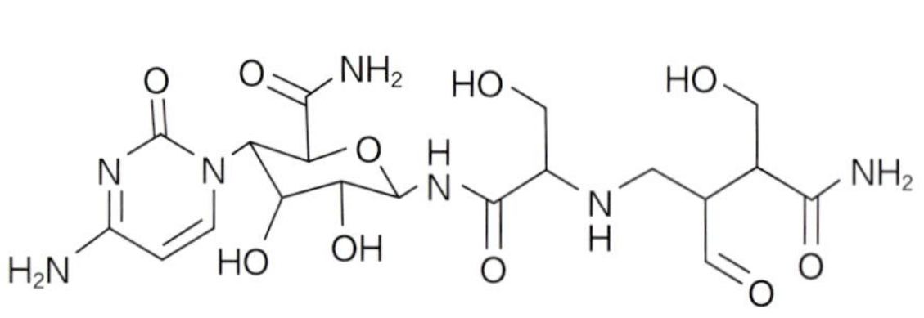

嘧肽霉素组分Ⅰ

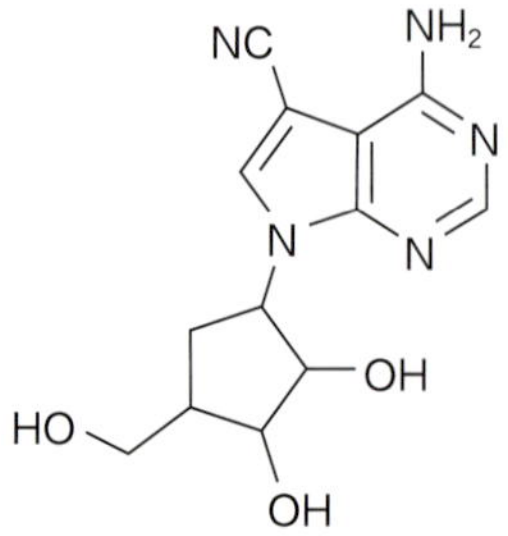

嘧肽霉素组分Ⅱ

纯品为微黄色，呈无定形粉末，吸湿性很强，易溶于水，微溶于甲醇，不溶于正丁醇、丙酮、氯仿、苯、乙醚等有机溶剂。30% 的嘧肽霉素母药外观为棕褐色粉末状固体，熔点 195°C，沸点 320°C。溶解度（20°C）：水中为 0.77g/L。对热、光、酸、碱稳定。原药和制剂的分析方法均采用液相色谱法。

嘧肽霉素母药大鼠急性经口、经皮 LD_{50}> 5000mg/kg，对鼠皮肤轻度刺激，对家兔眼睛中度刺激，对豚鼠皮肤属弱致敏物。亚慢（急）性毒性对小鼠急性经口试验：最大无作用剂量 400mg/kg，雄性 374.9、雌性 499.6mg/（kg·d）。2% 嘧肽霉素水剂大鼠急性经口、经皮 LD_{50} 均 > 5000mg/kg；对家兔皮肤和眼均无刺激性，对豚鼠皮肤属弱致敏物，属低微毒农药。

可通过抑制病毒蛋白质和核酸的合成达到抑制植物体内病毒的增殖作用，也可破坏病毒结构、降低病毒粒体浓度，并能诱导植物体产生抗性蛋白，诱导植物体内防御酶系活性提高，提高植株抵抗病毒的能力，具有防治病毒病的功效。嘧肽霉素还可抑制真菌菌丝生长和孢子萌发，并导致菌丝和孢子萌发后的芽管产生明显畸形。

嘧肽霉素水剂对蜜蜂 LD_{50}(48 小时)为 60.0μg/ 只，为低毒性。家蚕 LC_{50}（96 小时）>300.0mg/（kg 桑叶），为低毒级。对斑马鱼 LC_{50}（96 小时）为 1.12mg/L，为中毒级；鹌鹑雌性 LD_{50} 为 380.1mg/kg、鹌鹑雄性 LD_{50} 为 368.7mg/kg，为中毒级。

嘧肽霉素可防治烟草花叶病、番茄病毒病、辣椒病毒病、黄瓜花叶病、水稻条纹叶枯病和矮缩病、马铃薯病毒病等大田农作物、蔬菜和果树病毒病。同时，嘧肽霉素对稻瘟病、水稻纹枯病、番茄灰霉病、黄瓜白粉病、茄子黄萎病、烟草赤星病等多种真菌病害也有预防和治疗效果。

参考文献

刘主泉，2012. 农药新品种实用手册 [M] 北京：中国农业出版社：208-209.

穆凌霄，2011. 嘧肽霉素结构测定及作用机制研究 [D]. 沈阳：沈阳农业大学.

张敏恒，2006. 新编农药商品手册 [M]. 北京：化学工业出版社：517.

张延秋，2011. 嘧肽霉素 [J]. 农药科学与管理，32(4): 61.

朱春玉，吴元华，赵秀香，等，2006. 嘧肽霉素抗烟草花叶病毒作用机理初步研究 [J]. 植物病理学报，36(4): 314-316.

YU L, WANG W L, ZENG S, et al, 2018. Label-free quantitative proteomics analysis of Cytosinpeptidemycin responses in southern rice black-streaked dwarf virus-infected rice[J]. Pesticide biochemistry and physiology, 147: 20-26.

（撰稿：吴元华；审稿：王琦）

棉铃虫核型多角体病毒 *Helicoverpa armigera* nucleopolyhedrovirus, HaNPV

杆状病毒科（Baculoviridae）核型多角体病毒属（*Nucleopolyhedrovirus*，NPV）。

宿主主要包括鳞翅目（Lepidoptera）夜蛾科（Noctuidae）铃夜蛾属（*Helicoverpa*）的棉铃虫（*Helicoverpa armigera*）、美洲棉铃虫（*Helicoverpa zea*）、烟青虫（*Helicoverpa assulta*）等。上述 3 种害虫主要危害辣椒、烟草、棉花、玉米、高粱、小麦、茄果类、豆类等作物的叶、芽、蕾、花、铃、果、荚、穗等。

形态特征 多角体是近于球形或卵形的多面体，大小 2～5μm，在普通显微镜下能看到多角体颗粒。病毒粒子杆状，由外膜和核衣壳构成，在电子显微镜下可以看清病毒粒子的结构。根据每个病毒粒子是含单个还是多个核衣壳的情况，HaNPV 可分为棉铃虫单粒包埋核型多角体病毒（HaSNPV）和多粒包埋核型多角体病毒（HaMNPV）。HaMNPV 的 DNA 序列同甘蓝夜蛾核型多角体病毒（*Mamastra brassicae* NPV，MbMNPV）的相似度达 99%，提示这两种病毒是从不同宿主上分离到的同一种病毒。通常所称的棉铃虫核型多角体病毒多指单粒包埋病毒（HaSNPV）（图 1）。

已经测定基因组全序列的 HaSNPV 有 G4 株（NCBI: AF271059）和 C1 株（NCBI：AF303045）。G4 株基因组全长 131403bp，GC 含量 39.1%，编码 150 个以上氨基酸的开放阅读框（Open Reading Frame，ORF）有 135 个。G4 株与 C1 株核苷序列同源性为 98%，76 个 ORF 氨基酸序列完全相同，38 个 ORF 氨基酸序列同源性大于 98%。G4 株与美洲棉铃虫 NPV（*Helicoverpa zea* SNPV，HzSNPV）核苷酸序列同源性为 97%，氨基酸序列同源性为 99%。通常认为 HaSNPV 和 HzSNPV 为同一病毒的两个变种。

感染机理 棉铃虫幼虫通过口服感染 HaNPV。染病幼虫早期症状不明显，稍后表现为取食量下降，行动和反应迟钝，体表失去光泽，体色变暗，色斑模糊不清。濒死前，幼虫常攀缘至植株顶部，用腹足和尾足倒挂死去，多形成倒“V”字形。死亡后虫体极度软化，体壁脆弱易破。体壁破裂后由体内流出灰白色或者红棕色液体，无臭味，内含大量病毒多角体。释放出的病毒多角体可随风、雨水、动物等扩散，水平感染其他棉铃虫，实现其在自然界中的侵染循环。棉铃虫核型多角体病毒能侵染各龄幼虫，幼虫龄期越小对病毒越敏感。

多角体在环境中非常稳定，对宿主昆虫具有较强的侵染力和致死效应，因而非常适于生产加工成病毒生物农

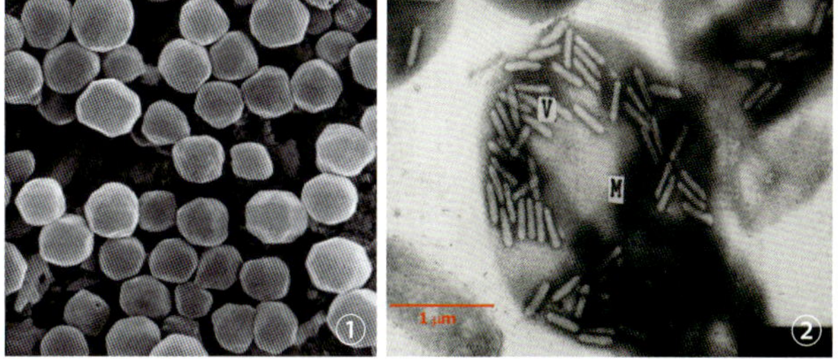

图 1 扫描电子显微镜下的棉铃虫病毒（丁翠提供）
①多角体；②碱解负染电镜观察多角体，多角体蛋白已被溶解，可见内部大量的病毒粒子

M

图 2 新疆生产建设兵团利用 HaNPV 大面积防治棉铃虫
（程清泉提供）

药，用于宿主害虫的生物防治。HaSNPV 的毒力明显高于 HaMNPV，对幼虫 7 天防治效果可在 90% 以上，并且能显著压低下一代虫口密度。

所有病毒都必须在活体细胞中扩增，多角体病毒也不例外，不能在没有活细胞的基质上生长。因此，其扩增的基质只有昆虫细胞和虫体两种。由于细胞培养液价格较高，细胞培养操作和控制复杂，利用昆虫细胞扩增病毒仅限于实验室或小规模中试试验，而大规模产业化主要采用虫体扩增的方式。HaNPV 是产业化规模最大、年产量最高、中国登记种类最多的核型多角体病毒生物农药。按照科云公司的产能，棉铃虫病毒日产量为 1×10^{15}～2×10^{15}PIB，每天生产量达到 1 万公顷次。

剂型主要有超高浓度的 HaNPV 原粉（5000 亿 PIB/g）、超低用量的水分散粒剂（600 亿 PIB/g）、可湿性粉剂（10 亿 PIB/g）以及简单易用的悬浮剂（50 亿 PIB/ml 和 20 亿 PIB/ml）。

配合使用棉铃虫性诱剂监测虫情的基础上，在棉铃虫产卵盛期到卵孵化盛期，用水分散粒剂（600 亿 PIB/g，每 3g 兑水 15kg，即稀释 5000 倍）或者悬浮剂（50 亿 PIB/ml，每 20ml 兑水 15kg，即稀释 750 倍）喷雾（图 2）。

参考文献

金瑞华，周密，吴平，2001. 美洲棉铃虫、棉铃虫、烟青虫及其成虫的鉴别 [J]. 植物检疫，15(1): 24-27.

刘艳荷，张传溪，2004. 棉铃虫核型多角体病毒分子生物学和基因工程研究进展 [J]. 植物保护学报，31(3): 320-328.

秦启联，程清泉，郑建峰，等，2008. 科云牌棉铃虫核型多角体病毒生物农药的规模化生产和应用 [J]. 生物技术通报 (S1): 467-470.

杨芳，李芳功，冯振群，2014. 棉铃虫核型多角体病毒杀虫剂防治烟田烟青虫田间药效试验 [J]. 中国农技推广，30(8): 47-48.

CHOI J B, HEO W I, SHIN T Y, et al, 2013. Complete genomic sequences and comparative analysis of *Mamestra brassicae* nucleopolyhedrovirus isolated in Korea[J]. Virus genes, 47(1): 133–151.

TANG P, ZHANG H, LI Y N, et al, 2012. Genomic sequencing and analyses of Hear MNVP-a new multinucleocapsid nucleopolyhedrovirus isolated from *Helicoverpa armigera*[J]. Virology journal, 9: 168.

ZHANG C X, MA X C, GUO Z J, 2005. Comparison of the complete genome sequence between C1 and G4 isolates of the *Helicoverpa armigera* single nucleocapsid nucleopolyhedrovirus[J]. Virology, 333(1): 190-199.

（撰稿：张宸；审稿：秦启联）

螟黄赤眼蜂 *Trichogramma chilonis* Ishii

属膜翅目（Hymenoptera）赤眼蜂科（Trichogrammatidae）赤眼蜂属（*Trichogramma*），是寄生多种农林寄生卵的寄生蜂。分布于北京、吉林、辽宁、山东、山西、河北、江苏、浙江、安徽、福建、江西、湖南、湖北、新疆、广东、广西、贵州、云南、陕西等地。寄主昆虫主要有二化螟、大豆食心虫、甘蔗条螟、小菜蛾等危害玉米、水稻、棉花等作物的害虫。

形态特征 雄蜂体长 0.61～0.67mm。体淡黄褐色；但胸部背板、足端跗节黄褐色；翅脉下具淡黄褐色晕斑，其余翅面透明；复眼、单眼红色。头部正面观宽大于高，复眼占头高 0.65。触角柄节长为宽的 3.5 倍，为梗节的 2.3 倍；鞭节基部有一不明显似索节的分节，约占鞭节全长的 0.14，鞭节长为宽的 4.8 倍，触角刚毛长度相当于鞭节最宽处的 2.67 倍。胸部短于腹部，为腹长的 0.55。前翅长为宽的 2.2 倍，翅脉各部分比例为亚缘脉∶缘前脉∶缘脉∶痣脉 =12∶9∶10∶9，痣脉基部略收缩，细长；翅面纤毛中等稠密，排列规则，纤毛的相对密度（第四列纤毛与第五列纤毛之间的纤毛数）为 7～12；前翅臀角上的缘毛长约为翅宽的 1/5。后翅短于前翅，长为宽的 10.6 倍，前纤毛列消失，后纤毛列纤毛稀少，后翅缘毛长为后翅宽的 1.67 倍。前、中、后足基跗节均短于其余两跗节。外生殖器阳基背突三角形，端部较为钝圆，具明显的半圆形侧叶；阳基侧瓣基部不绕缩；腹中突较大，长度为基部至阳基侧瓣末端距离 D 的 0.33～0.45；中脊略长于基部至阳基侧瓣末端距离 D，基部成对；钩爪末端伸达基部至阳基侧瓣末端距离 D 的 1/2。阳茎与其内突长度几乎相等两者全长相当于阳基长度，相当于后足胫节长度的 0.79 倍（见图）。

生物学习性 螟黄赤眼蜂一生经过卵、幼虫、预蛹、蛹和成蜂 5 个阶段。卵至成虫羽化前的发育阶段都在寄主卵内完成，出壳前的成蜂多数已在卵内交尾了。雌蜂在 15～20°C 条件下育出的个体，体色暗黄；中胸背片及腹部呈褐色；在 25°C 条件下育出的个体，腹部褐色而中央出现暗黄色的窄带。

雌成虫寿命 6～13 天。产卵历期 4～6 天，产卵量 28～55 粒。羽化率 91%～94%，雌雄性比为 71%～79%。在 26±1°C 的条件下，螟黄赤眼蜂从产卵到成虫的个体发育过程历时 8 天，其中胚胎期 26 小时，幼虫期 36 小时，预蛹期 48 小时，蛹期 84 小时，在产卵后的 192 小时后成虫开始羽化。螟黄赤眼蜂卵为白色透明的棒状，随着胚胎发育时间的

螟黄赤眼蜂（李姝、李元喜提供）

增加，其长径和短径逐渐变大，但两者之比逐渐减小；刚进入幼虫期的虫体长径与短径之比较大，虫体上下宽度基本相等，但体积随取食而快速增加；虫体出现梅花斑和米蛾卵卵壳颜色变黑是进入预蛹期的标志；蛹的头、胸和腹部明显分界，梅花斑消失，腹部2条黑带逐渐横贯整个腹背面，复眼随着时间的增加逐渐加深，最后为深红色。经过192小时的发育，螟黄赤眼蜂成虫羽化，咬破米蛾卵壳而出。

螟黄赤眼蜂在棉田的扩散距离，当平均风速为1.6m/s时顺风扩散；当平均风速为1.1m/s时，顺风扩散稍高于逆风扩散；当平均风速为0.9～1.0m/s时，逆风扩散高于顺风扩散；当平均风速为0.6m/s时，各方向上扩散差异不大。日照时间越长，有效扩散距离越远。田间气温较高时(>24°C)，螟黄赤眼蜂可扩散到25m远；当田间平均气温较低时（< 20°C），使100%的蜂个体都仅仅分布在距放蜂点25m的范围内。在山东6～8月，螟黄赤眼蜂田间有效扩散距离为10～25m。降雨可严重抑制赤眼蜂的田间扩散，湿度与螟黄赤眼蜂在棉田有效扩散距离呈显著负相关，当湿度太大时（相对湿度>89%），使螟黄赤眼蜂聚集在放蜂点附近。

人工繁育及释放利用 螟黄赤眼蜂人工繁殖寄主卵主要有米蛾卵、蓖麻蚕卵、柞蚕卵及人工卵。因米蛾卵成本较高，1卵内只寄生1头蜂，雌雄比为0.85∶1，繁殖效率低，故一般作为保种及复壮的中间寄主。蓖麻蚕每粒寄生卵可羽化蜂数为19~59头，雌雄比为4.9∶1，在23.5°C条件下蓖麻蚕卵育出的雌蜂单雌产卵数为43~108头，平均57头，成蜂寿命1~5天，产卵期1~4天，以第一天最多。补充蜜糖水，雌蜂寿命延长且产卵数增加。

柞蚕卵是大量繁育螟黄赤眼蜂及松毛虫赤眼蜂的优良寄主，它是大而坚硬的昆虫卵，不但出蜂量大，而且出蜂雌性比例大，繁殖效率高。柞蚕卵每粒卵羽化蜂数为7~146头，平均81头，雌雄比是8.8∶1。柞蚕卵可以满足寄生的赤眼蜂胚后生长发育所需要的营养物质，而且柞蚕卵壳的气孔和气体交换系统也能满足赤眼蜂发育过程中呼吸代谢的需要，特别是能满足蛹期呼吸量增加的需要。

螟黄赤眼蜂主要用于防治棉铃虫、大豆食心虫、稻纵卷叶螟、小菜蛾和甘蔗螟虫。山东用人工卵繁殖的螟黄赤眼蜂防治棉铃虫，采用纸袋放蜂器出蜂率可达91.83%～99.09%，认为防治二代的效果要好于三代的效果，二代的平均寄生率为80.3%，三代的平均寄生率为41.28%，放蜂防治效果不稳的主要原因与蜂卡的冷藏时间、高温、多雨及施药有关。山西则采用罐头瓶放蜂法和纸袋放蜂法，一、二代棉铃虫卵期均放4次，放蜂9×10^4头/亩，一代寄生率为56.7%，二代寄生率为83.4%。

试验证明大豆食心虫卵的优势蜂种为螟黄赤眼蜂，利用螟黄赤眼蜂防治大豆食心虫放蜂时间为成虫在田间出现始期，8月5~6日开始放第一次蜂，第二次放蜂为8月10~11日，第三次为8月15~16日。生产上以2×10^4头/亩较合适，分3次放，采用1∶1∶2的比例。每亩设5个放蜂点，食心虫卵平均寄生率为54.62%，虫食率降低，明显提高了大豆的品质。

1999—2000年在吉林稻区开展了利用螟黄赤眼蜂防治水稻二化螟的试验。放蜂面积6.7hm^2，放蜂360万头。虫卵校正寄生率平均为44.21%，枯鞘株率平均为1.21%，平均防治效果达55.84%。气候对螟黄赤眼蜂寄生行为影响很大，多雨，蜂卡潮湿，影响寄生蜂孵化；阴雨不利于寄生蜂活动，寄生率低。

在新疆利用螟黄赤眼蜂防治玉米螟防效好于松毛虫赤眼蜂。螟黄赤眼蜂防治1代玉米螟，每亩设3个放蜂点，共放3次，总蜂量为3×10^4头/亩，玉米螟虫口减退率为44.9%，能有效地控制玉米螟的发生与危害，且可降低玉米螟越冬基数。防治二代玉米螟，3×10^4～6×10^4头/亩，玉米螟卵块最高寄生率达81.6%，卵粒寄生率最高达53.0%，虫口减退率最高达65.4%，其防效较显著，经测产，放蜂田的平均单产较对照田增加9.4%。

2012—2013年在广西甘蔗产区利用螟黄赤眼蜂防治甘蔗螟虫，放蜂区螟虫卵寄生率明显高于常规防治对照区，放蜂区蔗苗枯心率均较未放蜂的常规化学防治区降低，大多数地区的宿根蔗释放赤眼蜂后枯心苗率较对照区减少；新植蔗放蜂后枯心苗率比对照区降低2%～12.6%。放蜂区螟害节率均低于常规防治对照区螟害节率，无论是新植蔗还是宿根蔗放蜂区甘蔗产量均高于常规防治对照区，各放蜂区甘蔗增产平均都在7.5t/hm^{2}以上，放蜂治螟效果明显。

参考文献

董本春，李晓光，高德宇，等，2001. 螟黄赤眼蜂防治水稻二化螟的研究[J]. 植物保护，27(4): 45-46.

黄燕嫦，易帝炜，宋子伟，等，2016. 螟黄赤眼蜂的个体发育[J]. 环境昆虫学报，38(3): 457-462.

李丽娟，鲁新，刘宏伟，等，2005. 螟黄赤眼蜂人工繁殖与应用技术的研究进展[J]. 吉林农业科学，30(3): 23-28.

林乃铨，1994. 中国赤眼蜂分类(膜翅目：小蜂总科)[M]. 福州：福建科学技术出版社.

鲁新，李丽娟，张国红，2003. 温度对螟黄赤眼蜂不同品系的影响[J]. 吉林农业科学，28(5): 18-21.

庞雄飞，陈泰鲁，1974. 中国的赤眼蜂属 *Trichogramma* 记述[J]. 昆虫学报(4): 441-454.

唐斌，汪延生，周强，等，2008. 赤眼蜂种质资源的描述规范及重要指标分析[J]. 环境昆虫学报，30(1): 57-61.

王克勤，1996. 应用赤眼蜂防治大豆食心虫的研究[J]. 植物保护，22(1): 8-10.

许建军，郭文超，何疆，等，2001. 新疆利用赤眼蜂防治玉米螟田间应用技术研究初报[J]. 新疆农业科学，38(6): 315-317.

袁曦，李敦松，赵云龙，等，2014. 2013年广西大面积释放赤眼蜂防治甘蔗螟虫效果调查报告[J]. 中国生物防治学报，30(5): 630-634.

张青文，王立和，杨淑霞，等，1998. 螟黄赤眼蜂在棉田的有效扩散距离及其影响因素的研究[J]. 昆虫学报(S1): 70-77.

（撰稿：张帆；审稿：李元喜、杨忠岐）

木霉菌 *Trichoderma* spp.

一类广泛存在于土壤、空气、植物体表面和植物残体等环境中的丝状真菌。它有性世代属于子囊菌门（Ascomycota）粪壳菌纲（Sordariomycetes）肉座目（Hypocreales）肉座科（Hypocreaceae）肉座属（*Hypocrea*）；无性世代为木霉菌属（*Trichoderma*）。木霉菌最早是由欧洲真菌学家Persoon于1794年发现的，他在腐烂的树皮上观察到一些霉菌，这些霉菌生长茂盛，并在枯枝上形成了薄薄的一层菌丝层，像皮肤一样覆盖在树枝的表面，并且还有多种颜色，因此，Persoon就给这种霉菌在分类上建立了一个属，命名为*Trichoderma*。根据生物命名法则，名称应用拉丁文，在拉丁文中*Tricho*原意是毛发状的意思，*derma*是皮肤的意思。Persoon根据在枯枝上观察到的霉菌长有许多毛毛，并且像一层皮肤一样覆盖在树皮上，根据这种形状，定名为*Trichoderma*。同时他观察到这种类型的霉菌还有不同的颜色，主要有金黄色、黑色、粉红色和绿色，所以，他根据颜色在*Trichoderma*属下建立了4个种，即金色木霉（*Trichoderma aureum*）、黑色木霉（*Trichoderma nigrescens*）、粉红木霉（*Trichoderma roseum*）和绿色木霉（*Trichoderma viride*）。中国科技工作者将*Trichoderma*翻译为木霉属，既考虑到该菌是霉菌，同时该属建立时是以在腐烂木材上发现，即腐烂木材上的霉菌，形象而生动，体现了翻译工作者高超的科学素养和知识水平。

形态特征 将木霉菌接种在人工配制的葡萄糖马铃薯琼脂培养基（PDA）等培养基上，木霉菌生长迅速，从接种点向四周放射状生长，接种后1～2天菌落菌丝层薄，无色或近似无色，绝大部分木霉菌后期菌落变为绿色，常常形成一圈一圈绿色加深的环。这些绿色都是木霉菌形成的分生孢子的颜色，许多分生孢子形成分生孢子簇，大量分生孢子簇聚集在一起成为肉眼可见的绿色。

木霉菌菌丝生长的后期由菌丝分化形成分生孢子梗，分生孢子梗再多次分枝，形成像树一样结构，在分生孢子梗主干和分枝上着生3～5个像小瓶一样的瓶梗，在瓶梗上产生分生孢子（见图）。

木霉菌的分类 早期木霉菌的分类研究主要依据是形态特征。1794年，由Persoon首次提出木霉属这个名称，当时属内包括4个种，后来证实只有其中1个绿色木霉（*Trichoderma viride*）才真正属于木霉属。Rifai于1969年定义了9个集合种，其中部分分离物来自肉座菌样品。Bissett采纳了Rifai关于木霉菌分类的形态学手段，将Rifai集合种的概念提高到了组的水平，将木霉属分为5个组（section），即木霉组（sect. *Trichoderma*）、长枝木霉组（sect. *Longibachiatum*）、粗梗组（sect. *Pachybasium*）、肉座组（sect. *Hypocreanum*）及土星孢木霉组（sect. *Saturnisporum*），并描述了27个木霉种。1998年Gams & Bissett将土星孢木霉组并入长枝木霉组，并对它们的有性阶段进行了阐述。无性型菌丝形态是Rifai系统和Gams & Bissett系统的主要分类依据，但由于环境的影响使木霉菌不同种之间产生相似的形态结构，最终导致鉴定出现错误。

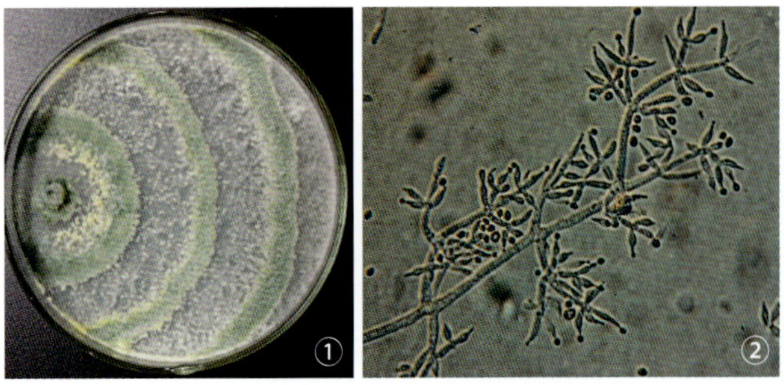

木霉菌的菌落与分生孢子梗形态

①木霉菌菌落形态②木霉菌分生孢子梗

（中国农业科学院植物保护研究所木霉菌组提供）

随着分子生物学技术的发展并逐渐应用到微生物鉴定与分类领域，越来越多的通过比较菌株间DNA序列相似性程度的分子生物学方法被应用于木霉菌的鉴定和多样性分析。2000年，里氏木霉（*Trichoderma reesei*）这种重要的工业木霉种的鉴定和长枝木霉组的修订，都采用了核糖体RNA编码基因的内转录间隔区（ITS）。但是只采用核糖体RNA编码基因的ITS片段也是有其缺陷的，因此现在更多是将木霉菌的系统发育基于几种非连锁基因的分析上，如结合ITS1和2、翻译延伸因子1α（Tef1α）的第五个内含子、内切几丁质酶42（ech42）的部分外显子和线粒体rDNA的小亚基（mitSSU）等序列的联合分析，这使得木霉种的鉴定与系统发育分析越来越科学。2006年，木霉菌属已包含100多个种。随着分子生物学和系统发育学方法的结合应用，木霉菌急剧转变为物种丰富的属，截至2021年，木霉菌的种类已达375种。基因组测序项目已经对7个木霉种进行了基因组测序，包括里氏木霉（*Trichoderma reesei*）、绿色木霉（*Trichoderma virens*）、深绿木霉（*Trichoderma atroviride*）、哈茨木霉（*Trichoderma harzianum*）、棘孢木霉（*Trichoderma asperellum*）、长枝木霉（*Trichoderma longibrachiatum*）和橘绿木霉（*Trichoderma citrinoviride*）。木霉菌基因组的测序刺激了系统生物学方法的发展，开创和提高了全基因组表达研究，在系统发育和生物信息学分析方面为进一步研究木霉菌在生态系统中的作用奠定了扎实的基础。

木霉菌的生防功能与土壤改良功能 随着对木霉菌研究的深入，木霉菌优异的生防性能也被更好地熟知和利用。一些木霉菌菌株能够为植物提供营养和激素，另一些则改变植物内部激素的稳态、加强光合作用和碳水化合物的代谢。木霉菌的生防功能主要体现在以下8个方面，此外还有土壤改良的作用。

代谢物的杀菌作用 木霉菌能产生多种抗生物质，且极具优势，能产生70种以上的代谢产物以抵抗真菌病害的侵染；其大部分依靠分泌特殊代谢物来抑制病原微生物的增殖，例如6-戊烷基-α-吡喃酮（6-penthyl-α-pyrone）、阿拉霉素（alamethicins）、harzianic acid等。

胞外酶溶菌作用 木霉菌产生的几丁质酶和β-1,3-葡聚糖酶在植物对病原真菌的抗性中起重要作用，通过水解植物病原真菌的细胞壁，来抑制病原菌孢子萌发，引起其死亡。

诱导植物抗性作用 木霉菌菌株诱导植物防御反应和系统抗性的能力对于植物抵御广泛的病毒、细菌和真菌病原至关重要。在木霉菌与寄主植物根系的相互作用过程中，木霉菌能激活植物的防御系统，促进植保素、黄酮类化合物、糖苷类等物质的合成，抵抗病原菌的侵染，提高植物的抗病水平。除了活菌外，木霉菌代谢产物或其基因表达产物也能诱导植物合成抗菌物质，最终提高植物对病原菌的抗性水平。在植物与木霉菌的相互作用过程中，木霉菌株可以释放的许多激发子来诱导植物内传递的不同类型的信号，从而触发防御蛋白的表达，例如水杨酸（SA）、茉莉酸（JA）或活性氧（ROS），在木霉菌与寄主植物相互作用过程中大量产生的萜类、甾体和安曲酮等低分子量化合物中，许多似乎是有效的诱导子。根据木霉菌菌株、植物种类以及生物和非生物条件的不同，真菌激活的植物防御反应主要是两种类型的系统抗性：诱导系统抗性（ISR）和系统获得性抗性（SAR）。经过木霉菌处理后，可使植物的SOD、POD、过氧化氢酶（CAT）、L-苯丙氨酸解氨酶（PAL）和多酚氧化酶（PPO）等活性明显升高，诱导植物抗病性。

重寄生作用 即木霉菌与病原菌作用时，可以与病原菌菌丝平行生长，或缠绕在病原菌菌丝上产生附着胞，吸取寄主菌丝营养物质进行生长繁殖。

竞争作用 木霉菌生长迅速，与病原菌的竞争作用为对生存空间和营养的争夺。可以将木霉菌进行大量繁殖，通过其多种生防机制来达到控制病害的目的。

共生作用 木霉菌的有益作用，不仅局限于与病原体作斗争；它们还被证明可以与植物形成共生体，增强植物的系统抗性，对木霉菌在植物中传递的信号感知需要MAPK途径来传递，从而在植物中全面诱导系统抗病性反应。

促生作用 木霉菌作为植物生长促进剂被广泛报道，不同的菌株可以表现出不同程度的促进植物生长特性。健壮根系、增加地上部生物量、提高植物生长和发育速度的能力，都是其促进生长最常见的表现；由于一些限制因素，如作物类型、生长条件和配方类型，促生效果可能会有很大的不同。多种促生机制已被提出，包括控制次要病原体、提高植物对养分吸收、增加碳水化合物代谢和光合作用，以及促进植物激素合成。有证据表明木霉菌可能是通过影响吲哚乙酸、赤霉素和乙烯等激素的平衡来刺激植物生长。木霉的促生机制主要有木霉可产生植物生长调节类物质，对外源植物激素起到双向调节作用；木霉能抑制或降低植物根际周围有害菌群产生的有利于自身生长但对植物生长有抑制作用的化合物；木霉产生的有机酸、螯合剂、还原酶等，能够增加植物对养分的利用率，促进植物生长。

对一些重金属具有不同程度的富集和吸附作用 如深绿木霉（*Trichoderma atrovidide*）对一些重金属包括Fe^{2+}、Co^{2+}、Cu^{2+}、Zn^{2+}等具有生物富集和生物吸附作用，在小麦根部接种棘孢木霉（*Trichoderma asperellum* T34），提高了小麦对Fe^{2+}、Cu^{2+}、Mn^{2+}、Zn^{2+}的吸附能力。

木霉菌的应用 木霉菌是一类适应性非常强的丝状真菌，几乎在所有的生态系统中都能存活，木霉菌能产生纤维素酶、半纤维素酶、蛋白酶等多种酶类，分解土壤中的植物残体，是生态系统中物质循环的主要功能微生物之一。

木霉菌在工农业生产中有广泛的应用，在工业生产中主要作为纤维素酶的生产菌株，生产能够降解纤维素的纤维素复合酶，为生物质能源开发、纺织工业的布料软化提供处理酶系。

木霉菌在农业生产中主要开发为生物农药、生物肥料和秸秆腐熟剂以及饲料添加剂。作为生物防治微生物，得益于1932年发现木霉菌的一个种木素木霉（*Trichoderma lignorum*）能够寄生植物病原菌立枯丝核菌（*Rhizoctonia solani*），显微观察发现木素木霉缠绕在丝核菌菌丝上，导致丝核菌菌丝破裂。由此推测木霉菌可能可以用于防治植物病害。直到1972年第一次在田间应用哈茨木霉（*Trichoderma harzianum*）防治白绢病（*Sclerotium rolfsii*）取得较好防效，木霉菌的生物防治功能得到确认。随后的几十年对木霉菌防治病害进行了大量研究，筛选到了大量高效菌株，防治机制、防治对象、产品创制、使用技术等方面都取得了很大进展。目前，木霉菌作为生物农药在国内外都有许多产品登记，防治对象主要有土传真菌病害、灰霉病等叶部真菌病害，最近有木霉菌防治植物线虫病害的报道。

作为生物农药，木霉菌主要是防治植物病害，其作用机制主要包括竞争作用、重寄生作用、抗生作用和诱导抗病性。竞争作用是指木霉菌在与病原菌的互作过程中，它与病原菌争夺营养和生长空间。由于木霉菌生长快，适应环境能力强，在与病原菌争夺营养时占据优势，在营养有限的条件下，病原菌因不能获得足够营养而生长受到抑制，同时，木霉菌因竞争优势，在共同生长空间里，木霉菌占据更多的空间，尤其是在植物根际、根表等生态位先占据。这样在营养和空间生态位限制了病原菌的生长和占位，从而起到防病的作用。重寄生作用，即木霉菌以植物病原菌为寄主，吸收病原菌菌丝里的营养，导致病原菌死亡，从而起到防病的作用。抗生作用，木霉菌与病原菌互作过程中分泌一些具有抑制或杀死其他微生物的代谢产物或水解酶类，如烷基吡喃酮类、异腈类、倍半萜烯类等代谢产物，对真菌、细菌都有抑制或杀灭作用。水解酶类如几丁质酶、葡聚糖酶、纤维素酶、蛋白酶等，因丝状真菌细胞壁成分主要是葡聚糖、几丁质、纤维素等，这些水解酶能帮助木霉菌菌丝寄生到病原菌的菌丝上，同时也能使病原菌菌丝细胞壁结构破坏，引起菌丝自溶。因此，木霉菌通过这些代谢产物和水解酶类抑制或杀死病原菌，从而起到防治病害的效果。木霉菌的诱导抗病性指木霉菌与植物互作形成共生或附着在植物根表等位置，并分泌一些信号物质，调控植物的免疫或抗病途径，当病原菌入侵时，这些途径启动高效表达，产生抑制病原菌的物质或结构，阻碍病原菌的入侵和定殖，从而起到防治病害的作用。

作为生物肥料，木霉菌在国内外得到了普遍应用，目前在国内外以木霉菌作为有效成分登记的生物肥料产品数量比生物农药多，产值也大于生物农药，登记的种类主要是生物肥料和秸秆腐熟菌剂等。木霉菌作为肥料，其原理是由于木霉菌能够在植物的根际土壤中良好生长，分泌出一些有机酸等物质，溶解出土壤中植物无法利用的矿质化磷、钾和微量元素，以利于植物吸收利用，促进植物生长。同时，木霉菌能分泌纤维素酶、蛋白酶等许多水解酶类，加速土壤中植物残体等腐熟分解，为植物生长提供有机营养和改善土壤理化形状，促进植物生长。并且，有些木霉菌株能与植物根系共生或附着，增加了植物根系对营养和水分的吸收能力，因此，木霉菌能够提高植物的抗旱等抗逆能力。同时，由于木霉菌具有产生多种水解酶的能力，对土壤中有机污染物也具有一定的降解作用，可以修复有机物对土壤的污染。

木霉菌作为饲料添加剂主要是由于木霉菌能够产生大量的纤维素酶、半纤维素酶、木聚糖酶等水解酶类，所以应用于作物秸秆处理，降解秸秆的纤维素、木聚糖等，使秸秆变软，并释放葡萄糖等动物能吸收的糖类，与其他微生物共同应用，提高秸秆对动物的营养价值。

木霉菌作为一种有益微生物，对农作物具有防病促生功能，在当前积极推进化肥农药减施，农业生产提质增效的实践中具有重要作用，特别是在蔬菜、水果等经济作物的有机生产、绿色生产中具有广阔前景。

参考文献

惠有为，孙勇，潘亚妮，等，2003. 木霉在植物真菌病害防治上的作用 [J]. 西北农业学报 (3): 96-99.

刘畅，张欣玥，蔡汶妤，等，2020. 绿色木霉与哈茨木霉对黄瓜幼苗促生作用机理的研究 [J]. 江苏农业科学，48(16): 156-160.

刘少文，焦如珍，董玉红，等，2017. 绿色木霉和草酸青霉对 Hg^{2+}、Zn^{2+}、Cu^{2+} 和 Pb^{2+} 的耐性和吸附特征 [J]. 林业科学，53(10): 100-108

宋维霞，2014. 木霉防治植物病原菌的分子机制的研究进展 [J]. 发酵科技通讯，43(2): 33-36.

王丽荣，蒋细良，TSEGAYE E, 等，2017, 铜胁迫下的哈茨木霉 Th-33 转录组分析 [J]. 中国生物防治学报，33(1): 103-113.

杨萍，杨谦，2012. 木霉重寄生过程分子机制的研究进展 [J]. 中国农学通报，28(27): 163-166.

叶小波，曾千春，蒋细良，2009. 木霉菌重寄生过程中的酶学研究进展 [J]. 中国生物防治，25(3): 276-280.

赵兴丽，陶刚，赵玳琳，等，2017. 钩状木霉 ACCC31649 的 GFP 标记及其对辣椒定殖和促生作用 [J]. 植物营养与肥料学报，23(5) : 1276-1285.

ADAMS P, LYNCH J M, DE-LEIJ F A A M, 2007. Desorption of zinc by ex-tracellularly produced metabolites of *Trichoderma harzianum*, *Trichoderma reesei* and *Coriolus versicolor*[J]. Journal of applied microbiology, 103(6): 2240-2247.

ATANASOVA L, DRUZHININA IS, JAKLITSCH WM, 2013. Two hundred *Trichoderma* species recognized on the basis of molecular phylogeny[J]. Trichoderma: biology and applications. DOI: 10.1079/978178064247 5.0010.

BISSETT J, 1984. A revision of the genus *Trichoderma*. I. Section Longibrachiatum sect. nov[M]. Ottawa: NRC Research Press: 62.

BISSETT J, GAMS W, Jaklitsch W, et al, 2015. Accepted *Trichoderma* names in the year 2015[J]. Ima fungus, 6(2): 263-295.

CAI F, DRUZHININA I S, 2021. In honor of John Bissett: authoritative guidelines on molecular identification of *Trichoderma*[J]. Fungal diversity, 107: 1-69.

CONTRERAS-CORNEJO H A, MACIAS-RODRIGUEZ L, CORTES-PENAGOS C, et al, 2009. *Trichoderma virens*, a plant beneficial fungus, enhances biomass production and promotes lateral root growth through and auxin-dependent mechanism in *Arabidopsis*[J]. Plant physiology, 149(3): 1579-1592.

DRUZHININA I S, KOPCHINSKIY A G, KUBICEK C P, 2006. The first 100 *Trichoderma* species characterized by molecular data[J]. Mycoscience, 47 (2): 55-64.

EZZI M I, Lynch J M, 2002, Cyanide catabolizing enzymes in *Trichoderma* spp.[J]. Enzyme and microbial technology, 31(7): 1042-1047.

GAMS W, BISSETT J, 1998. Morphology and identification of *Trichoderma*[J]. Trichoderma and gliocladium (1): 3-34.

GRAVEL V, ANTOUN H, TWEDDELL R J, 2007. Growth stimulation and fruit yield improvement of greenhouse tomato plants by inoculation with *Pseudomonas putida* or *Trichoderma atroviride*: Possible role of indole acetic acid (IAA)[J]. Soil biology and biochemistry, 39(8): 1968-1977.

HARMAN G E, HOWELL C R, VITERBO A, et al, 2004. *Trichoderma* species-opportunistic, avirulent plant symbionts[J]. Nature reviews microbiology, 2(1): 43-56.

HUANG Q, TEZUKA Y, HATANAKA Y, et al, 1996. Studies on metabolites of mycoparasitic fungi. V. Ion-spray ionization mass spectrometric analysis of trichokonin-II, a peptaibol mixture obtained from the culture broth of *Trichoderma koningii*[J]. Chem Pharm Bull (Tokyo), 44(3): 590-593. DOI: 10.1248/cpb.44.590.

IIDA A, SANEKATA M, WADA S, et al, 1995. Fungal metabolites. XVIII. New membrane-modifying peptides, trichorozins I-IV, from the fungus *Trichoderma harzianum*[J]. Chemical & pharmaceutical bulletin (Tokyo), 43(3): 392-397. DOI: 10.1248/cpb.43.392.

KIRK P M, CANNON P F, DAVID J C, et al, 2001. Ainsworth and Bisby's dictionary of the fungi[M]. Commonwealth my cological institute: 655.

KUBICEK C P, PENTTILA M E, 1998. regulation of production of plant polysaccharide degrading enzymes by *Trichoderma*[M]// HARMAN G E, KUBICEK C P. *Trichoderma* and *Gliocladium*. Vol. 2. Enzymes, Biological control and commercial application, Taylor and Francis, London UK.

KUHLS K, LIECKFELDT E, SAMUELS G J, et al, 1997. Revision of *Trichoderma* sect *Longibrachiatum* including related teleomorphs based on analysis of ribosomal DNA internal transcribed spacer sequences[J]. Mycologia, 89 (3): 442-460.

KULLNIG C, SZAKACS G, KUBICEK C P, 2000. Molecular identification of *Trichoderma* species from Russia, Siberia and the Himalaya[J]. Mycological research, 104 (9): 1117-1125.

KULLNIG-GRADINGER C M, SZAKACS G, KUBICEK C P, 2002. Phylogeny and evolution of the genus *Trichoderma*: A multigene approach[J]. Mycological research, 106 (7): 757-767.

MA J, REDDA E T, LI M, et al, 2020. Biodiversity of *Trichoderma* from grassland and forest ecosystems in Northern Xinjiang, China[J]. Biotech, 10: 362.

NAWROCKA J, MAOLEPSZA U, 2013. Diversity in plant systemic resistance induced by *Trichoderma*[J]. Biological control, 67(2): 149-156.

REDDA E T, MA J, MEI J, et al, 2018. Biological control of soilborne pathogens (*Fusarium oxysporum* f. sp. *Cucumerinum*) of Cucumber (*Cucumis sativus*) by *Trichoderma* sp. [J]. Journal of life sciences, 12: 1-12.

RIFAI M A, 1969. A revision of the genus *Trichoderma*[J]. Mycological papers, 116 56.

SANTIAGO A D, QUINTERO J M, AVILÉS M, et al, 2011. Effect of *Trichoderma asperellum* strain T34 on iron, copper, manganese, and zinc uptake by wheat grown on a calcareous medium[J]. Plant and soil, 342(1/2): 97-104.

SHORESH M, HARMAN G E, MASTOURY F, 2010. Induced systemic resistance and plant responses to fungal biocontrol agents[J]. Annual review of phytopathology, 48: 21-43.

STOPPACHER N, KLUGER B, ZEILINGER S, et al, 2010. Identification and profiling of volatile metabolites of the biocontrol fungus *Trichoderma atroviride* by HS-SPME-GC-MS[J]. Journal of microbiol methods, 81(2): 187-193. DOI: 10.1016/j.mimet.2010.03.011

TAYLOR J W, JACOBSON D J, KROKEN S, et al, 2000. Phylogenetic species recognition and species concepts in fungi[J]. Fungal genetics and biology, 31(1): 21-32.

YEDIDIA I, BENHAMOU N, CHET I, 1999. Induction of defense responses in cucumber plants (*Cucumis sativus* L.) by the biocontrol agent *Trichoderma harzianum*[J]. Applied and environmental microbiology, 65(3): 1061-1070.

（撰稿：吴蓓蕾；审稿：王琦）

木霉素　trichodermin

由木霉菌产生的一种单端孢霉烯类化合物，主要是由脐孢木霉菌（*Trichoderma brevicompactum*）和绿色木霉（*Trichoderma viride*）产生，对多种病原真菌具有较强的抑制作用。

早在 1964 年 Godtfredsen 等就分离得到了木霉素并利用核磁共振以及 X- 光衍射确定了木霉素的化学结构。木霉素的结构包含两个六元环、一个五元环和一个三元环，脐孢木霉、绿色木霉是木霉素的主要生产菌株。木霉素对一些真核细胞的抑制作用主要是与肽基转移酶结合而阻断翻译过程的继续进行，从而抑制蛋白质合成，因而是一种蛋白质合成抑制剂。木霉素具有抗真菌活性，国内相关木霉素的研究报道主要集中在对农作物真菌病害的生物防治上，它对引起西红柿、黄瓜、大麦等多种植物病害的病原真菌均具有良好的抑制作用。有关木霉素在医学方面的应用，国外早在 20 世纪 70 年代就有相关报道，最新的研究表明木霉素也有一定的抗肿瘤细胞作用，Chen 等报道了木霉素可以通过释放活性氧使软骨肉瘤的线粒体功能紊乱进而导致软骨肉瘤细胞死亡。

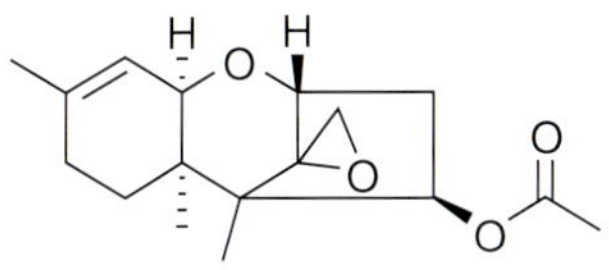

截至 2019 年，国内外未见木霉素标准样品研制的报道，市面也无木霉素标准样品可购买，为了相关木霉素的深入研究和开发，2019 年，朴怡情等参照 ISO Guide 35:2017，依据 GB/T15000.3-2008 标准样品系列工作导则研制了国内外第一个木霉素的国家标准样品。经 F 检验该样品在 95% 的置信区间范围内均匀性良好；在 –20～–18°C 条件下保存 12 个月稳定性良好；经国内 8 家具有分析资质的实验室进行协同定值，木霉素纯度定值结果为 99.86%，扩展不确定度为 0.05%。该项研究所得的木霉素达到国家标准样品的技术要求，可用于有关木霉素的检测方法校正和质量控制。

参考文献

全国标准样品技术委员会 , 2008. 标准样品工作导则 (3) 标准样品定值的一般原则和统计方法 : GB/T 15000. 3—2008[S]. 北京 : 中国标准出版社 .

ABRAHAMSSON S, BO N, KROHN C, et al, 1966. The Molecular Structure of Trichodermin[J]. Acta chemica scandinavica, 20(20): 1044-1052.

CANNON M, JIMENEZ A, VAZQUEZ D, 1976. Competition between trichodermin and several other sesquiterpene antibiotics for binding to their receptor site (s) on eukaryotic ribosomes[J]. Biochemical journal, 160(2): 137-145.

CARRASCO L, BARBACID M, VAZQUEZ D, 1973. The trichodermin group of antibiotics, inhibitors of peptide bond formation by eukaryotic ribosomes[J]. Biochimical et biophysica acta, 312(2): 368-376.

CHEN Y S, ZHANG L C, CHEN Z Y, et al, 2008. Trichodermin (4-acetoxy-12,13-epoxytrichothec-9-ene)[J]. Acta crystallographica section E: structure reports online, 64(4): 702.

SHENTU X P, ZHAN X H, MA Z, et al, 2014. Antifungal activity of metabolites of the endophytic fungus *Trichoderma brevicompactum* from garlic[J]. Brazilian journal of microbiology, 45(1): 248-254.

SU C M, WANG S W, LEE T H, et al, 2013. *Trichodermin* induces cell apoptosis through mitochondrial dysfunction and endoplasmic reticulum stress in human chondrosarcoma cells[J]. Toxicology & applied pharmacology, 272(2): 335-344.

XU X H, WANG Z C, CHENG J L, et al, 2010. *Trichodermin* (12,13-ep-oxy-trichethec-9-en-4β-yl-4-fluoro-benzoate)[J]. Acta crystallographica, 66(8): 2097.

（撰稿：吴蓓蕾；审稿：王琦）

苜蓿银纹夜蛾核型多角体病毒　*Autographa californica* multiple nucleopolyhedrovirus, AcMNPV

属杆状病毒科（Baculoviridae）核型多角体病毒属（*Nucleopolyhedrovirus*，NPV），是 A 亚群的代表种，为多粒包埋型病毒。AcMNPV 具有较广的宿主范围，侵染 30 多种鳞翅目昆虫，对粉纹夜蛾（*Trichoplusa ni*）、银纹夜蛾（*Argyrogramma agnata*）侵染效果最好，甜菜夜蛾次之，棉铃虫、斜纹夜蛾等更次之，对亚洲玉米螟效果较差。20世纪60年代后期，美国首次从苜蓿银纹夜蛾（*Autographa californica*）中分离到AcMNPV，是研究杆状病毒的模式种。AcMNPV是首个完成全基因组测序的杆状病毒（NCBI：L22858.1），其基因组大小为133894bp，编码154个开放阅读框（ORF），GC含量40.7%。AcMNPV是杆状病毒—昆虫细胞表达系统中最主要的病毒载体之一，用于表达外源蛋白，生产有活性的免疫原蛋白等。作为生物农药，AcMNPV产业化主要用粉纹夜蛾虫体扩增。虽然AcMNPV杀虫谱较宽，但针对某些特定的害虫，如棉铃虫、甜菜夜蛾等，由于其杀虫时间较长，效果相对较差，其实际应用的性价比低于专一性强的多角体病毒。

参考文献

侯建文，赵烨烽，姚国强，等，1998. 复配型苜蓿银纹夜蛾核型多角体病毒制剂对两种夜蛾的毒力测定 [J]. 中国病毒学，13(4): 66-71.

王节萍，方继朝，郭慧芳，等，2005. 苜蓿银纹夜蛾核多角体病毒对甜菜夜蛾幼虫及成虫的影响 [J]. 江苏农业学报，21(1): 40-44.

AYRES M D, HOWARD S C, KUZIO J, et al, 1994. The complete DNA sequence of *Autographa californica* nuclear polyhedrosis virus[J]. Virology, 202(2): 586-605.

（撰稿：张寰；审稿：秦启联）

M

N

泥蜂科 Sphecidae

属膜翅目细腰亚目针尾部（Aculeata）蜜蜂总科（Apoidea），泥蜂类有4个科：泥蜂科（Sphecidae）、蠊泥蜂科（Ampulicidae）、方头泥蜂科（Crabronidae）和异泥蜂科（Heterogynaidae）。世界已知泥蜂近万种，其中，泥蜂科已知800余种和亚种。泥蜂科许多种的种群数量大，广泛分布于林木、果树及草地等多种生态环境中，对害虫种群数量的发生起到了直接的自然控制作用，具有重要的生态功能。

形态特征 前胸背板不伸达肩板，头胸部刚毛不分叉，后足基跗节不扁平；前翅具亚缘室，后翅轭叶大，含有1条翅脉；腹部具仅由腹板Ⅰ围合成的圆筒状腹柄，腹部末端腹板不纵裂，产卵器针状。多数泥蜂种类个体较大，多为黑色，常具黄色、红色或褐色斑；部分泥蜂种类全身为蓝色，具强烈的金属蓝色、绿色或紫色闪光，并且个体较大，极为美丽。

生物学习性 为独居蜂，捕猎、筑巢、饲育幼虫等活动多数情况由雌蜂单独进行，部分种类有睡眠集结现象。泥蜂成虫一般在白天活动，夜间在植物体上或地缝或洞中休息。泥蜂的猎物多为鳞翅目大蛾类幼虫、直翅目螽斯和蝗虫及蟋蟀类、膜翅目叶蜂类、鞘翅目象甲类、螳螂目和竹节虫目昆虫以及蜘蛛等。根据巢穴的位置，泥蜂巢穴可分为地下巢穴和地上巢穴两类。地下巢穴挖筑在土中，每个巢穴一般包括巢口、巢径和巢室三部分，一般1个巢穴只包含1个巢室；地上巢穴包括部分泥蜂种类在仓库和房屋等人类建筑物上用泥土筑造的巢穴以及少数泥蜂种类利用树木中已有的洞穴建筑巢穴。泥蜂成虫捕猎时，先将猎物螫刺麻醉，之后将其猎物携带回巢穴内，在猎物身体上产卵，之后将巢口封闭，再到另外一处挖筑另一个巢穴。泥蜂的卵多为长圆形，乳白色，其头端插入到猎物体内；幼虫蛆式，老熟幼虫吐丝结茧，并在茧内化蛹；卵和幼虫发育历期较短，幼虫生长迅速，蛹期较长。

（撰稿：马丽；审稿：李强）

黏虫颗粒体病毒 *Pseudaletia unipucta* granulovirus, PuGV

杆状病毒科（Baculoviridae）颗粒体病毒属（*Granulovirus*, GV）B亚组。包涵体（颗粒体）呈长椭圆形，形状比较规则，大小均一，长度约为0.5μm，直径约为0.3μm。每个包

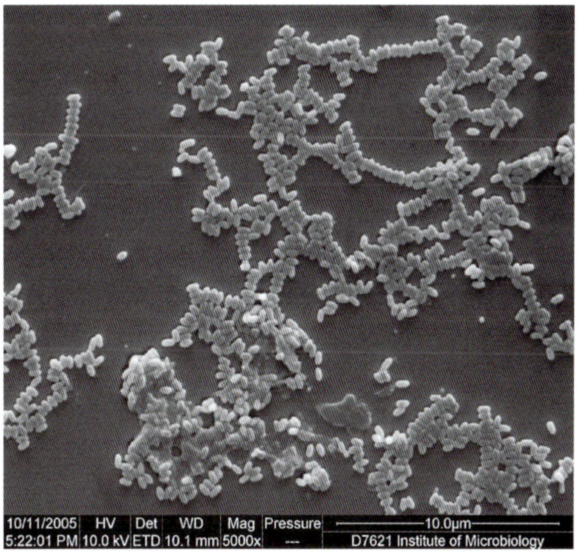

PuGV扫描电镜观察（秦启联提供）

涵体内只有1个病毒粒子，基因组全长176677bp（NCBI：EU678671），含有183个开放阅读框（ORF），GC含量39.8%（见图）。PuGV杀虫效果较慢，一般需要17～25天，感染率较低，二龄黏虫平均感染死亡率为20%以下。PuGV的颗粒体中含有一种126kD的蛋白质，能够提高其他核型多角体病毒的毒力，称为增效因子，如对美洲黏虫核型多角体病毒（*Pseudaltia unipuncta* NPV）、棉铃虫核型多角体病毒（*Heliocoverpa armigera* NPV）等具有明显的增效作用。

参考文献

丁翠，邓塔，蔡秀玉，1995. 粘虫颗粒体病毒的增效因子提高杆状病毒的感染 [J]. 昆虫学报，38(4): 407-413, 513.

林钧安，张弛，黄国坤，等，1987. 美国粘虫(*Pseudatia unipuncta*)颗粒体病毒(Granulosis Virus)荚膜(Capsule)电镜观察方法的比较[J]. 电子显微学报 (3): 17-20.

刘强，丁翠，蔡秀玉，1998. 粘虫颗粒体病毒增效因子的分离纯化及其生化性质 [J]. 病毒学报，14(4): 68-74.

（撰稿：张寰；审稿：秦启联）

黏帚霉 *Gliocladium* spp.

属无性菌类丝孢纲丛梗孢目丛梗孢科黏帚霉属，是一种

分布广泛的土壤习居菌和重寄生菌。具有生长速度快、产孢量大、寄主范围广、寄生能力强、拮抗机制多样等优点，被认为是已发现的拮抗微生物中极具潜力的生防因子之一。在已知黏帚霉属的 30 多个种中，具有重要应用前景的生防菌主要有绿色黏帚霉、粉红黏帚霉、链孢黏帚霉、融黏帚霉、黑色黏帚霉等，这些黏帚霉都得到了广泛的研究和应用。

黏帚霉的生防机制主要包括以下几个方面：①拮抗作用。粉红黏帚霉对尖孢镰孢菌（*Fusarium oxysporum* f. sp. *vasinfectum*）、立枯丝核菌（*Rhizoctonia solani*）、核盘菌（*Sclerotinia sclerotiorum*）、灰葡萄孢菌（*Botrytis cinerea*）、辣椒疫霉菌（*Phytophthora capsici*）及细极链格孢菌（*Alternaria tenuissima*）等有拮抗作用，拮抗微生物在代谢过程中，可以产生一些挥发或不挥发的对病原微生物有毒害作用的次生代谢物质，黏帚霉同样也可以产生抗生素，这些次生代谢物质对病原微生物有一定的抑制作用；另一方面，黏帚霉的代谢产物也能够对植物寄生线虫的生长产生影响。②竞争作用。主要是指黏帚霉与病原菌在生存空间和营养物质上的竞争，是植物病害生物防治的重要机制。粉红黏帚霉 S-56 菌株与番茄灰霉病菌进行互作时发现，S-56 菌株汲取营养的能力要显著强于病原真菌，因此在该情况下可以运用竞争作用机制来抑制病害的发生。③重寄生作用。研究表明，黏帚霉是通过与病原真菌菌丝之间的相互识别，由菌丝直接的表面接触与侵入寄主的菌丝来实现其生防作用。另一方面，粉红黏帚霉的重寄生作用不单单表现在对病原菌菌丝的寄生，其对核盘菌菌核也存在明显的寄生作用，寄生率可以达到 100%。④溶菌作用。粉红黏帚霉在寄生真菌病原菌时可分泌细胞壁降解酶、几丁质酶、葡聚糖酶、纤维素酶、蛋白酶等，以上这些酶参与了粉红黏帚霉的重寄生过程，其主要作用是降解病原真菌细胞壁，使得粉红黏帚霉获得所需营养，并在此过程中对病原菌造成极大伤害，抑制其生长发育，甚至使其死亡。这些细胞壁降解酶还对病原真菌的孢子萌发、芽管伸长和菌丝生长有强烈抑制作用，使其致病力显著下降。⑤促生作用。研究发现粉红黏帚霉 WY-1 菌株对番茄种子萌发和幼苗生长均有促进作用，粉红黏帚霉菌株 S-56 菌株对番茄种子同样具有促生作用。在对粉红黏帚霉菌丝体进行化学成分分析时发现，其中所含的甘露醇可以参与植物的光合作用。

黏帚霉属的菌株已经在生产上成功应用于灰霉病等多种病害防治。Breuil 等将粉红黏帚霉用于保护林木，发现粉红黏帚霉对防止木材变色非常有效。研究发现，黏帚霉的产孢能力很强，孢子适于长期保存。在人体温度下该菌不能生长，因此对人类不会造成危害，对生态系统也无不良影响。鉴于其安全、高效、长效和价廉等特性，国外已有 Soil Gard、Primastop 等多个黏帚霉颗粒剂登记注册，能够有效防治温室和大田作物的幼苗病害和根部病害。

参考文献

暴增海，杨文兰，吴学文，等，2004. 粘帚霉 (*Gliocladium* spp.) 不同菌株对几种病原菌的抑菌作用测定 [J]. 吉林农业大学学报，26(4): 394-398.

王傲雪，张莉莉，王旭，等，2015. 粉红粘帚菌对番茄促生作用及施用方式研究 [J]. 东北农业大学学报，46(10): 37-44.

肖盛元，郭顺星，杨峻山，等，2001. 粉红粘帚霉菌丝体化学成分研究 [J]. 菌物系统，20(4): 536-538.

杨荣华，2010. 黏帚霉 GR 菌株高产 β-1, 3- 葡聚糖酶诱变、酶分离与性质研究及菌株鉴定 [D]. 扬州：扬州大学.

张拥华，高会兰，马桂珍，等，2004. 粉红粘帚霉 67-1 菌株寄生核盘菌研究 [J]. 植物病理学报，34(3): 211-214.

赵士振，2015. 粉红黏帚霉防治果蔬灰霉病的研究 [D]. 武汉：华中农业大学.

DOMSCH K H, 1980.Compendium of soil fungi[M]. London: Academic Press.

MATTHIES I, BUCHENAUER H, 2002. Purification and characterization of a *Zearalenone* degrading enzyme produced by Gliocladium roseum[J]. Mycotoxin research, 18(S1): 65.

MINT ZA S, WALTER J F, 1993. Pribate industry approaches development of for disease control in horticulture. In Lumsden RDMBV aghnJL(eds) Pest management biological based technology[J]. American chemical soeiety, Washiongton D C: 398-403.

（撰稿：蒙玲玲；审稿：王琦）

宁南霉素 ningnanmycin

中国科学院成都生物研究所从四川宁南分离所得诺尔斯链霉菌西昌变种（*Streptomyces noursei* var. *xichangensis*）发酵生产的一种碱性水溶性的农用抗生素。其活性成分为 $C_{16}H_{25}N_7O_8$，具有胞嘧啶核苷肽结构的广谱、高效杀菌剂，对植物病毒病和部分真菌病害具有预防和治疗作用。

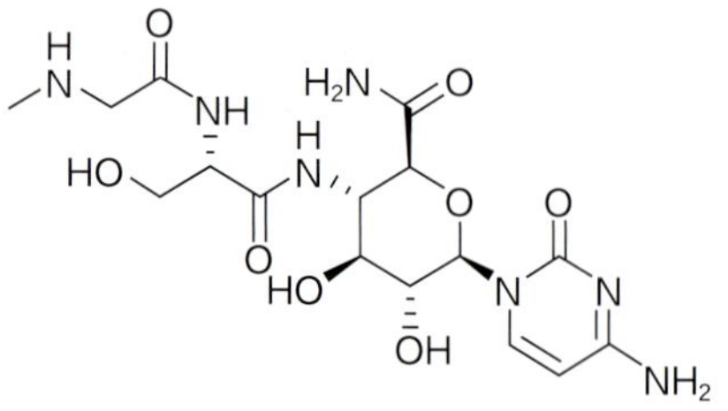

纯品外观为白色粉末，熔点 195°C（分解）。易溶于水，可溶于甲醇，微溶于乙醇，难溶于丙酮、乙酯、苯等溶剂。pH3.0～5.0 较为稳定，在碱性时易分解失去活性。制剂外观为褐色液体，带酯香，无臭味，遇碱易分解。

原药对大鼠急性经口、经皮 LD_{50}（雌雄）均 >5000mg/kg。制剂大鼠急性经口 LD_{50}（雌雄）均 >5000mg/kg，经皮 LD_{50}（雌雄）均 >2000mg/kg。原药对眼睛、皮肤无刺激性；原药轻度致敏性，制剂弱致敏性。属低毒级农药。

制剂对鱼、水蚤、藻类等水生生物及蜜蜂、家蚕、鸟类等陆生生物低毒，对天敌赤眼蜂危害风险低。

宁南霉素可抑制植物病毒的增殖，降低植物体内病毒粒体浓度，破坏病毒粒体结构，还可系统地诱导植物产生抗病性，从而达到防治作物病毒病害的作用；还可以抑制真菌菌丝生长，起到防治植物真菌病害的目的。

可防治烟草花叶病毒病、番茄病毒病、辣椒病毒病、水稻条纹叶枯病等农作物病毒病，生产上也用于防治水稻立枯病、大豆根腐病、苹果斑点落叶病、黄瓜白粉病等农作物病害。

参考文献

化工产品手册编辑部，欧阳平凯，2008. 化工产品手册，生物化工产品 [M]. 5 版 . 北京：化学工业出版社：465-466.

刘主泉，2012. 农药新品种实用手册 [M]. 北京：中国农业出版社：213-215.

沈寅初，张一宾，2004. 生物农药 [M]. 北京：化学工业出版社：40.

向固西，胡厚芝，陈家任，等，1995. 一种新的农用抗生素——宁南霉素 [J]. 微生物学报，35(5): 368-374.

张敏恒，2006. 新编农药商品手册 [M]. 北京：化学工业出版社：503-504.

HAN Y, LUO Y, QIN S, et al, 2014. Induction of systemic resistance against tobacco mosaic virus by ningnanmycin in tobacco[J]. Pesticide biochemistry and physiology, 111(1): 14-18.

（撰稿：吴元华；审稿：王琦）

农抗 120 agricultural antibiotic 120

由吸水刺孢链霉菌在生长繁殖过程中分泌出来的核苷类抗生素。从 1980 年发现农抗 120 的产生菌刺孢吸水链霉菌北京变种（*Streptomyces hygrospinocus* var. *beijingensis*）以来，农抗 120 已广泛用于农用抗生素领域。农抗 120 不仅对瓜果、蔬菜、花卉、小麦等白粉病和西瓜枯萎病、炭疽病等真菌病害具有显著的防治效果，还能够促进植物增产，因此，在农业生物防治及抗生素领域具有一定的应用前景和经济价值。刺孢吸水链霉菌北京变种作为农抗 120 的产生菌，其次级代谢产物是农抗 120 活性成分的来源。科学家们通过诱变技术选育高产菌株以及采用优化发酵条件等方法来提高其生物效价。农抗 120 的活性成分之一为一种脂溶性的四烯大环内酯类化合物，具有四烯大环内酯类抗生素的特征紫外吸收谱，并与四霉素的结构相同，且四烯类化合物对农抗 120 的活性指示菌清酒酵母具有明显的抑制作用。由于该抗生素在自然界易被分解，无积累，对人畜等高等动物安全，被称为“无公害生物农药”，可与杀虫双、菊酯类、叶蝉散等杀虫剂混合施用。该药不仅具有广谱高效的杀菌作用，而且还具有一定的刺激作物生长的功能，保产与增产效果均显著优于多菌灵、双效灵、抗枯宁等化学农药。

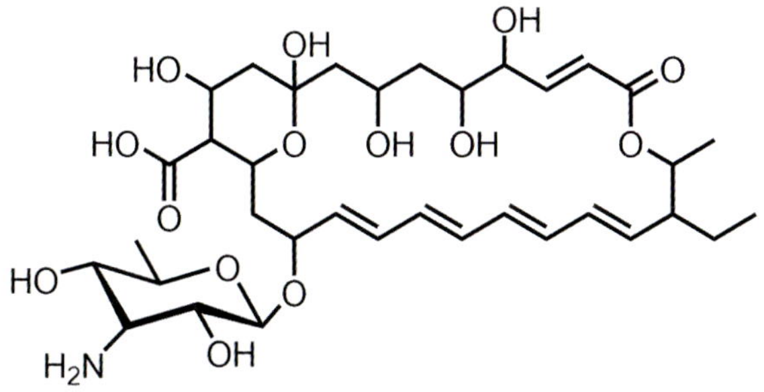

为提高农抗 120 的药效，可于配好药液后加入 0.1% 中性肥皂或洗衣粉，还可加入 0.2%～0.3% 的磷酸二氢钾，以起补肥增加抗病能力的作用。扒土灌根时，扒土不宜过深，以不伤及根系为度，以免造成伤口为病菌侵入增加机会。施用农抗 120 还应注意突出“早”字，最迟应于发病率 10% 以前施药，过迟施药效果不理想。

参考文献

田坤发，赵其苍，1999. 生物杀菌剂农抗 120 的应用范围与使用技术 [J]. 农资科技 (2): 11-13.

姚芬，康前进，林双君，等，2011. 农抗 120 活性成分四烯化合物的分离与鉴定 [J]. 上海交通大学学报，45(1): 88-91.

殷翱，林开春，何进，2005. 农抗 120 生产菌高能电子流诱变育种与发酵性能研究 [J]. 化学与生物工程 (11): 39-41.

朱昌雄，陈守文，刘放，等，2003. 我国发酵微生物农药的发展概况与趋势 [J]. 生物加工过程，1(1): 37-41.

朱昌雄，谢德龄，倪楚芳，1990. 农抗 120 防治作物真菌病害的效果评价 [J]. 中国生物防治学报，6(4): 179-182.

朱昌雄，谢德龄，粟燕，等，1990. 利用原生质体融合技术选育农抗 120 高产菌株及应用的研究 [J]. 中国生物防治学报，6(1): 18-22.

DORNBERGER K, THRUM H, RADICS L, 1979. The structure of tetramycin. a new polyene macrolide antibiotic[J]. Tetrahedron, 35(15): 1851-1856.

RADICS L, INCZE M, DORNBERGER K, et al, 1982. Tetramycin B. a new polyene macrolide antibiotic: The structure of tetramycins A and B as studied by high-field NMR spectroscopy[J]. Tetrahedron, 38 (1): 183-189.

（撰稿：葛蓓孛；审稿：张克诚）

农林复合系统 agroforestry system

1966 年，联合国粮食及农业组织总干事、国际农林业研究委员会（ICRAF）第一任主席 King 提出了 agrisilviculture 这一术语。1978 年 King 博士及其同事正式提出 agroforestry（农林系统）这一概念：agroforestry 是一种采用适于当地栽培实践的一些经营方法，在同一土地单元内将农作物生产与林业和（或）家畜生产同时或交替地结合起来，使土地生产力得以提高的持续性土地经营系统。其后，国际农林业研究委员会在多年研究的基础上提出了新的定义：农林系统是一种土地利用技术和系统的复合名称，是有目的地把多年生木本植物（乔木、灌木、棕榈和竹子等）与农业和牧业用于同一土地经营单位，并采取同一或短期相同的经营方式。在农林复合生态系统中，在不同组成之间存在着生态学和经济学方面的相互作用。也就是说农林复合系统是以生态学为基础，将农业和林业相结合起来的自然资源管理系统。它通过协调农林用地，高效利用各种自然资源，达到生产的多样性和可持续发展。

农林复合系统分为：农林结合系统、林牧结合系统、农林牧结合系统及其他如农林渔、农林轮作等系统。其中，农林结合系统包括：轮荒农业区改进的休闲系统，汤加系统，树木园田系统，树篱和农作物带状间作系统，长有多用途的乔灌木的农田系统，人工林与农作物相结合的系统，生产薪柴的农林系统，防护林带、防风林、土壤保护林所形成的农林结合系统；林牧结合系统包括："蛋白质库"，由饲料树组成的树篱系统、长有乔木或灌木的草地系统；农林牧结合系统：供放牧、覆盖地面、生产绿肥和土壤保护用的木本绿篱系统，此外，还包括大量草本和木本植物，有的还包括饲养动物的家庭园田系统；其他系统：农林渔相结合的系统、各种形式的轮荒耕作系统、长有树木的养蜂系统等。

设计农林复合系统时，需因地制宜分析其生态环境与生物资源的特征，综合考虑自然资源的高效合理利用，遵循生态学原理、注重现代数学理论和信息技术的运用，并结合社会、经济、文化及农民的需求等因素。农林复合系统对生态环境也存在影响，成功的农林复合系统可以改善小气候，提高土壤肥力，增加生物多样性。例如，高黎贡山地区核桃和板栗混农林系统具有较高物种丰富度，经济效益也高。

农林复合系统中，由于木本植物和作物经常利用同一空间或时间上的资源，生态位出现重叠，因此会产生竞争作用。因此，农林复合系统提高产量和总生产力的核心即为优化树木和作物之间的搭配，使资源竞争小而利用效率高。在农林复合系统中，选择根系分布在空间或时间上存在差异的林作配置，通过根系在空间上的垂直分布，植物可通过在根系竞争区域内限制侧根生长和根系垂直成层，有效地形成生态位的互补关系，促进提高水分利用效率。比如，可利用分根系统提升猫尾木（*Markhamia lutea*）的水力作用，可使旱稻（*Oryza sativa*）周围土壤含水量增加，从而降低水分竞争，促进旱稻生长。同样，复合农林系统中低浓度的水杉化感物质也可促进小麦、青菜幼根、幼苗的生长。

参考文献

李文华，赖世登，1994. 中国农林复合经营 [M]. 北京：科学出版社.

闻大中，1989. 农林业系统的清查及调查设计：农林业系统研究进展之二 [J]. 生态学进展，6(1): 7-11.

吴建军，1990. 发展中国家农林系统的研究与实践 [J]. 生态与农村环境学报 (1): 43-47.

（撰稿：杜飞；审稿：朱书生）

农田复合系统 cropland complex system

在同一块土地上，在不同的时间顺序和空间位置上将不同类型的农作物、家畜结合在一起而形成的所有土地利用系统的集合。

农田复合系统中，不同物种、不同类型和品种，以及它们之间的不同量比关系构成了系统结构的基本特点。间作、套作、混作是中国农业精耕细作传统的组成部分，是模拟自然生态群落的层次规律和演替特点，在人类的干预下建立的合理的人工复合群体，具有增产、增效、稳产保收、协调作物争地矛盾、充分利用空间、用地养地相结合等优势。合理的作物搭配和空间搭配具有高产稳产、有效利用土地资源、改良土壤肥力等特点，如利用高秆和矮秆作物及喜阴、向阳间作，进行行间作和条带间作等。生产上主要的间（混）作类型有禾本科和豆科作物间作，禾本科作物与非豆科作物间作，经济作物与豆科间（混）作，粮菜间作，林、桑、果、药与粮、豆、肥间作等。套作的主要类型主要是以棉花、玉米、小麦和水稻等为主的套作。

立体种植和立体种养也是体现农田复合系统的两种有效方式。立体种植指的是在一定面积的土地上，植物群落栽培种植的空间配置。粮粮间套作，粮经间套作，粮菜饲料（肥）间套作等。立体种植所选配的植物其生态适应性在伴生期间要大体相同，在适应的程度上又要有所差异，立体种植植物的形态特征和生理特性互相补充，如植株高低搭配，株型紧凑、松散互补，叶子大小圆尖对应，根群深浅疏密结合，生长期长短前后交错，从而充分利用空间、时间、日光、水分和养料。如利用大蒜、菠菜、架冬瓜、芹菜立体种植 4 种作物优势互补，充分利用土地和空间，又互不影响。

同一田块上作物和动物之间均可构成一个小群落。一般把植物在上层群落、动物在下层群落的种植方式称为立体种养，不同的组合形式会产生不同形式的垂直差异分布。浙江青田的稻田养鱼已有 1200 多年的历史，除了稻田养鱼、稻田养鸭这些常规的模式外，逐渐出现了稻田养鳖、稻田养蟹、稻田养蛙、茭白田养鳖、麦田—龙虾—经济作物、鱼—稻—菇等农田立体种养模式。由于立体种养可有效提高用地效率和资源利用率并产生很好的社会效益、经济效益和生态效益，这些模式已逐渐在中国的许多地方得到发展。

人类生活所需的95%的粮食资源直接来源于农田系统，同时，造纸业、卷烟业、医药、建材、机械等各行业所需的原料均直接或间接地来自农田系统。因其具有强大的服务功能价值，人类作为这个系统的主要消费者和调控者，在利用该功能的同时，也通过非持续发展的方式导致农田系统出现急速的退化和破坏。因此农田系统的可持续发展对人类的生存发展具有重要的意义。农田复合系统正面临潜在的危机，主要表现为人口猛增、耕地超载、土壤污染、环境恶化、土壤肥力下降生产后劲不足等状况。因此，可通过科学的作物布局优化作物种植方式，改变群体结构，发展多熟种植，延长光合时间等手段来提高农田作物的生产潜力，协调生态、社会、经济三大效益，保持农田复合系统的动态平衡和稳定性。

参考文献

蒋云峰，王梅顺，2016. 农田生态系统服务功能及其生态健康研究进展 [J]. 农村经济与科技，27(21): 5-6.

李玉莲，1997. 发展立体种植 提高农田效益 [J]. 青海农技推广 (2): 20-21.

王凤仙，1995. 农田系统潜在危机及调控之见 [J]. 农业环境科学学报 14(1): 34-36.

杨文钰，2002. 农学概论 [M]. 北京：中国农业出版社.

朱有勇，2012. 农业生物多样性控制作物病虫害的效应原理与方法 [M]. 北京：中国农业大学出版社.

朱有勇，2013. 农业生物多样性与作物病虫害控制 [M]. 北京：科学出版社.

N

朱有勇，李元，2012. 农业生态环境多样性与作物响应 [M]. 北京：科学出版社 .

（撰稿：梅馨月；审稿：朱书生）

农业生物多样性 agrobiodiversity

以自然生物多样性为基础，以人类的生存和发展为动力而形成的人与自然相互作用的多样性系统。是生物多样性的重要组成部分，它是人与自然相互作用和相互关联的一个重要方面和桥梁。

农业生物多样性是从人类对自然生物多样性（遗传、物种、生态系统及景观）的管理和利用而形成的野生采集种类、半家化栽培和家化栽培种类、品种，到农业生态系统和土地利用管理类型的多样性（包括相关技术、文化、政策和物质信息流动），是整个社会与自然相互作用的区域综合体内的文化多样性与自然生物多样性相互作用的结果。与自然生物多样性相对应，农业生物多样性又可以分为品种、物种、农业生态系统和资源管理类型多样性 4 个层次。农业生物多样性是地球上极为重要的财富，更是人类赖以生存和发展的重要物质基础。农业植物资源多样性不仅包括在任何地区、任何时间所栽培的植物种及其所有品种的全部基因遗产，还包括它们的半驯化种、野生种和亲缘种，同时还应包括人们利用采、伐、摘、挖、放牧等手段而为人类所用的各种植物种。

据估计，地球上有 1 万～8 万种可供食用的植物，人类在各个时期利用的植物有 3000 多种，而人工驯化成作物的只有 1200 多种，其中大面积栽培的仅 150 多种。植物资源越多，即其多样性越丰富，改良栽培品种或选育新品种的潜力就越大。农作物生物多样性，不仅为人类的衣、食等方面提供原料，为人类的健康提供营养品和药物，而且为人类的幸福生活提供了良好的环境，尤为重要的是为人们开展生物技术研究、选育所需新品种，提供了取之不尽、用之不竭的基因来源。20 世纪以来，随着新品种的大量推广、人口增长、环境变化、滥伐森林和耕地沙漠化，以及经济建设等方面的原因，作物遗传资源多样性不断遭到破坏或丧失，而且数量巨大。种质资源的替代或丧失，随之而来是遗传多样性的减少，导致作物遗传结构的脆弱性和病虫等自然灾害的暴发而造成严重的损失。因此，农业生物多样性保护已成为全球可持续性农业研究中的热点。

随着人口的迅速增长，粮食问题已成为世界各国普遍关注的重大问题。为了突出植物遗传资源在解决粮食生产中的地位和作用，联合国粮食及农业组织大会第二十八届会议第 3/95 号决议，将植物遗传资源委员会改成粮食和农业遗传资源委员会，我们常用的植物遗传资源，相应改为粮食和农业植物遗传资源（简称植物遗传资源，中国称为作物种质资源）。当前，由于过度开发，全球每 8 种植物中就有 1 种面临着灭绝的威胁，物种的丧失对生态安全的破坏是致命的。美国、俄罗斯、日本等发达国家多年来通过各种手段加强种质资源考察收集，从而成为今天的世界资源大国。新中国成立以来，采用群众性收集、补充征集、重点作物考察和重点地区考察等方法，已收集了各种作物种质资源 35 万份，但中国的中西部边远山区仍有大量资源亟待抢救、收集和发掘利用。预计今后 30 年内，世界人口将达到 85 亿，要解决这么多人的吃饭问题，一个最为有效的途径是充分研究和利用各种优良植物遗传资源，培育出可以适应各种不断改变的环境条件的优良品种，并能稳定产量和改善品质。因此，世界各国都把科学保护和充分利用植物遗传资源，作为关系农业可持续发展、保障粮食安全的重要措施。

农作物生物多样性保护策略具有广泛的领域和规模，这一过程通常分成 3 个基本部分：挽救生物多样性；研究生物多样性；持续、合理地利用生物多样性。自 1992 年后，世界 100 多个国家相继成为国际《生物多样性公约》签约国，每年在世界环境日、世界地球日、国际生物多样性日开展公众参与的大规模宣传教育活动，宣传《生物多样性公约》的作用和意义以及保护生物多样性的重要性。当前，农业生物多样性的保护、利用和农业可持续发展是全球最热门的话题之一，涵盖了生物学、遗传学、农学、经济学、生态学、社会学等多学科领域的研究课题。世界各国高度重视生物多样性保护的政策和战略、生物多样性数据的管理和信息共享、自然保护区的管理、可持续旅游、防止外来物种入侵、生物安全、遗传资源保护与保存、保护生物学、生态环境保护与恢复技术，以及湿地、森林、农业、海洋、缺水和半湿润地区生态系统的生物多样性保护等方面的研究。

中国幅员辽阔，生态环境复杂，农业历史悠久，是世界上生物多样性最为丰富的国家之一；作物种质资源十分丰富，是世界作物多样性中心之一。据初步统计，世界上栽培植物有 1200 余种，中国就有 600 余种，其中有 300 余种是起源于中国或种植历史在 2000 年以上。但随着人口增加、良种推广，农业生产朝着集约化方向发展，使栽培植物多样性急剧减少，形成栽培植物种类较少，作物品种单一和遗传基础狭窄，给生产造成了巨大损失。与国外情况相同，中国作物种遗传资源多样性的破坏和丧失也异常严重，1949 年中国有 1 万多个小麦品种（主要是农家种）在种植使用，到 20 世纪 70 年代仅存 1000 多个；野生水稻和野生大豆的原生境生长地已遭到严重破坏，面积越来越少。目前种植的玉米、甜菜、水稻等作物杂交种的遗传基础日趋狭窄，存在着遗传上的脆弱性和突发毁灭性病害的隐患。实践证明，最大限度地保护农作物及其多样性，大力开发新的农业植物和未被开发利用的栽培植物种类，使农业生产的良种多样化，并努力拓宽优良品种的遗传背景，是中国农业实现可持续发展的重要研究课题。

老子曰："道生一，一生二，二生三，三生万物，万物负阴而抱阳，冲气以为和。"又曰："有无相生，难易相成，长短相形，高下相盈，音声相和，前后相随，恒也。"大千世界处处相互依存、相互制约，万事万物处处相克相生、和谐发展。追溯世界农业发展的历史，依赖化学农药控制植物病害的历史不足百年，在几千年的传统农业生产中，作物品种多样性无疑是持续控制病害的重要因素之一，生物多样性与生态平衡无疑是维系生物发展进化的自然规律之一。

利用生物多样性持续控制作物有害生物，已成为国际农业科学研究的热点，研究论文逐年增多，研究成果的应用推广逐年扩大，农业生物多样性的功能逐步被认知。农业生物多样性是大自然赋予人类的宝贵财富，是植物病害流行的天然屏障，必将在现代农业生产中发挥越来越重要的作用。

参考文献

骆世明, 2010. 农业生物多样性利用原理与技术 [M]. 北京 : 化学工业出版社 .

朱有勇, 2013. 农业生物多样性与作物病虫害控制 [M]. 北京 : 科学出版社 .

（撰稿：朱有勇；审稿：李成云）

P

耙掌泥蜂红腹亚种 *Palmodes occitanicus perplexus* Smith

属泥蜂科泥蜂亚科（Sphecinae）掌泥蜂属（*Palmodes*）。在中国广泛分布，以直翅目螽斯为捕猎对象，是一种重要的天敌昆虫。

形态特征 雌性体长 21～26mm；黑色，腹部背板Ⅰ全部和腹板Ⅰ端部、第二节全部和第三节大部分为红黄色；翅黄褐色，翅外缘浅黑色；足黑色；体长毛黑色，额中下部及两侧和唇生有白色毡毛，胸部短软毛白色；头部唇基平坦，前缘中部略突出，端缘平直或浅凹弓形，两侧各有1宽凹陷；胸部中胸盾片和小盾片无条纹；后胸背板中央高突，具横皱纹，侧板中上部具较粗大斜皱纹；并胸腹节背区密生细横皱条纹，侧区斜皱条纹粗大，无气门沟；足较长而粗壮，爪内缘基部具2齿，前足跗节具耙状构造；腹部腹柄约与后足跗节Ⅱ加Ⅲ长度相等。雄性体长 19～22mm；腹部黑色，仅背板Ⅰ基部有时红黄色；中胸盾片具较粗大横皱纹；并胸腹节背区横皱纹较粗大；前足跗节无耙状构造；腹柄约与后足跗节Ⅰ等长；其他同雌性上述特征（见图）。

生物学习性 在山东泰安、招远和龙口等地，该蜂在7月前后田间种群数量相对较大。雌蜂常于丛林中飞行，有时在石块、地面或枝条上短距离爬行，行动迅速。雌蜂寻捕猎物范围较广，据在山东龙口观察，雌蜂可从离巢穴 70m 以外的山林中捕到猎物，然后途经种有地瓜、大豆、玉米、花生等不同作物的山坡梯田，遇沟则携带猎物振翅飞下，将猎物向山下方向直线拖至巢穴旁。

巢穴多位于巨石下等隐蔽场所的土壤中，由巢口、巢径和巢室三部分组成。巢口圆形，直径 4cm 左右。巢径圆筒形，是通往巢室的通道，长 3cm 左右。巢室椭圆形，是存放猎物、幼虫生长发育及化蛹的场所，巢室长 4cm 左右，高 2cm 左右。因筑巢雌蜂大小不同，巢穴大小略有变化。雌蜂多捕猎体长 3cm 左右的螽斯。发现猎物后雌蜂便上前将其蜇刺麻醉，然后用上颚咬住猎物的两个触角基部，有时两前足也辅助抱握虫体，把猎物携带在身体腹面，将头部向前腹部向下的猎物在地面上迅速拖至已挖好的巢穴旁。雌蜂将猎物拖入巢穴后在猎物体上产卵，约 1.5 分钟左右后雌蜂出洞，先用其强有力的耙状前足将周围的少量土耙向洞口，而后 6 足用力，同时振翅，用头部将土推入洞内并压实。之后雌蜂出洞，再以同样的方式将少量土推入洞内压实。这样重复 19～28 次，历时约 20 分钟，直到将洞口填平后飞走，去寻找另一个筑巢地点。雌蜂每次只挖筑1个巢穴，捕捉1头猎物放入穴内，并在猎物体上产1粒卵。

泥蜂卵多产在螽斯右侧后胸侧板下部，为外寄生。初产卵长圆形，长 2～3mm，宽 0.5～1mm，乳白色。初产卵多在第二天孵化为幼虫，开始从猎物体内吸取营养，第三天幼虫生长迅速，第四天幼虫体长达 15～20mm，为蛆型幼虫，并准备吐丝结茧化蛹，第五天幼虫完成做茧，并于茧内化蛹。茧为两头尖的长圆形，长 18mm 左右，宽 8mm 左右，深褐色。蛹期较长，以蛹越冬，当年7月化的蛹可到翌年6月羽化为成虫。

雌　　雄

耙掌泥蜂红腹亚种（*Palmodes occitanicus perplexus* Smith）
（李强摄）

参考文献

吴燕如，周勤，1996. 中国经济昆虫志：第五十二册　膜翅目　泥蜂科 [M]. 北京：科学出版社.

BOHART R M A S MENKE, 1976. Sphecid wasps of the world, a genetic revision[M]. London: University of California Press: 1-695.

DOLLFUSS H, 2013. Revision of the wasp genus *Ammophila Kirby* 1798 (Hymenoptera: Apoidea: Sphecidae) of the palearctic region and India[J]. Linzer biologische beiträge, 45: 383-564.

EVANS H E, 1966. The comparative ethology and evolution of the sand wasps[M]. Cambridge: Harvard University Press: 1-526.

EVANS H E, M EBERHARD, 1970. The wasps[M]. London: University of Michigan Press: 1-265.

MELO G A R, 1999. Phylogenetic relationships and classification of the major lineages of Apoidea (Hymenoptera), with emphasis on crabronid wasps. Scientific Papers[J]. Natural history museum, 14: 1-55.

（撰稿：马丽；审稿：李强、杨忠岐）

品种布局 variety deployment

将具有不同抗病基因的品种在一定的地区范围内实行合理布局，从空间上阻止病菌新小种的定向选择和发展，即基因布局。

品种布局目的旨在阻止病害流行和暴发，延长抗病品种使用年限。在进行品种布局时，需要考虑当地环境因子、有效抗性基因和病原菌的流行动态等。病原菌群体结构的系统监测及病原菌效应蛋白生物学的了解是进行基因布局的关键。作物品种遗传背景单一的情况下，可以通过将具有不同抗性基因的不同品种组合后进行布局，以通过基因轮换或混合种植的实时布局促进病原菌群体的进化。

合理布局品种要根据本区的主要生态因素、栽培制度以及栽培水平的实际，首先要确定主栽品种及搭配品种。搭配品种的选择考虑3个因素：①在同一地区，搭配品种的数目和种植面积可少一些；不同地区，可多选择一些品种，种植面积也可大一点。②应尽量选择播种期和成熟期相差不大的品种。③考虑搭配品种对土、肥、水分等栽培条件要基本一致。既要充分利用当地自然条件，又要使得品种的优良特性得以充分发挥。

（撰稿：杨静；审稿：李成云）

品种多样性 variety diversity

物种内不同群体和个体的多样性。这种丰富程度主要通过不同的形态特征、不同的生物学特性和不同的经济性状来体现。

品种是一种重要的农业生产资料，是人类在一定的生态条件和经济条件下，根据需要选育的某种作物的群体。优良的品种必须具有高产、稳产、优质、多抗等优点。但是品种的抗性会随着本身的遗传变异或是环境因素的影响而发生变化。例如，单一的抗性品种大面积种植易导致病原菌的稀有小种逐渐上升为优势小种，从而使品种抗性丧失，最终导致作物病虫害的大面积暴发和流行。作物病虫害的暴发是制约可持续发展的主要因素之一。可通过培育多抗病基因聚合品种、多系品种和水平抗性品种等来增加作物遗传多样性。利用品种的间作、混作和套作能有效提高作物群体对病害的抗性水平。生产上利用作物多样性控制病害主要的策略有多系混合、品种混合和物种混合。

追溯至1872年，达尔文就发现小麦品种混作的产量比种植单一品种高，且病害轻于净作；美国长期进行小麦混作，有效防治了锈病；德国、丹麦、波兰采用大麦品种混合，成功防控了大麦白粉病的流行；菲律宾、泰国等国家将水稻的品种进行多样性种植，有效降低了水稻上的真菌和病毒病。中国的农民也有近百年利用作物品种多样性的习惯，他们通常在田中混合种植多种品种来抵抗各种气象和生物灾害。近年来，中国的科技工作者在利用品种多样性控制病害方面也取得较好的进展。朱有勇等根据品种遗传背景的差异、农艺性状和经济性状的不同，选用了2个籼型杂交稻品种（‘籼优63’和‘籼优22’）和2个优质地方稻品种（‘黄壳糯’和‘紫谷’）进行了品种多样性混合间栽和不同品种净栽的田间试验。结果表明，籼型杂交稻与优质地方稻品种混合间栽比同一品种净栽对稻瘟病有极为显著的控制效果，特别是混合间栽中高度感病的优质地方稻品种对稻瘟病的防治效果达83%～98%。研究结果从水稻品种遗传多样与病原菌群体遗传多样性的相互关系为立足点，探索了水稻品种多样性种植控制稻瘟病的新途径。

从对土地的空间利用上看，品种的多样性空间分布主要有不同品种的间作、混作及间套作；品种时间的布局主要有轮作、休作、连作等。在实际生产中通常是在时间和空间上同时利用遗传多样性，如多品种混合间作等方式。采用品种多样性间作、混作和区域布局3种方式能有效降低田间病虫害的发生。利用品种多样性间作是在时间和空间上同时利用遗传多样性的种植方式，即在同一块田地上，将不同的品种按照一定行比间作。品种混合是指将抗病性不同的品种种子混合而成的群体。不同品种的合理布局指的是在同一地区合理地布局多个品种，从空间上增加遗传多样性，减小对病原菌的选择性压力，降低病害的流行程度。

不同的作物品种搭配，控制病虫害的模式构建，也要遵循不同的原则，应考虑品种组合的合理搭配、种植模式的优化、适时育苗及田间的科学管理等原则。合理的品种搭配要综合考虑作物品种的遗传背景、农艺性状、经济性状、栽培条件及农户种植习惯等。在品种的搭配上选择不同抗性的品种进行混合，在对害虫的控制上，应合理搭配具有引诱害虫和趋避作用的作物。对于播期的调整应按主栽品种和间作品种的不同生育期调节播种时期，实行分段育秧。运用好品种多样性的优化布局及种植，能有效控制病害的流行，有利于增强农田生态系统的稳定性。

参考文献

杨文钰，2002. 农学概论[M]. 北京：中国农业出版社：149.

朱有勇，2012. 农业生物多样性控制作物病虫害的效应原理与方法[M]. 北京：中国农业大学出版社.

朱有勇，2013. 农业生物多样性与作物病虫害控制[M]. 北京：科学出版社.

朱有勇，陈海如，范静华，等，2003. 利用水稻品种多样性控制稻瘟病研究[J]. 中国农业科学，36(5): 521-527.

LEUNG H, ZHU Y Y, REVILLAMOLINA I, et al, 2003. Using genetic diversity to achieve sustainable rice disease management[J]. Plant disease, 87(10): 1156-1169.

MUNDT C C, BROPHY L S, KOLAR S C, 1996. Effect of genotype unit number and spatial arrangement on severity of yellow rust in wheat cultivar mixtures[J]. Plant pathology, 45(2): 215-222.

（撰稿：梅馨月；审稿：朱书生）

平腹小蜂 *Anastatus* spp.

属膜翅目细腰亚目小蜂总科（Chalcidoidea）旋小蜂

P

科（Eupelmidae）旋小蜂亚科（Eupelminae）平腹小蜂属（*Anastatus*）一类的寄生蜂。分布广泛，除西藏、新疆、青海、宁夏、内蒙古外，其他各地均有分布记录。主要寄主鳞翅目、半翅目、直翅目等昆虫的卵。平腹小蜂属全球已知150种，中国14种。平腹小蜂在害虫自然控制中发挥着重要的作用，在生物防治领域使用最多的是利用麻纹蝽平腹小蜂（*Anastatus fulloi* Sheng et Wang）防治南方荔枝和龙眼果园的荔枝蝽［*Tessaratoma papillosa*（Drury）］。

形态特征 成虫体色多为黑色或黄褐色等，并带有蓝绿色或紫红色金属光泽。有性二型现象，雌雄外形差异大。雌性头部正面观通常宽大于长，上颚2齿，触角窝通常着生于复眼下缘连线上，触角窝近似铃型，触角膝状，环状节1节。前胸背板中央纵裂；中胸盾片前部稍凸起，且具有顶针状或鳞状刻纹，后部略凹陷，平滑或具细微鳞状刻纹；中胸侧板发达，表面凸起，占据胸部侧面大部；中足胫节末端具1簇黑色端齿和1条短斜沟，中足跗节两侧缘具小刺。前翅有短翅型和长翅型，长翅型通常具烟色斑纹，在翅面缘脉后方具透明横带或2个透明斑，短翅型的前翅不超过腹中部。腹部纺锤形，近腹末处最宽，腹部基部通常白色、浅黄色。

雄性与金小蜂科（Pteromalidae）肿腿金小蜂亚科（Cleonyminae）的雄性非常近似，身体通常深色带蓝绿色或紫红色金属光泽。头部正面观长宽近似，上颚2齿，触角窝通常着生于复眼下缘连线处，触角窝较深；触角鞭节第一节极度缩小，多数情况下仅可见7节；前翅透明。

平腹小蜂雌性很容易与短角平腹小蜂（*Mesocomys* spp.）雌性混淆，它们的上颚都是2齿、前翅斑纹近似、腹基部呈浅色，但短角平腹小蜂的中足胫节末端没有黑色端刺和短斜沟，且触角通常明显短于平腹小蜂。平腹小蜂还容易与三齿旋小蜂（*Zaischnopsis* spp.）的雌性混淆，但三齿旋小蜂的上颚有3齿，且腹基部无浅色斑，与身体其他部分颜色一致（图1、图2）。

生物学习性 平腹小蜂幼虫主要寄生于其他昆虫的卵，有少部分种类寄生其他昆虫的幼虫或蛹。成虫取食花蜜、裂果汁液，也能使用产卵管刺破寄主卵壳，吸食渗出液。

该蜂在中国不同地区发生代数不同。在实验室26～28°C环境下，1年8代，每代18～21天。沈阳地区3～4代，每代历期27～42天，以幼虫在寄主体内越冬，翌年春季成虫开始羽化。该蜂可营两性生殖或孤雌生殖，人工以柞蚕卵为寄主，单个雌蜂所产子代量可达332～421个。室温26～28°C情况下，平腹小蜂卵期约为2天，幼虫期5～6天，预蛹期约4天，蛹期约8天。雌性成蜂寿命可达30～40天，雄性一般为5～8天不等。成虫无趋光性，但需要在光照充足情况下活动，微光情况下多处于静伏状态。在果园植株上多以爬行方式扩散，较少跳跃和飞翔。成蜂对寄主卵的发育程度要求不严格，可以在荔枝蝽卵发育到任何时期寄生，甚至荔枝蝽若虫部分体躯露出孵化孔时仍可被寄生，但未见成蜂羽化成功。

应用研究 中国早在20世纪50～60年代就开始利用平腹小蜂防治害虫的研究，广东省农业科学院植物保护研究所仍在利用柞蚕卵人工繁育并释放平腹小蜂麻纹蝽平腹小蜂（*Anastatus fulloi*）防治荔枝蝽（图3）。在荔蝽卵的自然寄生中，除人工释放的麻纹蝽平腹小蜂外，还有多种平腹小蜂也有较高的寄生率，如德兴平腹小蜂（*Anastatus dexingensis*）、台湾平腹小蜂（*Anastatus formosanus*）等。在中国北方地区，有利用平腹小蜂控制松毛虫（*Dendrolimus* spp.）、天幕毛虫（*Malacosoma neustria testacea*）、银杏大蚕蛾（*Dictyoploca japonica*）和大蚕蛾（*Caligula japonica*）及利用乐方平腹小蜂（*Anastatus orientalis*）防治斑衣蜡蝉（*Lycorma delicatula*）等的应用研究。

图3 麻纹蝽平腹小蜂（*Anastatus fulloi*）侧面观（彭凌飞提供）
①雌性；②雄性

图1 石城平腹小蜂
（*Anastatus shichengensis*）
雌性背面观（彭凌飞提供）

图2 舞毒蛾卵平腹小蜂
（*Anastatus japonicus*）
雌性侧面观（彭凌飞提供）

参考文献

黄明度，麦秀慧，吴伟南，等，1974. 荔枝蝽象卵寄生蜂——平腹小蜂 *Anastatus* sp. 的生物学及其应用的研究 [J]. 昆虫学报，17(4): 362-375.

李保聚，娄巨贤，1992. 舞毒蛾卵平腹小蜂的观察 [J]. 生物防治通报，8(3): 144.

刘鹏程，2015. 舞毒蛾卵平腹小蜂性别控制与寄生适应性研究 [D]. 保定：河北大学.

吕欣，韩诗畴，戴建青，等，2009. 不同地理种群荔蝽平腹小蜂的繁殖品质比较 [J]. 环境昆虫学报，31(4): 340-347.

佘春仁，潘蓉英，徐金汉，1995. 荔蝽卵平腹小蜂对荔蝽卵的寄生特性 [J]. 福建农业大学学报，24(2): 187-189.

杨忠岐，姚艳霞，曹亮明，2015. 寄生林木食叶害虫的小蜂 [M]. 北京：科学出版社.

CHEN Y M, GIBSON G A P, PENG L F, et al, 2019. *Anastatus Motschulsky* (Hymenoptera, Eupelmidae): egg parasitoids of *Caligula japonica* Moore (Lepidoptera, Saturniidae) in China[J]. Zookeys, 2019(881): 109-134.

LI D S, LIAO C Y, ZHANG B X, et al, 2014. Biological control of insect pests in litchi orchards in China[J]. Biological control, 68: 23-36.

PENG L F, GIBSON G A P, TANG L, et al, 2020. Review of the

species of *Anastatus* (Hymenoptera: Eupelmidae) known from China, with description of two new species with brachypterous females[J]. Zootaxa, 4767(3): 351-401.

（撰稿：彭凌飞；审稿：杨忠岐）

苹果绵蚜蚜小蜂 *Aphelinus mali* (Haldeman)

属膜翅目（Hymenoptera）蚜小蜂科（Aphelinidae）蚜小蜂属（*Aphelinus*）。是苹果绵蚜（*Eriosoma lanigerum*）重要的寄生性天敌。早期称日光蜂。中国分布于山东、四川、辽宁、云南和台湾。国外分布于朝鲜、日本、南非、前苏联、北美洲、欧洲（引进）、大洋洲、拉丁美洲。

形态特征

雌蜂 体长 1.1～1.2mm。体黑褐色，腹基部至第二背板前缘褐黄色。触角柄节和梗节暗褐色，其余的褐黄色。翅透明，前翅亚缘脉基部浅褐色。足的基节，前、中足腿节，中、后足胫节暗褐色；前足胫节，中足胫节端部，后足腿节及跗节黄色至褐黄色；后足基跗节暗褐色。第三产卵瓣暗褐色。触角 6 节，触角式 1，1，3，1。柄节长为宽的 5.67 倍；梗节长为宽的 1.93 倍，长于第一、二索节的总长，为第三索节长的 1.59 倍；第一与第二索节短小，宽大于长，第三索节长为宽的 1.13 倍；棒节长为宽的 3.33 倍，为第三索节长的 3.41 倍。中胸盾中叶除末端 1 对刚毛外，还具较多的毛。每盾侧叶 2 根毛，每三角片 1 根毛。小盾片 2 对毛，板形感觉器近前 1 对毛。并胸腹节稍长于后胸背板，后缘略突。前翅阔，长为宽的 2.29 倍。缘毛甚短，为翅宽的 0.05 倍。亚缘脉约与缘脉等长，具 5～6 根毛。缘脉前缘具 9～10 根毛，约与缘脉中央的 1 列毛等长。缘后脉甚短，痣脉短，稍膨大。无毛斜带外侧密布纤毛，斜毛区具 1 列及 7～8 根较长的毛，翅基部无毛。前缘室具较密的细毛。中足胫节端距约与基跗节等长。腹末端突出。产卵器较长，基部从第三腹节伸出，突出腹末端（见图）。

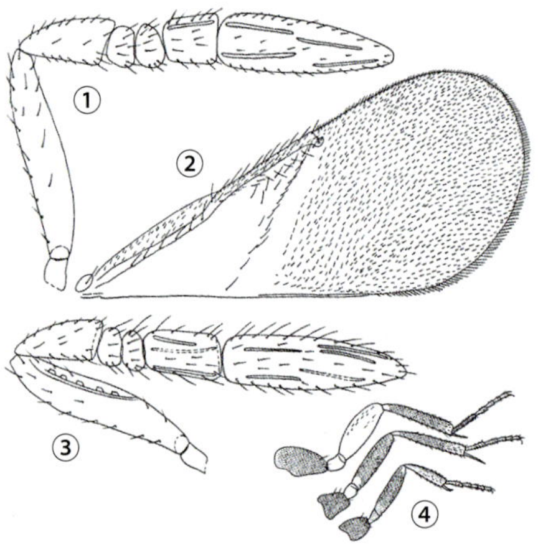

苹果绵蚜蚜小蜂［*Aphelinus mali*（Haldeman）］（黄建绘）
雌性：①触角；②前翅；④后、中、前足；雄性：③触角

雄蜂 体色、毛序及前翅等形态特征基本与雌蜂相似。触角柄节长为宽的 4.61 倍，腹向具 1 列圆形小感觉器；梗节约与第三索节等长；第一、二索节短小；棒节长为宽的 3.43 倍，为第三索节长的 2.44 倍。

生物学习性 苹果绵蚜蚜小蜂以老熟幼虫在绵蚜体内越冬，在山东青岛地区 1 年发生 10～12 代。越冬幼虫翌年 3 月下旬开始化蛹，4 月中旬为化蛹盛期。在云南，苹果绵蚜蚜小蜂净增长率和内禀增长率低于苹果绵蚜，平均世代周期长于苹果绵蚜，认为不能有效控制苹果绵蚜的危害。用 Boxcar train 模型模拟苹果绵蚜—苹果绵蚜蚜小蜂系统，预测昆明地区苹果绵蚜及其苹果绵蚜蚜小蜂种群数量的短期变动，结果发现，蚜、蜂的基数比例和温湿度均可影响该系统的稳定。增加成蜂基数仅在绵蚜发生前期有控制效果（约在 4 月），减少苹果绵蚜基数比增加苹果绵蚜蚜小蜂基数对该系统的影响大。由于苹果绵蚜体表覆盖一层蜡质分泌物，因此温度对该系统的影响大于湿度。

苹果绵蚜蚜小蜂对大多数化学杀虫剂较为敏感。在室内测试的 4 种杀虫剂中，毒死蜱对苹果绵蚜蚜小蜂毒性最大，乙酰甲胺磷和除虫菊次之，啶虫咪毒性相对较低，在选用杀虫剂防治苹果绵蚜时，需考虑化学农药对天敌昆虫的毒杀作用，同时，要选用有选择性的生物农药防治其他害虫，以免苹果绵蚜蚜小蜂被大量杀死。

引种利用 Howard 最早发现苹果绵蚜蚜小蜂可寄生苹果绵蚜。1910 年，Marchal 拟利用它防治绵蚜。1920 年，该蜂由美国引至法国及乌拉圭等地释放，防治效果良好。后被引至世界各地，开辟了绵蚜生物防治的新途径。

中国曾于 1942 年从日本青森引进 2 万头苹果绵蚜蚜小蜂至大连台山散放，对绵蚜的发生起到一定的抑制作用。1950 年，山东烟台发现此蜂寄生率甚高，翌年移植青岛防治苹果绵蚜，取得较好效果。1955 年，山东由苏联引进该蜂新品系，与本地种繁殖杂交后，提高了本地蜂的后代产卵数和成蜂寿命，也增强了对环境的适应能力，释放该蜂后寄生率较对照区高出 2.11～7.5 倍。

参考文献

黄建，1994. 中国蚜小蜂科分类 [M]. 重庆：重庆出版社.

况荣平，单访，唐业忠，等，1989. 苹果绵蚜天敌的评价 [J]. 昆虫天敌，11(2): 51-56, 60.

龙承德，王永佩，唐品志，1960. 苹果绵蚜寄生蜂 (*Aphelinus mali* Haldeman) 的生物学特性和其利用研究 [J]. 昆虫学报，10(1): 1-39.

唐业忠，况荣平，赵万源，1991. 苹果绵蚜与苹果绵蚜日光蜂种间关系的模拟研究—Ⅱ. 自然系统的模拟及灵敏度分析 [J]. 生态学报，2: 130-134.

赵声莲，钟键，谭挺，等，2005. 几种杀虫剂对绵蚜天敌日光蜂成虫的影响 [J]. 中国植保导刊，25(10): 8-10.

RAWAT U S, THAKUR. J. N, PAWAR A D, 1988. Study on the effect of commonly used fungicides on *Aphelinus mali* Haldemann[J]. Plant protection bulletin, India, 40(1): 18-20.

（撰稿：王竹红、黄建；审稿：杨忠岐）

葡聚糖酶 glucanase

一类能降解谷物种子、某些真菌和细菌中 β- 葡聚糖的水解酶类的总称。葡聚糖酶包括 α- 葡聚糖酶和 β- 葡聚糖酶，一般是指 β- 葡聚糖酶；按照作用方式又可分为内切型和外切型，如内切 β-1,3- 葡聚糖酶（EC 3.2.1.39）、外切 β-1,3- 葡聚糖酶（EC 3.2.1.58）、内切 β-1,4- 葡聚糖酶（EC 3.2.1.4）、外切 β-1,4- 葡聚糖酶（EC 3.2.1.74）以及内切 β-1,3-1,4- 葡聚糖酶（EC 3.2.1.73）。

β-1,3-1,4- 葡聚糖酶专一作用于 β- 葡聚糖的 1，3 及 1，4 糖苷键，产生 3～5 个葡萄糖单位的低聚糖及葡萄糖。因 β-1,3-1,4- 葡聚糖酶主要分解麦类和谷类植物胚乳细胞壁中的 β-1,3-1,4- 葡聚糖和细菌地衣多糖，所以又名为地衣多糖酶。植物和微生物都能产生 β-1,3-1,4- 葡聚糖酶，微生物来源主要是芽孢杆菌属、木霉属和曲霉属。植物源 β-1,3-1,4- 葡聚糖酶主要存在于植物种子中，种子在萌芽过程早期能产生 β-1,3-1,4- 葡聚糖酶，用于分解胚乳细胞壁中的 β- 葡聚糖，以解除 β- 葡聚糖对胚乳中营养物质分解的阻碍作用，保证种子的正常发芽。β-1,3-1,4- 葡聚糖酶主要来源是微生物，而且也只有通过微生物来源才能大量生产制备该酶，并应用于生产实践。自然界中产 β-1,3-1,4- 葡聚糖酶的细菌主要是杆菌，包括枯草芽孢杆菌（*Bacillus subtilis*）、解淀粉芽孢杆菌（*Bacillus amyloliquefaciens*）、环状芽孢杆菌（*Bacillus circulans*）等。

来源不同的 β-1,3-1,4- 葡聚糖酶相对分子质量差异不大。大麦麦芽中的 β-1,3-1,4- 葡聚糖酶同工酶相对分子质量 28～35，芽孢杆菌中的 β-1,3-1,4- 葡聚糖酶分子质量略小，为 25～30。来自细菌枯草芽孢杆菌 β-1,3-1,4- 葡聚糖酶最适 pH 为 4.5～7.0，而真菌来源和植物源的 β-1,3-1,4- 葡聚糖酶最适 pH 偏酸性。一般 β-1,3-1,4- 葡聚糖酶在 85°C 以下都具有活力。

葡聚糖酶具有体外抑菌作用，其作用机制是分解细胞壁。β-1,3- 葡聚糖是许多真菌细胞壁的主要结构成分，降解这种物质的 β-1,3- 葡聚糖酶有直接攻击病原真菌的潜在能力。因此生防细菌产生的葡聚糖酶可以降解病原真菌的细胞壁，从而起到抑菌的作用。如 Canihos Y 等从表达节杆菌（*Arthrobacter* spp.）葡聚糖酶的 *Streptomyces lividans* 链霉菌培养液中，部分纯化了 β-1,3- 葡聚糖酶，发现该酶在体外对莴苣盘霜霉（*Bremia lactucae*）的芽管具有类似于溶菌酶的作用，即能够溶解莴苣盘霜霉的芽管。Lawrence CB 等研究发现，茄链格孢（*Alternaria solani*）侵染的番茄叶片中，诱导产生了两种 β-1,3- 葡聚糖酶同工酶（33、35），纯化的这两种 β-1,3- 葡聚糖酶在体外抑制茄链格孢的生长。

高等植物中普遍存在 β-1,3- 葡聚糖酶，但是在正常的环境条件下其含量较少，活性很低。当植物受到某些外界因素的刺激时，可以被刺激物所诱导和积累。这种酶能抑制真菌孢子的萌发和菌丝体的生长。植物的 β-1,3- 葡聚糖酶在抵御病原菌侵染的防卫反应中起着细胞壁水解酶的作用。

葡聚糖酶应用于肉制品、乳制品、豆制品、饮料以及水产品中，不仅可以起到酶的作用，同时还可以起到抑菌防腐的作用。如 β-1,3-1,4- 葡聚糖酶是有应用价值的工业用酶，在啤酒酿造中常用于糖化或发酵以提高啤酒过滤性能、啤酒质量和稳定性；在饲料工业中用作添加剂可以提高动物生长性能和饲料的转化率。

参考文献

蒋选利，李振岐，康振生，2005. β-1,3- 葡聚糖酶与植物的抗病性 [J]. 西北农业学报，14(4): 135-139.

曲音波，2011. 木质纤维素降解酶与生物炼制 [M]. 北京：化学工业出版社.

左豫虎，康振生，杨传平，等，2009. β-1,3- 葡聚糖酶和几丁质酶活性与大豆对疫霉根腐病抗性的关系 [J]. 植物病理学报，39(6): 600-607.

AEHLE W, 2007. Enzymes in Industry: Production and Applications[M]. Weinheim: Wiley-VCH.

BORRISS R, ZEMEK J, 1981, Beta-1,3-1,4-glucanase in spore-forming microorganisms. 4. properties of some Bacillus-beta-glucan-hydrolases[J]. Zentralblatt bakteriologie naturwissenschalid technologie, 136(1): 63-69.

CACHINERO J M, CABELLO F, JORRIN J, et al, 1996. Induction of different chitinase and beta-1,3-glucanase isoenzymes in sunflower (*Helianthus annuus* L) seedlings in response to infection by Plasmopara halstedii[J]. European journal of plant pathology, 102(4): 401-405.

CHOUDHURY S R, ROY S, SINGH S K, et al, 2010. Molecular characterization and differential expression of beta-1,3-glucanase during ripening in banana fruit in response to ethylene, auxin, ABA, wounding, cold and light-dark cycles[J]. Plant cell reports, 29(8): 813-828.

GLASS M, BARKWILL S, UNDA F, et al, 2015. Endo-beta-1,4-glucanases impact plant cell wall development by influencing cellulose crystallization[J]. Journal of integrative plant biology, 57(4): 396-410.

LAWRENCE C B, SINGH N P, QIU J S, et al, 2000. Constitutive hydrolytic enzymes are associated with polygenic resistance of tomato to Alternaria solani and may function as an elicitor release mechanism[J]. Physiological and molecular plant pathology, 57(5): 211-220.

LITTS J C, SIMMONS C R, KARRER E E, et al, 1990. The isolation and characterization of a barley 1,3-1,4-beta-glucanase gene[J]. European journal of biochemistry, 194(3): 831-838.

LLOBERAS J, QUEROL E, BERNUES J, 1988. Purification and characterization of endo-beta-1,3-1,4-D-glucanase activity from Bacillus licheniformis[J]. Applied microbiology and biotechnology, 29(1): 32-38.

MULLER J J ,THOMSEN K K, HEINEMANN U, 1988. Crystal structure of barley 1,3-1,4-beta-glucanase at 2.0-angstrom resolution and comparison with Bacillus 1,3-1,4-beta-glucanase.[J] Journal of biological chemistry, 273(6): 3438-3446.

MULLER R, 1995. Factors influencing the stability of barley malt beta-glucanase during mashing[J]. Journal of the american society of brewing chemists, 53(3): 136-140.

ZHANG X W, LI Z C, MENG F M, et al, 2015. Characterization of dual enzyme resulted from bicistronic expression of two beta-glucanases in porcine cells[J]. Journal of integrative agriculture, 14(4): 732-740.

（撰稿：李燕；审稿：王琦）

蒲螨科 Pyemotidae

蜱螨亚纲（Acari，Trombidiformes）绒螨目（Heterostigmatina）异气门股（Pymotoidea）蒲螨总科（Pymotoidae）。仅含 1 个蒲螨属（*Pyemotes*）。蒲螨科种类全部为昆虫外寄生螨。根据雌螨形态中第二胸内毛的位置是否靠近表皮内突 II 和是否仅寄生于小蠹虫（寄主范围）将蒲螨属划分成 2 个组：小蠹蒲螨群（*Pyemotes scolyti* group）和球腹蒲螨群（*Pyemotes ventricosus* group），这种划分已显示出不合理性，例如 *Pyemotes johnmoseri*（Khaustov）属于小蠹蒲螨群，但在自然状态下可以寄生天牛科幼虫。因此本科的分类系统有待进一步研究。已经定名的种类有 23 个。

形态特征 蒲螨是一类微小型螨，体长 200μm 左右，体色淡黄，雌雄异体。雌螨体型纺锤形，体形较长，颚体向前突，完全从前足体暴露出来，有一对口针，无明显的须肢。前背板有对盅毛，又名假气门器。基腹板 I 和 II 愈合，上有 4 对毛。III-IV 基腹板中间有个三角形胸板使其左右分离。I～IV 足大小基本相似，I 足有 1 个单爪，II～IV 足各具 1 对爪。雄螨近椭圆形，体型较短。IV 足不同于 II～III 足，末端有 1 坚固的单爪。雄螨生殖囊在尾部。雌螨取食后腹部末端膨大成球形，称为膨腹体，形态奇特，可以达到身体的几十倍甚至上百倍，其后代在膨腹体内发育至成螨，为卵胎生。

分布十分广泛，世界各地均有报道。1850 年在英国发现了第一种蒲螨。中国 1991 年首次报道了寄生果树小蠹、多毛小蠹的寄生性蒲螨，经过 30 余年的研究，在分类和应用上均取得了较大进展。蒲螨资源十分丰富，大量新种有待整理发表。

人工繁育与释放利用 寄生范围广泛，主要寄生鞘翅目、鳞翅目、膜翅目昆虫，等翅目、双翅目、半翅目等昆虫上也有发现。蒲螨可通过口针向昆虫体内注射毒素，使其产生不可恢复的麻痹。球腹蒲螨群的种类容易进行人工饲养，可进行人工释放应用。

参考文献

于丽辰，梁来荣，敖贤斌，等，1997. 我国新天敌资源——小蠹蒲螨形态与生物学研究 [J]. 蛛形学报，6(1): 46-52.

CROSS E A, MOSER J C, 1975. A New Dimorphic Species of Pyemotes and a Key to Previously-Described Forms(Acarina: Tarsonemoidea)[J]. Annals of the Entomological Society of America, 68(4): 723-732.

ŁBRAHIM Ç, TÜLIN A, SULTAN Ç, 2006. Pyemotes johnmoseri (Khaustov)(Acari: Pyemotidae) as a Parasitoid of Xylophagous Insects from Aydin, Turkey[J]. Journal of entomology, 3(1): 34-39.

YU L C, LIANG L R, 1996. A new species of Pyemotes (Acari: Pyemotidae) parasitic on bark beetles (Coleoptera: Scolytidae)from Hebei, China[J]. Systematic and applied acarology, 6(1): 167-171.

YU L C, ZHANG Z Q, HE L M, 2010. Two new species of Pyemotes closely related to *P. tritici* (Acari: Pyemotidae)[J]. Zootaxa, 2723: 1-40.

（撰稿：于丽辰；审稿：杨忠岐）

Q

七星瓢虫 *Coccinella septempunctata* Linnaeus

属鞘翅目（Coleoptera）瓢虫科（Coccinellidae）瓢虫亚科（Coccinellinae）瓢虫族（Coccinellini）瓢虫属（*Coccinella*）。英文名 seven-spot ladybird。又名花大姐、金龟。广泛分布于非洲、欧洲、亚洲，在中国各地均有分布。其成虫捕食蚜虫、粉虱、叶螨、叶蝉、木虱等多种重要害虫，其中最喜欢捕食蚜虫，食量大、产卵多、年发生代数多，是一种优秀的捕食性天敌昆虫，宁夏农业科学研究院园艺研究所于 2001—2002 年已开始大批量生产瓢虫卵卡，并在各种经济作物上进行了适宜释放量和释放时期的探究，控蚜效果较为显著。现如今，已经被大量用于农田和果园生态系统的生物防治实践中。

形态特征

幼虫 表皮坚硬。初孵幼虫体长仅为 2～3mm，二龄幼虫体长已增大 1 倍多，腹部第一节背面两侧，出现两个黄色肉瘤，三龄幼虫除体长加大外，腹部第一、四两节的背面两侧，各有 1 对黄色肉瘤，但第四节的肉瘤不明显，需用放大镜观察，到四龄时，这两对肉瘤都非常明显。当幼虫老熟时，体形变粗，最后以尾端固着在植株等附着物上（图①）。

蛹 体长 7mm，宽 5mm。体黄色。前胸背板前缘有 4 个黑点，中央 2 个呈三角形，前胸背板后缘中央有 2 个黑点，两侧角有两个黑斑。中胸背板有 2 个黑斑。腹部第二至六节背面左右有 4 个黑斑。腹末带有末龄幼虫的黑色蜕皮。

成虫 体长 5.2～6.5mm，宽 4.0～5.6mm；身体卵圆形，背部拱起，呈水瓢状；头和复眼黑色，内侧凹入处各有一淡黄色点；触角褐色；口器黑色；上额外侧为黄色；前胸背板黑色，前上角各有 1 个较大的近方形的淡黄点；小盾片黑色；鞘翅红色，鞘翅上共有 7 个黑斑，左右两侧各有 3 个黑斑，接合处前方有一个更大的黑斑；翅基部在小盾片两侧各有 1 个三角形白斑；体腹及足黑色（图②）。

卵 梭形，竖立，排列紧密而整齐。每个卵块一般在 30 粒左右，初产为淡黄色，后逐渐变为杏黄色，近孵化呈黑褐色（图③）。

生物学特征

生活史 在室外遮阳自然变温条件下，卵期为 2～3.3 天，幼虫期为 8.8～9.8 天，蛹期为 2.9～3.6 天，自卵发育至成虫羽化需 13.9～14.9 天。在日平均温度 20.5～23.5°C、相对湿度为 70% 的环境条件下，完成一个世代需要 26.3 天。幼虫共有 4 个龄期，需蜕皮 3 次。初孵化的小幼虫灰褐色，群聚在卵壳上不动，吞食身边的卵壳和未孵化的卵粒。三龄和四龄幼虫有自残行为。老熟幼虫在枯枝落叶、土块下和树皮缝隙处化蛹，而后羽化为成虫。

取食习性 幼虫和成虫均捕食蚜虫，成虫和大龄幼虫直接通过口器咀嚼进食，而初龄幼虫因口器较小，常在蚜虫体表咬一个孔，然后吸食内部汁液，剩余残壳。一至二龄期幼虫食蚜量小，三至四龄期幼虫食量剧增。整个幼虫期食蚜量（矛卫豆蚜）平均为 410 头。以甘蓝蚜和棉蚜喂饲越冬后的七星瓢虫成虫，每头每日捕食甘蓝蚜 18.6 头，而捕食棉蚜 72.3 头。此外，真菌孢子、花粉、蓟马、烟粉虱等其他昆虫也被七星瓢虫的成虫和幼虫取食。捕食行为受猎物种类、密度、嗅觉器官、温度、光周期等的影响，捕食功能反应属于 Holling II 圆盘方程，即猎物密度较低时，捕食量随猎物密度升高而增加，当密度到达一定数量后，取食量稳定在最大值上。

交配与产卵习性 成虫羽化 3～4 天后开始交配，可多次交尾。越冬代成虫交尾后，需翌年活动取食后才能产卵，多产于地面杂草上；非越冬成虫产卵前期为 3～5 天，产卵

七星瓢虫不同虫态

①七星瓢虫卵；②③七星瓢虫成虫

盛期持续约1个月，雌虫平均产卵535粒。

成虫寿命与耐饥力　成虫寿命因世代不同而有较大差异，越冬代成虫寿命一般较长，可达8～10个月，非越冬代成虫一般可活2～3个月。

滞育现象　以成虫越冬或越夏，不同地理种群间存在夏季滞育和冬季滞育，滞育成虫腹部有大量脂肪，脂肪含量比正常发育、滞育解除的个体增加近一倍，在滞育早期最高，随着进入滞育及滞育时间延长，七星瓢虫体内贮存的脂肪逐渐转化为其他物质，供给机体能量。滞育诱导过程中温度起主要作用，在温光组合条件为18°C、L10：D14下，七星瓢虫雌成虫几乎全部进入滞育；当温度升高至24°C，滞育发生率仅为17.7%，30°C时则不发生滞育。在温光组合为18°C、L16：D8下时，七星瓢虫雌成虫滞育率仅为12.5%，但仍可以发生滞育。

人工繁殖与释放利用　采用人工饲养的蚜虫种群作为七星瓢虫的饲料，在室内采用透明塑料箱培育蚕豆苗繁殖蚜虫后，直接将七星瓢虫放入塑料箱繁殖，饲养过程中不需要每天更换和添加蚜虫，现已形成一体化规模扩繁技术。此外，对蚜虫粉、意蜂雄蜂蛹、人工卵赤眼蜂蛹、猪肝—蔗糖和一些非昆虫源人工饲料也做了尝试，且筛选出最优饲料配方（以猪肝210g、奶粉30g、蔗糖60g和鸡蛋黄30g等组成的人工饲料），相对体重增长和产卵量减少，产卵前期显著提前，但存活率、卵孵化率和捕食能力相对蚕豆蚜饲养种群无差异。

人为散放于田间，在蚜虫发生初期低密度时释放，可将幼虫和成虫混放。以1：40（卵：蚜虫）及1：80（幼虫：蚜虫）的瓢蚜比释放到黄瓜棚内，10天后七星瓢虫对蚜虫的控制效果均达到80%以上。以1：100（成虫：蚜虫）的瓢蚜比释放到田间防治西红柿蚜虫，5天后达到82.5%的防治效果，释放蛹则有2～3天的滞后期。

参考文献

程英，2018. 七星瓢虫人工饲料的优化和评价[D]. 贵阳：贵州大学.

程英，李忠英，李凤良，2006. 七星瓢虫的研究进展[J]. 贵州农业科学，34(5): 117-119.

程英，郅军锐，周宇航，等，2018. 非昆虫源人工饲料饲养的七星瓢虫对豆蚜的捕食功能[J]. 中国生物防治学报，34(2): 209-213.

任小云，张礼生，齐晓阳，等，2015. 滞育七星瓢虫的代谢适应与抗寒性评价[J]. 环境昆虫学报，37(6): 1195-1202.

孙毅，万方浩，2000. 七星瓢虫规模化饲养的质量控制[J]. 中国生物防治，16(1): 8-11.

王伟，张礼生，陈红印，等，2013. 北京地区七星瓢虫滞育诱导的温光效应[J]. 中国生物防治学报，29(1): 24-30.

张青文，刘小侠，2015. 梨园害虫综合防控技术[M]. 北京：中国农业大学出版社.

赵静，肖达，张帆，等，2016. 三种捕食性瓢虫成虫对卵的种内自残及其集团内捕食作用[J]. 环境昆虫学报，38(2): 299-304.

周宇航，程英，金剑雪，等，2017. 七星瓢虫规模化生产与释放的应用效果[J]. 西南农业学报，30(3): 602-065.

MUZAMMIL S, MUHAMMAD H, SAJID N, 2008. Biology of *Coccinella septempunctata* Linn. (Coleoptera: Coccinellidae) and its predatory potential on cotton aphids, *Aphis gossypii* Glover (Hemipteta: Aphididae)[J]. Pakistan journal of zoology, 40(4): 239-242.

TRILTSCH H, 1999. Food remains in the guts of *Coccinella septempunctata* (Coleoptera: Coccinellidae) adults and larvae[J]. European journal of entomology, 96(4): 355-364.

（撰稿：张宇凡；审稿：曹亮明）

青蜂科　Chrysididae

膜翅目青蜂总科（Chrysidoidea）中的一个大科，也是青蜂总科中最早建立并开展研究的科。多数青蜂种类因体表具艳丽的金属光泽，被称为金蜂。青蜂产卵盗寄生行为类似于布谷鸟的巢寄生，又名布谷鸟蜂。

形态特征　青蜂科昆虫的外部特征显著，易于与青蜂总科的其他科区别。大多数青蜂科种类雌雄性二型不明显，体壁高度骨化，体表有蓝色、绿色、紫色、红色、橙色和金色等美丽的金属光泽。头部下口式；唇基上无中纵脊；触角13节；下颚须5节；下唇须3节；复眼发达，占据头部侧面的大部分；前胸背板突一般不伸达翅基片；前翅闭室不多于5个；后翅有臀叶，无闭室；腹部无柄；可见背板2～5节；末节背板后缘常有齿突。雌性产卵器无特化的螯针，因而不会螫人。

世界青蜂科现有种类分为蝓青蜂亚科（Amiseginae）、青蜂亚科（Chrysidinae）、尖胸青蜂亚科（Cleptinae）、叶腿青蜂亚科（Loboscelidiinae）和长喙青蜂亚科（Parnopinae）共5个亚科，已知95属2725种或亚种，广泛分布于世界六大动物地理区系，但调查研究比较充分的地区主要是古北区、新北区和非洲区。中国青蜂科昆虫已知有5亚科29属214种或亚种。

生物学习性　青蜂科种类全部为寄生性，但不同亚科的寄主不同。寄主属性是区分青蜂不同亚科的重要特征。叶腿青蜂亚科和蝓青蜂亚科昆虫寄生于蝓目昆虫的卵。尖胸青蜂亚科昆虫寄生膜翅目叶蜂科（Tenthredinidae）和松叶蜂科（Diprionidae）昆虫的预蛹。青蜂亚科的壮青蜂属（*Praestochrysis*）昆虫可寄生于鳞翅目刺蛾科（Limacodidae）昆虫的预蛹；青蜂亚科的其余属和长喙青蜂亚科昆虫即盗寄生于独栖性针尾部蜂类，如蜜蜂科（Apidae）的条蜂亚科（Anthophorinae）、蜾蠃科（Eumenidae）、隧蜂科（Halictidae）、棒角蜂科（Masaridae）、切叶蜂科（Megachilidae）和泥蜂科（Sphecidae）等昆虫。

参考文献

何俊华，等，2004. 浙江蜂类志[M]. 北京：科学出版社.

KIMSEY L S, BOHART R M, 1991. The chrysidid wasps of the world[M]. New York: Oxford University Press: 652.

ROSA P, WEI N S, XU Z F, 2014. An annotated checklist of the chrysidid wasps (Hymenoptera, Chrysididae) from China[J]. ZooKeys, 455(455): 1-128.

（撰稿：许再福；审稿：杨忠岐）

Q

蜻蜓目 Odonata

昆虫纲中的一个较小的目，也是比较原始的类群，属于古翅类，全世界已知超过6000种，中国有将近700种，包括3亚目——均翅亚目、差翅亚目、间翅亚目39科。本科世界性分布，占据从山间溪流到宽阔江河，从高山沼泽到江河湖泊等几乎所有的流水及静水区域，少数种类甚至可生活于半咸水体中，是优良的环境指示生物。所有蜻蜓，包括陆上生活的成虫和水中的稚虫，都是凶猛的捕食性昆虫，猎物囊括从天空飞行的到水中隐藏的各种小型昆虫及无脊椎动物，是著名的天敌昆虫。

形态特征 成虫复眼非常发达（有的甚至占据头部80%～90%的体积）。咀嚼式口器发达。触角鞭状，4节。前胸缢缩成“脖子”状，中后胸发达，紧密结合形成“合胸”并强烈倾斜。足细长强壮而多齿。翅发达而平展，翅脉密集而复杂，不能折叠。腹部较胸部明显细长，分节明显，雄性第二、三腹节腹面具有昆虫独一无二的特化的次生生殖器，是主要的交配器官；雄性的尾须和肛侧板特化成辅助交配器官，用于交配时抓握雌性；雌性腹部第八至九节具产卵器官及短刀状产卵管用于刺入植物组织内产卵，部分差翅亚目类群产卵管退化，以“点水”的方式产卵，如蜻科、春蜓科、大蜓科等类群。

稚虫生活于水中，复眼较发达，触角鞭状，通常7节，咀嚼式口器发达，下唇特化成“折刀”形的捕食利器，俗称“面罩”，在昆虫中绝无仅有。胸部分节明显，翅芽明显。均翅亚目腹部多细长，末端具3尾鳃（隼蟌科只2尾鳃）；差翅亚目腹部相对短而粗壮，背部及边缘多棘刺，腹末端无尾鳃代之以尖利的肛刺。

生物学习性 蜻蜓目昆虫的生活史是在水与陆地间循环，这也注定它们成为良好的环境指示生物。成虫总是要在水环境下产卵，不管是点水时把卵冲散在水里，还是用产卵器刺入水生植物组织内产卵。卵孵化后经过一定数量的龄期后羽化，成虫营陆生生活。稚虫的龄期因不同种类及不同生活环境而大相径庭。总体来说寒冷地区1年只能完成1代，而热带、亚热带地区的种类常每年2～3代，个别种类的代数并不固定甚至是连续的。蜻蜓目昆虫从稚虫到成虫的生态适应性分化均比较严重。在稚虫中有躲藏在浓密的水生植物中伺机捕猎食物的，有在黑夜于水底巡行主动捕猎的，也有将自己埋藏于泥沙中偷袭捕猎的等等。成虫生物学习性和行为特点差别更大。差翅亚目（通称蜻蜓）大都身体比较粗壮，翅宽阔，翅脉发达，飞行速度快，飞行能力强。可分为两种类型：一类为栖落型（如蜻科、春蜓科），另一类为巡飞型（如蜓科、大蜓科）。前者不经常飞行（并非不能长时间飞行），而是不时地落下休息；而后者常远距离、长时间飞行，有的种类很难看到栖落的状态。均翅亚目（通称豆娘）体形多修长纤细，体型较小，飞行的速度不快，但机动性较好，多栖息于植被密集区域，全部属于栖落型种类。蜻蜓的猎物非常广泛，蚊、蝇、蚜虫、叶蝉、木虱、飞虱、蜂、蚁、蝴蝶、甲虫、蝉、蜘蛛等，包括同类都是它们捕食的对象。大部分蜻蜓都是在快速飞行中捕猎，仅有少量的均翅亚目种类可以搜捕静止的猎物，如攻击蜘蛛或从蛛网上抢夺食物。一些差翅类群有集群捕猎和迁飞的习性，例如黄蜻是著名的全球迁飞飘移种类，分布几乎遍及南北极之外的所有地区包括海岛（图1～图8）。

生态价值 传统意义上所有的蜻蜓种类都是“益虫”，因为它们是绝对的捕食者，而猎物的主要来源大都是农林业危害严重的“害虫”，如蚊、蝇、蚜虫、飞虱、叶蝉等，在生物防治及农业生产应用方面潜力巨大。在印度等热带地区已有尝试用蜻蜓控制传播疾病的蚊子的相关研究报道，因为蜻蜓的稚虫常以孑孓为食而成虫又是蚊子的天敌，所以有Mosquito Hawk的英文俗名。此外，由于生活史兼有水生和陆生环境，不同种类对生存环境有不同的要求，成虫色彩鲜艳易于观察，且相关的分类学及生物学研究历史悠久、资料翔实等特点，蜻蜓在国际上已被视为最重要的环境指示生物之一，并被用于评价各种水环境及相关生境的生态健康程度。蜻蜓作为唯一的昆虫类群，被IUCN应用其红色名录标准在全球范围内进行大地理尺度生物多样性评估。蜻蜓也具有相当的食用和药用价值，如《本草经集注》《本草纲目》等医

图1 蜻蜓捕食蛾子（于昕摄）

图2 豆娘捕食蚊子（于昕摄）

图3 豆娘看护产卵（于昕摄）

图4 蜻蜓看护产卵（于昕摄）

图5 羽化（于昕摄）

图6 交尾（于昕摄）

图7 稚虫保护色（于昕摄）

图8 稚虫隐藏（于昕摄）

Q

典中均有记载，蜻蜓入药有补肾益精、解毒、止咳的功效。

参考文献

李时珍，1975. 本草纲目（校点本第四册）. 北京：人民卫生出版社：685.

于昕，卜文俊，朱琳，2012. 应用蜻蜓目昆虫进行生态环境评价的研究进展 [J]. 生态学杂志，31(6): 1585-1590.

赵修复，1990. 中国春蜓分类 [M]. 福州：福建科学技术出版社.

浜田康，井上清，2005. 日本産トンボ大図鑑 [M]. 东京：講談社.

CLAUSNITZER V, KALKMAN V J, RAMC M, et al, 2009. Odonata enter the biodiversity crisis debate: The first global assessment of an insect group[J]. Biological conservation, 142(8): 1864-1869.

CORBET PS, 1999. Dragonflies: behaviour and ecology of Odonata[J]. Harley: Colchester.

SCHORR M, LINDEBOOM M, PAULSON DR, 2009. World Odonata list [EB/OL]. [2017-2-13]. http://www.ups.edu/x6140.xml.

（撰稿：于昕；审稿：卜文俊）

球孢白僵菌 *Beauveria bassiana*

子囊菌门（Ascomycota）盘菌亚门（Pezizomycotina）粪壳菌纲（Sordariomycetes）肉座菌亚纲（Hypocreomycetidae）肉座菌目（Hypocreales）虫草菌科（Cordycipitaceae）白僵菌属（*Beauveria*），是一种常见的寄生型昆虫病原真菌。球孢白僵菌可侵染 15 个目 149 个科的 700 余种昆虫，是虫生真菌中研究和应用最多的种类。

形态特征 球孢白僵菌的菌落为绒状、丛卷毛至粉状。在培养初期，其菌落呈白色，其后逐渐变为浅黄色。分生孢子球形或近球形、光滑、透明。球孢白僵菌分生孢子在 25°C、相对湿度 95% 以上、pH4.4 的情况下，最适宜萌发，氧气充足能促进孢子萌发。最适产孢温度为 30°C，在一定范围内，孢子产量与光照强度呈正比。菌丝的耐受温度范围在 13～36°C，最适生长温度为 25°C，最适生长湿度在 95% 以上，最适生长 pH 为 4.5～5.0。黑暗条件会减缓菌丝的生长速度，但先黑暗后光照处理会促进孢子的形成和产量，氧气充足则能促进菌丝的萌发。

侵染过程及机理 球孢白僵菌分生孢子在寄主表皮上黏附是侵染的前提，也是侵染的开始。经昆虫呼吸系统和消化系统直接进入虫体，孢子在较高的湿度下，受寄主体表有关活性物质的刺激，通过克服寄主体壁上一些物质的抑菌作用而萌发产生芽管。芽管依靠菌丝先端分泌的黏液黏附于昆虫表皮表面并逐渐伸长、分化产生附着胞等侵染结构，然后在附着胞先端的适当位置产生侵染钉。附着胞提供机械压力和分泌体壁降解酶，帮助侵染钉穿透昆虫体壁。附着胞分泌的几丁质酶可降解昆虫体表的几丁质，打通体壁的保护屏障。同时菌体产生白僵菌素等毒素，致使虫体充满菌丝、器官破坏而死亡。感染了白僵菌的虫体呈僵虫态，体表灰白或乳白色。随后菌体长出昆虫体表，形成产孢结构，产生分生孢子。分生孢子可通过风雨等媒介继续传播侵染其他昆虫。

球孢白僵菌的侵染体有分生孢子、芽生孢子、菌丝体 3 种形式。分生孢子是最常见的自然侵染体，可通过固相发酵生产，并被加工成多种剂型。球孢白僵菌分生孢子制剂可通过喷雾、喷粉、撒施等方法引入到靶标害虫种群中。得益于该菌的寄主范围广，全世界已相继注册了数十个白僵菌制剂产品，用于多种农业、林业害虫，甚至一些卫生害虫的生物防治。

参考文献

李嘉，任佳慧，刘艳微，等，2014. 球孢白僵菌生物学特性研究进展及其杀虫效果展望 [J]. 哈尔滨师范大学学报（自然科学版），30(4): 98-100.

李增智，1999. 菌物在害虫、植病和杂草治理中的现状和未来 [J]. 中国生物防治，15(1): 36-41.

蒲蛰龙，李增智，1996. 昆虫真菌学 [M]. 合肥：安徽科学技术出版社.

FENG M G, POPRAWSKI T J, KHACHATOURIANS G G, 1994. Production of formulation and application of the entomopathogenic fungus *Beauveria bassiana* for insect control: current status[J]. Biocontrol science and technology, 4(1): 3-34.

（撰稿：赵燕妮；审稿：秦启联）

球形芽孢杆菌 *Bacillus sphaericus*, Bs

厚壁菌门（Firmicutes）芽孢杆菌纲（Bacilli）芽孢杆菌目（Bacillales）芽孢杆菌科（Bacillaceae）芽孢杆菌属（*Bacillus*），是一种在自然界中广泛分布的好气芽孢杆菌，革兰氏反应阴性或不定。营养体杆状，运动活跃，大小为 0.65～0.86μm×2.26～3.23μm。芽孢端生，球形或近球形，大小为 0.9～1.1μm。与苏云金芽孢杆菌类似，Bs 也产生大小、形态不一的伴胞体，如菱形、平行四边形、线形或杆状、颗粒状、不规则形等，有些具有晶体形态。在已发现的 49 个鞭毛血清型中有 9 个血清型的菌株对蚊幼虫有毒杀作用。Bs 的杀蚊谱较窄，对库蚊属幼虫的毒性最强，对按蚊的毒力则因种而异，对伊蚊低毒甚至无毒，对非靶标生物和人畜无毒性。在自然界中易降解，不污染环境，在污水中的药效维持时间较长，特别适用于污水中滋生的库蚊属淡色库蚊（*Culex pipiens pallens*）和致倦库蚊（*Culex qinquefasciatus*）幼虫的控制。

蚊幼虫取食球形芽孢杆菌 10 分钟后可发生局部停食。感染的第一个标志是幼虫丧失正常的丰满度和运动性。在 30 分钟内可见到中肠肿胀，接着身体战栗，对刺激反应迟缓呆滞，取食 8～12 小时后开始死亡。死亡幼虫常群集于水表面，开始可见其消化道变暗黑，最后整个虫体变成暗褐色。

Bs 杀蚊作用主要源自其产生的 3 类不同的毒素蛋白——二元毒素 Bin、Mtx 毒素蛋白和两组分毒素 Cry48Aa/Cry49Aa。二元毒素 Bin 存在于所有高毒力菌株和部分中毒力菌株，由 Bin A（相对分子质量 42 000）和 Bin B（相对分子质量 51 000）组成，在芽孢形成过程中产生，并通过两蛋白的相互作用，折叠成位于芽孢外膜内的蛋白晶体，两蛋白的协同作用是球形芽孢杆菌杀蚊活性的主要来源。二元毒素对敏感蚊幼虫的作用机制与 Bt 的 δ- 内毒素相近，包括以下几步：蚊幼虫摄入芽孢晶体混合物后，毒素蛋白在蚊幼虫胃的碱性环境中溶解为 Bin A 和 Bin B 两种原毒素，进而被蛋白酶分别降解为分子量分别为 43 000 和 39 000 的活性蛋白质，激活的毒素蛋白结合于胃盲囊和中肠上皮细胞的刷状缘细胞膜特异性受体，毒素进入细胞，造成中肠破孔，细胞形成空泡、裂解，导致幼虫死亡。Mtx 毒素蛋白合成于细菌的营养体生长阶段，主要存在于低毒力菌株和部分高毒力菌株。尽管纯化的 Mtx1 毒素对多种蚊幼虫具有较高的毒力，而且与二元毒素相比，具有更强的后致死作用，但因不能形成晶体，易被细菌生长过程中产生的蛋白酶降解，在球形芽孢杆菌的生长过程中难以积累，在芽孢期中含量极低，发酵液对目标蚊虫的毒力低，因此不是杀蚊球形芽孢杆菌的主要活性因子。两组分毒素 Cry48Aa 和 Cry49Aa 单独存在时，对致倦库蚊均无毒，二者同时存在才能产生杀虫活性。由于在野生菌中 Cry48Aa 的产量比较低，因而两组分毒素对库蚊没有表现出高毒力。

Bs 对蚊幼虫的毒杀效果取决于多方面的因素。这些因素可归纳为 3 个方面：①菌种及制剂本身的毒性和稳定性。②幼虫对病原菌的敏感性及其生活习性。③有效而合适的剂型和施药技术。

应用技术要点：①制剂的悬浮性能：有的蚊幼虫在水表层取食，有的在底层取食，因此要求制剂必须具有良好的悬浮性能。②施药技术：要在较大的水体中使制剂均匀分布，并根据各种蚊幼虫种群的敏感性大小及制剂的残效期长短而适时施药。

鉴于 Bs 对库蚊效果好，残效期长，但杀虫谱窄，而苏云金芽孢杆菌以色列亚种（Bti）杀虫谱广，尤其对伊蚊效果最好，但对库蚊效果较差，且残效期短，将两菌混合使用，灭蚊效果和持效期明显优于单剂，并能控制多种蚊幼虫。

Bs 不能发酵葡萄糖等糖类物质，只能利用蛋白质类物质作为碳源和氮源，而且需要特殊的发酵技术，发酵和生产成本相对较高。商业化的球形芽孢杆菌制剂在亚洲、非洲、美洲、欧洲多个国家和区域的蚊虫控制计划中得到了成功的应用，但在长期连续的选择性压力下，不论在实验室还是在野外条件下，致倦库蚊和尖音库蚊分别对 Bs 产生了一定的抗性和交叉抗性。因此必须根据蚊虫的抗性特征、抗性机制和抗性遗传，建立控制和减缓抗性产生的蚊虫综合防治策略。

参考文献

布坎南 R E, 吉本斯 N E, 等, 1984. 伯杰细菌鉴定手册 [M]. 8 版 . 北京 : 科学出版社 .

孙晨熹 , 沈芃 , 王伟 , 等 , 2009. 五种杀虫剂现场灭蚊幼实验研究 [J]. 环境与健康杂志 , 26(2): 142-144.

王蓉蓉 , 汤林华 , 2005. 球形芽孢杆菌在媒介蚊虫防制中作用的研究进展 [J]. 国外医学寄生虫病分册 , 32: 76-79.

熊武辉 , 胡晓敏 , 袁志明 , 2010. 球形芽孢杆菌在病媒蚊虫控制中的应用 [J]. 中国媒介生物学及控制杂志 , 21(1): 1-4.

徐勇 , 赵桂荣 , 2006. 苏云金杆菌 (BTH-14) 和球形芽孢杆菌 (Bs-10) 混合液对营口市区库蚊蚊幼的毒力测定 [J]. 现代预防医学 , 33(3): 382, 385.

张用梅 , 代顺英 , 刘娥英 , 等 , 1987. 球形芽孢杆菌伴孢体的电子显微研究 [J]. 电子显微学报 (4): 11-17.

张用梅 , 1983. 蚊幼虫病原菌——球形芽孢杆菌研究近况 [J]. 昆虫天敌 , 5(3): 197-206.

BAUMANN P, CLARK M A, BAUMANN L, et al, 1991. *Bacillus sphaericus* as a mosquito pathogen: properties of the organism and its toxins[J]. Microbiological reviews, 55(3): 425-436.

FEDERICI B A, 2005. Insecticidal bacteria: an overwhelming success for invertebrate pathology[J]. Journal of Inverteb rate patholog, 89(1): 30-38.

（撰稿：张继红；审稿：秦启联）

驱避效应　repellent effect

由植物产生或人工合成的一些活性化学物质使昆虫远离或离开气味源的作用。这些化学物质本身并无杀虫活性，但能使昆虫通过嗅觉感受到这些物质后主动远离这些物质源或避开这些化学物质。

昆虫驱避剂的应用可以追溯久远，很早以前就有利用各种植物油、熏油、焦油驱散昆虫。如用于驱避人头发中的头虱，1929 年出现的用于驱避蚊子的驱蚊油（邻苯二甲酸二甲酯），1937 年获专利保护的避虫酮，1939 年上市的驱蚊醇。第二次世界大战爆发后，有人将驱蚊油、避虫酮、驱蚊醇混配成单一制剂用于军事上，此即 6-2-2，即 6 份驱蚊油、2 份避虫酮、2 份驱蚊醇。

驱避剂有两种：一种叫物理驱避剂，是指通过物理途径产生排斥作用，有接触刺激、听觉、物理阻隔、视觉、兴奋和拒食作用的驱避剂。另一种叫化学驱避剂，是指影响昆虫的嗅觉或听觉受体的植物自身含有的或人工合成的物质。通常情况下，忌避剂是对昆虫成虫产卵而言，驱避剂是对幼虫或仓储害虫而言。如水杨酸甲酯对蚜虫具有广谱驱避作用，芳香植物广陈皮和山萘的挥发物对有翅桃蚜具有较强的驱避作用，又如常见植物挥发物（*E*2，*Z*6）- 壬二烯醛、柠檬醛、肉桂醛、樟脑和邻苯二甲酸二丁酯 5 种挥发物对烟蚜具有极显著的驱避活性，冰片、油酸和 6- 甲基 -5- 庚烯 -2- 酮、水杨酸甲酯对有翅蚜具有明显的驱避活性。而所有绿叶气味类和硫醚类挥发物没有驱避活性。邓望喜等、徐汉虹等、李前泰等报道了苦楝籽油、柑橘皮油、黄樟油、肉桂油、八角油、茴香和猪毛蒿等对赤拟谷盗（*Tribolium castaneum* Herbst）、玉米象［*Sitophilus zeamais*（Motsch.）］和谷蠹［*Rhizopertha dominica*（Fab.）］有较好的驱避作用。吴利民等报道了非寄主蔬菜番茄、茴香、荆芥、香菜和丝瓜及其粗提物对菜粉蝶（*Piers rapae* L.）具有驱避作用，认为菜粉蝶的非寄主植物粗提物可以显著降低菜粉蝶的寄主选择性。

植物挥发物引导植食性昆虫取食、产卵、觅偶、躲避敌害和找寻适宜栖境等，当两种或两种以上寄主植物共存时，植食性昆虫倾向于选择嗜好物种的气味。寄主和非寄主植物借植物挥发物以驱避害虫或吸引天敌而制约害虫。

驱避效应的测定方法主要有试管药膜法、浸渍法和喷雾法。

驱避效应通常利用驱避率来表示，计算公式为：

驱避率（%）=（对照边试虫数－处理边试虫数）/ 对照边试虫数 ×100%。

姚英娟等利用分级法来评价驱避效果：根据驱避率的不同，将驱避效果分为 0～Ⅴ共 6 个等级，分级标准（级别，驱避率）为：0 级：无驱避作用；Ⅰ级：0.1%～20%；Ⅱ级：20.1%～40%；Ⅲ级：40.1%～60%；Ⅳ级：60.1%～80%；Ⅴ级：80.1%～100%。

参考文献

邓望喜，杨志慧，杨长举，等，1989. 几种植物性物质防治储粮害虫的初步研究 [J]. 粮食储藏，18(2): 29-34.

李前泰，宋永成，2001. 几种植物挥发油杀虫效果的试验研究 [J]. 粮食储藏，30(1): 19-22.

李为争，庄丽，付国需，等，2012. 芳香植物广陈皮和山奈中有翅桃蚜驱避物质的化学鉴定 [J]. 天然产物研究与开发，24(12): 1821-1827, 1796.

刘婷，李为争，游秀峰，等，2013. 常见植物挥发物对烟蚜的驱避和抑制定殖活性 [J]. 中国烟草学报，19(2): 77-84.

吴利民，吕文彦，原国辉，等，2010. 非寄主蔬菜及其提取物对菜粉蝶的驱避作用 [J]. 中国生态农业学报，18(6): 1311-1316.

徐汉虹，赵善欢，1995. 五种精油对害虫的忌避作用和杀卵作用研究 [J]. 中国粮油学报，10(1): 1-5.

姚英娟，薛东，杨长举，等，2006. 林开春蛇床子提取物对几种储粮害虫的驱避和触杀效应 [J]. 昆虫知识，43(5): 653-656.

FEINSTEIN M B, FELSENFELD H, 1975. Reactions of Fluorescent probes with normal and chemically modified myelin[J]. Biochemistry, 14(14): 3041-3048.

MITSURU S, AKIRA H, MICHIYA K, et al, 1994. Effect of membrane surface potential on the uptake of anionic compounds by liposomes[J]. Biochimica et Biophysica Acta(BBA)-Biomembranes, 1192(2): 241-246.

（撰稿：陈斌；审稿：李成云）

趋化性 chemotaxis

细菌的趋化性是指细菌朝向或逆向刺激源的运动（性），是细菌适应环境的一种普遍行为。最早是生物学家发现细菌趋向于氧气、矿物质和有机营养运动。此外，化学物质半乳糖、葡萄糖、氨基酸等均可以作为细菌趋化性的刺激物。

细菌制造出氧气或能源梯度，然后朝着化学物质浓度高的方向游动，表现出趋化性。细菌是如何感受到化学刺激物呢？ Links 研究证明随着外界化学物质浓度的下降，细菌中鞭毛马达装置的能量供给物质（可能是三磷酸腺苷）突然降低，使得细菌感受到外界环境的变化。另外一种解释是每种特定的化学刺激物均有特定的趋化感受器。

在大肠杆菌感受到外界信号后，改变鞭毛旋转方式，进而改变运动方向。信号传导系统控制反应调节器 CheY 的磷酸化，改变了 CheY 与鞭毛蛋白 FliM 亲和性。在无磷酸化的 CheY 作用下，鞭毛按照逆时针方向旋转，多条鞭毛束在一起驱动细胞直线前进；在磷酸化的 CheY 作用下，CheY-P 与 FliM 结合，使鞭毛转换为顺时针方向旋转，打破鞭毛束，驱动细胞翻转运动。

在枯草芽孢杆菌中，趋化性蛋白调控游动性。细胞跨膜化学感受器为甲基－接受型趋化蛋白（methyl-accepting chemotaxis proteins，MCPs）。趋化效应物（chemoeffectors）可以与化学感受器结合。配体结合诱导 MCPs 发生构象改变，导致 CheB 调控受体发生脱甲基化；配体结合同时激活激酶 CheA，CheA 通过 CheW 和 CheV 与受体结合。CheA 反过来使 CheY 脱磷酸化，进而决定鞭毛旋转的方向，使得细胞直线运动或反转。

化学吸引物能刺激鞭毛的逆时针旋转，推动菌体呈直线运动；而化学排斥物则增加鞭毛的顺时针旋转，导致出现较多的翻滚运动。

生防趋化性是生防细菌的定殖机制之一，如荧光假单胞菌 WCS365 cheA 缺失突变体丧失趋化性，进而不能在番茄根尖定殖。趋化性对于枯草芽孢杆菌 FB17 在拟南芥根部，枯草芽孢杆菌 N11 在黄瓜和香蕉根部定殖均发挥重要作用。

参考文献

ADLER J, 1966. Chemotaxis in Bacteria[J]. Science, 153(3737): 708-716.

DEWEGER L A, VANDERVLUGT C I M, WIJFJES A H M, et al, 1987. Flagella of a plant-growth-stimulating *Pseudomonas fluorescens* strain are required for colonization of potato roots[J]. Journal of bacteriology, 169(6): 2769-2773.

FRAENKEL G S, GUNN D L, 1961. The orientation of animals[M]. New York: Dover: 5-6, 270-291.

GIRGIS H S, LIU Y, RYU W S, et al, 2007. A comprehensive genetic characterization of bacterial motility[J]. Plos genetics, 3(9): 1644-1660.

INDICATED N, 1907. The Behavior of the lower organisms[J]. Psychological bulletin, 4(9): 288-291.

JARRELL K F, MCBRIDE M J, 2008. The surprisingly diverse ways that prokaryotes move[J]. Nature reviews microbiology, 6(6): 466-476.

KEARNS D B, LOSICK R, 2003. Swarming motility in undomesticated *Bacillus subtilis*[J]. Molecular microbiology, 49(3): 581-590.

RUDRAPPA T, CZYMMEK K J, PARE P W, et al, 2008. Root-Secreted Malic Acid Recruits Beneficial Soil Bacteria[J]. Plant physiology, 148(3): 1547-1556.

WEIBULL C, 1960. The Bacteria, Gunsalus, I. C. and Stanler, R. Y[M]. New York: Academic Press: 153.

ZHANG N, WANG D D, LIU Y. P, et al, 2014. Effects of different plant root exudates and their organic acid components on chemotaxis, biofilm formation and colonization by beneficial rhizosphere-associated bacterial strains[J]. Plant and soil, 374(1/2): 689-700.

（撰稿：李燕；审稿：王琦）

群体感应淬灭 quorum quenching

细菌的一种调控机制，指细菌通过感应特定信号分子的浓度来感知周围环境中自身或其他细菌的数量，并调整相关基因的表达以适应环境的变化。多种植物病原细菌利用群体感应调节系统（QS 系统）系统调控致病因子的表达，因此，QS 系统可以作为细菌病害防治的新靶点。对细菌 QS 调控机制的干扰和破坏称为群体感应淬灭。

根据 QS 系统的组成和特点，群体感应淬灭可针对 3 个不同的靶点：①干扰 AHL 信号分子的合成。利用细菌乙酰基高丝氨酸内酯（AHL）信号的合成底物 S- 腺苷甲硫氨酸（SAM）结构类似物（如 Holo-ACP、L/D-S-adenosylhomocysteine、sinefungin 和 butyryl-SAM 等）能显著抑制 AHLs 的合成。②信号分子的降解。以 AHL 信号为例（见图），理论上可从 6 个位点对信号分子进行降解或修饰，即通过内酯酶（1）或脱羧基酶（2）打开信号分子的内酯环；通过酰基转移酶（3）或脱氨酶（4）破坏酰基内酯结构；或通过氧化还原作用（5、6）对信号分子进行修饰。已发现的 AHLs 信号降解酶包括内酯酶（AHL-lactonase）、酰基转移酶（AHL-acylase）和氧化还原酶（oxidoreductases）三大类。其中，AHL 内酯酶和酰基转移酶得到了广泛的研究。克隆自芽孢杆菌的 AHL 内酯酶基因 *aiiA* 基因在软腐欧文式菌（*Erwinia carotovora*）中表达可降解病菌的 AHLs 信号，并降低病菌在马铃薯、白菜等多种作物上的致病性。表达 AiiA 内酯酶的转基因马铃薯、烟草、拟南芥等提高了对软腐病菌侵染的抗性。此外，AHL 降解酶基因也可用于生防细菌的遗传改造，*aiiA* 基因转化内生菌（*Burkholderia* sp. KJ006）中后，可以抑制水稻细菌性谷枯菌（*Burkholderia glumae*）中 AHL 信号分子的产生，并降低由该病菌引起的水稻秧苗腐烂的发病率。③阻止信号分子与受体蛋白的结合。海洋红藻（*Delisea pulchra*）产生的卤代呋喃酮与 AHL 信号分子结构相似，通过竞争 AHL 受体蛋白 LuxR 干扰细菌 QS 功能，从而影响细菌定殖、抗生素合成、致病性表达等重要生理性状。苜蓿产生的刀豆氨酸，水生菌（*Halobacillus salinus*）产生的苯乙基酰胺（phenethylamide），细鞘丝藻（*Leptolyngbya*）的 *honaucins* A、B、C 等对 QS 系统也有抑制作用。通过现代高通量筛选和小分子化合物与 QS 受体蛋白 LuxR 的 Docking 研究，发现了更多抑制 luxR 蛋白的化合物。AHL 类似物在开发动植物细菌病害治疗药物方面有巨大的应用潜力。

群体感应和群体感应淬灭是细菌在漫长的进化中演化出的个体间调控机制，细菌利用这一机制在与寄主或环境中其他微生物互作中取得竞争优势。群体感应淬灭作为细菌病害防治策略与以往的细菌病害防治原理完全不同，它不以杀死细菌或抑制病原菌生长为目的，而是干扰病原菌致病因子的正常表达，特异性地抑制病原细菌的致病性。理论上，这一机制对病原细菌存活生长的压力较小，不易产生抗药性；同时，由于作用机制不同，干扰 QS 的制剂可与已有的杀细菌剂复合使用，这也将有利于延缓抗性菌株的流行并相应地减少环境污染以及防治费用。

参考文献

张力群，田涛，梅桂英，2010. 群体感应淬灭——防治植物细菌病害的新策略 [J]. 中国生物防治，26(3): 241-247.

BAN H F, CHAI X L, LIN Y J, et al, 2009. Transgenic Amorphophallus konjac expressing synthesized acyl-homoserine lactonase (aiiA) gene exhibit enhanced resistance to soft rot disease[J]. Plant cell reports, 28(12): 1847-1855.

CHO H S, PARK S Y, RYU C. M, et al, 2007. Interference of quorum sensing and virulence of the rice pathogen *Burkholderia glumae* by an engineered endophytic bacterium[J]. FEMS microbiology ecology, 60(1): 14-23.

DEFOIRDT T, MIYAMOTO C M, WOOD T K, et al, 2007. The natural furanone (5Z)-4-bromo-5-(bromomethylene)-3-butyl-2(5H)-furanone disrupts quorum sensing-regulated gene expression in *Vibrio harveyi* by decreasing the DNA-binding activity of the transcriptional regulator protein luxR[J]. Environmental microbiology, 9(10): 2486-2495.

DONG Y H, WANG L H, XU J L, et al, 2001. Quenching quorum-sensing-dependent bacterial infection by an N-acyl homoserine

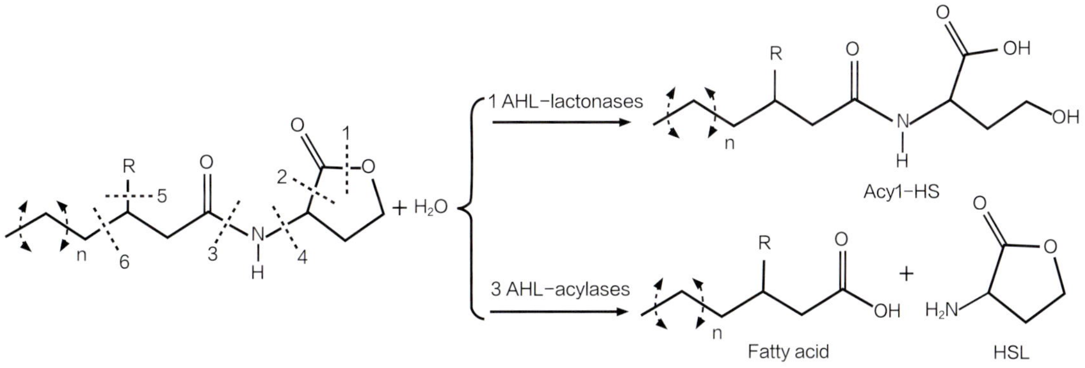

AHL 信号分子的理论上可断裂的位点及其酶降解产物

（仿自 Dong and Zhang, 2005）

1. AHL- 内酯酶的作用位点；2. AHL- 脱羟酶作用位点；3. AHL- 酰基转移酶的作用位点；4. AHL- 脱氨酶作用位点；5、6. AHL- 氧化还原酶作用位点

Q

lactonase[J]. Nature, 411(6839): 813-817.

DONG Y H, XU J L, LI X Z, et al, 2000. AiiA, an enzyme that inactivates the acylhomoserine lactone quorum-sensing signal and attenuates the virulence of Erwinia carotovora[J]. Proceedings of the National Academy of Sciences of the United States of America, 97(7): 3526-3531.

FETZNER S, 2015. Quorum quenching enzymes[J]. Journal of biotechnology, 201: 2-14.

KALIA V C, 2013. Quorum sensing inhibitors: An overview[J]. Biotechnology advances, 31(2): 224-245.

LADE H, PAUL D, KWEON J H, 2014. Quorum quenching mediated approaches for control of membrane biofouling[J]. International journal of biological sciences, 10(5): 550-565.

LASARRE B, FEDERLE M J, 2013. Exploiting quorum sensing to confuse bacterial pathogens[J]. Microbiology and molecular biology reviews, 77(1): 73-111.

LESIC B, LEPINE F, DEZIEL E, et al, 2007. Inhibitors of pathogen intercellular signals as selective anti-infective compounds[J]. PloS pathogens, 3(9): 1229-1239.

PARSEK M R, VAL D L, HANZELKA B L, et al, 1999. Acyl homoserine-lactone quorum-sensing signal generation[J]. Proceedings of the National Academy of Sciences of the United States of America, 96(8): 4360-4365.

RASKO D A, SPERANDIO V, 2010. Anti-virulence strategies to combat bacteria-mediated disease[J]. Nature reviews drug discovery, 9(2): 117-128.

RASMUSSEN T B, GIVSKOV M, 2006. Quorum-sensing inhibitors as anti-pathogenic drugs[J]. International journal of medical microbiology, 296(2/3): 149-161.

VANJILDORJ E, SONG S Y, YANG Z H, et al, 2009. Enhancement of tolerance to soft rot disease in the transgenic Chinese cabbage (*Brassica rapa* L. ssp. *pekinensis*) inbred line, Kenshin[J]. Plant cell peports, 28(10): 1581-1591.

（撰稿：张力群；审稿：王琦）

群体感应系统　quorum-sensing system,QS

通过感应细胞群体密度变化来调控基因表达的机制。该现象发现于 20 世纪 70 年代，海洋弧菌的生物发光与其群体密度有关，发光基因簇 *LuxCDABE* 在细菌群体处于高密度时表达，而在低密度时不表达。这种现象是由于细菌自身分泌并感应某种可扩散的小分子信号造成的。细菌通过这种机制协调单细胞的个体，共同调控一系列的生理机制以适应变化的环境。已知受群体感应系统调控的生理功能包括致病性、竞争能力、共生、质粒接合转移、抗生素的产生、运动性、芽孢形成、生物被膜的形成等。群体感应现象多见于原核生物，但也发现真菌及高等生物，如昆虫、甚至哺乳动物等也存在群体感应机制控制的表型。

在特定空间环境中生长的细菌，自身能产生一些可扩散的信号分子，叫作自诱导信号（autoinducer），可自由穿出和进入细胞，并在环境中积累。随着细菌群体密度的增大，这些信号分子在环境中积累的浓度也增加。细菌通过感受环境中这些信号分子的浓度，能判断其群体的大小，当这些信号分子在环境中积累到一定浓度，其在细菌细胞中的积累也达到临界浓度（高浓度），这时细菌的某些特定基因才得以表达。

细菌的群体感应系统分类　根据自诱导信号分子的不同，细菌的群体感应系统分多种类型。同一种细菌可能产生其中一类信号的不同衍生物或同时产生不同类型的信号分子来协调不同性状的表达。

乙酰高丝氨酸内酯作为信号的群体感应系统　革兰氏阴性细菌中最常见的群体感应系统以乙酰高丝氨酸内酯（acylated homoserine lactone，HSL）作为自诱导信号分子。这类信号分子由乙酰化的高丝氨酸内酯环和 4～18 个碳的饱和或不饱和酰基侧链组成，侧链可有羟基、羰基等修饰。细菌中 LuxI 家族蛋白负责合成 HSL 分子，信号分子浓度随着细菌群体密度增加而增大，达到一定阈值后，LuxR 家族转录调控因子大量与 HSL 结合，形成的复合物结合在靶基因的启动子区域，激活转录表达。植物病原细菌中，果胶杆菌属（*Pectobacterium*）、欧文氏菌属（*Erwinia*）、迪克氏菌属（*Dickeya*）、假单胞菌属（*Pseudomonas*）、土壤杆菌属（*Agrobacterium*）等重要病原菌的致病性受到此类群体感应系统的调控。

寡肽作为信号的群体感应系统　革兰氏阳性细菌利用加工形成的寡肽作为群体感应信号。以芽孢杆菌为代表的革兰氏阳性细菌通过 AIP（autoinducer peptide）合成酶合成寡肽信号分子 AIP，该类信号可分泌到胞外，经蛋白酶等加工后重新进入细胞与群体感应受体蛋白结合起到调控作用，或被细胞膜上的感应激酶感知，通过磷酸化传递信号进入细胞，调控胞内特定基因的表达。

脂肪酸作为信号的群体感应系统　黄单胞菌（*Xanthomonas*）、伯克霍尔德氏菌属（*Burkholdria*）、寡养单胞菌（*Stenotrophomonas*）、木杆菌（*Xyllela*）、溶杆菌（*Lysobacter*）等可产生一种长链不饱和脂肪酸类的可扩散因子（diffusible signal factor，DSF）作为群体感应信号，如顺式 11- 甲基 -2- 十二碳烯酸或结构类似的小分子。这类信号分子由 RpfF 蛋白合成，RpfC/RpfG 双组分系统中的跨膜激酶 RpfC 与信号分子互作，并通过磷酸化传递至胞内调控因子 RpfG。RpfG 的 C 端具有降解胞内信号分子 c-di-GMP 的 HD-GYP 功能域，可根据 DSF 信号浓度调节 c-di-GMP 浓度，而胞内的另一个重要的全局性转录因子 Clp 是 c-di-GMP 的受体，感应 c-di-GMP 的浓度调控大量靶标基因的表达。因此，DSF 信号感应和传导由 RpfC/RpfG 双组分系统、胞内信号分子 c-di-GMP 和全局性转录因子 Clp 等协调完成。

酯类分子作为信号的群体感应系统　罗尔斯通氏菌（*Ralstonia*）由 PhcB 蛋白合成 3- 羟基棕榈酸甲酯（3-OH PAME）和 3- 羟基豆蔻酸甲酯（3-OH MAME）两种酯类群体感应信号分子，并由双组分调控系统 PhcS/PhcR 感应信号调控下游胞外多糖合成基因等的表达。

其他类型信号分子的群体感应系统　细菌在长期进化中演变出依赖不同信号的群体感应系统。除上述信号类型外，多种细菌可合成含硼或不含硼的呋喃类 II 型群体感应信号分子，细菌可以此感应不同物种的群体密度；弧菌（*Vibrio*）中 CqsA 蛋白可以合成羟基酮类信号分子；铜绿假单胞菌（*Pseudomonas aeruginosa*）除了可以合成典型的 HSL 信号分子，还可以合成噻唑类和喹诺酮类群体感应信号分子，且不同群体感应系统相互级联；发光杆菌（*Photorhabdus*）合成间苯二酚衍生物作为群体感应信号，调控对昆虫和线虫的毒性等。

群体感应调控植物病原细菌的致病性 大量植物病原细菌的致病性表达均受到群体感应系统不同程度的调控。

胡萝卜果胶杆菌（*Pectobacterium carotovorum*）侵染植物时，大量合成和分泌能降解植物细胞壁的果胶酶、多聚半乳糖醛酸酶、果胶酸盐裂解酶等，造成软腐症状。这些破坏寄主细胞壁的外泌蛋白受群体感应系统的严格调控。启动胞外酶等致病性基因表达的关键信号分子是 *carI* 基因合成的 *N*-3- 羰基己酰高丝氨酸内酯（*N*-3-oxo-hexanoyl-homoserine lactone，OHHL）。当病原菌群体密度达到一定数量并积累足够的 OHHL 时，OHHL 与 CarR 转录激活蛋白结合，启动致病因子的表达。解淀粉欧文氏菌（*Erwinia amylovora*）分泌胞外多糖（exopolysaccharide，EPS）和造成坏死症状的能力与 HSL 信号表达相关。玉米细菌性枯萎病菌（*Pantoea stewartii*）EsaI/EsaR 群体感应系统调控主要致病因子 EPS 的产生，影响菌株在寄主上的定殖，群体感应系统突变体的致病力都显著降低。水稻细菌性谷枯病菌（*Burkholdria glumae*）的群体感应系统调控毒性因子脂肪酶 LipA 和毒黄素（toxoflavin）的合成和分泌，从而影响其在水稻上的致病性。根癌土壤杆菌（*Agrobacterium tumefaciens*）中 TraI/TraR 群体感应系统调控质粒的转移、致病性以及抗生素抗性等；植物病原丁香假单胞菌（*Pseudomonas syringae*）在寄主植物上的定殖以及致病作用也需要 HSL 信号的参与。

黄单胞菌（*Xanthomonas*）的 DSF 信号产生能力常与致病性正相关，多个菌株的 DSF 信号显著调控胞外蛋白酶、细胞壁裂解酶、胞外多糖、脂多糖、鞭毛发育、运动性、趋化性、生物膜形成等，从而影响了细菌的致病能力。苛养木杆菌产生的 DSF 类型信号分子调控病菌在植物宿主葡萄维管组织中的运动能力和致病力；也调控在昆虫宿主中的定殖能力。罗尔斯通氏菌（*Ralstonia*）产生的酯类信号分子可激活 EPS 的合成，提高 Ralfuranone 和植物细胞壁降解酶的产量，从而提高对寄主的致病性。

群体感应淬灭 在植物病原细菌中广泛存在群体感应系统正向调控致病性的现象，因此以群体感应系统为靶标，淬灭植物病原细菌的群体感应信号传递途径，是防治细菌病害一种新策略。根据群体感应系统的组成和特点，对群体感应的干扰可针对 3 个不同的靶点：①影响合成信号分子的蛋白，使信号不能正常产生。②降解信号分子，从而使群体感应调控的基因即使在细胞达到相应的群体密度时也不能正常表达。③阻止信号分子与受体蛋白的结合，使之不能行使传递信号分子的功能。

参考文献

张力群，田涛，梅桂英，2010. 群体感应淬灭——防治植物细菌病害的新策略 [J]. 中国生物防治，26(3): 241-247.

周莲，王杏雨，何亚文，2013. 植物病原黄单胞菌 DSF 信号依赖的群体感应机制及调控网络 [J]. 中国农业科学，46(14): 2910-2922.

HAWVER L A, JUNG S A, NG W L, 2016. Specificity and complexity in bacterial quorum-sensing systems[J]. FEMS microbiology reviews, 40(5): 738-752.

MILLER M B, BASSLER B L, 2001. Quorum sensing in bacteria[J]. Annual review of microbiology, 55(1): 165-199.

PAPENFORT K, BASSLER B L, 2016. Quorum sensing signal–response systems in Gram-negative bacteria[J]. Nature reviews microbiology, 14(9): 576-588.

（撰稿：张力群；审稿：王琦）

群体效应 quorum sensing

一种生物群体行为的调控机制。植物、动物和微生物均具有明显的群体效应。群体效应的研究最早始于费氏弧菌，多数细菌中的群体效应都与费氏弧菌中的典型系统由 LuxI-LuxR 蛋白调控的群体效应系统相似，故称之为 LuxI-LuxR 型的群体效应。不同类型的生物具有不同的群体效应调节系统，如许多细菌通过分泌同一种诱导剂来调控不同种类细菌间的作用行为，而且这种群体效应系统在自诱导剂（auto inducer）与受体之间存在专一性，同时又在调节基因和信号传递系统中体现出多样性和复杂性。

在 20 世纪 60 年代一种海洋费氏弧菌（*Vibrio fischeri*）的发光现象引起了科学家的兴趣，Nealson 等在 1970 年首次报道了该菌的菌体密度与发光呈正相关，该发光现象受细菌本身的群体感应系统（quorum-sensing system，QS）所控制。现在发现许多细菌利用该系统调控体内特定基因的表达，如根瘤菌与植物共生、蓝细菌中异形胞的分化、芽孢杆菌中感受态与芽孢的形成、根癌农杆菌中 Ti 质粒融合转移、病原细菌胞外酶与毒素产生、生物膜（biofilm）形成、菌体发光、色素产生、抗生素形成、细菌运动等多种功能都受到细菌群体感应信号系统所调节。

如许多细菌能分泌一种或多种自诱导剂，细菌通过感应这些自诱导剂来判断菌群密度和周围环境变化，当菌群数达到一定的阈值（quorum，菌落或集落数）后，启动相应一系列基因的调节表达，以调节菌体的群体行为。细菌的生物发光、共生现象、生物膜形成、抗生素生产、群体移动性（swarming motility）、孢子形成、基因交换等行为以及发病机理均受到群体效应的调节。

对植物或作物，其群体效应表现也较明显。作物的高产是通过群体产量实现的，品种群体中个体之间的竞争以及个体与群体之间的相互协调，最终形成产量。在农田生态系统中，不同的群体结构可形成不同的辐射场、风场以及农田的小气候环境特征。合理的作物多样性种植，能提高田间作物群体效应。田间作物密度增加时，个体生产力降低，但群体作用增强，而当密度增加到一定量时，增加个体的增产效应就弥补不了个体产量下降对群体生产力的负效应，因而造成群体产量下降，由此表明作物品种的最终产量决定于个体生产力和群体生产力二者之间相互作用。因此，只有保持单株个体效应与群体效应之间的平衡发展，即在一定的密度下保持较高的单株生产力，才能获得品种的高产和稳产。

群体表现出不同于个体的发展规律和生长特性。改善群体内的光照、温度、水分等微环境小气候条件，可影响群体的光合效率和产量。合理群体效应既要能有效协调群体产量与个体生产力的关系，又能充分利用水分、光能及营养等，更好地协调群体与个体。

参考文献

陶金莉，迟莉丽，沈亚领，等，2004. 细菌的群体行为调控机制 -Quorum sensing[J]. 微生物学通报，41(4): 106-110.

姚期凤，漆淑华，2015. 微生物群体效应信号分子研究进展 [J]. 微生物学杂志，35(4): 63-71.

章家恩，2000. 作物群体生态结构的构建 [J]. 生态学报，19(1): 30-35.

（撰稿：陈斌；审稿：陈国华）

群游 bacterial swarming

细菌在潮湿的固体表面群体运动的一种方式。又名群集游、细菌群集运动。最早由 Henrichsen 把它与细菌的其他运动方式区别开来。群集运动由鞭毛驱动，启动群集运动时细菌细胞伸长，每个细胞的鞭毛数目增多，分泌表面活性剂以降低表面阻力。群游是指多细胞聚集协同移动，而不是单个细胞移动（见图），这一点与细菌的游动（swimming）显著不同，虽然两者都由鞭毛驱动，但细菌的游动性是单细胞在液体环境中的运动。

实验条件下，群游通常发生在营养丰富的固体培养基表面，在不同菌中又存在区别。例如枯草芽孢杆菌（*Bacillus subtilis*）可以在多种富营养培养基上进行群集运动，而肠道沙门氏菌（*Salmonella enterica*）和结肠炎耶尔森杆菌（*Yersinia entercolitica*）的群集运动需要葡萄糖。琼脂浓度对细菌群集运动十分重要，小于 0.3% 可能会使群集运动和细菌的游动性难以区分，而琼脂浓度大于 1% 则会抑制大部分细菌的群集运动。但也有些细菌，如弧菌属（*Vibrio*）和变形菌属（*Proteus*）的一些种可以在 1.5%～2.0% 的琼脂培养基表面群集，甚至在一些非生物固体表面群集运动。

群游在接触某种物体表面并形成多细胞群体后发生，过程十分复杂。首先，细菌在培养基表面的接种点大量繁殖形成一个整齐的菌落，之后菌落边缘的细菌分化形成群集细胞，群集细胞的长度是正常游离细菌细胞的几倍至几十倍，有的可达 50μm 以上，细胞多核并产生高密度的周生鞭毛。这些分化了的细胞沿其长轴紧密排列形成群体，常呈“筏”状，在鞭毛运动的推动下以群体方式移动。侧生鞭毛的相互缠绕集束有利于菌体的“筏”状排列。群集运动需要表面活性剂以减小固体表面的阻力，不同细菌产生具有表面活性剂活性的物质不同，包括多糖、脂多糖、脂肽、糖脂等。表面活性剂的产生通常受到细菌群体感应系统的正调控，这也与群集运动需要高密度群体的特征一致。群游的速度可 >2μm/s，不同的细菌群集运动形成不同形态的菌落，如均匀扩展的圆形菌落、环状同心波纹状菌落、阶梯状菌落、分枝状菌落等。原因是群集运动的细胞规律性地停止运动，转化为非运动细胞并繁殖，然后重新分化形成群集运动细胞，这个过程反复进行，便形成了特征性的菌落形态。

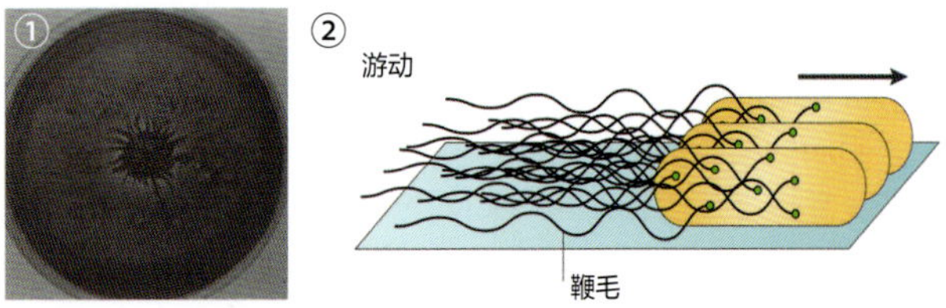

黏质沙雷氏菌（*Serratia marcescens*）
①在 30℃下每小时可以群游数毫米；②群游示意图

具有群集运动能力的细菌集中于厚壁菌门、α 变形菌纲和 γ 变形菌纲，包括许多重要的动植物病原细菌、益生菌及环境细菌。在营养丰富的潮湿表面群集运动有利于细菌获得营养、逃避天敌吞噬、找到适宜的定殖位点等，因此是细菌对环境的一种复杂而且可逆的适应性反应。动植物病原细菌的群集能力利于其在宿主表面移动、扩散和黏附，并且处于群集状态的细菌抵抗抗生素的能力显著增强；对于病原细菌来说，群集运动是重要的致病性特征。许多细菌群集运动时产生的表面活性素具有抗菌活性和溶解表面碳水化合物的作用，利于细菌的生态竞争。

群集运动中许多机制不清楚，如细菌如何感应固定表面以及如何传导信号启动群集细胞的分化、“筏”状细胞结构的形成机制以及多细胞如何协同运动等，诸如此类问题的深入研究将会进一步阐明细菌运动的机制，并为细菌病害的防治提供新的靶点。

参考文献

COPELAND F M, WEIBEL B D, 2009. Bacterial swarming: a model system for studying dynamic self-assembly[J]. Soft matter, 5(6): 1174-1187.

FRASER G M, HUGHES C, 1999. Swarming motility[J]. Current opinion in microbiology, 2(6): 630-635.

HENRICHSEN J, 1972. Bacterial surface translocation: a survey and a classification[J]. Bacteriological reviews, 36(4): 478-503.

JULKOWSKA D, OBUCHOWSKI M, HOLLAND I B, et al, 2005. Comparative analysis of the development of swarming communities of *Bacillus subtilis* 168 and a natural wild type: critical effects of surfactin and the composition of the medium[J]. Journal of bacteriology, 187(1): 65-76.

KEARNS D B, 2010. A field guide to bacterial swarming motility[J]. Nature reviews microbiology, 8(9): 634.

YOUNG G M, SMITH M J, MINNICH S A, et al, 1999. The Yersinia enterocolitica motility master regulatory operon, flhDC, is required for flagellin production, swimming motility, and swarming motility[J]. Journal of bacteriology, 181(9): 2823-2833.

（撰稿：李燕；审稿：王琦）

Q

R

日本金龟子芽孢杆菌 *Bacillus popilliae*

金龟子类的专性寄生细菌，可以感染金龟子幼虫蛴螬，使其患上 A 型乳化病，对天敌等有益昆虫无毒。由于日本金龟子芽孢杆菌在哺乳动物的正常体温（37°C）下不能生长，因而对人类和其他哺乳动物无害。日本金龟子芽孢杆菌的营养细胞呈杆状，两端近圆形，直径为 0.5～0.8μm，长 1.3～5.2μm，不运动，革兰氏染色呈阴性（胞囊和前胞的形式是革兰氏阳性），好气性或兼性厌气性。

形态特征 日本金龟子芽孢杆菌在形成芽孢的同时，菌体内部产生伴胞体（parasporal body）。随着伴胞体的发育，芽孢的位置逐渐移向中央，成熟芽孢呈长椭圆形或近似菱形。日本金龟子芽孢杆菌有两个类群，一种为芽孢和伴胞体均在胞囊内，伴胞体大约为芽孢的 1/2 左右；另一种为伴胞体与芽孢分离，伴胞体较大。芽孢耐热、耐干燥，可在体外存活多年仍保持高度致病力。伴胞体的作用尚不清楚，用它感染昆虫不产生毒性，但溶解的伴胞体注入昆虫体腔是有毒性的。

侵染过程及机理 日本金龟子芽孢杆菌主要通过芽孢感染和传播，芽孢经口摄入，在肠道中萌发成营养细胞，营养细胞通过吞噬作用侵染中肠细胞，随后穿过肠壁进入体腔，并大量繁殖，使幼虫的血淋巴呈乳状，死亡幼虫呈乳白色，故又名为乳状病。幼虫感染后，外表无明显病变，可以活动和取食，随着病情的发展，血淋巴越来越浑浊，直至几乎完全不透明，幼虫动作变缓，最后停止运动、死亡。除了一龄幼虫被感染或高剂量感染之外，一般感染过程长，需 10～14 天。幼虫感染后通常不能蜕皮和变态。

菌剂制备 日本金龟子芽孢杆菌的芽孢能在寄主体外存活，营养体也能在人工培养基上生长繁殖，但在培养基上产生大量有活性的芽孢仍然受到限制。因此，商品制剂都是采用幼虫活体培养的方法制备的。第一个日本金龟子芽孢杆菌制剂于 1950 年在美国登记，成为美国政府批准的第一个生物防治制剂。由于芽孢在土壤中能长期存活，感病死亡后的蛴螬又会不断增加土壤中的芽孢数量，因此，疾病一旦形成，芽孢便能在土壤中逐渐积累和传播，从而达到长期控制的效果。美国马里兰州应用该菌剂后，使每平方英尺草地上的蛴螬由 20～60 头降至 1～3 头，且保持这一水平长达 9 年，成为生物防治最典型的成功案例之一。

参考文献

布坎南 R E, 吉本斯 N E, 等, 1984. 伯杰细菌鉴定手册 [M]. 8 版. 北京：科学出版社.

丁莹, 唐文兴, 王若菡, 等, 2007. 微生物法防治金龟子研究进展 [J]. 辽宁农业科学, 6: 26-30.

张书方, 万玉玲, 崔景岳, 等, 1982. 蛴螬乳状菌 (*Bacillus popilliae*) 的“型变”现象 [J]. 微生物学通报 (2): 53-55.

赵修复, 1982. 害虫生物防治 [M]. 北京：农业出版社.

CORY E N, LANGFORD G S, 1955. The Japanese beetle retardation program in Maryland[J]. University of Maryland, Baltimore, 156: 20.

DUTKY S R, 1940. Two new spore-forming bacteria causing milky diseases of Japanese beetle larvae[J]. Journal of agricultural research, 61: 57-68.

（撰稿：张继红；审稿：秦启联）

容性寄生 koinobiont parasitism

寄主昆虫被天敌寄生后仍可继续发育的寄生情况，其毒腺麻痹作用是暂时的或无麻痹作用，通常发生于内寄生性的蜂类，这有利于在寄主体内的蜂幼虫能得到适合的营养而完成发育。

容性寄生蜂大多数寄生于暴露性生活或具有一定隐蔽性生活但比较活跃的幼虫，这类寄生者容许寄主在被产卵寄生后继续发育一段时间才将寄主杀死。容性寄生蜂通常容许寄主幼虫完成生长发育，直到自己做茧或做好蛹室时才将寄主杀死在这些对它们比较安全的场所中。某些姬蜂、茧蜂、姬小蜂和针尾部的螯蜂为容性外寄生。所有容性外寄生种类会精确定位它们的产卵位置，所产的卵不会被轻易蹭掉，如紧靠头部后方粘连在寄主体上，或卵上有倒钩可把卵固定在寄主体壁上。

大部分容性寄生者为内寄生性。一般在生活的寄主体内完成其整个或大部分幼虫发育期。因此，与抑性寄生和容性外寄生相比较，它们必须与寄主竞争生理上需要的体内物质，但又不能过度削弱寄主以避免过早死亡或被天敌捕食。同时，它们还须阻止或避免寄主产生针对它们的免疫反应。大部分容性寄生者攻击寄主昆虫的幼虫，有些种类像甲腹茧蜂亚科和广腹细蜂科却把卵产入寄主的卵中，并常将它们自己的发育推迟到寄主幼虫差不多要化蛹时才开始。

差不多所有寄生蜂不是容性的内寄生蜂就是抑性的外寄生蜂；当然，也有些类群，比如茧蜂亚科（Braconinae）

少数成员是鳞翅目蛹的抑性内寄生蜂，而异茧蜂亚科（Exothecinae）直脉茧蜂族（Rhysipolini）则是鳞翅目幼虫的容性外寄生蜂，矛茧蜂亚科（Doryctinae）少数类群，也可能是容性外寄生蜂。

（撰稿：陈学新；审稿：刘树生）

容性寄生蜂 koinobiont parasitoids

在产卵时并不立即杀死或永久性麻痹寄主，而是在完成寄生行为后仍然允许寄主继续生长发育，直到天敌自己的后代发育接近完成时才杀死寄主的一类寄生方式。这类寄生蜂通常寄生未老熟的寄主幼虫，在寄生初期可能诱使寄主取食更多食物，以供应其幼虫的营养需要。如寄生白蜡窄吉丁幼虫的白蜡吉丁啮小蜂（*Tetrastichus planipennisi*）（见图）。

通常情况下寄主幼虫可完成发育，直到寄主结茧或在预蛹期建好蛹室时才将它们杀死在这些相对较安全的场所。容性寄生天敌多为内寄生性，但也有少数为外寄生者，如姬蜂总科中的柄卵姬蜂亚科（Tryphoninae）、寡节姬蜂亚科（Adelognathinae）、嗜蛛姬蜂族（Polysphinctini）、内茧蜂亚科（Rogadinae）和姬小蜂科的某些种类。此外，螯蜂科（Dryinidae）通常容性外寄生于头喙类半翅目的若虫上，有些寄生蜂刺蜇寄主使其暂时麻痹，以便将卵产于寄主的特殊部位而不致轻易被蹭掉，如紧靠头部后方处。卵一般粘连在寄主体上，柄卵姬蜂亚科的卵上有倒钩，可以把卵固定在寄主体壁上。

容性寄生性天敌一般生活在寄主体内或体表完成其整个或大部分幼虫发育期，因此，它们必须与寄主竞争营养物质。但它们的寄主又不能被过度削弱，以免提前死亡或被捕食性天敌所取食。同时，它们还必须阻止或避免寄主产生的针对它们的免疫反应。

虽然大部分容性寄生蜂寄生寄主昆虫的幼虫，但有些种如甲腹茧蜂亚科和广腹细蜂科也寄生寄主卵。这类情况中，它们的发育常延迟到寄主幼虫将近化蛹时才开始。这种推迟发育的习性在寄生暴露性生活的寄主的容性寄生蜂种类中极为常见。这种习性的好处是寄主在被它们杀死之前已经隐藏起来或者建好了防御结构使寄主得到保护，这种保护也使这类天敌在其变态期受益。

容性寄生蜂通常是以延长发育的一龄幼虫在寄主体内度过寄主的卵期和幼虫期直到寄主做茧这个漫长的时期。在其发育中通常不会削弱寄主的活力，但某些寄生者可以通过引起寄主在未成熟阶段就开始化蛹而从寄主茧的形成或者化蛹过程中获益。这种现象可由内寄生幼虫自身引起，或者由在产卵时雌性成虫所注射的毒液所造成。许多容性寄生者在它们远未老熟之前就从寄主体内钻出，或者一直是裸露性生活，这类寄生者已逐渐形成了保护它们自己的策略和方法。如做假茧、织伪装茧，或者将茧用一根长丝从植物上悬吊下来。

容性内寄生蜂白蜡吉丁啮小蜂寄生白蜡窄吉丁幼虫，并在寄主体内完成发育（王小艺摄）

容性内寄生性在膜翅目寄生类群中是许多科中的特化支系的一个主要特征，这些科内比较原始的种类为抑性外寄生。而且，该寄生方式有可能在一些科内演化出很多次，如独立地发生在姬蜂科的几个亚科中，以及在内茧蜂亚科中几个亲缘关系很近的属内单独发生的衍生现象。不少内寄生的幼虫在从寄主体内钻出之前已进行了充分取食，或者就在寄主体内化蛹。有些钩腹蜂、枝跗瘿蜂和茧蜂幼虫的末龄阶段在寄主体外取食。

虽然有些容性外寄生蜂为卵先产类，但容性内寄生蜂大部分为卵先产类，即雌性成虫从蛹中羽化出后不久卵就发育成熟了。许多卵先产类容性寄生蜂的卵比较小，有些种类像茧蜂科、瘿蜂总科、姬蜂总科及广腹细蜂科的一些种产的卵非常小，卵内无卵黄。从生理学上来看，这样的卵较为“便宜”，因为雌性成虫产生这种卵消耗的营养物质不多。产生小而代价少的卵对在寄生早期阶段产卵的容性寄生者是有利的，因为此时的寄主往往死亡率很高。卵的增大和营养的增加实际上推迟到产卵以后，而为了胚胎能够成功发育，卵必须从寄主的血淋巴中汲取营养物质。在此期间，一粒无卵黄的卵体积可增大 1000 倍。这些无卵黄的卵此时的特征是具有一个迅速发育的外营养层，这一营养层为合胞体或由分离的细胞组成，该营养层称为滋养羊膜，它似乎与卵巢管内发育中的有卵黄卵相联系的滋养细胞有同功作用。电镜照片显示，一种广腹细蜂卵的合胞滋养羊膜内表面及外表面均覆盖有微杆组织，极适于从寄主体内摄取营养物质。这样，容性寄生蜂的无卵黄卵的确是寄生于寄主体内的，在孵化之前滋养羊膜的“取食”对寄主可产生很大的影响。这种胚胎发育的形式很容易导致多胚生殖的发生。例如，细腰广腹细蜂的无卵黄卵可在滋养羊膜内多次重复分裂。每个细胞都可形成一个胚胎，而后由一片初生滋养羊膜包被，该滋养羊膜从寄主体内汲取营养物质供寄生者的卵发育。茧蜂的滋养羊膜在卵孵化后通常分裂成碎片，其中有些细胞进入到寄主的血腔中，以畸形细胞的形式继续吸取寄主的营养。

参考文献

GAULD I, BOLTON B, 1992. 膜翅目 [M]. 杨忠岐 , 译 . 香港 : 天则出版社 .

（撰稿：王小艺；审稿：杨忠岐）

溶杆菌属 *Lysobacter*

分布于土壤、水体等生境中，有较高的滑动性和 G + C 含量，并且对多种病原真菌、细菌和线虫具有溶菌活性等典型特征。该属最初的描述主要基于其表型特征，1978 年 Christensen 等命名了该属细菌的 4 个种，并根据菌株表型特征和生物学性状，建立了此新属，阐述了该属细菌的分类地位及其生防潜力。

R

溶杆菌属为腐生性，通过降解有机物和其他微生物获取营养来生存。菌体杆状，两端钝圆，单生，大小一般为0.2～0.5μm×2～70μm，无鞭毛，滑行运动；好气性，代谢为呼吸型；革兰氏染色阴性；无芽孢；氧化酶阳性，过氧化氢酶阳性；G+C含量为65.4%～70.1%。生长温度为4～50°C，最适生长温度为25～40°C。菌株在肉汤和琼脂培养基上都产生褐色水溶性的色素，这些色素在菌龄稍老的培养基上分泌更多。

研究发现溶杆菌属细菌对真菌、革兰氏阴性细菌、革兰氏阳性细菌和线虫都有突出的拮抗作用。关于溶杆菌属细菌防控病害的研究，产酶溶杆菌的研究较为深入。Folman等从黄瓜的根部分离到产酶溶杆菌3.1T8，这株菌对黄瓜猝倒病的防效好；在黄瓜苗期，通过灌根显著降低黄瓜猝倒病的发病率，防效高达81%。菌株N4-7可以防治由*Magnaporthe poae*引起的草坪夏季斑枯病。菌株C3可以防治由*Rhizoctonia solani*引起的草坪草褐斑病、*Bipolaris sorokiniana*引起的高羊茅草叶斑病、*Uromyces appendiculatus*引起的大豆锈病以及瓜果腐霉、小麦赤霉病等多种植物病害。产酶溶杆菌不仅对真菌病害有防治效果，对植物病原线虫也有杀伤作用。如产酶溶杆菌对爪哇根结线虫的卵有破坏作用。产酶溶杆菌C3可以杀死多种寄生线虫的成虫和幼虫，并引起线虫卵壳异常。其中产酶溶杆菌C3、3.1T8和SB-K88在植物真菌病害生防机制方面的研究比较深入。

溶杆菌属的主要生防机制如下：①定殖作用。溶杆菌属细菌在作物根围具有较好的定殖能力；这类生防菌可以黏附于植物、真菌细胞壁表面，形成菌膜；溶杆菌能在种子表面繁殖。②产生抗生素。抗生素溶杆菌产生的广谱抗生素已鉴定为1羟基6甲基吩嗪。2005年Kobayashi等研究产酶溶杆菌C3时发现一种抗生素物质，其热稳定性好，可以调节神经酰胺酶的合成途径来改变菌丝的形态，进而抑制病原菌的生长，达到控制病害的目的。③诱导寄主抗病性。Kilicekici等发现产酶溶杆菌能够诱导植物系统获得抗性。④产生表面活性物质。产酶溶杆菌3.1T8的表面活性物质裂解卵菌游动孢子已得到证实。

南京农业大学产酶溶杆菌项目组在溶杆菌生防机制方面取得了重要进展。产酶溶杆菌OH11是一株没有鞭毛的革兰氏阴性细菌，分离于辣椒根际土壤，菌株具有自主知识产权。OH11在土壤中主要依靠捕食病原真菌和卵菌来获取生存所需的营养，因此可以作为一种生防细菌。南京农业大学溶杆菌研究团队以OH11为研究对象，取得了以下研究成果：

①无鞭毛OH11通过感知病原菌的信号，利用复杂的信号网络调控细胞表面纳米级IV型菌毛的伸缩，驱动其在固体界面的蹭行运动——twitching motility来接近病原菌。

②发现OH11设计基因组中“残留”的鞭毛相关基因进化出捕食相关的新功能，正向调控OH11的蹭行运动。

③OH11能外泌一种“长武器”，称为扩散型抗真菌卵菌活性物质HSAF。丢失鞭毛后，OH11通过重编程一种在鞭毛细菌中常见的趋化性系统Wsp来特异性调控HSAF的外泌，增强其捕食真菌和卵菌的能力。

④OH11还能形成“短武器”，称为接触型杀菌系统——VI型分泌系统来拮抗病原菌。在IV型系统不组装的情况下，OH11会设计VI型系统的内管蛋白Hcp特异性与转录因子Clp互作，保护Clp免受抑制因子c-di-GMP的结合，从而增强HSAF的合成与外泌，实现生防细菌中“长短武器”的协同工作。

溶杆菌属高效广谱的拮抗作用日益得到人们的重视，成为植物病害生防微生物的重要组成部分，在农业生产中的应用前景十分广阔（见表）。对于具有潜在控制病害能力的溶杆菌属而言，特别是产酶溶杆菌、抗生素溶杆菌和

溶杆菌属菌株防治植物病害

溶杆菌属种或菌株	病害	病原菌
抗生素溶杆菌菌株 *Lysobacter antibioticus* 13-1	水稻白叶枯病	稻黄单胞菌稻生致病变种 *Xanthomonas oryzae* pv. *oryzae*
抗生素溶杆菌菌株 *Lysobacter antibioticus* HS124	辣椒疫病	辣椒疫霉菌 *Phytophthora capsici*
产酶溶杆菌 *Lysobacter enzymogenes* C3	高羊茅草褐斑病	立枯丝核菌 *Rhizoctonia solani*
产酶溶杆菌 *Lysobacter enzymogenes* C3	高羊茅草叶斑病	小麦根腐平脐蠕孢菌 *Bipolaris sorokiniana*
产酶溶杆菌 *Lysobacter enzymogenes* C3	菜豆锈病	菜豆黑锈病菌 *Uromyces appendiculatus*
溶杆菌 *Lysobacter* sp. SB-K88	甜菜猝倒病	腐霉和黑腐丝囊霉 *Aphanomyces cochlioides*
产酶溶杆菌 *Lysobacter enzymogenes* 3. 1T8	黄瓜猝倒病	瓜果腐霉 *Pythium aphanidermatum*
产酶溶杆菌 *Lysobacter enzymogenes* C3	小麦赤霉病	禾谷链胞霉 *Fusarium graminearum*

胶状溶杆菌，它们与临床医学微生物不相关，它们的风险危害较小。

参考文献

姬广海，2011. 溶杆菌属及其在植物病害防治中的研究进展 [J]. 云南农业大学学报（自然科学版），26(1): 124-130.

CHEN J, MOORE W H, YUEN G Y, et al, 2006. Influence of *Lysobacter enzymogenes* strain C3 on nematodes[J]. Journal of nematology, 38(2): 233-239.

CHRISTENSEN P, COOK F D, 1978a. *Lysobacter*, a new genus of non-fruiting, gliding bacteria with a high base ratio[J]. International journal of systematic bacteriology, 28(3): 367-393.

FOLMAN L B, POSTMA J, VAN VEEN J A, 2003. Characterisation of *Lysobacter enzymogenes* (Christensen and Cook 1978) strain 3.1T8, a powerful antagonist of fungal diseases of cucumber[J]. Microbiological research, 158(2): 107-115.

FULANO A M, SHEN D, KINOSHITA M, 2020. The homologous components of flagellar type III protein apparatus have acquired a novel function to control twitching motility in a non-flagellated biocontrol bacterium[J]. Biomolecules, 10(3): 733.

ISLAM M T, HASHIDOKO Y, DEORA A., et al, 2005. Suppression of damping-off disease in host plants by the rhizoplane bacterium Lysobacter sp strain SB-K88 is linked to plant colonization and antibiosis against soilborne peronosporomycetes[J]. Applied and environmental microbiology, 71(7): 3786-3796.

JOCHUM C C, OSBORNE L E, YUEN G Y, 2006. *Fusarium* head blight biological control with *Lysobacter enzymogenes*[J]. Biological control, 39(3): 336-344.

KOBAYASHI D Y, YUEN G Y, 2005. The role of clp-regulated factors in antagonism against *Magnaporthe poae* and biological control of summer patch disease of *Kentucky bluegrass* by *Lysobacter enzymogenes* C3[J]. Canadian journal of microbiology, 51(8): 719-723.

RYAZANOVA L P, LEDOVA L A, TSURIKOVA N V, et al, 2005. Effect of the proteolytic enzymes of *Bacillus licheniformis* and the lysoamidase of *Lysobacter* sp. XL1 on Proteus vulgaris and Proteus mirabilis cells[J]. Applied biochemistry and microbiology, 41(5): 490-494.

XU K W, SHEN D Y, HAN S, et al, 2021. A non-flagellated, predatory soil bacterium reprograms a chemosensory system to control antifungal antibiotic production via cyclic di-GMP signalling[J]. Environmental microbiology, 23(2): 878-892.

YANG M M, REN S S, SHEN D Y, et al, 2020. An intrinsic mechanism for coordinated production of the contact-dependent and contact-independent weapon systems in a soil bacterium[J]. PLoS pathogens, 16(10): e1008967.

YUEN G Y, BRODERICK K, MOORE W H, et al, 2006. Effects of *Lysobacter* enzy mogenes C3 and its antibiotic dihydromaltophilin on nematodes[J]. Phytopathology, 96: S128.

ZHANG Z G, YUEN G Y, 2000. The role of chitinase production by *Stenotrophomonas maltophilia* strain C3 in biological control of *Bipolaris sorokiniana*[J]. Phytopathology, 90(4): 384-389.

（撰稿：庄路博；审稿：王琦）

溶菌作用 lysis

微生物的细胞壁由于内在或外界因素影响而溶解，致使细胞质外泄释放到环境中的现象。此作用主要与细胞壁分解酶的活动有关。植物病原真菌和细菌的溶菌现象较为普遍，常导致芽管细胞或菌体细胞消解。溶菌作用在微生物中可表现为自溶和外溶两种方式。

自溶 菌体由于竞争等各种原因导致饥饿或有害物质的积累而发生的细胞内部的酶解作用。例如，缺氧等环境使一些土传病原真菌的正常生理发生障碍，不能正常利用营养物质而自溶。通常在微生物大量活跃的根际土壤中，这种自溶作用可以引起根际营养组分的改变。

外溶 菌体在一定条件下由于其他微生物的作用而发生的溶解现象。土壤中有很多微生物能产生分解菌丝细胞壁的几丁质酶，如小麦全蚀病菌的菌丝可在原生动物阿米巴的作用下被溶解。

利用有益微生物的溶菌作用来使病原菌溶解是防治植物病害的有效途径之一。中国农业科学院生物防治研究所研制成功的农抗 571 通过溶菌作用对大白菜软腐病、水稻白叶枯病、小麦赤霉病等均有良好的防效。谢德龄等报道了中生菌素对水稻细菌性条斑病和水稻纹枯病具有良好的防效，主要作用机制也是溶菌作用。淡紫灰链霉菌（*Streptomyces lavendulae*）产生的中生菌素对马铃薯青枯病病原菌（*Pseudomonas solanacearum*）溶菌作用显著。此外，枯草芽孢杆菌（*Bacillus subtilis*）也具有溶菌作用。枯草芽孢杆菌 S9 对立枯丝核菌溶菌作用显著；内生枯草芽孢杆菌 BS-2 菌株分泌的抗菌多肽可以引起菌丝细胞消融，导致菌丝畸形，抑制其分生孢子的产生和萌发；内生芽孢杆菌 TB2 菌株的胞外分泌物对病原菌菌丝生长、孢子囊形成、游动孢子的释放等抑制效果显著。利用枯草芽孢杆菌的溶菌作用防治植物病害具有巨大的潜力。

参考文献

何红，邱思鑫，胡方平，等，2004. 植物内生细菌生物学作用研究进展 [J]. 微生物学杂志，24(3): 6.

林福呈，李德葆，2003. 枯草芽孢杆菌 (*Bacilllus subtilis*) S9 对植物病原真菌的溶菌作用 [J]. 植物病理学报，33(2): 4.

龙厚茹，谢德龄，1999. 中生菌素对马铃薯青枯病菌的溶菌作用 [J]. 中国生物防治，15(2): 95-96.

邱思鑫，何红，阮宏椿，等，2004. 内生芽孢杆菌 TB2 防治辣椒疫病效果及其机理初探 [J]. 植物病理学报，34(2): 173-179.

谢德龄，蒋细良，倪楚芳，等，1995. 中生菌素对水稻细菌性条斑病的防治试验 [J]. 中国生物防治，11(2): 91-92.

（撰稿：韩敏；审稿：王琦）

弱毒株系 mild strain

侵染植物或人工接种后，不能引起植物发病或仅表现出轻微症状的病毒株系。1929 年 Mckinney 首次发现 TMV 在

R

烟草上存在交叉保护现象。

获取弱毒株系的方式主要有以下几种：①从病害严重的田块，选择植株长势好、无症状或症状轻微的植株分离弱毒株系，如在法国自然环境中经人工筛选获得一株菜豆黄花叶病毒（bean yellow mosaic virus, BYMV）的弱毒株 BYMV WK。②通过温度诱变，低温或是高温处理获得弱毒株系。低温处理感染 BYMV 的剑兰筛选获得弱毒株 BYMV M11。③用物理或化学诱变获得弱毒株系。张满良利用钴 60 和亚硝酸处理选育获得烟草蚀纹病毒弱株系。杨恭等用亚硝酸处理烟草花叶病毒（tobacco mosaic virus, TMV）获得弱毒株系 N14。另外，Yeh 等用亚硝酸处理番木瓜环斑病毒（papaya ringspot virus, PRSV）的强毒株 PRSV HA 获得了弱毒株 PRSV HA5-1。④利用现代分子生物技术获得。利用反向遗传学和定点突变技术改变强毒株系成为弱毒株系。Cong 等通过定点突变马铃薯 X 病毒（potato virus X, PVX）中 RdRP 位点得到了 E1001A 弱毒株系。黄显德在 PRSV 的 HC-Pro 上通过定点突变获得了 K125D 和 G317K 两个弱毒株系。

关于弱毒株系在农业上的应用，美国学者 Kunkel 在 1955 年率先提出用弱毒株系抵御强毒株系侵染的设想主要是利用弱毒株系的交叉保护防治植物病害，例如一种病毒侵染植株后可防止相同病毒的不同株系或亲缘关系相近的另外一种病毒的侵染。其中弱毒株系也被称作为保护毒株即首次侵染植株的病毒，用于防御强毒株的二次侵染。在巴西，已经将弱毒株系产业化成功用于防治柑橘衰退病毒病害。在欧洲、日本等也大面积推广应用 TMV 弱毒株的交叉保护用于防治番茄种植产业中的 TMV 病害。

参考文献

崔伯法，王洪祥，翁法令，1998. 交叉保护在植物病毒病害防治中作用的概述 [J]. 中国生物防治，14(2): 75-77.

付兰兰，2017. 番木瓜环斑病毒弱毒株交叉保护防治环斑病毒病的研究 [D]. 海口：海南大学.

黄显德，2018. 番木瓜坏斑病毒西瓜株系的致病机制与弱毒突变体应用 [D]. 泰安：山东农业大学.

姜翰林，2019. 黑龙江省烟草马铃薯 Y 病毒和烟草花叶病毒分子株系及弱毒疫苗有效片段筛选 [D]. 泰安：山东农业大学.

杨恭，刘相国，邱并生，2000. 烟草花叶病毒（普通株中国分离物）及其弱毒疫苗 -N14(番茄株）基因组侵染性 cDNA 核苷酸全序列测定与分析 [J]. 生物工程学报，16(4): 437-442.

张满良，1998. 烟草蚀纹病毒弱株系的选育及免疫效果研究 [J]. 西北农林科技大学学报（自然科学版），26(2): 53-56.

周彦，2014. 交叉保护防治柑橘衰退病研究进展 [J]. 园艺学报，41(9): 1793-1801.

CHIANG C H, LEE C Y, WANG C H, et al, 2007. Genetic ananlysis of an attenuated Papaya ringspot virus strain applied for cross-protection[J]. European joumal of plant pathology, 118(4): 333-348.

CONG Q, WANG Y, LIU J, et al, 2019. Evaluation of potato virus X mild mutants for cross protection against severe infection in China[J]. Virdogy journal, 16: 36.

FLETCHER J T, 1978. The use of avirulent virus strains to protect plants against the effects of virulent strains[J]. Annals of applied biology, 89(1): 110-114.

LECOQ H, LEMAIRE J M, WIPF-SCHEIBEL C, 1991. Control of zucchini yellow mosaic virus in squash by cross protection[J]. Plant disease, 75(2): 208-211.

MCKINNEY H H, 1929. Mosaic diseases in the Canary Islands, West Africa and Gibraltar[J]. Joumal of agricultural research, 39(3): 577-578.

RAST A T B, 1972. M Ⅱ -16, an artificial symptomless mutant of tobacco mosaic virus for seedling inoculation of tomato crop[J]. European journal of plant pathology, 78(3): 110-112.

SAYAMA H, SATO T, KOMINATO M, et al, 1993. Field testing of satellite-containing attenuated strain of cucmber mosaic virus for tomato protecyion in Japan[J]. Phytopathology, 83(4): 405-410.

YEH S D, GONSALVES D, PROVVIDENTI R, 1984. Comparative studies on host range and serology of papaya ringspot virus and watermelon mosaic virus 1[J]. Phytopathology, 74(9): 1081-1085.

（撰稿：王震烁；审稿：王琦）

S

骚扰沙泥蜂 *Ammophila infesta* Smith

属泥蜂科沙泥蜂亚科（Ammophilinae）沙泥蜂属（*Ammophila*）。自然种群数量较大，广泛分布于中国北方地区，以鳞翅目中到大龄幼虫为猎捕对象，是一种重要的天敌昆虫。

形态特征 雌性体长19～24mm；黑色，背板Ⅰ大部分和背板Ⅱ为红黄色，背板Ⅲ基部和腹板Ⅱ为红黄色或黑色；翅浅黄褐色，足黑色；腹部具金属蓝绿光泽；并胸腹节端部两侧有银白色毡毛带；头部有触角窝上突，唇基中部较平坦，前缘中部略突出，其两侧各具1齿突；胸部领片背面无明显横条纹，小盾片密生纵皱纹；并胸腹节背区具中纵脊，其两侧斜皱条纹粗壮；前侧沟发达；前翅第三亚缘室不具柄，足具爪垫。雄性体长14～22mm；体色同雌性，但背Ⅰ和Ⅱ背中央常具黑色纵带；额中下部和两侧以及唇基有银白色毡毛；其他同雌性上述特征（见图）。

骚扰沙泥蜂（雌蜂）

生物学习性 在山东泰安泰山林区，雌蜂每年5月初开始活动，5月中下旬种群数量逐渐增大，7月达到高峰，8～9月种群数量渐少，10月田间已无成虫活动。成虫常在丛林和花草中或沿山间小路飞行，有时在地面和石块上爬行，行动较慢，受惊后行动迅速。一日内12: 00之前多以取食活动为主，喜食多种花蜜，12: 00之后以筑巢和寻捕猎物为主。该蜂有“净身”习性，净身时用前足梳洗触角和颜面等头部，中足和后足擦洗胸部、翅和腹部，一次清洗可持续数分钟，姿态甚为悠闲。

雌蜂多选择植被较稀少的砂质土壤中筑巢。选好筑巢地点后雌蜂用强有力的耙状前足和上颚先在几个不同部位试挖数下，选好一个部位后便迅速挖入土中。雌蜂用其上颚、两前足、颊和颈部将洞内沙土抱成一团，然后退出洞口，行走数厘米将土团扔下或展翅飞出25cm左右将土团从空中扔下，之后再次入洞内抱土团再退出洞口。此循环可持续几十次，每次数秒钟。10分钟后洞即可被挖其虫体半身之深，20分钟后虫体可全身入洞内。整个筑巢过程持续40分钟左右。挖完巢穴后，雌蜂先用小石子、草棒和沙土将洞口暂时封闭，随后飞走寻捕猎物。巢穴由巢口、巢径和巢室三部分组成。巢口圆形，直径0.6cm左右。巢径圆筒形，是通往巢室的通道，长2.5～4cm。巢室椭圆形，是存放猎物、幼虫生长发育及化蛹的场所。该蜂属于独居捕猎性昆虫，雌蜂每次只挖筑1个巢穴，放入1～2头猎物，在猎物体上产卵并封闭巢口后再在另一处挖筑另一个巢穴。巢穴常散布于山坡或沟边的砂质土壤中。在靠近水源的细砂质土壤中数个巢穴可群集在一起，但多数情况下虫巢之间相距甚远，常远离水源而位于山林之中。

该蜂捕猎体毛较少的鳞翅目中到老龄幼虫。发现猎物后雌蜂便上前将其蜇刺麻醉，之后用其上颚咬住猎物胸部，有时前足也辅助抱握猎物，将猎物拖带在身体下，用中足和后足快速行走，将猎物拖到已挖好的巢穴旁。雌蜂先放下猎物，挖开暂时封闭的洞口，然后将猎物拖入洞内，并在猎物体上产卵。2分钟左右后雌蜂出洞，用小石子和砂土将洞口封闭，之后飞走去挖筑另一个巢穴。雌蜂在每个巢穴中产1粒卵，如穴内有2头猎物，卵多产在第一头被放入洞内的猎物腹部第三或第四节一侧的气门附近，初产卵为长卵圆形，长约1.5mm，乳白色，发育较快的初产卵当天即可孵化，幼虫蛆形，乳白色，生长迅速。老熟幼虫体长1.8cm左右，化蛹前吐丝结茧。茧一头较尖，长椭圆形，茧长1.6cm左右。卵和幼虫期共6天左右，吐丝结茧历时2天左右，蛹期16天左右。1个巢穴内只羽化出1头成虫。

（撰稿：马丽；审稿：李强）

杀虫基因　insecticidal gene

对昆虫具有毒性的基因。在转基因工程中，通过分子生物学等手段，将杀虫基因转入其他生物中，使其获得该基因，并且能够正常表达，从而具有杀虫活性。抗虫基因的来源主要分为三大类。

来源于微生物的杀虫基因　如来自于苏云金芽孢杆菌（*Bacillus thuringiensis*，Bt）的晶体毒蛋白（crystal delta-endotoxin，Cry）基因、细胞溶解蛋白（cytolytic delta-endotoxin，Cyt）基因、营养期杀虫蛋白（vegetative insecticidal protein，Vip）基因，以及来自其他微生物的异戊烯基转移酶基因 *ipt*、胆固醇氧化酶。

目前应用最广泛的有苏云金芽孢杆菌编码的晶体毒蛋白基因（Bt 基因）。苏云金芽孢杆菌 Bt 是一种革兰氏阳性菌，属于芽孢杆菌属。Bt 对昆虫具有特异毒杀作用，如鳞翅目、双翅目、半翅目等昆虫。这种毒杀作用主要是由于 Bt 的芽孢形成时可以产生伴胞晶体，由 *Cry* 基因和 *Cyt* 基因编码晶体毒蛋白（Cry）和细胞溶解蛋白（Cyt）两种毒性蛋白。Bt 毒蛋白在伴胞晶体内是以原毒素（protoxin）的形式存在，当被昆虫取食后，在昆虫幼虫的肠道内经蛋白酶水解，转变成为 65～70 kD 带有 N- 末端的具有杀虫活性的毒性多肽分子，它可以与敏感昆虫的肠道上皮细胞表面的特异受体相互作用，诱导细胞膜产生一些非特异性小孔，扰乱细胞的渗透平衡，并引起细胞肿胀甚至裂解，从而导致昆虫幼虫停止进食最终死亡。Bt 在生长期能够分泌营养期杀虫蛋白（vip），由 *vip* 基因编码。营养期杀虫蛋白基因类型可分为：*vip1* 基因、*vip2* 基因、*vip3* 基因和 *vip4* 基因。其中，*vip1* 和 *vip2* 对鞘翅目叶甲科昆虫有杀虫特异性；*vip3* 对鳞翅目昆虫有杀虫特异性；*vip4* 是新发现的一类蛋白，其具体功能还不清楚。*vip* 可能是通过与敏感昆虫的柱状细胞结合，使其破裂，从而使敏感昆虫肠道受损死亡，起到杀虫作用。

1981 年首次成功克隆了第一个编码 Bt 毒蛋白的基因。已经有许多毒蛋白基因被发现，截至 2015 年 9 月，已经有 770 个 *cry* 基因、38 个 *cyt* 基因、138 个 *vip* 基因被发现和命名。最新的 Bt 杀虫基因的命名规则于 1998 年提出，依据以杀虫蛋白编码的氨基酸序列相似性关系进行命名（http://www.lifesci.sussex.ac.uk/home/Neil_Crickmore/Bt/）。每个蛋白命名都由两部分组成，第一部分是蛋白类型的缩写，如 *cry*、*cyt*、*vip* 等；第二部分是由数字、大写字母、小写字母、数字组成的代表杀虫蛋白序列特征的 4 个等级的编号，如 Cry1Ab1。第一等级的杀虫蛋白（如 Cry1，Cry2，Cry3 等）之间氨基酸序列相似性都小于 45%。第二、第三等级的边界为 78% 和 95%。Bt 基因已经成为植物抗虫基因工程中应用最广泛、最具潜力的杀虫基因。

来源于植物的杀虫基因　植物为抵御昆虫等生物的危害，进化出了复杂的防御机制，主要化学防御物质包括抗虫蛋白、多肽以及各种小分子物质。应用与研究较多的有蛋白酶抑制剂（proteinnase inhibitor，PI）基因、植物凝集素（phytohem agglutinin，PHA）基因，以及淀粉酶抑制剂基因、几丁质酶基因等。PI 是一类能够抑制蛋白水解酶活性的小分子蛋白或多肽，可以和昆虫消化道内的蛋白消化酶结合，形成酶抑制剂复合物（EI），导致昆虫摄取的蛋白不能被消化，同时会刺激昆虫过量分泌消化酶，导致昆虫最终发育不正常或死亡。蛋白酶抑制剂分为 4 类：丝氨酸类（Ser）、半胱氨酸类（Cys）、天冬氨酸类（Asp）和金属类。应用最多的主要有豇豆胰蛋白酶抑制剂（CpTI）基因和慈姑蛋白酶抑制剂（API）基因。Bt 蛋白和 PI 具有协同增强作用，将二者同时转入作物中，可以增强抗虫效果，延缓抗性产生。PHA 是一类具有高度特异性糖结合活性的蛋白，能够结合到昆虫围食膜几丁质上、消化道上皮细胞糖络合物上、糖基化消化酶上等位点，使该蛋白不能被消化，进而影响营养物质的正常吸收，抑制昆虫生长和发育。植物凝集素可以分类 4 类：部分凝集素（merolectins）、全凝集素（hololectins）、嵌合凝集素（chimerolectins）、超凝集素（superlectins）。应用转基因工程最广泛的凝集素基因有雪莲花凝集素（GNA）基因、伴刀豆凝集素（ConA）基因等。

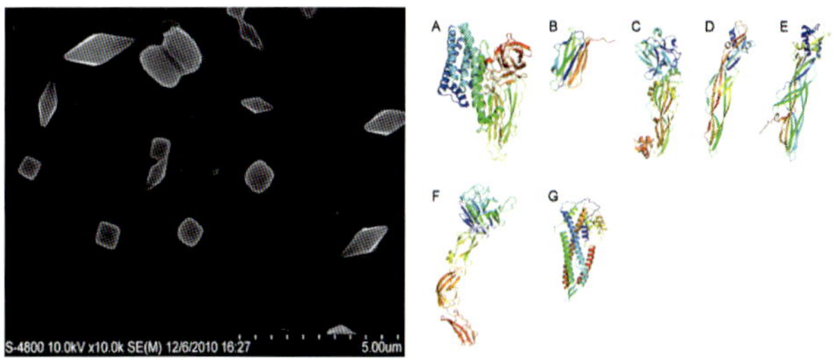

Bt 芽孢和伴孢晶体以及晶体毒素蛋白 Cry 晶体结构

来源于动物的杀虫基因　昆虫特异神经毒素（insect-specific neurotoxin）是一类作用于昆虫神经系统、对昆虫有毒杀作用的类神经毒素，由蝎子、蜘蛛、螨虫、胡蜂等毒腺分泌。蜘蛛毒素基因、蝎毒素基因已经应用于植物抗虫基因工程。

参考文献

吴国荣，承泓良，王宣山，2016. 转基因抗虫棉遗传与育种 [M]. 北京：中国农业出版社.

CRICKMORE N, ZEIGLER D R, FEITELSON J, et al, 1998. Revision of the nomenclature for the *Bacillus thuringiensis* pesticidal crystal proteins[J]. Microbiology and molecular biology reviews, 62(3): 807-813.

HILDER V A, GATEHOUSE A M R, SHEERMAN S E, et al, 1987. A novel mechanism of insect resistance engineered into tobacco[J]. Nature, 330(6144): 160-163.

SCHNEPF H E, WHITELEY H R, 1981. Cloning and expression of the *Bacillus thuringiensis* crystal protein gene in *Escherichia coli*[J]. Proceedings of the National Academy of Sciences of the United States of America, 78(5): 2893-2897.

（撰稿：尹学伟、张龙；审稿：魏可）

申嗪霉素　shenqinmycin

上海交通大学与上海农乐生物制品股份有限公司联合

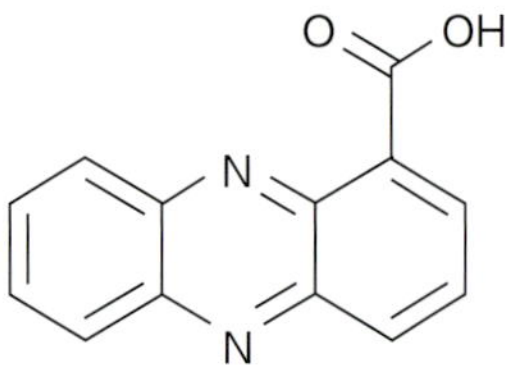

研发的一种新型微生物代谢产物农药，具有自主知识产权。申嗪霉素活性成分是植物根际假单胞菌产生的次级代谢产物吩嗪 -1- 羧酸（phenazine-1-carboxylic acid，PCA）。PCA 通过发酵产生，经独特的水相提物工艺提取，再经碾磨成纳米颗粒制成 1% 悬浮剂。申嗪霉素兼具广谱抑菌活性和增强植物抗病双重功能，2008—2009 年，在中国南方 10 个省（自治区、直辖市）完成的大田试验结果表明，1% 申嗪霉素悬浮剂能有效防治水稻纹枯病，平均防效超 80%。2011—2016 年间申嗪霉素原药和 1% 悬浮剂先后获得了农业农村部颁发的农药登记证，用于防治水稻纹枯病、稻瘟病、稻曲病、小麦全蚀病、小麦赤霉病、甜椒疫病、西瓜枯萎病、黄瓜灰霉病和霜霉病。

申嗪霉素作用机理因防治靶标而异，申嗪霉素处理显著提高水稻白叶枯菌活性氧（ROS）积累，降低过氧化氢酶（catalase，CAT）和超氧化物歧化酶（superoxide dismutase，SOD）活性，与其他农药无交互抗性，水稻白叶枯菌抗申嗪霉素风险较低。申嗪霉素抑制水稻纹枯菌几丁质合成酶、线粒体中电子传递和氧化磷酸化，在小麦赤霉病菌中的作用靶标之一是组氨酸酰基化酶。此外，申嗪霉素还可以诱导作物产生抗病性。

1% 申嗪霉素悬浮剂可以单独使用，也可以与化学农药复配使用，但应避免与碱性农药混合使用。由于申嗪霉素兼具治疗和保护双重作用，提前用药防治效果会更好。

参考文献

沈丽娟，2011. 高效、广谱、安全生物杀菌剂——申嗪霉素 [J]. 世界农药，33(3): 58.

CHEN Y, WANG J, YANG N, et al, 2018. Wheat microbiome bacteria can reduce virulence of a plant pathogenic fungus by altering histone acetylation[J]. Nature communications, 9(1): 3429.

LASARRE B, FEDERLE M J, 2013. Exploiting quorum sensing to confuse bacterial pathogens[J]. Microbiology and molecular biology reviews, 77(1): 73-111.

JIN ZJ, ZHOU L, SUN S, et al, 2020. Identification of a strong quorum sensing- and thermo-regulated promoter for the biosynthesis of a new metabolite pesticide phenazine-1-carboxamide in pseudomonas strain PA1201[J]. ACS synthetic biology, 9(7): 1802-1812.

MA Z W, HUA G K H, ONGENA M, et al, 2016. Role of phenazines and cyclic lipopeptides produced by *Pseudomonas* sp. CMR12a in induced systemic resistance on rice and bean[J]. Environmental microbiology reporis, 8(5): 896-904.

PAN X Y, WU J, XU S, et al, 2018. Contribution of OxyR towards differential sensitivity to antioxidants in *Xanthomonas oryzae* pathovars oryzae and oryzicola[J]. Molecular plant-microbe interactions, 31(12): 1244-1256.

XIANG Y Q, ZHANG Y, WANG C, et al, 2018. Effects and inhibition mechanism of phenazine-1-carboxamide on the mycelial morphology and ultrastructure of *Rhizoctonia solani*[J]. Pesticide biochemistry and physiology, 147: 32-39.

XU S, PAN X Y, LUO J Y, et al, 2015. Effects of phenazine-1-carboxylic acid on the biology of the plant-pathogenic bacterium *Xanthomonas oryzae* pv. *oryzae*[J]. Pesticide biochemistry and physiology, 117: 39-46.

（撰稿：何亚文；审稿：王琦）

生防基因工程 biocontrol genetic engineering

将基因工程与植物病虫害生物防治相结合，通过利用基因工程技术对生防微生物进行遗传学改造，增强其防病虫相关生物学特性，提高防治效果；或提升其抵御非生物胁迫的能力，增加寄主植物定殖量的一类微生物分子遗传学技术，是植物病虫害生防微生物制剂研发与改良的重要途径之一。生防基因工程菌株的构建包括生防基因的克隆与功能鉴定、重组载体的构建、转化与重组菌株的筛选、重组菌株生防效果的评价等 4 个步骤。应用生防基因工程技术，敲除生防微生物中的非必需基因，替换生防关键基因的启动子，调整代谢通路，能够使生防菌株大量合成包括表面活性素与 2, 4-二乙酰基间苯三酚（2, 4-DAPG）在内的抗菌化合物，显著提升芽孢杆菌与假单胞菌对水稻纹枯病等真菌病害的防治效果；异源表达蝎子产生的广谱昆虫毒素 Aalt，能够显著提高绿僵菌对烟草天蛾幼虫和黄热病蚊的杀伤力。中国农业科学研究院植物保护研究所张杰研究员团队获得了国际上第一个鳞翅目、鞘翅目兼杀的 Bt 工程菌 G033A，也是中国首个获得农药登记证的防治鞘翅目害虫的 Bt 菌株。

参考文献

高芸，2021. 生防芽孢杆菌及假单胞菌拮抗植物微生物病害研究进展 [J]. 北方园艺，(2): 131-136.

BRIAN L, JOHN S L R, 2018. Genetically engineering better fungal biopesticides[J]. Pest management science, 74(4): 781-789.

JING X S, CUI Q W, LI X C, et al, 2020. Engineering *Pseudomonas protegens* Pf-5 to improve its antifungal activity and nitrogen fixatio[J]. Microbial biotechnology, 13(1): 118-133.

LIU K Q, HU K B, WANG W, et al, 2016. Genetic engineering of *Pseudomonas chlororaphis* GP72 for the enhanced production of 2-Hydroxyphenazine[J]. Microbial cell factories, 15(1): 131.

TSENG M N, CHUNG P C, TZEAN S S, et al, 2011. Enhancing the stress tolerance and virulence of an entomopathogen by metabolic engineering of dihydroxynaphthalene melanin biosynthesis genes[J]. Applied environmental microbiology, 77(13): 4508-4519.

WANG C. S., ST L R J, 2007. A scorpion neurotoxin increases the potency of a fungal insecticide[J]. Nature biotechnology, 25(12): 1455-1456.

YING S H, FENG M G, 2011. Integration of *Escherichia coli*

S

thioredoxin (trxA) into *Beauveria bassiana* enhances the fungal tolerance to the stresses of oxidation, heat and UV-B irradiation[J]. Biological control, 59(2): 255-260.

ZHANG F, HUO K Y, SONG X, et al, 2020. Engineering of a genome-reduced strain *Bacillus amyloliquefaciens* for enhancing surfactin production[J]. Microbial cell factories, 19(1): 223.

（撰稿：牛犇；审稿：王琦）

生防酵母 bio-control yeast

对真菌病害等有防治作用的一类酵母菌。

酵母菌（yeasts）是一类单细胞低等真菌的统称。在分类上，所有酵母均属于真菌界。多数酵母菌种类属于子囊菌门，少数属于担子菌门，还有一些酵母种类没有发现有性阶段，暂归半知菌类。酵母菌营养体一般为单细胞，也有一些酵母种类具有假菌丝类型的营养体，假菌丝可断裂成单细胞酵母。酵母菌广泛存在于植物各器官（根、茎、叶、花、果）表面，有些种类还可在植物体内生存（内生菌）。由于酵母菌具有生长繁殖快（尤其在植物伤口部位）、对营养要求不严格、竞争能力强、抗杀菌剂以及多数种类不产生有毒次生代谢物等特点，使得其在植物病害生物防治的应用上备受关注。其单细胞形状呈球形、卵圆形、椭圆形、柠檬形，也有三角形和三叶草形，菌体一般较细菌大 10 倍左右。菌落多为乳白色、淡黄色、红色或灰色，常呈圆形，表面光滑有光泽，也有一些菌株菌落表面有褶皱，有些种类菌落在边缘有毛发状物（假菌丝）（见图）。此外，酵母菌菌落一般有芳香气味。酵母菌无性繁殖以出芽繁殖为主，少数进行裂殖，有些酵母菌可进行有性繁殖产生子囊孢子，少数种类产生冬孢子或者担孢子。酵母菌大多为腐生菌，兼性厌氧，喜欢生活在偏酸性、多糖的环境中，因此在植物叶片、花、果实等表面常常容易分离到大量酵母。其在 pH3.0～7.5 的环境下均能生长，其中最适 pH4.5～5.0，最适生长温度 20～30°C。

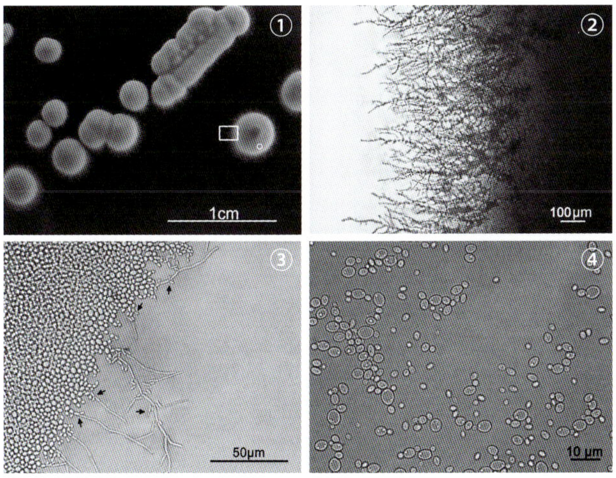

间型假丝酵母（*Candida intermedia*）菌株 C410 形态特征
①菌落形态（酵母膏马铃薯葡萄糖琼脂培养基，20°C，3 天）；②菌落边缘放大，显示假菌丝；③假菌丝生长和断裂；④单细胞酵母芽殖

生防酵母主要类群包括假丝酵母属（*Candida*）、隐球酵母属（*Cryptococcus*）、梅奇酵母属（*Metschnikowia*）、毕赤酵母属（*Pichia*）和红酵母属（*Rhodotorula*）等。一些酵母菌种类已经被成功地开发成商品生防制剂。这些种类包括嗜油假丝酵母（*Candida oleophila*）菌株 I-182、出芽短梗霉（*Aureobasidium pullulans*）以及果生梅奇酵母（*Metschnikowia fructicola*）等。酵母菌防治对象主要是真菌病害（见表），部分酵母菌对细菌病害也有防效。

酵母防治植物病害的机制主要包括以下几个方面（见表）：①营养和空间竞争。这是最主要的生防机制，已报道的生防酵母菌株均具有强竞争能力。酵母菌竞争机制主要在于其生长繁殖速度快，对营养要求不严格。②直接寄生病原真菌菌丝。酵母菌寄生真菌的主要特征是附着在寄主菌丝表面，通过产生降解菌丝细胞壁酶（如葡聚糖酶和几丁质酶），造成真菌菌丝溃解。③诱导寄主产生抗性。酵母菌在果蔬伤口表面定殖的过程中会刺激寄主产生防御反应，引起相关物质的积累。例如 *Aureobasidium pullulans* 在防治苹果采后病害的过程中就能引起苹果组织中 β- 葡聚糖酶、几丁质酶以及抗氧化性酶含量的增加，从而提高其对病原菌的抗性。④分泌抗菌物质。多数酵母种类的培养液对植物病原真菌没有抑制效果，些酵母菌能够分泌可溶性酶或小分子抗菌物质抑制病原菌生长。*Pichia guilliermondii* 产生的 β- 葡聚糖酶能够溶解苹果表面的灰葡萄孢菌丝。酵母菌产生的挥发性抗菌物质例如间型假丝酵母（*Candida intermedia*）菌株 C410 能够产生挥发性物质，有效抑制灰葡萄孢菌丝生长和分生孢子萌发。用菌株 C410 产生的挥发性气体熏蒸草莓果实，能显著抑制灰葡萄孢的侵染。⑤氧化应激。酵母菌能够诱导寄主产生一系列抗性防御反应，引起寄主体内各种与氧化相关的酶含量增加，有些酵母菌本身具有氧化应激能力，但许多病原物不具有氧化应激能力，从而在与酵母菌的竞争中处于劣势而被抑制。*Cryptococcus laurentii* 因其具有较高的抗氧化压力，因而在防治苹果灰霉病时，其伤口定殖能力远强于灰葡萄孢。

在农业生产上，通过优化应用技术可以提高酵母菌防病效果：①多种拮抗酵母菌混合使用，以拓宽抑菌谱，并提高防效。②将拮抗酵母菌与杀菌剂混用。许多酵母菌株对化学杀菌剂不敏感，因此可以考虑将化学杀菌剂与拮抗酵母共同使用，这样既可以降低化学杀菌剂的使用，同时又能够提高防病效果。③将拮抗菌株与一些辅助化学物质共同使用。例如将酵母菌与二苯胺、Ca^{2+} 或一些激素（如 IAA）一起施用，可以提高植物组织的抗病性，间接提高了酵母菌防效。④与物理防治（如紫外线照射）联合使用，有利于酵母菌定殖，从而提高防效。

需要注意的是，一些酵母菌［如白色念珠菌（*Candida albicans*）］是人的重要病原菌，还有一些酵母菌是人的机会病菌。作为植物病害生物防治使用的酵母菌必须要经过严格的安全评价。

生防酵母菌种类及生防机制

生防酵母	病原物[1]	生防机制[2]	作物	文献
Aureobasidium pullulans	*Bc, Pe, Rs*	I，III，IV-b	草莓，梨，苹果，葡萄	12
Candida guilliermondii	*Bc*	II，IV-a	马铃薯	15
Candida oleophila	*Bc, Rs*	I，II，III，IV-a	草莓，马铃薯	15
Candida saitoana	*Bc*	III，IV-a	苹果	6
Candida vanderwaltii	*Bc*	I，III	草莓	8
Cryptococcus albidus	*Mf, Pe, Rs*	I，II，IV-a	苹果	7
Cryptococcus humicola	*Bc*	I	苹果	5
Cryptococcus laurentii	*Aa, Bc, Pd, Pe, Rs*	I，V	樱桃，柑橘，苹果	2
Cystofilobasidium infirmominiatum	*Pe*	V	苹果，梨，樱桃	9
Filobasidium floriforme	*Pd*	I	葡萄	3
Hanseniaspora uvarum	*Bc*	I	苹果	4
Kloeckera apiculata	*Bc*	I	葡萄	14
Leucosporidium scottii	*Pi*	I	柑橘	10
Metschnikowia pulcherrima	*Bc, Pe*	I，IV-a，IV-b	苹果	16
Meyerozyma caribbica	*Bc*	I，II，IV-a，IV-b	葡萄，苹果	12
Pichia caribbica	*Cg*	I，II，IV-a	杧果	1
Pichia guilliermondii	*Pi*	I，III	番茄，苹果	17
Pichia membranefaciens	*Aa, Bc, Mf, Pe, Rs*	II，IV-a	番茄	2
Rhodosporidium paludigenum	*Pd, Pi*	III	柑橘	11
Rhodosporidium toruloides	*Bc*	I	苹果	4
Rhodotorula glutinis	*Aa, Bc, Pe, Rs*	V	甜樱桃	13
Saccharomyces cerevisiae	*Bc*	I，II. IV-a，IV-b	葡萄	12
Sporobolomyces roseus	*Bc*	I	苹果	5
Wickerhamomyces anomalus	*Bc*	I，II. IV-a，IV-b	葡萄	12

注：1. 病原物缩写：*Aa* = *Alternaria alternate*；*Bc* = *Botrytis cinerea*；*Cg* = *Collectotrichum gloeosporioides*；*Mf* = *Molinia fructicola*；*Pc* = *Penicillium carneum*；*Pe* = *Penicillium expansum*；*Pd* = *Penicillium digitatum*；*Pi* = *Penicillium italicum*；*Pr* = *Penicillium roqueforti*；*Pp* = *Penicillium paneum*；*Rs* = *Rhizopus stolonifer*。

2. 作用机制：I = 竞争作用；II = 重寄生；III = 诱导抗性；IV-a = 抗菌相关酶；IV-b = 挥发性抗菌物质；V = 抗活性氧压力。

S

参考文献

BAUTISTA-ROSALES P U, CALDERON-SANTOYO M, SERVÍN-VILLEGAS R, et al, 2013. Action mechanisms of the yeast *Meyerozyma caribbica* for the control of the phytopathogen *Colletotrichum gloeosporioides* in mangoes[J]. Biological control, 65(3): 293-301.

CHAN Z L, TIAN S P, 2005. Interaction of antagonistic yeasts against postharvest pathogens of apple fruit and possible mode of action[J]. Postharvest biology and technology, 36(2): 215-223.

DROBY S, CHALUTZ E, WILSON C L, et al, 1989. Characterization of the biocontrol activity of *Debaryornyces hansenii* in the control of *Penicilliurn digitaturn* on grapefruit[J]. Canadian journal of microbiology, 35(8): 794-800.

FILONOW A B, 1998. Role of competition for sugars by yeasts in the biocontrol of gray mold of apple[J]. Biocontrol science and technology, 8(2): 243-256.

FILONOW A B, VISHNIAC H S, ANDERSON J A, et al, 1996. Biological control of *Botrytis cinerea* in apple by yeasts from various habitats and their putative mechanisms of antagonism[J]. Biological control, 7(2): 212-220.

GHAOUTH A E, WILSON C L, WISNIEWSKI M, 2003. Control of postharvest decay of apple fruit with *Candida saitoana* and induction of defense responses[J]. Phytopathology, 93(3): 344-348.

HASHEM M, ALAMRI S A, HESHAM A E, et al, 2014. Biocontrol of apple blue mould by new yeast strains: *Cryptococcus albidus* KKUY0017 and *Wickerhamomyces anomalus* KKUY0051 and their mode of action[J]. Biocontrol science and technology, 24(10): 1137-1152.

LIMA G, IPPOLITO A, NIGRO F, et al, 1997. Effectiveness of *Aureobasidium pullulans* and *Candida oleophila* against postharvest strawberry rots[J]. Postharvest biology and technology, 10(2): 169-178.

LIU J, WISNIEWSKI M, DROBY S, et al, 2011. Glycine betaine improves oxidative stress tolerance and biocontrol efficacy of the antagonistic yeast *Cystofilobasidium infirmominiatum*[J]. International journal of food microbiology, 146(1): 76-83.

LIU P, LUO L, LONG C A, 2013. Characterization of competition for nutrients in the biocontrol of *Penicillium italicum* by *Kloeckera apiculata*[J]. Biological control, 67(2): 157-162.

LU L F, YE C Z, GUO S H, et al, 2013. Preharvest application of antagonistic yeast *Rhodosporidium paludigenum* induced resistance against postharvest diseases in mandarin orange[J]. Biological control 67(2): 130-136.

PARAFATI L, VITALE A, RESTUCCIA C, et al, 2015. Biocontrol ability and action mechanism of food-isolated yeast strains against *Botrytis cinerea* causing post-harvest bunch rot of table grape[J]. Food microbiology, 47: 85-92.

QIN G Z, TIAN S P, XU Y, 2003. Biocontrol of postharvest diseases on sweet cherries by four antagonistic yeasts in different storage conditions[J]. Postharvest biology and technology, 31(1): 51-58.

QIN X J, XIAO H M, XUE C H, et al, 2015. Biocontrol of gray mold in grapes with the yeast *Hanseniaspora uvarum* alone and in combination with salicylic acid or sodium bicarbonate[J]. Postharvest biology and technology, 100: 160-167.

SALIGKARIAS I D, GRAVANIS F T, Harry A, et al, 2002. Biological control of *Botrytis cinerea* on tomato plants by the use of epiphytic yeasts *Candida guilliermondii* strains 101 and US 7 and *Candida oleophila* strain I-182: II. A study on mode of action[J]. Biological control, 25(2): 151-161.

VERO S, GARMENDIA G, GONZALEZ M B, et al, 2012. Evaluation of yeasts obtained from Antarctic soil samples as biocontrol agents for the management of postharvest diseases of apple (*Malus domestica*)[J]. FEMS yeast research, 13(2): 189-199.

ZHAO Y, TU K, SHAO X F, et al, 2008. Effects of the yeast *Pichia guilliermondii* against *Rhizopus nigricans* on tomato fruit[J]. Postharvest biology and technology, 49(1): 113-120.

（撰稿：李国庆；审稿：王琦）

生防菌固体发酵 solid state fermentation, SSF

没有或几乎没有自由水存在条件下，采用不溶于水的固态基质对生防菌进行培养，获得发酵产物（生防菌及其代谢产物）的发酵方式。包括利用固态发酵生产生防代谢产物如农用抗生素等，也包括直接生产含生防菌制剂。固态基质可以是天然基质（提供微生物生长所需碳源、氮源、无机盐、水及其他营养物质等，也可作为载体），也可以是作为固态支持物的惰性基质（作为载体）。固体发酵的优点：①低水活度，降低了细菌和酵母污染的可能性，因此允许在一些无菌条件下操作。②较高的通气量，尤其是对具有较强氧化代谢过程的菌更适合。③与微生物生长的自然环境相似，具有微生物生活条件的主要组分。④采用孢子接种，促进其在基质中的均匀分散。⑤基质通常可以提供生长所必需的所有营养物质，培养基质简单，反应器容易设计。⑥在大部分情况下，固体发酵的能耗要求较低，可以降低高压灭菌和蒸汽处理的工业生产成本。⑦很少采用萃取技术，因此产生的污染废水一般很少。⑧低自由水含量的特殊条件，可以促进特殊化合物的合成。⑨固态发酵获得的产品具有一些不同的特性，比如耐热性等。⑩一些固态发酵反应器具有简单的下游加工处理功能。

许多生防菌制剂研究都利用了固体发酵技术，其中研究较多的有哈茨木霉（*Trichoderma harzianum*）、绿色木霉（*Trichoderma viride*）、康宁木霉（*Trichoderma koningii*）、酷绿木霉（*Trichoderma atroviride*）、放线菌、淡紫紫孢菌（*Purpureocillium lilacinum*）、盾壳霉（*Coniothyrium minitans*）、枯草芽孢杆菌（*Bacillus subtilis*）、玫瑰黄链霉菌（*Streptomyces roseoflavus*）、白刺链霉菌（*Streptomyces albospinus*）等。

固态发酵独有的特点在于其培养基呈固态，在满足菌体生长代谢的水活度条件下，基质中几乎没有自由流动的水。因此，固态发酵是以气相为连续相，以液膜及其覆盖的固相为固定相的三相系统。但是，基质含水量与自由流动水的含水量没有必然联系。依据基质的可降解性可以将发酵基质分为两类：一类是以农作物（如麸皮、豆饼等）或农林废弃物（秸秆、甘蔗渣、木屑等）为底物，固体基质既构成了发酵的物理结构，对菌体的生长起承载作用，又具有化学活性，能够为微生物的生长提供碳源、氮源和生长因子，因而称这类基质为营养性载体基质。另一类是以聚氨酯泡沫、大孔树脂、珍珠岩、蛭石等多孔介质为代表的惰性载体，这类物质为化学惰性，不易被微生物分解利用，在发酵工程中仅起支撑作用，微生物通过分散在多孔介质间隙的培养液获得营养，因此称这类基质为惰性载体发酵基质。

与液体深层发酵相比，固态发酵的优势在于能最大限度地保持菌的自然生长状态，发酵产物活性高；培养基成分来源广泛，降低生产成本；基质含水量低，不需要进行废水处理，减轻环境压力；发酵过程不需要严格的无菌操作，操作简便。固体发酵是公认的获得真菌孢子的最好方法之一，它不仅产量高，而且质量好。在固体发酵中，由于菌体在湿度较低的条件下生长，因而通常得到的孢子对干旱条件更具抗性，而且在干燥的环境中更稳定。固态发酵的技术控制和条件优化包括在固态发酵培养中，要选择合适的基质及其颗粒细度，同时对基质营养配比、基质含水量、发酵温度、pH、湿度、通气量等要进行试验优化。

参考文献

敖新宇，程立君，陈玉惠，2012. 生防木霉 SS003 菌株 (*Trichoderma atroviride*) 的固体发酵工艺研究 [J]. 江西农业大学学报，34(6): 1256-1261.

陈洪章，2013. 现代固态发酵技术——理论与实践 [M]. 北京：化学工业出版社.

葛龙，赵艳，章亭洲，2010. 固态发酵技术的特点与应用 [J]. 饲料与畜牧（新饲料）(8): 54-56.

郝春英，2008. 生防链霉菌 Men-myco-93-63 固态发酵条件初步研究 [D]. 保定：河北农业大学.

黄永兵，2006. 淡紫拟青霉固体发酵技术研究 [D]. 武汉：华中农业大学.

李增波，薛泉宏，梁军锋，2005. 利用放线菌固态发酵生产农用抗生素的初步研究 [J]. 西北农林科技大学学报（自然科学版），33(8):

S

117-121.

柳芳，2012. 生防菌 *Bacillus subtilis* SQR9 液体及固体发酵条件优化 [D]. 南京：南京农业大学.

沈婷，张园园，王辰，等，2015. 白刺链霉菌 (*Streptomyces albospinus*) CT205 菌株固体发酵及防控草莓根腐病的研究 [J]. 南京农业大学学报，38(4): 596-601.

谭显东，王君君，王浪，等，2015. 三七渣固态发酵生产康宁木霉生防菌 [J]. 环境工程学报，9(9): 4535-4539.

田玉虎，谷巍，2014. 微生物固体发酵参数和设备的研究进展 [J]. 饲料广角 (3): 29-31.

王英超，2005. 核盘菌重寄生菌盾壳霉的固体发酵及分生孢子菌剂制备的研究 [D]. 武汉：华中农业大学.

肖荣凤，刘波，唐建阳，等，2015. 哈茨木霉 FJAT-9040 生防菌剂固体发酵及其对苦瓜枯萎病的防治效果 [J]. 中国生物防治学报，31(4): 508-515.

徐福建，陈洪章，李佐虎，2002. 固态发酵工程研究进展 [J]. 生物工程进展，22(1): 44-48.

赵天涛，张丽杰，邓郁平，等，2010. 固体发酵及其原生态优化技术进展 [J]. 重庆理工大学学报（自然科学版），24(10): 93-96.

BAI Z H, JIN B, LI Y J, et al, 2008. Utilization of winery wastes for *Trichoderma viride* biocontrol agent production by solid state fermentation[J]. Journal of environmental sciences, 20(3): 353-358.

MIENDA B S, IDI A, UMAR A, 2011. Microbiological features of solid state fermentation and its applications-an overview[J]. Research in biotechnology, 2(6): 21-26.

（撰稿：李亚宁；审稿：王琦）

生防菌液体发酵 liquid fermentation of biocontrol bacteria

在一个密封的发酵罐内，将生防菌细胞生长发育必需的营养物质溶解在水中作为培养基，通入无菌空气并进行搅拌，同时控制适宜的发酵参数，进行菌体繁殖或代谢产物积累的过程。生防菌活菌可以制成活体制剂，对设施蔬菜根结线虫病、小麦赤霉病等多种农作物病害有防治效果。利用生防菌液体发酵获得的代谢产物有 bacitracin、iturin A 及 fengycin 等，对多种植物病原真菌表现出抑制作用。

发酵现象早已被人类所认识，英语中发酵 fermentation 一词是从拉丁语 fervere（发泡）派生而来的。巴斯德把酵母的无氧呼吸称为发酵，利用微生物产生各种目的产物，也统称为发酵。广义的发酵概念可定义为“通过微生物的生长与化学变化，大量生成并积累特定代谢产物的反应过程”。根据对氧需求的不同，发酵方式可以分为静置发酵和通气发酵，其中通气发酵根据发酵形式的不同分为四大类：浅盘液体、浅盘固体、深层固体与深层液体发酵。液体发酵（liquid fermentation）是应用最广泛的发酵方法，是指将营养物质溶解在液体中作为培养基，然后接入菌种，并提供微生物呼吸代谢所需要的氧气同时控制适宜的外界条件，发酵培养得到目的产物的过程。

液体发酵的类型 根据物料与产物进出方式的不同，可以分为 3 种。

①分批发酵法。指一次性地将所有物料加入发酵罐（见图），然后灭菌、接种、发酵，最后整罐内容物放出进行产物回收。清理发酵罐，重复前面过程进行装罐接种，发酵重新开始。分批发酵中整个微生物的生长过程分为延迟期、对数生长期、稳定期与衰退期 4 个时期。

②分批补料发酵法。指在分批发酵中补加新鲜培养基的发酵方法。所补的原料可以是全料，也可以是氮源、碳源等，目的是延长中期代谢活动，维持较高的发酵产物的增长幅度，并增加发酵液的总体积。分批补料发酵有多种类型，就物料流加方式而言，有恒定流速法、恒定底物浓度法和指数流速法。就补料操作方式而言，有连续流加、间歇流加和多周期流加。按每次流加速度不同可分为快速流加、恒速流加和变速流加等。

③连续发酵法。指以一定速度向发酵罐内加入新鲜培养液的同时，以相同的速度放出培养液，从而使罐内液量维持恒定，使培养物在近似恒定的状态下生长发酵的方法。

液体发酵的特点

①原料来源广泛，成本低。微生物液体发酵所需的碳源多采用葡萄糖母液、糖蜜、玉米粉、淀粉及山芋粉等；氮源多采用黄豆饼粉、花生饼粉、棉籽饼粉、玉米浆、鱼粉、蚕蛹粉及麸皮粉等。为了降低成本，还可以采用部分工业废水为代用品，如糖蜜废母液、大豆和玉米的深加工废水及淀粉废水等，原料来源相当广泛。

②菌体生长速度快，生产周期短。在液体发酵中，培养基的营养成分分布均匀，利于微生物的充分接触和吸收；同时微生物在最适的温度、pH、氧气和碳氮比的条件下生长，新陈代谢旺盛，生长速度快，能在短时间内积累大量的微生物细胞和多糖、多肽等具有生理活性的代谢产物。通过液体发酵培养获得大量的微生物细胞及其代谢产物一般仅需要 2～7 天的时间，且菌龄整齐，而固体培养需要的时间长。

③工厂化生产、无季节性。液体发酵是在发酵罐内控制最佳条件来培养微生物，因此不受季节性限制（见图）。

发酵罐

发酵条件及控制过程 发酵是一个复杂的过程，受很多环境条件的影响，除了培养基组成外，还有温度、pH、溶氧、泡沫等因素。

温度 不同的微生物最适生长温度不同，一株生产菌株的菌体生长与形成代谢产物的最适温度也往往不同。因此要根据生产菌株的特性，发酵前期温度应满足菌体生长需要，后期温度应利于促进发酵进行。

pH 可能影响酶活性从而改变微生物的代谢途径；影响微生物细胞膜可带电荷的状况，从而改变膜的渗透性，进一步影响微生物的营养吸收及代谢产物的分泌；还可能改变培养基的氧化还原条件常用的控制方法包括调节基础培养基的配方和补料控制。

溶解氧 微生物发酵过程中只能利用溶解于液体（培养液）中的氧，即溶解氧。因此必须向发酵液中连续补充大量的氧，并不断进行搅拌以提高氧在发酵液中的溶解。

泡沫 通气、搅拌、微生物的代谢过程及培养基中蛋白质的分解等，都有可能产生泡沫。气泡内空气有隔热作用，造成培养基灭菌不彻底；泡沫多时从排气口溢出容易造成染菌。发酵过程中可以采用机械消泡或消泡剂进行消泡，从而避免染菌。

液体发酵在生物防治中的应用 早在 1975 年，美国用苏云金芽孢杆菌（*Bacillus thuringiensis*）发酵制备杀虫剂，以后芽孢杆菌被应用进行发酵生产各种代谢产物。如应用地衣芽孢杆菌（*Bacillus licheniformis*）发酵制备 bacitracin；应用枯草芽孢杆菌（*Bacillus subtilis*）C9 发酵制备表面活性素（surfactin）等。

除产生抗生素外，芽孢杆菌还可以以内生芽孢的形式发挥其功能。已成功运用液体发酵技术获得高水平的芽孢并开发成为微生物杀菌剂。蒋盼盼等通过优化解淀粉芽孢杆菌（*Bacillus amyloliquefaciens*）B1619 的发酵培养基与培养条件，将该菌株的发酵液菌含量提高至 7.13×10^9 CFU/ml；卢彩鸽等优化了解淀粉芽孢杆菌（*Bacillus amyloliquefaciens*）MH71 的发酵工艺，将该菌株发酵液中的芽孢数提高至 1.2×10^9CFU/ml，同时对番茄灰霉病菌的抑菌能力较优化前提高了 37.4%。中国已有多种芽孢杆菌类杀菌剂获得农药登记，其中以枯草芽孢杆菌为有效成分的制剂居多，另外还有以多黏类芽孢杆菌（*Paenibacillus polymyxa*），解淀粉芽孢杆菌（*Bacillus amyloliquefaciens*）、蜡质芽孢杆菌（*Bacillus cereus*）、坚强芽孢杆菌（*Bacillus firmus*）、地衣芽孢杆菌（*Bacillus licheniformis*）、海洋芽孢杆菌（*Bacillus marinus*）及甲基营养型芽孢杆菌（*Bacillus methylotrophicus*）等为有效成分的微生物制剂。

参考文献

方传记，陆兆新，孙力军，等，2008. 淀粉液化芽孢杆菌抗菌脂肽发酵培养基及发酵条件的优化 [J]. 中国农业科学，41(2): 533-539.

蒋盼盼，陈志谊，仲毅，等，2016. 解淀粉芽孢杆菌 B1619 生物摇瓶发酵工艺的正交优化 [J]. 中国生物防治学报，32(2): 221-228.

卢彩鸽，董红平，张殿朋，等，2015. 解淀粉芽孢杆菌 MH71 摇瓶发酵培养基及发酵条件优化 [J]. 中国生物防治学报，31(3): 369-377.

颜方贵，1999. 发酵微生物学 [M]. 北京：中国农业大学出版社 .

喻子牛，1990. 苏云金杆菌 [M]. 北京：科学出版社 .

HU X J, RPBERTS D P, XIE L H, et al, 2014. Formulations of *Bacillus subtilis* BY-2 suppress *Sclerotinia sclerotiorum* on oilseed rape in the field[J]. Biological control, 70: 54-64.

KATZ E, DEMAIN A L, 1977. The peptide antibiotics of *Bacillus*: chemistry, biogenesis and possible functions[J]. Bacteriological reviews, 41(2): 449-474.

KIM H S, YOON B D, LEE C H, et al, 1997. Production and properties of a lipopeptide biosurfactant from *Bacillus subtilis* C9[J]. Journal of fermentation and bioengineering, 84(1): 41-46.

MENG X K, YU J J, YU M N, et al, 2015. Dry flowable formulations of antagonistic *Bacillus subtilis* strain T429 by spray drying to control rice blast disease[J]. Biological control, 85: 46-51.

SHIH L, KUO C, HSIEH F, 2008. Use of surface response methodology to optimize culture conditions for iturin A production by *Bacillus subtilis* in solid-state fermentation[J]. Journal of the chinese institute of chemical engineers, 39(6): 635-643.

（撰稿：张晓云；审稿：马平）

生防制剂工艺 biological control preparation technology

生防制剂的制备过程。主要涉及两个方面的工艺优化，一方面是结合生防菌的防病机制和防治病害的发病规律生产对应的剂型；另一方面是针对制剂的生物和物理特性选择适合的助剂。农业生产中，生防菌一般不能直接使用，必须加工配制成各种类型的制剂，才能使用。制剂的型态称为剂型，微生物农药都是以某种制剂形式进行使用的。

剂型是农药有效成分的最终使用形式或状态，起着保护、稀释或缓释有效成分，优化使用效果以及扩大使用范围等作用。生防制剂的主要成分是活的生防菌，在剂型加工过程中容易失活，且其主要成分本身具有疏水性，导致制剂的润湿性、悬浮率等物理性质较差。因此微生物农药的剂型加工明显难于化学农药。另一方面，由于生防菌在环境中容易失活，导致其防效极不稳定，因而在剂型加工以及田间应用过程中需要采取一定的保护措施。

根据物理形态，可将生防制剂分为固态制剂和液态制剂。固态制剂包括粉剂（dustable powder，DP）、颗粒剂（granulars，GR）、水分散粒剂（water dispersible granules，WG/WDG）和可湿性粉剂（wettable powder，WP）等。液态制剂主要包括水剂（aqueoussolutions，AS）和悬浮剂（suspension concentrate，SC）。

悬浮剂（SC）是由菌体悬浮液或发酵液加入助剂（防沉降剂、pH 稳定剂和防腐剂等）直接制备而得的剂型，由于省去了干燥脱水过程，因此生产成本较低。

粉剂（DP）是指无须经过兑水而可直接使用的剂型，其制备过程一般包括菌体悬浮液和载体混合、晾干。粉剂所用的载体包括高岭土、硅藻土、滑石粉和碳酸钙等，其中用滑石粉作为载体的较多。

可湿性粉剂（WP）是指由原粉、填料（载体）和助剂（表面活性剂、润湿剂、分散剂、紫外光保护剂、稳定剂和营养助剂等）混合组成，并经粉碎而制成的一种粉状制剂。与粉剂相比，其有效成分含量较高、粒径更小、更易润湿、可分散于水中供喷雾使用。

颗粒剂（GR）是由原药、助剂和载体制成的粒状制剂，具有持效期长、用量少、使用方便、易贮存和使用时无粉尘飘移等优点。颗粒剂按粒径大小可分为大粒剂（2000～6000μm）、细粒剂（300～2500μm）和微粒剂（100～600μm）。由于粒径较大，颗粒剂不能用于叶部喷施，主要用于土壤施用（穴施或垄施）。

水分散粒剂（WG/WDG）是一种可在水中迅速分散的剂型，包装和使用方便，无需溶剂，无粉尘污染，有效成分含量高，已成为当今农药剂型发展的一个重要方向。

助剂是生防制剂的重要组成部分。农药助剂种类繁多，助剂产品的种类和质量对农药剂型的发展和产品改进有重要的促进作用。农药助剂是在农药剂型加工或应用中使用的除农药有效成分以外的其他辅助物质的总称。主要在农药生产过程中添加在配方之中，以满足剂型加工和其物理化学稳定性能的要求。根据其功能和在配方中的作用又可分为溶剂、稀释剂、填料和（或）载体、分散剂、乳化剂、润湿剂、渗透剂、展着剂、控制释放剂、增效剂、防飘移剂、防尘剂、药害减轻剂、消泡剂、起泡剂、警戒色素、稳定剂、触变剂和增稠剂等。但与化学农药相比，生物农药的剂型加工更困难，特别是活体微生物农药。首先，微生物是不溶于水的生物体，这种颗粒性的疏水性直接影响制剂的润湿性、分散性和悬浮性等物理性能。其次，作为生物体，微生物对外界环境因素如温度、湿度和光照等比较敏感，制剂贮存稳定性差，作用速度慢，田间持效期短。所以在选择助剂时除需考虑制剂理化性能的要求外，还要考虑选择一些特殊助剂，如防光剂、增效剂等。再者，微生物作为活体，与各种助剂的相容性一般比化学农药差，某些助剂可能完全不能使用，因此选择助剂时要注意与活体微生物的相容性。

同一种生防菌在理论上可以被加工成多种剂型，但在实际生产中应根据微生物的生理特性、使用方式和目的的不同，选择合适的剂型。药剂使用方式主要包括飞机施药、地面喷施、拌种、穴施和灌根等；使用目的有速效性和持效性，速效性需考虑剂型的内吸性，持效性则要考虑其缓释性能。此外，由于生防制剂剂型研究的最终目标是制剂的商品化，因此，在选择剂型时还必须考虑加工成本及其在市场上的竞争力，否则，即使是性能优良的剂型，在应用推广中也会遇到诸多困难。

参考文献

邱德文，2013. 生物农药研究进展与未来展望 [J]. 植物保护，39(5): 81-89.

申继忠，1998. 微生物农药剂型加工研究进展 [J]. 中国生物防治，14(3): 129-133.

韦松，纪明山，2008. 活菌制剂加工中化学助剂对菌稳定性的影响 [J]. 农药，47(3): 176-178.

张宗俭，2009. 农药助剂的应用与研究进展 [J]. 农药科学与管理，30(1): 42-47.

朱昌雄，丁振华，蒋细良，等，2003. 微生物农药剂型研究发展趋势 [J]. 现代化工，23(3): 4-8.

（撰稿：张晓云；审稿：马平）

生防制剂货架期　shelf life of biocontrol agents

生防制剂储藏在适宜的条件下，能够保持安全有效，确保理想的感官、理化性质和微生物特性的时间长度。生防制剂货架期和生防制剂的种类密切相关。生防制剂（biological control agents，BCAs）是直接利用生物产生的活性物质或生物体，具有杀虫、杀菌或抗病能力的生物活性制剂，主要包括微生物源杀菌剂（农用抗生素和活体微生物杀菌剂等）、植物源杀菌剂、以微生物代谢产物为先导合成新的杀菌剂等类型。具体货架期如下：

微生物源杀菌剂　包括农用抗生素和活菌杀菌剂，是对致病微生物产生特异性药理作用的微生物产物或微生物活菌。

农用抗生素　微生物产生的次级代谢产物，在低微浓度时即可抑制或杀灭作物的病原或调节作物生长发育。中国已开发并应用的农用抗生素有井冈霉素、农抗120、庆丰霉素、公主岭霉素、春雷霉素、新植霉素等。这类农用抗生素应存放在阴凉干燥处，并注意防腐、防霉、防热，保质期一般为两年。

活体微生物杀菌剂　主要有细菌杀菌剂、真菌杀菌剂、病毒杀菌剂等类型，存在储存困难、不易管理等不足。一般来说，活体微生物杀菌剂保质期不超过18个月；如果超过有效期，杂菌数量大大增加，特定微生物数量下降，不能达到保证其有效性的数量，将会影响产品的效果。

植物源杀菌剂　从植物中直接提取的某种具有采活性的物质。由银杏树中提取分离的活性物质制成的绿帝乳油对蔬菜、苹果、小麦、棉花等农作物病原菌均有显著的杀菌、抑菌作用，是一种广谱农用杀菌剂。由原白头翁提取液加工成的制剂910512-5对小麦赤霉病有较好的防治效果和明显的增产作用。植物源杀菌剂一般需要保存在干燥、通风、避光处。保质期一般为两年。

其他生物源杀菌剂　几丁质（chitin）、壳聚糖（chitosan）也可作为生物源杀菌剂。几丁质可提高某些生防菌的防效。壳聚糖在医学、食品、化工、环保等方面用途十分广泛，在农业方面它可作为土壤改良剂防治土传病害；用作种衣剂防治种传病害；用于果蔬保鲜控制采后病害；还可作为植物生长调节剂、植物病害诱抗剂，促进植物生长、诱导提高植物的广谱抗病性。这类生防制剂一般保质期在3年左右。

（撰稿：徐诚；审稿：王琦）

生防制剂施用　application of biological control agents

施用即使用，意思是运用、利用。

生防制剂要有合适的施用方法才能达到好的作用效果。要做到科学合理施用，应遵循“看天施用”“看土施用”“看作物施用”“看产品施用”及“看经济效益施用”等原则。生防制剂施用分为以下 3 种方式：①基施。为播种前结合耕作施用，可采用撒施、穴施、沟施、条施等方法。②种施。为播种或定植时施用，可按作物和生防制剂种类采用拌种、浸种、蘸根、浸根等使用方法。③追施。在作物生长发育期间施用，主要有撒施、条施、穴施、滴灌、灌根、喷施、喷灌等方法。

具体施用方法如下。

撒施 播种前，将生防制剂与其他农资投入品混合后均匀撒入地里，犁田耕耙播种。

穴施 施基肥时，按预定的行距和株距挖穴，放入生防制剂；施追肥时，在离作物的根 7～10cm 的地方挖一个小坑，把生防制剂施在里面。又名点施。

沟施 沟施是在作物幼苗行间靠近作物的根开沟，把生防制剂均匀施在沟里并覆土。又名条施。

拌种 拌种是种苗处理的一种方法，是指将种子等繁殖材料与生防制剂在一起拌和，使种子表面均匀地沾上一层生防制剂；拌种的对象是种子、苗木的根部，以及其他繁殖材料如块根、块茎、鳞茎、插条等。

拌种的方法可分为干拌和湿拌两种。粉剂或可湿性粉剂拌种一般可采用干拌，方法是将粉剂放在拌种器或其他器具内直接与种子拌和均匀即可。湿拌是将拌种剂按一定比例加水配成液体，然后喷洒在种子上，用木锨或铁铲拌和，使种子表面均匀地覆上一层制剂，晾干后即可播种。拌种具有节约生防制剂、省工的优点。

拌种的目的是杀虫、灭菌、壮苗。用生防制剂拌种可以防控种子表面和内部携带的害虫、病原物，保护种苗不受土壤中病虫的危害，并通过吸收输导到地上部分使其免受病虫的危害，促进作物生根壮苗，也有利于提高植物的抗病虫特性。

灌根 灌根就是像灌水一样把生防制剂随水灌下去或将喷雾器喷头卸掉后，将配制好的生防制剂灌到植株根部，用这种方法可促进植株根系生长或对地下病虫害进行有效防治，同时可节省生防制剂，提高生防制剂的利用率。在对作物灌根时，要注意生防制剂的浓度，不可过多也不能太少。每株灌根的生防制剂量要随着土壤湿度变化而变。灌根要在浇水之前或在两次浇水之间，不要在浇水之后。

浸根 顾名思义将植株根系浸泡在生防制剂溶液中，一般浸根的主要目的是促进作物的根系尽快生长。草本植物无论从剂量还是时间上都要比木本植物小且短。

蘸根 将植株根系在生防制剂溶液中短暂浸泡，蘸根相比于浸根，在溶液中浸泡时间要短得多，且浓度也比浸根溶液浓度要高得多。蘸根时间按照生防制剂使用说明书而定，一般 10 分钟左右即可。蘸了生防制剂液的根部不能脱水，建议边蘸边栽。

喷施 指将生防制剂稀释到一定浓度，用喷雾器或喷灌设喷洒在作物叶子上。注意叶子的背面要重点喷施，因为叶子背面有气孔，有利于生防制剂的定植。

滴灌 通过滴灌系统将生防制剂稀释液均匀而又缓慢地滴入作物根区附近土壤中。具有省水、节能均匀等优点。

喷灌 喷灌是利用喷头等专用设备把生防制剂的稀释液喷洒到空中，形成水滴落到地面和作物表面的使用方法。喷灌具有省水、省工、保土等优点。

冲施 冲施是一种追施的方式，即灌溉施用，实际就是把生防制剂借助灌水的过程施用生防制剂，而灌水方式可分井灌和畦灌。

参考文献

陈晓燕，王小琳，谢先进，2021. 不同微生物菌剂对玉米产量及土壤肥力的影响 [J]. 热带农业科学，41(9): 11-16.

郭春莲，2018. 生物菌剂在马铃薯上的应用试验 [J]. 农村科技 (7): 34-35.

郭春莲，王晓桦，2018. 微生物菌剂和生物有机肥在大葱上的肥效试验 [J]. 农村科技 (6): 24-26.

贾维山，2017. 不同生物菌剂拌种及喷洒次数对玉米产量的影响 [J]. 现代化农业 (5): 29-30.

李庆臻，1999. 科学技术方法大辞典 [M]. 北京：科学出版社.

李硕，秦闯，魏欢，等，2019. 设施茄子各生育期施用微生物菌剂对产量及土壤性状的影响 [J]. 河北农业大学学报，42(6): 65-70.

刘勇鹏，王秋岭，朱新红，等，2021. 生物菌剂联合复合肥在大蒜上的应用效果初探 [J]. 安徽农学通报，27(16): 106-108.

彭小彤，郭文杰，朱炳耀，2021. 草莓抗重茬生物菌剂的研究与应用 [J]. 农业与技术，41(13): 81-83.

秦晓燕，滕献有，雷裕华，等，2021. EM 生物菌剂对辣椒生长及辣椒枯萎病的影响 [J]. 现代农业科技 (10): 80-81, 83.

史娜艳，刘芳洁，张思雨，等，2018. 番茄溃疡病的接种方法及微生物防治菌剂筛选 [J]. 中国蔬菜 (9): 42-46.

宋彩萍，侯志刚，韩爱谦，2002. PSB 生物菌剂在甘蓝上的试验 [J]. 山西农业 (6): 29.

王归鹏，马乐乐，范兵华，等，2021. 微生物菌剂对番茄全有机营养栽培养分转化及产量品质的影响 [J]. 西北农林科技大学学报 (自然科学版)，49(9): 118-128.

王贞，孙珂，高产，等，2020. 微生物菌剂对草莓生长发育及品质的影响 [J]. 陕西农业科学，66(3): 28-29, 38.

杨振荣，代觉堂，梅钢柱，2021. 小白菜施用农用微生物菌剂田间效果试验 [J]. 湖北植保 (4): 31-32.

易克，张锦韬，刘建峰，等，2019. 施用功能微生物菌剂对烤烟生长及烟叶产质量的影响 [J]. 作物研究，33(3): 215-219.

张国全，2014. 微生物菌剂提高陕北黄土区油松造林成活率机制研究 [D]. 北京：北京林业大学.

（撰稿：张丽霞；审稿：王琦）

生境调控 habitat manipulation

通过对作物系统的策划、利用技术措施有意识地改善作物的生态环境，减轻害虫等不良因子对作物的危害。其中，通过对作物时空布局的策划、非作物生境的配置，使整个农田生态系统不利于害虫繁衍而有利于天敌发挥作用，从而抑制害虫种群增长，是生态调控的核心内容。生境是昆虫生长繁育的场所，包括生境植物（又名库源植物）及其生存环境。生境植物是指目标作物之外的其他作物及非作物植物的统称，是生境调控的重要内容。生境植物生长在田头、地埂、路边、沟渠、灌木丛、篱笆栅栏及防护林带等靠近作物边缘，或者作物中间的路堤或与作物间作，即构成所谓的花带或天敌库等，也包括果园内树行间的植物，为有益生物提供了食物、繁殖场所、越冬或夏眠场所等，改善了天敌生存的微环境，在作物收获或施药等农事操作时为天敌提供了庇护所，有利于天敌种群的增长、维护农业生态系统的平衡，是保护型生物防治的重要组成部分。天敌库中的捕食性天敌，包括步甲、隐翅甲、皿蛛和狼蛛等对小麦麦蚜有明显的控制作用。包括天敌庇护所在内的生境调控措施会影响天敌的多样性、丰度及其分布。但是，有关生境植物对天敌的影响机制研究还不够深入，而且这类机制会依生态系统不同而发生变化，故还难以对调控措施所产生的结果进行准确预测。例如，在美国马里兰，不同的本地植物对天敌的吸引作用随时间变化而不同，对于土栖性天敌、捕食性及寄生性种类的总丰度因植物种类不同而变化，但步甲和蜘蛛丰度却基本没有变化。此外，有关生境调控对害虫的控制效果、对作物产量的影响方面的研究还比较少，再加上一般研究项目由于受时间及规模限制，所涉及的区域大都比较小，这也不利于对调控效果的客观评估。

参考文献

尤民生，侯有明，刘雨芳，等，2004. 农田非作物生境调控与害虫综合治理 [J]. 昆虫学报，47(2): 260-268.

COLLINS K L, BOATMAN N D, WILCOX A, et al, 2002. Influence of beetle banks on cereal, aphid predation in winter wheat[J]. Agriculture ecosystems and environment, 93(1): 337-350.

GRIFFITHS G J, HOLLAND J M, BAILEY A, et al, 2008. Efficacy and economics of shelter habitats for conservation biological control[J]. Biological control, 45(2): 200-209.

LANDIS D A, WRATTEN S D, GURR G M, 2000. Habitat management to conserve natural enemies of arthropod pests in agriculture[J]. Annual review of entomology, 45(1): 175-201.

MACLEOD A, WRATTEN S D, SOTHERTON N W, et al, 2004. 'Beetle banks' as refuges for beneficial arthropods in farmland: long-term changes in predator communities and habitat[J]. Agricultural and forest entomology, 6: 147-154.

（撰稿：刘银泉；审稿：刘树生）

生命表分析法 life table analysis

在害虫种群生命表的基础上，分析天敌等各种致死因子的作用大小，以定量评估天敌的控害作用。Morris 和 Watt 等学者在 20 世纪 50～60 年代将生命表技术成功地应用于昆虫种群的研究，提出了世代分离种群的种群趋势指数模型，以下一代种群数量与当代种群数量的比值作为定量指标，预测种群数量的变动。在这类生命表中，各种致死因子的作用虫期和作用大小一目了然，经过适当分析可以定量确定天敌的控害作用。例如 Kuhar 等利用生命表技术对释放、未释放玉米螟赤眼蜂的甜玉米地中的欧洲玉米螟自然种群进行了定量研究，证明接种式释放玉米螟赤眼蜂可有效提高玉米螟整个幼期的死亡率，可有效控制其危害。庞雄飞等在 20 世纪 70～80 年代建立了以作用因子组配的生命表，对 Morris-Watt 种群趋势模型做了有益的扩充，并提出了种群控制指数，用以定量评估天敌及各种防治措施对害虫种群的控制作用。这些方法在一些情况下可更直接确定天敌的控害作用，并可对每种天敌的控害作用或多种天敌的联合控害作用做出更简明的分析。但在分析时应当注意以下几点：①生命表通常只适合于分析世代分离或世代间重叠不多的种群。②未考虑害虫各个虫期中各致死因子的互作。③需要收集多个代次及年间的生命表进行归纳并综合分析，其信息才有参考价值。

如果害虫种群的世代明显重叠，则生命表技术的应用方法就复杂得多。这是因为对于世代重叠的种群，代次间相互交错，故无法描述它们数量随代次的变化，只能描述它们数量随时间的变化。同样重要的是，对于世代重叠的种群，影响其数量增长的内在特征不再局限于各虫期的死亡率、产卵量和雌性比，性成熟的快慢、生殖率（即单位时间产卵量）高低可显著影响其种群增长的速率。因此，对于世代重叠的种群，往往需要在组建特定年龄生命表的基础上建立计算机模拟模型来分析天敌的控害作用。这类生命表及以其为基础所组建的种群模拟模型，如果有坚实的生物学基础，可以帮助定量评估天敌的控害作用。种群内禀增长率是综合考虑了种群性成熟快慢、死亡率、出生率的一个统计量，它可表示世代重叠种群在特定条件下的种群增殖潜能。如果在害虫实验种群中人为地加入天敌因子，然后计算其对害虫种群内禀增长率的影响，可以帮助评估天敌对害虫种群增殖潜能的影响。生命表技术若应用得当，可将各种致死因子的作用清晰地展示出来。Cornell 等对全世界 124 种植食性昆虫组建的 530 个生命表进行了综合分析，表明若将致死因子归纳为天敌、植物因子、竞争、气候、内在发育受阻 5 类，则天敌是最强的致死因子，其作用在植食性昆虫从幼虫早期发育到蛹期的过程中逐渐增加，且在栽培作物系统中的致死比例比在自然生态系统中高。此结果以大量令人信服的证据表明，天敌是调节和控制害虫种群数量的最重要因子。

参考文献

刘树生，2004. 天敌动物对害虫控制作用的评估方法及其应用策略 [J]. 中国生物防治，20(1): 1-7.

（撰稿：刘银泉；审稿：刘树生）

生态位互补效应 niche complementary effect

同一群落中，物种间存在着生态位的差异，诸如资源利用上的种间差异，这种差异使得有较高物种丰富度的系统能更有效地利用有限资源，从而具有较高的生产力。

生态位互补效应涉及两个或两个以上物种间的互作。一个系统中的物种，它们之间的生态位差异愈大，物种丰富度对系统功能的作用愈大。生态位互补出现在物种对其资源需求不同时，造成种间对资源的竞争低于同种内对资源的竞争。这可能会导致更多的物种群落利用较完整的资源。当一个物种改变环境以利于共存物种获利的方式即为互惠（facilitation）。生态位互补和互惠统称为“互补性”，但机制还不太清楚。尽管生态位互补和互惠往往是通过物种丰富度的增加而使生态系统功能增强，但还缺乏直接的功能和生理生态的证据。互补性通常是通过比较混作（polyculture）田间与净作（monoculture）田间的作物产量间接证明。生态位互补的例子很多（例如，植物对N源的互补性吸收），但生态位互补是如何导致更多资源利用的直接证据很少，以及生态位互补是如何提供一个机制来解释生物多样性与生态系统功能间的关系。固氮豆科作物和滤食性毛翅目幼虫间的关系可以较好地解释互惠机制，但仍缺乏直接证据。生态位互补假说（niche complementarity hypothesis）认为，同一群落中，物种间存在生态位差异，这种差异使得物种数目多的群落中的生物所占据的功能空间（functional space）的范围更广。因此物种丰富度较高的系统能更有效地利用各种资源，有较高的生产力。一个系统中的物种，它们之间的生态位差异愈大，其物种丰富度对系统功能的作用愈大。

Fargione 等经过近 10 年的草地生物多样性试验，提出了一个很清晰的证据表明，生物多样性对植物生物量影响随时间的推移已从取样过渡到互补。生物多样性对生物量的影响首先与植物总氮库相关，其次与丰富的物种多样性下有效N的利用有关。试验中发现，由于豆科植物与C4禾草的共同存在，植物生物量中N的积累明显增加。表明了互补效应随时间推移有所增强，多样性是通过增加投入和保持N素来增加互补性。试验发现，起初，布鲁斯裂稃草（*Schizachyrium scoparium*）在净作和混作小区内长势均很好，随着时间的推移，混作小区获得了更多N源而呈现出增加的互补性，混作小区N累积率与豆科植物、C4草的存在及它们之间的互作相关，豆科植物和C4草的小区，其N积累增加，原因在于C4草的根具有很高的生物量、高的C：N比以及低周转特性，因而C4禾草具有有效地捕捉营养和保持营养的能力。

在农业生产中，利用不同株高、株型、不同根系、不同光合特性（如C3和C4植物）、不同需肥特性及不同功能共生体（holobiont）的作物或品种进行多样性种植，更好地利用农田中的光、温、植物营养、水分资源和微生物资源，构建一个和谐的生态环境，使该系统保持较高生产力的同时，又能有较高的稳定性，受到有害生物和不良环境压力后能够快速恢复，实现可持续发展。

参考文献

张全国，张大勇，2002. 生物多样性与生态系统功能：进展与争论 [J]. 生物多样性，10: 49-60.

CARDINALE B J, PALMER M A, COLLINS S A, 2002. Species diversity enhances ecosystem functioning through interspecific facilitation[J]. Nature, 415(6870): 426-429.

FARGIONE J, TILMAN D, DYBZINSKI R, et al, 2007. From selection to complementarity:shifts in the causes of biodiversity-productivity relationships in a long-term biodiversity experiment[J]. Proceedings of the royal society B, 274(1611): 871-876.

FRIDLEY J D, 2001. The influence of species diversity on ecosystem productivity: how, where, and why[J]. Oikos, 93: 514-526.

JUMPPONEN A, HÖGBERG P, HUSS-DANELL K, et al, 2002. Interspecific and spatial differences in nitrogen uptake in monocultures and two-species mixtures in north European grasslands[J]. Functional Ecology, 16(4): 454-461.

KAHMEN A, RENKER C, UNSICKER S B, et al, 2006. Niche complementarity for nitrogen: an explanation for the biodiversity and ecosystem functioning relationship[J]. Ecology, 87(5): 1244-1255.

LOREAU M, 1998. Separating sampling and other effects in biodiversity experiments[J]. Oikos, 82(3): 600-602.

LOREAU M, HECTOR A, 2001. Partitioning selection and complementarity in biodiversity experiments[J]. Nature, 412(6842): 72-76.

TEMPERTON V M, MWANGI P N, SCHERER-LORENZEN M, et al, 2007. Positive interactions between nitrogen-fixing legumes and four different neighbouring species in a biodiversity experiment[J]. Oecologia, 151(2): 190-205.

TILMAN D, C L LEHMAN, K T, THOMSON, 1997. Plant diversity and ecosystem productivity:Theoretical considerations[J]. Proceedings of the National Academy of Sciences of the United State of America, 94(5): 1857-1861.

VANDERMEER JH, 1989. The ecology of intercropping[M]. Cambridge: Cambridge University Press.

VANELSLANDER B, DE WEVER A, VAN OOSTENDE N, et al, 2009. Complementarity effects drive positive diversity effects on biomass production in experimental benthic diatom biofilms[J]. Journal of ecology, 97(5): 1075-1082.

YACHI S, LOREAU M, 2007. Does complementary resource use enhance ecosystem functioning? A model of light competition in plant communities[J]. Ecology letters, 10(1): 54-62.

（撰稿：李成云；审稿：朱有勇）

生态系统多样性 ecological system diversity

地球上最大尺度的生物多样性。每一类生态系统中，又包含了大量的物种多样性及遗传多样性。生态系统多样性也包括生物群落的复杂性、各种生态位、各种营养层级及各种生态过程，如沙漠、森林、草地、湿地、海洋和陆地等各种类型的生态系统。总体说来，生态多样性是一个地区或全球生态系统的生态差异。

生态系统多样性是指生物圈内所有环境、生物群落和生物过程的多样化以及生态系统内生境、生物群落和生态过程变化的所有多样性的总和，即生境的多样性、生物群落多样性和生态过程的多样性。生境的多样性主要是指无机环境，如地形、地貌、气候、水文等，生境的多样性是生物群落多样性乃至整个生物多样性形成的基本条件；生物群落多样性是指生态系统组成、结构和功能的多样性；而生态过程是指生态系统组成、结构和功能在时间、空间上的变化，主要包括物种流，能量流，水分循环，营养物质环境，生物间的竞争、捕食和寄生等生态因子。生境多样性的主要研究内容包括生态系统的组织化水平，生态系统多样性的维持与变异机制，生态系统多样性的变化。

生态系统多样性是生物多样性研究中的核心层次，生态系统的稳定性对生存其中的物种及其所携带的基因及命运起着重要的作用，因此是生物多样性研究中最为复杂的层次。世界各国都开展了大量研究，主要围绕生态系统类型、重要生物类群和关键地区或地点开展。

生态系统的服务功能是近年来生态系统多样性领域研究的一个热点。其指生态系统与生态过程所形成及所维持的人类赖以生存的自然环境条件与效用。它不仅为人类提供了食品、医药及其他生产生活原料，更重要的是维持了人类赖以生存的生命支持系统，维持生命物质的生物地化循环与水文循环，维持生物物种与遗传多样性，净化环境，维持大气化学的平衡与稳定。并列出了自然生态系统对人类的“环境服务”功能，包括害虫控制、昆虫传粉、渔业、土壤形成、水土保持、气候调节、洪水控制、物质循环与大气组成等方面。生态系统服务功能的内涵可以包括有机质的合成与生产、生物多样性的产生与维持、调节气候、营养物质贮存与循环、土壤肥力的更新与维持、环境净化与有害有毒物质的降解、植物花粉的传播与种子的扩散、有害生物控制、减轻自然灾害等许多方面。

千年生态系统评估（millennium ecosystem assessment）就是生态系统多样性评估的代表性工作，把生态系统服务分为供给、调节、文化和支持服务四类，服务的核心是生态系统的产品、过程和格局。生态系统服务的识别与分类是生态系统功能的对象化过程，也是以人类需求来审视生态系统的过程。生态系统通过“结构—过程—功能”这一途径来实现生态系统服务，各种服务的直接动力来源于自然界生物地球化学循环，生物多样性通过生态系统属性和过程来影响生态系统服务形成和维持。总体说来，生物多样性越高，生态系统功能性状的范围越广，生态系统服务质量就越高、越稳定。全球变化中的土地利用和土地覆盖变化是生物多样性快速下降的主要原因，也是影响生态系统服务最广泛、最剧烈的驱动力。而这正是人类活动造成的，人类需求和生态系统有限的服务能力之间在不同尺度表现出严重冲突。要提高生态系统服务质量，要在不同区域进行重点不同的布局，尽可能地扩大生态系统规模和提高生态系统功能，核心是提高生物多样性水平。

中国近年来重视生物资源的保护和生态文明的建设，已建立了几十个专门的研究所，上百个生态系统定位研究站，自然保护区已经占国土面积的 14.8%，是世界上规模最大的保护区体系之一，中国的自然保护区数量、面积已经达到较高水平。开展了生物资源及有关环境资源的考察，基本了解了中国生物资源和生态系统的现状及分布格局，并与有关的国际组织建立了良好的合作关系。以后的重点是以服务于中国生物多样性保护与持续利用并与国际上相关领域的研究接轨，采用标准化、规范化的方法和点面结合的网络途径，建立中国生物多样性动态监测网络，从而对中国生物多样性的动态变化及其受人类活动干扰后的恢复过程进行监测，为中国生物多样性的保护提供基本资料和有效措施，同时还可以建立生物多样性持续利用的示范模式，为中国的生态文明和物质文明、精神文明建设及可持续发展服务，也为全球生物多样性保护策略的完善与实施提供重要支撑。

参考文献

范玉龙，胡楠，丁圣彦，等，2016. 陆地生态系统服务与生物多样性研究进展 [J]. 生态学报，36(15): 4583-4593.

傅伯杰，刘世梁，马克明，2001. 生态系统综合评价的内容与方法 [J]. 生态学报，21(11): 1885-1892.

欧阳志云，郑华，2009. 生态系统服务的生态学机制研究进展 [J]. 生态学报，29(11): 6183-6188.

彭羽，卿凤婷，米凯，等，2015. 生物多样性不同层次尺度效应及其耦合关系研究进展 [J]. 生态学报，35(2): 577-583.

徐炜，马志远，井新，等，2016. 生物多样性与生态系统多功能性 进展与展望 [J]. 生物多样性，24(1): 55-71.

张全国，张大勇，2003. 生物多样性与生态系统功能：最新的进展与动向 [J]. 生物多样性，11(5): 351-363.

HECTOR A, BAGCHI R, 2007. Biodiversity and ecosystem multifunctionality[J]. Nature, 448(7150): 188-190.

ISBELL F, CALCAGNO V, HECTOR A, et al, 2011. High plant diversity is needed to maintain ecosystem services[J]. Nature, 477(7363): 199-202.

MCGRADY-STEED J, HARRIS PM, MORIN PJ, 1997. Bidiversity regulates ecosystem predictability[J]. Nature, 390: 162-165.

Millennium Ecosystem Assessment, 2005. Ecosystems and human well-being: synthesis[M]. Washington: Island Press.

MOONEY H A, CROPPER A, REID W, 2004. The millennium ecosystem assessment: what is it all about[J]. Trends in ecology and evolution, 19(5): 221-224.

（撰稿：李成云；审稿：朱有勇）

生物多样性 biodiversity

在《国际生物多样性公约》中的定义是所有来源的活的生物体中的变异性，这些来源包括陆地、海洋和其他水生生态系统及其所构成生态综合体。包括物种内、物种间和生态系统的多样性。

生物多样性是一个描述自然界多样性程度的概念，内容非常广泛，不同的学者所下的定义有所差异。Norse 认为，生物多样性体现在多个层次上；而 Wilson 等认为，生物多样性就是生命形式的多样性（the diversity of life）；孙儒泳认为，生物多样性一般是指“地球上生命的所有变异”；在《保护生物学》一书中，蒋志刚等认为，生物多样性是生物及其环境形成的生态复合体以及与此相关的各种生态过程的综合，包括动物、植物、微生物和它们所拥有的基因以及它们与其生存环境形成的复杂的生态系统。综合上述的观点，认为生物多样性是指地球上所有生物（动物、植物、微生物等），它们所包含的基因以及由这些生物与环境相互作用所构成的生态系统的多样化程度。

生物多样性概念的提出 20 世纪以来，随着世界人口的持续增长和人类活动范围与强度的不断扩大，人类社会遭

S

遇到一系列前所未有的环境问题，面临着人口、资源、环境、粮食和能源等5大危机。这些问题的解决都与生态环境的保护与自然资源的合理利用密切相关。第二次世界大战以后，国际社会在发展经济的同时更加关注生物资源的保护问题，并且在拯救珍稀濒危物种、防止自然资源的过度利用等方面开展了很多工作。1948年，由联合国和法国政府创建了世界自然保护联盟（IUCN）；1961年，世界野生生物基金会建立；1971年，由联合国教科文组织提出了著名的“人与生物圈计划”；1980年，由IUCN等国际自然保护组织编制完成的《世界自然保护大纲》正式颁布，该大纲提出了要把自然资源的有效保护与资源的合理利用有机地结合起来，对促进世界各国加强生物资源的保护工作起到了极大的推动作用。20世纪80年代以后，人们在开展自然保护的实践中逐渐认识到，自然界中各个物种之间、生物与周围环境之间都存在着十分密切的联系，因此自然保护仅仅着眼于对物种本身进行保护是远远不够的，往往也难以取得理想的效果。要拯救珍稀濒危物种，不仅要对所涉及物种的野生种群进行重点保护，还要保护好它们的栖息地，或者说，需要对物种所在的整个生态系统进行有效的保护。在这样的背景下，生物多样性的概念便应运而生了。1992年，联合国环境与发展大会在巴西里约热内卢举行，世界许多国家都派出代表团参加会议，中国领导人也参加了这次盛会。在这次大会上，通过了《生物多样性公约》，标志着世界范围内的自然保护工作进入到了一个新的阶段，即从以往对珍稀濒危物种的保护转入到了对生物多样性的保护。

《生物多样性公约》（*Convention on Biological Diversity*）是国际社会所达成的有关自然保护方面最重要的公约之一。该公约于1993年12月29日起生效（因此每年的12月29日被定为国际生物多样性日）。已有100多个国家加入了这个公约，该公约的秘书处设在瑞士的日内瓦，最高管理机构为缔约方会议（COP）。COP由各国政府代表组成，其职责为：按照公约所规定的程序通过生物多样性公约的修正案、附件及议定书等。生物多样性公约的目标是：保护生物多样性及资源的持续利用；促进公平合理地分享由保护自然资源而产生的利益。生物多样性公约的主要内容：各缔约方应该编制有关生物多样性保护及可持续利用的国家战略、计划或方案，或据此修改现有的战略、计划或方案；尽可能并酌情将生物多样性的保护及可持续利用纳入各部门和跨部门的计划、方案或政策之中；酌情采取立法、行政或政策措施，让提供遗传资源用于生物技术研究的缔约方，尤其是发展中国家，切实参与有关研究；采取一切可行措施促进并推动提供遗传资源的缔约方，尤其是发展中国家，在公平的基础上优先取得基于提供资源的生物技术所产生的成果和收益；发达国家缔约方应提供新的额外资金，以使发展中国家的缔约方能够支付因履行公约所增加的费用；发展中国家应该切实履行公约中的各项义务，采取措施保护本国的生物多样性。

生物多样性通常包括遗传多样性、物种多样性和生态系统多样性3个组成部分。遗传多样性（genetic diversity）是生物多样性的重要组成部分。广义的遗传多样性是指地球上生物所携带的各种遗传信息的总和。狭义的遗传多样性主要是指生物种内基因的变化，包括种内显著不同的种群之间以及同一种群内的遗传变异。物种多样性（species diversity）是指地球上动物、植物、微生物等生物种类的丰富程度。生态系统的多样性（ecosystem diversity）主要是指地球上生态系统组成、功能的多样性以及各种生态过程的多样性，包括生境的多样性、生物群落和生态过程的多样化等多个方面。遗传多样性是物种多样性和生态系统多样性的基础，或者说遗传多样性是生物多样性的内在形式。物种多样性是构成生态系统多样性的基本单元。因此，生态系统多样性离不开物种的多样性，也离不开物种所具有的遗传多样性。

参考文献

黄超，刘太国，刘博，等，2011. 小麦近等基因系混种对条锈病发生与发展的影响[C]// 植保科技创新与病虫防控专业化：中国植物保护学会2011年学术年会. 北京：中国农业科学技术出版社.

朱有勇，2007. 遗传多样性与作物病害控制[M]. 北京：科学出版社.

（撰稿：朱有勇；审稿：李成云）

生物防治 biological control

利用活体生物或生物代谢产物制成的药剂或通过增加系统的生物多样性来管理有害生物的技术。生物防治是有效利用生物间的相生相克作用，以及生物之间在氧气、水分、营养成分和生态位等多方面的竞争作用和协同作用降低病菌、害虫和杂草等有害生物种群密度的方法。也可描述为生物防治就是增加寄主的遗传、物种和生境多样性，提高其稳定性，提高对有害生物的抵御能力，降低危害水平。是一种环境友好和可持续的有害生物管理措施。生物防治包括植物病害、害虫、杂草及其他有害生物的生物防治。

植物病害的生物防治 人类很早就认识到生物之间存在相生相克的关系，能够用一种或一类生物抑制另一种或另一类生物。在实际操作中，早在几千年前就开始使用轮作种植和施用有机肥来提高和保证产量。1898年德国的Globing从土壤中分离出第一株具有生防作用的放线菌，1903年Hiltner和Stormer第一次在明胶平板上对土壤中放线菌的区系进行了定量测定，为利用土壤放线菌防治病害奠定了基础。1921年Millard报道施用绿肥可以减轻病害发生，而经Sanforder分析证明是由于绿肥促使土壤中拮抗性放线菌增长所致，拮抗性放线菌是生物防治的实质，从此生物防治的研究进入了科学实验阶段。植物病害生物防治也推动了拮抗放线菌的分离和应用，作为一种活菌剂用于土壤和种子处理以防治苗期病害，收到显著效果。美国国家科学院和国家研究署于1959年成立了植物土传病害生物防治委员会（Committee on Biological Control of Soil-borne Plant Pathogen），并于1963年召开了首届国际专题讨论会。1965年贝克和斯奈德主编的《土传植物病原菌的生态学》（*Ecology of Soil-borne Plant Pathogen*）出版。从此，植物病害的生物防治得到迅速发展。在杀菌抗生素、杀虫抗生素、除草抗生素等方面取得了许多进展。日本开发的杀菌抗生素包括春雷霉素、灭瘟菌素S、多氧霉素和有效霉素等，美国开发的杀菌抗生素 strobilurin 和杀虫抗生素 spinosad 等，在生物防治中产生了重要的影响，俄罗斯、美国、日本、德国、法国、意大利、印度、丹麦等国都已把农用抗生素的研究开发列入国家重点计划。

中国农用抗生素的研究开始于 20 世纪 50 年代初期，1953 年，中国的尹莘耘先生从陕西泾阳老苜蓿根土中分离的 5406 放线菌，对棉花黄萎病有一定防治效果，曾大面积推广应用，揭开了中国农用抗生素研究的序幕。中国农业科学院也分离获得了链霉菌产生的抗生素多效霉素（povamycin M）。20 世纪 60 年代是中国农用抗生素开发的黄金时期。在这一阶段中国开发出了一大批新的农用抗生素品种，有放线菌酮、灭瘟菌素 S、春雷霉素等一系列品种。内疗素是 20 世纪 60 年代中国农业科学院从海南岛土壤中分离获得的刺孢吸水链霉菌产生的抗生素。并先后筛选获得灭瘟菌素 S（1959 年）、春雷霉素（1964 年）、多抗霉素（1967 年）、井冈霉素（1973 年）的产生菌，并生产出农用抗生素产品，为中国农用抗生素的发展奠定了坚实的基础。1970 年，国务院发布文件要求“积极推广微生物农药”，中国研制成功的井冈霉素（jinggangmycin）、公主岭霉素（gongzhulingmycin）和多效霉素（povamycin M）3 个农用抗生素生物农药于 20 世纪 70 年代末获得国家发明三等奖，特别是井冈霉素杀菌剂的研制成功，开辟了农用抗生素生物农药的第一个里程碑。

从 20 世纪 80 年代初到 90 年代中期，生物农药发展进入一个相对规范、平稳的发展阶段，成为生物防治的重要支撑。1984 年国家恢复农药登记管理制度，正式登记的生物农药品种有 9 个。苏云金芽孢杆菌制剂开发开创了农用抗生素生物农药的第二个里程碑。至今中国生物农药产业经过 70 多年的发展历程，已初具规模。现有研究机构 40 余家，专业研发队伍 600 余人，生产企业 1000 多家，登记的生物农药品种 85 个，登记产品 2500 多个，如井冈霉素、赤霉素、云薹素内酯、硫酸链霉素、农抗 120、多抗霉素、中生菌素等都在农业生产中得到较大范围应用，发挥了重要作用。

病害生物防治的基本原理：植物病害生物防治原理的不断深入是有效利用的基础和前提。近年来对生防原理的研究不断深入，主要原理包括：①抗菌作用（antibiosis）。一种生物通过其代谢产物抑制或影响另一种生物的生长发育或生存的现象。②竞争作用（competition）。2 种或 2 种以上的微生物之间争夺空间、营养、氧气和水分等的现象。③重寄生作用（hyperparasition）。植物病原物被其他微生物寄生的现象。寄生物有真菌、细菌、线虫和病毒等。被寄生病原物可以是病原真菌、病原细菌和植物线虫等。④交互保护作用（cross protection）。植物在事先接种一种弱致病力的微生物后不感染或少感染强致病力病原物的现象。⑤溶菌作用（lysis）。植物病原真菌和细菌的芽管细胞或菌体细胞消解的现象，有自溶性溶菌和非自溶性溶菌之分。⑥捕食作用（predation）。土壤中的某些原生动物、线虫和真菌，捕食真菌的菌丝和孢子、细菌或线虫的现象。

农用抗生素在植物病害的生物防治中发挥着重要的作用，虽然出现时间还不长，但无论是在抗生素的品种、产量、质量还是工艺方面，近 30 年来的发展都是很快的。由于一些病虫害尚无很好的药剂来防治，化学合成农药开发的难度越来越大，人类对环境保护的呼声越来越高。因此，农用抗生素已成为研究开发热点。随着全球可持续发展战略的实施，人们也开始注意到农用抗生素使用后的环境污染问题，使生物防治朝着低污染的方向发展。国内外农用抗生素的研究重点主要有 3 个方面：①筛选新的化合物，开发高选择性的农用抗生素，或者为合成化学农药提供先导化合物模型。天然产物作为先导成分，是农药合成路线的出发点，通过衍生合成、结构修饰等途径对其进行优化改进。合成衍生农药是农药公司最常用的手段，而微生物以其代谢产物的多样性为其首选。②改造农用抗生素的结构，以增加用途或提高药效。农用抗生素结构修饰最典型的例子是美国默克公司将阿维菌素改造为伊维菌素、甲氨基或乙酰胺基阿维菌素，不仅提高了阿维菌素的药效，也降低了毒性，拓宽了阿维菌素的应用范围和领域。③对老品种的再开发，包括剂型改良、加工技术（如纳米技术）等以拓宽其用途，或提高其防治效果。

农产品的稳定生产和食品安全关乎人类健康和持续发展，对生物防治的需求不断提升。中国农作物病虫害常年发生面积为 4 亿 hm^2 左右，农作物受各种有害生物危害造成产量损失 30% 以上，经防治后每年仍损失粮食 1600 万吨。

作物发病后，当前的通常做法都是喷施农药防治。化学农药因其具高效、使用方便，备受农民青睐。然而，长期大量使用化学农药防治病害，会引起病原产生抗药性（resistance），造成病虫害再猖獗（resurgence）或新种群的大发生，污染农作物产品及环境残毒（residue）等一系列问题，通称为化学农药综合征，又名“3R”。据统计，随着化学农药的长期和大量使用，已经有 150 多种病原、100 多种杂草和 500 多种害虫对化学农药产生了抗性。因此，要提倡用生物防治措施防治病虫草害。

与化学农药相比，由于生防制剂（生物农药）具有如下几个优点：①作用靶标的特异性强，不杀伤害虫的天敌和有益生物，对生态环境友好。②对人畜安全低毒、环境安全性高、无残留。③原料“来源于自然，用于自然，回归自然”，有利于可持续发展。

生物农药用量总体上还很少，其原因主要是生物农药存在许多不足之处：①药效反应慢、稳定性差。由于生物体农药本身是生物制剂，它们控制病虫草害通常有一个相互作用的过程，导致见效较慢。如果不能在关键时期施用，在互作过程中许多危害可能已经发生；加之生物体农药自身种群的繁殖以及作用效果等亦易受到环境条件的影响，防效不稳定。生防菌在人工培养基上，受到多种因素影响，多代繁殖后易发生变异，导致产物活性及质量不稳定。②产品价格较高。由于生物农药开发成本高，生产周期较长，与化学农药相比价格较高。国内一些生物农药生产企业存在着规模小、设备差、缺乏资金和技术落后等难题，导致成本偏高。③由于受消费观念、农产品市场准入制度、农产品残毒检测手段等多方面因素影响，使用化学农药和生物农药生产的农产品在市场上没有明显的价格差异，经济效益不明显。④使用生物农药的意识和技能有待增强。

尤其值得关注的是，植物病害的生物防治研究不但体现在对植物、病原菌和生防菌三者的互作关系的深化上，而且也体现在对植物微生物组（phytomicrobiomes）的功能研究的不断深化上。越来越多的研究发现，植物微生物组包括内生微生物、根际土壤微生物和叶际微生物均会参与调控植物的免疫调控。植物微生物组中含有种类繁多，数量庞大的生防菌。通过培养组学方法可分离并筛选获得高效生防菌，成为可持续调控植物健康状况的“绿色农药”。对生物防治的研究从对单一的生防菌扩展到与植物关联的微生物组研究是今后的必然趋势。

微生物组学研究中的“下一代”测序技术（next generation sequencing，NGS）、单分子实时测序技术（single molecule real-time，SMRT）结合传统平板培养技术，可帮助人们把握微生物组的全貌，获得更加真实的植物微生物群落的分类、功能等，从而深入揭示植物微生物组／群与植物病害的关系、与病原菌或生防菌的相互作用，建立可信的生防体系互作模型，为生物防治提出新思路。除了技术革新，微生物组学对植物病害微生物防治领域研究的思维模式带来了更为深远的影响，即从关注简单的二元、三元互作模式拓展至对植物微生物组全局的综合分析。例如，当界定一种微生物对植物有益或有害时，除了考察该菌株对植物本身的作用，更要考虑其如何影响了植物自身的微生物生态。当研究病原菌病理特性时，应加入对微生物组分析的步骤，不仅分析病原菌与生防菌的相互作用，还要分析病原菌与微生物组的相互影响。一些新的组学研究思路或对生防研究具有借鉴意义，如 Bai 等从模式植物拟南芥叶片和根中分离到 400 多种可培养细菌，并在拟南芥无菌苗中重建了根和叶的微生物组，开创了定义微生物组的研究模式。定义微生物组的研究思路或可被生防领域借鉴，用于在实验室条件下研究生防菌、病原菌与植物间的互作机制，更准确地揭示生防菌的防病机理。另外，生防菌对施用地植物微生物群落结构的影响也正在受到关注。一些报道称生防菌施用后，植物微生物群结构出现了变化，但也有研究表明，土壤性质、试验条件和生理特性比生防菌对根际微生物的影响更持久。Massarta 等认为如果施用生防菌一段时间后，根际微生物群落可以恢复至对照水平，那么该生防菌可定义为环境友好型生防菌剂。可见，宏基因组学等多组学技术在微生物研究中的广泛应用为生物防治机制的研究提供更深入的空间，也会使得应用领域获得更好的效果。

农业害虫生物防治　利用生物及其产物控制农业害虫的理论和技术体系，既包括发掘和利用天敌昆虫、病原微生物、植物抗虫性及其相关功能基因资源，也包括开发昆虫行为调节、寄主次生代谢物质、转基因抗虫植物以及生物工程菌剂等现代生物技术。害虫生物防治植根于昆虫系统学、病原学、病理学、生态学、行为学、信息学、生物化学与分子生物学等多学科研究的理论成果，注重生物防治资源的发掘利用，注重植物与昆虫、昆虫与天敌、昆虫与病原物互作规律的认识，注重现代生物技术的发展和利用，是克服化学防治所带来的包括害虫抗药性、天敌等有益生物被杀伤、农产品及环境被污染等不良影响，从而支撑现代绿色生态农业可持续发展的基本理论和技术系统。

害虫生物防治具有悠久的历史。中国早在 2000 多年前春秋时期的《周礼・秋官》中就记载用嘉草（即是襄荷，系一种有毒植物，有除虫作用）和莽草（为八角科的毒八角，其枝、叶和果实有毒，可杀虫）防治害虫。在《诗经》中记载：“螟蛉有子，蜾蠃负之”，这是最早关于昆虫与天敌之间相互关系的描述。在汉代《氾胜之书》中记载用艾草防治储粮害虫，艾草的艾叶中含有挥发性芳香油，有一定的杀虫灭菌作用。唐代刘恂（889—904 年）的《岭表异录》中就有世界上利用天敌昆虫防治害虫的最早记录。该事件又为西晋的嵇含《南方草木状》记载。从中国的生物防治历史中可以看出，关于生物防治的记载多、利用的生物种类多，表现了中国古代劳动人民认识自然、利用自然控制害虫达到了较高水平，且提出了生物之间“相克相生”的理论。

中国在 20 世纪 30 年代起开展了天敌引进的工作，到了 20 世纪 50 年代之后，中国先后开展了利用赤眼蜂防治甘蔗螟虫的试验，东北利用白僵菌防治大豆食心虫，湖北、湖南和四川引进大红瓢虫防治柑橘吹绵蚧，山东引进日光蜂防治苹果绵蚜均取得较好效果。进入 20 世纪 70 年代以来，中国在利用赤眼蜂防治害虫、苏云金杆菌的生产与利用方面处于世界先进水平，开展了天敌的普查，为合理利用天敌资源奠定了基础。中国先后在北京和广州建立了生物防治研究所、农业部生物防治重点实验室和国家生物防治重点实验室；创办了生物防治的学术期刊《生物防治通报》，后改为《中国生物防治》和《天敌昆虫》，出版了高等院校教材《害虫生物防治》，在很多大学设立了生物防治方向研究实验室，培养了大批生物防治专业人才，推动了中国生物防治学科的发展。

在国际上，亚里士多德（公元前 384—公元前 322 年）记载了蜜蜂病害，罗马的普凌（23—79 年）记载了几种蜜蜂病害。但直到 1706 年瓦利斯尼利才解释了早期观察的昆虫寄生现象。18 世纪有很多关于昆虫寄生方面的文献。1701 年荷兰著名科学家列文虎克描述了一种柳叶蜂的寄生昆虫。雷蒙（1734 年）的著作《昆虫史备忘录》可能最早提出害虫生物防治的概念，并提出引入草蛉卵防治蚜虫。林奈推荐引进步甲防治果园害虫，利用草蛉、瓢虫和寄生黄蜂防治蚜虫。直到 19 世纪，控制害虫的自然因素的潜在重要性才被充分认识。在此期间，欧洲、美洲关于害虫生物防治的实例记载越来越多。如意大利微生物学家巴希在 1836 年第一个提出用微生物防治害虫，巴斯德（1874 年）建议用感染家蚕的微孢子虫防治蚜虫。俄国的梅契尼柯夫（1880 年）提倡用绿僵菌防治金龟子。值得指出的是，很多科学家开始注意到寄生性昆虫在抑制害虫种群方面的作用。如奥地利科学家科勒在 19 世纪中期发表著作《防治害虫的方法》中精辟地阐述了寄生昆虫和捕食动物在限制某些害虫数量过度增长的重要性。1860—1890 年，英国、法国和俄国的科学家也发表过很多关于昆虫种群调节的生物学方面的研究报告，并且开始对具有寄生和捕食作用的昆虫进行分类描述。食物链和自然平衡的概念也逐渐形成，并且在害虫生物防治的实践中加以验证。

1888 年是害虫生物防治的里程碑。标志性事件就是美国科学家从澳大利亚成功地引进了澳洲瓢虫控制了加利福尼亚州的柑橘害虫吹绵蚧，提高并增强了害虫生物防治的功能。这个事例的成功超越了以往所有害虫防治方面的实践所取得的成就。澳洲瓢虫也被广泛地引入到许多国家，包括中国。从此天敌的引进进入了高潮，甚至到了滥用的地步。到20世纪初期，生物防治的科学实施引起了科学家的重视。美国加利福尼亚大学史密斯（1919年）首先提出了生物防治的概念，并且与哈法克、霍利维在该大学建立了生物防治系和由斯坦豪斯负责的昆虫病理实验室，编写了有关生物防治理论方面的著作。生物防治开始了科学研究和有计划的实践时期。之后进行了很多引进天敌控制害虫成功的实践。为了能够研究和开发新的生物防治理论和技术，很多国家先后设立研究机构。如1934年在美国农业部成立了“国外寄生物引入部”，负责引入天敌和引入天敌的检疫工作。到了20世纪40年代，英国成立了联邦生物防治研究所。在20世纪40～60年代生物防治尽管收到受到以DDT和“六六六”为代表的有机氯化学农药的巨大冲击，但并没有完全停顿。欧洲和美国同时产生了重新应用苏云金杆菌的兴趣，并且取得了重大突破，在20世纪50年代后期开始了商业化生产。1952年成立了国际生物防治委员会，1971年改组为国际生物防治组织，参加的国家和地区分布在世界各大洲，并且创办了官方科学杂志 *Entomophaga*。1962年《寂静的春天》（*Silent Spring*）的出版把人们从狂热的推崇化学农药威力中唤醒。生物防治重新受到重视，而且达到了新的繁荣时期，而害虫生物防治发展必将促进植物保护健康、持续地发展。

中国学者在该领域也取得了许多重要成就，包括在寄生蜂、生防真菌等天敌生物资源的调查、评价、发掘和利用，作物—害虫—天敌/病毒的多营养层及种间互作机制，以及在农田生物多样性的应用等方面。尤其在研究和调查中国主要蔬菜害虫天敌资源、阐明多种优势天敌昆虫发生规律的基础上，提出蔬菜害虫生物防治的新策略和新技术，并取得重要进展。如提出在作物系统水平上全面考虑蔬菜整个生长期和多种天敌控制主要害虫作用的新策略；创建蔬菜害虫天敌协同促增技术。通过作物套种、作物布局、植物天敌支持系统（蜜源植物、储蓄植物、诱集植物、库源植物等功能植物）的利用和协调，配合适时人工释放天敌、害虫诱捕、减量施药等技术，为天敌在不同蔬菜地间转移、存储和增殖创造有利条件，为天敌昆虫提供食物、补充寄主或营养，提供合适的栖息生境、越冬场所或产卵场所等，创造适宜天敌生存和繁衍的条件，发挥控害效能。集成创新了以有效发挥天敌控害作用为核心的害虫天敌协同促增技术体系，并在北京、山东、浙江、上海、广东等蔬菜主产区示范推广。生产实践证明，该体系操作性强，适应性广，可有效发挥寄生蜂等天敌的控害作用，控害效果达85%以上，可减少农药使用量50%以上，有力地提高了害虫生物防治技术的水平，促进了蔬菜的安全生产。

农业害虫生物防治基础研究所涉及的范围广，面临的挑战众多。近年来，中国科学家重点围绕寄生性天敌的种类、天敌携带寄生因子基本特性、生防真菌的逆境应答相关基因及其功能、植物诱导抗虫性调控防御信号物质传导和加工、媒介昆虫与携带病毒之间的互作关系等，开展了系列研究，已经取得了一批处于该领域国际学术前沿的研究进展，其应用范围也不断扩大。

从未来农业害虫生物防治的发展趋势及前沿基础研究来看，今后主要拟将从两个方面开展进一步的研究工作，即围绕寄生蜂、昆虫病原真菌等天敌基因资源的发掘和利用、作物—害虫—天敌多营养层及种间互作机制两方面，加强如下几个内容的基础性创新研究：①深入研究寄生蜂免疫抑制因子的性质与功能，深度剖析它们对寄主免疫调控的作用机理，开展调控寄主发育进程的研究。②深入发掘昆虫病原真菌与侵染、抗逆相关的基因资源，重点研究各类胁迫响应的分子遗传和细胞生物学机制，针对生防真菌胁迫响应的细胞信号网络，应用磷酸化、乙酰化的蛋白修饰组学手段，研究揭示主要信号通路的保守性、特殊性及其调控效应基因表达的规律，以深化生防真菌尤其是球孢白僵菌对复杂多样环境适应能力的认识。此外，近两年菌虫互作转录组、蛋白组、磷酸化组及乙酰化组的分析，已揭示了白僵菌中存在着高比例的假定蛋白。这些假定蛋白具有功能未知结构域或根本缺乏可辨识的结构域以及独特的后修饰模体，其中可能不乏与昆虫侵染密切关联的毒力因子，其生物学功能和表达调控机理的解析颇具挑战性，因而值得格外关注。③深入研究作物诱导抗虫反应的信号加工过程和化学效应分子的作用机理，深度剖析水稻等主要作物的诱导抗虫反应产生的早期事件以及害虫克服作物防御反应的分子基础，研究开发基于行为调控及抗虫作物的害虫防治新技术；研究烟粉虱传播双生病毒的关键因子，深入阐明病毒和烟粉虱互惠共生互作的分子机制及其如何通过对植物的防御反应中激素和次生代谢物质的影响来改变作物对病毒和粉虱的适合度，深度剖析三者互作对媒介昆虫种群增长、双生病毒病流行规律的影响过程及其机理，为发展安全、高效的双生病毒病防控技术体系提供必要的科学基础。④基于上述基础和应用基础研究，研发水稻、蔬菜和水果等作物系统中的害虫生物防治的新策略与新技术。这些研究将有力促进中国农业害虫生物防治水平的持续提升，增强中国农业害虫生物防治的学术水平、创新能力和国际影响力。

杂草生物防治 利用寄主范围较为专一的植食性动物、病原微生物或植物分泌的化感物质，将影响人类活动的杂草控制在经济、生态或环境美化上可以容许的水平以下。杂草的生物防治，也具有自然控制、自然平衡及自然调节3个基本特征。即充分利用不同物种的自然对抗作用，通过天敌对有害生物的种群密度的有效控制达到一种自然的平衡，天敌对有害生物的控制作用是可持续的。

①利用植食性动物的防治技术。利用昆虫防治杂草是该防治方法的主要组成部分。利用昆虫除草绝大多数集中在防治外来入侵杂草的工作上，而对本地杂草的控制工作则鲜有成功的案例。经过漫长的自然选择，本地杂草与天敌昆虫已处于生态平衡状态，故利用天敌昆虫对本地杂草的防治要比对外来杂草防治的可行性要小得多。昆虫食性是以虫治草能否成功的关键因子。

中国通过引进原产地天敌来防控外来杂草的主要成功案例包括：通过从美国佛罗里达引进莲草直胸跳甲对空心莲子草进行有效防治；从尼泊尔引进泽兰实蝇长期控制紫茎泽兰；引进豚草卷蛾和豚草条纹叶甲遏止豚草的蔓延，通过引进水葫芦象甲防治水葫芦的危害。

②利用微生物的防治技术。在种类繁多的杂草病原微生

物中，仅有安全、高效、强致病力的病原物，才可能成为生物微生物的候选菌。由于病原真菌具有种类多、专化性强、易被发现和获得、对农作物安全、产孢子能力强，易于实现工厂化生产等特点，是生防微生物中潜力较大的微生物。

中国杂草生防菌的研究工作开展较早，20 世纪 60 年代和 80 年代，就有利用“鲁保一号”防治菟丝子及利用“生防剂 F798”（镰刀菌）在新疆哈密有效防治瓜田列当的成功案例。截至 1996 年，中国共利用 80 余种生防菌成功防除 70 多种有害杂草，其中有希望的生防菌 36 个，极具潜力的生防菌有 19 种，主要集中于镰孢菌属、盘孢菌属、尾孢菌属和链格孢属 4 个属。

③利用植物化感物质的技术。植物化感作用已成为世界杂草生物防治领域中的新热点。如李孙荣发现小麦颖壳中分泌的天然化合物 P-OH 苯甲酸对杂草白茅具有化感作用，柏连阳等对水稻与杂草间化感，由懋正等对小麦与杂草间的化感作用进行了深入的研究。

随着研究技术的发展，关于生物多样性与农业有害生物防治又出现了新的契机。近年来国内外的研究表明，增加系统的多样性，包括遗传多样性、物种多样性，都可以显著提高系统的稳定性和生产力。朱有勇等的试验结果表明，马铃薯与玉米带状种植与对照单作相比，马铃薯晚疫病和玉米大斑病的病情指数分别平均降低 73.3% 和 26.9%，玉米螟危害降低 36.8%；玉米与大豆带状种植与对照单作相比，玉米大小斑病和大豆叶斑病（锈病、炭疽病和细菌性斑疹病）的病情指数分别平均降低 21.6% 和 19.4%；小麦与蚕豆带状种植与对照单作相比，小麦条锈病和蚕豆褐斑病的病情指数分别平均降低 16.7% 和 23.6%。2004 年至 2007 年在弥勒虹溪、玉溪红塔和石屏龙蓬等地进行了马铃薯与玉米、烟草与玉米、甘蔗与玉米、小麦与蚕豆等作物搭配控制病害同田小区试验。试验结果表明，马铃薯提前播种与玉米推后播种搭配带状种植处理与对照净栽相比，马铃薯晚疫病的病情指数平均降低 76.1%，玉米大斑病的降低 26.75%。烟草与玉米搭配条带轮作处理与对照净栽相比，连续轮作 3 年后，烟草黑胫病病情指数降低 88.3%，玉米大斑病病情指数降低 18.4%。

在农业生产中，有害生物的生物防治是病虫害综合治理的重要内容之一，属于一种无公害防治技术。在防治有害生物与提高农产品质量的同时，可有效地保护农业生产环境，有利于植物有害生物的可持续控制，是绿色食品生产所需要的技术。随着世界各国对生态农业、有机农业、食品安全及环境保护与人类健康发展需要的不断增强，生物防治科学研究正在迅速发展，可以预料，未来对生物防治的技术和产品都还会大幅度增加。

参考文献

陈学新，冯明光，娄永根，等，2017. 农业害虫生物防治基础研究进展与展望 [J]. 中国科学基金，31(6): 577-585.

李正跃，2010. 生物多样性与害虫综合治理 [M]. 北京：科学出版社.

骆世明，2010. 农业生物多样性利用原理与技术 [M]. 北京：化学工业出版社.

吴云锋，2008. 植物病虫害生物防治学 [M]. 北京：中国农业出版社.

朱有勇，2007. 遗传多样性与作物病害控制 [M]. 北京：科学出版社.

BAI Y, M FILLER D B, SRINIVAS G, et al, 2015. Functional overlap of the Arabidopsis leaf and root microbiota[J]. Nature, 528 (7582): 364-369.

ZHU Y Y, CHEN H R, FAN J H, et al, 2000. Genetic diversity and disease control in rice[J]. Nature, 406(6797): 718-722.

（撰稿：李成云；审稿：朱有勇）

生物防治的应用策略 biological control basic strategies

害虫生物防治的应用策略和主要途径包括外地天敌引入、本地天敌的保护利用和天敌的繁育释放 3 种方式。①外地天敌的引入。包括国际引种、国内移植和近地助迁，主要是由于昆虫群落的分布具有局域性所引发。当一种外来害虫由于人为因素被偶然带入时，其有效天敌可能没有随之传入，或者虽为本地害虫，但当地缺乏有效天敌控制时，可以考虑从害虫的原产地或不同地区引入近缘种或同种天敌用于害虫防治。这种从外地引入天敌防治害虫的方式被称为经典生物防治（或称传统生物防治）。这方面最典型的例子是 19 世纪后期，美国从澳大利亚引进澳洲瓢虫防治柑橘吹绵蚧。②本地天敌的保护利用。旨在提高本地天敌的自然控制作用，将害虫的危害控制在允许的经济损失水平以下。具体做法见保育生物防治。③天敌的繁育释放。本地天敌数量较少不足以控制害虫种群且害虫有可能大发生时，或新引入少量天敌时，需要通过人工的方法在室内大量繁育以用于田间释放。用于人工繁育的天敌种类要事先明确其生物学特性，对当地生态环境的适应性，对靶标害虫控害效能和非靶标昆虫效应，也要对其人工繁育所需的条件，特别是对寄主或替代寄主的选择性等因素加以考虑。对于微生物杀虫剂等生物农药，其使用方法可参考化学农药的使用。

此外，生物防治除了单独使用之外，还应当注重与其他防治措施的综合协调，如加强农业防治措施进行轮作、间作，使用抗性品种，结合物理防治方法，选择性及合理使用化学农药等。

（撰稿：刘银泉；审稿：刘树生、杨忠岐）

生物防治效果评价 evaluation of biocontrol efficacy

对生物防治措施实施后所产生的结果的综合评估。最重要的评估标准是：天敌的寄生或捕食能否减少或免除害虫对植物的危害，从而使植物的经济性状得到有效保护。自从生物防治措施诞生以来，就出现了多种防治效果的评价方法。DeBach 和 Huffaker 根据对引进天敌的研究，利用实验技术对天敌的作用进行评价。Varley 和 Gradwell 应用数学模型对致死因子和密度相互关系进行了分析，并利用生命表方法研究了影响害虫种群变化的关键因子。庞雄飞等利用生命表及Morris-Watt数学模型作为分析害虫天敌相互作用的方法。Luck等建立了6种实验技术来评估节肢类天敌的作用。以上方法各有侧重，都是相对科学合理评价生物防治效果的方法。另外还有一些直接套用化学防治效果评价的方法，评估的结果主要是防治措施的短期效应，很难全面合理评价生物防治的持续作用。生物防治效果评价方法各异，各自具有优缺点，在没有建立起被大多数同行专家所接受的评价系统之前，生物防治的效果评价仍在沿用以前的方法。主要有以下几种。

利用被保护植物或靶标害虫的变化评价　①以植物被害程度作为指标的计算方法：对照区植物受害程度；处理区植物受害程度。②以害虫数量变化作为评价指标：由于被寄生、捕食或被病原微生物的侵染导致的虫口减少，用Abbott公式对虫口减退率进行校正：

方法①不能直接反映出生防物对害虫本身的效果，对于一些危害症状不明显的害虫也不适用。而以害虫数量作为指标的评价方法②应用范围广，可直接反映出生防物的控制效果。不管是以植物被害程度变化，还是害虫数量变化作为评价指标，仅能反映采取措施后短期内的效应，并未体现出这些措施对害虫种群持续控制作用。虽然这种方法评价生物防治效果存在诸多缺点，但由于操作简单易行，是目前比较常见的评价方法。

生命表技术　Morris和Watt等学者在20世纪50～60年代将生命表技术成功应用于昆虫种群的研究，提出了种群趋势指数模型，以下代种群数量与当代种群数量的比值作为定量指标，预测种群数量的变动。通过设置天敌释放区和未释放天敌的对照区，对2个区域内害虫的种群建立生命表，计算靶标物种的种群趋势指数进行比较，就可以定量研究生物防治的效果。

①庞雄飞等利用生命表结合Morris-Watt数学模型，建立了作用因子组配的生命表评价天敌控制效果。记录了自然条件下稻纵卷叶螟（*Cnaphalocrocis medinalis* Guenee）各虫期的存活率，评价了不同自然天敌的作用：即在各虫期和各龄期中，先计算各虫期内被捕食后的存活率，再以被捕食后的存活基数统计被寄生后的存活率，随后以被捕食及被寄生后的基数统计因病死亡后的存活率。这样的统计方法可把各虫期的死亡因子排成序列，每一单元构成一个组分，利于组分分析。假设在各组分中，其中一个组分没有引起死亡（这个组分为评价对象存在时害虫的存活率），那么此时的种群趋势指数的值就会发生变化，无须设置对照区，适于评价天敌种群建立以后的生物防治区。此方法还可评价多种因素同时存在，各个不同因素所起的控制作用。魏建荣等利用种群生命表评价了周氏啮小蜂（*Chouioia cunea* Yang）对美国白蛾（*Hyphantria cunea* Drury）连续2年共4个世代的控制作用，对照区的害虫种群趋势指数值大大高于天敌释放区，说明了释放天敌对靶标物种美国白蛾种群的影响。作用因子组配的生命表中，仅考虑了靶标物种存活率、产卵量及雌性比，适合于世代分离或世代重叠不严重的种群，另外这种生命表未考虑到致死因子之间的互作导致的增效和减效作用。

②对于世代重叠明显的靶标物种，可组建特定年龄生命表来分析天敌的控害作用。世代重叠的种群，影响其数量增长的内在特征不再局限于各虫期的死亡率、产卵量和雌性比，性成熟的快慢、生殖率的高低可显著影响其种群增长的速率。组建此类生命表一般采用不同世代分离观察的方法，在蚜虫上应用，当母代进入成蚜产卵时，留下若蚜作下一代的起始虫源，将母代成蚜移至另一观察区，直到消亡为止。连续观察数个世代。计算出各个因素在不同世代的关键因子K值、种群趋势指数I值、内禀增长率r_m和净生殖力R_0。然后采用欧氏距离系数法对各个世代的多个因素的K值进行分析，可得到天敌的控害作用。

间接方法　魏建荣和牛艳玲对利用寄生性天敌对蛀干性害虫的生物防治效果进行了评价，采用一种间接的方法，没有统计天敌寄生率或靶标害虫的死亡率。而是设置对照区和试验区，连续3年统计2个区域光肩星天牛（*Anoplophora glabripennis* Motschulsky）新鲜排粪孔的增加或减少量来评估生物防治的效果。对于生活史较长的林木害虫与天敌昆虫，实施长期、定点的系统调查，才能得到令人信服的评价结果，此方法适用于隐蔽性危害的有害生物防治效果评价。

生态能学方法　戈峰和欧阳芳提出捕食性天敌完全依靠捕食猎物（害虫）而获取能量。捕食性天敌摄入的能量就相当于猎物（害虫）的被捕食消耗量。由此可通过研究捕食性天敌和害虫种群的能量动态，定量分析捕食性天敌对害虫的控制作用。此方法从捕食性天敌对害虫能量摄入和利用的角度，以能量为统一单位，将田间害虫、天敌种群密度、年龄结构、生存率及所含能量等综合成为种群能量动态，可反映其能量流的变化及其对害虫的控制作用，从而能客观地评价捕食性天敌在生态系统中的作用与地位，可定量评价捕食性天敌对害虫的控制作用。

食痕法及标记法　食痕法是依据天敌捕食或寄生的痕迹进行评估的方法。这里的“痕迹”主要是指化学痕迹，所用的方法包括血清学、单克隆抗体及基因探针等方法。这类方法主要是用于定性研究（见食痕法及标记法）。

天敌排除或添加法　通过在害虫生境中去除或添加天敌，然后系统观察和比较天敌存在与否时害虫种群数量的变化，这是一类定量研究的方法。天敌排除法有物理排除法、杀虫剂排除法等，将某种天敌从害虫生境中除去，然后系统调查害虫在没有该天敌时的种群增长和危害情况。而添加法就是将一定数量的天敌人为释放到害虫所在的生境，然后观察天敌对害虫的寄生或捕食效果，并系统调查害虫种群的增长和危害情况。在天敌和害虫共存的生境中，可以通过笼罩或使用选择性杀虫剂将天敌排除，或用笼罩将一定数量的害虫和天敌阻闭在一定空间，观察害虫及其天敌的数量消长。

稳定同位素方法　欧阳芳等利用稳定同位素^{13}C标记手段，结合室内控制实验和野外田间试验两种途径，来识别在由棉花和玉米组成的农田景观系统中，龟纹瓢虫（*Propylea japonica* Thunberg）的食物是来源于棉花害虫还是玉米害虫，并估算其捕获两类作物害虫的比例。具体包括：①棉花—棉蚜—龟纹瓢虫和玉米—玉米蚜—龟纹瓢虫两条食物链稳定同位素碳值$\delta^{13}C$和分馏值$\Delta\delta^{13}C$的变化。②龟纹瓢虫$\delta^{13}C$值与取食不同蚜虫组合比例的定量关系。③棉花和玉米农田景观系统中的龟纹瓢虫 δ13C 值与取食比例。④稳定同位素特征值分析。

害虫增长指数与时间的超越函数定积分方法 邹运鼎等利用此方法评价了自然界天敌对蚜虫的综合控制作用。定期调查蚜虫的种群数量，得到蚜虫的消长规律，将第一次调查的蚜虫数量作为基数，其后调查的数量除以基数即可得增长指数，调查日期数量化以后与增长指数进行拟合建模，再根据超越函数定积分公式进行定向积分，可得积分值。在生物防治效果评价中，可设置对照区和处理区，比较二者的积分值即可得防治效果。本方法应用面较窄，仅适用于特定条件，难以作为普适的评价方法。

总的来说，生物防治技术要得到全面发展，必须科学合理地评估生物防治的效果。生物防治注重在以整个农林生态系统中生物群落各个功能团为调节单元的基础上，通过保护利用本地的有益生物，改善和增强有益生物的因子，或引入、增殖与释放外来天敌，建立新的制约因子，促使益害生物种群达到一种生态平衡，从而长期有效地防止有害生物暴发与危害。生物防治效果评价指标应从群落功能的层次上选择，例如天敌功能团抑害调节作用、对有害生物抑制的整体效应、可能导致整个生态系统不稳定或失控的生态副作用等。

参考文献

刘树生，2004. 天敌动物对害虫控制作用的评估方法及其应用策略 [J]. 中国生物防治，20(1): 1-7.

潘文亮，张兴，1988. 杀虫剂田间药效的计算 [J]. 植物保护，14(2): 32-34.

庞雄飞，梁广文，曾玲，1984. 昆虫天敌作用的评价 [J]. 生态学报，4(1): 46-56.

万方浩，叶正楚，郭建英，等，2000. 我国生物防治研究的进展及展望 [J]. 昆虫知识，37(2): 65-74.

魏建荣，牛艳玲，2011. 西安城区环境中释放花绒寄甲成虫对光肩星天牛的生物防治效果评价 [J]. 昆虫学报，54(12): 1399-1405.

戈峰，欧阳芳，2014. 定量评价天敌控害功能的生态能学方法 [J]. 应用昆虫学报，51(1): 307-313.

DEBACH P, HUFFAKER C B, 1971. Experimental techniques for evaluation of the effectiveness of natural enemies[M]// HUFFAKER C B. Biological control. US: Springer.

LUCK R F, SHEPARD B M, KENMORE P E, 1988. Experimental methods for evaluating arthropod natural enemies.[J]. Annual review of entomology, 33(1): 367-389.

MORRIS R F, 1963. Predictive population equations based on key factors[J]. Memoirs of the entomological society of Canada, 95(S32): 16-21.

VARLEY G C, GRADWELL G R, 1971. The use of models and life tables in assessing the role of natural enemies[M]. Berlin: Springer: 93-112.

WATT K E F, 1961. Mathematical models for use in insect pest control[J]. Memoirs of the entomological society of Canada, 93(S19): 1-62.

（撰稿：张彦龙；审稿：王小艺）

生物膜 biofilm

细菌菌体黏附在一起或附着在生命或非生命物体表面，并由自身产生并分泌的胞外大分子将菌体包埋而形成的一种立体结构。生物膜中主要成分为水、菌体和胞外多糖，包含蛋白质、核酸、肽聚糖和磷脂等细菌分泌的大分子多聚物以及吸附的营养物质和代谢产物及细菌裂解产物等。细菌主要以生物膜的形态存在于在自然界中，在生物膜内具有相同遗传基因的细胞能够表达不同的基因，从而产生不同功能共存的细胞群体，增强细菌对不良环境，如干旱、极端 pH、抗生物质等的抵抗能力，使其维持较高的群体数量。生物膜的作用机理主要有以下三方面：①生物膜胞外多糖、蛋白等物质构成了类似栅栏的组织，有效提高了细菌对抗生素和对寄主免疫反应的抵抗能力。②生物膜中的细胞之间能够通过自然感受态或是其他方式进行基因转移和交换，以此来适应环境压力和增加其种群的多样性。③生物膜的形成增加了存留细胞的比例，这类细胞在基因上没有任何突变，但是细胞停止增殖且毒力—抗毒力系统表达量升高，阻止了抗生素结合靶标，从而产生抗药性。

在生物膜内，具有相同遗传基因的细胞能够表达不同的基因，从而产生不同功能共存的细胞群体。生物膜的形成主要有 5 个阶段：细胞表面黏附；单层细胞群体形成；多层细胞群落形成；生物膜成熟；生物膜消散。不同的培养条件下，生物膜的形态不同，如在气—固交界面的菌落生物膜，气—液交界面浮游的生物膜（又名 pellicle）、液—固交界面形成的附着在固体表面的生物膜等。枯草芽孢杆菌（*Bacillus subtilis*）已经作为研究革兰氏阳性细菌生物膜形成的一个模式菌株，其生物膜主要成分为胞外多糖和胞外蛋白 TasA，分别由 *epsA-O* 操纵子和 *tapA-sipW-tasA* 操纵子合成并分泌到胞外。已报道的枯草芽孢杆菌生物膜形成受到复杂信号转导网络的调控，主要包括 Spo0A/AbrB、SinR/SinI、SlrR/SlrA、DegU/DegS 以及 YwcC，并明确了它们分别在生物膜形成过程中的作用（见图）。研究报道生物膜形成主要途径保守并且通过 c-di-GMP 信号途径调控生物膜的形成。

在植物病害生物防治中，生防细菌有效定殖于植物根际并在植物根际保持较高的群体数量是生防菌发挥作用的重要前提。生物膜与生防菌的根际定殖能力相关，如作为重要的植物病害生防细菌荧光假单胞（*Psmdomonas fluorescens*）、恶臭假单胞（*Pseudomonas putida*）等假单胞属细菌，能够在植物根围形成稳定的生物膜同时释放抑菌物质，从而有效控制病原菌的侵染。生防枯草芽孢杆菌 NCD-2 具有较强的生物膜形成和根际定殖能力，能有效防治棉花立枯病，而丧失了生物膜形成能力的 *ywbB* 基因突变子显著降低了对棉花立枯病的防治效果。另外，生物膜在植物病原细菌的抗逆性和致病性中也起着重要作用。根癌土壤杆菌（*Agrobacterium tumefaciens*）生物膜突变体降低了根癌土壤杆菌在根部的附着数量，导致其致病力也明显降低。

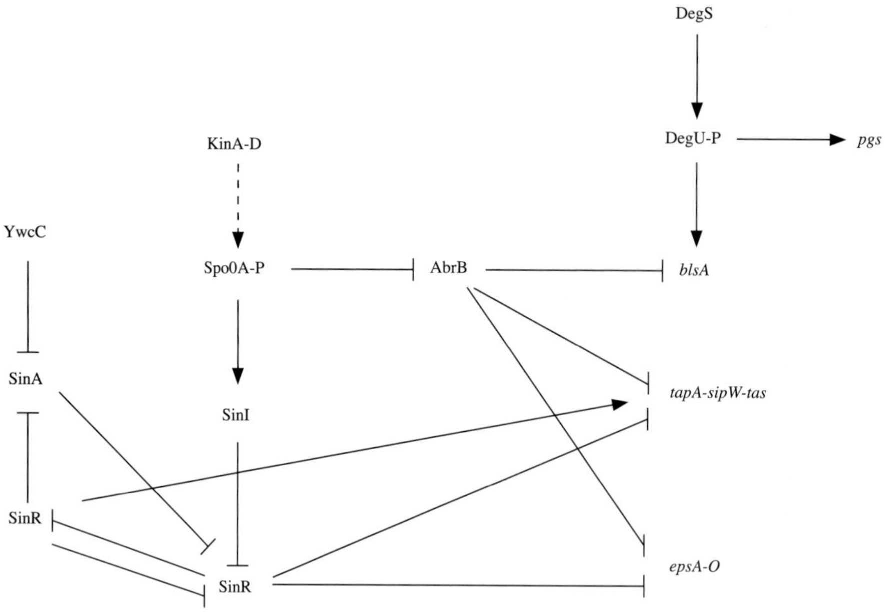

枯草芽孢杆菌中生物膜调控网络示意图

参考文献

陈云，2012. 枯草芽孢杆菌生物膜在青枯病生防中的功能研究及 Cyclic-di-GMP 信号通路初 [D]. 南京：南京农业大学.

郭庆港，吴园园，李社增，等，2013. ywbB 基因对枯草芽孢杆菌 NCD-2 菌株生物膜形成和根际定殖能力的影响 [J]. 植物保护学报，40(1): 45-50.

王培培，郭庆港，李社增，等，2016. 群体感应调控因子 ComA 对枯草芽孢杆菌 NCD-2 抑菌物质产生和生物膜形成的影响 [J]. 植物保护学报，43(2):193-200.

ANDERSON G G, O'TOOLE G A, 2008. Innate and induced resistance mechanisms of bacterial biofilms[J]. Current topics in microbiology and immunology, 322: 85-105.

BIANCIOTTO V, ANDREOTTI S, BALESTRINI R, et al, 2001. Mucoid mutants of the biocontrol strain pseudomonas fluorescens CHA0 show increased ability in biofilm formation on mycorrhizal and nonmycorrhizal carrot roots[J]. Molecular plant-microbe interactions, 14(2): 255-260.

BRANDA S S, GONZÁLEZ-PASTOR J E, BEN-YEHUDA S, et al, 2001. Fruiting body formation by *Bacillus subtilis*[J]. Proceedings of the National Academy of Sciences of the United States of America, 98(20): 11621-11626.

DANHORN T, HENTZER M, GIVSKOV M, et al, 2004. Phosphorus limitation enhances biofilm formation of the plant pathogen Agrobacterium tumefaciens through the PhoR-PhoB regulatory system[J]. Journal of bacteriology, 186(14): 4492-4501.

FAGERLUND, et al, 2014. SinR controls enterotoxin expression in *Bacillus thuringiensis* biofilms[J]. PLoS ONE, 9(1): e87532.

KOBAYASHI K, 2008. SlrR/SlrA controls the initiation of biofilm formation in *Bacillus subtilis*[J]. Molecular microbiology, 69(6): 1399-1410.

LEWIS K, 2005. Persister cells and the riddle of biofilm survival[J]. Biochemistry (Mosc), 70(2): 267-274.

MAH T C, O'TOOLE G A, 2001. Mechanisms of biofilm resistance to antimicrobial agents[J]. Trends in microbiology, 9(1): 34-39.

MASAAKI M, SHINJI K, MITSURU H, et al, 2006. Biofilm formation by a *Bacillus subtilis* strain that produces gamma-polyglutamate[J]. Microbiology, 152(9): 2801-2807.

O'TOOLE G, KAPLAN H B, KOLTER R, 2000. Biofilm formation as microbial development[J]. Annual review of microbiology, 54(1): 49-79.

ROMLING U, KJELLEBERG S, NORMARK S, et al, 2014. Microbial biofilm formation: a need to act[J]. Journal of internal medicine, 276(2): 98-110.

STEWART P S, FRANKLIN M J, 2008. Physiological heterogeneity in biofilms[J]. Nature reviews microbiology, 6(3): 199-210.

SUTHERLAND I W, 2001. The biofilm matrix-an immobilized but dynamic microbial environment[J]. Trends in microbiology, 9(5): 222-227.

VERHAMME D T, KILEY T B, STANLEY W N, et al, 2007. DegU co-ordinates multicellular behaviour exhibited by *Bacillus subtilis*[J]. Molecular microbiology, 65(2): 554-568.

VLAMAKIS H, CHAI Y, BEAUREGARD P, et al, 2013. Sticking together: building a biofilm the *Bacillus subtilis* way[J]. Nature reviews microbiology, 11(3): 157-168.

WANG P P, GUO Q G, MA Y N, et al, 2015. DegQ regulates the production of fengycins and biofilm formation of the biocontrol agent *Bacillus subtilis* NCD-2[J]. Microbiological research, 178: 42-50.

S

WATNICK P, KOLTER R, 2000. Biofilm, City of Microbes[J]. Journal of bacteriology, 182(10): 2675-2679.

（撰稿：王培培；审稿：马平）

时间循环扰乱效应 time cycling interruption effect

特定的作物进行多样性配置种植，或将某种对主要害虫具有强烈诱集作用的植物按一定比例在农田周围种植，能够推迟害虫进入靶标作物或作物田的时间，使害虫危害的高峰期错过了靶标作物的受害敏感期，从而减少了作物的受害程度。同时，特定作物的多样性种植，也能减少害虫在目标农田中的定殖时间，从而降低害虫对靶标作物的危害。

如棉田提前14天播种早熟和晚熟大豆，褐臭蝽（*Euschistus serous*）和稻绿蝽的危害高峰期与大豆荚饱满至早熟期相吻合；陕西大荔4月上旬棉田春播油葵，油葵花盘形成到子实灌浆，正是棉盲蝽、棉铃虫一代成虫羽化迁飞及二代幼虫危害盛期，诱集成效显著。棉田种植玉米的抽雄期、吐丝期与棉铃虫的发生期相吻合，使棉铃虫在玉米上产卵，减少了在棉花上的产卵量。另外，分批分期播种对靶标害虫具有诱集作用的植物，同时使诱集植物适合的物候期与目标害虫发生期同步，就扰乱了靶标害虫对靶标作物的取食或产卵选择性，从而减少了对靶标作物的危害。

小麦与棉花套种后，因小麦阻挡了棉蚜（*Aphis gossypii* Glover）有翅蚜迁入棉田，从而使棉蚜推迟发生10～12天。此外，小麦与棉花套种后使棉花的生育期推迟，而由于二代棉铃虫［*Helicoverpa armigera*（Hübner）］具有集中在发育早、现蕾多的棉田产卵的习性，因而小麦与棉花套种使二代棉铃虫在田间的落卵量减少20%～50%，从而使棉花的受害减轻。

参考文献

贾存立，李淑华，李秀云，等，2001. 麦套棉田害虫种群动态及其综合防治技术[J]. 植保技术与推广，21(12): 16-18.

李明清，汤蔓筠，刘付森，等，1995. 麦套棉田害虫天敌的生态效应及保护措施[J]. 中国棉花，22(9): 31-32.

李巧丝，郭小奇，1999. 小麦棉花套种对棉铃虫发生的影响及治理对策[J]. 河南农业科学(3): 20-21.

刘芳政，1997. 论棉铃虫与新疆植棉业的持续发展[J]. 新疆农业大学学报，20(1): 1-6.

田坤发，刘卫民，2000. 小麦田害虫自然控制讨论[J]. 湖北植保(1): 17-18.

王厚振，陈宏，王恩义，等，1995. 小麦棉花套种有利于控制棉铃虫发生[J]. 昆虫知识，32(3): 137-138.

王厚振，孙玲，王恩义，1989. 麦套棉田病虫发生特点及综合防治措施[J]. 农业科技通讯(4): 25-26.

王厚振，赵洪亮，苏加岱，等，1993. 小麦棉花套种对棉花害虫的生态效应[J]. 植物保护学报，20(2): 163-167.

岳忠兴，1997. 春播油葵对棉盲蝽，棉铃虫诱集效果的观测[J]. 植保技术与推广，17(3): 25-26.

赵洪义，赵新建，李爱民，等，1996. 麦套棉田病虫发生特点及综防措施[J]. 中国棉花，23(10): 34-35.

赵建周，杨奇华，谢以铨，1987. 麦棉套种对棉花虫害的影响[J]. 中国棉花，14(2): 41-43.

（撰稿：陈斌；审稿：陈国华）

实验种群观察法 observation on experimental population

在室内或田间笼罩半自然条件下建立实验种群，然后观察天敌对害虫的寄生或捕食作用。如按功能反应试验的方法观察天敌寄生或捕食量随害虫种群密度的变化，或在一定空间内按一定的量和比例接入害虫和天敌，然后系统观察害虫和天敌的种群数量消长。实验种群观察起来比较方便，可针对一个或几个因子的作用做详细观察，如将功能反应与温度的作用结合起来试验。实验种群的结果可为了解自然界的捕食作用提供参考，但往往不能对天敌控害作用的定量评估提供有说服力的证据。

（撰稿：刘银泉；审稿：刘树生）

食虫瓢虫 entomophagous ladybird beetles

鞘翅目瓢虫科。根据食性，瓢虫可分为三大类：植食性瓢虫、菌食性瓢虫和肉食性瓢虫（食虫瓢虫）。中国记录约有560种食虫瓢虫，其捕食对象主要包括蚜虫、叶螨、蚧虫、粉虱、木虱、叶蝉以及其他小型节肢动物，为农林业的重要天敌昆虫。

生物学习性 多数食虫瓢虫一年可发生3～8代。以成虫在隐蔽场所越冬，温气达到10°C左右时，开始活动取食，雌虫常多粒聚集或单粒分散产于猎物害虫附近。成虫和幼虫常取食相同食物，但成虫取食一般为咀嚼，固体与液汁一并吞咽，仅弃去硬化部分。幼虫则多在猎物体壁割裂孔口而吸尽体液，遗留残壳，故幼虫所需的营养范围更窄。在食物缺乏的情况下，常有自相残杀的习性。在室温27°C条件下，食虫瓢虫一般完成一个世代需要20天左右，其中卵期约为3天，幼虫期约为10天，蛹期约为7天，成虫寿命最高可达半年。主要通过培养寄主昆虫和合成半人工饲料的方式进行人工培养。

人工繁育与释放利用 生产上主要通过人工助迁、人工繁殖和保护利用食虫瓢虫来防治害虫。1888年，澳洲瓢虫从大洋洲引入美国，以防治当时严重危害柑橘的吹绵蚧，释放后的第二年，吹绵蚧的种群数量明显下降。随后，又引入到其他热带和亚热带地区，也都取得长期控制吹绵蚧的良好效果，成为引进天敌的第一个著名成功范例。在中国引进试验并取得成功瓢虫的有2种，分别是澳洲瓢虫（*Rodolia cardinalis*）和孟氏隐唇瓢虫（*Cryptolaemus montrouzieri*）。澳洲瓢虫原产于澳大利亚，1955年通过苏联植物检疫室引入广州，并于1957年开始散放用于防治吹绵蚧，取得良好控制效果。孟氏隐唇瓢虫原产于澳大利亚东部，也于1955年通过苏联植物检疫室引入广州，1955—1964年在华南农学院和中南昆虫研究所进行繁殖与散放研究，研究显示对橘粉蚧嗜橘粉蚧等具有良好的控制效果。同时，中国浙江、福建、湖南及贵州等地引移大红瓢虫控制吹绵蚧，均获得成功。华北地区长期利用七星瓢虫防治绵蚜，也取得显著防治效果。

食虫瓢虫共分为7亚科48属。

分类

瓢虫亚科（Coccinellinae） 一般体中到大型，体色鲜艳，背面光滑无毛，常具红、黑或黄色斑点，下颚须末节斧状，触角11节，跗爪端节2节。主要捕食蚜虫。包括显盾瓢虫属（*Hyperaspis*）、长足瓢虫属（*Hippodmia*）、异点瓢虫属（*Anisosticta*）、长瓢虫属（*Macronaemia*）、多异瓢虫属（*Adoina*）、兼食瓢虫属（*Verania*）、月唇瓢虫属（*Chilomenes*）、新丽瓢虫属（*Syina*）、盘耳瓢虫属（*Coelophora*）、短锤瓢虫属（*Oenopia*）、突肩瓢虫属（*Synonycha*）、异色瓢虫属（*Harmonia*）、奇斑瓢虫属（*Ballia*）、纤丽瓢虫属（*Callineda*）、壮丽瓢虫属（*Canicaria*）、大瓢虫属（*Anisolaemnia*）、异斑瓢虫属（*Aiolocaria*）、眼斑瓢虫属（*Aanits*）、大丽瓢虫属（*Adalia*）、和谐瓢虫属（*Synharmoina*）、瓢虫属（*Coccinella*）、长隆瓢虫属（*Coccinula*）、梅鹿瓢虫属（*Sospita*）、裸瓢虫属（*Calvia*）和龟纹瓢虫属（*Propylaea*）。

盔唇瓢虫亚科（Chilocorinae） 体小至中型，周缘卵圆型至卵形，鞘翅外缘向外平展甚宽，背面被毛或光滑，触角着生于头部腹面，唇基包围复眼前缘，跗爪端节一节或两节。主要捕食蚧虫。包括纵条瓢虫属（*Brumoides*）、光缘瓢虫属（*Exochomus*）、细须唇瓢虫属（*Phaenochilus*）、盔唇瓢虫属（*Chilocorns*）、广盾瓢虫属（*Platynasps*）和寡节瓢虫属（*Telsimia*）。

红瓢虫亚科（Coccidulinae） 体中型，前胸背板常窄于鞘翅基缘，其后角钝圆，与鞘翅基缘不紧密衔接，跗爪端节常仅有一节。专食绵蚜和粉蚧；单个卵产于猎物卵上或附近。包括粗眼瓢虫属（*Coccidula*）、粒眼瓢虫属（*Sumnius*）、红瓢虫属（*Rodolia*）和短角瓢虫属（*Novius*）。

隐胫瓢虫亚科（Aspidimerinae） 体小至中型，体背面被毛，下颚须末节斧状，两侧向末端宽展，或近于平行，唇基不遮盖触角基部，跗节三节式。主要捕食蚜虫和蚧虫；单个卵产于捕食者附近。常见的主要有隐胫瓢虫属（*Aspidimerus*）和隐势瓢虫属（*Cryptogonus*）。

小毛瓢虫亚科（Scymninae） 体微小至小型，少数中型，背面密被细毛，前胸背板近基部处最宽，下颚须斧状，两侧先前收窄，触角着生于复眼之前。主要捕食蚜虫、叶螨、蚧虫和粉虱。主要包括食螨瓢虫属（*Stethorus*）、刻眼瓢虫属（*Ortalia*）、隐唇瓢虫属（*Cryptolaemus*）、方突毛瓢虫属（*Pseudoscymns*）和小毛瓢虫属（*Scymnus*）。

小艳瓢虫亚科（Sticholotinae） 体小至微小，背面被毛或光滑，鞘翅瓢形或突肩形，下颚须末节锥形、卵形或向末端收窄的筒形，触角基部不被唇基所遮盖。主要捕食蚜虫、叶螨、蚧虫、粉虱。常见的主要有彩瓢虫属（*Plotina*）、小艳瓢虫属（*Sticholotis*）、环艳瓢虫属（*Jauravia*）、毛艳瓢虫属（*Pharoscymnus*）和刀角瓢虫属（*Serangium*）。

四节瓢虫亚科（Lithophilinae） 体小至中型，长卵形，体背密被细毛，跗节四节式。专食绵蚜和粉蚧。四节瓢虫属（*Lithophilus*）为该亚科唯一属。

自然界中也存在食虫瓢虫的天敌。已记录的寄生性天敌大约有160种，其中主要属于膜翅目（Hymenoptera）和双翅目（Diptera）。食虫瓢虫在所有发育阶段都会受到寄生性天敌的攻击，其中以幼虫期与蛹期居多，而卵期与成虫期寄生性天敌比较罕见。寄生性昆虫主要有伐蚤蝇（*Phalacrotophora philaxyridis*）、瓢虫啮小蜂（*Tetrastichus coccinellae*）、瓢虫茧蜂（*Perilitus coccinellae*）和瓢虫隐尾跳小蜂（*Homalotylus flaminus*）。已知寄生瓢虫的螨类有14种，且均属于*Coccipolipus*属。寄生食虫瓢虫的线虫有Steinernematidae、Heterorhabditidae和Allantonematidae几个科，但在野外仅发现丝线虫科（Mermithidae）和Allantonematidae会对瓢虫寄生，且寄生率不高。已知寄生瓢虫的真菌种类有：球孢白僵菌（*Beauveria bassiana*）、绿僵菌（*Metarhizium anisopliae*）和虫囊菌（*Laboulbenia vulgaris*）。在生产应用上，应注意天敌对食虫瓢虫的影响，以免降低其防治效果。

参考文献

庞雄飞，毛金龙，1979. 中国瓢虫科的分类概要[J]. 昆虫天敌，2(2): 13-27.

沈新兰，沙宪兰，舒晓晗，等，2018. 异色瓢虫非同胞间食卵自相残杀对成虫生殖力的影响[J]. 昆虫学报，61(2): 240-245.

EVANS E W, 2009. Lady beetles as predators of insects other than Hemiptera[J]. Biological control, 51(2): 255-267.

HUSBAND R W, 1984. The taxonomic position of *Coccipolipus* (Acarina: Podapolipidae), a genus of mites which are parasites of ladybird beetles (Coccinellidae)[J]. Acarology VI editors, DA Griffiths and CE Browman, 98(3): 328-336.

SNYDER W E, BALLARD S N, YANG S, et al, 2004. Complementary biocontrol of aphids by the ladybird beetle *Harmonia axyridis* and the parasitoid *Aphelinus asychis* on greenhouse roses[J]. Biological control, 30(2): 229-235.

（撰稿：暴可心；审稿：王小艺）

食痕法及标记法 food trace and marking

食痕法是依据天敌捕食或寄生的痕迹进行评估的方法。这里的"痕迹"主要是指化学痕迹，所用的方法包括血清学、单克隆抗体及基因探针等。这类方法主要是用于定性研究，但随着技术的进步，其中一些也越来越多地用于定量研究。标记法是将染料、稀有元素或放射性同位素标记猎物，释放到田间，在一定时间后从田间采集捕食性动物，检测其体内是否带有标记物。但此方法因其潜在的环境污染风险，较少使用。

血清学方法用于捕食关系的研究已有50多年的历史。其基本步骤是：①将食饵昆虫的蛋白质注射到合适的实验哺乳动物体内，使之形成抗体。②按一定的方法将抗体与捕食性动物消化道内的食物发生反应。如果该捕食性动物捕食了目标食饵昆虫，就会表现正的反应，即抗原抗体反应。主要包括沉淀法（又可分为试验沉淀测试、毛细管沉淀测试、简单辐射免疫扩散法、双扩散法、免疫电泳法等）、凝集法和酶联免疫吸附测试法（ELISA）等。其中酶联免疫吸附测试是最新的血清学方法，它将抗原、抗体的免疫反应和酶的高效催化反应有机地结合应用，具有灵敏度高、特异性强、适于大规模测试田间样品等特点。

单克隆抗体的应用也是评估捕食作用的技术之一。单克隆抗体是由1个抗体产生细胞与1个骨髓瘤细胞融合而产生的杂交瘤细胞经无性繁殖（克隆）而来的细胞群所产生的，与传统的抗体，即多克隆抗体相比，具有以下优点：①同质性，即免疫球蛋白属同一类别，质地均一。②特异性和亲和力高，由于单克隆抗体针对单一抗原决定簇并经无性繁殖产生，故特异性高、亲和力一致。由于单克隆抗体技术的特异性强，可准确地将猎物鉴定到种，甚至同种猎物的不同发育阶段。

基因探针是可以克隆增殖并进行标记的DNA或RNA片段，这些DNA或RNA片段的核苷酸排列是已知的。因此，可通过核苷酸序列的相互识别来确定捕食关系。应用基因探针的优点是DNA在种间具有高度的特异性，易于准确地鉴定猎物种类，而且核酸技术已很成熟，许多试验过程通过使用商品化的试剂盒就可完成，比单克隆抗体制备技术容易掌握。随着分子生物学技术在昆虫学研究中的应用，越来越多昆虫的基因组将被测序，基因探针技术正在捕食作用的评估中发挥重要作用。可以预料，基因探针技术将在测定“食痕”中发挥主要作用。

最后，无论是用哪一方法测定“食痕”，对结果的判断还应考虑到自然界种间捕食关系的复杂性。例如，当一种捕食天敌捕食一种害虫，而该捕食天敌又被另一种捕食动物捕食，显然，后一种捕食动物是天敌的天敌，并非害虫的天敌，但其消化道内食物仍可出现针对害虫的抗原抗体反应或DNA片段。

（撰稿：刘银泉；审稿：刘树生）

食物链与食物网 food chain and food web

自然界的生物通过取食和被食的单向关系而构成食物链。例如，甘蓝（*Brassica oleracea*）被桃蚜（*Myzus persicae*）取食，桃蚜被七星瓢虫（*Coccinella septempunctata*）捕食，而瓢虫啮小蜂（*Tetrastichus coccinellae*）寄生七星瓢虫幼虫，从而构成1条食物链。但由于1种生物不只被1种生物所食，从而将多条食物链链接起来，构成食物网。例如，甘蓝不仅被桃蚜取食，而且还被斜纹夜蛾（*Spodoptera litura*）取食，斜纹夜蛾幼虫又被马尼拉陡胸茧蜂（*Snellenius manila* Ashmead）寄生；桃蚜除被七星瓢虫等捕食性天敌所食外，还被烟蚜茧蜂（*Aphidius gifuensis* Ashmead）寄生，而烟蚜茧蜂又被宽缘金小蜂（*Pachneuron grande* Thomson）所寄生（重寄生），这几条食物链相互链接构成了复杂的食物网。

食物网类似于动物体内的神经系统，将生物群落中的物种通过不同程度的直接和间接关系联系在一起，构成了一个复杂的网络系统。理解这一复杂的网络是生态学当前和未来面临的严峻挑战，充分认识群落内物种之间的互作关系，可为生物防治实践提供更为全面的理论支撑。为认识群落，可将群落分解为由几个物种构成、界限明晰的功能群，即群落模块（community module），分别研究模块内种间以及模块间的互作机理，有助于认识生物群落内捕食或寄生关系。在群落内，除食物链模块外，还有其他模块，如集团内捕食（intraguild predation）和表面竞争（apparent competition）等。集团（guild）指对资源具有相似需求的一群物种，例如，捕食蚜虫的瓢虫、草蛉和寄生蚜虫的蚜茧蜂构成了一个攻击蚜虫的集团。当集团内的某种捕食者捕食另一捕食者，即发生了集团内捕食。集团内捕食可能广泛存在于农业生态系统中害虫的捕食者之间以及捕食者与寄生性天敌之间。理解集团内捕食的机理可为筛选优质天敌、合理评价天敌的控害效应以及制定天敌释放策略等的生物防治实践提供依据。

表面竞争发生在当某种捕食或寄生性天敌数量或行为发生改变后，由于替代猎物或寄主的存在而使目标猎物或寄主受到更强的捕食或寄生。根据表面竞争的原理，在生物防治实践中可为天敌提供适当的替代猎物或寄主，例如：果园种植覆盖草本植物、在作物田中或田边种植伴生植物，为蓄养天敌提供替代猎物和寄主，在目标害虫尚处于低密度时发挥天敌的控害作用，以达到持续控害的目的。

在食物链模块中，当高一营养层捕食或寄生者对较低一层生物的控制作用增强时，位于更低营养层的生物就被“解放”而致数量增大，即发生所谓“营养级瀑布效应”。例如，在植物—蚜虫—蚜茧蜂—瓢虫的食物链中，瓢虫常捕食被蚜茧蜂寄生的蚜虫，从而可能干扰蚜茧蜂对蚜虫的有效控制，从而加重蚜虫对植物的危害。

参考文献

HOLT R D, 2009. Predation and community organization[M]// LEVIN S A, The princeton guide to ecology. Princeton: Princeton University Press: 274-281.

ROSENHEIM J A, KAYA H K, EHLER L E, et al, 1995. Intraguild predation among biological control agents: theory and evidence[J]. Biological control, 5: 303-335.

VANCE-CHALCRAFT H D, ROSENHEIM J A, VONESH J R, et al, 2007. The influence of intraguild predation on prey suppression and prey release: a meta-analysis[J]. Ecology, 88(11): 2689-2696.

（撰稿：李保平；审稿：孟玲）

食线虫真菌 nematophagous fungi

寄生、捕捉、定殖和毒害线虫的一类真菌。涉及接合菌、半知菌、担子菌和子囊菌等，它们是线虫的天敌，在植物寄生线虫的生物防治中起着重要的作用。根据抑制线虫的方式，可以分为捕食线虫真菌（nematode-trapping fungi）、线虫内寄生真菌（endoparasitic fungi）、线虫卵寄生真菌（egg-parasitic fungi）和产毒真菌（toxin-producing fungi）四大类群。

捕食线虫真菌是以营养菌丝特化形成的黏性菌丝、黏性分枝、黏性球、黏性网、非收缩环、收缩环及冠囊体等捕食器官捕捉线虫的真菌。捕食线虫丝孢菌涉及泡囊虫霉属（*Cystopage*）、梗虫霉属（*Stylopage*）、轮虫霉属（*Zoophagus* Sommerst）、三角粽孢属（*Triposporina* Höhnel）、三叉孢属（*Tridentaria* Preuss）、毒虫霉属（*Nematoctonus* Drechsler）、丝霉属（*Hyphoderma* Wallr.）、亚侧耳属（*Hohenbuehelia* Schulzer）、圆盘菌属（*Orbilia* Fr.）、节丛孢属（*Arthrobotrys* Corda）、德氏霉属（*Drechslerella* Subram.）、亚隔指孢属（*Dactylellina* M. Morelet）、隔指孢属（*Dactylella* Grove）和单顶孢属（*Monacrosporium* Oudem）等多个属，共涉及接合菌门、子囊菌门、担子菌门和半知菌类的380余种。捕食过程可分为4个阶段，即菌网形成阶段、捕捉阶段、侵入阶段和吸收阶段。菌网形成是菌丝分枝、弯曲、融合的结果。在菌丝体的某一段上先产生瘤状突起包；突起包延伸，长出弯曲的菌丝并与原菌丝体融合形成第一个菌环；此菌环又产生突起，继而形成第二个菌环；以同样的方式循环往复形成菌网。当线虫经过菌网时或从菌网边缘经过触到菌网时，就会被菌网上的黏性物质粘住，线虫不断挣扎、搅动，线虫的其他部位又会被菌网粘住。被线虫黏附的菌网部位的细胞往往膨大、突起，最后形成不规则的附着孢。附着孢形成后，接着就开始侵入，由附着孢所固着线虫体壁的某个部位产生侵入钉，穿破线虫体壁，侵入到线虫体内。在线虫体腔内，侵入钉先端逐渐膨大，最后变为球状吸器。此球状吸器上再产生营养菌丝，以吸收线虫体腔里的内含物，最后使线虫解体。

内寄生真菌是通过成囊孢子、黏性孢子和吞食孢子等特殊的孢子寄生游离活动线虫的一类真菌。成囊孢子是由壶菌门和卵菌门真菌产生的侵染线虫的孢子，游动孢子囊释放游动孢子，经短时期的游动遇到适宜的寄主后，游动孢子休止成囊，失去鞭毛，在线虫的口腔或体壁上成囊体，故称为成囊孢子。成囊孢子通过产生芽管直接从口腔或体壁侵入线虫体内，在线虫体内形成虫菌体，继而发育成游动孢子囊。线虫内寄生真菌涉及卵菌门4个属、壶菌门6个属、接合菌门4个属、子囊菌及半知菌7个属和担子菌门1个属；其代表属有串孢壶菌属（*Myzocytium* Schenk）、掘氏梅里霉属（*Drechmeria* W. Gams & H.-B. Jansson）、毒虫霉属（*Nematoctonus* Drechsler）、被毛孢属（*Hirsutella* Pat.）和钩丝孢属（*Harposporium* Lohde）等。

卵寄生真菌是寄生线虫的卵以及雌虫和胞囊的一类真菌，包括大量的土壤习居真菌。常见的真菌包括茄孢镰孢菌、尖孢镰孢菌、淡紫紫孢菌、蜡蚧轮枝菌、柱孢菌、细柱孢菌、粉红黏帚霉、异皮多孢菌等。

产毒真菌是能够产生毒素毒杀线虫的一类真菌，有专性产毒和兼性产毒之分。已从食线虫产毒真菌中分离得到200余种杀线虫活性代谢产物，这些活性代谢产物结构类型多样，包括萜类、大环内酯类、生物碱类、肽类、杂环类、简单芳香类、脂肪酸类、醌类、炔类、甾醇类、木脂素类、神经酰胺类、preussomerin类和哌嗪类等。

参考文献

LI G H, DUAN M, YU Z F, et al, 2008. Stereumin A-E, sesquiterpenoids from the fungus *Stereum* sp. CCTCC AF 207024[J]. Phytochemistry, 69(6): 1439-1445.

LI G H, YU Z F, LI X, et al, 2007. Nematicidal metabolites produced by the endophytic fungus *Geotrichum* sp. AL4[J]. Chemistry and biodiversity, 4(7): 1520-1524.

LIU Y J, ZHAI C Y, LIU Y, et al, 2009. Nematicidal activity of *Paecilomyces* spp. and isolation of a novel active compound[J]. The journal of microbiology, 47(3): 248-252.

NIU X M, WANG Y L, CHU Y S, et al, 2010. Nematodetoxic aurovertin-type metabolites from a root-knot nematode parasitic fungus *Pochonia chlamydosporia*[J]. Journal of agricultural and food chemistry, 58(2): 828-834.

WEI L X, ZHANG H X, TAN J L, et al, 2011. Arthrobotrisins A-C, oligosporons from the nematode-trapping fungus *Arthrobotrys oligospora*[J]. Journal of natural products, 74(6): 1526-1530.

YANG Z S, LI G H, ZHAO P J, et al, 2010. Nematicidal activity of *Trichoderma* spp. and isolation of an active compound[J]. World journal of microbiology and biotechnology, 26(12): 2297-2302.

ZARE R, GAM W, EVANS H C, 2000. A revision of *Verticillium* section *Prostrata* V. The genus *Pochonia*, with notes on *Rotiferophthora*[J]. Nova hedwigia, 73: 51-86.

ZHANG K Q, LIU X Z, LI T F, 2001. Biology of Nematophagous Fungi[M]. Beijing: China Science & Technology Press.

ZHANG Y, LI G H, ZHANG K Q, 2011. A review on the research of nematophagous fungal species[J]. Mycosystema, 30(6): 836-845.

（撰稿：顾小飞；审稿：王琦）

食蚜蝇 flower flies

一类捕食蚜虫为主的食蚜蝇科（Syrphidae）天敌昆虫，能够捕食蚜总科（Aphidoidea）中的许多种类，部分还捕食飞虱、介壳虫、粉虱等同翅目害虫，在害虫自然种群的控制中发挥着重要作用。成虫具有访花习性，有的种类已经被研究开发为传粉昆虫，其幼虫和成虫均具有重要的经济意义。在生物防治领域广受关注并且展开大量饲养及应用研究的有两种：大灰食蚜蝇［*Eupeodes corolla*（Fabricius）］和黑带食蚜蝇［*Episyrphus balteata*（De Geer）］。

食蚜蝇狭义上主要指属于双翅目（Diptera）短角亚目（Brachycera）蚜蝇总科（Syrphoidea）蚜蝇科（Syrphidae）食蚜蝇亚科（Syrphinae）的种类，该类群幼虫主要为捕食性。广义上是指蚜蝇科（Syrphidae），系源于希腊文。因其飞翔时呈投掷状，能停滞在空中某个点并发出嗡嗡声，故得英文名 hover flies；又因其访花习性，得英文名 flower flies。中文名曾叫作食蚜蝇科。但在广义的食蚜蝇该类群中，捕食

图 1 黑带食蚜蝇

图 2 黑带食蚜蝇雌虫和雄虫（张小峰摄）
①北京平谷四座楼保护区：黑带食蚜蝇雌虫
②北京延庆下虎叫村附近：黑带食蚜蝇雄虫

性种类仅占约 1/3。

形态特征

成虫 体小到大型，个别种类体长可达 40mm。体色常具黄色、橙色、灰白色等鲜艳色彩的斑纹或单一暗色，某些种类则有蓝色、绿色、铜色等金属色。主要鉴别特征在于翅上 R 脉与 M 脉间有一游离的伪脉。腹部多有黄、黑斑纹，往往被误认为蜂（图 1）。

幼虫 体大致圆筒形，11 节，头很退化，具刺吸式口器，呼吸系两端气门式及后气门式，前端尖细，后端粗大，腹面平坦，体表粗糙多褶。体色常为绿色、橘黄色、红色、褐色，有时具条纹或斑。

蛹 与幼虫体型大体相同，捕食性种类的蛹无呼吸角突，而其他食性的种类大多在前背部具有 1 对粗或细的呼吸角突。

卵 一般白色，长形，卵壳具网状饰纹。

生物学习性 食蚜蝇成虫早春出现，春夏季盛发，性喜阳光，晴天活动旺盛，阴雨天则躲在叶面背后或荫蔽处。成虫飞翔力强，常翱翔空中，或振动双翅在空中停留不动，或突然作直线高速飞行而后盘旋徘徊。

食蚜蝇成虫具有访花习性，不同的种类所喜爱的花的种类和颜色亦不同。绝大多数种类成虫取食花粉、花蜜，少数取食蚜虫分泌的蜜露。成虫羽化后必须取食花粉才能发育繁殖，否则卵巢不能发育。

雌虫产卵于蚜虫密集处，以便幼虫孵化后即能得到充足的食料。有时也产卵于叶上或茎部。幼虫孵出后立即能捕食周围的蚜虫。某些种类的成熟幼虫有迁移现象。以三龄老熟幼虫在植物叶背面、落叶或其他隐蔽场所化蛹。一般以幼虫或蛹在土中、石下、枯枝落叶下越冬，少数以成虫越冬。华北地区 1 年发生 4～5 代，南方地区 1 年发生 5～7 代，也有 1 年发生 1～2 代的。通常从产卵到成虫羽化需 16～28 天。夏季卵期 2～3 天，幼虫期与蛹期几乎相等，为 6～7 天。

有的食蚜蝇种类有明显的迁飞现象，记录的多数迁飞情况与蚜虫种群数量的波动有关。

食蚜蝇成虫腹部多有黄、黑斑纹，不少种类有明显的拟态现象，酷似膜翅目的蜜蜂、胡蜂等。食蚜蝇本身无螫刺或叮咬能力，但常有各种拟态，在体型、色泽上常模仿黄蜂或蜜蜂，且能仿效蜂类作螫刺动作（图 2）。

食蚜蝇分布很广，中国已知 210 余种，古北区分布种类稍多于东洋区。

应用研究 在留种的欧芹上，食蚜蝇是优势传粉者，其次才是蜜蜂，食蚜蝇传粉的种子产量是对照的 3 倍。农场周围种植一些显花植物以吸引食蚜蝇。黑带食蚜蝇三龄幼虫对禾谷缢管蚜的捕食量达到每日 100 头，大灰优食蚜蝇和黑带食蚜蝇整个幼虫期捕食棉蚜 840～1500 头。

参考文献

陈春琳，霍科科，2015. DNA 条形码技术在食蚜蝇科系统发育中的应用 [J]. 陕西理工学院学报（自然科学版），31(4): 59-63.

成新跃，黄春梅，1997. 双翅目：食蚜蝇科 [M]// 杨星科，长江三峡库区的昆虫. 重庆：重庆出版社：1480-1490.

董坤，董艳，李学燕，等，2004. 用三种蚜虫饲养黑带食蚜蝇对其生长发育的影响 [J]. 中国生物防治，20(2): 134-135.

孙彩虹，1978. 双翅目：食蚜蝇科 [M]// 中国科学院动物研究所. 天敌昆虫图册. 北京：科学出版社：223-239.

曾强，陈乾锦，何榕宾，等，2003. 黑带食蚜蝇对烟蚜的捕食功能反应及寻找效应 [J]. 武夷科学，19: 274-278.

KRIVOSHEINA N P, MAMAEV B M, 1962. Larvae of the European species of the genus *Temnostoma* (Diptera, Syprhidae)[J]. Entomologicheskoe obozrenie, 41: 921-930.

（撰稿：王孟卿、张魁艳；审稿：杨定）

S

食蚜瘿蚊 aphid midge

一类取食蚜虫的瘿蚊科天敌昆虫。由于食蚜瘿蚊幼虫能够捕食蚜总科（Aphidoidea）的许多种害虫，在蚜虫自然种群的控制中发挥着重要作用。其中，最常见、最重要的是在世界上已经广泛应用于生物防治实践并大规模商品化的一种食蚜瘿蚊——*Aphidoletes aphidimyza*（Rondani）。中国分布于黑龙江、辽宁、内蒙古、北京、天津、河南、陕西、宁夏、新疆、浙江、福建、贵州、西藏。国外分布俄罗斯（远东地区）、日本、埃及、以色列、土耳其、美国（夏威夷群岛）、新西兰、巴西、智利、欧洲（广布）、新北区（广布）。

Aphidoletes aphidimyza 在世界多国广泛分布，可捕食蚜总科许多属的蚜虫，是重要的天敌昆虫，现已能工厂化生产，广泛应用于蚜虫的生物防治。中国农业科学院生物防治研究室 1986 年曾经从加拿大引进此种，并成功饲养，应用于生产实践，后发现该种原在中国广泛分布。

食蚜瘿蚊狭义上主要指属于双翅目（Diptera）长角亚目（Nematocera）瘿蚊科（Cecidomyiidae）瘿蚊亚科（Cecidomyiinae）瘿蚊总族（Cecidomyiidi）蚜瘿蚊族（Aphidoletini）蚜瘿蚊属（*Aphidoletes*）中的 1 种，即［*Aphidoletes aphidimyza*（Rondani）］。食蚜瘿蚊广义上也指瘿蚊科中所有能够捕食蚜虫的瘿蚊，包括蚜瘿蚊族和盗瘿蚊族（Lestodiplosini）中的大部分种类，如杉蚜瘿蚊（*Aphidoletes abietis* Kieffer）、松球蚜盗瘿蚊（*Lestodiplosis pini* Barnes）等。

形态特征 以 *Aphidoletes aphidimyza* 为例。

成虫 体色棕色。雄虫体长约 1.4mm，雌虫体长约 1.8mm。无单眼。下颚须 4 节。雌雄触角分别具 12 个单结状、双结状的鞭小节；鞭小节均具 2 轮长刚毛，颈部明显；雄虫鞭小节端结明显长于基结，前者具 2 圈发达的大环状环丝，后者具 1 圈发达的大环状环丝，且端结和基结均有 1 至多个环丝随刚毛极度延长；雌虫鞭小节结部具 2 圈欠发达且不规则的带状环丝，其间有相对的两条纵向环丝相连。具翅；R_5 脉后 1/3 略向下弯曲，在翅端后与 C 脉汇合；Cu 脉分支。前足跗节爪具单齿。雄虫生殖节：尾须两个分瓣间宽阔深凹呈"V"字形，其分瓣背腹向约呈直角三角形；肛下板中部缢缩明显，且端缘中部微凹，从而使其端半部呈心形；抱器基节和端节均细长，抱器端节向内均匀略弯；阳茎细长，约与抱器基节等长，其中部略膨大，其端部 1/3 分为两个细长指状的分瓣，且瓣间狭窄深凹，从而使其端部整体呈二叉状。雌虫产卵器不可伸缩；尾须 1 节，分两瓣，其上具稀疏的刚毛；肛下板呈短小的棒状（见图）。

蛹 体色初期呈淡黄色，后期呈黄褐色；长约 2.25mm。

幼虫 体色呈橘红色或橘黄色；长 2.0～3.0mm。

卵 长椭圆状；体色呈橘红色或橘黄色；长约 0.3mm，宽约 0.1mm。

生物学习性 以 *Aphidoletes aphidimyza* 为例。每头雌虫在蚜虫种群中产卵约 60 枚，多者 116～125 枚；卵单产在叶背面的毛上或若干枚聚产在一起，卵孵化期为 3～7 天。幼虫通常有 3 个龄期，取食期 10～13 天，而后在土中形成棕黑色茧并化蛹；蛹期受温度影响为 14～30 天不等。雌雄成虫羽化后，交尾和产卵都在晚上进行。该虫以幼虫在土中的茧内越冬。每年发生多代，北美地区每年发生至少 6 代。

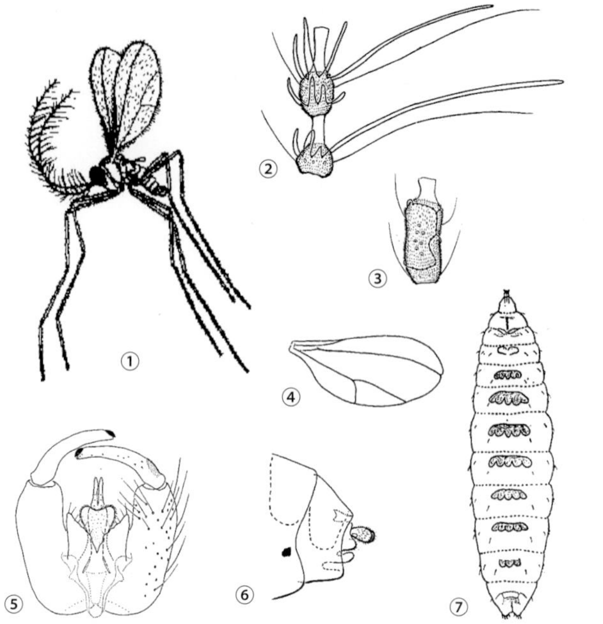

食蚜瘿蚊 *Aphidoletes aphidimyza* (Rondani)［①仿自李军、卜文俊（1999）；②～⑦仿自 Harris（1966）］

①雄性成虫（侧面观）；②雄性成虫触角第三鞭小节；③雌性成虫触角第三鞭小节；④翅；⑤雄性成虫生殖节（背面观）；⑥雌性成虫产卵器（侧面观）；⑦老熟幼虫（腹面观）

捕食行为 该种是一种食性十分广泛的捕食者，已记载可以捕食多种植物上的 60 多种蚜虫，如豌豆蚜（*Acyrthosiphon pisus*）、甜菜蚜（*Aphis fabae*）、苹果蚜（*Aphis pomi*）、棉蚜（*Aphis gossypii*）、桃蚜（*Myzus cerasi*）、白杨毛蚜（*Chaitophoorus populeti*）、杏圆尾蚜（*Brachycaudus helichrysi*）、草莓五钉蚜（*Pentatrichopus fragaefolii*）等。在人工繁育条件下，在幼虫期依次饲喂不同种类的蚜虫，其幼虫均可正常发育为成虫。食蚜瘿蚊雌虫交配后通常选择在蚜虫种群中产卵，当该瘿蚊幼虫孵出后很快就寻找到蚜虫，并开始在蚜虫足或体节等的关节处吸食其体液，而作为被捕食者的蚜虫几乎意识不到已经被食蚜瘿蚊幼虫袭击，很可能是由于食蚜瘿蚊幼虫刺破蚜虫体表后立即分泌麻醉物质；而因食蚜瘿蚊捕食而死亡的蚜虫虫体待其干枯后，在植物叶表很容易观察到。食蚜瘿蚊幼虫捕食时经常丢弃尚未吸干的蚜虫，这种特点提高了其作为灭蚜者的价值。

参考文献

程洪坤，魏炳传，田毓起，1988. 食蚜瘿蚊生物学初步研究 [M]. 植物保护，14(3): 26-27.

李军，卜文俊，1999. 瘿蚊科 [M]// 郑乐怡，归鸿，昆虫分类（上、下）. 南京：南京师范大学出版社：1070.

叶长青，1990. 食蚜瘿蚊研究进展 [J]. 昆虫知识，27(3): 181-184.

HARRIS K M, 1966. Gall midge genera of economic importance

(Diptera, Cecidomyiidae). Part 1: Introduction and subfamily Cecidomyiinae; supertribe Cecidomyiidi[J]. Transactions of the Royal Entomological Society of London, 118(10): 313-358.

HARRIS K M, 1973. Aphidophagous Cecidomyiidae (Diptera): taxonomy, biology and assessments of field populations[J]. Bulletin of entomological research, 63(2): 305-325.

HARRIS K M, 1982. The aphid midge: a brief history[J]. Antenna, 6(4): 286-289.

JIAO K, W B U, 2014. Checklist of gall midges (Diptera: Cecidomyiidae) recorded from China during the period from 1900 to 2012[J]. Journal of Asia-pacific entomology, 20 (2): 201-215.

NIJVELDT W, 1954. The range of prey of *Phaenobremia urticariae* Kieff. and *Ph. aphidivora* Rübs.[J]. Entomologische berichten, 15: 207-221.

（撰稿：焦克龙、卜文俊；审稿：杨定）

嗜铁素　siderophore

由微生物在低铁条件下合成的一类小分子量（1～2）的，能特异地螯合 Fe^{3+} 的一种螯合因子。又名铁载体。这个术语由 Lankford 提出，随后被人们采纳并使用。绝大多数细菌和真菌都能通过非核糖体途径合成分泌一种或几种嗜铁素，它们的合成受铁浓度的调节，合成后被分泌到微生物的细胞外或细胞表面作为螯合因子来获取 Fe^{3+} 或者将铁变为可溶形式以便微生物利用。嗜铁素与 Fe^{3+} 的结合能力非常强（解离常数 Ks 为 1022～1050）且有特异性，可以从各种水溶性和非水溶性的化合物中夺走 Fe^{3+}。嗜铁素通常是在好氧和兼性厌氧微生物中产生，还没有发现在严格厌氧菌、乳酸杆菌和高等生物中产生。

大约有 500 种微生物分泌的化合物被确定为嗜铁素。根据产生嗜铁素的微生物种类不同，可以分为由细菌产生的嗜铁素和由真菌产生的嗜铁素两大类；根据螯合基团的化学特性不同分为四大类，即儿茶酚（Catechol，即邻苯二酚）型嗜铁素、氧肟酸盐（Hydroxamate）型嗜铁素、α- 羟基羧酸（α-hydroxycarboxylic acid）型（又名柠檬酸型）及混合型（mixed ligand）嗜铁素；根据螯合基团在嗜铁素中的位置

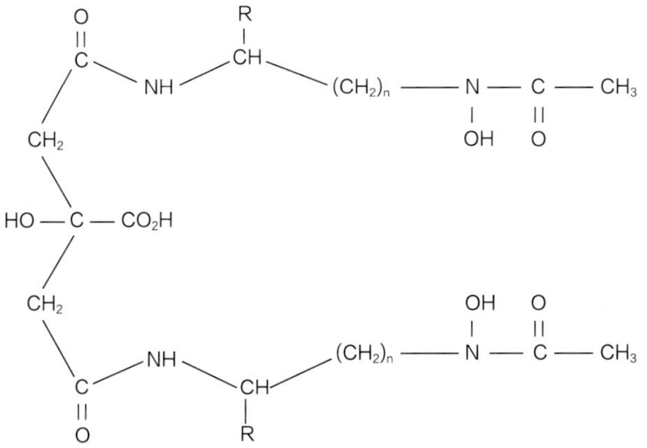

特征又可分为线型、三角型、内环型和外环型四大类。

嗜铁素的功能是多样的，它不但是依赖受体的高亲和性的铁转运系统，还是生长因子或萌发因子，也可以是抗生素或毒力因子。许多微生物自身合成并且分泌嗜铁素。一些有益微生物如根际促生菌（PGPR）通过分泌嗜铁素增加植物铁营养，促进植物生长。PGPR 产生的嗜铁素可与植物根际病原微生物争夺有限的铁营养，从而抑制病原微生物生长繁殖，起到生物防治作用；同时植物可以利用微生物产生的嗜铁素螯合的铁，从而改善植物的铁营养，防止植物缺铁失绿症的发生，促进植物的生长。

在碱性的土壤环境中，为了克服铁有效性低的问题，许多有益微生物自身合成并且分泌嗜铁素，释放到土壤中的嗜铁素通过配合基的螯合反应，使难溶性的铁（如氧化铁和氢氧化铁）得以释放出来，并且形成 Siderophore-Fe 螯合物，增加了土壤中的生物有效性，并以特异的转运系统将铁转移到体内，满足微生物自身的生长需要，使环境中的铁浓度被降低，这样病原微生物由于缺乏铁而不能生长繁殖，进而达到控制植物病害的目的。如促生菌 *Pseudomonas fluorescens* 2-79 抑制由病原真菌 *Gaeumannomyces graminis* var. *tritici* 所引起的根部病害，被认为主要是通过产生嗜铁素而起作用的；Duijff 等研究了两株假单胞杆菌对康乃馨镰孢菌枯萎病的抑制机制，荧光假单胞菌通过分泌嗜铁素竞争 Fe^{3+}，能够有效持久地抑制康乃馨镰孢菌枯萎病的发生，并能够诱导康乃馨植株对镰孢菌的抗性。

除了生防功能外，嗜铁素与某些动植物病原菌致病性密切相关。由于细胞中的铁是与转移蛋白、血红蛋白等组分结合的，因此细胞环境往往也是限铁的，为了保障自身增殖所需的铁元素，病原菌分泌的嗜铁素从这些含铁组分中夺取铁，这时嗜铁素就充当了病原菌的一种毒力因子。例如与医学相关的肠杆菌分泌的 Aerobactin 就扮演这一角色；一种水稻的机会致病菌分泌的草酚酮，不但对许多真菌有毒性，而且对水稻也有很强的毒害作用，可以引起水稻的枯萎。

铁摄取系统的基因表达在转录水平进行调控。在许多细菌中，铁摄取系统的基因转录是由 Fur 阻遏蛋白的负调控来调控。嗜铁素的合成和转运的高效表达是在缺铁的情况下进行的。此外 ECF（extrcytoplasmic factor）σ 因子是嗜铁素合成和摄取过程的另一种调节因子，能够使细菌对环境中的特性嗜铁素及细胞内的铁水平作出反应，对嗜铁素的合成和吸收是必需的。

参考文献

黄晓东，季尚宁，GLICK BERNARD, 等，2002. 植物促生菌及其促生机理 [J]. 现代化农业，7(7): 13-15.

梁建根，郝中娜，王连平，等，2011. 嗜铁素功能研究概述 [J]. 中国农学通报，27(5): 284-287.

AZEGAMI K, NISHIYAMA K, KATO H, 1988. Effect of iron limitation on Pseudomonas plantarii growth and tropolone and protein production[J]. Applied and environmental microbiology, 54(3): 844-847.

BAKKER P, LAMERS J G, BAKKER A W, et al, 1986. The role of siderophores in potato tuberyield increase by *Pseudomonas putida* in a short rotation of potato[J]. Netherlands journal of plant pathology, 92(6): 249-256.

BARTON L L, HEMMING B C, 1993. Iron chelation in plants and soil microorganisms[J]. San Diego Calif: Academic Press: 3-26.

BOUKHALFA H, CRUMBLISS A L, 2002. Chemical aspects of siderophore mediated iron transport[J]. Biometals, 15(4): 325-339.

CROSA J H, 1997. Signal transduction and transcriptional and posttranscriptional control of iron-regulated genes in bacteria[J]. Microbiology and molecular biology reviews, 61(3): 319.

DUIJFF B J, MEIJER J W, BAKKER P, et al, 1993. Siderophore mediated competition for iron and induced resistance in the suppression of Fusarium wilt of carnation by fluorescent *Pseudomonas* spp.[J]. European journal of plant pathology, 99(5/6): 277-289.

HANTKE K, 2001. Iron and metal regulation in bacteria[J]. Current opinion in microbiology, 4(2): 172-177.

HIDER R C, KONG X, 2010. Chemistry and biology of siderophores[J]. Natural product reports, 27(5): 637-657.

HOFTE M, BOELENS J, VERSTRAETE W, 1992. Survival and root colonization of mutants of plant growth-promoting *Pseudomonas* affected in siderophore biosynthesis or regulation of siderophore production[J]. Journal of plant nutrition, 15(10): 2253-2262.

HUTCHINS D A, WITTER A E, BUTLER A, et al, 1999. Competition among marine phytoplankton for different chelated iron species[J]. Nature, 400(6747): 858-861.

LEEMAN M, DENOUDEN E M, VANPELT J A, et al, 1996. Iron availability affects induction of systemic resistance to Fusarium wilt of radish by *Pseudomonas fluorescens*[J]. Phytopathology, 86(2): 149-155.

LINDBERG G D, 1981. An antibiotic lethal to fungi[J]. Plant disease, 65(8): 680-683.

MASALHA J, KOSEGARTEN H, ELMACI O, et al, 2000. The central role of microbial activity for iron acquisition in maize and sunflower[J]. Biology and fertility of soils, 30(5/6): 433-439.

NEILANDS J B, 1995. Siderophores: structure and function of microbial iron transport compounds[J]. Journal of biological chemistry, 270(45): 26723-26726.

PAYNE S M, 1994. Detection, isolation, and characterization of siderophores[J]. Methods enzymol, 235: 329-344.

RAN L, XIANG, M, ZHOU B, et al, 2005. Siderophores are the main determinants of fluorescent *Pseudomonas* strains in suppression of grey mould in *Eucalyptus urophylla*[J]. Acta phytopathologica sinica, 35(1): 6-12.

ROBERT R C, MIRELLE C W, 1987. Iron transport and storage[J]. European journal of biochemistry, 164(3): 485-506.

RROCO E, KOSEGARTEN H, HARIZAJ F, et al, 2003. The importance of soil microbial activity for the supply of iron to sorghum and rape[J]. European journal of agronomy, 19(4): 487-493.

SIEBNER-FREIBACH H, HADAR Y, CHEN Y, 2003. Siderophores sorbed on Ca-montmorillonite as an iron source for plants[J]. Plant and soil, 251(1): 115-124.

（撰稿：李燕；审稿：王琦）

S

数值反应 numerical response

天敌（捕食者、寄生者和病原菌）种群大小随其猎物（寄主）密度变化通过聚集或生殖而发生的变化。表现为正数值反应和负数值反应两种形式。前者指天敌数量随害虫密度增大而增多，后者指天敌数量随害虫密度增大而减少（见图）。通常有两条途径导致天敌数量变化：聚集和生殖。天敌聚集往往在短时间内导致数值反应，而生殖往往需要较长的一代以上的时间才引起数值反应。

数值反应是衡量天敌控害作用的重要指标，受很多因素的影响，如：天敌的食谱范围（专一性）、环境异质性、害虫的防卫反应、植物特性等。高度专一的天敌往往具有较强的正数值反应，而广谱性天敌往往具有滞后的正数值反应，甚至负数值反应；天敌在比较简单的环境中对害虫密度可做出迅速聚集行为，而表现出较强的正数值反应；植物受到害虫取食后诱导释放大量挥发性化合物，可吸引多种捕食性和寄生性天敌，从而增强天敌的聚集行为，导致较强的正数值反应；当害虫密度较大、营养质量较高、防卫能力较弱时，如果天敌的世代较短，通过促进生殖可产生较强的正数值反应；此外，在天敌攻击性较强或害虫数量快速增大的情况下，可能发生快速的短期负数值反应（见图）。

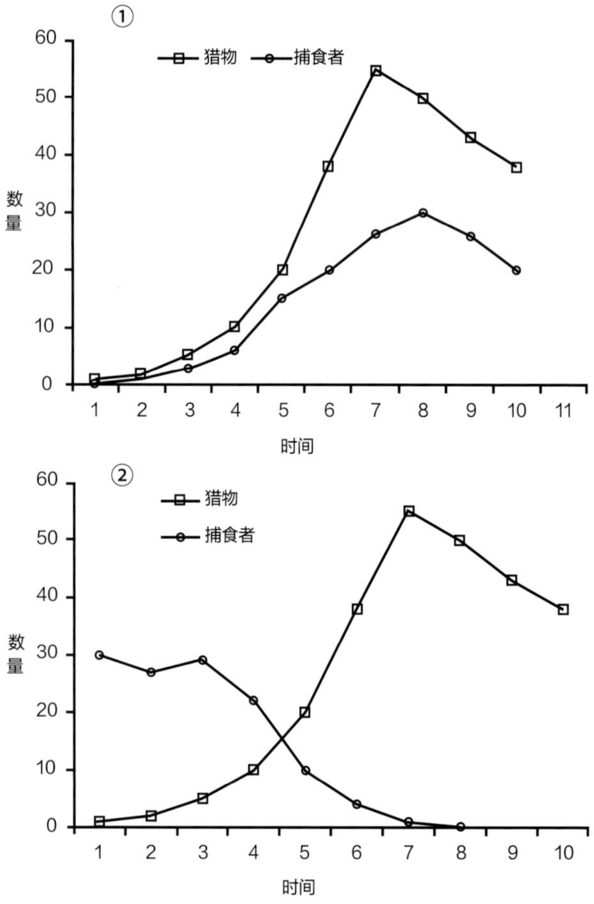

捕食者种群数量应对猎物数量的数值反应示意图
①代表正数值反应；②代表负数值反应

参考文献

HEIL M, 2014. Herbivore-induced plant volatiles: targets, perception and unanswered questions[J]. New phytologist, 204(2): 297-306.

PRICE P W, DENNO R F, EUBANKS M D, et al, 2011. Insect ecology, behavior, populations and communities[M]. London: Cambridge University Press: 631.

（撰稿：李保平；审稿：孟玲）

水稻品种多样性种植系统 rice genetic diversity cropping system

利用遗传多样性的原理，合理选用不同遗传背景的水稻品种进行种植，降低和减轻田间病害的发生和危害的种植模式。该种植系统保护和利用了水稻传统品种资源，提高了土地利用率，增加了单位面积产量，农民增收，效益显著。从1997年开始，云南农业大学与国际水稻研究所合作，在云南开展了利用水稻遗传多样性控制稻瘟病的研究。通过多年的研究与试验，建立了水稻遗传多样性混栽控制稻瘟病技术（见图）。

该技术操作方法简单易行，防治稻瘟病和增产效果明显，已被越来越多的农民接受，并得到了中央和地方各级农业部门的高度重视。从1998年开始，在云南、四川、湖南、贵州、江西等地33个市202个县进行了大面积的示范、推广，累计示范推广981433hm^2，有效控制了稻瘟病的流行，取得了良好的经济、社会和生态效益。

通过多年的研究、试验和示范，制定了一套利用水稻品种多样性控制稻瘟病的推广技术规程，主要包括品种组合的合理搭配，种植模式的优化，适时育苗及田间的科学管理。

品种选择 合理的品种搭配是利用水稻遗传多样性控制稻瘟病技术成功的关键。根据对水稻品种的抗性遗传背景、农艺性状、经济性状、各地栽培条件以及农户种植习惯等的综合分析，在水稻品种抗性遗传背景的选择方面，主要是集中在遗传背景差异较大的两大类品种——杂交稻和糯稻进行间作。品种间抗性遗传背景（RGA技术分析）的选配标准

水稻品种多样性种植（朱有勇提供）

参数为遗传相似性小于75%。农艺性状方面，对杂交稻一般是选择品质优、丰产性好、抗性强、生育期中熟或中熟偏迟的品种；对糯稻品种则突出"一高一矮"的特点，即选用比杂交稻高15～20cm；生育期短7～10天，分蘖力强，抗倒伏；单株产量高的品种。经济性状的选配原则是高产品种和优质品种的搭配，同时满足企业和农民对优质和高产的需求，充分体现经济效益互补，提高农民多样性种植的积极性。在实施中，根据各地的肥水条件、土壤地力、海拔高度等栽培条件选择本地糯稻与高产杂交稻品种的搭配，同时根据本地农户的种植习惯，选用农民喜爱的品种进行搭配组合。

品种组合 1998云南年选用了'黄壳糯'和'紫糯'两个传统品种，与'籼优63'和'籼优22'两个现代品种，形成4个品种组合进行示范推广；1999年选用了'黄壳糯''白壳糯''紫糯''紫谷'4个传统品种，与'汕优63''汕优22'和'岗优'3个现代品种，形成8个品种组合进行示范推广；2000年选用了40个传统品种与12个现代品种，形成65个品种组合进行示范推广；2001年选用了62个传统品种与15个现代品种，形成121个品种组合进行示范推广；2002年选用了94个传统品种与20个现代品种，形成173个品种组合进行示范推广。云南选配的品种组合主要有两类：一类是以高产、矮秆杂交籼稻为主栽品种，以高秆、优质本地传统品种作为间栽品种；另一类是以高产、矮秆的粳稻品种为主栽品种，以高秆、优质本地传统品种作为间栽品种。

2002—2003年四川选择了'沱江糯1号''竹丫谷''宜糯931''高秆大洒谷''辐优101''黄壳糯'等糯稻品种与'II优7号''D优527''宜香优1577''岗优3551''川香优2号''II优838'等杂交稻品种进行搭配组合。

调整播种时间，适时育秧 云南为了使不同品种成熟期一致，有利于田间收割，按主栽品种和间栽品种的不同生育期调节播种日期，实行分段育秧。根据品种生育期的长短确定播种时间，早熟的品种迟播，迟熟的品种早播，做到同一田块中不同品种能够同时成熟和同期收获。一般间栽的地方高秆、优质传统品种如'糯稻''香稻''紫稻'和'软质米'等品种比主栽的现代高产、矮秆品种如杂交稻等提前10天左右播种，达到同时移栽和同时成熟。若选配的主栽品种和间栽品种生育期基本一致，则可同时播种。育苗时实行稀播、拱架式薄膜增温育秧技术，培育壮秧，提高秧苗品质。

四川为了便于农民育秧，采用杂交稻、糯稻同期播种，盆地内一般川东、川南播种时间为2月底至3月上旬，川中为3月下旬，川西、川北为3月下旬至4月上旬，以日平均气温稳定通过10°C为始播期。在育秧方式上，一般采用旱育秧简化技术，培育壮苗。在苗床地的选择上，一般选择土壤肥力中等、地势向阳、排水良好、水源方便、平坦透气、四周无荫蔽的旱地或菜园地作苗床。在苗床制作上，采用杂交稻、糯稻分厢育秧，按厢宽1.3m、沟宽0.5m的规格整地作厢，床土充分整细整匀后，撒施混有壮秧剂的营养土，一般5kg细土混壮秧剂1kg，均匀撒在10～15m^{2}的苗床上，用耙来回耙匀，使之同2～3cm表土完全混合，然后浇足底水，施足底肥，一般每平方米施清粪水15～20kg后播种，覆土后盖地膜。按每公顷本田用杂交稻精选干种子15～22.5kg

（1～1.5kg/ 亩），糯稻种子 3.75kg（0.25kg/ 亩）育足秧苗。在苗床管理上，播种覆膜后要勤检查，播种至出苗前要密封保温，如床土发白，水分不足，要揭膜用喷雾器或洒水壶补充水分。当膜内温度超过 30°C 时可揭地膜两头降温。如遇持续低温阴雨天气，可于中午揭开两头换气 10。当秧苗达到 1 叶 1 心时，撒施混有壮秧剂的细土防治立枯病，并揭膜炼苗。

栽培方法和田间管理 云南稻区水稻秧苗在 4～5 月从苗床人工移栽到大田，单一品种的传统移栽方式为双行宽窄条栽方式，即每两行秧苗为一组，行间距为 15cm，株距 15cm；组与组之间的距离为 30cm。在田间形成了 15cm ←→ 15cm ←→ 30cm ←→ 15cm ←→ 15cm ←→ 30cm 的宽窄条栽规格。水稻品种多样性优化种植的方式是在单一品种传统栽培的方式上，每隔 4～6 行秧苗（2～3 组）的宽行中间多增加 1 行传统优质稻，即按高秆传统品种⇔矮秆高产品种⇔矮秆高产品种⇔矮秆高产品种⇔矮秆高产品种⇔高秆传统品种的条栽规格进行栽插。矮秆高产品种（杂交稻）单苗栽插，株距为 15cm，高秆优质传统品种丛栽，每丛 4～5 苗，丛距为 30cm。移栽时，不同的品种可同时移栽，也可在主栽品种移栽后 1～3 天，补套间栽品种。田间肥水管理按常规高产措施进行，认真做好病虫监测，叶瘟不使用农药，穗瘟必要时用三环唑防治 1 次。

四川稻区糯稻每亩栽插 1000～1200 丛，每丛栽双株，每株带蘖 3～4 个，基本苗 8000～10000 苗；杂交稻亩栽 1.6 万丛左右，每亩总丛数控制在 1.7 万～1.8 万。对于宽窄行栽插，则按（33+17）cm×17cm 规格栽中稻，每间隔两个宽行栽 1 行糯稻，厢内栽中稻、糯稻退 27～33cm；对于抛秧，则按 3～4m 开厢，栽 1 行（或双行）糯稻，厢内抛栽中稻。田间肥水管理按常规高产措施进行。认真做好病虫监测，一般不使用农药防治叶瘟，穗瘟有必要时，使用三环唑类农药预防一次。当 95% 以上穗子黄熟时，抢晴收割，力争做到精打细收，颗粒归仓。糯稻比杂交稻早 7～10 天成熟，采用割穗办法单收、单晒、单贮。

参考文献

朱有勇，2007. 遗传多样性与作物病害控制 [M]. 北京：科学出版社.

朱有勇，范金祥，王云辉，等，1999. 品种混栽对稻瘟病持续控制示范试验 [M]// 云南省植物病理重点实验室论文集（第二卷）. 昆明：云南科技出版社：93-100.

WOLFE M S, 2000. Crop strength through diversity[J]. Nature, 406(6797): 681-682.

ZHU Y Y, CHEN H R, FAN J H, et al, 2000. Genetic diversity and disease control in rice[J]. Nature, 406: 718-722.

（撰稿：何霞红；审稿：朱有勇）

思茅松毛虫核型多角体病毒 *Dendrolimus kikuchii* nucleopolyhedrovirus, DkNPV

以思茅松毛虫为宿主的一种双链环状 DNA 病毒，隶属于杆状病毒科 α 杆状病毒属，为多粒包埋型核型多角体病毒，多角体呈三角形、四边形、五边形和不规则形等多种形状，多角体表面有不规则缺刻，多角体直径 0.7～3μm，大小相差较大，多在 1～2μm，病毒体内核衣壳数目 1～9 个，病毒粒子呈杆状，两端钝圆或平截，杆状病毒粒子大小为 40～200nm × 250～400nm，病毒粒子在多角体中零散分布，排列方式无规律（图 1）。思茅松毛虫核型多角体病毒具有较强的宿主专化性，但可诱导美国白蛾、云南松毛虫、马尾松毛虫、文山松毛虫和赤松毛虫等多种昆虫体内潜伏性感染病毒，具有较好的应用前景。

作用机理 病毒多角体经昆虫口进入虫体，在中肠碱性环境和蛋白酶的作用下，多角体蛋白溶解而将病毒粒子释放出来，病毒粒子通过围食膜后再侵入中肠上皮细胞。病毒进入中肠细胞，称为原发感染，随后的感染，称为继发感染。病毒粒子感染中肠细胞后再感染血淋巴、气管和脂肪体，并引起病变，然后通过复制生成大量的 BV 对其邻近组织的进一步感染，使感染部位扩大到神经、肌肉、围心细胞、可再生组织及腺体，引发幼虫的继发感染。在感染后期 BV 在单个细胞内的产生减少，病毒主要以 ODV 的形式在细胞内累积，被感染的细胞核膨大，引起宿主幼虫动作迟钝，食欲减退或停止取食，虫体肿胀，表皮具光泽，最终由于病毒蛋白酶的产生，造成细胞核和细胞的裂解，血淋巴变得浑浊，导致害虫死亡。幼虫死后表皮变得很脆弱，轻触即破，流出脓状体液。被感染后的幼虫，一般爬上宿主所在植株的顶端，其腹足附着植物枝叶，倒悬而死（图 2）。病虫粪便和虫尸会作为病源再传染其他昆虫，使病毒病在思茅松毛虫种群中流行，引发个体间的水平传播，从而弥补漏喷和虫龄不整齐导致部分害虫无法被病毒感染的现象，自然扩大了病毒防治面积。病毒也可通过昆虫卵传到思茅松毛虫子代，称为垂直传播，确保了病毒长期寄宿在害虫体内，不断地侵染虫体，使害虫得病和死亡，从而实现持续控制思茅松毛虫的目的。

杀虫剂生产 因思茅松毛虫幼虫的人工饲料及室内饲养技术尚未得到解决，病毒的大量生产主要靠感染林间自然虫源，一般在四龄幼虫时接种病毒、收集病毒致死虫体、破碎过滤、离心浓缩、制剂配制。

病毒防治思茅松毛虫 一般根据需要可以生产病毒水分散粒剂、悬浮剂、可湿性粉剂，病毒制剂多角体含量不低于 2.0×10^9PIB/ml，采取喷雾的方法，出液浓度不低于 1×10^6PIB/ml 时，当代幼虫死亡率可达 80%，持续效果可达 3 年。

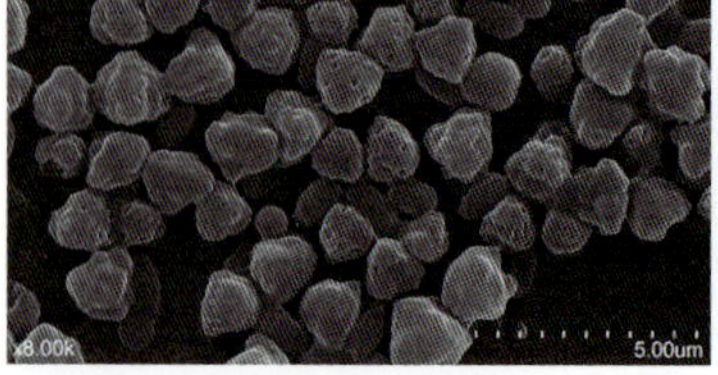

图 1 DkNPV 多角体
（张永安提供）

图 2 思茅松毛虫死亡状
（张永安提供）

制剂保存方法 将配制好的制剂置于通风、干燥、低温处，严防潮湿、高温及日晒，严禁和酸碱类物质混合接触。–20～–5°C 可保存 3 年，4°C 条件下可保存 1 年，室温避光条件下可保存 6 个月，其生物活性保持稳定。

参考文献

陈昌洁, 等, 1990. 松毛虫综合管理[M]. 北京: 中国林业出版社.

吕鸿声, 1982. 昆虫病毒与昆虫病毒病 [M]. 北京: 科学出版社.

蒲蛰龙, 1994. 昆虫病理学 [M]. 广州: 广东科技出版社.

WANG Q H, ZHANG Y A, HOU Y X, et al, 2012. Purification, characterization of a CkChn134 protein from *Cynanchum komarovii* seeds and synergistic effect with CkTLP against *Verticillium dahliae*[J]. Protein science, 21: 865-875.

YANG M M, LI M L, WANG Y Z, et al, 2011. Virulence and characterization of new strain nucleopolyhedrovirus of *Dendrolimus kikuchii* (Lepidoptera: Lasiocampidae)[J]. African journal of microbiology research, 5(6): 2261-2265.

YANG M M, ZHANG Y A, WANG Q H, et al, 2012. Host range and substitution host studies of *Dendrolimus kikuchii* nucleopolyhedrovirus (DkNPV)[J]. Biocontrol science and technology, 22(8): 931-944.

YANG M M, ZHANG Y A, WANG Q H, et al, 2012. Polymerase chain reaction assay for the detection of *Dendrolimus kikuchii* nucleopolydrovirus[J]. Biocontrol science and technology, 22(8): 945-953.

（撰稿：曲良建；审稿：张永安）

松褐天牛肿腿蜂 *Sclerodermus alternatusi* Yang

昆虫纲（Insecta）膜翅目（Hymenoptera）肿腿蜂科（Bethylidae）肿腿蜂属（*Sclerodermus*），是杨忠岐等在云南省云南松树体内的松褐天牛（*Monochamus alternatus* Hope）幼虫坑道中发现，自然寄生于松褐天牛体上。其室内对松褐天牛低龄幼虫的寄生率可达 80% 以上，研究发现，其属于嗜好寄生松褐天牛的肿腿蜂，无论从形态、生活习性和分子生物学特征方面均与其他同属的肿腿蜂存在差别，为 1 新种。此肿腿蜂与管氏肿腿蜂（*Scleroderma guani* Xiao et Wu）一样，可用于防治多种天牛的低龄幼虫。仅发现自然分布于云南。

形态特征

成虫 雌蜂长 4～5mm，体黑褐色，雄蜂长 2～3mm，体色较雌虫浅。松褐天牛肿腿蜂雌雄成虫态分为有翅个体和无翅个体，雌性有翅个体占雌性总数量的 85%，雄性有翅个体占雄性总数的 90% 以上。

卵 长椭圆形，初产为透明，稍后变白，卵长 0.3mm。雌虫在寄主体外产卵，散产或集聚产卵。卵期在温度为 25°C 下 2 天左右。一般每雌产卵 50 粒左右。

幼虫 幼虫为蛆型幼虫。幼虫口器附在寄主体表，靠吸食寄主组织液为生。

蛹 蛹由老熟幼虫吐丝做茧包裹，茧为长椭圆形，长 4～5mm，颜色为白色。蛹期在 25°C 为 15 天左右。

生物学习性

抚幼习性 雌成虫具有抚幼习性，如有卵或幼虫从寄主体表脱落，雌成虫会用口器将其运回寄主体表；如果幼虫或卵感染真菌或细菌，雌蜂会将其搬运到距离寄主一定距离的地方。雌成虫还会将寄主体表的排泄物和其他污物搬离寄主。

补充营养 雌成虫还有补充营养的习性，羽化后找到寄主，对寄主进行刺蜇，麻痹，然后直接叮咬寄主，吸食寄主体液完成卵巢发育，补充营养时间为 5～7 天。

分子生物学特征 在分子生物学方面，关于松褐天牛肿腿蜂的研究仅限于属内分种。例如，用细胞色素氧化酶基因（*coI*）和 *28S* 基因来确定此蜂与其他种的相似度，松褐天牛肿腿蜂 *coI* 基因在 GenBank 中的注册号为 KM649862-KM649876；*28S* 基因在 GenBank 中的注册号 KM649756-649770。松褐天牛肿腿蜂与管氏肿腿蜂的种间遗传距离为 16.6%，松褐天牛肿腿蜂与管氏肿腿蜂、白蜡吉丁肿腿蜂（*Sclerodermus pupariae* Yang et Yao）和川硬皮肿腿蜂（*Sclerodermus sichuanensis* Xiao）序列相似度分别为 85.35%、85.69% 和 85.35%。*coI* 序列中，核苷酸第三位密码子 G-C 含量明显低于第一、第二位密码子的含量，为 15.1%。用松褐天牛肿腿蜂的核糖体 ITS 序列进行分析，15 个个体扩增出 18S-ITS1-5.8S-ITS2-28S 片段为 2009bp，GC 含量为 42.807%，也与其他 3 种肿腿蜂序列相似度仅为 70%。因此可以认为这个种与已知种存在较大差异。

生物防治松褐天牛低龄幼虫 松褐天牛肿腿蜂对松褐天牛三龄幼虫补充营养时期的捕食功能反应和补充营养后的寄生功能反应以及密度效应的研究发现，当肿腿蜂密度固定为 1 头 / 容器时，肿腿蜂因补充营养对松褐天牛三龄幼虫的捕食功能反应符合 Holling Ⅱ型方程，1 头松褐天牛肿腿蜂雌蜂对松褐天牛三龄幼虫的最大致死量为 9.48 头，平均为 3.75 头；寄生作用的功能反应符合 Holling Ⅰ型方程；在捕食和寄生两个阶段其对松褐天牛幼虫的寻找效应随着寄主密度的增加呈线性减弱。当寄主密度固定且足够多时，随着肿腿蜂的密度增加，其补充营养阶段的捕食作用和之后的寄生作用均呈线性升高，寻找效应则呈线性减弱；由蜂虫比和致死总量的模型可得肿腿蜂与天牛幼虫比例为 0.9805（近 1∶1）时，可使松褐天牛幼虫死亡总数最大。另有研究发现在室内试验条件下，松褐天牛肿腿蜂产卵之前的刺蜇、补充营养取食能直接造成松褐天牛一至三龄幼虫死亡，对一、二及三龄幼虫的平均致死率分别为 95.66%、85.91%、57.88%，并可产卵寄生二、三龄幼虫，印证了松褐天牛肿腿蜂先补充营养再寄生的特性。林间释放 2 组松褐天牛肿腿蜂后，在刺蜇和补充营养取食后能有效寄生寄主的肿腿蜂雌蜂数量比例变化较大，有效肿腿蜂率最高为 14.9%，最低为 2.3%。说明此肿腿蜂在野外对低龄天牛幼虫有一定控制作用，但受环境因素影响较大。

松褐天牛肿腿蜂雌蜂的补充营养习性及刺蜇、取食致死寄主行为在防治中有很重要的作用，另外，松褐天牛肿腿蜂个体相对较大、雌雄性比高、寿命长、繁殖力强、扩散力强（多代繁殖以后的雌蜂大部分有翅，释放后有利于扩散）、搜索寄主能力和攻击性强；不但能够寄生松褐天牛幼虫，而且在补充营养的过程中能杀死多头松褐天牛幼虫，因此具有良好的生物防治应用前景。

参考文献

姜姬, 2015. 基于分子标记的 8 种肿腿蜂（膜翅目：肿腿蜂科）分类和花绒寄甲生物型（鞘翅目：寄甲科）研究 [D]. 北京：中国林业科学研究院.

萧刚柔, 1995. 天牛的两种新寄生天敌——川硬皮肿腿蜂及海南硬皮肿腿蜂 [J]. 林业科学研究（中国昆虫学会森林昆虫学术讨论会专刊）: 1-5.

萧刚柔, 吴坚, 1983. 防治天牛的有效天敌——管氏肿腿蜂 [J]. 林业科学, 19(zj): 81-84.

杨远亮, 杨忠岐, 王小艺, 等, 2013. 松褐天牛肿腿蜂对松褐天牛低龄幼虫控制作用的研究 [J]. 林业科学研究, 26(3): 312-319.

张彦龙, 杨忠岐, 王小艺, 等, 2012. 松褐天牛肿腿蜂对寄主松褐天牛三龄幼虫的功能反应 [J]. 昆虫学报, 55(4): 426-434.

YANG Z Q, WANG X Y, YAO Y X, et al, 2012. A new species of *Sclerodermus* (Hymenoptera: Bethylidae) parasitizing *Agrilus planipennis* (Coleoptera: Buprestidae) From China, With a Key to Chinese species in the genus[J]. Annals of the entomological society of America, 105(5): 619-627.

（撰稿：张彦龙；审稿：杨忠岐、王小艺）

松毛虫赤眼蜂 *Trichogramma dendrolimi* Matsumura

寄生松毛虫与食叶害虫卵的一种寄生蜂。属膜翅目（Hymenoptera）赤眼蜂科（Trichogrammatidae）赤眼蜂属（*Trichogramma*）。自海南岛至黑龙江均有发现。寄主昆虫有枯叶蛾科、夜蛾科、卷蛾科、灯蛾科、天蚕蛾科、毒蛾科、螟蛾科、刺蛾科、舟蛾科、尺蛾科、天蛾科、弄蝶科等主要危害水稻、棉花等作物的害虫。

形态特征

雄蜂　体长 0.50～1.40mm。体黄，腹部黑褐色。触角毛长，最长的相当于鞭节最宽处的 2.5 倍；前翅臀角上的缘毛的长度为翅宽的 1/8。常出现前翅发育不全的个体，这些个体触角毛变粗变钝，有时棒节基部出现不明显的索节的分界。前翅上的缘毛相对较长，翅面上的毛及毛列相对减少。雄性外生殖器阳基背突有明显的宽圆的侧叶，末端达基部至阳基侧瓣末端距离 D 的 3/4 以上，腹中突的长度相当于基部至阳基侧瓣末端距离 D 的 3/5～3/4，中脊成对，向前伸至中部而与一隆脊连合，此隆脊几乎伸达阳基的基缘，钩爪伸达基部至阳基侧瓣末端距离 D 的 3/4；阳茎与其内突等长，两者全长相当于阳基的长度，短于后足胫节（见图）。

雌蜂　在 15°C 下培养出现的成虫体黄色，中胸盾片淡黄褐色；腹基部末端呈现褐色；20°C 下培养出来的个体中胸盾片色泽仍为淡黄褐色，腹部仅末端呈褐色；在 25°C 以上培养出来的个体全部黄色，仅腹部末端及产卵器末端有褐色的部分。

生物学习性　松毛虫赤眼蜂由于生活地域的不同，对温度的适应能力有差异，因此，反映到在相同温度条件下，发育历期是不同的。在棉田已知可寄生棉铃虫、红铃虫、玉米螟、棉小造桥虫、烟青虫的卵。松毛虫赤眼蜂的发育起点温度 5～6°C，有效积温 212～235 日·度。松毛虫赤眼蜂的雌成虫寿命 10～12 天，产卵历期 7～9 天，产卵量 65～79 粒，羽化率 85%～94%，性比为 72%～80%。松毛虫赤眼蜂在羽化交配后即产卵，绝大部分卵在第一天内产出，少数能继续产 2 天卵，极个别在第四天仍能产卵。寿命一般 2 天，最长 7 天。以柞蚕剖腹卵作寄主，1 头雌蜂平均寄生卵数为 1.78 粒（1～2.70 粒），子蜂数 72.60 头（39～99.70 头）。

尽管松毛虫赤眼蜂分布广、寄主多、分布区各地生态环境差异很大，其种内仍保持高度的生殖亲和性，各种群间均可有效避免过寄生的能力且无显著差异，种群间在对不同寄主的嗜好程度和适应力两方面都未存在显著差异。当米蛾卵与玉米螟卵同时存在时，各种群都明显喜好米蛾卵而很少与玉米螟卵接触，也很少寄生玉米螟卵。

松毛虫赤眼蜂在吉林以幼虫、预蛹在天幕毛虫、榆毒蛾、柳毒蛾、银杏大蚕蛾、松毛虫卵内越冬，其中以柳毒蛾为主。在 25°C 条件下一世代历期 11～12 天，成虫寿命 4.5（3.5～6）天。因寄主不同，雌蜂产卵量不同，柞蚕卵 112.6（35～213）天，松毛虫卵 48（7～112）天，蓖麻蚕卵 16.2（9.2～36.1）天。雌雄比一般为 10.5：1。发育起点温度为 5°C，1 个世代的平均有效积温在柞蚕卵约为 235 日·度，在松毛虫卵内为 225 日·度。

松毛虫赤眼蜂（李元喜提供）

松毛虫赤眼蜂在18～30°C时的发育历期、成蜂寿命随温度的升高而缩短；相对湿度在55%以上时羽化率均在80%以上；高温、低湿条件明显影响松毛虫赤眼蜂成蜂寿命；子代雌蜂数量均在成蜂羽化的第一天达到高峰，随着时间延长，雌蜂数量减少。室内繁育梨小食心虫卵松毛虫赤眼蜂的适宜温度为22～28°C，相对湿度>55%最为合适。

人工繁育及释放利用 用新鲜的柞蚕雌蛾取卵来繁殖赤眼蜂，其寄生率、羽化率、平均单卵出蜂数等各项指标较高，达到了农业部生物防治用一级松毛虫赤眼蜂的质量分级标准。用10%的蜂蜜水给松毛虫赤眼蜂蜂种补充营养，其寄生后的单卵出蜂数、羽化率、畸形蜂率等指标均明显优化，大大提升了蜂种活力和赤眼蜂商品的质量水平，适合在赤眼蜂生产中应用。

冷藏10°C对松毛虫赤眼蜂最敏感，各虫期羽化出蜂率和单卵出蜂数明显降低，不适宜长期冷贮；对7°C反应相对较不敏感，最适宜长期贮存。在适宜长期冷贮温度（4°C和7°C）条件下，适宜贮存虫期有所不同，4°C下为幼虫期和蛹期，7°C下为卵期和蛹期，在这些虫期和贮存温度条件组合下羽化出蜂率和单卵出蜂数相对于其他虫期受冷贮的不利影响较小。从对羽化出蜂率的影响来看，于卵期7°C下冷贮为最适宜；从对单卵出蜂数的影响来看，于蛹期在4°C和7°C冷贮为适宜。

由于松毛虫赤眼蜂地理种群多且分布较广，不同地理种群防治害虫效果明显不同。利用松毛虫赤眼蜂防治苹果小卷叶蛾、梨小食心虫，寄生率可达90%左右，效果好于化学防治。放蜂园松毛虫赤眼蜂寄生率始终稳定在80.8%～98.65%的范围内，而对照园波动幅度颇大。果园赤眼蜂释放技术主要是：①适期放蜂，用性诱剂诱捕，确定始蛾期，后推3～5天即为放蜂始期。②在害虫产卵盛期末前，分4次将蜂放完。③在虫情发生稍重时，每亩放12万头蜂即可获得较高寄生率。

释放赤眼蜂卡防治落叶松毛虫试验，蜂卡卵平均出蜂率70%、80%、85%。落叶松毛虫卵平均寄生率30%、40.70%、41.37%，效果良好。应用赤眼蜂防治森林害虫，具有一定的持续效果。在林间连续3年释放不同蜂量的松毛虫赤眼蜂，落叶松毛虫卵的寄生率提高6.10%。

田间释放松毛虫赤眼蜂防治玉米螟，对比用工量、投入成本、投入产出比和田间防治效果等各种因素，采用每亩放蜂15 000头，2次放蜂可获得最佳防治效果。而释放松毛虫赤眼蜂防治向日葵螟，以每亩放蜂45 000头，放蜂3次防治效果较好。

参考文献

方惠兰, 1995. 松毛虫赤眼蜂与白跗平腹小蜂研究 [J]. 浙江林业科技 (3): 1-18.

冯建国, 张勇, 1988. 松毛虫赤眼蜂防治果树害虫的研究 [J]. 应用昆虫学报 (6): 344-347.

耿金虎, 沈佐锐, 李正西, 等, 2005. 利用柞蚕卵繁殖的松毛虫赤眼蜂的适宜冷贮虫期和温度 [J]. 昆虫学报, 48(6): 903-909.

韩冰, 卢洪斌, 葛迎春, 等, 2014. 松毛虫赤眼蜂在落叶松毛虫防治中的应用 [J]. 防护林科技 (2): 118-119.

林乃铨, 1994. 中国赤眼蜂分类 (膜翅目: 小蜂总科) [M]. 福州: 福建科学技术出版社.

刘树生, 施祖华, 邵明江, 等, 1994. 松毛虫赤眼蜂种群间生物学特性的比较研究Ⅴ. 对滞育诱导的反应 [J]. 中国生物防治学报, 10(4): 145-150.

庞雄飞, 陈泰鲁, 1974. 中国的赤眼蜂属 *Trichogramma* 记述 [J]. 昆虫学报 (4): 441-454.

施祖华, 刘树生, 1993. 温湿度对松毛虫赤眼蜂种群增长的影响 [J]. 生态学报, 13(4): 328-333.

唐斌, 汪延生, 周强, 等, 2008. 赤眼蜂种质资源的描述规范及重要指标分析 [J]. 环境昆虫学报, 30(1): 59-63.

吴广范, 2014. 松毛虫赤眼蜂生物学观察 [J]. 农业与技术 (2): 104.

武琳琳, 2014. 松毛虫赤眼蜂工厂化生产及田间应用技术研究 [D]. 北京: 中国农业科学院.

曾继贤, 杨攸奏, 史土金, 1982. 松毛虫赤眼蜂的个体发育观察法 [J]. 应用昆虫学报 (3): 44.

张帆, 2006. 赤眼蜂防治玉米螟田间应用技术 [J]. 中国蔬菜, 1(9): 53-54.

朱文雅, 连梅力, 李唐, 等, 2016. 温湿度对松毛虫赤眼蜂生长发育和生殖力的影响 [J]. 中国植保导刊, 36(1): 16-19.

（撰稿：张帆；审稿：杨忠岐、李元喜）

松突圆蚧花角蚜小蜂 *Coccobius azumai* Tachikawa

属膜翅目（Hymenoptera）蚜小蜂科（Aphelinidae）异角蚜小蜂属（*Coccobius*），是森林危险性害虫松突圆蚧的重要寄生性天敌。蚜小蜂科系统分类中称松突圆蚧异角蚜小蜂，松突圆蚧生物防治应用中简称花角蚜小蜂。广东1986—1989年、福建和广东2002年分别从日本冲绳引进应用，成为防治松突圆蚧的重要天敌资源。

形态特征

雌蜂 体长0.72～0.88mm。体暗褐色，后胸背板、并胸腹节及中胸后悬骨浅褐色。腹部背板浅褐色至暗褐色，通常两侧色更暗。触角柄节基部约一半暗色，第一索节和棒节暗褐色，柄节端部、梗节和第二、三索节浅色。翅透明。足浅色至微暗色，前、后足基节基部暗褐色。腹部腹板浅褐色，产卵器外瓣外缘大部分和第3产卵瓣暗褐色。触角7节，触角式1，1，3，2。柄节长为宽的3.66倍，略短于棒节；梗节长为宽的1.45倍，与各节索节近等长；索节各自的长为宽的1.39～1.45倍，有时第三索节稍长宽，长为宽的1.29倍；棒节略短于索节，第一棒节长为宽的1.25倍，第二棒节长为宽的1.93倍，为第一棒节长的1.35倍。中胸盾中叶大，除后缘中央1对刚毛外，还具40多根细毛。盾侧叶狭小，各2根毛，三角片小，各1根毛，2个三角片的中间间隔为三角片长的3.33倍。小盾片大，为中胸盾中叶长的0.85倍，3对毛，板形感觉器近中间1对毛。前翅长为宽的2.57倍。缘毛为翅宽的0.17倍。亚缘脉约与缘脉等长，具8根毛。缘脉前缘具8根毛，约与缘脉中央的1列毛等长。痣脉细长，

S

端部稍膨大。翅密布纤毛，缘前脉下方的翅后缘具一小的无毛区。中足胫节端距略短于基跗节。产卵器基部从第三腹节后部伸出（体小者有从第一腹节伸出），突出腹末端，产卵器为中足胫节长的 1.89 倍，第三产卵瓣为中足基跗节长的 1.95 倍（图 1）。

雄蜂　体长约 0.6mm，体黑色。触角柄节、梗节及第一索节暗褐色，其余各节淡黄褐色。足除了基节和腿节暗褐色外，其余浅黄色。触角 8 节，梗节短于第一鞭节，各节鞭节近等长。前翅长约为宽的 2.2 倍。

生物学习性　松突圆蚧花角蚜小蜂全年世代重叠，一年发生世代数因各地气温不同而略有差异。在广东紫金一年发生 9 代，惠东 9～10 代，阳江 10 代。在室内不同温度条件下，雌蜂世代历期分别为：21°C 条件下为 41.2 天，24°C 为 32.6 天，27°C 为 25.6 天，30°C 为 23 天。当温度为 33°C 时，各虫态发育延缓，高温对其发育不利。雄蜂世代发育历期显著比雌蜂短。

在松林间，该蜂主要以蛹越冬。雌蜂的发育起点温度为 10.1°C，有效积温为 448.3 日·度。卵、幼虫和蛹的发育起点温度和有效积温分别为 12.9 日·度、4.1 日·度、14.3 日·度和 34.6 日·度、300.8 日·度、133.1 日·度。

该蜂营两性生殖产雌和孤雌生殖重寄生产雄。经交配的雌蜂在松突圆蚧上初寄生，且喜好寄生产卵初期和盛期的雌蚧上，产生雌性后代。未经交配的雌蜂只能在松突圆蚧上重寄生，产生雄性后代。雄蜂营体内寄生的重寄生蜂，以松突圆蚧雌性僵蚧体内的同种或其他种寄生蜂的老熟幼虫、预蛹和蛹作为寄主。松突圆蚧花角蚜小蜂对已被寄生的寄主具有明显的辨别能力，并且对蚧虫寄主具有寄生和直接摄食的双重作用（图 2）。

该蜂林间种群以雌蜂居多。在变温（19.7～30.9°C）条件下，1 头雌蜂平均产卵 14.75±1.67 粒，产卵期为 7.25±0.81 天。

其寿命受性别、气温、食物和活动等因素的影响，其中食物的影响最大。在平均温度为 26.3°C 条件下，雌、雄蜂在不喂食时，寿命均为 1.1 天；喂以清水时，寿命分别为 1.6 天和 1.7 天；而喂以 20% 蜜糖水时，寿命分别延长到 22.6 天和 12.9 天；在黑暗条件下，减少活动，并喂以 20% 蜜糖水时，寿命分别可达 29.6 天和 20.2 天。

潘务耀等通过调查，比较了经受 1991 年 7 月异常高温（最高 35.8°C）和未经受高温的放蜂区、经受 1991 年 12 月异常低温（最低 0.2°C）和未经受低温的放蜂区的松突圆蚧花角蚜小蜂寄生率、寄生蜂总收蜂量及其占所有寄生蜂总收蜂量的比例，发现气温对松突圆蚧花角蚜小蜂种群数量变动有一定影响，但对其林间种群的稳定性无影响。

利用灭幼脲Ⅲ号、敌杀死、灭杀毙和松脂柴油乳剂 4 种杀虫剂对松突圆蚧花角蚜小蜂进行接触毒性测定，发现敌杀死、灭杀毙和松脂柴油乳剂均可导致花角蚜小蜂在 24 小时内全部死亡。而林间喷药后收蜂调查结果表明，放蜂区施用灭幼脲Ⅲ号对松突圆蚧花角蚜小蜂种群基本没有影响，松脂柴油乳剂对种群有一定伤害，敌杀死可引起种群数量大幅度下降，灭杀毙对种群可造成毁灭性破坏。

林间自然繁蜂与助迁释放应用　松突圆蚧花角蚜小蜂室内人工繁殖较为困难。潘务耀等曾利用长春藤圆蚧（*Aspidiotus nerii*）、茶长本圆蚧（*Abgrallaspis cyanophylli*）、樟网盾蚧（*Psendaonidia duplex*）繁育松突圆蚧花角蚜小蜂，但未成功。同样，何国锋等利用茶铍盾蚧（*Abgrallaspis cyanophylli*）、红圆蚧（*Aonidiella aurantii*）、夹竹桃圆蚧（*Aspidiotus nerii*）、褐圆蚧（*Chrysomphalus aonidum*）和桑白盾蚧（*Pseudaulacaspis pentagona*）繁育松突圆蚧花角蚜小蜂也未成功。

在 20 世纪 80 年代和 21 世纪初，广东和福建都采用建立林间自然繁蜂基地，人工助迁释放，来扩大松突圆蚧花角蚜小蜂在林间自然繁殖和扩散定殖的范围。广东曾采用人工挂枝和飞机撒放，福建采用玻璃管收蜂后再挂放等方法人工助迁放蜂，均使松突圆蚧花角蚜小蜂在林间很好地定殖和扩

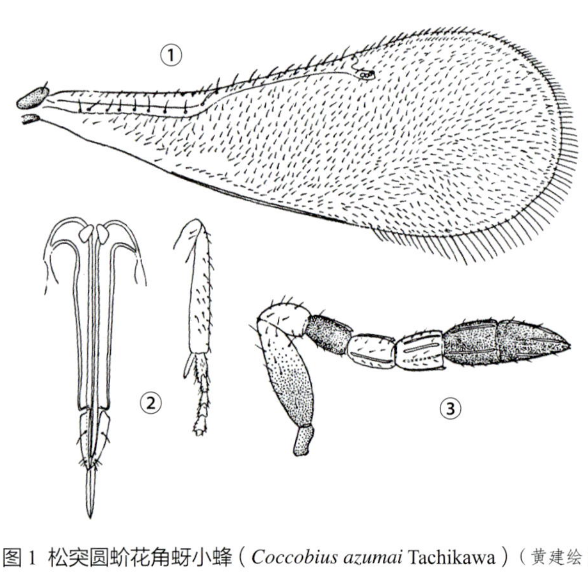

图 1 松突圆蚧花角蚜小蜂（*Coccobius azumai* Tachikawa）（黄建绘）
①前翅；②产卵器与中足胫节和跗节；③触角

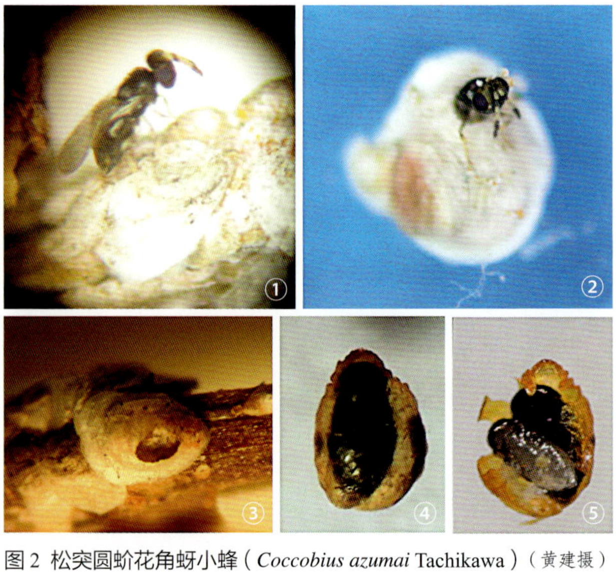

图 2 松突圆蚧花角蚜小蜂（*Coccobius azumai* Tachikawa）（黄建摄）
①产卵；②羽化；③羽化孔；④蚧体内的雌蜂蛹（黑色）；⑤蚧体内雄蜂蛹（上）、重寄生雌蜂蛹（下）

图 3 松突圆蚧花角蚜小蜂室内收蜂、释放应用（黄建摄）
①室内纸箱收蜂；②置玻璃管中交配、补充营养；③林间挂瓶放蜂

繁。但是，由于松突圆蚧花角蚜小蜂具有两性生殖产雌和孤雌生殖重寄生产雄的习性，采用室内收蜂、交配补充营养后再人工放蜂，能够更好地保证人工助迁释放的效果（图 3）。

广东惠东放蜂区松突圆蚧花角蚜小蜂释放 1 年后，在放蜂中心区 50m 以内最高寄生率达 55.8%～64.2%，松突圆蚧雌蚧密度由每束松针 3.14 头下降为 0.64 头；2 年后控制有效半径扩增 300m，寄生率稳定在 20.8%～32.9%，每束松针雌蚧密度控制在 0.6 头左右，寄生蜂与蚧虫之间处于低密度的平衡状态。此外，林间其他寄生蜂对松突圆蚧花角蚜小蜂的控制作用没有影响。

通过组建微分方程组模型分析松突圆蚧花角蚜小蜂与松突圆蚧的种间关系，两者在低密度下仍能共存。对放蜂区和对照区组建的松突圆蚧自然种群生命表的相关回归分析表明，影响放蜂区松突圆蚧种群数量变动的关键因子是松突圆蚧花角蚜小蜂的寄生，而对照区松突圆蚧的被捕食则是影响松突圆蚧种群变动的关键因子。

2002 年，福建从日本冲绳引进松突圆蚧花角蚜小蜂防治松突圆蚧，当年即在林间成功定殖，并建立了种蜂基地。2003—2006 年，连续 4 年从繁蜂基地采集蜂种进行人工助迁，共建立 60 多个松突圆蚧生物防治基地，助迁释放松突圆蚧花角蚜小蜂 6 万多头。在各个放蜂点放蜂半年后，采用林间采集少量枝条收蜂或镜检方法进行调查，大部分释放点均回收到松突圆蚧花角蚜小蜂。因此，利用助迁移植的方式，使松突圆蚧花角蚜小蜂逐步在林间定殖扩繁，再扩大自然种群，可以较好地发挥松突圆蚧花角蚜小蜂对松突圆蚧的自然控制作用。

参考文献

陈永革，古德祥，1998. 松突圆蚧与松突圆蚧花角蚜小蜂种间关系研究 [J]. 昆虫天敌，20(3): 136-142.

丁德诚，潘务耀，唐子颖，等，1995. 松突圆蚧花角蚜小蜂的生物学 [J]. 昆虫学报，38(1): 46-53.

古德祥，陈永革，1998. 松突圆蚧种群生命表与花角蚜小蜂的寄生作用的研究 [J]. 昆虫天敌，20(4): 156-163.

何国锋，包为民，卢爱平，1995a. 松突圆蚧寄生蜂室内大量繁殖和林间释放研究 [J]. 中国生物防治，11(3): 101-105.

何国锋，包为民，卢爱平，1995b. 松突圆蚧寄生蜂优势种及引进寄生蜂的繁殖利用研究 Ⅰ. 寄生蜂种类的调查，采集，引进和中间寄主的饲养研究 [J]. 昆虫天敌，17(1): 42-46.

黄建，1994. 中国蚜小蜂科分类 [M]. 重庆：重庆出版社.

潘务耀，唐子颖，丁德诚，等，1993. 四种杀虫剂对松突圆蚧花角蚜小蜂的毒性试验 [J]. 森林病虫通讯 (3): 32-34.

潘务耀，唐子颖，谢国林，等，1993. 松突圆蚧花角蚜小蜂引进和利用的研究 [J]. 中国森林病虫 (1): 15-18.

唐子颖，翁锦泅，邱鸿铮，等，1993. 飞机撒放花角蚜小蜂防治松突圆蚧试验 [J]. 林业科技通讯 (7): 21-23.

童国健，黄茂俊，徐世多，1998. 花角蚜小蜂防治松突圆蚧技术的应用 [J]. 森林病虫通讯 (2): 23-24, 44.

王竹红，黄建，梁智生，等，2004. 松突圆蚧花角蚜小蜂的引种与利用 [J]. 福建农林大学学报（自然科学版），33(3): 313-317.

谢国林，潘务耀，唐子颖，等，1997. 花角蚜小蜂对松突圆蚧的控制效能及其稳定作用的评估 [J]. 昆虫学报，40(2): 135-144.

（撰稿：王竹红、黄建；审稿：杨忠岐）

苏云金芽孢杆菌 *Bacillus thuringiensis*, Bt

一种防治多种害虫的细菌，属厚壁菌门（Firmicutes）芽孢杆菌纲（Bacilli）芽孢杆菌目（Bacillales）芽孢杆菌科（Bacillaceae）芽孢杆菌属（*Bacillus*），广泛分布于昆虫、土壤、仓储尘埃、植被、污水之中。Bt 在 1901 年被发现，1938 年世界上第一个由该菌制成的杀虫制剂 Sporeine 在法国问世。Bt 是世界上产量最高、开发最成功、应用范围最广的一类微生物杀虫剂，其应用量占整个生物杀虫剂的 90% 以上。苏云金芽孢杆菌杀虫活性谱非常广，现已发现至少对节肢动物门鳞翅目、膜翅目、双翅目、鞘翅目、食毛目、直翅目、蜱螨目等 10 个目和原生动物门、扁形动物门、线形动物门等有害生物具有毒杀活性，尤其对鳞翅目的幼虫特别有效。

革兰氏阳性细菌，形成晶体蛋白性伴胞晶体，与蜡状芽孢杆菌近缘，伴胞晶体在鳞翅目昆虫幼虫肠道内酶和碱性环境下分解成毒蛋白——δ- 内毒素。根据营养型细胞的鞭毛抗原性，把苏云金芽孢杆菌分成了若干个（71 个）血清型，83 个亚种。致死昆虫的原因是晶体蛋白引起中毒，以及细菌增殖引起败血症并发作用。

Bt 是革兰氏阳性的好气性芽孢杆菌。营养体大小为 1～1.2μm × 3.0～5.0μm，两端钝圆，周生鞭毛，能运动，少数无鞭毛，单个存在或 2～5 个成链状。营养体为繁殖阶段，横裂生殖，在芽孢出现前停止繁殖，细胞质浓缩，出现液泡和微粒，并逐渐形成芽孢和伴胞晶体。内生芽孢椭圆形或圆形，直径小于菌体的宽度，胞囊不膨大。伴胞晶体具多种形态，典型的为梭状六面体，在显微镜下呈菱形，也有四面体、圆形、方形和不规则形的。伴胞晶体在寄主幼虫肠道内酶解，形成毒素即 δ- 内毒素。有些苏云金芽孢杆菌还可产生外毒素。致死昆虫的原因是毒素，尤其是 δ- 内毒素引起中毒，以及细菌增殖引起败血症的并发作用。

根据营养型细胞的鞭毛抗原的血清学反应及其他特性，Bt 被划分为 71 个血清型，已发现 94 个血清型亚种。Bt 的不同亚种对昆虫的毒力差异很大，属于不同血清型的亚种，或具有相同血清型的不同亚种，其寄主范围是不同的，即使是苏云金芽孢杆菌类群中的同一个亚种，不同的菌株对昆虫的毒力也可能有很大的差异。毒力的大小与所产生的毒素有关，同时也与细菌的致病机制和寄主昆虫的特异性有关。

Bt对营养的要求不严，能在常用的细菌培养基（如牛肉膏蛋白胨培养基）中旺盛生长，并形成芽孢和伴胞晶体。液体深层发酵是Bt杀虫剂大规模生产中的主要发酵方式，固体、半固体发酵法的研发利用也取得了很大进展。商品菌剂包括芽孢和细菌所产生的毒素。

Bt制剂优点 ①杀虫特异性强，不伤害天敌。②对人畜无毒或低毒，使用安全。③环保，不污染环境，不影响土壤微生物的活动。④没有残毒，生产的产品可安全食用，同时也不改变蔬菜和果实的色泽和风味。⑤连续使用有助于害虫病原的积累和扩散，形成害虫的疫病流行区，达到自然控制虫口密度的目的。⑥相较于化学农药不易产生抗药性。

使用注意事项 ①虫龄越小防治效果越好，使用时必须掌握好时机和用量，可在产卵盛期或幼龄期施药。②温度。苏云金芽孢杆菌生长最适温度为24～32°C，寄主在其最适温度范围下，菌剂摄入量增加，往往也有利于发病。在25～30°C时使用，其防治效果比10～15°C时高出1～2倍。使用Bt的适宜温度在25°C以上，温度低于20°C时最好不使用。③湿度。在一定的温度下，环境湿度越大，防效越好。因此宜在早晚有露水时喷施菌剂，利于菌剂黏附在茎叶上或土壤中，并促进芽孢萌发，从而提高杀虫效果。④雨水。中到大雨会冲刷喷洒在茎叶上的药液，降低防效，雨后需及时补施。如果喷后5小时下毛毛细雨，有利于细菌病原的扩散，有增加防效作用。⑤阳光。为了避免阳光中紫外线对Bt菌剂中伴胞晶体和芽孢的破坏作用，最好在阴天或晴天16：00以后使用。⑥叶背施药。施药时注意在叶背施药，不仅可以减小菌剂因阳光中紫外线照射造成的失活，延长持效期，而且能减少雨水对菌剂的冲刷作用。⑦Bt对蚕毒力很强，在养蚕地区使用时，必须注意避免与蚕、桑接触，养蚕区与施药区要保持一定的距离，以免使蚕中毒死亡。⑧田间已有抗性报道，建议与其他作用机制不同的杀虫剂轮换使用，以延缓抗性产生。

参考文献

布坎南R. E.，吉本斯N. E.，等，1984. 伯杰细菌鉴定手册[M]. 8版. 北京：科学出版社.

关雄，2006. 苏云金芽孢杆菌研究回顾与展望[J]. 中国农业科技导报，8(3): 5-11.

黄自云，2012. 苏云金杆菌的研究[J]. 农业灾害研究，2(5): 61-64.

赵修复，1982. 害虫生物防治[M]. 北京：农业出版社.

BURGES H D, HUSSEY N W, 1971. Microbial control of insects and mites[M]. New York: Academic Press.

CHATTOPADHYAY A, BHATNAGAR N B, BHATNAGAR R, 2004. Bacterial insecticidal toxins[J]. Critical reviews in microbiology, 30(1): 33-54.

HANNAY C L, FITZ-JAMES P, 1955.The protein crystals of *Bacillus thuringiensis* Berliner[J]. Canadian journal of microbiology, 1(8): 694-710.

（撰稿：张继红；审稿：秦启联）

苏云金芽孢杆菌库斯塔克亚种 *Bacillus thuringiensis* subsp. *kurstaki*, Btk

1969年由Dulmage分离的Btk HD-1菌株，奠定了Bt菌株商品化生产的基础。商业化的杀虫剂主要有Biobit、Condor、Dipel、Cutlass、Full-Bac、M-Peril、Javelin等。这些产品应用的晶体蛋白都是从野生型菌株Btk中获得的Cry1A类或Cry2A类蛋白，具有高度毒杀活性，可有效地控制以森林树木、蔬菜、谷物、棉花等植物叶片为食的很多种鳞翅目害虫，如舞毒蛾（*Lymantria dispar*）、菜青虫（*Pieris rapae*）、棉铃虫（*Helicoverpa armigera*）、小菜蛾（*Plutella xylostella*）等。Btk至今仍占据着Bt杀虫剂产品的最大份额。

参考文献

刘明，李海涛，刘荣梅，等，2014. 苏云金芽孢杆菌应用研究进展[J]. 黑龙江八一农垦大学学报，26: 9-13.

（撰稿：张继红；审稿：秦启联）

苏云金芽孢杆菌内毒素 endotoxin

伴胞晶体内所含毒素，是苏云金芽孢杆菌（*Bacillus thuringiensis*，Bt）杀虫活性的主要来源。又名δ-内毒素。Bt的伴胞晶体包涵体中含有1种或多种杀虫晶体蛋白（insecticidal crystal proteins，ICPs），按一定方式聚合成晶体结构，多肽链中的半胱氨酸巯基大多处于分子表面，与相邻亚单位形成二硫键共价聚合的形式，使原毒素（protoxin）蛋白包容在伴胞晶体包涵体中呈稳定的结构。当敏感昆虫摄食Bt的伴胞晶体后，在中肠肠液碱性条件下打开二硫键，溶解成原毒素，进而在肠道蛋白酶的作用下激活成毒素核心片段，才能与昆虫中肠细胞刷状缘膜上特异性受体结合，快速而不可逆地插入细胞质膜，形成孔洞或损伤，并破坏钾、钠离子梯度，引起膜的去极化，最后通过胶体渗透裂解，将细胞膨胀并裂解，最终导致死亡。δ-内毒素虽属热敏感毒素，但具有一定的耐热性，在65°C中可保持1小时，80°C下20分钟也不致破坏，80～100°C下30分钟可被破坏。在紫外线的照射下，δ-内毒素的稳定性差。Bt在紫外线照射下，半衰期仅为3.8小时。HD-1晶体经阳光照射40小时，对家蚕的杀虫活性完全丧失。

截至2014年，全球已克隆并被Bt国际命名委员会命名的杀虫晶体蛋白已经超过83类，共计771个，其中模式基因290个，包括Cry1～Cry73和Cyt1～Cyt3。Cry蛋白的三维结构都很相似。结构域Ⅰ的7个α螺旋束与膜插入、毒素寡聚化和孔洞形成相关。结构域Ⅱ是一个由3个反向平行的β片层围绕疏水内核的β棱柱，与受体识别相关。结构域Ⅲ是由2个反向平行的β片层构成的β三明治结构。结构域Ⅱ、Ⅲ能够对不同害虫中肠蛋白进行特异识别，与杀虫特异性相关。Bt杀虫晶体蛋白基因已成为植物基因工程及转基因育种中应用最广泛、最具潜力和应用前景的抗虫基因。在转基因植物中，Cry毒蛋白避免了在紫外线直接照射下的失活，并且可作用于钻蛀性害虫，大大提升了 Bt 杀虫晶体蛋白的效能和应用范围。当前最重要的 Bt 作物是棉花、玉米、大豆，此外在马铃薯、水稻、番茄、茄子中也有应用。

参考文献

关雄，2006. 苏云金芽孢杆菌研究回顾与展望 [J]. 中国农业科技导报，8(6): 5-11.

刘明，李海涛，刘荣梅，等，2014. 苏云金芽孢杆菌应用研究进展 [J]. 黑龙江八一农垦大学学报，26(4): 9-13.

张继红，王琛柱，钦俊德，1998. 苏云金芽孢杆菌 δ- 内毒素的杀虫机理及其增效途径 [J]. 昆虫学报，41(3): 323-332.

赵修复，1982. 害虫生物防治 [M]. 北京：农业出版社.

BRAVO A, GILL S S, SOBERÓN M, 2007. Mode of action of *Bacillus thuringiensis* Cry and Cyt toxins and their potential for insect control[J]. Toxicon, 49(4): 423-435.

CRICKMORE N, 2013. Bacillus thuringiensis Toxin Nomenclature [EB/OL]. (2013-03-07)[2014-03-31]. http: //www.lifesci.Sussex.ac.uk/home/Neil_Crickmore/Bt/.

IGNOFFO C M, HOSTETTER D L, SIKOROWSKI P P, et al, 1977. Inactivation of representative species of entomopathogenic viruses, a bacterium, fungus, and protozoan by an ultraviolet light source[J]. Environmental entomology, 6(3): 411-415.

POZSGAY M, FAST P, KAPLAN H, et al, 1987. The effect of sunlight on the protein crystals from *Bacillus thuringiensis* var. *kurstaki* HD1 and NRD12: A Raman spectroscopic study[J]. Journal of invertebrate pathology, 50(3): 246-253.

（撰稿：张继红；审稿：秦启联）

苏云金芽孢杆菌外毒素 exotoxin

苏云金芽孢杆菌在生长过程中分泌到菌体外的代谢产物。主要包括以下几类。

甲体外毒素（α-exotoxin） 为磷脂酶 C，在菌体培养到对数期的后期时，先于芽孢和晶体的形成而产生。对热不稳定，其活性可被胰蛋白酶和脲破坏，口服能使某些害虫中毒，对老鼠有毒。苏云金芽孢杆菌类中的部分亚种能产生这种外毒素。

乙体外毒素（β-exotoxin） 是一种腺嘌呤核苷酸衍生物，又名热稳定外毒素、蝇毒素、苏云金素，相对分子质量约为 700，可溶于水，热稳定性好，能耐受 121°C（15 分钟）的高温。作为 ATP 类似物，乙体外毒素可阻碍 ATP 生成腺嘌呤核苷一磷酸和腺苷焦磷酸酶促反应的酶，抑制蛋白质、RNA 和 DNA 的合成。乙体外毒素是 RNA 聚合酶的竞争抑制剂，可干扰有关激素的合成，使昆虫在蜕皮或变态期间不能正常生长发育，导致昆虫畸形或死亡。该毒素是一种广谱毒素，不仅对鳞翅目、双翅目、膜翅目、鞘翅目等多个目的昆虫有毒性，而且对其他生物，包括对人类有毒，因此不允许出现在 Bt 商品制剂中。乙体外毒素包含两种核苷酸衍生物，即苏云金素 A（thuringiensin A）和苏云金素 B（thuringiensin B）。苏云金素 B 是苏云金素 A 的内酯，可由苏云金素 A 加热失水而成，经碱水解又可转化为苏云金素 A。苏云金素 A 对家蝇的毒力大约是苏云金素 B 的 8 倍。

丙体外毒素（γ-exotoxin） 是一种（或多种）未经鉴定的酶，能使卵黄琼脂变清（见于部分杀虫变种）。

营养期杀虫蛋白 Vip（vegetative insecticidal protein） 是在芽孢形成前的营养生长阶段，菌体分泌的另一种杀虫蛋白，它从对数生长中期开始分泌，直到稳定前期达到峰值，具有热不稳定性，可与敏感昆虫表皮细胞，尤其是柱状细胞相结合，造成细胞崩解，肠道受损，寄主幼虫死亡。其症状与 δ- 内毒素类似，但是发症的时间要长。Vip 蛋白与 Cry 蛋白没有序列同源性，杀虫种类可能不同。

几丁质酶 主要在苏云金芽孢杆菌生长的对数期产生，约有 10 个亚种的苏云金芽孢杆菌能够产生几丁质酶。与芽孢形成无关，其中外切酶较多。主要杀虫机制是通过水解几丁质，破坏昆虫中肠围食膜，使昆虫中肠上皮几乎暴露在中肠内的病原菌及其毒素中，增加了病原侵入昆虫机体的机会，加速了幼虫的死亡。

参考文献

关雄，2006. 苏云金芽孢杆菌研究回顾与展望 [J]. 中国农业科技导报，8(6): 5-11.

王利平，代林远，李鹏，2011. 苏云金芽孢杆菌研究进展 [J]. 中国畜牧兽医，38(9): 224-227.

赵修复，1982. 害虫生物防治 [M]. 北京：农业出版社.

ESTRUCH J J, WARREN G W, MULLINS M A, et al, 1996. Vip 3A, a novel *Bacillus thuringiensis* vegetative insecticidal protein with a wide spectrum of activities against lepidopteran insects[J]. Proceeding of the National Academy of Sciences of the United States of America, 93(11): 5389-5394.

KIM Y T, GREGORY B G, IGNOFFO C M, et al, 1972. The *β*-exotoxin of *Bacillus thuringiensis*: Effects on in vitro synthesis of macromolecules in an insect cell line[J]. Journal of invertebrate pathology, 20(3): 284-287.

PALMA L, HERNÁNDEZ-RODRÍGUEZ C S, MAEZTU M, et al, 2012. Vip3C, a novel class of vegetative insecticidal proteins from *Bacillus thuringiensis*[J]. Applied and environmental microbiology, 78(19): 7163-7165.

SEBESTA K, FARKAS J, HORSKA K, et al, 1981. Thuringiensin, the beta-exotoxin of *Bacillus thuringiensis*[J]. Microbial control of pests and plant diseases: 1970-1980.

（撰稿：张继红；审稿：秦启联）

苏云金芽孢杆菌以色列亚种 *Bacillus thuringiensis* subsp. *israelensis*, Bti

该亚种细菌对蚊幼虫有高毒性，因其高效、安全、无污染，在世界范围内被广泛应用于蚊幼虫，特别是伊蚊幼虫的防治。Bti 在芽孢形成过程中可以产生两种杀虫晶体蛋白。第一种是 Cyt 蛋白，具有溶细胞性和溶血性；第二种是通常的内毒素晶体蛋白。不同蛋白的协同作用对伊蚊、库蚊、按蚊和蚋具有不同的毒杀作用，不容易诱导目标昆虫产生抗药性。Bti对库蚊幼虫的毒力相对较低，且由于杀虫晶体蛋白在水体中易受生物和理化因子的作用而降解失活，在蚊幼虫滋生地，特别是在有机物污染水体中的持效期较短，对实际应用造成一定的限制，影响了其作为杀蚊幼制剂在城市蚊虫控制中的应用。

参考文献

孙晨熹，2010. 杀蚊幼剂研究进展[J]. 中华卫生杀虫药械，16(3): 217-219.

徐健，赵松，刘琴，等，2013. 苏云金杆菌以色列亚种生物杀蚊幼颗粒剂及其作用特性[J]. 中国血吸虫病防治杂志，25(1): 52-55.

（撰稿：张继红；审稿：秦启联）

T

螳螂 mantis

螳螂目（Mantodea）昆虫的泛称。螳螂目包含 16 个现生科及 3 个化石科，超过 2500 种。其中，中国记录螳螂 9 科近 160 种。

与蜚蠊目（Blattaria）近缘的螳螂目为渐变态昆虫。卵被包裹在泡沫质的卵块之中，卵块中包含几枚到数百枚卵。卵块会受到一些小蜂总科（Chalcidoidea）及皮蠹科（Dermestidae）昆虫的寄生或捕食。卵的孵化期通常为 20～40 天，但在温带地区，越冬卵会在整个冬天滞育。若虫孵化后即进行一次蜕皮，之后进行独立的捕食性生活，经 6～8 次蜕皮发育为成虫，通常为期 3～6 个月。成虫捕食性，寿命较长，捕食范围广泛，无专食性。

形态特征 螳螂的头部通常呈三角形，部分种类头顶具角或扩展成叶状；咀嚼式口器；复眼较大，有良好的视觉；具 3 枚单眼。触角丝状，少数种类栉状，但通常仅局限于雄性。前胸或多或少延伸，一些种类的前胸长度甚至超过体长的 2/3。前足为捕捉足；基节延长；除缺爪螳科（Chaeteessidae）外均在胫节端部具爪（tibial spur）；通常胫节及股节腹缘均具多枚刺，但在怪螳属（*Amorphoscelis*）中，仅保存有股节中部的 1 枚（图 1）。中后足为步行足，一些种类具叶状扩展物。各足跗节均为 5-5-5，且具 1 对爪，但在异埃螳属（*Heteronutarsus*）中，中后足跗节 3～5 节愈合。成虫通常具发达的翅且有飞行能力，但部分种类翅或多或少缩短甚至完全缺失；前翅通常窄长，半革质至膜质，具翅痣；后翅膜质，臀域发达，宽阔。在花螳科中，前翅常具有鲜明的眼状斑或条带；在金螳属（*Metallyticus*）中，前翅具显著的金属光泽；一些种类的后翅具鲜艳的色彩及斑纹。腹部通常扁宽，尤其雌性；雄性腹部具 9 节腹板，其中第九节腹板特化为铲状的下生殖板，下生殖板端部通常具有一对刺。雌性腹部具 7 节腹板，其中第七节特化为下生殖板，包裹住外生殖器。两性均具分节的尾须，部分种类尾须末节膨大成叶状。雄性外生殖器不对称，包含右阳茎叶、左阳茎叶及下阳茎叶三部分。

图 1 农田环境中常见的 4 种螳螂的前足内侧特征（吴超摄）
①中华刀螳；②广斧螳；③棕静螳；④薄翅螳

螳螂常有明显的性二型现象。通常雌性粗壮而雄性瘦弱；在花螳属（*Hymenopus*）、弧纹螳属（*Theopropus*）等一些属中，雄性体长甚至不及雌性一半。部分种雌雄差异非常显著，例如，在华小翅螳属（*Sinomiopteryx*）中，粗壮的雌性完全无翅，而瘦弱的雄性则具有宽阔发达的翅。

常被提及的雌性在交配过程中的食夫现象实际并不普遍。但是，雄性螳螂在交配过程中即使被雌性吃掉头胸部，确实仍可继续完成交配。

在水环境附近生活的螳螂，尤其斧螳属（*Hierodula*），会受到铁线虫（*Gordiida*）的寄生。铁线虫在水中繁殖，幼体经由包含蜉蝣目（Ephemeroptera）、襀翅目（Plecoptera）、毛翅目（Trichoptera）、双翅目（Diptera）在内的水生昆虫携带进入陆地环境；当中间宿主被螳螂捕食后，铁线虫幼虫在螳螂体腔内发育，并在成熟后钻出。铁线虫的寄生并不会彻底影响螳螂的繁殖；但是，当受到铁线虫的寄生后，可能导致螳螂第二性征的模糊；这也使得一些形态特殊的“罕见种”被认为是其他种受到铁线虫寄生发生形态变化而导致的误判。

在中国，常见的螳螂通常归属于螳科。其中尤以中华刀螳（*Tenodera sinensis* Saussure）、广斧螳（*Hierodula patellifera* Serville）（图 2）、薄翅螳［*Mantis religiosa*（L.）］、棕静螳（*Statilia maculata* Thunberg）等在农田最为常见，并捕食农田中的各种害虫。

图 2 广斧螳（吴超摄）
①雌性成虫；②卵块

参考文献

EHRMANN R, 2002. Mantodea. gottesanbeterinnen der welt[M]. Kleimannbrücke: Natur und Tier-Verlag GmbH: 519.

WANG T Q, 1993. Synopsis on the classification of Mantodea from China. Shanghai[M]. Shanghai: Scientific and Technological Literature Publishing House: 176.

YANG C K, WANG J S, 1999. Mantodea[M]// HUANG B K. Fauna of insects in Fujian Province of China [Vol. I]. Fuzhou: Fujian Scientific and Technological Literature Publishing House: 74-106.

（撰稿：吴超；审稿：刘星月）

藤黄绿脓菌素 pyoluteorin

一种经非核糖体途径与聚酮合酶途径合成的芳香族聚酮类抗生素。最早分离自铜绿假单胞菌（*Pseudomonas aeruginosa*）T359 和 IF03455。随后发现防御假单胞菌（*Pseudomonas protegens*）Pf-5、CHA0 等也可以产生这种抗生素，并发现其能高效抑制卵菌，也对某些细菌和真菌有抑制作用，并有一定的植物毒性。藤黄绿脓菌素产生菌对卵菌引起的植物病害有明显的防效。

藤黄绿脓菌素分子式 $C_{11}H_7O_3NCl_2$，相对分子质量 272.08。化学名称为 2, 3- 二氯 -5-（2', 6'- 二羟基苯甲酰基）吡咯［2, 3-dichloro-5-（2'-6'- dihydroxybenzoyl）-pyrrole］，结构上包括一个间苯二酚分子和一个二氯修饰的吡咯环。藤黄绿脓菌素在常温下为黄色晶体，微溶于水，可溶于乙酸乙

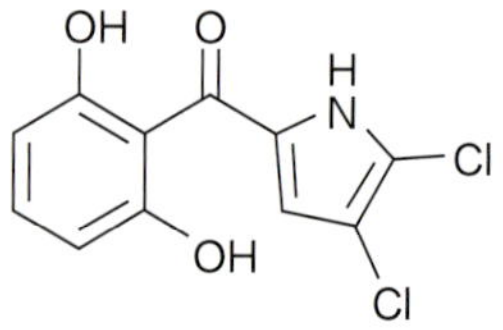

酯、甲醇等有机溶剂，在波长 310nm 处具有紫外吸收峰，具有芳香族气味。

在荧光假单胞菌 Pf-5 中，藤黄绿脓菌素的生物合成基因分布在一个约 24kb 的基因组区域中，其中 PltABCDEFG 为合成基因簇，PltL、PltM、PltR 为编码调控因子。藤黄绿脓菌素的生物合成是以 L- 脯氨酸为前体，由 PltF 活化形成 L- 脯氨酰 -AMP 并与 PltL 连接，之后脯氨酰的部分被脱氢酶 PltE 催化去饱和形成吡咯环，卤化酶 PltA 对吡咯环进行卤化反应加入两个氯原子，二氯代吡咯环在 I 型聚酮合酶 PltB 和 PltC 催化下加入 3 个丙二酰 CoA 单体，之后由硫酯酶 PltG 完成间苯二酚基团的环化和释放，最终形成藤黄绿脓菌素分子。

藤黄绿脓菌素是生防假单胞菌中常见的抗生素，对卵菌病害有明显的防效。Howell 等研究发现藤黄绿脓菌素或产生藤黄绿脓菌素的假单胞菌处理棉花种子可抑制由腐霉引起的棉花苗期猝倒病。Maurhofer 等确认假单胞菌 CHA0 的藤黄绿脓菌素突变体对由腐霉引起的水芹猝倒病防效明显。使用可产生藤黄绿脓菌素的假单胞菌 M18 处理黄瓜后，黄瓜枯萎病、霜霉病的发生均有明显减轻，其中藤黄绿脓菌素起到了重要作用。

参考文献

许煜泉，唐玮宁，徐悌惟，等，1999. 筛选假单胞菌株 M18 防治大棚黄瓜枯萎病害 [J]. 上海交通大学学报，33(2): 210-213.

DWIVEDI D, JOHRI B N, 2003. Antifungals from fluorescent pseudomonads: biosynthesis and regulation[J]. Current science, 85(12): 1693-1703.

GROSS H, LOPER J E, 2009. Genomics of secondary metabolite production by *Pseudomonas* spp.[J]. Natural product reports, 26(11): 1408-1446.

HOWELL C, STIPANOVIC R D, 1980. Suppression of Pythium ultimium induced damping off of cotton seedlings by *Pseudomonas fluorescens* and its antibiotic pyoluterin[J]. Phytopathology, 70(8): 712-715.

HU H B, XU Y Q, FENG C, et al, 2005. Isolation and characterization of a new fluorescent *Pseudomonas strain* that produces both phenazine 1-carboxylic acid and pyoluteorin[J]. Journal of microbiology and biotechnology, 15(1): 86-90.

JAREMKO M J, LEE D J, OPELLA S J, et al, 2015. Structure and substrate sequestration in the pyoluteorin type II peptidyl carrier protein PltL[J]. Journal of the American Chemical Society, 137(36): 11546-11549.

MAURHOFER M, KEEL C, HAAS D, et al, 1994. Pyoluteorin production by *Pseudomonas fluorescens* strain CHA0 is involved in the suppression of Pythium damping-off of cress but not of cucumber[J].

European journal of plant pathology, 100(3/4): 221-232.

NOWAK-THOMPSON B, CHANEY N, WING J S, et al, 1999. Characterization of the pyoluteorin biosynthetic gene cluster of *Pseudomonas fluorescens* Pf-5[J]. Journal of bacteriology, 181(7): 2166-2174.

OHMORI T, HAGIWARA S I, UEDA A, et al, 1978. Production of pyoluteorin and its derivatives from n-paraffin by *Pseudomonas aeruginosa* S10B2[J]. Agricultural and biological chemistry, 42(11): 2031-2036.

TAKEDA R, NAKANISHI I, 1958. *Pseudomonas pigments*: I. Pyoluteorin, a new chlorine-containing pigment produced by *Pseudomonas aeruginosa*[J]. Hako kogaku zasshi, 36: 281-290.

YAN Q, PHILMUS B, HESSE C, et al, 2016. The rare codon AGA is involved in regulation of pyoluteorin biosynthesis in *Pseudomonas protegens* Pf-5[J]. Frontiers in microbiology, 7:497.

（撰稿：张力群；审稿：王琦）

天敌的食性 food habits of insect natural enemies

根据其所捕食的猎物或寄生的寄主的分类学范围而划分为以下类别：专食性或单食性（specialist 或 monophagous）、寡食性（oligophagous）、广食性（generalist 或 polyphagous）和杂食性（omnivorous）。专食性天敌仅攻击1种寄主；寡食性天敌攻击几种关系相近的寄主；广食性天敌攻击不同科的多种寄主；杂食性天敌取食不同营养层的食物，主要包括植物和昆虫。

在引进天敌防治外来入侵害虫和杂草的传统生物防治中，为避免或减小非靶标效应，专食性是天敌具备的首要性状之一，寄主专一性强的寄生性天敌在外来作物上控制入侵害虫中发挥了重要作用，但在控制本土害虫中，广食性天敌无论单种还是集群，可发挥主要作用。广食性天敌具备以下特性：①在目标害虫种群数量衰减时仍可保持一定的种群数量水平。②其随意性取食习性可快速利用某一猎物，尤其是复发性害虫。③对猎物的数值反应延迟而缓慢增加。④对猎物的功能反应在达到饱和时快速下降，由于有限的搜寻和处理猎物时间而导致相对低的最大捕食率。⑤功能反应在有替代猎物的情况下可发生变化，致使对目标猎物数量增大的反应减弱。

参考文献

万方浩，李保平，郭建英，2008. 生物入侵：生物防治篇[M]. 北京：科学出版社.

HAWKINS B A, MILLS N J, JERVIS M A, et al, 1999. Is the biological control of insects a natural phenomenon[J]. Oikos, 86(3): 493-506.

SABELIS M W, 1992. Predatory arthropods[M]// CRAWLEY M J. Natural enemies: the ppopulation biology of predators, parasitoids and diseases. London: Oxford University Press.

（撰稿：刘树生、李保平；审稿：张文庆、杨忠岐）

天敌分子调控 molecular manipulation of natural enemies

在天敌对寄主的生理调控过程中，天敌（特别是寄生蜂）依赖于其携带的寄生因子，这些因子包括毒液蛋白（venom）、多DNA病毒（polydnaviruses, PDVs）、畸形细胞（teratocyte）、类病毒颗粒/纤丝（virus-like particle/filaments, VLP/VLF）和幼蜂分泌物等。由于源于这些寄生因子的基因转录产物以及表达产物蛋白（酶）等，实际是在分子层面执行于寄生蜂生理调控过程作用的生物大分子，所以天敌对寄主的分子调控是研究如何充分发挥天敌控制作用的基础内容之一。就寄生蜂而言，分子调控研究主要集中在毒液蛋白、多DNA病毒和畸形细胞这三者上。

毒液蛋白的分子调控作用包括：①蛋白直接作用于寄主血细胞的骨架，改变细胞周期、减少血细胞的总数。②通过改变免疫相关基因的转录间接抑制寄主血细胞的延展、包囊和吞噬能力、造成血细胞的死亡等。③还存在有如defensin类抑菌物质，这些抑菌物质除了经典的抑菌功能以外，还可以对寄主的酚氧化酶激活级联起抑制作用。

PDVs是一类与一些寄生蜂有专性共生关系并具有独特的分段DNA基因组的特殊病毒，其一旦和寄生蜂卵一起进入寄主体内，就整合到寄主基因组中并启动编码基因的表达和相关蛋白合成，由此调控寄主生理向有利于寄生蜂幼蜂发育的方向发展。已知PDVs的分子调控作用包括：①对寄主免疫调控信号通路在内的寄主细胞免疫和酚氧化酶激活级联为中心的体液免疫作用的抑制，对寄主抗菌肽产生的抑制，从而削弱寄主抗微生物和抗病毒能力。②对寄主内分泌腺体的结构破坏或导致寄主与激素合成和释放相关的神经肽丰度发生变化，改变寄主内分泌激素水平，从而影响寄主发育和变态的进程。

畸形细胞是一类由寄生蜂胚胎外包胚膜的浆膜依次解离而释放到寄主血腔中的一种特殊细胞，主要存在于茧蜂科、广腹细蜂科、缘腹细蜂科、蚜小蜂科和赤眼蜂科中的少数寄生蜂种类中。畸形细胞通过其内部基因转录、翻译和加工后并向外分泌蛋白（酶）来实现其对寄主生理的三大调控作用：①直接合成并分泌某些营养物质、分泌水解酶类分解寄主组织发挥营养功能。②大量吸收寄主血淋巴中的营养而阻止寄主血细胞的增殖，从而达到抑制寄主细胞免疫反应。③提高寄主体内保幼激素滴度、降低保幼激素酯酶转录后活性、降低寄主前胸腺的反应能力，从而减少分泌蜕皮酮含量、破坏寄主蜕皮激素的代谢途径使之转变成无活性的极性化合物等，造成寄主生长缓慢、发育停滞、不能化蛹和形成畸形个体等。

（撰稿：陈学新；审稿：刘树生）

天敌控害效能及评估 control efficacy of natural enemies and its evaluation

天敌是否有寄生或捕食靶标害虫的能力及能力大小，特

T

别是对靶标害虫种群数量消长的调控效能，需要进行评估。客观评估天敌的控害作用是害虫生物防治研究和实践的重要内容之一。天敌控害作用的评估首先要确定所评估的天敌是否具有寄生或捕食靶标害虫的能力，然后要明确该天敌对靶标害虫有多大的寄生或捕食能力，在一定的生境中能将害虫种群密度压低到何种程度。从害虫治理和作物保护而言，最重要的评估标准是天敌的寄生和捕食能否减少甚至免除害虫对作物的危害，从而使作物的经济性状得到有效保护。评估的方法一般包括田间系统调查及相关分析、直接观察法、食痕法及标记法、天敌排除或添加法、实验种群观察法、生命表分析法等6类。这6类方法涉及面广，而且存在一定的交叉，因此在应用时只要能明确天敌在控制害虫方面所起的作用，只选用其中的一种或几种方法即可，而且在能达到这一目标的前提下，所用的方法越少、越简单越好。一般说来，上述6类方法中，田间系统调查及相关分析、直接观察法这两种方法是不可或缺的，必须花精力做好。是否还需要结合应用其他方法及应用哪几种则应依情况而定（见图）。

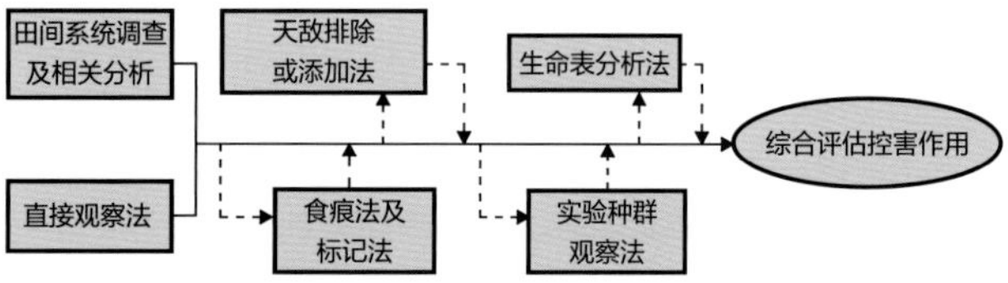

天敌控害作用的评估方法及其应用策略示意图
实线示必须进行的步骤，虚线示依据情况可增加的步骤

参考文献

林乃铨, 2010. 害虫生物防治 [M]. 4版. 北京: 科学出版社.

GODFRAY H C J, 1994. Parasitoids: Behavioral and evolutionary ecology[M]. New Jersey: Princeton University Press: 473.

（撰稿：刘银泉；审稿：刘树生）

天敌昆虫行为调控 behavioural manipulation insect of natural enemies

天敌昆虫行为调控包括3个主要因素：天敌的行为、调节其行为的手段和实际应用方法。理论上，可选择天敌的任一发育阶段进行调控。但实际上，通常选择天敌的寄主选择行为、取食行为等加以调控，以增强天敌的控害效能。

选择调控天敌行为的刺激物时，应考虑5个标准：可接近性、可确定性和可仿性、可控性、特异性和实用性。可用于调控天敌行为的手段主要有：①利用植物本身增强对天敌的吸引作用。植物不断释放挥发性化合物，这些气味给寄生蜂的寄主提供了信息，也能被寄生蜂利用来找到寄主。例如，马尾松针叶气味对松毛虫赤眼蜂有明显吸引作用，并能加强其搜索活动；木薯粉蚧的寄生蜂搜索寄主的化学信号主要是被粉蚧危害的木薯的挥发性物质，粉蚧本身的信息只起到很小的作用。探明植物挥发性物质的有效组分及其比例和释放机制，有助于更好地调控天敌的行为。在植物转基因技术方面，可以调控植物的挥发性物质，以增强对天敌的吸引作用。例如，在拟南芥、烟草和玉米等植物中成功地将植物挥发物DMNT、（*E*）-α-bergamotene 和 β-caryophyllene 的转录酶基因过表达，获得了挥发物释放量明显增加的转基因植物，它们对天敌有更强的吸引作用。②利用植物或寄主的挥发物调控天敌行为。植物挥发性物质中对天敌有引诱作用的成分称为互益素。互益素的组分主要是植物的类萜化合物和绿叶气味。例如，植物受斑潜蝇危害后，绿叶化合物（GLVs）、几种萜烯类化合物（terpenoids）和肟类化合物（oximes）是引起寄生蜂触角电生理和行为反应的主要挥发物。③利用颜色（视觉）调控天敌的行为。利用害虫的趋光性制作黏虫板诱杀害虫是常用的害虫控制措施之一，这时要尽量避免诱杀天敌。而且，可以研究和利用天敌偏好的颜色，增强对天敌的吸引作用。

在实际应用时，可以采取推拉效应，一方面减少害虫种类和数量，另一方面吸引更多的天敌种类和数量。在这个过程中，可以单独利用植物、挥发物或颜色，也可以组合使用，以达到更好的调控效果。

参考文献

饶军华, 周永富, 阳建春, 1999, 害虫行为操纵方法 [J]. 昆虫天敌, 21(4): 174-178.

孙江华, ROQUES A, 严善春, 2000. 害虫行为调节与森林害虫管理 [J]. 世界林业研究, 13(2): 24-29.

DEGENHARDT J, HILTPOLD I, KOLLNER T G, et al, 2009. Restoring a maize root signal that attracts insect killing nematodes to control a major pest[J]. Proceedings of the national academy of sciences of the United Staes of America, 106(32): 13213-13218.

KAPPERS I F, AHARONI A, VAN HERPEN TWJM, et al, 2005. Genetic engineering of terpenoid metabolism attracts bodyguards to Arabidopsis[J]. Science, 309 (5743): 2070-2072.

SCHNEE C, KOLLNER T G, HELD M, et al, The products of a single maize sesquiterpene synthase form a volatile defense signal that attracts natural enemies of maize herbivores[J]. Proceedings of the national academy of sciences of the United Staes of America, 103(4): 1129-1134.

（撰稿：张文庆；审稿：杨忠岐、陈学新）

天敌昆虫遗传改良 genetic improvement of beneficial insect natural enemies

通过对天敌昆虫基因组有针对性和有目的的改变，以增强其作为生物防治因子的效能。这种遗传改良可通过人工选择、人工诱变或DNA重组技术来实现。实现天敌昆虫遗传改良项目，通常包括3个阶段：项目设想并确定问题、室内研发和评估、田间应用及效果综合评价。只有少数遗传改良项目完成了所有3个阶段，且大部分研究限于改良天敌昆虫的耐药性和耐高温能力。例如，通过人工选择获得了耐药性较强的几种天敌昆虫，包括草蛉（*Chrysoperla carnea*）、双带巨角跳小蜂（*Comperiella bifasciata*）、贝氏潜蝇姬小蜂（*Diglyphus begini*）等。DNA 重组技术的快速发展为天敌昆虫的遗传改良奠定了扎实的基础，但在天敌昆虫遗传改良成为生物防治的组成部分之前，还需要大量的基础理论研究。

参考文献

CUMMINGS J, 2005. Encyclopedia of entomology[M]. New York: Springer Netherlands.

HANDLER A M, JAMES A A, 2000. Insect transgenesis: methods and applications[M]. Horida: CRC Press.

（撰稿：刘树生、李保平；审稿：张文庆、杨忠岐）

天敌昆虫专化型　insect natural enemy races

泛指同一物种天敌昆虫在与其寄主或猎物种群的协同进化中形成的若干不同种群。这些种群之间虽在形态上难以区分，但在生理、行为、生境选择、寄主偏好或生活史特征等方面存在明确的差异，常根据表现出差异的特征类型而称不同的种群为生物型、生态型、地理型或寄主型。由于这些特征可能影响天敌对某特殊目标害虫或环境的适应性，故在传统生物防治中常需引进相匹配的天敌专化型。例如，在引进盘绒茧蜂防治入侵北美的菜粉蝶中，早期从欧洲引进的寄生蜂种群均未在美国东北部成功定殖，后来从中国引进的种群成功定殖了。

协同进化地理镶嵌理论（geographic mosaic theory of coevolution）认为，种间互作的结果通常在不同种群间存在差异，该差异是由环境、种群遗传和数量特征以及所在群落等方面差异综合作用的结果。同一种天敌的不同种群所处的物理环境、所寄生的寄主种群以及相关的其他天敌都存在不同程度的差异，这些群落生态学差异可能通过影响局部种群动态和寄主与寄生蜂的行为而得以放大，从而导致天敌与其寄主面临的互为选择压力在不同种群间存在差异，由此演化出适应所在环境的不同天敌专化型。

参考文献

THOMPSON J N, 1994. The coevolutionary process[M]. Chicago: The University of Chicago Press.

VAN DRIESCHE R G, BELLOWS J R T S, 1996. Biological control[M]. New York: Chapman & Hall.

（撰稿：李保平；审稿：孟玲、杨忠岐）

天敌排除或添加法　exclusion or addition of natural enemies

通过在害虫生境中去除或加入天敌，然后系统观察和比较天敌存在与否时害虫种群数量的变化的评估方法。天敌排除法有物理排除法、杀虫剂排除法等，将某种天敌从害虫生境中除去，然后系统调查害虫在没有某种天敌时的种群增长和危害情况。添加法就是将一定数量的天敌人为释放到害虫所在的生境，然后观察天敌对害虫的寄生或捕食效果，并系统调查害虫种群的增长和危害情况。

天敌的输引往往是规模最大、最有说服力的天敌排除或添加试验。例如，吹绵蚧于 1868 年引入美国加利福尼亚州后迅速成为当地柑橘园的主要害虫。1888 年，从该虫原产地澳大利亚引进澳洲瓢虫，该天敌在引进释放后迅速建立了种群，并在两年内将吹绵蚧种群密度压低到经济损失水平以下，随后吹绵蚧一直被控制在这一低水平，直至 20 世纪 40 年代后期，因施用 DDT 而导致其出现过一段时期再度猖獗。美国加利福尼亚州引进澳洲瓢虫后吹绵蚧的种群消长情况，以及同一生境中 DDT 将澳洲瓢虫大量杀死后，吹绵蚧立即表现出的再猖獗情况，生动地展现了澳洲瓢虫对该虫的强大控制作用。

在天敌和害虫共存的生境中，可以通过笼罩或使用选择性杀虫剂将天敌排除，或用笼罩将一定数量的害虫和天敌阻闭在一定空间，观察害虫及其天敌的数量消长。由于笼罩的阻隔作用不仅可排除天敌或阻止天敌迁移，也可改变试验微栖境的气候条件、影响昆虫的行为等，因此，对笼罩试验结果的解释要倍加小心。解决笼罩技术缺陷的方法之一是同时设计 3～4 种不同的笼罩，如一种是全封闭的，一种是半封闭允许飞行的天敌进入的，一种是半封闭允许所有天敌进入的等。通过对不同笼罩处理所得结果的比较，分析出笼罩本身的效应，从而可更客观地分析天敌的作用。

在大量释放天敌的生境中，系统调查天敌和害虫数量的消长及作物受害状况，其实质也是一种大规模的天敌添加试验。如大面积释放赤眼蜂防治玉米螟、释放平腹小蜂防治荔枝蝽、释放管氏肿腿蜂防治粗鞘双条杉天牛等，都可看作是这种方法的试验。在这些试验中，天敌都对目标害虫表现出明显的控制作用。

（撰稿：刘银泉；审稿：刘树生、杨忠岐）

天敌生理调控　physiological manipulation of insect natural enemies

寄生性昆虫，特别是寄生蜂，与捕食性昆虫不同，通常不直接杀死猎物，而是通过调控寄主的生理在保证其后代能正常存活的前提下杀死寄主。天敌（寄生蜂）对寄主的生理调控包括对寄主免疫功能、生长发育以及内分泌系统、营养组成和代谢、生殖系统等方面的影响。

寄生蜂依据应对寄主免疫的方式可以分成主动抑制型和被动逃避型。主动抑制指寄生蜂通过抑制细胞免疫（包括引起寄主血细胞总数减少、死亡率升高及抑制血细胞延展、包囊等）和体液免疫防御（抑制参与血淋巴黑化过程的酚氧化酶、丝氨酸蛋白酶及其抑制剂的活性、寄主体内抑菌物质的产生）。免疫逃避则是指寄生蜂寄生对寄主的免疫防御系统无任何影响，寄生后寄主细胞免疫或者体液免疫仍可以被激活，寄生蜂卵和胚胎是通过其表面覆盖的纤维层和特殊蛋白保护帮助蜂卵（胚胎）逃避了寄主免疫识别和包囊作用。

寄生蜂对寄主生长发育的生理调控，包括对寄主体重增长的抑制、造成寄主发育历期的延长、延迟或者抑制寄主的变态过程（蜕皮或者化蛹）。若寄生蜂的寄生最终没有导致寄主死亡，则可显著缩短羽化后寄主成虫的寿命和生殖力。寄生蜂对寄主的生长发育和变态影响源自寄生蜂对寄主内分泌系统的调控过程，包括提高寄主体内的保幼激素滴度、降低 20 羟基蜕皮酮的滴度或两者皆具。在对寄主内分泌调控过程中还涉及了对寄主组织（特别是脂肪体）结构的破坏和解离作用。

寄生蜂对寄主营养组成和代谢的生理调控，表现在寄生后寄主血淋巴中包括游离氨基酸、蛋白质、糖类和脂类在内的各种营养物质的组成成分和相对含量发生了变化。

寄生蜂对寄主生殖系统的生理调控，主要是指对雄性寄主个体生殖不育（去势），包括抑制精巢体积的增长、减少精巢蛋白质积累、破坏内部精母细胞结构等，使寄主不能形成正常的精子等。

（撰稿：陈学新；审稿：刘树生）

天敌生态调控 ecological manipulation of natural enemies

在农田生态系统中，作物—害虫—天敌及其周围环境相互作用，相互制约，通过物质、能量、信息和价值的流动构成一个有序的整体。天敌生态调控是以调控作物—害虫—天敌食物链关系为基础，通过设计和实施生态工程技术来调控天敌数量和行为的系统工程。

植被多样性包括时间上的多样性，如作物的种植和收获时间等；空间上的多样性，如景观尺度的作物布局、品种布局、间作和轮作等。增加农田生态系统的植被多样性，多数有利于天敌而不利于害虫。Andow 综述了 209 篇论文，如果增加农田植被的多样性，52.7% 的天敌数量增加，只有 9.3% 的减少。通过农业景观格局的设计改造，增加非作物生境的比例，改变生境斑块之间的排列组合等都能够提高天敌对麦蚜的控害作用。当某一作物与其他作物间作时，对自然天敌可能有增诱作用。例如，夏玉米间作匍匐型绿豆田中，玉米螟赤眼蜂自然种群数量在一段相当长的时间内保持较高水平，说明间作对赤眼蜂有增诱作用。而且间作比例对增诱效果有明显影响。

通过间作或保留杂草等方法给天敌提供食物和避难所，可以增加天敌的种类和数量。某些杂草的存在能促使某些天敌种群的建立或增加天敌的数量和活力。在农田生境中创造人工岛能增加捕食性天敌的密度，并影响其扩散模式。在稻田田埂种植芝麻，可为寄生蜂提供花蜜从而增加其种类和数量。在柑橘园种植藿香蓟可显著增加捕食螨的数量，从而提高对红蜘蛛的控害效果。扩大冬播作物面积，既增加农民收入，又能保护蜘蛛等天敌顺利越冬。

生态调控方法包括杀虫剂的合理、科学使用和农业防治措施等。如水稻移植后 30～40 天内不施用化学农药，有利于天敌亚群落的重建。杀虫剂的不合理使用，不仅杀伤天敌，而且会造成害虫的再猖獗。

参考文献

戈峰，1998. 害虫生态调控的原理与方法 [J]. 生态学杂志，17(2): 38-42.

张文庆，张古忍，古德祥，2001. 群落重建与水稻害虫生物防治 [M]. 太原：山西科学技术出版社.

周大荣，宋彦英，王振营，等，1997. 玉米螟赤眼蜂适宜生境的研究与利用Ⅱ：夏玉米间作匍匐型绿豆对玉米螟赤眼蜂寄生率的影响 [J]. 中国生物防治，13(2): 49-52.

ALTIERI M A, 1994. Biodiversity and pest management in agroecosystems[M]. New York: Food Products Press.

ANDOW D A, 1991. Vegetational diversity and arthropod population response[J]. Annual review of entomology, 36: 561-586.

WAY M J, HEONG K L, 1994. The role of biodiversity in the dynamics and management of insect pests of tropical irrigated rice-A review[J]. Bulletin of entomological resarch, 84(4): 567-587.

（撰稿：张文庆；审稿：陈学新、杨忠岐）

天敌生物的非靶标作用 nontarget effects of natural enemies

在传统生物防治中，引进的天敌可能对当地其他生物种群数量或生存造成直接或间接影响，统称为非靶标作用。直接影响指天敌取食或危害非靶标生物；间接影响指天敌由于自身的数量或对靶标生物的防治作用而影响本土非靶标生物种群，从而影响当地的生态系统健康（见图）。相对于天敌生物的直接影响，间接影响往往非常复杂而难以预测，因为天敌及其靶标生物种群的数量变化可能改变食物网或生态系统的物质循环，从而产生复杂的影响。

为避免或减轻引进天敌的非靶标作用，可从以下几方面应对。①慎重确定靶标生物（害虫或杂草）。首先，靶标有害生物必须是外来生物，因为外来生物与入侵地本土生物的关系比较疏远，出现非靶标作用的可能性远低于本土有害生

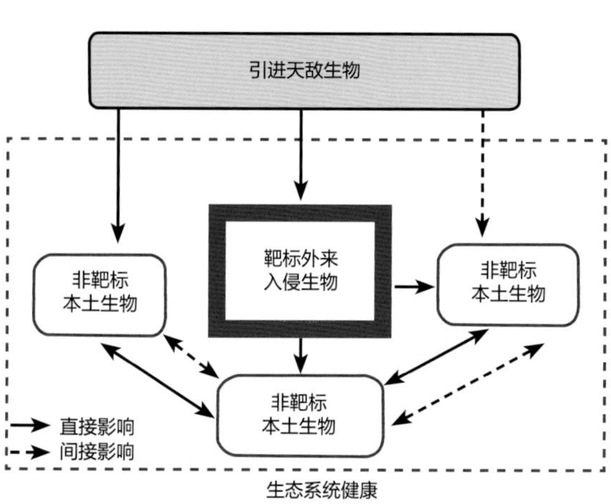

天敌生物非靶标作用示意图

物；其次，靶标生物（尤其是杂草）在入侵地少有近缘的且具有重要经济或保护价值的物种。②加强候选天敌的风险评估。首先，通过严格的专一性测定，筛选出安全、有效的天敌生物；其次，重视对本土非靶标生物影响的风险评估，不仅包括对直接影响的评估，还需包含对间接影响的评估。

参考文献

李保平，孟玲，2007. 杂草生物防治中天敌昆虫寄主专一性测定及其风险分析 [J]. 中国生物防治，22(3) 161-168.

WAJNBERG E, SCOTT J K, QUIMBY P C, 2001. Evaluating indirect ecological effects of biological control[M]. London: CABI Publishing.

（撰稿：李保平；审稿：孟玲）

天敌遗传改良 genetic improvement of natural enemies

通过各种传统方法或基因工程技术，对天敌进行遗传改造从而增强其生物防控效力。其中传统方法一般包括品系筛选、宿主连续传代、突变、共轭、转导、选择育种和杂交等。基因工程技术是通过多种方法实现基因转移，包括根癌农杆菌介导的间接基因转移，以及基因枪、电穿孔、显微注射等介导的直接基因转移。天敌昆虫可通过改变其气候耐受力、性比、寄主寻找能力、寄主嗜好性、寄主范围、杀虫剂抗性等实现可能的改良。微生物遗传改造的主要目标有扩大宿主范围、增强毒力及抗性等。随着分子生物学技术的快速发展，通过遗传改良开发出的病毒、细菌、真菌和动植物，为病虫可持续控制提供了有价值的工具，在这些昆虫病原体中，遗传改良细菌已实现商业化，重组杆状病毒也即将实现商业化，而基因工程线虫和真菌等物种由于较大的遗传复杂性还处于发展初期。

参考文献

LACEY L A, 2012. Manual of techniques in invertebrate pathology[M]. New York: Academic Press.

WEISS L M, JAMES J B, 2014. Microsporidia: Pathogens of opportunity[M]. New Jersey: John Wiley & Sons: 165-194.

（撰稿：刘树生、李保平；审稿：张文庆、杨忠岐）

田间系统调查及相关分析 field survey and correlation analysis

定期对田间的害虫和天敌种群进行抽样调查，了解两者种群数量随时间的变化，当数据较多时，还可应用统计分析了解两者间数量的相关性。例如，在4种植被多样性不同的苹果园中系统调查发现，引入夏至草、泥胡菜等有益杂草并与树间种植的紫花苜蓿搭配的生草园，与地面杂草稀少或无杂草的苹果园相比，捕食性天敌发生量大，种群发生高峰期提早，寄生性天敌数量亦明显增加，害虫被寄生率明显提高，而蚜虫、叶螨和潜叶蛾等害虫的平均虫口密度则明显下降。表明苹果园种有益杂草，可明显增加天敌对害虫种群的控制作用。马来西亚卡梅伦高地菜区在大面积推广以保护天敌为核心内容的综合治理两年后，寄生性天敌的数量明显增加，而主要害虫小菜蛾的数量则大幅度下降。

通过系统调查明确天敌控害效能的一个典型案例是新西兰在20世纪90年代引进微红盘绒茧蜂（*Cotesia rubecula*）来控制菜粉蝶的危害。该蜂引进后即定居成功，但扩散速度较慢，在定居成功的释放点以每年约2km的速度向四周扩展。为了有助于该蜂在新西兰尽快普遍定居，从1993年到1998年，先后在10个地区的50个释放点释放，该蜂在31个释放点成功定居。在这一过程中，新西兰昆虫学者对该蜂的扩散过程、田间控害作用做了系统调查，他们的调查包括菜粉蝶幼虫的虫口密度、龄期分布和被寄生率。由于微红盘绒茧蜂产卵于菜粉蝶一、二龄幼虫，将幼虫致死在四龄，故该蜂有效的寄生必然导致田间五龄幼虫密度及其在所有幼虫中所占的比例显著下降。同时由于微红盘绒茧蜂定居后扩散速度慢，故可在同一地区，选择相距几千米、生境相似但有或无微红盘绒茧蜂的不同菜地，系统调查害虫数量消长及其被寄生的情况，定量确定该蜂的控害作用。他们从1993年到1996年先后在3个地区进行了这样的对比调查，结果在有微红盘绒茧蜂的甘蓝作物上，菜粉蝶幼虫被该蜂的寄生率达48%～97%，五龄幼虫平均每株仅0～0.25头，不再对作物造成经济损失，而在无微红盘绒茧蜂的甘蓝上，五龄幼虫平均每株达1.65～2.05头，仍造成严重的经济损失。这些结果表明，微红盘绒茧蜂在新西兰定居后，将田间菜粉蝶大部分幼虫致死在能造成大量危害的五龄之前，有效地增强了对该害虫种群数量的压制，菜粉蝶已被持续控制在经济损失水平以下。

参考文献

CAMERON P J, WALKER G P, 2002. Field evaluation of *Cotesia rubecula* (Hym.: Braconidae), an introduced parasitoid of *Pieris rapae* (Lep.: Pieridae) in New Zealand[J]. Environmental entomology, 31(2): 367-374.

（撰稿：刘银泉；审稿：刘树生、杨忠岐）

甜菜夜蛾核型多角体病毒 *Spodoptera exigua* nucleopolyhedrovirus, SeNPV

杆状病毒科（Baculoviridae）核型多角体病毒属（*Nucleopolyhedrovirus*，NPV），多粒包埋，属A亚群。宿主专一性强，只侵染甜菜夜蛾（*Spodoptera exigua*）。1949年SeNPV首次在美国加利福尼亚州分离出，中国首次在1978年分离得到。多角体平均大小为1.45μm，基因组全长135611bp（NCBI：AF169823），编码139个开放阅读框（ORF），GC含量43.8%。SeNPV防治甜菜夜蛾的最适时期是二龄幼虫期之前。SeNPV对宿主种群具有明显的控制作用。SeNPV除对当代甜菜夜蛾控制作用显著外，对后代甜菜夜蛾也有明显的后效作用。中国已经登记的产品有

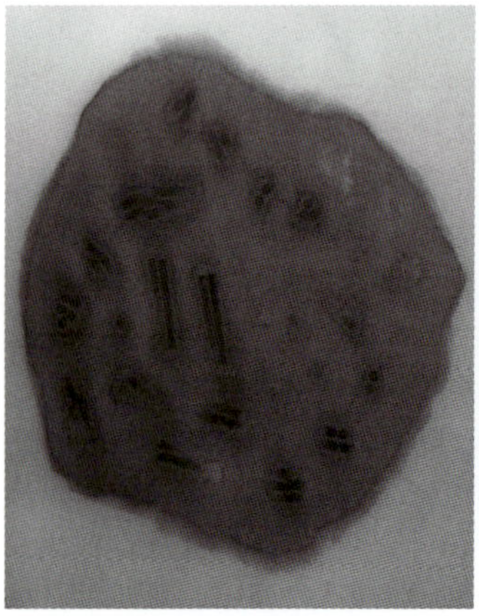

图 1 SeNPV 北京株透射电镜观察
（秦启联提供）

图 2 田间甜菜夜蛾感染 SeNPV 后死亡状
（任大準提供）

2000 亿 PIB/g 的母药、300 亿 PIB/g 水分散粒剂（稀释 5000 倍使用）和 30 亿 PIB/ml 悬浮剂（稀释 750 倍使用）等（图 1、图 2）。

参考文献

葛少彬，梁卿，郑常格，等，2015. 甜菜夜蛾核型多角体病毒研究进展 [J]. 中国植保导刊，35(9): 16-20.

蒋杰贤，胡颂平，季香云，等，2004. 甜菜夜蛾核型多角体病毒对宿主种群的控制作用 [J]. 植物保护学报，31(4): 383-389.

邵天玉，刘兴龙，刘思竹，等，2016. 我国甜菜夜蛾核型多角体病毒研究新进展 [J]. 黑龙江农业科学 (1): 162-166.

徐爱仙，2013. 甜菜夜蛾核型多角体病毒防治蔬菜甜菜夜蛾田间药效试验 [J]. 长江蔬菜 (6): 50-51.

IJKEL W F, VAN STRIEN E A, HELDENS J G, et al, 1999. Sequence and organization of the *Spodoptera exigua* multicapsid nucleopolyhedrovirus genome[J]. The journal of general virology, 80(12): 3289-3304.

（撰稿：张寰；审稿：秦启联）

跳小蜂科 Encyrtidae

属膜翅目小蜂总科（Chalcidoidea），共有 450 属 3000 余种，分为 2 个亚科：跳小蜂亚科（Encyrtinae）和斑翅跳小蜂亚科（Tetracneminae）。

形态特征 体微小型至小型，体长 0.5～3.5mm，通常粗壮，但有时较长或扁平。体多为黄色至橘黄色，或为红色或褐色，体上具金属光泽。雌触角 5～13 节，鞭节棒状，或极度宽扁；雄触角 5～10 节，有时索节呈分枝状。中胸侧板很大，常占据胸部侧面的 1/2 以上。中胸盾片横形，一般无中胸盾纵沟，如果有则很浅，呈线状。前翅完整或退化变短，翅完整者一般前翅缘脉很短，痣后脉及痣脉也相对较短，长度几乎相等。中足胫节端距粗而长，跗节各节沿腹缘具钉状齿。跗节 5 节，极少数 4 节。腹部与胸部间广腰式连接，腹末背板侧方通常极度前伸，达腹部前方 1/2 处以上（见图）。

生物学习性 大部分跳小蜂的寄主为蚧虫，它们一般内寄生于寄主若虫或成虫体中，但后一种情况比较少见；花翅跳小蜂属（*Microterys*）的一些种为捕食性，可捕食蚧虫卵。几乎所有的斑翅跳小蜂亚科均寄生粉蚧科（Pseudococcidae）；跳小蜂亚科能寄生蚧亚目的许多类群，有时也可寄生粉蚧科及其他昆虫，有的能寄生螨类、蜱及蜘蛛。已知寄生木虱科的跳小蜂中，有一种是木虱成虫的寄生者。有的寄生林木重要蛀干害虫天牛幼虫体内，如栗山天牛跳小蜂（*Cerchysella raddeii* Yang）（图②）。从 1 头天牛幼虫中平均养出 1083 头小蜂。其他一些跳小蜂，如点缘跳小蜂属（*Copidosoma*）寄生鳞翅目幼虫，为多胚生殖。而有些种还能寄生于其他的跳小蜂，或寄生蚜小蜂科、金小蜂科、茧蜂科、螯蜂科等虫体上而为重寄生。

卵 跳小蜂科的卵为奇特的哑铃形，产于寄主体内。卵柄多伸出于寄主体壁之外，这样，当幼虫孵化后就可利用其呼吸外界氧气。一龄幼虫为具尾型、囊型或膜翅目型（或“跳小蜂幼虫型”），体呈球形至长形。尾部双叉状。身体 9～14 节，具或不具呼吸功能的气门。具尾型幼虫多发生在寄生蚧科的种类中。囊型幼虫具有一个尾囊，可能在前 12 节的每节上还具有一圈肉质突起。所谓的“跳小蜂幼虫型”幼虫是指其身体多少呈膜翅目型，为后气门式，在孵化后仍与卵壳连在一起。这些幼虫一般为 10 或 11 节，它们可通过卵壳上伸到寄主体外的卵柄呼吸外界的氧气。其他的不具有呼吸功能气门的跳小蜂幼虫则直接通过体壁吸入氧气。二龄以后的幼虫构造较相似，有时被包在鞘内，鞘与寄主的气管系统相吻合，如跳小蜂属的种类（*Encyrtus* spp.）、阔柄跳小蜂属的种类（*Metaphycus* spp.）。

蛹 跳小蜂化蛹在寄主体内，有些跳小蜂直到其成虫羽化后才将寄主杀死。这些种的老熟幼虫化蛹时在寄主体内做一包膜状的蛹室，包膜与寄主的气管系统相连接。然后，将包膜内充满空气，这样就能使蛹呼吸了。跳小蜂通常以老熟幼虫或蛹在寄主体内越冬。

有些种类，如点缘跳小蜂（*Copidosoma* spp.）能以多胚生殖的方式寄生于鳞翅目幼虫。这类跳小蜂有些种所寄生的寄主的个体很小，如沟胸跳小蜂（*Holcothorax testaceipes*）寄生细蛾科潜叶细蛾属（*Phyllonorycte*），从一个卵中能够产生约 6 头跳小蜂；而其他一些种类（如某些点缘跳小蜂）则寄生个体较大的寄主，如秀夜蛾（*Amphipoea monoglypha*），由一个卵可分裂产生多达 2000 头个体。多胚生殖的跳小蜂在将寄主杀死后，在寄主体内形成一个个囊

跳小蜂科 Encyrtidae（曹亮明摄）
①落叶松毛虫卵跳小蜂［*Ooencyrtus pinicolus*（Matsumura）］；
②栗山天牛跳小蜂（*Cerchysiella raddeii* Yang）

状小蛹室化蛹，造成寄主幼虫变硬，从外观上看常扭曲变形。

跳小蜂科是害虫生物防治上最重要的小蜂类群之一。不少种已成功用于防治多种具重要经济意义的害虫上，尤其是防治危害林木、果树的介壳虫。在生物防治上非常成功的跳小蜂包括：巢菜蚜跳小蜂（*Habrolepis dalmanni*）从北美被引入新西兰以防治危害栎树十分严重的栎凹点镣蚧（*Asterolecanium variolosum*）；粉蚧长索跳小蜂（*Abagyrus dactyloppi*）从香港被引入夏威夷以防治危害柑橘树的木槿粉蚧（*Nipaecoccus vastator*）；短角斑翅跳小蜂（*Tetracnmoidea brevicornis*）从澳大利亚引入北美和新西兰防治柑橘上的嗜橘粉蚧（*Pseudococcus fragilis*）。

参考文献

GAUID I, BOLTON B, 1992. 膜翅目 [M]. 杨忠岐，译 . 香港：天则出版社：1-332.

廖定熹，等，1987. 中国经济昆虫志：第三十四册　膜翅目　小蜂总科（一）[M]. 北京：科学出版社：1-241.

杨忠岐，1996. 中国小蠹虫寄生蜂 [M]. 北京：科学出版社 .

杨忠岐，姚艳霞，曹亮明，2015. 寄生林木食叶害虫的小蜂 [M]. 北京：科学出版社 .

BOUČEK Z, 1988. Australasian Chalcidoidea (Hymenoptera). A biosystematic revision of genera of fourteen families, with a reclassification of species[J]. CAB international wallingford: 85-86.

GRAHAM M W R, DE V, 1969. The Pteromalidae of North-Western Europe (Hymenoptera: Chalcidoidea)[J]. Bulletin of the British Museum (Natural History), Entomology Supplement, 16: 1-908.

NOYES J S, 1980. A review of the genera of Neotropical Encyrtidae[J]. Bulletin of the British Museum (Natural History), Entomology, Series, 41: 107-253.

NOYES J S, 2000. Encyrtidae of Costa Rica (Hymenoptera: Chalcidoidea), 1[J]. Memoirs of the American Entomological Institute, 62: 1-355.

NOYES J S, 2004. Encyrtidae of Costa Rica (Hymenoptera: Chalcidoidea), 2[J]. Memoirs of the American Entomological Institute, 73: 1-459.

NOYES J S, 2010. Encyrtidae of Costa Rica (Hymenoptera: Chalcidoidea), 3[J]. Memoirs of the American Entomological Institute, 84: 1-848.

NOYES J S, HAYAT M, 1984. A review of the genera of Indo-Pacific Encyrtidae (Hymenoptera: Chalcidoidea)[J]. Bulletin of the British Museum (Natural History), Entomology, Series, 48: 131-395.

ZHANG Y Z, HUANG D W, 2004. A review and an illustrated key to genera of Encyrtidae (Hymenoptera: Chalcidoidea) from China[M]. Beijing: Science Press: 1-166.

（撰稿：曹亮明；审稿：杨忠岐）

土壤习居菌　soil inhabitants

可在土壤和植株中以有机质为食并长期繁殖存活的一类微生物。这些微生物以土壤或植株为活动场所完成其全部或部分生活史，其分布、生长、增殖以及与其他微生物间的互作受土壤中各种生物和非生物因素影响。这类微生物一般生长快，繁殖力强，酶系发达，能快速分解利用基质，是土壤和植株微生物区系中的主要组成部分，对病原菌的存活与侵染以及生防菌的定殖和活性具有重要的影响。

土壤和植株习居菌种类繁多、数量庞大，每克耕层土壤或植株中细菌数量通常可达到 10^7～10^9 个，包括已发现的细菌主要类群。真菌数量一般在 10^3～10^5 个 /g 耕层土壤或新鲜植株材料，包括鞭毛菌、接合菌、子囊菌、担子菌和半知菌等类群，其中卵菌、壶菌和接合菌能够迅速利用土壤中的有机物，是最早的定殖者，种类最多的为半知菌。这些习居菌在土壤生态系统和植物微生态系统中发挥着极为重要的作用，它们参与了生态系统中的物质循环和能量流动，促进了植物营养元素有效利用，并为植物提供了氮、磷和其他矿质元素及各种有机营养。有些习居菌还可以降解有机农药、重金属和其他有害物质。

土壤中有一些植物病原菌属于兼性寄生菌，也是土壤习居菌的重要组成部分。与那些必须依赖于植物或病株残体，而不能在土壤中单独长期存活的植物习居菌相比，土壤习居性病原菌竞争能力较强，对土壤中腐生微生物的拮抗作用具有较强的抵抗能力，如腐霉、丝核菌和镰孢菌。当没有合适的寄主植物存在时或当寄主的根组织分解后，它们能直接在土壤中营腐生生活；当土壤条件恶劣时，一些竞争力较差的真菌，会在土壤中形成菌核、菌索等休眠体以保持其活力，等待新的寄主出现。这些病原菌可以在土壤中存活几年，甚至长达十几年，因而难以彻底清除。部分习居菌因其优良的防病性能而被用于植物病害的生物防治，如绿色木霉、哈茨木霉、绳状青霉、黑青霉、枯草芽孢杆菌和荧光假单胞菌等。这些菌类可通过产生抗生物质、重寄生、竞争和微生态调控等机制抑制病原菌生长。

参考文献

DESSAUX Y, HINSINGER P, LEMANCEAU P, 2010. Rhizosphere: Achievements and challenges [M]. Berlin: Springer.

HAWKSWORTH D L, 1991. The fungal dimension of biodiversity: magnitude, significance, and conservation [M]. Mycological research, 95(6): 641-655.

TATE R L, 2000. Soil microbiology [M]. New York: John Wiley & Sons.

（撰稿：高坦坦；审稿：王琦）

土壤抑菌作用　soil fungistasis

土壤中或同土壤相接触的微生物繁殖体的萌发受到抑制的现象。该现象普遍存在，但以真菌最为敏感，表现为在缺乏营养或寄主植物时，孢子在土壤中长期处于休眠状态。一般认为，土壤抑菌作用有利于土传病原真菌在土壤中的长期存活。

土壤抑菌作用概念最早由 Dobbs 和 Hinson 提出。对该现象发生的机理，曾有众多研究和假说。Lockwood 认为，多种真菌的孢子进入土壤后会迅速失去营养，由不需要外部营养转变为营养依赖型，因此极容易受到土壤抑菌作用的影响，这时必须通过外部的营养（包括根分泌物）来打破孢子的休眠状态。另有研究将土壤抑菌作用归为微生物对外界刺激（或信号）产生的一种自身抑制过程，这一抑制作用避免了在没有充足外界营养或寄主存在的条件下菌体提前萌发。土壤抑菌现象的产生在很大程度上是其间各种微生物作用的结果。土壤中微生物数量越多，抑菌作用表现得越明显，高温灭菌或抗生素会导致土壤抑菌现象消失，而此时接种细菌则抑菌作用又重新出现。人们也发现 *Fusarium solani* f. sp. *phaseoli* 厚垣孢子在水中可以萌发，但在土壤中则需要额外的碳、氮源和能量，显然这些菌体休眠的直接原因并不是营养依赖。多年来，人们一直在研究土壤抑菌作用的形成机制，但没有明确的结论。微生物种类不同，环境条件不同，其机制也存在差异。

土壤抑菌作用的存在对土传病害生防是不利的。土壤环境中生防菌会受到各种生物和非生物因素的影响，导致生防菌株的萌发率降低。这些生防菌虽然也能营腐生生活，但同土著微生物的竞争力较弱，导致效果不佳和不稳。施用有机肥等措施可以刺激生防菌孢子萌发，实现生防菌在土壤和植物根际的快速萌发和定殖，从而发挥生防作用。

参考文献

COOK R J, BAKER K F, 1983. The nature and practice of biological control of plant pathogens [M]. California: APS Press.

DOBBS C G, HINSON W H, 1953. A widespread fungistasis in soils[J]. Nature, 172: 197-199.

EPSTEIN L, LOCKWOOD J L, 1984. Effect of soil microbiota on germination of *Bipolaris victoriae* conidia [J]. Transactions of the British Mycological Society, 82(1): 63-69.

HSU S C, LOCKWOOD J L, 1973. Soil fungistasis: behavior of nutrient-independent spores and sclerotia in a model system [J]. Phytopathology, 63(3): 334-337.

JACKSON R M, 1957. Fungistasis as a factor in the rhizosphere phenomenon [J]. Nature, 180(4576): 96-97.

LOCKWOOD J L, 1977. Fungistasis in soils [J]. Biological reviews, 52(1): 1-43.

LOCKWOOD J L, 1984. Soil fungistasis: mechanisms and relation to biological control of soilborne plant pathogens [J]. Bay-Peterson J Soilborne Crop Diseases in Asia: 159-174.

MANKAU R, 1962. Soil fungistasis and nematophagus fungi [J]. Phytopathology, 52: 611-615.

（撰稿：孙漫红；审稿：李世东）

T

推拉效应 push-pull effect

利用引诱和驱避作用调控昆虫行为来防治害虫的一种方法。使昆虫向信息源趋近的作用称为“拉（pull）”的效应，使昆虫远离信息源的作用称为“推（push）”的效应。推拉一词最早由 Pyke 等于 1987 年提出，在澳大利亚为了防治棉铃虫（*Helicoverpa* sp.），在棉田以外使用引诱用物质将害虫从棉田引（拉）出来集中消灭，将该策略形象地称为推拉效应。1990 年，Miller 和 Cowles 对该策略进一步给予理论阐述，并在美国应用于葱蛆（*Delia antiqua*）的防治。

推拉效应的基本原理是综合利用昆虫的行为调控物质来调控害虫及其天敌的分布及密度，从而降低害虫对靶标作物的危害。

推拉效应不但包括对害虫的推拉也包括对天敌的推拉，即在农田中，利用行为调控物质将害虫驱离，同时将害虫天敌招引来；在作物田外或田边，利用引诱物质将害虫吸引过来，然后利用化学物质或生物措施将诱集来的害虫进行集中消灭。但在实际应用中，主要是对害虫进行推拉，对于天敌行为的调控较少（见图）。

推拉效应中“推”的作用

非寄主气味 非寄主植物的挥发物往往能掩盖寄主植物的气味，或驱赶害虫逃离非寄主植物。如桉树柠檬色的桉树油中含有驱蚊成分，被子植物的绿叶气味物质和树皮挥发物能降低小蠹虫的定殖，这些驱避性的挥发物就具有典型的“推”的作用。

寄主信息化合物 昆虫利用关键的、时常有特定比例的挥发物识别适合的寄主。如果提供不适当比例的寄主，植食性动物诱导的植物挥发物（HIPVs）可产生对害虫有直接作用的物质。例如，田间释放水杨酸甲酯和（Z）-茉莉酮（HIPVs）对蚜虫有驱避作用。

迁散信息素（anti-aggregation pheromones） 迁散性激素可用于调控昆虫的空间分布和降低昆虫种内竞争，小蠹科的许多种类能产生这种多功能的信息素而用于寄主的调控，其化学挥发物制剂或产品则可用于推拉效应控制该类害虫。

报警信息素 有些昆虫受到自然天敌攻击时，释放报警信息素。在同种间引起逃避或驱散行为。很多蚜虫的报警信息素（反）-*β*- 法尼烯对蚜虫天敌有拉的作用。

拒食剂 有些植物能产生对害虫具有驱避取食的物质，如苍耳等药用植物提取物对小菜蛾幼虫有拒食作用。因此，在农田和果园中种植对靶标害虫具有拒食作用的植物，靶标害虫就可能离开寄主植物而迁移，从而达到保护目标作物或果树免受损害。

产卵抑制剂和产卵忌避信息素 指能阻止或减少害虫

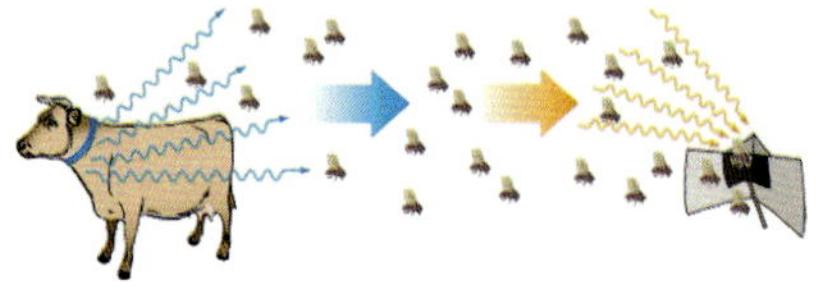

推拉效应的推拉模式

（仿自 Samantha et al., 2007）

卵的着落，或避免在已被同种昆虫产卵的植株上产卵的忌避剂和产卵驱避信息素（ODPs）。许多植物中的一些化学物质具有产卵抑制作用，如印楝种子的提取物。樱桃绕实蝇雌虫产卵后在樱桃上释放一种寄主识别外激素 *N*-［15-(*β*-D-glucopyranosyl)-8-hydroxypalmitoyl］，该激素可阻止同种昆虫在同一樱桃上产卵。

推拉效应中“拉”的作用

视觉刺激　昆虫主要依靠视觉感受器接受光的刺激，昆虫对外界物体的形状、颜色和运动等，并不都具有产生反应和调节的能力。因此，可以通过模拟不同颜色或形状的物体来引诱昆虫。如模拟成熟果实红色的球体（直径 7.5cm）可以吸引苹果果蝇。

植物挥发物（host volatiles）　寄主挥发物可用于监测、大量诱杀昆虫。利用寄主特性和寄主偏好性，合成的寄主气味混合物的引诱能达到最好效果。一些害虫危害诱导的化学挥发物（如水杨酸甲酯和茉莉酮）对捕食者和寄生物有吸引力，并导致田间害虫丰富度的减少，相当于“拉”的作用。虽然害虫危害诱导的化学挥发物可能对有些害虫，尤其对多食性害虫有排斥作用，但可能对一些植食性害虫，尤其对单食性害虫有引诱作用。寄主植物挥发物可用于诱捕昆虫或提高诱捕昆虫效果。

性信息素和聚集信息素　昆虫释放性信息素和聚集信息素以吸引同种个体交配和优化资源利用。用信息素防治以色列柠檬上的柑橘巢蛾、美国零星暴发的吉普赛蛾及一些仓储害虫效果较好。在桃李园用信息素交配干扰技术防治梨小食心虫。寄主植物气味能促进植食性昆虫合成性信息素和聚集信息素。

味觉和产卵刺激物　有些诱集作物含有天然产卵或味觉刺激物，从而能使昆虫在诱集作物区停留。如玉米、大豆、酵母的蛋白质经微生物发酵产生挥发性化学物质，对实蝇科害虫具有能吸引作用，因此，在美国，蛋白质水解物类毒性诱饵已用于防治地中海实蝇。此外，还可直接利用昆虫的味觉刺激物来促进昆虫的取食，如将蔗糖溶液喷于诱饵或诱集作物上，能促进害虫对杀虫剂诱饵或诱集作物的取食，从而提高杀虫效果。同时，将味觉刺激物作为添加剂加入昆虫食物中，有利于引诱天敌或降低天敌的迁移扩散。

总之，生物多样性控制害虫已是害虫生态控制的重要内容和途径，将在害虫综合治理理论及实践中发挥重要作用。然而，各种假说都从不同程度阐释了农业生物多样性对害虫或天敌的影响作用，各种机制间都存在一定的交叉性和相互联系，再加上有些控制害虫的机理尚不十分明确。生物多样性控制害虫的机制的研究将随着昆虫生态学、化学生态、植物生理学及分子生物学等学科的发展而不断深入和明确，也将为辨识能够维持和加强生态系统功能的生物多样性类型，确定采用那些能够强化理想生物多样性的最佳农事操作技术，最大限度地依靠系统的自我调控能力，将害虫的种群数量及危害程度降低到对人类造成经济损失的最低水平。

推拉效应已在很多农林牧及卫生害虫的防治中得到应用，其中包括棉铃虫、玉米钻蛀性害虫类、马铃薯甲虫（*Leptinotarsa decemlineata*）、西花蓟马（*Frankliniella occodenlais*）、豌豆象（*Sitona lineatus*）、松小蠹（*Dendroctonus frontalis*）等，尤以肯尼亚等东非国家在玉米田害虫的防治最为典型。

参考文献

COOK S M, KHAN Z R, PICKETT J A, 2007. The use of push-pull strategies in integrated pest management[J]. Annual review of entomology, 52(6): 375-400.

PYKE B, RICE M, SABINE B, et al, 1987. The push-pull strategy-behavioural control of Heliothis[J]. Cotton grow, (5/7): 7-9.

（撰稿：陈斌；审稿：李成云）

脱落酸　abscisic acid, ABA

与生长素、赤霉素、乙烯、细胞分裂素并列为植物的五大类内源激素。1963 年，由 Ohkuma、Addicott、Eagles、Wareing 等在不同国家分别从棉花幼铃及槭树叶片分离出来；1965 年 Ohkuma 等利用紫外、红外、核磁共振及质谱确定了其平面化学结构式；1967 年在第六届国际生长调节物质会上被正式命名。

植物中的天然脱落酸，其化学结构式是一个 15 碳的以异戊二烯为基本单位的倍半萜羧酸（图①）。由于其化学结构的环上 C1′ 位为一个手性碳原子，因此脱落酸有右旋型与左旋型两种旋光异构体：（+）-2-cis, 4-trans-ABA［又名 S-ABA 或（+）-ABA］与（−）-2-cis, 4-trans-ABA（图①②）；又因其结构支链上 C2 与 C3 之间是双键，故除旋光异构体而外，还有两种顺反几何异构体（+）-2-trans, 4-trans-ABA 与（−）-2-trans, 4-trans-ABA（图③④）。天然脱落酸一般指 S-ABA 或（+）-ABA。表 1 列出了 S-ABA 的理化性质。

自被发现以来，脱落酸由于其在调节植物生长发育过程中起到的重要作用而被广泛熟知：①脱落酸是体细胞胚形成和成熟过程中非常重要的生长调节因子，大多数情况下，脱落酸在低浓度（1～10mol/L）下能促进体细胞胚胎发生，而高浓度脱落酸（10mol/L 以上）则会抑制体细胞胚的发生，同时外源脱落酸对体细胞胚成熟、促进相关物质合成以及形成胚的品质改善是非常必要的（表 2）。②脱落酸在种子的休眠过程中也起着关键作用，同时赤霉素和脱落酸的拮抗和协同作用是控制种子胚胎形成和种子萌发的重要因素。在种子发育过程中，赤霉素和脱落酸共同作用于种胚，促进种子发育成熟和种子活力提高。③内源脱落酸的含量变化与开花行为之间也具有显著的相关性，脱落酸单独或与其他植物激素相互作用，调节着植物的成花诱导、花芽分化及开花。④脱落酸可能同时参与了跃变型和非跃变型果实的成熟进程，因为在果实成熟开始期脱落酸迅速增加，与糖浓缩、酸分解和果实色素产生量呈极高相关性，作为非跃变型果实代表，葡萄成熟主要受到脱落酸调控，乙烯的作用往往微不足道，而在跃变型果实代表番茄成熟过程中，脱落酸能通过调节脂酰辅酶 A 合成酶（ACS）和酰基辅酶 A 氧化酶（ACO）的表达来刺激乙烯的催化反应，从而开启番茄成熟进程。⑤在谷粒灌浆过程中，脱落酸可提高植物的库强度，促进光

表1 S-ABA结晶体的物理化学性质

项目	指标
产品外观	白色或淡黄色粉末
含量（以 S-ABA 计）	80.0%、90.0%、95.0%、98.0%、99.6%
水分（以 H_2O 计）	≤ 1.0%
熔点	161～163℃、120℃升华
溶解度	易溶于乙醇、甲醇、氯仿、丙酮、乙酸乙酯、乙醚等，在水中溶解度为 3～5g/L（20℃）
最大紫外吸收光	252nm
热稳定性	≤ 50℃，稳定
光稳定性	强光分解
酸度（以 H_2SO_4 计）	≤ 20.0%
加速贮存试验	合格
急性毒性 LD_{50}	≥ 5000mg/kg（微毒）

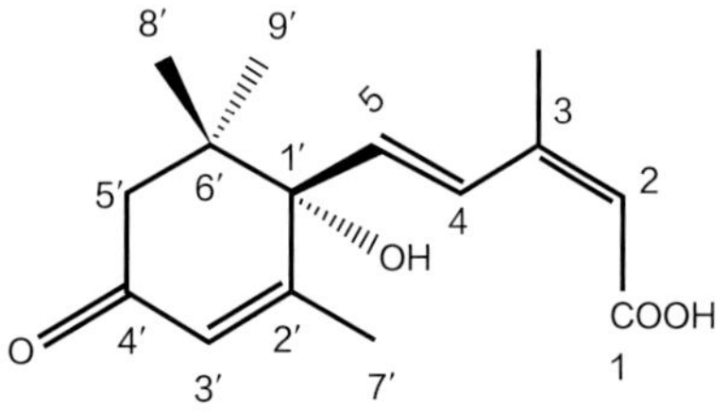

① (+)-2-cis, 4-trans-ABA

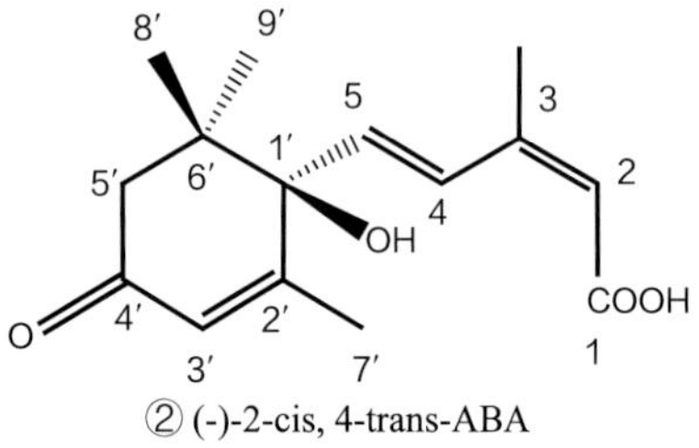

② (-)-2-cis, 4-trans-ABA

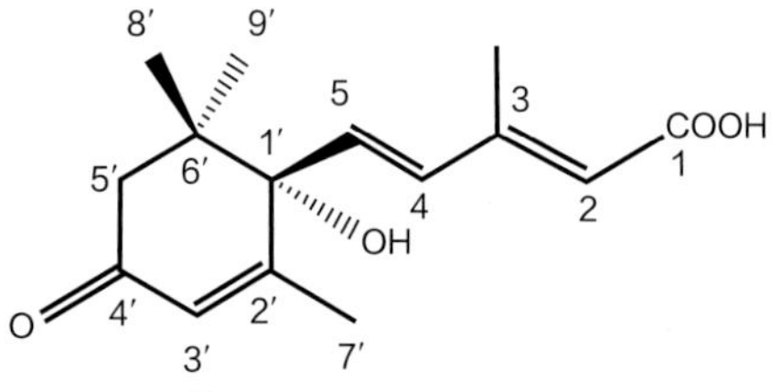

③ (+)-2-trans, 4-trans-ABA

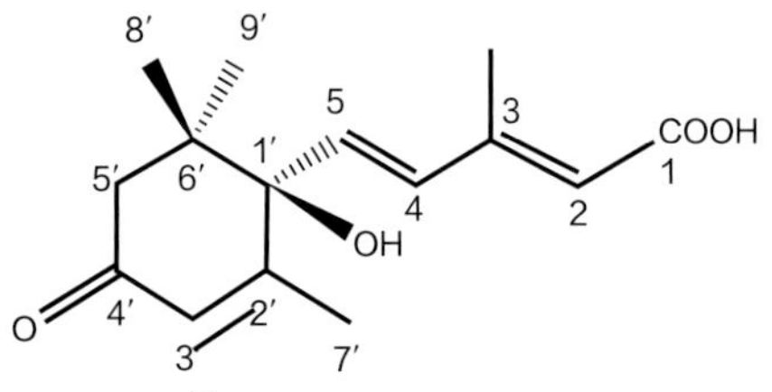

④ (-)-2-trans, 4-trans-ABA

表2 脱落酸在植物组织培养中的应用

植物种类	脱落酸的作用
Agave tequilana	提高无性系株系产量
Begonia × erythrophylla	脱落酸预处理后冷冻状态下芽体存活率提高
Daucus carota	促进胚胎发生，诱导体细胞胚休眠和干燥耐性
Ditrichum plumbicola (a threatened moss)	诱导从原丝体产生高抗旱性和抗冻性芽体
Eucalyptus camaldulensis	促进体细胞胚成熟及出芽
Ginkgo biloba	促进愈伤组织冻藏后存活及可溶性糖分积累
Juglans regia (Persian walnut)	促进体细胞胚成熟及出芽
Larix leptolepis (Japanese larch)	促进体细胞胚成熟和提高出苗率
Lesquerella fendleri (Fendler's bladderpod)	诱导幼苗来源的悬浮细胞系脂质的积累
Malus domestica (apple)	利于苹果种质体外冷藏
Medicago sativa	调节体细胞胚发生过程中乙烯的生物合成，促进体细胞胚成熟
Musa sp. (Plantain)	促进体细胞胚成熟
Nicotiana tabacum	在试管苗移出前、最后一次继代培养时改善生长
Phoenix dactylifera (date palm)	促进体细胞胚积累储藏蛋白
Phragmites communis (reed)	外源使用脱落酸能缓解两种生态型愈伤组织热胁迫症状
Picea abies (Norway spruce)	诱导体细胞胚成熟，编码转录因子 *Pa*VP1 基因的表达
Picea glauca (Moench)	诱导体细胞胚成熟
Voss × engelmanni Parry ex Emgelm (Interior spruce)	脱落酸和低温共同处理诱导未成熟胚抗冻性
Pinellia ternate	促进类原球茎增殖
Pinus brutia (Turkish red pine)	体细胞胚成熟
Pinus sylvestris (Scots pin)	体细胞胚成熟，储藏蛋白积累
Pinus taeda (loblolly pine)	调控脱落酸应答基因表达促进体细胞胚成熟
Psidium guajava (guava)	诱导封存的体细胞胚保持静止状态，诱导体细胞胚成熟
Psoralea corylifolia	胚性愈伤组织的诱导、发育及出芽
Quercus suber (oak)	体细胞胚成熟

合产物的韧皮部卸载及在库组织中的转化，调节籽粒中蔗糖/淀粉代谢的关键酶活性，增加库强度，从而促进光合产物的运输和积累，促进籽粒灌浆。⑥脱落酸还参与了植物生长的调节作用，如高浓度脱落酸对植物生长有抑制效应；低浓度的脱落酸会促进胁迫环境下植物生长，增强作物的抗逆性。此外脱落酸还参与了根发育的形成进程。因此脱落酸在农业、林业等领域有着巨大的应用潜力，例如可用于促进果实糖分积累，提高果实成熟品质；诱导鲜食葡萄和酿酒葡萄

花青素的积累，提高果实着色度；在水稻或小麦种植中，调节籽粒的灌浆速率和籽粒灌浆持续期，通过提高强势粒粒重来增加产量等。

脱落酸同时也是调控植物逆境条件下自我保护机制的重要激素，当植物受到逆境胁迫时，细胞内脱落酸含量会迅速增加，促使大量受脱落酸诱导的基因表达。脱落酸可以提高植物的多种抗逆性，其抗逆机理主要包括：①通过保护膜结构，维持膜功能和诱导抗性基因表达而增强植株抗逆性。②在胁迫环境中，脱落酸可参与一系列相关生理活动（如气孔运动、光合调控等），从而缓解胁迫带来的伤害。③促进多种抗氧化酶的活性。如提高过氧化物酶（POD）、过氧化氢酶（CAT）和超氧化物歧化酶（SOD）的活性，有效缓解胁迫引起的膜脂过氧化等。④脱落酸在非生物胁迫后的恢复过程中起信号传导的作用。因此脱落酸也被称为是一种“胁迫激素”，可提高植物对生物与非生物逆境胁迫的耐受水平。

干旱胁迫是植物逆境最普遍的形式，脱落酸在植物应对干旱胁迫中起着重要作用。脱落酸既可诱导气孔关闭或抑制气孔开放，以降低植物的蒸腾失水，又可影响植物根系发育，以抵御水分胁迫，主要是通过脱落酸信号转导诱导相关基因表达实现的。因此，在灌溉条件不足的干旱地区，可通过外源施用脱落酸或者遗传选育提高作物内源脱落酸浓度，提高其对不良生长条件的适应，保障产量与品质。

脱落酸对植物的抗寒性也起着重要的调控作用，小麦、玉米、番茄等植物在低温胁迫下，组织内可引起脱落酸等物质迅速积累。当植物受到低温胁迫或冻害时，脱落酸作为第二信使在寒冷信号传导过程中起着重要调节作用，通过抑制植株生长、降低细胞质膜伤害程度、激活活性氧清除系统以及协同其他植物激素，促发植物应对胁迫反应，使植物最大限度耐受冷害或冻害。施用外源脱落酸能通过诱导植物抗寒相关基因表达、提高抗寒蛋白和抗氧化酶活性、诱导原生质膜的稳定性和提高原生质体活力等增强植株的抗寒能力，这对于防止越冬作物的低温冻害和倒春寒伤害具有重要实践意义。

土壤盐碱化是植物面临的生态危机之一，其对植物产生的有害影响包括降低水势、引发离子不平衡和离子毒性等。当植物遭遇盐胁迫后，脱落酸浓度在几分钟到几个小时内提高，以调节植物在盐胁迫下的生理反应，包括调控相关基因表达以提高渗透调节能力、降低膜脂过氧化、维持细胞膜结构稳定性、降低净光合速率和维持叶绿素荧光特性等。观察到植物对盐胁迫与碱胁迫的生理响应机制不同，脱落酸在这些胁迫上的缓解机制也不同。盐胁迫下，脱落酸主要通过缓解盐分过多引起的渗透胁迫和离子胁迫，缓解对植物造成的伤害；然而在碱胁迫下，脱落酸主要通过增加有机溶质的合成（可溶性糖、柠檬酸和琥珀酸等）来响应碱胁迫，达到缓解碱胁迫对植物的伤害作用。外源局部使用脱落酸能够显著提高高粱、柑橘、菜豆、黄瓜等植物的耐盐性。

重金属胁迫下的植物内源脱落酸水平的变化以及脱落酸对重金属毒害的缓解作用研究较少。有研究发现镉（Cd）、镍（Ni）、锌（Zn）和铝（Al）等金属会增加植物中内源脱落酸的含量，镉能诱导蒲类和芦苇类植物根部脱落酸的积累。外源喷施脱落酸可缓解一些重金属对小麦、水稻和部分水生植物等造成的伤害，但具体机制尚不明确。

脱落酸不仅在植物发育和应对非生物胁迫时起着重要作用，同样也参与到生物胁迫信号途径。真菌、细菌或病毒等病原微生物，作为影响较大的胁迫因子，会导致植株体局部伤害，甚至死亡。基本浓度和高浓度脱落酸对病原抗性表现出负向效应，外施脱落酸增加了植物对某些细菌和真菌的敏感性，干扰植物脱落酸的内源表达提高了植物对灰葡萄孢霉（*Botrytis cinerea*）等病原菌的抗性，这种负调控可能是通过抑制水杨酸和茉莉酮酸（乙烯）介导的基本防御反应来实现的。低浓度的脱落酸对病原抗性表现出正向效应，如可以提高植物对丁香假单胞菌（*Pseudomonas syringae*）等病原细菌的抗性；对甘蓝链格孢菌（*Alternaria brassicicola*）和黄瓜萎蔫病菌（*Plectosphaerella cucumerina*）等腐生真菌的抗性，还可以显著提高植物对烟草坏死病毒（tobacco necrosis virus，TNV）、芜菁萎缩病毒（turnip crinkle virus，TCV）、竹花叶病毒（bamboo mosaic virus，BaMV）、黄瓜花叶病毒（cucumber mosaic virus，CMV）和水稻条纹病毒（rice stripe virus，RSV）等病毒的抗性。同时发现，脱落酸在植物中的含量与植物对病毒的抗性呈正相关。通过对其抗病机理进行研究，发现脱落酸在病原菌侵害早期积累，可引起一系列生理反应，从而激活植物防御系统，具体包括通过局部气孔关闭抵御活体营养型和半活体营养型病原菌侵入机体；病毒感染早期抑制细胞内病毒 RNA 和衣壳蛋白的复制积累；上调植物胼胝体合成酶基因，抑制植物内胼胝体水解酶的活性，增强胼胝体在植物体的积累，阻断病毒在细胞间的传播；诱导 NADPH 氧化酶产生超氧化物及其歧化作用，产生 H_2O_2、NO，促进胞质内离子积累和钙浓度振荡；增强水杨酸 SA 信号作用，从而提高植物对病害的抗性。

脱落酸调节植物对植食性昆虫抗性的研究较少，植物受到昆虫啃食侵袭时，内源脱落酸含量迅速上升，脱落酸和茉莉酸等植物激素紧密联系，调控植物对植食性昆虫的防御反应。然而，由于脱落酸同时是干旱胁迫反应中非常重要的信号分子，而多数情况下干旱会伴随着植食性昆虫攻击同时发生，因此脱落酸如何参与植物识别对抗昆虫攻击的反应仍有待深入研究。

参考文献

谭红，周金燕，等，2014. 脱落酸研究与应用 [M]. 北京：科学出版社.

ALAZEM M, LIN K Y, LIN N S, 2014. The abscisic acid pathway has multifaceted effects on the accumulation of Bamboo mosaic virus[J]. Molecular plant-microbe interactions: MPMI, 27(2): 177-189.

ERB M, MELDAU S, HOWE G A, 2012. Role of phytohormones in insect-specific plant reactions[J]. Trends in plant science, 17(5): 250-259.

GARAY-ARROYO A, SANCHEZ M D, GARCIA-PONCE B, et al, 2012. Hormone symphony during root growth and development[J]. Developmental dynamics, 241(12): 1867-1885.

OHKUMA K, ADDICOTT F T, SMITH O E, et al, 1965. The structure of abscisin 2[J]. Tetrahedron letters, 6(29): 2529-2535.

OHKUMA K, LYON J L, ADDICOTT F T, et al, 1963. Abscisin Ⅱ, an abscission-accelerating substance from young cotton fruit[J]. Science,

142(3599): 1592-1593.

RAI M K, SHEKHAWAT N S, HARISH, et al, 2011. The role of abscisic acid in plant tissue culture: a review of recent progress[J]. Plant cell tissue and organ culture, 106(2): 179-190.

STRAKA J R, HAYWARD A R, EMERY R J N, 2010. Gall-inducing Pachypsylla celtidis(Psyllidae) infiltrate hackberry trees with high concentrations of phytohormones[J]. Journal of plant interactions, 5 (3): 197-203.

TRAVAGLIA C, REINOSO H, COHEN A, et al, 2010. Exogenous ABA increases yield in field-grown wheat with moderate water restriction[J]. Journal of plant growth regulation, 29(3): 366-374.

YADOLLAHI A, ABDOLLAHI M R, MOIENI A, et al, 2011. Effects of carbon source, polyethylene glycol and abscisic acid on secondary embryo induction and maturation in rapeseed (*Brassica napus* L.) microspore-derived embryos[J]. Acta physiologiae plantarum, 33(5): 1905-1912.

（撰稿：谭红；审稿：王琦）

T

W

微孢子虫 microsporidia

一类专性细胞内寄生、无线粒体结构的单细胞、原始的真核生物。是从原生动物到人类各种动物的专性细胞内寄生物。迄今，已发现报道的微孢子虫超过 200 属 1500 余种，其中约 600 种（40%）是以昆虫作为典型寄主，侵染双翅目的鳞翅目昆虫约有 400 种以上。特点是单细胞孢子内有极丝（polarfilament），孢子多呈卵形、椭圆形或梨形。

感染机理 自然条件下，孢子在消化道内发芽，极丝先端进入组织细胞，孢子原形质芽体通过极丝内腔侵入宿主细胞。以无性裂殖方式生殖（schizogony），首先是核分裂成多核变形体（plasmodium），然后是细胞质分裂形成裂殖体（schizont），裂殖体包涵内质网膜、核蛋白体、高尔基体等，缺少线粒体。在卵到成虫的所有阶段宿主体内都能增殖。可以经口、经卵和经皮传染。

微孢子虫单个种类通常仅仅感染特定的寄主类群，但整体来看微孢子虫有着广泛的寄主范围，包括原生生物、节肢动物和脊椎动物以及人类。微孢子虫属真菌界（Fungi）微孢子虫门（Microsporidia），将微孢子虫门和微孢子虫均统称 Microsporidia，而将未分类的微孢子虫统一归为 Microsporidium。这一分类方法已被 GenBank 分类系统所接受和采用。大部分微孢子虫寄生于昆虫。昆虫微孢子虫病的发生十分普遍，是自然界中调控昆虫种群密度的重要因素之一，其寄主覆盖昆虫纲所有目的 700 多种。微孢子虫缺乏 80S 核糖体和 9+2 微管结构，一般可将微孢子虫的生活史分为感染阶段、裂体增殖和孢子增殖阶段 3 个时期。根据微孢子虫裂殖生殖中裂殖体和孢子生殖中是否出现单核和双核，将其生活史分为Ⅰ、Ⅱ、Ⅲ、Ⅳ和Ⅴ 5 种类型。微孢子虫具有最小的真核基因组，依据当前公布的 17 种微孢子虫的全基因组数据发现，微孢子虫的基因组大小在 2.3～23Mb，编码 1848～3266 个蛋白质，与许多细菌基本一致。微孢子虫通常以孢子为感染单位。

蝗虫微孢子虫是第一个正式登记应用于蝗虫生物防治的生物制剂，玉米螟微孢子虫是另一种较早就被发现影响玉米螟种群自然平衡的重要生物因素之一。研究应用较多的可侵染农林业上重要害虫的微孢子虫还有寄生棉铃象甲（*Anthonomus grandis*）、谷斑皮蠹（*Trogoderma granarium*）、向日葵螟虫（*Homoeosoma* spp.）、赤拟谷盗（*Tribolium cast-aneum*）、六月鳃金龟（*Phyllophaga* spp.）蛴螬、菜粉蝶（*Pieris rapae*）、美国白蛾（*Hyphantria cunea*）等害虫的微孢子虫数十种。

参考文献

刘吉平，曾玲，2006. 微孢子虫生物多样性研究的述评 [J]. 昆虫知识，43(2): 153-157.

石旺鹏，季荣，2017. 昆虫病原微孢子研究与应用 [J]. 中国生物防治学报，33(1): 11-17.

吴杰，项勋，赵屹钦，等，2017. 微孢子虫研究进展 [J]. 动物医学进展，38(6): 78-81.

EILENBERG J, VLAK J M, NIELSEN-LEROUX C, et al, 2015. Diseases in insects produced for food and feed[J]. Journal of insects as food and feed, 1(2): 87-102.

VÁVRA J, RONNY LARSSON J I, 2014. Structure of microsporidia [J]. Microsporidia: pathogens of opportunity: 1-70.

VOSSBRINCK C R, DEBRUNNE-VOSSBRINCK B A, WEISS L M, 2014. Phylogeny of the Microsporidia[J]. Microsporidia: pathogens of opportunity: 203-220.

SZUMOWSKI S C, TROEMEL E R, 2015. Microsporidia–host interactions[J]. Current opinion in microbiology, 26: 10-16.

（撰稿：曲良建；审稿：张龙）

微菌落 microcolony

细菌生长繁殖早期在固相载体上所形成的仅可借显微镜查知的微小菌落。细菌在固体培养基上生长发育，几天内即可聚集起来，形成肉眼可见的群体。由一个或几个细胞分裂繁殖成千上万个细胞。已有利用微菌落技术定性检测细菌的报道，并且在针对植物病原菌的生物防治中也起到关键性作用。

生成机制 微菌落是生物膜结构的标志，是形成细菌生物膜的第一步，微菌落也是生物膜的基本结构单元。附着基质的细胞通过细胞生长形成最初的小菌落，细菌通过鞭毛驱动在微菌落之间移动，紧凑的小菌落过渡到松散的不规则形状的突出结构。菌落特征对菌种鉴别有一定意义，各种不同细菌在一定的培养条件下形成的菌落具有一定的特征，包括菌落的大小、形状、光泽、颜色、硬度、透明度等。

抑制病原菌机制 微菌落诱导抗生素和外酶的合成抑制病原体。根的定殖过程可分为两个不同的阶段。在第一阶段，细菌细胞附着在根表面。随着根的伸长，其中一些细菌沿着根尖繁殖，而其他细胞则留在根的较老部位。在第二阶段，根际活性细菌繁殖并在根上生存，与其他根际微生物（包括病原体）竞争可用养分。细菌倾向于在营养更丰富的根的特定区域形成微菌落。这些微菌落的形成可能导致其他依赖于细胞密度的机制，如高丝氨酸内酯的产生，这可能诱导抗生素和外酶的合成，因此，这些细菌抑制植物根部病害的发生危害。据研究，解淀粉芽孢杆菌等芽孢杆菌可以有效防治苹果轮纹病、小麦禾谷孢囊线虫病、葡萄霜霉病防病。

微菌落激发植物相关系统抗性降低病害的发病率或严重程度。微菌落在植物根部的形成是有益根际细菌在植物根系定殖的重要步骤。这种微菌落是细菌相互交流（群体感应）和协调行动的场所。淀粉液化芽孢杆菌、枯草芽孢杆菌、巴氏杆菌、蜡样芽孢杆菌、短小芽孢杆菌、类分枝杆菌和球形芽孢杆菌的部分菌株能激发植物的 ISR，降低多种宿主上病害的发病率或严重程度。据研究，枯草芽孢杆菌、巴氏杆菌、蜡样芽孢杆菌、短小芽孢杆菌、类分枝杆菌和球形芽孢杆菌的几种菌株可显著降低多种宿主上各种疾病的发病率或严重程度。

参考文献

陈欣怡，2016. 苹果轮纹病生防解淀粉芽孢杆菌 (*Bacillus amyloliquefaciens*) PG12主要生防机制研究 [D]. 北京：中国农业大学.

李洪涛，2015. 防控小麦禾谷孢囊线虫病芽孢杆菌筛选及生防机制研究 [D]. 北京：中国农业大学.

张珣，2017. 葡萄霜霉病防病芽孢杆菌的筛选及其作用机制研究 [D]. 北京：中国农业大学.

AGUSTÍ ALCALS LOURDES, 2008. Characterization and efficacy of bacterial strains for biological control of soil-borne diseases caused by Phytophthora cactorum and Meloidogyne javanica on Rosaceous plants[J]. Biology, 1(28).

CHIN-A-WOENG T, PRIESTER W D, VAN D, et al, 1997. Description of the colonization of a gnotobiotic tomato rhizosphere by Pseudomonas fluorescens biocontrol strain WCS365, using scanning electron microscopy[J]. Mol plant microbe interact, 10(1): 79-86.

CHOUDHARY D K, JOHRI B N, 2009. Interactions of Bacillus spp. and plants--with special reference to induced systemic resistance (ISR)[J]. Microbiological research, 164(5): 493-513.

COSTERTON J W, 1999. Introduction to biofilm[J]. Int antimicrob agents, 11(3): 217-221.

ELISA G, GUIDO L, FLAVIA G C, et al, 2010. Colonization pattern of primary tomato roots by Pseudomonas fluorescens A6RI characterized by dilution plating, flow cytometry, fluorescence, confocal and scanning electron microscopy[J]. Fems microbiology ecology, 48(1): 79-87.

LUGTENBERG B J J, DEKKERS L C, 2010. What makes Pseudomonas bacteria rhizosphere competent[J]. Environmental microbiology, 1(1): 9-13.

TOLKER-NIELSEN T, BRINCH U C, RAGAS P C, et al, 2000. Development and Dynamics of Pseudomonas sp. Biofilms[J]. Journal of bacteriology, 182(22): 6482-6489.

WEGER L A, BIJ A J, DEKKERS L C, et al, 1995. Colonization of the rhizosphere of crop plants by plant-beneficial pseudomonads[J]. Fems microbiology ecology, 17(4): 221-227.

WELLER, D M, 1988. Biological Control of Soilborne Plant Pathogens in the Rhizosphere with Bacteria[J]. Annual review of phytopathology, 26(1): 379-407.

（撰稿：张悦；审稿：王琦）

微生态效应 micro-ecological effect

微观系统生态环境及其关系的变化所引起的生物种类（即动物、植物、微生物）的组成和数量比例的变化，非生物环境（包括空气、阳光、水、土壤等）组成与强度的变化。如不同的微生态作用使植物的抗病性发生变化，植物不同体表空间及其体内各组织、根际土壤微生物群落结构的差异引起植物种子萌发、地上器官生长发育及根系生长发育、代谢，及植物对病虫害等胁迫条件的反应变化。微生态是指微观系统的生态环境及其关系，包括分子生态、动植物微观生态（细胞、肠道等中的微观因素及其相互关系）、遗传尺度上的微观生态（包括 DNA 之间的关系及其存在的环境、细胞中各组分之间的环境及相互关系等）。

微生态学是研究人体内正常微生物的结构、功能以及与其宿主相互关系的学科，是生命学的重要组成部分。1977 年由德国 Volker Rush 提出了微生态学，其中微生态制剂的广泛应用是微生态学发展的重要成果之一。微生态制剂又名为益生剂，是利用正常微生物或促微生物生长的物质所制备的制剂，通过调整或维持微生态平衡，达到防治疾病、增进健康的目的。按微生态制剂的物质组成可以分为益生菌（probiotics）、益生元（prebiotics）、合生元（synbiotics）三类。

作物栽培模式的改变、环境污染等是引起微系统微生态效应的重原因之一。作物栽培方式发生改变，如多样性种植或种植覆盖作物；或受环境污染后，作物根际微生物群落结构与组成、微生物群落功能等发生变化。种植覆盖植物引起的微生态效应主要表现在田间耕层土壤温度、土壤水分、土壤容重、近地层光照强度和风速的变化，种植覆盖植物后有利于土壤的保墒、提高和稳定耕层地温；环境污染，如紫外辐射增强带来的生态效应，包括对根系活力、根系激素及分泌物、根系抗氧化系统的影响。

作物病虫害生态系统是农业生态系统中的一个子系统，由寄主、病原物（害虫）及其所处的生态环境构成，作物对病虫害的抗性、病原物的致病性（害虫的危害特性）和环境（包括人的活动）的相互作用导致特异性的病虫害反应。利用生物多样性控制作物病虫害就是应用生物多样性与生态平衡的原理，进行农作物品种的优化布局和种植，增加农田的遗传和物种及生态系统的多样性，保持农田生态系统的稳定性；创造有利于作物生长，而不利于病虫害发生的微生态环境。

作物多样性时空优化种植能改变田间相对温度、田间作物光合作用、田间通风状况、植株持露表面积、植株不同冠层部位及叶面的相对湿度等微环境，从而使田间作物发病率降低。如作物高、矮秆品种间作种植后，在农田间形成高低搭配、疏密相间的群体结构。矮秆品种生长的地方成为高秆作物通风透光的“走廊”，从而光线可通过该“走廊”直射至高秆作物植株的中、下部。同时，由于矮秆作物的叶面反射作用，增加了田间的漫射光，从而提高了田间群体对光能的利用效率。高秆优质稻与矮秆杂交稻混合间栽能显著地降低田间微环境的相对湿度和稻株持露的表面积，从而有效降低作物的发病率。

参考文献

李正跃，ALTIERI M A，朱有勇，2009. 生物多样性与害虫综合治理 [M]. 北京：科学出版社.

骆世明，2010. 农业生物多样性利用的原理与技术 [M]. 北京：化学工业出版社.

现代农业气象卷编辑委员会，1986. 中国农业百科全书：农业气象卷 [M]. 北京：农业出版社.

章家恩，2000. 作物群体结构的生态环境效应及其优化探讨 [J]. 生态科学 (3): 30-35.

朱有勇，2007. 遗传多样性与病害控制 [M]. 北京：科学出版社.

宗兆峰，康振生，2002. 植物病理学原理 [M]. 北京：中国农业出版社：249-251.

（撰稿：陈斌；审稿：何霞红）

微生物防治　microbial control

利用杀虫微生物及其代谢产物来防治或者减少害虫及其他有害的有机体。是生物防治的一个重要组成部分，其对环境无害并能够形成流行病的独特优点已越来越受到人们的重视。用于防治害虫的杀虫微生物及其产生的毒素叫微生物杀虫剂（microbial insecticide）。微生物杀虫剂包括细菌类杀虫剂、病毒类杀虫剂、真菌类杀虫剂以及微孢子虫等。全球应用最多的细菌类杀虫剂是苏云金芽孢杆菌；真菌类杀虫剂是白僵菌、绿僵菌；病毒类杀虫剂产品登记注册的已超过 30 个，其中中国有 11 个。微生物防治必须先要对微生物制剂进行安全性试验，安全性试验不仅要做毒性试验，还要证明该微生物在脊椎动物体内不增殖、不残留、也不发生相互作用；同时也要研究其对非靶标有机体和环境的影响。影响微生物防治效果的因素包括微生物杀虫剂感染剂量、施放微生物杀虫剂的时间、微生物杀虫剂的覆盖率、pH 值、靶标害虫摄取的抗微生物物质、靶标害虫的生理条件、抗性和不同微生物杀虫剂的相容性。微生物防治的优点对靶标害虫特异、不产生有害残留、对环境低毒或无毒、可以造成害虫的流行病以控制其种群密度等；缺点是单一微生物杀虫剂杀虫谱窄、防治见效时间长、易受环境条件的影响、施用时间和施用技术要求高和成本高。根据病原体的引入方式和防治对象及效果，可将微生物防治的策略分为 3 种：长期防治、短期防治和综合防治。

参考文献

伯吉斯，1977. 昆虫和螨类的微生物防治 [M]. 北京：科学出版社.

洪华珠，杨红，1997. 杀虫微生物学纲要 [M]. 武汉：华中师范大学出版社.

南开大学生物系昆虫教研室，1979. 昆虫病理学 [M]. 北京：人民教育出版社.

蒲蛰龙，1994. 昆虫病理学 [M]. 广州：广东科技出版社.

（撰稿：曲良建；审稿：张永安）

微生物趋电性　microbial electrotaxis

微生物在直流电场中因受电场诱导而做出的方向性迁移。早在 19 世纪，研究人员就已经在电场中观察到细胞向阴极运动的现象。不同的细胞在电场中迁移的方向并不相同，大部分细胞在电场中向负极迁移，部分细胞向电场的正极迁移；也有少数细胞能够随着电场强度的改变呈现出迁移方向变化的现象。趋电性在各种生物上都广泛存在，病原微生物的识别和侵染、原生动物（变形虫、草履虫等）的移动、动物包括人体细胞的多种生物学进程中都受到细胞趋电性的影响。

趋电反应是一个复杂的过程，受到多方面因素的共同调节。关于趋电反应的相关机制研究主要集中在细胞的趋电性上。细胞的迁移需要外部因素和内部因素的共同配合来完成，因此细胞的趋电性主要由细胞内外多方面因素共同影响。不同种类离子的离子浓度对于细胞趋电性产生不同程度的影响，其中 Ca^{2+} 流是影响电场指导细胞趋电性迁移的重要因素之一。当细胞处在电场中时，细胞内的细胞液被电场极化，Ca^{2+} 从细胞阳极端向阴极端流动并在阴极端聚集，同时细胞阳极端吸引细胞外 Ca^{2+} 进入细胞增加阳极端 Ca^{2+} 的浓度，进而产生趋电性。前人研究证明细胞感知细胞外电场的反应之一就是细胞膜电位的改变；当细胞处于外源电场时，朝向阳极端的细胞膜被去极化，而朝向阴极端的细胞膜超极化。同时，电压门控 Na^+ 通道在生理电场强度下也能够调控细胞的趋电性。另外，电场还能够通过激活细胞内的信号通路和膜表面受体，进而组成信号传导网络影响细胞的趋电性。影响细胞趋电性的因素并不只是在细胞内，细胞在电场里移动过程中，细胞与胞外基质之间的相互作用也会影响细胞的趋电性。细胞骨架的改变也可以更好地适应细胞外基质的改变，调节细胞的黏附方式以有利于细胞的趋电性迁移。

参考文献

ANDERSON J D, 1951. Galvanotaxis of slime mold[J]. The Journal of general physiology, 35(1): 1-16.

BORYS P, 2013. The role of passive calcium influx through the cell membrane in galvanotaxis[J]. Cellular & molecular biology letters, 18(2): 187-99.

JANMEY P A, MCCULLOCH C A, 2007. Cell mechanics: Integrating cell responses to mechanical stimuli[J]. Annual review biomedical engineering, 9: 1-34.

MYCIELSKA M E, DJAMGOZ M B, 2004. Cellular mechanisms of direct current electric field effects galvanotaxis and metastatic disease[J]. Journal of cell science, 117(Pt 9): 1631-9.

SHANLEY L J, WALCZYSKO P, BAIN M, et al, 2006. Influx of extracellular Ca^{2+} is necessary for electrotaxis in *Dictyostelium*[J]. Journal of cell science, 119(Pt 22): 4741-4748.

（撰稿：刘屹湘；审稿：朱书生）

微生物趋化性 microbial chemotaxis

有运动能力的微生物（比如细菌、真菌、卵菌）能够对化学物质浓度梯度做出反应，趋向有益刺激并躲避有害刺激，称为趋向性。鞭毛是微生物能够运动的基础。比如大肠杆菌，当鞭毛顺时针旋转时，细胞鞭毛分开并原地翻滚，实现调整运动方向的目的；而鞭毛逆时针旋转时，鞭毛绑定成束并产生向前的推动力。微生物通过比较现有浓度和过去浓度来控制鞭毛的运动方式，进而实现趋利避害的目的。

趋化性（chemotaxis）是趋向性的一种，指身体细胞、细菌及其他单细胞、多细胞生物依据环境中某些化学物质而趋向的运动。这种趋化性能够帮助细菌寻找食物、躲避有害物质，同时对多细胞生物的生长和繁殖过程也不可或缺。细胞的移动现象早在雷文霍克发明显微镜时就已经发现，但直到 1881 年和 1884 年才由恩格尔曼和浦菲弗于细菌上正式描述了这一现象。趋化性在生物学以及临床病理学上的重要性也直到 1930 年后才被广为接受。

趋化性也是具有游动能力的病原微生物识别寄主的关键能力。寄主根系分泌物中的一些化学物质往往是病原菌能够识别的信号物质，能够吸引病原菌到寄主根系表面进行侵染。诱导病原菌趋向性的信号因子分为两类、一类是寄主专一性的诱导因子，如大豆疫霉菌游动孢子能特异性趋向于大豆根系分泌的大豆苷元异黄酮（daidzein）和染料木黄酮（genistein）完成对大豆根系的特异性识别。这两种物质通过大豆的根系分泌到土壤中，在极低的浓度下对大豆疫霉菌的游动孢子便具有很高的趋化作用。另外一类诱导病原菌趋向性的信号因子是非寄主专一性诱导因子。例如，植物根系表面的氨基酸和乙醇能对大多数病原菌游动孢子表现出正趋化效应。甜瓜和茄子根系分泌物中的肉桂酸（cinnamic acid）也是多种疫霉菌属卵菌游动孢子趋向性的非寄主专一性诱导因子。

寄主根系能够分泌信号物质引起病原菌的趋化性，而部分信号物质在非寄主植物根系分泌物中也广泛存在。农业生产中可以充分利用这一特性来实现对具有趋化能力的病原菌的生物防治。例如，玉米—辣椒间作能够有效干扰辣椒疫霉病菌在田间的蔓延和传播，减轻疫病的危害。辣椒疫霉菌游动孢子通过趋化作用识别并聚集在辣椒根表面后进行侵染，而玉米根系同样也能吸引辣椒疫霉菌的游动孢子并抑制其游动和萌发，从而干扰游动孢子对寄主的识别。玉米和辣椒间作后玉米根系能有效地通过趋化作用干扰辣椒疫霉菌孢子在土壤中的传播行为，限制了病害在田间的蔓延。总之，深入了解微生物尤其是病原菌的趋化习性，有助于更好地解析病原菌的侵染传播过程，为植物病害的生物防治提供基础。

参考文献

ALLEN R N, NEWHOOK F J, 1973. Chemotaxis of zoospores of Phytophthora cinnamomi to ethanol in capillaries of soil pore dimensions[J]. Transactions of the British Mycological Society, 61(2): 287-302.

BRUCE W, FOLKERTS O, GARNAAT C, et al, 2000. Expression profiling of the maize flavonoid pathway genes controlled by estradiol-inducible transcription factors CRC and P[J]. Plant cell, 12(1): 65-80.

CARLILE M J, 1983. Motility, taxis, and tropism in Phytophthora [J]. Phytophthora, It's biology taxonomy, ecology and pathology: 95-107.

MAITA L, WILCO L, et al, 2004. A Galpha subunit controls zoospore motility and virulence in the potato late blight pathogen Phytophthora infestans[J]. Molecular microbiology, 51(4): 925-936.

MORRIS P F, WARD E W B, 1992. Chemoattraction of zoospores of the soybean pathogen, *Phytophthora sojae*, by isoflavones[J]. Physiological and molecular plant pathology, 40(1): 17-22.

RIGGS K, 2010. Chemotaxis of Phytophthora sojae zoospores to soybean roots is altered by isoflavone silencing. Department of Plant Pathology Honors Theses [D]. Ohio: The Ohio State University.

TYLER BM, 2002. Molecular basis of recognition between Phytophthora pathogens and their hosts[J]. Annual review of phytopathology, 40(1): 137-167.

ZENTMYER G A, 1961. Chemotaxis of zoospores for root exudates[J]. Science, 133 (3464): 1595-1596.

（撰稿：刘屹湘；审稿：朱书生）

微生物源杀菌剂 microbial original fungicides

微生物及其代谢产物加工而成的具有防控植物病害的生物制剂。又名微生物杀菌剂。它所含的有效物质包括细菌芽孢、真菌孢子、菌丝体、抗菌素等，分为微生物活体杀菌剂和微生物代谢产物杀菌剂（见表）。微生物活体杀菌剂又包括细菌活体杀菌剂、真菌活体杀菌剂、放线菌活体杀菌剂等。微生物杀菌剂作用机理主要是针对病原菌抑制其能量产生、抑制蛋白质、核酸等生物合成、干扰细胞壁的合成、改变细胞膜的通透性、影响细胞分裂等，调控微生物群落结构，增强植物的抗病性，促进植物生长。

细菌活体杀菌剂研究较多的是芽孢杆菌（*Bacillus* spp.）、假单胞菌（*Pseudomonas* spp.）、放射性土壤杆菌（*Agrobacterium radiobacter*）等。芽孢杆菌农作物病害防控潜力大，且对人畜、环境无害，因此被广泛应用于防治植物病害中。国外商业化制剂有枯草芽孢杆菌 GB03 制剂 Kodiak、解淀粉芽孢杆菌 FZB42 土壤杆菌（*Agrobacterium radiobacter*）K84、蜡质芽孢杆菌（*Bacillus cereus*）UW85、草生欧氏杆菌等。中国登记的生防细菌包括枯草芽孢杆菌（*Bacillus subtilis*）、巨大芽孢杆菌（*Bacillus megaterium*）、解淀粉芽孢杆菌（*Bacillus amyloliquefaciens*）、多黏芽孢杆菌（*Paenibacillus polymyza*）、地衣芽孢杆菌（*Baclicus lincheniformis*）、海洋芽孢杆菌（*Bacillus marinus*）等，其中枯草芽孢杆菌（*Bacillus subtilis*）登记产品最多；用于防治白粉病、灰霉病、黄萎病、晚疫病、稻瘟病等多种植物病害；剂型有可湿性粉剂、水乳剂、悬浮剂、微囊粒剂、水剂等。真菌活体杀菌剂中，研究较多的是木霉菌（*Trichoderma* spp.）；国外已商业化的用于防治灰霉病的哈茨木霉（*Trichoderma harzianum*）T-22、Rootshield TM 和哈茨木霉

中国部分商品化的微生物杀菌剂及剂型

活体微生物名称	剂型种类	抗生素名称	剂型种类
地衣芽孢杆菌	水剂	赤霉素	膏剂、可湿性粉剂、结晶粉、水溶性粒剂、水溶性片剂
假单孢菌	可湿性粉剂	硫酸链霉素	可湿性粉剂、可溶性粉剂
荧光假单孢菌	可湿性粉剂、水分散粒剂	中生菌素	可湿性粉剂、水剂
蜡质芽孢杆菌	可湿性粉剂、悬浮剂	宁南霉素	水剂
枯草芽孢杆菌	可湿性粉剂、悬浮种农剂	农抗 120	水剂、可湿性粉剂
木霉菌	可湿性粉剂	土霉素	可湿性粉剂
春雷霉素	可湿性粉剂、水剂	武夷霉素	水剂
多抗霉素	可湿性粉剂、水剂	浏阳霉素	乳油
井冈霉素	可湿性粉剂、水剂、可溶性粉剂		

（*Trichoderma harzianum*）T-39，分别在美国和以色列登记；日本开发的 *Ampelomyces* 主要用于防治葫芦白粉病；捷克登记的寡雄腐霉菌（*Pythium oligandrum*）用于防治番茄晚疫病、水稻立枯病和烟草黑胫病等。在中国商品化的木霉菌杀菌剂，主要用于防治灰霉病、猝倒病、立枯病、根腐病、霜霉病、纹枯病等。在放线菌中，链霉菌是抗生素的主要产生菌，利用链霉菌活体进行生物防治的研究很多，并且也有产品登记。中国在 20 世纪 70 年代就推广应用对多种病害都有明显防治效果的 5406 链霉菌菌剂。1989 年 Kemica 推出由灰绿链霉菌（*Streptomyces griseovirdis*）的孢子和菌丝制成的杀菌剂 Mycostop，用于防治腐霉菌、镰孢菌、丝核菌等引起的土传病害。欧盟登记了利迪链霉菌（*Streptomyces lydicus*）WYEC108，用来防治根腐病和猝倒病。

微生物代谢产物杀菌剂主要是微生物发酵产生的农用抗生素，其次还有蛋白类抗菌物质、细菌素、植物激素等。农用抗生素是放线菌产生的次级代谢产物，在低浓度下，可以抑制或杀死病原菌。生产上常用的抗生素有农用硫酸链霉素、灭瘟素、春雷霉素、多氧霉素、井冈霉素、庆丰霉素、农抗 120、武夷霉素、公主岭霉素等。由细菌产生的抗菌物质也较多，如荧光假单胞菌（*Pseudomonas fluorescens*）产生的嗜铁素、植物激素及多肽等；蜡质芽孢杆菌产生的氨基多元醇、氨基糖苷等，枯草芽孢杆菌产生的多肽类物质等。

参考文献

陈海英，廖富淡，林健荣，等，2008. 拮抗细菌在植物病害防治中的应用及展望 [J]. 安徽农业科学，36(20): 8690-8691.

贾丽苑，贾雨，黄建新，2012. 拮抗菌应用于微生物杀菌剂的研究现状及展望 [J]. 安徽农学通报，18(10): 49-52.

刘振华，罗远婵，张道敬，等，2014. 农用微生物杀菌剂剂型研究进展 [J]. 农药学学报，16(5): 497-507.

王进强，吴刚，许文耀，2004. 植物病害生防制剂的研究进展 [J]. 福建农林大学学报（自然科学版），33(4): 448-452.

王镜岩，朱圣庚，徐长法，2002. 生物化学 [M]. 3 版. 北京：高等教育出版社.

魏海燕，蔡磊明，赵玉艳，等，2008. 中国微生物农药的应用现状 [J]. 干旱环境监测，22(4): 236-242.

吴云锋，2008. 植物病虫害生物防治学 [M]. 北京：中国农业出版社.

许勃，2006. 八种微生物制剂应用于蔬菜的防病增产效果评价 [D]. 北京：中国农业大学.

杨丽荣，全鑫，刘玉霞，等，2009. 农用微生物杀菌剂研究进展 [J]. 河南农业科学 (9): 131-134.

张化霜，2011. 微生物农药研究进展 [J]. 农药科学与管理，32(11): 22-25.

CHASE A R, 2000. 2 Myrothecium diseases of greenhouse ornamentals[J]. Ornamental outlook, 9(1): 76-78.

ELAD Y, KAPAT A, 1999. The role of *Trichoderma harzianum* protease in the biocontrol of Botrytis cinerea[J]. European journal of plant pathology, 105(2): 177-189.

EMMERT E A, HANDELSMAN J, 1999. Biocontrol of plant disease: a (Gram-) positive perspective[J]. FEMS microbiology letters, 171(1): 1-9.

HEACOX L, 2001. Fungicide bombers[J]. American vegetable grower, 49(1): 24-25.

KERR A, 1980. Biological control of crown gall though production of Agrocin 84[J]. Plant disease, 64(1): 24-30.

MONTESINOS E, 2003. Development, registration and commercialization of microbial pesticides for plant protection[J]. International microbiology, 6(4): 245-252.

SEOK K B, KOOK H B, 2007. Microbial fungicides in the control of plant diseases[J]. Journal of phytopathology, 155(11/12): 641-653.

TURNER J T, BACKMAN P A, 1991. Factors relating to peanut yield increases after seed treatment with *Bacillus subtilis*[J]. Plant disease, 75(4): 347-353.

（撰稿：韩敏；审稿：王琦）

温敏感性 heat induced susceptibility

当受到外界极端温度胁迫时，植物生长代谢发生改变，引起植物相关生理指标变化，导致植物生长受损，严重时导致死亡的现象。温度是影响植物生长的最重要环境条件之一，它影响植物整个生命周期的各个发育阶段。植物的所有生理过程都是在一定的温度范围内进行的，温度和其他环境因子共同调控植物的发育。同时，极端温度也是危害植物的主要胁迫因素。通常认为温度对植物生长的影响分为低温胁迫和高温胁迫两方面。

0°C 以上低温对植物造成的伤害称为寒害（chilling injury），0°C 以下低温对植物造成的伤害称为冻害（freezing injury）。植物体遭遇冻害时体内结冰导致细胞受伤甚至死亡。植物体内结冰有胞内结冰和胞外结冰两种，胞内结冰是指原生质体和液泡相继结冰，冰晶破坏原生质体的结构，使细胞亚单位的有序隔离丧失，生物大分子的结构受损；而胞外结冰是指细胞间隙中水分的结冰。植物冻害产生的直接原因是冰晶累积以及在冻融循环时冰晶的增大，由此对细胞造成机械破坏和细胞内次生干旱。同时，植物体内生理生化反应也会受到改变，如膜成分的变化以及由此造成的细胞膜流动性的降低，可溶性物质如可溶性蛋白、可溶性糖等的积累，内部植物激素如 ABA 含量的升高等。

高温胁迫也会对植物造成不可逆的损伤。Martireau 等认为植物在高温逆境下脂质透性的增加是高温伤害形成的原因之一。高温打破了细胞内超氧自由基（·O_2^-）、羟自由基（·OH）、丙二醛（MDA）等一系列活性氧的产生与清除之间的平衡，造成超氧自由基、羟自由基和丙二醛等氧化物的积累，引起膜蛋白与膜内脂的变化，从而引发了膜透性增大，细胞内电解质外渗，对植物造成高温伤害。高温会加剧膜脂过氧化作用，此过程的产物之一是 MDA，它被作为膜脂过氧化作用的重要指标。高温胁迫下大多数植物 MDA 含量都表现出增加的趋势，也有报道黄连受高温胁迫后体内 MDA 含量下降，这可能与黄连能够忍耐一定高温环境有关。高温胁迫会导致植物对病害的抵抗能力下降。

总之，温度对植物的生长发育以及对病害的抗性起着关键的作用，明确温度对植物生理变化的影响对植物寒害、冻害、高温伤害及病害的控制都有重要的意义。

参考文献

孙玉芳，2006. 温度胁迫对黄连生理生化特性影响研究 [D]. 重庆：西南大学.

BURKE M J, GUSTA L V, QUAMME H A, et al, 1976. Freezing and injury in plants[J]. Annual review of plant physiology, 27(1): 507-528.

CHAMBERLAIN D W, GERDEMANN J W, 1966. Heat-Induced Susceptibility of soybeans to *Phytophthora megasperma* var. *sojae Phytophthora cactorum* and *Helminthosporium sativum*[J]. Phytopathology, 56(1): 70.

KRISHNA P, 2004. Plant responses to heat stress[J]. Plant responses to abiotic stress: 73-101.

LYONS J M, 1973. Chilling injury in plants[J]. Annual review of plant physiology, 24(1): 445-466.

MARTINEAU J R, SPECHT J E, WILLIAMS J H, et al, 1979. Temperature tolerance in soybeans. I. Evaluation of a technique for assessing cellular membrane thermostability 1[J]. Crop science, 19(1): 75-78.

STEPONKUS P L, 1984. Role of the plasma membrane in freezing injury and cold acclimation[J]. Annual review of plant physiology, 35(1): 543-584.

YARWOOD C E, 1956. Heat-induced susceptibility of beans to some viruses and fungi[J]. Phytopathology, 46(9): 523-525.

ZACHEO G, BLEVE-ZACHEO T, PACODA D, et al, 1995. The association between heat-induced susceptibility of tomato to *Meloidogyne incognita* and peroxidase activity[J]. Physiological and molecular plant pathology, 46(6): 491-507.

（撰稿：黄慧川；审稿：朱书生）

稳定化选择　stabilizing selection

广义是指一个含有不同变异的群体长期在一定环境下经受自然选择，会使适应于这种环境的变异保留下来，而保留下来的个体绝大部分接近于群体的平均值。稳定化选择能够抑制不正常表现型的发育。又名正常化选择。这也是特定的生态环境下能形成特定生态类型的原因之一。这种类型的自然选择作用，淘汰了远离平均数的表现型个体，即基因型偏离了的个体，起到防止群体的遗传组成发生变化的作用。

稳定化选择、定向选择和歧化选择属于自然选择的 3 种不同类型。稳定化选择也是范德尔·普朗克（Vander Plank）1968 年在植物病害流行学中提出的新概念，指通过寄主群体的抗病性对病原物的选择作用而使病原物的群体组成趋向稳定。当生产上一个抗强毒性病原菌小种的作物品种面积减少，感病品种面积扩大时，会因强毒性病原菌小种适应性差，竞争不过无毒性或弱毒性小种而频率下降，不能形成优势小种，而无毒性或弱毒性小种的频率升高，致使寄主的抗性相对地得到保持。对于病原菌来说，农作物感病品种的长期种植对病原菌无毒性或弱毒性小种的组成具有稳定作用，同时使具有多余毒性基因的小种繁殖能力降低，在竞争中趋于劣势，从而逐渐自病原物群体中消失。这有可能是因为毒性基因有降低病原物寄生适合度的作用，毒性基因数目较少的小种比毒性基因较多的小种更适于生存。

自然选择中，生物的大多数形态和生理性状都有利于它们在所处的环境中表现出一种连续变异，而且受稳定化选择支配。农业生态系统特别是植物病害系统对病原菌群体遗传起到定向选择的作用。农田生态系统中，寄主—病原物群体水平上的相互作用主要是品种—病原菌小种群体水平上的互作。这种互作是指几组品种对病原物的定向选择和稳定化选择。例如，稻瘟病菌在漫长的进化过程中形成了遗传上的多样性和复杂性，使得在致病性方面也表现为多变性，因而育成的抗性品种经常会由于稻瘟病菌变异而被生产淘汰。解决这一问题的措施之一是不断培育新的抗病品种，但这些抗病品种经过连续几年的单一种植后，其抗病性又很快“丧失”，出现了育种速度赶不上品种抗性丧失速度这样一种恶性循环。品种的抗病性是针对病原菌不同生理小种而反映出来的，而生理小种的组成也依赖于水稻品种的组成。当品种组成改变时，往往导致生理小种组成的改变。针对以上原因，有必要充分挖掘品种的抗性资源，在生产上避免单一品种或具有同一抗原的不同品种在同一地区大面积连续种植。可以将遗传背景差异大的品种合理搭配、轮换种植和更新，以防止品种单一化和优势小种的形成，以稳定稻瘟病菌生理小种组成，防止稻瘟病大发生与流行，延长品种的使用寿命。

杨静等连续多年监测了云南石屏水稻品种多样性种植稻区稻瘟病菌的群体遗传结构变化。净栽杂交稻和净栽糯稻的田间稻瘟病菌生理小种组成较单一，且优势生理小种明显，而杂交稻和糯稻间栽稻田内稻瘟菌生理小种类型丰富，且优势小种不明显。由此说明水稻品种单一种植会使稻瘟病菌遗传宗群、生理小种组成趋于单一，容易造成对稻瘟病菌毒性小种的定向选择；而品种多样性种植田间品种遗传背景差异大，病原菌的遗传结构比净栽田间病菌的遗传结构复杂，稻瘟病菌遗传宗群和生理小种组成丰富，有利于稻瘟病菌的稳定化选择。

参考文献

杨静，何霞红，王云月，等，2004. 水稻遗传多样性田间稻瘟病菌生理小种研究 [J]. 植物病理学报，34(5): 468-471.

CHARLESWORTH B, LANDE R, SLATKIN M, 1982. A neo-Darwinian commentary on macroevolution[J]. Evolution, 36(3): 474-498.

FREEMAN S, HERRON J C, 2007. Evolutionary analysis[M]. New Jersey: Pearson Prentice Hall.

GIBSON J B, BRADLEY B P, 1974. Stabilising selection in constant and fluctuating environments[J]. Heredity, 33(3): 293-302.

HANSEN T F, 1997. Stabilizing selection and the comparative analysis of adaptation[J]. Evolution, 51(5): 1341-1351.

HUNT J, BLOWS M W, ZAJITSCHEK F, et al, 2007. Reconciling strong stabilizing selection with the maintenance of genetic variation in a natural population of black field crickets[J]. Genetics, 177(2): 875-880.

VANDERPLANK J E, 2012. Disease resistance in plants[M]. Amsterdam: Elsevier.

（撰稿：黄惠川；审稿：朱书生）

梧宁霉素 tetramycin

由辽宁省微生物研究所从广西土样中分离筛选的一株不吸水链霉菌梧州亚种（*Streptomyces ahygroscopicn* subsp. *wuzhouensisn*）发酵生产的抗生素。又名四霉素。梧宁霉素的主要成分包括 A1、A2、B 和 C 4 个组分，其中，A1 和 A2 为大环内酯类四烯抗生素；B 组分为肽嘧啶核苷酸类抗生素，与白诺氏菌素为同一物质；C 组分为含氮杂环芳香族抗生素，结构同茴香霉素。C 组分含量甚微，所以通常将 A1、A2 的含量标志为梧宁霉素的有效成分。

梧宁霉素 A 易溶于碱性水、吡啶和醋酸中，不溶于水和苯、氯仿、乙醚等有机溶剂；无明显熔点，晶粉在 140～150°C 开始变红，250°C 以上分解。梧宁霉素 B 为白色长方晶体，溶于碱性溶液，微溶于一般有机溶剂，对光、热、酸、碱稳定。梧宁霉素 C 为白色针状结晶，熔点 140°C，溶于甲醇、乙醇、丙酮、乙酸乙酯、氯仿等大多数有机溶剂，微溶于水，性质稳定。

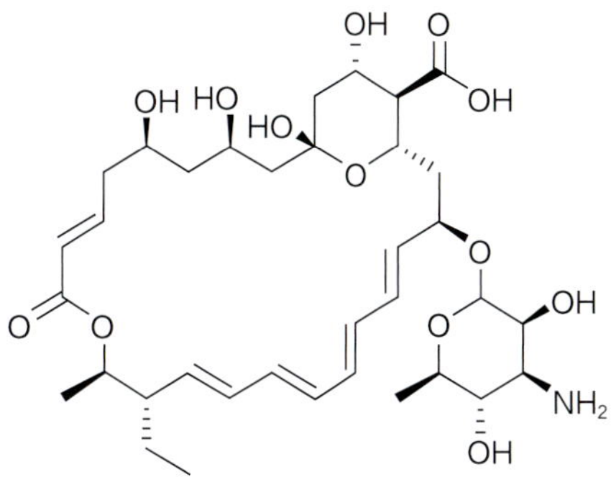

梧宁霉素 A
（结构同四霉素）

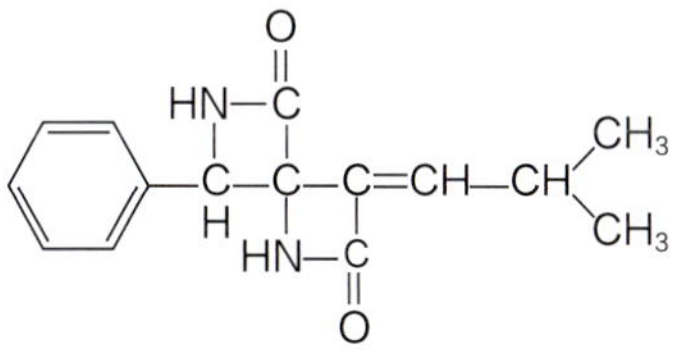

梧宁霉素 B
（结构同白诺氏霉素）

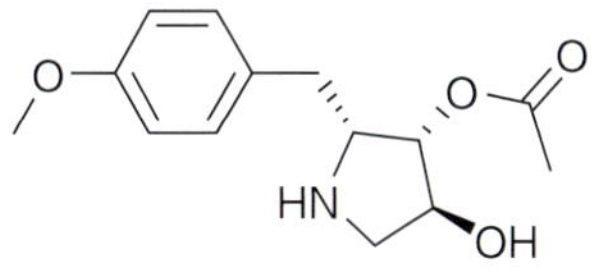

梧宁霉素 C
（结构同茴香霉素）

小鼠急性经口 LD_{50}2600～3000mg/kg；大鼠（雌、雄）急性经口 LD_{50}4000mg/kg。毒理试验结果无致癌、致畸、致突变作用，蓄积毒性系数为 5.6，对人、畜和环境十分安全，属低毒级农药。

梧宁霉素具有内吸抑菌活性，可抑制真菌孢子萌发，抑制菌丝生长，可促进作物愈伤组织再生，提高作物抗病能力和提高产量。

杀菌谱广，可防治果树腐烂病、斑点落叶病、稻瘟病、大豆根腐病、瓜类枯萎病、梨树白粉病、葡萄白腐病、人参三七黑斑病、茶饼病等农作物多种病害。

参考文献

池景良，王志学，桂永珠，2005. 一株不吸水链霉菌的生物学特性研究 [J]. 微生物学杂志，25(2): 98-99.

杜国民，张秀华，李凤忱，等，1994. 紫外分光光度法测梧宁霉素中有效成分的研究 [J]. 微生物学杂志 (2): 38-40.

化工产品手册编辑部，欧阳平凯，2008. 化工产品手册，生物化工产品 [M]. 5 版 . 北京：化学工业出版社：467-468.

沈寅初，张一宾，2004. 生物农药 [M]. 北京：化学工业出版社：42-43.

张敏恒，2006. 新编农药商品手册 [M]. 北京：化学工业出版社：505.

（撰稿：吴元华；审稿：王琦）

武夷菌素 wuyiencin

由中国农业科学院植物保护研究所创制的一种广谱、高效、低毒农用抗生素。其产生菌株为不吸水链霉菌武夷变种（*Streptomyces ahygroscopicus* var. *wuyiensis*）。武夷菌素主要对多种作物真菌病害有显著效果，可以有效防治番茄灰霉病、黄瓜白粉病、棉花立枯病等，另外对一些细菌病害也有很强的抑制效果。武夷菌素自发现以来，以其良好的防治效果在农业上得到了广泛应用，创造经济效益超过 10 亿元，并且在 2008 年北京奥运会期间被列为政府采购的特供农药。

武夷菌素产生菌是 1979 年在福建武夷山灌木林土壤中采集分离到，经鉴定为不吸水链霉菌武夷变种；其次级代谢产物分离纯化，并研制成为药效显著的生物农药，已实现工厂化生产及全国推广销售。武夷菌素是一种高效、广谱、低毒的生物农药，主要活性组分武夷菌素 A 为结构全新的具有孢苷骨架的核苷类抗生素。

武夷菌素的抑菌作用对植物病原真菌具有广谱性，而对细菌则具有选择性。武夷菌素对病原菌的抑制机制表现在以下方面：①对病原菌菌丝生长和分生孢子萌发均具抑制作用，在一定浓度下，武夷菌素能使病原菌原生质出现渗漏、芽管出现畸形等异常现象。其次，武夷菌素能够增大病原菌细胞膜的渗透性，导致原生质渗漏。②它可抑制病原菌蛋白质的合成，但对菌体几丁质和核酸的合成没有明显影响。③武夷菌素对番茄体内的 4 种抗病性相关酶，即超氧化物歧化酶（SOD）、过氧化物酶（POD）、多酚氧化酶（PPO）和苯丙氨酸解氨酶（PAL）具有诱导作用。SOD、POD、PPO 和 PAL 在很多植物体中参与抗病防御反应，而武夷菌素能提高植物（尤其是黄瓜、番茄）体内的 SOD、POD、PPO 和 PAL 酶的活性，说明武夷菌素可增强这些酶的表达，这也意味着武夷菌素具有诱导植物抗病性的作用。

毒性测定结果表明武夷菌素急性毒性分级为低毒类，对人、畜低毒，对环境生物安全。急性毒性试验，LD_{50}>10g/kg 体重，属于相对无毒。蓄积性毒性试验，蓄积系数 >5，无明显蓄积性。武夷菌素喂养大鼠 90 天，对大鼠生长、肝肾功能、血相以及主要脏器镜检，试验组与对照组无明显差异，对大鼠最大无作用剂量为 5g/kg，无致畸、致突变效应。

武夷菌素对多种作物真菌病害防治效果显著，可有效防治番茄灰霉、叶霉病、瓜类白粉病、黄瓜黑星病、棉花立枯病、芦笋茎枯病、大豆灰斑病等，同时对作物生长还有一定促生作用。2% 武夷菌素水剂对温室番茄灰霉病有保护和治疗作用，而且保护作用优于治疗作用。武夷菌素对灰霉病有较长的持效期，2% 武夷菌素 300 倍液处理番茄 8 天后再接种病原菌的防效仍然达 61.32%。田间试验保护地番茄试验，间隔 7 天、连续施药 3 次，第三次施药 15 天后，2% 武夷菌素 100 倍液的防效达 83.93%，显著高于 35% 腐霉利悬浮剂 600 倍液的防效。此外，还可提高番茄果实的品质，使用 2% 武夷菌素后，番茄可溶性固形物、维生素 C 和可溶性糖等含量都有明显升高。除了对番茄灰霉病防效显著外，2% 武夷菌素水剂对黄瓜白粉病的防治效果也十分明显，其对保护地黄瓜白粉病的防治效果在 85%～95%。在白粉病发病前期喷施武夷菌素 300 倍液，以清水处理为对照，当棚内白粉病暴发严重时，喷施清水的黄瓜白粉病十分严重，而喷施武夷菌素 300 倍液的黄瓜几乎不发生白粉病（见图）。在试验过程中未发现药剂对作物生长发育有不良影响，说明其对植物安全，不会产生药害。

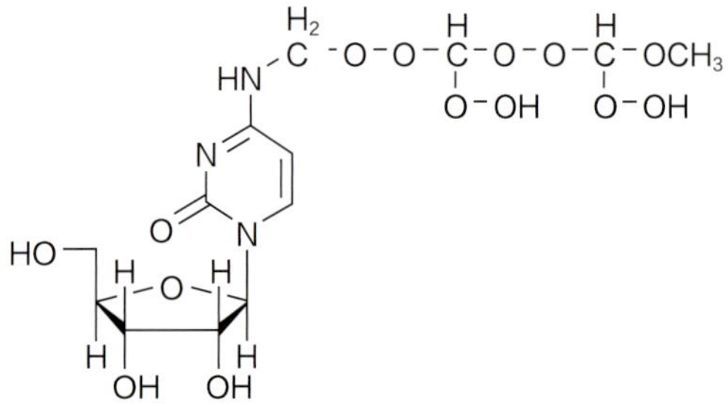

对黄瓜白粉病的田间防治效果

武夷菌素具有中国自主知识产权，在 1996 年获得了农业部批准的农药临时登记，并于 2000 年获国家五部委颁发的国家重点新产品证书，武夷菌素水剂登记用于黄瓜白粉病等病害的防治，2009 年通过了有机产品认证体系的认证。

参考文献

程艳，2010. 武夷菌素高产菌株选育及防病效果的定量分析 [D]. 昆明：云南农业大学.

程艳，张克诚，赵明富，2010. 应用 ^{60}Coγ 射线诱变选育武夷菌素高产菌的研究 [J]. 中国农学通报，26(2): 234-237.

崔增杰，2010. 武夷菌素有效成分分离纯化及结构鉴定 [D]. 北京：中国农业科学研究院.

孙延忠，2003. 武夷菌素作用机制的研究 [D]. 武汉：华中农业大学.

韦日清，林德炘，陈志和，1984. 农药抗生素 Bo-10 产生菌的鉴定 [J]. 微生物学报，24(2): 816-817.

武哲，2013. 武夷菌素对草莓白粉病和番茄灰霉病的控病效果

及机理 [D]. 北京：中国农业科学研究院 .

曾洪梅，石义萍，2003. 防治作物真菌病害新农药——武夷菌素 [J]. 精细与专用化学品 (Z1): 14-16.

（撰稿：施李鸣；审稿：张克诚）

舞毒蛾核型多角体病毒 *Lymantria dispar* nucleopolyhedrovirus, LdNPV

以舞毒蛾为宿主的一种双链环状 DNA 病毒。杆状病毒科 α 杆状病毒属。为多粒包埋型核型多角体病毒，多角体呈多面体形和不规则形，多角体直径 0.5～4μm，病毒粒子呈杆状，其两端平截或稍钝圆，大小为 30～120nm×180～360nm，每个病毒粒体内核衣壳数为 1～12，病毒粒子在多角体中零散不规则分布。舞毒蛾核型多角体病毒具有较强的宿主专化性，只能通过舞毒蛾活体细胞进行增殖（图 1）。

作用机理 病毒多角体经幼虫口进入虫体，在中肠碱性环境和蛋白酶的作用下，多角体蛋白溶解而将病毒粒子释放出来，病毒粒子通过围食膜后再侵入中肠上皮细胞。病毒进入中肠细胞，称为原发感染，随后的感染，称为继发感染。病毒粒子通过中肠细胞再感染血淋巴、气管和脂肪体细胞，并引起细胞病变，然后通过复制生成大量的 BV 进一步感染邻近的组织，使感染部位得以扩大到神经、肌肉、围心细胞、可再生组织及腺体。感染后期 BV 在单个细胞内的产生减少，病毒主要以 ODV 的形式在细胞内累积，被感染的细胞核膨大，引起宿主幼虫动作迟钝，食欲减退或停止取食，虫体肿胀，表皮具光泽，最终由于病毒蛋白酶的产生，造成细胞核和细胞的裂解，血淋巴变得浑浊，导致昆虫死亡。幼虫死亡后表皮变得很脆弱，轻触即破，流出脓状体液。被感染后的幼虫，一般爬上取食植株的顶端，其腹足附着植物枝叶上，倒悬而死（图 2）。病虫粪便和虫尸会作为病源再传染其他昆虫，使病毒病在舞毒蛾种群中流行，引发个体间的水平传播，从而弥补漏喷和虫龄不整齐导致部分害虫无法被病毒感染的现象，自然扩大了病毒防治面积。病毒也可通过昆虫卵传到舞毒蛾子代，称为垂直传播，确保了病毒长期寄宿在害虫体内，不断地侵染虫体，使害虫得病和死亡，从而实现持续控制舞毒蛾的目的。

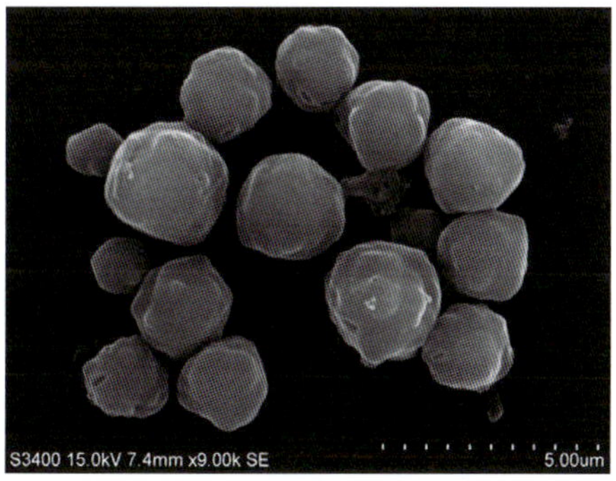

图 1 LdNPV 多角体（曲良建摄）

图 2 舞毒蛾幼虫病毒致死症状（张永安摄）

病毒杀虫剂生产 舞毒蛾病毒已经实现了规模化生产，主要方法是应用人工饲料大量饲养舞毒蛾幼虫、四龄幼虫接种病毒、收集病毒致死虫体、破碎过滤、离心浓缩、制剂配制。

舞毒蛾灾害病毒防治 一般根据需要可以生产病毒水分散粒剂、悬浮剂、可湿性粉剂，病毒制剂多角体含量不低于 $2.0×10^9$PIB/ml，采取喷雾的方法，出液浓度不低于 $1×10^6$PIB/ml 时，当代舞毒蛾幼虫死亡率可达 80%，持续效果可达 3 年。

病毒制剂保存方法 将配制好的病毒制剂放置于通风、干燥、低温处，严防潮湿、高温及日晒，严禁和酸碱类物质混合接触。–20～–5°C 可保存 3 年，4°C 条件下可保存 1 年，室温避光条件下保存 6 个月，可保障生物活性稳定。

参考文献

陈立坤，张永安，王玉珠，等，2013. Bt 和 LdNPV 混用对舞毒蛾幼虫毒杀效果的研究 [J]. 中国森林病虫，3(32): 36-39, 35.

韩龙雄，杨淑荣，武银莲，等，1984, 舞毒蛾核型多角体病毒的观察 [J]. 延边农学院学报，1: 15-18.

林乃铨，2010. 害虫生物防治 [M]. 北京：科学出版社 .

吕鸿声，1982. 昆虫病毒与昆虫病毒病 [M]. 北京：科学出版社 .

蒲蛰龙，1994. 昆虫病理学 [M]. 广州：广东科技出版社 .

谢天恩，胡志红，2002. 普通病毒学 [M]. 北京：科学出版社 .

YANG M M, ZHAI W J, LI B C, et al, 2015. Covert LdMNPV detected in *Lymantria dispar* larvae during a survey of potential hosts for DekiNPV production[J]. International journal of pest management, 61(1): 26-29.

（撰稿：曲良建；审稿：张永安）

物种多样性 species diversity

地球上动物、植物、微生物等生物种类的丰富程度。

1943 年，Fisher 等首先提出 species diversity 一词，其后这个概念得到了广泛的应用，不同领域的研究者也对其概念提出了不同的看法。在自然界中，生物的物种是构成物种多样性的基本单元，是物种多样性演变、生态功能发挥和自然资源持续利用的基本单位，是遗传多样性的主要载体，是人类社会可持续发展所依赖的、需要重点保护的资源。物种多样性与遗传多样性、生态系统多样性一起构成了生物多样性的 3 个主要层次。

物种多样性的概念主要包括两个方面：一是区域物种多样性，指一定区域内的物种丰富程度，主要是从分类学、系统学和生物地理学角度对一个区域内物种的状况进行研究；二是生态多样性或种群物种多样性，指生态学方面的物种分布的均匀程度，通常从生态学的角度对群落组织水平开展研究。

物种多样性通常作为一个客观指标来衡量一个地区生物资源的丰富程度。目前，测量物种多样性常用的指标有：①物种丰富度。指一个区域内所有物种数目或某些特定类群的物种数目。②单位面积物种数目或物种密度。有时从物种—面积关系考虑把物种数目或区域面积取对数求比值。③特有物种比例。指在一定区域内特有物种与物种总数的比值。④物种多样性的区系成分分析。对研究地区的生物物种。分析其生态地理和生物地理成分，从发生地点与时间角度区分不同组成类别，用定量化的方法对物种多样性的组成进行分析。由于测量指标较多，有时候需要将一种或者更多的指标结合起来使用。

迄今对地球上到底存在多少个物种，学者们还不能给出明确的答案。但从演化的历史长河看来，物种多样性的总量受到物种形成和物种灭绝两个相互对立的力量所影响。决定物种多样性的因素主要有：生命演化的历史因素、地域和气候的因素，生物特性的因素，人为因素等。以上因素导致了物种的灭绝速度成千上百倍地超出了物种自然灭绝的速度。其中，人类活动的增加成了全球物种灭绝的主要原因之一，直接影响了物种多样性。在地球上，物种与人类的衣食住行有着不可分割的作用，物种的丧失对生态安全有着不可估量的损失。因此，认清物种多样性的现状，制定相关政策并采取各种措施来保护濒临灭绝的物种，促进社会可持续发展。

参考文献

贺金生，马克平，1997. 物种多样性 [M]//. 蒋志刚，等 . 保护生物学 . 杭州：浙江科学技术出版社：20-33.

宋延龄，杨亲二，黄永青，1998. 物种多样性研究与保护 [M]. 杭州：浙江科学技术出版社 .

汪永华，陈北光，苏志尧，2000. 物种多样性研究的进展 [J]. 生态科学，19(3): 50-54.

朱有勇，2013. 农业生物多样性与作物病虫害控制 [M]. 北京：科学出版社 .

周红章，2000. 物种与物种多样性 [J]. 生物多样性，8(2): 215-226.

CLARIDGE M F, DAWAH H A, WILSON M R, 1997. Species: the units of biodiversity[M]. London: Chapman and Hall Ltd, 54: 1-425.

COWLING R M, HILTON TAYLOR C, 1994. Patterns of plant diversity and endemism in South Africa: an overview[M]// HUNTLEY B J. Botanical Diversity in Southern Africa. Pretoria: National Botanical Institute: 31-53.

FRANKEL O H, BROWN A H D, BURDON J J, 1996. The conservation of plant biodiversity[J]. The bryologist, 99(4): 482-483.

（撰稿：梅馨月；审稿：朱书生）

物种多样性指数 species diversity index

多样性指数是一个群落内物种多样性的数学衡量方法。多样性指数较简单的物种丰富度能提供更多的群落组成信息。

物种多样性指数用于许多领域的研究，以评估任意一个群体的多样性，这一群体中的每个成员属于一个独特的群体、类型或物种。物种多样性指数不仅取决于物种丰富度，也取决于物种均匀度。更为重要的是物种多样性指数能提供一个群落内物种的稀有性和共性的重要信息。以这种方式量化多样性是生物学家尝试了解群落结构的重要手段。从物种水平来讲，一个地区的物种（植物和动物物种）多样性，既可用物种数来衡量，也可用物种相对多度（relative abundance of species）来衡量。从理论上讲，这两方面的原始数据可以转化成物种多样性指数。

物种多样性指数计算：

① Gleason 指数 $D=S/\ln A$

式中，A 为单位面积；S 为群落中的物种数目。

② Margalef 指数 $D=(S-1)/\ln N$

式中，S 为群落中的总数目；N 为观察到的个体总数。

③ Simpson 指数 $D=1-\Sigma P_i 2$

式中，P_i 种的个体数占群落中总个体数的比例。

④ Shannon-wiener 指数 $H'=-\Sigma Pi\ln P_i$

式中，$P_i=N_i/N$。

⑤ Pielou 均匀度指数 $E=H/H_{max}$

式中，H 为实际观察的物种多样性指数；H_{max} 为最大的物种多样性指数，$H_{max}=\ln S$（S 为群落中的总物种数）。

参考文献

HILL M O, 1973. Diversity and evenness: a unifying notation and its consequences[J]. Ecology, 54: 427-432.

JOST L, 2006. Entropy and diversity[J]. Oikos, 113(2): 363-375.

TUOMISTO H, 2010a. A diversity of beta diversities: straightening up a concept gone awry. Part I. Defining beta diversity as a function of alpha and gamma diversity[J]. Ecography, 33: 2-22.

TUOMISTO H, 2010b. A consistent terminology for quantifying species diversity? Yes, it does exist[J]. Oecologia, 164(4): 853-860.

（撰稿：杨静；审稿：李成云）

物种丰富度 species richness

一个群落、景观或区域内物种数目的多少。

物种丰富度是简单的物种计数，它并没有考虑物种的丰度或它们的相对丰度分布。物种多样性是既考虑了物种丰富度也考虑了物种均匀度。物种丰富度不仅受个体数量影响，而且受个体间异质性影响。如果个体来源于不同的环境（或不同的栖息地），那么这些地区的个体物种丰富度预计

W

高于来源于相似环境中的所有个体的物种丰富度。随着取样数增加，新的物种数量也随之增加，这可用物种累加曲线（a species accumulation curve）表示，这种曲线可以通过不同的方式构建，物种丰富度随采样区域增加而增加。既因为更多个体归入采样范围内，也因为大面积范围内个体比小面积范围内个体有更多的异质性。物种丰富度随采样面积增加而增加。许多热带地区的生物类群有更多的物种丰富度，这导致了物种丰富度的纬度梯度分布。很多讨论和研究都是围绕生产力和物种丰富度间的关系开展，不同的研究得到的结果不尽相同。

植物物种丰富度是*生物多样性*的一个指标，经常被用于评价管理效应。例如，根据*中度干扰假说*，最高的植物物种丰富度预计在中度干扰水平，人工管理下的欧洲森林比未管理的有更高的植物物种丰富度。然而，不同植物类型可能对森林管理作出的响应不同。草本植物可能比木本植物更适合作为物种丰富度的指标，因为草本植物应对管理有关的干扰如伐木和清场时能作出较快的响应。依据生态偏好，植物物种还可进一步分类。例如，草本植物能被进一步分为典型的雨林物种，这可作为天然森林的指标，而那些需光、长于开放生境的物种是森林干扰指标。而经常被研究的物种丰富度则是所有植物物种丰富度或木本植物物种丰富度，管理效应和改变树种组成（例如，落叶林与针叶林）对不同草本植物组分丰富度的影响很少受到关注。

物种丰富度经常被作为一个标准来评价栖息地或景观的相对保护价值。然而，物种丰富度忽视了物种的特性。相对于那些物种丰富度与之类似，但所有物种均是常规而且广泛分布的地区而言，具有许多特有或稀有物种的地区通常被认为有更高的保护价值。

参考文献

CONNELL J H, 1978. Diversity in tropical forests and coral reefs[J]. Science, 199: 1302-1310.

EBRECHT L, SCHMIDT W, 2003. Nitrogen mineralization and vegetation along skidding tracks[J]. Annals of forest science, 60(7): 733-740.

EYCOTT A E, WATKINSON A R, DOLMAN P M, 2006. Ecological patterns of plant diversity in a plantation forest managed by clearfelling[J]. Journal of applied ecology, 43(6): 1160-1171.

MAYER R, ABS C, FISCHER A, 2004. Colonisation by vascular plants alter soil disturbance in the Bavarian Forest-Key factors and relevance for forest dynamics[J]. Forest ecology and management, 188: 279-289.

PAILLET Y, BERGES L, HJÄLTÉN J, et al, 2010. Biodiversity differences between managed and unmanaged forests: Meta-analysis of species richness in Europe[J]. Conservation biology, 24(1): 101-112.

REVIBOCH S, PRATI D, MÜLLER J, et al, 2013. High plant species richness indicates management-related disturbances rather than the conservation status of forests[J]. Basic and applied ecology, 14: 496-505.

SCHEINER S M, 2003. Six types of species-area curves[J]. Global ecology & biogeography, 12(6): 441-447.

WAIDE R B, et al, 1999. The relationship between productivity and species richness[J]. Annual of ecology and systematics, 30: 257-300.

（撰稿：杨静；审稿：李成云）

物种均匀度　species evenness

一个群落或生境中全部物种个体数目分配的均匀程度。

物种均匀度是一个群落物种丰度的分布。群落中的一个物种占优势，则其他物种的数量、生物量和覆盖物少，均匀度低，而有多个优势物种的群落，其均匀度就高。均匀度可以通过生物量、数量和覆盖物定量，所有物种的丰度值越相似，其均匀度就越高。物种均匀度在生态学研究上具有非常重要的作用。由于全球变化，许多群落的均匀度正急剧下降，优势种的特性也正发生改变。如果生态系统的功能是通过种间相互作用而增强，那么均匀度的下降可能会降低生态系统功能。

例如，从不同的两块田中采样，第一块田采了300株雏菊（花）、335株蒲公英和365株金凤花，第二块田采了20株雏菊（花）、49株蒲公英和931株金凤花。两块田都有相同的*物种丰富度*（3种）和相同的样本总数（1000株）。但第一块田的样品比第二块田的样品有较高的均匀度，原因在于第二块田的3种花个体数较均匀。而第二块田，大部分个体是金凤花，仅有少量的雏菊（花）和蒲公英。因此，第二块田的样品较第一块田的多样性低。

参考文献

岳明，周虹霞，1997. 太白山北坡落叶阔叶林物种多样性特征[J]. 云南植物研究，19(2): 71-76.

HEJDA M, PYSEK P, JAROSIK V, 2009. Impact of invasive plants on the species richness, diversity and composition of invaded communities[J]. Journal of ceology, 97(3): 393-403.

HILLEBRAND H, BENNETT D M, CADOTTE M W, 2008. Consequences of dominance: a review of evenness effects on local and regional ecosystem processes[J]. Ecology, 89: 1510-1520.

HILLEBRAND H, GRUNER D S, BORER E T, et al, 2007. Consumer versus resource control of producer diversity depends on ecosystem type and producer community structure[J]. Proceedings of the National Academy of Sciences of the United States of America, 104: 10904-10909.

VASILEVICH VI, 2009. Species diversity of plants[J]. Contemporary problems of ecology, 2(4): 297-303.

WALKER M D, WAHREN C H, HOLLISTER R D, et al, 2006. Plant community responses to experimental warming across the tundra biome[J]. Proceedings of the National Academy of Sciences of the United States of America, 103: 1342-1346.

（撰稿：杨静；审稿：李成云）

X

稀释效应 dilution effect

物种丰富度和均匀度较高的群落中，存在很大一部分非寄主植物能有效地降低病原菌在其寄主植物间的传播。

稀释效应研究表明，一方面，寄主多样性增加可降低病原传播及病害风险，随之而来的是群落总体竞争力下降；另一方面，寄主多样性增加可提高病原菌定殖和维持病原菌广泛生活史（寄主多样性引起病原菌多样性的假说）而促进病原菌多样性，因此，寄主多样性与病原菌多样性呈正相关关系。侵染性病害传播本质上是一个生态过程，这个过程至少涉及两个或更多物种的互作。寄主多样性越丰富其病害流行程度越低。病原菌能从媒介到寄主和寄主到媒介的水平传播，而不是垂直传播。在一个生态系统中稀释效应的强度取决于稀释生物的具体特性而不是物种丰富度的简单衡量。稀释效应的强度还取决于稀释寄主而不是发病寄主的相对丰度。目标寄主上的病原菌通常会随着稀释寄主数量的增加而减少。

稀释效应的全面了解还需探索多样性—病害间的关系是如何随空间范围而变化。例如生物多样性研究通常测定多样性和局部（α）、站点间（β）和区域（γ）空间规模的关系。

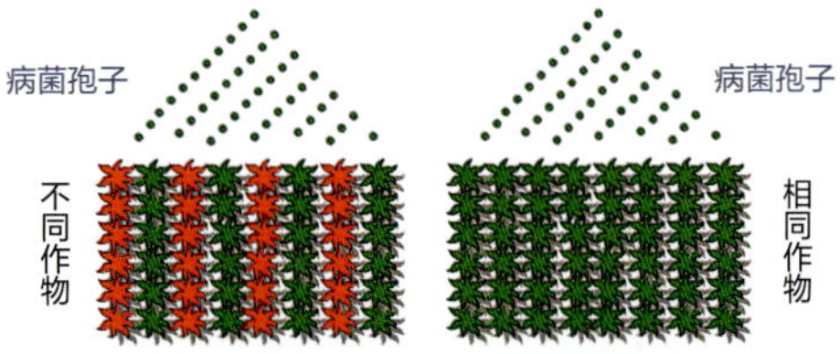

图 1 作物多样性稀释病原菌模式

图 2 小麦与蚕豆带状种植稀释病原菌田间试验

哪个空间规模更为合适于研究稀释效应；寄主、非寄主和病原菌多样性对稀释效应的相对贡献是什么；不同范围的寄主和病原菌多样性变化也会体现出目标寄主的侵染水平。因为一定的生态区域内存在许多寄主专化性的病原菌，因此，寄主物种数更多，病原菌多样性更广。首先多样性降低病原菌侵染力的净效应应该是热带地区（低纬度）最大，原因在于当地生态系统中存在较为广泛的稀释生物。因此，更高的寄主多样性可能导致更丰富的病原菌多样性。由于稀释效应的作用，相对于高纬度地区，低纬度地区特定病原菌的侵染水平可能较低。如果病原菌间存在拮抗作用，则这种趋势能被放大。例如，Harris 等发现病原菌与非病原菌间的互作利于控制病害。其次，由于温带地区生态系统中稀释寄主的数量较小以及物种多样性较低，因此，物种丧失使得这些地区的物种易处于高病害暴发风险中。

参考文献

李洪谨，陈国华，周惠萍，等，2006. 昆明地区蚕豆小麦间作控制南美斑潜蝇危害的研究 [J]. 云南农业大学学报，21(6): 721-724.

朱有勇，2013. 农业生物多样性与作物病虫害控制 [M]. 北京：科学出版社.

ALLAN B F, LANGERHANS R B, RYBERG W A, et al, 2009. Ecological correlates of risk and incidence of West Nile virus in the United States[J]. Oecologia, 158: 699-708.

HARRIS R N, BRUCKER R M, WALKE J B, et al, 2009. Skin microbes on frogs prevent morbidity and mortality caused by a lethal skin fungus[J]. ISME journal, 3(7): 818-824.

KEESING F, HOLT R D, OSTFELD R S, 2006. Effects of species diversity ondisease risk[J]. Ecology letters, 9: 485-498.

MATUSCHKA F R, FISCHER P, HEILER M, et al, 1991. Hosts on which nymphalIxodesricinus most abundantly feed[J]. American journal of tropical medicineand hygiene, 44: 100-107.

MATUSCHKA F R, FISCHER P, HEILER M, et al, 1992. Capacity of European animals as reservoirhosts for the Lyme disease spirochete[J]. Journal of infectious disease, 156: 479-483.

OSTFELD R S, AND KEESING F, 2000. Biodiversity and diseaserisk: the case of Lyme disease[J]. Conservation biology, 14: 722-728.

SCHMIDT K A, OSTFELD R S, 2001. Biodiversity and the dilution effect in disease ecology[J]. Ecology, 82: 609-619.

（撰稿：朱有勇；审稿：李成云）

X

细菌素 bacteriocins

细菌在代谢过程中通过核糖体合成机制产生的一类具有抑菌活性的多肽类物质。而产生菌对其有特异性免疫机制，以此来保护自身免受伤害。判断细菌素的两个关键特性：一是具有蛋白质的特性；二是细菌素对其产生菌具有免疫原性。细菌基本都可以产生细菌素，99% 的细菌能够产生至少 1 种细菌素。

根据细菌素分子的大小、翻译后修饰的方式、细菌素的产生和热稳定性，可将其分为四大类。

第一类称为羊毛硫细菌素，相对分子质量小于 5kDa，一般含有 1～2 个羊毛硫氨酸。肽链长 19～50 个氨基酸，共价形成环状结构，活性部分含有不常见的由翻译后修饰形成的硫醚氨基酸。羊毛硫细菌素合成于乳酸菌的核糖体中。根据结构以及作用方式的不同，此类细菌素可分为四个亚类：Ⅰ1-Ⅰ3 类含有典型的由翻译后修饰形成的硫醚氨基酸，而Ⅰ4 类含有其他不常见的修饰。

第二类为小分子（0.77～10kDa）、热稳定、具有膜活性、非修饰的肽（SHSP）。分为Ⅱ1，Ⅱ2，Ⅱ3 和Ⅱ4 四个亚类。Ⅱ1 为细菌素片球菌素类（pediocin-like）；Ⅱ2 为孔道复合物；Ⅱ3 为分泌依赖性细菌素；Ⅱ4 为单肽非片球菌素类，是最近才被提议的一类细菌素，可根据前导肽序列进一步分类。

第三类细菌素是大分子（>30kDa）的热不稳定蛋白（LHLP），一般在 60～100°C 处理 10～15 分钟就会失活，抑菌谱较窄，如 Helveticins J、V-1829、Lactacins A 和 B。

第四类是复合细菌素，是细菌素与其他分子（如脂类、碳水化合物或内酯基团）形成的大分子复合物，具有与细菌素相似结构和性质，因此也被称为 BLIS。

第二、三、四类细菌素均不含羊毛硫氨酸，被称之为非羊毛硫抗生素（non-lantibiotic bacteriocin）。第一、二类细菌素在抑菌性、专一性等方面的研究较为深入。

参考文献

李巧贤，张建飞，哈斯，等，2008. 细菌素在畜牧业生产中的发展趋势 [J]. 中国家禽，30(14): 41-42.

尚雅靖，张日俊，2010. 细菌素应用的理论与实践 [J]. 中国畜牧兽医，37(5): 26-30.

张鑫，黄乐平，陈卫平，2010. 微生物防腐剂细菌素在食品上的应用 [J]. 食品研究与开发，31(12): 266-269.

张之文，苏永全，丁少雄，2006. 细菌素研究进展及在水产养殖中的应用前景 [J]. 厦门大学学报（自然科学版），45: 219-244.

周志江，韩烨，2006. 细菌素应用在食品中有效且安全 [J]. 农产品加工 (9): 32-34.

ABRIOUEL H, FRANZ C, OMAR N B, et al, 2011. Diversity and applications of *Bacillus bacteriocins*[J]. FEMS microbiology reviews, 35(1): 201-232.

GAUTAM N, SHARMA N, 2009. Bacteriocin: safest approach to preserve food products[J]. Indian journal of microbiology, 49: 204-211.

GRAY E J, FALCO M D, SOULEIMANOV A, et al, 2006. Proteomic analysis of the bacteriocin thuricin 17 produced by *Bacillus thuringiensis* NEB 17[J]. FEMS microbiology letter (255): 27-32.

（撰稿：李燕；审稿：王琦）

现代生物防治 modern biological control

从 20 世纪 50 年代开始，在认识到农药对环境的污染等不足之处后，对天敌的保护和应用开始恢复和发展，更多的生物防治项目取得进展，生物防治理论和实践得到极大丰富，开始从低迷期走出，进入了现代生物防治阶段。

在生物防治理论方面进展明显。20 世纪 50～60 年代，Morris 等用生命表的方法开始评估室内和田间天敌的作用。1959 年，Holling 提出了昆虫天敌功能反应的实验方法，Stern 等提出了经济损害水平和经济阈值理论，使农作物种植者通过调查资料可以决定什么作物在什么情况下需要进行害虫防治，减少不必要的农药防治。20 世纪 60 年代害虫综合治理（Integrated Pest Management，IPM）概念产生，包括生物防治和化学防治协调运用的综合防治观念开始被越来越多的人认可和接受。而生物防治被认为是 IPM 核心组成部分，天敌的保护比引进更受重视。近些年来，新的思路和应用策略也不断呈现，“储蓄植物系统”（Bank plant system）、“天敌推拉技术”等新方法不断得到改进熟化。综合利用功能植物、多种天敌昆虫协同控制害虫的“网式协同调控”新思路和新途径也日益受到重视。

在生物防治的实践方面，早在 20 世纪 50 年代，Huffaker 就建立了有害节肢动物—捕食者种群实验室。在 20 世纪 70 年代美国许多地区病虫害综合防治活动开始商业化运作，依靠天敌有效控制了棉花、苜蓿、柑橘、大豆和其他作物病虫害。长期实施生物防治技术，美国棉田减少杀虫剂用量 77%，其他作物田中减少 50%，大约 10% 的温室、19% 的果园以及 8% 的苗圃完全通过释放天敌昆虫来控制害虫。利用苏云金杆菌和核多角体病毒防治一些鳞翅目害虫效果显著。苏云金杆菌在多个国家早已实现工厂化生产，至今仍是微生物杀虫剂的主要产品。中国在 20 世纪 50～60 年代从国外引入苏云金杆菌和核多角体病毒并先后实现了产业化生产。中国东北各地在 20 世纪 70 年代开始使用柞蚕卵进行松毛虫赤眼蜂的大量繁育，在繁殖技术、繁蜂量、防治面积和防治效果等方面居世界先进水平。近年来，东北地区开始使用无人机释放赤眼蜂防治玉米螟、水稻螟虫等害虫（见图），防治效率大大提升，每年防治玉米螟面积达到 400 万 hm^2 以上。到 2008 年初，国际上登记并投入市场的微生物杀虫剂共 45 种，其中病毒 17 种、细菌 8 种、真菌 10 种、微孢子虫 2 种、昆虫病原线虫 8 种。2011 年全球生物农药市场价值已达 13 亿美元，且以每年超过 10% 的速率增加。世界商品化生产的天敌有 230 余种，主要种类包括赤眼蜂、丽蚜小蜂、草蛉、瓢虫和捕食螨等，生产企业多达 500 多家。其中著名的有荷兰的 Koppert 天敌公司，比利时的 Biobest 公司和英国的 BCP 天敌公司，在害虫的生物防治中起了重要作用。中国注册的天敌公司只有几家，产品也以赤眼蜂为主。

无人机释放赤眼蜂防治水稻螟虫（刘银泉提供）

关于生物防治理论和实践的专著和期刊相继出版。在20世纪60～70年代，一些生物防治专著开始出版，特别是20世纪90年代之后，有大量的生物防治书籍出版，成为生物防治理论和实践的重要学习参考资料。国际上专门的生物防治期刊有*Biocontrol*、*Biological Control*、*Biocontrol Science and Technology*。中国出版的生物防治期刊主要有《中国生物防治学报》《环境昆虫学报》（原《昆虫天敌》）等，为害虫生物防治的研究成果交流提供了平台。

在多个国家的农业部门和大学中相继建立起生物防治机构。互联网时代后有关生物防治相关网站相继建成，资料丰富，对生物防治经验交流和指导实践有重大意义。国际生物防治组织（IOBC）在1971年由原来欧洲建立的国际生物防治委员会扩大而成，IOBC组建了6个地区性的组织，针对各地区进行针对性的工作。它们分别是东南亚地区分部（SEARS，包括亚洲和马来群岛），东古北区地区分部（EPRS，包括东欧和苏联区域），西古北区地区分部（WPRS，包括欧洲部分，北非和中东），热带非洲地区分部（ATRS，撒哈拉以南非洲地区），新北区地区分部（NRS，包括美国和加拿大），新热带区地区分部（NTRS，包括加勒比海，南美洲和中美洲）。另外，IOBC办起其官方期刊*Biocontrol*。中国于2016年成立了“国家天敌昆虫科技创新联盟”，由7家企业、9家大学和研究所为发起单位。联盟以企业为主体，科研机构为技术支撑，致力于中国天敌昆虫产业化的发展。

参考文献

陈学新，刘银泉，2016. 农业害虫天敌昆虫防治技术发展战略[C]// 中国昆虫不育技术发展战略研究项目组. 中国农业害虫绿色防控发展战略. 北京：科学出版社.

林乃铨，2010. 害虫生物防治[M]. 北京：科学出版社.

郑传临，2018.（综合报告）植物保护学学科发展研究[C]// 中国植物保护学会. 2016—2017植物保护学学科发展报告：121-182.

VAN LENTEREN J C, 2012. The state of commercial augmentative biological control: plenty of natural enemies, but a frustrating lack of uptake[J]. Biological control, 57(1): 1-20.

（撰稿：刘银泉；审稿：刘树生、杨忠岐）

硝吡咯菌素 pyrrolnitrin

一种经氯化修饰的苯吡咯类抗生素。最早分离自吡咯菌素伯克霍尔德氏菌（*Burkholderia pyrrocinia*）。随后发现假单胞菌、肠杆菌、黏球菌以及沙雷氏菌等都可产生这种抗生素。硝吡咯菌素现已用于临床医治人类皮肤真菌感染引起的疾病，如寄生性皮肤癣等。另外，硝吡咯菌素还作为先导化合物衍生出一些新型苯基吡咯类农用杀菌剂，防治多种植物病原真菌，包括立枯丝核菌（*Rhizoctonia solani*）、灰葡萄孢（*Botrytis cinerea*）、链格孢菌（*Alternaira* sp.）、镰孢菌（*Fusarium* sp.）、轮枝菌（*Verticillum* sp.）等造成的植物病害。

硝吡咯菌素分子式$C_{10}H_6O_2N_2Cl_2$，相对分子质量257。化学名称为3-氯-4-（2'-硝基-3'-氯苯基）吡咯（3-chloro-4-（2'-nitro-3'-chlorophenyl）-pyrrole）。早期研究认为硝吡咯菌素主要通过抑制末端电子呼吸链来抑制真菌生长，近期真菌抗性研究指出其作用位点很可能是渗透压信号传递途径，尤其是Ⅲ型的组氨酸蛋白激酶（HHK）Os-1，该激酶的点突变导致对硝吡咯菌素的抗性和渗透压敏感性提高。硝吡咯菌素在土壤中很稳定，但见光易分解，不是理想的农用杀真菌剂。如果用氰基团取代吡咯环上的氯原子，可以提高其在光照下的稳定性和抗真菌活性。农用杀菌剂市场上广泛应用的拌种咯（fenpiclonil）和咯菌腈（fludioxonil）（图1），就是以硝吡咯菌素作为先导化合物研发的农用杀真菌剂。

细菌中合成的硝吡咯菌素是色氨酸衍生的有机卤代次级代谢物，其合成基因簇全长5.8kb，包含4个位于同一转录单元的开放阅读框prnABCD。色氨酸是硝吡咯菌素的合成前体，PrnA作为卤化酶催化色氨酸转化为7-氯-色氨酸，PrnB催化其形成苯基吡咯，然后去羧基形成mono dechloroamino pyrrolnitrin（MDA），PrnC编码MDA卤化酶，并催化形成氨基硝吡咯菌素，PrnD将其氧化形成硝吡咯菌素（图2）。硝吡咯菌素结构中的两个氯原子分别有两个不

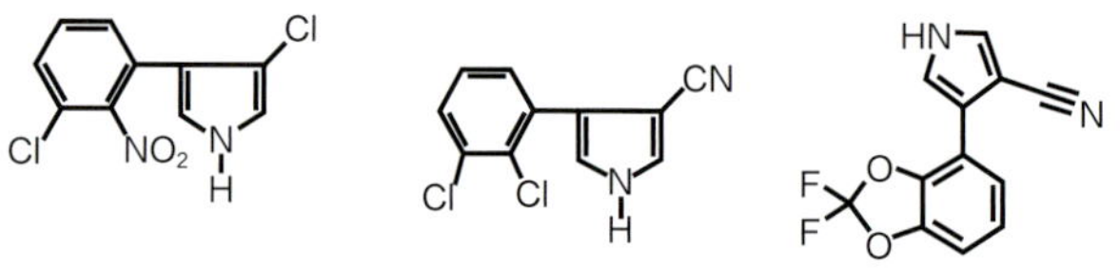

硝吡咯菌素　拌种咯　咯菌腈

图1 硝吡咯菌素及其作为先导化合物衍生合成的农用杀菌剂化学结构式

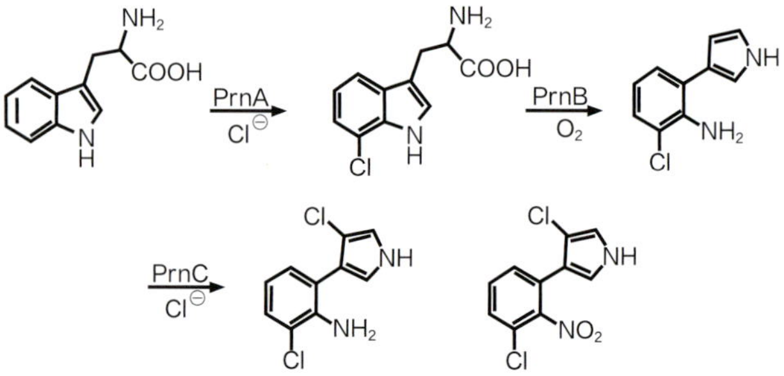

图2 硝吡咯菌素的生物合成途径

同的卤化酶催化合成。

硝吡咯菌素作为一种广谱性抗生素，对于多种真菌病害具有显著的防效。如硝吡咯菌素处理能够抑制苹果、梨和玫瑰切花的采后灰霉病。许多产生硝吡咯菌素的土壤细菌具有潜在的防病促生能力，如洋葱伯克霍尔德氏菌 5.5B 产生的硝吡咯菌素能够抑制一品红（*Euphorbia pulcherrima*）的丝核菌茎基腐病。假单胞菌产生的 PRN 能够有效抑制马铃薯镰孢菌干腐病、棉花和黄瓜丝核菌根腐病、向日葵菌核病等。硝吡咯菌素为先导化合物合成的农用杀菌剂咯菌腈可以用于拌种、叶面喷雾以及灌根等处理，防治多种真菌病害。咯菌腈已使用近 30 年，病原真菌的田间抗药性一直处于较低水平。

参考文献

ARIMA K, IMANAKA H, KOUSAKA M, et al, 1964. Pyrrolnitrin, a new antibiotic substance, produced by *Pseudomonas*[J]. Agricultural and biological chemistry, 28(8): 575-576.

HAMMER P E, BURD W, HILL D S, et al, 1999. Conservation of the pyrrolnitrin biosynthetic gene cluster among six pyrrolnitrin-producing strains[J]. FEMS microbiology letters, 180(1): 39-44.

HAMMER P E, EVENSEN K B, JANISIEWICZ W J, 1993. Postharvest control of Botrytis cinerea on cut rose flowers with pyrrolnitrin[J]. Plant disease, 77(3): 283-286.

HAMMER P E, HILL D S, LAM S T, et al, 1997. Four genes from Pseudomonas fluorescens that encode the biosynthesis of pyrrolnitrin[J]. Applied and environmental microbiology, 63(6): 2147-2154.

HWANG J, CHILTON W S, BENSON D M, 2002. Pyrrolnitrin production by *Burkholderia cepacia* and biocontrol of *Rhizoctonia* stem rot of poinsettia[J]. Biological control, 25(1): 56-63.

JANISIEWICZ W J, ROITMAN J, 1988. Biological control of blue mold and gray mold on apple and pear with *Pseudomonas cepacia*[J]. Phytopathology, 78(12): 1697-1700.

KILANI J, FILLINGER S, 2016. Phenylpyrroles: 30 years, two molecules and (Nearly) no resistance[J]. Frontiers in microbiology, 2016(7): 2014.

LIGON J M, HILL D S, HAMMER P E, et al, 2000. Natural products with antifungal activity from Pseudomonas biocontrol bacteria[J]. Pest management science, 56(8): 688-695.

NAKATSU C H, STRAUS N A, WYNDHAM R C, 1995. The nucleotide sequence of the Tn5271 3-chlorobenzoate 3, 4-dioxygenase genes (cbaAB) unites the class IA oxygenases in a single lineage[J]. Microbiology, 141(2): 485-495.

TRIPATHI R K, GOTTLIEB D, 1969. Mechanism of action of the antifungal antibiotic pyrrolnitrin[J]. Journal of bacteriology, 100(1): 310-318.

（撰稿：张力群；审稿：王琦）

小菜蛾颗粒体病毒　*Plutella xylostella* granulovirus, PxGV

杆状病毒科颗粒体病毒属 B 亚组，是一种双链 DNA 包涵体病毒。每个长椭圆形包涵体内含有 1 个病毒粒子（图 1），对自然环境有较高的抵抗力，可加工成小菜蛾颗粒体病毒杀虫剂。PxGV 基因组（NCBI：AF270937）全长 100999bp，编码 120 个开放阅读框（ORF），GC 含量 40.7%。PxGV 是一种专化性较强的杀虫剂，仅对小菜蛾（*Plutella xylostella*）有效，对二龄期以下幼虫作用效果最好。田间施用 PxGV，对小菜蛾种群动态有明显的控制作用。配合小菜蛾性诱剂监测虫情，在小菜蛾产卵高峰期，使用 300 亿 OB/ml PxGV 悬浮剂，每 20ml 兑水 7.5kg，即稀释 1500 倍喷雾（图 2）。

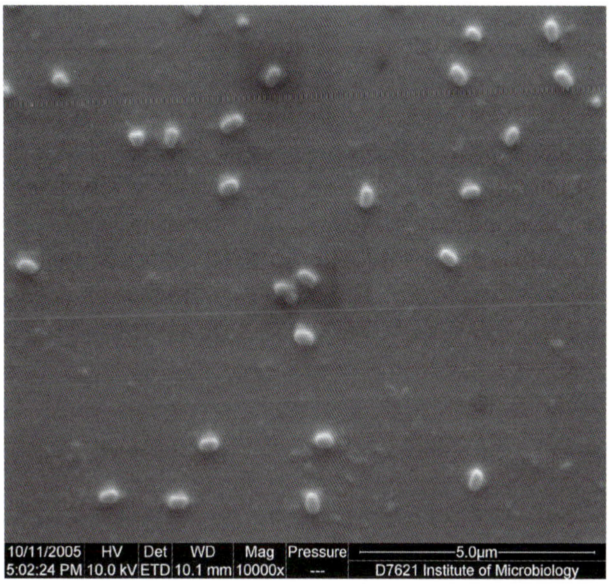

图 1　PxGV 扫描电镜观察（秦启联提供）

图 2　PxGV 杀虫剂产品及田间小菜蛾感染病毒致死状

（冯振群提供）

参考文献

冯振群，程清泉，秦启联，2009. 小菜蛾颗粒体病毒杀虫剂研究与应用进展 [J]. 现代农业科技，18(3): 144-146.

李芳功，冯振群，2015. 小菜蛾颗粒体病毒杀虫剂防治小菜蛾田

间药效试验 [J]. 中国农技推广 , 31(6): 2.

莫美华 , 庞雄飞 , 1999. 小菜蛾颗粒体病毒对小菜蛾防治作用的评价 [J]. 生态学报 , 5: 136-139.

莫美华 , 沈长朋 , 何余容 , 等 , 2000. 小菜蛾颗粒体病毒与其他防治措施对小菜蛾联合作用的评价 [J]. 昆虫天敌 , 1: 26-32.

HASHIMOTO Y, HAYAKAWA T, UENO Y, et al, 2000. Sequence analysis of the *Plutella xylostella* granulovirus genome[J]. Virology, 275(2): 358-372.

（撰稿：张寰；审稿：秦启联）

小蜂科 Chalcididae

属膜翅目小蜂总科（Chalcidoidea），有 87 属 1464 种，分为 5 个亚科：小蜂亚科（Chalcidinae）、铲头小蜂亚科（Dirhininae）、长角小蜂亚科（Epitraninae）、双距小蜂亚科（Haltichellinae）和斯小蜂亚科（Smicromorphinae）。

形态特征 身体骨化程度高，体粗壮，体长 2.5～9.0mm，体上无金属光泽。后足腿节特别膨大，内侧下缘具 1 或数个齿，胫节显著弯折。胸腹侧片很窄，不显著。翅基片卵圆形，长宽相等（见图）。

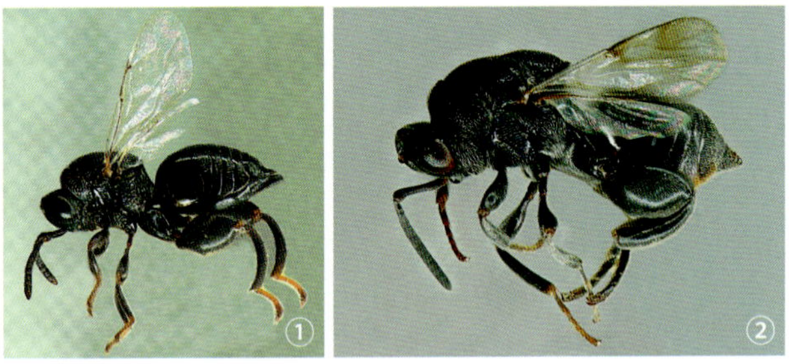

小蜂科 Chalcididae（杨忠岐摄）
①建德大腿小蜂（*Brachymeria jiandensis* Yang et Yao）（雌）侧面观；
②烟翅安小蜂（*Antrocephalus ishii* Habu）（雌）侧面观

生物学习性 小蜂科大多数类群为单寄生，个别种类为群集寄生，寄生于鳞翅目、双翅目、鞘翅目和膜翅目广腰亚目。大多数种为抑性寄生，产卵于寄主蛹体内在蛹中寄生；有些热带种为外寄生；有的种如痣小蜂属（*Conura*）的一些种为重寄生。小蜂属（*Chalcis*）却是水虻属（*Stratiomys*）的容性寄生蜂，它们把卵产入成串状在水边植物上的水虻（*Stratiomys* sp.）卵中，水虻幼虫一经孵化即很快进入水中，在水中完成幼虫发育阶段。在此期间，小蜂幼虫几乎呈休眠状态待在寄主体内，当水虻幼虫发育至即将化蛹时，它们迁移至岸边的泥中或水面上其他类似的地点处，这时小蜂幼虫在水虻体内迅速完成发育，成蜂羽化后先在水虻僵硬的蛹皮上咬一圆孔，而后飞出。而英国的水虻小蜂能直接产卵于水中的水虻幼虫体内。

小蜂科单头雌蜂产卵量可达 200 多粒。卵为长圆形，卵上有时具有 1 很短的卵柄；一龄幼虫为具尾型或膜翅目型，具或不具气门，但有发达的角质刺，以后的各龄幼虫程度不同地均呈膜翅目型。它们老熟后在寄主蛹内化蛹。小蜂科大部分以成虫越冬，有的则以老熟幼虫在寄主体内越冬。

有些小蜂科种类在生物防治上具有重要价值，如中广大腿小蜂（*Brachymeria intermedia*）寄生舞毒蛾（*Lymantria dispar*）蛹；铲头小蜂属（*Dirhinus*）寄生于双翅目卫生害虫（丽蝇科、家蝇科及麻蝇科）以及危害水果的实蝇科害虫，在防治这类害虫上具有良好的前景。

参考文献

GAULD I, BOLTON B, 1992. 膜翅目 [M]. 杨忠岐 , 译 , 香港 : 天则出版社 : 1-332.

廖定熹 , 等 , 1987. 中国经济昆虫志 : 第三十四册　膜翅目　小蜂总科 [M]. 北京 : 科学出版社 : 1-241.

杨忠岐 , 姚艳霞 , 曹亮明 , 2015. 寄生林木食叶害虫的小蜂 [M]. 北京 : 科学出版社 : 1-320.

BOUČEK Z, 1988. Australasian Chalcidoidea (Hymenoptera). A biosystematic revision of genera of fourteen families, with a reclassification of species[J]. CAB international wallingford: 85-86.

DELVARE G, BOUČEK Z, 1992. On the new world chalcididae (Hymenoptera)[J]. Memoirs of the American entomological institute, 53: 1-466.

GIBSON G A P, J HUBER, J B WOOLLEY, 1997. Annotated keys to the genera of Nearctic Chalcidoidea (Hymenoptera)[M]. Ottawa: National Research Council: 1-794.

NOYES J S, 2018. Catalogue of World Chalcidoidea. Universal Chalcidoidea Database [EB/OL]. http://www.nhm.ac.uk/entomology/chalcidoids.

（撰稿：曹亮明；审稿：杨忠岐）

小蜂总科 Chalcidoidea

膜翅目中一个很大的总科。它们无论从数量上、形态特征上还是生物学习性上，在膜翅目中都属于极其多样化的类群。小蜂总科的个体大小变化很大，个体最小的像埃克柄翅小蜂（*Dicopomorpha echmepterygis*）、柄翅小蜂科（Mymaridae），体长仅 0.11mm；个体最大的如有些褶翅小蜂科（Leucospidae）的种类，体长超过 30mm。在形态上也有有翅和无翅型。世界上已知小蜂总科有 2100 个属 2.2 万个有效种。保守估计，全世界还有 6 万～10 万种小蜂未被描述。北美洲迄今约有 700 个属 2600 种已被描述。Gibson 等列出了北美已知小蜂总科分属检索表。

小蜂总科的种类数量与姬蜂总科（Ichneumonoidea）不相上下，在世界上各个动物地理区均有分布。大多数小蜂具有漂亮的金属光泽，体色多为绿色、蓝色、紫色或金绿色，但也有一些小蜂无金属光泽，体色为黑色、黄色、褐色等。小蜂身体上一般都有网状刻纹等其他一些不同形状或形式的刻纹或脊纹。虽然小蜂总科种类多，形态特征变化大，但可从下述 3 个特征将其与其他个体小的寄生蜂，如细蜂总科（Proctotrupoidea）、分盾细蜂总科（Ceraphronoidea）、瘿

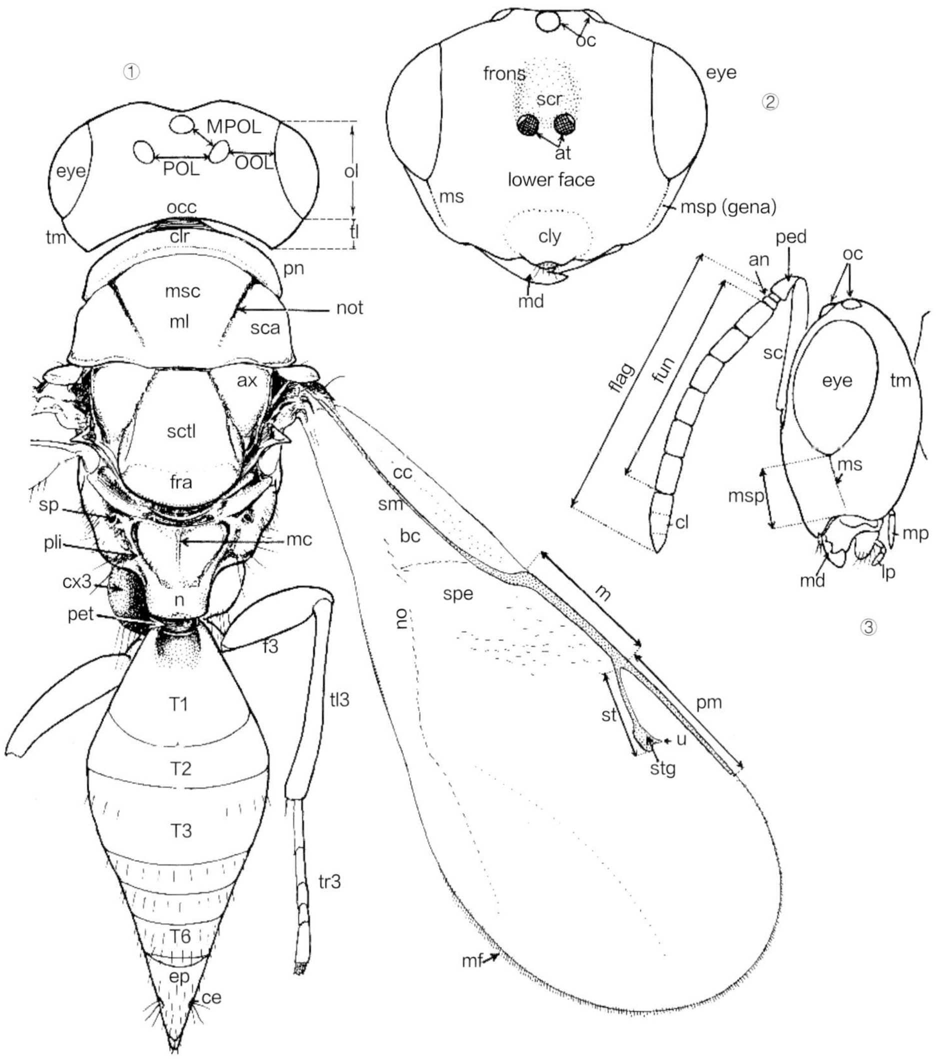

小蜂的形态特征

①金小蜂（*Megadicylus dubius*）雌性整体背面观；②③蝶蛹金小蜂（*Pteromalus puparum*）头部正面观及侧面观

（仿自 Boucek，1988）

an：环状节；ax：三角片；at：触角窝；b：基脉；bc：基室；cc：前缘室；ce：尾须；cl：棒节；clm：颈；clr：前胸盾片；cly：唇基；cu：肘脉；cx1-3：前、中、后足基节；ecn：侧腹区；ep：第 7 腹节背板；f3，后足腿节；flag：鞭节；fm：后头孔；fr：小盾片横沟；fra：小盾片沟后区；fun：索节；lme：中胸后侧片下区；lp：下唇须；m：缘脉；mc：中纵脊；md：上颚；mf：缘毛；ml：中胸盾片中区；mp：下颚须；mpl：中胸侧板；MPOL：中单眼与侧单眼间距；ms：颚眼沟；msc：中胸盾片；msp：颚眼距；mst：中胸前侧片；mt：后胸背板；n：胸后颈；not：中胸盾纵沟；oc：单眼；occ：后头；occr：后头脊；ol：背观复眼长之度量；OOL：侧单眼与复眼间距；op：产卵器鞘；ops：产卵管（针刺）

蜂总科（Cynipoidea）和青蜂总科（Chrysidoidea）等相区别。

①触角（见图）。触角分为三部分：柄节、梗节和鞭节。柄节延长，与头部连接；梗节较短，连接柄节与鞭节；鞭节最长，分为基部的 1～4 个很小的环状节，2～7 个索节，以及端部的 3 个膨大而联系紧密的棒节。索节和棒节上常常具有纵长的板状条形感觉器。

②翅（见图）。翅脉极度特化、减少，前翅仅有 1 条位于前缘的脉纹，从前翅基部依次为亚前缘脉（submarginal vein）、缘脉（marginal vein）、痣脉（stigmal vein）和痣后脉（post marginal vein），无翅室。后翅翅脉很简单，无翅室。

③前胸背板没有与翅基片相接触。在中胸侧板前方和前胸背板后侧角之间生有一个特殊构造——胸腹侧片 prepectus。

有关小蜂的形态学构造和名称见图。

小蜂总科的生物学及寄生习性的多样性 小蜂总科的绝大多数种类是寄生性的，少数为植食性。特别是寄生许多重要的农林害虫，是非常重要的天敌资源。它们寄主范围涉及昆虫纲 15 个目 340 多科，如鞘翅目、鳞翅目、双翅目、膜翅目、缨翅目、蜚蠊目、螳螂目、脉翅目、直翅目、蜻蜓目、啮虫目、蚤目、虱目，以及蜘蛛的卵囊、扁虱和螨虫、拟蝎的茧、粒线虫的虫瘿。植食性的小蜂主要涉及6个科：榕小蜂科（Agaonidae）的种类只在无花果中发育，是无花果的传粉者；其余的5个科，包括广肩小蜂科（Torymidae）、金小蜂科（Pteromalidae）、姬小蜂科（Eulophidae）、瘿小蜂科（Tanaostigmatidae）、长尾小蜂科（Torymidae）的个别种类取食植物种子或者在植物上形成虫瘿，在其中取食危害。已知约有80种植食性小蜂，大多都是广肩小蜂科和长尾小蜂科的种类。寄生性的小蜂寄生在寄主从卵到成虫不同的发育阶段，有外寄生和内寄生，初寄生和重寄生，容性寄生和抑性寄生。有些种还为捕食性。有些蚜小蜂科（Aphelinidae）的种类甚至寄生在与自己性别不同的同种个体上。像膜翅目的其他类群一样，小蜂在性别选择机制上也为“单倍体—二倍体”模式，即其受精卵（二倍体）通常发育为雌性，而未受精（单倍体）的卵则发育为雄性。然而，有些无雄性个体、或雄性个体数量较少的小蜂，其雌性则通过自体繁殖，即孤雌生殖方式繁衍，这种方式大部分情况下是由细胞质中的沃尔巴克体属（*Wolbachia*）的细菌所导致。

小蜂总科各科的简介 小蜂总科有20个科：

榕小蜂科（Agaonidae） 又名无花果小蜂科。体较小，一般体长为2～5mm，无金属光泽。雌雄性成虫在形态上差别很大，雌虫有翅，雄虫无翅；雌虫上颚或须节上具有锯齿状的附属物；一般前翅缘脉较短，痣脉及痣后脉长；产卵器长，一般均长于腹部，有些种类的产卵器甚至数倍于体长。雄性体型特化，头部一般长大于宽，前口式，复眼退化；足短而粗，前足开掘式。本科是昆虫纲中很奇特的一个类群，主要分布在热带地区，专性生活在桑科榕属（又名无花果属）植物（*Ficus* spp.）果实中，作为传粉者或在其中形成虫瘿取食。

蚜小蜂科（Aphelinidae） 体微小，一般体长在2mm以下，多为黄褐色，少数黑色，身体骨化程度弱，无金属光泽。主要特征是：触角8节或少于8节，雌性棒节最多4节，雄性触角没有分成明显的棒节；中胸盾纵沟深而完整；前翅缘脉长，长于亚缘脉和痣脉，痣后脉一般不发育或很短；前中后足跗节5-5-5式，或5-4-5式，或4-4-4式。本科种类主要寄生蚧虫、蚜虫和粉虱，在生物防治这类害虫上具有重要价值，但少数种类为重寄生。

小蜂科（Chalcididae） 本科在小蜂总科中属于个体较大的一个类群，一般体长5mm左右（1.5～27mm），体多黑色，无金属光泽；头部和胸部背面具显著的圆形载毛刻窝；头部的颊区与后头间具锐脊，无后头脊；中胸盾纵沟完整；后足腿节特别膨大，其下缘具数目不等的齿状凸，胫节弯曲；前翅常呈马刀形，痣脉短，痣后脉发达；腹部圆鼓，不凹陷。本科绝大部分种类寄生鳞翅目昆虫蛹，有些寄生鞘翅目蛀干害虫如吉丁甲幼虫，有些寄生双翅目蝇蛹，在生物防治上具有一定的价值。

扁股小蜂科（Elasmidae） 本科是个小科。体长一般为2～3mm，体上具有金属光泽。主要特征是：后胸背板具1透明的三角形背片，向后延伸位于并胸腹节之上；后足胫节上具由短粗刚毛形成的菱形或长条形花纹；前翅楔形，缘脉极长，翅面上纤毛密而显著；后足基节特别膨大而扁平。本科大部分种类群集外寄生于潜叶、卷叶、织网和形成带囊危害的鳞翅目害虫幼虫、预蛹，有些种类则为重寄生。

跳小蜂科（Encyrtidae） 本科是个大科，个体小，体长多为2～3mm，容易与小蜂总科中的其他科相区别。主要特征是：中胸盾片横形，无盾纵沟，中胸侧板大而显著；前翅缘脉和痣后脉极短，具一条从痣脉处发出的向翅前下方延伸的无毛带；尾须向前延伸至腹部1/3～2/3处；雌虫触角多为棒状，索节短，棒节大而显著。本科种类大部分寄生于蚧虫，有些寄生鳞翅目食叶害虫卵，有些则群集内寄生于鞘翅目蛀干害虫天牛幼虫体内。本科种类在生物防治上具有重要价值。

蚁小蜂科（Eucharitidae） 本科是个小科。是个很特殊的类群，体长一般为3～5mm，黑色具金属光泽。主要特征是：胸部显著膨大隆起，单驼峰状，中胸小盾片后端常具齿凸或呈双叉状突出；腹具长柄，腹部大而侧扁，通常雌雄性腹部第一背板占整个腹部长度的1/2以上；前翅痣脉很短，残桩状；头部无颚眼沟；上颚长，镰刀状弯曲；前胸背板背观短，背观看不见。本科种类的寄主很专一，寄生于蚂蚁的幼虫或蛹上。

姬小蜂科（Eulophidae） 又名寡节小蜂科，是小蜂总科最大的类群之一。个体小至中型，体长一般为2～4mm，多为金绿色，具强烈的金属光泽。主要特征是：触角多为7～9节，索节2～4节；跗节4-4-4式；前翅缘脉一般较长。本科种类寄主范围十分广泛，多寄生鳞翅目、鞘翅目、双翅目和膜翅目，可寄生寄主的卵、幼虫、蛹，是十分重要的天敌昆虫类群，很多种已被广泛应用于农林害虫的生物防治上。

旋小蜂科（Eupelmidae） 本科种类在小蜂总科中属于个体中等大小的类群，体长2～4mm，一般体上有金属光泽。主要特征是：雌性中胸侧板大而鼓起，其上具显著的同心圆状细刻纹；中足胫节长，末端具1发达的长距，各跗分节腹缘具2排钉状齿；触角索节常为7节，棒节长而发达，腹面常具显著的微毛区；前胸背板常呈圆锥形延长；中胸盾片特化成胸部最大的一个骨片，两侧纵向隆起，中部在2盾纵沟之间凹陷呈宽槽状；前翅狭长，亚缘脉和缘脉长，痣脉很短。雄性特征与金小蜂科很相似。本科种类大多数外寄生于隐蔽性生活的鳞翅目和鞘翅目钻蛀性害虫的幼虫或蛹，也有一些种类寄生鳞翅目、半翅目和同翅目害虫卵，是害虫生物防治上具有重要价值的一个类群。

广肩小蜂科（Eurytomidae） 本科种类中等大小，体长3～5mm，体基本为黑色，也有黄色的，无金属光泽。前胸背板大，矩形，两侧缘平行，与中胸背板等宽，仅略比中胸盾片短，这是本科区别于小蜂总科中其他科最显著的特征；头和胸部具密而粗大的圆形载毛刻窝；触角一般少于13节；腹部侧扁，卵圆形或圆柱形。雄性索节呈瘤状凸起，上具长感觉毛；具显著的腹柄，雄性的腹柄更长。本科种类大多外寄生于形成虫瘿的昆虫以及蛀干害虫，但也有一些种类为植食性，取食草本植物和树木的种子，或形成虫瘿取食，是为害虫。

褶翅小蜂科（Leucospidae） 本科是小蜂总科中很小的一个科，但体型却是本总科中最大的一个类群。一般体长 10mm，有的可达 20mm；体黑色，带黄色或红色斑纹。主要特征是：前翅纵向褶叠，类似胡蜂状；雌蜂产卵器长，折弯前伸，平置于腹部背面；后足腿节极度膨大，下缘具齿凸。本科种类寄生于独栖性生活的蜜蜂总科昆虫，热带地区种类较多。

柄翅小蜂科（Mymaridae） 本科种类体纤细，微小，体长仅 0.2～1.0mm，黑色、褐色或黄色，无金属光泽。主要特征是：额部具 1 完整的横沟，2 触角窝相互远离而近于复眼；触角细长，雌性触角 8～11 节，棒节大而显著，不分节或分为 2～3 节；雄性触角 10～13 节，丝状；前翅狭长，翅脉直而简单，短，无痣脉和痣后脉，缘毛很长；后翅柄状；腹柄 2 节；各足跗节均为 5 节；后胸背板与并胸腹节之间没有隔缝。本科种类均为卵寄生，寄生于产在植物组织中或隐蔽场所的昆虫卵，单寄生或群集寄生，有些种类则寄生蚧虫或粉虱。

刻腹小蜂科（Ormyridae） 本科是个小科。一般体长 3mm 左右，骨化程度高，一般体为金绿色，具金属光泽。主要特征是：腹中部的几节背板上具有大而圆形的刻窝，尤其在雄性中更为显著；头部具后头脊；前翅痣脉和痣后脉很短；后足基节特别膨大；触角环状节 1～3 节。本科种类寄生形成虫瘿的昆虫，如瘿蜂科、瘿孔象等害虫。

巨胸小蜂科（Perilampidae） 本科是个小科。个体中等大小，具有金属光泽，一般体长 2～3.5mm，身体骨化程度高。主要特征是：触角 13 节，包括 1 环状节、7 索节和 3 棒节；唇基由 1 横沟与脸部分开，唇基端部直，无齿状突或凹入，上颚粗大，具 2～3 端齿；中胸巨大而突隆，前胸背板背观可见；中胸盾纵沟完整，中胸小盾片凸起，其后缘延伸呈缺切状或 2 齿凸状；腹部紧凑，侧观呈三角形。前翅痣脉和痣后脉短。本科种类为初寄生或重寄生性，有的寄生鳞翅目昆虫的初寄生蜂上而为重寄生，有的初寄生于长小蠹科（Platypodidae）幼虫，有的初寄生于膜翅目针尾部（Aculeata）幼虫。

金小蜂科（Pteromalidae） 本科是小蜂总科中最大的一个科，在体型大小、形态特征上差异很大，但一般体长为 3mm 左右，具金属光泽。主要特征是：触角 13 节，11263 式；各足跗节均为 5 节（这些特征可与形态相近的姬小蜂科、四节金小蜂科等相区别）；头胸部具显著的网状刻纹，并胸腹节一般具中纵脊和侧褶脊，有时还具胸后颈；前翅缘脉一般长于痣脉和痣后脉。本科种类的寄主范围很广，有鳞翅目、鞘翅目、双翅目和膜翅目等，可寄生寄主的卵、幼虫、蛹，甚至鞘翅目害虫的成虫；绝大多数种类为初寄生，有些为重寄生，个别种为植食性。本科许多类群在害虫生物防治上具有重要价值。

多节小蜂科（Rotoitidae） 本科是 1987 年才发现的一个新科，仅有 2 属 2 种，分布在新西兰和智利。本科种类的个体很小，体长仅 1mm 左右。主要特征是：触角为 14 节，棒节达 6 节，这是本科在小蜂总科中独一无二的特征；无胸腹侧片；中胸盾片无盾纵沟，中胸小盾片横条状；各足跗节均为 4 节；前翅痣后脉长于缘脉。本科种类的寄主还不清楚。

棒节小蜂科（Signiphoridae） 本科是个小科，个体也很小，一般体长仅 1mm 左右。主要特征是：触角无索节，仅有柄节、梗节、2～4 个环状节和长而大的棒节，棒节不分节；中胸无盾纵沟，小盾片和后胸均呈横片状；并胸腹节三角形；前翅无痣脉和痣后脉，翅面光裸，或仅具少数几根纤毛，缘毛长。本科种类寄生蚧虫、木虱和双翅目蛹，有些种寄生盲蝽和吉丁甲卵，有的为重寄生。

瘿小蜂科（Tanaostigmatidae） 本科又名长斑小蜂科，是个小科。体长 2mm 左右，体黑色、褐色或黄色，一般无金属光泽。中胸侧板大而鼓出，长大于宽；中胸盾纵沟明显向后方相向会聚而相连接，有时左右盾纵沟甚至在中胸盾片中部会合；胸腹侧片膨大，背观突出于中胸前侧角而似中胸肩部；中足基跗节或其他跗节腹面具两排钉状齿；前翅痣脉长而显著，一般长于痣后脉；触角 11263 式或 11353 式；三角片大，两三角片内角在中胸小盾片前方相接连。本科种类的生物学特性与其他小蜂完全不同，均为植食性，主要在豆科植物叶片上形成虫瘿，隐藏其中取食。

四节小蜂科（Tetracampidae） 本科是个小科，个体小，一般体长仅 1.5mm 左右，具金属光泽。主要特征是：雄性各足跗节 4 节，雌性 5 节（但有一个属雌雄跗节均为 5 节），因此，本属被认为是介于金小蜂科和姬小蜂之间的一个过渡类群；触角 11～12 节，棒节多不分节；头部具显著的后头脊；前翅缘脉很长，痣后脉发达，痣脉与痣后脉间角度小（一般小于 40°），翅面上的纤毛长而密；前足胫节距双裂状。本科种类寄生松叶蜂科（Diprionidae）卵和龟叶甲卵，或潜叶蝇幼虫。

长尾小蜂科（Torymidae） 本科在小蜂总科中属于中等大小的科。个体一般在 3～4mm 左右，体色多为绿色、蓝色或紫色，具强烈的金属光泽。本科最显著的特征是其产卵器长，一般为腹长的 1/2 以上；触角 13 节，11173 式；后足基节大而长，多呈三棱状；后足腿节也往往膨大，有的腿节腹缘具齿凸；前翅缘脉长，痣脉和痣后脉一般较短，有的痣脉膨大成球形；尾须基凸出，尾须显著。本科种类生物学特性多样，大部分种类寄生于形成虫瘿的害虫上，单个或群集寄生。寄主有瘿蜂科（Cynipidae）、瘿小蜂科、瘿蚊科（Cecidomyiidae）、实蝇科（Tephritidae）、木虱科（Psyliidae）和叶蜂科（Tenthredinidae），有的寄生在种荚、树干、蜂窝中生活的鞘翅目、膜翅目、双翅目、鳞翅目昆虫以及一些植食性的广肩小蜂上。有的种类寄生螳卵，有的种类寄生螳螂卵而为有害寄生。有些种类为植食性，本科中的大痣小蜂属为植食性，危害刺槐、杏、圆柏等树木的种子。

赤眼蜂科（Trichogrammatidae） 体微小至小型，大部分体长仅 0.5mm，是昆虫纲中体型最小的类群之一，也有体长达 1.2mm 的；体多为黄色、褐色或黑色，无金属光泽；复眼大多为红色，本科的中文名即由此而来。主要特征是：体粗壮至细长，腹部与胸部广腰式连接；触角 5～9 节，索节不多于 2 节，棒节 1～5 节，索节常为环形片状；雄性触角上一般具长毛轮，雌性触角上的感觉毛较短；前胸背板短，背观几乎不见；中胸盾纵沟完整；前翅无痣后脉，缘脉较弱至几乎缺如，有时极度膨大，痣脉较长至很短；前翅翅面上的纤毛排列成行，呈放射状延伸至翅外缘（本科又名纹翅小蜂科即由此而来）；各足跗节均为3节；产卵器大部分不露出腹末，但有的产卵器较长，外露。本科种类单个或群集寄生于其他昆虫的卵中，特别是鳞翅目、半翅目、鞘翅目、缨翅目、膜翅目、双翅目和脉翅目卵，其中多种寄主是农林业上的重要害虫。有许多种已成功应用于农林害虫的生物防治，因此，本科在生物防治上具有十分重要的价值。

参考文献

GAULDI B, BOLTON B, 1992. 膜翅目 [M]. 杨忠岐，译. 香港：天则出版社：1-332.

廖定熹，等，1987. 中国经济昆虫志：第三十四册　膜翅目　小蜂总科 [M]. 北京：科学出版社：1-241.

杨忠岐，姚艳霞，曹亮明，2015. 寄生林木食叶害虫的小蜂 [M]. 北京：科学出版社：1-320.

BOUČEK Z, 1988. Australasian Chalcidoidea (Hymenoptera). A biosystematic revision of genera of fourteen families, with a reclassification of species[J]. CAB international wallingford: 85-86.

GIBSON G A P, J HUBER, J B WOOLLEY, 1997. Annotated keys to the genera of Nearctic Chalcidoidea (Hymenoptera)[M]. Ottawa: National Research Council.

GRAHAM M W R, DE V, 1969. The Pteromalidae of North-Western Europe (Hymenoptera: Chalcidoidea)[J]. Bulletin of the British Museum (Natural History), Entomology Supplement.

NOYES J S, 2018. Catalogue of World Chalcidoidea. Universal Chalcidoidea Database [EB/OL]. http://www.nhm.ac.uk/entomology/chalcidoids.

YANG Z Q, SUN J H, JAMS P P, 2004. First discovery of the Family Tanaostigmatidae (Hymenoptera: Chalcidoidea) from China with a description of a new gall-making species utilizing kudzu leaves[J]. Journal of entomological science, 39(2): 275-280.

（撰稿：杨忠岐；审稿：王小艺）

小黑瓢虫　*Delphastus catalinae* (Horn)

鞘翅目（Coleoptera）瓢虫科（Coccinellidae），是农作物粉虱害虫重要的捕食性天敌。原产于北美洲，现已被多个国家和地区引进应用，进行烟粉虱（*Bemisia tabaci*）和温室白粉虱（*Trialeurodes vaporariorum*）等粉虱害虫的生物防治。小黑瓢虫捕食量大，搜寻能力强，可捕食粉虱的卵、若虫及成虫，在粉虱害虫大发生时，释放小黑瓢虫可以较好地控制粉虱的危害。1996年底，小黑瓢虫被引进福建福州，进行了保种定殖和人工繁殖研究，成为中国粉虱害虫生物防治新的天敌资源，具有重要的应用价值。

形态特征

成虫　体长1.3～1.4mm，宽0.5～0.6mm。卵圆形，棕黑色至黑色，具金属光泽。触角9节，橙红色。雄性头部黄褐色，雌性头部深褐色。前胸背板和鞘翅基部具一些细毛。腹面橙红色，足橙红色。跗节3节，末端具爪1对（图①）。

卵　光滑，椭圆形，长约0.45mm，宽约0.25mm。初期半透明，后期呈白色（图②）。

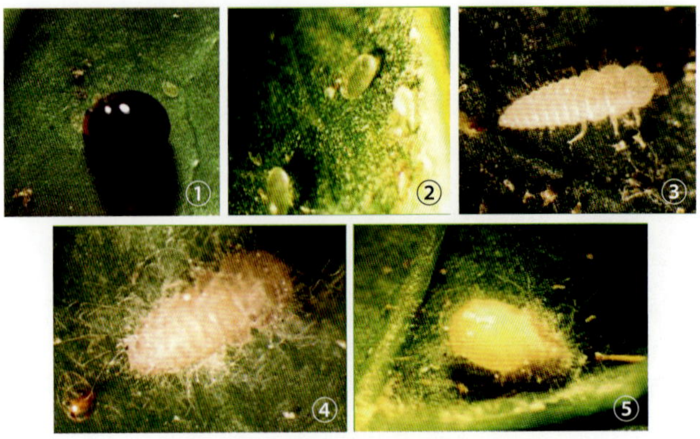

图1 小黑瓢虫各虫态（黄建、江凡摄）
①成虫；②卵；③幼虫；④预蛹；⑤蛹

幼虫　四龄，纺锤形，体背被有白毛蜡质物。初龄幼虫白色，背有短刺毛，黑毛瘤不明显。随着幼虫发育，毛瘤逐渐明显，刺毛变粗。幼虫头部橙红色，触角3节，红色侧单眼3个，下颚须呈匙状，腹节9节（图③）。

预蛹　白色，长2.05～3mm，宽0.4～0.6mm。体背被白色卷曲蜡丝。随着预蛹发育，虫体收缩，蜡丝逐渐脱落，然后蜕皮。蜕皮顺序从头到尾，从背中央到两侧，蜕皮后形成蛹（图④）。

蛹　白色，椭圆形，具白色短细刺毛。成虫羽化前3～5天，蛹颜色逐渐加深，变为橙色到棕色，最后变成黑色，然后蜕皮羽化（图⑤）。

生物学习性　小黑瓢虫取食时用下颚须在叶表搜索猎物，捕捉到猎物（粉虱卵、若虫）时便咬住吸食，抽吸猎物体内汁液，被捕食的粉虱卵干瘪，若虫仅剩余外壳。幼虫捕食量随虫龄增加而加大。最嗜食粉虱卵，一只小黑瓢虫一生可捕食3000多个粉虱卵，具很好的捕食效能。

小黑瓢虫营两性生殖，卵多产于叶片背面，通常2～4粒产在一起。粉虱猎物充足时，产卵量明显增加，粉虱猎物不足时，甚至不产卵，有了充足的猎物后又开始产卵。每雌产卵120～200粒，成虫期90～150天。

在温度27±0.5°C，相对湿度80%±3%，光照时间L：D=14：10条件下，以烟粉虱饲养，小黑瓢虫平均卵期3.24天，幼虫期6.74天，预蛹期和蛹期7.09天，产卵前期2.95天，世代发育20.02天。

人工繁育与释放利用　小黑瓢虫人工繁育分为3个流程：寄主植物培育、粉虱猎物饲养、小黑瓢虫大量繁育。培育粉虱猎物的寄主植物以花椰菜和甘蓝菜为宜，周年繁育还可配以黄瓜、茄子、番茄等。周年的寄主植物培育是小黑瓢虫人工繁育的重要环节，只有饲养充足的粉虱猎物，才能保证小黑瓢虫的大量繁育。

小黑瓢虫世代发育起点温度为7.40°C，世代有效积温480.40日·度，在25～27°C养虫室内一年可繁殖10～14代。

在粉虱发生初期，以“引种式”进行小黑瓢虫释放；粉虱大发生期，加大释放数量。每点（粉虱多的位置）集中释放20～30头，雌雄性比10：2。集中释放利于雌雄交配，尽快建立种群，并在田间逐渐扩散，发挥控制粉虱害虫的效能（图2）。

图 2 小黑瓢虫人工繁育与释放应用（黄建、江凡摄）
①室内人工繁育；②繁育的成虫；③④田间释放防治烟粉虱

参考文献

黄建，罗宏伟，王竹红，2009. 小黑瓢虫的扩繁与应用技术 [M]// 曾凡荣，陈红印 . 天敌昆虫饲养系统工程 . 北京：中国农业科学技术出版社 .

黄建，王竹红，王联德，等，2012. 烟粉虱生物学与生物防治 [M]. 福州：福建科学技术出版社 .

黄建，徐离永，傅建炜，1998. 国外害虫天敌产品的商品化及小黑瓢虫的引种利用 [J]. 华东昆虫学报，7(1): 104-107.

（撰稿：黄建、王竹红；审稿：杨忠岐）

小麦（大麦）与蚕豆多样性种植系统 wheat/barley and fababean intercropping system

采用麦类（小麦/大麦）与蚕豆优化布局种植，增加农田的物种多样性，有效控制麦类及蚕豆的病虫害的种植方法，该种植系统能够增加作物产量，提高作物品质（见图）。

麦类和蚕豆是主要的粮饲作物，在粮食生产中占有重要的地位。但是由于单一品种的大面积种植，造成农田生态系统日趋脆弱，病原菌分化及消长加速，作物病害发生频繁，病害流行周期越来越短，使麦类和蚕豆严重减产，麦类锈病和蚕豆赤斑病、蚕豆斑潜蝇的发生流行尤为严重，大大地影响了粮食安全和农民增产增收。为了控制这些病害的发生，生产上需每年使用农药 5～7 次，使得脆弱的农田生态环境受到日益严重的污染和破坏。麦类作物与蚕豆多样性种植能有效控制病虫害的发生，减少农药使用，促进地力提高。

麦类作物与蚕豆多样性种植模式

种植模式和规格 在控制病害的基础上，综合农民增产增收的需要，筛选综合效益最佳的种植模式和规格，使之既有控制病害的明显效果，又有显著的增产效果。综合效益最好的麦类多样性优化种植模式有 1.5～2.2m 开墒，墒面种植 5～7 行小麦（或大麦），墒边种植 2～4 行蚕豆（0.5～1.0m）。在保证病害控制的最佳种植基础上，结合综合效益最佳种植规格和机械化种植与收获的要求，合理密植和合理的宽窄比例，满足综合效益和机械化操作的需要，提高劳动生产力。

种植时间 根据不同作物的播种最佳节令，结合麦类作物栽种与收获的茬口时间，选择相应的作物品种组合搭配，调整播种时间，在有利于不同作物生长的基础上，解决春耕生产的茬口矛盾，有利于农事安排，产生最佳的综合效益。小麦（大麦）与蚕豆搭配组合的种植时间为蚕豆比小麦（大麦）提前 10～15 天播种，在云南的滇中地区一般在 10 月初播种蚕豆，10 月中旬播种小麦（大麦）。

麦类作物与蚕豆多样性种植模式品种选择 在满足以上模式的基础上，选择各地生产上使用的品种均可实现麦类与蚕豆进行多样性种植。

田间管理 适时施用磷肥、钾肥是提高蚕豆单产的有效措施，蚕豆长到 3～4 叶期时每亩用磷、钾肥各 5kg 混合后兑水泼浇于蚕豆根部，其他作物的施肥按常规方法进行。适当防治病虫害，与净栽相比，减少 50% 的防治农药使用量。

麦类作物与蚕豆多样性种植防控病虫害主要有以下原因：①阻隔效应。麦类作物与蚕豆的病虫害种类不同，多样性种植后，不同作物互为屏障，阻碍病原菌和害虫的传播和蔓延，从而减轻危害。②稀释效应。多样性种植的田块由于单位面积上被侵染的植株密度降低，从而减缓病害发展的进程。③微生态效应。植株高矮不同，田间形成通风透光的微环境，从而形成不利病害发生的条件。麦类作物与蚕

小麦（左）/大麦（右）与蚕豆多样性种植（朱有勇摄）

豆多样性种植系统操作简单，符合农民的种植习惯，易于推广。

参考文献

李洪谨，陈国华，周惠萍，等，2006. 昆明地区蚕豆小麦间作控制南美斑潜蝇危害的研究 [J]. 云南农业大学学报，21(6): 721-724.

李勇杰，陈远学，汤利，等，2006. 不同根系分隔方式对间作蚕豆养分吸收和斑潜蝇发生的影响 [J]. 中国农学通报，22(10): 288-292.

李正跃，朱有勇，2010. 生物多样性与害虫综合治理 [M]. 北京：科学出版社.

汤东生，朱有勇，2005. 蚕豆 / 小麦间作对结瘤效应研究初探 [J]. 云南农业大学学报，3: 331-334.

朱有勇，2013. 农业生物多样性与作物病虫害控制 [M]. 北京：科学出版社.

（撰稿：何霞红；审稿：朱有勇）

协同进化 coevolution

物种长期共生过程中，物种间的相互影响使得物种相应产生遗传特性等方面的进化。协同进化是生物多样性形成机制的重要理论基础，也是确保生态系统稳定性的关键因素。物种在长期共生或寄生过程中，物种间的互作会产生一定的选择压力，并使相关物种产生可塑性的适应性分化，这种分化经过长时间的适应，就会形成相应的适应性特征或性状，协同进化就此产生。比如马先蒿属（*Pedicularis*）的花冠形态多样化很大程度上源于其传粉昆虫的种类和特性。

协同进化可以理解为一种进化机制，不同物种相互影响共同演化，这种进化机制对生物演化有重要意义。生活中人们所见的协同进化实例都是一种协同关系，从这些实例中归纳出了协同进化理论。实际上，广义的协同进化可以发生在不同的生物学层次：包括分子水平上 DNA 和蛋白质序列的协同突变，也可以是宏观水平上物种形态性状、行为等的协同演化。协同进化的核心是生物界（分子水平到物种水平）的选择压力。

寄生关系中，寄主的防御机制往往会对寄生者产生选择压力并导致分化；同时根据寄生者的特性和影响差异，也会促进寄主的种群发生对应的分化。由此可见，无论是共生关系或寄生关系，物种的相互作用都对其种群分布和多样性分化起着重要的作用。例如，很多植食性昆虫和寄主植物的协同进化促进了昆虫多样性的增加；遗传连锁性状有关基因在分子水平上的协同进化促进了遗传隔离并导致物种分化。协同进化同样也是物种适应的重要机制。如传粉昆虫与植物的关系（昆虫获得食物，而植物获得交配的机会），蚜虫与蚂蚁的关系（蚜虫获得蚂蚁的保护，蚂蚁获得食物蚜虫的蜜露），昆虫和内共生菌的关系（两者相互获得生活必需的特殊的营养物质）。另外，细胞中的线粒体基因组的形成可能源于胞内内共生菌的协同演化（内共生起源理论）。核基因组中基因横向转移现象也可能来源于内共生菌协同进化的结果。

物种与物种间的协同进化关系也促进了生物群落的稳定性。如南美热带雨林中的传粉者蜂鸟的喙可分为两种类型：第一种是长而弯曲型，适于在略微弯曲的长筒状花中采蜜；第二种是短而直型，适于在短小笔直的花中采蜜。虽然长喙蜂鸟也能够取食短筒花中的蜜，但它们更喜欢长筒花，而且当它们出现在短筒花附近时往往会受到其他短喙鸟类的驱赶。另外，长喙蜂鸟可以快速地飞行并长距离地取食那些不能被短喙蜂鸟利用的花蜜，属于典型的通过一次飞行造访不同种类的花来提高摄入能量的传粉动物。因此，选择压力可能促使森林中种群数量小的植物产生较多花蜜吸引蜂鸟。研究发现森林中依靠蜂鸟传粉的植物几乎分泌同等数量的花蜜，这也许是因为依赖蜂鸟传粉的植物可能与蜂鸟密切地进行着协同进化。亚马孙热带雨林中有一种凤梨科植物的花蜜几乎只有蜂鸟能够采食，因为这种植物花筒的形状似乎刚好能容纳进细长的蜂鸟喙。

参考文献

王德利，2004. 植物与草食动物之间的协同适应及进化 [J]. 生态学报，24(11): 2641-2648.

AGRAWAL A A, 2001. Phenotypic plasticity in the interactions and evolution of species[J]. Science, 294(5541): 321-326.

BUCKLING A, RAINEY P B, 2002. The role of parasites in sympatric and allopatric host diversification[J]. Nature, 420(6915): 496-499.

DOEBELI M, 1996. A quantitative genetic competition model for sympatric speciation[J]. Journal of evolutionary biology, 9(6): 893-909.

NOVOPLANSKY A, 2002. Developmental plasticity in plants: implications of non-cognitive behavior[J]. Evolutionary ecology, 16(3): 177-188.

TUPAC O J, ACKERMAN J D, BAYMAN P, 2002. Diversity and host specificity of endophytic rhizoctonia-like fungi from tropical orchids[J]. American journal of botany, 89(11): 1852-1858.

WEISS K M, 1999. Phenotypic evolution: a reaction norm perspective[J]. American journal of physical anthropology, 109(1): 144-146.

WEBSTER J P, DAVIES C M, 2001. Coevolution and compatibility in the snail-schistosome system[J]. Parasitology, 123(S7): 41-56.

（撰稿：刘屹湘；审稿：朱书生）

斜纹夜蛾核型多角体病毒 *Spodoptera litura* nucleopolyhedrovirus, SlNPV

杆状病毒科（Baculoviridae）核型多角体病毒属（*Nucleopolyhedrovirus*，NPV），多粒包埋，属 A 亚群。宿主专一性强，只侵染斜纹夜蛾（*Spodoptera litura*）（图 1）。多角体直径 15μm，基因组全长 139342bp（NCBI：AF325155），编码 141 个开放阅读框（Open Reading Frame，ORF），GC 含量 42.8%（图 2、图 3）。SlNPV 有广州株、武汉株、台湾株、日本株、印度株、菲律宾株和以色列株等。需在幼虫

图 1 斜纹夜蛾在田间感染 SlNPV 致死状（任大準提供）

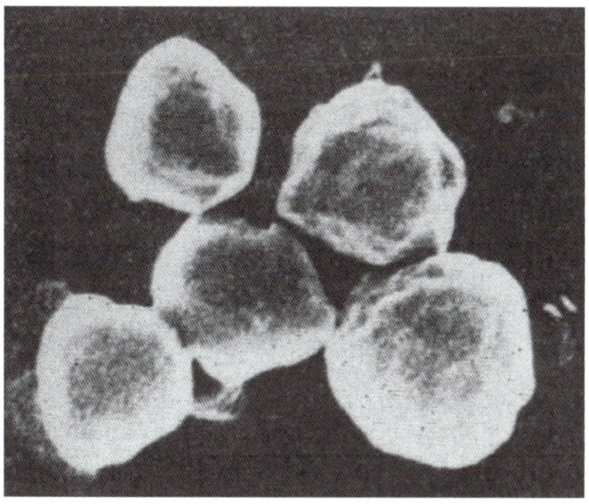

图 2 SlNPV 扫描电镜观察（丁翠提供）

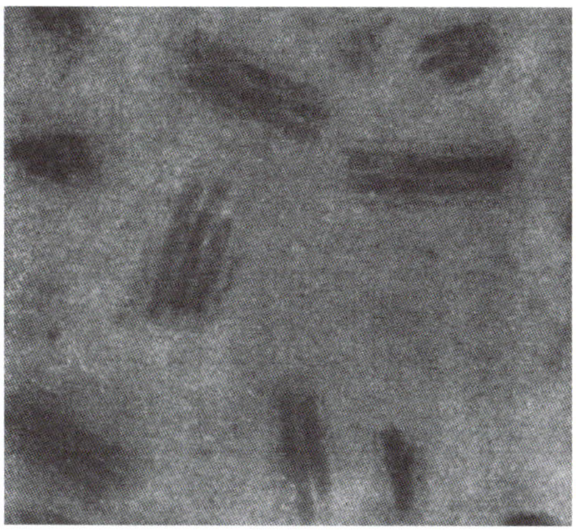

图 3 单个 SlNPV 多角体超薄切片，可见一个病毒粒子中包埋多个核衣壳（丁翠提供）

达到三龄前防治，幼虫大多在喷施病毒后 5～7 天为发病高峰，6～8 天为病死高峰。剂型有 10 亿 /g 可湿性粉剂（每亩 75～100g）、200 亿 PIB/g 水分散粒剂等（稀释 5000 倍使用，每亩 3～4g）。

参考文献

胡兆丽，朱江，2005. 斜纹夜蛾核型多角体病毒分子生物学研究进展 [J]. 昆虫知识，6: 623-629.

黄志鹏，余剑开，黄必旺，等，1998. 斜纹夜蛾核型多角体病毒的分离及感染力测定 [J]. 福建农业大学学报，2: 54-57.

蒋杰贤，梁广文，曾玲，2003. 宿主虫龄对斜纹夜蛾核型多角体病毒病流行的影响 [J]. 应用生态学报，6: 955-958.

蒋杰贤，梁广文，庞雄飞，2000. 斜纹夜蛾核型多角体病毒对宿主实验种群增长的影响 [J]. 植物保护学报，2: 146-150.

蒋杰贤，王奎武，游兰韶，等，2001. 斜纹夜蛾核型多角体病毒对宿主致死的时间和浓度效应 [J]. 湖南农业大学学报（自然科学版），1: 44-47.

毛建萍，浦冠勤，2005. 斜纹夜蛾核型多角体病毒的研究与应用 [J]. 中国蚕业，2: 6-9.

张立人，王学兰，邓海凡，等，1970. 斜纹夜蛾核型多角体病毒形态与结构 [J]. 中国科学，4: 398-401, 437-439.

PANG Y, YU J, WANG L, et al, 2001. Sequence analysis of the *Spodoptera litura* multicapsid nucleopolyhedrovirus genome[J]. Virology, 287(2): 391-404.

（撰稿：张寰；审稿：秦启联）

旋小蜂科　Eupelmidae

属小蜂总科（Chalcidoidea），共有 45 属 907 种，分为 3 个亚科：丽旋小蜂亚科（Calosotinae），旋小蜂亚科（Eupelminae）和新旋小蜂亚科（Neanastatinae）。

形态特征　雌性及一些雄性的中胸侧板大而鼓凸，但绝大多数的雄性中胸侧板正常，与金小蜂科相似。腹部近无柄，绝无明显的长腹柄。中足胫节长而发达，有一长距，胫节端部具小齿；中足跗节各节腹面沿侧缘具钉状齿。雄性触角具有 7 个索节，以及一节极小的环状节。

生物学习性　绝大多数旋小蜂初寄生或兼性重寄生于其他昆虫的幼期阶段。已记载的寄主有鳞翅目、同翅目、膜翅目、鞘翅目、脉翅目及直翅目。小蠹旋小蜂（*Eupelmus urozonus*）和多食短翅旋小蜂（*Eupelmus vesicularis*）是这类旋小蜂的代表，它们既可是初寄生蜂，又能寄生在一些其他初寄生蜂上而成为重寄生。少数种类捕食其他昆虫的卵或幼虫，或蜘蛛卵。一些种能寄生于鳞翅目、直翅目和半翅目的卵中。大部分旋小蜂为单寄生，但有些种为群集寄生。大部分种类寄生在寄主体外，少数则单个内寄生于蚧虫体中。丽旋小蜂亚科主要寄生于蛀干的鞘翅目害虫幼虫或蛹上，但北美有一常见种亮丽旋小蜂（*Calosota metallica*）初寄生或重寄生于多种在禾本科植物茎中生活的昆虫。

旋小蜂的卵为椭圆形，通常一端具柄。卵柄有的特别长，借此可以把卵附着于物体表面上或寄主体表上。旋小蜂的一

X

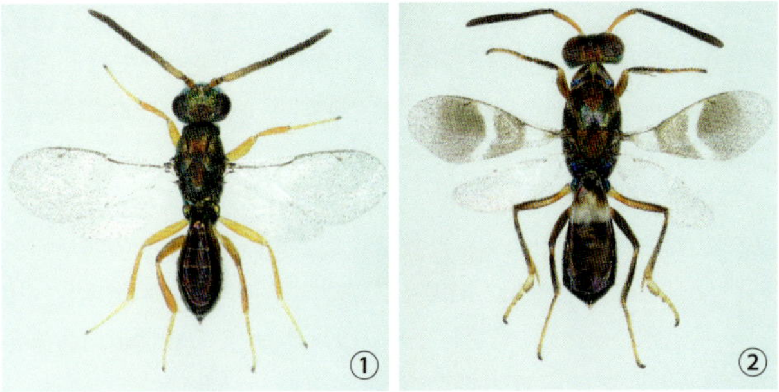

斑衣蜡蝉东方平腹小蜂（*Anastatus orientalis* Yang et Choi）
（曹亮明摄）
①雄成虫；②雌成虫

龄幼虫体长形，13 节，一般腹末分叉，腹面具一排刺。某些种腹面的刺可能消失，或每节上可生有一对长刺。体壁上有时生有小刚毛。末龄幼虫体粗壮，体上的毛较长而密集，此特征可将本科幼虫与小蜂总科其他类群相区分（见图）。旋小蜂一般以老熟幼虫或蛹越冬。

旋小蜂亚科的中胸骨板和肌肉为适应弹跳而发生特化。旋小蜂的弹跳是由一组强大肌肉的收缩而产生卵，这种肌肉中具有大块富含能量的节枝弹性蛋白。一旦受到激发，能量就迅速释放出来，牵动胸部使其变短，中胸背板沿盾片小盾片间沟向上拱起，由此而把中足基节拉向一起通过一束腿肌，从而使得中足突然产生一种反弹力，由此而引起暴发性弹跳。类似的弹跳机制在跳小蜂科中也可见到，但没有旋小蜂这么发达。由于这些弹跳构造的特化，所以旋小蜂在死后，虫体常呈现弯曲状态，头部和腹部向上方相向折弯，在胸部背方几乎相接触，因而造成中足常伸出于头部之前，这是本科最显著的特征。

参考文献

GAULD I, BOLTON B, 1992. 膜翅目 [M]. 杨忠岐，译. 香港：天则出版社：1-332.

廖定熹，等，1987. 中国经济昆虫志：第三十四册　膜翅目　小蜂总科 [M]. 北京：科学出版社：1-241.

杨忠岐，姚艳霞，曹亮明，2015. 寄生林木食叶害虫的小蜂 [M]. 北京：科学出版社：1-320.

BOUČEK Z, 1988. Australasian Chalcidoidea (Hymenoptera). A biosystematic revision of genera of fourteen families, with a reclassification of species[J]. CAB international wallingford: 85-86.

GIBSON G A P. 1995. Parasitic wasps of the subfamily Eupelminae: classification and revision of world genera (Hymenoptera: Chalcidoidea: Eupelmidae)[M]. Memoirs on Entomology, International, 5: 1-430.

GIBSON G A P, J HUBER, J B WOOLLEY, 1997. Annotated keys to the genera of Nearctic Chalcidoidea (Hymenoptera)[M]. Monograph 1. National Research Council, Ottawa: 1-794.

GIBSON G A P, J HUBER, J B WOOLLEY, 1997. Annotated keys to the genera of Nearctic Chalcidoidea (Hymenoptera)[M]. Ottawa: National Research Council: 1-794.

NOYES J S, 2018. Catalogue of World Chalcidoidea [J/OL]. Universal Chalcidoidea Database [EB/OL]. http://www.nhm.ac.uk/entomology/chalcidoids.

（撰稿：曹亮明；审稿：杨忠岐）

选择性农药　selective pesticides

对害虫毒性高、对天敌毒性低或没有毒性的农药。包括许多生物源农药及内吸性强、残效期短的化学农药品种或剂型。农药、害虫和天敌之间存在着密切的相互关系。选择性农药及其应用是协调化学防治和生物防治的重要手段，是保护天敌、发挥天敌作用的重要方法。

利用杀虫剂是控制害虫的重要措施之一。有机合成的杀虫剂大量应用以来，对杀虫剂的评价主要采用校正死亡率为指标。但是杀虫剂对害虫的作用包括两方面：一方面是直接杀死害虫，这也是杀虫剂的主要作用；另一方面也会杀死害虫的天敌，从而对害虫的种群数量趋势产生影响，这是杀虫剂的副作用。广谱性的杀虫剂副作用也非常明显。由于杀虫剂对天敌的杀伤作用，天敌控害效果下降，易导致害虫的再猖獗和次要害虫大发生问题。Smith 和 Bosch 用图析方法显示广谱性杀虫剂的应用是导致害虫再猖獗问题的原因（图 1）。其中 1 为施用杀虫剂之前的状态，在一定范围内存在着害虫，也存在着害虫的天敌；2 为该范围内施用广谱性杀虫剂后的状态，害虫的数量少了，天敌的数量也少了，天敌的数量下降尤为突出；3 为施药后一段时间的状态，害虫的数量增加明显，天敌也有所增加，但天敌的数量增加缓慢。

采用对害虫杀伤力大、对天敌杀伤力小的选择性农药，使杀虫剂的应用与天敌保护相协调，有助于解决害虫再猖獗问题。如图 2 所示：1 表示为施用杀虫剂之前的状态，在一定范围内既存在着害虫，也存在着害虫的天敌；2 为施药后

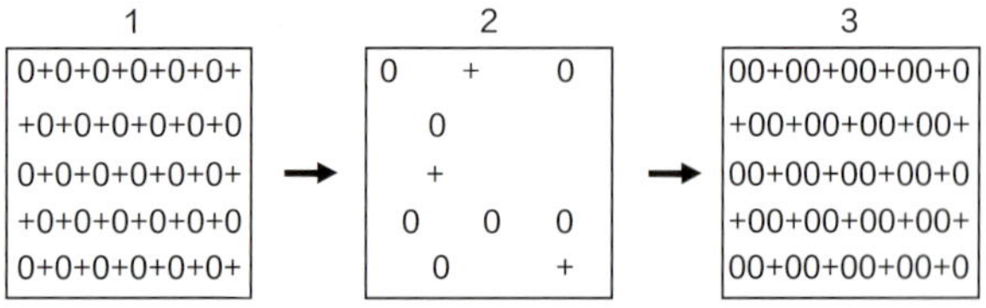

图 1　害虫再猖獗的原因图析
0：害虫；+：天敌（Smith and Bosch，1967）

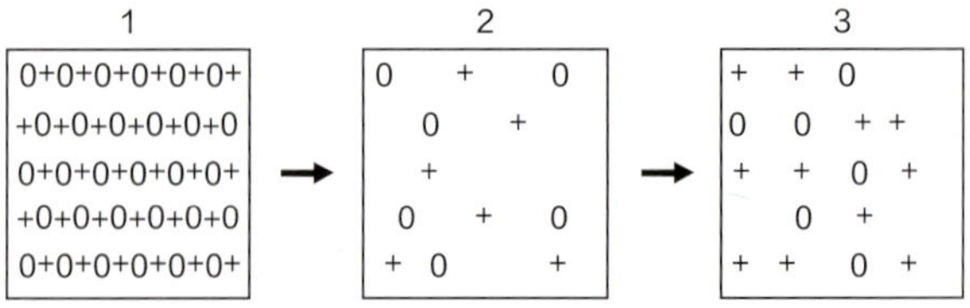

图 2　避免产生害虫再猖獗的图示分析
0：害虫；+：天敌（赵修复，1982）

的状态，该范围内施用选择性杀虫剂后，杀死害虫的数量较多，杀死天敌的数量相对较少，天敌的控害作用下降不太明显；3 为施药后一段时间的状态，天敌的作用恢复，继续控制害虫的数量增长。

参考文献

林乃铨，2010. 害虫生物防治 [M]. 4 版 . 北京 : 科学出版社 .

（撰稿：刘银泉；审稿：刘树生、杨忠岐）

Y

芽孢 spore

一定条件下，某些细菌在其生活史的一定阶段在营养细胞内形成的一个圆形或椭圆形、厚壁的休眠体构造。又名芽胞。芽孢是细菌的繁殖体，每个细菌细胞只形成1个芽孢，条件适宜时萌发成为一个营养体细胞，数量没有增加。因此，全国科学技术名词审定委员会审定的《微生物学名词》（第二版），将此前所用的“芽胞”改为“芽孢”。芽孢折光性很强，相差显微镜下容易辨认，菌体不易被染料染色。在显微镜下观察染色的芽孢细菌涂片时，营养细胞被染上了颜色，芽孢表现出透明而无色的外观，可以很容易地将芽孢与营养细胞区别开。芽孢最主要的特点是抗逆性强，对极端温度、紫外线、干燥、电离辐射和很多有毒的化学物质都有很强的抗性。有些细菌的芽孢，在干燥条件下，可保持10多年或更长的时间仍能萌发，有的能忍耐−253°C的低温，有的在沸水中煮30小时后仍有生活力，但也有的芽孢在80～90°C下几分钟即死亡。能形成芽孢的细菌为杆菌科中的梭状芽孢杆菌属和芽孢杆菌属的所有种类。此外，还有少数螺旋菌、孤菌和八叠球菌等属的种类也能形成芽孢。

参考文献

陈华癸，樊庆笙，1989. 微生物学[M]. 4版. 北京：农业出版社.

第二届微生物学名词审定委员会，2012. 微生物学名词[M]. 2版. 北京：科学出版社.

南开大学生物系昆虫教研室，1979. 昆虫病理学[M]. 北京：人民教育出版社.

赵修复，1982. 害虫生物防治[M]. 北京：农业出版社.

HANNAY C L, FITZ-JAMES P, 1955. The protein crystals of *Bacillus thuringiensis* Berliner[J]. Canadian journal of microbiology, 1(8): 694-710.

（撰稿：张继红；审稿：秦启联）

芽孢杆菌 *Bacillus* spp.

芽孢杆菌是一类细菌，共好氧或兼性厌氧、产芽孢的革兰氏阳性杆菌。在分类地位上，芽孢杆菌（*Bacillus* spp.）隶属于厚壁菌门（Firmicutes）芽孢杆菌纲（Bacilli）芽孢杆菌目（Bacillales）芽孢杆菌科（Bacillaceae）芽孢杆菌属（*Bacillus*）。芽孢杆菌在自然界中广泛存在、分布于各种生态环境中，在土壤和植物体表、根际及植物体内均可发现其踪迹，是土壤和植物微生态环境中的优势微生物种群。

对芽孢杆菌的研究最早可追溯到1835年，Ehren-berg发现和描述枯草芽孢杆菌，限于当时分类学知识的限制，把它命名为 *Vibrio subtilis*，归为纤毛虫纲的弧菌属。1872年，德国Breslau大学植物生理研究所的Ferdinand Cohn首先提出芽孢杆菌属的分类单元，把 *Vibrio subtilis* 改名为 *Bacillus subtilis*，即枯草芽孢杆菌，并把它作为芽孢杆菌属的模式菌株。到了1938年，Gibson和Topping明确提出产生芽孢的芽孢杆菌属的主要分类特征，至此，好氧和产芽孢成了芽孢杆菌属的基本特征。

芽孢杆菌形态结构 芽孢杆菌多呈杆状或短杆状，大小在0.5～2.5μm×1.2～10μm。在适宜的生长条件下，幼龄细胞或对数期细胞的形态一般比较稳定，适宜进行形态特征的描述，到了生长后期会产生一个具有抗逆性的芽孢，个别菌种还会产生伴胞晶体，由此共同构成芽孢杆菌的一个完整生活周期。在特殊环境条件下，有些菌株的大小和形态会受环境条件，如培养基成分、浓度、培养温度和时间的影响，菌体表现出膨大、分枝或丝状等畸形。

芽孢杆菌群体形态 芽孢杆菌在一定的基质上生长时，由于菌体分裂方式不同，是否运动及运动方式的不同，会产生菌落表面形态的差异，从而构成不同的菌落特征。芽孢杆菌主要以二分分裂的方式进行繁殖。适宜条件下，菌种不同，代时会有所不同。例如枯草芽孢杆菌的代时为26～32分钟，蜡状芽孢杆菌的代时为18分钟，蕈状芽孢杆菌的代时为28分钟。芽孢杆菌多数有鞭毛，多周生，能够运动，菌落边缘常呈波形、缺刻等不规则形状，细胞分裂后常呈链状排列，因此菌落表面粗糙，有环状或放射状的褶皱。由于芽孢杆菌生长的后期产生芽孢，因而芽孢杆菌菌落因折光率的变化使菌落变得不透明或有干燥的感觉。例如枯草芽孢杆菌由于鞭毛侧生，能运动，菌落边缘不规则，表面形成褶皱；蜡状芽孢杆菌菌落的表面不透明，呈毛玻璃状；地衣芽孢杆菌在琼脂培养基上生长时，菌落边缘常形成毛发状，且和培养基结合紧密；巨大芽孢杆菌菌落通常不扩展；蕈状芽孢杆菌菌落呈树根状，不同菌株可呈现顺时针弯曲或逆时针弯曲；环状芽孢杆菌和蜂房芽孢杆菌的菌落由于菌落快速扩展而形成“运动的菌落”。

芽孢杆菌细胞结构 芽孢杆菌均为单细胞个体，在快速分裂时可以暂时形成链状。芽孢杆菌的细胞结构分为基本结构和特殊结构，其中基本结构包括细胞壁、细胞膜、细胞质和拟核。芽孢杆菌还包括一些特殊的细胞结构：①芽孢

(spore)。芽孢杆菌在其生长发育后期，可在细胞内形成壁厚、质浓、折光性强并抵抗不良环境条件的休眠体，称为芽孢。芽孢在营养体中的位置有中生、端生和次端生，多数营养体细胞在形成芽孢时是不膨大的，少数膨大。芽孢无任何代谢活力。少数芽孢杆菌，例如苏云金芽孢杆菌、球形芽孢杆菌等在形成芽孢的同时，还会形成一种蛋白质结晶体，称为伴胞晶体。②糖被（glycocalyx）。有些芽孢杆菌，如巨大芽孢杆菌、炭疽芽孢杆菌等的细胞壁外存在着一层厚度不定的胶状物质，称为糖被，其主要成分为多糖、多肽或蛋白质。根据其厚度不同，常有不同的名称，例如微荚膜（microcapsule）、荚膜（capsule）或黏液层（slime layer）。③鞭毛（flagellum）。芽孢杆菌体表生长有长丝状、波曲的附属物，称为鞭毛，数目为1～10根，鞭毛具有运动功能。

芽孢杆菌的分类 在1872年，Ferdinand Cohn建立了芽孢杆菌属*Bacillus*，并将枯草芽孢杆菌重新命名为*Bacillus subtilis*，当时还包括炭疽芽孢杆菌*Bacillus anthracis*。随着实验技术和研究方法的改进，越来越多的芽孢杆菌种类被发现，20世纪90年代开始有许多新的芽孢杆菌近缘属被建立，特别是2000年之后，被鉴定的新种和新属的数量显著增多。2001年，韩延平和杨瑞馥的综述中报道了13个属，130余种；2004年出版的第九版《伯杰氏系统细菌学手册：原核生物分类纲要》将芽孢杆菌类细菌分为35个属，记述了芽孢杆菌属及其近缘属在内的芽孢杆菌共409种；2009年，Logan等报道的芽孢杆菌包括49个属，447种。刘波等整理了截至2014年12月底已报道的芽孢杆菌种类，共计多达71属752种，并发表了“芽孢杆菌及其近源属种名目录”和出版了《芽孢杆菌第二卷芽孢杆菌分类学》，详细描述了各属、种的基本特征，为各属、种的学名提供了中文译名，但是，只收录了带“bacillus”词尾的5个科的相关属、种。在2015—2016年，芽孢杆菌属增加了56新种，例如*Bacillus campisalis* Kumar et al. 2015, sp. nov. 晒盐场芽孢杆菌，*Bacillus crescens* Shivani et al. 2015, sp. nov. 新月芽孢杆菌。芽孢杆菌的分类鉴定方法和手段已向多元化方向发展，进展迅速。目前的研究方向主要集中在以下几个方面：肽聚糖类型研究、脂肪酸类型研究、异戊二烯醌类型研究、16S rRNA核酸序列分析、扩增rDNA限制性分析、全细胞脂肪酸成分分析（FAME）、全细胞蛋白SDS-PAGE分析、全细胞热解图谱、DNA相关性评价、DNA碱基组成分析、随机扩增多态性DNA、限制性片段长度多态性、DNA/DNA(杂交）同源性测定、扩增片段长度多态性等。这些研究为某些种的重新分类提供了迅速而有效的方法。枯草芽孢杆菌全基因组4214810 bp序列的发布，掀开了G+细菌功能研究的新纪元，填补了基因组学空白。芽孢杆菌基因组的测序同时刺激了系统生物学方法的发展，开创和提高了全基因组表达研究，促进了生物信息学的发展。芽孢杆菌常见的、重要的菌种包括枯草芽孢杆菌（*Bacillus subtilis*）、短小芽孢杆菌（*Bacillus pumilus*）、地衣芽孢杆菌（*Bacillus licheniformis*）、蜡状芽孢杆菌（*Bacillus cereus*）、炭疽芽孢杆菌（*Bacillus anthracis*）、苏云金芽孢杆菌（*Bacillus thuringiensis*）、巨大芽孢杆菌（*Bacillus megaterium*）、环状芽孢杆菌（*Bacillus circulans*）、坚硬芽孢杆菌（*Bacillus firmus*）、球形芽孢杆菌（*Bacillus sphaericus*）等。

芽孢杆菌的生防机制 目前，国内外学者已从植物根围、叶围及植物体内分离到大量的有益芽孢杆菌，并用于生产上多种植物病害的防治。生防芽孢杆菌的生防机制是多方面的，概括起来主要是通过两种方式限制病原菌的生长和活力以及病害的发生。其一是产生抗菌物质以及在植物表面特定位点上与病原菌竞争空间和营养；其二是诱导抗性作用，可在不同程度上降低病原菌侵染后病害的严重程度。具体有以下几种。

竞争和定殖作用 在植物根际存在着一些适合细菌生长和繁殖的有利位点，土壤中的有益芽孢杆菌能优先占据这些生态位点，或有效地利用根围营养和分泌物，减少病原菌所需的营养物质；从而阻止和降低有害菌在这些位点的侵染与危害。许多芽孢杆菌的定殖能力强，尤其植物内生芽孢杆菌能与植物病原菌竞争生存空间及营养物质。

分泌抑菌物质 分泌抑菌物质是抗病芽孢杆菌防治植物病害的一个重要机制。自1952年Babard从枯草芽孢杆菌培养液中分离出抗真菌肽以来，至今人们已从芽孢杆菌中分离到多种抗生物质，主要有抗生素、细菌素、细胞壁降解酶类和其他抗菌蛋白及挥发性抗菌物质。脂肽类及多肽类抗生素，如伊枯草素（iturin）、泛革素（fengycin）、环状短肽Gramicidin S、Plipastatin等；细胞壁降解酶类包括几丁质酶、葡聚糖酶、蛋白酶等。许多生防芽孢杆菌产生的抗菌蛋白对多种植物病原真菌具有拮抗作用，主要造成病原菌菌体畸形、产生泡状物及破坏病原菌的细胞壁、引起细胞内含物外溢，有的造成菌丝扭曲、原生质凝聚、生长点膨大、细胞壁破裂、菌丝崩溃，且对孢子萌发有一定的抑制作用。

促生作用 许多芽孢杆菌是根际促生菌（PGPR），在促进作物生长、提高植物抗逆能力等方面发挥着重要作用。其主要促生机理是产生活性物质或改善矿质营养吸收直接促进植物生长；另外产生代谢物质或竞争作用抑制或阻碍根区病原微生物，间接促进植物的生长。在防病促生方面，植物内生芽孢杆菌更具优势。

诱导植物抗病性 芽孢杆菌诱导寄主抗性的主要机制包括产生抗微生物的低分子量化学物质，如植物保卫素、木质素、富含轻脯氨酸的糖蛋白等；诱导水解酶和氧化酶类如几丁质酶、过氧化氢酶的表达；诱导病程相关蛋白的产生等。用生防芽孢杆菌处理水稻后，水稻叶片细胞中的过氧化物酶（POD）、多酚氧化酶（PPO）、苯丙氨酸解氨酶（PAL）和超氧化物歧化酶（SOD）的活性均明显增强，提高水稻的抗病性。

芽孢杆菌的应用 芽孢杆菌由于产生内生芽孢，对人畜无害，不污染环境，具有较强的抵抗外界环境胁迫的能力，维持自身功能不受影响，所以具有广阔的应用前景，特别是活菌生物制剂表现出强大的生命力。

芽孢杆菌在农业生产中已被广泛应用。目前，人们已从土壤、海洋、植物体内外等不同生境中分离筛选到大量的芽孢杆菌菌株，作为农作物有益微生物被开发为生物农药和生物肥料，具有防控病虫害和促生增产的效果。被用于植物病害生物防治的种类有枯草芽孢杆菌（*Bacillus subtilis*）、解淀粉芽孢杆菌（*Bacillus amyloliquefaciens*）、蜡状芽孢杆菌（*Bacillus cereus*）、巨大芽孢杆菌（*Bacillus megaterium*）、地衣芽孢杆菌（*Bacillus licheniformis*）、短小芽孢杆菌（*Bacillus pumilis*）及环状芽孢杆菌（*Bacillus circulans*）等，主要防治丝状真菌引起的农作物病害，如水稻纹枯病、小麦纹枯病、番茄叶霉病、番茄灰霉病、棉花立枯病、棉花枯萎病、小麦全蚀病、小麦赤霉病等多种土传病害及气传病害。中国利用芽孢杆菌防治植物病害的应用研究达到了世界先进水平，已经开发成功的生防菌剂有枯草芽孢杆菌制剂（如B916、B908、B3、B903、BL03、XM16等）、蜡样芽孢杆菌制剂（R2菌株等）、短小芽孢杆菌制剂（A3菌株等）和增产菌系列产品等。

苏云金芽孢杆菌（Bt）既能形成芽孢，而且在菌体内形成伴胞晶体（Cry蛋白），对敏感昆虫有强烈毒性。因此Bt已成为应用最广泛的高效微生物杀虫剂，在农业害虫防治中发挥重要的作用。中国从20世纪60年代开始Bt的规模化生产。目前，Bt已广泛应用于控制多种鳞翅目、双翅目、鞘翅目的害虫，同时Bt对膜翅目、同翅目、直翅目、食毛目的多种害虫及植物病原线虫、螨类、原生动物也有一定的防治作用。在农田害虫、森林害虫及卫生害虫的防治中，Bt已成为化学合成农药的有力替代品。随着科学研究的进步，广谱高效的Bt工程菌被开发，集中在扩大杀虫范围，增强持效性、植物内生性以及提高毒力等方面的研究。

芽孢杆菌广泛应用于畜牧业中。芽孢杆菌的芽孢进入动物肠道后迅速复活，产生有益代谢产物，提高动物机体免疫力，促进生长或提高产仔率。国内外用于畜禽生产中的芽孢杆菌有蜡状芽孢杆菌、地衣芽孢杆菌、枯草芽孢杆菌、凝结芽孢杆菌（*Bacillus coaglans*）、缓慢芽孢杆菌（*Bacillus lentus*）、短小芽孢杆菌、纳豆芽孢杆菌（*Bacillus natto*）等。

芽孢杆菌在水产养殖上也有广泛应用，主要是枯草芽孢杆菌、地衣芽孢杆菌、蜡状芽孢杆菌和巨大芽孢杆菌。如枯草芽孢杆菌菌群进入养殖水体后，能分泌丰富的胞外酶系，及时降解水体有机物，避免有机废物在水池中的积累；同时有效减少池塘内的有机物耗氧，间接增加水体溶解氧，保证有机物氧化、氨化、硝化、反硝化的正常循环，保持良好的水质；此外，还能为单细胞藻类为主的浮游植物提供营养物质，促进繁殖。

芽孢杆菌在环境保护中发挥了重要作用。芽孢杆菌产生的酶可以降解水中的污染物，以达到环境净化目的。地衣芽孢杆菌和枯草芽孢杆菌的代谢产物——γ-多聚谷氨酸，可用于降解塑料，还可用于沙漠保水；多环芳烃也可被芽孢杆菌降解。此外，芽孢杆菌还可用于处理工业废水和生活污水、冶金、石油等方面。

中国已将多种芽孢杆菌应用到工业生产。如工业上用的耐高温α-淀粉酶主要是由地衣芽孢杆菌生产；作为洗涤添加剂的碱性纤维素酶由嗜碱芽孢杆菌生产；枯草芽孢杆菌产生的纳豆激酶能直接作用于纤维蛋白，激活体内的纤溶酶原，从而表现出较强的溶血作用。芽孢杆菌和人类的关系越来越密切，已经成为人类社会关注度极高的微生物类群。

Y

参考文献

白怀瑾，马建庄，马铁山，等，2010. 生物防治学原理及应用[M]. 郑州：大象出版社.

黄云，2010. 植物病害生物防治学[M]. 北京：科学出版社.

黄志立，罗立新，杨汝德，等，2002. 纳豆激酶[J]. 生命的化学，2: 82-83.

郭成栓，崔堂兵，郭勇，2007. 嗜碱芽孢杆菌产碱性纤维素酶研究概况[J]. 氨基酸和生物资源，29(1): 35-38.

李洁，陈华红，赵国振，等，2007. 两株具有抗癌活性内生细菌的分离及分类[J]. 微生物学杂志，27(1): 1-4.

李毅，洪华珠，陈振民，等，2016. 生物农药[M]. 2版. 武汉：华中师范大学出版社.

李云龙，2015. 芽孢杆菌发展史综述及用途[J]. 农业开发与装备，5: 37.

刘国红，林乃铨，林营志，等，2008. 芽孢杆菌分类与应用研究进展[J]. 福建农业学报，23(1): 92-99.

刘秀花，2007. 芽孢杆菌生物学及其应用[M]. 开封：河南大学出版社.

梅汝鸿，徐玮敏，1998. 植物微生态学[M]. 北京：中国农业出版社.

吴云锋，2008. 植物病虫害生物防治学[M]. 北京：中国农业出版社.

王阶平，刘波，刘国红，等，2017. 芽孢杆菌系统分类研究最新进展[J]. 福建农业学报，32(7): 784-800.

张宝俊，张家榕，2013. 抗病微生物的研发及应用[M]. 北京：中国农业科学技术出版社.

MADIGAN M, MARTINKO J, 2005. Brock biology of microorganisms [M]. 11th ed. Upper Saddle River: Prentice Hall.

TURNBULL P C B, BARON S, et al, 1996. Bacillus. In: Barron's medical microbiology [M]// 4th ed. University of Texas Medical Branch, 2018. "Bacterial Endospores". Cornell University College of Agriculture and Life Sciences, Department of Microbiology.

（撰稿：高坦坦；审稿：王琦）

蚜小蜂科 Aphelinidae

属膜翅目小蜂总科（Chalcidoidea），是小蜂总科中1个中等大小的科，迄今全世界已知43属1300多种。在热带地区种类十分丰富。中国已报道18属200多种。

形态特征 蚜小蜂个体微小，体长通常仅1mm左右；体较扁平，胸部与腹部广阔相连；体黄色、黄褐色至褐色，少数黑色，无金属光泽；触角膝状，较短，4～9节，一般8节或少于8节，个别属的雄性触角仅3节；中胸盾片具明显的盾纵沟，三角片前伸突出。前翅缘脉长，亚缘脉及痣脉短，缘后脉不发达。跗节4～5节（图1）。

蚜小蜂分类鉴定特征和种间形态差异十分细微，清晰的玻片标本制作是蚜小蜂种类鉴定的重要工作。

在自然界中，蚜小蜂主要是半翅目（Hemiptera）的介壳虫、蚜虫、粉虱等害虫的寄生蜂，为内寄生，或外寄生（如*Aphytis*属寄生在介壳内、蚧体外，有别于其他的体外寄生蜂），大部分寄生蚧总科（Coccoidea）、蚜总科（Aphidoidea）和粉虱总科（Aleyrodoidea），少数寄生半翅目、鳞翅目或直翅目昆虫的卵，极少数寄生螯蜂科（Dryinidae）、瘿蚊科（Cecidomyiidae）或斑腹蝇科（Chamaemyiidae）的幼虫或蛹。

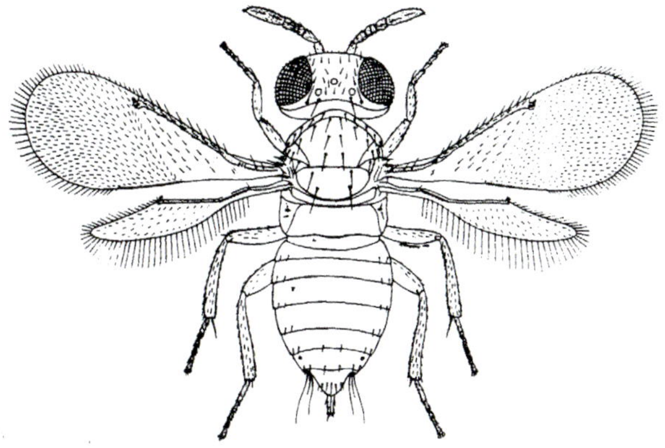

图 1 金黄蚜小蜂［*Aphytis chrysomphali*（Mercet）］
（仿自 Compere，1933）

图 2 几种蚜小蜂（黄建摄）
①褐黄异角蚜小蜂［*Coccobius fulvus* (Compere et Annecke)］；②一种蚜小蜂（*Aphelinus* sp.）寄生蚜虫；③日本恩蚜小蜂（*Encarsia japonica* Viggiani）寄生烟粉虱；④矢尖蚧黄蚜小蜂（*Ahytis yanonensis* DeBach et Rosen）寄生矢尖蚧

蚜小蜂幼虫取食寄主体液，成虫以寄主（如蚜虫及介壳虫）的蜜露为食，或以产卵管刺入寄主体内取食体液，并将寄主致死。蚜小蜂一般以老熟幼虫或蛹在寄主体内或体外越冬。

生物学习性　蚜小蜂寄生习性复杂，多为单寄生，但少数也有 2～4 头聚寄生，如黄蚜小蜂属（*Aphytis*）的一些种类，可以 1 雌 1 雄、或 3 雌 1 雄外寄生于一个介壳虫寄主上完成发育。有些蚜小蜂的雌性和雄性个体发育差异很大，雌性初寄生于半翅目昆虫体内（通常为介壳虫、粉虱、蚜虫等），而雄性可能初寄生于半翅目，或重寄生于半翅目体内的其他蚜小蜂、姬小蜂或跳小蜂的幼虫、预蛹及蛹上，或初寄生于鳞翅目卵等。某些蚜小蜂种类雄性个体则自寄生于同种的雌性上，如：松突圆蚧花角蚜小蜂（*Coccobius azumai* Tachikawa）、恩蚜小蜂属（*Encarsia*）的某些种类。有的蚜小蜂甚至自寄生于同种的雄性上。

蚜小蜂在害虫生物防治应用中具有重要的经济意义。早在 20 世纪初期，蚜小蜂对介壳虫的控制作用就受到了人们的关注。1900 年，美国最早从中国香港引进寄生红圆蚧的长缨恩蚜小蜂［*Encarsia citrina*（Craw）］［=*Aspidiotiphagus citrinus*（Craw）］在加利福尼亚州南部释放，防治柑橘介壳虫；20 年代后，美国学者 G. Compere 和意大利学者 F. Silvestri 等曾先后来到中国采集介壳虫和粉虱的寄生蜂；40 年代期间，S. E. Flanders 和 J. L. Gressitt 等还在广州前岭南大学设站，采集柑橘介壳虫和粉虱的天敌移殖美国加利福尼亚州，其中大多数天敌是蚜小蜂种类。

蚜小蜂是害虫生物防治中重要的天敌资源，其中重要的属主要有（图 2）：

黄蚜小蜂属（*Aphytis*）　是盾介壳虫重要的专性外寄生蜂，从 19 世纪末以来，有多种黄蚜小蜂被世界各国引进释放，应用于盾蚧的生物防治。全世界已报道约有 110 种，被分为 *vittatus*、*chilensis*、*proclia*、*mytilaspidis*、*lingnanensis*、*chrysomphali* 和 *funicularis* 7 个种团。黄蚜小蜂属的近缘种和姐妹种多，种类鉴定尚为困难。其成熟蛹的色素、成虫并胸腹节后缘中部的扇叶突都是重要的鉴别特征，其蚧虫寄主也是种类鉴别重要的生物学信息。

恩蚜小蜂属（*Encarsia*）　主要寄生介壳虫和粉虱，某些种类也可寄生鳞翅目的卵或蚜虫。该属的丽蚜小蜂是粉虱害虫生物防治应用最多的蚜小蜂种类。恩蚜小蜂属也是蚜小蜂科中种类最多的一个属，全世界已报道约有 439 种，约占蚜小蜂科全部种类的 1/3。而且，恩蚜小蜂属的属阶元分类长期较混乱，属的异名多达 9 个，也是蚜小蜂科中分类鉴定比较困难的一个属。

异角蚜小蜂属（*Coccobius*）　主要寄生盾蚧科介壳虫。20 世纪 80 年代和 21 世纪初，该属的松突圆蚧花角蚜小蜂从日本冲绳引进广东和福建，防治森林重要检疫性害虫松突圆蚧取得良好防效，也是蚜小蜂在害虫生物防治中大面积应用的实例之一。全世界已报道约有 107 种。异角蚜小蜂属触角各节的颜色和比例，以及体色、胸部背板刻纹等特征通常是该属重要的分类依据。

蚜小蜂属（*Aphelinus*）　是蚜虫的专性寄生蜂。全世界已报道约有 98 种。由于蚜小蜂属触角 6 节，前翅也有无毛斜带，因此早期分类多与黄蚜小蜂属的种类相混淆。但该属并胸腹节短、后缘中部不具扇叶突、肛下板突出等特征，明显区别于黄蚜小蜂属。同时，蚜小蜂属主要寄生蚜虫，而黄蚜小蜂属主要寄生盾蚧。

桨角蚜小蜂属（*Eretmocerus*）　是寄生粉虱的重要寄生蜂。该属的 *Eretmocerus eremicus* 和 *Eretmocerus mundus* 已在粉虱害虫生物防治中应用，部分种类在国外已商品化生产。桨角蚜小蜂寄生习性特殊，其将卵产在粉虱若虫腹下与叶片之间，幼虫孵化后再钻入粉虱若虫体内，寄生取食寄主营养完成发育。全世界已报道约有 88 种。桨角蚜小蜂属触角 5 节，棒节不分节，粗大且近端部膨大，呈桨形，是该属区别于蚜小蜂科其他属的重要特征。

中国及英国、荷兰、美国等国家已对丽蚜小蜂和桨角蚜小蜂等种类进行商品化生产，广泛应用于粉虱害虫的生物防治。在保护生态环境，发展绿色农业的今天，可以通过保护利用、异地引种和人工繁殖释放，进一步发挥蚜小蜂在害虫生物防治中的作用。

蚜小蜂科中也有个别属为专性重寄生，重寄生于其他蚜小蜂、跳小蜂等，在害虫生物防治中应加以注意。这些属主要有：

花翅蚜小蜂属（*Marietta*）　是介壳虫、蚜虫和木虱等的重寄生蜂。全世界已报道约有 22 种。花翅蚜小蜂属的明显特征是身体和前翅具显著的色斑，足也具有斑纹和条纹。

阿蚜小蜂属（*Ablerus*）　是介壳虫和粉虱等的重寄生蜂，个别种类寄生大叶蝉科（Cicadellidae）、瓢蜡蝉科（Issidae）、角蝉科（Membracidae）和枯叶蛾科（Lasiocampidae）的卵。全世界已报道约有 93 种。阿蚜小蜂属的明显特征是触角 7 节，各节颜色不一致，通常黑褐色与白色（或黄色）相间，前翅具暗褐色斑纹或暗褐色带。

参考文献

黄建, 1994. 中国蚜小蜂科分类 [M]. 重庆: 重庆出版社.

阮用颖, 王竹红, 黄建, 2012. 中国蚜小蜂科一新纪录属及一新纪录种 [J]. 动物分类学报, 37(2): 456-459.

王竹红, 黄建, 李成德, 2014. 蚜小蜂科——中国新纪录属——原蚜小蜂属记述 (膜翅目 : 小蜂总科)[J]. 昆虫分类学报 (英文版), 36(3): 216-222.

HAYAT M, 1998. Aphelinidae of India (Hymenoptera: Chalcidoidea): a taxonomic revision[M]. A'mbala: Associated Publishers.

HUANG J, POLASZEK A, 1998. A revision of the Chinese species of *Encarsia* Förster (Hymenoptera: Aphelinidae): parasitoids of whiteflies, scale insects and aphids (Hemiptera: Aleyrodidae, Diaspididae, Aphidoidea)[J]. Journal of natural history, 32: 1825-1966.

NOYES, 2017. Universal Chalcidoidea Database. World wide web electronic publication [EB/OL]. Available from: http: //www.nhm.ac.uk/chalcidoids.

ROSEN D, DEBACH P, 1979. Species of *Aphytis* of the World (Hymenoptera: Aphelinidae)[M]. Hague: The Hague Israel Universities Press.

WANG Z H, HUANG J, PAN D M, 2014. Taxonomic review of *Coccobius* species (Hymenoptera: Aphelinidae) from China, with notes on their use in biological control of scale insect pests (Hemiptera: Diaspididae), and description of a new species[J]. Journal of natural history, 48(5/6): 359-373.

WANG Z H, HUANG J, POLASZEK A, 2014. Three new species of *Coccobius* Ratzeburg (Hymenoptera, Aphelinidae) and redescription of *C. abdominis* Huang and *C. furviflagellatus* Huang from China[J]. Zootaxa, 3774(3774): 460-472.

WANG Z H, HUANG J, POLASZEK A, 2014. Two new species of *Encarsia* Förster (Hymenoptera, Aphelinidae) and first description of the male *E. plana* Viggiani & Ren from China[J]. Zootaxa, 3889 (4): 574-588.

（撰稿：黄建、王竹红；审稿：杨忠岐）

烟蚜茧蜂　*Aphidius gifuensis* Ashmead

膜翅目（Hymenoptera）蚜茧蜂科（Aphidiidae）蚜茧蜂属（*Aphidius*）。是东洋区、古北区和新北区共有种，在中国广泛分布，是一种专门寄生蚜虫的内寄生蜂。主要寄主有烟蚜（*Myzus persicae* Sulzer）、萝卜蚜（*Lipaphis erysimi* Kaltenbach）、小麦长管蚜（*Macrosiphum avenae* Fabricius）、大豆蚜（*Aphis glycines* Matsumura）、棉蚜（*Aphis gossypii* Glover）及茄无网蚜（*Aulacorthum solani* Kaltenbach）等。烟蚜茧蜂具有自然寄生率高、世代历期短、繁殖能力和适应性强等优良性状，通过人工大量繁殖，现已广泛应用于烟田及其他农作物上防治多种蚜虫。

形态特征

雌蜂　体长 1.9～2.6mm。体多呈黄褐色和橘黄色，少数为暗褐色；头暗褐色，触角前 3 节半面黄或黄褐色；胸部背面暗褐色，侧、腹面黄褐色；腹褐色，柄节、第二节背片中纵部与端部横补片、第二缝、第三缝与足全呈黄色。头横形，大于胸翅基片处的宽度；上颊比复眼横径略短；脸较窄，是头宽的 1/2.5；颊长是复眼纵径的 1/5。幕骨指数 0.4。触角 16～18 节，多为 17 节，第一、二鞭节等长，长是宽的 3.0～3.5 倍，端部节微加粗。单眼 3 个，呈锐角至直角三角形排列；复眼大，卵圆形，具明显稀疏短毛。盾纵沟在上升部明显；沿盾片边缘与盾纵沟有较长细毛；并胸腹节具较窄小的中央小室。翅痣长为宽的 4.0～4.5 倍，约与痣后脉等长，径脉第一、二段略等长。腹部纺锤状，末端钝圆，腹柄长是气门瘤处宽的 3.5 倍，具微弱的中纵脊；前侧区有成排纵细脊纹 5～10 条。产卵器鞘较粗短。

雄蜂　体长 0.8～2.6mm，色泽较雌蜂暗。触角 19～20 节，少数 18、21 节。腹部棒状，末端尖锐，与雌蜂易于区别。成蜂体色受温度的影响会有所不同，影响体色形成的时期是蛹期，在此期间若温度较高，形成的成蜂体色偏黄；若温度较低，形成的成蜂体色偏暗，直至褐色或褐黑色（图 1～图 3）。

图 1　烟蚜茧蜂成虫（吴伟摄）

图 2　烟蚜茧蜂雌蜂前翅（吴伟摄）

图 3　烟蚜茧蜂生长发育（吴伟摄）

生物学习性　烟蚜茧蜂为内寄生性、单寄生，喜好寄生大小适宜的若蚜（二、三龄的烟蚜），卵产于蚜虫体内，幼虫4龄，在僵蚜体内结茧化蛹。寄生初期蚜虫可继续取食，其体色逐渐变淡、肿胀，呈半透明状，直至蚜虫死亡而形成僵蚜。成蜂取食蚜虫蜜露、植物分泌物和露水，雌蜂平均寿命为4.78天；在雌、雄两性存在的情况下，营两性生殖，未交配雌蜂可进行产雄孤雌生殖，其产卵量可达260余粒，25°C条件下形成的烟蚜茧蜂，前3天完成90%的产卵量，而温度在15°C、20°C及30°C时，前4天集中了90%的产卵量。适温区为10～30°C，卵至成蜂的发育起点温度为3.3°C，有效积温为266.0日·度；25°C、相对湿度70%、弱光照是烟蚜茧蜂产卵寄生和生长发育的最佳条件，从寄生至僵蚜形成约8天，至成蜂羽化约12天；高温对僵蚜形成极为不利，当温度达到31°C时，寄生蚜在2～3天内死亡、不能形成僵蚜。在冬季温暖的地区无越冬现象，终年可寻找寄主繁殖，在冬季较为寒冷地区以僵蚜形态越冬滞育，在北方自然条件下滞育期可维持4～5个月；在云南植烟区每年可自然发生20代，在温室和大棚内，福建20代、北京17～19代、沈阳11～12代。

人工繁育　烟蚜茧蜂工厂化生产，是用工业生产的理念和方式对繁蜂技术优化组装，形成工厂化生产技术与工艺，进行流水式、循环式生产，其产品能长效贮存、方便运输和释放。其生产流程分为：种蚜、种蜂自然保育、复壮和纯化→种蚜、种蜂扩繁→漂浮烟苗繁蜂→收集、包装和冷藏四个阶段（图4）。

种蚜、种蜂保育及复壮　根据当地季节温度的变化，或在户外保育，或在大棚、温室内保育。在低温来临前、田间还有烟蚜活动的时期，在户外交替栽种寄主植物，不罩网，任其环境中的烟蚜、烟蚜茧蜂自然繁殖。也可用田间小棚繁蚜、繁蜂，种蚜、种蜂分别罩网。在冬季温度较低的地区，户外保育困难，可在大棚或温室内保育。这种方式不仅大大减少工作量，也提高了种蚜、种蜂抗逆性，有利于复壮。

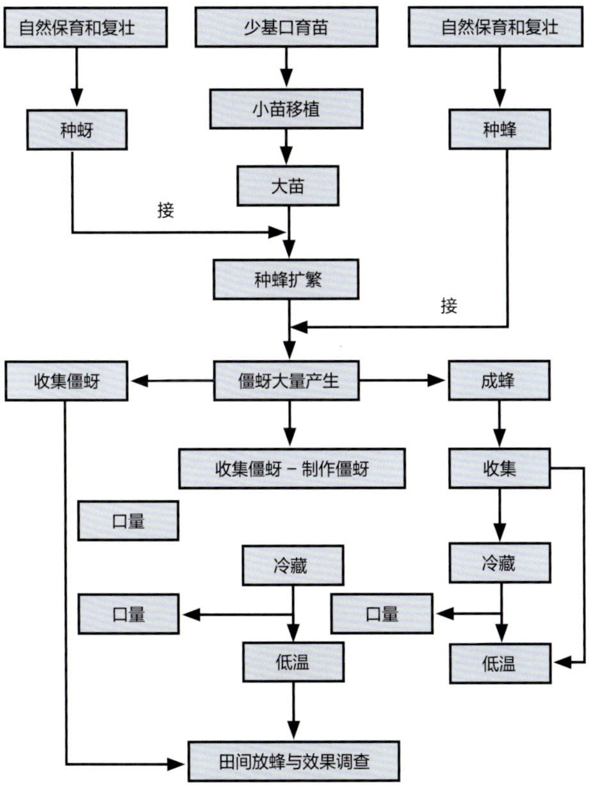

图4 烟蚜茧蜂工厂化生产流程图（吴伟绘）

种蚜、种蜂的分离和纯化　利用其他蚜虫在烤烟上不能繁殖的特点，在扩繁前先用烟株保育一次，可自然纯化烟蚜。同时，用人工方法清除寄生蚜、僵蚜和成蜂。使用纯化后的烟蚜在烟株上繁殖，挑选烟蚜形成的僵蚜置于玻璃瓶内，任其羽化，清除重寄生蜂后再接入繁蜂棚内。即便混有其他蚜茧蜂，经过一段时间后会自然消失。

烟株种蚜扩繁　在大棚内或户外采用烟株扩繁，按烤烟移栽管理要求及大田烟株栽培管理要求培育烟株，当烟株进入旺长初期，去除烟株基部老叶后追肥。接蚜量以保持烟株持续生长和烟蚜持续繁殖为宜，根据烟株大小，每片叶上接蚜20～30头，每株接蚜60～90头，将剪取的种蚜叶放在烟株下部3片叶的正面，种蚜会自行扩散到上部烟叶。接蚜后25～30天，烟蚜大量形成，摘取蚜量多的叶片用于漂浮烟苗接蚜。也可采用漂浮烟苗扩繁种蚜。

漂浮烟苗扩繁种蜂　扩繁方法与漂浮烟苗规模繁蜂方法一致，只是规模较小。以漂浮烟苗扩繁，由于烟蚜茧蜂在较短时间内集中完成寄生，僵蚜和成蜂也在较短时间内大量形成，持续供应时间约10天。用漂浮烟苗扩繁周期短，不仅在时间上能保证供给，其效率也更高，能更好地满足各种条件下规模繁蜂的需要。

烟株扩繁种蜂　按种蚜扩繁方式繁殖烟蚜。接蚜后约20天，当株蚜量达到3000头以上时接入成蜂或僵蚜，接蜂量按蜂蚜比1∶50计算。接僵蚜时将僵蚜叶挂在棚内或将僵蚜苗连同漂盘置于棚内，任其成蜂羽化、寄生。接蜂后约20天僵蚜大量形成、成蜂羽化，由于烟蚜茧蜂主要从下部烟叶逐步向上寄生，僵蚜和成蜂也依次由下向上逐步形成。所以，以烟株扩繁难以在短时间内集中供给种蜂，但持续供应时间较长，约20天。如果当地气温较低，用成株扩繁所需时间长，往往难以满足漂浮烟苗规模繁蜂在时间上的需要。

漂浮烟苗繁蜂　繁蚜寄主以云烟203、K326等较为适宜，按漂浮烟苗的育苗要求，以595穴漂盘播种育苗，当烟苗4叶1心时，将生长一致的烟苗移植到50穴规格的专用繁蜂漂盘上培育至6叶1心的壮苗时接蚜10～15头/株；当蚜量达到约150头株时接入种蜂（将僵蚜苗置于育苗池内，任其成蜂羽化、寄生），接蜂量按蜂蚜比1∶10计算；接蜂后约15天寄生蚜和僵蚜大量形成、成蜂羽化，或收集僵蚜苗、成蜂用于田间散放，或加工制作产品（图5~图7）。

产品制作　当僵蚜大量形成时摘取僵蚜叶，以电动僵蚜刷收集僵蚜、清除杂质，制作成僵蚜盒、僵蚜卡等形式的烟蚜茧蜂产品，或用于田间释放，或置于低温条件下保存；采用低温运输方式长途运输。

田间放蜂　放蜂最佳时期为蚜虫发生初期，在5～10天内连续放蜂2～3次可有效控制蚜量的增长；连续多年放蜂后，田间蚜虫发生数量和面积明显降低，可使化学杀虫剂的使用减少50%以上。

图 5 烟叶上的僵蚜（吴伟摄）

图 6 烟株上悬挂的僵蚜盒（吴伟摄）

图 7 散放僵蚜苗（吴伟摄）

参考文献

毕章宝，季正端，1993. 烟蚜茧蜂 *Aphidius gifuensis* Ashmead 生物学研究 - Ⅰ发育过程和幼期形态 [J]. 河北农业大学学报，16(2): 1-8.

毕章宝，季正端，1993. 烟蚜茧蜂生物学研究Ⅳ [J]. 河北农业大学学报，19(3): 1-6.

毕章宝，季正端，1994. 烟蚜茧蜂成虫生物学及越冬 [J]. 河北农业大学学报，17(2): 38-44.

黄继梅，邓建华，龚道新，等，2008. 烟蚜茧蜂防治烟蚜的散放次数及其田间防治效果研究 [J]. 中国农学通报，24(10): 437-441.

李宏光，刘春明，吴伟，等，2016. 漂浮烟苗饲养烟蚜及烟蚜茧蜂技术研究（Ⅰ）——烟苗密度对苗间环境与繁蚜繁蜂效果的影响 [J]. 西南农业学报，29(7): 1617-1622.

李宏光，刘春明，吴伟，等，2016. 漂浮烟苗饲养烟蚜及烟蚜茧蜂技术研究（Ⅱ）——烟苗生长时期与接蚜量对繁蚜量的影响 [J]. 西南农业学报，29(8) : 1899-1902.

李宏光，吴伟，刘春明，等，2016. 一种漂浮烟苗繁殖烟蚜茧蜂的方法 [P]. 中国专利 : ZL 2014 1 0399950.6, 2014-8-15.

秦西云，李正跃，2006. 烟蚜生长发育与温度的关系研究 [J]. 中国农学通报，22(4): 365-370.

任广伟，秦焕菊，史万华，等，2000. 中国烟蚜茧蜂的研究进展 [J]. 中国烟草科学 (1): 27-39.

吴伟，刘春明，李宏光，等，2016. 漂浮烟苗饲养烟蚜及烟蚜茧蜂技术研究（Ⅲ）——不同繁蜂方式对繁蜂效果的影响 [J]. 西南农业科学，29(9): 2598-2603.

吴兴富，李天飞，魏佳宁，等，2000. 温度对烟蚜茧蜂发育，生殖的影响 [J]. 动物学研究，21(3): 192-198.

（撰稿：吴伟；审稿：杨忠岐）

淹没式释放 inundative release

将饲养的天敌大量释放或工厂化生产的微生物制剂大面积喷洒使用，从而在短时间内在田间大面积控制害虫的方法。这种方法可以控制释放天敌或生防微生物的时间和范围，在生物防治方式中相对见效快且好，易于大面积推广应用，但防治成本较高，随着防治面积和时间的增加，成本也随之增加。适用于商品化天敌产品和主要害虫防控；然而对生物多样性的潜在威胁也需做出评估。

淹没式释放类似于用化学杀虫剂，通过释放天敌个体当代达到防治害虫目的。因此，淹没式释放控害效能同样受天敌个体品质、供应时机、释放时机等因素影响。由于田间害虫种群增长率很难精准预测，因此淹没式释放比例必须能够抵消害虫种群增长趋势。有建议在害虫大发生时，再进行淹没式释放，但这样的防控效果并不好，一方面需要投入足够量天敌，成本较高；另一方面，天敌发挥效果不像化学杀虫剂那样立刻见效，防控风险较高。因此，淹没式释放的时机建议在害虫发生初期，通过大量释放可将害虫种群密度压低，达到较好的控害效果。

淹没式释放微生物制剂的案例如：应用 100 亿 /ml 绿僵菌油悬浮剂和 100 亿 /ml 白僵菌油剂田间防治东亚飞蝗，喷洒后 12 天防效分别达到 75% 和 52%。

应用最成熟的淹没式释放天敌昆虫的实例是赤眼蜂的使用。中国已成为世界上应用赤眼蜂防治害虫面积最大的国家，涉及多种农林害虫，防治害虫面积最高达 66.7 万 hm^2。田间推广释放赤眼蜂防治害虫时，多数采取“淹没式”释放的方法。2004—2014 年间，吉林共投入生物防治玉米螟专项补贴资金约 4.54 亿元，累计推广松毛虫赤眼蜂防治玉米螟面积近 1300 万 hm^2。在越冬代玉米螟发蛾高峰期，释放松毛虫赤眼蜂 2 次，共计约 225 000 头 /hm^2。

向玉勇等提出足够的放蜂数量是确保赤眼蜂防效的有力保障。放蜂数量要视害虫虫口密度而定，据各地多年来应用赤眼蜂防治甘蔗螟虫的经验，在一般虫口密度下，于害虫始蛾期放蜂 7.5 万～15.0 万头 /hm^2 即可，第二批约 15.0 万头 /hm^2；在害虫密度高的情况下，始蛾期放 15.0 万头 /hm^2，始盛期放 30.0 万头 /hm^2。赤眼蜂的飞行半径可达 30m，20m 内对害虫的寄生效果较好。因此，放蜂点数以 45～90 个 /hm^2 为宜，以便赤眼蜂更加有效地寻找寄主产卵寄生，并有一定的飞行重叠区，提高田间整体寄生率。

吉林大面积释放松毛虫赤眼蜂防治玉米螟技术正广泛被农民和社会接受。根据靶标害虫的寄主作物及环境特点来设计放蜂装置，结合无人机释放技术，实现了大规模的淹没式释放，降低了成本，保障了天敌控害作用的发挥。

参考文献

华跃进，2016. 中国核农学通论 [M]. 上海：上海交通大学出版社 .

任顺祥，陈学新，2010. 害虫生物防治 [M]. 北京：中国农业出版社 .

向玉勇，张帆，2011. 赤眼蜂在中国生物防治中的应用研究进展 [J]. 河南农业科学，40(12): 20-24.

曾凡荣，陈红印，2009. 天敌昆虫饲养系统工程 [M]. 北京：中国农业科学技术出版社 .

张帆，李姝，肖达，等，2015. 中国设施蔬菜害虫天敌昆虫应用研究进展 [J]. 中国农业科学，48(17): 3463-3476.

张俊杰，阮长春，臧连生，等，2015. 中国赤眼蜂工厂化繁育技术改进及防治农业害虫应用现状 [J]. 中国生物防治学报，31(5): 638-646.

（撰稿：张帆、李姝；审稿：杨忠岐）

羊毛硫抗生素 lantibiotics

一类由特殊氨基酸的多肽组成的化合物，由芽孢杆菌、乳酸菌等革兰氏阳性菌产生。其通常由羊毛硫氨酸（lanthionine，Lan）和（或）甲基羊毛硫氨酸（beta-methyllanthionine，MeLan）等含有不多于 200 个氨基酸残基组成。羊毛硫抗生素先在细胞中通过核糖体合成多肽，然后被一些基团修饰。羊毛硫抗生素主要对与产生菌亲缘关系较近的革兰氏阳性菌起抑制作用。

羊毛硫抗生素有尼生素（nisin）、枯草菌素（subtilin）、Epidermin、Pep25 等，II 型羊毛硫抗生素有乳链球菌素（lacticin 481）、杆菌肽（mersacidin）、cinnamycin 等，其中还有许多特殊的双组分羊毛硫抗生素如 lacticin 3147 和 haloduracin 等。

随着人们对羊毛硫抗生素生物合成基因研究得越来越深入，许多保守的基因序列被上传到数据库中，这些基因可以作为筛选羊毛硫抗生素产生菌的一种依据。Begley 通过生物信息学手段发现了一个对耐甲氧西林的金黄色葡萄球菌和耐万古霉素的肠球菌都有抑菌活性的新型的双组分羊毛硫抗生素（lichenicidin）。

通常情况下羊毛硫抗生素对于发酵生产菌亲缘性较高的细菌有显著的抑制作用。尼生素很早以前就被作为食品保鲜剂使用，在食品保鲜领域发挥着巨大作用。Variacin 也具有作为食品保鲜剂被应用的潜力，首先它对于广泛使食物腐败的革兰氏阳性细菌有着很好的抑制作用，其次它在强酸强碱的条件下依旧能够发挥作用，而且还能耐高温。向冷冻的奶制品中加入 1%～3% 的 Variacin 后，在多个温度条件下，都可以抑制蜡样芽孢杆菌产生芽孢。在 8°C 的实验条件下，仅需 1% 的 Variacin 就可以完全抑制芽孢的产生；当温度上升到 12°C 时，则需要添加 3% 的 variacin。除了抗菌、抗肿瘤以外，有些羊毛硫抗生素还能在其他方面发挥意想不到的作用，如 NAI-112 在实验条件下可以减轻小鼠的痛感，尽管这个作用机制还没有被研究清楚，但是这预示着它有开发为镇痛药的潜力。Ancoveni 和 cinnamycin 可以抑制血管紧张素 4 转化酶活性的作用，可能在调节血压方面能够发挥作用。但是也有一些羊毛硫抗生素还有其他功效，比如说 microbisporicin 可以抑制革兰氏阴性菌；thiostrepton 可以对原生动物产生一定的杀伤作用；肉桂霉素 cinnamycin 可以抗真菌等。Michiganin A 是从番茄溃疡病（*Clavibacter michiganensis*）内分离得到的一种羊毛硫抗生素。Michiganin A 能够抑制与其产生菌亲缘性高的病原菌，对于防控农作物病害和粮食增产具有潜在的利用价值。

羊毛硫抗生素作为食品保鲜剂、医用药物等具有极高的经济价值，同时也能应用于病害的生物防治，将来在绿色农业发展中发挥重要作用。

参考文献

ALLGAIER H, JUNG G, WERNER R G, et al, 1986. Epidermin: sequencing of a heterodet tetracyclic 21-peptide amide antibiotic[J]. European journal of biochemistry, 160(1): 9-22.

AMINAKE M N, S SCHOOF, L SOLOGUB, et al, 2011. Thiostrepton and derivatives exhibit antimalarial and gametocytocidal activity by dually targeting parasite proteasome and apicoplast[J]. Antimicrobial agents & chemotherapy, 55(4): 1338-1348.

APPLEYARD A N, S CHOI, D M READ, et al, 2009. Dissecting structural and functional diversity of the lantibiotic mersacidin[J]. Chemistry & biology, 16(5): 490-498.

BEGLEY M, P D COTTER, C HILL, et al, 2009. Identification of a novel two-peptide lantibiotic, lichenicidin, following rational genome mining for LanM proteins[J]. Applied & environmental microbiology, 75(17): 5451-5460.

CASTIGLIONE F, LAZZARINI A, CARRANO L, et al, 2008. Determining the structure and mode of action of microbisporicin, a potent lantibiotic active against multiresistant pathogens[J]. Chemistry & biology, 15(1): 22-31.

COTTER P D, HILL C, ROSS R P, 2005. Bacterial lantibiotics: strategies to improve therapeutic potential[J]. Current protein & peptide science, 6(1): 61-75.

DUFOUR A, HINDRÉ T, HARAS D, et al, 2007. The biology of lantibiotics from the lacticin 481 group is coming of age[J]. FEMS microbiology reviews, 31(2): 134-167.

HOLTSMARK I, MANTZILAS D, EIJSINK V G, et al, 2007. The tomato pathogen *Clavibacter michiganensis* ssp. *michiganensis*: producer of several antimicrobial substances[J]. Journal of applied microbiology, 102(2): 416-423.

IORIO M, SASSO O, MAFFIOLI S I, et al, 2013. A glycosylated, labionin-containing lanthipeptide with marked antinociceptive activity[J]. Acs chemical biology, 9(2): 398-404.

KIDO Y, HAMAKADO T, YOSHIDA T, et al, 1983. Isolation and characterization of ancovenin, a new inhibitor of angiotensin I converting enzyme, produced by actinomycetes[J]. Journal of antibiotics, 36(10): 1295-1299.

MCAULIFFE O, RYAN M P, ROSS R P, et al, 1998. Lacticin 3147, a broad-spectrum bacteriocin which selectively dissipates the membrane potential[J]. Applied & environmental microbiology, 64(2): 439-445.

O'MAHONY T, REKHIF N, CAVADINI C, et al, 2001. The application of a fermented food ingredient containing 'variacin', a novel antimicrobial produced by *Kocuria varians*, to control the growth of *Bacillus cereus* in chilled dairy products[J]. Journal of applied microbiology, 90(1): 106-114.

O'ROURKE S, WIDDICK D, BIBB M, 2017. A novel mechanism of immunity controls the onset of cinnamycin biosynthesis in *Streptomyces cinnamoneus* DSM 40646[J]. Journal of industrial microbiology biotechnology, 44(4/5): 563-572.

OMAN T J, VAN D D W A, 2009. Insights into the mode of action of the two-peptide lantibiotic haloduracin[J]. Acs chemical biology, 4(10): 865-874.

PRIDMORE D, REKHIF N, PITTET A C, et al, 1996. Variacin, a new lanthionine-containing bacteriocin produced by Micrococcus varians: comparison to lacticin 481 of *Lactococcus lactis*[J]. Applied & environmental microbiology, 62(5): 1799-1802.

WEIL H P, BECK-SICKINGER A G, METZGER J, et al, 1990. Biosynthesis of the lantibiotic Pep5. isolation and characterization of a prepeptide containing dehydroamino acids[J]. European journal of biochemistry, 194(1): 217-223.

（撰稿：杨攀雷；审稿：王琦）

杨扇舟蛾颗粒体病毒 *Clostera anachoreta* granulovirus, CaGV

以杨扇舟蛾为宿主的一类双链 DNA 病毒，杆状病毒科 β 杆状病毒属。杨扇舟蛾颗粒体病毒包涵体呈卵圆形，大小约为 337nm×170nm，每个包涵体中只含 1 个杆状的病毒粒子，病毒粒子两端钝圆，大小约 250nm×46nm。杨扇舟蛾颗粒体病毒在其侵染宿主过程中可产生包埋型病毒粒子和出芽型病毒粒子两种类型（图 1）。

感染机理 病毒多角体经昆虫口进入虫体，在中肠碱性环境和蛋白酶的作用下，多角体蛋白溶解而将病毒粒子释放出来，病毒粒子通过围食膜后再侵入中肠上皮细胞。病毒进入中肠细胞，称为原发感染，随后的感染，称为继发感染。病毒粒子感染中肠细胞后再感染血淋巴、气管和脂肪体，并引起病变，然后通过复制生成大量的 BV 对其邻近组织的进一步感染，使感染部位扩大到神经、肌肉、围心细胞、可再生组织及腺体，引发幼虫的继发感染。在感染后期 BV 在单个细胞内的产生减少，病毒主要以 ODV 的形式在细胞内累积，被感染的细胞核膨大，引起宿主幼虫动作迟钝，食欲减退或停止取食，虫体肿胀，表皮具光泽，最终由于病毒蛋白酶的产生，造成细胞核和细胞的裂解，血淋巴变得浑浊，导致害虫死亡。幼虫死后表皮变得很脆弱，轻触即破，流出脓状体液。被感染后的幼虫，一般爬上宿主所在植株的顶端，其腹足附着植物枝叶，倒悬而死（图 2）。病虫粪便和虫尸会作为病源再传染其他昆虫，使病毒病在杨扇舟蛾种群中流行，引发个体间的水平传播，从而弥补漏喷和虫龄不整齐导致部分害虫无法被病毒感染的现象，自然扩大了病毒防治面积。病毒也可通过昆虫卵传到杨扇舟蛾子代，称为垂直传播，确保了病毒长期寄宿在害虫体内，不断地侵染虫体，使害虫得病和死亡，从而实现持续控制杨扇舟蛾的目的。

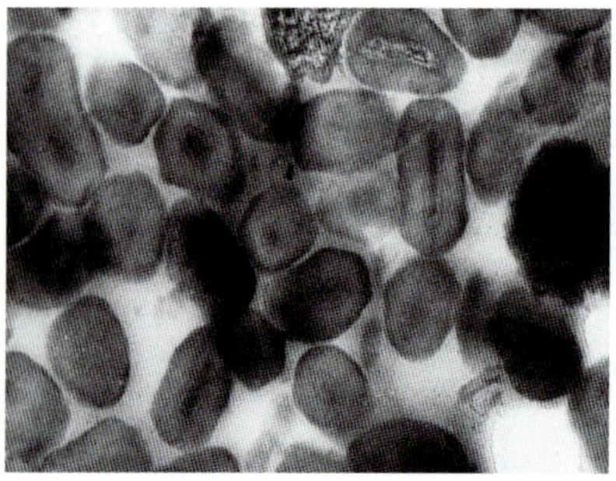

图 1 杨扇舟蛾颗粒体病毒粒子（张永安摄）

图 2 杨扇舟蛾幼虫病毒致死症状（张永安摄）

杀虫剂产生方法 因杨扇舟蛾幼虫的人工饲料及室内饲养技术尚未得到解决，病毒的大量生产主要靠感染林间自然虫源，四龄幼虫时喷洒病毒、8 天左右收集病毒致死虫体、破碎过滤、离心浓缩、制剂配制。病毒防治杨扇舟蛾一般根据需要可以生产病毒水分散粒剂、悬浮剂、可湿性粉剂，病毒制剂多角体含量不低于 2.0×10^9OB/ml，采取喷雾的方法，出液浓度不低于 1.0×10^6OB/ml 时，当代幼虫死亡率可达 80%，持续效果可达 3 年左右。

制剂保存方法 将配制好的制剂置于通风、干燥、低温处，严防潮湿、高温及日晒，严禁和酸碱类物质混合接触。–20 ～ –5°C 可保存 3 年，4°C 条件下可保存 1 年，室温避光条件下保存 6 个月，其生物活性保持稳定。

参考文献

梁振普，张小霞，宋安东，等，2006. 杨扇舟蛾的生物学特性及其防治方法 [J]. 昆虫知识，43(2): 147-152.

林乃铨，2010. 害虫生物防治 [M]. 北京：科学出版社 .

吕鸿声，1982. 昆虫病毒与昆虫病毒病 [M]. 北京：科学出版社 .

蒲蛰龙，1994. 昆虫病理学 [M]. 广州：广东科技出版社 .

陶万强，潘彦平，王金利，等，2009. 杨扇舟蛾颗粒体病毒室内增殖的研究 [J]. 中国森林病虫，28(3): 9-10, 18.

谢天恩，胡志红，2002. 普通病毒学 [M]. 北京：科学出版社 .

张春龙，纪晓明，潘淑琴，等，1992. 颗粒体病毒大面积防治杨扇舟蛾试验 [J]. 吉林林业科技 (6): 33-34, 40.

（撰稿：曲良建；审稿：张永安）

椰甲截脉姬小蜂 *Asecodes hispinarum* Boucek

属膜翅目小蜂总科姬小蜂科（Eulophidae）凹面姬小蜂亚科（Entedoninae）截脉姬小蜂属（*Asecodes*），是寄生椰心叶甲幼虫的优势寄生蜂。

形态特征

成虫 雌蜂体长 0.5 ～ 0.85mm，棕褐色，有蓝黑色或绿色反光。触角和足除基节外均为黄褐色；身体中部 1/3 有宽的淡烟雾状斑纹；体光滑无明显刻点或刻纹，具微弱的短体毛；体壁骨化弱，头背面观，宽为长的 2 倍左右；触角柄节 1，梗节 1，环状节 0，索节 2，棒节 3；梗节、索节等长；梗节加索节、棒节及柄节三者等长。小盾片光滑，宽大于长；腹部无柄，圆形至短卵圆形，腹部下方可见产卵器。雄蜂体长略短于雌蜂，触角比雌蜂触角稍纤弱，腹部较窄，卵圆形，腹部末端可见交配器（图 1）。

卵 梭状，长约 100μm，宽端约 29μm，狭端约 15μm。卵膜薄而不明显，卵质均匀，细胞核位于卵的中央。

幼虫 呈短瓜子形，长 300 ～ 800μm，头部略尖，体淡黄色，能够活动，取食寄主体液。体分节明显，共 13 节。消化道蠕动或稍触动虫体，均可引起体壁的明显蠕动。

蛹 预蛹期，体分节，虫体透明，体壁薄，长椭圆形，前端较钝圆，后部较尖。初蛹期，体已成蛹，可见复眼和胸足、腹部分节，复眼变为淡红色。蛹中期，复眼逐渐变为深

图 1 椰甲截脉姬小蜂成虫寄生椰心叶甲幼虫（吕宝乾摄）

图 2 椰甲截脉姬小蜂释放及寄生后僵虫（吕宝乾摄）

红色，单眼和翅芽出现。后蛹期，翅芽伸出，足和翅露于体外，产卵器形成，体呈黑色。

椰甲截脉姬小蜂从卵至蛹期均在寄主体内度过。在24±2°C、相对湿度75%±10%条件下，卵期2.8±0.8天，幼虫期6.7±0.8天，蛹期（含预蛹期）7.5±0.5天；羽化后，成蜂在没有补充营养的情况下，平均存活2.5±0.8天。

生物学习性 椰甲截脉姬小蜂将卵产于椰心叶甲幼虫表皮下的脂肪体组织内，多粒卵集中在一起。椰甲截脉姬小蜂能寄生椰心叶甲各个龄期的幼虫，但寄生一、五龄幼虫后极少羽化。当寄主幼虫各龄期同时存在时该蜂偏爱二、三龄幼虫，对二、三龄幼虫的寄生率分别为46.06%和42.71%。寄生蜂寄生各龄椰心叶甲幼虫后皆可羽化出蜂，寄生四龄幼虫的羽化率达到71.03%，对椰甲截脉姬小蜂的繁殖最为有利。成蜂趋光性强。在补充营养的情况下发生寄生的椰甲截脉姬小蜂的寿命只有48.8小时。发育起点为10.7°C，有效积温为261.29日·度。

人工繁育与释放利用 自然环境条件下生长发育或室内人工繁育的第1或2代椰甲截脉姬小蜂，挑选虫体较大（体长≥0.6mm）、活力较强的个体，控制合理性别比例（雌：雄＝3：1），用棉花或海绵吸附10%（V/V）的蜂蜜水为种蜂提供营养。按照雌蜂与寄主1：1的数量比进行接蜂。椰心叶甲四龄幼虫被椰甲截脉姬小蜂寄生的寄生率≥95%。随机选30头被椰甲截脉姬小蜂寄生的椰心叶甲僵虫，单头僵虫装入指形管中，用棉花塞好管口，出蜂后统计出蜂量平均≥50头/僵虫，后代雌蜂比≥65%。

在温室大棚中，椰甲截脉姬小蜂在释放后24小时、48小时和72小时内最远扩散距离分别为8.8m、11.6m和14.4m，寄生率分别为7.34%、7.86%和8.40%；田间寄生蜂扩散距离测定结果表明，放蜂后20天的扩散距离最远为50m，1.5个月后扩散最远距离为189m，7个月后扩散距离最远为6060m。田间放蜂器间距以30～50m为宜。放蜂量大时，可以30m为间距；放蜂量少时，可以50m为间距；具体距离根据释放时的量确定。

释放天敌时，可采用“椰甲截脉姬小蜂＋椰心叶甲啮小蜂”两种小蜂混合释放，以有效发挥两种天敌的联合增效作用。每月释放一次，连续释放4～5个月效果最好，可长期控制椰心叶甲的发生（图2）。

参考文献

吕宝乾，金启安，温海波，等，2012. 入侵害虫椰心叶甲的研究进展[J]. 应用昆虫学报(6): 1708-1715.

吕宝乾，金启安，温海波，等，2012. 椰心叶甲人工饲料的研制及应用效果评价[J]. 植物保护学报(4): 347-351.

吕宝乾，陈义群，包炎，等，2005. 引进天敌椰甲截脉姬小蜂防治椰心叶甲的可行性探讨[J]. 昆虫知识(3): 254-258.

吕宝乾，彭正强，唐超，等，2005. 椰心叶甲寄生蜂——椰甲截脉姬小蜂的生物学习性[J]. 昆虫学报(6): 943-948.

钱军，苟志辉，钱小香，等，2011. 椰甲截脉姬小蜂与椰扁甲啮小蜂混用对椰心叶甲控制作用[J]. 江西农业学报(3): 104-105, 111.

孙蕊芬，2011. 温度对椰甲截脉姬小蜂适应性的影响[D]. 海口：海南师范大学.

唐超，2006. 椰甲截脉姬小蜂基础生态学研究[D]. 海口：海南大学.

唐超，彭正强，陈开宁，等，2007. 温度对椰甲截脉姬小蜂功能反应的影响[J]. 中国生物防治(1): 11-13.

（撰稿：吕宝乾；审稿：彭正强、杨忠岐）

椰心叶甲啮小蜂 *Tetrastichus brontispa* Ferriere

一种寄生椰心叶甲蛹的重要寄生蜂。属膜翅目小蜂总科（Chalcidoidea）姬小蜂科（Eulophidae）啮小蜂亚科（Tetrastichinae）啮小蜂属（*Ttrastichus*）。

形态特征

成虫 雌蜂体长0.85～1.45mm，黑色有光泽。头横形，长0.22～0.25mm，宽0.34～0.38mm；单眼3个，弧形排列；膝状触角，柄节短，淡黄色；索节3节，淡黄色；棒节3节，膨大，顶部尖，褐色；索节及棒节上密生感觉毛；胸背板平，中胸背板和小盾片具细小刻点；翅透明有光泽，前翅长过腹；后翅较小，翅面及边缘有短而密的毛；足基节黑色，转节黄

图 1　椰心叶甲啮小蜂寄生椰心叶甲蛹（彭正强摄）

图 2　椰心叶甲啮小蜂的寄生及防治效果（彭正强摄）

色，腿节除端部褐色，胫节和跗节黄色，跗节 4 节；腹部近椭圆形，下方可见产卵器。雄蜂体长 0.98～1.25mm，比雌成虫小。腹部较雌蜂细长，末端可见交配器，其他特征与雌蜂相似（图 1）。

卵　长棒状或香蕉状，长度略有差异，约 200μm，大端宽约 50μm，小端宽约 40μm。卵质均匀，表面卵裂。

幼虫　初期，体呈瓜子形，长约 465μm，头部略尖，能够活动；后期体长增长至 500～650μm，半透明，体躯内淡黄色，前后端大小差别渐渐缩小。

蛹　蛹初期，长椭圆形，前端较钝圆，后部较尖，体分节，虫体透明；蛹中期可见复眼和胸足，腹部分节，复眼变为淡红色，单眼和翅芽出现；蛹后期翅芽伸出，足和翅露于体外，复眼和体色变黑。

生物学习性　在 25°C 恒温、相对湿度 75%～80%、光照每天 12 小时条件下，从卵发育到成虫历时 17～21 天。其中卵期 1.5～2 天，幼虫期 5～7 天，蛹（含预蛹期）10～12 天。羽化的成虫在没有营养补充的情况下，平均能存活 2.5 天。

椰心叶甲啮小蜂寄生椰心叶甲蛹，其中最喜好选择预蛹，平均寄生率达 77.78%。成虫具有强烈的趋光性。

人工繁育与释放利用　自然环境条件下生长发育或室内人工繁育的第 1 或 2 代椰心叶甲啮小蜂，挑选虫体较大（体长≥ 1mm）、活力较强的个体，控制合理性别比例（雌：雄 = 3∶1），用棉花或海绵吸附 10%（V/V）的蜂蜜水为种蜂提供营养。按照雌蜂与寄主 1∶1 的数量比进行接蜂。椰心叶甲 1 或 2 日蛹被椰心叶甲啮小蜂寄生率≥ 95%。随机选 30 头椰心叶甲僵蛹，单头僵蛹装入指形管中，用棉花塞好管口，出蜂后统计出蜂量平均≥ 20 头 / 僵蛹，后代雌蜂比≥ 65%。

椰心叶甲啮小蜂在林间有一定的向周边扩散能力，在林间释放后 20 天，啮小蜂可向周边扩散 10～50m。7 个月后，最远可扩散 6km。扩散距离与风向有关，东北风较多情况下，向西南扩散最远距离可达 6060m，向东北方向扩散仅 890m。啮小蜂在林间呈椭圆形状向各方向扩散，顺风面扩散距离远、范围较大。

野外释放天敌时，可采用“椰心叶甲啮小蜂 + 椰甲截脉姬小蜂”混合释放，以有效发挥两种天敌的联合增效作用。每月释放 1 次，连续释放 4～5 个月效果最好，可长期控制椰心叶甲的发生（图 2）。

参考文献

吕宝乾，金启安，温海波，等，2012. 入侵害虫椰心叶甲的研究进展 [J]. 应用昆虫学报 (6): 1708-1715.

吕宝乾，彭正强，许春霭，等，2006. 椰心叶甲蛹寄生蜂——椰心叶甲啮小蜂的生物学习性 [J]. 昆虫学报 (4): 643-649.

金涛，金启安，温海波，等，2012. 利用寄生蜂防治椰心叶甲的概况及研究展望 [J]. 热带农业科学 (7): 67-74.

马子龙，赵松林，覃伟权，等，2006. 椰心叶甲的天敌——椰心叶甲啮小蜂在田间扩散距离测定 [J]. 中国生物防治 (S1): 11-13.

唐超，彭正强，金启安，等，2009. 椰心叶甲啮小蜂 (*Tetrastichus brontispae*) 实验种群生命表的编制 [J]. 生态学报 (1): 185-191.

许春霭，2007. 椰心叶甲啮小蜂的基础生物学和生态学研究 [D]. 海口：海南大学.

周焕起，马子龙，覃伟权，等，2006. 椰心叶甲的寄生性天敌——椰心叶甲啮小蜂和椰甲截脉姬小蜂的室内培育 [J]. 中国生物防治 (S1): 6-10.

周祥，黄光斗，马子龙，等，2006. 椰心叶甲啮小蜂对寄主的选择性，适宜性和功能反应 [J]. 热带作物学报 (2): 74-77.

周祥，李世平，黄光斗，等，2006. 椰心叶甲啮小蜂发育起点温度和有效积温研究 [J]. 昆虫天敌 (1): 8-12.

（撰稿：吕宝乾；审稿：彭正强、杨忠岐）

叶围　phyllosphere

即叶片周围，是生态学上的一个微生物生存环境。植物叶片上生存着大量不同性质的微生物，如细菌、真菌、酵母菌等，细菌是仅次于真菌和病毒与植物密切相关的微生物群体。植物叶片表面的细菌可称为叶面细菌、附生细菌、叶围细菌、居留细菌等。

生存在叶围的微生物可以分为两类：有益微生物群体和有害微生物群体。它们与植物长期共同生存，组成了独特的微生物群落，形成植物微生态体系。叶围微生物种群是一个动态发展的过程，其数量和组成受到多方面的影响，包括外界环境、植物本身的生长状态、叶围邻近生态环境中的微生物等。不同于根围环境，叶围环境更易受到外界环境的影响。环境的改变，叶围微生物的组成结构也会随之发生变化。对于降水量多、湿度大、温度适宜的环境，微生物的数量大种类少；降水量少、气候干燥、温度极端的环境，微生物的数量小种类多。除此之外，叶围微生物的数量和组成也有季节性变化，春秋季节相比于夏冬季节也会更多。植物的种类、空间分布、发育时期、抗病性也会影响叶围微生物的活动。植株幼叶上微生物会分布在叶片表面表皮细胞凹陷处四周，叶片成熟后，微生物会遍布整个叶片，并且叶片背面比叶片正面的分布数量会更多。不同的植物种群其叶围微生物的数量和组成也会不同，例如黄瓜叶围主要是链格孢属和青霉菌，而水稻叶围主要是镰孢菌属和芽孢杆菌属。叶围作为一个微生物生存环境，其叶片表面的湿度和温度都会影响微生物的生长情况，同一叶片上，湿度大、温度适宜的部位分布的微生物数量会大于湿度小、被阳光直射的部位。叶围作为一个开放的环境，任何微生物都可定殖在叶片表面，包括腐生性细菌、致病性细菌、有益细菌等多种微生物，各种微生物之间或共生或拮抗。叶围微生物的结构、生态结构和环境功能等方面的研究可以帮助我们寻找到合适的生防菌来防治叶部病害。

在叶片表面存在大量的致病菌，但并不是引起植株发病。一方面是因为植物叶片表面的温度和湿度不适于病原菌的生长；另一方面是因为叶片表面上存在着另外一些有益微生物，这些有益微生物会抑制病原菌的生长，帮助植物抵御病原菌的侵染。利用叶围有益微生物来防治叶部病害，可以减少或不使用农药，避免了环境污染和土壤污染，同时也避免了病原菌的抗药性产生。在生产上，可以利用叶围微生物促进植物的生长、提高产量和果实品质，以此提高经济效益。对于叶围环境的研究有利于一些植物细菌病害的防治。

参考文献

崔永三，赵博光，刘云鹏，2007. 植物叶围细菌研究进展 [J]. 中国森林病虫，26(3): 26-29, 18.

郭文硕，陈文相，2003. 叶围微生物研究综述 [J]. 福建林业科技，30(1): 47-52, 62.

国辉，毛志泉，刘训理，2011. 植物与微生物互作的研究进展 [J]. 中国农学通报，27(9): 28-33.

王振跃，汪敏，高书锋，等，2008. 温室黄瓜叶部微生物区系 [J]. 生态学杂志，27(3): 425-428.

张世伟，2016. 不同品种酿酒葡萄根围，叶围微生物群落结构特点解析 [J]. 微生物学通报，43(11): 2448-2455.

赵新华，陈卫良，2000. 白叶枯病菌拮抗菌筛选及水稻叶围微生物互作研究初报 [J]. 中国水稻科学，14(3): 161-164.

PLOCH S, ROSE L E, BASS D, et al, 2016. High Diversity revealed in leaf associated protists (Rhizaria: Cercozoa) of Brassicaceae[J]. Journal of eukaryotic microbiology, 63(5): 635-641.

REDFORD A J, BOWERS R M, KNIGHT R, et al, 2010. The ecology of the phyllosphere: geographic and phylogenetic variability in the distribution of bacteria on tree leaves[J]. Environmental microbiology, 12(11): 2885-2893.

WHIPPS J M, HAND P, PINK D, et al, 2008. Phyllosphere microbiology with special reference to diversity and plant genotype.[J]. Journal of applied microbiology, 105(6): 1744-1755.

（撰稿：郭坚华；审稿：王琦）

伊枯草菌素　iturin

由芽孢杆菌等生物有机体通过非核糖体多肽合成酶体系（NPRSs）所合成的一类脂肽化合物。由 Landy 等在 1948 年首次从芽孢杆菌中分离得到。

伊枯草菌素相对分子质量约 1000，是一大类强烈抑制真菌生长的脂肽类化合物，可由解淀粉芽孢杆菌 FZB42、B94、C-1 等产生，其家族主要包括 iturin A、C、bacillomycin D、F、L、LC 和 mycosubtilin 等。它们的共同结构特点是，由 7 肽与 14～17 个碳原子的 β- 氨基脂肪酸链相连而成。

伊枯草菌素的合成酶是由非核糖体与聚酮合成酶组成的混合酶系。编码 iturin 或者 mycosubtilin 的操纵子含有 4 个基因，分别是 *fenF*、*mycA*、*mycB* 和 *mycC*（*ituD*、*ituA*、*ituB* 和 *ituC*）。*mycA*、*mycB* 和 *mycC* 编码非核糖体合成酶：*mycA*（*ituA*）负责向脂肽类化合物的产物中加入第一个氨基酸残基；*mycB*（*ituB*）负责加入 3 个氨基酸残基；*mycC*（*ituC*）负责加入最后 2 个氨基酸残基。Itrurin A 和 mycosubtilin 结构的差别是由最后一个基因结构域的差别导致的。*fenF*（*ituD*）编码的丙二酰辅酶转移酶是聚酮类化合物合成酶；*mycA* 中也含有与聚酮类化合物合成相关的酶。*fenF* 和 *mycA* 的功能有脂肪酸的延伸与 β- 氨基化（脂肪酸合成的最后步骤），将合成的脂肪酸转移到多肽基团的第一氨基酸上［acyl-CoA ligase（AL-domain）］或酰胺载体蛋

Iturin

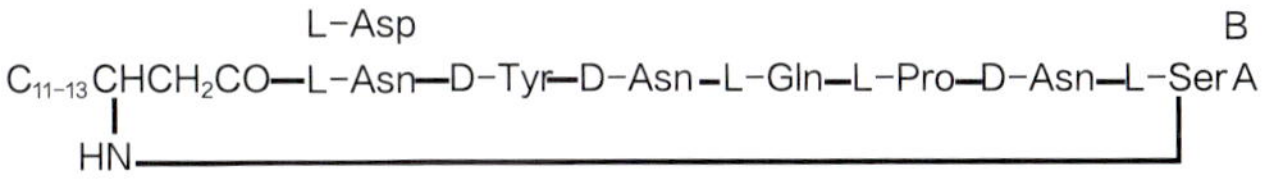

Mycosubtilin

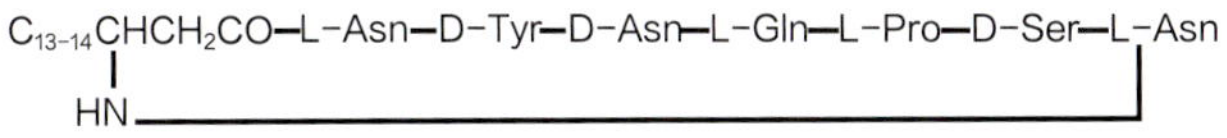

Bacillomycin

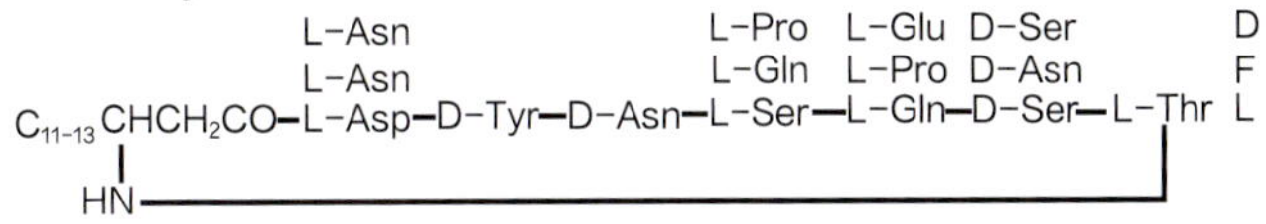

白（ACP-域）、β-酮酰合成酶（KS-域）、氨基转移酶（AMT-域）上。

伊枯草菌素虽然有很好的溶血活性，但其生物活性与表面活性素不同；在体外检测中，伊枯草菌素表现出广谱的抗真菌活性和微弱的抑细菌活性。伊枯草菌素的抗真菌活性主要通过影响真菌生物膜通透性，伊枯草菌素在膜上形成的可以传导离子的小孔，改变膜的渗透能力，促使电解质及其他重要离子的渗漏，最后引起细胞死亡，与表面活性素破坏或者溶解细胞膜的作用机理不同。

参考文献

ARANDA F J, TERUEL J A, ORTIZ A, 2005. Further aspects on the hemolytic activity of the antibiotic lipopeptide iturin A[J]. BBA-Biomembranes, 1713(1): 51-56.

ARON Z D, DORRESTEIN P C, BLACKHALL J R, et al, 2005. Characterization of a new tailoring domain in polyketide biogenesis: the amine transferase domain of MycA in the mycosubtilin gene cluster[J]. Journal of the American chemical society, 127(43): 14986-14987.

DUITMAN E H, HAMOEN L W, REMBOLD M, et al, 1999. The mycosubtilin synthetase of Bacillus subtilis ATCC6633: a multifunctional hybrid between a peptide synthetase, an amino transferase, and a fatty acid synthase[J]. Proceedings of the national academy of sciences of the United States of America, 96(23): 13294-13299.

DUITMAN E H, WYCZAWSKI D, BOVEN L G, et al, 2007. Novel methods for genetic transformation of natural Bacillus subtilis isolates used to study the regulation of the mycosubtilin and surfactin synthetases[J]. Applied and environmental microbiology, 73(11): 3490-3496.

FINKING R, MARAHIEL M A, 2004. Biosynthesis of nonribosomal peptides[M]// Annual review microbiol, 58: 453-488.

HIRADATE S, YOSHIDA S, SUGIE H, et al, 2002. Mulberry anthracnose antagonists (iturins) produced by Bacillus amyloliquefaciens RC-2[J]. Phytochemistry, 61(6): 693-698.

MAGET-DANA R, PEYPOUX F, 1994. Iturins, a special class of pore-forming lipopeptides: biological and physicochemical properties[J]. Toxicology, 87(1/3): 151-174.

PHAE C G, SHODA M, KUBOTA H, 1990. Suppressive effect of *Bacillus subtilis* and it's products on phytopathogenic microorganisms[J]. Journal of fermention and bioengineering, 69(1): 1-7.

STEIN T, 2005. *Bacillus subtilis* antibiotics: structures, syntheses and specific functions[J]. Molemcular microbiology, 56(4): 845-857.

STEIN T, HEINMANN S, DUSTERHUS S, 2005. Expression and functional analysis of subtilin immunity genes spaIFEG in the subtilin-sensitive host *Bacillus subtilis* MO 1099[J]. The journal of bacteriology, 187(3): 822-828.

VATER J, KABLITZ B, WILDE C, et al, 2002. Matrix-assisted laser desorption ionization-time of flight mass spectrometry of lipopeptide biosurfactants in whole cells and culture filtrates of *Bacillus subtilis* c-1 isolated from petroleum sludge[J]. Applied & environmental microbiology, 68(12): 6210-6219.

YU G Y, SINCLAIR J B, HARTMAN G L, et al, 2002. Production of iturin A by *Bacillus amyloliquefaciens* suppressing *Rhizoctonia solani*[J]. Soil biology and biochemistry, 34(7): 955-963.

（撰稿：伍辉军；审稿：高学文）

遗传多样性 genetic diversity

广义上的定义为蕴藏在地球上植物、动物和微生物个体基因中的遗传信息的总和；狭义上的定义是指某个物种内不同的群体之间以及群体内不同的个体之间的遗传和变异。

遗传多样性作为生物多样性的重要组成部分，是生态系统多样性和物种多样性的基础。遗传多样性的意义在于生物的进化以及对环境的适应，而生物进化则是遗传多样性最直接的体现。遗传多样性可以表现在多个层次上，如分子、细胞、个体等。在自然界中，种群就是由这些具有不同遗传结构的多个个体组成的。对遗传多样性的研究具有重要的理论和实际意义，通过对遗传多样性的研究可揭示物种或居群的进化历史、了解物种稀有或濒危原因以及动植物优良品种选育等。遗传多样性可以体现在从形态到 DNA 的各个不同水平上，因此检测遗传多样性的方法主要包括形态学水平、细胞学（染色体）水平、生理生化水平及分子水平。

遗传多样性是保护生物学研究的核心之一，不了解种内遗传变异的大小、时空分布及其与环境条件的关系，就无法采取科学有效的措施来保护人类赖以生存的遗传资源基因，来挽救濒于绝灭的物种，以及保护受到威胁的物种。对遗传多样性的认识是生物各分支学科重要的背景资料。

在生物的长期演化过程中，遗传物质的改变（或突变）是产生遗传多样性的根本原因。物种的遗传多样性大小既是长期进化的产物，又是其适应和进化的前提。一个物种遗传多样性越高，遗传变异越丰富，对环境变化的适应能力就越强，越容易扩展其分布范围和开拓新的生存空间。生物居群中遗传变异的大小与其进化速率呈正比，因此对遗传多样性的系统研究可以揭示物种的进化历史，包括起源的时间、地点、方式等，也能为进一步分析其未来的进化潜力和命运提供重要的信息，尤其有助于探讨物种濒危原因及过程。遗传物质的突变主要有两种类型，即染色体数目和结构变化以及基因位点内部核苷酸变化。前者称为染色体的畸变，后者称为基因突变（或点突变）。另外，基因重组也会导致生物产生遗传变异。遗传多样性的保护对人类具有重要的经济意义和生态意义。物种的生殖方式、遗传漂变、自交、基因突变、自然选择以及人为干扰等许多因素影响了遗传多样性。其中自然选择是种群遗传和变异的重要因素，自然选择的核心是可遗传的变异，自然选择加大，多样性也更加丰富。在人为干扰的因素中，尤以生境破坏和生境丧失对物种的威胁最严重，人为干扰程度不减少，势必将造成物种的毁灭和遗传多样性的丧失。自然界中也有通过人为干扰增加遗传多样性的例子。朱有勇等通过将不同遗传背景的水稻品种布局于同一田块中，有效地降低了稻瘟病的发生、增强了传统水稻品种抗倒伏能力，使得一些优质传统地方水稻品种得以有效保存。由此可以看出，一个物种种群内遗传多样性程度越高或遗传变异越丰富，对环境变化的适应能力就越强。遗传多样性在一个物种适应一个新环境及抵抗外来物种的进化过程中起着重要的作用。

参考文献

施立明，1990. 遗传多样性及其保护 [J]. 生物科学信息 (2): 158-164.

HUBBY J L, LEWONTIN R C, 1966. A molecular approach to the study of genic heterozygosity in natural populations. I. The number of alleles at different loci in *Drocophila pseudoobscura*[J]. Genetics, 54(2): 577-594.

SAHNEY S, BENTON M J, FERRY P A, 2010. Links between global taxonomic diversity, ecological diversity and the expansion of vertebrates on land[J]. Biology letters, 6(4): 544-547.

TISDELL C, 2003. Socioeconomic causes of loss of animal genetic diversity: analysis and assessment[J]. Ecological economics, 45(3): 365-376.

ZHU Y, CHEN H, FAN J, et al, Genetic diversity and disease control in rice[J]. Nature, 406: 718-722.

（撰稿：杨静；审稿：李成云）

遗传性疾病 hereditary diseases

与其他病原体引起的疾病不同，是由于昆虫胚胎发育或胚后发育过程中发生异常导致的。初步分为 3 个类型：与生命不相容的缺陷（致死突变）；与生殖不相容的缺陷（不育突变）；与生命或生殖相共存，但可以看出异常的缺陷（可见突变）。有些遗传缺陷或迟或早能导致纯合或杂合有机体的死亡叫致死突变体。昆虫种群突变是常发生的现象，但昆虫也有其特殊的能力来克服这些不利现象。遗传不育有 3 个方面：间性、雌性不育和雄性不育。

间性 昆虫沿着雌与雄的中间状态发展，形成间性（intersex），是不育性的一种类型。可以由点突变或染色体异常等引起。如黄果蝇有一个突变基因叫性别转换基因（transformer），纯合时引起染色体雌性（XX）变成表型雄，但对染色体雄（XY）无影响。这转换型雄个体不育，但含有雌性滋养细胞（nurse cell）。

舞毒蛾不同地理种之间，其雌雄决定因子的强度（strengths）不同，日本系舞毒蛾与欧洲系舞毒蛾交配产生性决定因子的不平衡发育成间性个体。

（撰稿：曲良建；审稿：张永安）

遗传异质 genetic heterogeneity

生物体具有遗传性差异的现象。指同一或不同基因座的不同基因通过不同的遗传机制产生了相同或相似的表现型，即不同的基因表达产生相同的效应。换句话说，具有相同或相似表现型的生物群体可能具有不同的遗传差异。遗传异质有两种不同的类型：等位基因异质和基因座异质。

等位基因异质 指由在相同基因座的不同基因突变引起相同表现型的现象。这种等位基因突变可能是自然选择的结果，也可能是由于外源诱变、遗传漂变或基因迁移导致的结果。大多数这类突变的产生是由保守序列中的单个碱基改变即单核苷酸多态性（SNP）引起。此外，基因或 DNA 序列的拷贝数变异（CNV）也是产生等位基因异质的原因之一。

基因座异质 指由不同基因座的不同基因突变产生相同或相似表现型的现象。

遗传异质在维持农业生态系统的稳定性方面具有重要的生态功能。例如，作物品种内部丰富的遗传异质水平能为农业生态系统提供更强的病害缓冲能力和持久的抗病能力。云南农业大学朱有勇团队以元阳梯田稻作系统中连续种植百年之久的 3 个传统品种（‘白脚老粳’‘红脚老粳’‘月亮谷’）和曾经在当地推广但迅速被“淘汰”的 3 个改良品种（‘楚粳 26’‘楚粳 27’‘合系 22’）为研究对象，比较传统品种和改良品种内部遗传异质性，以期解析优良地方种“经久不衰”和多数改良品种“短命”的内因。研究结果表明，元阳地方品种在多数供试 SSR 位点上的等位基因数都高于改良品种，表现出较强的遗传异质性，这为田间病害的持久控制提供了遗传基础。品种的抗病性与病原菌不同的生理小种密切相关，而生理小种的组成也依赖于水稻的品种组成和遗传差异，当水稻的品种组成发生变化时，往往导致生理小种组成的改变，而当水稻群体的遗传异质性较高时，病原菌的生理小种组成也较丰富，各生理小种之间的竞争及与高多样性水平的寄主间的互作限制了田间优势小种的形成，稳定了病原菌生理小种的组成，防止了病害的大发生和流行，进而维持了农田生态系统的稳定性和持久抗性。更为典型的例子是，廖静静等在研究元阳梯田水稻—稻瘟病菌适应性进化时发现，由于地方水稻品种高度的遗传差异，稻瘟病菌在与地方水稻品种的长期协同进化过程中，形成了籼型菌株和粳型菌株两大主要类群，并分别具有很高的侵染专化性，即籼型菌株只侵染籼稻，而粳型菌株只侵染粳稻。这是由于粳型菌株携带丰富的效应因子（无毒基因）使其能够有效抑制粳稻高水平的基础抗性，帮助病原菌顺利侵染。相反，籼型菌株在协同进化过程中丢失了大部分无毒基因，从而使其在侵染籼稻的过程中触发籼稻防御反应的概率大大降低，提高了其侵染的可能性。

参考文献

高东，毛如志，朱有勇，2010. 水稻地方品种与改良品种内部遗传异质性的比较分析 [J]. 分子植物育种，8(3): 432-438.

高东，杨木青，李锐，等，2012. 元阳 3 个长期连续栽培水稻地方品种内部遗传异质性分析 [J]. 植物遗传资源学报，13(3): 484-487.

姜波，王云月，2013. 元阳传统水稻品种月亮谷种内遗传多样性研究 [J]. 华北农学报，28(S1): 85-90.

LIAO J J, HUANG H C, MEUSNIER I, et al, 2016. Pathogen effectors and plant immunity determine specialization of the blast fungus to rice subspecies[J]. eLife: 5.

TURNER J R, GELLMAN M, 2013. Encyclopedia of behavioral medicine[M]. Berlin: Springer.

（撰稿：黄惠川；审稿：朱书生）

异色瓢虫 *Harmonia axyridis* (Pallas)

农业和林业上一种重要的捕食性天敌昆虫。鞘翅目（Coleoptera）瓢虫科（Coccinellidae）。原产地在亚洲的东部地区，广泛分布于俄罗斯的远东地区、西伯利亚的南部地区、哈萨克斯坦的北部地区、蒙古、中国、朝鲜、韩国、日本、越南以及尼泊尔等地。基本上在中国各地均有分布。其取食广泛，适应能力强，捕食能力强，具有很好的生物防治应用前景。除在分布地得到广泛应用外，美国及西欧等地也引进异色瓢虫用于害虫控制。

形态特征 异色瓢虫是完全变态的昆虫，一生经历卵、幼虫、蛹、成虫4个阶段（见图）。

卵 一般呈椭圆形，长1.2mm左右，颜色呈现黄色，接近孵化时颜色变深。卵块簇状排列，由数个到数十个卵组成，初孵卵颜色呈鲜黄色，接近孵化时变暗黄色，幼虫孵出后，卵壳为白色。

幼虫 体长随发育时间逐渐增加，一龄幼虫的体长约为2.0mm，发育至四龄后，体长增长至6.0～10.0mm。幼虫底色以黑色为主，从二龄起背脊及腹侧面的某些突起会变为橙色，至四龄时整个腹侧面的突起均为橙色。

蛹 卵圆形，将其四龄幼虫蜕下的表皮作为其蛹体的附着物，蛹的个体形态差异不大。

成虫 虫体呈卵圆形半球形拱起，鞘翅颜色鲜艳，底色一般为黑色或黄色，背面光滑色泽斑纹变化极大，一般在鞘翅的末端中部有一短横脊。头部呈橙黄、橘红色或黑色，有时为黑黄相间的斑纹。成虫唇基前端为白色的是雄虫，黑色的是雌虫。前胸背板黄白至浅黄，在中线中央近基部处有一长形黑斑，近似“M”字形，或形成近似梯形大黑斑。一般雌性个体大于雄性个体，海拔高比海拔低的成虫个体更大，体色更深。

色斑变型 异色瓢虫成虫鞘翅上的色斑变化很多，是典型的多型性物种，以往不同的专家曾将其分为93、95、105等多个变型。异色瓢虫鞘翅色斑的遗传由一系列复等位基因所制约，并表现为嵌镶显性遗传，一些变型为嵌镶杂合体，不能稳定遗传。各色斑型成虫间产卵量和产卵历期差异也很大。色斑型的频率可随着季节而变化，不同季节异色瓢虫黑底型（melanics）和非黑底型（non-melanics）成虫频率不同，其中雄性色斑变化对雌性的选择交配行为是一个重要因子。具有不同色斑型的瓢虫冬眠后存活率相似，种群内的交配行为是随机进行的。

异色瓢虫（陈文昱、曹亮名摄）

生物学习性 以成虫聚集在背风向阳隐蔽处越冬。寿命成虫一般能存活2个月左右，越冬成虫可活7～8个月。第1代卵主要产于早春易感蚜虫的植物上。

越冬和越夏 当气温低于8～12°C时，异色瓢虫迁入越冬场所进行越冬。冬眠成虫的呼吸率和体重极大降低，在冬季自然条件下也没有交配行为，此时成虫处于滞育状态。在田间采集到的冬眠成虫卵巢发育受到抑制，这种受抑制的状态一直持续到4月以后。异色瓢虫的滞育是由于咽侧体（cor-pusallatam）活性降低而引起的，若在1月对冬眠成虫点滴处理保幼激素类似物（methoprene），可以迅速使其卵巢发育成熟并产卵。冬眠成虫血淋巴的电泳分析表明，滞育成虫的蛋白质带谱具有专化性，给予越冬成虫一定的光照、食物、温度等条件，2～3天即可恢复取食、交配和产卵。

交配和产卵 异色瓢虫能够频繁交配，交配后的产卵前期也有长有短，产卵期不同个体间差异很大。其中，色斑类型对其交配几率有着重要影响，主要发生在雌虫对雄虫的选择上。雌虫的产卵活动发生于其整个生命周期，其繁殖能力随成虫年龄增加而降低。温度和光照条件是影响异色瓢虫繁殖活动的重要因素，在光照短或温度低于12°C时不繁殖。视觉因子如体型和大小当然是交配反应的一个重要方面。在实验室条件下，怀卵雌虫每次产卵大约30粒，整个生命周期可以累计产卵1500粒以上。异色瓢虫的产卵量会随着猎物种群密度的变化而变化，其产卵时间会集中在猎物种群密度达到峰值之前。当猎物种群进入衰退期后，怀卵异色瓢虫的产卵量随猎物密度降低而逐渐降低，直到停止产卵。

食物搜索行为及机制 异色瓢虫利用嗅觉和视觉发现猎物，而且丰富的蚜虫食源可提高异色瓢虫雄虫的求偶行为和雌虫的交配接受性。异色瓢虫雌雄成虫均具有限域搜索行为，搜索速度在摄食前显著大于摄食后，且光照对异色瓢虫幼虫的觅食行为有影响。蚜虫的蜜露对异色瓢虫具有强烈的吸引作用，蜜露浓度越高，导致异色瓢虫的搜索时间越长。

当某一区域内的植物受到侵害时，会释放引诱异色瓢虫的挥发性信息素。同时，瓢虫还会利用颜色信息来判断寄主植物上猎物的丰度，黄色茎叶的敏感度大于绿色。雌性成虫更喜欢有猎物的植株，而雄虫喜欢在猎物较少的植株上进行频繁的搜索。不过少数植物如紫藤，受到蚜虫危害后产生的化学物质并不会吸引异色瓢虫，相反会对其产生排斥作用。

食性和捕食行为 异色瓢虫的幼虫与成虫均能捕食害虫，可取食各类蚜虫和松干蚧、粉蚧、绵蚧、木虱、螨类、某些鳞翅目和鞘翅目昆虫的卵、低龄幼虫和蛹等，但喜食蚜虫，一般情况下是肉食性的，平均每头幼虫每天可捕食120头蚜虫，成虫平均每天可捕食160头蚜虫。有时在食物缺乏时成虫还会取食花蜜和某些植物的幼嫩组织。异色瓢虫的群集性对猎物呈斑块分布的反应，其捕食功能反应符合 Holling Ⅱ型。

自相残杀习性　异色瓢虫在密度过大或食物不足时常自相残杀（cannibalism）。蚜虫的季节性变化而导致的食物短缺也是引起异色瓢虫自相残杀的一个重要因子。食卵者对可孵和不可孵的卵均残食，随着同胞相残强度的增加而提高存活者的体长和后期存活率。

迁飞习性　异色瓢虫具有远距离大规模迁飞习性。成虫越冬回迁、春季的迁出时间在每年的 3 月中下旬至 4 月末，秋季的回迁时间在每年的 10 月上旬至 10 月末。迁出、回迁的最高峰均出现在风速较低、气温较高的晴天下午。

天敌　异色瓢虫的天敌包括微生物、捕食或寄生性昆虫、哺乳动物、食虫鸟类及蜥蜴等爬行动物等。寄生性天敌基本为昆虫类，主要是寄生蜂、寄生蝇、茧蜂等，可寄生于异色瓢虫的各个虫态。在捕食性昆虫中，蚂蚁对异色瓢虫的数量影响最为明显，此外鸟类、爬行类及哺乳动物也会取食异色瓢虫。

田间动态和分布　异色瓢虫田间数量与蚜虫密度呈正相关，且雌性与雄性间在行为上存在显著差异，当雄性游走时，雌性一般休息或取食。异色瓢虫幼虫在麦田为聚集分布，并符合负二项分布，聚集原因主要是由其自身习性所致。

种群分化　同色斑异色瓢虫的分布与地理纬度的变化有关，俄罗斯叶尼塞斯克和阿尔泰地区的黑底型异色瓢虫占 99% 以上，黄底型异色瓢虫不到 1%，越往东，黄底型异色瓢虫所占比例越大，黑底型异色瓢虫所占比例越小。在中国北方分布的大多数异色瓢虫是黄底型，黑底型占少数；到南方正好相反，黑底型占多数，黄底型占少数。

生活史　异色瓢虫的发育历期在不同地区、不同环境条件下差异较大。在中国异色瓢虫 1 年可以发生 2～8 代，代数随纬度的降低而增加。黑龙江 1 年发生 2 代，辽宁 1 年 3 代，而到了江西 1 年可发生 8 代。室内 24°C 时每代历期为 31.37 天，雌性寿命为 86.9 天，雄性为 90.25 天，每雌平均产卵约 751 粒。卵到成虫的平均发育起点温度为 11.2°C。地域和食料的差异也可能是造成异色瓢虫发育历期不一致的原因，如美国俄勒冈州种群完全发育积温为 267.3 日·度，比法国种群的 231.33 日·度要高一些。长光周期导致成虫快速成熟和繁殖，短光周期导致 70% 雌虫卵巢滞育，适当的温度和长光周期可使滞育解除。

应用研究

人工饲养　已经明确了异色瓢虫适宜生长温度为 20～30°C，最适宜温度为 25°C，长光照条件下异色瓢虫幼虫的生长发育时间延长，而短光照则缩短了幼虫的生长发育历期，但是短光照条件下成虫不产卵，因此在瓢虫的人工繁育条件下选取光周期 L：D = 16：8 作为繁育条件。

异色瓢虫对蛋白质的消化能力依食源的不同而异。以蜂蜜和猪肝配制成的人工饲料饲养异色瓢虫，幼虫期有所延长，新羽化成虫体重降低。点滴处理保幼激素类似物后可促进卵巢发育，产卵前期缩短，产卵量提高。

盐水丰年虾滞育卵（brine shrimp eggs）　鸡肉和糖以及蜜蜂雄蜂幼虫或蛹加蜂蜜等均可作为异色瓢虫的人工饲料。其中，在 0～1°C 和 5°C 贮藏异色瓢虫成虫，并以鸡蛋、柞蚕蛹、白糖和水按一定比例配制成饲料补给越冬瓢虫，可提高其越冬后的存活率，并延长成虫寿命。商业上采用地中海粉斑螟（*Ephestia kuehniella*）的卵进行异色瓢虫群体饲养。

贮藏　天敌的贮藏对充分利用天敌资源十分重要，对异色瓢虫的贮藏一般用低温冷藏方法。越冬代异色瓢虫过冷却点在 −10°C 左右，经过驯化可稍微提高其对低温的耐受能力，所以贮藏温度不宜低于 0°C。

害虫防治　异色瓢虫是多种害虫的天敌。但由于成虫容易飞走，一般作为生防用的瓢虫多局限于释放幼虫。法国一些学者为了提高异色瓢虫的控蚜效率，通过化学诱变和人工选择，获得了一种不能飞行的突变类群。这种变型的异色瓢虫活动范围窄，不易走失而便于饲养和投放。

对杀虫剂的敏感性　顺式氯氰菊酯对异色瓢虫最安全，是用于蚜虫综合防用比较理想的药剂。高效氰戊菊酯、甲氰菊酯和溴氰菊酯等虽然对蚜虫效果好，但是对异色瓢虫的毒性也较高。抑太保、卡死克、灭幼脲相对较安全，可用于害虫综合防治。吡虫啉、鱼藤酮、氰戊菊酯、阿维菌素、抗蚜威和印楝素对异色瓢虫和桃蚜有选择毒性，阿维菌素、鱼藤酮、印楝素和吡虫啉对异色瓢虫的安全性较好，氰戊菊酯和抗蚜威的安全性稍差。

潜在危害　异色瓢虫作为一种生物防治天敌的同时，在北美和欧洲一些国家被当作有害昆虫，作为生物防治手段被引入到欧洲及北美地区用于害虫防控后，随着异色瓢虫的不断扩散对引入地当地瓢虫数量的影响不断加剧，其生物多样性会在异色瓢虫的侵入过程中大量减少，甚至当目标虫害密度较高时，异色瓢虫的非靶标作用仍然十分明显。同时，异色瓢虫的捕食量与繁殖能力都大大强于其他瓢虫种群，在食物资源争夺上具有明显优势，进而影响其他瓢虫种群数量。在美国很多地区，异色瓢虫已经被作为“有害生物”而加以控制，甚至会出现在除虫公司的服务手册上。在原产地日本，异色瓢虫会大量地聚集在岩石的背面越冬。而在美国成虫一般会聚集在民居或者建筑物中越冬，部分人群会对异色瓢虫产生过敏性结膜炎，严重时还会啮咬人群。异色瓢虫还会释放刺激性的气味并在居民建筑物上聚集，为此给人类生活上来了一定程度的干扰。同时，异色瓢虫还对葡萄酒行业造成一定影响，在收获过程中很难将异色瓢虫从葡萄串中去除，成虫体中的生物碱会大大影响成品酒的风味。

参考文献

庞虹，2002. 瓢虫科分类研究的现状 [J]. 应用昆虫学报，39(1): 17-22.

曲爱军，孙绪良，卢西平，等，2004. 异色瓢虫显现变种对寄主的寻找行为研究 [J]. 昆虫天敌，26(1): 12-17.

王小艺，沈佐锐，2002. 异色瓢虫的应用研究概况 [J]. 应用昆虫学报，39(4): 255-261.

严静君，徐崇华，李广武，1989. 林木害虫天敌昆虫 [M]. 中国林业出版社：42-48.

赵天璇，袁明龙，2017. 我国异色瓢虫的生物生态学特性 [J]. 草业科学，34(3): 614-629.

ALOIS H, ZDENKA M, ROY H E, et al, 2019. Differences in the Phenology of *Harmonia axyridis* (Coleoptera: Coccinellidae) and native coccinellids in Central Europe[J]. Environmental entomology, 48(1): 80-87.

BROWN P M J, ADRIAENS T, BATHON H, et al, 2008. *Harmonia axyridis* in Europe: Spread and distribution of a non-native coccinellid[J]. Biocontrol, 53(1): 5-21.

KOCH R L, 2003. The multicolored Asian lady beetle, *Harmonia axyridis*: A review of its biology, uses in biological control and non-target impacts[J]. Journal of insect science, 3(1): 32.

LIDWIEN R V, DEJONG P W, GORT G, et al, 2018. Life histories of an invasive and native ladybird under field experimental conditions in a temperate climate[J]. Entomologia experimentalis et applicata, 166(3): 151-161.

（撰稿：暴可心；审稿：王小艺、杨忠岐）

抑制性土壤 suppressive soil

如果土壤中存在植物病原菌，且有较适宜的气候条件和寄主植物，但是病害不发生或者发病率很低，这样的土壤被称为抑制性土壤。又名抑菌土、衰退土。最早是由 Baker 和 Cook 提出。抑制性土壤可不同程度影响病原物存活、侵染或繁殖。抑制性土壤的作用机制，是土壤微生物群落、微生物功能群协同作用的结果。

研究较多的抑制性土壤是大豆胞囊线虫抑制性土壤。大豆胞囊线虫病（soybean cyst nematode，SCN）是一种定居性土传病害，在同一地块上连续种植大豆作物会使土壤中的胞囊不断积累，导致病害加重。但是，1981 年 Hartwig 在美国首次发现，大豆感病品种连续种植 5 年后，大豆胞囊线虫（*Heterodera glycines*）的虫口密度显著降低，原来发病严重的地块病情突然消失或者大大减轻，并将这种现象称作大豆胞囊线虫自然衰退。2007 年 Chen 研究发现，长期种植大豆感病品种的情况下，大豆胞囊线虫的种群数量与当地平均侵染水平相比保持较低，将这样的土壤称为大豆胞囊线虫抑制性土壤。1991 年刘杏忠等研究发现大豆连作后会使胞囊上的真菌简单化，同时寄生率增加。孙漫红等发现来自黑龙江的 3 份抑制性土壤中胞囊数量明显降低，并且空胞囊数量明显增多。

土壤微生物是引起大豆胞囊线虫限制性土壤抑制性的主要因子，也是引起自然衰退的主要原因。大豆胞囊线虫抑制性土壤中存在许多大豆胞囊线虫的天敌生物，包括真菌、细菌、捕食性线虫等，它们对大豆胞囊线虫病的发生起到抑制作用。存在于抑菌土中的大量生防菌在生长发育和代谢过程中产生多种具有拮抗性、竞争性的次级代谢产物或酶类物质，通过直接或间接作用，抑制或杀死病原菌。

抑制性土壤非常复杂，受到许多因素的影响，抑制因子并不是单一孤立存在的。对抑制性土壤的研究都集中在生物方面，非生物因素对大豆胞囊线虫抑制性土壤的影响也是不容忽视的，如土壤理化性质、土壤养分、土壤水分、根系分泌物等。因此，在未来研究中，研究大豆胞囊线虫抑制性土壤中的生物因子及因子之间的关系，可进一步发现常年连作条件下的生防优势菌群及更多的大豆胞囊线虫抑制因子，同时为揭示大豆胞囊线虫抑制性土壤的作用机理和特性奠定基础，解决生产上大豆胞囊线虫的危害问题。

参考文献

陈井生，李肖白，李泽宇，等，2011. 不同抑制性土壤真菌菌株对大豆胞囊线虫的抑制作用 [J]. 河南农业科学，40(7): 90-92.

刘杏忠，张东升，武修英，等，1997. 定殖于大豆胞囊线虫内真菌的初步研究 [J]. 北京农业大学学报，17(3): 87-91.

宋洁，许艳丽，2012. 大豆胞囊线虫抑制性土壤及其生防因子研究进展 [J]. 大豆科技，1: 31-35.

孙漫红，刘杏忠，2000. 连作土壤中大豆胞囊线虫种群数量减少的原因探讨 [J]. 植物病理学报，30(4): 353-356.

BAKER K F, COOK R J, 1974. Biological control of plant pathogens[J]. American phytopathological society, 433.

CHEN S Y, 2007. Suppression of *Heterodera glycines* in soils from fields with long-term soybean monoculture[J]. Biocontrol science and technology, 17(1/2): 125-134.

HARTWIG E E, 1981. Breeding productive soybean cultivars resistant to the soybean cyst nematode for the southern United States[J]. Plant disease, 65(4): 303-307.

MENDES R, KRUIJT M, BRUIJN I D, et al, 2011. Deciphering the rhizosphere microbiome for disease-suppressive bacteria[J]. Science, 332(6033): 1097-1100.

VAN ELSAS J D, COSTAL R, JANSSON J, et al, 2008. The metagenomics of disease-suppressive soils - experiences from the METACONTROL project[J]. Trends in biotechnology, 26(11): 591-601.

WELLER D M, RAAIJMAKERS J M, GARDENER B B M, et al, 2002. Microbial populations responsible for specific soil suppressiveness to plant pathogens[J]. Annual review of phytopathology, 40: 309-348.

（撰稿：李燕；审稿：王琦）

引发 defence priming

生物或化学激发子处理后，植物产生比未诱导植物对随后的生物和（或）非生物胁迫具有更快更强的防卫反应的现象。一旦这些激发子被识别，植物在生理、转录、代谢和表观水平都会发生改变。激发子处理后植物能够快速调配防卫反应的生理状态称为“primed state”，即敏感的或者准备就绪的状态。处于 primed state 的植物对随后的病原菌、害虫或非生物逆境表现出更强的抗性。Priming 在植物诱导抗性中并不是偶然事件，多种生物或非生物因子都能诱导引发反应，如病原菌、有益微生物、原生动物、化学物质的或非生物激发子都可以作为预警信号激发 priming。

Priming 被证明是植物免疫系统的共同特征，赋予植物在病原菌、昆虫以及非生物胁迫下自我保护的能力，也是植物诱导抗病性的重要机制，参与系统获得抗性（systemic acquired resistance，SAR）、诱导性系统抗性（induced systemic resistance，ISR）、植物对伤害的反应，是提高植物适应性的策略。Priming 可以是持久的，在植物整个生命周期中存在，甚至可以传递给后代，是植物免疫记忆的一种。

Priming 可以分为以下阶段：priming phase，post-challenge

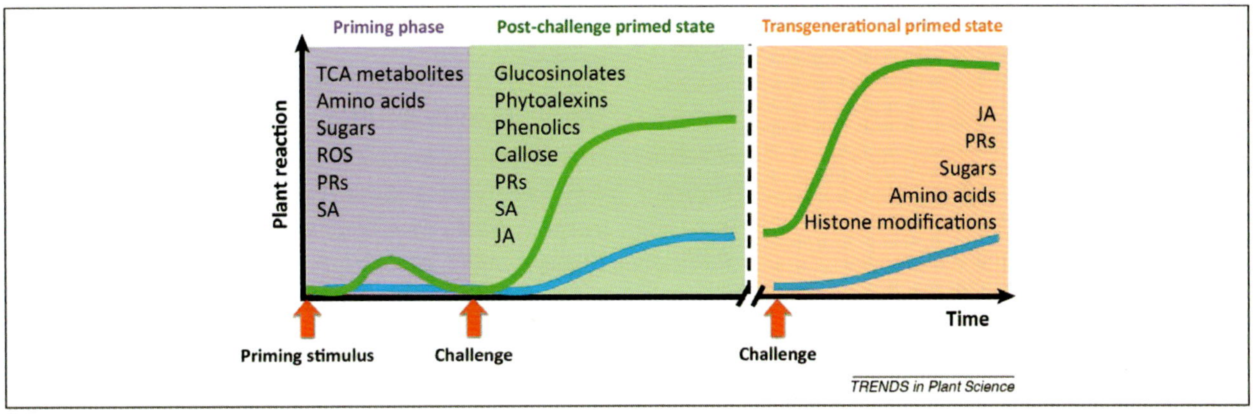

Priming 的不同阶段

绿色代表 Primed 植物的反应水平，蓝色代表没有 Primed 植物的反应水平

primed state 和 transgenerational primed state（见图）。激发子处理刺激植物进入 priming phase，这个阶段会一直持续至植物受到胁迫。在 priming phase，不同的初级或次级代谢产物、酶、激素和其他分子的水平只是有一点改变，使植物处于预警状态。一旦植物遭受胁迫，植物就进入到 post-challenge primed state，这个阶段植物会快速调配防卫反应。transgenerational primed state 是在 primed 植物的后代中发现的，这些植株带有 priming 的记忆，因此能对随后的胁迫产生更快更强的反应（见图）。

Priming 的信号转导过程受到激发子、病原菌和寄主植物的共同影响。根据激发子和病原系统的不同，处于 primed state 的植物会启动不同的防御机制，具体的防御机制主要依赖于植物的 priming state。参与植物的 SAR、ISR 的水杨酸（salicylic acid，SA）、茉莉酸（jasmonic acid，JA）、乙烯（ethylene，ET）等信号分子都可能参与 priming 的发生。priming 的分子机制和信号转导过程尚未完全阐明。保持失活状态的丝裂原活化蛋白激酶（mitogen-activated protein kinases，MAPKs）的积累可能是植物引发效应发生的可能机制。MAPKs 的功能相当于细胞信号放大器，通过三级级联系统传递和放大信号，激活细胞反应。激发子诱导相当于细胞信号放大器的信号蛋白积累或翻译后修饰，但这些蛋白在被表达或修饰后仍然保持失活状态，当植物细胞识别后来的病原菌或者非生物胁迫时，被诱导细胞中的这些休眠信号蛋白被激活，它们启动从而引起更快速和更强大的信号放大，更强更快地激活免疫和抗逆相关的防御反应。染色质修饰、分子修饰等也可能参与 priming 发生的分子机制。

激发子引发植物对生物和非生物胁迫抗性增强，不是直接上调防卫信号传递级联反应，而是使植物进入防御状态，因此是植物低成本的防御策略。从细胞代谢活动来说，防卫反应的激活使细胞和能量代谢转向逆境响应，从而打破了正常的细胞发育功能，因而导致植物生长和繁殖的适合度损失；而 priming 直接诱导防卫反应导致的适合度损失要小得多。从经济学角度来说，priming 是植物平衡抗逆与激活防卫反应中所造成的适合度损失这一进退两难境地的选择。

参考文献

BALMER A, PASTOR V, GAMIR J, et al, 2015. The 'prime-ome': towards a holistic approach to priming[J]. Trends plant science, 20: 443-452.

CONRATH U, 2011. Molecular aspects of defence priming[J]. Trends plant science, 16: 524-531.

MAUCH-MANI B, BACCELLI I, LUNA E, et al, 2017. Defense priming: An adaptive part of induced resistance[J]. Annual review of plant biology, 68: 485-512.

PASTOR V, LUNA E, MAUCH-MANI B, et al, 2013. Primed plants do not forget[J]. Environmental and experimental botany, 94: 46-56.

（撰稿：韩敏；审稿：王琦）

荧光假单胞菌 *Pseudomonas fluorescens*

假单胞菌科假单胞菌属一个常见种，典型的革兰氏阴性杆菌，对数生长期时大小一般为 0.7～0.8μm × 2.3～2.8μm，呈单个或成对排列，极生鞭毛，不形成芽孢。专性好氧，可在 pH5.7 和 7%NaCl 的环境中生长，最适生长温度为 25～30°C，大多数菌株能在 4°C 生长，41°C 则不生长。荧光假单胞菌的营养要求不高，在多种基本培养基上均可生长。在缺铁条件下，如金氏 B（King's B）培养基中荧光假单胞菌产生水溶性荧光素，即嗜铁素（siderophore），在紫外线（366 nm）照射下呈现黄绿色或蓝白色荧光。除荧光假单胞菌外，假单胞菌属下还有许多种可以产生荧光性嗜铁素，如 *Pseudomonas aeruginasa*、*Pseudomonas syringae*、*Pseudomonas putida*、*Pseudomonas tolaasii*、*Pseudomonas chlororaphis*、*Pseudomonas viridiflava* 等，统称为荧光性假单胞菌（fluorescent pseudomonads）。

荧光假单胞菌的分类现状比较复杂。由于假单胞菌属下有大约 200 个种，多数种的模式菌株尚未完成基因组测序，因此假单胞菌属下种水平的鉴定主要依据多位点（*16S rRNA*， *gyrB*，*rpoB*，*rpoD*）系统发育分析（multilocus sequence analysis，MLSA）和生理生化性状分析。近年来荧光假单胞种下菌株的分类地位经常发生变化，如原荧光假单胞菌菌株CHA0于2012年被重新鉴定为新种保护假单胞菌（*Pseudomonas protegens*）的模式菌株。与荧光假单胞菌亲缘关系相近的大约50个种统称为荧光假单胞菌组（group）或荧光假单胞菌复合种（species complex）。随着基因组测序数据的不断完善，荧光假单胞菌现有菌株的分类地位仍将发生一定变化。

绝大多数荧光假单胞菌是非致病性的腐生菌，营养要求简单，广泛分布于土壤、水体、动植物表面等不同环境中。一些荧光假单胞菌能够迅速稳定地定殖于植物根围，形成较大的群体，是重要的植物病害生防菌和根际促生菌（PGPR）。荧光假单胞菌防治植物病害的主要机制包括以下几类。

抑菌作用　荧光性假单胞菌产生大量不同类型和作用机制的抗生素和胞外酶，抑制病原菌的生长或定殖。如吩嗪类衍生物（phenazins）、2, 4-二乙酰基间苯三酚（2,4-diacetylphloroglucinol, DAPG）、藤黄绿脓菌素（pyoluteorin）、硝吡咯菌素（pyrrolnitrin）、根菌素（rhizoxin）、假单胞菌酸（pseudomonic acid）、2-己基-5-丙基间苯二酚（2-hexyl-5-propyl resorcinol）甚至葡萄糖酸等。许多假单胞菌产生脂肽类抗生素，如viscosin、viscosinamide、massetolide A等，脂肽类化合物除了能抑制真菌或卵菌的生长，还作为表面活性剂辅助假单胞菌的运动和定殖。很多假单胞菌产生无色的气态化合物氢氰酸（hydrogen cyanide），抑制病原菌细胞色素c氧化酶的活性，阻断呼吸电子传递链。部分荧光假单胞菌能产生几丁质酶、葡聚糖酶、蛋白酶、溶菌酶等胞外裂解酶，降解病原真菌细胞或其他环境物质，在给植物提供营养的同时抑制植物病原的侵染。假单胞菌产生的抗生素类物质常具有多重功能，除直接抑菌外，一些抗生素常在亚抑菌浓度作为信号分子来调节基因表达、调控微生态结构和功能，以及诱导植物防卫反应等。如抗生素DAPG在亚抑菌浓度下可引起枯草芽孢杆菌菌落形态的改变，影响生物膜和芽孢的形成。假单胞菌F113在植物根围产生的DAPG可作为信号分子诱导固氮螺菌与植物生长相关基因的表达，促进固氮螺菌在小麦根围的定殖并产生更多的生长素。DAPG和吩嗪等抗生素还可作为激发子诱导植物产生诱导性系统抗病性（ISR）。

竞争作用　植物根分泌物为根围微生物群落提供了大量碳源等营养，荧光假单胞菌迅速占领根围和根面位点，大量消耗根分泌物，形成优势群体，同时抑制或影响病原菌的根围定殖和侵染。荧光假单胞菌通过趋化性感应根分泌物并做趋向运动，细胞表面的脂多糖也参与了定殖过程。遗传学假单胞菌在根围形成的定殖群体是适应特定生态位点的基因型亚群体，野生型位点特异性重组酶（site-specific recombinase）在根围定殖过程中发挥了重要作用。不同的荧光假单胞菌在不同的根际有不同的定殖能力。定殖能力的强弱也与土壤类型相关的间接因素如湿度、温度、pH等有关。除了大量营养元素，如碳源和氮源，微量元素的竞争往往在根围定殖过程中起到重要作用，并影响到荧光假单胞菌的防病效果。如荧光假单胞菌产生的嗜铁素和绿脓杆菌螯铁蛋白（pyochelin）与环境中Fe^{3+}的亲和力远高于多数病原菌，对病原菌造成铁饥饿环境，抑制了病原菌的定殖和侵染。一般大量产生嗜铁素的荧光假单胞菌在相对缺铁的土壤环境中表现出较好的病害生防能力。

诱导植物系统抗性　一些根围定殖的荧光假单胞菌能诱导植物产生系统性抗性（ISR），ISR是一种广谱的抗病性，对植物不同部位真菌、卵菌、细菌、病毒，甚至昆虫等多种有害生物的危害都有抗性。这种抗性的信号传递途径与弱致病力病原菌引发的系统性诱导抗病性（systemic acquired resistance, SAR）明显不同，诱导的SAR经由水杨酸介导的信号途径，产生PR（pathogenesis-related）蛋白；而ISR途径不产生PR蛋白，也不依赖水杨酸信号，而需要乙烯和茉莉酸识别位点的参与。部分根围荧光假单胞菌也能诱导植物产生依赖水杨酸信号的SAR。假单胞菌产生的ISR诱导因子往往因菌株而异，包括脂多糖、嗜铁素、水杨酸、抗生素等。

荧光假单胞菌还具有多种机制刺激植物生长。一些荧光假单胞菌菌株可产生植物激素或类似物，如生长素（IAA）、细胞分裂素、赤霉素等直接促进植物生长；或能产生某些激素抑制物，如ACC转氨酶，通过降解乙烯前体氨基环丙烷-1-羧酸（ACC），抑制植物乙烯的合成，从而促进植物生长。有些假单胞菌在环境中大量产酸，将土壤中不可溶解的磷元素转变为可溶磷，利于作物吸收，促进生长。

参考文献

GARRIDO-SANZ D, MEIER-KOLTHOFF J P, GÖKER M, et al, 2016. Genomic and genetic diversity within the *Pseudomonas fluorescens* Complex[J/OL]. PLoS ONE, 11(2): 0150183. https://doi.org/10. 1371/journal. pone. 0150183.

GOMILA M, PEÑA A, MULET M, et al, 2015. Phylogenomics and systematics in *Pseudomonas*[J]. Front. microbiol. 6: 214. DOI: 10. 3389/fmicb. 00214.

HAAS D, DEFAGO G, 2005. Biological control of soil-borne pathogens by fluorescent pseudomonads[J]. Nature reviews microbiology, 3: 307-319.

PIETERSE C M J, ZAMIOUDIS C, BERENDSEN R L, et al, 2014. Induced systemic resistance by beneficial microbes[J]. Annual review phytopathol, 52: 347-375.

SCALES B S, DICKSON R P, LIPUMA J J, et al, 2014 Microbiology, genomics, and clinical significance of the *Pseudomonas fluorescens* species complex, an unappreciated colonizer of humans[J]. Clinical microbiology reviews, 27: 927-948.

（撰稿：张力群；审稿：王琦）

营养层　trophic level

生物在食物链中的相对位置。植物作为合成有机物的生产者，是第一营养层；植食者以植物为食（初级消费者），构成第二营养层；捕食和寄生性天敌以植食者为食（次级消费者），构成第三营养层；依次类推有第四营养层，甚至更高一级营养层。Lindeman提出这一概念旨在把食物网中具有相似取食功能的生物进行归类，但这种归类往往把生物之间的营养关系过于简单化，因为发现越来越多的动物取食不同营养层的生物，即所谓“杂食性”（omnivory）。在昆虫中已发现 12 个目中至少 40 个科为杂食性，在捕食性天敌昆虫和寄生性天敌昆虫中，常见同一种昆虫不同虫态取食不同性质的食物。例如，草蛉和瓢虫幼虫肉食性，而成虫常取食植物花粉。Jervis 等对英国威尔士中部和南部进行为期两年的野外调查，加上在法国西部、匈牙利中部以及新西兰北岛地区的野外调查，共观察了 53 种植物，记录了 1000 多头取食花蜜的寄生蜂，包括膜翅目中 15 科 250 种寄生蜂。所以，Thompson 等分析指出，植物和植食者营养层的划分比较清楚，但更高营养层的生物常难以划分。

参考文献

COLL M, GUERSHON M, 2002. Omnivory in terrestrial arthropods: mixing plant and prey diets[J]. Annual review of entomology, 47(1): 267-297.

JERVIS M A, KIDD N A C, FITTON M G, et al, 1993. Flower-visiting by hymenopteran parasitoids[J]. Journal of natural history, 27(1): 67-105.

LINDEMAN R L, 1942. The trophic dynamic apsects of ecology[J]. Ecology, 23: 399-418.

THOMPSON R M, HEMBERG M, STARZOMSKI B M, et al, 2007. Trophic levels and trophic tangles: the prevalence of omnivory in real food webs[J]. Ecology, 88(3): 612-617.

（撰稿：李保平；审稿：孟玲）

油菜与蚕豆多样性系统 rape and fababean intercropping system

利用生物多样性的原理，选择当地油菜和蚕豆的主栽品种进行多样性种植，可有效控制油菜和蚕豆的主要病虫害，减少农药施用，增加农民收入。在油菜主产区油菜与蚕豆多样性种植方式应用广泛（见图）。

油菜、蚕豆是云南重要的小春作物之一，通过多年的研究、试验和示范，已经形成了一套推广技术规程，主要包括种植模式的优化，品种组合的合理搭配及田间的科学管理。

油菜与蚕豆多样性系统（何霞红提供）

油菜与蚕豆多样性种植模式

种植模式和规格　在控制病害的基础上，综合农民增产增收的需要，筛选综合效益最佳的种植模式和规格，使之既有控制病害的明显效果，又有显著的增产效果。综合效益最好的油菜与蚕豆多样性优化种植模式为 4 行蚕豆 2 行油菜，开墒种植，墒边间作蚕豆。油菜采用塘点播，株距 25cm，行距 40cm；蚕豆株距 20cm，行距 30cm。在保证病害控制的最佳种植基础上，结合综合效益最佳种植规格和机械化种植与收获的要求，合理密植和合理的宽窄行比列，满足综合效益和机械化操作的需要，提高劳动生产力。

种植时间　根据油菜与蚕豆的播种最佳节令，选择相应的作物品种组合搭配，调整播种时间，在有利于不同作物生长的基础上，解决春耕生产的茬口矛盾，有利于农事安排，产生最佳的综合效益。油菜与蚕豆搭配组合的种植时间 10 月上旬同时播种，

油菜与蚕豆多样性种植模式品种选择　在满足以上模式的基础上，选择各地生产上使用的品种均可实现油菜与蚕豆进行多样性种植。

田间管理　适时施用磷肥、钾肥是提高蚕豆单产的有效措施，蚕豆长到 3～4 叶期时每亩用磷、钾肥各 5kg 混合后兑水泼浇于蚕豆根部，其他作物的施肥按常规方法进行。不防病，蚜虫发生高峰期适当防治蚜虫，与净栽相比，农药使用量大幅度下降。

豆科与禾本科作物间作可以提高作物产量，促进光、热、水、养分等资源的高效利用，控制病虫害的发生，稳定农田生态系统。

油菜与蚕豆多样性种植对蚕豆主要病虫害有较好的控制效果，其中，对蚕豆叶斑病和蚕豆斑潜蝇的控制效果最好，推迟了蚕豆斑潜蝇发生高峰，还大大降低了虫发率及虫情指数，此外，油菜蚕豆多样性种植对油菜白锈病和油菜蚜虫也有一定的控制效果。

油菜与蚕豆多样性种植后，蚕豆的根瘤和产量都有显著提高。土壤在较高肥力水平下，蚕豆与油菜的营养竞争更加剧烈，诱导了蚕豆根瘤量的增加和氮产量的提高，并最终提高了蚕豆的产量；根际通透性的适当增大，提高了蚕豆的根瘤量和地上部生物量，并提高了固氮水平。此外根系分泌物及根际微生物也能促进蚕豆结瘤，低浓度的蚕豆根系分泌物和油菜根系分泌物对蚕豆的结瘤和生长均具有促进作用，促进蚕豆的结瘤、生长和植株氮含量。

油菜与蚕豆间作具有显著的间作生物学产量及经济产量优势，随着氮肥施用量的增加间作产量优势减弱。间作方式中油菜的竞争能力强于蚕豆。油菜与蚕豆间作提高了油菜地上部氮吸收量，但间作没有提高钾吸收量的趋势。随着氮肥施用量的增加，单、间作油菜茎叶氮吸收量随之增加。

参考文献

寸植贤，陈建斌，秀洪学，等，2014. 间作方式和种植密度对蚕豆结瘤和作物生长的影响 [J]. 云南农业大学学报，29(4): 514-520.

肖靖秀，汤利，郑毅，2011. 氮肥用量对油菜—蚕豆间作系统作物产量及养分吸收的影响 [J]. 植物营养与肥料学报，17(6): 1468-1473.

杨进成，范桂萍，马琼芬，等，2008. 油菜蚕豆多样性间作对病虫害持续控制和增产效应 [C]// 中国作物学会油料作物专业委员会代表大会暨学术年会：401-409.

（撰稿：何霞红；审稿：朱有勇）

游动性 swimming

细菌的一种运动方式。借助螺旋形鞭毛旋转作为驱动力，以趋化性为导向，单个细胞在水环境中作直线或翻腾运动（见图）。游动性实际上是单个细胞独立地感知外界化学信号从而引起的适应性趋化现象。

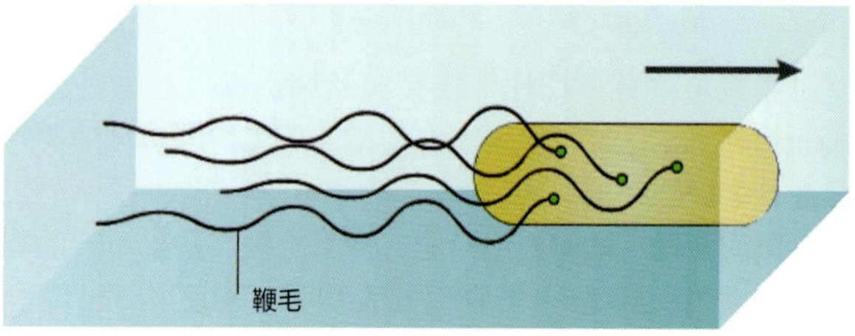

细菌在旋转鞭毛作用下单个细胞在液体中游动

（仿自 Kearns, 2010）

鞭毛作为细菌运动的主要"器官"，对介导游动性发挥重要作用。鞭毛马达位于鞭毛内端，嵌在细胞膜中，在马达的驱动下，从细胞体延伸出来的螺旋形鞭毛丝旋转。鞭毛丝旋转产生驱动力，促使细胞在周围介质环境中游动。细菌游动的速度很快，每秒钟可以达到数百微米。游动速度依赖于鞭毛马达转矩（motor torque）、细胞形状（cell shape）以及鞭毛丝（flagellar filament）的性状、长度、数量和位置（极生或周生）。

细菌鞭毛主要以跨膜质子梯度或在某些情况下以钠离子梯度为驱动力。鞭毛马达负责将离子梯度能量转化为鞭毛的物理旋转。在大肠杆菌中，鞭毛马达分为转子（rotor）和定子（stator）；其中转子由 FliG、FliM 和 FliN 蛋白组成，它们调控游动方式的转换，即决定鞭毛顺时针旋转或逆时针旋转；定子由两个内在膜蛋白 MotA 和 MotB 组成，MotA 和 MotB 按照 4：2 的比例组成一个复合蛋白。尽管缺少 MotA 或 MotB 细菌可以形成鞭毛，但是鞭毛却无法旋转。几个定子复合物和每个马达联合在一起形成鞭毛马达转矩，是细菌游动中非常重要的"工具"。

游动只是细菌多种运动方式中的一种。许多细菌均可利用游动机制进行运动，运动性在植物病原细菌致病性或者生防细菌防治病害过程中发挥重要作用。

参考文献

赖世龙，侯浩，姜伟，2006. 细菌的运动性及其在致病初期过程中的作用 [J]. 微生物学杂志，26(5): 68-70.

王刚，刘凤英，王森，等，2011. 内生细菌 B3-7 的运动性参与其在小麦根系的内生定殖和对小麦全蚀病的生物防治 [J]. 植物病理学报，41(5): 526-533.

ATSUMI T, MAEKAWA Y, YAMADA T, et al, 1996, Effect of viscosity on swimming by the lateral and polar flagella of Vibrio alginolyticus[J]. Journal of bacteriology, 178(16): 5024-5026.

BRAUN T F, BLAIR D F, 2001. Targeted disulfide cross-linking of the MotB protein of *Escherichia coli*: Evidence for two H^+ channels in the stator complex[J]. Biochemistry, 40(43): 13051-13059.

CALVIO C, CELANDRONI F, GHELARDI E, et al, 2005. Swarming differentiation and swimming motility in *Bacillus subtilis* are controlled by swrA, a newly identified dicistronic operon[J]. Journal of bacteriology, 187(15): 5356-5366.

DEAN G E, MACNAB R M, STADER J, et al, 1984. Gene sequence and predicted amino-acid-sequence of the MotA protein, a membrane-associated protein required for flagellar rotation in *Escherichia coli*[J]. Journal of bacteriology, 159(3): 991-999.

FRANCIS N R, SOSINSKY G E, THOMAS D, et al, 1994. Isolation, characterization and structure of bacterial flagellar motors containing the switch complex[J]. Journal of molecular biology, 235(4): 1261-1270.

JARRELL K F, MCBRIDE M J, 2008. The surprisingly diverse ways that prokaryotes move[J]. Nature reviews microbiology, 6(6): 466-476.

JONES C J, AIZAWA S I, 1991. The bacterial flagellum and flagellar motor-structure, assembly and function[J]. Advances in microbial physiology, 32: 109-172.

KATO J, NAKAMURA T, KURODA A, et al, 1999. Cloning and characterization of chemotaxis genes in *Pseudomonas aeruginosa*[J]. Bioscience biotechnology and biochemistry, 63(1): 155-161.

KEARNS D B, 2010. A field guide to bacterial swarming motility[J]. Nature reviews microbiology, 8(9): 634-644.

KEARNS D B, LOSICK R, 2003. Swarming motility in undomesticated *Bacillus subtilis*[J]. Molecular microbiology, 49(3): 581-590.

KHAN I H, REESE T S, KHAN S, 1992. The cytoplasmic component of the bacterial flagellar motor[J]. Proceedings of the National Academy of Sciences of the United States of America, 89(13): 5956-5960.

TOUTAIN C M, ZEGANs M E, O'TOOLE G A, 2005. Evidence for two flagellar stators and their role in the motility of *Pseudomonas aeruginosa*[J]. Journal of bacteriology, 187(2): 771-777.

（撰稿：李燕；审稿：王琦）

有效天敌筛选 screening for effective natural enemies

如何确定有害生物在原产地的哪些天敌为具备引进条件的有效天敌的方法。天敌在有害生物自然控制中起着重要的作用，同时也是生物防治中最重要的介质。有效天敌的筛选往往是针对传统生物防治而言的。一种有害生物在原发生区的天敌往往有很多，故在众多天敌资源中甄选出有效天敌是生物防治成功的基础。判断一种天敌是否为有效天敌的基本考量准则主要包括天敌的控制效率、天敌的寄主专化性、天敌的适生性、天敌的繁殖力以及天敌的自然扩散能力等5个方面。①天敌具备较强的控害能力是生物防治能够取得成功的基本保障。在有害生物原产地的众多天敌资源中，引进那些在原产地对有害生物自然控制作用更好的天敌是筛选有效天敌的首要原则。②在具备较强控害能力的基础上，天敌对引入地非靶标生物的生态安全性也是确定该天敌是否为有效天敌的限制因子。即便某种天敌的控害作用较好，若其专化性很差，对非靶标生物存在生态威胁，这类天敌也不宜作为有效天敌引进。③天敌还应该具备较强的环境适应性，即在引入地可以很好地适应当地气候环境。④天敌的繁殖力也是衡量其是否可成为有效天敌的标准之一。具备高繁殖力的天敌不仅有利于其种群的快速建立，同时也能在有害生物种群快速增长时发挥更好的控害作用。⑤引进天敌还应该具备较强的自然扩散和定殖能力，以此确保天敌在引入地可以较快成为生态系统的稳定组分。针对以上5个筛选有效天敌的基本原则，其主要筛选方法则包括以下4个方面。

依据气候条件一致性确定采集地 对于那些在原发生区分布范围很广的有害生物，究竟从何处引进天敌往往决定了生物防治是否可以获得成功。气候条件严格限制了天敌的适生范围，当天敌的原始分布区和引入地的气候条件一致时，才更利于其在引入地建立稳定的种群。另外，在与入侵地气候条件一致的原产地寻找天敌，也是在天敌被引入后其与有害生物的发生保持较高同步性的可靠保证。通常，可以通过有害生物入侵地和原产地的历史气候数据来拟合匹配区域，常用的软件包括CLIMEX和BioSIM。那些与入侵地气候条件匹配度更高的原始发生区可以作为天敌的优先采集地。

生物测定确定具高控害率和高繁殖力的天敌作为备选对象 一旦天敌的采集地确定后，对那些在该区域有文献记载的天敌类群，依据已报道的种类及其防控效率可以作为筛选天敌时的重要参考。对那些缺乏文献记录的地区，野外采集获得备选天敌类群是必须实施的步骤。在获得备选天敌类群后，依托实验室条件和人工模拟半自然条件下对每种天敌进行行为生物测定试验，挑选那些对目标有害生物具高寄生或捕食率的天敌作为备选目标。但需要特别注意的是，控害效能的生物测定试验应在原产地和引入地同时进行，以排除那些可能在原产地效果较好，但在引入地缺乏控害能力的天敌种类。在进行控害效率的生物测定试验过程中，可同步观察和记录各种天敌的繁殖能力差异。通常，可用天敌在其整个生命周期内所能繁育的子代总量作为其繁殖力的衡量标准。当然，那些在一次生殖过程中就能产下较多子代的天敌则更应该纳入备选对象。另外，能产下更多雌性后代的天敌种类也应该作为优先选择对象。

生物测定确定天敌的寄主专化性 天敌寄主专化性测定需要与其控害效率测定同时进行。通常选择与目标有害生物同属或同科的相近类群作为对照材料，研究目标天敌是否对这些物种产生寄生或捕食作用，以此评价引进天敌的生态安全性，这一测定同样需要在原产地和引入地同步进行。同时，选择那些在引入地自然分布的非靶标生物作为天敌专化性测定对象也是必不可少的。另外，引进天敌还不应与引入地的本地天敌存在过大的资源竞争，而致后者的种群保障存在隐患。引进天敌的专化性和种间竞争测定都应该在有资质的检疫实验室完成。

天敌的扩散和定殖能力评估 自然扩散能力强的天敌，减少了释放过程中的成本投入。定殖能力强的天敌，可在短期内成为生态系统中的固定因子，不需长时间内仍通过人工助增来保持种群。野外定期采集可以作为天敌扩散和定殖能力评估的方法之一，当然这一方法必须基于天敌各时期完整的形态学数据。此外，基于DNA条形码构建天敌的特异性识别图谱也在引进天敌的扩散和定殖评估中应用广泛。该方法主要可应用于对那些野外采集的幼期天敌的判定和识别上，以此来确认天敌的扩散范围和定殖情况。

除了传统生物防治在引进天敌时需进行有效天敌筛选以外，针对人工助增本地天敌防控本地有害生物时往往也面临着从众多的原始天敌资源中选择优势种进行人工扩繁和应用。相较于传统生物防治，人工助增本地天敌在选择助增对象时需要考虑的生态限制因子较少，而更多的是从经济和适用性上出发。例如，在人工助增本地天敌时，天敌本身较强的控害能力、人工繁育的难易度是被考量最多的因素，而天敌自身的专化性则较少被纳入约束条件之内。

参考文献

林乃铨，2010. 害虫生物防治[M]. 4版. 北京：科学出版社.

孟玲，李保平，2005. 柽柳有效天敌昆虫筛选标准的建立[J]. 中国生物防治学报，21(3): 192-195.

杨忠岐，王小艺，王传珍，等，2005. 白蛾周氏啮小蜂可持续控制美国白蛾的研究[J]. 林业科学，41(5): 72-80.

HOELMER K A, KIRK A A, 2005. Selecting arthropod biological control agents against arthropod pests: Can the science be improved to decrease the risk of releasing ineffective agents[J]. Biological control, 34(3): 255-264.

MILLS N, 2005. Selecting effective parasitoids for biological control introductions: Codling moth as a case study[J]. Biological control, 34(3): 274-282.

PRICE P W, 1980. Evolutionary biology of parasites[M]. New Jersey: Princeton University Press.

PRICE P W, DENNO R F, EUBANKS M D, et al, 2011. Insect ecology: behavior, populations and communities[M]. New York: Cambridge University Press.

（撰稿：魏可；审稿：王小艺）

诱捕植物 trap plants

利用植物防治病虫害的一种方式，降低其对农作物的危害。对于病害而言：①可以用诱捕植物来诱捕病原菌，防治病害的大面积发生，如利用番茄苗诱捕马铃薯粉痂菌、大豆作为诱捕植物防治白菜根肿病以及万寿菊防治根结线虫等。②对于寄生性种子植物如列当，利用诱捕植物进行防治。诱捕作物的化感作用能够刺激列当种子“自杀发芽”，达到防治目的。诱捕作物可以作为农田轮作管理的一种，减少列当的种子土壤库存，又能在出苗前进行防治，可以显著减轻列当对寄主植物的危害。但是诱捕作物的轮作不能立即消灭土壤中的种子库，诱捕作物，其分泌发芽刺激物质的能力受到作物种类、品种、根系生长、降雨以及土壤环境的影响。对于虫害而言：①可以利用同种植物来作为诱捕植物，可以提前种植一部分作物，作为诱捕植物来吸引害虫，然后再将其消灭，这样害虫就不会造成大面积的危害。②种植不同种的作物和强吸引性的诱捕植物。例如向日葵对于甲虫和臭虫有很强的吸引性，可以在害虫大暴发的时候，利用诱捕植物消灭害虫并阻断它们的迁徙；不同的诱捕植物针对相应的害虫有诱捕作用，例如秋葵对番茄蚜虫和百日菊对日本甲虫等。

诱捕植物对时空有一定的要求，一般都要在主栽作物之前进行栽种，而且诱捕植物必须要对病虫菌和害虫有很强的吸引力，集中在诱捕植物上消灭它们。诱捕植物既要有极强的吸引力，而且还要有一定的经济价值。

参考文献

刘霞，胡先奇，杨艳丽，2014. 马铃薯粉痂菌诱饵植物筛选及环境对病害发生的影响 [J]. 中国马铃薯，28: 35-42.

唐林，2016. 大豆作为陷阱植物防治根肿病的效果评价及机制研究 [D]. 武汉：华中农业大学.

叶晓馨，2017. 玉米和谷子作为诱捕作物防除列当有效性研究 [D]. 杨凌：西北农林科技大学.

SHELTON A M, BADENES-PEREZ F R, 2006. Concepts and applications of trap cropping in pest management[J]. Annual review of entomology, 51: 285-308.

（撰稿：曾庆超；审稿：王琦）

诱导抗病性　induced systemic resistance, ISR

植物经病原物接种，或经生物因子、化学因子处理激发自身的天然防御机制，产生一种后天免疫功能，并且具有对后来的病原物有比未受处理情况下更强的抵抗性。

植物诱导抗病性分为系统获得抗病性（SAR）和诱导系统抗病性（ISR），SAR 和 ISA 两者存在拮抗作用，传导信号等也不相同。SAR 是在植物第一次受到外界病原物侵染后，在侵染部位引起 HR 局部反应，再通过信号传导作用引起植物体的系统性抗性，其信号传导物质一般是水杨酸（SA）。而 ISR 则是通过一些生物因子或者化学因子等无致病力的因素诱导植物的抗病性，其信号传导物质一般是茉莉酸（JA）或乙烯（ET）。最开始，诱导植物抗病性一般会选择与病原菌相近的弱毒菌系或无致病力的菌系，但是对于一些没有抗病基因的寄主来说，一些弱毒菌系或无致病菌系有可能会成功侵染那些没有抗性的寄主。对于含有抗性基因的寄主来说，虽然可以通过实现接种病原菌的方法来使其获得抗性，但是其或多或少也会给寄主带来一些损伤。随着对植物根围生防菌（PGPR）的研究发现，PGPR 也可以诱导植物系统抗病性。不同于利用弱毒菌系和无致病力菌系，利用 PGPR 诱导植物产生抗性不会引起植物本身的损伤，在一定程度上还会促进植物的生长，并且具有明显的优势：①多病原抗性，PGPR 诱导的植物抗性能防治多种病原物引起的病害包括真菌、细菌甚至虫害。②无毒副作用，PGPR 是有益菌，本身不对植物产生任何危害作用。③促进植物生长，PGPR 能够促进矿物质营养的利用或产生有益代谢物，或通过抑制植物病原菌生长，直接或间接促进植物生长。通过 PGPR 诱导植物抗病性时，可以使用 1 种 PGPR 也可以 2 种以上混合使用。针对不同的植物，PGPR 的选择也会不同。在植物根部接种 PGPR 后，确认其能在植物根部定殖成为优势种群后才能继而诱导植物抗病性的表达。PGPR 在植物体根部定殖后，一方面可以与病原菌竞争营养位点，分泌一些嗜铁素等物质来抑制病原菌的生长；另一方面，PGPR 可以诱导植物产生 ISR 和一些抗菌素等，激发植物的防卫系统，刺激一些植物体抗性基因的表达。根围生防菌诱使植物产生诱导系统抗病性（ISR）的前提条件是细菌必须与植物相互识别，细菌将某些信号传到植物中，启动植物抗性。诱导 ISR 表达的因子包括脂多糖、嗜铁因子和水杨酸。根际非病原细菌诱导 ISR 的途径有所不同，一些根际细菌通过水杨酸途径，而其他根际细菌则通过茉莉酮酸—乙烯途径诱导 ISR 的表达。根围生防菌诱导 ISR，可作为一种有效、安全的生防措施，用于田间作物病害的控制。诱导抗病性应满足以下条件才可称为 ISR：①诱导因子对于挑战病原无毒性作用。②预先使用能影响植物基因表达的特异性。③诱导因子的应用和植物响应的启动之间必须有时间间隔。④细菌必须达到一定的浓度才能诱导植物产生抗性，高于此值诱导效果变化不大，低于此值不能诱导植物产生抗性。⑤诱导非特异性，即具有广谱抗病性。⑥根际细菌诱导的抗性依赖植物基因型。

参考文献

陈英，黄敏仁，诸葛强，等，2002. 植物抗病信号传导途径及其相互作用 [J]. 南京林业大学学报（自然科学版），26(3): 85-90.

马晖玲，房媛媛，2014. 植物抗病性及诱导抗性在匍匐翦股颖病害防治中的应用 [J]. 草业学报，5: 312-320.

任海英，2006. 生物激发子与氧化还原相关信号对植物生长和抗病性的调控作用 [D]. 南京：南京农业大学.

吴跃开，2006. 植物促生根圈细菌诱导植物系统抗性的研究进展 [J]. 中国森林病虫，25(2): 24-29.

杨海莲，孙晓璐，2000. 植物根际促生细菌和内生细菌的诱导抗病性的研究进展 [J]. 植物病理学报，30(2): 106-110.

赵健，李玥仁，2000. 植物根际非病原细菌介导的系统诱导抗病性 [J]. 江西农业大学学报，3: 345-350.

ANNAPURNA K, KUMAR A, KUMAR L V, et al, 2013. PGPR-induced systemic resistance (ISR) in plant disease management[M]. Bacteria in Agrobiology: Disease Management. Springer Berlin Heidelberg: 405-425.

CHOUDHARY D K, JOHRI B N, 2009. Interactions of *Bacillus* spp. and plants–with special reference to induced systemic resistance (ISR)[J]. Microbiological research, 164(5): 493-513.

CHOUDHARY D K, PRAKASH A, JOHRI B N, 2007. Induced systemic resistance (ISR) in plants: mechanism of action[J]. Indian journal of microbiology, 47(4): 289-297.

PANGESTI N, REICHELT M, MORTEL J E V D, et al, 2016. jasmonic acid and ethylene dignaling pathways regulate glucosinolate levels in plants during rhizobacteria-induced systemic resistance against a leaf-chewing herbivore[J]. Journal of chemical ecology, 42(2): 1212-1225.

（撰稿：郭坚华；审稿：王琦）

诱集效应 trap and lure effect

利用昆虫对某些波长光源、化学物质表现为明显的趋向而引诱昆虫，使昆虫向某一信息源聚集的效应。诱集效应既是一种虫害预测预报措施，也是一种防治害虫的措施。根据诱集效应的诱集源类型，诱集效应分为色彩诱集和气味等化学物质的诱集。趋光性是多种昆虫的基本行为，不同昆虫的视觉具有敏感度不同的波谱范围和趋光反应峰，不同种昆虫对不同色彩具有不同的趋向性。

色彩诱集（简称色诱）是利用昆虫对某些颜色的敏感性来诱集昆虫。如蚜虫喜欢黄色和绿色物体，农业上经常利用害虫对色彩的趋向性进行虫害预测预报或害虫控制。如利用色板诱集害虫，包括黄色黏虫板和蓝色黏虫板。黄色黏虫板简称黄板，可用于诱杀蚜虫、黄曲条跳甲、斑潜蝇、灰飞虱、烟粉虱等害虫。蓝色黏虫板简称蓝板，通常用于诱杀蓟马类害虫。

气味等化学物质对昆虫的诱集效应。昆虫对某些化学物质表现出明显的趋向性，包括性信息素、糖醋液和食诱剂等，这类化学物质对昆虫的引诱都属于气味诱集（简称味诱）。如利用糖醋诱集黏虫和小地老虎等夜蛾类害虫，利用新鲜蔗渣引诱寄生蜂，利用尿液或汗水诱捕蝴蝶，利用糖蜜诱集蚂蚁，利用腐烂水果引诱果蝇等都属于气味诱集。

人类利用不同的诱集植物来防治相应作物害虫的历史已超过百年。1860 年，Curtis 推荐种植欧洲防风诱集胡萝卜上的伞形花织蛾［*Depressaria depressella*（Hokkanen）］；Sanderson 提倡棉田四周种植玉米，诱集棉铃虫［*Helicoverpa armigera*（Hübner）］；Hannunen 认为种植小面积诱集植物可以明显降低主要作物上的害虫密度。20 世纪 70 年代以后，利用诱集植物防治害虫，诱集植物在棉花、大豆、花椰菜、马铃薯、玉米等作物上得到应用，并取得较好防治效果。印度、斯里兰卡茶园中种植诱虫植物引诱害虫，以减轻茶树虫害。罗顿豆、猪屎豆、铺地木蓝、杂三叶、黄花槐、伞房决明和圆叶决明 7 种绿肥植物的挥发物明显地引诱假眼小绿叶蝉，以圆叶决明的挥发物引诱活性最强。

田间悬挂黏虫色板对害虫具有良好的防治作用，然而在诱杀防治害虫的同时，黏虫板也存在一定的负面效应，其最大弊端是在诱集害虫的同时，对天敌也有一定的诱集作用。

在苹果、梨和桃等果园的各个生长阶段，黄板都可以诱集到相当数量的捕食性天敌昆虫和寄生性天敌昆虫。因此，黄板作为一种人工调控的生态系统介入品，只有科学、合理地使用，才会保护生态系统。使用黄板进行蚜虫防控时，一方面要考虑蚜虫迁飞扩散的生物学特点，另一方面要从生态学上考虑介入因子改变了食物链及能级后，影响生态位中次代种群数量的变化。

色板诱集的效果还受多种因素的影响，如当地气候条件，害虫和天敌在田间的种群数量，黄板的形状、大小、悬置方向、悬置高度和密度，摘除时间等。色板颜色与悬挂高度和悬挂密度间会存在一定的互作效应。

利用昆虫对不同颜色嗜好制作黏虫色板来防治害虫是害虫综合治理的重要措施之一。色板诱捕技术作为一种害虫防治方法，因其操作简单，成本低，具有无农药污染、无抗药性等优点，已在大田作物、果树、蔬菜和花卉等害虫防治领域广泛应用，尤其对蚜虫、斑潜蝇、粉虱、蓟马、叶蝉等小型昆虫有良好的诱杀效果。

参考文献

贝亚维，高春先，陈笑芸，等，2004. 黄色诱虫板在温室和露地诱虫谱的比较研究 [J]. 浙江农业学报，16(5): 340-342.

谷明，林乃铨，2011. 假眼小绿叶蝉对不同绿肥挥发性物质的行为反应 [J]. 福建农林大学学报（自然科学版），40(3): 242-245.

欧善生，简峰，苏桂花，等，2012. 西花蓟马对不同颜色的趋性及田间诱杀效果研究 [J]. 植物保护，38 (6): 174-177.

秦韧，2013. 色板诱杀害虫的正确使用方法 [J]. 中国蔬菜 (9): 29-30.

夏红军，丁春霞，傅建炜，等，2011. 不同色板对果树害虫及天敌的引诱作用差异 [J]. 中国农学通报，27(19): 287-290.

许向利，花保祯，张世泽，2005. 诱集植物在农业害虫综合治理中的应用 [J]. 植物保护，31(6): 7-10.

张利军，李宾瑶，李丫丫，等，2014. 黄色黏虫板在 3 种果园对蚜虫及其天敌的诱集作用 [J]. 植物保护学报，41(6): 747-753.

张纯胄，2007. 害虫对色彩的趋性及其应用技术发展 [J]. 温州农业科技，2: 1-4.

赵永根，卞觉时，郁卫，2008. 黄板对棉田烟粉虱和非靶标昆虫的诱杀作用 [J]. 植物保护，34(3): 144-147.

朱美华，陈文龙，顾丁，等，2008. 黄板诱杀对斑潜蝇天敌的影响 [J]. 西南师范大学学报（自然科学版），33(3): 48-51.

HAZARIKA L K, PUZARI K C, WAHAB S, 2001. Biological control of tea pests[M]//Upadhyay R K. Biocontrol potential and its exploitation in sustainable agriculture. New York: Kluwer Academic/Plenum Publishers: 159-180.

GNANAPRAGASAM N C, SIVEPALAN P, 2004. Eco-friendly management of tea plantations towards sustainability[J]. International journal of tea science, 3(3/4): 139-146.

（撰稿：陈斌；审稿：李成云）

玉米螟赤眼蜂 *Trichogramma ostriniae* Pang et Chen

属膜翅目（Hymenoptera）赤眼蜂科（Trichogrammatidae）赤眼蜂属（*Trichogramma*）的卵寄生蜂。分布于北京、吉林、辽宁、山东、山西、河北、河南、江苏、浙江、安徽、广东等地。寄主昆虫主要有玉米螟、棉铃虫、烟青虫、棉小造桥虫、小地老虎等危害玉米、水稻、棉花等作物的害虫。

形态特征　体长 0.6mm 左右。雌蜂体黄，前胸背板、腹基部及末端黑褐色。产卵器稍短于后足胫节。

雄蜂　体长 0.7～0.8mm。体黄褐色；但触角、足（端跗节除外）、翅脉淡黄褐色，足端跗节黄褐色；翅脉下具淡黄褐色昙斑，其余翅面透明；复眼、单眼红色。头部正面观宽大于高，复眼占头高 0.58。触角较长，柄节长为宽的 4.3 倍，为梗节的 2.4 倍；鞭节基部有一不明显似索节的分节，约占鞭节全长的 0.14，鞭节细长，长为宽的 6.67 倍，触角刚毛长而尖锐，长度相当于鞭节最宽处的 3.33 倍。胸部短于腹部，为腹长的 0.50 倍。前翅长为宽的 2.04 倍，翅脉各部分比例如下：亚缘脉 : 缘前脉 : 缘脉 : 痣脉 =16 : 11 : 11 : 11，痣脉基部略收缩，细长；翅面纤毛中等稠密，排列规则，纤毛的相对密度（第四列纤毛与第五列纤毛之间的纤毛数）为 27～30；前翅臀角上的缘毛短，长约为翅宽的 1/7。后翅短于前翅，长为宽的 13.7 倍，前纤毛列消失，后纤毛列纤毛稀少，后翅缘毛长为后翅宽的 1.83 倍。雄性外生殖器阳基背突成三角形，端部较为钝圆，具较宽的圆弧形侧叶，基部收缩；阳基侧瓣基部略缢缩；腹中突呈锐三角形，长度为基部至阳基侧瓣末端距离 D 的 0.47；中脊成对，短于基部至阳基侧瓣末端距离 D，相当于基部至阳基侧瓣末端距离 D 的 0.63；钩爪末端伸达基部至阳基侧瓣末端距离 D 的近 1/2。阳茎显著长于其内突，两者全长等于或略短于阳基长度，相当于后足胫节长度的 0.80 倍。

生物学习性　喜好生活于旱地或水稻田内。寄生于玉米螟及近似于玉米螟的螟蛾科昆虫卵中，也寄生于刺蛾科、卷蛾科卵中。玉米螟赤眼蜂在不同寄主卵上产卵耗时不同，能根据寄主卵大小调节产卵数量，产卵时具有性别控制行为。室内组建的玉米螟赤眼蜂在亚洲玉米螟卵上的实验种群生命表的结果显示，米蛾卵繁育的玉米螟赤眼蜂在亚洲玉米螟卵上的净生殖力 R_0 为 9.8240，单雌平均产雌率 R_0' 为 12.6256。玉米螟赤眼蜂的雌成虫寿命 4～11 天，产卵历期 4～6 天，产卵量 39～79 粒，羽化率 88%～98%，性比为 66%～79%。

玉米螟赤眼蜂（李元喜提供）

玉米螟赤眼蜂适温范围 22～32°C；最适温度 28°C；发育起点温度 11.43°C；有效积温 130.44 日・度。以米蛾卵繁育，在 25～26°C、相对湿度 83%～86% 条件下羽化历时 7.5 天，羽化后 1 天内为羽化高峰期，羽化雄蜂率平均 26.68%。雌蜂寿命为 0.5～7.5 天。雄蜂寿命为 0.5～5 天。羽化后 3 天内雌、雄死亡率 52.5% 和 84.4%。产卵期为 0.5～7 天，羽化并接种 12 小时内为产卵高峰期。

在棉田已知寄生玉米螟、棉铃虫、烟青虫、棉小造桥虫、小地老虎的卵。在温室条件下，在距释放点 1～6m 范围内，玉米螟赤眼蜂主要在 2m 范围内扩散飞行，少量个体可扩散 4～6m 远，这种扩散是渐进的、不连续的。距释放点 lm 和 2m 植株上寄主的卵寄生率与 4m 和 6m 处的寄生率存在明显差异。玉米螟赤眼蜂的日活动节律受温度影响，低于 18°C 时赤眼蜂基本不活动，高于 20°C 时活动趋盛。日落后即使温度适宜，赤眼蜂亦基本停止活动，赤眼蜂的日活动高峰在 11：00～18：00。植株高度不影响赤眼蜂在植株间的扩散。

人工繁育与释放利用　室内可用米蛾卵进行大量繁殖，但难寄生于柞蚕、蓖麻蚕等卵中。以米蛾卵为寄主繁殖玉米螟赤眼蜂的质量控制技术包括：米蛾卵的清理和优选，优质种蜂的准备，接蜂过程的条件调控，生产用蜂的收集、清理和质量检测。蜂种以用米蛾卵不间断繁殖或每代发育到预蛹阶段后在 1～3°C 下贮藏 30 天左右后再繁殖。

玉米螟赤眼蜂防治二代玉米螟的优势蜂种，其防治效果显著高于松毛虫赤眼蜂，并且在整个二代玉米螟卵发生期保持高度寄生率。玉米螟赤眼蜂放蜂区玉米螟卵粒寄生率较对照提高 57.43%，相对效果达到 90.53%，玉米收获期剖秆活幼虫减退率为 88.49%。在三代玉米螟卵粒寄生率也高达 98.39%，不放蜂对照区 83.08%，松毛虫赤眼蜂放蜂区则为 78.97%。

玉米螟赤眼蜂对亚洲玉米螟具有较好防治效果的释放密度和释放方法是：当释放密度为 2.25×10^5 头 /hm^2 时，玉米螟赤眼蜂能使亚洲玉米螟虫口密度减退 73.91%。对比传统的人工挂卡和新型的无人机释放玉米螟赤眼蜂，亚洲玉米螟虫口密度减退率分别为 54.55% 和 68.16%。因此，在黄淮海夏玉米区释放米蛾卵繁育的玉米螟赤眼蜂防治玉米螟是可行的。

参考文献

陈红印，王树英，陈长风，2000. 以米蛾卵为寄主繁殖玉米螟赤眼蜂的质量控制技术 [J]. 环境昆虫学报，22(4): 145-150.

林乃铨，1994. 中国赤眼蜂分类 . 膜翅目 : 小蜂总科 [M]. 福州 : 福建科学技术出版社 .

庞雄飞，陈泰鲁，1974. 中国的赤眼蜂属 *Trichogramma* 记述 [J]. 昆虫学报 (4): 441-454.

唐斌，汪延生，周强，等，2008. 赤眼蜂种质资源的描述规范及重要指标分析 [J]. 环境昆虫学报，30(1): 57-61.

王金玲，杨长城，张荆，1990. 玉米螟赤眼蜂生物学习性研究 [J]. 环境昆虫学报 (2): 56-61.

王振营，周大荣，HASAN S A, 1996. 玉米螟赤眼蜂的产卵行为研究 [J]. 中国生物防治学报，12(4): 4-8.

王振营，周大荣，HASSAN S A, 2000. 温室条件下玉米螟赤眼蜂扩散距离及日活动节律 [J]. 植物保护学报，27(1): 17-22.

袁曦，张宝鑫，李敦松，等，2016. 室内外评价在黄淮海夏玉米区释放玉米螟赤眼蜂防治亚洲玉米螟的可行性 [J]. 环境昆虫学报，38(3): 482-487.

张帆，孙光芝，李赤，等，2004. 高效寄生亚洲玉米螟赤眼蜂种及品系田间防治效果 [J]. 中国生物防治学报，20(4): 279-280.

张芝利，黄融生，朱墉，等，1979. 利用玉米螟赤眼蜂防治玉米螟的研究初报 [J]. 昆虫知识 (1): 50-51.

（撰稿：张帆；审稿：李元喜）

玉米与大豆多样性种植系统　maize and soybean intercropping system

采用宽窄行田间布置方式，充分利用边行优势，实现玉米—大豆带状间作套种，年际间交替轮作，达到适应机械化作业、作物间和谐共生的一季双收种植模式（见图）。

针对传统玉米—大豆间套作产量效益不高、难以实现机械化两个问题，自 21 世纪初，中国科研人员系统研究了玉米与大豆多样性种植的作物品种选配、田间优化配置，形成了玉米与大豆多样性种植核心技术，保证玉米大豆协同增产；通过研究播密协调、化学调控、减量施氮等，形成配套技术，保证单季稳产；农机农艺融合，研发适合带状复合种植的动力、播种、收获机械，实现高产与高效的统一；围绕玉米与大豆多样性种植高产和资源高效利用的基础理论问题，对复合系统中光分布与作物响应、大豆耐阴机制、氮素循环与互补规律等进行研究，为进一步优化群体配置、筛选耐阴品种、减量施氮等技术研发升级提供理论支撑。

品种选择　玉米选用株型紧凑或半紧凑型（茎叶夹角小于 30°）、株高 250cm 左右、适宜密植和机械化收割的高产品种。紧凑型玉米品种与大豆带状套作后的光合有效辐射、透光率、净光合作用及产量等指标均显著高于半紧凑、松散型品种。大豆品种选用得当是系统均衡增产的基础。建立了套作大豆耐阴性评价方法和指标体系；筛选获得适合西南地区带状套作的‘南豆 12’和‘贡选 1 号’，适合黄淮海地区带状间作的‘中黄 39’‘荷豆 19’‘齐黄 34’等大豆品种。

玉米与大豆多样性种植系统（何霞红提供）

种植规格　玉米带与大豆带间套种植，玉米带 2 行，行间距 40cm，玉米带间种 1 带大豆（2～3 行，行间距 30～40cm），玉米、大豆带间距扩至 60～70cm，大豆冠层透光率达到 50% 以上，播种收获机具通过性显著提高。玉米带与大豆带年际间轮作，玉米籽粒产量及植株氮、磷、钾的吸收总量分别提高 4.8%、18.5%、9.1%、14.2%，大豆产量和氮、磷、钾吸收量无显著变化。玉米株距缩至 8～10cm、大豆穴距缩至 10～12cm（穴留 2 株），保证带状复合种植的玉米、大豆密度与净作相当。

以上核心技术使玉米与大豆带状复合种植群体结构合理，产量显著提高，种间竞争得到显著缓解，土地当量比达到 1.8 以上，群体光能利用率达到 1.6%。

播期调整　季节性干旱区早播玉米（3 月下旬至 4 月上旬）、迟播大豆（6 月中下旬）的避旱技术，有效解决了夏旱抑制大豆出苗、伏旱影响玉米籽粒灌浆结实等问题，在保证玉米高产稳产的前提下，套作大豆产量提高 6.8%。

该技术可使用玉米与大豆多样性种植专用小四轮拖拉机，同时配合使用多样性种植播种施肥机，实现套作玉米播种、施肥、覆膜同步作业，且通过更换播种盘，实现玉米与大豆多样性播种，收获时可使用玉米大豆专用收获机，实现了带状多样性种植、播收机械化，大大提高了劳动生产效率。

玉米与大豆多样性种植系统提高了光能利用效率，随着玉米带变宽，玉米地上地下生物量和根系体积增加，大豆地上地下生物量、总根长、根表面积和根体积下降；玉米株型越紧凑，对大豆株高、茎粗、生物量等形态影响越小，产量越高。玉米与大豆多样性种植系统提高了氮利用效率，玉米与大豆多样性种植体系下以大豆根瘤固定的氮向玉米根区转移为主，玉米对氮的竞争吸收能力增强，同时促进大豆根瘤固氮，实现肥料减量施用技术，比常规施氮每亩降低 4kg，改善了多样性种植体系作物光合生产能力及干物质分配，减氮 18% 后的玉米、大豆产量提高 4.95% 和 7.07%，确保了作物均衡增产及系统周年总产提高。

玉米与大豆多样性种植技术在中国西南地区进行了大面积推广，并在黄淮海、西北及东北地区进行了试验示范，年均应用面积近 1000 万亩，玉米产量与当地净作玉米产量相当，比传统玉米—甘薯套作模式下的玉米产量增产 8%～10%，套作大豆平均亩产 120kg 以上，间作大豆平均亩产 100kg 以上，亩增经济效益 500～700 元。自 2003 年后的 12 年内共在四川、云南、重庆、贵州、广西、宁夏、山东、安徽、河南、黑龙江、吉林、辽宁等地累计推广 6000 多万亩，新增社会经济效益 300 多亿元。

参考文献

GONG W Z, JIANG C D, WU Y S, et al, 2015. Tolerance versus avoidance: two strategies of soybean (Glycine max) seedlings in response to shade in intercropping[J]. Photosynthetica, 53(2): 259-268.

GONG W Z, QI P F, DU J B, et al, 2014. Transcriptome analysis of shade-induced inhibition on leaf size in relay intercropped soybean[J].

PLoS One, 9(6): e98465.

LIU W G, JIANG T, ZHOU X R, et al, 2011. Characteristics of expansins in soybean (*Glycine max*) internodes and responses to shade stress[J]. Asian journal of crop science, 3(1): 26-34.

LIU W G, ZOU J L, ZHANG J, et al, 2015. Evaluation of soybean (*Glycine max*) stem vining in maize-soybean relay strip intercropping system[J]. Plant production science, 18(1): 69-75.

SU B Y, SONG Y X, SONG C, et al, 2014. Growth and photosynthetic responses of soybean seedlings to maize shading in relay intercropping system in Southwest China[J]. Photosynthetica, 52(3): 332-340.

YANG F, HUANG S, GAO R C, et al, 2014. Growth of soybean seedlings in relay strip intercropping systems inrelation to light quantity and red: far-red ratio[J]. Field crops research, 155: 245-253.

YANG F, WANG X C, LIAO D P, et al, 2015. Yield response to different planting geometries in maize–soybean relay strip intercropping systems[J]. Agronomy journal, 107(1): 296-304.

YAN Y H, GONG W Z, YANG W Y, 2010. Seed treatment with uniconazole powder improves soybean seedling growth under shading by corn in relay strip intercropping system[J]. Plant production science, 13(4): 367-374.

YAN Y H, YANG W Y, ZHANG J, 2009. Effect of spraying uniconazole on dry matter accumulation and distribution of soybean after blooming[J]. World applied sciences journal, 6(3): 449-456.

（撰稿：刘卫国；审稿：何霞红）

玉米与辣椒多样性种植系统 maize and pepper biodiversity system

既能控制辣椒疫病和玉米叶斑病的发生和危害，又能通过提高土地利用率增加作物的产量，提高农民收入的一种中国西南地区常用的种植方式（图1）。

玉米与辣椒多样性种植能有效控制辣椒疫病在田间的蔓延传播。辣椒疫病是由辣椒疫霉菌（*Phytophthora capsici* Leonian）引起的危害辣椒生产的主要病害。由于该病原菌能在土壤中长期存活，且游动孢子易通过水流传播，采用的化学农药、抗病品种、生物防治等方法对该病的防治效果均不理想。云南农业大学农业生物多样性应用技术研究课题组研究发现，玉米与辣椒多样性种植能有效地限制辣椒疫病在田间的蔓延传播。玉米根系形成的“根墙”及其分泌物的化感作用在控制土传疫霉菌传播方面起着重要作用（图2）。玉米根系一方面能分泌糖、氨基酸、醇类等物质将辣椒疫霉菌的孢子吸附在根系周围（图2⑤）；另一方面玉米根系能分泌苯并噁嗪类（Benzoxazinoids，BXs）化合物丁布（DIMBOA）及其降解产物门布（MBOA）抑制疫霉菌游动孢子的释放、游动、休止、萌发等侵染过程（图2⑥）。玉米根系对辣椒疫霉菌的物理阻隔和化感作用有效干扰了辣椒疫霉菌在土壤中的侵染行为，限制了辣椒疫霉菌的传播。

玉米和辣椒多样性种植有效抑制了玉米的叶部病害。包括玉米大小斑病、玉米锈病、玉米灰斑病等。玉米叶部病害的控制，除了玉米植株冠层气象因子（温度、湿度、叶面持露时间等）得到改善使其不利于病原菌的侵染外，源自辣椒根系分泌物及辣椒病原菌中的诱导因子可以诱导玉米根系和叶部BXs的合成和防御基因的表达，并由此增强玉米对自身病害的抗性（图3）。这些数据表明来自邻近作物因子的诱导抗病性效应是作物间作控制病害的重要机制之一。

玉米与辣椒多样性种植系统中，玉米可以阻隔辣椒疫霉菌在田间行间的扩散，而辣椒相关的诱导因子则通过直接（辣椒根系分泌物）或间接（辣椒疫霉）的方式诱导玉米防御物质的积累和防御基因的表达来增强玉米抵抗叶部病害的能力，从而使间作系统中的作物形成互惠关系得以控制彼此的病害（图4）。该技术利用作物—作物—病原菌的相克相生原理实现了辣椒疫病的生态控制。另外，由于该技术简单易行，已经成为西南辣椒产区农民生态控病的一项常规技术。

图1 玉米和辣椒多样性种植（朱有勇摄）

图 2 玉米根系形成“根墙”的物理阻隔和根系的化感作用（趋化和抑菌）干扰了辣椒疫病的传播（朱书生提供）

图 3 辣椒根系分泌物及其病原菌可以诱导玉米防御物质合成，降低叶部病害（朱书生提供）

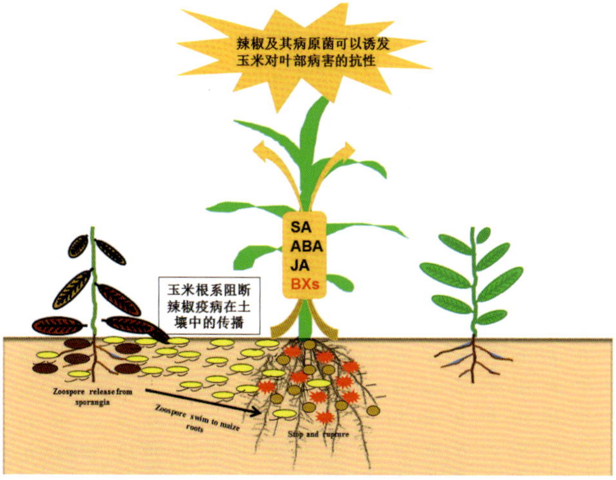

图 4 玉米与辣椒间作控制病害的化学生态学机理（朱书生提供）

参考文献

孙雁，周天富，王云月，等，2006. 辣椒玉米间作对病害的控制作用及其增产效应 [J]. 园艺学报，33(5): 995-1000.

DING X P, YANG M, HUANG H C, et al, 2015. Priming maize resistance by its neighbors: activating 1,4-benzoxazine-3-ones synthesis and defense gene expression to alleviate leaf disease[J]. Frontiers in plant science, 6(830): 1-11.

LI C Y, HE X H, ZHU S S, et al, 2009. Crop diversity for yield increase[J]. PLoS ONE, 4(11): e8049.

YANG M, ZHANG Y, QI L, et al, 2014. Plant-plant-microbe mechanisms involved in soil-borne disease suppression on a maize and pepper intercropping system[J]. PLoS ONE, 9(12): e115052.

（撰稿：朱书生；审稿：何霞红）

玉米与马铃薯多样性种植系统 maize and potato intercropping system

选择合适的玉米与马铃薯品种，采用宽窄行种植，充分利用边行优势，实现玉米—马铃薯带状间作套种，年际间交替轮作的一种多样性种植模式。是中国西南地区玉米和马铃薯种植的主要模式（见图）。

玉米和马铃薯都是中国西南地区的主要作物。西南地区马铃薯和玉米的常规种植季节是 5～10 月，5 月中旬播种 10 月收获。但是，该地区受季风气候影响，6～10 月为降雨季节，7、8、9 月为降雨高峰期，降水量占全年降雨量的 60% 左右。8 月田间马铃薯和玉米植株茂密，又值降雨高峰，连续阴雨日照弱，适宜马铃薯晚疫病和玉米大斑病、小斑病暴发流行。年年阴雨年年流行，造成作物产量重大损失，严重影响山区农民口粮和经济收入。西南山区马铃薯晚疫病和玉米大斑病、小斑病发病高峰与降水高峰重叠，常规的防治措施实施难度大，农药喷施被雨水冲刷，造成严重的生态环境污染，并且收效甚微，主要的栽培品种抗性较差。利用玉米、马铃薯这两种作物株高差异的特性进行多样性种植，生态防控病害，成为粮食安全和广大农民的迫切需求。两种作物多样性种植不仅可以构成田间立体结构，增加田间通风透光，增强玉米边际效应，更可以利用马铃薯开花的特性吸引一些天敌昆虫，减少螟虫等害虫的发生和危害。这一技术已经在中国西南地区广泛应用。

品种选择 玉米品种可以选择株型紧凑、双穗率高、株高中等的大穗型品种。马铃薯品种可以选择株型紧凑、耐阴性强、适销对路的品种。

玉米与马铃薯多样性种植系统（朱有勇摄）

播期调整 可采用马铃薯、玉米同时播种，或玉米按正常节令5月上旬播种，提前或推后马铃薯的种植时间。春作马铃薯的种植最佳节令在3月5～15日，土壤温度稳定达到10°C以上时播种。秋作马铃薯最佳节令在8月1～10日。提前和推后马铃薯的种植时间，既充分利用了水资源，又避开了作物病害发生高峰期和雨季重叠，达到生态控制病害、增加粮食产量的目的，是传统农业的现代应用，为现代生态农业的发展提供了范例，为生态农业和循环农业提供有益的借鉴，促进农业与农村的可持续发展。

种植规格和栽培管理 马铃薯与玉米种植方式为“四套四”或“二套二”模式。马铃薯种植规格：行株距为0.6m×0.25m；玉米规格为0.4m×0.2m。每亩施用腐熟的优质农家肥2000kg，复混肥（氮：磷：钾为10：10：10）80～100kg。马铃薯出苗1个月左右第一次中耕、培土，间隔1个月后，马铃薯团棵期进行第二次中耕、培土。马铃薯生长后期若出现叶色变浅、发黄等脱肥现象，可喷施磷酸二氢钾等叶面肥，防止早衰。间套作栽培田间环境不利于马铃薯晚疫病的发生，田间可交替使用甲霜灵锰锌、克露、银法利等低毒低残留农药，减少农药使用量50%。马铃薯叶片脱落、茎干开始枯死时，选择晴天及时收获。

生物防治特点

改变传统种植节令，提前或推后马铃薯播种时间，避雨避病 提前或推后播种马铃薯，避开降雨高峰，从而避开了病害流行高峰期，减轻病害造成的危害。马铃薯单作改变为套作，前作收后行距变宽，通风透光，降低湿度，改变了田间小环境气象条件，有利于作物生长，不利于病害发生。提前或推后种植马铃薯产生了避雨避病增产的显著效果。

带状轮作套种，阻隔病害，稀释病菌，降低发病率 马铃薯与玉米等作物实行条带种植，翌年不同作物条带对调轮作，有效减少土壤病菌积累和初侵染。另外，不同作物条带形成了相互阻隔病害蔓延的植株群落，减缓病害流行。不同病害的病菌不同，通过作物合理配置形成多样性群落结构，减少了单一作物面积，与单作相比，在单位面积上能明显降低侵染病原菌的数量，起到有效稀释病原菌的作用，降低发病率。

玉米与马铃薯多样性种植可以提高作物单位面积产量和土地利用率，并减轻玉米和马铃薯病害的发生，对作物病害的生态防治和增加粮食产量有重要现实意义。通过时空优化作物与环境的配置，合理利用农业生态结构，适应最佳生态环境，实现优质高产高效。

参考文献

毛如志，王文鹏，何霞红，2015. MB-EMBA和ASCA方法在玉米/马铃薯生长期根际微生物多样性动态数据分析中的运用[J]. 安徽农业科学，43(18): 1-4,7.

王文鹏，毛如志，陈建斌，等，2015. 种植方式对玉米不同生长期土壤微生物群落、功能多样性的影响[J]. 中国生态农业学报，23(10): 1293-1301.

吴开贤，安曈昕，范志伟，等，2015. 玉米和马铃薯对根间作用与氮异质性的生长响应[J]. 生态学报，35(2): 508-516.

周锋，安曈昕，吴伯志，等，2012. 中国农作制度研究进展[M]. 北京：中国农业科学技术出版社：419-424.

FAN Z W, AN T X, WU K X, et al, 2016. Effects of intercropping of maize and potato on sloping land on the water balance and surface runoff[J]. Agricultural water management, 166(1): 9-16.

HE X H, ZHU S S, WANG H N, et al, 2010. Crop diversity for ecological disease control in potato and maize[J]. Journal of resource and ecology, 1(1): 45-50.

WU B Z, FULLEN M A, LI J B, et al, 2014. Integrated response of intercropped maize and potatoes to heterogeneous nutrients and crop neighbours[J]. Plant and soil, 374(1/2): 185-196.

WU K X, FULLEN M A, AN T X, et al, 2012. Above- and below-ground interspecific interaction in intercropped maize and potato: a field study using the 'target' technique[J]. Field crops research, 139 (11/12): 63-70.

（撰稿：何霞红；审稿：朱有勇）

玉米与魔芋多样性种植系统 maize and konjac intercropping system

应用生物多样性原理将魔芋与玉米进行间作控制魔芋软腐病的方法。是在魔芋种植区的一种主要种植模式。该种植模式能有效控制魔芋软腐病的发生和危害，魔芋产量得到保障，农民收入增加（见图）。

魔芋是中国西南地区大面积种植的重要经济作物，是很有开发潜力的医疗保健食品。魔芋软腐病是芋区重要病害，一般田块发病率达8%～12%，重病田块可达40%，常常造成重大损失，严重影响魔芋的产量和品质，制约魔芋生产的发展。该病由胡萝卜软腐欧文氏菌胡萝卜软腐亚种（*Erwinia carotovora* subsp. *carotovora*）引起。魔芋长年连作，其病残体遗留在土壤中且随雨水冲刷而流动蔓延，逐年累积加重。连作田的病害发生率比非连作田平均高出35%～50%，造成严重减产甚至绝收。迄今防治魔芋软腐病仍然是利用化学农药为主，但是化学防治不仅成本高、防效差，而且污染环境、影响品质。彭磊、张红骥等通过大量研究认为，多样性栽培模式可有效控制连作引起的魔芋软腐病发生。

玉米与魔芋多样性种植系统（朱有勇摄）

玉米与魔芋多样性种植充分发挥了地上部分错层优势。由于魔芋的生长发育最适温度22～28°C，具喜温暖怕高温、喜阴怕晒、喜湿怕旱等特性，适于间作套种，与玉米共生期互利互惠；高秆作物玉米起到遮阴的作用，创造了一个适于魔芋生长发育，不利于病害发生的环境。这种模式增加了地上部物种多样性，有效改善地上部生态系统的结构和生态功能；此外，玉米不是魔芋软腐病病菌的寄主，玉米植株对病原菌起到了物理阻隔的作用，病原菌失去寄主而自然死亡，从而达到良好的控病效果。

玉米与魔芋多样性种植后，田间不同作物的土壤微生物可改变土壤环境因子和微生物区系，魔芋与玉米多样性种植对魔芋软腐病有很好的控制作用，该种植系统提高和稳定了土壤微生物群落结构与功能，改善作物根系微生态系统平衡，根际微生物种群拮抗作用也使病原菌的种群数量相对降低，减轻连作障碍危害。

玉米与魔芋多样性种植能减少病原菌在作物残体和土壤中的残留，使主要病害等病菌失去寄主或改变生活环境，减少了菌源积累，初侵染源减少可有效减少病害的发生。玉米与魔芋轮作可以有效降低魔芋根腐病的发生，茎基部带菌率显著低于净种，魔芋软腐病菌在土壤中的残留因魔芋与玉米轮作和间作明显减少，在相同的轮作体系下，魔芋与玉米间种对软腐病的防治效果最好。

品种选择 玉米品种可以选择株型披散、株高超过1.5m的玉米品种；魔芋品种可选花魔芋或珠芽魔芋。

种植规格和播种时间 玉米与魔芋、魔芋与魔芋之间的株行距都是25cm，魔芋与玉米之间的行距为31～70cm。玉米与魔芋的行比可为1～10行玉米与1～5行魔芋间作。玉米与魔芋的播期相同或玉米在魔芋播种1～20天后播种。

利用生物多样性原理持续控制魔芋软腐病，是减轻病害危害、减少环境污染、提高品质、增产增收诸因素中最经济有效的关键要素之一，该方法有效地增强了农田生态系统的稳定性，提高了农作物的抗灾能力，大幅度地减少农药使用量，同时，对探索可持续农业具有十分重要的现实意义。

参考文献

白学慧，姬广海，李成云，等，2008. 魔芋与玉米间栽对魔芋根际微生物群落代谢功能多样性的影响 [J]. 云南农业大学学报，6(23): 736-740.

彭磊，卢俊，邓春英，等，2006. 魔芋软腐病病原传播途径及无公害防治方法 [J]. 中国生物防治，22(增刊): 201-202.

彭磊，卢俊，何云松，等，2006. 农业综合措施防治魔芋软腐病 [J]. 北方园艺 (4): 176.

张红骥，邵梅，杜鹏，等，2012. 云南省魔芋与玉米多样性栽培控制魔芋软腐病 [J]. 生态学杂志，31(2): 332-336.

（撰稿：何霞红；审稿：朱有勇）

Z

暂居菌 invading microorganisms

偶尔进入或者人为引进的微生物种群，在植物生长某一时期或某几个时期出现的菌群。又名外籍菌、引进菌。植株各组织器官都有暂居菌。

在植物病害生物防治中，可以通过人为引入有益微生物的方法有效控制病害发生，例如木霉菌 WT-6 结合犁地有效地控制了黄瓜的果腐病。Baker 等通过在苗床上利用拮抗菌形成拮抗的根围微生物群落进行生防获得成功，降低了土传病害的发生。利用拮抗性木霉制剂处理苗床，能有效控制腐霉菌、疫霉菌、核盘菌、茄丝核菌和小核菌侵染引起的根腐病和茎腐病。对于生防菌的利用，一般是先筛选出生防菌，然后将生防菌发酵生产，或直接施入土壤，或配成孢子悬浮液，或用来拌种，从而达到利用生防菌防病的目的。

（撰稿：高坦坦；审稿：王琦）

早期生物防治 early biological control

从公元 300 年前后到 1887 年，是天敌意识的萌芽阶段，生物防治开始得到认识，出现了一些生物防治的实践，是生物防治的早期阶段。这个时期只有少量的天敌开始应用，没有进行科学的基础研究，也鲜有应用成功的资料报道。

对天敌的认识开始萌芽阶段 公元 1149 年出版的陈旉《农书》中，记载有家蚕的“高节”“脚肿”病，是为现在所称的“脓病”或核型多角体病毒病。1602 年，Aldrovandi 报道了黄绒茧蜂幼虫在菜粉蝶体外结茧的现象，但他把茧误认为是粉蝶的卵，直到 1670 年，Lister 订正并解释了这种寄生现象。1662 年，Goedaert 的《昆虫生活史特性与变态》（*Metamorphosis et Historiae Naturalis Insectorum*）一书中，有寄生蜂从蝴蝶蛹中羽化而出的图版。1701 年，Leeuwenhoek 发现了可造成叶蜂死亡的寄生虫，第一次记录了寄主与寄生虫之间的关系。1726 年，Reaumur 第一个发现了夜蛾科的虫生真菌。1750 年，他和 Degeer 对许多寄生性和捕食性昆虫绘了许多图画。1758 年，Linnaeus 系统描述了许多食虫昆虫，发现了每个生物体都有天敌。同年，Ra zeburg 发现了许多姬蜂科寄生蜂，并提出了这些寄生蜂作为森林害虫天敌的重要性。1800 年，Darwin 报道了卷心菜毛虫有许多天敌，认为姬蜂是卷心菜毛虫的自然控制因子，建议用天敌控制害虫。1808 年，Nysten 描述了家蚕黄疸病是一种病毒所致。1815 年，Kirby 和 Spence 的《昆虫学导论》（*An Introduction to Entomology*）一书中，强调了天敌的寄生和捕食作用，并在一个章节中介绍了昆虫疾病。1827 年，Hartig 建议大规模饲养和释放寄生蜂。1837 年，Kollar 出版了园林工作者使用的昆虫生活习性手册，指出自然界的平衡是因为天敌昆虫的寄生和取食作用，控制害虫需要懂得害虫及天敌的生物学。1859 年，达尔文在《物种起源》一书中提出了食物链和生命网的概念。

应用天敌进行生物防治 最早有记录的是公元 304 年，中国广东等地的农民出售黄猄蚁（*Oecophylla smaragdina*）蚁巢防治柑橘害虫。1200 年，瓢虫开始应用于介壳虫和蚜虫的防治，也门用蚂蚁防治枣椰树害虫。1690 年，开始用烟草的提取物来控制梨网蝽。1734 年，Reaumur 建议收集草蛉的卵，置于温室内防治蚜虫。1762 年，八哥鸟从印度引进到毛里求斯防治红蝗，这是第一次在国际间人为引进捕食害虫的脊椎动物的事例。1776 年，Linnaeus 在欧洲释放捕食性天敌双刺益蝽控制臭虫。1840 年，Boisgiraud 第一次在法国进行了释放欧洲广肩步甲防治一种蛾类幼虫的田间实验。1844 年，Antonio Villa 在花园释放步甲和隐翅虫控制害虫获得成功，并获得了意大利昆虫学会金奖。1870 年，Riley 从美国密苏里州的柯克伍德采集梅球颈象的寄生蜂在州内其他地区防治象甲。1873 年，Riley 第一次把捕食性螨进行国际间交流，他从美国把粉螨运到法国防治葡萄根瘤蚜。随后，天敌昆虫在国际间的引进开始兴起。1874 年，十一星瓢虫被引入新西兰。1882 年，赤眼蜂从美国运到加拿大防治鳞翅目害虫。1883 年，Riley 从英国把黄绒茧蜂引到美国控制小菜粉蝶。1879 年，俄国的 Metchnikoff 开始利用金龟子绿僵菌防治奥地利的麦金龟（*Anisoplia austriaca*）幼虫，这是应用病原微生物防治害虫较早的案例。

（撰稿：刘银泉；审稿：刘树生、杨忠岐）

枣尺蠖核型多角体病毒 *Sucra jujuba* nucleopolyhedrosisvirus, SujuNPV

以枣尺蠖为宿主的一种双链环状 DNA 病毒，隶属于 α 杆状病毒属 Group Ⅱ；多角体多呈为四边形、五边形，直径 0.7～2.0μm，多数为 1.5μm；基因组序列长度为 135952bp；病毒粒子直杆状，两端钝圆，其大小为 48～55nm×285～

300nm，在多角体内单粒包埋，呈不规则排列。20 世纪 80 年代初首次从枣尺蠖幼虫的自然病死虫中分离出枣尺蠖核型多角体病毒，它对枣尺蠖幼虫有很高的致病力，但对槐尺蠖、木橑尺蠖、桑尺蠖、银纹夜蛾、家蚕和柞蚕都不致病，该病毒多用于室内研究和林间小面积毒力测定试验。

参考文献

冀卫荣，刘贤谦，师光禄，1999. 枣尺蠖核多角体病毒活性及林间防治试验 [J]. 林业科学，35(6): 81-85.

孙发仁，1986. 枣尺蠖核型多角体病毒病的研究 [J]. Virologica sinica(2): 42-45.

张兆义，邢同宣，1986. 枣尺蠖核型多角体病毒研究初报 [J]. 微生物学通报，13(1): 6-10.

LIU X P, YIN F F, ZHU Z, et al, 2014. Genomic sequencing and analysis of *Sucra jujuba* nucleopolyhedrovirus[J]. PLoS ONE, 9(10): e110023.

（撰稿：张寰；审稿：秦启联）

增产菌　yield increasing bacteria

中国农业大学陈延熙教授团队 1986 年根据植物微生态学理论研制成功的第一代植物微生态制剂。增产菌是利用农作物植株体表体内及根际筛选获得的具有防病增产功能的芽孢杆菌加工制备而成的新型微生物制剂。法国人称之为“神奇的中国细菌”，美国人称它的应用范围和效果是世界之最。

增产菌的功能　增产菌的功能表现为提高产量，改进品质，增强抗病及抗逆性。

提高农作物产量　1987—1997 年，用增产菌处理水稻、小麦、玉米、甘薯、棉花、油菜、大豆、花生、茶叶、人参、柑橘、苹果、荔枝、龙眼等十几种作物，通过专家现场考察，取样分析，实际测产及实打实收，做出了评议鉴定意见，肯定了增产菌的增产效果。水稻、小麦等单子叶禾谷类作物增产 5%～10%，油菜、花生等双子叶植物增产 10%～15%，甜菜、甘薯、马铃薯等块根块茎无性繁殖作物增产 15% 以上，特种经济作物增产更高。

改善农产品品质　增产菌能使水稻氨基酸含量增加 18.4%，淀粉增加 24.1%；小麦蛋白质增加 8.1%，赖氨酸增加 6.4%；棉花衣分增加 1.5%，短绒减少 21.3%；使油菜、大豆、花生含油量增加 3% 以上，其中油菜棕榈酸增加 4.7%，硫苷含量反而下降 8.9%。增产菌能使甘蔗含糖量增加 1.1～1.4 锤度，甜菜含糖量增加 0.3～2.1 锤度，如按增加 0.5 锤度计，每亩甜菜可多出糖 6.5～7.5kg，一个中等糖厂每年可多收获纯利 100 万元。增产菌能使茶叶鞣酸含量增加 15%，人参皂苷含量增加 10%～15%，烟草尼古丁含量增加 10%。水果上使用增产菌后，表面光泽，着色好，甜味增加，硬度大，耐贮存。增产菌可以使蔬菜叶色鲜嫩，粗纤维少，水多脆甜，贮运中损失少。

增强抗病及抗逆性　使用增产菌后，农作物抗病性明显增加，对一些主要病害具有较好的防治效果：水稻稻瘟病减少 61.4%～73.6%，小麦纹枯病减少 60.2%～74.3%，棉花萎蔫病减少 43%～63%，苹果早期落叶病减少 62.3%～85.4%，油菜菌核病减少 56.2%～81.3%。作物抗虫性增强，烟草使用增产菌后，叶色浓绿，根系粗状，蚜虫减退率 41.5%～63.7%，烟草花叶病毒防效为 55.4%～89.7%。增产菌还能增强作物抗旱、抗干热风、抗寒性、防治霜冻等能力。

增产菌的特点

高效的多功能性　①促进植物生长发育。它能促进发芽，促进根系生长，促进作物分蘖，促进作物穗分化。②增加产量。使用增产菌后，农作物产量明显增加，营养器官增产幅度较生殖器官大，双子叶植物增产幅度较单子叶植物大。③改善农产品品质。增产菌能够明显提升农产品品质指标，如 SOD 等抗氧化物质明显增加。④增强植物的抗病及抗逆性。增产菌处理后的植物抗病、抗旱、抗寒性、抗干热风、抗霜冻等抗病抗逆性普遍提高。

广泛的适应性　增产菌选用的菌株是植物体自然生态系的成员，菌株能够在植株体内和体表定殖转移，受区域气候条件影响小。

极大的亲和性　增产菌菌株由于能够在植株体表和体内定殖转移，所以与农作物的亲和性非常高，而且增产菌同其他农业措施也有高度的亲和性。

高度的安全性　①增产菌对植物是安全的，不会对植物造成任何伤害。②增产菌对动物、家畜是安全的。③增产菌的工业化生产是安全的，选用菌株是植物微生态系统中的野生菌株，且没有危废排放。

增产菌的作用机理

增产菌对农作物的生态作用

①影响植株体微生物组成和数量。减少微侵染：小麦旗叶展开期喷施增产菌，一个月内叶面枝孢霉菌和交链孢菌数量分别平均减少 53.9% 和 66.3%；棉花叶面喷雾也得到相似结果。增产菌拌种处理小麦，小麦生长早期根面假单胞菌（*Pseudomonas*）数量减少，至少有 3 种芽孢杆菌被淘汰。降低病菌侵染势：增产菌和小麦叶锈菌同时接种小麦，能抑制叶面 81.4% 的夏孢子堆生成；用增产菌先处理种子，显著减轻接种在小麦根部腐菌的浸染，发病率降低 70.4%；增产菌和黑斑病菌先后或同时接种甘薯块，增产菌有效地阻止了黑斑病斑的扩展。降低病菌的侵染势可能是由于减少了它们在植株体上定植的数量或占领了侵染位点。减轻减产菌的危害：用增产菌浸种处理油菜，出根后两株带“标记”的芽孢杆菌属减产菌 1-12 和 1-14 在根表定植量减少 30.8%～95.6%，另一株减产菌 1-4 在根内定植量减少 34.4%～100%。用增产菌接种萝卜显著抑制了根部假单胞杆菌属减产菌的影响而促进萝卜增产。对微生态成员的其他影响：研究表明应用增产菌后植株体其他微生物组成和数量发生改变。小麦种子经增产菌处理后，根面蜡样芽孢杆菌由细菌总量 5% 骤增到 40% 而成为优势种群，这种增加主要是增产菌本身的定殖。增产菌处理棉种后，棉苗根部镰孢菌、轮枝菌、青霉菌、木霉菌等比重发生变化；处理油菜种子后，根面真菌总量减少 61.1%～100%。

②影响微生物的作用方式。与植物的亲和性：用抗药性标记、血清学鉴别以及同位素示踪等方法，证实增产菌接种后在植物体表、皮层和维管系统定殖与大量繁殖。研究表

明内生细菌可在宿主体内繁殖而一般腐生细菌则不能，这可能是前者与寄主组织有相同的抗原性或具有其他修饰机制因而具有亲和性。增产菌与植物的亲和性显然是高于外来菌。占领作用：包括新位点和有利位点的占领。占领新位点是指增产菌拌种小麦、油菜种子，待种子出芽24小时内能转移到幼根、幼芽上定植和繁殖，菌量高者可达每克组织10^5，3天后可转移到体内定植，随着根、茎、叶等新生器官的分化和生长，增产菌在其上迅速定植和繁殖。对增产菌在作物体上的消长进行了研究，在根部接种后一个月左右定植量达高峰，叶面喷雾后约半个月叶部定植量达到高峰，随后数量下降至每叶或每克根10^3～10^4个菌体。这是由于生物缓冲，微生态系也是处在残酷无情的竞争之中，任何生物只能暂时在数量上占优势，在这个优势阶段对植物发挥最大作用和影响。占领有利位点是指增产菌在植物体上主要定植于细胞纵向连接处、表面凹陷、侧根、根毛等基部或发生处，也包括伤口、表面缝隙等病菌易于立足侵染的位点。微生物往往在这些部位竞争定植，原因之一可能是对养分的需求，因此占领这些位点有利于排斥异己（niche erclusion）。由于是人为接种，增产菌竞争这些位点具有时间早、种群量大的优势。

增产菌对农作物的生理作用

①增产菌代谢物的生物活性成分。提取增产菌纯培养物代谢液经高效液相色谱（HPLC）测定，其中含有一定量的赤霉素（GA_3）和玉米素（Z），以10^8CFU/ml的菌液浓度计算，两种激素的含量在几个至25mg/L之间。另外还含有生长素类物质。当多效唑处理种子影响GA_3合成，稻种不能萌发时，增产菌处理能促进种子萌发。

增产菌代谢液中还检测出维生素B_1、B_2、B_6、B_{12}、叶酸和尼克酸以及淀粉酶、蛋白酶、乙醇酸脱氢酶、过氧化物酶等酶类，这些物质在植物生长和生理代谢中都是至关重要的。另外增产菌分泌与植物抗逆性直接相关的超氧化物歧化酶（SOD），它能消除逆境下有机体内产生的活性氧对膜脂的过氧化作用，维持膜的完整性和生理功能，提高抗衰老能力。在破碎的菌体中也含有超氧化物歧化酶。

②产生抑菌物质。用增产菌培养物代谢液处理叶锈菌和枝孢霉菌孢子。对孢子萌发和芽管伸长有显著的抑制作用，表明代谢液中含有水溶性抑菌物质。另有研究表明，部分增产菌菌株产生一些气体物质，能够阻止一些有害真菌在根部的生长危害。对这种气体物质进行了分析，其色谱峰与乙烯和CO_2相近。

③改善植物的生理代谢。增产菌处理后，作物生理代谢发生了一系列有利于作物增产的变化。据测定，棉花、水稻等作物内源激素IAA、GA_3、Z等含量显著提高，油菜、小麦、水稻等体内SOD及其同工酶活性增强；稻种胚乳淀粉酶及稻苗中硝酸还原酶、转氨酶活性增强。多种作物叶绿素含量和光合能力提高，对氮、磷、钾吸收量增加。这些因素是促进作物产量结构变化和增产的直接动力。

增产菌获奖与知识产权及项目资助情况 1988年农业部“丰收计划”项目“油菜增产菌及其应用”获农业部科技进步二等奖。1989年国家级“火炬计划”项目“增产菌推广应用”，在迎接新中国成立四十周年百项科技贡献活动中，被评为优秀贡献项目。1991年“增产菌”被国家科委、中国工商银行、国家引进智力办公室、国家技术监督局联合评为国家级新产品。1991年7月“增产菌的推广应用”荣获国家教委科技进步一等奖。1991年10月“作物增产菌及其选育与发酵工艺”发明专利荣获第二届中国专利金奖，该奖是由中国专利局与联合国知识产权组织、德国专利局从20多万个专利中联合评选出来。1993年1月在93首届中国国际环境标志交流活动展览会中，“益微制剂（二代增产菌）”被授予“环境标志希望杯”。1993年5月，“增产菌”在美国荣获国际新产品、新技术展览会银质奖。1993年“增产菌在农作物上的推广应用”荣获国家星火二等奖，这是最后一届星火奖的评选。增产菌获得“作物增产菌及其选育与发酵工艺”等发明专利13件，商标2个，颁布了增产菌粉剂（NY 334-1998）、增产菌生产工艺流程（NY 335-1998）、增产菌筛选方法（NY 336-1998）和增产菌使用方法（NY 337-1998）等农业行业标准。“增产菌”得到国家自然科学基金、国家“八五”和“九五”科技攻关项目、国家“星火计划”“火炬计划”、国家级重点推广项目、“丰收计划”等项目的资助和支持。

增产菌的推广应用 增产菌在全国各省（自治区、直辖市）开展了试验示范和推广应用，推广面积超10亿亩，增产粮食100亿公斤，新增产值100多亿元。增产菌开创了一条适合中国国情的推广道路，就是建立了“全国增产菌研究开发联合体”。“全国增产菌研究开发联合体”是1989年由农业部、北京农业大学（现中国农业大学）牵头，联合了全国15个省（自治区、直辖市）、3个垦区、8个增产菌生产工厂组建的，这是“科研、生产、推广”三结合的“联合体”。建立“全国增产菌研究开发联合体”是科技成果转化为生产力的需要，也是科技成果得到持续稳步发展的需要，是适应中国国情及农情的改革产物，体现了教学、科研、生产的三结合；是政、技、贸一体化，产、供、销一条龙的社会化服务体系，创立了一条自力更生、自我发展的道路。国家科委在1995年批准成立了国家增产菌技术研究推广中心，进一步促进了增产菌的研究、开发和推广。

（撰稿：王琦；审稿：梅汝鸿）

真菌病毒 mycovirus

一类在丝状真菌、酵母和卵菌中复制和增殖的病毒，广泛存在于各种主要真菌类群中。真菌病毒最早于1948年在双孢蘑菇（*Agaricus bisporus*）有报道，引起蘑菇的La France病，造成蘑菇子实体畸形以及产量降低。大部分已报道的真菌病毒具有双链RNA（dsRNA）或者正单链RNA（+ssRNA）的基因组。已发现的真菌病毒主要属于12个科，包括5个+ssRNA病毒科（Alphaflexiviridae、Barnaviridae、Gammaflexiviridae、Hypoviridae、Narnaviridae）和7个dsRNA病毒科（Chysoviridae、Megabirnaviridae、Endornaviridae、Partitiviridae、Quadriviridae、Reoviridae、Totiviridae）（见表），但其中还有不少真菌病毒种类分类地位尚不明确。此外，还有少量的真菌病毒具有

–ssRNA 和 ssDNA 基因组。

真菌病毒对寄主的侵染大部分情况下不会对寄主造成明显可见的影响。但在有些情况下，部分真菌病毒的侵染可以导致植物病原真菌的致病力发生衰退，称植物病原真菌的弱毒现象（hypovirulence）。弱毒现象在多种植物病原真菌中均有报道，其中包括栗疫病菌（*Cryphonectria*

已明确分类地位的真菌病毒类群

	病毒科 / 属[1]	代表种	基因组特征	病毒粒体形态
+ssRNA 真菌病毒	*Alphaflexiviridae*			
	Botrexvirus	*Botrytis virus X*	一条 ssRNA 片段，6966nt，含 3’-ploy A 尾	丝状，长约 720nm，直径约 13nm
	Sclerodarnavirus	*Sclerotinia sclerotiorum debilitation-associated RNA virus*	一条 ssRNA 片段，5470nt，含 3’-ploy A 尾	无病毒粒体
	Barnaviridae			
	Barnavirus	*Mushroom bacilliform virus*	一条 ssRNA 片段，约 4.0kb	杆状，长 18～20nm，宽 48～53nm
	Gammaflexiviridae			
	Mycoflexivirus	*Botrytis virus F*	一条 ssRNA 片段，6827nt，含 3’-ploy A 尾	丝状，长约 720nm，直径约 13nm
	Hypoviridae			
	Hypovirus	*Cryphonectria hypovirus 1*	一条 ssRNA 片段，9～13kb，含 3’-ploy A 尾	无病毒粒体
	Narnaviridae			
	Narnavirus	*Saccharomyces 20S RNA narnavirus*	一条 ssRNA 片段，约 2.5kb	无病毒粒体
	Mitovirus	*Cryphonectria mitovirus 1*	一条 ssRNA 片段，2.3～2.7kb	无病毒粒体
dsRNA 真菌病毒	*Chysoviridae*			
	Chrysovirus	*Penicillium chrysogenum virus*	4 条 dsRNA 片段，每条大小 2.4～3.6kb	球形病毒粒体，直径约 40nm
	Megabirnaviridae			
	Megabirnavirus	*Rosellinia necatrix megabirnavirus 1*	2 条 dsRNA 片段，每条大小 7.2～8.1kb	球形病毒粒体，直径约 50nm
	Endornaviridae			
	Endornavirus	*Helicobasidium mompa endornavirus 1*	1 条 dsRNA 片段，9.8~17.6kb	无病毒粒体
	Partitiviridae			
	Partitivirus	*Atkinsonella hypoxylon virus*	2 条 dsRNA 片段，每条大小 1.4～2.4kb	球形病毒粒体，直径 35～40nm
	Quadriviridae			
	Quadrivirus	*Rosellinia necatrix quadrivirus 1*	4 条 dsRNA 片段，每条大小 4.9～3.7kb	球形病毒粒体，直径约 45nm
	Reoviridae			
	Mycoreovirus	*Mycoreovirus 1*	11~12 条 dsRNA 片段，每条大小 0.7～4.1kb	球形病毒粒体，直径约 80nm
	Totiviridae			
	Totivirus	*Saccharomyces cerevisiae virus L-A*	1 条 dsRNA 片段，4.6～6.7kb	球形病毒粒体，直径约 40nm
	Victorivirus	*Helminthosporium victoriae virus 190S*	1 条 dsRNA 片段，约 5kb	球形病毒粒体，直径约 40nm

[1] 根据国际病毒分类委员会2014年发布的分类信息进行整理，所有病毒科中只列出与真菌病毒相关的病毒属。

parasitica）、葡萄孢属真菌（*Botrytis* spp.）、核盘菌（*Sclerotinia sclerotiorum*）等重要的植物病原真菌。这种弱毒现象具有用于作物真菌病害生物防治的潜力。例如，由栗疫病菌减毒病毒（*Cryphonectria hypovirus* 1，CHV1）引起的栗疫病菌的弱毒现象被成功用于欧洲栗疫病的防治。但是，由于减毒病毒的传播受到栗疫病菌不同营养亲和群的限制，因而该方法并没能成功用于美国栗疫病的防治。

真菌病毒的传染与动、植物病毒的传播方式有所不同。真菌病毒的传染主要有垂直传染和水平传染两种方式。真菌病毒的垂直传染是指病毒通过真菌的有性或无性孢子传染给下一代。水平传染指真菌病毒通过菌丝的融合（anastomosis）从病毒感染菌株传染至不带病毒的菌株。真菌病毒通过有性孢子进行垂直传染的效率比通过无性孢子进行垂直传染要低。真菌病毒的水平传播往往受到不同菌丝营养体亲和群的限制，这一现象也限制了真菌病毒在植物真菌病害生物防治中的应用。但是，核盘菌中的DNA病毒，即核盘菌弱毒相关DNA病毒1（*Sclerotinia sclerotiorum*-hypovirulence-associated DNA virus 1，SsHADV-1），可以在不同营养亲和群的核盘菌菌株之间进行传播，而且具有体外侵染能力，因而有潜力用于核盘菌的生物防治。

参考文献

ANAGNOSTAKIS S L, 1982. Biological control of chestnut blight[J]. Science, 215(4532): 466-471.

FUKUHARA T, GIBBS M J, 2011. Endornaviridae[M]// FAUQUET C M, MAYO M A, MANILOFF J, et al, Virus taxonomy, ninth report of the International committee on taxonomy of viruses. London: Elsevier Press: 942-943.

GHABRIAL S A, SUZUKI N, 2009. Viruses of plant pathogenic fungi[J]. Annual review phytopathol, 47: 353-384.

HOLLINGS M, 1962. Viruses associated with a dieback disease of cultivated mushrooms[J]. Nature, 196(4858): 962-965.

JIANG D H, FU Y P, LI G Q, et al, 2013. Viruses of the plant pathogenic fungus *Sclerotinia sclerotiorum*[J]. Advanceis in Virus Research, 86: 215-248.

LECOQ H, BOISSONNET-MENES M, DELHOTAL P, 1979. Infectivity and transmission of fungal viruses[M]// MOLITORIS H P, HOLLINGS M, WOOD H A. Fungal Viruses. Berlin: Springer-Verlag: 34-47.

LIU L J, XIE J T, CHENG J S, et al, 2014. Fungal negative-stranded RNA virus that is related to bornaviruses and nyaviruses[J]. Proceedings of the national academy of sciences of the United States of America, 111(33): 12205-12210.

MILGROOM M G, CORTESI P, 2004. Biological control of chestnut blight with hypovirulence: a critical analysis[M]. Annual review of phytopathology, 42: 311-338.

NUSS D L, 2005. Hypovirulence: mycoviruses at the fungal-plant interface[J]. Nature Reviews Microbiology, 3(8): 632-642.

PEARSON M N, BEEVER R E, BOINE B, et al, 2009. Mycoviruses of filamentous fungi and their relevance to plant pathology[J]. Molecular plant pathology, 10(1): 115-128.

WU M D, ZHANG L, LI G Q, et al, 2007. Hypovirulence and double-stranded RNA in *Botrytis cinerea*[J]. Phytopathology, 97(12): 1590-1599.

WU M D, ZHANG J, YANG L, et al, 2016. RNA mycoviruses and their roles in *Botrytis* biology[M]// FILLINGER S, ELAD Y. Botrytis–the fungus, the pathogen and its management in agricultural systems. Germany: Springer Press: 71-90.

YU X, LI B, FU Y P, et al, 2010. A geminivirus-related DNA mycovirus that confers hypovirulence to a plant pathogenic fungus[J]. Proceedings of the national academy of sciences of the Untied States of America, 107(18): 8387-8392.

YU X, LI B, FU Y P, et al, 2013. Extracellular transmission of a DNA mycovirus and its use as a natural fungicide[J]. Proceedings of the national academy of sciences of the Untied States of America, 110(4): 1452-1457.

（撰稿：李国庆；审稿：王琦）

脂多糖 lipopolysaccharide, LPS

革兰氏阴性细菌外膜的主要成分，锚定在革兰氏阴性菌的外膜上，保护细菌细胞免受环境中有害物质的危害。因只有当细菌死亡或用人工的方法破坏细菌后才能被释放出来，又名内毒素。外膜中的脂多糖在维持外膜结构与功能的完整性、充当选择性屏障中起重要作用。它能阻止许多毒性分子的进入并保护细菌在不同环境中生存，这些毒性物质包括大分子疏水性抗生素、去污剂和胆汁盐类等。

LPS由类脂A、核心多糖和O-特异性多糖三部分组成，位于LPS外层的O-特异性多糖具有亲水性，结构不稳定，决定LPS的抗原性。类脂A位于内层，是LPS的毒性中心和主要生物活性部分，高度保守，无种属特异性，所以不同的革兰氏阴性菌感染产生的LPS的毒性作用大致相同。核心多糖位于两者中间，结构比较稳定，起到连接两者的作用（见图）。

脂多糖的主要作用是抵御外来入侵。一些小分子亲水化合物可经由孔蛋白被动扩散入细胞中，但是一些大分子化合物和疏水分子却会被LPS构成的阻渗层挡在细胞外，其原理主要是LPS通过内部的负电荷和外部的二价阳离子发生补偿作用，与一些酰基链形成密集填充，从而形成一个疏水

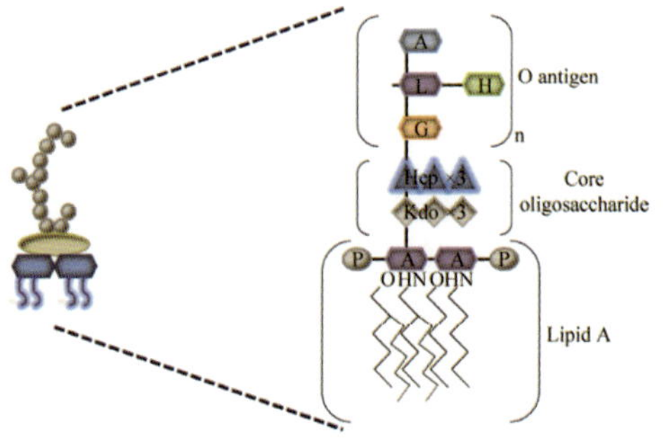

大肠杆菌脂多糖结构示意图

性化合物几乎不可渗透的网络结构。尽管LPS的功能重要，但并不是所有革兰氏阴性菌都必需外膜组分，这些革兰氏阴性菌会合成一些与LPS类似的糖脂类取代物来扮演LPS的角色。另外也存在有脂多糖和其他糖脂层共同发挥作用的细菌，例如鸭疫里默氏杆菌（*Riemerella anatipestifer*），会在细菌外膜之外额外形成一层很厚的荚膜多糖层，具有与其他革兰氏阴性菌的脂多糖相似的作用。当低表达脂多糖运输系统（Lpt）中的基因之后，则成功抑制脂多糖在外膜上的锚定过程，但该菌依旧能存活并对疏水性药物戊二醛和有机溶剂20%SDS有一定的抵抗作用，但较之野生株，抵抗作用明显减弱。研究表明在一些具有夹膜多糖的革兰氏阴性菌中，LPS不再作为细菌直接抵御外来入侵的屏障，而由荚膜多糖或其他糖脂类取代物取而代之。

但是一些具有完整结构（含有O-抗原）的LPS会对细菌形成更强的保护作用，可保护细菌远离补体系统的致死作用，并免于被巨噬细胞吞噬，形成一个有效抵御噬菌体、细菌素和杀菌剂的屏障。除此之外，Lipid A也是细菌的免疫系统中非常重要的信号因子，它能使LPS与宿主的Toll样受体4（TLR4）与脂质结合蛋白MD2组成的TLR4-MD2异源复合体结合，并激活宿主的炎症反应信号通路。

LPS能介导植物中NO的暴发，而NO是能够激活植物过敏性反应和系统性获得抗性的重要内源信号分子。多种能诱导系统抗性的细菌激发子被发现，像脂多糖（LPS）、铁调节化合物和一些抗生素。*Pseudomonas fluorescens* strain WCS417的LPS能激发拟南芥诱导系统抗性（Induce Systemic Resistance，ISR）抵抗 *Pseudomonas syringae* pv. *tomato* 及香石竹、萝卜和西红柿的ISR抵抗枯萎病。而生防细菌抑制病害的主要机制是营养的竞争、占据生态位、抗菌素的产生、嗜铁素的分泌、产生植物激素、诱导植物产生ISR等。

脂多糖在生物体内的作用是非常重要的，它不仅可以抵御外来入侵，而且是系统诱导抗性中重要的诱发子，对生防资源的开发具有重要意义。

参考文献

方红春，赵志强，朱莉萍，2011. 脂多糖：生物合成、跨膜转运及生物学功能 [J]. 微生物学免疫学进展，39(3): 73-77.

莫婷，刘马峰，程安春，2018. 革兰氏阴性菌脂多糖运输系统的构成及作用机制 [J]. 微生物学报，58(9): 1521-1530.

王华，徐德祥，2008. 细菌脂多糖发育毒作用研究进展 [J]. 国外医学（卫生学分册）(3): 170-173.

于耕红，范昕，冯咏梅，2011. 溃疡性结肠炎患者CA125及内毒素检测价值的探讨 [J]. 临床和实验医学杂志，10(11): 827-829.

张晓音，吴旻，李雨萌，等，2015. 脂多糖的效应及其机理研究进展 [J]. 动物医学进展，36(12): 133-136.

BRYANT C E, SPRING D R, GANGLOFF M, et al, 2010. The molecular basis of the host response to lipopolysaccharide[J]. Nature reviews microbiology, 8(1): 8-14.

MEZIANE H, VAN DER SLUIS I, VAN LOON L C, et al, 2005. Determinants of *Pseudomonas putida* WCS358 involved in inducing systemic resistance in plants[J]. Molecular plant pathology, 6(2): 177-185.

MURRAY G L, ATTRIDGE S R, MORONA R, 2006. Altering the length of the lipopolysaccharide O antigen has an impact on the interaction of Salmonella enterica serovar typhimurium with macrophages and complement[J]. Journal of bacteriology, 188(7): 2735-2739.

RUIZ N, KAHNE D, SILHAVY T J, 2009. TIMELINE Transport of lipopolysaccharide across the cell envelope: the long road of discovery[J]. Nature reviews microbiology, 7(9): 677-683.

SCHRÖDER N W J, ECKERT J, STÜBS G, et al, 2008. Immune responses induced by spirochetal outer membrane lipoproteins and glycolipids[J]. Immunobiology, 213(3/4): 329-340.

WEES A C M V, LUIJENDIJK M, SMOORENBURG I, et al, 1994. Rhizobacteria-mediated induced systemic resistance (ISR) in *Arabidopsis* is not associated with a direct effect on expression of known defense-related genes but stimulates the expression of the jasmonate-inducible gene Atvsp upon challenge[J]. Plant molecular biology, 41(4): 537-549.

ZEIDLER D, ZAHRINGER U, GERBER I, et al, 2004. Innate immunity in *Arabidopsis thaliana*: lipopolysaccharides activate nitric oxide synthase (NOS) and induce defense genes[J]. Proceedings of the National Academy of Sciences of the United States of America, 101(44): 15811-15816.

（撰稿：李蓉；审稿：王琦）

脂肽类抗生素　lipopeptides

由真菌（如 *Aspergillus*）和细菌（如 *Streptomyces*、*Pseudomonas* 和 *Bacillus*）产生的次级代谢产物，是一类由脂肪链和肽链组成的具有两亲结构的代谢产物。其种类繁多、结构复杂，除了具有抑菌活性外，脂肽类抗生素还具有抗肿瘤作用、溶血活性和良好的表面活性。脂肽类抗生素的抑菌作用方式是使细胞膜形成空洞，造成细胞内外渗透压不平衡，从而引起细胞死亡。

脂肽类抗生素的结构　脂肽类抗生素可以分为环状脂肽和线性脂肽。环状脂肽指多个氨基酸组成肽环，脂肪酸与肽环通过羧基和羟基互相连接形成环状结构。线性脂肽指氨基酸组成肽链，然后再通过N-端氨基或C-端羧基与脂肪链链接，组成线性脂肽类抗生素。

芽孢杆菌类细菌可以产生多种环状脂肽，其中研究和报道较多的表面活性素（surfactin）、伊枯草菌素（iturin）和泛革素（fengycin）家族的环状脂肽。surfactin家族包含esperin、lichenysin、pumilacidin和surfactin等4种抗生素，这一家族抗生素由肽环和12～16碳原子组成的β-羟基脂肪酸链组成。iturin家族包含iturin A，iturin C、bacillomycin D、bacillomycin F、bacillomycin L和mycosubtilin等6种抗生素，这类抗生素由7个氨基酸组成的肽环和14～17碳原子组成脂肪酸链组成。fengycin家族包含fengycin A和fengycin B，由14～18个碳原子组成的β-羟基脂肪酸链和环状多肽组成。除了枯草芽孢杆菌产生的以上3类抗生素外，其他芽孢杆菌还产生不同类型的脂肽类抗生素，如苏云金芽孢杆菌产生的 kurstakin，这类抗生素包含 7 个氨基酸组成的肽环（Thr-Gly-Ala-Ser-His-Gln-Gln）（图 1）。

假单胞杆菌也可以产生多种环状脂肽类抗生素，从结构中氨基酸单元的数目主要分成两类：①抗生素结构中含有 9 个氨基酸单元，包括 viscosin、viscosinamide、WLIP 以及 massetolides（图 2）。②结构中含有 11 个氨基酸单元，包括 amphisin、tensin、lokisin 以及 pholipeptin 等（图 3）。除了环形脂肽外，假单胞杆菌还产生几种线性脂肽，例如 syringofactins 和 peptin31。

脂肽类抗生素的功能

抑菌活性　多数脂肽类抗生素对真菌、细菌、病毒、支原体、卵菌等微生物表现抑菌活性，surfactin 通过破坏病毒的脂膜，使病毒或支原体瓦解，从而达到杀死病毒或支原体的作用。由芽孢杆菌和假单胞杆菌产生的某些脂肽类抗生素对其他属的细菌表现抑菌活性，例如由假单胞杆菌产生的脂肽类抗生素 corpeptins、syringopeptins 和 tolaasin 对巨大芽孢杆菌表现抑菌活性，massetolides、viscosin、syringopeptin 和 syringomycins 对分枝杆菌属的细菌表现抑菌活性。多种

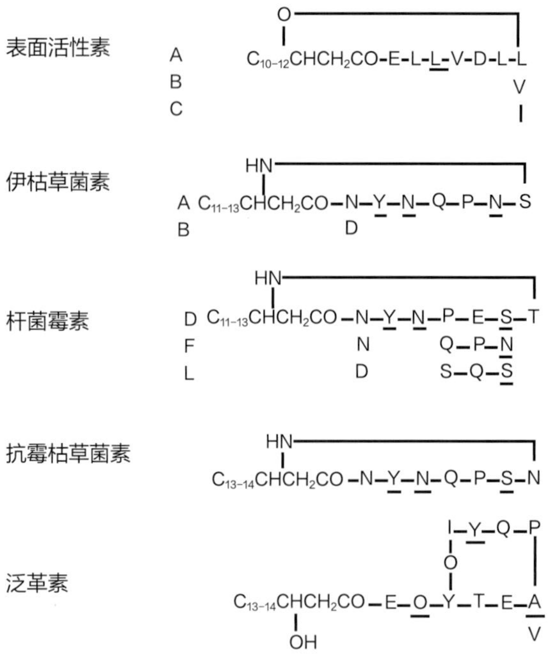

图 1 枯草芽孢杆菌产生的脂肽类抗生素及其结构

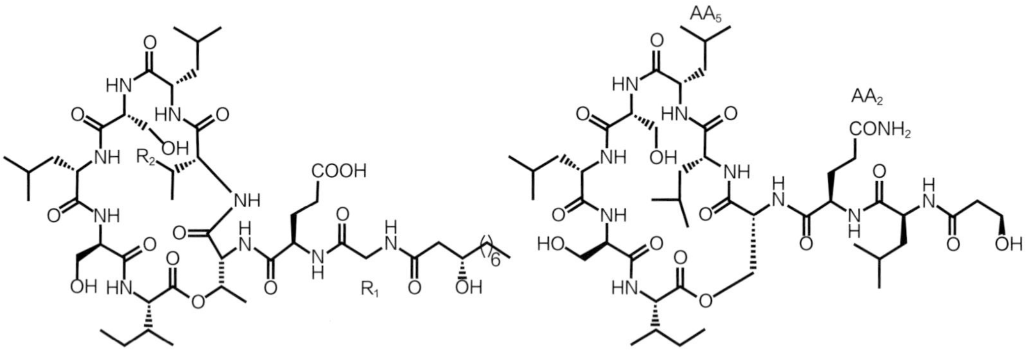

31　$R_1 = CH_2CH_2(CH_3)_2$
　　$R_1 = H$
32　$R_1 = CH_2CH_2CH_3$
　　$R_2 = CH_3$
33　$R_1 = CH_2CH<$（CH_2—CH_2 环）
　　$R_2 = CH_3$

21　AA_2 = Gln; AA_5 = *D*-Leu

35　AA_2 = Glu; AA_5 = *L*-Leu

图 2 假单胞杆菌产生的含有 9 个氨基酸的脂肽类抗生素

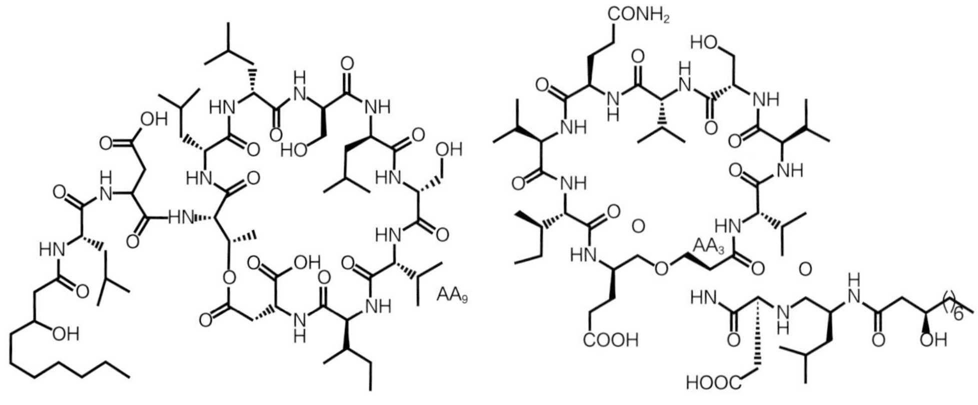

38　AA_9 = Val
37　AA_9 = Leu

36　AA_3 = Ser
22　AA_3 = Thr

图 3 假单胞杆菌产生的含有 11 个氨基酸的脂肽类抗生素

微生物脂肽对真菌表现较强的抑菌活性，研究较多的主要包括 fengycin 和 iturin 家族的环状脂肽。fengycin 对多种植物病原真菌，尤其是丝状真菌表现较强的抑菌活性，iturin 家族的抗生素对炭疽病菌（*Colletotrichum demiatium*）、青霉病菌（*Penicillium roqueforti*）、黄曲霉菌（*Aspergillus flavus*）和立枯丝核病菌表现较强的抑菌活性。由假单胞杆菌产生的几类脂肽类抗生素，如 viscosin、viscosinamide、massetolide A、putisolvins 和 orfamide A，能显著抑制卵菌 Pythium 和 Phytophthora 孢子囊的萌发和生长，这些脂肽类抗生素的抑菌机理主要表现为溶解游动孢子，而对菌丝的生长影响不大。

影响细菌的移动性　脂肽类抗生素的产生与细菌的移动性有关，丧失脂肽产生的突变菌株大多降低或丧失了群体移动性。表面活性素具有很强的表面扩展活性，表面活性素与细菌的移动性有关，丧失表面活性素产生的突变子显著降低了移动活性，而过量产生表面活性素的突变子增强了细菌的移动活性。除了表面活性素外，其他属微生物产生的某些脂肽同样影响细菌的移动性，例如链霉菌产生的 serrawettin、假单胞杆菌产生的 rhamnolipid、芽孢杆菌产生的 mycosubtilin 等。

影响细菌生物膜的形成　生物膜指细菌在固体表面或液体—固体交界面形成的多细胞立体结构。处于生物膜状态的细菌有规则地镶嵌在由自身分泌的胞外多糖、蛋白质组成的基质中。细菌形成生物膜后可增强对外界不良环境的耐受能力，并且生物膜的形成与细菌的根际定殖能力有关。细菌脂肽的产生影响胞外基质的分泌。假单胞杆菌 MIS38 菌株具有较强的生物膜形成能力，而丧失 arthrofactin 产生能力的突变子不能形成稳定的生物膜。putisolvin 影响恶臭假单胞杆菌（*Pseudomonas putida*）生物膜形成，viscosin 和 massetolide 影响荧光假单胞杆菌生物膜形成。对于枯草芽孢杆菌，表面活性素在生物膜形成中扮演重要的角色，丧失表面活性素产生的突变子几乎丧失了生物膜形成能力。

诱导抗病性　假单胞杆菌和芽孢杆菌属的某些菌株具有诱导抗病性的功能，这些生防菌株产生的脂肽类抗生素是诱导抗病性的活性成分之一。根部用荧光假单胞杆菌产生的脂肽 massetolide A 处理可诱导番茄叶片对晚疫病菌的抗性。枯草芽孢杆菌产生的脂肽 surfactin 和 fengycin 不仅具有直接的抑菌活性，同时还具有诱导抗病性的功能，用这两种物质同时处理番茄后，可诱导番茄对灰霉病的抗性。

参考文献

EMILIA G, SARA S, MARA C, et al, 2012. Contribution of surfactin and SwrA to flagellin expression, swimming, and surface motility in *Bacillus subtilis*[J]. Applied and environmental microbiology, 78(18): 6540-6544.

KHEM R M, SHAMSHER S K, 2015. Lipopeptides as the antifungal and antibacterial agents: applications in food safety and therapeutics [J/OL]. BioMed research international. http://dx.doi.org/10.1155/2015/473050.

OLGA S, PETRA H, ALENA C, et al, 2012. Effect of surfactants on the biofilm of *Rhodococcus erythropolis*, a potent degrader of aromatic pollutants[J]. New biotechnology, 30(1): 62-68.

ONGENA M, JOURDAN E, ADAM A, et al, 2007. Surfactin and fengycin lipopeptides of *Bacillus subtilis* as elicitors of induced systemic resistance in plants[J]. Environmental microbiology, 9(4): 1084-1090.

STEIN T, 2005. *Bacillus subtilis* antibiotics: structures, syntheses and specific functions[J]. Molecular microbiology, 56(4): 845-857.

TRAN H, FICKE A, ASIIMWE T, et al, 2007. Role of the cyclic lipopeptide massetolide A in biological control of *Phytophthora infestans* and in colonization of tomato plants by *Pseudomonas fluorescens*[J]. New phytologist, 175(4): 731-742.

（撰稿：郭庆港；审稿：马平）

直接观察法　direct observation

对天敌寄生或捕食害虫的过程进行直接观察，可在田间或室内进行。对寄生性天敌可观察其搜索寄主、产卵、将寄主致死等过程；也可从田间采集害虫，在室内饲养至害虫被寄生蜂致死。寄生蜂羽化后，鉴定寄生蜂种类；对捕食性天敌可观察其搜索和取食猎物的过程。观察可用肉眼或借助于显微镜、望远镜、摄像机及计算机等进行。还可通过解剖被寄生的寄主害虫，或已取食过猎物害虫的捕食性天敌来确定寄生或捕食关系。细致的观察可了解寄生或捕食的详细行为过程。观察和数据处理的计算机化可定量描述天敌的各种行为，或比较不同天敌的行为及其捕食效率。例如，通过直接观察和比较菜蛾盘绒茧蜂（*Cotesia plutellae*）和半闭弯尾姬蜂（*Diadegma semiclausum*）对小菜蛾幼虫的搜索和寄生行为，发现两种蜂之间有明显不同。当小菜蛾幼虫受到盘绒茧蜂或半闭弯尾姬蜂的攻击时，幼虫立即吐丝下垂至半空中。菜蛾盘绒茧蜂雌蜂往往在第一次攻击失败后很快离开去搜寻其他寄主，而半闭弯尾姬蜂雌蜂则继续留守在小菜蛾幼虫下垂的位点，待后者过一会儿沿丝线慢慢爬上来时，快速抓获后者并立即予以寄生。对这两种寄生蜂寄生行为的直接观察和比较，有助于解释半闭弯尾姬蜂在寄主密度较低时具有的控害优势。

（撰稿：刘银泉；审稿：刘树生）

植物病害生物防治　biological control of plant diseases

指在农业生态系统中调节植物的微生物环境，使其有利于寄主而不利于病原物，或（及）使其对寄主与病原物的相互作用发生利于寄主而不利于病原物的影响，从而达到防治病害的目的。生物防治是植物病害防治的有效途径之一，具有环境友善、可靠、性价比高等特点，已成为农作物可持续生产中不可或缺的组成部分。广义的植物病害生物防治包括利用除人以外的各种生物对植物病害进行防治，但是不包括抗病品种；狭义的植物病害生物防治仅指利用有益微生物和微生物代谢产物对植物病害进行有效防治的技术与方法，其实质就是利用微生物种间或种内的抗生作用、竞争、重寄生、溶菌作用，或者通过微生物代谢产物诱导植物抗病性等，来抑制某些病原物的存活和活动。

防控植物病害的生物及其活性物质称为生防因子，相当数量的生防因子已经被成功地筛选并应用，应用于植物病害生物防治的生防因子有拮抗微生物（细菌、真菌、放线菌和病毒）、抗生素和植物诱导子等。其中，生防真菌常见的有木霉属（*Trichoderma*）、粘帚霉属（*Gliocladium*）、白粉寄生菌属（*Ampelomyces*）、假丝酵母属（*Candida*）、盾壳霉属（*Coniothyrium*）、毛壳菌属（*Chaetomium*）、淡紫紫孢菌（*Purpureocillium lilacinum*）、厚垣轮枝孢菌（*Verticillium chlamydosporium*）、菌根真菌（mycorrhizal fungi）、腐霉菌属（*Pythium*）等。生防细菌有假单胞菌属（*Pseudomonas*）、芽孢杆菌属（*Bacillus*）、土壤杆菌属（*Agrobacterium*）、巴氏杆菌属（*Pasteurella*）、伯克霍德氏菌属（*Burkholderia*）、产碱菌属（*Alcaligenes*）、固氮菌属（*Azotobacter*）、欧文氏菌属（*Erwinia*）、黄单胞菌属（*Xanthomonas*）等。生防放线菌主要为链霉菌属（*Streptomyces*）（见图），还有诺卡氏菌属（*Nocardia*）、小单胞菌属（*Micromonospora*）、游动放线菌等。生防病毒主要是真菌病毒，广泛存在于真菌中，有 dsRNA、ssRNA 以及 DNA 病毒。植物病害生物防治较虫害生物防治发展和应用缓慢，两者具有很多相似的地方，但是也具有许多不同点。尽管发展较慢，但是也已经有许多商品化制剂的应用，尤其是芽孢杆菌、木霉、寡雄腐霉、链霉菌、抗生素、植物源提取物等的应用。

植物病害的生物防治是从土传病害的防治开始的。1921年，C. Hartley 使用 13 个拮抗性真菌接种于森林苗圃土壤防治 *Pythium debaryanum*（Hesse）引起的猝倒病。同年，Millard 发现施用绿肥可以减轻在美国发生的马铃薯疮痂病，1926 年 Sanford 分析证明了是绿肥促进了土壤中一些拮抗性放线菌的生长抑制了马铃薯疮痂病菌，从此，植物病害生物防治进入科学研究阶段。植物病害生物防治的研究方法一般包括筛选有益微生物、探究其作用机制、开发生物防治产品等。植物病害生物防治的原理和机制主要包括抗生作用、重寄生作用、竞争作用、捕食作用、交互保护作用、诱导抗病作用等，此外生防菌控制植物病害的机制还有促进植物生长、提高植物的健康水平、增强其对病害的抵御能力和对寄主植物微生态系统的调控，实现对植物病害的防治。

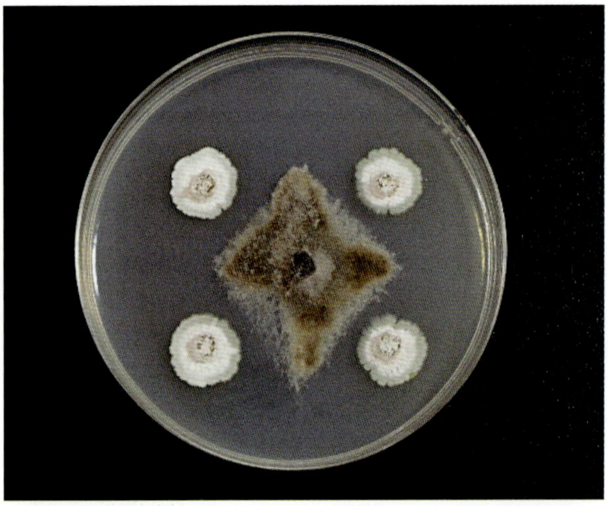

玫瑰黄链霉菌 Men-myco-93-63 对葡萄灰霉病菌的抑制作用

（李亚宁提供）

参考文献

李凯，袁鹤，2012. 植物病害生物防治概述 [J]. 山西农业科学，40(7): 807-810.

鲁素芸，1993. 植物病害生物防治学 [M]. 北京：北京农业大学出版社 .

邱德文，2010. 我国植物病害生物防治的现状及发展策略 [J]. 植物保护，36(4): 15-18, 35.

任顺祥，陈学新，2011. 生物防治 [M]. 北京：中国农业出版社 .

吴云锋，2008. 植物病虫害生物防治学 [M]. 北京：中国农业出版社 .

ALABOUVETTE C, OLIVAIN C, STEINBERG C, 2006. Biological control of plant diseases: the European situation[J]. European journal of plant pathology, 114(3): 329-341.

BAKER K F, 1987. Evolving concepts of biological control of plant pathogens[J]. Annual review phytopathology, 25(1): 67-85.

COOK R J, BAKER K F, 1983. The nature and practice of biological control of plant pathogens[M]. Minnesota: American Phytopathological Society.

PAL K K, GARDENER B M S, 2006. Biological control of plant pathogens[J]. The plant health instructor, 2: 1117-1142.

PAN S, BHAGAT S, 2011. Biological control of plant diseases[J]. The journal of plant protection sciences, 3(1): 1-14.

（撰稿：李亚宁；审稿：李在峰）

植物对天敌—植食者互作的影响 plant trait mediated herbivore-natural enemy interaction

植物对天敌—植食者互作的影响自 Price 等的专题论述之后得以重视。位于第一营养层的植物对高营养层的捕食者—猎物互作的影响是多方面的，其影响大小不仅因植物种类不同而存在差异，而且也可能随时空环境不同而异。例如，Barbosa 在美国东部某河流岸边树木上的害虫做了调查，复叶槭（*Acer negundo*）和黑柳（*Salix nigra*）上 82 种大型鳞翅目昆虫被天敌寄生情况连续 5 年调查，在复叶槭上的寄生率是黑柳上的近 2 倍（30.4% 对 16.5%）。在加拿大森林进行的类似大规模调查发现，15 种鳞翅目昆虫在被子植物上的被寄生率高于在裸子植物上（21% 对 16%）；寄生率随树木的科、属不同而存在很大差异，例如，柳树（*Salix* spp.）上的寄生率是松树（*Pinus* spp.）上的 6 倍（48% 对 8%）；并发现寄生率在植物种类间的差异随植食性昆虫种类不同而异，说明当某种害虫在一种树木上躲避了寄生，但在另一种树木上却不然。

植物主要以 3 类特性影响天敌—植食者互作：次生代谢物质、营养资源和形态。植物演化出丰富的次生代谢物质（次生化学物质、次生化合物或他感化合物），包括毒素、消化阻尼物和挥发物等，以对付复杂多样的生物胁迫因素；这些次生代谢物质不仅固有的在植物上表达，构成所谓的“固有抗性”或“固有防御”，而且可被植食者的取食而诱导，构成所谓的“诱导抗性”或“诱导防御”。植物的固有防御和诱导防御不仅成为对付植食者取食胁迫的主要手段，而且诱导防御产生的挥发性物质还可为捕食和寄生性天敌搜寻植食者提供重要信息。

除次生代谢物外，植物还通过为捕食和寄生性天敌提供营养而促使其驻留，从而可能促进其对植食性害虫的控制作用，以减轻后者对植物的取食胁迫。这或许是植物在应付植食者胁迫的选择压力下演化出的“以食物换保护”的生存策略。捕食和寄生性天敌不仅通过取食植食性害虫来完成幼期生长发育，而且利用植物提供的营养完成成虫的飞行、生长或生殖，甚至长期被认为是纯粹肉食性的蜘蛛也取食植物。植物为天敌提供的营养包括两类：一类是营养和生殖器官，如叶、花和果；另一类被认为是专门为天敌提供营养的结构，如花外蜜腺。在农业生态系统中通过配植蜜源植物，为天敌提供食源以促进天敌的控害作用，日渐成为保护天敌生物防治实践的重要方法之一。

植物营养和生殖器官可为捕食性天敌在食物缺乏时提供替代营养。半翅目昆虫中的盲蝽（Miridae）、长蝽（Lygaeidae）、花蝽（Anthocoridae）、姬蝽（Nabidae）和蝽（Pentatomidae）等科昆虫具有取食植物叶片的习性，即所谓“杂食性”。虽然植物提供的营养质量较低，但在猎物缺乏情况下对捕食性蝽具有重要作用。例如，杂食性蝽在猎物和植物都存在下的生殖力比只有猎物情况下提高 60.1%。植物花粉和花蜜是众多捕食性和寄生性天敌成虫的重要营养来源，有些捕食性昆虫，如小花蝽［*Orius insidiosus*（Say）］和十二斑瓢虫（*Coleomegilla maculata* Degeer），依靠植物花粉可完成世代发育。取食植物花蜜可大幅延长寄生蜂成虫的寿命，甚至提高寄生蜂的生殖力。例如，取食荞麦花蜜的微赤眼蜂（*Trichogramma exiguum* Pinto et Platner）与取食水的相比，存活率提高 8.5 倍，生殖力提高 6.3 倍。

植物的形态特征也可影响天敌—植食者的互作，包括植物表皮毛状体、微小坑穴和植株层次结构等，这些结构通过影响昆虫在植物表面的行走、搜寻、抓握和其他行为，而影响昆虫种间互作。植物结构不仅影响植食性昆虫，而且也可能影响捕食或寄生性的天敌，其净效应受多重因素的影响，包括植物、互作昆虫以及其他环境因素。在植物育种和害虫生物防治中，重视植物对天敌—害虫互作的影响，可在害虫综合治理中发挥作用。

参考文献

BARBOSA P, SEGARRA A E, GROSS P, 2001. Differential parasitism of macrolepidopteran herbivores on two deciduous tree species[J]. Ecology, 82(3): 698-704.

JERVIS M A, ELLERS J, HARVEY J A, 2008. Resource acquisition, allocation, and utilization in parasitoid reproductive strategies[J]. Annual review of entomology, 53(1): 361-85.

MEEHAN C J, OLSON E J, RUIDINK M W, et al, 2009. Herbivory in a spider through exploitation of an ant-plant mutualism[J]. Current biology, 19(19): 892-893.

PRICE P W, BOUTON C E, GROSS P, et al, 1980. Interactions among three trophic levels: influence of plants on interactions between insect herbivores and natural enemies[J]. Annual review of ecology and systematics, 11: 41-65.

PRICE P W, DENNO R F, EUBANKS M D, et al, 2011. Insect ecology, behavior, populations and communities[M]. London: Cambridge University Press: 631.

TOOKER J F, HANKS L M, 2000. Flowering plant hosts of adult hymenopteran parasitoids of central Illinois[M]. US: Annals of entomological society of America, 93: 580-588.

WÄCKERS F L, VAN RIJN P C J, BRUIN J, 2005. Plant-provided food for carnivorous insects, a protective mutualism and its applications[M]. London: Cambridge University Press.

WITTING-BISSINGER B E, ORR D B, LINKER H M, 2008. Effects of floral resources on fitness of the parasitoid *Trichogramma exiguum* (Hymenoptera: Trichogrammatidae) and *Cotesia congregata* (Hymenoptera: Braconidae)[J]. Biological control, 47(2): 180-186.

（撰稿：李保平；审稿：孟玲、杨忠岐）

植物多样性措施防治东亚飞蝗 increase of plant biodiversity to control the oriental migratory locust

蝗虫的暴发常造成农业严重灾害，蝗灾与水灾、旱灾并称为农业三大自然灾害，严重影响人民生产、生活甚至生存。在蝗虫中由于东亚飞蝗（*Locusta migratoria manilensis*）具有食量大、聚集和迁飞性强、繁殖力高等特点，而成为中国最为严重的农业害虫，也是造成蝗灾的罪魁祸首。东亚飞蝗是飞蝗（*Locusta migratoria*）的一个地理亚种，主要分布在中国和东南亚。东亚飞蝗分布在中国的北纬 42° 以南的广大地区，常年发生面积超过 150 多万 hm^2，主要防治措施有化学防治、生物防治和包括生物多样在内的生态防治。

东亚飞蝗的食料植物包括禾本科的芦苇（*Phragmites communis*）、红草（荻）（*Miscanthus sachariflorus*）、稗（*Echinochloa crusgalli*）、红蓼（*Echinochloa colona*）、莜草（*Leersia hexandra*）、马绊秧（*Leersia japonica*）、白茅（*Imperata cylindrica*）、蟋蟀草（*Eleusine indica*）、小麦（*Triticum aestivum*）、玉米（*Zea mays*）、谷子（小米）（*Setaria italica*）、稻（*Oryza sativa*）、高粱（*Sorghum vulgare*）等；也取食野生莎草科植物，如莎草（*Cyperus* spp.）、三棱草（*Scirpus triqueter*）、荆三棱（*Seirpus maritimus*）。从食性来看，东亚飞蝗属于寡食性，因此，东亚飞蝗在自然界中选择到合适的寄主植物作为食物才能获得充足的营养和能量，否则其无法正常生长发育和繁衍种群。

不同种类植物作为食物对东亚飞蝗的生长速度、存活有显著影响。东亚飞蝗取食禾本科和莎草科的生长速度远比取食大豆和油菜快。取食禾本科和莎草科植物的飞蝗存活率在 70% 以上，显著高于取食大豆和油菜的 10% 左右。在羽化期间强迫改食棉花和花生，则飞蝗不能产卵。

不同种类植物作为食物对飞蝗的生殖力有显著影响。取食不同植物的飞蝗产卵量有差异。取食稗草的单雌产卵块数为 11 块，每块平均含卵粒数 65 粒；取食芦苇的 3 块，每块含 33 粒；取食小麦约 7 块，每块含 45 粒；取食高粱的约 9 块，每块含 50 粒，而取食大豆和油菜的每头雌成虫产卵量最低，约 1.6 块，每块含卵粒 25 粒。可以看出取食禾本科和莎草科植物的东亚飞蝗的生殖力显著高于取食大豆和油菜的。将成活率、生长速度和生殖力三者综合起来考虑，以三者的乘积作为种群数量增长的指标，则取食红草的为 91.96、稗草 76.95、芦苇 65.06、莎草 56.33、高粱 121.31、小麦 55.91、油菜 1.87。因此不同种类植物作为食物对东亚飞蝗的种群增长有显著的影响。

为了保持种群数量的增长，东亚飞蝗进化出了有效选择寄主植物的行为。与其他植食性昆虫一样，东亚飞蝗可以通过视觉、触觉、嗅觉和味觉选择寄主植物，但是最为重要的是嗅觉和味觉。东亚飞蝗触角、下唇须、下颚须、足跗节以及翅上都有化学感觉毛，在触角上至少有 4 类化学感觉毛，即锥形感觉器、毛形感觉器、腔锥形感觉器和刺形感觉器，其中腔锥形感觉器和锥形感觉器中的嗅觉神经元参与感受植物挥发物，而刺形感觉器中的神经元执行味觉功能。感知的植物化学信号传入到中枢神经形成的指令传给连接肌肉的动作神经元，飞蝗表现的行为是对植物或选择或驱避反应。飞蝗在选择植物过程中首先是在较远的距离通过嗅觉感受植物的挥发物，之后接触到植物，通过味觉感受植物中的化学物质。飞蝗所选择的大多数草本植物不含有拒食性的信息化合物而被取食。但是那些非草本植物中含有拒食性信息化合物而被拒绝，而且飞蝗很可能具有区分可食的不同草本植物种类的能力，但是对含有拒食性信息化合物的非草本植物不再进行区分。因此，飞蝗具有很强的选择并取食寄主植物、拒绝非寄主植物的特性。

中国古代人民早就观察到了东亚飞蝗对很多农作物不取食的现象，并用于防治中。徐光启在《农政全书》中建议间种蝗虫不取食的植物防治蝗害："言蝗不食芋桑，与水中菱芡，或言不食绿豆、豌豆、豇豆……芝麻、薯蓣。凡此诸种，农家宜间种以备不虞"。这是不自觉地利用了东亚飞蝗的取食偏好性的原理，种植东亚飞蝗不取食的大豆、棉花、薯类、树木等可控制其发生程度。

根据同样的原理，在山东、河北、河南、山西和陕西的广大东亚飞蝗发生区通过种植东亚飞蝗不喜取食的植物等防治措施，直接改造东亚飞蝗滋生区上百万亩植物，取得了显著的经济、生态和社会效益。包括生物多样性防治措施在内的生态治理成为中国东亚飞蝗防治的根本性措施。

在河北和山东的沿海蝗区的植被多系禾本科植物为主的中生及半湿生种类组成，在蝗区中的优势种植物包括芦苇、茅草、马绊草、黄须等都是蝗虫食料植物，蝗区植被平均覆盖度 30%～50%。为了控制当地东亚飞蝗，种植紫穗槐、苜蓿、棉花、冬枣等蝗虫不喜食植物，有效地切断了东亚飞蝗食物来源（图 1）。在河南的黄河滩区、山西和陕西的河泛区，采取种植林木、大豆、棉花、芦笋、油葵和花生等东亚飞蝗不喜取食的植物，切断了东亚飞蝗的食物来源，增加了天敌的数量，有效抑制了东亚飞蝗种群的暴发（图 2）。

图 1 山东东营以植物多样性措施防治东亚飞蝗
（山东省植物保护总站提供）
①山东东营未实施植物多样性的蝗区植被以芦苇为主；②在蝗区内种植棉花；③苜蓿；④紫穗槐；⑤冬枣

图 2 在河南黄河滩区种植，有效地抑制了东亚飞蝗种群数量的增长（河南省植保植检站提供）

在蝗虫发生区采取生物多样性控制技术后，东亚飞蝗在当地种群密度多年得到有效控制。在山东沿海蝗区采用生物多样性控制措施后，与未采取多样性措施的蝗区相比较，东亚飞蝗种群密度显著降低，有效抑制了东亚飞蝗在多样性实施区内的种群增长（表 1）。在种植棉花和苜蓿的实施区内，春季东亚飞蝗的卵量比未实施区显著减少；夏蝗虫口密度和秋蝗显著低于防治指标（表 2）。在采取生物多样性区域中的天敌种类组成和数量与未采取的区域有较大的差异。在棉花种植区和苜蓿种植区中主要天敌优势种包括蜘蛛、芫菁、螳螂，也有少量的鸟和其他捕食性天敌昆虫和寄生性天敌昆虫；而在林木与作物间作区，以鸟类、蜘蛛、螳螂为多；在未实施多样性改造区中则以蚂蚁为多。值得指出的是，芫菁是蝗虫卵期的重要捕食性天敌，蜘蛛、鸟则是蝗蝻期和成虫期的重要天敌。这些类群天敌的增加，也成为控制东亚飞蝗种群数量暴发的重要因素。

参考文献

金鑫，2006. 蝗虫化学感受器的细微结构及气味分子结合蛋白的表达 [D]. 北京 : 中国农业大学 .

马世骏，1958. 东亚飞蝗在中国的发生动态 [J]. 昆虫学报，8(1): 1-10.

夏凯龄，等，1994. 中国动物志（昆虫纲第四卷　直翅目，蝗总科）[M]. 北京 : 科学出版社 .

张龙，2011. 国内外蝗害治理技术现状与展望 [J]. 应用昆虫学报，48(4): 804-810.

表1 山东东营蝗区生物多样性防治措施对降低东亚飞蝗密度的作用（2012年）

示范区类型	调查时间	示范区面积（万亩）	调查点数（个）	代表面积（m^2）	平均有虫点数（个）	平均虫口密度（头/m^2）
香花槐	5月28日	0.1	50	50	0.02	0.02
苜蓿	5月28日	1.2	50	50	0.02	0.02
棉花	5月29日	0.33	50	50	0.04	0.04
冬枣	5月29日	0.15	50	50	0.04	0.04
杨树—棉花	5月30日	0.1	50	50	0.06	0.08
对照区芦苇	5月30日	1	200	200	0.35	0.46

注：卵粒单位：粒/m^2；蝗虫单位：头/m^2（根据山东省植物保护总站提供数据整理）。

表2 山东垦利生物多样性措施对东亚飞蝗密度降低的作用（2012年）

调查地点	棉花区蝗虫密度			苜蓿区蝗虫密度			未改造苇荒地蝗虫密度（对照）		
	春季卵量	夏蝗	秋蝗	春季卵量	夏蝗	秋蝗	春季卵量	夏蝗	秋蝗
平均值	0.047	0.054	0.046	0.039	0.049	0.044	1.31	1.64	1.45

注：卵粒单位：粒/m^2；蝗虫单位：头/m^2（根据山东省植物保护总站提供数据整理）。

张书敏，刘俊祥，王贵生，等，2006. 生态调控对东亚飞蝗的控制作用研究 [J]. 中国植保导刊，26(3): 7-10.

朱恩林，2004. 中国蝗灾的社会经济隐患及其中长期治理对策研究 [D]. 北京：中国农业大学.

BERNAYS E A, CHAPMAN R F, 1978. Plant chemistry and acridids feeding[M]// HARBORNE J B. Experimental Analysis of Insect Behaviour. Berlin: Springer-verlag: 48-59.

JIN X, BRADAZZA A, NAVARRINI A, et al, 2005. Expression and immunolocalization of odorant-binding protein and chemosensory proteins in locusts[J]. Cellular and molecular life sciences, 62(10): 1156-1166.

JIN X, ZHANG S G, ZHANG L, 2006. Expression of odorant-binding and chemosensory proteins and spatial map of chemosensilla on labial palps of *Locusta migratoria* (Orthoptera: Acrididae)[J]. Arthropod structure and development, 35(1): 47-56.

KAFKA W A, 1971. Specificity of odor-molecule interaction in single cells[M]// OHLOFF G, THOMAS A F. Gustation and Olfaction. London: Academic Press: 61-72.

ZHOU S H, ZHANG J, ZHANG S G, et al, 2008. Expression of chemosensory proteins in hairs on wings of *Locusta migratoria* (Orthoptera: Acrididae)[J]. Journal of applied entomology, 132(6): 439-450.

ZHOU S H, ZHANG S G, ZHANG L, 2009 The chemosensilla on tarsi of *Locusta migratoria* (Orthoptera: Acrididae): distribution, ultrastructure, expression of chemosensory proteins[J]. Journal of morphology, 270(11): 1356-1363.

（撰稿：张龙；审稿：陈斌）

植物根际促生细菌 plant growth-promoting rhizobacteria, PGPR

定殖于植物根际系统，并能促进植物生长的一类细菌的总称。PGPR 的概念是由 Kloepper 和 Schroth 提出的，最初用于形容自然发生的非共生性土壤细菌，大部分为假单胞菌属，这些细菌能在植物根际定殖，促进植物生长。除了假单胞菌属（*Pseudomonas*）外，固氮菌属（*Azotobacter*）、节杆菌属（*Anthrobacter*）、芽孢杆菌属（*Bacillus*）、梭菌属（*Clostridium*）、噬氢菌属（*Hydrogenophaga*）、肠杆菌属（*Enterobacter*）、沙雷氏菌属（*Serratia*）和固氮罗菌属（*Azospirillum*）等的细菌也具有 PGPR 活性，能促进非豆科植物的生长。此外，Chabot 等把根瘤菌也作为 PGPR。根据 PGPR 定殖于根际的位置，可将其划分为两类：一类是胞内 PGPR（intracellular PGPR，iPGPR），其特征是通常只局限性地定殖于植物某些特殊组织或细胞内，产生根瘤，最早的报道可追溯到 19 世纪 80 年代 Beijerinck 从植物根瘤中分离出第一株根际细菌；另一类是胞外 PGPR（extracellular PGPR，ePGPR），该类型的特征是定殖于根系细胞外，不形成根瘤，但能依靠产生信号物质直接促进植物生长，或者提高植物抗性、加速土壤营养循环等，对其最早的研究主要集中于芽孢杆菌属和节杆菌属。根据其与植物根系的依附程度，ePGPR 可再细分为三类：①紧邻但不接触根系。②定居在根系表面。③定居在植物根系皮层与细胞之间。

PGPR 可以通过直接或间接的方式促进植物生长。直接机制包括生物固氮作用、提高植物根际养分的可利用性（如嗜铁素的产生、解磷作用等）、产生植物生长调节物质（如生长素、细胞分裂素、赤霉素、挥发性物质等）和增强其他有益的共生作用。间接机制主要是病害的生物防治作用，如

表1 PGPR菌株的生防作用

菌株种类及编号	作物	靶标病原物 / 病害 / 害虫	参考文献举例
Bacillas amyloliquefaciens	番茄	番茄斑驳病毒	Murphy et al. (2000)
Pseudomonas fluorescens	烟草	烟草坏死病毒	Park and Kloepper (2000)
Bacillus pumilus SE 34	烟草	霜霉病	Zhang et al. (2003)
Pseudomonas sp.	花生	丝核菌	Gupta et al. (2002)
Streptomyces marcescens 90-116	烟草	霜霉病	Zhang et al. (2003)
Bacillus sp.	黄瓜	棉蚜	Stout et al. (2002)
Bacillus licheniformis	辣椒	桃蚜	Lucas et al. (2004)
Bacillus cereus MJ-1	红辣椒	桃蚜	Joo et al. (2005)
Pseudomonas sp.	苜蓿	苜蓿无网长管蚜	Kempster et al. (2002)
Paenibacillus polymyxa E681	芝麻	真菌病害	Ryu et al. (2006)
Enterobacter sp.	鹰嘴豆	燕麦镰孢菌	Hynes et al. (2008)
Azospirillum brasilense	蔷薇	根真菌	Russo et al. (2008)
Pseudomonas aeruginosa	绿豆	根腐病	Siddiqui et al. (2001)
Bacillus subtilis G803	辣椒	桃蚜	Kokalis-Burelle et al. (2002)
Bacillus ayloliquefaciens	灯笼椒	桃蚜	Herman et al. (2008)

表2 利用PGPR菌株开发的生物制剂

PGPR 菌株	产品名称	适用作物
Agrobacterium radiobacter	Diegall, Galltrol-A, Nogall, Norbac 84 C	水果、坚果、观赏苗木和树木
Azospirillim brasilense	Azo-Green	草坪和饲料作物
Bacillus subtilis	Epic, HiStick N/T, Kodiak, Rhizo-Plud, Serenade, Subtilex	大麦、豆类、棉花、花生、大米
Bacillus amyloliquefaciens GB99	Quantun 4000	西兰花、卷心菜、哈密瓜、花椰菜、芹菜、黄瓜、生菜、观赏植物、辣椒、番茄和西瓜
Burlkholderia cepacia	Blue Circle, Deny, Intercept	苜蓿、大麦、豆类、三叶草、棉花、玉米、高粱和小麦
Pseudomonas fluorescens	BlightBan A506, Conquer, Victus	杏仁、苹果、樱桃、蘑菇、桃子、梨、土豆、草莓和番茄
Pseudomonas syringae	Bio-save 10	柑橘类和柚子类水果
Streptomyces griseovirdis K61	Mycostop	大田作物、观赏植物和蔬菜

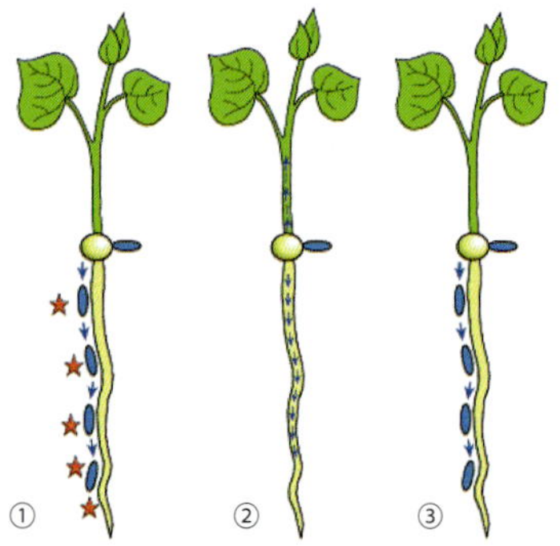

PGPR 的主要生防机制

①抗生机制：细菌定殖于生长的根系并将抗性分子运输到根周围，从而抑制向根靠近的有害病菌（如星号所示）；②诱导系统抗病性 (ISR)：局部的根部定殖足于诱导 ISR。许多细菌产物诱导系统信号传导，从而保护整株植物抵抗不同生物引起的病害；③营养和位点竞争：具有这种作用机制的生防细菌在沿着生长根的快速趋化运动及根分泌物的利用效率上有优势，从而在利用营养和占领根上位点上战胜病原菌

减轻病害的发生，包括抗生作用、诱导系统抗病性、营养竞争和位点竞争等（见图）。根据 PGPR 作用效果的不同，PGPR 可以分为三大类：促生增产、调控植物生长和防治病虫害。PGPR 菌株已广泛用于农业生产中（表 1），并开发多种商业化产品（表 2）。

定殖是 PGPR 发挥作用的重要步骤，这个过程包括：在种子上的存活、在种子周围的繁殖、在根表面附着及在根系上的定殖。细菌的多种特性与该过程有关，包括游动性、对种子和根分泌物的趋化性、鞭毛或纤毛的产生、特定细胞表面组分的产生、根分泌物特定组分的利用能力、蛋白质的分泌以及群体感应。

参考文献

BHATTACHARYYA P, JHA D, 2012. Plant growth-promoting rhizobacteria (PGPR): emergence in agriculture[J]. World Journal microbiol biotechnol, 28: 1327-1350.

CHABOT R, ANTOUN H, KLOEPPER J W, et al, 1996. Root colonization of maize and lettuce by bioluminescent *Rhizobium leguminosarum* biovar. *phaseoli*[J]. Applied and environmental microbiology, 62(8): 2767-2772.

CHABOT R, BEAUCHAMP C J, KLOEPPER J W, et al, 1998. Effect of phosphorus on root colonization and growth promotion of maize by broluminescent mutants of Phosphate-solubilizing *Rhizobium*[J]. Soil biology and biochemistry, 30(12): 1615-1618.

KLOEPPER, JOSEPH W, SCHROTH, et al, 1978. Plant growth-promoting rhizobacteria on radishes [C]// Proceedings of the 4th International Conference on Plant Pathogenic Bacteria (Angers, France: Station de Pathologie Végétale et Phytobactériologie, INRA, 2: 879-882.

LUGTENBERG B, DEKKERS, LINDA, et al, 2001. Molecular determinants of rhizosphere colonization by *Pseudomonas*[J]. Annual review of phytopathology, 39: 461-490.

LUGTENBERG B, KAMILOVA F, 2009. Plant-growth-promoting *Rhizobacteria*[J]. Annual review of microbiology, 63: 541-56.

PERSELLO-CARTIEAUX F, NUSSAUME L, ROBAGLIA C, 2003. Tales from the underground: Molecular plant-rhizobacteria interactions[J]. Plant cell & environment, 26 (2): 189-199.

（撰稿：孙漫红；审稿：李世东）

植物根围促生真菌　plant growth prompting fungi

指自由生活在土壤、植物根系或与根共生的一类可促进植物生长、抑制有害生物危害的有益真菌。其研究工作主要集中在菌根真菌。真菌与植物根的共生体称为菌根，是自然界中菌根真菌与宿主植物之间互作达到高度平衡的共生联合体，菌根真菌是自然生态系统中重要的功能菌群之一。因此，菌根真菌在生态系统营养循环和物质循环过程中扮演着重要的角色，对植物的营养获取和生长具有十分重要的作用。据报道，菌根真菌约占生态系统微生物总量的 70%。菌根共生体在生态系统中具有提高植物对土壤矿质营养元素的吸收和累积，促进植物的抗旱、抗涝、抗盐、抗病、耐受重金属胁迫等方面的作用，某些菌根具有合成生物活性物质的能力（如维生素、赤霉素、细胞分裂素、植物生长调节物质、酶类以及抗生素等），不仅能促进植物良好生长，而且能提高植物的抗病能力。某些菌根真菌形成的子实体，能为人类提供食用和药用的菌类资源（如乳菇属、红菇属）。可通过改变根际土壤 pH、营养等方面影响根际微生物的群落结构，菌根真菌与土壤微生物通过相互促进或抑制，对宿主植物产生影响。

真菌中能形成菌根的多数是担子菌门、子囊菌门中的一些科属。根据菌根真菌的菌丝体在其共生植物根部所形成的形态结构以及两者之间的营养关系，菌根真菌主要分为外生菌根真菌、内生菌根真菌和内外生菌根真菌 3 种类型。

比如丛植菌根作为一种重要的共生关系，其在生态系统中通过多种直接或间接的作用影响植物共存，研究发现其作用机理主要有以下四方面：①丛植菌根的菌丝体由于生长速度快、扩展面积大，因而可以同时与多个宿主植物的地下根系形成共生体，从而在土壤生态系统中形成菌丝体网络。地下菌丝体网络的形成，可以通过菌丝间的相互传递将不同的宿主植物联系起来，从而达到调节资源在不同植株间的转运和再分配，进而对地上植物的种间竞争产生影响。②在植物混种条件下，邻株的植物存在可以改善植物生长的小生境条件，如降低烈日下的光照强度、提高空气湿度，还可以促进相邻植物提高对资源的利用率。③丛植菌根侵染植物根系后可以改变植物的生理生化特性，如对植物根系的结构、根毛的长短产生影响，从而调节资源在不同植株之间的运转。④丛植菌根通过影响植物与其他有机体，如丛植菌根与根际微生物群落、植物与草食性动物或植物与病原菌之间的相互作用，从而对植物之间的竞争进行调节。

（撰稿：高学文；审稿：王琦）

植物根系分泌物　plant root exudates

在特定环境下，活的植物通过根系的不同部位释放到根际环境中的有机物质的总称。根系分泌物承担着植物与土壤之间物质交换和信息传递的重要作用，是构成植物根际微生态特征的关键因素，也是植物响应外界胁迫的重要途径。

根系分泌物包括植物健康组织的释放和残根等衰老组织的分解两方面。这些分泌物包括由根细胞扩散输出的低分子有机物、根系代谢形成的分泌物、根系脱落形成的高分子黏胶质以及残体分解产生的分解物四大类。其中，低分子有机化合物如糖类、有机酸、氨基酸和酚类化合物等的作用主要是活化养分。低相对分子质量的糖普遍以葡萄糖和果糖的形式存在；氨基酸有蛋白质类氨基酸和非蛋白质类氨基酸之分；有机酸包括柠檬酸、番石榴酸、苹果酸、苯甲酸、肉桂酸、脂肪酸等；大部分酸的主要作用是活化养分，部分酸类如苯甲酸、肉桂酸和某些酚类物质能对周围生物产生化感作用，而豆科中出现较多的脂肪酸则主要影响固氮微生物的活力。另外，根系分泌物中的质子和无机离子能调节根际土壤的 pH 及氧化还原电位，进而影响根系对营养元素吸收的有效性。

根系分泌物中化合物的种类和数量主要受植物种类、发育时期、植物营养、微生物的活动、叶面喷施的化学物质、机械或病虫类引起的损伤、土壤中各种物理因素、光照、温度等因素的影响。例如，植物在养分和环境胁迫时，可以通过调整根系分泌物的组成成分和数量来提高养分利用效率和植株抗逆性，以适应环境胁迫。

根系分泌物成分复杂且随环境多变，但其功能大致可分为营养供给、改变土壤质地、提高植物营养吸收、信号传导、化感作用、保护根系功能等。农业生产中合理地利用根系分泌物与作物、微生物、有害昆虫间的相互作用可以实现作物增产及病虫害的生态控制。例如，植物根系通过产生不同组分的分泌物来抑制部分生物的生长或促进另一些生物的生长。利用植物对病原菌的抑制作用可以防止某些土传病害的发生。水稻（*Oryza sativa*）产生的分泌物可以抑制西瓜根际镰刀菌孢子的产生，从而减缓水稻和西瓜间作系统中西瓜镰刀菌枯萎病的发生。大蒜根系分泌物可以有效抑制辣椒疫霉病菌菌丝的生长和游动孢子的萌发。荞麦和小麦根系分泌物能抑制小麦全蚀病原菌的生长；韭菜根分泌物能抑制番茄青枯病菌生长；玉米根系分泌的苯并噁嗪类化合物能抑制辣椒疫霉菌的生长。植物还可以吸引某些非致病菌聚集到根际周围，起到稀释致病病原菌的作用而间接起到防治病害的效果，如豆类、棉花（*Gossypium arborcum*）和茄子（*Solanum melongena*）等对黄萎病（*Verticillium*）的抑制就是通过根系分泌吸引 *Talaromycee flovus* 而间接起作用的。另外，黄盖状菌根系分泌物中的化感物质还有开发为杀菌剂的潜力。例如，1974 年发现的 4- 甲氧基 -3, 3- 二苯基甲烷就可以作为除草剂运用于水稻上；茴香霉素作为微生物除草剂产品，也引起广泛的关注。

参考文献

郭永霞，孔祥清，2005. 天然除草活性化合物研究进展 [J]. 植物保护，31(6): 11-16.

吴辉，郑师章，1998. 根系分泌物及其生态效应 [J]. 生态学杂志，11(5): 102-107.

BAIS H P, WEIR T L, PERRY L G, et a1, 2006. The role of root exudates in rhizosphere interactions with plants and other organisms[J]. Annual review of plant biology, 57: 233-236.

MUHAMMAD A K, CHENG Z H, XIAO X M, et a1, 2011. Ultrastructural studies of the inhibition effect against *Phytophthora capsici* of root exudates collected from two garlic cultivars along with their qualitative analysis[J]. Crop protection, 30(9): 1149-1155.

REN L X, SU S M, YANG X M, et a1, 2008. Intercropping with aerobic rice suppressed fusarium wilt in watermelon[J]. Soil biology and biochemistry, 40(3): 834-844.

SRNILEY R W, 1973. Relationship between take-off wheat and rhizosphere pH in soils fertilized with ammonium vs nitrate nitrogen[J]. Phytopothol, 63(7): 882-890.

YANG M, ZHANG X D, XU Y G, et al, 2015. Autotoxic ginsenosides in the rhizosphere contribute to the replant failure of Panax notoginseng[J]. PLoS ONE, 10(2): e0118555.

YU J Q, 1999. Allelopathic suppression of *Psedomonas solanacearum* infection of tomato (*Lycoperdicon esculentum*) in a tomato-chinese chive (*Allium tuberosum*) intercropping system[J]. Journal of chemical ecology, 25(11): 2409-2417.

（撰稿：朱书生；审稿：杨敏）

植物功能性状　plant functional traits

能够反映植物所在生态系统功能特质的形态、生理和表型等的性状。这些性状也是决定植物响应环境因子，影响其他营养层级和生态系统性质及服务功能的重要性状。

植物功能性状是 Diaz 等提出的，后被广泛接受和探讨。植物功能性状作为连接植物与环境的桥梁，对两者关系的研究具有重要的作用。主要研究包括植物功能性状与气候（包括气温、降水、光照）、地理空间变异（包括地形地貌、生态梯度、海拔）、营养、干扰（包括火灾、放牧、生物入侵、土地利用）等环境因素，以及与生态系统功能之间关系的研究等，一些研究者还探讨了全球变化（气候变化和 CO_2 浓度升高）对植物个体和群落的影响。

较有代表性的是 Wright 等对叶经济谱（leaf economics spectrum，指叶片的主要化学、结构和生理特征）的研究。他们分析了从北极到热带 175 个地区的 219 个科 2548 个种的植物叶经济谱数据后发现，全球尺度下 6 项植物叶片功能性状间存在普遍的规律性，即单位质量光合速率、单位质量暗呼吸与叶片单位质量氮、磷含量间呈正相关关系，而它们与叶寿命、比叶重呈反相关；叶片氮含量、光合速率及呼吸速率均较高的物种叶寿命较短、比叶重较低（比叶面积较高）。

植物功能性状能反映植物对生态系统功能的贡献或作用，也能很好地指示生态系统结构与功能的动态。Leishman 对石灰质草原植被的研究表明，功能性状可以表征植被的生产能力。在测量生物量相对产量时，种子质量是一个很好的指标；而成熟植物个体的高度可以较好地指示活体相对产量（survival relative yield）；Farglone 等通过重复栽培试验发现，生物量、氮含量比，与主根生物量比重，可以代替土壤氮含量来指示植物相对产量和竞争中的丰富度，根长密度对植物丰富度也有很好的指示作用。

由于外来种对自然生态系统的入侵是全球生物多样性变化所面临的一个严重威胁，所以植物功能性状与生物入侵的关系也备受重视。不同的生活史性状如植物寿命、生活型、营养生长、传粉和生殖系统、耐阴性和毒性等与外来种的可入侵性（invasiveness）密切相关。在不同的环境条件下，促进外来物种成功入侵的植物性状也不同，如较短的生长发育期、快速的种群生长及较小的种子质量代表了植物较高的入侵能力，受到物理干扰（如道路、房屋建设等土地利用）且高土壤肥力的生境中，小草本植物和花期长、无辅助传播或风传播种子的禾草更容易入侵；而富养分生境中无性繁殖、靠脊椎动物传播种子的攀缘植物更容易入侵。

植物功能性状的研究已经取得一些重要成果，并应用于全球气候变化、植被恢复和气候定量重建、环境监测与评价、生态保护和恢复、重建等相关研究中，但如何准确计测功能性状，在大尺度、多生境因子情况下如何开展植物功能性状研究，植物对全球变化的指示性研究，植物功能性状与植物进化及系统发育学关系的研究等方面仍有待于加强。

参考文献

DLAZ S CABIDO M, 2001. Vive la difference: plant functional diversity matters to ecosystem processes[J]. Trends in ecology and evolution, 16(11): 646-655.

FARGLONE J, TILMAN D, 2006. Plant species traits and capacity for resource reduction predict yield and abundance under competition in nitrogen-limited grassland[J]. Functional ecology, 20(3): 533-540.

LAKE J C, LEISHMAN M R, 2004. Invasion, success of exotic plants in natural ecosystems: the role of disturbance, plant attributes, and freedom from herbivores[J]. Biologicol conservation, 117(2): 215-226.

LEISHMAN M R, 1999. How well do plant traits correlate with establishment ability? Evidence from a study of 16 calcareous grassland

Z

species[J]. New phytologist, 141(3): 487-496.

SUTHERLAND S, 2004. What make a weed a weed : life history traits of native and exotic plants in the USA[J]. Oecologia, 141(1): 24-39.

WRIGHT I J, REICH P B, WESTOBY M, et a1, 2004. The worldwide leaf economics spectrum[J]. Nature, 428(6985): 821-827.

（撰稿：李成云；审稿：朱有勇）

植物化学防御 plant chemical defense

植物在抵御外界的生物环境（如昆虫、病原菌或植食动物等）或非生物环境（如高温、冷害、干旱、紫外线等气候环境）胁迫过程中，形成了在生理生化上做出响应的化学防御策略。这种策略包括次生代谢产物和防御蛋白的产生以及一些营养成分的变化，这些物质的丰寡可以抑制病原菌的侵染、忌避或抑制昆虫取食进而杀死或延缓害虫生长发育等。

植物次生代谢物的合成是植物化学防御的重要策略之一。不同植物物种或个体的化学防御存在差异，很大程度上取决于植物组织中存在的各种次生代谢物的含量。当遭受昆虫取食或病原菌侵染时，植物体内次生代谢物质会发生不同程度的变化，从而抑制害虫和病原菌的生长。植物次生代谢物质种类繁多，一般可分为酚类、萜类和含氮有机物三类。酚类化合物(phenolics)中以单宁、黄酮类以及醌类最为常见。其中单宁对于调节生态系统过程有着不可替代的作用，如影响食草动物的取食、分解作用以及营养循环。黄酮类物质具有抗氧化活性及抗病虫、防紫外辐射损伤等功能。萜类化合物（terpenoids）具有防御虫害及其各种致病真菌的侵扰的功能。含氮化合物（nitrogen-containing compound）则包括生物碱、非蛋白氨基酸、胺类、生氰苷和芥子油苷等，主要从普通氨基酸合成，多具有防御作用。植物还会产生有机酸等次生代谢物，如茉莉酸（JA）、水杨酸（SA）、水杨酸甲酯（MeSA）、茉莉酸甲酯（MeJA）、苯并噻唑（BTH）、茉莉酮、过氧化物酶（POX）、过氧化氢（H_2O_2）和乙烯（C_2H_4）等，可作为植物防御病虫害的信号分子。在植物受到局部危害后，通过内源信号分子在植株间传递、诱导，激发植物的整体防御。

植物还会产生包括油脂、灰分含量以及植物体内的保护性酶和蛋白酶抑制剂等物质帮助植物进行化学防御。保护性酶主要有多酚氧化酶（PPO）和苯丙氨酸转氨酶（PAL）等；蛋白酶抑制剂则主要有胰蛋白酶抑制剂和胰凝乳蛋白酶抑制剂等。

利用植物产生的化学防御物质进行病虫草害的防治是当前植物保护工作的热点之一，也是可持续农业发展的需要。利用植物化学防御的功能控制病虫害发生已有不少报道，例如，利用从除虫菊中提取的除虫菊酯触杀和麻痹昆虫；利用飞燕哥的浸出液防治果树和蔬菜的害虫，用天竺葵的香味驱虫，用薄荷驱螟蛾等。利用植物保护剂可通过驱避和拒食作用来控制害虫数量。例如，小菜蛾、菜粉蝶等十字花科蔬菜害虫不趋近和取食玉米、大豆、瓜类等植物，也不在这些植物上产卵，有着忌避作用和拒食作用。利用葱属植物（大蒜、洋葱、韭菜等）组织浸提液中的化学防御物质可抑制病原菌的生长。总之，科学合理地利用植物化学防御作用和化学防御物质进行病虫草害的生态控制，对农业的可持续发展有重要意义。

参考文献

龚治，李典谟，张真，2010. 针叶树萜类合成酶研究进展 [J]. 林业科学，46(1): 123-130.

刘会香，张星耀，2005. 植物蛋白酶抑制剂及其在林木抗虫基因工程中的应用 [J]. 林业科学，41(3): 148-157.

钦俊德，王琛柱，2001. 论昆虫与植物的相互作用和进化的关系 [J]. 昆虫学报，44(3): 360-365.

孙立影，于志晶，李海云，等，2009. 植物次生代谢物研究进展 [J]. 吉林农业科学，34(4) : 4-10.

尹淑艳，孙绪艮，2002. 针叶小爪螨—寄主植物—芬兰钝绥螨相互关系的研究．Ⅲ．寄主植物的化学组成与针叶小爪螨生长发育的关系 [J]. 林业科学，38(4): 105-110.

张伟，廖静静，朱贵李，等，2013. 8 种植物挥发物和浸提液对三七根腐病菌的抑制活性研究 [J]. 中国农学通报，29(30): 197-201.

CHRISTOPHER M E, MIRANDA M, MAJOR I T, et al, 2004. Gene expression profiling of systemically wound-induced defenses in hybrid poplar[J]. Planta, 219(6): 936-947.

FORKNER R E, MARQUIS R J, LILL J T, 2004. Feeny revisited: Condensed tannins as anti-herbivore defences in leaf-chewing herbivore communities of Quercus[J]. Ecological entomology, 29(3): 174-187.

HAY M E, 1996. Marine chemical ecology: What's known and what's next[J]. Journal of experimental marine biology and ecology, 200(1-2): 103-134.

IBANEZ S, LAVOREL S, PUIJALON S, et al, 2013. Herbivory mediated by coupling between biomechanical traits of plants and grasshoppers[J]. Functional ecology, 27(2): 479-489.

MOORE B D, WALLIS I R, PALPAÚL J, et al, 2004. Antiherbivore chemistry of *Eucalyptus*: Cues and deterrents for marsupial folivores[J]. Journal of chemical ecology, 30(9): 1743-1769.

PASS D M, FOLEY W J, BOWDEN B, 1998. Vertebrate herbivory on Eucalyptus: Identification of specific feeding deterrents for common ringtail possums (*Pseudocheirus peregrinus*) by bioassay-guided fractionation of *Eucalyptus ovata* foliage[J]. Journal of chemical ecology, 24(9): 1513-1527.

ROSENTHAL G A, BERENBAUM M R, 2012. Herbivores: their interactions with secondary plant metabolites: ecological and evolutionary processes[M]. Waltham: Academic Press.

RYAN C A, 1990. Protease inhibitors in plants: Genes for improving defenses against insects and pathogens[J]. Annual review of phytopathology, 28(1): 425-449.

SANSON G, READ J, ARANWELA N, et al, 2001. Measurement of leaf biomechanical properties in studies of herbivory: Opportunities, problems and procedures[J]. Austral. ecology, 26(5): 535-546.

SINGH K, KUMAR S, RANI A, et al, 2009. Phenylalanine ammonia-lyase (PAL) and cinnamate 4-hydroxylase (C4H) and catechins (flavan-3-ols) accumulation in tea[J]. Functional & integrative genomics,

9(1): 125-134.

TSCHARNTKE T, THIESSEN S, DOLCH R, et al, 2001. Herbivory, induced resistance, and interplant signal transfer in *Alnus glutinosa*[J]. Biochemical systematics and ecology, 29(10): 1025-1047.

YOSHITAMA K, 2000. Recent advances in secondary metabolism research: Regulation of biosynthesis and physiological functions of flavonoids and some phenolics[J]. Journal of plant research, 113(3): 285-285.

（撰稿：朱书生；审稿：杨敏）

植物挥发物 plant volatile

通过植物体内的次生代谢途径合成的低沸点、易挥发的小分子化合物。

挥发物（volatile organic compounds，VOCs）成分复杂，已知有 3 万余种，主要是一些相对分子质量在 100～200 左右的有机化学物质，包括烃、醇、醛、酮、酯、有机酸及一些含氮化合物等。据合成途径、代谢类型和功能可分为三大类：萜类化合物、苯基 / 苯丙烷类、脂肪酸衍生物。

高等植物体内，挥发物合成途径主要有：类异戊二烯合成途径（主要合成萜类化合物）、脂肪酸合成途径（主要合成脂肪酸衍生物）、莽草酸合成途径（主要合成芳香族化合物）。挥发物的收集方法主要有顶空吸附法、溶剂提取法、水蒸气蒸馏法、固相微萃取法、液空采集法、超临界流体萃取法、冷阱收集法等。

植物挥发物含量虽低，但化学活性较高，是重要的化学信息传递物质。植物挥发物在调节植物生长、防治病虫危害、抵御环境胁迫等方面具有重要作用（见图）。

①对植物生长发育的影响。植物在自然健康状态下释放的某些挥发性物质，能促进或抑制周围植物的生长。如：紫罗兰释放的挥发物能促进葡萄生长，提高葡萄果实的品质。香茅草挥发物对玉米和稗草幼苗生物量、根长和苗高有显著抑制作用。

②对病害的防治作用。植物挥发物有许多组分具有抗菌活性，能直接抵御病原菌侵染。葱属作物大蒜、洋葱、葱及韭菜挥发物对引起三七根腐病的恶疫霉菌和腐皮镰孢菌有明显抑制效果。另外，当植物受到病原菌侵染时，会释放出挥发物“信号分子”诱导自身或相邻植株产生防御反应。例如，感染黄曲霉（*Aspergillus flavus*）的棉花释放挥发物可诱导正常棉花叶片积累植物抗毒素 C26 萜醛。被烟草花叶病毒（tobacco mosaic virus，TMV）感染的烟草会释放水杨酸甲酯，增加邻近未感染植株的抗性。

③对昆虫行为的影响。健康植物释放的某些挥发物能引起昆虫定向行为，使昆虫表现出选择或趋向行为，包括引诱刺激交尾和产卵、吸引取食和促进传粉等。例如，马铃薯叶片释放的气味能吸引马铃薯甲虫产生定向行为，找到寄主。有些植物挥发物对害虫有直接抑制活性或毒杀作用，如胜红蓟挥发油对拟谷盗、黏虫、蚊虫有显著的抑制活性。有的挥发物还与昆虫信息素之间存在协同增效作用，能显著增强昆虫性信息素和聚集信息素的引诱力。如棉花叶挥发物对粉纹夜蛾雄虫性信息素的引诱力有增效作用。而某些植物挥发物能“气味屏蔽”寄主植物气味，对植食性昆虫产生负选择或趋避作用。例如，在松树原木旁放置新鲜桦树枝条，桦树挥发物能屏蔽松树气味，并干扰松十二齿小蠹［*Ips sexdentatus*（Boerner）］对松树释放的聚集信息素取向，使得定殖松树原木的小蠹数量下降。

植物体在受到害虫取食危害后，除产生对昆虫有忌避、拒食、毒杀或阻碍消化和利用的化学物质直接防御害虫外，还会释放害虫诱导挥发物（herbivore induced plant volatiles，HIPVs），启动间接防御机制，将 HIPVs 作为“求救”信号，引诱捕食性天敌昆虫或寄生性天敌昆虫间接防御害虫。例如，利马豆被二点叶螨［又名二斑叶螨（*Tetranychus urticae*）］侵染后，受侵染植株和相邻植株对二点叶螨的天敌智利小植绥螨（*Phytoseiulus persimilis*）的吸引力都增强。

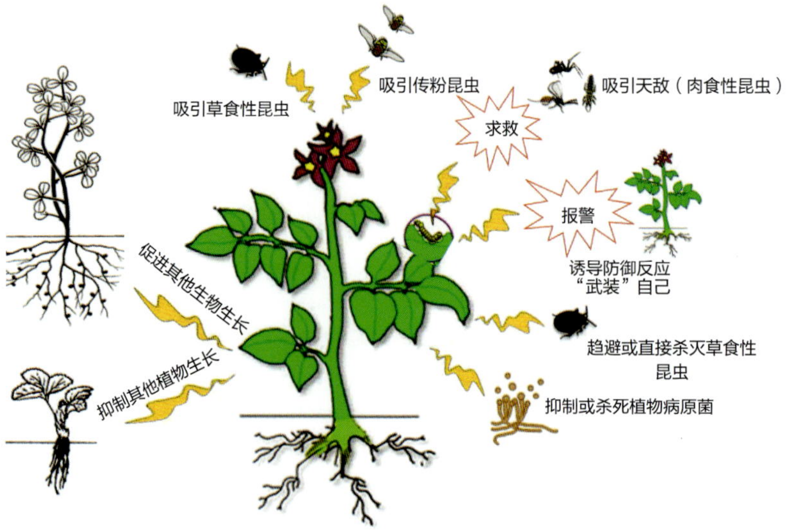

植物挥发物生态学功能示意图

同时，HIPVs 可在植物间起气传信号的作用，伤害信息不仅能诱导同种植物进行防御，也能诱导异种植物产生防御应答。例如北美艾灌丛释放茉莉酸甲酯能使健康番茄植株大量积累能抑制昆虫取食的蛋白酶抑制素。

合理利用植物挥发物的特殊功能可以实现植物病虫害的早期预警及生态防控。例如，植物受病虫危害后释放出特异挥发物可在早期被检测到，这有望成为一种新的监测病虫害的方法。利用不同植物对昆虫的吸引和趋避作用在田间合理种植诱集和趋避植物，吸引天敌趋避害虫，实现虫害的生态调控。利用植物挥发物的杀菌活性，在田间合理进行间作或轮作控制病原菌的危害。这些功能性挥发物还可以人工合成，作为植物抗性诱导剂、天敌引诱剂等替代一些有害化学农药。

参考文献

邓维萍，朴飞，杨敏，等，2015. 紫罗兰与葡萄多样性种植对葡萄生长和霜霉病的影响 [C]// 中国植物病理学会 2015 年学术年会论文集：521.

孔垂华，黄寿山，胡飞，2001. 胜红蓟化感作用研究 - 挥发油对真菌、虫和植物的生物活性及其化学成分 [J]. 生态学报，21(4): 584-587.

黎华寿，黄京华，张修玉，等，2005. 香茅天然挥发物的化感作用及其化学成分分析 [J]. 应用生态学报，16(4): 763-767.

张伟，廖静静，朱贵李，等，2013. 8 种植物挥发物和浸提液对三七根腐病菌的抑制活性研究 [J]. 中国农学通报，29(30): 197-201.

ARIMURA G, OZAWA R, SHIMODA T, et al, 2000. Herbivory-induced volatiles elicit defence genes in lima bean leaves[J]. Nature, 406(6795): 512-515.

DIXON R, 2001. Natural products and plant disease resistance[J]. Nature, 411(6839): 843-847.

FARMER E E, RYAN C A, 1990. Interplant communication: airborne methyl jasmonate induces synthesis of proteinase inhibitors in plant leaves[J]. Proceedings of the National Academy of Sciences of the United States America, 87(19): 7713-7716.

JACTEL H, VAN HALDER I, MENASSIEU P, et al, 2001. Non-host volatiles disrupt the response of the stenographer bark beetle Ips sexdentatus (Coleoptera: Scolytidae) to pheromone baited traps and maritime pine logs[J]. Integrated pest management reviews, 6(3): 197-207.

LANDOLT P J, HEATH R R, MILLER K M, et al, 1994. Effects of host plant *Gosspium hirsutum* L. on sexual attraction of cabbage loopermoths *Trichophis ni*[J]. Journal of chemical ecology, 20(11): 2959-2974.

SCHOOHOVEN L M, JERMY T, VAN LOON J J, 1988. Inset-plant biology[M]. Cambridge: Cambridge University Press.

SHULAEV V, SILVERMAN P, RASKIN I, 1997. Airborne signaling by methyl salicylate in plant pathogen resistance[J]. Nature, 385(6618): 718-721.

TRAPP S, CROTEAU R, 2001. Genomic organization of plant terpene syntases and molecular evolutionary implications[J]. Genetics, 158(2): 811-832.

ZERINGUE H J, 1992. Effect of C6-C10 alkenals and alkanals on eliciting a defence responsible in the developing cotton boll[J]. Phytochem, 31(7): 2305-2308.

（撰稿：邓维萍；审稿：朱书生）

植物间接抗虫性　plant indirect resistance

植物在应付植食者取食胁迫的长期演化中，形成了形式多样的具有防卫作用的形态和次生代谢物质，总称为抗性。根据防卫反应的作用对象可分为直接抗性（direct resistance）和间接抗性（indirect resistance），前者指植物特性对植食者造成不利影响，后者指植物特性通过影响高一营养层的天敌而对植食者造成不利影响。

植物间接抗性表现在释放挥发性有机物吸引天敌、产生花外蜜和食物体以及提供具有避难或穴居功能的空间结构帮助天敌，从而促进天敌对植食者的控制作用。植物的这一表现常被解释为具有适应意义的防御策略。植物的根、茎、叶和花释放的挥发性化合物超过 1000 种，当花沿着个体发育的既定节律释放挥发物时，营养器官和根产生释放的挥发物质种类和数量在受到植食者取食或侵染后会发生很大的变化。由植食者取食植物诱导产生的挥发性化合物主要是类萜、脂肪酸衍生物和几种芳香化合物，但具体数量和成分随植食者种类、植物种类、植物不同基因型、环境条件、植食者的数量等不同而异；这些挥发性物质不仅被植物体内的器官和邻近植物所接收，而且可被植食者、寄生蜂和重寄生蜂、昆虫病原线虫、捕食性的螨、甲虫、蝽和鸟类等生物所接收。分泌花外蜜广泛存在于被子植物、裸子植物和蕨类植物的 300 多个属中，在功能上与传粉无关，由于分泌物具有吸引捕食性昆虫（主要是蚂蚁）来捕食植食者的作用，故认为与植物的间接抗性有关。食物体颗粒（food body）是位于叶片上微小的细胞型结构，主要含有碳水化合物、蛋白质和脂肪，为捕食性蚂蚁所喜食，常形成植物与蚂蚁间的兼性或专性互利关系。植物叶片上的微小结构——坑穴（domalia）可为微小捕食性昆虫和螨提供居留或躲避场所，从而可能提升其对猎物害虫的控制作用。此外，植物表皮上的毛状体（trichome）不仅可影响害虫和天敌在植株上的行走，而且腺毛分泌物可能含有吸引捕食性天敌的成分，被害虫取食后释放出来可吸引天敌，从而起到间接抗性的作用。

利用植物间接防卫特性，可在以下几方面为害虫生物防治实践提供参考。第一，在选育作物抗虫品种中，不仅关注作物的直接抗虫性状，而且注意作物间接抗虫性状的选择，利用作物直接抗性的农业防治与利用作物间接抗性的生物防治存在互补性，将两者有机结合可增强害虫的综合治理效果。第二，在作物布局和农田非作物生境管理中，利用植物释放挥发性化合物的特性，通过间作驱避害虫、田边种植诱集植物吸引天敌的方法，可望达到驱避害虫、吸引益虫的效果，即所谓“推拉效应”。第三，模拟植物释放可吸引天敌的挥发物结构，人工合成可吸引天敌行为的物质，适时适地用于田间可望促进天敌的控害效应。

参考文献

AGRAWAL A A, KARBAN R, COLFER R G, 2000. How leaf domatia and induced plant resistance affect herbivores, natural enemies and plant performance[J]. Oikos, 89(1): 70-80.

ELIAS T S, 1983. Extrfloral nectaries: their structutre and distribution[M] // BENTLEY B, ELIAS. The biology of nectaries. New York: Columbia University Press.

HASSANALI A, HERREN H, KHAN Z R, et al, 2008. Integrated pest management: the push-pull approach for controlling insect pests and weeds of cereals, and its potential for other agricultural systems including animal husbandry[J]. Philosophical transformations of the royal society, B, 363(1491): 611-621.

HEIL M, 2008. Indirect defence via tritrophic interactions[J]. New phytologist, 178(1): 41-61.

HEIL M, 2014. Herbivore-induced plant volatiles: targets, perception and unanswered questions[J]. New Phytologist, 204(2): 297-306.

HEIL M, KCKEY D, 2003. Protective ant-plant interactions as model systems in ecological and evolutionary research[M]. Annual review of ecology, evolution and systematics, 34: 425-453.

KOPTUR S, 1992. Extrafloral nectary-mediated interactions between insects and plants[M]// BERNAYS E A. Insect-plant interactions. Vol IV Boca Raton, FL, USA: CRC Press: 81-129.

MITHÖFER A, BOLAND W, 2012. Plant defense against herbivores: chemical aspects[J]. Annual review of plant biology, 63: 431-450.

O'DOWD D J, WILSON M F, 1991. Associations between mites and leaf domatia[J]. Trends in ecology and evolution, 6(6): 179-182.

SCHOOHOVEN L M, VAN LOON J J A, DICKE M, 2005. Insect-Plant Biology[M]. London: Oxford University Press.

WEINHOLD A, BALDWIN I T, 2011. Trichome-derived O-acyl sugars are a first meal for caterpillars that tags them for predation[J]. Proceedings of National Academy of Sciences of the United States of America, 108(19): 7855-7859.

（撰稿：李保平；审稿：孟玲）

植物免疫记忆 immune memory in plants

指植物对首次受到外界生物或非生物因子胁迫时产生的免疫能够被记忆下来，当植物体或组织再次受到胁迫或刺激时能迅速启动免疫反应来抵御不良胁迫的影响。植物在长期进化过程中，建立了复杂而精细的免疫系统来抵御外界生物和非生物因素的侵扰。植物免疫系统通常包括病原相关分子模式 PAMP/MAMPs 诱导的免疫 PTI/MTI（PAMP/MAMPs-induced immunity）和效应子诱导的免疫 ETI（effector-induced immunity）。与哺乳动物的免疫系统不同，植物没有能够移动的免疫记忆细胞，但是植物依然能够建立独特的免疫记忆体系。在植物初次感染病原微生物，激发的免疫行为使自身处于一种持续的防御预警状态，并通过积累非激活状态的免疫相关蛋白、染色质标记和组蛋白修饰等方式将免疫信息保存下来，用来增强植物对病原侵染的保护。因此，通过植物免疫记忆建立的植物防御预警系统已经成为 PTI/MTI、ETI 以及所有诱导性植物系统免疫的重要组成部分。植物的防御预警启动常常伴随 SAR、ISR（induce system resistance）和 WIR（would induce resistance）的发生。

植物免疫记忆特征 当植物首次受到外界生物和非生物因子的胁迫后，通常会迅速响应相应的免疫防御系统，同时将这种防御状态传递到未受刺激和侵染的部位或整株植物，之后植物会保留这种预警记忆；当再遇到微量的病原体或者轻微的非生物胁迫时，植物能产生更迅速和强烈的抗性行为来保护自身免受伤害，这种免疫记忆行为又被称作训练免疫。通常直接激活植物免疫防卫系统会以损伤植物自身健康为代价。相比之下，已经启动防御预警状态的植物只会略微损害植物健康，再次受到外界胁迫时则会对植物发挥保护作用。

植物免疫记忆分子机制 建立免疫预警系统决定了植物后来的应激记忆，其分子机制主要涉及非活性的 PRRs 相关蛋白和 MAP 激酶的积累以及染色质 DNA 甲基化和组蛋白的修饰。植物首次受到外界胁迫后在侵染部位以及整个植株内累积 PRRs、MPK3/6、NPR1 以及其他可能与胞内信号转导相关的蛋白，但这些蛋白在正常情况下处于非激活状态，当植物再次受到外界胁迫后，这些非活性的蛋白被激活而快速启动植物免疫防卫反应。在假单胞菌侵染拟南芥的研究中发现，初次局部侵染产生的免疫预警信号能够通过组蛋白修饰抗性基因启动子的方式被转换和储存在整个植株叶片内，为随后应激情况下基因的高效转录提供免疫记忆信息。另外，植物的免疫记忆能力与植物种类有关，与一年生植物比较，多年生植物表现出更强的免疫记忆能力。植物免疫记忆可以进行隔代遗传，但是遗传不稳定，一般两个世代后就消失了。

参考文献

BECKERS G J M, JASKIEWICZ M, LIU Y, et al, 2009. Mitogen-activated protein kinases 3 and 6 are required for full priming of stress responses in *Arabidopsis thaliana* [J]. Plant cell, 21(3): 944-953.

CECCHINI N M, STEFFES K, SCHLPPI M K, et al, 2016. Arabidopsis AZI1 family proteins mediate signal mobilization for systemic defence priming [J]. Nature communications, 6: 7658.

CONRATH U, 2009. Chapter 9 priming of induced plant defense responses [J]. Advances in botanical research, 51: 361-395.

DOBÓN A, WULFF B B, CANET J V, et al, 2013. An allele of Arabidopsis COI1 with hypo- and hypermorphic phenotypes in plant growth, defence and fertility [J]. PLoS ONE, 8(1): e55115.

HAKE K, ROMEIS T, 2019. Protein kinase-mediated signalling in priming: Immune signal initiation, propagation, and establishment of long-term pathogen resistance in plants [J]. Plant cell & environment, 42(3): 904-917.

HEIL M, PLOSS K, Induced resistance enzymes in wild plants–do 'early birds' escape from pathogen attack [J]. Naturwissenschaften, 93(9): 455-460.

JASKIEWICZ M, CONRATH U, PETERH NSEL C, 2011. Chromatin modification acts as a memory for systemic acquired resistance in

Z

the plant stress response [J]. Embo reports, 12(1): 50-55.

JUNG H W, TSCHAPLINSKI T J, WANG L, et al, 2009. Priming in systemic plant immunity[J]. Science, 324(5923): 89-91.

RAMIREZ-PRADO J S, ABULFARAJ A A, RAYAPURAM N, et al, 2018. Plant Immunity: from signaling to epigenetic control of defense[J]. Trends in plant science, 23(9): 833-844.

REIMER-MICHALSKI E M, CONRATH U, 2016. Innate immune memory in plants [J]. Seminars in immunology, 28(4): 319-327.

TON J, ENT S V D, HULTEN M H A V, et al, 2009. Priming as a mechanism behind induced resistance against pathogens, insects and abiotic stress[J].IOBC/wprs Bull, 44: 3-13.

VAN D E S, VAN H M, POZO M J, et al, 2009. Priming of plant innate immunity by rhizobacteria and β-aminobutyric acid: differences and similarities in regulation[J]. New phytologist, 183(2): 419-431.

VAN HULTEN M, PELSER M, VAN LOON L C, et al, 2006. Costs and benefits of priming for defense in Arabidopsis[J]. Proceedings of the National Academy of Science of the United States of America, 103(14): 5602-5607.

（撰稿：韩敏；审稿：王琦）

植物内生菌 plant endophytes

定殖在健康植物组织内（如细胞间隙、导管等）的一类微生物，可与宿主植物形成共生或寄生关系，但不引起植物病害。

内生菌与宿主植物长期处于一种动态平衡状态。一方面内生菌通过种子垂直方式（多为互利共生的关系）或菌体、孢子通过渗透、伤口侵染等水平方式（互利共生或寄生关系等）传播后，在宿主植物的适宜生存环境下定殖，并以群体聚集行为形成生物薄膜（聚集团、微菌落、共质体等），或通过信号交流、调控等途径（有丝分裂原活化蛋白激酶级联信号途径、活性氧调控途径等）与宿主进行交互作用，以维持互惠共生的关系。另一方面，内生菌与宿主长期互作时通过基因重组、信息交流产生相同的信息传导通路，可协同宿主植物合成次级代谢物，促进宿主生长、增强其耐受性等。内生菌与宿主之间是一种长期共存、协同互作的复杂关系，体外无法完全复制，这也是导致体外制备内生菌生物活性物质不稳定的主要“瓶颈”。在内生菌与宿主植物长期协同互作的过程中，内生菌不仅会影响宿主的生理代谢，还会产生与宿主相似或相同的抗肿瘤、抗病害等代谢物质。

内生菌侵染宿主植物后，其细胞和宿主植物细胞会发生一系列独特的相互作用，并表现出如下特定的功能：①内生菌通过产生植物生长素 IAA、赤霉素及细胞激动素等植物生长调节类物质或参与宿主植物碳、氮、磷等元素的代谢循环，提高宿主植物种子的萌发率、增加作物的产量及改善品质。②内生菌增强宿主植物的生物胁迫（病虫害）和非生物胁迫（寒、旱、涝、热等）的抗性机制主要有两种：一是产生抗生素、生物表面活性剂、免疫抑制剂、生物碱等物质；二是增强宿主的生物氧化能力及减少宿主蒸腾作用等提高宿主植物的抗胁迫能力。③内生菌通过分泌嗜铁素、有机酸、蛋白质等与重金属形成络合物来增强宿主对矿物质、重金属的耐受性，以提高宿主对恶劣环境的适应性，促进植物的自我修复。④内生菌可促进宿主植物活性代谢物质的积累。

参考文献

易婷，缪煜轩，冯永君，2008. 内生菌与植物的相互作用：促生与生物薄膜的形成 [J]. 微生物学通报，35(11): 1774-1780.

赵媛，卢凤英，2015. 作物内生菌研究进展 [J]. 江苏农业科学，43(10): 20-22.

张鑫，孟国庆，刘新利，2011. 内生菌的分离方法及其次级代谢产物研究 [J]. 山东轻工业学院学报，25(2): 23-26, 34.

HALLMANN J, QUADT-HALLMANN A, MAHAFFEE W F, et al, 1997. Bacterial endophytes in agricultural crops[J]. Canadian journal of microbiology, 43(10): 895-914.

ROSENBLUETH M, MARTÍNEZ-ROMERO E, 2006. Bacterialendophytes and their interactions with hosts[J]. Molecular plant-microbe interactions, 19(8): 827-837.

SOUZA J J, VIEIRA I J C, RODRIGUES-FILHO E, et al, 2011. Terpenoids from endophytic fungi[J]. Molecules, 16(12): 10604-10618.

STONE J K, BACON C W, WHITE J F J R, 2000. An overview of endophytic microbes: Endophytism defined[M]// BACON C W, WHITE J F Jr. Microbial Endophytes. New York: Marcel Dekker, Inc.: 3-29.

WHITE J F J R, TADYCH M, TORRES M S, et al, 2016. Endophyticmicrobes, evolution and diversification of[M]// KLIMAN R M. Encyclopedia of Evolutionary Biology. Amsterdam: Elsevier Inc.: 505-510.

ZHANG X, MENG G Q, LIU X L, 2011. Research advances in isolation methods and secondary metabolites of endophytes[J]. Journal of Shandong Polytechnic University, 25(2): 23-26, 34.

（撰稿：王琦；审稿：梅汝鸿）

植物亲缘识别 plant recognition among phylogenetic species

寄主植物的亲缘关系会直接影响遗传多样性和作物多样性控制病害的效果。这是中外学者经过大量的田间试验和大规模应用示范得到反复验证的结论。作物品种之间或作物物种之间的相似性系数越低，搭配种植后控制病虫害的效果越好。异质性与病虫害亲和性存在相关关系，搭配作物之间的异质性越高，与病害的亲和性越低，控制效果就越好。卢宝荣等对利用水稻遗传多样性控制稻瘟病的相关实验数据及成果示范数据进行深入分析，发现遗传阻隔效应与主栽和间栽品种的遗传分化程度有密切关系，即主栽与间栽品种之间的遗传分化水平较高的间栽组合，其控病效果较为明显；反之，如果主栽与间栽品种之间的遗传分化水平比较低，遗传阻隔效果则不太明显。他们还提出使用主栽和间栽水稻品种间的遗传分化指数（genetic divergence index，GDI）表示两品种间的亲缘关系，间栽品种组合的遗传分化水平与稻瘟病的控制效果呈正相关关系，而与间栽稻田中稻瘟病发病率呈

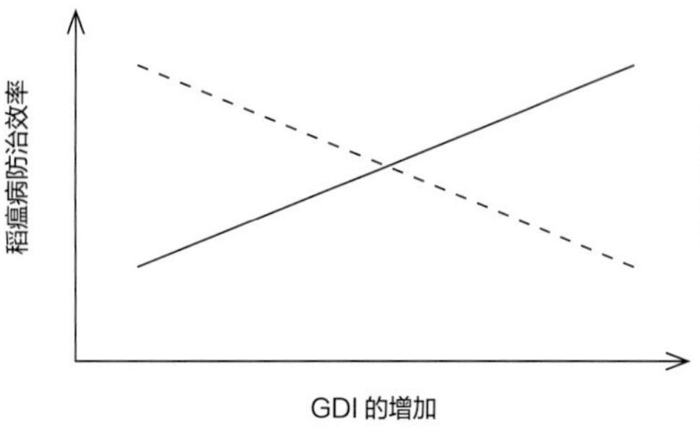

间栽水稻品种间的遗传分化水平与稻瘟病
防治效果的关系示意图

负相关关系（见图）。

GDI 可通过中性分子标记，如 DNA 插入 / 缺失分子（insertion/deletion，In/Del）标记或微卫星（simple sequence repeat，SSR）标记的检测后通过计算获得，定量地评价水稻多样性种植模式下主栽品种与间栽品种之间的遗传分化水平，并分析这些水稻品种在净栽（monoculture）和间栽（intercropping）不同种植条件下的病害控制效果和增产效果。GDI 数值越高表示品种间遗传分化水平越高，反之亦然。通过对拟种植不同的水稻品种进行分子指纹检测就可以确定其 GDI 值，通过对大田水稻的发病情况进行实测，可获得稻瘟病的发生的水平。分析主栽和间栽水稻品种间 GDI 水平与其在间栽和净栽条件下的田间稻瘟病发生情况，就可以获得水稻品种间的遗传分化（genetic divergence）降低稻瘟病发生的效率。通过分析和间栽水稻品种间 GDI 与这些水稻品种在间栽条件下稻瘟病发生水平的相关关系，就可以预测稻瘟病防治效率。这一研究结果为构建作物多样性优化种植组配的原则和建立适宜的参数奠定了基础。

参考文献

朱有勇，李元，2012. 农业生态环境多样性与作物响应 [M]. 北京：科学出版社 .

（撰稿：李成云；审稿：朱有勇）

植物—土壤反馈调节 plant-soil feedback

被植物或植物种群改变了的土壤属性（土壤生物群落的构成或非生物条件状况）反过来影响地上该物种或种群的生长。根据反馈对植物本身或其子代的影响，可将反馈分为正反馈（positive feedback；土壤的改变促进植物本身或后来同种个体的生长）、负反馈（negative feedback；土壤生物群落、物理化学条件的改变导致植物净生长的降低）或中性反馈（neutral feedback；土壤生物群落的改变对植物净生长的影响为零）。植物—土壤反馈调节在植物种群初级和次级演替、外来生物入侵、植物的丰度与稀有度调节、植物群落应对气候变化等方面均发挥着重要功能。

植物—土壤反馈调节可能由多种因素引起，包括非生物因素和生物因素。

非生物因素包括土壤水分、温度、团粒结构、pH、氧含量、碳氮循环等。植物生长过程中会导致这些因素的变化，影响了土壤的性质，这些因素反过来会影响植物自身的生长与繁殖，形成了植物—土壤之间的反馈。例如，土壤的营养供应状态发生变化，或是由植物分泌的化学物质产生的植化相克作用均会造成植物—土壤之间的反馈。

生物因素包括土壤微生物和食根动物等与植物之间形成的反馈。土壤中生物群落结构和功能的变化被认为是引起植物—土壤反馈的主要因素之一。①土壤微生物与植物形成的反馈。土壤中存在大量微生物，包括对植物生长有益的丛枝菌根真菌、引起植物病害的病原菌及其他帮助植物利用水分、养分的微生物。土壤中这些微生物的变化会直接影响植物的生长和繁殖。例如，丛枝菌根真菌（*Arbuscular mycorrhizal* fungi）经常依靠植物与菌种之间的特定匹配影响该物种的生长。通常植物一开始进行正反馈使植物更好地吸收营养，进而促进植物与微生物之间的共生。例如，对于入侵物种和稀有物种，丛枝菌根真菌能促进植物生长，另外，从相同植物种土壤中分离出的丛枝菌根真菌比从不同植物种中分离出来的更能促进植物生长。但是，对于不同的丛枝菌根真菌，不同植物种被证明有不同的生长响应，它们之间的互作可能呈现出互利共生到相互抑制（拮抗作用）的变化。因此，丛枝菌根真菌也可能对植物产生负反馈。例如，幼套球囊霉和 *Glomus microcarpum* 被发现对它们特定共生植物的生长具有负反馈效应。病原菌可能影响了特定植物物种在群落中的表现，尤其是土传病原真菌和卵菌被证明是引起植物—土壤反馈的主要因素。②食根动物，包括昆虫、微小的节肢动物和线虫，能引起植物—土壤负反馈。例如，内寄生线虫种蚤缀胞囊线虫的定殖被证明有助于马兰草根区的植物—土壤负反馈。

非生物因素造成的植物—土壤反馈很少只影响某一物种，可能对大多数物种的生长和分布都产生作用。而生物因素导致的植物—土壤反馈更多针对某一特定的物种，其原因可能是植物根系与土壤微生物之间建立了相互协作的关系，并且这种协作依赖于植物与微生物的匹配关系。多数的研究显示，植物—土壤的负反馈（plant-soil negative feedback）在植物维系物种多样性的过程中占有主要作用。植物—土壤的负反馈是指土壤微生物群落或非生物条件的改变导致植物的净生长降低。导致植物—土壤负反馈的原因有：①土壤中有害生物（病原菌、线虫、食根动物等）数量增加，导致该物种自身或后代的生长受到抑制。②土壤中的养分被固定或耗尽，不利于自身生长。③植物分泌的化感物质抑制自身的生长。

植物—土壤反馈促进了自然生态系统中多数物种间的平衡，增加了物种的多样性共存。其功能主要体现在以下几个方面：

①影响植物群落的演替。植物群落演替受植物—土壤反馈方向和程度的影响显著，而反馈方向和程度随环境梯度变化而变化。演替早期，植物与土壤之间存在负反馈，负反馈促进不同植物生长，增加生物多样性，加速植物群落演替进

Z

程；演替中期，植物与土壤之间反馈弱化，基本表现为中性，群落演替相对较缓；演替晚期植物与土壤之间则表现为正反馈，形成群落优势种，并逐渐达到顶级群落。在早期演替阶段，植物—土壤反馈加速了植物群落演替的进程。

②影响外来生物的入侵。植物—土壤反馈能解释许多入侵种的成功入侵。外来种在入侵地变得具有入侵性的主要原因之一是它们脱离了本地能控制其丰度的种专一性天敌。在以前的研究中，相较于具有负反馈的本地主要植物，外来入侵植物具有中性反馈和正反馈。在种植过相同植物种的土壤中，稀有植物呈显著的负反馈增长，相比之下，入侵物种的生长量却没有下降，这个结果解释了关于入侵物种成功占领入侵地的问题。

③影响植物的丰度与稀有度。植物—土壤反馈也能解释植物丰度与稀有度之间的关系。当同种植物幼苗（相对于异种植物幼苗）生长的地方存在相同成株天敌时，其生长力是下降的。另外，在森林里，成年后还表现强烈负反馈效应的物种是不常见的。Bever 研究认为，对于两个可以共存的物种，生长在“客土”（other-soil）中的物种个体，其表现必须优于生长在“乡土”（self-soil）中的同种个体；否则，若生长在乡土中的个体在群落中的表现更优，其他物种由于受到显著的排除效应而无法在该生境生存，或变为偶见种（rarity）。相对植物混合生长的区域，单一物种生境中植物—土壤间为显著负反馈，而群落水平上，植物—土壤反馈更多地表现为正反馈。

自然生态系统中植物—土壤反馈调节协调了多数物种间的平衡，增加了物种的多样性共存。然而，在农业生态系统中，由于单一作物的连续种植，植物—土壤的负反馈调节常会导致作物连作障碍，严重影响产量和质量。连作障碍已经成为现代集约化农业生产面临的主要问题之一，严重制约了中国农业的可持续发展。在农业生态系统中利用作物多样性种植（轮作和间作）有助于克服单一作物连作障碍，增加产量。

参考文献

DE KROON H, HENDRIKS M, VAN R, et al, 2012. Root response to nutrients and soil biota: drivers of species coexistence and ecosystem productivity[J]. Journal of ecology, 100(1): 6-15.

KULMATISKI A, BEARD K H, STEVENS J R, et al, 2008. Plant-soil feedbacks: a meta-analytical review[J]. Ecology letters, 11(9): 980-992.

LANKAU R A, WHEELER E, BENNETT, et al, 2011. Plant-soil feedbacks contribute to an intransitive competitive network that promotes both genetic and species diversity[J]. Journal of ecology, 99(1): 176-185.

MANGAN S A, SCHNITZER S A, HERRE, E A, et al, 2010. Negative plant-soil feedback predicts tree-species relative abundance in a tropical forest[J]. Nature, 466(7307): 752-755.

MIKI T, 2012. Microbe-mediated plant-soil feedbacks and its roles in a changing world[J]. Ecological research, 27(3): 509-520.

OGWENO J O, YU J Q, 2006. Autotoxic potential in soil sickness: A re-examination[J]. Allelopathy journal, 18(1): 93-101.

REYNOLDS H L, PACKER A, BEVER J D, et al, 2003. Grassroots ecology: plant-microbe-soil interactions as drivers of plant community structure and dynamics[J]. Ecology, 84(9): 2281-2291.

SCHWEITZER J A, BAILEY J K, FISCHER D G, et al, 2008. Plant-soil-microorganism interactions: heritable relationship between plant genotype and associated soil microorganisms[J]. Ecology, 89(3): 773-781.

VAN DER PUTTEN W H, BARDGETT, R D, BEVER J D, et al, 2013. Plant-soil feedbacks: the past, the present and future challenges[J]. Journal of ecology, 101(2): 265-276.

（撰稿：杨敏；审稿：朱书生）

植物微生态学　plant microecology

是研究植株体内体表正常微生物与其生存环境相互作用的生命科学分支，它也是微生态学的重要分支。植物根、茎、叶、花、果实等器官内都有如真菌、细菌、病毒等微生物存在，这些微生物对植物来说可能发挥有益、有害或中性的作用。

植物微生态学的基础理论是“植物体自然生态系”，由中国农业大学陈延熙于 1980 年提出，明确了植物微生态学研究的两个基本内涵：一是研究范围是“植株个体生态系”；二是生态系的组成与演化都是“自然”的。“植物体自然生态系”理论促进了植物微生态学发展成为一门生命科学的分支，由中国农业大学梅汝鸿于 20 世纪 90 年代初正式提出。

植物微生态学与医学微生态学、动物微生态学相比，虽起步较晚，但由于试材易取、方法较简和研究周期短，因此发展较快。在植物微生态学的形成和发展过程中，4 个标志性事件发挥了重要的推动作用：20 世纪 50 年代的“柑橘黄龙病论战”，人们意识到柑橘黄龙病原一直潜伏在柑橘植株体内，重新认识了病毒与植物的关系；60 年代通过对甘薯黑斑病的研究，发现甘薯整个生长周期都带有病菌，并以此对症采取防治措施挽回了巨大的损失，进一步意识到了微生物与植物之间的紧密联系；70 年代科学家们通过改变板栗的微生态条件，使中国出口板栗的干腐病得到了有效控制，调节植物微生态环境以防治植物病害成为了可能；80 年代“植物体自然生态系”理论提出，以该理论为指导中国农业大学陈延熙团队从植物体内、体表筛选出的能促进作物增加产量、改善品质、提高抗病抗逆性的有益微生物，开发成功第一个植物微生态制剂即“增产菌”，应用到农作物上取得了明显的效果，表明了植物微生态学在实践中进一步得到证实。20 世纪 90 年代至今，以植物微生态学理论为指导，深入开展了植物体表体内微生物间、微生物与植株等互作研究，不断挖掘对农作物生长、防病、抗逆和改善品质等具有明显作用效果的有益微生物，开发植物微生态制剂系列产品，致力于解决土传病害生物防控、连作障碍、减肥减药等现代农业发展过程中的生产问题。

参考文献

梅汝鸿，1991. 植物微生态学 [C]// 植物微生态学研究——第一届中国植物微生态学术讨论会文集 . 北京：北京农业大学出版社：

1-4.

梅汝鸿，等，1989. 增产菌 [M]. 北京：农业出版社.

熊德鑫，1991. 微生态制剂 [C]// 植物微生态学研究——第一届中国植物微生态学术讨论会文集. 北京：北京农业大学出版社：61-66.

严志农，1991. 微生态制剂——增产菌及应用 [C]// 植物微生态学研究——第一届中国植物微生态学术讨论会文集. 北京：北京农业大学出版社：67-70.

（撰稿：韩敏；审稿：王琦）

植物微生态制剂　plant microecological preparation

指根据微生态学原理，利用具有调控植株微生态平衡的有益微生物或其他活性物质加工制备的生物制剂或其他绿色制剂（广义）。植物微生态制剂具有促生增产、防病抗逆和改善品质等功效。主要是利用具有调控植株微生态平衡的有益内生微生物加工制备植物微生态制剂（狭义）。

发展简史　1980 年，陈延熙首次提出“植物体自然生态系”理论，为植物微生态学及植物微生态制剂的发展奠定了理论基础。1992 年，克洛珀提出了“植物内生细菌”（endophytic bacteria）概念，进一步促进了植物微生态学及微生态制剂的研究与应用。进入 20 世纪 90 年代，植物病害微生态防治研究得到了迅速发展，植物病害的防治由“有病治病”逐渐向“无病保健”发展。自 20 世纪 80 年代，研制成功了第一个植物微生态制剂——增产菌，国内外已经研制成功许多效果显著的植物微生态制剂，应用的微生物菌种涉及假单胞菌、芽孢杆菌、链霉菌、木霉等多个类群。

植物微生态制剂的作用机理（见图）

保持微生态平衡　微生态制剂能够有效的保持植物体内、体表菌群平衡，补充有益菌群，从而抑制病原菌及害菌的生长和繁殖。

促进植物生长　微生态制剂通过有益微生物代谢或与植物互作产生促进植物生长的物质，表现明显的促生增产效果。

产生抑菌物质　微生态制剂的有益微生物产生抑制病原菌的物质，表现明显的防病效果。

诱导抗性　微生态制剂激发植物的抗病、抗旱等能力，提高农作物的逆境生存能力。

植物微生态制剂的特点

高效的多功能性　促进农作物生长发育，增加产量，提高抗病抗逆性，改善农产品品质。

广泛的适应性　适用于多种生态区域，对地域的要求不严格。

高度的亲和性　微生态制剂选用的菌株是植物体自然生态系成员，因此与农作物以及其他农业措施有高度的亲和性。

可靠的安全性　微生态制剂属于生物制剂，对于植物及其他生物具有高度的安全性。

植物微生态制剂经过了 40 余年的发展，已经形成独立的研发思路和技术体系，开发出能够有效解决农业生产问题的系列产品，如解决连作障碍的抗重茬微生态制剂等，成为中国绿色农业发展不可或缺的新型生物制剂。

参考文献

蔡元呈，2002. 植物微生态学与植物微生态制剂的应用 [J]. 中国生态农业学报，2: 110-112.

蔡元呈，2003. 植物微生态制剂“益微”在农作物上的应用 [C]// 中国腐植酸工业协会，第二届全国绿色环保农药新技术、新产品交流会论文集. 中国腐植酸工业协会：中国腐植酸工业协会：6.

蔡元呈，2005. 植物微生态制剂在现代生态农业中的应用 [C]// 福建省农学会，福建省科协第五届学术年会提高海峡西岸经济区农业综合生产能力分会场论文集. 福建省农学会：福建省农学会：4.

蔡元呈，梁华荣，2010. 植物微生态学、植物微生态制剂与微生物肥料 [J]. 中国农村小康科技，2: 48-52.

蔡元呈，王琦，2006. 植物微生态制剂及其在生产中的应用——以“益微”为例 [J]. 福建农业科技，6: 35-37.

梅汝鸿，1991. 植物微生态学的研究 [J]. 世界农业，7: 22-23.

穆燕魁，何娟，周正，等，2010. 植物微生态制剂发酵工艺及其

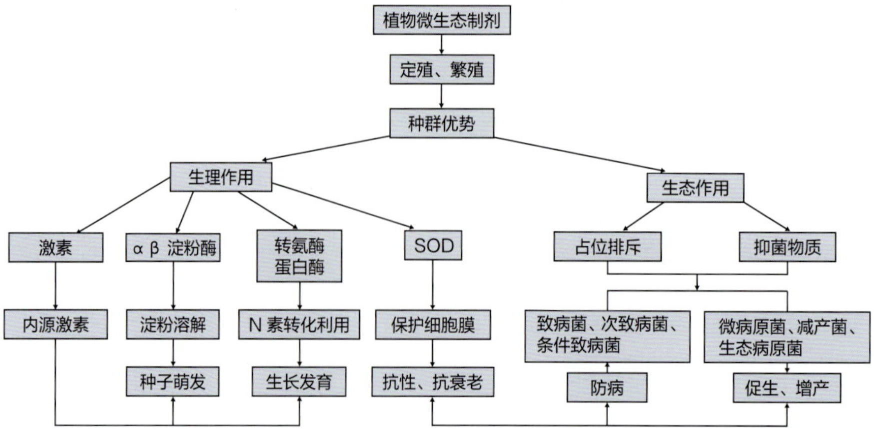

植物微生态制剂的作用机理

质量控制 [J]. 现代农业科技，16: 44-46.

王琦，2007. 植物微生态制剂在现代农业中的应用 [C]// 华东六省一市农学会，华东地区农学会学术年会暨福建省科协第七届学术年会农业分会场论文集 . 华东六省一市农学会：福建省农学会：4.

张晶心，1994. 微生态制剂与农业环境保护 [J]. 农业环境保护，2: 81-83.

（撰稿：白雪莲；审稿：王琦）

植物诱导剂　inducer of plant

能够激发植物产生抗性的物质。又名激活剂（elicitor）。植物在与病原物长期斗争的过程中，形成了复杂的自我防卫系统，通过各种代谢途径可产生与抵抗病原物有关的物质，如木质素、植保素、活性氧等。植物一旦受到病原物的侵袭，就启动自我防卫反应，产生不同程度的抗性。植物系统抗病性是由坏死型病原物侵染或某些生化制剂诱导处理后，植物未受侵染或处理部位产生对随后病原物侵染的抗性。

植物诱导剂已被试验或应用于多种农作物，施用方式主要有浸种、拌种、叶面喷施、灌根等，但不同植物诱导剂在应用的浓度范围、起促进或抑制作用等方面有较大差异。该类产品在农药中代表着一种全新的植保技术和概念，改变了传统杀菌剂所遵循的直接杀菌原则，被誉为"改朝换代式"具有变革意义的新农药。已发现并深入研究的能够激发植物系统抗病性的诱导剂分为两类——生物源诱导剂与非生物源诱导剂。

生物源诱导剂包括微生物、微生物代谢物、植物源激发子、寡糖激发子和蛋白激发子。以病原微生物为来源的诱导剂，其弱毒株或其孢子制剂直接应用于田间的防病效果容易受到外界环境的影响，存在效果不稳定的问题，而且具有潜在的风险，难以在生产实践中推广。植物源诱导剂的开发具有较广阔的前景，因为在自然界中，植物资源相当丰富，多种植物提取物都能诱导寄主产生系统抗性，如大蒜、洋葱、韭菜、紫丁香、花椒、芹菜等，中药材也可用作植物诱导剂，如前胡、白芷、大黄、昆布等。寡糖是最早发现且研究最深入的能诱导植物植保素合成的激发子。已发现的具有激发子活性的寡糖有葡聚寡糖、寡聚半乳糖、木葡聚寡糖、几丁质寡糖及壳寡糖，这些寡糖可通过病原微生物或寄主产生的一些特定酶降解多糖或化学合成而得。

非生物源诱导剂指的是能够诱导植物产生抗性的物理因子和化学物质。一些物理因子，如紫外线照射、高低温处理、电波机械或干冰损伤等都能够引起植保素的积累，诱导植物产生抗病性。化学激发子如已醛、β-氨基丁酸（BABA）、水杨酸及乙烯等化学物质都能够诱导植物产生抗性。

参考文献

陈志敏，商文静，吴云峰，2003. 几种中草药丙酮提取物对西瓜花叶病毒 2 号的抗性研究 [J]. 西北农业学报，12(4): 35-37, 42.

李逢雨，涂仕华，王昌全，等，2006. 不同还田方式下稻草的腐解速率及养分释放规律 [J]. 山地学报 (24): 92-97.

刘世平，陈文林，聂新涛，等，2007. 麦稻两熟地区不同埋深对还田秸秆腐解进程的影响 [J]. 植物营养与肥料学报，13(6): 1049-1053.

赵明敏，2006. 水杨酸诱导的烟草对烟草花叶病毒的抗性 [J]. 长江大学学报（自然科学版），3(3): 156-157, 6-7.

张清霞，王英，张力群，等，2005. 甘露寡糖和金针菇发酵液提取物诱导甜瓜抗白粉病反应研究 [J]. 植物病理学报，35(1): 87-89.

BOLLER T, 1990. Ethylene and plant-pathogen interactions[J]. Current topics in plant physiology, 5: 138-145.

CAVALCANTI F R, RESENDE M L V, CARVALHO C P S, et al, 2007. An aqueous suspension of *Crinipellis perniciosa* mycelinm activates tomato defence responses against *Xanthomonas vesicatoria*[J]. Crop protection, 26(5): 729-738.

COHEN Y R, 2002. Aminobutyric acid-induced resistance against plant pathogens[J]. Plant Disease, 86(5): 448-457 .

DELANEY T P, UKNES S, VEMOOIJ B, et al, 1994. A central role of salicylic acid in plant disease resistance[J]. Science, 266(5188): 1247-1250.

DOANELL P J, CALVERT C, ATZOM R, et al, 1996. Ethylene as signal mediating the wound response of tomato plants[J]. Science, 274 (5294): 1914-1917.

JIANG C H, FAN Z H, XIE P, et al, 2016. *Bacillus cereus* AR156 extracellular polysaccharides served as a novel micro-associated molecular patternto induced systemic immunity to PstDC3000 in arabidopsis[J]. Frontiers in microbiology, 7: 664.

KISHIMOTO K, MATSUI K, OZAWA R, 2006. Components of C6-aldehyde-induced resistance in *Arabidopsis thaliana* against a necrotmphic fungal pathogen, Botrytis cinerea[J]. Plant science, 170(4): 715-723.

PARKER J E, SEHULTE W, HAHLBROEK K, et al, 1991. An extracellular glycoprotein from *Phytophthora megasperma* f. sp. glycinea elicits phytoalexin synthesis in cultured parsley cells and protoplasts[J]. Molecular plant-microbe interact, 4: 19-27.

REYMOND P, GRÜNBERGER S, PAUL K, et al, 1995. Oligogalacturonide defense signals in plants: Large fragments interactwith the plasma membrane in vitro[J]. Proceeding of the National Academy of Sciences of the United States of America, 92: 4145-4149.

SARAVANAKUMAR D, VIJAYAKUMAR C, KUMAR N, et al, 2007. PGPR-induced defense responses in the tea plant against blister blight disease[J]. Crop protection, 26(4): 556-565.

SHARP J K, ALBERSHEIM P, OSSOWSKI P, et al, 1984. Comparison of the structures and elicitor activities of a synthetic and a mecelial-wall-derived hexa (B-D-glucopyranosyl)-D·glucitol[J]. The journal of biological chemistry, 259(18): 11341-11345.

SIEGRIST J, OROBER M, BUCHENAUER H, 2000. β-aminobutyric acid-mediated enhancement of resistance in tobacco to tobacco mosaic virus depends on the accumulation of salicylic acid[J]. Physiological and molecular plant pathology, 56(3): 95-106.

SIHE D, PAJOT E, COHEN Y, 2002. Induction of resistance to downy mildew (Peronospora parasitica) in cauliflower by DL-β-amino-n-butanoic acid (BABA)[J]. Plant pathology, 51(1): 97-102.

STROBE N E, JI C, GOPALAN S, et al, 1996. Induction of

systemic acquired resistance in cucumber by *Pseudomonas syringae* pv. *syringae* 61 HrpZPss protein[J]. Plant journal, 9(4): 431-439.

TEKLU A, WOOD K S R, 1980. The effect of ultraviolet radiation on the reaction of *Phaseolus vulgaris* to species of *Colletotrichum*[J]. Physiological plant pathology, 17(1): 105-110.

THUEFIG B, FEK G, BINDER A, et al, 2006. An extract of *Penicillium chrysogenum* elicits early defense-related responses and induces resistance in *Arabidopsis thaliana* independently of known signaling path ways[J]. Physiological and molecular plant pathology, 67(3): 180-193.

WANG Y C, HU D W, ZHANG Z G, et al, 2003. Purification and immunocytolocalization of a novel *Phytophthora boehmeriae* protein inducing the hypersensitive response and systemic acquired resistance in tobacco and Chinese cabbage[J]. Physiological molecular plant pathology, 63(4): 223-232.

WEI Z M, LABY R J, ZUMOFF C H, et al, 1992. Harpin elicitor of the hypersensitive response produced by the plant pathogen *Erwinia amylovora*[J]. Science, 257(5066): 85-88.

ZHAO H, WANG B C, ZHAO H C, et al, 2005a. Stress stimulus induced resistance to *Cladosporium cucumerinum* in cucumber seeding[J]. Colloids and surfaces B: Biointerfaces, 44(1): 36-40.

ZHAO H C, ZHAO H, WANG J B, et al, 2005b. Stress stimulation induced resistance of plant[J]. Colloids and surfaces B: Biointerfaces, 43(3): 174-178.

（撰稿：郭坚华；审稿：王琦）

植物与根际微生物互作　plant and microbe rhizosphere interaction

植物生长过程中会与根际微生物之间存在互作关系。在这种互作过程中，根系分泌物是植物与根际微生物相互作用的中间媒介，其不仅为根际微生物提供主要碳源和能源，而且不同植物根系分泌物的种类和数量也影响根际微生物种群的结构及数量，对根际微生物的代谢、生长发育和多样性有一定影响。反过来，根际微生物能改变植物代谢作用，导致根系释放化合物的种类和数量发生变化。根系分泌物介导下的植物—微生物互作关系变化会对土壤肥力、植物生长发育以及健康状况产生正面或负面的影响。

根系分泌物对根际微生物的影响　植物赖以生存的土壤中聚居着大量有益和有害微生物，其在根际的定殖受根系分泌物的影响，表现出明显的根际效应。根系分泌物为根际微生物的生长和繁殖提供了充足营养，同时也影响着土壤微生物的种类、数量及其在植物根际的分布。

根系分泌物对根际有益微生物的影响　植物根系分泌物中的可溶性糖、生长激素、氨基酸及其他次生代谢物会对根际有益微生物的形成有直接影响。例如，豆科作物根系分泌的类黄酮物质可诱导根瘤菌对豆科植物根系的识别、侵染、定殖和结瘤。水稻根系分泌物中的甘露糖、木糖、阿拉伯糖和蔗糖可以被根瘤菌利用，由此吸引更多的根瘤菌进行固氮作用。

根系分泌物对根际病原微生物的影响　植物根系分泌物会影响病原微生物对寄主的识别和侵染过程。一方面，根际病原微生物依靠根系分泌的信号物质完成对寄主的识别；另一方面，植物根系会分泌一些防御物质抵抗病原菌的侵入。通常抗性品种及非寄主植物根系能分泌明显抑制病原菌生长的物质。例如，抗枯萎病黄瓜品种的根系分泌物对黄瓜枯萎病菌孢子萌发和菌丝生长均有明显的抑制作用，而感病品种则相反。草莓根系分泌物和腐解物中不同的氨基酸对尖孢镰刀菌和立枯丝核菌表现抑制或促进作用。西瓜根系分泌物中的阿魏酸可促进西瓜枯萎病菌孢子的萌发，而旱稻根系分泌物中的β-香豆酸可抑制西瓜枯萎病菌孢子萌发。玉米根系分泌物中的苯并噁嗪类化合物能抑制辣椒疫霉菌的生长。

根际微生物对植物的作用　微生物可以产生众多的代谢物，包括植物生长调节物质和抗生素等。这些代谢物具有众多的生态功能。①促生作用。根际微生物能分泌一些细胞分裂素、生长素、吲哚乙酸和乙烯等植物激素，可以间接调节植物内源激素的含量水平，促进植物的生长。②抵御病原菌侵染。植物根际促生菌主要是通过合成抗生素、产生嗜铁素和诱导系统抗性的产生几个方面防治植物病害。有的微生物也通过竞争和定殖优势抑制病原菌的繁殖发展。③抵御害虫的危害。有的根际微生物可以诱导植物的抗性，从而增强植物的抗虫能力。

根际微生物对植物根系分泌物也会产生影响。微生物进入根系皮层后，释放的代谢物质对植物生长会产生影响，从而影响根系分泌物的种类和数量。微生物活动对根系分泌物的影响主要表现在以下4个方面：①微生物通过改变根细胞膜的通透性而影响根系分泌物的分泌。②当根系受到病原菌感染时，为抵御不良影响，根系分泌物中的糖、氨基酸和脂类等初生代谢物发生改变，次生代谢物受到相应刺激也会发生变化。③根际微生物通过消耗和转化根系分泌物中的有机物，形成有机物浓度梯度，进而促进根系分泌物的产生。④微生物改变根际矿质营养成分的含量，间接影响根系分泌物的产生。

参考文献

吴林坤，林向民，林文雄，2014. 根系分泌物介导下植物—土壤—微生物互作关系研究进展与展望[J]. 植物生态学报，38: 298-310.

张琴，张磊，2005. 豆科植物根瘤菌结瘤因子的感知与信号转导[J]. 中国农学通报，21(7): 233-238.

甄文超，王晓燕，曹克强，等，2004. 草莓根系分泌物和腐解物中氨基酸的检测及其化感作用研究[J]. 河北农业大学学报，27 (2): 76-80.

BAIS H P, WEIR T L, PERRY L G, et al, 2006. The role of root exudates in rhizosphere interactions with plants and other organisms[J]. Annual review of plant biology, 57: 233-66.

EAST R, 2013, Microbiome: soil science comes to life[J]. Nature, 501(7468): S18-S19.

EISENHAUER N, SCHEU S, JOUSSET A, 2012. Bacterial diversity stabilizes community productivity[J]. PLoS ONE, 7(3): e34517.

HAO W Y, REN L X, RAN W, et al, 2010. Allelopathic effects of root exudates from watermelon and rice plants on *Fusarium oxysporum* f. sp. *Niveum*[J]. Plant and soil, 336(1/2): 485-497.

NAHER U A, RADZIAH Q, HALMI M S, et al, 2009. Influence of root exudate carbon compounds of three rice genotypes on rhizosphere and endophytic diazotrophs[J]. Pertanika journal of tropical agricultural science, 32(2): 209-223.

YANG M, ZHANG Y, QI L, et al, 2014. Plant-plant-microbe mechanisms involved in soil-borne disease suppression on a maize and pepper intercropping system[J]. PLoS ONE, 9(12): e115052.

（撰稿：杨敏；审稿：朱书生）

植物源杀菌剂 botanical fungicides

用具有杀菌、抑菌活性的植物组织或提取其有效成分以及分离纯化的单体物质加工而成的用于防治植物病害的生物制剂，包括植物源杀真菌剂、植物源杀细菌剂、植物源病毒抑制剂及植物源免疫诱抗剂等。

和植物源杀虫剂相比，植物源杀菌剂的研究和开发要滞后许多。据 Ahmed 1985 年的资料介绍，全世界已报道过 1600 多种具有控制有害生物的高等植物，其中抗真菌的 94 种，抗细菌的 11 种，抗病毒的 17 种。Wilkins 等 1989 年报道有 1389 种植物有可能作为杀菌剂。Nychas 等于 1995 年曾对植物源抗菌剂实际使用的可能性做了详细论述。中国有关植物源杀菌剂研究开发的正式报道始于 1958—1959 年，其标志性成果一是《中国土农药志》的出版发行；二是“抗菌素 402”的创制。虽然中国学者在 20 世纪 50 年代就发现大蒜素对棉花枯萎病菌、立枯病菌有较好的杀菌活性，并开发出“抗菌素 401”，但大蒜素化学性质极不稳定，大田实际应用效果很差。1958 年中国科学院上海有机化学研究所梅斌夫在大蒜素基础上合成乙蒜素，即“抗菌素 402”，成为中国第一个农药创制品种。20 世纪 80 年代末 90 年代初，安徽农业大学吴恭谦和中国科学技术大学合作，以原白头翁素为模板，合成白头翁素，开发出“40% 农科一号乳油”，对水稻白叶枯病、小麦赤霉病等具有较好的防治效果；青岛农业大学孟昭礼团队则以银杏果实中的杀菌活性成分白果双酚和白果酸为先导结构合成筛选，开发出“绿帝”和“银泰”杀菌剂，对番茄灰霉病、小麦纹枯病、苹果轮纹病及苹果腐烂病具有较好的防治效果。进入 21 世纪以来，江苏农业科学院石志琦课题组开发出 1.0% 蛇床子素水剂，用于防治瓜类和麦类白粉病；湖北农业科学院俞大昭课题组开发出 0.5% 大黄素甲醚，主要推荐用于防治麦类白粉病。此外，中国科学院昆明植物研究所郝小江课题组对传统中药板蓝根进行了系统研究，开发的板蓝根提取物制剂对烟草花叶病毒有良好的抑制作用。据不完全统计，中国已研究报道过的杀菌植物涉及 50 多个科 400 余种植物。这些杀菌植物主要分布在伞形科、菊科、豆科、百合科、唇形科、樟科、芸香科、禾本科、桑科、毛茛科、蓼科、茄科、大戟科、银杏科、楝科、卫矛科、小檗科、瑞香科、葫芦科、百部科、桃金娘科、木兰科、藜科、莎草科、爵床科、杨梅科、马鞭草科、红豆杉科、胡桃科、罂粟科、蒺藜科、蔷薇科、忍冬科、五加科、川续断科、葡萄科、商陆科、苦木科、天南星科、海桐花科、防己科、马兜铃科和木樨科等。

植物源杀菌剂的活性成分多是植物次生代谢物，包含了许多不同类型的化合物，主要有生物碱类、糖苷类、醌类、酚类、木聚糖类、甾类、丹宁、黄酮类、独特的氨基酸和壳多糖、蛋白质、萜烯类、聚乙炔类、有机酸及植物挥发油（香精油）等。

与化学合成杀菌剂相比，植物源杀菌剂具有下述特点：①环境相容性好。植物源杀菌剂的活性成分是自然存在的物质，主要由 C、H、O 等元素组成，来源于自然，在长期的进化过程中已形成了其顺畅的代谢途径，所以不会污染环境。②大多数植物源杀菌剂对高等动物及非靶标生物较安全。如苦参碱在医药上广泛使用，大鼠急性经口、经皮 LD_{50} 均大于 5000mg/kg，属于低毒；蛇床子素大鼠急性经口 $LD_{50} \geq 3687$mg/kg，急性经皮 $LD_{50} \geq 2000$mg/kg，属于低毒；而大蒜素、丁香酚则本身是香料或调味品，作为农药是十分安全的。大多数植物源杀菌剂对非靶标生物，特别是对害虫天敌影响较小，触杀作用不强，对害虫天敌影响很小。③生物活性多样。植物源杀菌剂产品中除有效成分外，还含有其他多种物质。在田间应用中，植物源杀菌剂不仅具有杀（抑）菌活性，还具有促进植物生长发育、诱导植物提高抗病性和抗逆性、改善作物的品质等效应，且作用方式多样。④多种成分协同发挥作用，病菌不易产生抗药性。植物源杀菌剂往往含有数种有效成分，且作用机制与一般化学农药不同，不易使病菌产生抗药性。⑤药效较为缓和。就像中草药一样，大多数植物源农药的药效发挥相对较为缓慢，但其作用特点明显，通过药物、作物及有害生物的综合环境生态反应而对有害生物的种群繁衍产生影响。

参考文献

吴文君，胡兆农，姬志勤，等，2020. 中国植物源农药研究与应用 [M]. 北京：化学工业出版社.

秩青，译，1996. 使用天然抗菌化合物保护农作物 [J]. 农药译丛，18(3): 9-12.

张兴，2011. 生物农药概览 [M]，2 版. 北京：中国农业出版社.

张兴，马志卿，冯俊涛，等，2015. 植物源农药研究进展 [J]. 中国生物防治学报，31(5): 685-698.

张兴，吴志凤，李威，等，2013. 植物源农药研发与应用新进展——特殊生物活性简介 [J]. 农药科学与管理，34(4): 24-31.

SWAIN T, 1977. Secondary compounds as protective agents[J]. Annual review of plant physiology, 28: 479-501.

（撰稿：冯俊涛；审稿：王琦）

质型多角体病毒 cytoplasmicpolyhedrosisvirus, CPV

呼肠孤病毒科质型多角体病毒属。

形态特征 病毒多角体有四角形、五角形、六角形和八角形，轮廓清楚，大小为 0.5～10μm。多角体主要由相对分子质量为 29500Da 和 19500Da 的两种蛋白组成，每个多角体内包埋有成千上万个病毒粒子。病毒粒子具有对称的正二十面体衣壳，直径为 60～80nm，具有双层蛋白质壳，在正二十面体的每个顶角有 12 根长约 25nm 中空管状突起；基因组为双链 RNA，10～12 个片段，相对分子质量为 0.3×10^6～2.8×10^6Da。质型多角体病毒只感染昆虫中肠细胞，质型多角体病毒在感染昆虫细胞的细胞质中形成，病毒粒子的核酸为双链 RNA，病毒粒子为在球状髓核（core）的外侧有正二十面体的衣壳，各顶点伸出长约 25×10^{-10}m 的突起。宿主主要是鳞翅目昆虫。

感染机理 昆虫幼虫取食多角体后，多角体蛋白在肠道酶和碱液等作用下溶解，释放出病毒粒子，病毒粒子侵入中肠皮膜组织，充满多角体的细胞变形或崩解，脱落在中肠腔内并随粪便排出成为感染源。中肠由于病毒多角体的存在而变白，一般从中肠的后端开始，逐渐向前部扩展，虫体缩短。多角体在细胞质中形成并包埋大量病毒粒子。昆虫幼虫取食多角体，多角体蛋白在中肠碱性环境和酶的作用下溶解，释放出病毒粒子，病毒粒子侵入中肠皮膜细胞，当细胞充满多角体时细胞变形或崩解，脱落在中肠腔内并随粪便排出成为感染源。昆虫感染质型多角体病毒的典型病变是中肠发白，肠壁出现无数乳白色的横纹褶皱，发病初期乳白横纹只限于中肠后部，随病势发展，逐渐向前部推移，临死前，虫体缩短，整个中肠全部发白。质型多角体病毒宿主范围比较广，能够降低宿主的繁殖力，可经卵将病毒传染给次代，但致死昆虫速度较慢。

参考文献

陈昌洁，等，1990. 松毛虫综合管理 [M]. 北京：中国林业出版社.

陈昌洁，王志贤，刘革，等，1988. 赤松毛虫质型多角体病毒的引进和利用研究 [J]. 林业科学研究，1(1): 14-24, 123-126.

陈昌洁，王志贤，刘革，等，1989. 日本赤松毛虫质型多角体病毒 *Dendrolimus Spectabilis* CPV 对马尾松毛虫的生物测定 [J]. 林业科学，4: 317-322.

黄冠辉，刘彧桦，代如一，赤松毛虫 (*Dendrolimus spectabilis*) 质型多角体病毒经卵传递的研究 [J]. 生态学报，8(2): 191-192.

林乃铨，2010. 害虫生物防治 [M]. 北京：科学出版社.

林顺，林思诚，2004. 松毛虫质型多角体病毒 (CPV) 生产及应用技术探讨 [J]. 广东林业科技，20(1): 24-27.

吕鸿声，1982. 昆虫病毒与昆虫病毒病 [M]. 北京：科学出版社.

蒲蛰龙，1994. 昆虫病理学 [M]. 广州：广东科技出版社.

王志贤，陈昌洁，1988. 油松毛虫质型多角体病毒病的组织病理研究 [J]. 林业科学研究，1(5): 481-484, 579-581.

王志贤，高志和，陈昌洁，1987. 赤松毛虫质型多角体病毒血清学初步研究 [J]. 林业科学，23(2): 227-230.

谢天恩，胡志红，2002. 普通病毒学 [M]. 北京：科学出版社.

赵同海，陈昌洁，2004. 松毛虫 CPV 不同分离株的基因组电泳图谱 [J]. 昆虫知识，41(3): 212-216.

赵同海，陈昌洁，徐静，等，2004. 松毛虫质型多角体病毒的宿主域与交叉感染 [J]. 昆虫学报，47(1): 117-123.

（撰稿：赵同海；审稿：张永安）

中度干扰假说 intermediate disturbance hypothesis

干扰是指通过一种自然或人为外力，使种群、群落或生态系统的特性（主要包括物种多样性、生物量、垂直和水平结构）发生改变，从而使生态系统动态过程偏离其自然的演变方向和速度。而这种特性的改变效果可能对生态系统是有利的，即表现为优化结构、增强功能；也有可能是不利的，表现为劣化结构、削弱功能，而对于有利或不利的效果，决定于干扰的强度和方式。

干扰是物种多样性维持机制中的重要因素。在有关干扰对生物多样性影响的理论中，人们最普遍接受的理论之一就是中度干扰假说。中度干扰假说的一个基本假设就是物种丰富度在中等干扰水平时最大。其理论机制是：在物种对干扰的忍受能力和它的竞争能力之间存在一个平衡，高竞争能力物种被认为是最易受干扰影响的物种。因此，在干扰强烈发生时，由于该类物种不能忍受而使丰富度降低，甚至在局部区域灭绝；如果干扰强度太小，则又由于优势种占据资源而排除弱的竞争种而使丰富度也随之降低。这也就意味着只有当条件同时有利于竞争种和耐干扰种的中度干扰发生时，丰富度才能达到最高。中度干扰假说的第二个假说是在干扰发生后演替的中期，物种的丰富度达到最高，此观点认为后期演替种将完全取代早期演替种。

干扰对生物多样性影响的理论中另一个普遍承认的假说是干扰频率假说，即只有干扰发生的时间间隔比竞争排斥所需时间短时，才能维持物种的丰富度。从很大程度上，可以说它是高斯竞争排除假说原理的推广和引申，或一定意义上是中等干扰假说的一部分，只不过它突出强调干扰发生在时间上的适度分布对于维持生物多样性的重要意义而已。

小型干扰是森林群落物种多样性维持的重要因素，中等频度的小尺度干扰可以增加植物种的多样性已成为共识，该理论也已在温带和热带林区由于优势树种的倒木形成的干扰刺激了植物种的系列更新而得到认同。

参考文献

刘艳红，赵惠勋，2000. 干扰与物种多样性维持理论研究进展 [J]. 北京林业大学学报，22(4): 101-105.

周晓峰，1999. 中国森林与生态环境 [M]. 北京：中国林业出版社：232-233.

BROKAW N V L, SCHEINER S M, 1989. Species composition in gaps and structure of a tropical forest[J]. Ecology, 70(3): 538-541.

CONNELL J H, 1978. Diversity in tropical rain forests and coral reefs[J]. Science, 199(4335): 1302-1310.

CONNELL J H, 1989. Some processes affecting the species composition in forest gaps[J]. Ecology, 70(3): 560-562.

HUSTON M A, 1979. A general hypothesis of species diversity[J]. American naturalist, 113(1): 81-101.

RUNKLE J R, 1982. Patterns of disturbance in some old-growth mesic forests eastern North American[J]. Ecology, 62(5): 1041-1051.

（撰稿：陈斌；审稿：何霞红）

中华甲虫蒲螨 *Pyemotes zhonghuajia* Yu, Zhang et He

属蜱螨亚纲（Acari，Trombidiformes）绒螨目（Heterostigmatina）异气门股（Pymotoidea）蒲螨总科（Pymotoidae）蒲螨科（Pyemotidae）蒲螨属（*Pyemotes* Amerling），是由于丽辰、张智强、贺丽敏命名的一个中国蒲螨资源新种。是蛀干害虫等钻蛀性和群居性害虫的重要天敌，雌螨外寄生在害虫的幼虫、初龄蛹体上，有时可寄生卵和成虫。卵胎生，雌成螨取食寄主后腹部末端膨大，称为膨腹体，卵在其中发育成成螨，产出的雌成螨寻找新的寄主寄生。1 个母体可产出 100 余头后代，其中 95% 为雌性个体。可用于双条杉天牛、二齿茎长蠹、杨干象、果树小蠹虫、多毛小蠹虫等鞘翅目蛀干害虫以及松梢螟、国槐叶柄小蛾、六星黑点豹蠹蛾等鳞翅目钻蛀性害虫的防治。

形态特征

雌螨　纺锤形，体长 216～294μm，宽 92～113μm。颚体长 39～43μm，宽 35～37μm；有背毛 2 对，腹毛 4 对，感棒 1 对。前足体，背板后缘弧形，边缘处可见细的纵纹，有 4 对毛，v1 和 v2 毛短，sc1 毛球形，sc2 毛长达到或超过 C 片后缘。后半体背板由 C 板、D 板、EF 板、H 板和 Sp 板组成。C 板后缘中部为显著的凹缘，上有细的纵纹，有 2 对毛，c2 毛长 24～29μm，通常比 c1 毛稍长；D 板后缘中部稍凹，有时可见少量细纵纹，d 毛 1 对，长 21～30μm。EF 板后缘中部稍凸，有 2 对毛，f 毛长 43～47μm，e 毛长 9～16μm；H 板后缘弧形，有 2 对毛，h1 长 25～29μm，h2 长 9～11μm。Ps 板后缘弧形，可见有 1 对毛，通常着生在腹面，非常微小。躯体腹面有 5 对表皮内突；前半体有一个中表皮内突。第一对表皮内突在颚下方交接，形成一个大于 90° 的夹角，中表皮内突强壮；第二对表皮内突与中表皮内突连接处变弱；第三对表皮内突稍短于第四对表皮内突；第五对表皮内突明显短于第三和第四对，并且较弱。10 对腹毛，1a 长 16～18μm，1b 长 14～15μm，2a 长 29～31μm，2b 长 16～20μm，3a 长 23～27μm，3b 长 29～33μm，3c 长 20～22μm，4a 长 16～30μm，4b 长 16～22μm，ag 长 16～20μm。腹部三角片后缘轻度弧形。足，I 足毛式为 1-4-4-6+2ϕ-13+ω，腿节 v'' 毛长 46～59μm；胫节 d 毛长 55～59μm。II 足，毛式为 1-3-3-4+ϕ-7+ω，胫节 d 毛长 31-43μm；跗节 tc'' 毛长 40～48μm。III 足，毛式为 1-2-3-4+ϕ-7，胫节 d 毛长 42～48μm；跗节 tc'' 毛长 45～52μm。IV 足，毛式为 1-2-2-4-6，胫节 d 毛长 43～58μm，跗节 tc“毛长 112～138μm。

雄螨　体长 185～232μm，宽 105～128μm，近椭圆形。额体长 26～29μm，宽 26～32μm，背面有 2 对微小的毛，位于前缘中部，ch1 和 ch2；腹面可见 3 对毛 Ti、Ge、Fe 和 1 对小的感棒，Fe 毛较长，13～14μm，另 2 根十分微小。前背板，前缘明显为弧形，有 4 对毛，v1 毛仅有痕迹，v2 毛微小，sc1 毛长 6～16μm，sc2 毛较粗长，为 73～89μm，接近 CD 板 d 毛的基部，粗度约为 d 毛的一半。后半体背板，C 板与 D 板愈合形成 CD 板，近半圆形，有 3 对毛，c1 毛长 23～33μm，c2 毛长 22～48μm，d 毛长且粗，可达 100～106μm；EF 板有 2 对毛，e 毛和 f 毛，e 毛小，长仅 10～12μm，着生紧靠 f 毛的外后侧；f 毛粗长，接近 d 毛的粗度，长可达 66～84μm。H 板与 Ps 板愈合，形成 HPs 板，上有 5 对十分微小的毛，h1、h2、ps1、ps2、ps3，其中 2 对在背面可见，3 对在腹面可见，ps2 指状。躯体腹面，有 5 对表皮内突，前半体有 1 个中表皮内突。第一对粗壮，在颚体下面相交，形成一个大于 90° 的角，上端达到转节 I 与颚相连的基部；第二对上行接近 I 足转节，另一端与中表皮内突连接；中表皮内突强壮；第三对、第四对、第五对表皮内突，每对表皮内突间均不彼此相连，而形成 3～5 对之间的彼此连接。腹毛可见 9 对，1a 靠近表皮内突 I，长 12～16μm；1b 靠近第 2 表皮内突，长 9～11μm；2a 远离第 2 表皮内突，长 14～2μm；2b 稍后于 2a，长 13～15μm；3a 位于第 3 表皮内突的前方，毛状，长 8～18μm；3b 长 15～19μm；3c 靠近第 3 表皮内突的后面，长 16～20μm；4a 长 8～9μm；4b 长 6～8μm。足，I 足，短于其他足，毛式为 1-4-4-6+ϕ-13+ω，胫节 d 毛长 40～51μm。II 足，毛式为 1-3-3-4-7+ω，胫节 d 毛长 48～60μm。III 足，毛式为 1-2-3-4-7，腿节 d 毛长 63～84；胫节 d 毛长 71～91μm。IV 足，毛式为 1-2-2-4+ϕ-5，腿节 d 毛长 65～82μm，胫节感棒长度不超过爪端（图 1、图 2、图 3）。

生物学习性　外寄生在寄主的体表，一般为幼虫、初蛹，

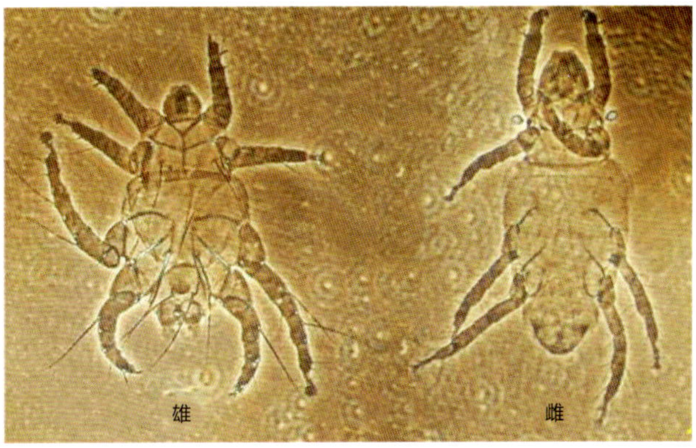

图 1　中华甲虫蒲螨（于丽辰摄）

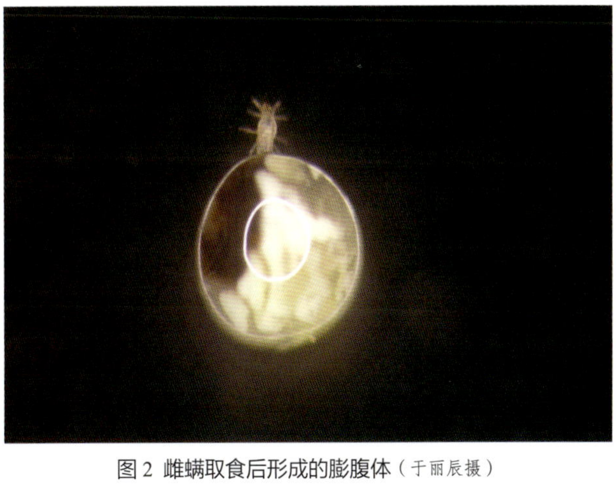

图 2　雌螨取食后形成的膨腹体（于丽辰摄）

图 3 寄生在小蠹虫幼虫体上刚刚开始膨腹的蒲螨（于丽辰摄）

图 4 被中华甲虫蒲螨寄生的杉天牛幼虫（于丽辰摄）

图 5 被中华甲虫蒲螨寄生的国槐叶柄小蛾幼虫（于丽辰摄）

有时可寄生卵和成虫。寄生率可达到 90%。卵胎生，新产出的螨均为发育成熟的成螨，新产出的雄螨一般在母体上等待与雌螨交尾，雌螨受精后即离开母体，寻找寄主。每个寄主可寄生 1～200 多头，平均每个雌螨母体可产生 100 余头后代，通常 95% 为雌性个体。发育起点温度为 10.25°C，有效积温为 96.71 日·度。25～28°C 下，6～7 天发生一代。

图 6 被中华甲虫蒲螨寄生后的杨干象成虫（于丽辰摄）

寄主范围广泛，可以寄生多种鞘翅目和鳞翅目昆虫，包括多种小蠹虫、吉丁虫、天牛、长蠹象甲、麦蛾、大蜡螟、松梢螟、国槐叶柄小蛾等（图 4、图 5）。

人工繁育与释放利用 以麦蛾幼虫作替代寄主，接种量为1：20～1：30，每头替代寄主可以产生2万～3万头蒲螨。人工释放时期，应以害虫的幼虫期为主，一般释放一次；杨干象可以在成虫期再释放一次（图6）。释放方法采用淹没式释放，释放量一般以树干直径为计算依据，参考释放公式：树胸径×20000头/cm；释放位置，一般将释放器固定到树干的阴面，靠近害虫危害的部位。释放效果可以达到88%～94%。蒲螨可以在田间寄主体上继续繁殖，使害虫得到持续控制。

参考文献

贺丽敏，焦蕊，于丽辰，等，2009. 应用中华甲虫蒲螨防治钻蛀性害虫 [J]. 中国科技成果 (10): 59-61.

贺丽敏，闫乃庚，于丽辰，等，2012. 中华甲虫蒲螨田间释放控制松梢螟研究 [J]. 林业实用技术 (11): 73-75.

贺丽敏，于丽辰，焦蕊，等，2011. 人工繁殖中华甲虫蒲螨的替代寄主研究 [J]. 中国生物防治学报，27(2): 165-170.

胡帅，温俊宝，2013. 中华甲虫蒲螨对双条杉天牛寄生机制初探 [D]. 北京：北京林业大学 .

于丽辰，贺丽敏，韩继成，等，2009. 天敌蒲螨的研究与利用 [C]// 杨怀文 . 生物防治创新与实践 . 北京：中国农业科学技术出版社：209-217.

张佐双，熊德平，程炜，2003. 利用天敌蒲螨控制柏树蛀干害

Z

虫——双条杉天牛 [J]. 中国园林 , 19(1): 80-52.

张佐双 , 熊德平 , 程炜 , 2008. 寄生性天敌蒲螨对几种蛀干害虫的控制作用 [J]. 中国生物防治 , 24(1): 1-6.

YU L C, ZHANG Z Q, HE L M, 2010. Two new species of *Pyemotes* closely related to *P. tritici* (Acari: Pyemotidae)[J]. Zootaxa, 2723: 1-40.

（撰稿：于丽辰；审稿：杨忠岐）

中生菌素 zhongshengmycin

由中国农业科学院原生物防治研究所研制成功的农用抗生素。其产生菌为浅灰色链霉菌海南变种（*Streptomyces lavendulae* var. *heinanensis*），属 *N*- 糖苷类抗生素，分子式 $C_{19}H_{34}O_8N_8$，相对分子质量 502。中生菌素是一种杀菌谱较广的保护性杀菌剂，具有触杀、渗透作用，中生菌素对农作物的细菌性病害及部分真菌性病害具有明显的防治效果，同时具有促生增产作用。

纯品为白色粉末，原药为浅黄色粉末，易溶于水，微溶于乙醇。在酸性介质中，低温条件下稳定，熔点 173～190°C，不易光解。制剂为褐色液体和粉剂。

纯品对大鼠急性经口 LD_{50}（雌 / 雄）> 4300mg/kg，急性经皮 LD_{50}（雌 / 雄）> 2000mg/kg，急性吸入 LD_{50}（雌 / 雄）> 2530mg/kg。对皮肤无刺激，对眼睛轻度刺激，弱致敏性，属低毒级农药。

中生菌素母液对蜜蜂、家蚕、鸟的饲喂及土壤生物毒性均为低毒，对鱼、鸟经口与棘胸蛙（蝌蚪）均为中等毒，对栅藻高毒，对大型蚤剧毒，对赤眼蜂和土壤微生物为低风险。制剂对环境生物鱼、蜂的经口及鸟、蚕的毒性均为低毒，对蜂的接触毒性为中等毒。

中生菌素通过抑制病原细菌蛋白质的肽键生成而导致细菌死亡；可抑制真菌菌丝的生长、抑制孢子的萌发，起到防治真菌病害的作用；可刺激植物体内植保素及木质素的前体物质的生成，从而提高植物的抗病能力。

中生菌素抗菌谱广，能抗革兰氏阳性细菌、革兰氏阴性细菌、分枝杆菌、酵母菌及丝状真菌，特别对大白菜软腐病、白菜黑腐病、黄瓜细菌性角斑病、水稻白叶枯病、烟草青枯病、烟草野火病等细菌性病害以及苹果轮纹病、苹果斑点落叶病、小麦赤霉病、瓜类枯萎病等真菌病害具有明显的防治作用。

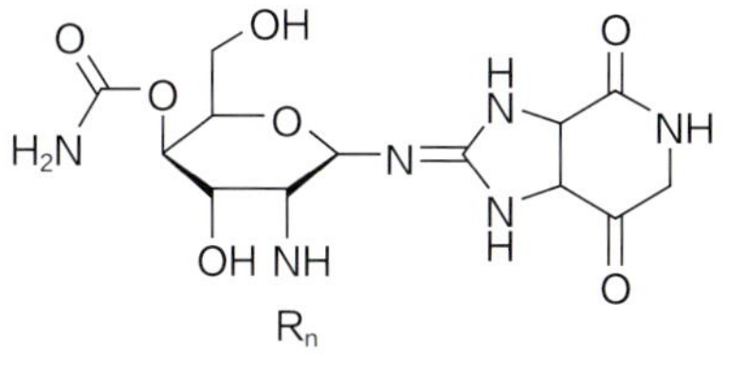

中生菌素

参考文献

化工产品手册编辑部 , 欧阳平凯 , 2008. 化工产品手册 , 生物化工产品 [M]. 5 版 . 北京 : 化学工业出版社 : 464-465.

刘主泉 , 2012. 农药新品种实用手册 [M]. 北京 : 中国农业出版社 : 264-266.

蒋细良 , 谢德龄 , 倪楚芳 , 等 , 1997a. 中生菌素对真菌作用机理的研究 [J]. 中国生物防治学报 , 13(2): 23-25.

蒋细良 , 谢德龄 , 倪楚芳 , 等 , 1997b. 中生菌素的抗生作用 [J]. 植物病理学报 (2): 40-45.

沈寅初 , 张一宾 , 2004. 生物农药 [M]. 北京 : 化学工业出版社 : 43.

张敏恒 , 2006. 新编农药商品手册 [M]. 北京 : 化学工业出版社 : 505-506.

朱昌雄 , 蒋细良 , 孙东园 , 等 , 2002. 新农用抗生素——中生菌素 [J]. 精细与专业化学品 (16): 14-17.

（撰稿：吴元华；审稿：王琦）

肿腿蜂科 Bethylidae

属膜翅目（Hymenoptera）青蜂总科（Chrysidoidea）。该科昆虫的前、中、后足腿节明显肿大，故名肿腿蜂。许多肿腿蜂种类雌蜂无翅似蚁，故又名为蚁形蜂（ant-like wasps）。

形态特征 肿腿蜂科昆虫小至中型，体色一般为黑色或暗褐色。头部扁平，前口式。唇基上常具 1 中纵脊。触角多为 12～13 节，少数 10 节。复眼不发达，常只占据头部侧面的小部分。下颚须多为 6 节，少数 1～5 节。下唇须多为 3 节，少数 1～2 节。前胸背板突常伸达翅基片。雌雄性二型通常非常明显，雌虫无翅或短翅（见图），雄虫长翅。前翅翅脉减少；闭室 1～4 个。后翅有臀叶；无闭室。后足腿节明显肿大。腹部有柄；可见背板 6～7 节。雌虫产卵器特

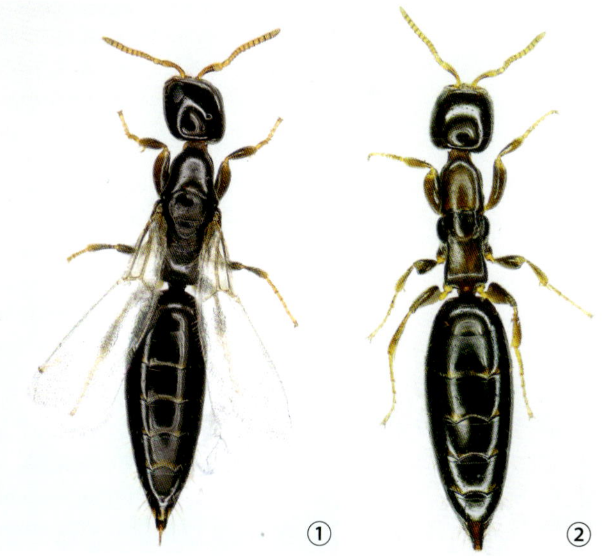

肿腿蜂（曹亮明摄）
①雌（有翅）；②雌（色深 无翅）

Z

化成螯针，因而能螯人。

世界肿腿蜂科种类分为肿腿蜂亚科（Bethylinae）、寄甲肿腿蜂亚科（Epyrinae）、中沟肿腿蜂亚科（Mestiinae）和锉角肿腿蜂亚科（Pristocerinae）共4个亚科，已知约100属2600种，广泛分布于世界六大动物地理区系，但调查研究比较充分的地区主要是新北区和新热带区。中国肿腿蜂科昆虫已经报道有4亚科18属80种，大量新种有待发表。

生物学习性 肿腿蜂科种类全部为寄生性。绝大多数肿腿蜂是鳞翅目和鞘翅目昆虫的幼虫（个别是蛹）的外寄生蜂，只有极少数种类寄生膜翅目泥蜂科（Sphecidae）昆虫。鳞翅目寄主包括螟蛾科（Pyralidae）、卷蛾科（Tortricidae）、麦蛾科（Gelechiidae）、细蛾科（Gracillariidae）、谷蛾科（Tineidae）和蓑蛾科（Psychidae）等昆虫，鞘翅目寄主包括天牛科（Cerambycidae）、吉丁甲科（Buprestidae）、叩甲科（Elateridae）、象甲科（Curculionidae）、皮蠹科（Dermestidae）、窃蠹科（Anobiidae）、小蠹科（Scolytidae）等昆虫。在这些寄主中，许多种类是农业、林业和仓储上的重要害虫。因此，肿腿蜂是一类重要的害虫天敌昆虫，在害虫的自然控制中发挥着非常重要的作用。一些肿腿蜂种类（*Goniozus* spp.，*Sclerodermus* spp.，*Laelius* spp.）已经被成功地应用于害虫的生物防治。但是，个别肿腿蜂种类能螯人，有时会引发皮炎等。

参考文献

何俊华，等，2004. 浙江蜂类志[M]. 北京：科学出版社.

萧刚柔，1992. 中国森林昆虫[M]. 2版. 北京：中国林业出版社.

AZEVEDO C O, GARCIA R, GOBBI F T, et al, 2015. Insecta, Hymenoptera, Bethylidae: range extension and filling gaps in Central African Republic[J]. Check list, 11(2): 1-4.

（撰稿：许再福；审稿：杨忠岐）

种间互作（昆虫） interspecific interaction of insects

种间互作（昆虫）是指不同种类天敌昆虫种群之间相互作用所形成的关系。主要包括天敌的种间竞争、捕食和寄生等负相互作用，而暂未研究报道天敌间存在互利共生和协作等正相互作用。虽然竞争、捕食和寄生作用的过程各异，但在天敌的种间互作中，天敌的种间竞争的结果通常是其中一方被捕食或寄生或营养不够而无法完成发育，或者形成竞争共存现象。

竞争 天敌种间竞争分为资源利用性竞争和相互干扰性竞争。资源利用性竞争是天敌由于共同资源短缺而引起的竞争，如捕食性天敌间的集团内捕食和寄生性天敌间的致死干扰竞争等，同营养级别的天敌物种间既存在着对资源的竞争关系又存在着捕食或寄生关系，如瓢虫、草蛉、捕食螨等捕食性天敌种群间均可能存在集团内捕食。致死干扰竞争作用，通常指植食性昆虫的多种寄生性天敌间通过内外竞争作用方式使竞争一方致死的直接作用。常见的作用方式有多寄生（超寄生）、复寄生、杀卵作用、寄主取食、物理攻击和生理抑制等。集团内捕食作用和致死干扰竞争作用二者之间相互涵盖但不尽相同，但个体间的作用结果都是相同的，即一种昆虫杀死另一种昆虫。外寄生蜂在种间竞争中比内寄生蜂具有优势，外寄生蜂不仅可以利用其毒液麻痹寄主和寄主体内的内寄生蜂，其幼虫孵化后还可以捕食寄主表面其他天敌的幼虫或卵。相互干扰竞争是指物种在寻找资源过程中损害其他个体而引起的竞争，如具有共同寄主的天敌在搜寻寄主的过程中常发生同类相残或集团内捕食现象。此外，两种或两种以上处于竞争关系的生物能够稳定地共存于某个系统中，达到竞争共存，通常在捕食性天敌中，生态位相同的天敌间虽然存在集团内捕食作用，但天敌仍然可以在同一生态系统内共存；一部分多寄生蜂也可共享寄主资源，如枯叶蛾雕绒茧蜂（*Glyptapanteles liparidis*）和刻绒茧蜂（*Glyptapanteles porthetriae*）可共同寄生同一寄主舞毒蛾（*Lymantria dispar*）。内寄生蜂和外寄生蜂间也存在竞争共存现象，侧沟茧蜂（*Microplitis tristis*）和茧蜂（*Bracon variator*）可以共同寄生夜蛾（*Hadena bicruris*）。

捕食 上述集团内捕食、致死干扰竞争作用与天敌间的捕食、寄生关系有时难以进行严格的界定和划分，捕食性天敌间的集团内捕食现象最终导致不同种天敌间形成相互捕食的现象，而捕食性天敌在捕食猎物时也可能捕食寄主体内的寄生性天敌，如在防治烟粉虱（*Bemisia tabaci*）时同时释放捕食性天敌小黑瓢虫（*Delphastus catalinae*）和寄生性天敌浅黄恩蚜小蜂（*Encarsia sophia*），就会出现小黑瓢虫捕食已被浅黄恩蚜小蜂寄生的寄主的现象，进而影响浅黄恩蚜小蜂的控制效果，属于天敌间的捕食作用。而寄生性天敌间同样存在攻击现象，寄生蜂的幼虫在寄主体内或体外的种间竞争通常导致不同种天敌之间出现捕食现象，桨角蚜小蜂（*Eretmocerus eremicus*）和浅黄恩蚜小蜂之间可以通过多寄生和寄主取食作用分别使对方后代种群数量降低50%和92%，这种多寄生现象属于天敌间的寄生作用。

寄生 寄生性天敌间存在重寄生现象，主要在小蜂总科、瘿蜂总科、姬蜂科、分盾细蜂总科和钩腹蜂总科，如花翅蚜小蜂属（*Merietta*）专性重寄生于其他蚜小蜂上，烟蚜茧蜂（*Aphidius gifuensis*）是一种广泛应用于烟蚜（*Myzus persicae*）生物防治的寄生性天敌，但在其应用过程中该蜂种群数量又受到重寄生蜂的抑制，控害作用受到严重制约，其重寄生蜂包括蚜虫宽缘金小蜂（*Pachyneuron aphidis*）、宽肩阿莎金小蜂（*Asaphes suspensus*）和合沟细蜂（*Dendrocerus carpenteri*）。

在自然界中，天敌的种间作用复杂多样，特别是集团内捕食作用和致死干扰竞争作用往往影响天敌的种群密度及其对寄主害虫的控制作用。随着生物防治的推广，可被利用的天敌种类越来越多，虽然研究者们倾向于同时释放1种以上的天敌进行生物防治，但是当不同天敌共同作用于同一防治对象时，需要进一步研究天敌间的互作对靶标害虫的生物防治是否具有增效作用。在天敌释放时应注意不同天敌间的相互作用，避免造成天敌种间竞争而降低天敌昆虫的控制效果。在寄生性天敌避免重寄生方面，应加强对其重寄生蜂生物学特性的研究，在此基础上结合更换繁殖场所和缩短繁殖周期等方法降低重寄生蜂对生防天敌的影响。此外，在引入外来天敌昆虫进行生物防治时，不仅应当评价其寄主专化性，还需评价其对本土天敌和目标害虫以外的其他生物的影响，全面评估引入天敌的生态风险。

参考文献

柴正群，况荣平，朱建青，2013. 烟蚜重寄生蜂种群动态初步研究 [J]. 中国烟草科学，34(1): 61-65.

郭建晗，孟瑞霞，张东旭，等，2016. 有益真绥螨与巴氏新小绥螨的集团内捕食和同类相残作用 [J]. 昆虫学报，59(5): 560-567.

马克争，郝树广，赵惠燕，等，2004. 昆虫群落中的集团内捕食作用 [J]. 应用昆虫学报，41(3): 191-197.

徐海云，杨念婉，万方浩，2011. 昆虫群落中天敌间的致死干扰竞争作用 [J]. 昆虫学报，54(3): 361-367.

COLLIER T, KELLY S, HUNTER M, 2002. Egg size, intrinsic competition, and lethal interference in the parasitoids *Encarsia pergandiella* and *Encarsia formosa*[J]. Biological control, 23(3): 254-261.

COLLIER T R, HUNTER M S, 2001. Lethal interference competition in the whitefly parasitoids *Eretmocerus eremicus* and *Encarsia sophia*[J]. Oecologia, 129(1): 147-154.

COLLIER T R, HUNTER M S, KELLY S E, 2007. Heterospecific ovicide influences the outcome of competition between two endoparasitoids, *Encarsia formosa* and *Encarsia luteola*[J]. Ecological entomology, 32(1): 70-75.

ELZINGA JA, ZWAKHALS K, HARVEY J A, et al, 2007. The parasitoid complex associated with the herbivore *Hadena bicruris* (Lepidoptera: Noctuidae) on *Silene latifolia* (Caryophyllaceae) in the Netherlands[J]. Journal of nature history, 41(1/4): 101-123.

MARKTL R C, STAUFFER C, SCHOPF A, 2022. Interspecific competition between the braconid endoparasitoids *Glyptapanteles porthetriae* and *Glyptapanteles liparidis* in *Lymantria dispar* larvae[J]. Entomologia experimentalis et applicata, 105(2): 97-109.

MORAES C M D, LEWIS W J, 1999. Analyses of two parasitoids with convergent foraging strategies[J]. Journal of insect behavior, 12(5): 571-583.

ZANG L S, LIU T X, 2007. Intraguild interactions between an oligophagous predator, *Delphastus catalinae* (Coleoptera: Coccinellidae), and a parasitoid, *Encarsia sophia* (Hymenoptera: Aphelinidae), of *Bemisia tabaci* (Homoptera: Aleyrodidae)[J]. Biological control, 41(1): 142-150.

（撰稿：辛蓓；审稿：王小艺）

种间互作（植物） interspecific interaction of plants

植物对同一生境共同生长的另一物种的生长和发育的影响。可以分为三类：①正相互作用，按其作用程度分为偏利共生、原始协作和互利共生三类。②负相互作用，包括竞争、捕食、寄生和偏害等。③中性作用，即种群之间没有相互作用。但事实上生物与生物之间的相互作用是普遍存在的，没有相互作用是相对的。物种的种间相互作用是构成生物群落的基础。

农业生态系统中，种间互作往往用来形容不同种作物与作物之间的相互作用关系，普遍存在于作物多样性间套作种植体系中。当两种或两种以上作物在同一生境共同生长一定时期，就必然会在时间和空间上产生相互作用。种间相互作用主要表现为植物对资源的竞争和互补利用。种间竞争作用是指作物在获取资源的同时对共同生长的另一种作物生长产生限制作用，常发生在所处资源或空间相对不足的环境中。这种竞争除了植物茎叶对光照、水分等地上资源的竞争外，更多的是植物根系对土壤养分、水分和空间的竞争。种间促进作用指一种植物能够改善与它相邻的另一种植物的环境，并对其生长和生存产生有利的影响。当两种植物生长在一起时，种间竞争和种间促进同时存在，而最终表现为种间促进还是种间竞争是可以调控的，当种间竞争大于促进时表现为间作劣势，当种间促进大于竞争时表现为间作优势（见图）。

植物的种间相互作用受到多种因素的影响，包括：①植物的生态位影响。每个生物种群都有其特定的生存条件，即生态位。生态位同时也反映了物种在所处环境中所需的资源状态。按照生态位理论，如果间作体系中两种作物在生态位上发生重叠，将加大对资源的竞争作用，同时削弱种间促进作用；反之，如果间作两种作物的生态位分离会减弱种间竞争作用，出现种间促进作用增加的现象。②植物自身的生理和形态特性也是影响种间相互作用的主要因素。比如玉米—小麦间作体系中，两种作物地上部高低搭配有助于更好地利用光资源，同时根系分布深浅搭配能够有效提高养分和水分的利用效率，达到了等同于生态位互补的效果，表现出间作优势。③微生物也能对植物的种间相互作用产生影响。例如，蚕豆—玉米体系中，一方面，玉米根系分泌物能够促进蚕豆根瘤菌的结瘤和生物固氮，同时将更多的土壤氮资源分配给玉米，提高体系的氮利用效率；另一方面，蚕豆根际能够释放出更多的有机酸、H^+ 和酸性磷酸酶，对石灰性土壤上难溶性磷素的溶解具有很重要的意义，这也因此促进了玉米的磷吸收。④植物的相对播种时间不同，其种间相互作用类型也可能发生改变。

植物的种间相互作用是农作物多样性间套作体系的理论

植物种间互作

基础。植物种间相互作用及其构成的植物多样性是维持植物群落保持稳定的重要基础。这种种间相互作用除了能够增加光、温、水资源和土地的利用效率外，在控制病、虫、草害上也有重要的作用。例如，不同株型植物进行间作，除了能够有效利用光、温、水、肥资源外，还能够通过稀释作物病原菌、物理作用阻隔病害传播，改善田间小气候等物理方式降低病害发生的严重程度；利用非寄主作物对病原微生物的化感抑制作用进行间作，能够有效控制病害的传播和扩展，同时种间相互作用还能提高非寄主植物的抑菌能力。总之，科学利用作物—作物之间的种间相互作用不但能够提高作物的生产力，还能够有效控制病害的发生，实现农业的可持续发展。

参考文献

COSTANZO A, BÀRBERI P, 2016. Field scale functional agrobiodiversity in organic wheat: Effects on weed reduction, disease susceptibility and yield[J]. European journal of agronomy, 76: 1-16.

FENTON A, VINEY M E, LELLO J, 2010. Detecting interspecific macroparasite interactions from ecological data: patterns and process[J]. Ecology letters, 13(5): 606-615.

HAUGGAARD-NIELSEN H, JØRNSGAARD B, KINANE J, et al, 2008. Grain legume-cereal intercropping: The practical application of diversity, competition and facilitation in arable and organic cropping systems[J]. Renewable agricalture and food systems, 23(1): 3-12.

LAMBERS H CHAPIN FS, PONS TL, 1998. Plant physiological ecology[M]. New York: Springer-Verlag.

MUONEKE C O, ASIEGBU J E, UDEOGALANYA ACC, 1997. Effect of relative sowing time on the growth and yield of the component crops in okra/maize and okra/cowpea intercropping systems[J]. Journal of agronomy and crop science, 179(3): 179-185.

NOVAK S, CREMER S, 2015. Fungal disease dynamics in insect societies, 2015: Optimal killing rates and the ambivalent effect of high social interaction rates[J]. Journal of theoretical biology, 372: 54-64.

PARK S E, BENJAMIN L R, WATKINSON A R, 2003. The theory and application of plant competition models: an agronomic perspective[J]. Annals of botany, 92(6): 741-748.

SCHOENER T W, 1983. Field experiments on interspecific competition[J]. American naturalist, 122(2): 240-285.

VANDERMEER J H, 1992. The ecology of intercropping[M]. Cambridge: Cambridge University Press.

（撰稿：刘屹湘；审稿：朱书生）

种间竞争 interspecific competition

指两个或多个物种个体间对有限资源的竞争。

种间竞争是植物群落结构和动态的重要决定因素。种间竞争可能产生以下四方面的影响：①种间竞争可能限制群体规模，群落变化以及物种进化。②依据竞争排斥原理，同一空间以相同方式利用相同资源的两个物种不可能共同在一起生存。为了两个物种的存在，它们必须生存于不同的生态环境中。③有些时候，物种进化可能造成其生态位改变。从而进一步限制种间竞争的影响，这就是生态位分化。④尽管与竞争排斥和生态位改变相比，物种地方性灭绝很少发生，但是这种地方性灭绝确实发生了。

种间竞争中常常是一方取得优势而另一方受抑制甚至被消灭。通常是为了竞争相同的食物或空间环境，例如作物与杂草。种间竞争的重要性是通过物种间的相互竞争极大地影响物种进化、群落构建（哪些物种能共存，哪些物种不能共存，相对丰度等）和物种分布。食物、营养、空间、伴侣、筑巢点——任何需求大于供给的资源都是有限资源。当一个物种成为优势竞争者时，种间竞争通过减少群体规模或增长率负面的影响其他物种，这反过来又影响竞争者的种群动态。种间竞争能潜在地改变竞争物种的群体、群落和进化。资源是指食物、住所、光、水分和一个特定的物种栖息在一个生态系统的其他基本必需品。

土壤肥沃环境下，对资源的竞争主要是光。因为光是单向资源，因此，能成功竞争到充足阳光的树种生长旺盛继而在高度上优于光源的弱竞争者。竞争到充足阳光的植物具有以下 4 个特点：①旺盛的多年生植物在空中和土壤中均能枝繁叶茂。②能快速吸收资源供给叶和根营养。③叶和根系分化过程中呈现出高的形态可塑性。④个别叶片和根系的快速周转。此外，叶层的空间布局以及顶部树冠层相对大的叶面积也是竞争光截获的重要决定因子。

营养贫瘠环境下，对资源的竞争主要是营养。就营养匮乏环境下种间竞争的讨论很多，主要的讨论是“Grime-Tilman 争论”。Grime 认为，营养匮乏环境下的竞争不重要，竞争强度随生产力的增加而增加。在营养匮乏下，高营养保留比营养吸取以提高竞争能力更重要。Tilman 认为，若非地上部和地下部竞争改变的相对重要性，否则，竞争强度随着土壤肥力梯度而恒定不变。Tilman 的平衡资源比率假说认为，在自然演替过程中，由于配置模式上选择性压力的改变，造成一个物种取代另一个物种。他推测，地上部资源（光）和地下部资源（主要是营养）的可用性呈负相关。在自然演替中，土壤氮素可用性逐渐增加，由于增加了生物量，渗透到土壤表面的光就会减少。一个物种的优势依靠点沿土壤—资源—光的梯度，处于这个梯度的该物种即为优势竞争者。Tilman 还推测，由于地上部和地下部资源在不同的空间，因此，植物不可避免地面临争夺资源。

在一个茂密森林里，同一栖息地的不同树种间可能发生种间竞争。原因在于多个不同的树种存在同一栖息地，其中一些树种比其他树种更易竞争得到有限的资源。因此，如果一个种的树木生长比周围的其他种的树高，则它能吸收更多的太阳光。然而，矮的树种由于受到高树种遮阴，吸收的太阳光有限，因此，形成种间竞争。

参考文献

AERTS R, 1999. Interspecific competition in natural plant communities: mechanisms, trade-offs and plant-soil feedbacks[J]. Journal of experimental botany, 50(330): 29-37.

AERTS R, BERENDSE F, DE CALUWE H, et al, 1990. Competition in heathland along an experimental gradient of nutrient availability[J]. Oikos, 57(3): 310-318.

Z

BARNES P W, BEYSCHLAG W, RYEL R J, et al, 1990. Plant competition for light analyzed with a multispecies canopy model. III. Influence of canopy structure in mixtures and monocultures of wheat and wild oat[J]. Oecologia, 82(4): 560-566.

BARNES P W, JORDAN P W, GOLD W G, et al, 1988. Competition, morphology and canopy structure in wheat (*Triticum aestivum* L.) and wild oat (*Avenafatua* L.) exposed to enhanced ultraviolet-B radiation[J]. Functional ecology, 2(3): 319-330.

GRIME J P, 1979. Plant strategies and vegetation processes[M]. Chichester: John Wiley & Sons.

GRIME J P, HODGSON J G, 1987. Botanical contributions to contemporary ecological theory[J]. London: Academic Press. New Physiologist (Supplement), 106: 283-296.

MITCHLEY J, 1988. Control of relative abundance of perennials in chalk grassland in southern England.II.Vertical canopy structure[J]. Journal of ecology, 76(2): 341-350.

SPITTER CJT, AERTS R, 1983. Simulation of competition for light and water in crop-weed associations[J]. Aspects of applied biology, 4: 467-483.

TILMAN D, 1985. The resource-ratio hypothesis of plant succession[J]. American naturalist, 125(6): 827-852.

TILMAN D, 1987. On the meaning of competition and the mechanisms of competitive superiority[J]. Functional ecology, 1(4): 304-315.

TILMAN D, 1988. Plant strategies and the dynamics and structure of plant communities[M]. Princetion: Princeton University Press.

（撰稿：杨静；审稿：李成云）

种内互作　intraspecific interaction

天敌种内互作是指同种天敌之间相互作用所形成的关系。通常分为种内竞争、种内协作以及社会等级三种。而种内竞争和种内协作一般取决于天敌种群的密度和资源利用度。通常在种群密度较大而共享资源较少的情况下易产生种内竞争，但在一定的外界条件和自身遗传因素下天敌营集群生活，集群生活中存在一定的种内协作作用，在一定种群密度下有利于种群增长。社会等级在天敌种内互作并不常见，仅有少数社会性天敌存在这种种内互作关系。

种内竞争　由于同种天敌通常分享共同资源，种内竞争随种群密度的增加而加剧。从个体来看，种内竞争可能是有害的，但对整个种群而言，因淘汰了较弱的个体而保存了较强的个体，种内竞争可能有利于种群的进化与繁荣。捕食性天敌在种群密度较高时，其捕食效率下降且可能出现自相残杀的习性，如多异瓢虫(*Adonia variegata*)、大草蛉(*Chrysopa pallens*)等常见的捕食性天敌种群密度增加后，其捕食作用率下降而种内竞争强度显著增加。寄生性天敌间的种内竞争是指同一寄主体内寄生性天敌之间的竞争。通常种内竞争的作用分为物理攻击和生理抑制两种。物理竞争通常为幼虫间的相互残杀，如膜翅目单寄生蜂的一龄幼虫都具有较锋利的下颚，排斥竞争经常发生在相同日龄的幼虫之间，或使具有锋利下颚的一龄幼虫与不具有下颚或者下颚退化的高龄幼虫之间，如在加州全脉蚜茧蜂（*Ephedrus californicus*）、蒙氏浆角蚜小蜂（*Eretmocerus mundus*）中有一龄幼虫间直接进行物理攻击或一龄幼虫攻击并杀死高龄幼虫的现象。而寄生蜂对竞争对手的生理抑制主要表现为胚胎发育后分泌毒素、对竞争者的饥饿和窒息作用以及成蜂在产卵时注入有毒物质和病毒。自 1910 年首次提出寄生蜂释放有毒物质是其竞争生理抑制机制之一后，先后发现寄生蜂幼虫改变寄主血淋巴的渗透压、含氧量和营养平衡等生理竞争机制。影响寄生蜂竞争结果的主要因素包括寄生蜂雌蜂产卵的顺序、产卵时间间隔、寄生蜂幼蜂发育速率和寄主发育阶段等。

种内协作　种内协作有利于取食和繁殖、抚育幼体等优点，通常为群集生活的捕食性天敌或群集寄生性天敌。肿腿蜂（*Sclerodermus* spp.）亲代可以相互协同觅食、克服寄主和联合抵御昆虫天敌和微生物天敌等，同时还具有共同抚育子代的行为，保障其子代正常生长发育。此外，拟点缘跳小蜂属（*Copidosomopsis* spp.）的幼虫有两种不同类型：一种为正常取食，最终可以发育成蜂；而另外一种为早熟发育的警卫型，主要作用是保护其姊妹个体，攻击其他种类的寄生性幼虫，但自身不会发育至老熟。

社会等级　一些捕食性天敌营社会性生活，通常在捕食性天敌内居多，如一些捕食性蚂蚁、胡蜂等均具有社会性。黄猄蚁（*Decophylla smaragdina*）具有工蚁和幼虫交哺现象和织巢现象，上述两种行为均有利于黄猄蚁种群增长。黑盾胡蜂（*Vespa bicolor*）在同一个蜂巢中有上千个体，但在母蜂越冬后进行单母建群，母蜂独自筑巢、产卵、捕食、饲幼直至形成社会性群体后，母蜂专司产卵成为蜂王，其子代分化为雄蜂和工蜂。社会等级有利于种群的保存和延续。

天敌的种内互作，特别是种内竞争在天敌释放时研究较多，由于在寄主资源一定的情况下，天敌的种内竞争不仅降低天敌的控制作用，还造成天敌资源的浪费。由此在利用天敌进行生物防治时，应注意在寄主种群密度调查的基础上按照最佳天敌助增方案释放天敌，提高天敌的利用率。在天敌繁育或复壮时，可适当提高母代密度增强种内竞争，淘汰较弱的个体以保证天敌种群的质量。天敌种内协作通常由其自发建立，但易受外界环境影响，因此在利用具有种内协作天敌时应注意降低人为干扰，避免影响天敌种群延续。对于营社会等级生活的天敌，建群阶段其种群抵御能力较差，应注意在此阶段对天敌进行保育，利于其种群建立和延续。

参考文献

陈勇，童迅，2004. 黑盾胡蜂单母建群习性的观察 [J]. 应用昆虫学报，41(3): 263-264, 285.

黄维亚，李莉，2017. 管氏肿腿蜂抚育行为有利于子代生长发育 [J]. 昆虫学报，60(4): 441-449.

杨沛，2002. 黄猄蚁史料及其用于柑桔害虫防治的研究 [J]. 中国生物防治，18(1): 28-32.

HARVEY J A, POELMAN E H, TANAKA T, 2013. Intrinsic inter- and intraspecific competition in parasitoid wasps[J]. Annual review of entomology, 58(1): 333-351.

PRICE P W, WESTOBY M, RICE B, 1988. Parasite-mediated

competition: some predictions and tests[J]. The American naturalist, 131(4): 544-555.

VERDE V L, LENTEREN J C V, SMID H M, et al, 2008. External and internal elimination of supernumerary larvae in the whitefly parasitoid Eretmocerus mundus Mercet (Hymenoptera: Aphelinidae)[J]. Biological control, 46(3): 287-292.

VINSON S B, HEGAZI E M, 1998. A possible mechanism for the physiological suppression of conspecific eggs and larvae following superparasitism by solitary endoparasitoids[J]. Journal of insect physiology, 44(9): 703-712.

（撰稿：辛蓓；审稿：王小艺）

种围 spermosphere

受种子渗出物影响，在距种子表面 1～10mm 范围内微生物高度活跃的区域，是植物微生态系统的一个组成部分。又名种际。对植物的健康和生长具有重要的意义。

20 世纪中期，人们开始认识到种子在促进植物与微生物相互关系中的作用。此后，对种围的认识也不断发展。已知当种子吸收水萌发后会释放出多种营养物质，如糖、有机酸、氨基酸、脂肪酸、类黄酮、酚类以及肽类和蛋白质等，而且不同植物种子萌发过程中分泌的物质种类和数量会有所不同。受这些物质的影响，种围微生物的组成和演替规律也会不同。对不同水稻品种种围微生物的检测发现，其优势菌为肠杆菌（*Enterobacteria*）、芽孢杆菌（*Bacillus*）、假单胞菌（*Pseudomonas*）、黄单胞菌（*Xanthomonas*）、产黄纤维单胞菌（*Cellulomonas flavigena*）和密执安棍状杆菌（*Clavibacter michiganese*）等。棉花种围早期定殖的细菌主要有肠杆菌、微杆菌（*Microbacterium*）、短小杆菌（*Curtobacterium*）及一定数量的放线菌。在种子萌发过程中，伴随着种子分泌物的种类和数量的变化，种围微生物也相应地发生演替和生物学功能变化等，从而对植株健康产生影响。

植物病原菌也可能是种围微生物的重要组成。早在 20 世纪 60 年代，人们就发现某些卵菌的游动孢子和病原真菌对种子分泌物具有趋化性，并在种围生长和繁殖。此外，一些种子本身也携带病菌，并随种子扩散而传播，是植物病害的重要初侵染源。大部分萌发的种子在 12～24 小时内很容易受到病原菌的侵染，而用生防菌浸种、拌种和包衣等可显著降低侵染概率。

参考文献

COTTYN B, REGALADO E, LANOOT B, et al, 2001. Bacterial population association with rice seed in the tropical environment[J]. Phytopathology, 91(3): 282-292.

MCKELLAR M E, NELSON E B, 2003. Compost-induced suppression of *Pythium* damping-off is mediated by fatty-acid-metabolizing seed-colonizing microbial communities[J]. Applied and environment microbiology, 69(1): 452-460.

NELSON E B, 2004. Microbial dynamics and interactions in the spermosphere[J]. Annual review phytopathol, 42: 271-309.

NORMANDER, BO PROSSER J I, 2000. Bacterial origin and community composition in the barley phytosphere as a function of habitat and presowing conditions[J]. Applied and environmental microbiology, 66: 4327-4377.

SAMUEL S G, 2006. Plant-associated bacteria[M]. The netherlands: Springer: 1-56.

SLYKHUIS J T, 1947. Studies on *Fusarium culmorum* blight of crested wheat and brome grass seedlings[J]. Canadian journal of physiology and pharmacology, 25(5): 155-180.

VERONA O, 1963. Interaction entre la graine en germination et les microorganismes telluriques[J]. Annales de institut pasteur, 105: 75-98.

（撰稿：孙漫红；审稿：李世东）

蠋蝽 *Arma custos* (Fabricius)

一种半翅目捕食性天敌，属半翅目（Hemiptera）蝽总科（Pentatomoidea）蝽科（Pentatomidae）益蝽亚科（Asopinae）蠋蝽属（*Arma*）。又名蠋敌。蠋蝽属古北区系物种，分布于亚洲东北部，包括中国、朝鲜、日本、蒙古及西伯利亚地区。在中国分布很广，黑龙江、吉林、内蒙古、北京、河南、河北、湖南、湖北、山西、山东、陕西、新疆、江苏、浙江、江西、四川、甘肃、云南、贵州、安徽、福建等地均有分布。

形态特征

成虫 雌虫体长 11.5～14.5mm，体宽 5.0～7.5mm；雄虫体长 10.0～13.0mm，体宽 5.0～6.0mm。体黄褐或黑褐色，腹面白色或淡黄褐色，密布深色细刻点。触角 5 节，第三、四节为黑色或部分黑色。头的中叶与侧叶末端平齐，喙第一节粗壮，只在基部被小颊包围，一般不紧贴于头部腹面，可活动；第二节长度几乎为第三、四节的总长。前胸背板侧缘前端色淡，不呈黑带状，侧角略短，不尖锐。各足淡褐色，胫、跗节略现浅红色，腿节具细小黑点（图 1④⑤）。

卵 圆筒状，高 1.0～1.2mm，宽 0.8～0.9mm。侧面中央稍鼓起，上部 1/3 处及卵盖上有长短不等的深色突起，组成网状斑纹。卵盖周围有 11～17 根白色纤毛。初产卵为乳白色，渐变淡黄色，直至橘红色（图 1①）。

若虫 初孵若虫为淡黄色，复眼红色。孵化约 10 分钟后，头、前胸背板和足的颜色由白色渐变为黑色。腹部背面黄色，中央有 4 个大小不等的黑斑，侧接线的节缝具赭色斑点，四龄后可明显看到 1 对黑色翅芽。若虫共 5 龄，各龄的平均体长分别为 1.6mm、2.9mm、4.2mm、5.9mm、9.6mm，平均体宽分别为 1.3mm、2.3mm、2.7mm、4.0mm、6.1mm（图 1②③）。

生物学习性

生活史 蠋蝽在吉林 1 年发生 1～2 代，以成虫在枯枝落叶层下越冬。翌年 4 月末至 5 月初开始活动，5 月下旬越冬成虫开始产卵，6 月中旬若虫孵化，7 月上旬第一代成虫出现，7 月下旬产卵，8 月上旬若虫孵化，8 月下旬第二代成虫出现，至 10 月上旬开始越冬。常出现世代重叠现象，

图 1 蠋蝽形态特征图（宋丽文摄）
①卵；②一龄若虫；③五龄若虫；④成虫（雄性）背面观；⑤成虫（雄性）腹面观

图 2 蠋蝽捕食（宋丽文摄）
①蠋蝽捕食榆紫叶甲卵；②蠋蝽捕食榆紫叶甲若虫；③蠋蝽捕食榆紫叶甲成虫；④蠋蝽捕食美国白蛾幼虫

在 7 月上、中旬能同时见到越冬成虫和第一代成虫。7 月上旬以前产下的卵，可发育完成两代，7 月上旬以后产下的卵，只能完成 1 代。在河北，蠋蝽以成虫在落叶层、土块和石块缝中越冬，翌年 4 月开始活动，11 月上旬开始越冬。

室内饲养最适温度为 25°C 左右。在以柞蚕蛹为食，温度为 25±2°C 条件下，蠋蝽的平均产卵前期为 8.67 天，产卵期 21.89 天，每雌平均产卵量 331.56 粒。当温度为 15～30°C 时，蠋蝽卵均可保持 90% 左右的孵化率，但卵的孵化周期有显著差异，温度越高孵化周期越短，在 30°C 时仅需 3 天，25°C 时约 6 天，而在 15°C 时需要 10 天；25°C 下若虫期 30 天左右，而在 30°C 下仅 21 天左右。一龄若虫有群栖性，二龄后开始分散活动。在温度适宜条件下，蠋蝽整个冬季都不会出现滞育，一直可以活动并繁殖，但其产卵量会明显下降。

取食习性　可捕食鞘翅目、鳞翅目、膜翅目、半翅目等多种农林害虫的卵、幼虫、蛹和成虫，喜食叶甲科和刺蛾科的幼虫。成虫喜爬行，不善飞翔。若虫的猎物与成虫基本相同（图 2）。

交配与产卵习性　在温度为 25～30°C、相对湿度 70% 左右时，蠋蝽成虫羽化后 7～14 天开始交尾。一生交尾 24 次左右，最多达 31 次。每雌一生产卵 20 次左右，每次产卵 20～50 粒，平均产卵量 300 粒左右。卵多产于叶片和枝条上，成双行或多行排列，每个卵块有卵数粒至数十粒不等。产卵期与产卵量受温度影响较大，低于 15°C 或高于 40°C 几乎不产卵，35°C 时越冬成虫仅产数十粒卵即死亡。

成虫寿命　20～27°C 下成虫平均寿命（从越冬后算起）为 110 天；高温下寿命显著缩短，在 35°C 下仅 20 天左右。

人工繁育与释放利用　种蝽的采集及选择：每年春秋两季，待蠋蝽大部分个体处于滞育状态时，在蠋蝽分布区枯枝落叶层较厚区域采集。将采集的种蝽带回饲养室，待其解除滞育后挑选体型较大、行动敏捷的个体，放入养虫笼饲养。

人工繁育的环境条件　温度控制在 23～27°C、相对湿度 45%～70%、光周期 L：D 为 16：8；饲养密度控制在平均 0.1 头 /cm^3 左右。环境温度做变温调节，与恒温饲养相比，可显著延长成虫寿命、缩短产卵前期，延长产卵期，增加产卵量。

饲养繁殖　室内可用柞蚕蛹或人工饲料繁育蠋蝽。以 30ml 鸡蛋清、30g 鸡肝、3g 蔗糖、2g 干酪素、0.03g 卵磷脂等组成的人工饲料饲养的蠋蝽，与取食柞蚕蛹的相比，成虫寿命短、产卵量少、产卵期短，但雌虫不育率、产卵前期、卵孵化率、发育历期无显著差异。

释放防治　选择害虫危害集中连片林分或不宜药剂防治的害虫发生区，在气温 15°C 以上、温度为 20～28°C、晴朗无风的天气，9：00～11：00 或 15：00～18：00 放蝽。防治对象为高大乔木时采用点释放法，防治对象为灌木时采用播撒释放法。野外释放二、三龄蠋蝽若虫防治榆紫叶甲，放蝽量按蝽与害虫虫口数之比 1：40～1：20，1 个月后与对照相比，榆紫叶甲虫口数减少 47.4%。

蠋蝽捕食能力强、对气候适应性广，适于人工繁育，并且在适宜的生态条件下，人工释放的蠋蝽可在释放地域定居繁殖，形成自然种群，达到长久有效控制害虫种群数量的目的。

参考文献

萧刚柔，1992. 中国森林昆虫 [M]. 2 版 . 北京：中国林业出版社 .

萧采瑜，等，1977. 中国蝽类昆虫鉴定手册（半翅目异翅亚目）第一册 [M]. 北京：科学出版社 .

章士美，等，1985. 中国经济昆虫志：第三十一册　半翅目（一）[M]. 北京：科学出版社 .

郑乐怡，中国的蠋蝽属 *Arma* Hahn（半翅目：蝽科）[J]. 昆虫天敌，3(4): 28-32.

（撰稿：宋丽文、李兴鹏；审稿：杨忠岐）

助增生物防治　augmentative biological control

Z

通过人为大量释放人工繁育的天敌或生防微生物制剂，增加田间天敌种群密度，以达到直接控制害虫的目的。又名为增强性生物防治。这也是设施蔬菜、大田生产中最主要的生物防治模式。这些天敌或微生物制剂通常是已商品化的天敌产品或生防制剂。这种方法优点是调控天敌的释放时间和范围，有效控制害虫暴发。缺点：一是需要足够的天敌数量，成本高；二是大量引入天敌昆虫，抑制害虫种群后可能会外迁等，引发其他生态风险问题。

助增生物防治技术是基于大规模天敌繁育技术和天敌释放技术不断加强而发展起来，有效提高了天敌控害效果。随着天敌产品和生防制剂商业化的发展，极大推动了助增生物防治的广泛应用。在北京、吉林、福建、广东等地许多农场或农户通过政府采购或直接采购的天敌产品（尤其是赤眼蜂、捕食螨、瓢虫、丽蚜小蜂等）、生防制剂产品（白僵菌、绿僵菌、蜡蚧轮枝菌、棉铃虫核型多角体病毒等）来防控害虫暴发，然而其应用风险也应引起重视。

依据害虫种群数量发生情况不同，可将助增生物防治释放方式分为淹没式释放（inundative release）和接种式释放（inoculative release）。两种释放方式所需求的天敌数量、控害效能不同，需要依据田间害虫发生情况选择，可以选择使用。

参考文献

GULLAN P J, CRANSTON P S, 2009. 昆虫学概论 [M]. 北京 : 中国农业大学出版社 .

华跃进 , 2016. 中国核农学通论 [M]. 上海 : 上海交通大学出版社 .

任顺祥 , 陈学新 , 2010. 害虫生物防治 [M]. 北京 : 中国农业出版社 .

杨怀文 , 2005. 迈入二十一世纪的中国生物防治 [M]. 北京 : 中国农业科学技术出版社 .

张帆 , 李姝 , 肖达 , 等 , 2015. 中国设施蔬菜害虫天敌昆虫应用研究进展 [J]. 中国农业科学 , 48(17): 3463-3476.

（撰稿：张帆、李姝；审稿：杨忠岐）

转杀虫基因的释放与安全性评价 release and safety evaluation of trans-insecticidal-gene

相对传统作物而言，转抗虫基因作物由于导入外源抗虫基因并表达而获得一些新性状，极大地增加了作物对环境的适应能力，提高了产量，并减少了虫害和对农药的使用。但是转抗虫基因作物中引入了新的外源基因和蛋白产物也可能会释放到环境中，产生一些难以预知的生态风险，带来生态安全与环境问题。因此，对转抗虫基因作物进行严格的释放约束和科学客观的安全评价，是转基因作物安全管理的基础。

从事农业转基因生物研究、试验、生产、加工、经营和进出口活动，需要依法进行安全评价。内容主要包括转基因作物的环境释放安全性评价、食品安全性评价和标记基因安全性评价 3 个方面。

转杀虫基因作物环境释放安全性评价 主要包括抗虫基因飘流、靶标害虫对杀虫基因的抗性、抗虫基因对非靶标生物及生物多样性影响等方面。基因飘流指遗传物质从某一个生物群体进入到另一个生物群体的过程。转杀虫基因可能通过基因飘流向非转基因生物转移，使得其他物种获得该基因，如飘流进野生植物基因库，可能会影响基因库的遗传结构，给遗传多样性造成危害。对基因飘流产生环境风险的安全评价包括外源基因进入非转基因生物后的表达情况以及对受体生物生态适合度的影响。转抗虫基因的大规模环境释放，对靶标害虫产生选择压力，导致其产生抗性。对靶标昆虫抗性的治理主要包括高剂量策略、庇护所策略以及基因叠加策略。转抗虫基因对非靶标生物的影响重点包括两个方面：①直接取食转抗虫基因生物，如昆虫、无脊椎动物、鱼类、鸟类、鼠类等非靶标生物的生长发育和繁殖。②对转抗虫基因生物昆虫天敌（捕食性天敌昆虫和寄生性天敌昆虫）食物链中天敌的生长发育和影响。

转基因食品安全性评价 主要包括食品毒性、营养价值、食品过敏性以及抗生素抗性。①转基因作物的外源基因可以来自病毒、细菌以及一些远缘生物体，这些外源基因在表达的过程中除了产生相应的外源蛋白外，也可能会产生一些次生代谢物质，而且这些特定的外源蛋白以及次生代谢物质可能会对人体或动物产生危害，或影响抗营养因子的含量。②由于外源基因导入位点具有一定的随机性，有可能使得受体生物的原有基因产生失活、缺失等，影响到原有作物的营养价值。③由于免疫球蛋白（IgE）等抗体在胃肠聚集，与食物中的抗原蛋白结合，产生过敏反应。转基因作物可能将某些基因供体过敏性转移到作物受体中，来自非食品源的基因和新的基因结合体可能在一些人体中引发过敏反应，或者加剧已存在的过敏反应。④由于目标基因载体一般都为抗生素抗性标记，抗生素标记基因有可能会随食物进入人类或动物肠道的微生物中，从而使微生物产生耐性菌株进而影响到抗生素的治疗效果。

标记基因安全性评价 可安全使用的标记基因是指：标记基因本身（启动子及终止子除外）及其主产物可安全地作为人的食品。标记基因安全性评价包括如下内容：①对人是否是新的基因 / 产物，即在人的小肠微生物区系中是否天然存在。②与已知基因 / 蛋白作详细序列比较，以明确其是否有潜在毒性、过敏性或其他副作用。③肠胃道中是否有辅因子（如 ATP）且能保持酶活性。④观察植物材料中有无基因多效性（次生效应），重点是研究细胞中的磷酸化状态及其可能后果。

参考文献

刘标 , 2016. 抗虫转 Bt 基因植物的环境安全研究进展 [J], 南京师范大学学报 , 39(3): 1-9.

刘华清 , 李胜清 , 陈浩 , 2010. 转基因作物安全评价及检测技术 [J]. 华中农业大学学报 (社会科学版) (6): 14-19.

张永军 , 吴孔明 , 彭于发 , 等 , 2002. 转抗虫基因植物生态安全性研究进展 [J]. 昆虫知识 , 39(5): 321-327.

NOVAK W K, HASLBERGER A G, 2000. Substantial equivalence of antinutrients and inherent plant toxins in genetically modified novel foods[J]. Food & chemical toxicology, 38(6): 473-483.

（撰稿：尹学伟、张龙；审稿：魏可）

转杀虫基因生物 trans insecticidal gene organisms

通过分子生物学技术等手段转入了杀虫基因的生物，且杀虫基因表达并具有杀虫活性。转杀虫基因生物具有如下优点：①保护作用具有连续性，可控制植物整个生长期内靶标害虫的危害。②对整个植株都有保护作用，包括化学杀虫剂很难接触的叶下表面及根部等。③仅对特定的害虫种类具有毒性，益虫及其他非靶标生物不受影响。④可大大缩短育种周期，降低成本。⑤所表达出的杀虫蛋白存在于植物体内，不易受气候等环境因素影响。⑥不存在环境污染。

1987 年，Vaeck 等将 Bt 基因转入到烟草中，获得了抗烟草天蛾的转基因烟草植株，首次实现了转杀虫基因应用于植物。1995 年，抗虫转基因马铃薯进入商品化生产，翌年，抗虫转基因棉花和玉米也进入商品化生产。应用最广泛的转杀虫基因生物是转 Bt 杀虫蛋白基因的作物，广泛应用于农业、林业以及卫生害虫防治等方面。全球的转抗虫基因作物的种植面积达到 2170 万 hm^2，占世界转基因作物种植面积的 15%，大部分是转 Bt 基因作物。通过中国商品化生产许可的转杀虫基因生物有抗虫棉和抗虫欧洲黑杨。2015 年中国成功种植了 370 万 hm^2 的转基因棉花（棉花总种植面积为 380 万 hm^2）和 543hm^2 的转 Bt 基因杨树。

获得转杀虫基因植物的方法有农杆菌介导法、基因枪法、电击法、PEG 法、脂质体法、低能离子束法、超声波介导法、显微注射法、花粉管通道法等。较为成熟的转基因技术主要有农杆菌介导法、基因枪法和花粉管通道法。农杆菌介导的遗传转化是利用根癌农杆菌上的 Ti 质粒，将外源 DNA 导入植物细胞核基因组中并进行整合表达的转化方法。其基本原理为：植物受到创伤后，细胞合成并分泌如乙酰丁香酮等类的酚类化合物，它们作为信号物质，促使农杆菌附着到受伤植物细胞表面，这些酚类化合物能诱导农杆菌的 Vir 区基因活化、T-DNA 复制、Vir 区编码的特异蛋白与 T-DNA 结合形成 T 链蛋白复合体，跨越农杆菌、植物细胞壁进入核膜，整合至植物基因组 DNA 中。基因枪法原理是外源 DNA 包被在微小的金粒或钨粉中，以火药爆炸、高压放电或高压气体为驱动力，将附着于其表面的外源 DNA 分子导入受体细胞，然后通过细胞和组织培养技术再生出整合有外源 DNA 的新植株。花粉管通道法是在植物授粉后，将含有目的外源基因的 DNA 溶液注射或涂抹到子房，利用植物开花、受精形成的花粉管通道，将外源 DNA 导入到受精的卵细胞中，最终整合到植物基因组中，伴随着受精卵的发育而形成转基因新个体。

参考文献

JAMES C, 2016. 2015 年全球生物技术 / 转基因作物商业化发展态势 [J]. 中国生物工程杂志，36(4): 1-11.

吴国荣，承泓良，王宣山，2016. 转基因抗虫棉遗传与育种 [M]. 北京：中国农业出版社.

张锐，郭三堆，2001. 植物抗虫基因工程研究进展 [J]. 生物技术通报 (2): 8-12.

MARNIX P, 1997. Progress and prospects for field use of Bt genes in crops[J]. Trends in Biotechnology, 15(5): 173-177.

VAECK M, REYNAERTS A, HÖFTE H, et al, 1987. Transgenic plants protected from insect attack[J]. Nature, 328(6125): 33-37.

（撰稿：尹学伟、张龙；审稿：魏可）

转主寄主 heteroecism

有些病原菌必须在两种亲缘关系不同的寄主植物上寄生，才能完成其生活史。在病原菌所需要的寄主植物中，对国民经济较为重要的寄主称为主要寄主，较为次要的寄主称为转主寄主。例如，小麦叶锈菌（*Puccinia recondita* f. sp. *fritici*）即为转主寄生菌，它需在小麦族的某些属及毛茛科或紫草科植物两种宿主上交迭寄生来完成其无性和有性阶段循环。其中主要寄主（小麦）是孢子体的寄主，锈菌在其上进行无性繁殖，产生夏孢子和冬孢子，即Ⅱ和Ⅲ阶段。转主寄主（毛茛科或紫草科植物）是配子体的寄主，锈菌在其上产生性孢子和锈孢子，即 0 和Ⅰ阶段。

Jackson 和 Mains 证明唐松草（*Thalictrum* spp.）是小麦叶锈菌的转主寄主，其冬孢子侵染唐松草可产生性孢子器和锈孢子腔，锈孢子又可侵染小麦产生夏孢子和冬孢子。此外，西伯利亚地区的小乌头（*Isopyrum fumarioides*）、葡萄牙的牛舌草（*Anchusa* spp.）、意大利及俄罗斯东部的毛茛科铁线莲（*Clematis* spp.）均为小麦叶锈菌的转主寄主。但有些转主寄主起作用的地区受限制。例如，在西伯利亚地区，小乌头作为小麦叶锈菌转主寄主，而在其他地区却不能被小麦叶锈菌侵染。此外，应用分子标记检测技术对巴基斯坦喜马拉雅山脉地区小麦条锈菌有性阶段研究表明，小麦条锈菌有性阶段在锈菌群体遗传变异及菌源传播中起到“桥梁”作用，并推测喜马拉雅山脉可能是中东地区小麦条锈菌的来源和新毒性小种产生的中心。

小麦叶锈菌在转主寄主上完成的有性阶段可产生更多基因型重组的生理小种，这些新毒性小种在适宜条件下可导致小麦抗病品种丧失抗病性。Schwessinger 等利用单倍型分期装配发现了双核植物病原真菌在折叠和分裂的基因组组件中所隐藏的新基因组特征。真核微生物基因组的表达是单倍体、二倍体和多倍体隐藏固有的基因组多样性。这种隐藏的多样性有助于机体进化潜能和适应应激条件的能力。他们利用 Long-read DNA 测序技术和定制装配算法对双核致病小麦叶锈菌的两个单倍体基因组进行解读。这两个基因组显示高水平的核苷酸和结构变异，这就导致等位基因变异和等位基因缺失。非等位基因候选效应基因可能编码重要致病因子，来显示不同的基因组定位模式。这种基因组多样性可能促进快速宿主适应（或）与从最后减数分裂后所分离的个体时期有关。

参考文献

康健，2016. 小麦叶锈菌冬孢子萌发与转主寄主分子验证 [D]. 保定：河北农业大学.

王焕如，1985. 叶锈菌的转主寄主问题（综述）[J]. 麦类作物学报 (5): 22-25.

RODRIGUEZ-ALGABA J, SØRENSEN C K, LABOURIAU R, et al, 2017. Genetic diversity within and among aecia of the wheat rust fungus *Puccinia striiformis* on the alternate host *Berberis vulgaris*[J]. Fungal biology, 121(6/7): 541-549.

RODRIGUEZ-ALGABA J, WALTER S, SØRENSEN C K, et al, 2014. An experimental genetic system using *Berberis vulgaris* confirms sexual recombination in *Puccinia striiformis* [C]// Bgri 2014 Technical Workshop.

RODRIGUEZ-ALGABA J, WALTER S, SØRENSEN C K, et al, 2014. Sexual structures and recombination of the wheat rust fungus *Puccinia striiformis* on *Berberis vulgaris*[J]. Fungal genetics & biology, 70(9): 77-85.

SCHWESSINGER B, SPERSCHNEIDER J, CUDDY W S, et al, 2018. A near-complete haplotype-phased genome of the dikaryotic wheat stripe rust fungus *Puccinia striiformis* f. sp. *tritici* reveals high interhaplotype diversity[J]. mBio, 9(1): e02275-17.

（撰稿：杜飞；审稿：朱书生）

自然控制　natural control

指在没有人为介入情况下所有自然胁迫因素对害虫的抑制作用。包括：①捕食、寄生和病菌等天敌。②食物数量和质量。③种内和种间竞争。④生存空间数量和质量。⑤气象因素等。自然控制将绝大部分潜在的害虫控制在经济危害水平以下，从而为减轻害虫的潜在危害提供了重要的自然生态系统服务功能。

自然控制是生物防治的重要组分。如何增强自然控制作用是生物防治面临的主要挑战之一。自然控制是在未经人为干扰的自然环境中能对本土靶标有害生物进行有效的控制，但当靶标有害生物被人为地传入新的环境中定居后，由于摆脱了原产地的自然控制而可能扩散蔓延，对当地本土生物造成危害，成为外来入侵生物。传统生物防治旨在从其原产地引进安全、有效的天敌来控制其危害。在农业生态系统中，人为活动（如：喷施杀虫剂、除草或翻耕等农事活动）往往显著减弱对本土害虫的自然控制作用，对此，通过改善环境条件可保护和增强天敌的自然控制效应，通过人工大规模繁殖、释放天敌可助增其自然控制效应。

参考文献

DEBACH P, ROSEN D, 1991. Biological control by natural enemies[M]. 2nd ed. London: Cambridge University Press.

HAWKINS B A, MILLS N J, JERVIS M A, et al, 1999. Is the biological control of insects a natural phenomenon[J]. Oikos, 86(3): 493-506.

LOSEY J E, VAUGHAN M, 2006. The economic value of ecological services provided by insects[J]. BioScience, 56(4): 311-323.

（撰稿：李保平；审稿：孟玲、杨忠岐）

阻隔效应　effects of physical barrier

指利用非寄主作物或抗病品种按一定的模式种植到感病作物（品种）的群体间，阻滞病原菌的传播从而减轻病害发生，实现病害绿色防控。在遗传多样性层面，将抗病品种种植于感病品种之间，阻滞感病品种的个体之间病原菌相互传播，就可达到阻隔病害的作用。中等程度的抗病品种，也可以利用其对不同生理小种的抗性发挥阻隔作用。成功的事例如利用水稻的遗传多样性控制稻瘟病。在物种多样性层面，利用非寄主植物阻滞病原菌在寄主植物之间的传播，控制病害的作用十分显著。如马铃薯与玉米带状种植与对照单作相比，马铃薯晚疫病和玉米大斑病的病情指数分别平均降低 73.3% 和 26.9%；玉米与大豆带状种植与对照单作相比，玉米大小斑病和大豆叶斑病（锈病、炭疽病和细菌性斑疹病）的病情指数分别平均降低 21.6% 和 19.4%（见图）；小麦与蚕豆带状种植与对照单作相比，小麦条锈病和蚕豆褐斑病的病情指数分别平均降低 16.7% 和 23.6%。由于旱地可以供组合的作物和品种都较多，因此利用阻隔效应控制病害的潜力也十分巨大。

玉米与大豆间作可有效阻隔大豆土传病害的发生

阻隔效应中既有物理阻隔的作用，也有生物阻隔的作用。利用玉米与辣椒带状种植与单一作物种植相比，能够有效地减缓病害的发生和蔓延速度，是由于玉米根系形成的“根墙”能限制游动孢子在土壤中传播，玉米根部会吸引辣椒疫霉菌的游动孢子到根的周围后，又能分泌 2,4-dihydroxy-7-methoxy-2*H*-1,4-benzoxazin-3(4 *H*)-one（DIMBOA）和 6-methoxy-2-benzoxazolinone（MBOA）抑制孢子萌发和菌丝生长，显著降低辣椒疫病的发生。

大西洋赤道带也能形成一个海洋浮游生物隔离带，使桡足纲的浮游生物（*Pleuromamma xiphias*）的热带种群和亚热带种群形成显著区别。在生态多样性层面，利用生态隔离带阻滞病原菌及其他有害生物的传播，其潜力也十分巨大，值得深入分析及在景观尺度进行设计规划。

参考文献

白学慧，姬广海，李成云，等，2008. 魔芋与玉米间栽对魔芋根际微生物群落代谢功能多样性的影响 [J]. 云南农业大学学报，6(23): 736-740.

彭磊，卢俊，邓春英，等，2006. 魔芋软腐病病原传播途径及无公害防治方法 [J]. 中国生物防治，22(增刊): 201-202.

朱有勇，2007. 遗传多样性与作物病害持续控制 [M]. 北京：科学出版社.

（撰稿：朱有勇；审稿：李成云）

作物带状种植　stripe cropping

指在同一田块按一定的长宽比例种植不同作物或不同作物品种，在田间形成带状的不同作物群体，增加农田生物多样性指数。作物带状种植是生态种植的一种栽培模式，其种植的作物或品种、植株高矮配比以及种植带的长宽比例等因带状种植的目的不同而制定不同的技术规格。

作物带状种植对农田病虫害调控有着重要的生态功能。一是形成病虫害传播的物理障碍，对病原菌非亲和的不同作物群体互为病害传播蔓延的物理障碍。魔芋与玉米带状种植能有效地阻隔魔芋软腐病的传播蔓延，与对照净种魔芋相比，发病中心向四周传播病害速度明显呈梯度降低，其发病率从发病中心至 2m、4m、8m 和 16m 的最高发病率分别为 64.5%、46.2%、40.6%、31.1% 和 21.4%，而对照为 62.5%、62.8%、61.5%、62.2% 和 62.3%，发病率分别递减 −0.03%、26.5%、35.0%、50.2% 和 65.6%。蚕豆与小麦带状种植处理与对照净栽相比，蚕豆褐斑病病情指数分别递减 2.53%、19.8%、46.6%、55.7% 和 59.7%。蚕豆与大麦条带种植处理观测结果相似于蚕豆与小麦处理，蚕豆褐斑病病情指数递减明显，分别递减 1.4%、14.3%、27.2%、35.2% 和 40.0%。

二是带状群体中的非寄主作物对病菌稀释作用，不同的作物发生不同的病害，不同作物带状种植形成了病菌互不侵染的植株群体，有效稀释单位面积内亲和病菌的数量。玉米与马铃薯（见图）、小麦与蚕豆等，两种作物不同带状种植比例均明显降低病菌孢子数量。与净栽对照相比，马铃薯与玉米 1∶1 至 5∶5 行比种植的单位面积内有效侵染的晚疫病病菌孢子数量平均降低 53.45%，有效侵染的玉米大小斑病菌孢子数量降低 40.1%；小麦与蚕豆 1∶1 至 5∶5 种植行比的单位面积有效侵染的条锈菌孢子平均降低 39.3%，蚕豆褐斑病菌孢子降低 43.2%。此外，大豆与玉米、马铃薯与甘蔗的带状种植也都显著降低了马铃薯晚疫病菌初侵染孢子数量，减缓了马铃薯晚疫病的发病进程。

玉米与马铃薯带状种植

三是作物带状种植可发展为带状轮作，即不同作物带状种植，翌年对调轮作形成条带轮作。作物带状轮作能有效减少土壤病菌积累和初侵染菌量。在魔芋与玉米的带状轮作与不轮作相比，魔芋软腐病初侵染源减少 90.1%，玉米大斑病初侵染源减少 63.1%。在马铃薯与玉米的带状轮作试验中，马铃薯晚疫病初侵染源减少 86.1%，玉米大斑病菌初侵染源减少 57.4%。在小麦与蚕豆条带轮作试验中，小麦条锈病初侵染源减少 38.2%，蚕豆褐斑病初侵染源减少 61.7%。

作物带状种植的作物选择原则是高秆作物与矮秆作物搭配，严禁病虫害的*转主寄主*、桥梁寄主相互搭配，生产上一般选择禾本科与豆科、禾本科与薯类、禾本科与茄科等类型进行带状种植。作物带状种植的带长依田块的大小及地势地貌而定，满足生产工艺操作即可。带宽则严格根据所选用作物的株行距、有效阻隔病虫害距离、农机具操作宽幅而定，生产上带状种植宽幅一般控制在 1.6～7m。作物带状种植的播种时间依不同作物的播种节令而定，可同时播种，也可分批播种，依生态调控病虫害的需要而定（见*作物时间配置*）。

作物带状种植与间作套作的性质和目的均不相同。间作套作是以某种作物为主要栽培对象，在主栽作物中间种或套种次要作物，目的是增加复种面积和提高产量。作物带状种植中不同作物均为主要栽培对象，在田间形成带状分布，其目的是增加农田生物多样性指数，增强*作物多样性*调控病虫害的生态功能。

参考文献

王海宁，朱书生，高东，等，2010. 作物多样性阻隔病害的田间试验研究 [C]// 中国植物保护学会，公共植保与绿色防控.

朱有勇，2011. 农业生态环境多样性与作物响应 [M]. 北京：科学出版社.

（撰稿：朱有勇；审稿：李成云）

作物多样性　crop diversity

指农田生态系统中，栽培作物种类的丰富程度。

作物多样性包含两层含义，即种群内物种的数量及作物的相对丰度或中间分布的均匀性。建立合理的作物多样性种植系统，能有效改善作物与病原物之间的生态系统平衡，提高光、温、水、肥等资源的利用效率，降低作物病虫害流行。如利用马铃薯与玉米、玉米与大豆间作对田间玉米的叶部病害均取得了很好的防治效果，且经济效益得到提高。利用小麦、大麦和蚕豆多样性种植，能有效地互相控制两种作物上的病害，如蚕豆赤斑病和小麦锈病、大麦锈病。此外一些土传病害在作物多样性种植的环境下也得到很好的控制。孙雁等利用不同模式的辣椒—玉米多样性间作，对辣椒疫病病原菌的抑制率达到 70%。生产上利用葱属作物与其他作物间作对镰刀菌、丝核菌等土传病原菌引起的病害有较理想的防治效果。玉米与魔芋多样性间作对魔芋软腐病也有很好的抑制效果。此外，在田间用作物多样性间套作控制害虫的研究也受到许多学者的青睐。如，豆类和小麦套作能削弱蚜虫的视觉搜索行为从而有效调控甜菜蚜（*Aphis fabae*）；油菜和豆类间作能通过增加田间捕食性天敌的数量及干扰害虫的产卵行为，从而有效防控甘蓝蚜（*Brevicoryne brassicae*）和白菜种蝇（*Delia brassicae*）；香瓜和麦类间作能有效阻止桃蚜（*Myzus persicae*）的扩散。

不同作物的生活环境不同，在复合群体中，作物间的相互作用错综复杂。为了使物种多样性种植达到控病增产的目的，在对物种的选择上应遵循生态适应原则，特征特性对应互补原则，单、双子叶作物结合原则，习性互补原则，生育期长短互补原则，趋利避害原则（即相生相克原则），病虫不重叠原则，经济效益高于单产原则等。在选定了作物的种类和品种后，合理的田间结构是发挥复合群体充分利用自然资源的关键。作物的田间结构由作物群体在田间的组合、空间分布和相互关系构成，主要分为垂直结构和水平结构。垂直结构是群体在田间的垂直分布，与作物种类、品种密切相关；水平结构是作物群体在田间的横向排列，由于作物根会吸收一定范围内的养料和水分，且作物的横向排列与田间垂直结构有关，所以水平结构起着复杂和重要的作用。以间、套作为例，进行田间结构配置时应确定间、套作所需的作物种植密度、行数、株行距的幅宽、间距、带宽等因素；还要做到适时播种来保证间、套作物的全苗；间、套作的作物由于竞争，需要加强水肥管理，促进生长发育；对于田间病虫害，除了物理和化学的方法外，还要结合生物防治，如对于虫害可选用植物诱集，繁衍天敌，以虫治虫。对于病害，注意选用共同病害少或兼抗的品种，特别是轮作防病，从而提高经济效益；另外，为了削弱间、套作复合群体内作物间的竞争关系，可采用促早熟的措施。

利用不同种和科的作物进行合理种植有利于充分利用光、热、水和土等资源，作物能发挥各自的生长优势，形成优势互补的田间种群，减少农药、化肥的使用，有效控制病虫害的发生，帮助农民增产增收。

参考文献

孙雁，周天富，王云月，等，2006. 辣椒玉米间作对病害的控制作用及其增产效应 [J]. 园艺学报，33(5): 995-1000.

朱有勇，2012. 农业生物多样性控制作物病虫害的效应原理与方法 [M]. 北京：中国农业大学出版社.

朱有勇，2013. 农业生物多样性与作物病虫害控制 [M]. 北京：科学出版社.

KASSA B, SOMMARTYA T, 2006. Effect of intercropping on potato late blight, *Phytophthora infestans* (Mont.) de Bary development and potato tuber yield in Ethiopia[J]. The kasetsart journal: natural sciences, 40(4): 914-924.

LI C Y, HE X Z, ZHU S S, et al, 2009. Crop diversity for yield increase[J]. PLoS ONE, 4(11): e8049.

YANG M Z, ZHANG Y, QI L, et al, 2014. Plant-plant-microbe mechanisms involved in soil-borne disease suppression on a maize and pepper intercropping system[J]. PLoS ONE, 9(12): e115052.

ZEWDE T, FININSA C, SAKHUJA P K, et al, 2007. Association of white rot (*Sclerotium cepivorum*) of garlic with environmental factors and cultural practices in the North Shewa highlands of Ethiopia[J]. Crop protection, 26(10): 1566-1573.

（撰稿：梅馨月；审稿：朱书生）

作物间作　intercropping

同一生长期内两种或两种以上作物分行或分带相间种植在同一田地上的种植方式。

间作能够在有限的时间、土地面积上收获到两种或两种以上作物的经济产量。相对于作物单一化种植，间作具有高产稳产、充分利用土地、光热资源空间互补、减少化肥投入、提高肥料利用率、降低病虫害并抑制杂草生长、防止土地流失等优点，在世界各国都被广泛采用。间作作为中国多熟种植的主要模式之一，在粮食生产中已经有了悠久的历史。间作在世界农业中也具有一定的地位，以亚洲和非洲等国家应用得较多。热带地区的尼日利亚，99% 的豇豆、95% 的花生、93% 的谷类、90% 的栗类作物、80% 的棉花和 76% 的玉米均以间作形式种植；印度和其他半干旱地区，90% 的木豆以间作形式种植，其与谷类作物间作被认为是可以提高土壤氮、磷利用效率的有效管理措施。

小麦—玉米间作是中国重要的间作模式之一。甘肃河西走廊 1970 年开始大规模开展小麦和玉米间作。至 1990 年，小麦—玉米间作模式的总面积达到 20 万 hm^2，其年平均产量高达 13500kg/hm^2。宁夏引黄灌区小麦—玉米间作模式在 1995 年种植面积达 7.51 万 hm^2，占宁夏引黄灌区小麦播种总面积的 74.13%，总产 87182 万吨，占宁夏粮食总产量的 43.13%。这种在西北一熟制地区大量种植的小麦—玉米模式共生期长达 80 多天，具备显著的种间相互作用。小麦—玉米间作模式作为一种禾本科禾本科间作模式，充分利用不同物种时空生态位互补效应，错开物种对于养分、水分和光照的吸收高峰，是一种高产量、高效率的间作模式，适用于高光照、易灌溉等环境资源充足的区域。小麦—玉米间作的种间相互作用表现为共生期竞争，小麦收获后恢复的"竞争—恢复"变化过程，并通过这一过程最终获得生长和养分吸收上的优势。

豆科—禾本科间作也是中国的重要间作模式，其间作生产力优势主要表现在两方面。一方面是种间氮营养的互补性和氮来源的多样性。豆科作物主要通过生物固氮来满足氮营养的需求，禾本科则吸收土壤氮来维持其生长。豆科禾本科间作体系中存在种间氮营养互补利用机制，即禾本科作物通过竞争吸收土壤氮素，减少土壤氮素对固氮酶活性的抑制，进而促进豆科作物的结瘤固氮，将更多空气中的氮固定到植物体内。因此，豆科禾本科间作可以节约土壤氮源来供禾本科吸收利用，对减少氮肥用量和促进土壤可持续利用也具有现实意义。另一方面是种间磷营养的促进。禾本科植物对有机磷的利用能力低于豆科植物，禾本科植物在和豆科植物间作后，其对土壤磷的吸收得到了显著的提高。豆科植物根系可以分泌大量的有机酸，酸化禾本科植物的根际土壤，活化更多的难溶性 Fe-P 和 Al-P 供给禾本科植物吸收。

参考文献

陈文新，汪恩涛，陈文峰，2004. 根瘤菌—豆科植物共生多样性与地理环境的关系 [J]. 中国农业科学，37: 81-86.

肖焱波，李隆，张福锁，2005. 小麦 / 蚕豆间作体系中的种间相互作用及氮转移研究 [J]. 中国农业科学，38(5): 965-973.

CORRE-HELLOU G, DIBET A, HAUGGAARD-NIELSEN H, et al, 2011. The competitive ability of pea-barley intercrops against weeds and the interactions with crop productivity and soil N availability[J]. Field crops researoh, 122(3): 264-272.

FRANCIS C A, 1989. Biological efficiencies in multiple-cropping systems[J]. Advances in agronomy, 42: 1-42.

GAO Y, WU P T, ZHAO X N, et al, 2014. Growth, yield, and nitrogen use in the wheat/maize intercropping system in an arid region of northwestern China[J]. Field crops researoh, 167: 19-30.

LI L, SUN J H, ZHANG F S, et al, 2001a. Wheat/maize or wheat/soybean strip intercropping I. Yield advantage and interspecific interactions on nutrients[J]. Field crops researoh, 71(2): 123-137.

LI L, SUN J H, ZHANG F S, et al, 2001b. Wheat/maize or wheat/soybean strip intercropping II. Recovery or compensation of maize and soybean after wheat harvesting[J]. Field crops researoh, 71(2): 173-181.

MUCHERU-MUNA M, PYPERS P, MUGENDI D, et al, 2010. A staggered maize-legume intercrop arrangement robustly increases crop yields and economic returns in the highlands of Central Kenya[J]. Field crops research, 115(2): 132-139.

ZHANG F S, LI L, 2003. Using competitive and facilitative interactions in intercropping systems enhances crop productivity and nutrient-use efficiency[J]. Plant and soil, 248(1/2): 305-312.

ZHU Y Y, CHEN H R, FAN J H, et al, 2000. Genetic diversity and disease control in rice[J]. Nature, 406(6797): 718-722.

（撰稿：刘屹湘；审稿：朱书生）

作物空间配置　crop spatial arrangement

按病虫害生态调控要求在农田生态系统中合理布局不同作物或品种，形成不同作物或品种植株群体，增加农田生物多样性指数，实现病虫害生态调控。空间配置可分为农田景观层次上的作物或品种布局（又名马赛克模式）和同一田块内不同作物或品种布局（又名立体模式）。

马赛克模式主要是根据农田区域内主要病虫害种类、生物学特性和发生流行规律，按地形地貌、田块大小及地理位置等布局对病虫害亲和与非亲和的不同作物或品种，形成类似马赛克布局的异质作物群体，有效减缓病虫害发生流行。同一种作物种植区域，则按一定比例布局不同的抗性基因品种，形成类似马赛克布局的不同抗性基因群体，增加农田基因多样性指数，降低寄生适合度高致病菌的方向性选择压力，减缓优势致病菌（生理小种）组成及变化速率，达到有效调控病虫害发生流行的目的（图 1）。

图 1　马赛克模式

图 2　立体模式

立体模式主要是根据不同农作物株高、株型、抗病虫害特性和生长发育特征，按田块长宽比例、风向走势和种植规格等带状布局不同的作物品种，在同一田间形成高矮起伏、错落有致的带状立体作物群体，促进田间通风透光，降低田间湿度，减少植株表面结露面积和时间，创造不利于田间发病的条件，减缓病虫害的发生流行。玉米与马铃薯空间配置，玉米高秆作物空间区域风速增强 25.9%～32.8%，透光率增加 29.8%～44.7%，相对湿度降低 10.1%～12.5%，结露面积减少 43.5%～57.6%，玉米大小斑病的病情指数降低 33.9%～49.1%。但在立体群落中，马铃薯矮秆群体空间区域的发病气象条件则相反，风速和降透光率分别降低 20.3%～23.5% 和 17.6%～29.4%，相对湿度和结露面积分别增加 3.8%～11.2% 和 4.1%～15.6%，马铃薯晚疫病病情指数增加 15.8%～37.9%。值得注意的是同一田间的立体布局中的高秆群体能有效减缓病虫害发生流行，而矮秆群体则有加重病虫害发生的趋势。因此，在应用作物空间配置生态控制病虫害措施中，须同时应用作物时间配置措施（图 2）。

参考文献

何霞红，谢勇，陈建斌，等，2010. 作物多样性阻隔病害的田间

Z

试验研究 [C]// 中国植物保护学会, 公共植保与绿色防控.

李正跃, 2010. 生物多样性与害虫综合治理 [M]. 北京: 科学出版社.

（撰稿：朱有勇；审稿：李成云）

作物轮作 crop rotation

在同一块田地上，有顺序地轮换种植不同的作物或不同复种组合的种植方式。

中国早在西汉时就实行休闲轮作。北魏《齐民要术》中有“谷田必须岁易”“麻欲得良田，不用故墟”等记载，已经指出了作物轮作的必要性。长期以来中国旱地多采用以禾谷类为主或禾谷类作物、经济作物与豆类作物的轮换，或与绿肥作物的轮换，有的水稻田实行与旱作物轮换种植的水旱轮作。轮作是从时间上利用生物多样性的种植模式，也是用地养地相结合的一种生物学措施。轮作可以改变农田生态条件，改善土壤理化特性，增加生物多样性，尤其非寄主植物的轮作可以免除和减少某些连作所特有的病、虫、草的危害。

作物长期连作会使土壤中病原物逐年积累，病害逐年加重。连作条件下，栽培环境单一，尤其是保护地长期不变的适宜温湿度，前茬根系分泌物和植株残茬也为病原物提供了丰富的养分、寄主条件和良好的繁殖生长条件，使得病原物数量不断增加，拮抗菌不断减少，病害发生日益加重。合理地进行作物轮作能促进土壤微生物生长发育和活动，增加土壤有益微生物群落多样性、种群数量和活性，提高和稳定土壤微生物群落结构与功能，改善作物根系微生态系统平衡，减少土传病害，有助于减轻连作障碍。生产上非寄主植物的轮作，是增加农田生物多样性的有效方法之一，也是防治土传病害的有效措施。合理轮作换茬，有效防治因食物条件恶化和寄主的减少而使那些寄生性强、寄主植物种类单一及迁移能力弱的病原菌大量死亡，从而切断病害的侵染循环。另外，轮作不仅可以协调不同作物之间养分吸收的局限性，增加土壤中养分的有效性，还可以通过根系分泌物的变化，减少自毒作用，改善根围微生物群落结构，增加根际有益微生物的种类和数量，从而抑制病原微生物的生长和繁殖。同时，轮作作物根系分泌的抑菌物质对土壤中非寄主病原菌的抑制是减轻病害的主要原因之一。

轮作对寄生性强的土传病原菌具有较好的防治效果。将感病的寄主作物与非寄主作物实行轮作，便可消灭或减少这些病菌在土壤中的数量，减轻病害。合理轮作换茬，可以使那些寄生性强、寄主植物种类单一及迁移能力小的病虫因食物条件恶化和寄主的减少而大量死亡。腐生性不强的病原物如马铃薯晚疫病菌等由于没有寄主植物而不能继续繁殖。例如，轮作是防治细菌性青枯病的有效手段，因为这些病原菌在田间无感病寄主的情况下不能增殖。如果田间缺乏寄主一年以上，病原菌的群体便会下降。种植非寄主作物，例如茄科作物与大豆、玉米、棉花和高粱等作物轮作一年便能有效地减少青枯病的危害。何念杰等经过4年研究指出，稻烟轮作能有效控制烟草青枯病等土传病害，并能减轻烟草赤星病和野火病等叶斑类病害的危害，且以稻田首次种烟的病害最轻，春烟—晚稻隔季轮作次之。

有的病原菌虽然寄生能力强，但能产生抗逆性强的休眠体，可在缺乏寄主时长期存活，故只有长期轮作才能表现防治效果。例如，由辣椒疫霉菌（*Phytophthora capsici*）侵染引起的辣椒疫病是一种世界性分布的毁灭性病害。该病原菌寄生性较强，但病菌主要以卵孢子和厚垣孢子在土壤中或残留在地上的病残体内越冬，是典型的土壤习居菌。实行轮作是防治辣椒疫病的主要措施，但卵孢子在土壤中一般可以存活3年。因此，与非茄果类和瓜类作物轮作3年以上才能对疫病有防治效果。引起十字花科植物根肿病的芸根肿菌（*Plasmodiophora brassicae* Wornin）是专性寄生菌，只能侵染甘蓝、白菜、花椰菜、苤蓝、芥菜、萝卜、芜菁等十字花科植物。轮作是防治该病的主要措施，但由于根肿菌可以休眠孢子囊随病残体在土壤中存活6～7年，因此短期轮作并不能达到控制根肿病的目的。生产上必须与其他非寄主作物进行3年以上轮作或水旱轮作才能减轻病害的发生和危害。

有的病原菌腐生性较强，可在缺乏寄主时长期存活，也需要长期轮作才能产生防治效果。例如，瓜类枯萎病是瓜类作物上的一种重要土传病害，该病由腐生性较强的半知菌类镰刀菌属真菌尖孢镰刀菌（*Fusarium oxysporum* Schlecht.）或瓜蒌镰刀菌［*Fusarium bulbigenum* Cke. et Mass. var. *niveum*（E.F.Sm.）Wr.］侵染所致。病菌主要以菌丝和厚垣孢子在土壤、病残体、种子及未腐熟的带菌粪肥中越冬，成为翌年的初侵染来源。该类病菌的生活能力极强，在土壤中可存活5～6年。因此，该病的防治最好与非瓜类作物轮作6～7年。

参考文献

何念杰, 唐祥宁, 游春平, 1995. 烟稻轮作与烟草病虫害关系的研究 [J]. 江西农业大学学报, 17(3): 294-299.

金扬秀, 谢关林, 孙祥良, 等, 2003. 大蒜轮作与瓜类枯萎病发病的关系 [J]. 上海交通大学学报(农业科学版), 3(1): 9-12.

刘淑霞, 潘冬梅, 魏国江, 等, 2011. 轮作防治大豆胞囊线虫病的研究现状 [J]. 黑龙江科学, 2(1): 35-36, 47.

BIEDERBECK V O, CAMPBELL C A, ZENTNER R P, 1984. Effect of crop rotation and fertilization on some biological properties of a loam in southwestern saskatchewan[J]. Canadian journal of soil science, 64(3): 355-367.

CARDINA J, HERINS C P, DOOHAN D J, 2002. Crop rotation and tillage system effects on weed seedbanks[J]. Weed science, 50(4): 448-460.

GIL S V, MERILES J M, HARO R, et al, 2008. Crop rotation and tillage systems as a proactive strategy in the control of peanut fungal soilborne diseases[J]. Biocontrol, 53(4): 685-698.

LARKIN R P, HONEYCUTT C W, OLANYA O M, et al, 2012. Impacts of crop rotation and irrigation on soilborne diseases and soil microbial communities[J]. Sustainable potato production: global case studies: 23-41.

MANWAN I, SAMA S, RIZVI S A, 1985. Use of varietal rotation in the management of rice tungro disease in Indonesia[J]. Indonesia agricultural research and development journal, 7(3/4): 43-48.

PETERS R D, STURZ A V, CARTER M R, et al, 2003.

Developing disease-suppressive soils through crop rotation and tillage management practices[J]. Soil & tillage research, 72(2): 181-192.

（撰稿：刘屹湘；审稿：朱书生）

作物时间配置 crop temporal arrangement

针对作物空间配置中矮秆作物群体不利于病虫害生态调控的问题而研发的一种方法。主要是根据实施地区的气象条件、作物物候期特点和农户种植习惯等精确设计带状种植不同作物的播种期和收获期。

不同株高作物的带状种植在田间形成立体植株群体，与净栽同一作物相比，田间微环境气象条件明显改善，尤其极显著地改善了高秆作物群体的通风透光条件，减缓了病虫害的发生流行。但在这一系统中，矮秆作物群体的微环境条件改善不显著，甚至可能出现病虫害加重的现象。

马铃薯提前推后播种避雨避病田间试验结果：在昭通邓子村、鲁甸砚池村、昭阳静安、会泽矿山、宣威板桥、陆良小百户等地进行了多年多点同田小区试验。提前播种试验处理比传统播种节令提前两个月，播种时间从 5 月上旬提前到 3 月上旬。推后播种试验处理比传统播种节令推后两个月，播种时间从 5 月上旬推后至 7 月上旬。提前推后两组试验对照均为马铃薯传统播种时间 5 月上旬。与对照相比，提前播种处理的两个品种的晚疫病病情指数平均降低 50.7%，平均增产幅度 18.5%，其中品种‘会 -2’降低病情指数 52.1%，增产幅度为 17.1%；合作降低病情指数 49.3%，增产幅度为 18.9%，品种间差异不明显。推后播种处理的两个品种的晚疫病病情指数平均降低为 43.8%，平均增产幅度为 11.6%，其中‘会 -2’品种病情指数降低 40.1%，增产幅度为 8.9%；合作 88 病情指数降低 45.4%，增产幅度为 14.4%。晚疫病发生流行与雨水密切相关，马铃薯提前种植试验处理是 3 月上旬播种 7 月上旬收获，避开 7～9 月的降雨高峰。试验数据表明，提前种植与对照相比避开阴雨日 58%，避雨避病效果显著。马铃薯推后试验处理是 7 月上旬播种 11 月上旬收获，9 月降雨高峰过后，晚疫病发生流行期避开降雨高峰，推后种植与对照相比避开阴雨降雨日 47.0%，避雨避病效果显著。

按病虫害生态调控要求在农田生态系统中合理布局不同作物或品种，形成不同作物或品种植株群体，增加农田生物多样性指数，实现病虫害生态调控。

参考文献

王晶晶，李正跃，陈斌，2009. 作物间作套种多样性控虫增产机制的研究概述 [J]. 动物学研究，30(S1): 311-320.

张立敏，李正跃，陈斌，2008. 昆虫物种多样性格局评价方法研究进展 [J]. 云南大学学报（自然科学版），30(S1): 130-134.

张玉虎，陈斌，李正跃，2009. 非作物生境在作物害虫天敌种群调控中的作用研究进展 [J]. 动物学研究，30(S1): 334-338.

（撰稿：朱有勇；审稿：李成云）

作物套作 relay cropping

同一田地上，在前季作物生长后期的株行间或预留的空带内播种或移栽后季作物的种植方式，又名套种。不同作物的共生期只占生育期的一小部分时间，如小麦行间套种玉米，水稻行间套播绿肥等。套作主要用于多作多熟制的地区，是解决前后季作物间季节矛盾的一种复种方式。相对于单一种植模式，套作具备粮食相对稳产高产、耕地复种指数高、减少肥料投入、提高光热资源利用效率等一系列优点。套作的方式普遍分布于世界各地，包括美国、英国、丹麦和澳大利亚、印度、巴西、乌干达等地。套作作物虽然共生期较短，但同样也存在激烈竞争和相互促进。选用套作作物时需要进行合理的作物种类搭配和适当的田间配置方式（预留套种行的宽窄、作物的行比等），更需要注重合适的套种时间来降低种间竞争并增大种间促进，实现整个套作系统的高产高效。

首先套种作物要注重高秆作物和矮秆作物的搭配。针对立体复合群体，利用垂直分布空间，增加复种指数，遵循前熟为后熟、后熟为全年的原则，提高光能与土地的利用率，从而大幅度增加经济效益。适合套种的高秆喜阳作物有玉米、高粱、甘蔗、棉花等，搭配种植的矮秆耐阴植物有川芎、白术、丹参、射干、薏苡、柴胡、半夏、太子参、黄连、草珊瑚、草果等。作物进行合理搭配才能保证套作系统中通风透光，提高光能利用效率。

其次套作作物的根系类型进行搭配也非常重要，在生产中选用深根作物和浅根作物进行搭配套种，可以加大土壤资源的垂直利用层的厚度，同时增加浅层土壤中资源的利用效率，实现两物种各取所需，达到减耗增产的目的。

最后则是套作主副作物的成熟时间要错开，这样晚收的作物才能在生长后期获得充足的养分和光能资源，实现高产；同时错开收获期还可以避免劳动力集中消耗，降低生产成本。

中国西南丘陵地带热资源丰富，属于典型的两熟有余、三熟不足的种植业生态区。采用玉米大豆带状复合套种，就能够实现全年三熟。例如，四川自 2003 年开始推广小麦玉豆复合套种模式，显著提高了区域粮食生产能力和农民收入。套作种植提高了农田生态系统的生物多样性，同时也改变田间小气候环境和土壤微生态系统，从而有利于作物生长发育及土壤微生物群落结构和活性。

参考文献

隋鹏，陈阜，2000. 海河低平原区小麦玉米套种高产技术研究 [J]. 作物杂志 (2): 10-12.

杨文钰，杨峰，雍太文，2011. 我国间套作大豆研究方向和发展对策研讨会纪要 [J]. 大都科技 (1): 35-36.

HAUGGAARD-NIELSEN H, AMBUS P, JENSEN E S, 2001. Temporal and spatial distribution of roots and competition for nitrogen in pea-barley intercrops - a field study employing 32p technique[J]. Plant and soil, 236(1): 63-74.

HAUGGAARD-NIELSEN H, JORNSGAARD B, KINANE J, et al, 2008. Grain legume-cereal intercropping: The practical application of diversity, competition and facilitation in arable and organic cropping systems[J]. Renewable agriculture and food systems, 23(1): 3-12.

LI L, SUN J H, ZHANG F S, et al, 2001. Wheat/maize or wheat/soybean strip intercropping I. Yield advantage and interspecific interactions on nutrients[J]. Field crops research, 71(2): 123-137.

LI L, SUN J H, ZHANG F S, et al, 2001. Wheat/maize or wheat/soybean strip intercropping II. Recovery or compensation of maize and soybean after wheat harvesting[J]. Field crops research, 71: 173-181.

OFORI F, STERN W R, 1987. Relative sowing time and density of component crops in a maize/cowpea intercrop system[J]. Experimental agriculture, 23(1): 41-52.

（撰稿：刘屹湘；审稿：朱书生）

其他

2,4- 二乙酰基间苯三酚 2,4-diacetylphloroglucinol, 2,4-DAPG

由分布于土壤或根围的γ变形菌纲假单胞菌属（*Pseudomonas*），如 *Pseudomonas protegens*、*Pseudomonas brassicacearum*、*Pseudomonas kilonensis*、*Pseudomonas thivervalensis* 等产生的一种化学物质。又名 2,4- 二乙酰基藤黄酚。附生于蝾螈皮肤上的胶状溶杆菌（*Lysobacter gummosus*）也可产生。β变形菌纲中的色杆菌属（*Chromobacerium*）和假古布尔班克氏菌属（*Pseudogulbenkiania*）也有 2,4-DAPG 合成基因簇的分布。2,4-DAPG 具有广谱抗菌活性，对真菌、细菌、卵菌和部分线虫有抑制作用。

2,4-DAPG 属于聚酮类化合物，分子式 $C_{10}H_{10}O_5$，相对分子质量 210.18。2,4-DAPG 对腐霉菌（*Pythium* spp.）的质膜有破坏作用，抑制游动孢子的游动和菌丝生长，还对立枯丝核菌（*Rhizoctonia solani*）的菌丝顶端生长有抑制作用。低浓度的 2,4-DAPG 可以诱导植物产生系统抗性，但高浓度时对植物有一定的毒性。以酿酒酵母（*Saccharomyces cerevisiae*）为靶标的作用机制研究发现 2,4-DAPG 主要作用靶点是线粒体，它作为质子载体（proton ionophore）可消除线粒体膜上的跨膜质子梯度，导致细胞呼吸与 ATP 的合成解偶联，进而抑制细胞生长。

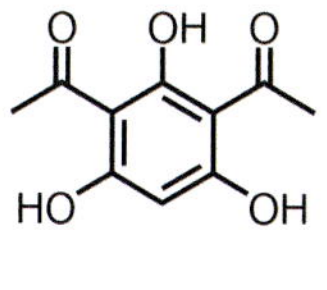

2,4-DAPG 合成基因簇 phlHGFACBDEI 约 8kb，在假单胞菌属中的荧光假单胞菌复合种中非常保守。其中 phlACBD 基因簇主要负责 2,4-DAPG 合成，最早由 Bangera 和 Thomashow 从菌株 *Pseudomonas* sp. Q2-87 中克隆得到，其他基因为调控基因。PhlD 属于Ⅲ型聚酮合酶家族，它催化 3 分子的丙二酸单酰辅酶 A 形成 3, 5 二酮基庚酸盐，再经过脱羧和环化反应形成间苯三酚（phloroglucinol，PG），PhlACB 复合蛋白负责催化乙酰基向 PG 转移的过程，依次产生单乙酰基间苯三酚（monoacetylphloroglucinol，MAPG）和 2,4-DAPG（见图）。*phlF* 基因编码一个 TetR 类型的合成途径特异性转录抑制子，通过结合位于 *phlA* 基因上游的 phO 位点，抑制整个合成基因簇的转录。*PhlG* 基因编码水解酶，催化 2,4-DAPG 形成 MAPG，其表达水平又受到 PhlH 的转录调控。细菌细胞中还有 Gac/Rsm 双因子调控系统、转录调控因子 *PsrA*、*RpoS* 等多种遗传因子对 2,4-DAPG 的合成起调控作用，碳源、氮源、磷、温度、pH 等都对 2,4-DAPG 的产生有影响。

多种产生 2,4–DAPG 的假单胞菌在防治植物土传病害方面表现出明显的效果，其中 2,4–DAPG 是离体抑菌或活体防效的主要机制。产 2,4-DAPG 的假单胞菌可有效防治的植物病害包括小麦全蚀病（*Gaeumannomyces graminis*）、烟草黑根腐病（*Thielaviopsis basicola*）、甜菜根腐病（*Pythium ultimum*）、香蕉枯萎病（*Fusarium oxysporum*）、花生霉烂病（*Aspergillus niger*）、番茄细菌性青枯病（*Ralstonian solanacearum*）、溃疡病（*Clavibacter michiganensis* subsp. *michiganensis*）、水稻白叶枯（*Xanthomonas oryzae* pv. *oryzae*）等。

参考文献

ALMARIO J, BRUTO M, VACHERON J, et al, 2017. Distribution of 2,4-diacetylphloroglucinol biosynthetic genes among the *Pseudomonas* spp. reveals unexpected polyphyletism[J]. Frontiers in microbiology, 8: 1218.

BANGER M G, THOMASHOW L S, 1999. Identification and characterization of a gene cluster for synthesis of the polyketide antibiotic 2,4-diacetylphloroglucinol from *Pseudomonas fluorescens* Q2-87[J]. Journal of bacteriology, 181(10): 3155-3163.

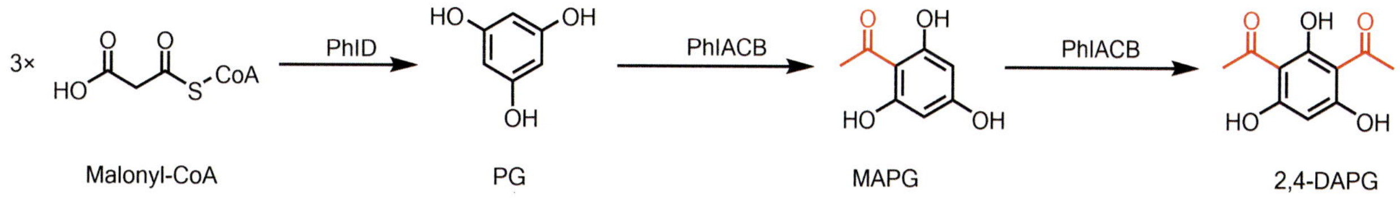

2,4- 二乙酰基间苯三酚生物合成途径

BRUCKER R M, BAYLOR C M, WALTERS R L, et al, 2008. The identification of 2,4-diacetylphloroglucinol as an antifungal metabolite produced by cutaneous bacteria of the salamander *Plethodon cinereus*[M]// Journal of chemical ecology, 34(1): 39-43.

DE SOUZA J T, ARNOULD C, DEULVOT C, et al, 2003. Effect of 2,4-diacetylphloroglucinol on *Pythium*: cellular responses and variation in sensitivity among propagules and species[J]. Phytopathology, 93(8): 966-975.

GARBEVA P, VAN VEEN J A, VAN ELSAS J D, 2004. Assessment of the diversity, and antagonism towards *Rhizoctonia solani* AG3, of *Pseudomonas* species in soil from different agricultural regimes[J]. FEMS microbiology ecology, 47(1): 51-64.

KEEL C, SCHNIDER U, MAUURHOFER B M, et al, 1992. Suppression of root diseases by *Pseudomonas fluorescens* CHA0: importance of the bacterial secondary metabolite 2,4-diacetylphloroglucinol[J]. Molecular plant microbe interactions, 5(1): 4-13.

LOPER J E, HASSAN K A, MAVRODI D V, et al, 2012. Comparative genomics of plant-associated *Pseudomonas* spp.: insights into diversity and inheritance of traits involved in multitrophic interactions[J]. PLoS geneties, 8(7): e1002784.

MISHRA J, ARORA NK, 2017. Secondary metabolites of fluorescent pseudomonads in biocontrol of phyto-pathogens for sustainable agriculture[J]. Applied soil ecology, 125: 35-45.

TROPPENS D M, DMITRIEV R I, PAPKOVSKY D B, et al, 2013. Genome-wide investigation of cellular targets and mode of action of the antifungal bacterial metabolite 2,4-diacetylphloroglucinol in Saccharomyces cerevisiae[J]. FEMS yeast research, 13(3): 322-334.

WELLER D M, MAVRODI D V, VAN PELT J A, et al, 2012. Induced systemic resistance in *Arabidopsis thaliana* against *Pseudomonas syringae* pv. *tomato* by 2,4-diacetylphloroglucinol-producing *Pseudomonas fluorescens*[J]. Phytopathology, 102(4): 403-412.

YANG F, CAO Y J, 2012. Biosynthesis of phloroglucinol compounds in microorganisms—review[J]. Applied microbiology and biotechnology, 93(2): 487-495.

（撰稿：张力群；审稿：王琦）

附录：缩略词表

缩略语	英文全称	中文
ABA	abscisic acid	脱落酸
ABS	antibacterial substance	抗细菌物质
ACO	acyl -coenzyme A oxidase	酰基辅酶 A 氧化酶
ACS	fatty acyl-coenzyme A synthetase	脂酰辅酶 A 合成酶
AFS	antifungal substance	抗真菌物质
AHL	acetyl-homoserine lactone	乙酰基高丝氨酸内酯
AHLs	acetyl-homoserine lactones	
AL	antennal lobe	脑部触角叶
AM	arbuscular mycorrhiza	丛枝菌根
AMPs	antimicrobial peptides	抗菌肽
API	arrowhead proteinase inhibitor	慈姑蛋白酶抑制剂
Asp	aspartic acid	天冬氨酸类
BaMV	bamboo mosaic virus	竹花叶病毒
BCA	biocontrol bacteria	生防菌
BCAs	biological control agents	生防制剂
Bt	*Bacillus thuringiensis*	苏云金芽孢杆菌
BTH	methyl 1,2,3-benzothiadiazole-7-thiomethyl carbonate	(1,2,3) 苯并噻二唑 -7- 碳酸硫甲酯
BTH	benzothiazole	苯并噻唑
Bti	*Bacillus thuringiensis* subsp. *israelensis*	以色列苏云金芽孢杆菌
Btk	*Bacillus thuringiensis* subsp. *kurstaki*	苏云金芽孢杆菌库斯塔变种
BV	budded virus	出芽型病毒粒子
BXs	benzoxazinoids	苯并噁嗪类
BYMV	bean yellow mosaic virus	菜豆黄花叶病毒
CAD	cinnamyl alcohol dehydrogenase	肉桂醇脱氢酶
CaGV	*Clostera anachoreta* granulovirus	杨扇舟蛾颗粒体病毒
cAMP	cyclic adenosine monophosphate	环磷酸腺苷
CA-POD	caffeic acid peroxidase	咖啡酸过氧化物酶
CAT	catalase	过氧化氢酶
CGA-POD	chlorogenic acid peroxidase	绿原酸过氧化物酶
c-di-GMP	cyclic diguanosine monophosphate	环二鸟苷酸
CHV1	*Cryphonectria* hypovirus 1	栗疫病菌减毒病毒
CMV	cucumber mosaic virus	黄瓜花叶病毒
CNV	copy number variant	拷贝数变异
COI	cytochrome oxidase	细胞色素氧化酶基因

（续表）

缩略语	英文全称	中文
ConA	concanavalin A	伴刀豆凝集素
COP	conference of parties	缔约方会议
CpTI	cowpea trypsin inhibitor	豇豆胰蛋白酶抑制剂
CPV	cytoplasmicpolyhedrosisvirus	质型多角体病毒
Cry	crystal delta-endotoxin	晶体毒蛋白
CTV	*Citrus* tristeza virus	柑橘衰退病毒
Cys	cysteine	半胱氨酸类
Cyt	cytolytic delta-endotoxin	细胞溶解蛋白
DIMBOA	2,4-dihydroxy-7-methoxy-2H-1,4-benzoxazin-3(4H)-one	2,4- 二羟基 -7- 甲氧基 -2H-1,4- 苯并噁嗪 -3(4H)- 酮 / 丁布
DNA	deoxyribonucleic acid	脱氧核糖核酸
DP	dustable powder	粉剂
EI	enzyme inhibitor	酶抑制剂复合物
ELISA	enzyme-linked immuno sorbent assay	酶联免疫吸附测试法
ePGPR	extracellular plant growth-promoting rhizobacteria	胞外植物根际促生细菌
EPNs	entomopathogenic nematodes	昆虫病原线虫
ET	ethylene	乙烯
ETI	effector-induced immunity	效应子诱导的免疫
EtOAc	ethyl acetate	乙酸乙酯
FAO	Food and Agriculture Organization of the United Nations	世界粮食及农业组织
G-POD	guaiacol peroxidase	愈创木酚过氧化物酶
GC-EAD	gas chromatography electroantennogram	气相色谱—触角电位联用
GDI	genetic divergence index	遗传分化指数
GHPD	2-guanidine-3-hydroxypentadecanoic acid	2- 胍基 -3- 羟基十五烷酸
GLV	green leaf volatile	绿叶气味
C6-GLVs	six carbon green leaf volatiles	C6- 绿叶气味物质
GNA	*Galanthus* nivalis agglutinin	雪莲花凝集素
GOBP	general odorant-binding proteins	普通气味分子结合蛋白
GR	gustatory receptor	味觉受体蛋白
GR	granulars	颗粒剂
GV	granulosisvirus	颗粒体病毒
	Granulosisvirus	颗粒体病毒属
HaNPV	*Helicoverpa armigera* nucleopolyhedrosisvirus	棉铃虫核型多角体病毒
HHK	histidine protein kinases	组氨酸蛋白激酶

（续表）

缩略语	英文全称	中文
HIPV	herbivore-induced plant volatile	昆虫取食诱导的植物气味
HIPVs	herbivore-induced plant volatiles	植物挥发性化合物
HIV	herbivore-induced volatile	挥发性次生物质
HSL	acylated homoserine lactone	乙酰高丝氨酸内酯
HzSNPV	*Helicoverpa zea* nucleopolyhedrosisvirus	美洲棉铃虫核型多角体病毒
IAA	indole acetic acid	吲哚乙酸
ICPs	insecticidal crystal proteins	杀虫晶体蛋白
ICRAF	International Center for Research in Agroforestry	国际农林业研究委员会
IJs	infective juveniles	侵染期幼虫
INP	ice nucleation protein	冰核蛋白
IOBC	International Organization for Biological Control	国际生物防治组织
IOBC ATRS	IOBC African Tropical Regional Section	国际生物防治组织热带非洲地区分部
IOBC EPRS	IOBC East Palearctic Regional Section	国际生物防治组织东古北区地区分部
IOBC NRS	IOBC Nearctic Regional Section	国际生物防治组织新北区地区分部
IOBC SEARS	IOBC South and East Asian Regional Section	国际生物防治组织东南亚地区分部
IOBC WPRS	IOBC West Palaearctic Regional Section	国际生物防治组织西古北区地区分部
iPGPR	intracellular plant growth-promoting rhizobacteria	胞内植物根际促生细菌
IPM	integrated pest management	害虫综合治理
IR	ionotropic receptor	离子型受体
ISR	induced systemic resistance	诱导性系统抗性
IUCN	International Union for Conservation of Nature	世界自然保护联盟
JA	jasmonic acid	茉莉酸
LPS	lipopolysaccharide	脂多糖
LPSN	list of prokaryotic names with standing in nomenclature	原核生物名录
MAPK	mitogen-activated protein kinase	丝裂原活化蛋白激酶
MAPKs	mitogen-activated protein kinases	
MbNPV	*Mamestra brassicae* nucleopolyhedrosisvirus	甘蓝夜蛾核型多角体病毒
MBOA	6-methoxy-2-benzoxazolinone	6-甲氧基 -2- 苯唑啉酮 / 门布
MCPs	methyl-accepting chemotaxis proteins	甲基 - 接受型趋化蛋白
MDA	malondialdehyde	丙二醇
MeJA	methyl jasmonate	茉莉酸甲酯
MeSA	methyl salicylate	水杨酸甲酯
NGS	next generation sequencing	“下一代”测序技术
NIS	nitrogen-induced susceptibility	氮敏感性

（续表）

缩略语	英文全称	中文
NPRSs	nonribosomal peptide synthetase	非核糖体多肽合成酶
NPV	nucleopolyhedrosisvirus	核型多角体病毒
	Nucleopolyhedrosisvirus	核型多角体病毒属
NTRS	Neotropical Regional Section	国际生物防治组织新热带区地区分部
OBPs	odorant-binding proteins	气味分子结合蛋白
ODPs	oviposition-deterring pheromones	产卵驱避信息素
ODV	occlusion-derived virus	包涵体型病毒粒子
OR	odorant receptor	气味分子受体
ORco	odorant receptor co-receptor	共表达气味分子受体
ORF	open reading frame	开放阅读框
PAGE	polyacrylamide gel electrophoresis	聚丙烯酰胺凝胶电泳
PAL	phenylalanine ammonia lyase	苯丙氨酸解氨酶
PAMPs	pathogen associated molecular patterns	病原相关分子模式
PBP	pheromone-binding protein	信息素结合蛋白
PCA	phenazine-1-carboxylic acid	吩嗪 -1- 羧酸
PCN	phenazine-1-carboxamide	吩嗪 -1- 甲酰胺
PDVs	polydnaviruses	多 DNA 病毒
PGPR	plant growth-promoting rhizobacteria	植物根际促生细菌
PHA	phytohem agglutinin	植物凝集素
PI	proteinnase inhibitor	蛋白酶抑制剂
PIB	polyhedral inclusion body	多角体
PO	phenoloxidase	酚氧化酶
POD	peroxidase	过氧化物酶
PPO	polyphenol oxidase	多酚氧化酶
PPO	prophenol oxidase	酚氧化酶原
PR	pathogenesis-related protein	病程相关蛋白
PRRs	pattern recognition receptors	昆虫模式识别分子
PRSV	papaya ringspot virus	番木瓜环斑病毒
PTGS	post-transcriptional gene silencing	转录后基因沉默
pv.	pathovar	致病型
PVX	potato virus X	马铃薯 X 病毒
PxGV	*Plutella xylostella* granulovirus	小菜蛾颗粒体病毒
PYO	pyocyani	绿脓菌素
QS	quorum-sensing system	群体感应调节系统

（续表）

缩略语	英文全称	中文
r-m	radiomedial crossvein	径中横脉
RNA	ribonucleic acid	核糖核酸
RNS	reactive nitrogen species	活性氮分子
ROS	reactive oxygen species	活性氧分子
RSV	rice stripe virus	水稻条纹病毒
SA	salicylic acid	水杨酸
SAM	S-adenosylmethionine-methionine	S-腺苷甲硫氨酸
SC	suspension concentrate	悬浮剂
SCN	soybean cyst nematode	大豆孢囊线虫病
SeNPV	*Spodoptera exigua* nucleopolyhedrosisvirus	甜菜夜蛾核型多角体病毒
Ser	serine endopeptidases	丝氨酸类
SlNPV	*Spodoptera litura* nucleopolyhedrosisvirus	斜纹夜蛾核型多角体病毒
SMRT	single molecule real-time	单分子实时测序技术
SNP	single nucleotide polymorphism	单核苷酸多态性
SOD	superoxide dismutase	超氧化物歧化酶
SpltNPV	*Spodoptera litura* nucleopolyhedrosisvirus	斜纹夜蛾核型多角体病毒
SSR	simple sequence repeat	微卫星
TCV	turnip crinkle virus	芜菁萎缩病毒
TLM	median tolerance limit	半数耐受极限
TMV	tobacco mosaic virus	烟草花叶病毒
TNV	tobacco necrosis virus	烟草坏死病毒
USDA-APHIS	United States Department of Agriculture-Animal and Plant Health Inspection Service	美国农业部动植物卫生检疫局
Vip	vegetative insecticidal protein	营养期杀虫蛋白
VLP/VLF	virus-like particle/fifi laments	类病毒颗粒 / 纤丝
VOCs	volatile organic compounds	挥发性有机物
WG/WDG	water dispersible granules	水分散粒剂
WIR	would induce resistance	诱导抗性
WP	wettable powder	可湿性粉剂
1-HP	1-hydroxyphenazine	1- 羟基吩嗪
2, 4-DAPG	2,4-diacetylphloroglucinol	2,4- 二乙酰基间苯三酚
3-OH MAME	3-hydroxy myristic acid methyl ester	3- 羟基豆蔻酸甲酯
3-OH PAME	3-hydroxy palmitic acid methyl ester	3- 羟基棕榈酸甲酯
3R	residue, resistance, resurgence	残留、抗性、再度猖獗。“3R”问题被国内外称作化学防治综合征

条目标题汉字笔画索引

说明

1. 本索引供读者按条目标题的汉字笔画查检条目。
2. 条目标题按第一字的笔画由少到多的顺序排列。笔画数相同的，按起笔笔形横（一）、竖（丨）、撇（丿）、点（、）、折（乛，包括亅、乚、く等）的顺序排列。第一字相同的，依次按后面各字的笔画数和起笔笔形顺序排列。
3. 以外文字母、罗马数字和阿拉伯数字开头的条目标题，依次排在汉字条目标题的后面。

二画

三画

四画

五画

六画

七画

八画

九画

十画

十一画

十二画

十三画

十四画

十五画

十六画

十七画

十八画

十九画

其他

条目标题外文索引

说明

1. 本索引按照条目标题外文的逐词排列法顺序排列。无论是单词条目，还是多词条目，均以单词为单位，按字母顺序、按单词在条目标题外文中所处的先后位置，顺序排列。如果第一个单词相同，再依次按第二个、第三个，余类推。
2. 条目标题外文中英文以外的字母，按与其对应形式的英文字母排序排列。
3. 条目标题外文中如有括号，括号内部分一般不纳入字母排列顺序；条目标题外文相同时，没有括号的排在前；括号外的条目标题外文相同时，括号内的条目按字母顺序排列。
4. 条目标题中含拉丁文的，拉丁文属名和种名字母一律斜体，其他字母正体。

A

B

C

D

E

F

G

H

I

J

K

L

M

N

O

P

Q

R

S

T

V

W

Y

Z

其他

内容索引

说明

1. 本索引是全书条目和条目内重要关键名词索引。索引主题按汉语拼音字母的顺序并辅以汉字笔画、起笔笔形顺序排列。同音同调时按汉字笔画由少到多的顺序排列；笔画数相同时按起笔笔形横（一）、竖（丨）、撇（丿）、点（丶）、折（乛，包括亅、乚、く等）的顺序排列。第一字相同时按第二字，余类推。索引主题中夹有外文字母、罗马数字或阿拉伯数字的，依次排在相应的汉字条目标题之后。索引主题以外文字母、希腊字母和阿拉伯数字开头的，依次排在全部汉字索引主题之后。
2. 设有条目的主题用黑体字，未设条目的主题用宋体字。
3. 索引主题之后的阿拉伯数字是主题内容所在的页码，数字之后的小写拉丁字母表示索引内容所在的版面区域。本书正文的版面区域划分 4 区，如右图。

a	c
b	d

A

B

C

D

E

F

G

H

J

K

L

M

N

P

Q

R

S

T

W

X

Y

Z

其他

后　记

《中国植物保护百科全书》（以下称《全书》）是国家重点图书出版规划项目、国家辞书编纂出版规划项目，并获得了国家出版基金的重点资助。《全书》共分为《综合卷》《植物病理卷》《昆虫卷》《农药卷》《杂草卷》《鼠害卷》《生物防治卷》《生物安全卷》8卷，是一部全面梳理我国农林植物保护领域知识的重要工具书。《全书》的出版填补了我国植物保护领域百科全书的空白，事关国家粮食安全、生态安全、生物安全战略的工作成果，对促进我国农业、林业生产具有重要意义。

《全书》由时任农业部副部长、中国农业科学院院长李家洋和中国林业科学研究院院长张守攻担任总主编，副总主编为吴孔明、方精云、方荣祥、朱有勇、康乐、钱旭红、陈剑平、张知彬等8位知名专家。8个分卷设分卷编委会，作者队伍由中国科学院、中国农业科学院、中国林业科学研究院等科研院所及相关高校、政府、企事业单位的专家组成。

《全书》历时近10年，篇幅宏大，作者众多，审改稿件标准要求高。3000余名相关领域专家撰稿、审稿，保证了本领域知识的专业性、权威性。中国林业出版社编辑团队怀着对出版事业的责任心和职业情怀，坚守精品出版追求，攻坚克难，力求铸就高质量的传世精品。

在《中国植物保护百科全书》面世之际，要感谢所有为《全书》出版做出贡献的人。

感谢李家洋、张守攻两位总主编，他们总揽全面，确定了《全书》的大厦根基和分卷谋划。8位副总主编对《全书》内容精心设计以及对分卷各分支卓有成效的组织，特别是吴孔明副总主编为推动编纂工作顺利进展付出的智慧和汗水令人钦佩。感谢各分卷主编对编纂工作的责任担当，感谢各分卷副主编、分支负责人、编委会秘书的辛勤努力。感谢所有撰稿人、审稿人克服各种困难，保证了各自承担任务高质量完成。

最后，感谢国家出版基金对此书出版的资助。

《中国植物保护百科全书》项目工作组

2022年5月

《中国植物保护百科全书》

项目工作组

项目总负责人、组长：邵权熙

副 组 长：何增明　贾麦娥

成　　员：（按姓氏拼音排序）

李美芬　李　娜　邵晓娟　盛春玲　孙　瑶

王　全　王思明　王　远　印　芳　于界芬

袁　理　张　东　张　华　郑　蓉　邹　爱

项目组秘书：

袁　理　孙　瑶　王　远　张　华　盛春玲

苏亚辉

审稿人员：（按姓氏拼音排序）

杜建玲　杜　娟　高红岩　何增明　贾麦娥

康红梅　李　敏　李　伟　刘家玲　刘香瑞

沈登峰　盛春玲　孙　瑶　田　苗　王　全

温　晋　肖　静　杨长峰　印　芳　于界芬

袁　理　张　华　张　锴　邹　爱

责任校对：许艳艳　梁翔云　曹　慧

策划编辑：何增明

特约编审：陈英君

书名篆刻：王利明

装帧设计：北京王红卫设计有限公司

设计排版：北京美光设计制版有限公司

中林科印文化发展（北京）有限公司

北京八度印象图文设计有限公司